Renato Cannarozzo
Lanfranco Cucchiarini
William Meschieri

1 Misure, rilievo, progetto

Quinta edizione

per Costruzioni, ambiente e territorio

Superfici e sistemi di riferimento, strumenti, misure

PER IL COMPUTER E PER IL TABLET

L'eBook multimediale

1 REGÌSTRATI

Vai su **my.zanichelli.it** e regìstrati come studente

2 ATTIVA IL TUO LIBRO

Una volta entrato in **myZanichelli**, inserisci la **chiave di attivazione** che trovi sul bollino argentato in questa pagina

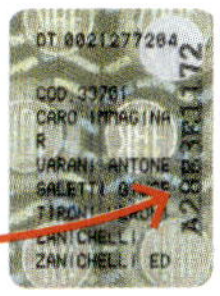

3 CLICCA SULLA COPERTINA

Puoi:

- **scaricare l'eBook offline** sul tuo computer o sul tuo tablet
- **sfogliare un'anteprima** dell'eBook online

TECNOLOGIA ZANICHELLI

Realizzazione editoriale:
- Coordinamento redazionale: Matteo Fornesi
- Redazione: Luisa Alessio
- Collaborazione redazionale, progetto grafico, impaginazione, ricerca iconografica e disegni: Stilgraf, Bologna
- Segreteria di redazione: Deborah Lorenzini, Rossella Frezzato

Contributi:
- I testi di Topography in English sono a cura di Veronica Gianesini e Davide Ravelli
- Rilettura dei testi in inglese: Roger Loughney

Copertina:
- Progetto grafico: Miguel Sal & C., Bologna
- Ideazione: Studio 8vo, Bologna
- Realizzazione: Roberto Marchetti e Francesca Ponti
- Immagine di copertina: dtopal/Shutterstock. Artwork Studio 8vo, Bologna

Prima edizione: 1998
Seconda edizione: 2002
Terza edizione: 2009
Quarta edizione: 2012
Quinta edizione: febbraio 2017

Ristampa:
5 2021

Zanichelli garantisce che le risorse digitali di questo volume sotto il suo controllo saranno accessibili, a partire dall'acquisto dell'esemplare nuovo, per tutta la durata della normale utilizzazione didattica dell'opera. Passato questo periodo, alcune o tutte le risorse potrebbero non essere più accessibili o disponibili: per maggiori informazioni, leggi my.zanichelli.it/fuoricatalogo

File per sintesi vocale
L'editore mette a disposizione degli studenti non vedenti, ipovedenti, disabili motori o con disturbi specifici di apprendimento i file pdf in cui sono memorizzate le pagine di questo libro. Il formato del file permette l'ingrandimento dei caratteri del testo e la lettura mediante software screen reader. Le informazioni su come ottenere i file sono sul sito http://www.zanichelli.it/scuola/bisogni-educativi-speciali

Grazie a chi ci segnala gli errori
Segnalate gli errori e le proposte di correzione su **www.zanichelli.it/correzioni.**
Controlleremo e inseriremo le eventuali correzioni nelle ristampe del libro.
Nello stesso sito troverete anche l'errata corrige, con l'elenco degli errori e delle correzioni.

Zanichelli editore S.p.A. opera con sistema qualità
certificato CertiCarGraf n. 477
secondo la norma UNI EN ISO 9001:2015

Questo libro è stampato su carta che rispetta le foreste.
www.zanichelli.it/chi-siamo/sostenibilita

Stampa: Arti Grafiche Battaia F. & C. Srl
Via Papa Giovanni XXIII, 5, 20080 Zibido San Giacomo (Milano)
per conto di Zanichelli editore S.p.A.
Via Irnerio 34, 40126 Bologna

Indice

SEZIONE A

Lo studio delle figure piane

A1 Angoli e funzioni goniometriche

A2 Risoluzione dei triangoli e dei poligoni

A3 Le coordinate cartesiane e polari

SEZIONE B

Ambito operativo

SEZIONE C
Dispositivi topografici elementari

C1 Richiami di ottica geometrica

C2 Segnali e mire

C3 Strumenti e dispositivi semplici

C4 Il cannocchiale collimatore

SEZIONE D
Misure topografiche tradizionali

D1 Misura degli angoli

D2 Misura diretta e indiretta delle distanze

D3 Errori di misura

SEZIONE E Soluzioni operative

E1 I particolari del territorio

E2 Il tracciamento degli edifici

SEZIONE F Il disegno del territorio

F1 Tecniche di rappresentazione

F2 AutoCAD: rilievo di un breve tratto di strada per allineamenti e squadri

Indice degli argomenti

A1 Angoli e funzioni goniometriche

1. Definizioni di angolo

Angolo

La geometria definisce **angolo** ciascuna delle parti del piano in cui esso è diviso da due semirette uscenti da uno stesso punto O; il punto O si dice **vertice** dell'angolo e le due semirette (OA e OB) si dicono *lati*.

Un angolo si indica abitualmente con la notazione letterale $A\widehat{O}B$, oppure con una lettera minuscola dell'alfabeto greco: α, β, γ, δ ecc., ma anche con le lettere minuscole x, y quando è incognito.

Angolo orientato

Video *Angolo orientato* α

Per eliminare l'intrinseca ambiguità della precedente definizione è necessario, nel nostro ambito, *estendere* il concetto di angolo, assumendo una delle due semirette che lo generano (per esempio OA) come **origine** e definendo il **senso di rotazione orario** come senso positivo per le stesse rotazioni.

Un angolo di vertice O e *semiretta origine* $OA = a$ si dice **orientato positivamente** (▶FIGURA 1a) quando questa deve ruotare in senso **orario** intorno a O per sovrapporsi al lato $OB = b$ (*lato estremo*). Si dice **orientato negativamente** se la stessa rotazione avviene in senso antiorario (▶FIGURA 1c).

FAQ

Che cosa sono gli angoli orientati?

Sono le porzioni di piano descritte dalla semiretta origine durante la rotazione, in senso orario, per andarsi a sovrapporre all'altra semiretta dell'angolo.

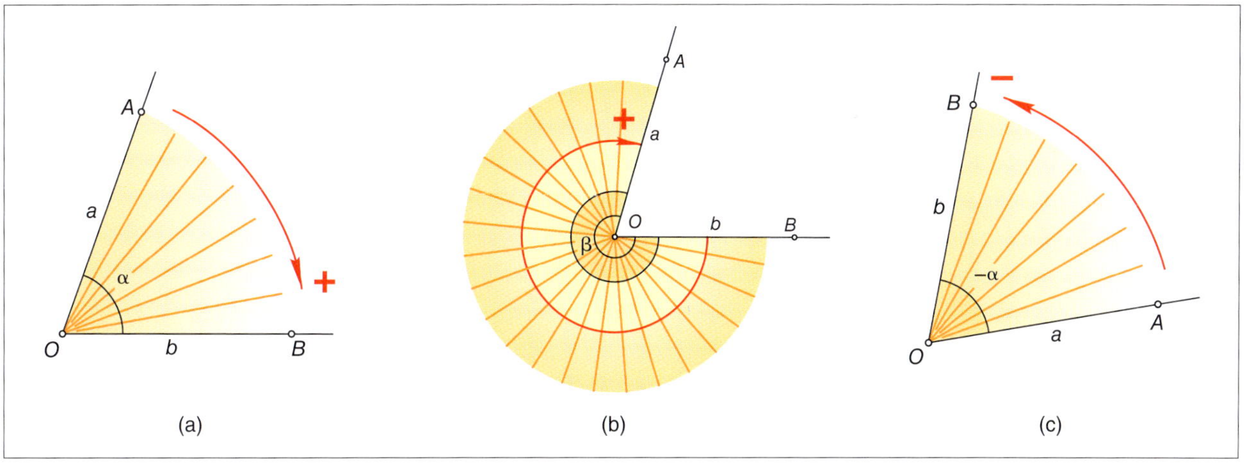

FIGURA 1 (a) Rotazione in senso orario della semiretta OA intorno al punto O per definire l'angolo $\alpha = A\widehat{O}B$ positivo. (b) Rotazione in senso orario del lato OB per definire l'angolo positivo $\beta = B\widehat{O}A$. (c) Rotazione antioraria della semiretta OA per definire l'angolo negativo $-\alpha$.

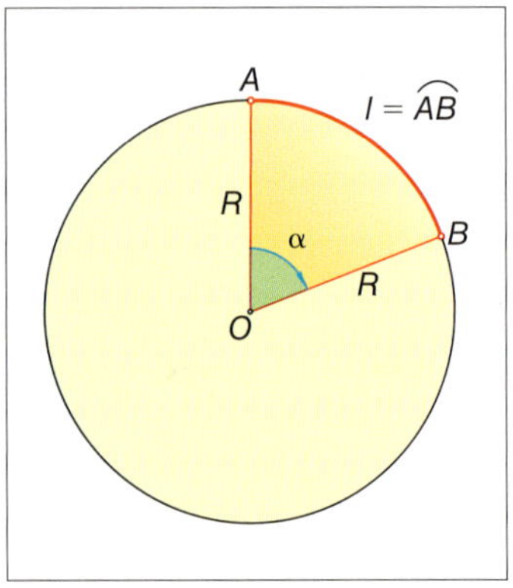

FIGURA 2 La misura di α in radianti è data dal rapporto fra la lunghezza dell'arco sotteso e il raggio della circonferenza di centro O.

Nel nostro contesto si fa riferimento, in genere, ad *angoli positivi*, dunque legati alla rotazione *oraria* della semiretta origine.

L'angolo orientato positivo di lati OA e OB in ▶FIGURA 1a viene indicato con la notazione $A\widehat{O}B$ (le *prime due lettere* indicano sempre il *lato origine*); mentre quello di ▶FIGURA 1b (sempre positivo) viene indicato con la notazione $B\widehat{O}A$ (dunque le notazioni $A\widehat{O}B$ e $B\widehat{O}A$ indicano angoli orientati diversi).

Gli angoli orientati poi, possono essere maggiori dell'angolo giro; infatti, se immaginiamo che il lato origine OA dell'angolo $A\widehat{O}B$ vada a sovrapporsi al lato estremo OB dopo aver descritto *uno o più angoli giri* completi, si ottiene un angolo con ampiezza maggiore dell'angolo giro.

2. Misura degli angoli

Il radiante

Gli angoli sono grandezze misurabili; ciò impone l'adozione di una *unità di misura*. Nelle valutazioni teoriche tale unità di misura è il *radiante*.

Il **radiante** è definito come l'*angolo al centro* in un cerchio di raggio arbitrario R che sottende un arco il cui sviluppo l è uguale allo stesso raggio R (per rad = 1 è $l = R$).

Dunque, per ottenere l'ampiezza in radianti di un generico angolo $\alpha = A\widehat{O}B$ occorre far riferimento a un cerchio con centro in O e raggio arbitrario $R = \overline{OA} = \overline{OB}$, all'arco l intercettato sul cerchio dalle due semirette OA e OB, ed eseguire il seguente rapporto (▶FIGURA 2):

$$\alpha^{rad} = \frac{l}{R} \qquad (1)$$

Naturalmente per $l = R$ si ha $\alpha^{rad} = 1$. Da semplici valutazioni sulla precedente definizione si ha:

angolo giro: $\frac{2\pi R}{R} = 2\pi = 6^{rad},28318...$

angolo piatto: $\frac{\pi R}{R} = \pi = 3^{rad},14159...$

angolo retto: $\frac{\pi R}{2R} = \frac{\pi}{2} = 1^{rad},57079...$

FAQ

Che cos'è il radiante?

È l'unità per la misura delle ampiezze degli angoli usata nel contesto teorico-matematico. È definito dal rapporto tra lo sviluppo dell'arco di cerchio compreso tra le due semirette e il raggio arbitrario dello stesso cerchio il cui centro coincide con l'intersezione delle stesse semirette.

I sistemi di misura operativi

Il *radiante* come unità di misura degli angoli è conveniente in tutte le considerazioni di carattere teorico, mentre la stessa unità di misura è poco efficace in tutte le elaborazioni di carattere pratico-applicativo. In tale ambito è necessario definire altre unità di misura degli angoli che danno luogo a *sistemi di misura angolari* (*sessagesimale*, *decimale* e, in particolare, *centesimale*) alternativi a quello prima definito (*sistema analitico*). Nella ▶TABELLA 1 sono definite le unità di misura e descritte le caratteristiche dei tre **sistemi di misura angolare** utilizzati nei contesti pratico-operativi.

TABELLA 1 Sistemi di misura angolare

	Sistema sessagesimale	Sistema decimale	Sistema centesimale
Unità	**Grado sessagesimale**, indicato con l'apice (°), è **1/90** dell'angolo retto.	**Grado sessagesimale**, indicato con l'apice (°), è **1/90** dell'angolo retto.	**Grado centesimale**, indicato con (^{c}), (^{g}) o (gon), è **1/100** dell'angolo retto.
Sottomultipli	Il **primo** sessagesimale, indicato con (′), è 1/60 del **grado**. Il **secondo** indicato con (″), è 1/60 del **primo** (quindi 1/3600 del grado).	**Decimi, centesimi, millesimi** ecc. di *grado sessagesimale*. Quindi un angolo espresso in questo sistema di misura si comporta come un normale **numero decimale**.	**Decimi, centesimi, millesimi** ecc. di *grado centesimale*. Talvolta (raramente) si parla di **primi** ($^-$) centesimali [prima coppia di cifre decimali] e **secondi** ($^=$) centesimali [seconda coppia cifre decimali].
Impieghi	È un sistema di misura adatto ai calcoli **mnemonici**, pertanto veniva preferito soprattutto in passato. In esso **non** valgono le regole dell'aritmetica decimale, ma regole analoghe a quelle del **sistema orario**.	È un sistema conveniente nel calcolo con mezzi meccanici, come le attuali **calcolatrici** tascabili. Le operazioni aritmetiche vengono eseguite con le familiari regole della numerazione **decimale**.	Come il sistema decimale è adatto al calcolo meccanico, nel rispetto delle regole della numerazione **decimale**. È quasi universalmente adottato in **Topografia**, per la sua grande praticità operativa.
Es.	$142°17'26''$	$142°{,}2905$	$158^c{,}4276$ [$158^c42^-76^=$]

Conversione tra sistemi di misura angolari

Qualunque sia il sistema di misura adottato, l'ampiezza degli angoli rimane invariata; ciò significa che il rapporto tra la misura dell'ampiezza di un angolo, in un qualunque sistema, e l'**angolo piatto**, espresso nello stesso sistema, deve restare invariata. Si può, quindi, scrivere:

$$\frac{\alpha^{rad}}{\pi} = \frac{\alpha^{\circ}}{180^{\circ}} \qquad \frac{\alpha^{rad}}{\pi} = \frac{\alpha^{c}}{200^{c}} \qquad \frac{\alpha^{c}}{200^{c}} = \frac{\alpha^{\circ}}{180^{\circ}}$$

TABELLA 2 Conversioni di un angolo espresso in gradi sessagesimali ($\alpha°$)

	Gradi decimali	Gradi centesimali	Radianti
Formule	$\text{gradi} + \frac{\text{primi}}{60} + \frac{\text{secondi}}{3600}$	Dopo la conversione in decimali: $\alpha^c = \alpha^{\circ}\frac{200}{180} = \alpha^{\circ}\frac{10}{9}$	Dopo la conversione in decimali: $\alpha^{rad} = \alpha^{\circ}\frac{\pi}{180}$
Esempi	$\alpha^{\circ} = 48°17'26''$ $\alpha^{\circ} = 48° + \frac{17}{60} + \frac{26}{3600} = 48°{,}2905$	$\alpha^{\circ} = 48°17'26'' = 48°{,}2905$ $\alpha^c = 48°{,}2905\,\frac{10}{9} = 53^c{,}6561$	$\alpha^{\circ} = 48°17'26'' = 48°{,}2905$ $\alpha^{rad} = 48°{,}2905\,\frac{\pi}{180} = 0^{rad}{,}8428$

TABELLA 3 Conversioni di un angolo espresso in gradi centesimali (α^c)

	Gradi decimali	Gradi centesimali	Radianti
Formule	$\alpha^{\circ} = \alpha^c\frac{180}{200} = \alpha^c\frac{9}{10}$	Dopo la conversione in decimali: gradi + [(decimali gradi) · 60]′ + + [(decimali primi) · 60]″	$\alpha^{rad} = \alpha^c\frac{\pi}{200}$
Esempi	$\alpha^c = 71^c{,}4568$ $\alpha^{\circ} = 71^c{,}4568\,\frac{9}{10} = 64°{,}3111$	$\alpha^c = 71^c{,}4568 = 64°{,}3111$ $\alpha^{\circ} = 64° + 0°{,}3111 \cdot 60 = 64°18'{,}666 =$ $= 64°18' + 0'{,}666 \cdot 60 = 64°18'40''$	$\alpha^c = 71^c{,}4568$ $\alpha^{rad} = 71^c{,}4568\,\frac{\pi}{200} = 1^{rad}{,}1224$

TABELLA 4 Conversioni di un angolo espresso in radianti (α^c)

	Gradi decimali	Gradi centesimali	Radianti
Formule	$\alpha^\circ = \alpha^{rad}\,\dfrac{180}{\pi}$	Dopo la conversione in decimali: gradi + [(decimali gradi) · 60]′ + + [(decimali primi) · 60]″	$\alpha^c = \alpha^{rad}\,\dfrac{200}{\pi}$
Esempi	$\alpha^{rad} = 1^{rad},524$ $\alpha^\circ = 1^{rad},524\,\dfrac{180}{\pi} = 87^\circ,3187$	$\alpha^{rad} = 1^{rad},524 = 87^\circ,3187$ $\alpha^\circ = 87^\circ + 0^\circ,3187 \cdot 60 = 87^\circ 19',122 =$ $= 87^\circ 19' + 0',122 \cdot 60 = 87^\circ 19' 07''$	$\alpha^{rad} = 1^{rad},524$ $\alpha^c = 1^{rad},524\,\dfrac{200}{\pi} = 97^c,0208$

Utilizzando di volta in volta una di queste tre relazioni è possibile **convertire** l'ampiezza di un angolo, espressa in un dato sistema di misura, a quella espressa in uno qualunque degli altri sistemi. Le operazioni da eseguire per queste **conversioni tra sistemi di misura angolare** (che peraltro sono automatizzate in tutte le calcolatrici scientifiche) sono sintetizzate nelle ▶TABELLE 2, 3, 4.

Quando si considerano angoli **molto piccoli**, può essere conveniente convertire il valore in radianti di tali angoli direttamente in *secondi sessagesimali* e *centesimali*. Ad esempio possiamo scrivere:

$$\alpha'' = \frac{180 \cdot 60 \cdot 60 \cdot \alpha^{rad}}{\pi} = 206\,265 \cdot \alpha^{rad}$$

Pertanto il coefficiente 206 265 trasforma radianti in secondi sessagesimali.

3. Funzioni goniometriche seno e coseno

Il cerchio goniometrico

Un **cerchio** si dice **goniometrico** quando il suo centro O è l'origine di un sistema di assi cartesiani OXY e il suo raggio R viene assunto uguale all'unità di misura dei segmenti (si dice perciò che il suo **raggio è unitario**: $R = 1$). Inoltre, per convenzione, indicato con A il punto di intersezione del cerchio con l'asse delle ordinate, il lato OA viene assunto quale *lato origine* degli angoli orientati α di vertice O (▶FIGURA 3).

Il riferimento al cerchio goniometrico, pur non indispensabile, permette di semplificare la definizione delle **funzioni goniometriche** e di valutarne rapidamente le caratteristiche.

Consideriamo un generico punto B sul cerchio goniometrico generato dal lato estremo OB dell'angolo al centro $\alpha = A\widehat{O}B$; possiamo osservare che la posizione del punto B sul cerchio **dipende solamente** dall'ampiezza dello stesso angolo α. Se ora **proiettiamo** B sull'asse delle ordinate (▶FIGURA 4), si viene a formare il *triangolo rettangolo* OBC di ipotenusa $\overline{OB} = R = 1$, e come effetto di quanto affermato prima, anche i cateti $\overline{BC}$ e $\overline{OC}$ di questo triangolo **dipendono solamente** dall'angolo α (mentre l'ipotenusa rimane sempre $R = 1$).

Dato poi che le lunghezze di tali cateti rappresentano pure le *coordinate cartesiane* di B nel precedente sistema cartesiano, ne consegue che anche l'**ascissa** X_B e l'**ordinata** Y_B del punto B sono funzioni dell'angolo α, cioè a ogni valore di α corrisponde un determinato valore sia per l'ascissa X_B sia per l'ordinata Y_B del punto B.

FAQ

Che cos'è il cerchio goniometrico?

È un cerchio convenzionale di raggio unitario ($R = 1$) e con centro coincidente con l'origine di un sistema cartesiano. Viene utilizzato per semplificare le definizioni delle funzioni goniometriche.

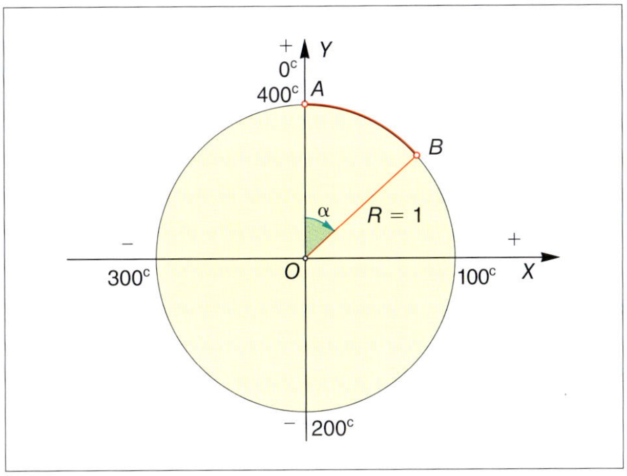

FIGURA 3 Cerchio goniometrico e angolo orientato α.

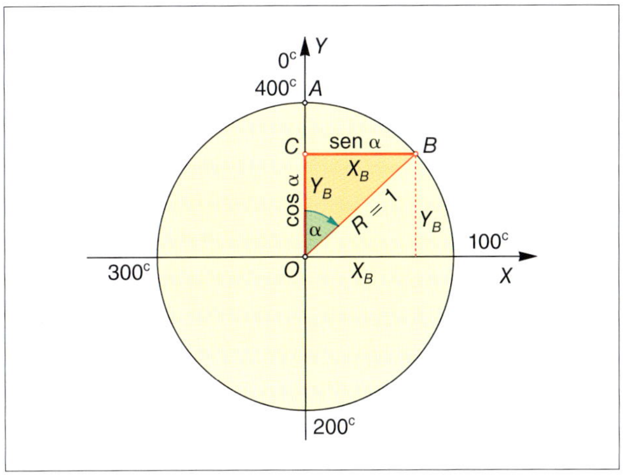

FIGURA 4 Un punto sul cerchio goniometrico ha per coordinate i valori delle funzioni seno e coseno.

■ Definizioni di seno e coseno

Fatta questa premessa, è possibile definire le seguenti funzioni della *variabile* costituita dall'angolo α:

- viene definito **seno** dell'angolo α, e viene indicato con la notazione sen α, il rapporto tra il cateto $\overline{BC}$ (opposto all'angolo α) e l'ipotenusa $\overline{OB} = R$ del triangolo rettangolo OBC;
- viene definito **coseno** dell'angolo α, e viene indicato con la notazione cos α, il rapporto tra il cateto $\overline{OC}$ (adiacente all'angolo α) e l'ipotenusa $\overline{OB} = R$ del triangolo rettangolo OBC:

$$\operatorname{sen}\alpha = \frac{\overline{BC}}{R} \qquad \cos\alpha = \frac{\overline{OC}}{R} \tag{2}$$

Dal punto di vista dimensionale è possibile osservare come tali funzioni siano **numeri puri**, perché definiti dal rapporto di due grandezze della stessa specie. Considerando poi che nel cerchio goniometrico $\overline{OB} = R = 1$, le precedenti definizioni (2) diventano:

$$\operatorname{sen}\alpha \equiv \overline{BC} \equiv X_B \qquad \cos\alpha \equiv \overline{OC} \equiv Y_B \tag{3}$$

Come si vede la semplificazione nell'impiego del cerchio goniometrico consiste nel fatto che in tale ambito i **valori** delle funzioni seno e coseno sono di fatto coincidenti, rispettivamente, con le lunghezze dei **segmenti** BC e OC (o dalle coordinate cartesiane di X_B e Y_B); tale semplificazione è evidenziata in ▶FIGURA 4.

Tuttavia occorre sempre ricordare che nella realtà le funzioni seno e coseno non sono **segmenti**, ma rimangono sempre **rapporti di segmenti** (rapporti che nell'ambito del cerchio goniometrico presentano i denominatori uguali all'unità) e che le definizioni (2) rimangono inalterate e valide anche al di fuori del cerchio goniometrico.

Pertanto, anche se il valore di una funzione goniometrica di un angolo viene definito nell'ambito semplificato del cerchio goniometrico, esso assume comunque significato generale.

FAQ

Quali sono le unità di misura delle funzioni goniometriche?

Nessuna: in realtà ciascuna funzione goniometrica è definita dal rapporto fra le lunghezze di due segmenti, pertanto è un numero adimensionale.

Video *Funzione seno nel cerchio goniometrico*

Video *Funzione coseno nel cerchio goniometrico*

COMPETENZA

Linguaggio

Il termine «seno» deriva dal latino *sinus* che significa golfo, insenatura. L'accostamento deriva dalla forma del diagramma della funzione che vedremo tra poco.

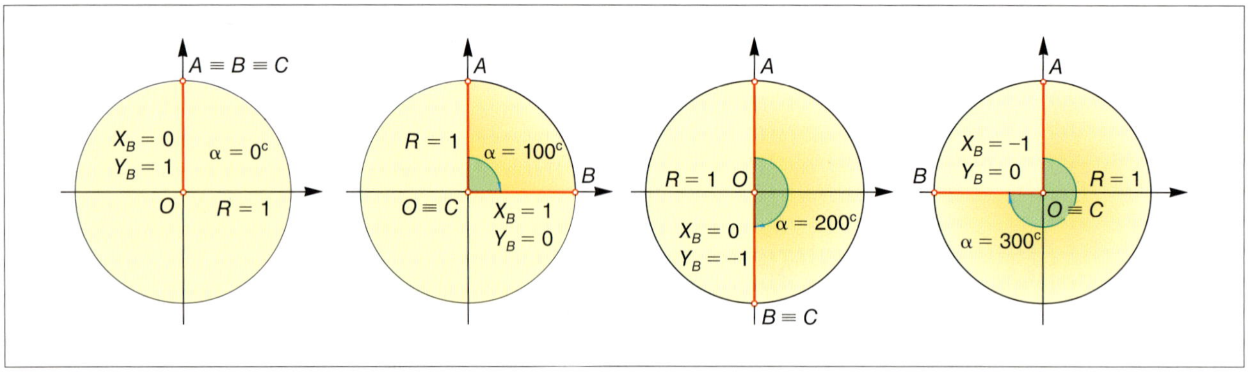

FIGURA 5 Angoli particolari per la determinazione dei valori delle funzioni seno e coseno.

Variazioni e periodicità delle funzioni seno e coseno

Facendo riferimento al cerchio goniometrico (▶FIGURA 5) in corrispondenza degli angoli che definiscono i **quattro quadranti**, è facile stabilire i valori delle funzioni seno e coseno (che sono 0, 1 o −1) in corrispondenza degli angoli $\alpha = 0°$; $\alpha = 90°$ (100^c); $\alpha = 180°$ (200^c); $\alpha = 270°$ (300^c) (▶FIGURA 6). Inoltre dimostreremo in seguito che, in corrispondenza degli angoli $\alpha = 30°$ ($33^c,3$); $\alpha = 45°$ (50^c); $\alpha = 60°$ ($66^c,6$), le funzioni seno e coseno assumono valori facili e utili da ricordare a memoria.

Più in generale, al variare dell'angolo α, le funzioni seno e coseno assumono valori reali sempre e comunque appartenenti all'intervallo da −1 a 1, valori estremi compresi. Questa rilevante situazione può essere sintetizzata dalle seguenti notazioni:

$$-1 \leq \text{sen}\,\alpha \leq 1 \qquad -1 \leq \cos\alpha \leq 1$$

Crescendo l'angolo α **oltre l'angolo giro**, $\alpha > 400^c$ ($\alpha > 360°$ o $\alpha > 2\pi$), i valori delle funzioni seno e coseno si **ripetono periodicamente**.

Possiamo allora affermare che seno e coseno sono **funzioni periodiche** con periodo di 400^c. Ciò significa che tali funzioni dopo un angolo giro tornano ad assumere gli stessi valori (per esempio sen 485^c = sen 85^c).

Più in generale (con n intero) possiamo scrivere:

$$\text{sen}(\alpha + n\,400^c) = \text{sen}\,\alpha \qquad \cos(\alpha + n\,400^c) = \cos\alpha$$

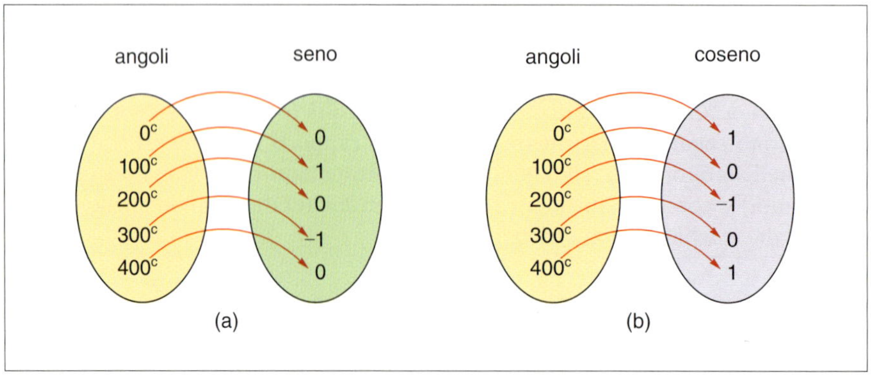

FIGURA 6 Variazione delle funzioni seno (a) e coseno (b) in corrispondenza degli angoli di passaggio dei quattro quadranti.

4. Funzioni goniometriche tangente e cotangente

Con riferimento alle ▶FIGURE 7 e 8, è possibile definire le due ulteriori seguenti funzioni dell'angolo α:

- viene definita **tangente** dell'angolo α, e indicata con la notazione tg α, il rapporto (quando esiste) tra il cateto $\overline{BC}$ (opposto all'angolo α) e il cateto $\overline{OC}$ (adiacente all'angolo α) del triangolo rettangolo OBC;
- viene definita **cotangente** dell'angolo α, e indicata con la notazione cotg α, il rapporto (quando esiste) tra il cateto $\overline{OC}$ (adiacente all'angolo α) e il cateto $\overline{BC}$ (opposto all'angolo α) del triangolo retto OBC:

$$\text{tg}\,\alpha = \frac{\overline{BC}}{\overline{OC}} \qquad \text{cotg}\,\alpha = \frac{\overline{OC}}{\overline{BC}} \tag{4}$$

Anche i valori di queste funzioni sono **numeri puri**. Inoltre, così come per le funzioni seno e coseno, anche le funzioni tangente e cotangente posseggono un **significato semplificato** nell'ambito del cerchio goniometrico, in cui i valori di queste funzioni coincidono con le lunghezze di determinati segmenti. In effetti, considerando la ▶FIGURA 7a e tracciando la **tangente geometrica** al cerchio goniometrico nel punto A, rimane definito il punto T intersezione tra la stessa tangente e il prolungamento del lato estremo OB dell'angolo α. La lunghezza del segmento AT (coincidente con l'ascissa X_T di T) rappresenta il valore della funzione tangente dell'angolo α ($\overline{AT} \equiv$ tg α).

Analogamente, tracciando la tangente geometrica al cerchio goniometrico nel punto H (▶FIGURA 8a), la lunghezza del segmento HS (oppure l'ordinata Y_S di S) coincide con il valore della funzione cotangente dell'angolo α. In definitiva, nell'ambito del cerchio goniometrico, le precedenti definizioni (4) diventano:

$$\text{tg}\,\alpha \equiv \overline{AT} = X_T \qquad \text{cotg}\,\alpha \equiv \overline{HS} = Y_S \tag{5}$$

Osservando poi le (2) e le (4) sono evidenti le seguenti, importanti, relazioni:

$$\text{tg}\,\alpha = \frac{\text{sen}\,\alpha}{\cos\alpha} \qquad \text{cotg}\,\alpha = \frac{\cos\alpha}{\text{sen}\,\alpha} \qquad \text{cotg}\,\alpha = \frac{1}{\text{tg}\,\alpha} \tag{6}$$

FAQ

Cosa significa affermare che le funzioni goniometriche sono periodiche?

Significa che dopo un determinato intervallo (360° per seno e coseno, 180° per tangente e cotangente) riproducono gli stessi valori.

Video *Funzione tangente nel cerchio goniometrico*

Video *Funzione cotangente nel cerchio goniometrico*

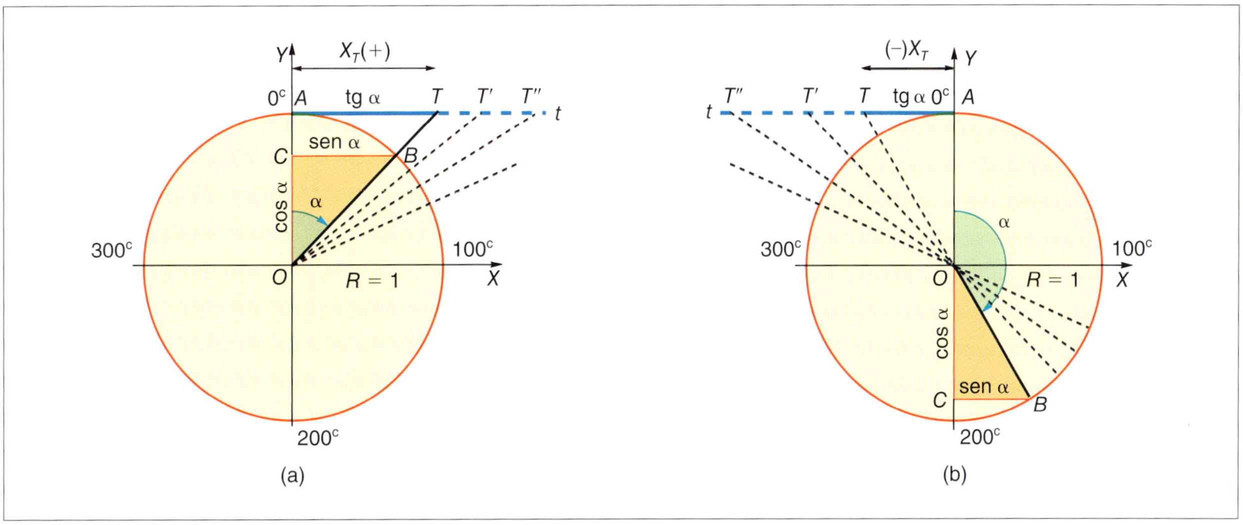

FIGURA 7 Definizione della funzione trigonometrica tangente di un angolo α nel I quadrante (a) e nel II quadrante (b).

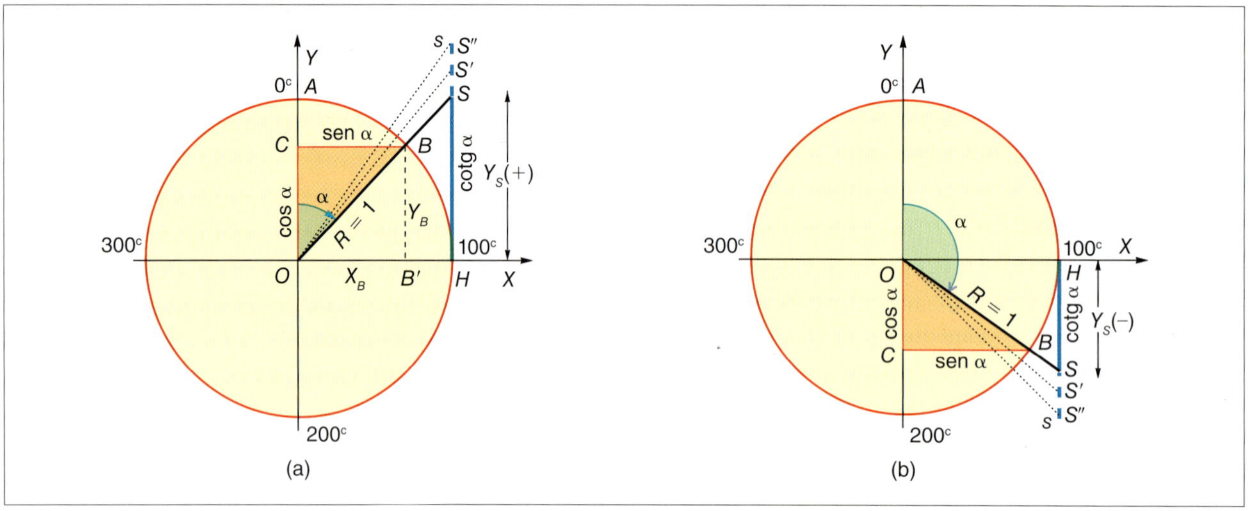

FIGURA 8 Definizione della funzione trigonometrica cotangente di un angolo α nel I quadrante (a) e nel II quadrante (b).

FAQ

Per quale ragione le calcolatrici non possiedono un tasto dedicato al calcolo del valore della funzione cotangente?

Perché la cotangente di un angolo può essere ottenuta utilizzando il valore della tangente dello stesso angolo, facendone poi il reciproco ($1/x$).

FAQ

I valori delle funzioni tangente e cotangente di un angolo sono sempre ottenibili come lunghezza di un segmento?

No, le due funzioni sono rappresentate dalla lunghezza di un segmento *solo* nell'ambito del cerchio goniometrico.

Esistenza delle funzioni tangente e cotangente

Mentre le funzioni seno e coseno **esistono sempre** (cioè forniscono sempre un numero reale per qualsiasi angolo α (dunque sono funzioni **continue**), ciò non è vero per le funzioni **tangente** e **cotangente**; esse, infatti, **non esistono per particolari angoli** che annullano i denominatori delle (4).

Se ci limitiamo a considerare angoli minori dell'angolo giro la funzione tangente **non esiste** a 100^c e 300^c, mentre la funzione cotangente **non esiste** a 0^c e 200^c. Questi valori angolari rappresentano punti di **discontinuità** per le due funzioni (che pertanto sono dette **discontinue**).

Tuttavia un po' prima o un po' dopo questi valori (▶FIGURE 7 e 8), le funzioni tangente e cotangente assumono valori **molto grandi** con segno positivo ($+\infty$, *più infinito*) oppure negativo ($-\infty$ *meno infinito*). Ciò giustifica l'accettazione delle **notazioni convenzionali** del tipo:

$$\text{tg } 100^c = \pm\infty \qquad \text{cotg } 200^c = \mp\infty$$

al posto delle notazioni formalmente corrette: tg 100^c = *non esiste*; cotg 200^c = = *non esiste*.

Variazioni e periodicità delle funzioni tangente e cotangente

Il comportamento delle funzioni tangente e cotangente in corrispondenza degli angoli che separano i quattro quadranti esaminati al punto precedente, sono sintetizzati nella ▶FIGURA 9.

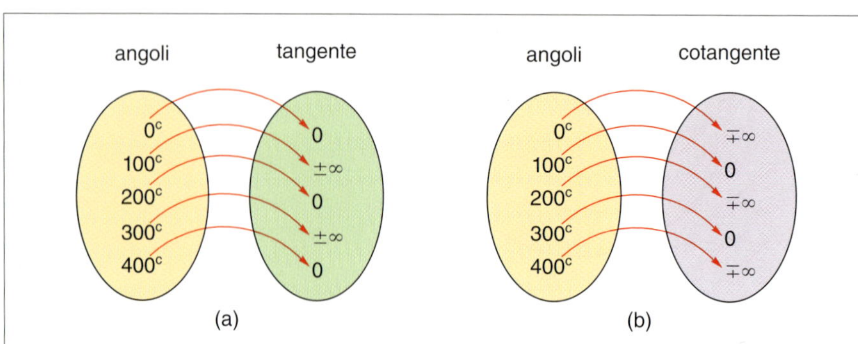

FIGURA 9 Variazione delle funzioni tangente (a) e cotangente (b) in corrispondenza degli angoli di passaggio dei quattro quadranti.

Osservando le ▸FIGURE 7 e 8, oppure considerando le relazioni (6), possiamo renderci conto dei segni che le funzioni tangente e cotangente assumono nei vari quadranti. Inoltre, si può affermare che le funzioni tangente e cotangente assumono, al variare dell'angolo α (ad esclusione di quelli citati al punto precedente), **tutti i valori reali** compresi nell'intervallo $-\infty, +\infty$. Tale situazione può essere sintetizzata dalle seguenti notazioni:

$$-\infty \leq \text{tg}\, \alpha \leq +\infty \qquad -\infty \leq \text{cotg}\, \alpha \leq +\infty$$

Da quanto esposto, si può osservare che anche le funzioni tangente e cotangente, come seno e coseno, sono **periodiche**, ma con **periodo** di 200^c (angolo piatto). In effetti quando l'angolo α cresce da 200^c a 400^c, la tangente e la cotangente assumono, nello stesso ordine, gli stessi valori che presentano quando l'angolo α varia da 0^c a 200^c. Possiamo allora affermare, per fare un esempio, che tg 244^c = tg 44^c, o che cotg 356^c = cotg 156^c. Più in generale (con n intero) possiamo scrivere:

$$\text{tg}(\alpha + n \cdot 200^c) = \text{tg}\, \alpha \qquad \text{cotg}(\alpha + n \cdot 200^c) = \text{cotg}\, \alpha$$

COMPETENZA

Linguaggio

Il termine «tangente» assegnato a una funzione goniometrica è dovuto al fatto che il suo valore coincide con la lunghezza di un segmento che giace sulla tangente geometrica al cerchio goniometrico.

5. Valori delle funzioni goniometriche per angoli di uso frequente

Nel precedente paragrafo abbiamo visto che nell'ambito pratico-operativo gli angoli si presentano con **valori qualsiasi**, e i corrispondenti valori delle funzioni goniometriche vengono ottenute con la *calcolatrice tascabile* o con altri dispositivi informatici.

Tuttavia, come già anticipato, esistono alcuni angoli che, sia per **frequenza di impiego**, sia perché si riferiscono a tipiche **configurazioni geometriche**, hanno una particolare importanza, e in corrispondenza dei quali le *funzioni goniometriche* assumono valori molto **facili da ricordare** e da utilizzare anche senza il ricorso alla macchina calcolatrice; essi sono gli angoli, in gradi sessagesimali, di **45°**, **30°**, **60°**.

Angolo di 45° (50ᶜ; π/4)

Osservando il cerchio goniometrico di ▸FIGURA 10a, si rileva che l'angolo $\alpha = 45°$ definisce il triangolo rettangolo OBC che è **isoscele** (angoli alla base dell'ipote-

FAQ

La funzione tangente esiste per qualsiasi angolo?

No, in corrispondenza di certi valori angolari (es. 90°) la funzione tangente non esiste. Un po' prima o un po' dopo questi valori la tangente assume valori assoluti molto grandi con segno positivo o negativo.

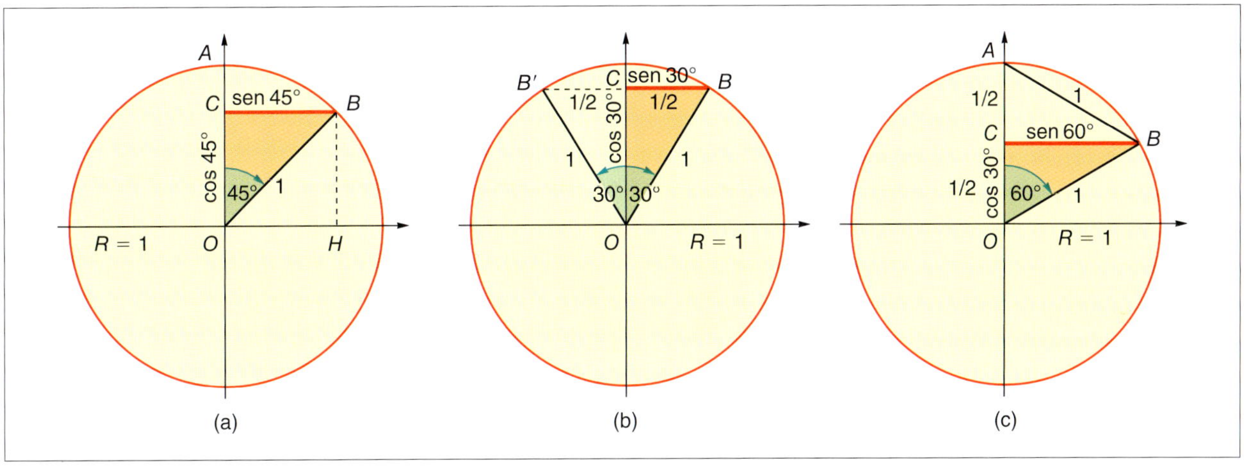

FIGURA 10 Configurazione delle funzioni seno e coseno nel cerchio goniometrico per gli angoli di 45°, 30°, 60°.

FAQ

Esiste un quadrante in cui tutte le funzioni sono positive?

Sì, il primo (0°-90°).

nusa OB entrambi di 45°), dunque i suoi *cateti* OC e CB, che rappresentano rispettivamente le funzioni *seno* e *coseno*), sono uguali ($CB = OC$).

Lo stesso triangolo, poi, è la **metà** del quadrato $OHBC$, la cui **diagonale** $d = OB$ è uguale a 1 (raggio del cerchio goniometrico); dato che per il lato l di un quadrato è $l = d/\sqrt{2}$, ricordando la prima relazione (6) che lega la funzione *tangente* con le funzioni *seno* e *coseno*, ne consegue che:

$$\text{sen}\,45° = \frac{1}{\sqrt{2}} = \frac{\sqrt{2}}{2} \qquad \cos 45° = \frac{1}{\sqrt{2}} = \frac{\sqrt{2}}{2} \qquad \text{tg}\,45° = \frac{\text{sen}\,45°}{\cos 45°} = 1$$

Ricordando la seconda (o la terza) delle relazioni (6) si ha anche che cotg 45° = 1.

■ Angolo di 30° (33ᶜ,3; π/6)

Con riferimento al cerchio goniometrico di ►FIGURA 10b, possiamo osservare che l'angolo $\alpha = 30°$ individua il triangolo rettangolo OBC, che è la **metà** del triangolo **equilatero** OBB' con lato $OB = OB' = BB' = 1$. In questo ambito il cateto CB (che rappresenta la funzione seno) è la metà di BB', dunque 1/2, mentre il cateto OC (che rappresenta la funzione *coseno*) può essere ricavato applicando al triangolo retto OBC il teorema di Pitagora. Ne consegue che:

$$\text{sen}\,30° = \frac{1}{2} = 0{,}5 \qquad \cos 30° = \sqrt{1 - \frac{1}{2^2}} = \frac{\sqrt{3}}{2} \qquad \text{tg}\,30° = \frac{\text{sen}\,30°}{\cos 30°} = \frac{1}{\sqrt{3}}$$

Ricordando ancora la seconda delle (6) sarà cotg 30° = $\sqrt{3}$.

■ Angolo di 60° (66ᶜ,6; π/3)

Anche in questo caso (►FIGURA 10c), rileviamo che l'angolo $\alpha = 60°$ definisce il triangolo rettangolo OBC, che è la **metà** del triangolo **equilatero** OBA con lato $OA = OB = AB = 1$, tuttavia con i **cateti invertiti** rispetto al caso precedente ($\alpha = 30°$). Ne deriva che il cateto OC (funzione *coseno*) è la metà di OA, dunque 1/2, mentre il cateto CB (funzione *seno*) può essere ricavato con il teorema di Pitagora. Si ottiene:

$$\text{sen}\,60° = \frac{\sqrt{3}}{2} \qquad \cos 60° = \frac{1}{2} = 0{,}5 \qquad \text{tg}\,60° = \frac{\text{sen}\,60°}{\cos 60°} = \sqrt{3}$$

Dalla seconda delle (6) è poi cotg 60° = $1/\sqrt{3}$.

Possiamo poi sintetizzare quanto sopra esposto con la ►TABELLA 5. Dalle precedenti, infine, osserviamo che gli angoli 30° e 60°, oltre a essere **complementari**, si **scambiano** il valore delle relative funzioni *seno* e *coseno* (oltre a quello delle funzioni *tangente* e *cotangente*). Tale proprietà, peraltro, è generalizzabile tramite il seguente enunciato:

per tutte le coppie di angoli α e β **complementari** ($\alpha + \beta = 90°$, dunque con $\alpha = 90° - \beta$ oppure $\beta = 90° - \alpha$), il valore della funzione **seno** del primo angolo è uguale al valore della funzione **coseno** del secondo angolo:

$$\text{sen}\,\alpha = \cos\beta = \cos(90° - \alpha)$$

$$\cos\alpha = \text{sen}\,\beta = \text{sen}\,(90° - \alpha)$$

FAQ

Esiste un quadrante in cui tutte le funzioni sono negative?

No, in nessun quadrante si verifica la simultanea negatività di tutte le funzioni goniometriche.

TABELLA 5 Sintesi dei valori delle funzioni goniometriche a 30°, 45°, 60°

α	**sen** α	**cos** α	**tg** α	**cotg** α
30	$\frac{1}{2}$	$\frac{\sqrt{3}}{2}$	$\frac{1}{\sqrt{3}}$	$\sqrt{3}$
45°	$\frac{\sqrt{2}}{2}$	$\frac{\sqrt{2}}{2}$	1	1
60°	$\frac{\sqrt{3}}{2}$	$\frac{1}{2}$	$\sqrt{3}$	$\frac{1}{\sqrt{3}}$

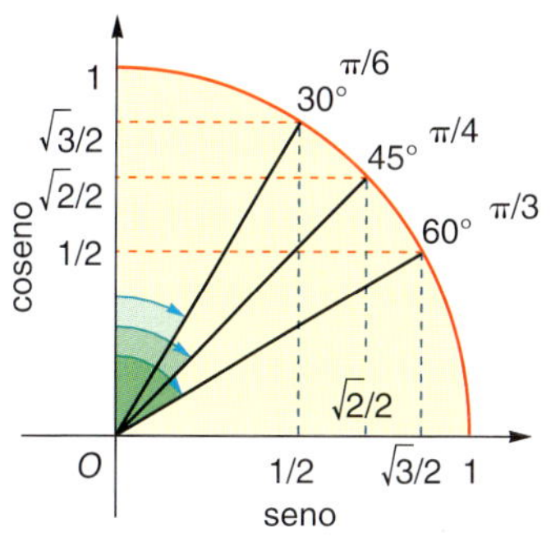

6. Valori delle funzioni goniometriche

Fin qui sono stati considerati i valori delle funzioni goniometriche per **angoli particolari** (0°, 30°, 45°, 90°, 180° ecc.). Tuttavia nella pratica è necessario determinare i valori delle funzioni goniometriche riferite non solo ad angoli particolari, ma anche ad angoli qualunque (per esempio sen 73°,42; tg 45^c,326).

Oggi il calcolo di tali valori viene effettuato con le macchine **calcolatrici tascabili** di tipo **scientifico**, oppure nell'ambito di software come il foglio elettronico. Le modalità di impiego di tali calcolatrici tascabili, nel calcolo dei valori delle funzioni goniometriche, dipendono dalle caratteristiche che queste presentano e che variano da una casa costruttrice all'altra. Lasciamo perciò come esercizio al lettore il compito di verificare, sul libretto di istruzioni della propria calcolatrice, le sequenze da attivare per ottenere i valori delle funzioni cercate. Una volta acquisito l'uso della calcolatrice tascabile, sarà possibile, per esempio, calcolare i valori delle funzioni goniometriche per gli angoli compresi tra 0° e 360°, intervallandoli con un passo di 10° in 10°, e costruire la ▶TABELLA 6.

TABELLA 6 Valori delle funzioni goniometriche per angoli con passo di 10°

$\alpha =$	**0°**	**10°**	**20°**	**30°**	**...**	**340°**	**350°**	**360°**
sen α	0	0,17365	0,34202	0,5	...	−0,34202	−0,17365	0
cos α	1	0,98481	0,93969	0,86602	...	+0,93969	+0,98481	1
tg α	0	0,17633	0,36397	0,57735	...	−0,36397	−0,17633	0
cotg α	–	5,67128	2,74748	1,73205	...	−2,74748	−5,67128	–

7. Grafici delle funzioni goniometriche

Tutte le funzioni goniometriche posseggono una caratteristica **rappresentazione grafica** che si estende infinitamente a sinistra e a destra dell'asse *Y*. Tuttavia, essendo queste funzioni *periodiche*, le caratteristiche di tali grafici possono essere valutate compiutamente nell'ambito del primo angolo giro per le funzioni seno e coseno, o del primo angolo piatto per le funzioni tangenti e cotangente, dunque limitando l'analisi nell'intervallo compreso, rispettivamente, tra 0° e 360° e tra 0° e 180°.

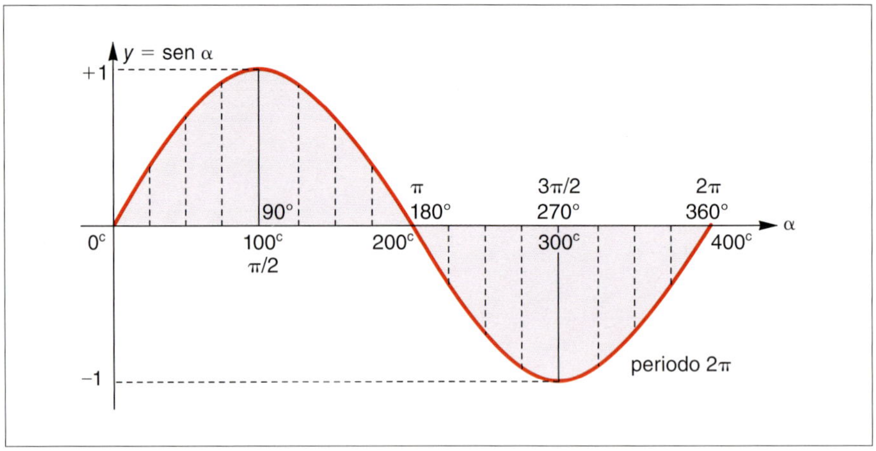

FIGURA 11 Porzione del diagramma della funzione $y = \text{sen}\ \alpha$ per α compreso tra 0° e 360°.

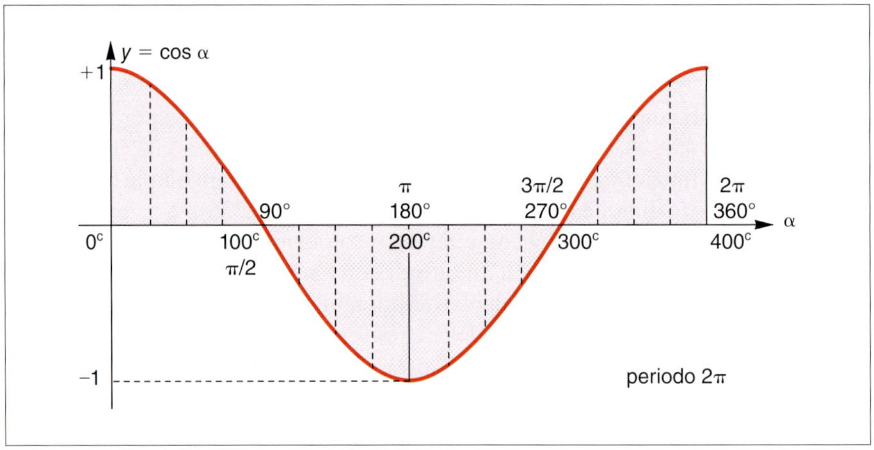

FIGURA 12 Porzione del diagramma della funzione $y = \cos \alpha$ per α compreso tra 0° e 360°.

COMPETENZA

Attività grafica

I diagrammi delle funzioni goniometriche possono essere creati anche per loro combinazioni ($\text{sen}\ \alpha + \cos \beta$; $|\text{sen}\ \alpha|$), calcolandone i relativi valori in corrispondenza degli angoli utilizzati nella formazione del diagramma.

Video *Sinusoide*

Video *Cosinusoide*

FAQ

L'estensione, sull'asse delle ascisse, delle rappresentazioni grafiche di seno e coseno sono limitate solo a certi intervalli?

No, le due rappresentazioni sono illimitate sia a destra dell'asse *y* (angoli positivi) sia a sinistra (angoli negativi).

Funzioni seno e coseno

Per costruire i **grafici** delle funzioni $y = \text{sen}\ \alpha$ e $y = \cos \alpha$, occorre scegliere una **scala convenzionale** di rappresentazione degli angoli (per esempio 5 mm = 10°), poi riportare sull'asse delle ascisse i valori degli angoli compresi tra 0° e 360° e sull'asse delle ordinate i corrispondenti valori del seno e del coseno (ad esempio usando quelli contenuti nella ▶TABELLA 6), fissando preventivamente anche in questo caso una opportuna *scala convenzionale* di rappresentazione (per esempio 4 cm = 1).

I grafici che si ottengono sono chiamati rispettivamente **sinusoide** e **cosinusoide**; le ▶FIGURE 11 e 12 riportano tali curve nel tratto di asse delle ascisse in cui gli angoli sono compresi tra 0° e 360° (0^c e 400^c), cioè nell'ambito del primo angolo giro.

Funzioni tangente e cotangente

Analogamente possiamo costruire grafici delle funzioni $y = \text{tg}\ \alpha$ e $y = \text{cotg}\ \alpha$. Tali grafici sono chiamati rispettivamente **tangentoide** e **cotangentoide**; le ▶FIGURE 13 e 14 riportano tali curve nel tratto di asse delle ascisse in cui gli angoli sono compresi tra 0^c e 200^c (0° e 180°). Osserviamo che la parallela all'asse *Y* tracciata per $\alpha = 100^c$, rappresenta un *asintoto* per la funzione tangente; analogamente l'asse *Y* e la parallela all'asse *Y* tracciata per $\alpha = 0^c$ e $\alpha = 200^c$, rappresentano *asintoti* per la funzione cotangente.

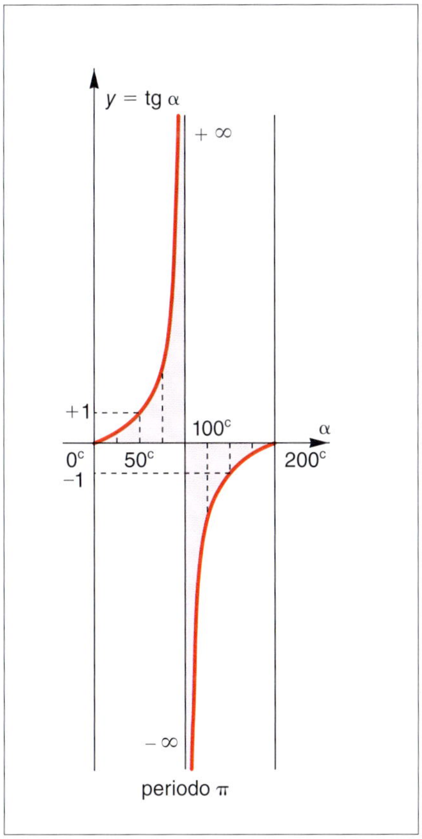

FIGURA 13 Porzione del diagramma della funzione $y = \text{tg}\ \alpha$ per α compreso tra 0^c e 200^c.

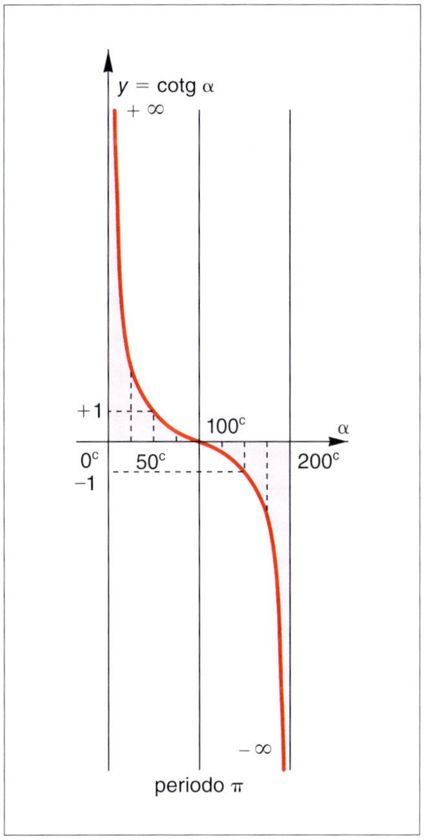

FIGURA 14 Porzione del diagramma della funzione $y = \text{cotg}\ \alpha$ per α compreso tra 0^c e 200^c.

Video *Tangentoide*

Video *Cotangentoide*

8. Relazioni tra le funzioni goniometriche di uno stesso angolo

Tra le funzioni goniometriche di uno **stesso angolo** α esistono **relazioni indipendenti**; due di queste sono la prima e la terza delle (6), che per comodità riproponiamo:

$$\text{tg}\,\alpha = \frac{\text{sen}\,\alpha}{\cos\alpha} \qquad \text{cotg}\,\alpha = \frac{1}{\text{tg}\,\alpha} \qquad (7)$$

Oltre a queste due relazioni indipendenti, è possibile ricavarne una terza (tra seno e coseno di uno stesso angolo) applicando il teorema di Pitagora al triangolo retto OBC (►FIGURA 15) nell'ambito del *cerchio goniometrico* (ricordando che $OB = R = 1$ è l'ipotenusa di tale triangolo). Considerando poi che in tale contesto le misure dei segmenti CB e OC rappresentano rispettivamente il seno e il co-

FIGURA 15 Applicando il teorema di Pitagora al triangolo retto OBC si ottiene la relazione fondamentale della goniometria.

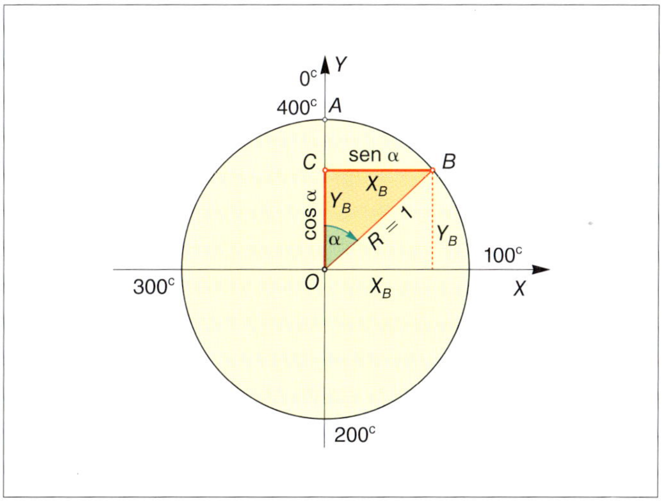

FAQ

Esiste una relazione che lega seno e coseno dello stesso angolo?

Sì, è la relazione detta fondamentale per la quale la somma dei quadrati del seno e del coseno di uno stesso angolo sono sempre uguali all'unità.

TABELLA 7 **Relazioni tra funzioni goniometriche di uno stesso angolo**

	(sen α)	**(cos α)**	**(tg α)**	**(cotg α)**
sen α	sen α	$\pm\sqrt{1-\cos^2\alpha}$	$\dfrac{\text{tg}\,\alpha}{\pm\sqrt{1+\text{tg}^2\alpha}}$	$\dfrac{1}{\pm\sqrt{1+\text{cotg}^2\alpha}}$
cos α	$\pm\sqrt{1-\text{sen}^2\alpha}$	cos α	$\dfrac{1}{\pm\sqrt{1+\text{tg}^2\alpha}}$	$\dfrac{\text{cotg}\,\alpha}{\pm\sqrt{1+\text{cotg}^2\alpha}}$
tg α	$\dfrac{\text{sen}\,\alpha}{\pm\sqrt{1-\text{sen}^2\alpha}}$	$\dfrac{\pm\sqrt{1-\cos^2\alpha}}{\cos\alpha}$	tg α	$\dfrac{1}{\text{cotg}\,\alpha}$
cotg α	$\dfrac{\pm\sqrt{1-\text{sen}^2\alpha}}{\text{sen}\,\alpha}$	$\dfrac{\cos\alpha}{\pm\sqrt{1-\cos^2\alpha}}$	$\dfrac{1}{\text{tg}\,\alpha}$	cotg α

seno dell'angolo α, potremo scrivere quella che è nota come **relazione fondamentale della goniometria**:

$$\text{sen}^2\,\alpha + \cos^2\alpha = 1 \qquad (8)$$

In essa, alle notazioni convenzionali $\text{sen}^2\,\alpha$ e $\cos^2\alpha$, deve essere attribuito il significato seguente, più corretto sotto l'aspetto formale: $(\text{sen}\alpha)^2$ e $(\cos\alpha)^2$. L'espressione (8) può essere così enunciata:

la **somma dei quadrati** dei valori del seno e del coseno di uno stesso angolo è uguale a **1**.

Naturalmente la relazione (8), anche se ricavata nell'ambito del cerchio goniometrico, ha validità generale per qualunque angolo α (per esempio: $\text{sen}^2\,76°{,}5 + \cos^2 76°{,}5 = 1$).

Le tre relazioni (7) e (8) sono, come si è detto, tra loro *indipendenti*, e da esse possono essere derivate ulteriori relazioni tra le funzioni goniometriche di uno stesso angolo α. La ▶TABELLA 7 raccoglie tali relazioni in cui in ogni riga ciascuna funzione goniometrica viene messa in relazione a una sola delle restanti. L'ambiguità relativa al doppio segno $\pm$ che compare in alcune formule, viene risolto valutando il **quadrante** di appartenenza dell'angolo α.

PROBLEMA SVOLTO

Calcola in forma frazionaria, senza l'uso della macchina calcolatrice, i valori di cos α, tg α e cotg α, sapendo che sen α = 1/3 e che 180° < α < 270°.

Soluzione

Applicando le relazioni della ▶TABELLA 7 e ricordando che nel III quadrante sono negativi i valori del coseno, mentre i valori di tangente e cotangente sono positivi, possiamo scrivere, per cos α:

$$\cos\alpha = -\sqrt{1-\frac{1}{3^2}} = -\sqrt{\frac{8}{3^2}} = \frac{2\sqrt{2}}{3}$$

FAQ

Cosa sono le relazioni dipendenti della goniometria?

Sono relazioni ricavate dalle tre relazioni indipendenti, nelle quali ciascuna funzione goniometrica viene espressa in funzione delle altre.

mentre per tg α e cotg α risulta:

$$\operatorname{tg}\alpha = +\frac{\frac{1}{3}}{\frac{2\sqrt{2}}{3}} = +\frac{1}{2\sqrt{2}} \qquad \operatorname{cotg}\alpha = +2\sqrt{2}$$

9. Relazioni tra le funzioni goniometriche di angoli associati

Si chiamano **angoli associati** all'angolo α quegli angoli (diversi da α) per i quali le funzioni goniometriche, in **valore assoluto**, sono uguali a quelle dell'angolo α. Il **segno** del valore della funzione viene poi definito valutando il **quadrante** di appartenenza degli angoli associati.

Questa proprietà degli angoli associati consente di utilizzare un **angolo acuto** (I quadrante) per ottenere il valore assoluto di ciascuna funzione goniometrica relativa a un angolo appartenente a qualunque quadrante maggiore dell'angolo retto (per esempio per ottenere i valori delle funzioni dell'angolo 143^c, è possibile utilizzare l'angolo acuto 57^c).

Questa operazione è nota come **riduzione al I quadrante** (punto successivo) ed era indispensabile in passato per ottenere i valori delle funzioni goniometriche con le *tavole logaritmiche* (esse, infatti, contenevano solo i valori relativi agli angoli acuti). Oggi, per tale compito, l'uso delle calcolatrici scientifiche ha reso non indispensabile tale proprietà, che, tuttavia, è necessaria in altri contesti.

Gli angoli acuti α e $(100^c - \alpha)$ di un triangolo retto sono **complementari**, ma possono essere anche considerati **associati** in virtù delle relazioni (16) e (21) che saranno proposte nel prossimo paragrafo 11. Nella ▶TABELLA 8 sono sintetizzate le caratteristiche degli angoli associati in cui uno di questi è **maggiore dell'angolo retto**.

Riduzione al primo quadrante

Considerando le proprietà degli angoli associati viste in precedenza, dato un angolo α con qualsiasi valore, è sempre possibile:

trovare un angolo compreso tra 0^c e 100^c (dunque acuto e positivo), le cui funzioni goniometriche sono **uguali**, in **valore assoluto**, a quelle dell'angolo α dato. La ricerca di tale angolo acuto prende il nome di **riduzione al primo quadrante**.

Ad esempio:

- volendo il valore di cos 227°, possiamo ricorrere alle proprietà dei due angoli associati antisupplementari: 227° e (227° − 180°):

$$\cos 227° = -\cos(227° - 180°) = -\cos 47°$$

quindi 47° è l'angolo ridotto al primo quadrante di 227°;
- analogamente volendo il valore di tg 354^c, facendo riferimento agli angoli associati esplementari, si ha:

$$\operatorname{tg} 354^c = -\operatorname{tg}(400^c - 354^c) = -\operatorname{tg} 46^c$$

quindi 46^c è l'angolo ridotto al primo quadrante di 354^c.

FAQ

Cosa sono gli angoli associati?
Sono angoli diversi, ma che presentano i valori assoluti delle funzioni goniometriche uguali. Per esempio due angoli supplementari sono anche associati.

FAQ

Le macchine calcolatrici fanno ricorso alla tecnica di riduzione al I quadrante?
No, tale tecnica era indispensabile con l'uso delle vecchie tavole nelle quali erano presenti solo gli angoli acuti (nel I quadrante, appunto).

TABELLA 8 **Caratteristiche degli angoli associati**

■ **Angoli anticomplementari**	α nel I quadrante **($100^c + \alpha$)** nel II quadrante	■ **Angoli supplementari**	α nel II quadrante **($200^c - \alpha$)** nel I quadrante
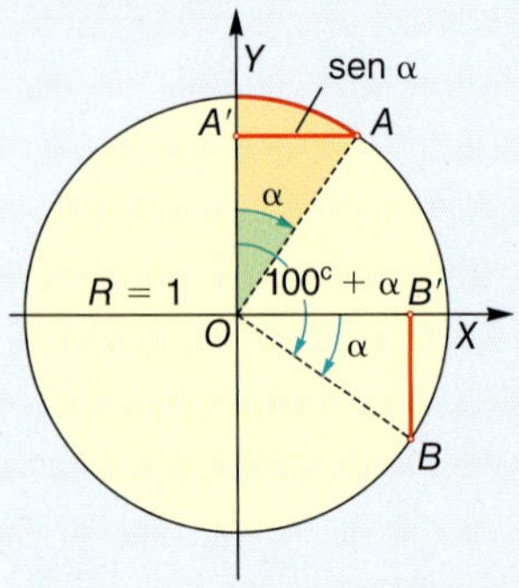	$\text{sen}\,(100^c + \alpha) = \cos\alpha$ $\cos\,(100^c + \alpha) = -\,\text{sen}\,\alpha$ $\text{tg}\,(100^c + \alpha) = -\,\text{cotg}\,\alpha$ $\text{cotg}\,(100^c + \alpha) = -\,\text{tg}\,\alpha$	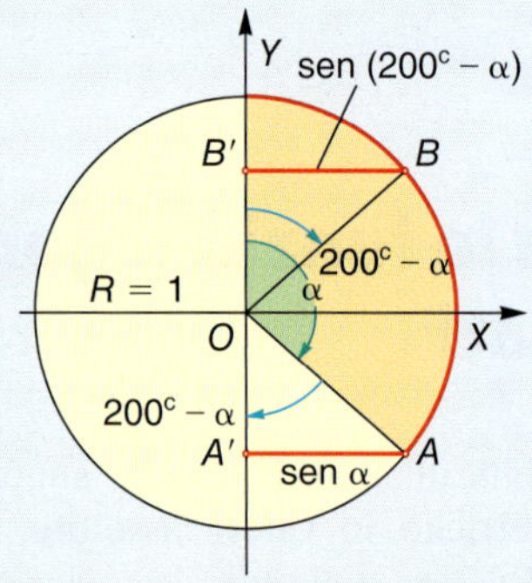	$\text{sen}\,\alpha = \text{sen}\,(200^c - \alpha)$ $\cos\alpha = -\cos\,(200^c - \alpha)$ $\text{tg}\,\alpha = -\,\text{tg}\,(200^c - \alpha)$ $\text{cotg}\alpha = -\,\text{cotg}\,(200^c - \alpha)$
Esempio: $\text{sen}\,134^c = \text{sen}(100^c + 34^c) = \cos 34^c$		Esempio: $\text{tg}\,168^c = -\,\text{tg}(200^c - 168^c) = -\,\text{tg}\,32^c$	

■ **Angoli antisupplementari (1)**	α nel III quadrante **($\alpha - 200^c$)** nel I quadrante	■ **Angoli antisupplementari (2)**	α nel I quadrante **($\alpha + 200^c$)** nel III quadrante
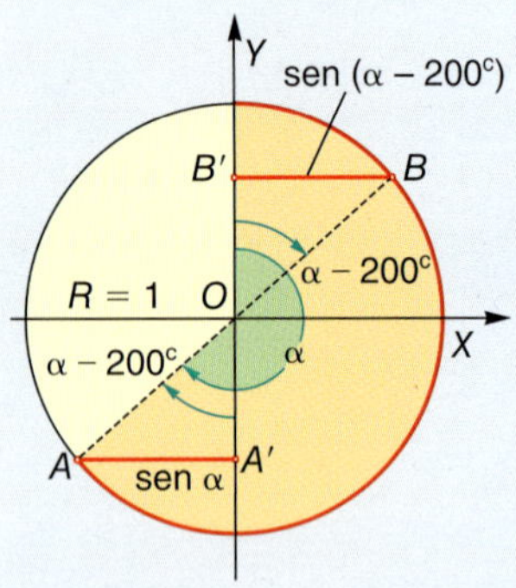	$\text{sen}\,\alpha = -\,\text{sen}\,(\alpha - 200^c)$ $\cos\alpha = -\cos\,(\alpha - 200^c)$ $\text{tg}\,\alpha = \text{tg}\,(\alpha - 200^c)$ $\text{cotg}\,\alpha = \text{cotg}\,(\alpha - 200^c)$	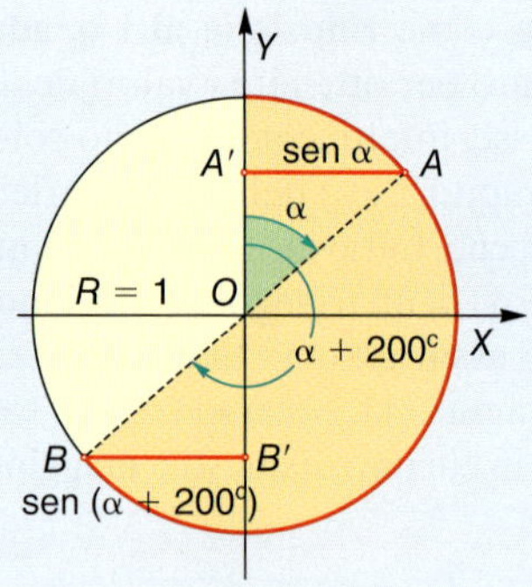	$\text{sen}\,(\alpha + 200^c) = -\,\text{sen}\alpha$ $\cos\,(\alpha + 200^c) = -\cos\alpha$ $\text{tg}\,(\alpha + 200^c) = \text{tg}\,\alpha$ $\text{cotg}\,(\alpha + 200^c) = \text{cotg}\,\alpha$
Esempio: $\cos 272^c = -\cos(272^c - 200^c) = -\cos 72^c$		Esempio: $\text{sen}\,251^c = -\,\text{sen}(200^c + 51^c) = -\,\text{sen}\,51^c$	

■ **Angoli esplementari**	α nel IV quadrante **($400^c - \alpha$)** nel I quadrante	■ **Angoli opposti**	α quadrante qualunque $-\alpha$ quadrante qualunque
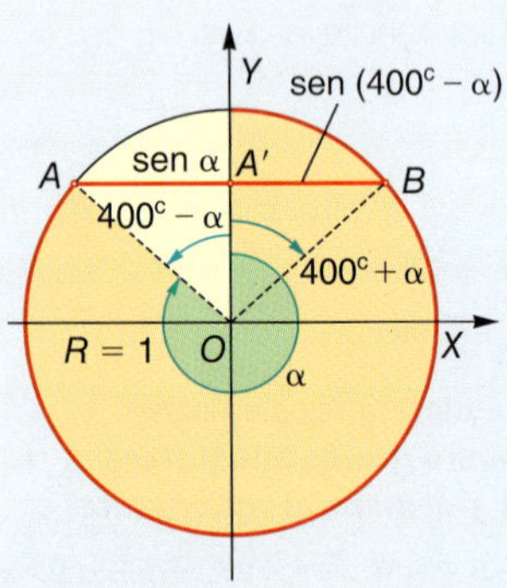	$\text{sen}\,\alpha = -\,\text{sen}\,(400^c - \alpha)$ $\cos\alpha = \cos\,(400^c - \alpha)$ $\text{tg}\,\alpha = -\,\text{tg}\,(400^c - \alpha)$ $\text{cotg}\alpha = -\,\text{cotg}\,(400^c - \alpha)$	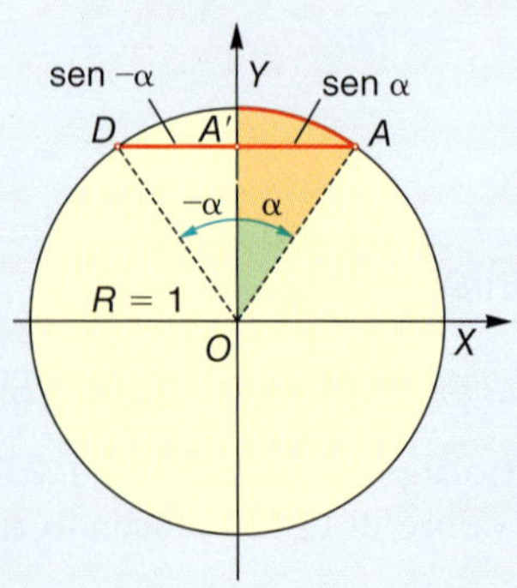	$\text{sen}\,(-\alpha) = -\,\text{sen}\,\alpha$ $\cos\,(-\alpha) = \cos\alpha$ $\text{tg}\,(-\alpha) = -\,\text{tg}\,\alpha$ $\text{cotg}\,(-\alpha) = -\,\text{cotg}\,\alpha$
Esempio: $\text{tg}\,337^c = -\,\text{tg}(400^c - 337^c) = -\,\text{tg}\,63^c$		Esempio: $\cos\,(-28)^c = \cos 28^c$	

Qualora l'angolo α fosse *maggiore dell'angolo giro* (tenendo conto della periodicità delle funzioni goniometriche), prima di considerare gli angoli associati occorre togliere un numero intero di angoli giri. Per esempio:

$$\text{sen } 846° = \text{sen } (846° - 2 \cdot 360°) = \text{sen } 126° = \text{sen } (180° - 126°) = \text{sen } 54°$$

10. Funzioni inverse

Definizione del problema connesso alle funzioni inverse

In generale le funzioni $y = f(x)$ sono dette **biunivoche** quando le variabili *indipendente* x e *dipendente* y sono legate da una relazione per la quale, non solo a ogni valore della x corrisponde un **solo valore** della y, ma anche, all'inverso, a ogni valore della y corrisponde **un solo** valore della x. Ad esempio alla funzione biunivoca:

$y = 2x + 2$ corrisponde la **funzione inversa** $x = \dfrac{y-2}{2}$

Nelle funzioni biunivoche, allora, si possono **scambiare** indifferentemente la variabile dipendente con quella indipendente (▶FIGURA 16a).

Tuttavia alcune funzioni, mentre continuano a restituire un **solo valore** della y per ciascun valore della x (funzioni **univoche**), non accade il contrario, per cui a **un valore** della y **corrispondono più valori** (in realtà sono infiniti) **della** x; esse consentono la definizione delle rispettive *funzioni inverse* **solo** se si accettano precise **limitazioni**.

Le **funzioni goniometriche** (▶FIGURA 16b) appartengono a questo tipo di funzioni; esse, pertanto, **non sono biunivoche**. Ad esempio consideriamo la *funzione goniometrica* **seno** tramite l'equazione $y = \text{sen } \alpha = 1/2$ (con α variabile indipendente e y variabile dipendente); esistono infiniti valori di α per i quali si ha $y = 1/2$ (di cui **due** nel primo angolo giro), come è possibile anche osservare dalla ▶FIGURA 17 (pagina seguente).

In questi casi, per definire la **funzione inversa** di una funzione **non biunivoca** assegnata, è necessario **delimitare**, in modo opportuno e ristretto, l'**intervallo di variabilità** della variabile indipendente x. Questa, nel caso delle funzioni goniometriche, può essere indicata con α, trattandosi di un angolo.

Nella risoluzione delle figure piane capita spesso di dover risolvere il problema, definito **inverso**, di *determinare tutti gli angoli che presentano un assegnato valore di una funzione goniometrica.*

FAQ

Assegnato un numero reale compreso tra −1 e 1, quanti angoli presentano il valore della funzione seno uguale a questo numero?

Infiniti.

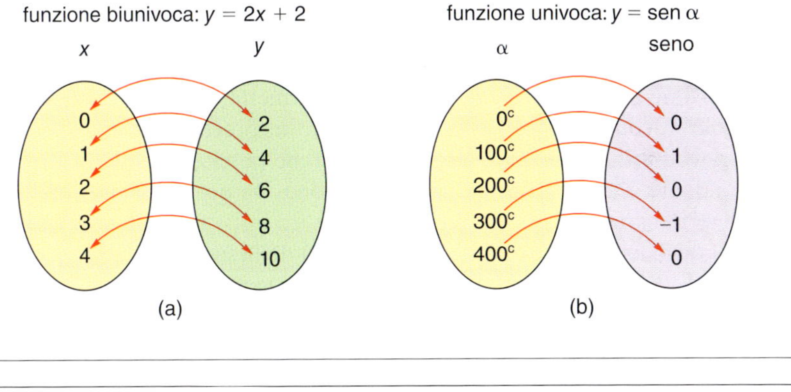

FIGURA 16 (a) Esempio di funzione biunivoca. (b) Esempio di funzione univoca per la quale è possibile definire la corrispondente funzione inversa solamente limitando opportunamente il campo di variazione della variabile indipendente α.

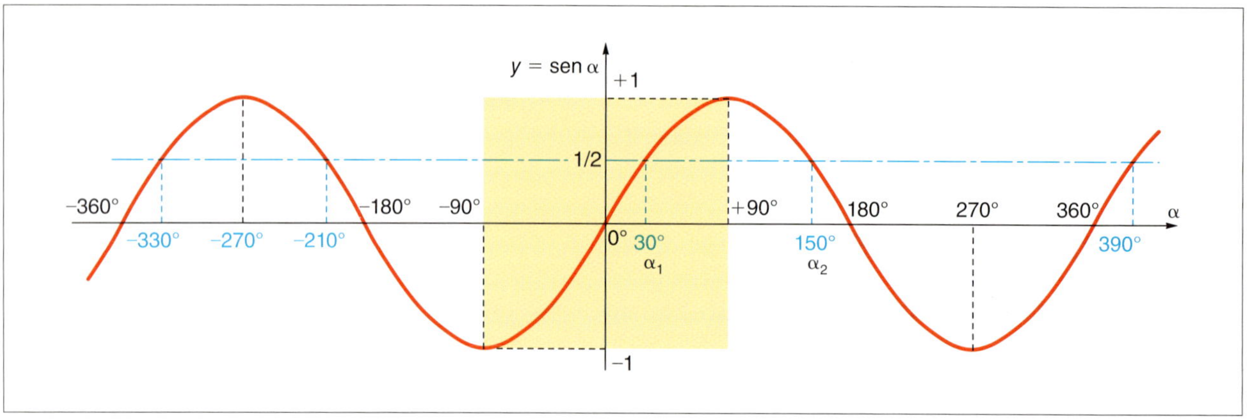

FIGURA 17 La funzione $y = \text{sen}\,\alpha$ assume un determinato valore, ad esempio 0,5, in corrispondenza di infiniti valori dell'angolo α. Limitando l'intervallo di variazione di α tra –90° e +90° la funzione seno diventa biunivoca, consentendo di definire la relativa funzione inversa.

Premettendo che vengono chiamate **equazioni trigonometriche** quelle uguaglianze che contengono funzioni goniometriche con angoli incogniti, il problema prima enunciato consiste nel risolvere **equazioni elementari** del tipo:

$$\begin{aligned} &\text{sen}\,\alpha = r && \text{con} && -1 \leq r \leq 1 \\ &\cos\alpha = s && \text{con} && -1 \leq s \leq 1 \\ &\text{tg}\,\alpha = v && \text{con} && -\infty \leq v \leq +\infty \end{aligned} \tag{9}$$

Per risolvere le equazioni (9) è necessario definire le **funzioni inverse** di seno, coseno e tangente. Esse consentono di ottenere il **primo dei valori** dell'angolo α (che viene indicato con α_1), corrispondente a un dato valore r, s, v della funzione considerata, dal quale sarà poi possibile determinare tutti gli infiniti altri valori, o solo il **secondo valore** α_2 se ci si limita al **primo angolo giro** (ambito nel quale si sviluppano le nostre problematiche), con valutazioni connesse alle proprietà degli angoli associati.

Per ottenere questo **primo valore** α_1 dell'angolo α, è necessario limitare la definizione di queste nuove funzioni in **intervalli** angolari ben precisi e propri per ciascuna funzione.

Funzione inversa arcoseno

Consideriamo l'equazione elementare

$$y = \text{sen}\,\alpha \qquad \text{con} \qquad -1 \leq y \leq 1$$

Se assumiamo α come **incognita** della precedente equazione, abbiamo visto che essa presenta **infinite** soluzioni (α_1, α_2, α_3, ...) che la soddisfano. Tuttavia, se immaginiamo di limitare i valori entro cui varia α all'intervallo $-100^c \leq \alpha \leq 100^c$ ($-90° \leq \alpha \leq 90°$), evidenziato in ▶FIGURA 17, la funzione *seno* diventa **biunivoca**, consentendo la definizione della sua **funzione inversa**.

La **funzione inversa** del *seno*, pertanto, ci permette di ricavare **un solo** valore dell'angolo α, compreso nell'intervallo definito in precedenza; esso deve essere considerato il **primo dei valori** dell'angolo α (che perciò, viene indicato con α_1), corrispondente a un dato valore y della funzione. Da questo valore sarà poi possibile determinare **tutti gli infiniti** altri valori α_2, α_3,... facendo riferimento alle proprietà degli **angoli associati** e alla **periodicità** della funzione seno.

In realtà, nel nostro ambito, non è necessario conoscere tutti gli altri infiniti valori che soddisfano l'equazione, ma di questi a noi interessa solo il **secondo valore** α_2 sicuramente appartenente al **primo angolo giro** (ambito nel quale

FAQ

In quale intervallo angolare la funzione inversa arcoseno viene definita?

Nell'intervallo $-100^c \leq \alpha \leq 100^c$ nel quale, per un valore r (compreso tra –1 e 1), a essa corrisponde un solo valore angolare α.

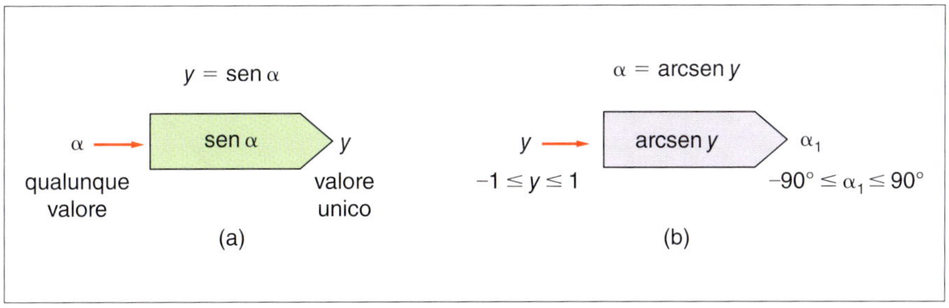

FIGURA 18 (a) La funzione *seno* riceve un valore angolare α e restituisce un unico valore y compreso nell'intervallo $-1 \leq y \leq 1$. (b) La funzione inversa arcoseno riceve un numero reale y compreso nell'intervallo $-1 \leq y \leq 1$ e restituisce il valore α_1 compreso nell'intervallo $-90° \leq \alpha_1 \leq 90°$ ($-100^c \leq \alpha_1 \leq 100^c$).

si sviluppa il nostro interesse). Pertanto, nell'intervallo $-100^c \leq \alpha \leq 100^c$, a un assegnato valore di y (con $-1 \leq y \leq 1$), corrisponde **un solo valore** di α. Tale valore ci viene fornito dalla **funzione inversa del seno**, che viene chiamata **arcoseno** (▶FIGURA 18b); essa viene indicata con la seguente notazione convenzionale:

$$\alpha = \text{arcsen}\,(y)$$

Tale annotazione significa che «α è l'angolo il cui seno è y nell'intervallo $-100^c \leq \alpha \leq 100^c$ ($-90° \leq \alpha \leq 90°$)». Questo valore ci viene fornito dalle **calcolatrici** (o altri strumenti di calcolo) e, come già detto, deve essere considerato come **primo valore** α_1 (sempre acuto) delle infinite soluzioni dell'equazione $y = \text{sen}\,\alpha$. Il **secondo valore** α_2 viene poi determinato ricordando che la funzione *seno* presenta lo stesso valore per due angoli **supplementari** (angoli *associati*). Allora, facendo riferimento ai soli **angoli positivi** dell'intervallo precedente, dato che α_1 è nel I quadrante, α_2 apparterrà al II quadrante e sarà fornito dalla relazione:

$$\alpha_2 = 200^c - \alpha_1$$

Le ulteriori soluzioni α_3, α_4, α_5,... possono essere ottenute dai valori α_1 e α_2 tenendo conto della **periodicità** della funzione *seno*; tuttavia tali valori non hanno alcun interesse nel nostro contesto.

Ad esempio, consideriamo la seguente equazione elementare: $\text{sen}\,\alpha = \sqrt{3}/2$. Ebbene il **primo** valore delle soluzioni dell'equazione viene fornito dalla **funzione inversa**: $\alpha_1 = \text{arcsen}(\sqrt{3}/2)$ ottenendo dalla *calcolatrice* il valore $66^c,6$. La **seconda** soluzione α_2 si ottiene, poi, calcolando l'angolo *supplementare* di $66^c,6$; pertanto le **prime due soluzioni** dell'equazione precedente (quelle che interessano a noi), entrambe nel primo angolo giro, sono:

$$\alpha_1 = 66^c,6 \qquad \text{e} \qquad \alpha_2 = 200^c - 66^c,6 = 133^c,4$$

Funzione inversa arcocoseno

Considerazioni analoghe a quelle fatte al punto precedente, possono essere sviluppate considerando l'equazione elementare:

$$y = \cos\alpha \qquad \text{con} \qquad -1 \leq y \leq 1$$

Anche in questo caso, se immaginiamo di limitare i valori entro cui varia α all'intervallo $0° \leq \alpha \leq 180°$ ($0^c \leq \alpha \leq 200^c$), evidenziato in ▶FIGURA 19 (pagina seguente), la funzione *coseno* diventa **biunivoca** e l'equazione precedente presenta **una sola soluzione**, consentendo la definizione della **funzione inversa** *arcocoseno* indicata con la notazione convenzionale:

$$\alpha = \arccos\,(y)$$

FAQ

Assegnato un numero reale compreso tra −1 e 1, la funzione inversa arcocoseno fornisce sempre un valore angolare compreso tra 0^c e 180^c. Perché?

Perché in questo intervallo esiste un solo angolo il cui coseno presenta un valore uguale al numero assegnato. In questo intervallo, cioè, la funzione *arcocoseno* è biunivoca.

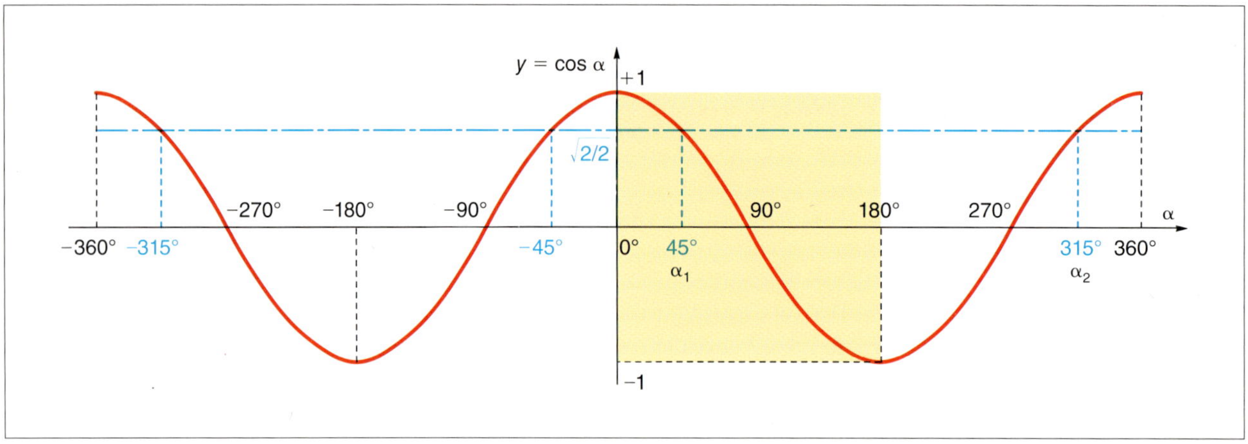

FIGURA 19 Grafico della funzione goniometrica coseno, in cui è stato evidenziato l'intervallo di valori $0° \leq \alpha_1 \leq 180°$ ($0^c \leq \alpha_1 \leq 200^c$) nell'ambito del quale la funzione diventa biunivoca, consentendo di definire la corrispondente funzione inversa arcocoseno.

Essa indica che: «α è l'angolo il cui coseno è y nell'intervallo $0^c \leq \alpha \leq 200^c$». Anche in questo caso tale valore è da considerare il **primo valore** α_1 ($\alpha_1 \leq 200^c$) delle soluzioni dell'equazione $y = \cos\alpha$. Il **secondo valore** α_2 si ottiene osservando che la funzione *coseno* presenta lo stesso valore per due angoli **esplementari**:

$$\alpha_2 = 400^c - \alpha_1$$

Riferendoci, ad esempio, all'equazione elementare $\cos\alpha = \sqrt{2}/2$ (►FIGURA 19), la calcolatrice per $\arccos(\sqrt{2}/2)$ fornisce il valore 50^c. Questo rappresenta il **primo** valore α_1 delle soluzioni dell'equazione precedente. Per ottenere la **seconda** soluzione α_2 basta calcolare l'angolo **esplementare** di 50^c. Le prime due soluzioni sono pertanto:

$$\alpha_1 = 50^c \qquad \alpha_2 = 400^c - 50^c = 350^c$$

Funzione inversa arcotangente

Analogamente a quanto osservato in precedenza, per ottenere le prime due soluzioni α_1, α_2 dell'equazione elementare

$$\text{tg}\,\alpha = y \qquad \text{con} \qquad -\infty \leq y \leq +\infty$$

occorre iniziare dal calcolare il **primo valore** α_1 limitando i valori degli angoli α all'**intervallo** $-100^c \leq \alpha \leq 100^c$ ($-90° \leq \alpha \leq 90°$) e ricorrendo alla *funzione inversa* **arcotangente** con la notazione convenzionale

$$\alpha = \text{arctg}\,(y)$$

Il valore α_1, come nei casi precedenti, viene ottenuto dalla calcolatrice, mentre il **secondo valore** α_2 viene poi calcolato osservando che il **periodo** della funzione tangente è uguale all'angolo piatto, pertanto si ha:

$$\alpha_2 = 200^c + \alpha_1$$

Ad esempio, consideriamo la seguente equazione elementare: $\text{tg}\,\alpha = 0{,}3$. Dalla calcolatrice per arctg (0,3) otteniamo il valore $18^c{,}55471$ (quindi $\alpha_1 = 18^c{,}55471$); la seconda soluzione α_2 si ottiene aggiungendo 200^c a questo valore. Dunque, le prime due soluzioni della precedente equazione sono:

$$\alpha_1 = 18^c{,}55471 \qquad \alpha_2 = 200^c + 18^c{,}55471 = 218^c{,}55471$$

Selezione delle funzioni inverse nelle calcolatrici

A causa del **limitato spazio** disponibile nelle *calcolatrici* tascabili, si è ormai consolidata, tra i produttori, la **convenzione** di consentire l'accesso alle *funzioni inverse* tramite i tasti di **seconda funzione** (*shift* o *2nd*) prima del tasto della funzione desiderata con la presenza del **suffisso esponenziale** «$^{-1}$»:

$$\text{arcsen} \rightarrow \sin^{-1} \qquad \text{arccos} \rightarrow \cos^{-1} \qquad \text{arctg} \rightarrow \tan^{-1}$$

Dobbiamo, però, stare molto attenti a non attribuire alle precedenti **notazioni convenzionali** significati algebrici che assolutamente **non hanno**. In effetti non si deve **mai** scambiare il concetto di **funzione inversa**, con quello di **inverso della funzione**, che le precedenti notazioni convenzionali potrebbero favorire. Dobbiamo, cioè, sempre ricordare che, ad esempio, la funzione inversa *arcocoseno*, indicata nei **tasti** delle calcolatrici come $\cos^{-1}$, **non equivale** a 1/cos.

Quanto esposto in precedenza, può essere riassunto nella seguente ▶TABELLA 9.

TABELLA 9 Sintesi degli intervalli di definizione delle funzioni goniometriche inverse e prime due soluzioni

Funzione	Tasto della calcolatrice	Dominio di α	1ª soluzione	2ª soluzione
arcoseno	$\sin^{-1}$	$-100^c \leq \alpha \leq 100^c$	$\alpha_1 = \text{arcsen}\,(y)$	$\alpha_2 = 200^c - \alpha$
arcocoseno	$\cos^{-1}$	$0^c \leq \alpha \leq 200^c$	$\alpha_1 = \text{arccos}\,(y)$	$\alpha_2 = 400^c - \alpha$
arcotangente	$\tan^{-1}$	$-100^c \leq \alpha \leq 100^c$	$\alpha_1 = \text{arctg}\,(y)$	$\alpha_2 = 200^c + \alpha$

11. Risoluzione dei triangoli rettangoli

Osserviamo che nelle definizioni delle funzioni goniometriche compare sempre un **triangolo rettangolo** (o *retto*) in cui un angolo acuto corrisponde all'angolo α (variabile indipendente delle funzioni). Ciò permette di **risolvere** i triangoli retti prendendo in considerazione le funzioni goniometriche.

La **trigonometria** insegna a risolvere i **triangoli scaleni** (senza particolari proprietà), cioè permette di calcolare gli elementi incogniti quando si conoscono **tre elementi** del triangolo, tra i quali deve essere sempre compreso **almeno un lato** (o un altro elemento lineare).

Nel caso di un **triangolo rettangolo** un elemento è sempre noto; questo è l'*angolo retto*. Quindi, per risolvere un triangolo rettangolo basta assegnare **due elementi**, tra i quali **almeno un lato** (o, comunque, un elemento lineare).

Inoltre, indicando con α e β gli angoli acuti del triangolo retto, questi sono complementari quindi legati dalla relazione: $\alpha + \beta = 100^c$, da cui segue:

$$\alpha = 100^c - \beta \qquad \beta = 100^c - \alpha$$

FAQ

Le notazioni usate nelle calcolatrici tascabili per indicare le funzioni inverse sono formalmente corrette?

No, sono inoltre fuorvianti in quanto inducono a considerare erroneamente la funzione inversa come l'inverso del valore assegnato. Ciò è giustificato solo dal poco spazio disponibile per i tasti.

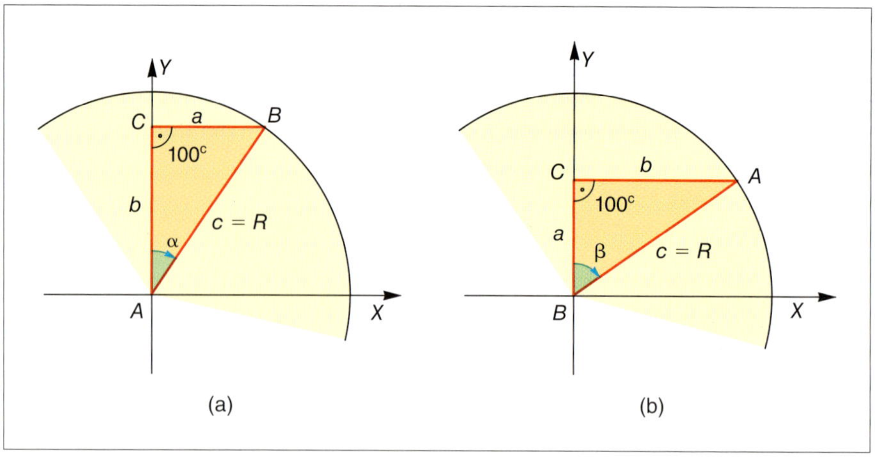

FIGURA 20 Relazioni trigonometriche per un triangolo rettangolo ABC assumendo come centro del cerchio adottato il vertice A (a) o il vertice B (b).

FAQ

Quale rapporto intercorre tra gli angoli acuti di un triangolo rettangolo?

Sono complementari, quindi la loro somma è 90°.

Poiché, come si è detto, le definizioni delle funzioni goniometriche di un angolo orientato non dipendono dal raggio del cerchio adottato ma solo dall'angolo stesso, possiamo allora assumere l'ipotenusa $c = AB$ come raggio di tale cerchio, adottando come *centro* il vertice A e facendo coincidere il segmento $b = AC$ con l'asse Y delle ordinate (▶FIGURA 20a).

Impiego delle funzioni seno e coseno

Pensiamo poi di adottare le *convenzioni letterali* in essa rappresentate ($c = AB$ ipotenusa; $a = BC$ e $b = AC$ cateti; α angolo di vertice A; β angolo di vertice B), e di riformulare in tale ambito le definizioni (2) di seno e coseno, dunque limitandole ai soli angoli acuti:

$$\text{sen}\,\alpha = \frac{a}{c} \qquad \cos\alpha = \frac{b}{c} \tag{10}$$

Dalle relazioni (10) si ricavano immediatamente le seguenti:

$$a = c \cdot \text{sen}\,\alpha \qquad b = c \cdot \cos\alpha \tag{11}$$

$$c = \frac{a}{\text{sen}\,\alpha} \qquad c = \frac{b}{\cos\alpha} \tag{12}$$

Possiamo poi rifare la solita costruzione grafica, assumendo sempre l'ipotenusa $c = BA$ come raggio del cerchio, ma adottando, questa volta, come centro il vertice B (anziché A) e facendo coincidere il segmento $a = BC$ (anziché AC) con l'asse Y delle ordinate (▶FIGURA 2b). Riformulando le definizioni si ha:

$$\text{sen}\,\beta = \frac{b}{c} \qquad \cos\beta = \frac{a}{c} \tag{13}$$

$$b = c \cdot \text{sen}\,\beta \qquad a = c \cdot \cos\beta \tag{14}$$

$$c = \frac{b}{\text{sen}\,\beta} \qquad c = \frac{a}{\cos\beta} \tag{15}$$

COMPETENZA

Invidiare collegamenti

Qualunque triangolo retto viene sviluppato individuando relazioni e collegamenti impliciti nelle definizioni delle funzioni goniometriche.

Dal confronto delle relazioni (11) e (14) e ricordando che $\beta = 100^c - \alpha$, si vede che nei **triangoli rettangoli** si ha:

$$\text{sen}\,\alpha = \cos\beta = \cos(100^c - \alpha)$$
$$\cos\alpha = \text{sen}\,\beta = \text{sen}(100^c - \alpha) \qquad (16)$$

Impiego delle funzioni tangente e cotangente

Allo stesso modo possiamo rivedere le definizioni delle funzioni tangente e cotangente dell'angolo α, riferendole allo schema di ▶FIGURA 20a (limitatamente agli angoli **acuti**):

$$\text{tg}\,\alpha = \frac{a}{b} \qquad \text{cotg}\,\alpha = \frac{b}{a} \qquad (17)$$

$$a = b \cdot \text{tg}\,\alpha \qquad b = a \cdot \text{cotg}\,\alpha = \frac{a}{\text{tg}\,\alpha} \qquad (18)$$

Ripetiamo la solita costruzione grafica, assumendo l'ipotenusa $c = BA$ come raggio del cerchio, ma come centro il vertice B (anziché A) e facendo coincidere il segmento $a = BC$ (anziché AC) con l'asse Y delle ordinate (▶FIGURA 20b). Riformulando le definizioni delle funzioni tangente e cotangente dell'angolo β (limitatamente agli angoli acuti):

$$\text{tg}\,\beta = \frac{b}{a} \qquad \text{cotg}\,\beta = \frac{a}{b} \qquad (19)$$

$$b = a \cdot \text{tg}\,\beta \qquad a = b \cdot \text{cotg}\,\beta = \frac{b}{\text{tg}\,\beta} \qquad (20)$$

Osservando le relazioni (18) e (20), si rileva che nei **triangoli rettangoli** si ha:

$$\text{tg}\,\alpha = \text{cotg}\,\beta = \text{cotg}(100^c - \alpha)$$
$$\text{cotg}\,\alpha = \text{tg}\,\beta = \text{tg}(100^c - \alpha) \qquad (21)$$

Enunciati relativi alla risoluzione dei triangoli retti

Le relazioni precedenti permettono di proporre i seguenti **enunciati** che consentono la risoluzione dei triangoli retti quando sono incogniti **elementi lineari**:

In ogni triangolo rettangolo, la misura di un **cateto** è uguale al prodotto dell'**ipotenusa** per il **seno** dell'angolo **opposto** a quel cateto, oppure è uguale al prodotto dell'**ipotenusa** per il **coseno** dell'angolo **adiacente** a quel cateto.

In ogni triangolo rettangolo, la misura dell'**ipotenusa** è uguale al rapporto tra un **cateto** e il **seno** dell'angolo **opposto** a questo cateto; oppure è uguale al rapporto tra un **cateto** e il **coseno** dell'angolo a esso **adiacente**.

In ogni triangolo rettangolo, la misura di un **cateto** è uguale al prodotto dell'altro **cateto** per la **tangente** dell'angolo **opposto** al primo cateto, oppure è uguale al prodotto dell'altro **cateto** per la **cotangente** dell'angolo **adiacente** al primo cateto.

La ▶TABELLA 10 sintetizza le modalità risolutive dei triangoli rettangoli nei casi fondamentali determinati dai dati noti di partenza.

FAQ

È possibile definire le funzioni trigonometriche nell'ambito di un triangolo rettangolo?

Sì, per gli angoli acuti. Per esempio la funzione seno di un angolo acuto di un triangolo rettangolo viene definita dal rapporto tra il cateto opposto all'angolo e l'ipotenusa dello stesso triangolo.

FAQ

Esiste una relazione tra le funzioni seno e coseno degli angoli acuti di un triangolo retto?

Sì, il seno del primo angolo acuto ha lo stesso valore del coseno del secondo.

TABELLA 10 Casi fondamentali della risoluzione dei triangoli rettangoli

Caso		Soluzione 1° modo	Soluzione 2° modo	Esempi
1	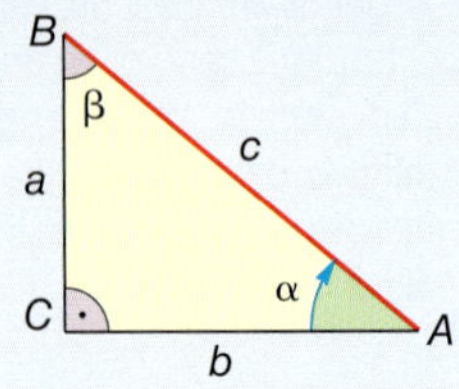 Noti: c; α	$\beta = 90° - \alpha$ $a = c \cdot \text{sen}\,\alpha$ $b = c \cdot \cos\alpha$	$\beta = 90° - \alpha$ $a = c \cdot \cos\beta$ $b = c \cdot \text{sen}\,\beta$	Noti: $c = 127{,}18$ m; $\alpha = 52°{,}5467$ $\beta = 90° - 52°{,}5467 = 37°{,}4533$ $a = 127{,}18 \cdot \text{sen}\,52°{,}5467 = 100{,}96$ m $b = 127{,}18 \cdot \cos 52°{,}5467 = 77{,}34$ m
2	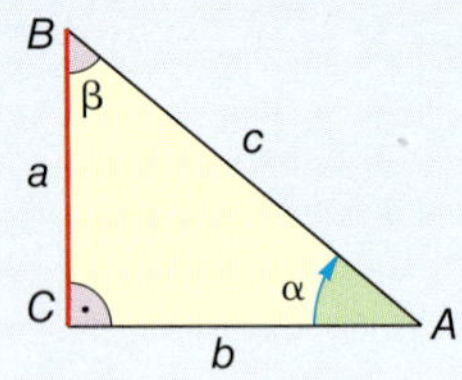 Noti: a; α	$\beta = 90° - \alpha$ $b = a \cdot \text{cotg}\,\alpha$ $c = \dfrac{a}{\text{sen}\,\alpha}$	$\beta = 90° - \alpha$ $b = a \cdot \text{tg}\,\beta$ $c = \dfrac{a}{\cos\beta}$	Noti: $a = 88{,}03$ m; $\alpha = 41^c{,}8966$ $\beta = 100^c - 41^c{,}8966 = 58^c{,}1034$ $b = 88{,}03 \cdot \text{tg}\,58^c{,}1034 = 113{,}87$ m $c = \dfrac{88{,}03}{\text{sen}\,41^c{,}8966} = 143{,}93$ m
3	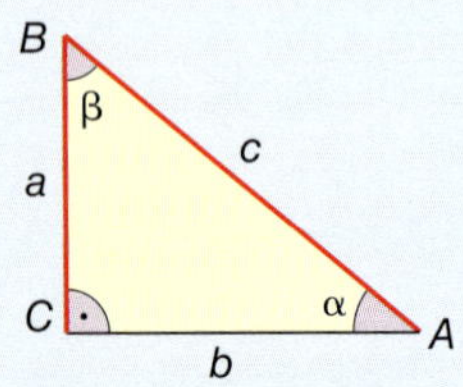 Noti: c; a	$\alpha = \text{arcsen}\left(\dfrac{a}{c}\right)$ $\beta = 90° - \alpha$ $b = c \cdot \cos\alpha$	$\beta = \arccos\left(\dfrac{a}{c}\right)$ $\alpha = 90° - \beta$ $b = c \cdot \text{sen}\,\beta$	Noti: $c = 95{,}66$ m; $a = 38{,}54$ m $\alpha = \text{arcsen}\left(\dfrac{38{,}54}{95{,}66}\right) = 23°{,}7586$ $\beta = 90° - 23°{,}7586 = 66°{,}2414$ $b = 95{,}66 \cdot \text{sen}\,66°{,}2414 = 87{,}55$ m
4	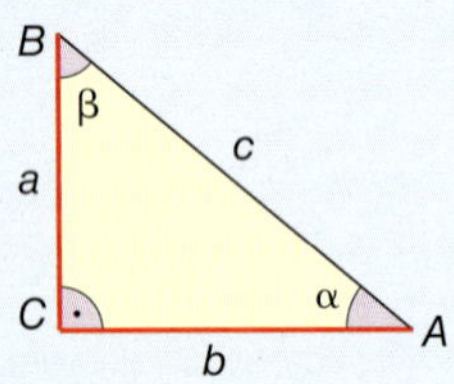 Noti: a; b	$\alpha = \text{arctg}\left(\dfrac{a}{b}\right)$ $\beta = 90° - \alpha$ $c = \dfrac{a}{\text{sen}\,\alpha}$	$\beta = \text{arctg}\left(\dfrac{b}{a}\right)$ $\alpha = 90° - \beta$ $c = \dfrac{a}{\cos\beta}$	Noti: $a = 35{,}72$ m; $b = 53{,}11$ m $\alpha = \text{arctg}\left(\dfrac{35{,}72}{53{,}11}\right) = 37^c{,}6927$ $\beta = 100^c - 37^c{,}6927 = 62^c{,}3073$ $c = \dfrac{35{,}72}{\text{sen}\,37^c{,}6927} = 64{,}00$ m

PROBLEMA SVOLTO

Determina gli elementi incogniti di un triangolo rettangolo ABC, retto in C, del quale si conosce la misura del cateto $b = \overline{AC} = 136{,}95$ m e l'angolo $\alpha = 44°13'30''$.

Soluzione

$\alpha = 44°13'30'' = 44°{,}225$ (decimali)

$\beta = 90° - 44°{,}225 = 45°{,}775$

$c = \dfrac{136{,}95}{\text{sen}\,45°{,}775} = 191{,}109$ m oppure: $c = \dfrac{136{,}95}{\cos 44°{,}225} = 191{,}109$ m

$a = 191{,}109\ \text{sen}\ 44°{,}225 = 133{,}294$ m oppure: $a = 191{,}109\ \cos\ 45°{,}775 = 133{,}294$ m

PROBLEMA SVOLTO

Determina gli elementi incogniti di un triangolo rettangolo ABC, retto in C, del quale si conosce la misura del cateto $a = \overline{CB} = 75{,}68$ m *e l'angolo* $\beta = 39{,}15$ gon.

Soluzione

$\alpha = 100 - 39{,}15 = 60{,}85$ gon

$b = 75{,}68 \text{ tg } 39{,}15 = 53{,}455$ m oppure: $b = 75{,}68 \text{ cotg } 60{,}85 = 53{,}455$ m

$c = \dfrac{75{,}68}{\text{sen } 60{,}85} = 92{,}655$ m oppure: $c = \dfrac{53{,}455}{\cos 60{,}85} = 92{,}655$ m

PROBLEMA SVOLTO

Determina gli elementi incogniti di un triangolo rettangolo ABC, retto in C, del quale si conosce la misura del cateto $a = \overline{CB} = 45{,}58$ m *e del cateto* $b = \overline{CA} = 28{,}11$ m.

Soluzione

$\text{tg } \alpha = \dfrac{a}{b}$ da cui: $\alpha = \text{arctg } \dfrac{a}{b}$ quindi: $\alpha = \text{arctg } \dfrac{45{,}58}{28{,}11} = 64{,}8190$ gon

Nota. Nel caso dei triangoli rettangoli, **non serve** affatto ricercare le altre soluzioni che soddisfano l'equazione precedente, in quanto questi altri valori sono incompatibili con la geometria dei triangoli rettangoli. Quando risolveremo i **triangoli qualunque**, invece, non sempre potremo sfruttare tale semplificazione.

$\text{tg } \beta = \dfrac{b}{a}$ da cui: $\beta = \text{arctg } \dfrac{b}{a}$ quindi: $\beta = \text{arctg } \dfrac{28{,}11}{45{,}58} = 35{,}1810$ gon

$c = \dfrac{45{,}58}{\text{sen } 64{,}819} = 53{,}55$ m oppure: $c = \dfrac{28{,}11}{\cos 64{,}819} = 53{,}55$ m

12. Formule goniometriche

Le funzioni goniometriche variano al variare dell'angolo α, ma **non variano proporzionalmente a esso**.

Ciò significa che, se il valore di un angolo diventa *doppio* o *triplo*, non è affatto vero che anche il valore delle corrispondenti funzioni goniometriche diventi anch'esso *doppio* o *triplo*. Consideriamo, per esempio, gli angoli 30° e 60°, il secondo doppio del primo (60° = 2 · 30°). Riferendoci alla funzione seno, si vede come i corrispondenti valori **non** risultano affatto uno il doppio dell'altro:

$$\text{sen } 30° = 0{,}5 \quad \text{e} \quad \text{sen } 60° = 0{,}86602, \quad \text{perciò sen } 2\alpha \neq 2 \text{ sen } \alpha$$

Peraltro, è anche molto semplice verificare che la funzione goniometrica della somma o della differenza di due angoli, non è affatto uguale alla somma o alla differenza delle funzioni goniometriche dei singoli angoli, cioè:

$$\text{sen } (\alpha + \beta) \neq \text{sen } \alpha + \text{sen } \beta \quad \text{come anche tg } (\alpha - \beta) \neq \text{tg } \alpha - \text{tg } \beta$$

Di seguito vedremo alcune formule in grado di esprimere le funzioni goniometriche di **somme** e **differenze** di angoli, **prodotti** di un angolo per uno scalare, uti-

FAQ

Il coseno della somma di due angoli è uguale alla somma dei coseni di due angoli?

No, il valore del coseno della somma di due angoli può essere ottenuto da apposite relazioni dette formule di addizione del coseno.

lizzando le funzioni goniometriche dei singoli angoli. Con l'uso delle calcolatrici, attualmente esse conservano interesse solo in ambito teorico e didattico per dimostrare alcuni enunciati.

Formule di addizione

$$\begin{aligned} &\text{sen}\,(\alpha+\beta)=\text{sen}\,\alpha\cdot\cos\beta+\cos\alpha\cdot\text{sen}\,\beta\\ &\cos\,(\alpha+\beta)=\cos\alpha\cdot\cos\beta-\text{sen}\,\alpha\cdot\text{sen}\,\beta\\ &\text{tg}\,(\alpha+\beta)=\frac{\text{tg}\,\alpha+\text{tg}\,\beta}{1-\text{tg}\,\alpha\cdot\text{tg}\,\beta}\\ &\text{cotg}\,(\alpha+\beta)=\frac{\text{cotg}\,\alpha\cdot\text{cotg}\,\beta-1}{\text{cotg}\,\alpha+\text{cotg}\,\beta} \end{aligned} \qquad (22)$$

Formule di sottrazione

$$\begin{aligned} &\text{sen}\,(\alpha-\beta)=\text{sen}\,\alpha\cdot\cos\beta-\cos\alpha\cdot\text{sen}\,\beta\\ &\cos\,(\alpha-\beta)=\cos\alpha\cdot\cos\beta+\text{sen}\,\alpha\cdot\text{sen}\,\beta\\ &\text{tg}\,(\alpha-\beta)=\frac{\text{tg}\,\alpha-\text{tg}\,\beta}{1+\text{tg}\,\alpha\cdot\text{tg}\,\beta}\\ &\text{cotg}\,(\alpha-\beta)=\frac{\text{cotg}\,\alpha\cdot\text{cotg}\,\beta+1}{\text{cotg}\,\beta-\text{cotg}\,\alpha} \end{aligned} \qquad (23)$$

Formule di duplicazione

$$\begin{aligned} &\text{sen}\,2\alpha=2\cdot\text{sen}\,\alpha\cdot\cos\alpha\\ &\cos 2\alpha=\cos^2\alpha-\text{sen}^2\,\alpha\\ &\text{tg}\,2\alpha=\frac{2\cdot\text{tg}\,\alpha}{1-\text{tg}^2\,\alpha}\\ &\text{cotg}\,2\alpha=\frac{\text{cotg}^2\,\alpha-1}{2\cdot\text{cotg}\,\alpha} \end{aligned} \qquad (24)$$

Formule di bisezione

$$\begin{aligned} &\text{sen}\,\frac{\alpha}{2}=\pm\sqrt{\frac{1-\cos\alpha}{2}}\\ &\cos\frac{\alpha}{2}=\pm\sqrt{\frac{1+\cos\alpha}{2}}\\ &\text{tg}\,\frac{\alpha}{2}=\pm\sqrt{\frac{1-\cos\alpha}{1+\cos\alpha}}\\ &\text{cotg}\,\frac{\alpha}{2}=\pm\sqrt{\frac{1+\cos\alpha}{1-\cos\alpha}} \end{aligned} \qquad (25)$$

Per collegare i concetti

radiante (rad) o (r)

$$\alpha^{rad} = \alpha^{\circ}\frac{\pi}{180}$$

grado sessagesimale (°)

$$\alpha^{\circ} = \alpha^{rad}\frac{180}{\pi}$$

grado centesimale (gon) o (c)

$$\alpha^{c} = \alpha^{rad}\frac{200}{\pi}$$

unità di misura e conversioni

ANGOLI

Porzione di piano delimitata da due semirette con origine in comune

FUNZIONI GONIOMETRICHE

- Ricevono un valore angolare
- Restituiscono un numero reale
- Possono essere definite nel cerchio goniometico: $R = 1$

seno

$$\text{sen}\,\alpha = \frac{BC}{1} = BC = X_B$$

$$-1 \leq \text{sen}\,\alpha \leq 1$$

$$\text{sen}\,\alpha = \pm\sqrt{1-\cos^2\alpha}$$

$$\text{sen}\,\alpha = \frac{\text{tg}\,\alpha}{\pm\sqrt{1+\text{tg}^2\alpha}}$$

tangente

$$\text{tg}\,\alpha = \frac{BC}{OC} = \frac{X_B}{Y_B}$$

$$-\infty \leq \text{tg}\,\alpha \leq +\infty;\ \alpha \neq 100^c, \ldots$$

$$\text{tg}\,\alpha = \frac{\text{sen}\,\alpha}{\cos\alpha} = \frac{1}{\text{cotg}\,\alpha}$$

coseno

$$\cos\alpha = \frac{OC}{1} = OC = Y_B$$

$$-1 \leq \cos\alpha \leq 1$$

$$\cos\alpha = \pm\sqrt{1-\text{sen}^2\alpha}$$

$$\cos\alpha = \frac{1}{\pm\sqrt{1+\text{tg}^2\alpha}}$$

cotangente

$$\text{cotg}\,\alpha = \frac{OC}{BC} = \frac{Y_B}{X_B}$$

$$-\infty \leq \text{cotg}\,\alpha \leq +\infty;\ \alpha \neq 0^c, \ldots$$

$$\text{cotg}\,\alpha = \frac{\cos\alpha}{\text{sen}\,\alpha} = \frac{1}{\text{tg}\,\alpha}$$

FUNZIONI INVERSE

- Ricevono un numero reale y
- Restituiscono un valore angolare

arcoseno

Fornisce il valore dell'angolo il cui seno è y nell'intervallo indicato:

$$\alpha = \text{arcsen}\,(y)$$

$$-100^c \leq \alpha \leq 100^c$$

arcocoseno

Fornisce il valore dell'angolo il cui coseno è y nell'intervallo indicato:

$$\alpha = \text{arccos}\,(y)$$

$$0^c \leq \alpha \leq 200^c$$

arcotangente

Fornisce il valore dell'angolo la cui tangente è y nell'intervallo indicato:

$$\alpha = \text{arctg}\,(y)$$

$$-100^c \leq \alpha \leq 100^c$$

Per ripassare

Angolo orientato: è la parte di un piano individuata dalla rotazione attorno al vertice di una semiretta, scelta come origine, necessaria per realizzare la sovrapposizione di questa con la seconda semiretta.

- La rotazione viene convenzionalmente considerata *positiva* quando è oraria, *negativa* quando è antioraria, dando luogo rispettivamente ad ampiezze angolari positive e negative.
- L'angolo orientato elimina l'ambiguità connessa alla definizione geometrica di angolo.

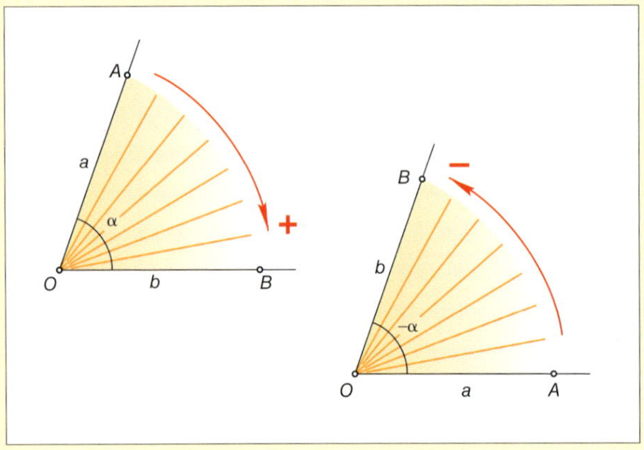

Radiante: è l'unità di misura degli angoli in ambito matematico; esso è definito come l'angolo al centro in una circonferenza di raggio arbitrario che sottende un arco di lunghezza uguale allo stesso raggio. In definitiva, indicando con l lo sviluppo dell'arco e con R il raggio della circonferenza, si ha:

$$\alpha^{rad} = \frac{l}{R}$$

Relazione angolo-arco-radiante: dalla formula precedente derivano le seguenti espressioni:

$$R = \frac{l}{\alpha^{rad}} \qquad l = R \cdot \alpha^{rad}$$

Sistemi di misura operativi: il radiante, come unità di misura degli angoli, rimane circoscritto all'ambito matematico e teorico. Nella pratica, cioè quando gli angoli vanno misurati concretamente, si definiscono altri sistemi di misura più convenienti e comodi nel contesto operativo: *sessagesimale, decimale, centesimale.*

Conversione sessagesimale-decimale: entrambi i sistemi utilizzano come unità il grado sessagesimale, quindi la conversione riguarderà solo i sottomultipli.

- L'angolo sessagesimale $24°30'40''$ verrà convertito nel sistema decimale come segue:

$$24° + \frac{30'}{60} + \frac{40''}{3600} = 24°{,}5111$$

Conversione sessagesimale-radianti: occorre prima trasformare l'angolo sessagesimale nel sistema decimale, quindi applicare la seguente proporzione per ottenere il corrispondente valore in radianti:

$$\frac{\alpha°}{180°} = \frac{\alpha^{rad}}{\pi} \quad \text{da cui segue} \quad \alpha^{rad} = \alpha° \cdot \frac{\pi}{180°}$$

Conversione sessagesimale-centesimale: occorre prima trasformare l'angolo sessagesimale nel sistema decimale, quindi applicare la seguente proporzione per ottenere il corrispondente valore in gradi centesimali:

$$\frac{\alpha°}{180°} = \frac{\alpha^c}{200^c} \quad \text{da cui segue} \quad \alpha^c = \alpha° \cdot \frac{200^c}{180°}$$

Conversione centesimale-radianti: occorre applicare la seguente proporzione per ottenere il corrispondente valore in radianti:

$$\frac{\alpha^c}{200^c} = \frac{\alpha^{rad}}{\pi} \quad \text{da cui segue} \quad \alpha^{rad} = \alpha^c \cdot \frac{\pi}{200^c}$$

Coefficienti di trasformazione: capita talvolta di dover trasformare un angolo piccolo (inferiore al grado, cioè all'unità di misura) da radianti direttamente in secondi.

- *Coefficiente per trasformare radianti in secondi sessagesimali:*

$$\alpha'' = \frac{180 \cdot 3600''}{\pi} \cdot \alpha^{rad} = 206\,265 \cdot \alpha^{rad}$$

Cerchio goniometrico: è un cerchio di raggio unitario ($R = 1$), avente il centro coincidente con l'origine di un sistema di riferimento cartesiano, il cui semiasse positivo delle ordinate viene assunto come *lato origine* per gli angoli.

- Il cerchio goniometrico non è indispensabile nella definizione delle funzioni goniometriche, tuttavia il suo impiego semplifica in modo significativo la trattazione.

Seno e coseno di un angolo: le funzioni seno e coseno dell'angolo α, indicate con sen α e cos α, sono definite dai seguenti rapporti:

$$\text{sen}\,\alpha = \frac{\overline{BC}}{\overline{OB}} \qquad \cos\alpha = \frac{\overline{OC}}{\overline{OB}}$$

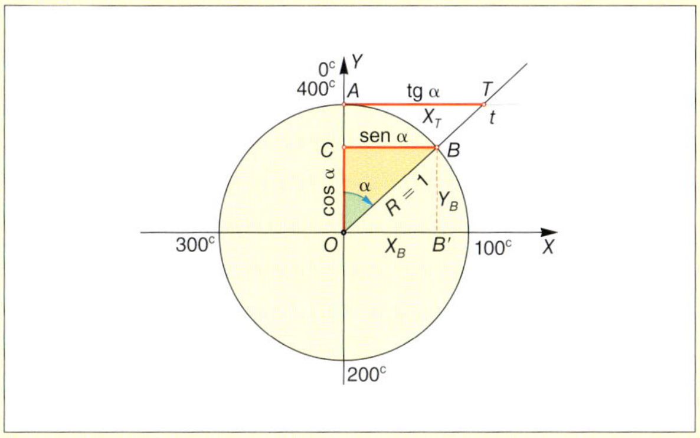

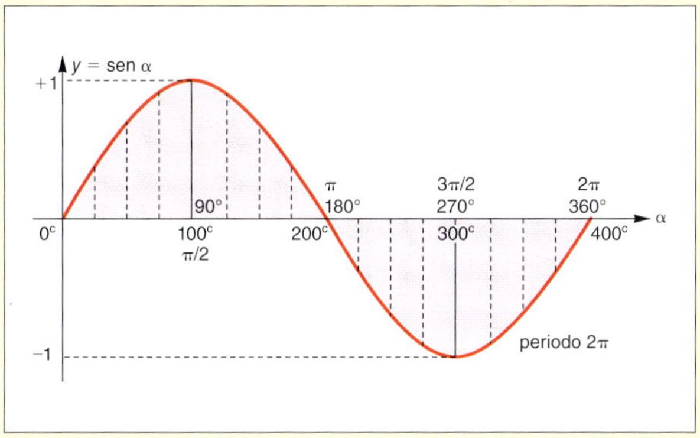

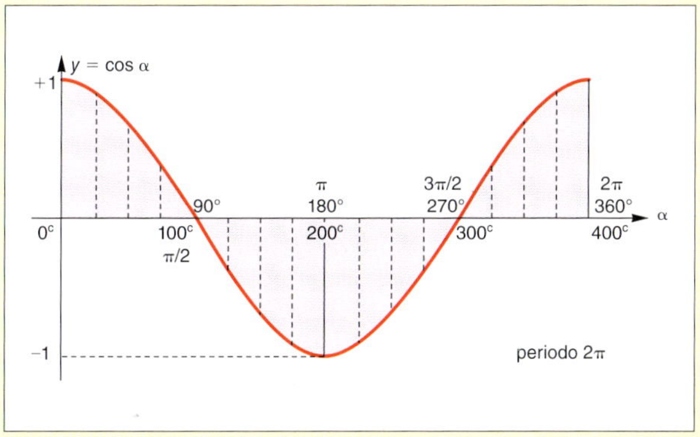

- Questi rapporti rimangono invariati per qualunque valore del raggio R del cerchio adottato nella costruzione grafica.
- I valori delle funzioni sen α e cos α sono dei numeri puri, quindi senza dimensioni.
- Entrambe queste funzioni forniscono valori reali sempre compresi tra -1 e 1.
- Nell'*ambito del cerchio goniometrico* si ottiene una importante *semplificazione* perché, essendo:

$$\overline{OB} = R = 1$$

risulta:

$$\text{sen}\,\alpha = \overline{BC}$$

$$\cos\alpha = \overline{OC}$$

Tangente e cotangente di un angolo: le funzioni tangente e cotangente dell'angolo α, indicate con tg α e cotg α, sono definite dai rapporti (quando esistono):

$$\text{tg}\,\alpha = \frac{\overline{BC}}{\overline{OC}} \qquad \text{cotg}\,\alpha = \frac{\overline{OC}}{\overline{BC}}$$

- Questi rapporti rimangono invariati per qualunque valore del raggio R del cerchio adottato nella costruzione grafica.
- I valori delle funzioni tgα e cotgα sono dei numeri puri, quindi senza dimensioni.
- Entrambe queste funzioni forniscono valori reali sempre compresi tra $-\infty$ e $+\infty$.

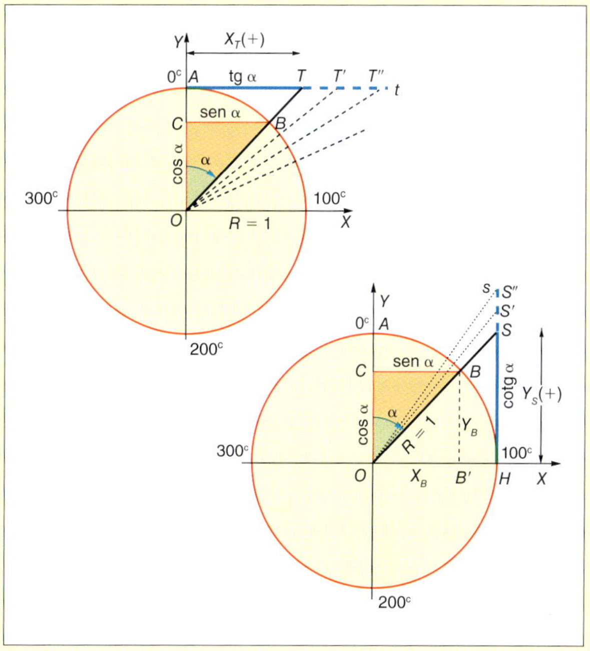

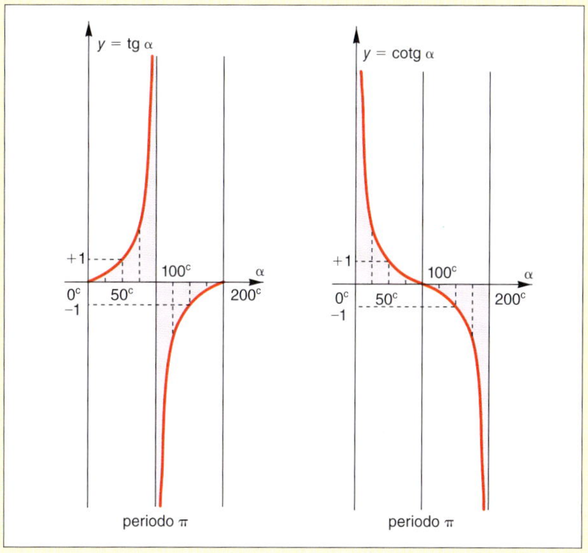

Le funzioni tangente e cotangente talvolta non esistono: a differenza delle funzioni sen α e cos α, le funzioni tg α e cotg α non sempre sono definite; in effetti esse presentano (nel primo angolo giro) i seguenti punti di indeterminazione:

- per $\alpha = 100^c$ e $\alpha = 300^c$ tg α non esiste;
- per $\alpha = 0^c$ e $\alpha = 200^c$ cotg α non esiste.

- Appena un po' prima e un po' dopo tali valori, le funzioni tg α e cotg α sono invece regolarmente definite e presentano valori molto grandi, positivi o negativi. Convenzionalmente si suole indicare in modo sintetico questa situazioni con le seguenti notazioni abituali, anche se non rigorose:

$$\text{tg } 100^c = \pm\infty \qquad \text{cotg } 0^c = \pm\infty$$

Variazione delle funzioni goniometriche: al variare del punto B, quindi dell'angolo α, le funzioni goniometriche cambiano il loro valore. In corrispondenza dei quattro punti di intersezione tra cerchio e sistema cartesiano le funzioni goniometriche presentano i seguenti valori:

$\alpha =$	0°	100^c	200^c	300^c	400^c
sen α	0	1	0	-1	0
cos α	1	0	-1	0	1
tg α	0	$\pm\infty$	0	$\pm\infty$	0
cotg α	$\pm\infty$	0	$\pm\infty$	0	$\pm\infty$

Periodicità delle funzioni goniometriche: tutte le funzioni goniometriche sono periodiche, cioè i loro valori si ripetono a intervalli regolari detti *periodi*.

- Dopo un intero angolo giro le funzioni seno e coseno si ripetono periodicamente ripresentando gli stessi valori. Esse, pertanto, si dicono funzioni periodiche con ciclo 400^c o 2π.
- Dopo un angolo piatto le funzioni tangente e cotangente si ripetono periodicamente ripresentando gli stessi valori. Esse, pertanto, si dicono funzioni periodiche con ciclo 200^c o π.

Valori notevoli delle funzioni goniometriche: i valori delle funzioni goniometriche vengono generalmente calcolati con la calcolatrice. Tuttavia per alcuni angoli particolari (30°, 45° e 60°) esse assumono valori semplici e tali da essere ricordati:

$\alpha =$	30^c	45^c	60^c
sen α	$1/2$	$\sqrt{2}/2$	$\sqrt{3}/2$
cos α	$\sqrt{3}/2$	$\sqrt{2}/2$	$1/2$
tg α	$1/\sqrt{3}$	1	$\sqrt{3}$
cotg α	$\sqrt{3}$	1	$1/\sqrt{3}$

Prime relazioni tra le funzioni goniometriche: osservando le definizioni delle funzioni goniometriche, si possono formulare le seguenti importanti relazioni fondamentali tra le stesse funzioni:

$$\text{tg } \alpha = \frac{\text{sen } \alpha}{\cos \alpha}$$

$$\text{cotg } \alpha = \frac{\cos \alpha}{\text{sen } \alpha} \qquad \text{cotg } \alpha = \frac{1}{\text{tg } \alpha}$$

Le funzioni inverse: permettono di individuare l'*angolo* α cui compete un dato valore di una certa funzione goniometrica. Tuttavia esiste un problema; in effetti, dato il valore di una funzione goniometrica, esistono *infiniti angoli* che per quella funzione corrispondono al valore assegnato (per esempio ci sono infiniti angoli il cui seno è 0,5). Fortunatamente, dopo aver individuato il *primo di questi valori*, è poi facile determinare tutti gli altri (o semplicemente l'altro, se ci si limita al primo angolo giro). A questo scopo sono definite le *funzioni inverse* in un intervallo sufficientemente ristretto, e tale da rendere *biunivoca* la corrispondenza tra angolo e funzione goniometrica. A seconda delle funzioni gli intervalli in cui sono definite le funzioni inverse sono:

$$\alpha = \text{arcoseno } r: \qquad -100^c \leq \alpha \leq 100^c$$
$$\alpha = \text{arcocoseno } s: \qquad 0^c \leq \alpha \leq 200^c$$
$$\alpha = \text{arcotangente } v: \qquad -100^c \leq \alpha \leq 100^c$$

- Ciò significa che la funzione inversa arcoseno r restituirà sempre un valore compreso nell'intervallo $-100^c \leq \alpha \leq 100^c$. Questo deve essere inteso come *primo* degli infiniti angoli il cui seno è uguale a r. Gli altri valori devono essere determinati tenendo conto della periodicità della funzione seno e degli angoli associati. In modo analogo si procede per le altre funzioni inverse.

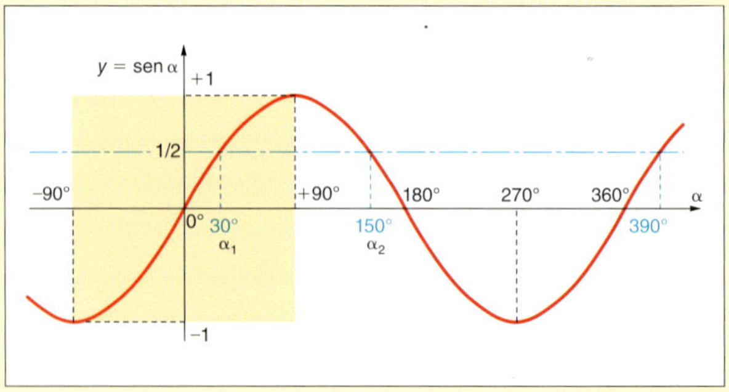

I triangoli rettangoli: la costruzione alla base della definizione di tutte le funzioni goniometriche si traduce sempre nella presenza di un *triangolo rettangolo*. Sicché possiamo utilizzare le definizioni delle funzioni goniometriche per risolvere i triangoli rettangoli, secondo i seguenti enunciati.

1. In ogni triangolo rettangolo la misura di un cateto è uguale al prodotto dell'ipotenusa per il seno dell'angolo acuto opposto a quel cateto.
2. In ogni triangolo rettangolo la misura di un cateto è uguale al prodotto dell'ipotenusa per il coseno dell'angolo acuto adiacente a quel cateto.
3. In ogni triangolo rettangolo la misura dell'ipotenusa è uguale al rapporto tra un cateto e il seno dell'angolo acuto opposto a questo cateto; oppure è uguale al rapporto tra un cateto e il coseno dell'angolo acuto adiacente a questo cateto.
4. In ogni triangolo rettangolo la misura di un cateto è uguale al prodotto dell'altro cateto per la tangente dell'angolo acuto opposto al primo cateto.
5. In ogni triangolo rettangolo la misura di un cateto è uguale al prodotto dell'altro cateto per la cotangente dell'angolo acuto adiacente al primo cateto.

Relazioni indipendenti: nell'ambito della goniometria è possibile tradurre il teorema di Pitagora; esso assume la seguente forma:

$$\text{sen}^2\,\alpha + \cos^2\alpha = 1$$

Relazioni tra le funzioni goniometriche: combinando le relazioni indipendenti della goniometria, è possibile esprimere ciascuna funzione utilizzando le rimanenti:

	(sen α)	(cos α)	(tg α)
sen α =	sen α	$\pm\sqrt{1-\cos^2\alpha}$	$\dfrac{\text{tg}\,\alpha}{\pm\sqrt{1+\text{tg}^2\alpha}}$
cos α =	$\pm\sqrt{1-\text{sen}^2\alpha}$	cos α	$\dfrac{1}{\pm\sqrt{1+\text{tg}^2\alpha}}$
tg α =	$\dfrac{\text{sen}\,\alpha}{\pm\sqrt{1-\text{sen}^2\alpha}}$	$\dfrac{\pm\sqrt{1-\cos^2\alpha}}{\cos\alpha}$	tg α

- Queste relazioni permettono di calcolare il valore di una funzione goniometrica di un angolo α quando si conosca il valore di una qualunque altra funzione dello stesso angolo.

Angoli associati: si definiscono angoli associati quegli angoli per i quali le funzioni goniometriche presentano lo stesso *valore assoluto*.

- I principali angoli associati sono:
  - α e il suo supplementare $(200^c - \alpha)$;
  - α e l'angolo che differisce di 200^c $(\alpha - 200^c)$;
  - α e il suo esplementare $(400^c - \alpha)$;
  - α e il suo opposto $(-\alpha)$.

Relazioni tra i segni delle funzioni di angoli associati: le relazioni tra le funzioni goniometriche di angoli associati permettono il calcolo delle funzioni di qualunque angolo maggiore di 100^c, riducendolo al calcolo di una funzione goniometrica relativa a un angolo appartenente al primo quadrante (riduzione al primo quadrante).

- In relazione alla presenza di un angolo α nel II, nel III o nel IV quadrante, le relazioni che permettono questo calcolo, sono le seguenti:

Angolo α compreso nel II quadrante:
$\text{sen}\,(200^c - \alpha) = \text{sen}\,\alpha$ $\quad$ $\text{tg}\,(200^c - \alpha) = -\text{tg}\,\alpha$
$\cos\,(200^c - \alpha) = -\cos\alpha$ $\quad$ $\text{cotg}\,(200^c - \alpha) = -\text{cotg}\,\alpha$

Angolo α compreso nel III quadrante:
$\text{sen}\,(\alpha - 200^c) = -\text{sen}\,\alpha$ $\quad$ $\text{tg}\,(\alpha - 200^c) = \text{tg}\,\alpha$
$\cos\,(\alpha - 200^c) = -\cos\alpha$ $\quad$ $\text{cotg}\,(\alpha - 200^c) = \text{cotg}\,\alpha$

Angolo α compreso nel IV quadrante:
$\text{sen}\,(400^c - \alpha) = -\text{sen}\,\alpha$ $\quad$ $\text{tg}\,(400^c - \alpha) = -\text{tg}\,\alpha$
$\cos\,(400^c - \alpha) = \cos\alpha$ $\quad$ $\text{cotg}\,(400^c - \alpha) = -\text{cotg}\,\alpha$

Angolo α negativo:
$\text{sen}\,(-\alpha) = -\text{sen}\,\alpha$ $\quad$ $\text{tg}\,(-\alpha) = -\text{tg}\,\alpha$
$\cos\,(-\alpha) = \cos\alpha$ $\quad$ $\text{cotg}\,(-\alpha) = -\text{cotg}\,\alpha$

Le formule goniometriche: talvolta è necessario esprimere una funzione goniometrica di una combinazione di angoli (per esempio $\alpha + \beta$ o 2α) con funzioni goniometriche dei singoli angoli.

- Formule di *addizione* (combinazione $\alpha + \beta$):

$$\text{sen}\,(\alpha + \beta) = \text{sen}\,\alpha \cdot \cos\beta + \cos\alpha \cdot \text{sen}\,\beta$$
$$\cos\,(\alpha + \beta) = \cos\alpha \cdot \cos\beta - \text{sen}\,\alpha \cdot \text{sen}\,\beta$$
$$\text{tg}\,(\alpha + \beta) = \frac{\text{tg}\,\alpha + \text{tg}\,\beta}{1 - \text{tg}\,\alpha \cdot \text{tg}\,\beta}$$

- Formule di *sottrazione* (combinazione $\alpha - \beta$):

$$\text{sen}\,(\alpha - \beta) = \text{sen}\,\alpha \cdot \cos\beta - \cos\alpha \cdot \text{sen}\,\beta$$
$$\cos\,(\alpha - \beta) = \cos\alpha \cdot \cos\beta + \text{sen}\,\alpha \cdot \text{sen}\,\beta$$
$$\text{tg}\,(\alpha - \beta) = \frac{\text{tg}\,\alpha - \text{tg}\,\beta}{1 + \text{tg}\,\alpha \cdot \text{tg}\,\beta}$$

- Formule di *duplicazione* (combinazione 2α):

$$\text{sen}\,2\alpha = 2 \cdot \text{sen}\,\alpha\cos\alpha \qquad \cos 2\alpha = \cos^2\alpha - \text{sen}^2\alpha$$
$$\text{tg}\,2\alpha = \frac{2 \cdot \text{tg}\,\alpha}{1 - \text{tg}^2\alpha}$$

- Formule di *bisezione* (combinazione $\alpha/2$):

$$\text{sen}\,\frac{\alpha}{2} = \pm\sqrt{\frac{1-\cos\alpha}{2}} \qquad \cos\frac{\alpha}{2} = \pm\sqrt{\frac{1+\cos\alpha}{2}}$$
$$\text{tg}\,\frac{\alpha}{2} = \pm\sqrt{\frac{1-\cos\alpha}{1+\cos\alpha}}$$

COMPETENZA DIGITALE

Excel Calcolo e rappresentazione grafica delle funzioni seno e coseno

DI COSA CI OCCUPIAMO

L'esercitazione ha lo scopo di preparare un foglio elettronico predisposto per il calcolo dei valori delle funzioni seno e coseno per gli angoli compresi nel primo angolo giro con passo di 15° in 15°. Tali valori verranno poi utilizzati per costruire il grafico di entrambe le funzioni. Naturalmente la procedura potrà essere utilizzata allo stesso modo per diverse funzioni matematiche.

Supponiamo, dunque, di voler calcolare i valori e successivamente di tracciare la rappresentazione grafica delle funzioni goniometriche **seno** e **coseno** nell'intervallo 0°-360°. Pensiamo poi di inserire le due rappresentazioni nello stesso diagramma, in modo da poterne apprezzare più facilmente le rispettive caratteristiche a confronto. Fissati così gli obiettivi da raggiungere con l'applicazione, analizziamo la procedura da attivare.

Il primo passo è quello di **progettare** e impostare il lavoro sul foglio; questa fase comprende:

- scelta dell'area del foglio su cui impostare il calcolo;
- definizione dei dati da trattare, cioè gli angoli dell'intervallo 0°-360°;
- formule da utilizzare nel calcolo dei valori delle funzioni;
- costruzione dei grafici.

1. Preparazione del foglio

Essenzialmente, imposteremo il foglio con la seguente struttura:

Aree del foglio	Destinazione
Riga 2	Titolo della tabella
Riga 4	Etichette di ricordo
Colonna A	Valori angolari da 0° a 360°
Colonne B e C	Valori delle funzioni seno e coseno

Lo schema del foglio è evidenziato nella ▶TABELLA 1. Possiamo ora entrare direttamente in ambiente Excel per modificare, adattandola alle nostre necessità, la struttura predefinita del foglio di calcolo.

• Note sulla barra multifunzione di Excel

Con la versione di Excel compresa nel pacchetto Microsoft Office System 2007, è stata introdotta, nella parte superiore dello schermo, la **barra multifunzione** (**ribbon**) che ha sostituito tutti i menu a tendina presenti nelle precedenti versioni del programma. Essa è composta da varie **schede** e contiene tutti i comandi e le configurazioni disponibili sotto forma di **icone** e di **finestre di dialogo**.

Nella barra multifunzione i comandi sono organizzati in **gruppi logici**, a loro volta raccolti nelle **schede**, il cui

TABELLA 1 Schema funzionale del foglio di calcolo

	A	B	C	D
1				
...	......	......	......	
4	**Angoli**	**Seno**	**Coseno**	
5	0	Formula per il calcolo del seno di 0	Formula per il calcolo del coseno di 0	
6	15	Formula per il calcolo del seno di 15	Formula per il calcolo del coseno di 15	
7	30	Formula per il calcolo del seno di 30	Formula per il calcolo del coseno di 30	
8	45	Formula per il calcolo del seno di 45	Formula per il calcolo del coseno di 45	
9	60	Formula per il calcolo del seno di 60	Formula per il calcolo del coseno di 60	
...	......	......	......	
...	......	......	......	

COMPETENZA DIGITALE

nome è visibile nella parte superiore della barra (▶FIGURA A).

Per ottimizzare lo spazio disponibile, alcune schede vengono visualizzate solo quando vengono attivate determinate funzioni. La prima scheda è denominata **Home**; essa è sempre collocata a sinistra sullo schermo e contiene i seguenti **gruppi logici** di comandi: **Appunti**, **Carattere**, **Allineamento**, **Numeri**, **Stili**, **Celle**, **Modifica**. Nella ▶FIGURA A sono stati cerchiati la linguetta della scheda **Home** e il suo gruppo **Numeri**.

- **Larghezza delle colonne utilizzate**

Come prima operazione, ci proponiamo di modificare la **larghezza** di tutte le celle appartenenti alle colonne A, B e C che utilizzeremo nel calcolo, con la seguente procedura (▶FIGURA A):

- **selezionare** direttamente le tre colonne A, B e C, premendo con il puntatore del mouse sui bottoni in cima alle colonne stesse, con l'accorgimento di tenere premuto, durante l'operazione, il tasto **Ctrl** (posto in basso e alla sinistra della tastiera); dopo l'operazione le tre colonne cambieranno colore;
- premere sul pulsante **Formato** nel gruppo **Celle** (scheda **Home**) per fare scendere la tendina contenente i comandi di formattazione delle celle;
- selezionare il comando **Larghezza colonne...** (i tre puntini di sospensione preannunciano la successiva apertura di una finestra di dialogo);
- nella **finestra di dialogo** che appare sostituire il valore che appare (8,43) con il valore 10; immediatamente le celle delle tre colonne assumeranno il nuovo valore per la loro larghezza.

Seguendo lo schema della ▶TABELLA 1, si riservano la riga 2 all'inserimento del **titolo** del foglio e la riga 4 all'inserimento delle **etichette di testo**, con le indicazioni del contenuto delle rispettive colonne. Potremmo allora inserire direttamente il testo ANGOLI nella cella A4 (dopo averla selezionata puntandola con il puntatore e premendo il tasto sinistro del mouse), il testo SENO in B4 e COSENO in C4.

- **Formato numerico delle celle**

Prima di procedere con la creazione del foglio elettronico è necessario modificare il formato predefinito delle celle destinate a contenere i dati del calcolo. In effetti la colonna A, quella che conterrà gli **angoli**, dovrà essere predisposta per *numeri interi* (cioè 0 cifre decimali), mentre le colonne B e C, che dovranno contenere i valori delle funzioni **seno** e **coseno**, dovranno visualizzare i valori con almeno 7 cifre decimali, necessari per approssimare il calcolo in modo adeguato.

Per apportare queste modifiche è necessario:

- **selezionare** la colonna A (come visto al punto precedente) e premere sulla **piccola freccia** in basso a destra del riquadro del gruppo **Numeri** (evidenziata in ▶FIGURA A). Nella finestra di dialogo che appare, selezionare la voce **Numeri** della lista **Categoria** alla sinistra della finestra, e inserire 0 nella casella **Posizioni decimali**;
- **selezionare** le colonne B e C e ripetere l'operazione sopra descritta, inserendo 7 nella casella **Posizioni decimali**.

2. I dati da trattare: gli angoli

I dati del nostro calcolo sono gli angoli dell'intervallo 0°-360°, con un **passo** di 15° in 15°, giudicato appropriato allo scopo di fornire un grafico sufficientemente preciso; questi valori troveranno posto nella colonna A a partire dalla cella A5 (▶TABELLA 1). Tuttavia è necessario subito ricordare che Excel richiede, per il calcolo dei valori delle funzioni goniometriche, un angolo espresso in **radianti**. È pertanto necessario, prima di far eseguire il calcolo del valore del-

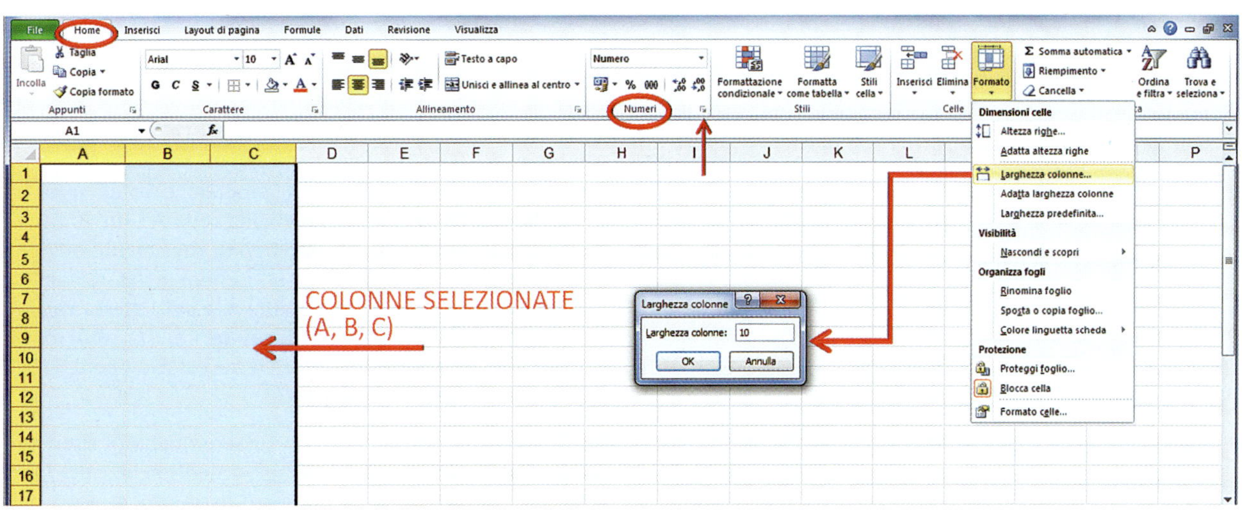

FIGURA A La *barra multifunzione* di Excel; essa raccoglie tutti i comandi organizzati in *schede*. Nella figura si utilizza il comando **Formato** del gruppo **Celle** per dimensionare la larghezza delle colonne selezionate A, B, C.

COMPETENZA DIGITALE

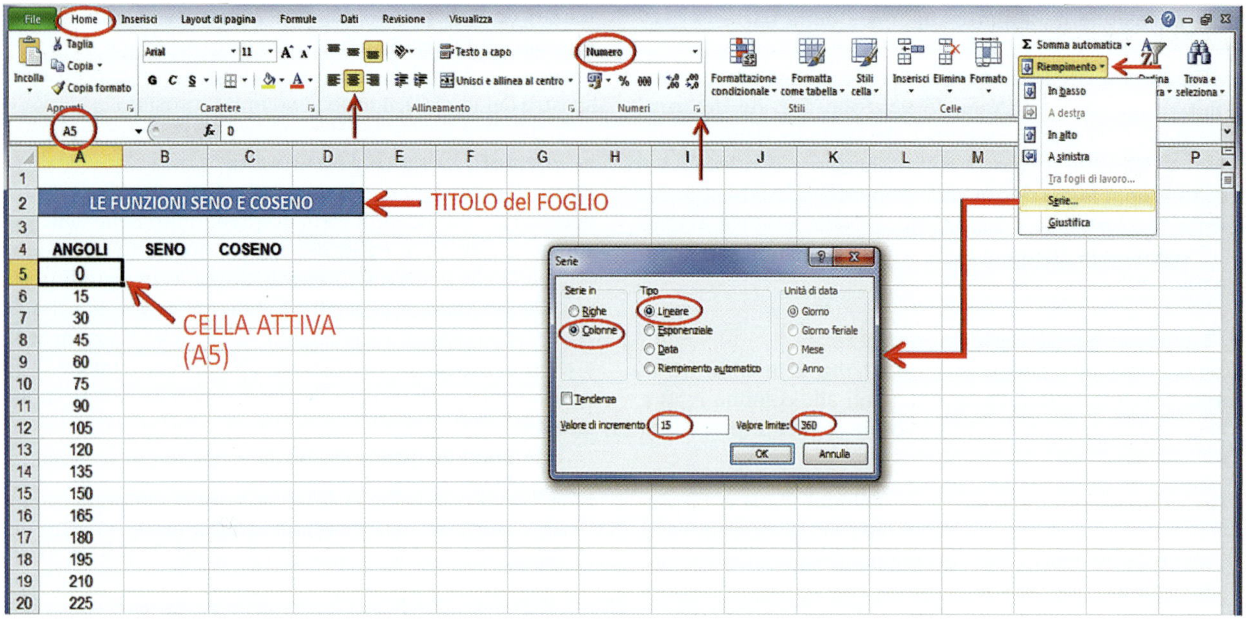

FIGURA B Generazione automatica dei valori degli angoli dell'intervallo 0°-360° con il comando **Riempimento-Serie**.

la funzione, provvedere a trasformare gli angoli dai *gradi sessagesimali*, che noi utilizzeremo come dati di partenza, ai *radianti*. Per questo Excel possiede la funzione RADIANTI( ), ma lo stesso risultato si otterrebbe utilizzando il coefficiente di trasformazione $\pi/180$.

Dunque, possiamo ora rendere attiva la cella A5 per introdurvi il valore 0 come primo valore angolare dell'intervallo 0°-360°. Successivamente dovrebbero essere introdotti manualmente, nelle celle sottostanti della colonna A (A6, A7, ...), gli altri angoli con passo 15° fino a 360°.

Tuttavia, ciò sarebbe noioso e, fortunatamente, non necessario. In realtà esiste un modo più semplice e rapido per creare **automaticamente** questo insieme di dati, con la seguente procedura:

- mantenere la A5 (in cui si è introdotto il valore 0) come **cella attiva**;
- premere sul pulsante **Riempimento** del gruppo **Modifica** (sul lato destro della scheda **Home**) per far scendere la tendina con i comandi disponibili;
- selezionare il comando **Serie...**;
- nella finestra di dialogo che appare, effettuare le scelte evidenziate con cerchi in ▶FIGURA B.

Una volta confermati con il pulsante **OK** i valori e le opzioni, si osserverà immediatamente il riempimento automatico delle celle sottostanti la cella di partenza (A5) con i valori angolari aumentati di 15° in 15° fino a 360°.

3. Calcolo dei valori delle funzioni seno e coseno

Ora portiamo il cursore nella cella B5, e successivamente in quella adiacente C5. In queste due celle si dovranno scrivere le formule, peraltro ovvie, che permettono il calcolo dei valori delle funzioni seno e coseno dell'angolo contenuto nella cella A5 della stessa riga (riga 5). Ricordando che occorre trasformare i valori angolari in **radianti**, potremo scrivere le seguenti formule:

Calcolo dei valori di seno e coseno

Formula	Cella e descrizione
= SEN(RADIANTI(A5))	In B5 per calcolare il valore del seno dell'angolo contenuto in A5
= COS(RADIANTI(A5))	In C5 per calcolare il valore del coseno dell'angolo contenuto in A5

Una volta introdotte le formule precedenti nelle celle B5 e C5 appariranno immediatamente i valori delle funzioni seno e coseno a 0°, rispettivamente 0 e 1 (▶FIGURA C).

Osserviamo che le formule contengono come *argomento* un **riferimento relativo** alla cella A5 (in effetti manca il prefisso $). Questo tipo di riferimento deve essere letto nel senso che ci si riferisce al valore contenuto **nella cella della colonna A e sulla stessa riga** (la riga 5) **che contiene le formule**. Questa osservazione è molto importante per le successive operazioni di copiatura.

Il passaggio successivo potrebbe essere quello di riscrivere manualmente le stesse formule precedenti nelle celle D6 e C6, con l'avvertenza di modificare il riferimento alla cella A5 con quello alla cella A6 (calcolo di seno e coseno a 15°), ripetendo poi l'operazione fino alla riga che contiene

COMPETENZA DIGITALE

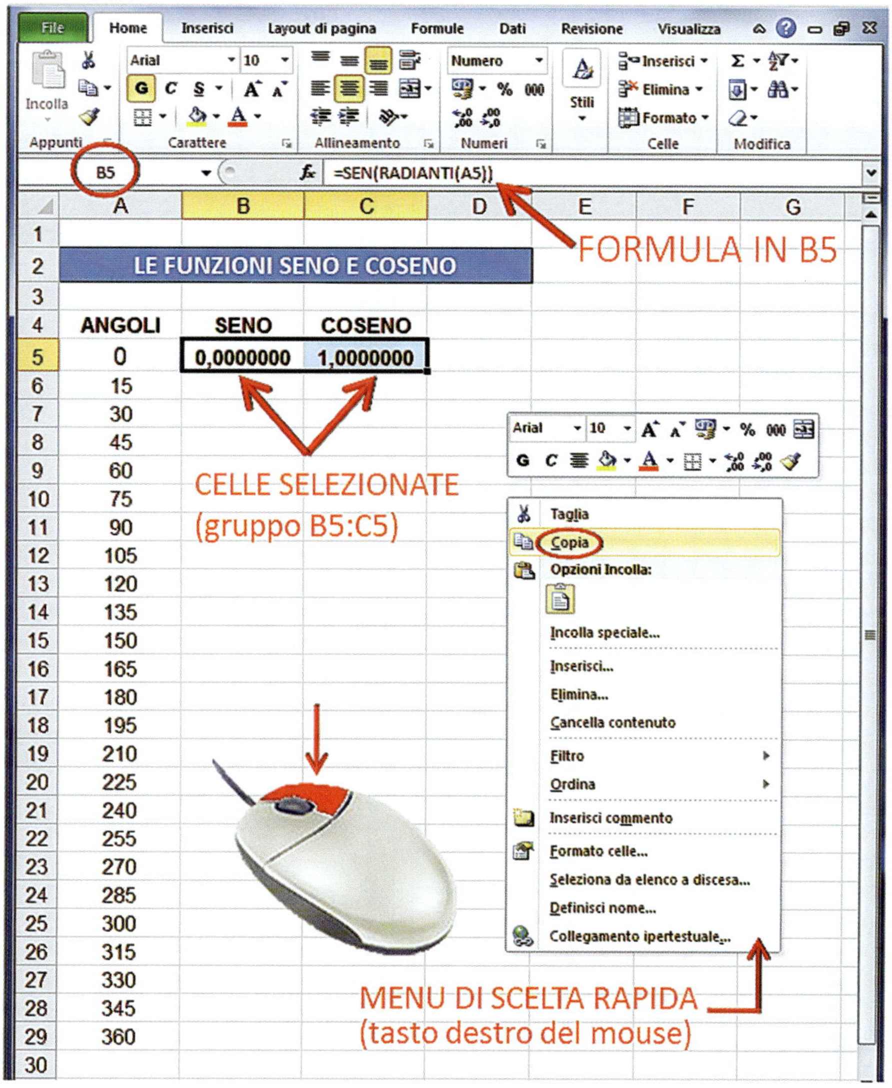

FIGURA C Menu di scelta rapida (detto anche contestuale) attivabile dal tasto destro del mouse.

il valore finale dell'intervallo angolare a cui si fa riferimento. Tuttavia anche in questo caso Excel ci mette a disposizione gli strumenti per eseguire questa operazione in modo più semplice e rapido con la seguente procedura:

- **selezionare** entrambe le celle B5 e C5 (puntandole tenendo premuto il tasto **shift/maiuscole**) contenenti le formule da copiare, che poi presenteranno un unico bordo nero e spesso;
- con il cursore del mouse posizionato all'interno di una delle due celle appena selezionate, si preme il **tasto destro** del mouse; immediatamente appare lateralmente un menu denominato di **scelta rapida** (► FIGURA C);
- selezionare la voce **Copia** (vengono poste negli **Appunti** le precedenti formule in B5 e C5);
- selezionare il **blocco rettangolare** di celle comprese tra la B6 e la C29 (prima puntare sulla B6, poi, tenendo premuto il tasto **shift/maiuscole** , sulla C29);
- posizionando il cursore del mouse all'interno dell'area appena selezionata, si torna a premere il **tasto destro** dello stesso mouse per fare ricomparire il menu di **scelta rapida**;
- selezionare l'icona **Incolla Formule** presente nella voce **Opzioni Incolla** del menu contestuale.

Si noterà immediatamente che le celle selezionate saranno riempite con i valori delle funzioni seno e coseno relativi agli angoli contenuti in corrispondenza della prima cella di ciascuna riga (► FIGURA D).

L'operazione precedente poteva essere eseguita ancora più rapidamente utilizzando la **maniglia di trascinamento** (► FIGURA D) costituita da un piccolo quadratino nero posto nell'angolo in basso a destra sul bordo dell'area selezionata. In effetti, dopo avere **selezionato** le celle B5 e C5 (primo punto precedente), basta selezionare questa **maniglia** e, tenendo premuto il **tasto sinistro** del mouse, **trascinare** verso il basso questa maniglia fino alla **riga 29**; rilasciando il tasto si ottiene lo stesso risultato.

COMPETENZA DIGITALE

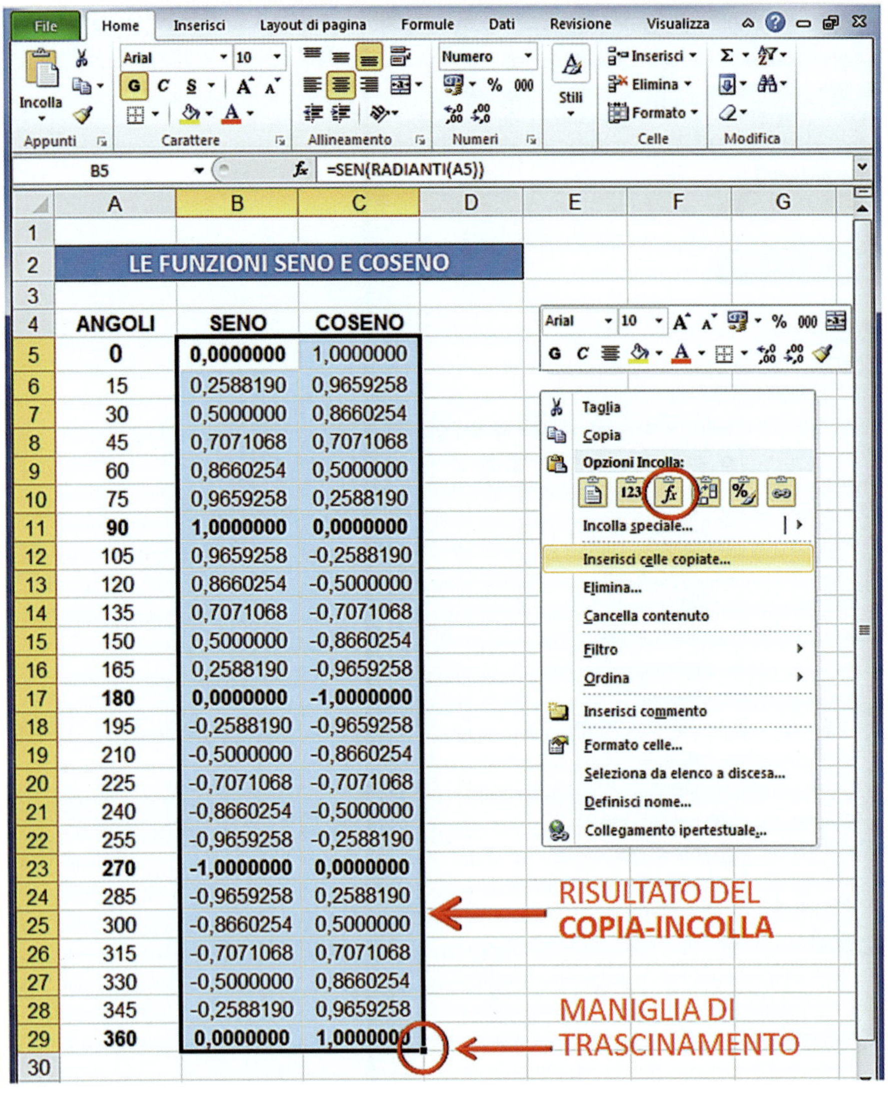

FIGURA D Copiatura delle formule contenenti *riferimenti relativi* che si adattano automaticamente alle celle di destinazione.

Con l'operazione precedente sono state **copiate**, nelle celle sottostanti selezionate, le formule contenute nelle celle B5 e C5. Posizionando poi il cursore su una qualunque di queste celle, per esempio la **B21**, sulla riga delle immissioni si osserverà la formula copiata, nella quale il **riferimento relativo** da A5 è stato automaticamente trasformato in A21, e così per tutte le altre celle.

4. Costruzione del grafico

Per completare il lavoro non ci resta che creare un **diagramma** che contenga la rappresentazione grafica delle funzioni *seno* e *coseno*. Excel è particolarmente attrezzato per realizzare grafici di tipo **statistico**, tuttavia è anche possibile ottenere grafici di funzioni matematiche.

Nel nostro caso è possibile creare due grafici separati (uno per ciascuna funzione), oppure un solo grafico contenente gli andamenti di entrambe le funzioni distinte da due colori diversi; noi proporremo questa seconda soluzione.

Per semplificare la creazione del grafico, è opportuno (in questo ambito) preliminarmente **selezionare i dati** che devono essere rappresentati nel grafico (valori delle funzioni seno e coseno); nel nostro caso essi sono contenuti nel blocco rettangolare di celle appartenenti alle due colonne B e C comprese tra la riga 5 e la riga 29 (blocco **B5:C29**).

Successivamente si apre la scheda **Inserisci** (▶FIGURA E), premendo sulla relativa **linguetta** nella barra multifunzione, nella quale appare subito il gruppo **Grafici**. Tra i pulsanti disponibili in questo gruppo per la *creazioni dei grafici* occorre selezionare quello denominato **Grafico a linee**; esso apre una tendina con la possibilità di scegliere, tra diversi tipi di *grafici a linee*, quello desiderato. Nel nostro caso è opportuno scegliere il **primo** tipo di grafico compreso nel riquadro **Linee 2D**.

COMPETENZA DIGITALE

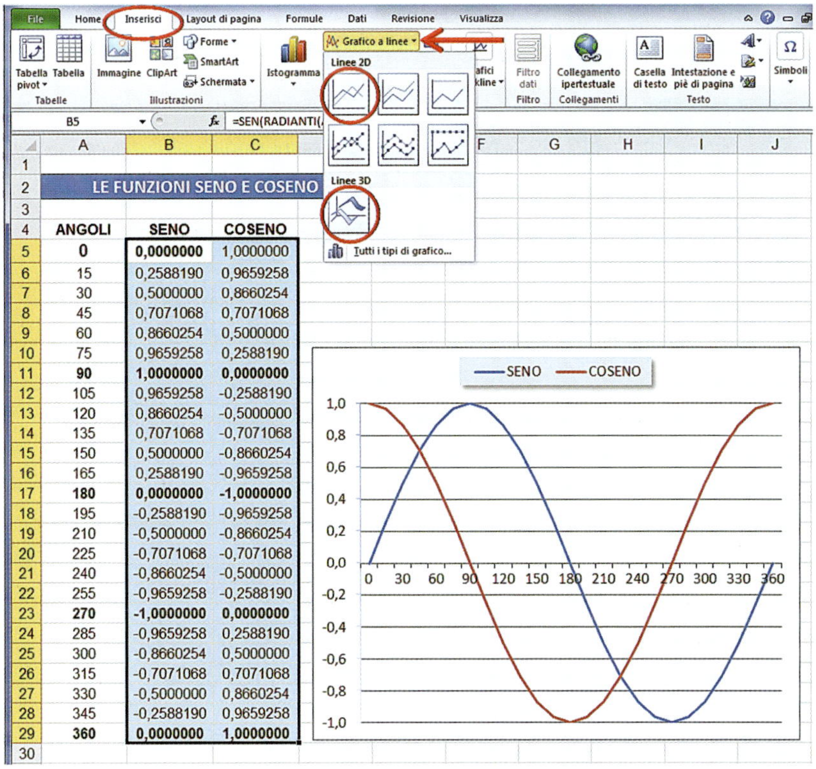

FIGURA E Grafico delle funzioni seno e coseno realizzato con **Linee 2D**.

Immediatamente il grafico viene creato in un riquadro (finestra) **scalabile** e spostabile a piacere. Gli elementi accessori al grafico (*titolo*, *legenda*, *griglia*, *assi e relative etichette*, *colori*, *sfondi* e altri parametri) andranno **personalizzati** a piacere. Per questa operazione basta portare il puntatore del mouse sull'elemento da personalizzare e premere il tasto destro del mouse. Come sempre apparirà il **menu di scelta rapida** da cui è possibile selezionare l'ultimo comando, denominato **Formato**, seguito dal **nome** dell'elemento selezionato (per esempio **Formato legenda**, **Formato asse**, **Formato griglia** ecc.). Seguono alcune finestre di dialogo con le quali, in modo intuitivo e interattivo, è possibile operare numerosissime personalizzazioni.

Naturalmente si possono scegliere anche altri **tipi** di grafico, con diversi **formati**, se questi verranno giudicati più efficaci nella rappresentazione grafica. Per esempio, nel nostro caso, potremmo scegliere come tipo di grafico quello denominato **Linee 3D** (▶FIGURA E), il cui risultato è illustrato in ▶FIGURA F.

Infine, si può poi ricorrere all'uso dei colori, per evidenziare gruppi di dati omogenei (nel nostro caso i valori delle funzioni seno e coseno), e inserire un titolo nel foglio di calcolo, per il quale sono state riservate le prime tre righe, opportunamente lasciate vuote all'inizio della procedura.

Il foglio di calcolo così impostato può essere utilizzato per rappresentare graficamente **altri tipi di funzioni goniometriche**, anche complesse, ma nello stesso intervallo. Allo scopo basta sostituire nelle colonne B e C le formule prima illustrate con quelle relative alle nuove funzioni. Suggeriamo per esercizio di rappresentare nel modo indicato le seguenti funzioni:

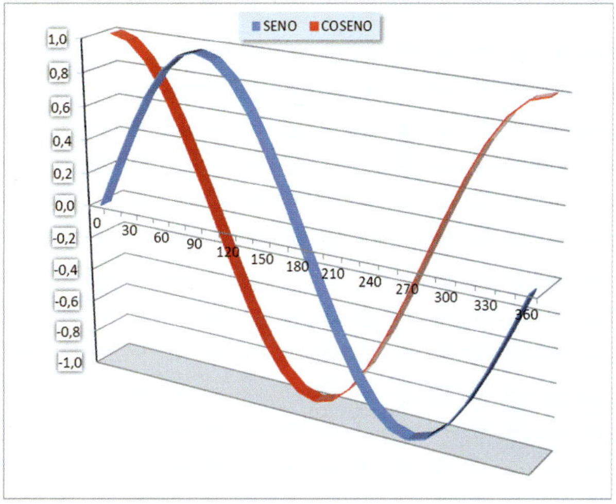

FIGURA F Grafico tridimensionale delle funzioni seno e coseno realizzato con **Linee 3D**.

$y = \lvert \text{sen}\,\alpha \rvert$	$y = \text{sen}\,\alpha + \cos\alpha$
$y = 1 + \text{sen}\,\alpha$	$y = \lvert \cos\alpha \rvert + 1$
$y = -\text{sen}\,\alpha$	$y = \text{sen}\,2\alpha$
$y = 2\cos(\alpha/2)$	$y = \cos(\alpha - 100^c)$

Autovalutazione

A. Verifica delle conoscenze

QUESITI VERO/FALSO

Valuta senza l'uso della calcolatrice.

V F

1 La definizione geometrica classica di angolo prevede valori negativi ☐ ☐

2 La definizione di angolo orientato prevede valori maggiori dell'angolo giro ☐ ☐

3 Il radiante è una parte geometrica dei cerchi ☐ ☐

4 L'angolo $\alpha = 3\pi/2$ e quello $\beta = 300^c$ hanno la stessa ampiezza ☐ ☐

5 La misura in radianti dell'angolo di ampiezza $220°$ è di $5\pi/6$ ☐ ☐

6 La trasformazione di un angolo nei vari sistemi di misura non è sempre possibile ☐ ☐

7 Gli angoli $\alpha = 41°{,}5000$ e $\beta = 41°30'00''$ hanno la stessa ampiezza ☐ ☐

8 Il rapporto $\pi/200$ serve a trasformare radianti in gradi centesimali ☐ ☐

9 L'angolo $\alpha = 0°4'12''$ e l'angolo $\beta = 252''$ si equivalgono ☐ ☐

10 Il sistema centesimale è quello più utilizzato in topografia ☐ ☐

11 La somma tra due angoli è sempre ammissibile ☐ ☐

12 Il prodotto tra due angoli è sempre ammissibile ☐ ☐

13 La divisione di un angolo con uno scalare è sempre ammissibile ☐ ☐

14 Le notazioni convenzionali *ASB* e *BSA* indicano lo stesso angolo orientato ☐ ☐

15 L'angolo orientato $\alpha = 310^c$ e l'angolo $\alpha = -90^c$ si equivalgono ☐ ☐

16 $|\text{sen}\,\alpha| \leq 1$ ☐ ☐

17 $|\text{cotg}\,\alpha| \leq 1$ ☐ ☐

18 Esiste un angolo α tale che $\text{sen}\,\alpha = 1/2$ e $\cos\alpha = 1/2$ ☐ ☐

19 La funzione cotangente è periodica di periodo π ☐ ☐

20 La funzione coseno è periodica di periodo 4π ☐ ☐

21 $\text{sen}\,1° > \cos 1°$ ☐ ☐

22 $\dfrac{a \cdot \cos 90° - b \cdot \text{sen}\,180°}{a \cdot \cos 180° - \cos 90°} = 0$ (con $a \neq 0$) ☐ ☐

23 $\dfrac{4 \cdot \text{sen}\,(3/2)\pi + \cos\pi - 3 \cdot \text{tg}\,9\pi}{3 \cdot \cos(\pi/2) - 2 \cdot \text{sen}\,(-\pi/2)} = \dfrac{5}{2}$ ☐ ☐

24 $\dfrac{3 \cdot \text{sen}\,90° - \text{sen}\,270° + 5 \cdot \text{tg}\,360}{2 \cdot \text{tg}\,180° + 3 \cdot \cos(-360°)} = \dfrac{4}{3}$ ☐ ☐

25 $\cos 220° = \sqrt{\cos^2 220°}$ ☐ ☐

26 $-\text{tg}\,160° = \sqrt{\text{tg}^2\,160°}$ ☐ ☐

27 $3 \cdot |\cos\alpha| = \sqrt{9 \cdot \cos^2\alpha}$ ☐ ☐

28 $2\,\text{sen}\,\alpha = \sqrt{4 \cdot \text{sen}^2\alpha}$ ☐ ☐

29 $\text{tg}\,60° \cdot \text{tg}\,30° = 1$ ☐ ☐

30 $\dfrac{\text{sen}\,\alpha}{\cos\alpha} = \text{tg}\,\alpha$ per qualunque angolo α ☐ ☐

Considerando il triangolo rettangolo *ABC*, retto in *C*, indicando i cateti con *a* e *b*, con *c* l'ipotenusa e con *m* e *n* le proiezioni rispettivamente di *b* e *a* sull'ipotenusa, valuta le seguenti espressioni.

31 $a = b \cdot \text{tg}\,\alpha$ ☐ ☐

32 $c = b \cdot \text{sen}\,\beta$ ☐ ☐

33 $\dfrac{a}{c} = \text{sen}\,\beta$ ☐ ☐

34 $\dfrac{b}{c} = \text{sen}\,\beta$ ☐ ☐

35 $\dfrac{a}{\cos\beta} = c$ ☐ ☐

36 $m = b \cdot \cos\beta$ ☐ ☐

37 $\dfrac{n}{\cos\beta} = a$ ☐ ☐

38 $c = b \cdot \cos\alpha + a \cdot \cos\beta$ ☐ ☐

Valuta senza l'uso della calcolatrice.

39 $\dfrac{1}{\cos 218^\circ} = \sqrt{1 + \text{tg}^2\, 218^\circ}$ ☐ ☐

40 $\dfrac{\text{tg}\, 211^\circ}{\sqrt{1 + \text{tg}^2\, 211^\circ}} = \text{sen}\, 211^\circ$ ☐ ☐

41 Per $0^\circ < \alpha < 180^\circ$ si ha:

$\text{sen}\,\alpha = \dfrac{\text{tg}\,\alpha}{\sqrt{1 + \text{tg}^2\,\alpha}}$ ☐ ☐

42 Per $90^\circ < \alpha < 270^\circ$ si ha:

$\cos\alpha = \dfrac{-1}{\sqrt{1 + \text{tg}^2\,\alpha}}$ ☐ ☐

43 Per $90^\circ < \alpha < 180^\circ$ si ha:

$\text{sen}\,\alpha = \dfrac{\text{tg}\,\alpha}{-\sqrt{1 + \text{tg}^2\,\alpha}}$ ☐ ☐

44 Per $270^\circ < \alpha < 360^\circ$ si ha:

$\text{sen}\,\alpha = \sqrt{1 - \cos^2\alpha}$ ☐ ☐

45 Per $180^\circ < \alpha < 270^\circ$ si ha:

$\cos\alpha = -\sqrt{1 - \text{sen}^2\,\alpha}$ ☐ ☐

46 Sapendo che $\text{sen}\,\alpha = 4/5$ con $0^\circ < \alpha < 90^\circ$, allora $\text{tg}\,\alpha = 4/3$ ☐ ☐

47 Sapendo che $\cos\alpha = 5/4$, allora $\text{sen}\,\alpha = 4/3$ ☐ ☐

48 Se per $\alpha < 180^\circ$ si ha:

$\text{tg}\,\dfrac{\alpha}{3} = \dfrac{\sqrt{3}}{3}$, allora $\alpha = 60^\circ$ ☐ ☐

49 Se per $\alpha < 180^\circ$ si ha:

$\dfrac{\text{tg}\,\alpha}{3} = \dfrac{\sqrt{3}}{3}$, allora $\alpha = 60^\circ$ ☐ ☐

50 $\text{tg}\,\alpha = 6$ è una relazione impossibile ☐ ☐

51 $\cos\alpha = -2$ è una relazione impossibile ☐ ☐

52 $\text{sen}^2\,\alpha + \cos^2\alpha = 2$ è una relazione impossibile ☐ ☐

53 $\text{sen}\,\alpha + \cos\alpha = 1$ è una relazione impossibile ☐ ☐

54 $\cos^2\alpha = 3/2$ è una relazione impossibile ☐ ☐

55 È possibile che α e β siano gli angoli acuti di un triangolo rettangolo sapendo che $\text{sen}\,\alpha = 1$ e $\cos\beta = -1/2$ ☐ ☐

56 $\text{sen}\,2\alpha = 2\,\text{sen}\,\alpha$ ☐ ☐

57 Se $\cos\alpha = \dfrac{2}{5}$ allora $\cos 2\alpha = \dfrac{4}{5}$ ☐ ☐

58 Se $\cos\alpha = \dfrac{2}{3}$ allora $\cos 2\alpha = -\dfrac{1}{9}$ ☐ ☐

59 Se $\text{sen}\,\alpha = \dfrac{1}{3}$ e $\text{sen}\,\beta = \dfrac{1}{2}$

allora $\text{sen}\,(\alpha + \beta) = \dfrac{2}{\sqrt{6}}$ ☐ ☐

60 Se $\cos\alpha = \dfrac{1}{2}$ allora $\text{sen}\,\dfrac{\alpha}{2} = \dfrac{1}{2}$ ☐ ☐

61 Se $\cos\alpha = \dfrac{1}{2}$ allora $\text{tg}\,\dfrac{\alpha}{2} = \dfrac{2}{\sqrt{3}}$ ☐ ☐

QUESITI A RISPOSTA APERTA

62 Utilizzando lo schema, dopo averlo completato con le linee e le lettere necessarie, formula la definizione delle quattro funzioni goniometriche fondamentali dell'angolo α, compreso nel III quadrante, indicandone anche i segni convenzionali.

1) $\text{sen}\,\alpha =$ .... segno ....
2) $\cos\alpha =$ .... segno ....
3) $\text{tg}\,\alpha =$ .... segno ....
4) $\text{cotg}\,\alpha =$ .... segno ....

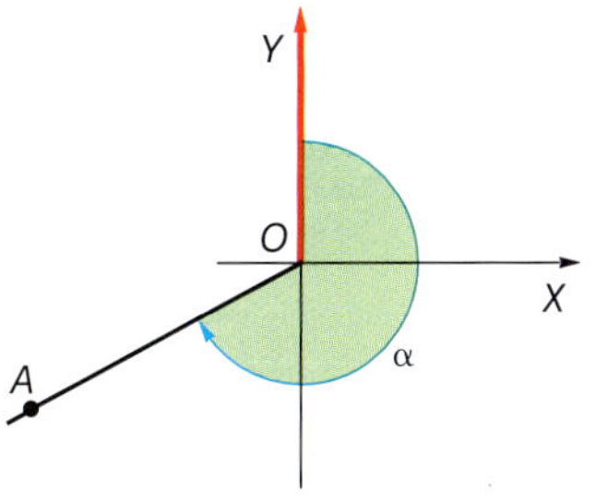

AUTOVALUTAZIONE

63 Utilizzando il cerchio goniometrico illustrato, dopo averlo completato con le linee e le lettere necessarie, indica gli elementi geometrici che, in tale contesto, rappresentano i valori delle quattro funzioni goniometriche.

1) sen α = ...

2) cos α = ...

3) tg α = ...

4) cotg α = ...

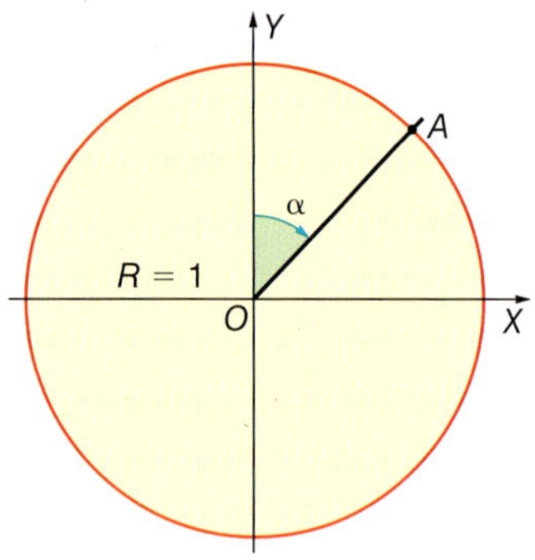

64 Completa la tabella con i valori delle funzioni goniometriche in corrispondenza degli angoli indicati, senza l'uso della calcolatrice.

angolo	seno	coseno	tang.	cotang.
0°				
90°				
180°				
270°				
360°				
450°				

65 Completa la tabella con i simboli «c» o «d» quando, rispettivamente, le funzioni goniometriche presentano un andamento crescente oppure decrescente.

quadrante	seno	coseno	tang.	cotang.
I				
II				
III				
IV				

66 Completa la tabella con i valori delle funzioni goniometriche in corrispondenza degli angoli indicati, senza l'uso della calcolatrice.

angolo	seno	coseno	tang.	cotang.
30°				
45°				
60°				

67 Il grafico rappresenta una funzione goniometrica.

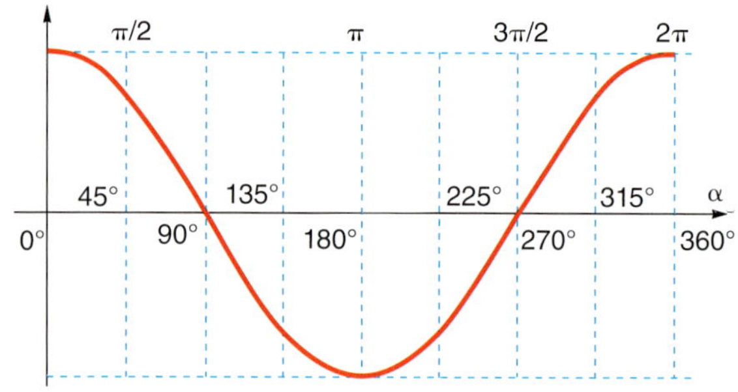

1) Di quale funzione si tratta? y = ...

2) Qual è il suo valore massimo? ....

3) Qual è il suo valore minimo? ....

4) Per quali valori di α è negativa? ....

5) Rispetto a quale asse è simmetrica? ....

68 Il grafico rappresenta una funzione goniometrica.

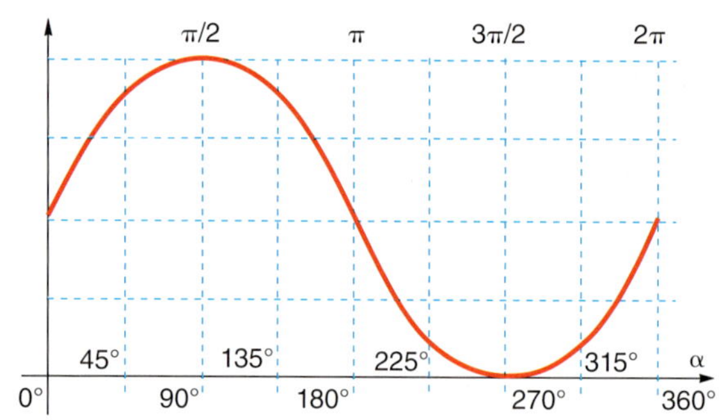

1) Di quale funzione si tratta? y = sen α + 1

2) Qual è il suo valore massimo? 2

3) Qual è il suo valore minimo? 0

4) Per quali valori di α è negativa? ....

5) Per quali valori di α è nulla? 270°

69 Il grafico rappresenta una funzione goniometrica.

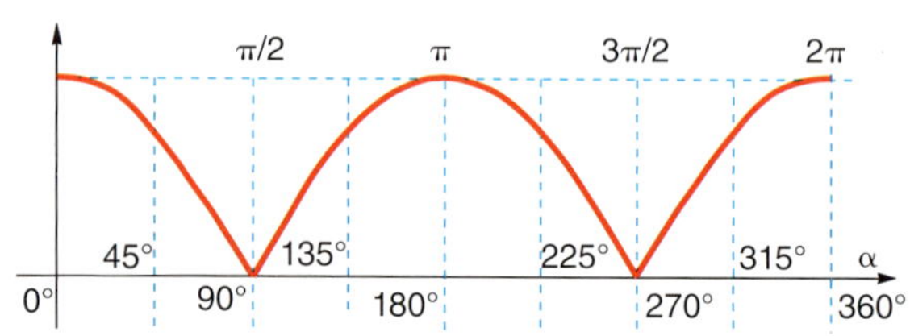

1) Di quale funzione si tratta? y = ...

2) Qual è il suo valore massimo? ....

3) Qual è il suo valore minimo? ....

4) Per quali valori di α è negativa? ....

5) Rispetto a quale asse è simmetrica? ....

AUTOVALUTAZIONE

70 Il grafico rappresenta una funzione goniometrica.

1) Di quale funzione si tratta? $y =$ ....
2) Qual è il suo valore massimo? ....
3) Qual è il suo valore minimo? ....
4) Per quali valori di α è negativa? ....
5) Dove sono gli eventuali asintoti? ....

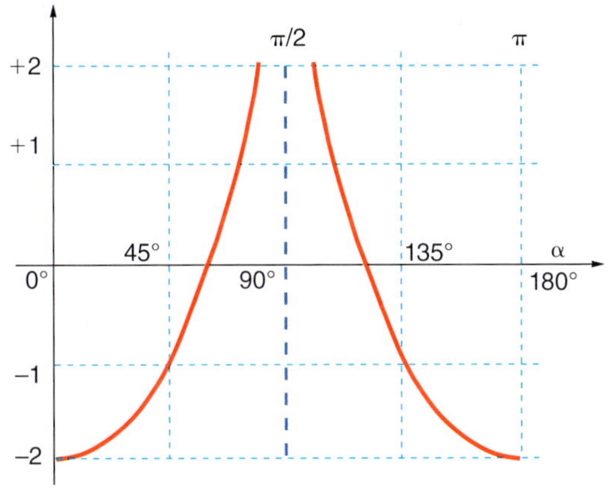

QUESITI A RISPOSTA MULTIPLA

71 Le ampiezze dei tre angoli interni di un triangolo equilatero valgono

a $\pi/2$ b $\pi/4$
c $\pi/3$ d $\pi/6$

72 Se in un triangolo isoscele l'angolo compreso tra i lati uguali è di $\pi/4$, le ampiezze di ciascuno degli angoli uguali valgono

a $3\pi/2$ b $3\pi/4$
c $3\pi/5$ d nessuno dei precedenti

73 L'angolo $\alpha = 1^{rad},2436$ espresso in gradi centesimali vale

a $59^c,2245$ b $69^c,0055$
c $79^c,1700$ d $97^c,1177$

74 L'angolo $\alpha = 1^{rad},2436$ espresso in gradi sessagesimali vale

a $87°12'15''$ b $71°14'71''$
c $68°41'25''$ d nessuno dei precedenti

75 L'angolo $\alpha = 215^c,2938$ espresso in gradi sessagesimali vale

a $199°02'24''$ b $235°18'21''$
c $193°45'52''$ d nessuno dei precedenti

76 L'angolo $\alpha = 124°42'16''$ espresso in gradi centesimali vale

a $159^c,2436$ b $142^c,2287$
c $135^c,3800$ d $138^c,5605$

77 L'angolo $\alpha = 85°47'26''$ espresso in radianti vale

a $1^{rad},4973$ b $1^{rad},2247$
c $1^{rad},0351$ d $0^{rad},9892$

78 L'angolo $\alpha = 136^c,4167$ espresso in radianti vale

a $1^{rad},9866$ b $2^{rad},1428$
c $2^{rad},5234$ d $2^{rad},0865$

79 L'angolo $\alpha = 21^c,9808$ espresso in gradi sessagesimali vale

a $19°46'48''$ b $19°46'58''$
c $19°46'35''$ d nessuno dei precedenti

80 L'angolo $\alpha = 42°,8400$ espresso in gradi sessagesimali vale

a $42°50'10''$ b $42°50'20''$
c $42°50'30''$ d nessuno dei precedenti

81 L'angolo $\alpha = 75°46'00''$ espresso in gradi centesimali vale

a $84^c,1852$ b $84^c,1462$
c $84^c,1222$ d nessuno dei precedenti

Valuta senza l'uso della calcolatrice.

82 Per α compreso nell'intervallo 0°-90°, quante volte si ha sen α = cos α?

a 2 b 4
c 1 d nessuna

83 Quale uguaglianza è manifestamente impossibile?

a $\sqrt{\text{sen}^2\,\alpha} = 0,82$ b $2 \cdot \text{sen}\,\alpha = 2,5$
c $3 \cdot \cos\alpha = 1,2$ d $\text{tg}\,\alpha = -2,5$

84 Quale funzione goniometrica per $\alpha = 60°$ assume il valore $\sqrt{2}/2$?

a coseno b seno
c tangente d nessuna

85 Quale funzione goniometrica per $\alpha = 30°$ assume il valore $\sqrt{3}/2$?

a coseno b seno
c tangente d nessuna

86 Quale funzione goniometrica per $\alpha = 30°$ assume il valore $1/\sqrt{2}$?

a coseno b seno
c tangente d nessuna

87 Quale unità di misura caratterizza i valori delle funzioni goniometriche?

a radianti b gradi centesimali
c gradi decimali d nessuna dimensione

88 Indica quale valore assume l'espressione
$\sqrt{3}\,\text{tg}\,60° - 4\,\text{tg}\,45° + \cos 180°$

a 2 b 1
c 0 d −2

89 Indica quale valore assume l'espressione
$(\cos 60° + \text{sen}\,30°) \cdot (\text{tg}\,45° + \text{tg}\,60° - 3 \cdot \text{tg}\,30°)$

a 1 b 1/2
c −1 d −2

90 Indica quale valore assume l'espressione
$2\,\text{sen}\,60° + \sqrt{3}\cos 30° - 2\cos 60° - 3\,\text{tg}\,30°$

a −1 b 1/2
c 0 d −1/2

91 Indica quale valore assume l'espressione
$2\cos 90° + 3\,\text{tg}\,45° - \cos 60°$

a 0 b 1/2
c 7/2 d nessuno dei precedenti

92 In un triangolo retto in C, quale funzione viene definita dal rapporto b/c?

a sen β b cos β
c cos α d sen β e cos α

93 In un triangolo retto in C, l'ipotenusa misura 2 m e l'angolo acuto β misura 30°. Quanto misura il cateto b?

a 1 m b 2 m
c $2\sqrt{3}$ m d nessuno di questi valori

94 Indica quale valore di k rende vera la relazione:
$\text{sen}\,45° + k \cdot \text{sen}\,90° = \cos 45° + \cos 90° + 4\,\text{sen}\,30°$

a $k = 1$ b $k = 2$
c $k = 3$ d $k = 4$

95 Indica quale valore di k rende vera la relazione:

$$\frac{k \cdot \text{tg}\,200° - \text{tg}\,160°}{\text{tg}\,45° + \text{tg}\,225°} = 2\,\text{tg}\,20°$$

a $k = 1$ b $k = 2$
c $k = 3$ d $k = 4$

96 Stabilisci per quale $\alpha < 360°$ vale la relazione:
$|\text{sen}\,\alpha| + 1 = 0$

a $\alpha = 270°$
b $\alpha = 90°$
c $\alpha = -90°$
d nessuno dei valori precedenti

97 Stabilisci per quale $\alpha < 180°$ vale la relazione:
$\text{tg}\,2\alpha = 1$

a $\alpha = 45°$ b $\alpha = 22°50'$
c $\alpha = 22°30'$ d $\alpha = 90°$

98 Stabilisci per quale $\alpha < 180°$ vale la relazione:
$\cos 3\alpha = 1/2$

a $\alpha = 30°$ b $\alpha = -20°$
c $\alpha = 60°$ d nessuna delle precedenti

99 Stabilisci per quale $\alpha < 360°$ vale la relazione:
$\sqrt{2} \cdot \text{sen}\,\alpha = 1$

a $\alpha = 45°$ b $\alpha = 45°$ e $\alpha = 225°$
c $\alpha = 120°$ e $\alpha = 210°$ d nessuna delle precedenti

100 Stabilisci per quale $\alpha < 180°$ vale la relazione:
$|3 \cdot \text{tg}\alpha| = \sqrt{3}$

a $\alpha = 30°$ b $\alpha = -30°$
c $\alpha = 30°$ e $\alpha = 150°$ d nessuna delle precedenti

101 Semplificando l'espressione:
$\text{sen}\,(180° + \alpha) + \text{sen}\,(360° - \alpha) + \text{sen}\,(180° - \alpha)$
si ottiene

a $-\text{sen}\,\alpha$ b $\text{sen}\,\alpha$
c 1 d $2\cos\alpha$

102 Semplificando l'espressione:
$\text{sen}\,(90° + \alpha) - \cos(180° + \alpha) - \text{sen}\,(90° - \alpha)$
si ottiene

a $-\cos\alpha$ b $\cos\alpha$
c $2\cos\alpha$ d nessuna delle precedenti

103 Semplificando l'espressione:
$\cos(180° - \alpha) + \cos(180° + \alpha) - \cos(360° - \alpha)$
si ottiene

a $-\cos\alpha$ b $3\cos\alpha$
c $\cos\alpha$ d $-3\cos\alpha$

104 Semplificando l'espressione:
$\text{sen}\,(-\alpha) + \cos(-\alpha) - \text{sen}\,(90° + \alpha) + \cos(90° - \alpha)$
si ottiene

a $\cos\alpha$ b $-\cos\alpha$
c 0 d $\text{sen}\,\alpha$

105 Una linea forma con l'orizzontale un angolo di 45°, qual è la sua pendenza?

a 0,5 b 1
c 3 d nessuno di questi valori

B. Verifica delle competenze

COMPETENZA Organizzare il lavoro

106 Crea una scheda con un formulario che sintetizzi proprietà ed enunciati connessi ai triangoli rettangoli.

COMPETENZA Digitale

107 Utilizza le celle di una riga di un foglio Excel per trasformare l'angolo $74°28'16''$ nei sistemi di misura centesimale e analitico (radianti).

108 Nell'ambito di AutoCAD costruisci il triangolo rettangolo ABC, retto in C, di cui sono noti i due cateti rispettivamente di lunghezza $a = CB = 35$ m e $b = CA = 22$ m. Richiedi poi al sistema il valore dell'ipotenusa.

COMPETENZA Risolvere problemi

109 **PROBLEMA SVOLTO**

Calcola i valori dell'ampiezza degli angoli alla base di un triangolo isoscele sapendo che l'angolo al vertice è 2 / 3 di ciascuno di essi, esprimendoli in gradi sessagesimali e gradi centesimali.

Soluzione

Indichiamo con α ciascuno dei due angoli alla base del triangolo isoscele; possiamo scrivere:

$$\alpha + \alpha + \frac{2}{3}\alpha = 180°$$

Sviluppando risulta:

$$\alpha = \frac{3 \cdot 180°}{8} = 67°{,}5$$

Il valore di α in gradi centesimali si ottiene da:

$$\alpha = \frac{10}{9} \cdot 67°{,}5 = 75^c$$

110 Lo spazio di 8 Gb di una chiavetta USB è rappresentato dal diagramma a torta riportato in figura, creato sulla base della tipologia dei contenuti presenti nella chiavetta stessa. A quali angoli al centro, nel sistema sessagesimale, corrisponde ciascun contenuto in tale diagramma?

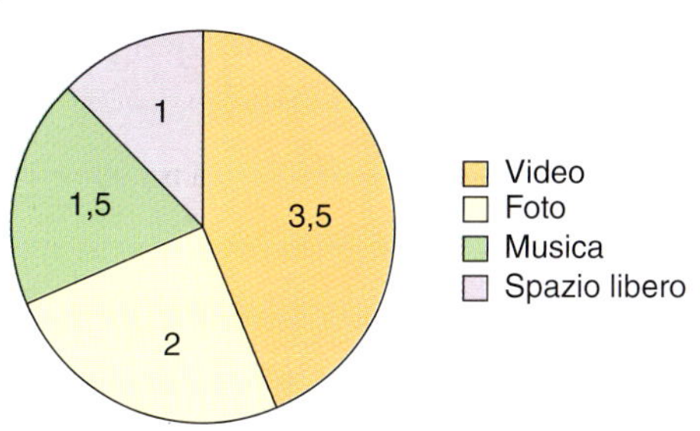

[Video = 157°,5; Foto = 90°; Musica = 67°,5]

111 Nel triangolo isoscele ABC è stato misurato con un rapportatore l'angolo α interno in corrispondenza del vertice A. Rilevando dalla figura l'ampiezza di tale angolo, qual è l'ampiezza dell'angolo interno β in corrispondenza del vertice B?

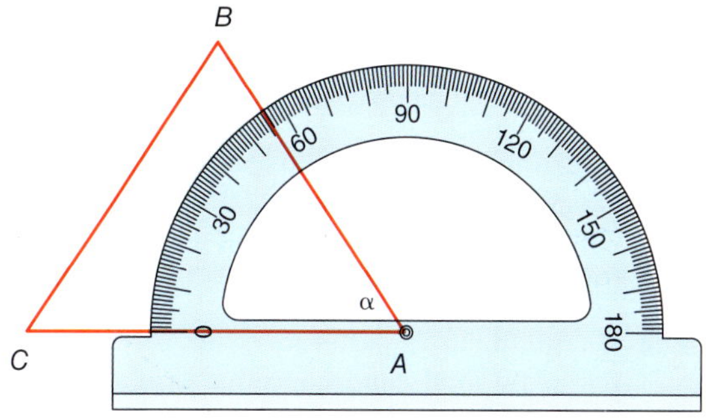

112 Esegui la somma: $41°18'10'' + 57^c{,}4930 + 1^{rad}{,}2750$ esprimendola in gradi sessagesimali, gradi centesimali e radianti. $[166°05'55''; 184^c{,}554; 2^{rad}{,}89897]$

113 Calcola il valore della seguente operazione esprimendola in gradi sessagesimali, gradi centesimali e radianti:

$$\frac{5}{3}\,48^c{,}2500 + \frac{2}{5}\,50°26'30'' - \frac{1}{6}\,0^{rad}{,}7500$$

$[85°23'23''; 94^c{,}87744; 1^{rad}{,}49033]$

114 La somma di due angoli vale $160°00'00''$ mentre la loro differenza è di $(4/9)\pi$. Determina la misura dei due angoli in gradi sessagesimali e in gradi centesimali. $[120°; 40°]$

115 L'angolo al centro di un arco di cerchio di raggio $R = 25{,}00$ m ha un'ampiezza di $1^{rad}{,}4875$. Determina la lunghezza dell'arco. [37,19 m]

116 I tre punti A, B, C giacciono su un cerchio di raggio $R = 27{,}00$ m. L'angolo alla circonferenza ABC ha un'ampiezza di $2^{rad}{,}500$. Determina la lunghezza dell'arco AC. [135,00 m]

117 **PROBLEMA SVOLTO**

La curva di una strada è costituita da un arco di cerchio di raggio $R = 84{,}10$ m e l'angolo al centro definito dagli estremi della curva è di $114^c{,}3840$. Determina lo sviluppo della curva.

Soluzione

Angolo al centro in radianti:

$$\omega^{rad} = 114^c{,}3840 \cdot \frac{\pi}{200} = 1^{rad}{,}7967$$

Sviluppo della curva:

$$l = R \cdot \omega^{rad} = 84{,}10 \cdot 1^{rad}{,}7967 = 151{,}106 \text{ m}$$

ORA PROVACI TU

Risolvi l'esercizio precedente sapendo che l'angolo al centro è di 86°12'34''. $[l = 126{,}54$ m$]$

118 Determina l'angolo al centro di una curva circolare di raggio $R = 72,00$ m e sviluppo di 148,70 m, espresso in gradi sessagesimali e in gradi centesimali. [$118°19'54''$; $131^c,48$]

119 La curva di una strada è costituita da un arco di cerchio di sviluppo 176,94 m e l'angolo al centro definito dagli estremi della curva è di $110°24'24''$. Determina il raggio della curva. [91,823 m]

120 In un rombo l'angolo acuto è $68^c,0555$ e il raggio iscritto allo stesso rombo è $R = 10,00$ m. Determina lo sviluppo dei quattro archi definiti dai punti di tangenza tra cerchio e rombo. [10,69 m; 20,67 m]

121 Da un punto P esterno a un cerchio di raggio $R = 15,00$ m si conducono due semirette PA e PB tangenti al cerchio e che formano l'angolo $APB = 89^c,7963$. Determina lo sviluppo dell'arco AB compreso tra i due punti di tangenza. [25,96 m]

122 Determina il raggio del cerchio sapendo che l'arco AB sulla sua circonferenza ha uno sviluppo di 26 m, e che il corrispondente angolo al centro è di $29^c,1157$. [56,85 m]

123 Un arco ha gli estremi A e B coincidenti con gli estremi dell'ipotenusa di un triangolo rettangolo e isoscele, mentre il centro coincide con il vertice comune ai due cateti del triangolo. Sapendo che ciascuno dei due cateti è lungo 22 m, qual è lo sviluppo dell'arco AB? [34,56 m]

124 Due cerchi hanno lo stesso raggio di 15 m. La circonferenza del primo cerchio passa per il centro del secondo cerchio, e viceversa. Calcola lo sviluppo di ciascuno dei due archi che si determinano nell'intersezione dei due cerchi. [31,42 m]

Valuta le seguenti espressioni goniometriche

125 Sapendo che $\cos \alpha = 3/5$, calcola $\text{sen}\ \alpha$, $\text{tg}\ \alpha$, $\text{cotg}\ \alpha$.

$$\left[\text{sen}\ \alpha = \pm\frac{4}{5};\ \text{tg}\ \alpha = \frac{4}{3};\ \text{cotg}\ \alpha = \frac{3}{4}\right]$$

126 Sapendo che $\text{cotg}\ \alpha = 7/3$, calcola $\text{sen}\ \alpha$, $\text{tg}\ \alpha$, $\cos \alpha$.

$$\left[\text{sen}\ \alpha = \pm\frac{3\sqrt{58}}{58};\ \cos\alpha = \pm\frac{7\sqrt{58}}{58};\ \text{tg}\ \alpha = \frac{3}{7}\right]$$

127 Trasforma l'espressione $\cos^2 \alpha - \text{sen}^2\ \alpha$
a) in modo che in essa figuri solo la funzione seno;
b) in modo che in essa figuri solo la funzione tangente.

$$\left[1 - 2\,\text{sen}^2\ \alpha;\ \frac{1 - \text{tg}^2\ \alpha}{1 + \text{tg}^2\ \alpha}\right]$$

128 Calcola i valori delle funzioni trigonometriche di:
a) 15° osservando che 15° = 45° − 30°
b) 15° osservando che 15° = 60° − 45°
c) 15° osservando che 15° = 90° − 75°
d) 75° osservando che 75° = 45° + 30°
e) 105° osservando che 105° = 60° + 45°
f) 105° osservando che 105° = 90° + 15°.

129 Sapendo che $\text{sen}\ \alpha = \sqrt{2}/2$ e $\cos \beta = \sqrt{3}/2$, calcola i valori di:

$\text{sen}\ (\alpha + \beta)$ $\quad$ $\text{tg}\ (\alpha - \beta)$ $\quad$ $\cos\ (\alpha - \beta)$

nell'ipotesi che α e β siano angoli acuti.

130 Sapendo che $\text{tg}\ \alpha = 3$ e $\text{tg}\ \beta = 1$, calcola i valori di:

$\text{sen}\ (\alpha - \beta)$ $\quad$ $\cos\ (\alpha + \beta)$ $\quad$ $\text{tg}\ (\alpha - \beta)$

131 Sapendo che $\text{sen}\ \alpha = 1$ e $\text{tg}\ \beta = \sqrt{3}$, calcola i valori di:

$\text{sen}\ (\alpha + \beta)$ $\quad$ $\cos\ (\alpha + \beta)$
$\text{sen}\ (\alpha - \beta)$ $\quad$ $\cos\ (\alpha - \beta)$
$\text{tg}\ (\alpha + \beta)$ $\quad$ $\text{cotg}\ (\alpha + \beta)$
$\text{tg}\ (\alpha - \beta)$ $\quad$ $\text{cotg}\ (\alpha - \beta)$

132 Sapendo che $\cos \alpha = +1/2$, calcola i valori di:

$\text{sen}\ 2\alpha$ $\quad$ $\cos 2\alpha$ $\quad$ $\text{tg}\ 2\alpha$ $\quad$ $\text{cotg}\ 2\alpha$
$\text{sen}\ \alpha/2$ $\quad$ $\cos \alpha/2$ $\quad$ $\text{tg}\ \alpha/2$ $\quad$ $\text{cotg}\ \alpha/2$

nell'ipotesi che α sia minore di 90°.

133 Sapendo che $\text{sen}\ \alpha = +1/2$, calcola i valori di:

$\text{sen}\ 2\alpha$ $\quad$ $\cos 2\alpha$ $\quad$ $\text{tg}\ 2\alpha$ $\quad$ $\text{cotg}\ 2\alpha$
$\text{sen}\ \alpha/2$ $\quad$ $\cos \alpha/2$ $\quad$ $\text{tg}\ \alpha/2$ $\quad$ $\text{cotg}\ \alpha/2$

nell'ipotesi che α sia compreso tra 90° e 180°.

134 Sapendo che $\text{sen}\ \alpha = -1/2$, calcola i valori di:

$\text{sen}\ 2\alpha$ $\quad$ $\cos 2\alpha$ $\quad$ $\text{tg}\ 2\alpha$ $\quad$ $\text{cotg}\ 2\alpha$
$\text{sen}\ \alpha/2$ $\quad$ $\cos \alpha/2$ $\quad$ $\text{tg}\ \alpha/2$ $\quad$ $\text{cotg}\ \alpha/2$

nell'ipotesi che α sia compreso tra 180° e 270°.

135 Sapendo che $\cos \alpha = -\sqrt{3}/2$, calcola i valori di:

$\text{sen}\ 2\alpha$ $\quad$ $\cos 2\alpha$ $\quad$ $\text{tg}\ 2\alpha$ $\quad$ $\text{cotg}\ 2\alpha$
$\text{sen}\ \alpha/2$ $\quad$ $\cos \alpha/2$ $\quad$ $\text{tg}\ \alpha/2$ $\quad$ $\text{cotg}\ \alpha/2$

nell'ipotesi che α sia compreso tra 90° e 180°.

136 Sapendo che $\text{tg}\ \alpha = -1$, calcola i valori di:

$\text{sen}\ 2\alpha$ $\quad$ $\cos 2\alpha$ $\quad$ $\text{tg}\ 2\alpha$ $\quad$ $\text{cotg}\ 2\alpha$
$\text{sen}\ \alpha/2$ $\quad$ $\cos \alpha/2$ $\quad$ $\text{tg}\ \alpha/2$ $\quad$ $\text{cotg}\ \alpha/2$

nell'ipotesi che α sia compreso tra 270° e 360°.

137 Verifica le seguenti identità:

a) $\dfrac{\text{tg}\,\alpha}{\text{tg}\,\alpha - \text{tg}\,\beta} + \dfrac{\text{cotg}\,\alpha}{\text{cotg}\,\alpha - \text{cotg}\,\beta} = 1$

b) $\text{sen}^2\,\alpha + \text{sen}\,\alpha\cos\alpha + \cos^2\alpha =$
$= \cos^2\alpha\,(1 + \text{tg}\,\alpha + \text{tg}^2\,\alpha)$

c) $\dfrac{\cos\alpha}{1 + \text{sen}\,\alpha} = \dfrac{1}{\cos\alpha} - \text{tg}\,\alpha$

d) $\dfrac{\text{sen}\,\alpha}{1 + \cos\alpha} = \dfrac{1}{\text{sen}\,\alpha} - \dfrac{1}{\text{tg}\,\alpha}$

e) $\dfrac{\text{sen}\,\alpha + \cos\alpha}{\text{sen}\,\alpha - \cos\alpha} = \dfrac{\text{tg}\,\alpha + 1}{\text{tg}\,\alpha - 1}$

f) $\cos^4\alpha + \text{sen}^4\,\alpha = 1 - 2\,\text{sen}^2\,\alpha\cos^2\alpha$

g) $1 + \text{tg}^2\,\alpha = \dfrac{1}{\cos^2\alpha}$

138 Verifica le seguenti identità:

a) $\dfrac{\text{tg}\,(\alpha + \beta)}{\text{tg}\,\alpha} = \dfrac{\text{cotg}\,\alpha + \text{cotg}\,\beta}{\text{cotg}\,\beta - \text{tg}\,\alpha}$

b) $\cos(\alpha + \beta)\cos(\alpha - \beta) + 1 = \cos^2\alpha + \cos^2\beta$

c) $\text{sen}^2\,(\alpha + \beta) + \cos^2(\alpha - \beta) = 1 + \text{sen}\,2\alpha \cdot \text{sen}\,2\beta$

d) $2\,\text{cotg}\,2\alpha = \text{cotg}\,\alpha - \text{tg}\,\alpha$

e) $\text{cotg}\,\alpha + \text{tg}\,\alpha = \dfrac{2}{\text{sen}\,2\alpha}$

f) $\text{sen}\,(\alpha + \beta)\,\text{sen}\,(\alpha - \beta) = \cos^2\beta - \cos^2\alpha$

g) $\cos(\alpha + \beta)\cos(\alpha - \beta) = \cos^2\beta - \text{sen}^2\,\alpha$

h) $\dfrac{2\,\text{sen}\,(\alpha + \beta)}{\cos(\alpha + \beta) + \cos(\alpha - \beta)} = \text{tg}\,\alpha + \text{tg}\,\beta$

i) $\cos^2(\alpha - \beta) - \text{sen}^2\,(\alpha + \beta) = \cos 2\alpha \cos 2\beta$

l) $\text{cotg}\,\dfrac{\alpha}{2} - \text{tg}\,\dfrac{\alpha}{2} = 2\,\text{cotg}\,\alpha$

m) $1 - \cos 2\alpha = \text{tg}\,\alpha\,\text{sen}\,2\alpha$

n) $\dfrac{\text{sen}\,\alpha + \text{sen}\,\beta}{\cos\beta - \cos\alpha} = \dfrac{1}{\text{tg}\,\dfrac{1}{2}(\alpha - \beta)}$

o) $\dfrac{\text{sen}\,\alpha - \text{sen}\,\beta}{\cos\alpha + \cos\beta} = \text{tg}\,\dfrac{1}{2}(\alpha - \beta)$

Risolvi i seguenti triangoli rettangoli senza utilizzare i teoremi della geometria (Pitagora, Euclide)

139 In un triangolo rettangolo, retto in C, si conoscono l'ipotenusa $c = 251{,}47$ m e l'angolo acuto $\beta = 43^c{,}7025$; determina il perimetro del triangolo. [605,36 m]

140 In un triangolo rettangolo, retto in C, si conoscono l'ipotenusa $c = 42{,}78$ m e l'angolo acuto $\alpha = 40^c{,}5320$; determina l'area del triangolo. [437,46 m^2]

141 In un triangolo rettangolo, retto in C, si conoscono l'ipotenusa $c = 520{,}37$ m e l'angolo acuto $\beta = 59^c{,}5278$; determina i cateti del triangolo. [$b = 418{,}71$ m; $a = 308{,}98$ m]

142 In un triangolo rettangolo, retto in C, si conoscono l'ipotenusa $c = 719{,}52$ m e l'angolo acuto $\beta = 63^c{,}1450$; determina i cateti del triangolo. [$b = 602{,}28$ m; $a = 393{,}66$ m]

143 In un triangolo rettangolo, retto in C, si conoscono il cateto $a = 133{,}29$ m e l'angolo acuto $\beta = 50^c{,}8614$; determina i lati del triangolo. [$b = 136{,}95$ m; $c = 191{,}10$ m]

144 In un triangolo rettangolo, retto in C, si conoscono il cateto $b = 88{,}75$ m e l'angolo acuto $\alpha = 36^c{,}4280$; determina le proiezioni m e n dei cateti sull'ipotenusa. [$m = 74{,}61$ m; $n = 30{,}95$ m]

145 Determina perimetro e area del triangolo isoscele ABC, sapendo che la base $BC = 18{,}60$ m e che l'angolo $\beta = 47°{,}3000$. [$2p = 46{,}03$ m; $S = 93{,}72$ m^2]

146 Determina la base BC e la relativa altezza del triangolo isoscele ABC, sapendo che il lato $BA = 48{,}65$ m e che l'angolo al vertice $\alpha = 82^c{,}5972$. [$BC = 58{,}78$ m; $h = 38{,}77$ m]

147 Determina il perimetro del triangolo isoscele ABC, sapendo che l'altezza relativa alla base è $h = 41{,}45$ m e che l'angolo al vertice $\alpha = 67{,}4111$ gon. [$2p = 144{,}56$ m]

148 In un triangolo rettangolo, retto in C, si conosce il rapporto tra il cateto a e quello b che risulta $\sqrt{3}$. Sapendo che l'ipotenusa è di 50 m, determina il perimetro del triangolo. [$2p = 118{,}30$ m]

149 In un triangolo rettangolo, retto in C, si conoscono i seguenti elementi: $(c + a) = 172{,}52$ m; $\alpha = 41^c{,}6327$. Calcola i lati del triangolo. [$c = 107{,}27$ m; $a = 65{,}25$ m; $b = 85{,}14$ m]

150 In un triangolo rettangolo, retto in C, si conoscono i seguenti elementi: $(a + b) = 59{,}75$ m; $\alpha = 48^c{,}0926$. Calcola i lati del triangolo. [$c = 42{,}27$ m; $a = 28{,}98$ m; $b = 30{,}77$ m]

151 In un triangolo rettangolo, retto in C, si conoscono i seguenti elementi: $(a + b) = 15{,}20$ m; $\alpha = 72^c{,}9630$. Calcola i lati del triangolo. [$c = 11{,}48$ m; $a = 10{,}47$ m; $b = 4{,}73$ m]

152 In un triangolo rettangolo, retto in C, si conoscono i seguenti elementi: $(b - a) = 12{,}20$ m; $\beta = 52^c{,}4074$. Calcola i lati del triangolo.
[$c = 228{,}18$ m; $b = 167{,}33$ m; $a = 155{,}13$ m]

153 In un triangolo rettangolo, retto in C, si conosce l'area pari a $450 \cdot \sqrt{3}$ m^2 mentre l'angolo acuto β è la metà dell'altro angolo acuto α. Calcola gli elementi incogniti del triangolo.
[$c = 60$ m; $b = 30$ m; $a = 51{,}96$ m]

154 Calcola l'area di un parallelogramma di cui si conoscono le misure di due lati consecutivi (8 m e 6 m) e l'ampiezza dell'angolo compreso (120°).
[$S = 41{,}57$ m^2]

155 Determina il perimetro e l'area del triangolo isoscele ABC conoscendo la lunghezza dei due lati uguali $AC = BC = 9{,}00$ m e l'ampiezza degli angoli alla base AB, uguali a $73^c{,}5602$. (*Suggerimento*: traccia l'altezza relativa alla base.) [25,26 m; 29,90 m^2]

156 Determina il perimetro e l'area del triangolo isoscele ABC conoscendo la lunghezza della base $AB = 24{,}00$ m e l'ampiezza dell'angolo al vertice C, uguale a $55^c{,}5555$. [80,85 m; 309,22 m^2]

157 **PROBLEMA SVOLTO**

Determina il perimetro di un triangolo scaleno ABC di cui sono noti il lato $AB = 36$ m, l'angolo $C\widehat{A}B = 68^c{,}50$ e l'angolo $A\widehat{B}C = 44^c{,}80$.

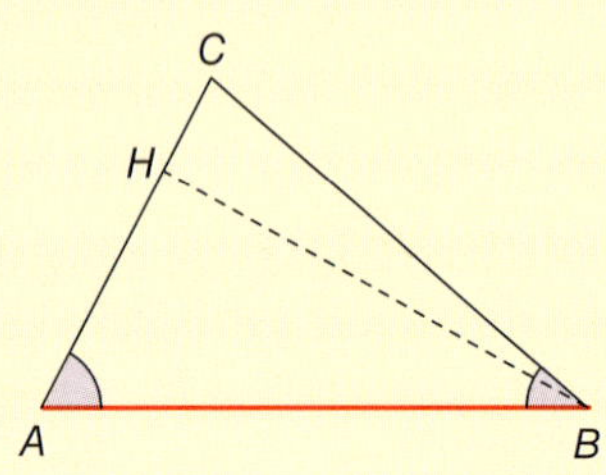

Soluzione

Angolo in C:

$$B\widehat{C}A = 200 - (68{,}5 + 44{,}8) = 86{,}70 \text{ gon}$$

Tracciando l'altezza relativa al lato AC rimangono definiti i due triangoli rettangoli ABH e BCH risolvibili come segue.

Triangolo ABH:

$$BH = 36 \cdot \text{sen } 68{,}50 = 31{,}68 \text{ m}$$
$$AH = 36 \cdot \cos 68{,}50 = 17{,}095 \text{ m}$$

Triangolo BCH:

$$BC = \frac{31{,}68}{\text{sen } 86{,}70} = 32{,}38 \text{ m}$$

$$CH = 31{,}68 \cdot \text{cotg } 86{,}70 = 6{,}716 \text{ m}$$

Risulta quindi:

$$AC = 17{,}095 + 6{,}716 = 23{,}81 \text{ m}$$
$$2p = 36 + 32{,}38 + 23{,}81 = 92{,}19 \text{ m}$$

ORA PROVACI TU

Risolvi l'esercizio precedente sapendo che il lato AB è lungo 44,50 m. [$2p = 113{,}97$ m]

158 Determina il perimetro di un triangolo scaleno ABC di cui sono noti il lato $CB = 16{,}5$ m, l'angolo $A\widehat{C}B = 94^c{,}70$ e l'angolo $A\widehat{B}C = 58^c{,}40$. (*Suggerimento*: traccia l'altezza relativa alla base AB.)
[60,474 m]

159 Determina il perimetro di un trapezio rettangolo $ABCD$ sapendo che l'altezza di 17,14 m è uguale alla base minore CD e conoscendo l'ampiezza dell'angolo $B\widehat{C}D = 138^c{,}40$. (*Suggerimento*: traccia l'altezza del trapezio da C.) [84,04 m]

160 Determina il perimetro di un trapezio rettangolo $ABCD$ di cui sono noti il lato obliquo $CB = 20{,}00$ m, la base maggiore $AB = 28{,}50$ m e l'angolo $A\widehat{B}C = 68^c{,}50$. (*Suggerimento*: traccia l'altezza del trapezio da C.) [85,104 m]

161 Determina il perimetro di un trapezio $ABCD$ di cui sono noti il lato obliquo $AD = 26{,}5$ m, la base maggiore $AB = 52{,}8$ m, l'angolo $D\widehat{A}B = 62^c{,}80$ e l'angolo $A\widehat{B}C = 54^c{,}60$. (*Suggerimento*: traccia l'altezza del trapezio da D.) [127,54 m]

162 In un triangolo rettangolo ABC sono noti i due cateti AC e AB:

$$\overline{AC} = b = 12{,}75 \text{ m} \qquad \overline{AB} = c = 19{,}54 \text{ m}$$

Calcola gli elementi incogniti. Figura in scala 1 : 500.
[$\beta = 33°07'30''$ ($\beta = 36^c{,}8053$); $a = 23{,}33$ m; $\gamma = 56°52'30''$ ($\gamma = 63^c{,}1947$)]

163 In un triangolo rettangolo ABC si conoscono i cateti b e c:

$$b = 1174{,}38 \text{ m} \qquad c = 876{,}44 \text{ m}$$

Calcola gli elementi incogniti. Figura in scala 1 : 20 000. [$\beta = 59^c{,}1847$ (53°15′58″); $\gamma = 40^c{,}8153$ (36°44′02″); $a = 1465{,}36$ m]

164 In un triangolo rettangolo ABC si conoscono i cateti:

$$\overline{AC} = b = 96{,}37 \text{ m} \qquad \overline{AB} = c = 150{,}84 \text{ m}$$

Calcola gli elementi incogniti. Figura in scala 1 : 2000. [$\beta = 36^c{,}1932$; $\gamma = 63^c{,}8068$; $a = 179{,}00$ m]

165 In un triangolo rettangolo ABC si conoscono i cateti b e c:

$$b = 131{,}40 \text{ m} \qquad c = 152{,}78 \text{ m}$$

Calcola gli elementi incogniti. Figura in scala 1 : 2000. [$\beta = 45^c{,}2200$; $\gamma = 54^c{,}7799$; $a = 201{,}51$ m]

166 In un triangolo rettangolo ABC si conoscono l'ipotenusa c e il cateto a:

$$c = 741{,}30 \text{ m} \qquad a = 496{,}54 \text{ m}$$

Calcola gli elementi incogniti. Figura in scala 1 : 10 000. [$b = 550{,}43$ m]

167 In un triangolo rettangolo ABC si conoscono l'ipotenusa c e il cateto b:

$$c = 42{,}10 \text{ m} \qquad b = 15{,}80 \text{ m}$$

Calcola gli elementi incogniti. Figura in scala 1 : 500. [$a = 39{,}02$]

168 In un triangolo rettangolo MNP, rettangolo in N sono dati: cateto $\overline{MN} = 364{,}58$ m; ipotenusa $\overline{MP} = 432{,}72$ m. Calcola gli elementi incogniti e disegna la figura in scala 1 : 5000. [$\widehat{P} = 57°24'30''$; $\widehat{M} = 32°35'30''$; $\overline{NP} = 233{,}08$ m]

169 In un triangolo rettangolo ACE, rettangolo nel vertice E, si conoscono l'ipotenusa AC e l'angolo acuto nel vertice C:

$$\overline{AC} = 98{,}50 \text{ m} \qquad A\widehat{C}E = 64^c{,}5360$$

Calcola gli elementi incogniti. Figura in scala 1 : 1000. [$E\widehat{A}C = 35^c{,}4640$; $\overline{CE} = 52{,}08$ m; $\overline{AE} = 83{,}61$ m]

170 In un triangolo rettangolo si conoscono l'ipotenusa $c = 39{,}40$ e l'altezza relativa $h = 15{,}50$ m. Calcola gli altri elementi sapendo che $\alpha < \beta$. [$b = 35{,}43$ m; $a = 17{,}24$ m; $\beta = 71^c{,}1734$; $\alpha = 28^c{,}8265$]

171 In un triangolo rettangolo ABC, retto in C, il cateto a misura 50 m e la sua proiezione sull'ipotenusa misura 14 m. Determina il perimetro del triangolo. [$c = 178{,}57$ m; $b = 171{,}43$ m; $2p = 400$ m]

172 In un triangolo isoscele ABC, la base AB è lunga 28 m e la sua altezza misura 45 m. Determina il perimetro del triangolo. [Lato = 47,127 m; $2p = 122{,}25$ m]

173 Determina perimetro e area di un trapezio rettangolo $ABCD$ conoscendo la base maggiore $AB = 90$ m, l'altezza $AD = 25$ m e il lato obliquo $BC = 36$ m. [$2p = 215{,}1$ m; $S = 1926{,}21$ m^2]

174 Determina perimetro e area di un trapezio rettangolo $ABCD$ conoscendo l'altezza $AD = 30$ m, l'angolo $A\widehat{B}C = 60°$ e sapendo che la diagonale minore AC è perpendicolare al lato obliquo BC. [$2p = 185{,}88$ m; $S = 1818{,}63$ m^2]

175 Una scala è appoggiata alla parete di un fabbricato. Sapendo che l'estremo superiore della scala si trova a un'altezza di 3,50 m e che l'appoggio dista 1,50 m dalla parete verticale, determina la pendenza della retta su cui giace la scala, e la sua lunghezza. [$p = 2{,}33$; $L = 3{,}81$ m]

176 Determina il perimetro di un triangolo scaleno ABC di cui sono noti i lati $AC = 55{,}60$ m e $AB = 62{,}40$ m, e l'angolo $C\widehat{A}B = 61^c{,}88$. (*Suggerimento*: traccia l'altezza relativa alla base AB o AC.) [173,44 m]

177 Determina il perimetro di un triangolo scaleno ABC di cui sono noti i lati $AC = 42{,}80$ m e $CB = 91{,}80$ m, oltre all'area $S = 1780{,}00$ m^2. (*Suggerimento*: traccia l'altezza relativa alla base AC o BC.) [217,87 m]

178 Da un punto P si sono tracciate le due tangenti a un cerchio di raggio $R = 26{,}00$ m. Sapendo che la corda che congiunge i due punti di tangenza è lunga $c = 40{,}22$ m, determina l'angolo che le due tangenti formano in P. [$87^c{,}409$]

179 Da un punto P si sono tracciate le due tangenti a un cerchio di raggio $R = 52{,}00$ m. Sapendo che la lunghezza tra P e ciascuno dei due punti di tangenza è di 108,40 m, determina la lunghezza della corda che congiunge i due punti di tangenza. [93,77 m]

Risultati dei quesiti vero/falso

1F, 2V, 3F, 4V, 5F, 6F, 7V, 8F, 9V, 10V, 11V, 12F, 13V, 14F, 15V, 16V, 17F, 18F, 19V, 20F, 21F, 22V, 23F, 24V, 25F, 26V, 27V, 28F, 29V, 30F, 31V, 32F, 33F, 34V, 35V, 36F, 37V, 38V, 39F, 40F, 41F, 42V, 43V, 44F, 45V, 46V, 47F, 48F, 49V, 50F, 51V, 52V, 53F, 54V, 55F, 56F, 57F, 58V, 59F, 60V, 61F.

Risultati dei quesiti a risposta multipla

71c, 72d, 73c, 74b, 75c, 76d, 77a, 78b, 79b, 80d, 81a, 82c, 83b, 84d, 85a, 86d, 87d, 88d, 89a, 90b, 91d, 92d, 93a, 4b, 95c, 96d, 97c, 98d, 99b, 100c, 101a, 102b, 103d, 104c, 105b.

AUTOVALUTAZIONE

VERSO L'ESAME DI STATO

Fai molta attenzione a questa sezione. I problemi proposti sono relativi ad argomenti che potresti trovare nella seconda prova dell'Esame di Stato.

180 Nel triangolo rettangolo *ABC*, retto in *C*, sono stati misurati i due cateti $a = CB = 30{,}16$ m e $b = CA = 41{,}74$ m. È poi necessario dividere la sua area *S* in due parti rispettivamente di 1/3, dalla parte del vertice *A*, e di 2/3 dalla parte del cateto *CB*, con un segmento *MN* parallelo allo stesso cateto *BC* (con *M* su *CA* e *N* su *AB*). Determina le distanze *AM* e *AN* che definiscono la posizione del segmento *MN*.

Soluzione

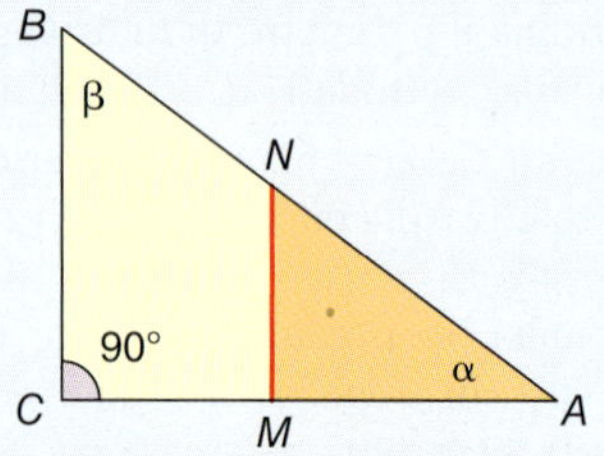

Risulta:

$$S = \frac{30{,}16 \cdot 41{,}74}{2} = 629{,}44\ \text{m}^2 \qquad \frac{S}{3} = 209{,}81\,\text{m}^2$$

$$\text{tg}\,\alpha = \frac{CB}{CA} \qquad \alpha = \text{arctg}\left(\frac{30{,}16}{41{,}74}\right) = 39{,}8341\,\text{gon}$$

L'area S/3 corrisponde a quella del triangolo rettangolo AMN; ponendo AM = x, possiamo scrivere:

$$\frac{1}{2}\,x \cdot (x \cdot \text{tg}\,\alpha) = 209{,}81$$

da cui segue:

$$x^2 \cdot \text{tg}\,\alpha = 2 \cdot 209{,}81$$

$$x = AM = \sqrt{\frac{2 \cdot 209{,}81}{\text{tg}\,39{,}8341}} = 24{,}10\ \text{m}$$

$$AN = \frac{24{,}10}{\cos 39{,}8341} = 29{,}73\ \text{m}$$

A2 Risoluzione dei triangoli e dei poligoni

1. Relazioni tra lati e angoli di un triangolo qualunque (scaleno)

Proprietà dei triangoli

Gli elementi di un triangolo qualunque sono i tre lati e i tre angoli. Per convenzione i **vertici** di un triangolo sono indicati con lettere *maiuscole*, in genere A, B, C, mentre con le lettere *minuscole* corrispondenti, a, b, c, si indicano i **lati** opposti ai rispettivi vertici (►FIGURA 1). Infine, con le lettere minuscole dell'*alfabeto greco* α, β, γ, vengono indicate le ampiezze degli **angoli** con i vertici rispettivamente in A, B, C.

La geometria ci fornisce le seguenti proprietà fondamentali relative agli elementi di un triangolo qualunque:

1 La somma degli angoli interni di un triangolo è uguale all'angolo piatto:

$$\alpha + \beta + \gamma = 200^c$$

2 In ogni triangolo ciascun lato è minore della somma degli altri due e maggiore della loro differenza (per esempio, $a < c + b$ e anche $a > c - b$).

3 In ogni triangolo la relazione di uguaglianza o disuguaglianza che intercorre tra due lati vale anche per gli angoli rispettivamente opposti (per esempio, se $a > b$ sarà anche $\alpha > \beta$).

FAQ

Sono sufficienti tre elementi per risolvere un triangolo scaleno?

Sì, purché almeno uno di essi sia un lato (o altro elemento lineare).

I teoremi per la risoluzione dei triangoli

Obiettivo della **trigonometria** è quello di *calcolare le misure* degli *elementi incogniti* di un triangolo, quando siano dati **tre elementi**, tra i quali almeno uno deve essere **un lato** (o altro elemento lineare). Per raggiungere questo obiettivo, si de-

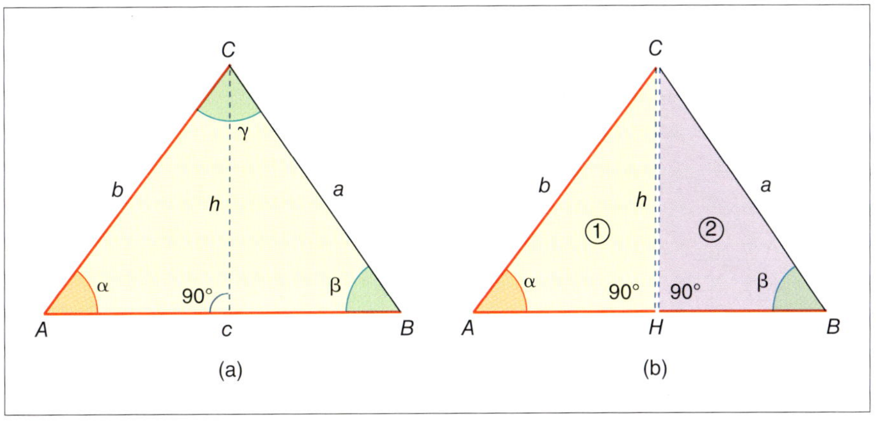

FIGURA 1 Risoluzione di un triangolo scaleno (a) mediante scomposizione in triangoli retti (b) generati da una altezza. Affinché si possa procedere è necessario che i tre elementi noti consentano la risoluzione prima di uno dei due triangoli retti ottenuti (in figura il triangolo 1); da questo segue poi la risoluzione del secondo.

vono stabilire le **relazioni** che legano le misure dei lati del triangolo con i valori delle funzioni goniometriche dei suoi angoli.

Talvolta è possibile risolvere anche **triangoli scaleni** utilizzando le relazioni relative ai **triangoli rettangoli** esposte nella precedente unità. In effetti è sempre possibile **scomporre** un triangolo scaleno in due triangoli rettangoli con una delle sue **altezze**, e, se gli **elementi noti** consentono la risoluzione di uno di questi *triangoli retti*, allora anche il *triangolo scaleno* diverrà risolvibile. Per chiarire consideriamo, ad esempio, il *triangolo scaleno* ABC del quale immaginiamo di conoscere le lunghezze dei lati $b = AC$, $c = BC$, e l'ampiezza dell'angolo α (▶FIGURA 1a); possiamo allora scomporre il triangolo ABC nei due *triangoli retti* AHC e BCH individuati dall'**altezza** $h = HC$ relativa alla base c. Il triangolo retto AHC è subito risolvibile (▶FIGURA 1b), successivamente lo diviene anche quello BCH; in effetti possiamo scrivere:

Triangolo retto 1 (AHC)	**Triangolo retto 2 (BCH)**	
$h = b \cdot \text{sen}\,\alpha$	$BH = c - AH$	$\beta = \text{arctg}\left(\dfrac{h}{BH}\right)$
$AH = b \cdot \cos\alpha$	$a = \dfrac{h}{\text{sen}\,\beta}$	$\gamma = 200^c - (\alpha + \beta)$

Tuttavia, non sempre è possibile risolvere i triangoli scaleni **scomponendoli** in triangoli rettangoli; inoltre, anche quando ciò è possibile, la procedura (come visto sopra) richiede un certo numero di passaggi.

Il problema è risolto da ulteriori **relazioni** che legano i **lati** e gli **angoli** dei *triangoli scaleni* e che consentiranno di risolvere rapidamente un qualsiasi triangolo. La *trigonometria* mette a disposizione numerose di queste relazioni (*teoremi*), tuttavia, gli attuali dispositivi di calcolo (calcolatrici tascabili, computer ecc.) ne rendono indispensabili solo due: il **teorema dei seni** (o di Eulero) e il **teorema del coseno** (o di Carnot).

FAQ

Il teorema dei seni e quello di Carnot, sono i soli che stabiliscono relazioni tra gli elementi di un triangolo?

No, esistono altri teoremi il cui impiego, tuttavia, era congeniale a strumenti di calcolo oggi abbandonati.

Teorema dei seni

Costruzione del cerchio circoscritto al triangolo

Consideriamo il triangolo qualunque di vertici ABC. Esso è sempre inscrivibile in un cerchio, che viene chiamato **circoscritto**, il cui centro O è il punto di intersezione degli **assi** dei tre lati (▶FIGURA 2a). Allora ogni lato può essere considerato come una **corda** della circonferenza circoscritta, e ogni angolo come **angolo alla circonferenza** che insiste sulla corda coincidente con il lato a esso opposto.

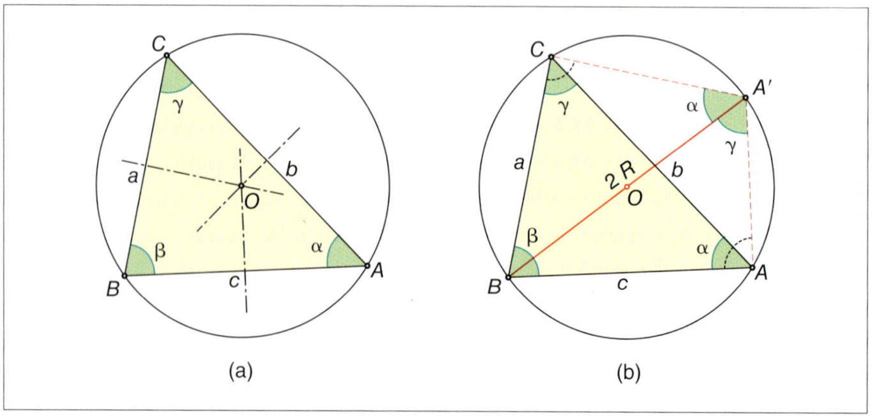

FIGURA 2 Costruzione grafica del cerchio circoscritto al triangolo, connessa al teorema dei seni. Il suo centro è individuato dall'intersezione degli assi dei tre lati del triangolo.

Da un vertice qualunque del triangolo, per esempio dal vertice B, tracciamo il **diametro** $2R$ del cerchio circoscritto (▶FIGURA 2b); indichiamo con A' il punto d'incontro tra questo diametro e la circonferenza. Congiungendo A' con i vertici C e A, si ottengono i due triangoli rettangoli $A'AB$ e $A'CB$ (gli angoli $A'\widehat{C}B$ e $B\widehat{A}A'$ sono **retti** in quanto angoli alla circonferenza sottesi a un arco pari alla semicirconferenza, il cui *angolo al centro* è piatto). Inoltre l'ampiezza dell'angolo $B\widehat{A'}C$ è uguale a quella dell'angolo α, in quanto entrambi sono angoli alla circonferenza sottesi allo stesso arco $\widehat{BC}$ di corda a; per le stesse ragioni si ha che $A\widehat{A'}B = \gamma$.

Considerando i triangoli rettangoli definiti in precedenza, possiamo esprimere per ciascuno di essi l'ipotenusa $\overline{BA'} = 2R$ che hanno in comune:

$$2R = \frac{a}{\text{sen}\,\alpha} \quad \text{e} \quad 2R = \frac{c}{\text{sen}\,\gamma}$$

Se poi, in modo del tutto analogo, tracciamo il diametro $2R$ del cerchio circoscritto, passante per il vertice A (o il vertice C), e ripetiamo le considerazioni geometriche sopra sviluppate, possiamo scrivere:

$$2R = \frac{b}{\text{sen}\,\beta} \quad \text{e} \quad 2R = \frac{c}{\text{sen}\,\gamma}$$

- **Enunciato del teorema dei seni**

Combinando le relazioni precedentemente scritte (note come *teorema delle corde*), si ottengono facilmente le seguenti:

$$\frac{a}{\text{sen}\,\alpha} = \frac{b}{\text{sen}\,\beta} = \frac{c}{\text{sen}\,\gamma} = 2R \qquad (1)$$

Le relazioni (1) sintetizzano il **teorema dei seni**, il cui enunciato può essere così formulato:

in un triangolo il rapporto tra un lato e il seno dell'angolo opposto è **costante** ed è uguale al diametro del **cerchio circoscritto**.

Il teorema dei seni è stato dimostrato considerando un triangolo *acutangolo* (con centro O interno al triangolo), tuttavia esso rimane perfettamente valido anche per triangoli *ottusangoli* (con centro O esterno al triangolo), per i quali si omette la dimostrazione, del tutto analoga a quella appena illustrata.

- **Enunciato alternativo del teorema dei seni**

Nelle relazioni (1), permutando i medi, si possono scrivere le stesse relazioni in una forma diversa ottenendo:

$$\frac{a}{b} = \frac{\text{sen}\,\alpha}{\text{sen}\,\beta} \qquad \frac{a}{c} = \frac{\text{sen}\,\alpha}{\text{sen}\,\gamma} \qquad \frac{b}{c} = \frac{\text{sen}\,\beta}{\text{sen}\,\gamma} \qquad (1')$$

Quindi il teorema dei seni può anche essere formulato nel seguente modo alternativo:

in un triangolo il rapporto tra due lati è uguale al rapporto tra i valori del seno degli angoli ad essi opposti.

Teorema di Carnot (o del coseno)

- **Costruzione geometrica sul triangolo**

Con il teorema dei seni, il teorema di Carnot è di fondamentale importanza per la risoluzione trigonometrica dei problemi geometrici. Esso, di fatto, rappresenta l'estensione del teorema di Pitagora per i triangoli qualunque.

FAQ

L'enunciato del teorema dei seni afferma che il rapporto tra un lato e il seno dell'angolo opposto è una costante. Cosa rappresenta questa costante?

Il diametro del cerchio circoscritto al triangolo.

COMPETENZA

Collegamenti storici

Il teorema dei seni appare la prima volta in applicazioni geometriche di matematici arabi nel X sec., ma solo nel XIV sec. il matematico francese **L.B. Gerson** fornisce la dimostrazione che è stata descritta, basata sul cerchio circoscritto. Nel Settecento, poi, anche il matematico svizzero **Leonardo Eulero** affronta la dimostrazione del teorema dei seni dandone una diversa ulteriore versione.

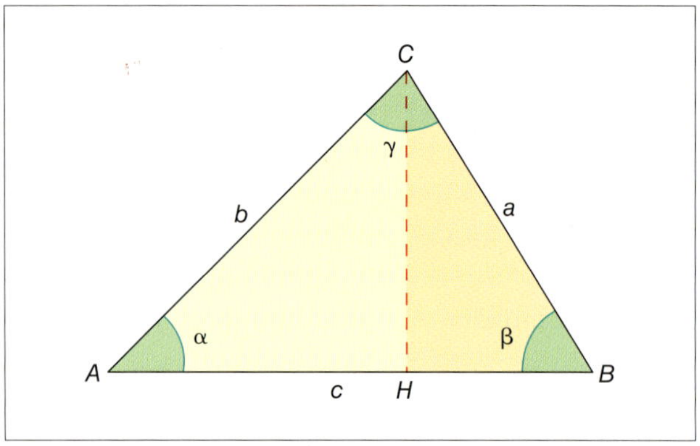

FIGURA 3 L'altezza *CH* divide il triangolo *ABC* nei due triangoli rettangoli *BCH* e *ACH*.

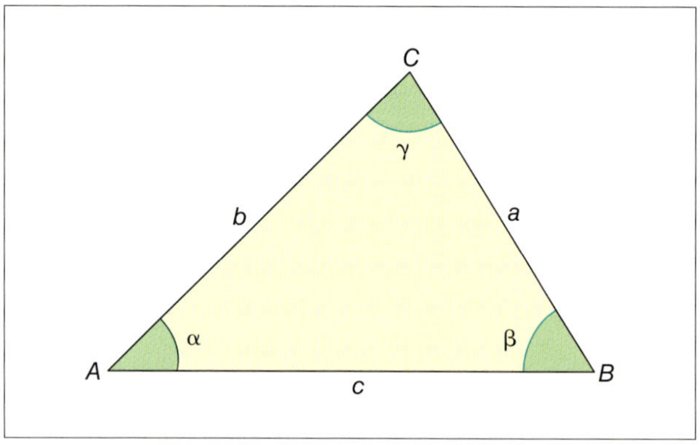

FIGURA 4 Le indicazioni convenzionali utilizzate nel triangolo.

Consideriamo il triangolo ABC di ▶FIGURA 3 e tracciamo l'altezza CH relativa al lato c. Essa divide il triangolo ABC nei due triangoli rettangoli BCH e ACH. Applicando il teorema di Pitagora al primo di questi, si ha:

$$a^2 = HC^2 + HB^2$$

Considerando poi il triangolo rettangolo ACH, possiamo scrivere:

$$HC = b \text{ sen } \alpha \text{ e } HB = c - b \cos \alpha$$

Con ciò la precedente relazione diventa:

$$a^2 = (b \text{ sen } \alpha)^2 + (c - b \cos \alpha)^2$$
$$a^2 = b^2 \text{ sen}^2 \alpha + c^2 + b^2 \cos^2 \alpha - 2bc \cos \alpha$$
$$a^2 = b^2 (\text{sen}^2 \alpha + \cos^2 \alpha) + c^2 - 2bc \cos \alpha$$

Ricordando la relazione fondamentale (8) dell'unità A1, si ha:

$$a^2 = b^2 + c^2 - 2bc \cos \alpha \qquad (2)$$

Ripetendo il ragionamento con le altre altezze del triangolo si ottiene facilmente:

$$b^2 = a^2 + c^2 - 2ac \cos \beta$$
$$c^2 = a^2 + b^2 - 2ab \cos \gamma \qquad (2')$$

FAQ

Il teorema di Carnot in passato veniva poco utilizzato. Perché?

Perché non è adattabile al calcolo logaritmico con cui si sviluppavano i calcoli in ambito topografico prima della disponibilità delle calcolatrici.

COMPETENZA

Collegamenti storici

Il teorema di Carnot viene attribuito al matematico francese **Lazare Carnot** (1753-1823), padre del più noto fisico Sadi Carnot. Tuttavia, in realtà, sembra che questo teorema sia da ascrivere al matematico e uomo politico francese **François Viète** (1545-1603), fondatore del calcolo algebrico letterale.

• Enunciato del teorema di Carnot

Sulla base delle (2) e (2′) possiamo formulare il seguente enunciato del teorema di Carnot:

in un triangolo, il quadrato della lunghezza di un lato è uguale alla somma dei quadrati delle lunghezze degli altri due lati, dedotta del doppio prodotto delle lunghezze di questi lati per il coseno dell'angolo tra essi compreso.

Il teorema di Carnot può anche venire espresso in un'altra forma, altrettanto importante, ottenuta dalle (2) e (2′) isolando i *coseni*:

$$\cos \alpha = \frac{b^2 + c^2 - a^2}{2bc} \qquad \cos \beta = \frac{a^2 + c^2 - b^2}{2ac} \qquad \cos \gamma = \frac{a^2 + b^2 - c^2}{2ab} \qquad (3)$$

Il teorema di Carnot era poco usato fino ad alcuni decenni or sono, in quanto non esprimibile in *forma logaritmica* e perciò difficoltoso da utilizzare senza appropriati strumenti di calcolo. Al contrario, con l'avvento delle calcolatrici e con il conseguente superamento di ogni problema connesso allo sviluppo di qualsiasi calcolo, il teorema di Carnot è il più utilizzato per risolvere molti problemi trigonometrici.

2. Criteri per risolvere i triangoli qualunque

I due teoremi visti nel paragrafo precedente, opportunamente utilizzati, permettono la *risoluzione dei triangoli*, cioè il calcolo degli **elementi incogniti** di un triangolo, conoscendo **tre** di essi, almeno uno dei quali deve essere un **lato** (o, quantomeno, un **elemento lineare**).

In effetti la conoscenza dei soli angoli **non è sufficiente** per determinare i tre lati incogniti, in quanto esistono infiniti triangoli, **simili** tra loro, che hanno gli stessi angoli rendendo il problema indeterminato.

Prima di procedere alla risoluzione dei triangoli, come peraltro di ogni figura piana, è bene **controllare** che gli elementi assegnati siano compatibili con il problema; allo scopo occorre verificare le proprietà generali enunciate all'inizio del paragrafo 1.

In relazione ai dati assegnati, nella risoluzione dei triangoli si riconoscono **quattro casi** fondamentali, che esamineremo nel seguito.

Caso 1 (noti due angoli e un lato)

Dato il triangolo ABC di ▶FIGURA 5, supponiamo di conoscere, per esempio, gli angoli α e β e la misura del lato a. Vogliamo determinare gli elementi incogniti: γ, b e c. Si ha subito: $\gamma = 200^c - (\alpha + \beta)$.

I lati b e c si ricavano applicando due volte il teorema dei seni:

$$\frac{a}{\text{sen}\,\alpha} = \frac{b}{\text{sen}\,\beta} \quad \text{e} \quad \frac{a}{\text{sen}\,\alpha} = \frac{c}{\text{sen}\,\gamma}$$

da cui segue:

$$b = \frac{a\,\text{sen}\,\beta}{\text{sen}\,\alpha} \qquad c = \frac{a\,\text{sen}\,\gamma}{\text{sen}\,\alpha}$$

FAQ

È risolvibile un triangolo del quale siano noti i tre angoli interni?

No, esistono infiniti triangoli che posseggono gli stessi angoli interni. Affinché il triangolo sia risolvibile occorrono sì tre elementi, ma almeno uno di essi deve essere un lato o, comunque, un elemento non angolare.

COMPETENZA

Organizzazione del lavoro

È sempre raccomandabile far precedere al calcolo analitico eseguito con la calcolatrice, la **costruzione grafica** della figura assegnata in scala opportuna. Ciò permetterà di valutare meglio il problema, di evitare grossolani errori di interpretazione, e anche un primo rapido controllo dei calcoli effettuati.

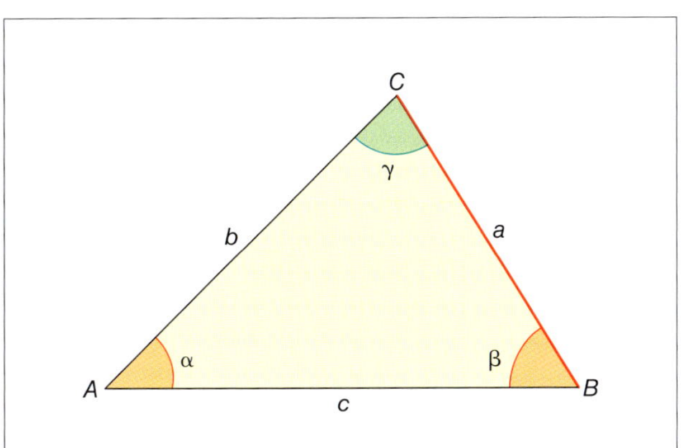

FIGURA 5 Caso 1: triangolo di cui sono noti gli angoli α e β e il lato a.

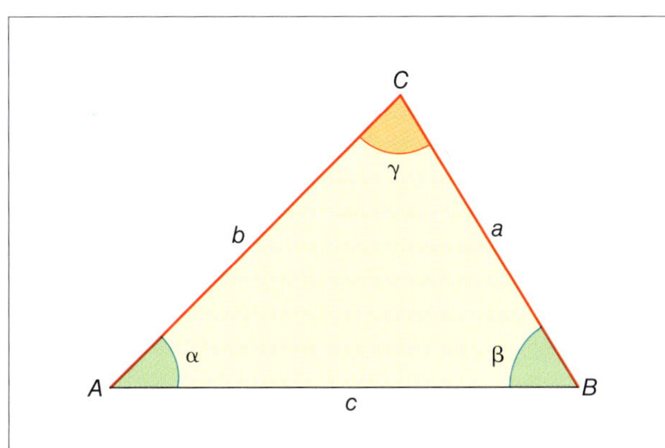

FIGURA 6 Caso 2: triangolo di cui sono noti i lati a e b e l'angolo compreso γ.

FAQ

Nella risoluzione dei triangoli scaleni, per calcolare un angolo è più conveniente utilizzare la funzione arcoseno o la funzione arcocoseno?

Quando è possibile è sicuramente più conveniente usare la funzione arcocoseno (dunque il teorema di Carnot), in quanto evita l'ambiguità implicita nella funzione arcoseno (teorema dei seni).

PROBLEMA SVOLTO

Determina gli elementi incogniti di un triangolo ABC del quale si conosce la misura del lato $c = \overline{AB} = 124{,}76$ m, *l'angolo* $\beta = 83{,}60$ gon *e l'angolo* $\alpha = 69{,}72$ gon.

Soluzione

$$\gamma = 200 - (83{,}60 + 69{,}72) = 46{,}68 \text{ gon}$$

$$b = \frac{124{,}76 \operatorname{sen} 83{,}60}{\operatorname{sen} 46{,}68} = 180{,}25 \text{ m}$$

$$a = \frac{124{,}76 \operatorname{sen} 69{,}72}{\operatorname{sen} 46{,}68} = 165{,}72 \text{ m}$$

Caso 2 (noti due lati e l'angolo compreso)

Dato il triangolo ABC di ►FIGURA 6, supponiamo di conoscere i lati a e b, oltre all'angolo γ. Vogliamo determinare gli elementi incogniti: c, α e β.

I modi per risolvere questo problema sono molteplici, tuttavia, con gli attuali mezzi di calcolo, il più conveniente è sicuramente quello che prevede il calcolo del lato c con il teorema di Carnot. In effetti dalla seconda delle (2′) si ha:

$$c = \sqrt{a^2 + b^2 - 2ab\cos\gamma}$$

Poi, con il teorema dei seni, si ricava:

$$\operatorname{sen}\beta = \frac{b}{c}\operatorname{sen}\gamma \qquad \text{da cui:} \qquad \beta = \operatorname{arcsen}\left(\frac{b}{c}\operatorname{sen}\gamma\right)$$

$$\operatorname{sen}\alpha = \frac{a}{c}\operatorname{sen}\gamma \qquad \text{da cui:} \qquad \alpha = \operatorname{arcsen}\left(\frac{a}{c}\operatorname{sen}\gamma\right)$$

Tuttavia, l'uso della funzione inversa **arcoseno**, nell'ambito della risoluzione dei triangoli qualunque, richiede particolari precauzioni.

Infatti il valore dell'arcoseno fornito dalla calcolatrice è un angolo (per esempio β) inferiore a 100^c; tuttavia anche il suo angolo **associato** supplementare $(200^c - \beta)$, oltre a soddisfare la prima delle relazioni precedenti, può essere un angolo del triangolo (in questo caso *ottusangolo*), per cui non lo si può escludere a priori.

Occorrerà allora, in questo caso, controllare quale, fra i due valori β e $200^c - \beta$, soddisfa le proprietà dei triangoli viste all'inizio del paragrafo 1, per poter stabilire quale dei due angoli risolve il problema.

Esiste, però, il modo di evitare tale ambiguità, applicando di nuovo il **teorema di Carnot**, dopo aver calcolato c, anche per determinare gli angoli α e β, questa volta usando la forma vista nelle (3); in effetti si ha:

$$\cos\beta = \frac{a^2 + c^2 - b^2}{2ac} \qquad \text{da cui:} \qquad \beta = \arccos\left(\frac{a^2 + c^2 - b^2}{2ac}\right)$$

$$\cos\alpha = \frac{b^2 + c^2 - a^2}{2bc} \qquad \text{da cui:} \qquad \alpha = \arccos\left(\frac{b^2 + c^2 - a^2}{2bc}\right)$$

La funzione inversa arcocoseno, infatti, fornisce un valore compreso tra 0^c e 200^c, mentre l'angolo **associato** (che ha lo stesso valore del coseno, anche in segno), si trova nel III o nel IV quadrante, per cui **non può essere** l'angolo di un triangolo, eliminando con ciò qualsiasi ambiguità.

Facciamo poi notare che, calcolando entrambi gli angoli α e β con le espressioni precedenti, si può anche eseguire la **verifica del calcolo**, controllando che sia $\alpha + \beta + \gamma = 200^c$.

FAQ

Nella risoluzione dei triangoli qualunque, quale configurazione di dati assegnati può dar luogo a diverse soluzioni?

Quando sono noti due lati e un angolo adiacente al lato incognito.

PROBLEMA SVOLTO

Determina gli elementi incogniti di un triangolo ABC del quale si conosce la misura del lato $c = \overline{AB} = 76{,}10$ m, quella del lato $b = \overline{CA} = 121{,}40$ m e l'angolo $\alpha = 82{,}5770$ gon.

Soluzione

$$a = \sqrt{121{,}40^2 + 76{,}10^2 - 2 \cdot 76{,}10 \cdot 121{,}40 \cdot \cos 82{,}5770} = 124{,}64 \text{ m}$$

$$\beta = \arccos\left(\frac{124{,}64^2 + 76{,}10^2 - 121{,}40^2}{2 \cdot 76{,}10 \cdot 124{,}64}\right) = 77{,}4196 \text{ gon}$$

$$\gamma = \arccos\left(\frac{124{,}64^2 + 121{,}40^2 - 76{,}10^2}{2 \cdot 121{,}40 \cdot 124{,}64}\right) = 40{,}0038 \text{ gon}$$

Per controllo si ha:

$$82{,}577 + 77{,}4196 + 40{,}0038 = 200{,}0004 \cong 200 \text{ gon}$$

Caso 3 (noti due lati e un angolo adiacente al lato incognito)

In ▶FIGURA 7 viene rappresentato il triangolo ABC del quale immaginiamo noti, per esempio, i lati a e b e l'angolo α opposto al lato a. Dobbiamo determinare gli elementi incogniti c, β e γ.

Possiamo senz'altro supporre $a \neq b$ e $\alpha \neq 100^c$, perché in questo caso il triangolo sarebbe rispettivamente del tipo isoscele o rettangolo, che sappiamo facilmente risolvere. Ciò premesso, applicando il teorema dei seni si ottiene:

$$\text{sen}\,\beta = \frac{b}{a}\,\text{sen}\,\alpha \qquad \text{quindi} \qquad \beta = \text{arcsen}\left(\frac{b}{a}\,\text{sen}\,\alpha\right) \tag{4}$$

Si ha poi $\gamma = 200^c - (\alpha + \beta)$, quindi, ancora con il teorema dei seni, si ottiene il terzo lato:

$$c = \frac{b\,\text{sen}\,\gamma}{\text{sen}\,\beta} \qquad \text{oppure} \qquad c = \frac{a\,\text{sen}\,\gamma}{\text{sen}\,\alpha}$$

FIGURA 7 Caso 3: triangolo di cui sono noti i lati a e b e l'angolo α adiacente al lato incognito. È il caso più complesso perché può dare luogo a più soluzioni.

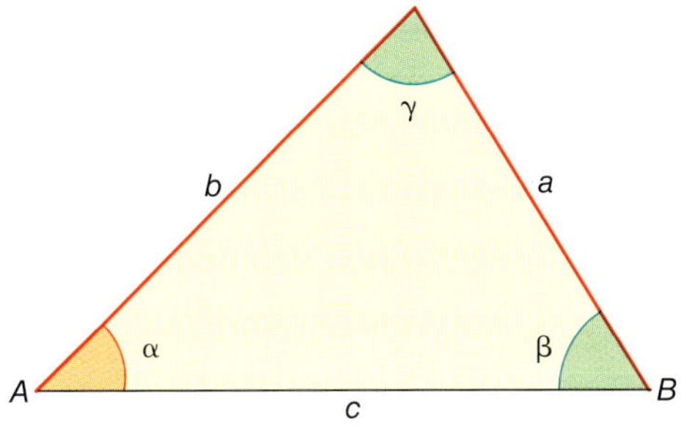

La soluzione proposta, peraltro l'**unica possibile**, richiede alcune riflessioni.

In effetti, nell'applicare la (4) possono verificarsi i seguenti casi:

- $\frac{b}{a}\,\text{sen}\,\alpha > 1$ Il problema è manifestamente **impossibile** in quanto non esiste l'arcoseno di un numero maggiore di 1.
- $\frac{b}{a}\,\text{sen}\,\alpha = 1$ L'angolo β è **retto** e quindi si tratta di un triangolo rettangolo.

- $\frac{b}{a}\,\text{sen}\,\alpha < 1$ Il valore di β **non è univoco** in quanto può trovarsi sia nel I che nel II quadrante, per quanto detto in precedenza.

In quest'ultimo caso, che è poi quello più frequente, possono verificarsi le seguenti condizioni:

- dei due valori di β uno è **incompatibile** con i dati del problema, pertanto il valore che soddisfa il problema è l'altro. Per esempio, si supponga che sia $\alpha = 120^c$ e che β possa assumere i due valori 40^c e $(200^c - 40^c) = 160^c$. Il valore 160^c è incompatibile con il valore di $\alpha = 120^c$ perché la somma $\alpha + \beta$ sarebbe maggiore di 200^c; in questo caso il valore che risolve il problema è $\beta = 40^c$.
- I due valori di β sono entrambi compatibili con il valore di α; in questo caso si avranno **due soluzioni** del problema, che danno luogo a **due triangoli distinti**. È questo un caso di ambiguità che la trigonometria non risolve.

PROBLEMA SVOLTO

Determina gli elementi incogniti di un triangolo ABC del quale si conoscono le misure dei lati $a = 695{,}18$ m *e* $b = 453{,}34$ m, *oltre a quella dell'angolo* $\beta = 39{,}0815$ gon.

Soluzione

$$\alpha_1 = \text{arcsen}\left(\frac{695{,}18}{453{,}34}\,\text{sen}\,39{,}0815\right) = 68{,}944 \text{ gon}$$

e anche:

$$\alpha_2 = 200 - 68{,}9441 = 131{,}0559 \text{ gon}$$

Entrambi i valori calcolati per α sono compatibili con il valore assegnato di β, per cui si hanno **due distinti triangoli** che soddisfano i valori assegnati. Quindi si avrà:

$$\gamma_1 = 200 - (39{,}0815 + 68{,}9441) = 91{,}9744 \text{ gon}$$

$$\gamma_2 = 200 - (39{,}0815 + 131{,}0559) = 29{,}8626 \text{ gon}$$

$$c_1 = \frac{695{,}18\,\text{sen}\,91{,}9744}{\text{sen}\,68{,}9441} = 780{,}73 \text{ m}$$

$$c_2 = \frac{695{,}18\,\text{sen}\,29{,}8626}{\text{sen}\,68{,}9441} = 355{,}76 \text{ m}$$

Caso 4 (noti i tre lati)

In questo caso gli elementi incogniti sono i **tre angoli**; essi possono essere determinati con il teorema di Carnot, espresso nella forma delle relazioni (3). Considerando il triangolo di ▶FIGURA 8, siano note le misure dei lati *a*, *b* e *c*. Applicando il teorema di Carnot, si ha:

$$\alpha = \arccos\frac{b^2 + c^2 - a^2}{2bc}$$

Trovato α, si potrebbero calcolare γ e β utilizzando il *teorema dei seni*. Tuttavia, per evitare l'**ambiguità** connessa con la funzione inversa arcoseno, è consigliabile continuare a utilizzare il teorema di Carnot. In effetti si ha:

$$\beta = \arccos\frac{a^2 + c^2 - b^2}{2ac} \qquad \gamma = \arccos\frac{a^2 + b^2 - c^2}{2ab}$$

FIGURA 8 Caso 4: triangolo di cui sono noti i tre lati.

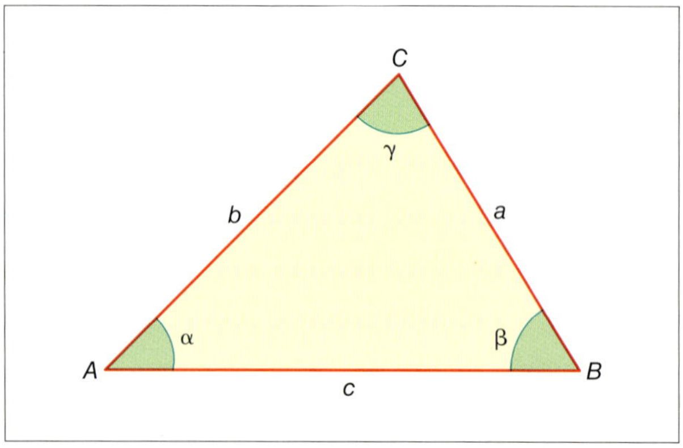

PROBLEMA SVOLTO

Determina gli elementi incogniti di un triangolo ABC del quale si conoscono le misure dei lati $a = 131{,}48$ m, $b = 94{,}52$ m e $c = 112{,}40$ m.

Soluzione

$$\alpha = \arccos\left(\frac{112{,}40^2 + 94{,}52^2 - 131{,}48^2}{2 \cdot 112{,}40 \cdot 94{,}52}\right) = 87{,}0858 \text{ gon}$$

$$\beta = \arccos\left(\frac{112{,}40^2 + 131{,}48^2 - 94{,}52^2}{2 \cdot 112{,}40 \cdot 131{,}48}\right) = 49{,}7345 \text{ gon}$$

$$\gamma = \arccos\left(\frac{131{,}48^2 + 94{,}52^2 - 112{,}40^2}{2 \cdot 94{,}52 \cdot 131{,}48}\right) = 63{,}1797 \text{ gon}$$

Per controllo si ha:

$$87{,}0858 + 49{,}7345 + 63{,}1797 = 200 \text{ gon.}$$

COMPETENZA

Digitale

Oltre che con l'uso della calcolatrice scientifica, la risoluzione dei triangoli può essere eseguita impostando opportunamente alcune celle di un foglio elettronico, ma anche nel contesto di sistemi CAD come AutoCAD.

Sintesi dei casi di risoluzione dei triangoli qualunque

Per sintetizzare i casi connessi alla risoluzione dei triangoli scaleni precedentemente esaminati, proponiamo nella ▶TABELLA 1 (a pagina seguente) i relativi **problemi di riferimento**.

3. Area dei triangoli

Sappiamo dalla geometria che l'area di un triangolo è uguale al semiprodotto di una base per la rispettiva altezza; con riferimento alla ▶FIGURA 9, si ha:

$$S = \frac{1}{2}ch$$

Tuttavia, la trigonometria ci fornisce l'opportunità di calcolare direttamente l'area del triangolo, senza bisogno di conoscere l'altezza, nei tre seguenti casi:

- **noti due lati e l'angolo compreso**;
- **noto un lato e gli angoli adiacenti**;
- **noti i tre lati**.

Questi casi danno luogo a formule largamente usate nella pratica della nostra disciplina, e che pertanto devono essere ricordate.

Caso 1 (noti due lati e l'angolo compreso)

Abbassando dal vertice C l'altezza h (▶FIGURA 9), rimangono definiti due triangoli rettangoli. Dal primo di questi si ha: $h = b \operatorname{sen} \alpha$. Sostituendo nella formula precedente si ottiene:

$$S = \frac{1}{2} bc \operatorname{sen} \alpha \qquad (5)$$

L'area di un triangolo è uguale al semiprodotto di due lati per il seno dell'angolo compreso fra essi.

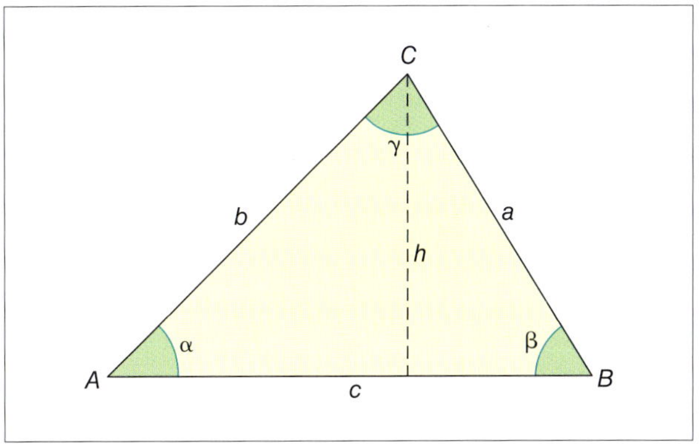

FIGURA 9 Per il calcolo dell'area di un triangolo, la geometria richiede la conoscenza dell'altezza h relativa a una base. La trigonometria ci fornisce formule in grado di calcolare l'area del triangolo senza conoscere direttamente l'altezza.

TABELLA 1 Casi fondamentali della risoluzione dei triangoli qualunque

	Caso	Soluzione	Esempio
1	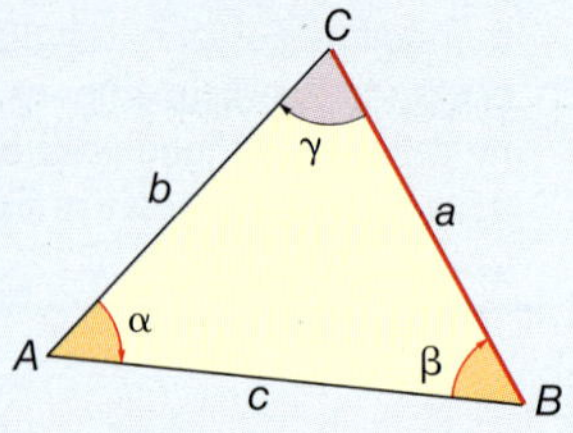 Noti: a, α, β	$\gamma = 200^c - (\alpha + \beta)$ $b = \dfrac{a \cdot \operatorname{sen}\beta}{\operatorname{sen}\alpha}$ $c = \dfrac{a \cdot \operatorname{sen}\gamma}{\operatorname{sen}\alpha}$	Noti: $a = 96{,}68$ m; $\alpha = 59{,}8936$ gon; $\beta = 71{,}4586$ gon $\gamma = 200^c - (71^c{,}4586 + 59^c{,}8936) = 68{,}6478$ gon $b = \dfrac{96{,}68 \cdot \operatorname{sen} 71{,}4586}{\operatorname{sen} 59{,}8936} = 107{,}82$ m $c = \dfrac{96{,}68 \cdot \operatorname{sen} 68{,}6478}{\operatorname{sen} 59{,}8936} = 105{,}43$ m
2	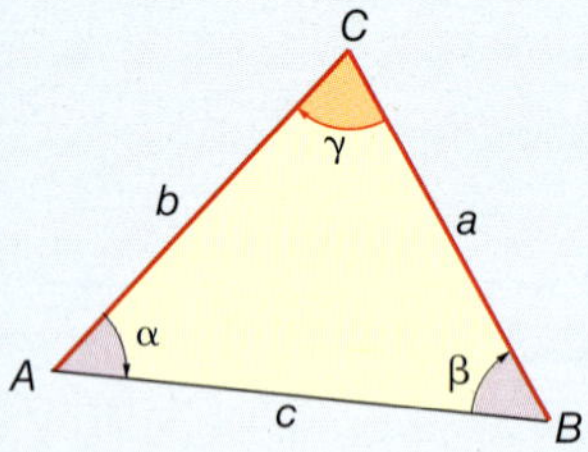 Noti: a, b, γ	$c = \sqrt{a^2 + b^2 - 2ab \cdot \cos\gamma}$ $\alpha = \arccos\left(\dfrac{b^2 + c^2 - a^2}{2bc}\right)$ $\beta = \arccos\left(\dfrac{a^2 + c^2 - b^2}{2ac}\right)$	Noti: $a = 82$ m; $b = 98$ m; $\gamma = 114{,}00$ gon $c = \sqrt{82^2 + 98^2 - 2 \cdot 82 \cdot 98 \cdot \cos 114} = 140{,}83$ m $\alpha = \arccos\left(\dfrac{140{,}83^2 + 98^2 - 82^2}{2 \cdot 140{,}83 \cdot 98}\right) = 38{,}4756$ gon $\beta = 200 - (114 + 38{,}4756) = 47{,}5244$ gon
3	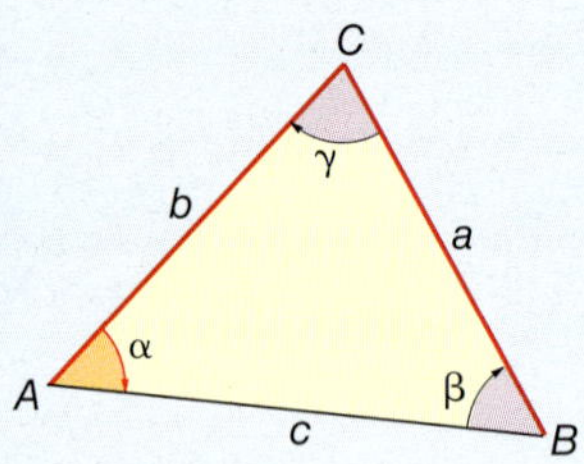 Noti: a, b, α (o β)	Sono **possibili** due soluzioni $\beta_1 = \operatorname{arcsen}\left(\dfrac{b}{a}\operatorname{sen}\alpha\right)$ $\beta_2 = 180^\circ - \beta_1$ $\gamma_1 = 180^\circ - (\alpha + \beta_1)$ $\gamma_2 = 180^\circ - (\alpha + \beta_2)$ $c_1 = \dfrac{a \cdot \operatorname{sen}\gamma_1}{\operatorname{sen}\alpha}$ $\quad c_2 = \dfrac{a \cdot \operatorname{sen}\gamma_2}{\operatorname{sen}\alpha}$	Noti: $a = 68{,}22$ m; $b = 42{,}16$ m; $\alpha = 115^\circ{,}12$ $\beta_1 = \operatorname{arcsen}\left(\dfrac{42{,}16}{68{,}22} \cdot \operatorname{sen} 115^\circ{,}12\right) = 34^\circ{,}0247$ $\beta_2 = 180^\circ - 34^\circ{,}0247 = 145^\circ{,}9753$ non compatibile $\gamma = 180^\circ - (115^\circ{,}12 + 34^\circ{,}0247) = 30^\circ{,}8553$ $c = \dfrac{68{,}22 \cdot \operatorname{sen} 30^\circ{,}8553}{\operatorname{sen} 115^\circ{,}12} = 38{,}64$ m
4	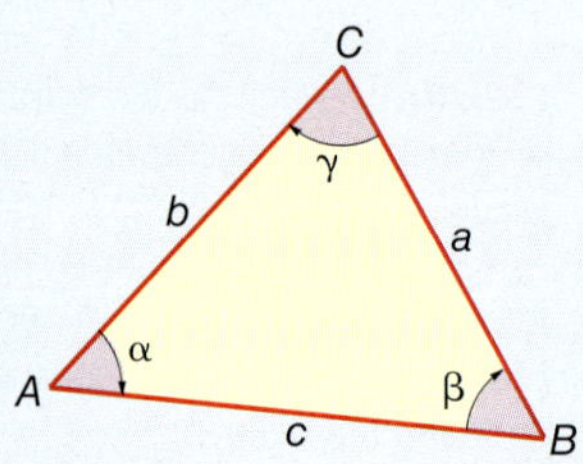 Noti: a, b, c	$\alpha = \arccos\left(\dfrac{b^2 + c^2 - a^2}{2bc}\right)$ $\beta = \arccos\left(\dfrac{a^2 + c^2 - b^2}{2ac}\right)$ $\gamma = \arccos\left(\dfrac{a^2 + b^2 - c^2}{2ab}\right)$	Noti: $a = 36{,}7$ m; $b = 43{,}1$ m; $c = 51{,}4$ m $\alpha = \arccos\left(\dfrac{43{,}1^2 + 51{,}4^2 - 36{,}7^2}{2 \cdot 43{,}1 \cdot 51{,}4}\right) = 44^\circ{,}6383$ $\beta = \arccos\left(\dfrac{36{,}7^2 + 51{,}4^2 - 43{,}1^2}{2 \cdot 36{,}7 \cdot 51{,}4}\right) = 55^\circ{,}6045$ $\gamma = 180^\circ - (55^\circ{,}6045 + 44^\circ{,}6383) = 79^\circ{,}7572$

FAQ

Perché l'area dei triangoli viene espressa in tre diversi formati?

Perché ciascuno di essi utilizza diversi elementi geometrici, che si adattano meglio in certi ambiti piuttosto che in altri.

In modo del tutto analogo si ottiene:

$$S = \frac{1}{2} ab \operatorname{sen}\gamma \qquad S = \frac{1}{2} ac \operatorname{sen}\beta$$

■ Caso 2 (noto un lato e gli angoli adiacenti)

Esprimendo b e c con il teorema dei seni e sostituendo nella (5), ricordando poi che $\operatorname{sen}\alpha = \operatorname{sen}[200^c - (\beta + \gamma)] = \operatorname{sen}(\beta + \gamma)$ si ottiene:

TABELLA 2 Casi di calcolo dell'area dei triangoli

Caso	Area	Esempio
1 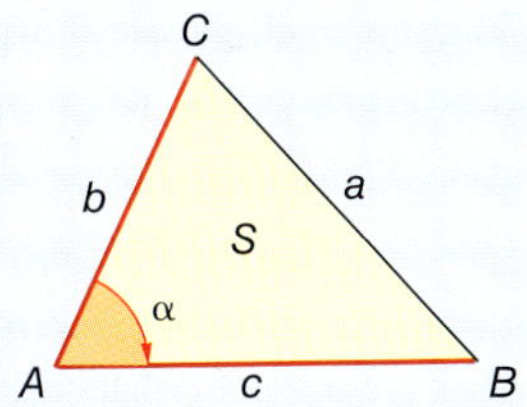 Noti: b, c, α	$S = \frac{1}{2} bc \cdot \text{sen}\,\alpha$	Noti: $b = 86{,}78$ m; $c = 98{,}11$ m; $\alpha = 58°{,}3565$ $S = \frac{1}{2} \cdot 86{,}78 \cdot 98{,}11 \cdot \text{sen}\,58°{,}3565 = 3624{,}1\ \text{m}^2$
2 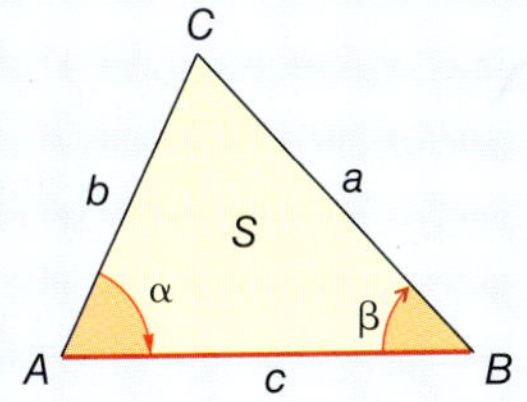 Noti: c, α, β	$S = \frac{c^2}{2} \cdot \frac{\text{sen}\,\alpha \cdot \text{sen}\,\beta}{\text{sen}(\alpha + \beta)}$ oppure $S = \frac{c^2}{2} \cdot \frac{1}{\text{cotg}\,\alpha + \text{cotg}\,\beta}$	Noti: $c = 82{,}34$ m; $\alpha = 64^c{,}0055$; $\beta = 49^c{,}1275$ $S = \frac{82{,}34^2}{2} \cdot \frac{\text{sen}\,64^c{,}0055 \cdot \text{sen}\,49^c{,}1275}{\text{sen}\,113^c{,}133} = 2039{,}3\ \text{m}^2$ oppure $S = \frac{82{,}34^2}{2} \cdot \frac{1}{\text{cotg}\,64^c{,}0055 + \text{cotg}\,49^c{,}1275} = 2039{,}3\ \text{m}^2$
3 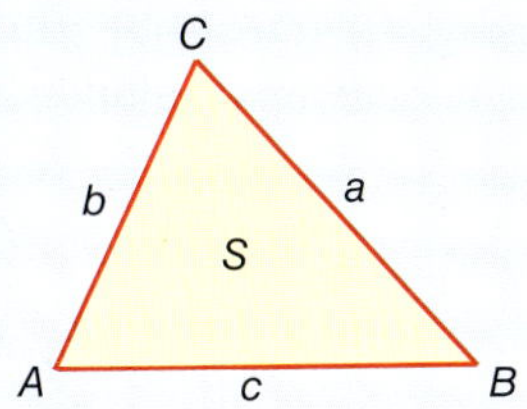 Noti: a, b, c	$S = \sqrt{p \cdot (p-a) \cdot (p-b) \cdot (p-c)}$	Noti: $a = 36{,}7$ m; $b = 43{,}1$ m; $c = 51{,}4$ m $p = (36{,}7 + 43{,}1 + 51{,}4)/2 = 65{,}6$ m $S = \sqrt{65{,}6(65{,}6-36{,}7)(65{,}6-43{,}1)(65{,}6-51{,}4)} =$ $= 778{,}2\ \text{m}^2$

$$S = \frac{a^2}{2} \frac{\text{sen}\,\beta\,\text{sen}\,\gamma}{\text{sen}(\beta + \gamma)} \quad \text{equivalente a:} \quad S = \frac{a^2}{2} \frac{1}{\text{cotg}\,\gamma + \text{cotg}\,\beta} \qquad (6)$$

Con considerazioni analoghe si ottiene anche:

$$S = \frac{b^2}{2} \frac{\text{sen}\,\alpha\,\text{sen}\,\gamma}{\text{sen}(\alpha + \gamma)} \qquad S = \frac{c^2}{2} \frac{\text{sen}\,\beta\,\text{sen}\,\alpha}{\text{sen}(\beta + \alpha)}$$

Caso 3 (noti i tre lati)

Conoscendo la lunghezza dei tre lati di un triangolo (a, b, c), è possibile ottenere la sua area con la seguente espressione:

$$S = \sqrt{p(p-a)(p-b)(p-c)} \qquad (7)$$

Questa espressione è nota come **formula di Erone** e, come detto, esprime l'area del triangolo in funzione dei suoi lati (p rappresenta il semiperimetro).

Possiamo sintetizzare i tre casi con la ▶TABELLA 2.

FAQ

Quale caratteristica possiede la formula di Erone per il calcolo dell'area di un triangolo?

Richiede la conoscenza dei tre lati, dunque non è necessaria la conoscenza di angoli o altezze.

4. Cerchi notevoli dei triangoli

Dato un triangolo, è sempre possibile costruire i seguenti cerchi: il cerchio **circoscritto**, il cerchio **inscritto** e i tre cerchi **ex-iscritti**. Di seguito illustreremo le modalità per determinarne i loro raggi e, soprattutto, le loro **proprietà**.

Cerchio circoscritto

Video *Circocentro*

In un triangolo ABC gli **assi** dei lati si intersecano in un punto, chiamato **circocentro**, che è il centro del cerchio circoscritto, passante per i tre vertici del triangolo.

Le formule che esprimono la misura del **raggio** del cerchio circoscritto a un triangolo sono immediata conseguenza del teorema dei seni; in effetti, dalle formule (1), evidenziando R si ha:

$$R = \frac{a}{2\,\text{sen}\,\alpha} = \frac{b}{2\,\text{sen}\,\beta} = \frac{c}{2\,\text{sen}\,\gamma} \qquad (8)$$

Cerchio inscritto

Video *Incentro*

Le **bisettrici** dei tre angoli di un triangolo ABC si incontrano in un punto O (▶FIGURA 10), detto **incentro**, che costituisce il centro del **cerchio inscritto**, tangente ai tre lati del triangolo.

Le bisettrici dividono il triangolo ABC nei tre triangoli AOB, AOC, BOC; la somma delle aree di questi triangoli deve essere uguale all'area complessiva del triangolo ABC. Si potrà perciò scrivere:

$$S = \frac{aR}{2} + \frac{bR}{2} + \frac{cR}{2} = \frac{R}{2}(a + b + c) = \frac{R}{2}2p$$

da cui segue:

$$R = \frac{S}{p} \qquad (9)$$

FAQ

In che modo è possibile individuare il centro del cerchio circoscritto a un triangolo?

Tracciando gli assi di almeno due lati e assumendone l'intersezione.

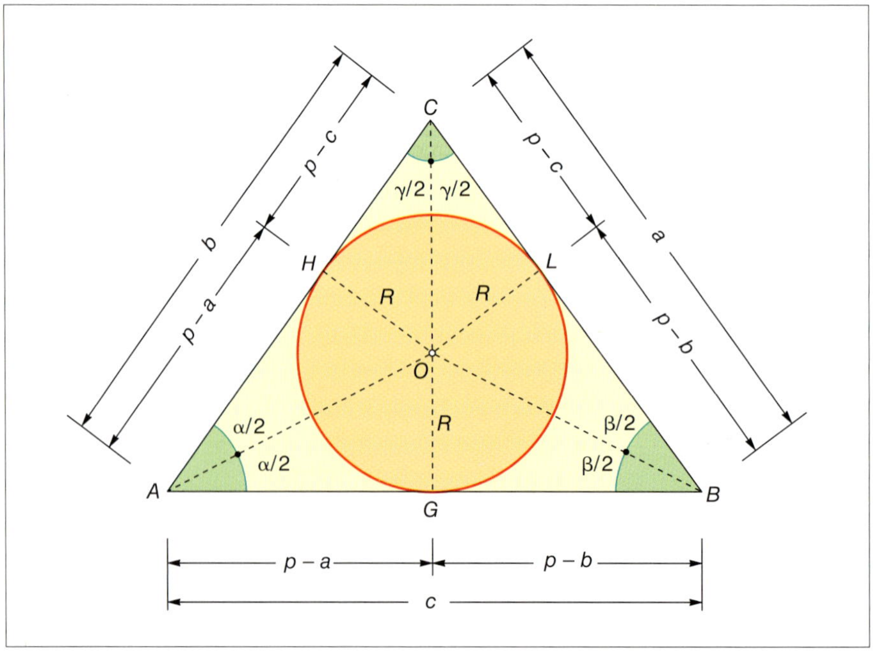

FIGURA 10 Cerchio inscritto in un triangolo. Esso possiede importanti proprietà geometriche, molto utili in ambito topografico.

Considerando poi i punti di tangenza del cerchio inscritto con i lati dei triangoli, indicati con G, H, L, da semplici considerazioni geometriche si ottiene:

$$\overline{AH} = \overline{AG} = p - a \qquad \overline{BG} = \overline{BL} = p - b \qquad \overline{CH} = \overline{CL} = p - c \qquad (10)$$

Di conseguenza possiamo formulare il seguente enunciato.

> La distanza tra il punto di tangenza del cerchio inscritto dai vertici del triangolo è uguale al semiperimetro del triangolo, dedotto il lato opposto a quello del vertice a cui è riferita la distanza.

Dai triangoli rettangoli AOG (retto sul punto di tangenza G), BOG e COH, si ha:

$$R = (p - a)\,\text{tg}\,\frac{\alpha}{2} \qquad R = (p - b)\,\text{tg}\,\frac{\beta}{2} \qquad R = (p - c)\,\text{tg}\,\frac{\gamma}{2}$$

Queste relazioni costituiscono un ulteriore modo di calcolare il raggio del cerchio inscritto dei triangoli che si aggiunge alla relazione (9).

■ Cerchi ex-inscritti

I cerchi ex-inscritti a un triangolo (*ex* è la contrazione del vocabolo latino *extra* = esterno) sono **tangenti** a un lato e ai **prolungamenti** degli altri due; si hanno perciò **tre** cerchi **ex-inscritti** (▶FIGURA 11) in ogni triangolo.

FAQ

Da che cosa è definito il centro del cerchio inscritto a un triangolo?

Dalla intersezione delle bisettrici dei tre angoli. A esso viene assegnato il nome di incentro.

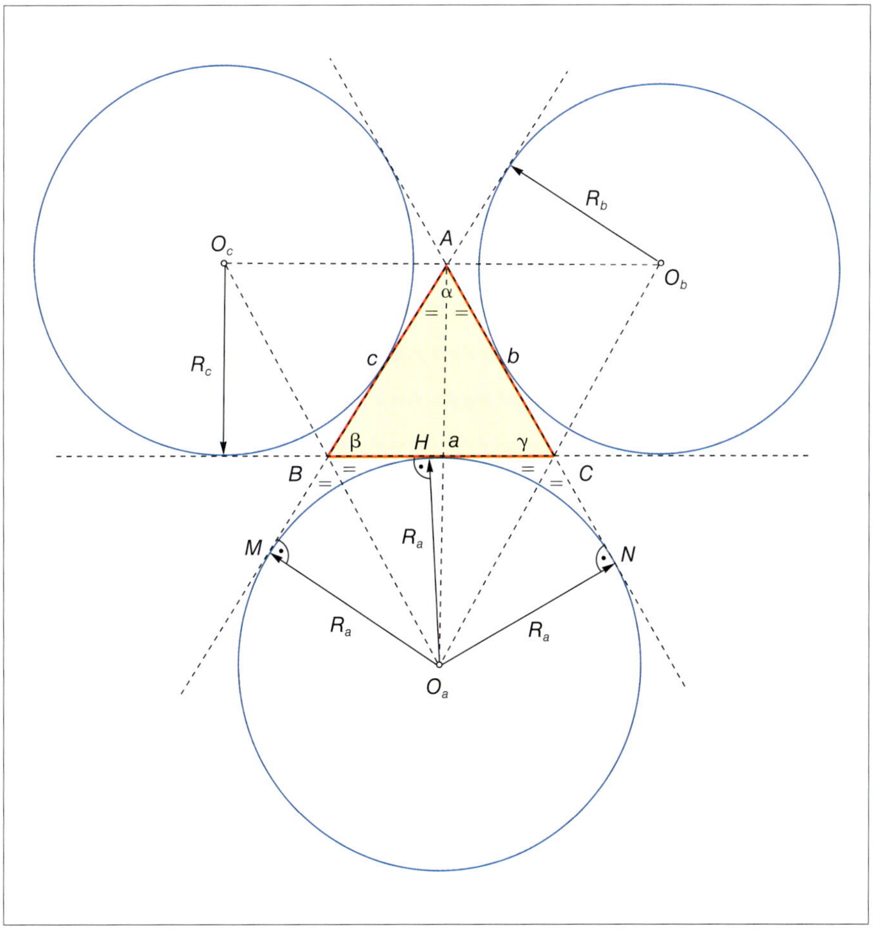

FIGURA 11 I tre cerchi ex-inscritti di un triangolo. Come accade nel cerchio inscritto, essi possiedono importanti proprietà geometriche, utili nell'ambito topografico.

FAQ

Le proprietà dei cerchi notevoli di un triangolo sono utili in ambito topografico?

Sì, sono molto utili, per esempio, nello studio delle curve stradali.

Per esempio, il cerchio ex-inscritto del triangolo ABC **relativo al lato** $BC = a$ sarà tangente al lato BC nel punto H e ai prolungamenti dei lati AB e AC rispettivamente in M e N. Il suo centro O_a è il punto d'incontro della **bisettrice** dell'angolo α con le **bisettrici** degli angoli β' e γ', supplementari di β e γ. Analogamente si costruiscono gli altri due cerchi ex-inscritti.

L'area S del triangolo ABC può essere ottenuta dalle aree dei triangoli ABO_a, ACO_a e BCO_a; in effetti si ha: $S = S_{ABO_a} + S_{ACO_a} - S_{BCO_a}$, e, più precisamente:

$$S = \frac{cR_a}{2} + \frac{bR_a}{2} - \frac{aR_a}{2} = \frac{R_a}{2}(c + b - a)$$

È poi facile verificare che $(c + b - a) = 2\,(p - a)$, quindi dalla relazione precedente si ottiene:

$$R_a = \frac{S}{(p-a)} \quad \text{e anche:} \quad R_b = \frac{S}{(p-b)} \qquad R_c = \frac{S}{(p-c)} \qquad (11)$$

Consideriamo ora il punto di tangenza H del cerchio ex-inscritto con il lato BC, e i punti M e N, punti di tangenza dello stesso cerchio rispettivamente con i prolungamenti dei lati AB e AC.

A seguito di alcune riflessioni di carattere geometrico e di alcuni passaggi algebrici, si ottengono le seguenti relazioni:

$$\overline{AM} = p \quad \text{e} \quad \overline{AN} = p \qquad (12)$$

Generalizzando è possibile formulare il seguente enunciato.

La distanza tra un vertice di un triangolo e i punti di tangenza dei prolungamenti dei lati con un cerchio ex-inscritto è uguale al **semiperimetro** del triangolo stesso.

Sfruttando questa **proprietà** dei cerchi ex-inscritti, possiamo calcolare i raggi degli stessi cerchi in un modo più rapido ed elegante. In effetti, possiamo considerare, per esempio, il triangolo rettangolo AMO_a, retto in M. Il raggio R_a è un cateto di questo triangolo, mentre l'altro cateto è uguale al semiperimetro del triangolo ABC; quindi si ha:

$$R_a = p\,\text{tg}\frac{\alpha}{2} \quad \text{e anche:} \quad R_b = p\,\text{tg}\frac{\beta}{2} \qquad R_c = p\,\text{tg}\frac{\gamma}{2}$$

PROBLEMA SVOLTO

Del triangolo ABC (▶FIGURA 12) *sono note le misure dei tre lati:* $a = 76{,}844$ m, $b = 78{,}789$ m, $c = 99{,}801$ m. *Determina la distanza tra i punti* O_1 *e* O_2, *rispettivamente centro del cerchio inscritto al triangolo ABC e centro del cerchio ex-inscritto relativo al lato* $BC = a$.

Soluzione

Osserva che i punti A, O_1, O_2 sono disposti sulla stessa retta, che coincide con la **bisettrice** dell'angolo α, quindi:

$$\alpha = \arccos\left(\frac{99{,}801^2 + 78{,}789^2 - 76{,}844^2}{2 \cdot 99{,}801 \cdot 78{,}789}\right) = 54{,}7364 \text{ gon}; \qquad \frac{\alpha}{2} = 27{,}3682 \text{ gon}$$

$$p = \frac{99{,}801 + 78{,}789 + 76{,}844}{2} = 127{,}717 \text{ m} = \overline{AZ} \qquad \text{per le (12)}$$

$$\overline{AN} = p - a = 127{,}717 - 76{,}844 = 50{,}873 \text{ m} \qquad \text{per le (10)}$$

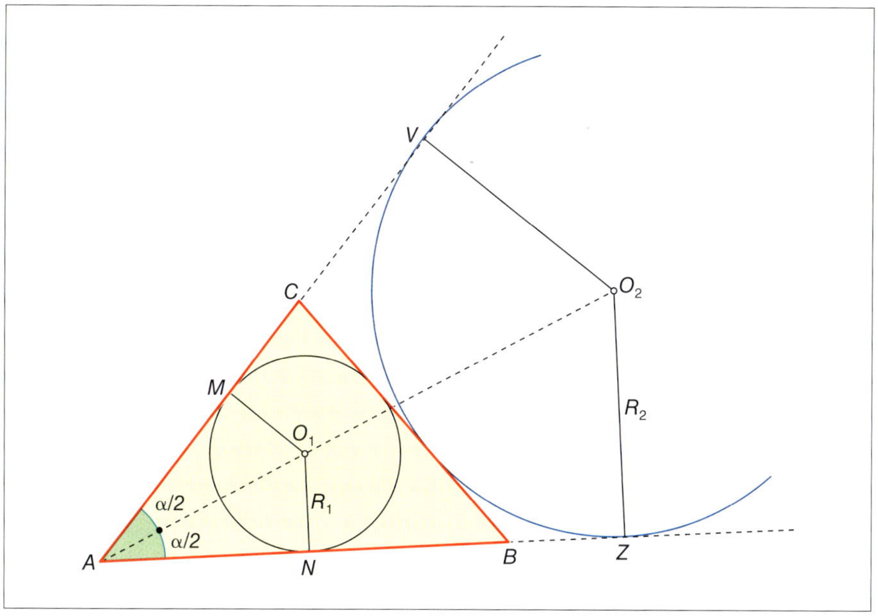

FIGURA 12 Triangolo di cui sono noti i tre lati e per il quale occorre calcolare la distanza tra il centro del cerchio inscritto e il centro del cerchio ex-inscritto relativo al lato *BC*.

Dai triangoli rettangoli AZO_2 e ANO_1:

$$\overline{AO_2} = \frac{127{,}717}{\cos 27{,}3682} = 140{,}501\,\text{m}$$

$$\overline{AO_1} = \frac{50{,}873}{\cos 27{,}3682} = 55{,}965\,\text{m}$$

$$\overline{O_1O_2} = 140{,}501 - 55{,}965 = 84{,}536\,\text{m}$$

Osserva come il problema sia stato risolto senza calcolare i raggi dei cerchi, ma solo ricorrendo alle loro **proprietà**.

5. Assi, altezze, mediane e bisettrici

Ogni triangolo possiede tre **altezze**, tre **mediane**, tre **bisettrici** e tre **assi**. Ciascuna di queste terne di parametri geometrici, poi, si intersecano in punti notevoli e significativi, in parte già visti in precedenza, che sono sintetizzati nella ▶TABELLA 3 (a pagina seguente).

Video *Ortocentro*

Video *Baricentro*

FAQ

Da che cosa è definito il baricentro di un triangolo?

Dalla intersezione delle mediane dei tre lati. Esso, inoltre, si trova, su ciascuna mediana, a una distanza dal rispettivo vertice pari ai 2/3 della lunghezza di ogni mediana.

FAQ

Da cosa è definita la retta di Eulero?

È definita dalla congiungente del baricentro, del circocentro e dell'ortocentro di ciascun triangolo.

6. I poligoni

Proprietà geometriche generali

A differenza dei *triangoli*, i **poligoni** non possiedono *teoremi* che legano i loro elementi geometrici, teoremi che, peraltro, non sono necessari in quanto un poligono può sempre essere risolto **scomponendolo** in due o più triangoli, scaleni o rettangoli, che, singolarmente, saranno poi risolti applicando i *teoremi* propri di queste figure geometriche elementari.

I vertici di un poligono vengono convenzionalmente indicati con le lettere *maiuscole* dell'alfabeto: *A*, *B*, *C*, *D* ..., e, convenzionalmente, sono disposte

TABELLA 3 Elementi geometrici complementari dei triangoli

	Schema	Elemento	Punto di intersezione	
			Nome	**Proprietà**
1	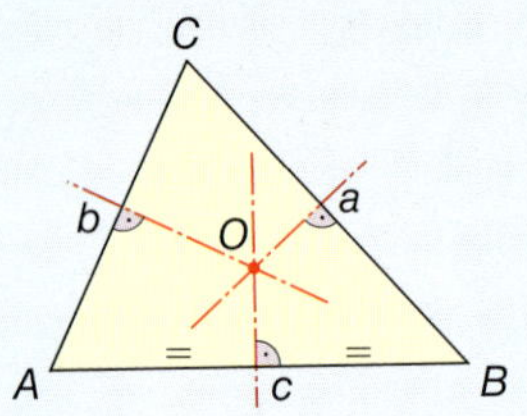	**Asse** relativo a un lato, è la retta perpendicolare allo stesso lato tracciata dal suo punto medio.	**Circocentro**	Centro del **cerchio circoscritto** (passante per i tre vertici del triangolo). Può essere interno o esterno al triangolo.
2	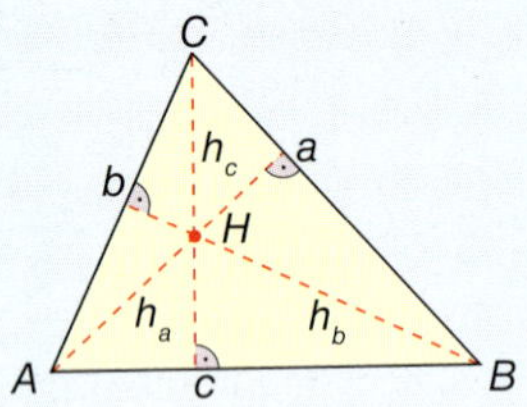	**Altezza** relativa a un lato, è il segmento perpendicolare allo stesso lato tracciato dal vertice opposto.	**Ortocentro**	È allineato con **baricentro** e **circocentro** (retta di Eulero). Può essere interno o esterno al triangolo.
3	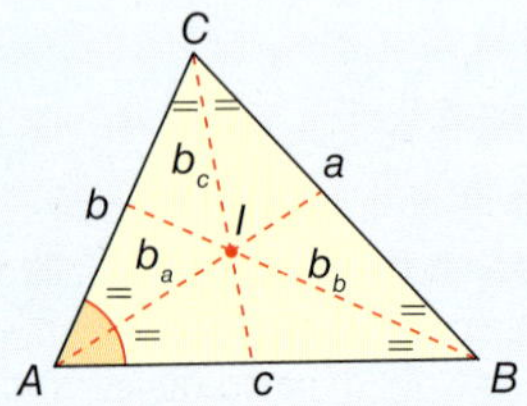	**Bisettrice** relativa a un vertice, è il segmento compreso tra il vertice e il lato opposto giacente sulla bisettrice dell'angolo interno del vertice considerato.	**Incentro**	Centro del **cerchio inscritto** (tangente ai tre lati del triangolo). Sempre interno.
4	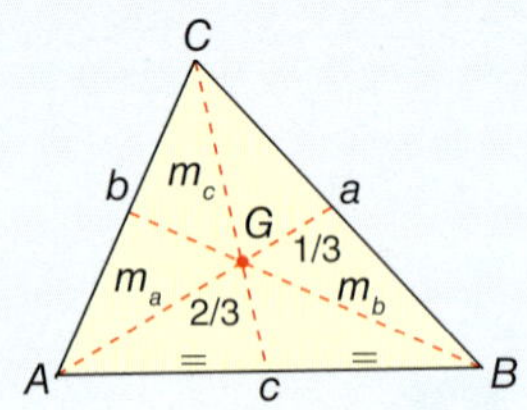	**Mediana** relativa a un lato, è il segmento compreso tra punto medio del lato e il suo vertice opposto.	**Baricentro**	Divide la misura di ciascuna mediana in **due parti** di 2/3 (dal vertice) e di 1/3. Sempre interno.

FAQ

Come vengono disposte, convenzionalmente, le lettere maiuscole dei vertici di un poligono?

In senso antiorario, in questo modo, infatti, la notazione letterale degli angoli interni si riferisce ad angoli orientati positivi.

FAQ

Nella risoluzione dei quadrilateri quanti elementi è necessario conoscere?

Cinque elementi, di cui almeno due devono essere lineari.

seguendo il perimetro del poligono in **senso antiorario**, in modo che la loro sequenza corrisponda automaticamente agli **angoli interni** orientati secondo la rotazione positiva **oraria** (▶FIGURA 13). Gli **angoli** interni possono anche essere indicati con le lettere minuscole dell'alfabeto greco: α, β, γ, δ ..., mentre i **lati** vengono indicati con le lettere *minuscole* dell'alfabeto: *a*, *b*, *c*, *d* ... Osserviamo, però, che in questo caso **non esiste** la corrispondenza, come avviene nell'ambito dei triangoli, tra le lettere *minuscole* dei lati, e i corrispondenti vertici **opposti**; pertanto, in questo caso, i lati sono designati in modo **sequenziale** ($a = AB$, $b = BC$, $c = CD$, ...).

È opportuno ricordare le seguenti proprietà elementari dei poligoni che ci trasmette la **geometria**:

1 La **somma** degli **angoli interni** di un poligono di n lati (dunque n vertici) è uguale a tanti **angoli piatti** quanti sono i lati (o i vertici) del poligono meno due: $\sum\alpha = (n - 2) \cdot 200^c$.

2 Affinché sia possibile la **risoluzione** di un poligono di n lati, è necessario conoscere almeno $(2n - 3)$ elementi, dei quali almeno $(n - 2)$ dovranno essere **lati** (o comunque *elementi lineari*).

3 Il numero di **diagonali** possibili in un poligono di n vertici, è fornito dal **semiprodotto** tra n e $n - 3$, dunque dalla seguente espressione: $[n \cdot (n - 3)]/2$.

Per valutare quest'ultima proprietà, basta osservare che da ciascuno degli n vertici del poligono possono essere tracciate $n - 3$ **diagonali**, di cui la metà si riproduce per l'inversione dei vertici (da qui il semiprodotto).

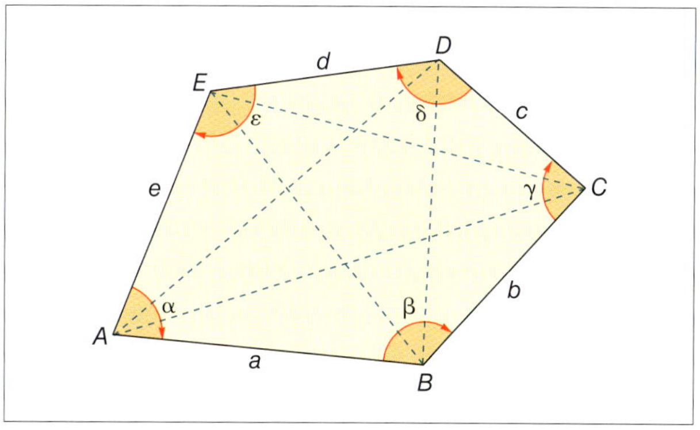

FIGURA 13 Convenzioni legate alla designazione di vertici, dei lati e degli angoli interni dei poligoni. La figura esemplifica un poligono di 5 lati.

? Quale valore ha la somma degli angoli interni del poligono illustrato in figura?

Poligoni di quattro lati

Nel nostro contesto tecnico-professionale particolare importanza rivestono i poligoni di **quattro lati** e quattro vertici (dunque $n = 4$), nei quali le proprietà generali dei poligoni, per quanto detto in precedenza, assumono i seguenti valori:

- **somma** degli **angoli interni**: $(4 - 2) \cdot 200^c = 400^c$ o $360°$;
- per la **risoluzione** sono necessari $(2 \cdot 4 - 3) = 5$ elementi, di cui almeno $(4 - 2) = 2$ lati;
- il numero delle **diagonali** è $[4 \cdot (4 - 3)]/2 = 2$.

Nei poligoni di **quattro lati**, poi, è possibile associare a un **lato** il suo **lato opposto**, e questa relazione definisce tre differenti tipologie geometriche di poligoni di quattro lati, in relazione al loro eventuale **parallelismo**.

In effetti, valutando il *parallelismo* tra le due coppie di lati opposti, si possono definire le seguenti categorie:

- **parallelogrammi**: quando esiste parallelismo tra entrambe le coppie di lati opposti;
- **trapezi**: quando esiste parallelismo tra una sola coppia di lati opposti dette *basi* del trapezio;
- **quadrilateri**: quando non esiste nessun parallelismo tra i suoi lati.

Lo schema di ▶FIGURA 14 sintetizza tali tipologie; l'ultima tra queste, quella dei *parallelogrammi*, è già stata esaminata nell'ambito della geometria proposta nei precedenti corsi scolastici, e ha scarso interesse nella realtà operativa, pertanto, non ce ne occuperemo nel nostro contesto. Al contrario, nel seguito della presente unità, verranno illustrate le procedure per risolvere i **trapezi** e, soprattutto, i **quadrilateri**.

FAQ

Quante diagonali possono essere tracciate in un poligono di 6 vertici?
Nove, numero derivante dallo sviluppo dell'espressione:

$$[6 \cdot (6 - 3)]/2 = 9$$

FAQ

Quanti elementi è necessario conoscere per poter risolvere un poligono di 7 lati?
Undici, di cui almeno cinque devono essere lineari, infatti:
$(2 \cdot 7) - 3 = 11$ e $7 - 2 = 5$

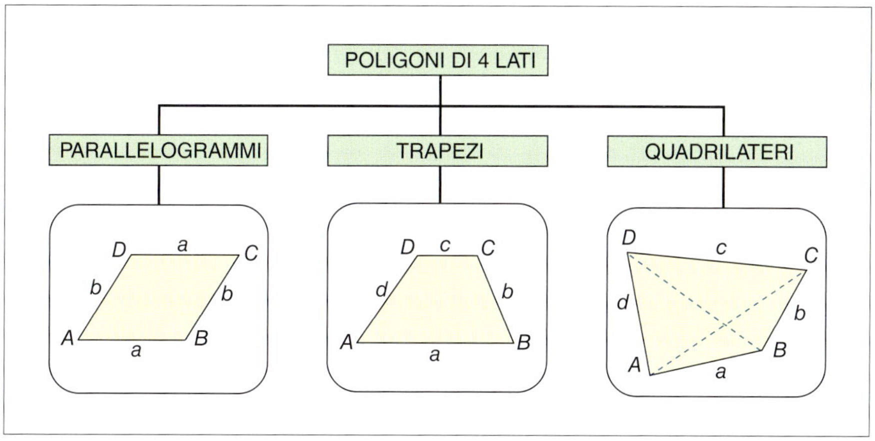

FIGURA 14 Schema che inquadra le tipologie dei poligoni di 4 lati.

FAQ

Quanti elementi è necessario conoscere per poter risolvere un trapezio?

Quattro elementi indipendenti, di cui almeno due devono essere lati o altri elementi lineari (ad esempio, altezza, diagonale).

FAQ

Esistono casi di indeterminazione di un trapezio?

Sì, precisamente quando sono noti due angoli indipendenti e i due lati obliqui.

7 I trapezi

Il trapezio è un poligono di quattro lati con la particolarità di avere una coppia di lati **paralleli**; a essi viene assegnato il nome di **basi** del trapezio; in questo ambito non ci occuperemo di *trapezi rettangoli* (un lato obliquo ortogonale alle basi) e di *trapezi isosceli* (lati obliqui uguali) abbondantemente trattati dalla *geometria*. Il *parallelismo* delle *basi* del trapezio porta alla ulteriore proprietà (rispetto a quelle dei quadrilateri viste nel paragrafo precedente) relativa alla **supplementarietà** dei due angoli adiacenti ai *lati obliqui*. Pertanto possiamo scrivere (▸FIGURA 15):

$$\alpha + \delta = 200^c \qquad \beta + \gamma = 200^c \tag{13}$$

Per questa sua proprietà, gli elementi necessari per risolvere un trapezio si riducono a **quattro**, di cui almeno **due** devono essere *lati*. Tuttavia, questi quattro elementi, devono essere **indipendenti** rispetto alle (13) (ad esempio o è noto α, o è noto δ, non entrambi), e la conoscenza dei due lati obliqui **non deve esser associata** a due angoli indipendenti. In effetti, in quest'ultimo caso, si possono costruire infiniti trapezi che differiscono tra loro solo per la lunghezza delle basi.

Il modo più generale di risolvere un trapezio è quello di **scomporlo** in un **triangolo** scaleno e in un **parallelogramma**. Queste figure si ottengono tracciando da un estremo della base minore la **parallela** al *lato obliquo* che inizia all'altro estremo della *base minore* (▸FIGURA 15).

Tale strategia è indispensabile nel caso che gli elementi noti siano i **quattro lati**, ma è applicabile convenientemente anche agli altri casi, in cui, tuttavia, è anche possibile scomporre il trapezio in due **triangoli retti** e in un *rettangolo*, tracciando le **altezze**, o in due *triangoli qualunque* tracciando una *diagonale* in relazione agli elementi noti. Nella ▸TABELLA 4 proponiamo le strategie risolutive dei trapezi nei seguenti casi fondamentali:

1 noti i **quattro lati**;
2 noti **una base**, i **due lati obliqui** e **un angolo**;
3 noti **due basi** e **un lato obliquo** e **un angolo**;
4 noti **due angoli indipendenti** e **due lati consecutivi** (una base e un lato obliquo);
5 noti **due angoli indipendenti** e **due basi**.

Video *Risoluzione di un trapezio noti i quattro lati*

Video *Risoluzione di un trapezio noti i tre lati (una base e i due lati obliqui) e un angolo*

Video *Risoluzione di un trapezio noti tre lati (due basi e un lato obliquo) e un angolo*

Video *Risoluzione di un trapezio noti due lati consecutivi e due angoli indipendenti*

Video *Risoluzione di un trapezio noti le due basi e due angoli indipendenti*

PROBLEMA SVOLTO

Determina gli angoli interni di un trapezio di basi AB e CD, del quale si conoscono le lunghezze dei suoi lati $AB = a = 86{,}50$ m, $BC = b = 47{,}50$ m, $CD = c = 132{,}60$ m e $DA = d = 43{,}68$ m.

Soluzione

Tracciando la parallela al lato obliquo *AD* passante per *B*, si definisce il triangolo *BCT* (con *T* su *CD*), di cui si conoscono i tre lati:

$$BC = b = 47{,}50 \text{ m}$$

$$TB = d = 43{,}68 \text{ m}$$

$$CT = CD - AB = 132{,}60 - 86{,}50 = 46{,}10 \text{ m}$$

TABELLA 4 Casi fondamentali della risoluzione dei trapezi

	Schemi ed elementi noti	Soluzione
1	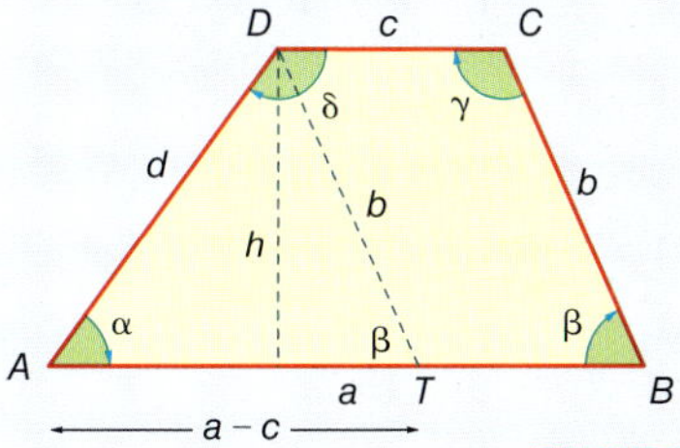**FIGURA 15** Noti *a*, *b*, *c*, *d*; incogniti α, β, γ, δ	Si scompone il trapezio in un *triangolo ADT* e in un *parallelogramma*, tracciando in *D* la parallela al *lato obliquo CB*; esso è risolvibile ottenendo: $\alpha = \arccos\left(\dfrac{d^2 + (a-c)^2 - b^2}{2d(a-c)}\right)$ $\quad \delta = 200^c - \alpha$ $\beta = \arccos\left(\dfrac{b^2 + (a-c)^2 - d^2}{2b(a-c)}\right)$ $\quad \gamma = 200^c - \beta$ $h = d \operatorname{sen}\alpha \quad S = \dfrac{a+c}{2}h$
2	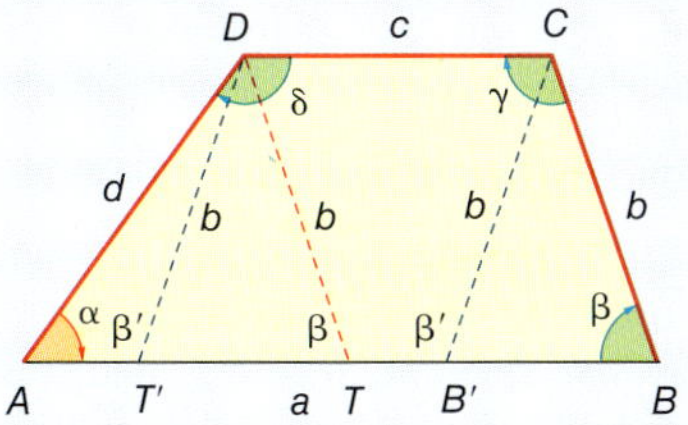**FIGURA 16** Noti *b*, *c*, *d*, α; incogniti *a*, β, γ, δ	La risoluzione del triangolo *ADT*, ottenuto come nel caso precedente, può dare luogo anche a *due soluzioni* (triangoli *ADT* e *ADT′*), pertanto potrebbero essere costruiti *due trapezi* (*ABCD* e *AB′CD*). $\beta = \operatorname{arcsen}\left(\dfrac{d}{b} \cdot \operatorname{sen}\alpha\right) \quad \beta' = 200^c - \beta$ $AT = \dfrac{d \operatorname{sen}(\alpha+\beta)}{\operatorname{sen}\beta} \quad AT' = \dfrac{d \operatorname{sen}(\alpha+\beta')}{\operatorname{sen}\beta'}$ $a = AB = AT + c \quad a' = AB' = AT' + c$ $\delta = 200^c - \alpha \quad \gamma = 200^c - \beta \quad \gamma' = 200^c - \beta'$
3	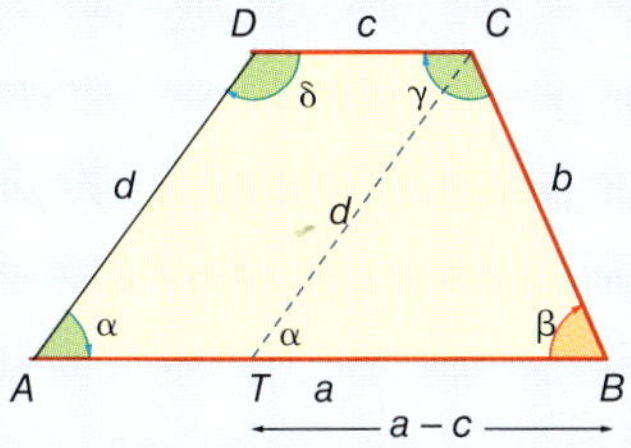**FIGURA 17** Noti *a*, *b*, *c*, β; incogniti *d*, α, γ, δ	La risoluzione del triangolo *ADT*, ottenuto tracciando in *C* la parallela al *lato obliquo DA*, è univoca e si sviluppa nel modo seguente: $d = \sqrt{(a-c)^2 + b^2 - 2(a-c)b\cos\beta}$ $\alpha = \arccos\left(\dfrac{d^2 + (a-c)^2 - b^2}{2d(a-c)}\right)$ $\delta = 200^c - \alpha \quad \gamma = 200^c - \beta$
4	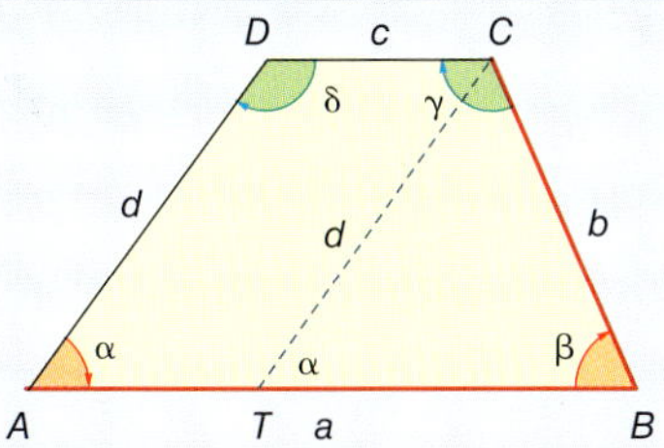**FIGURA 18** Noti *a*, *b*, α, β; incogniti *c*, *d*, γ, δ	Ricordiamo che i due lati noti *non* possono essere entrambi i *lati obliqui* (il trapezio sarebbe indeterminato), e che, di fatto, sono noti tutti gli angoli. Con la solita scomposizione si ottiene: $\delta = 200^c - \alpha \quad \gamma = 200^c - \beta$ $BT = \dfrac{b \operatorname{sen}(\alpha+\beta)}{\operatorname{sen}\alpha}$ $d = \dfrac{b \operatorname{sen}\beta}{\operatorname{sen}\alpha}$ $c = a - BT$
5	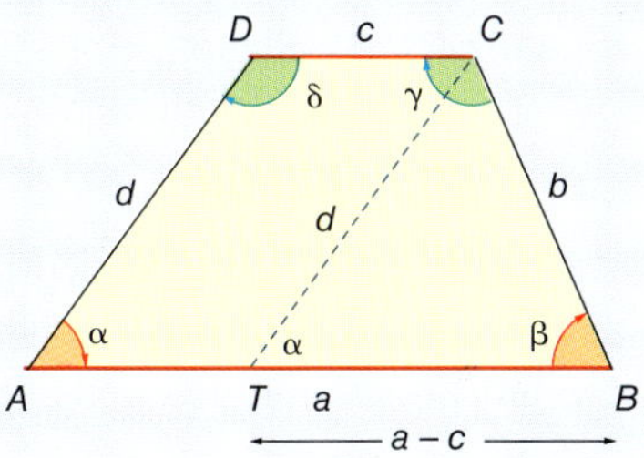**FIGURA 19** Noti *a*, *c*, α, β; incogniti *b*, *d*, γ, δ	La strategia risolutiva è analoga a quella del caso precedente; in effetti dal triangolo *CTB*, osservando che *TB* = (*a* – *c*), si ottiene: $\delta = 200^c - \alpha \quad \gamma = 200^c - \beta$ $b = \dfrac{(a-c)\operatorname{sen}\alpha}{\operatorname{sen}(\alpha+\beta)}$ $d = \dfrac{(a-c)\operatorname{sen}\beta}{\operatorname{sen}(\alpha+\beta)}$

Possiamo pertanto calcolare subito i seguenti angoli:

$$\gamma = \arccos\left(\frac{47,50^2 + 46,10^2 - 43,68^2}{2 \cdot 47,50 \cdot 46,10}\right) = 55°,61198$$

$$\beta = 180° - 55°,61198 = 124°,38802$$

$$CTB = \delta = \arccos\left(\frac{43,68^2 + 46,10^2 - 47,50^2}{2 \cdot 43,68 \cdot 46,10}\right) = 63°,8186$$

$$\alpha = 180° - 63°,8186 = 116°,1814$$

PROBLEMA SVOLTO

Determina la base maggiore AB e gli angoli interni β, γ, δ di un trapezio di basi AB e CD, del quale si conosce la lunghezza della base minore CD = c = 75,00 m, *dei lati obliqui, BC = b =* 38,50 m, *DA = d =* 49,98 m, *e l'angolo α =* 47°,9214.

Soluzione

Tracciando la parallela al lato obliquo *BC* passante per *D*, si definisce il triangolo *ATD* (con *T* su *AB*), di cui si conoscono i lati, *TD* = *b* = 38,50 m, *AD* = *d* = 49,98 m, e l'angolo α = 47°,9214. Questa configurazione di dati può dare luogo a due soluzioni, cioè ai due trapezi *ABCD* e *AB'CD*. Possiamo calcolare subito l'angolo

$$\delta = 180° - 47°,9214 = 132°,0786$$

quindi, risolvendo in triangolo *ATD*, possiamo sviluppare i seguenti calcoli:

$$ATD = \beta_1 = \text{arcsen}\left(\frac{49,98}{38,50} \cdot \text{sen}\, 47°,9214\right) = 74°4816$$

$$\beta_2 = 180° - 74°,4816 = 105°,5184$$

$$\gamma_1 = 180° - 74°,4816 = 105°,5184 \qquad \gamma_2 = 180° - 105°,5184 = 74°,4816$$

$$AT = \frac{38,5 \cdot \text{sen}(47°9214 + 74°,4816)}{\text{sen}\, 47°,9214} = 43,80 \text{ m}$$

$$AT' = \frac{38,5 \cdot \text{sen}(47°9214 + 105°,5184)}{\text{sen}\, 47°,9214} = 23,20 \text{ m}$$

$$AB = 75,00 + 43,80 = 118,80 \text{ m} \qquad AB' = 75,00 + 23,20 = 98,20 \text{ m}$$

8. I quadrilateri

I **quadrilateri** sono poligoni di **quattro lati** privi di alcuna relazione generale che li lega, mentre i quattro **angoli interni**, come visto in precedenza, presentano la loro **somma** uguale a un **angolo giro**: $\alpha + \beta + \gamma + \delta = 400^c$. Per la **risoluzione** di un quadrilatero, come detto al punto 1, sono necessari almeno $(2 \cdot 4 - 3) = 5$ **elementi**, dei quali almeno $(4 - 2) = 2$ devono essere **lati** o altri elementi lineari (ad esempio diagonali).

Tale procedura ricorre sempre alla risoluzione di opportuni **triangoli** (qualunque o retti) individuati sulla base delle possibili configurazioni degli elementi noti. Tali *triangoli* possono essere individuati con una delle seguenti tecniche:

a Scomponendo il quadrilatero in due *triangoli qualunque* con una delle due **diagonali** (▶FIGURA 20a).

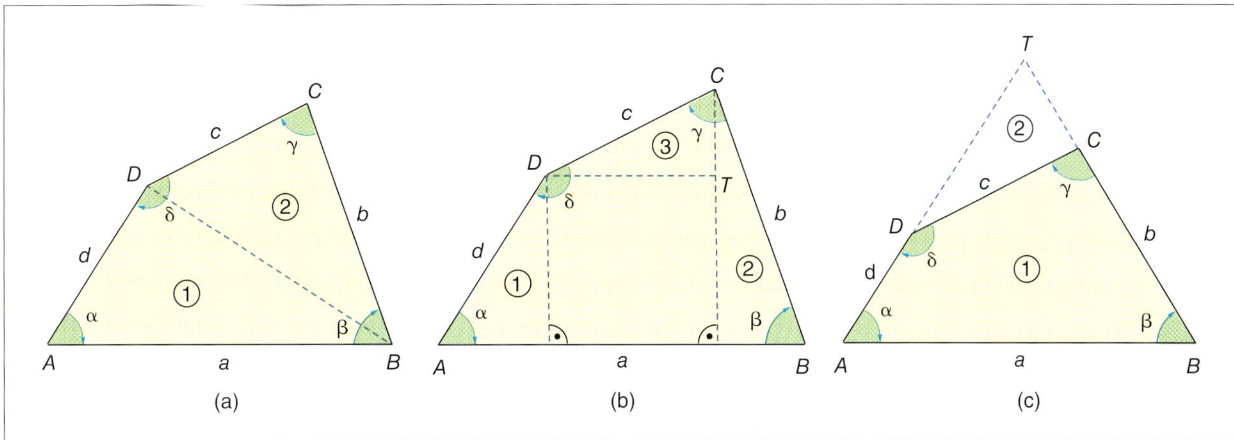

FIGURA 20 Modalità di risoluzione di un quadrilatero in relazione agli elementi noti: (a) per scomposizione in due triangoli con una diagonale; (b) per scomposizione in due triangoli retti e un trapezio retto; (c) per differenza di due triangoli qualunque (ABT e DCT) ottenuti dal prolungamento di due lati opposti incogniti.

b Scomponendo il quadrilatero in due *triangoli retti* e un *trapezio retto*, proiettando i **lati noti** su quelli **incogniti** (▶FIGURA 20b).

c Componendo il quadrilatero come **differenza** di due *triangoli qualunque* ottenuti dal **prolungamento** di due lati opposti (▶FIGURA 20c).

Risoluzione dei quadrilateri con il caso *a*

La risoluzione di un quadrilatero per *scomposizione* in **due triangoli qualunque** tramite una delle due *diagonali* (▶FIGURA 20a), è la procedura più frequente; infatti essa viene applicata quando gli elementi noti assumono una delle seguenti quattro configurazioni:

1. noti i **quattro lati** e **un angolo** (ad esempio: a, b, c, d, α);
2. noti **tre lati** e i **due angoli** opposti (ad esempio: a, b, c, α, γ);
3. noti **tre lati** e i **due angoli** compresi (ad esempio: a, b, c, β, γ);
4. noti **due lati** adiacenti e **tre angoli** (ad esempio: $a, b, \alpha, \beta, \gamma$).

Come detto, in ciascuno di questi casi, la risoluzione del quadrilatero si riduce alla risoluzione di **due triangoli** qualunque, con le procedure esaminate in precedenza. Di questi due triangoli, uno è immediatamente risolvibile con gli elementi noti assegnati, l'altro lo diviene con i restanti elementi assegnati ai quali si aggiungono gli elementi calcolati nel primo triangolo.

Segnaliamo che la terza delle precedenti configurazioni di elementi noti, consente, in alternativa, anche la risoluzione tramite *composizione* del quadrilatero dalla **differenza** di due triangoli scaleni ottenuti dal *prolungamento* di due lati opposti (caso *c*). Nella ▶TABELLA 5 sono riportati gli esempi di risoluzione appartenenti a questo primo caso.

Video *Risoluzione di un quadrilatero: caso a*

PROBLEMA SVOLTO

Determina gli elementi incogniti del quadrilatero ABCD del quale si conoscono le lunghezze dei suoi lati $AB = a = 62{,}60$ m *e* $BC = b = 57{,}10$ m, *oltre agli angoli interni* $\alpha = 108°{,}8506$, $\beta = 134°{,}6584$, $\gamma = 61°{,}9394$. *Eseguire la figura in scala 1:1000.*

Soluzione

Tracciando la diagonale *AC* il quadrilatero viene scomposto nel triangolo *ABC*, immediatamente risolvibile (due lati e l'angolo compreso noti), e nel triangolo *ACD* risolvibile dopo che dal primo triangolo è stata calcolata la diagonale *AC* e gli angoli ad essa adiacenti (▶FIGURA 25). Dunque è possibile procedere come segue:

$$\delta = 360° - (108°{,}8506 + 134°{,}6584 + 61°{,}9394) = 54°{,}5516$$

FAQ

Nella risoluzione dei quadrilateri quando diventa indispensabile ricorrere alla scomposizione della figura in triangoli rettangoli?

Quando sono noti tre lati e i due angoli adiacenti al lato incognito.

TABELLA 5 Risoluzione dei quadrilateri mediante scomposizione in due triangoli con una diagonale (caso *a*)

	Schema ed elementi noti	Soluzione	
		Triangolo 1	Triangolo 2
1	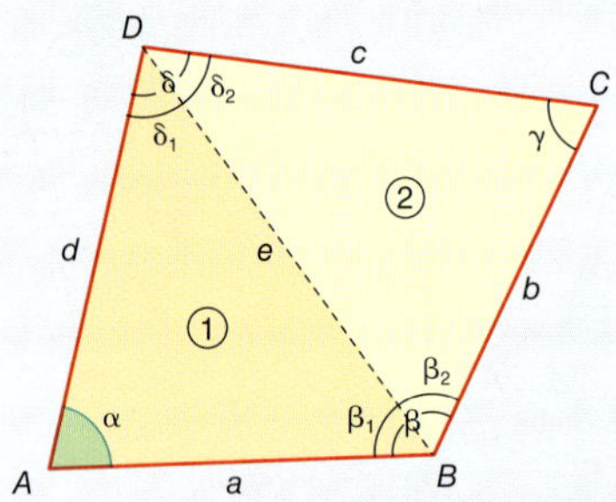 FIGURA 21 Noti a, b, c, d, α	$e = \sqrt{a^2 + d^2 - 2ad\cos\alpha}$ $\beta_1 = \arccos\dfrac{a^2 + e^2 - d^2}{2ae}$ $\delta_1 = \arccos\dfrac{d^2 + e^2 - a^2}{2de}$	$\beta_2 = \arccos\dfrac{b^2 + e^2 - c^2}{2be}$ $\delta_2 = \arccos\dfrac{c^2 + e^2 - b^2}{2ce}$ $\gamma = \arccos\dfrac{c^2 + b^2 - e^2}{2cb}$ $\beta = \beta_1 + \beta_2$ $\delta = \delta_1 + \delta_2$
2	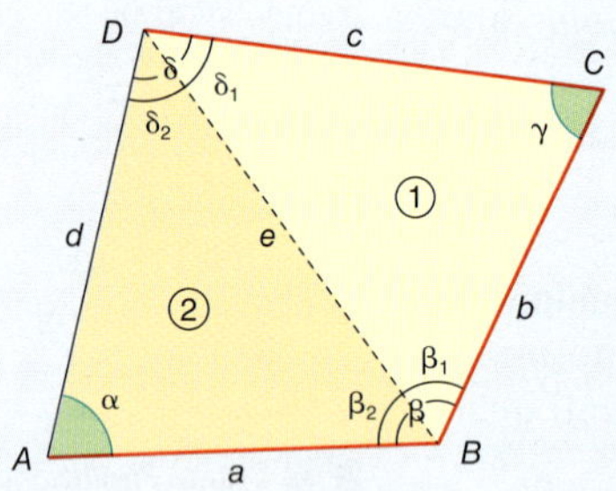 FIGURA 22 Noti a, b, c, α, γ	$e = \sqrt{c^2 + b^2 - 2cb\cos\gamma}$ $\delta_1 = \arccos\dfrac{c^2 + e^2 - b^2}{2ce}$ $\beta_1 = \arccos\dfrac{b^2 + e^2 - c^2}{2be}$	$\delta_2 = \mathrm{arcsen}\left(\dfrac{a}{e}\,\mathrm{sen}\,\alpha\right)$ (*) $\beta_2 = 200^c - (\delta_2 + \alpha)$ $d = \dfrac{e}{\mathrm{sen}\,\alpha}\,\mathrm{sen}\,\beta_2$ $\delta = \delta_1 + \delta_2$ $\beta = \beta_1 + \beta_2$ (*) Occorre verificare se esistono due soluzioni compatibili con i dati assegnati.
3	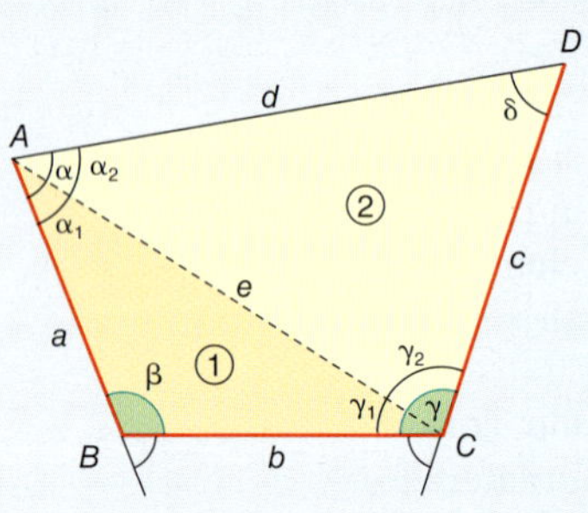 FIGURA 23 Noti a, b, c, β, γ	Nota: entrambe le diagonali sono utilizzabili. $e = \sqrt{a^2 + b^2 - 2ab\cos\beta}$ $\alpha_1 = \arccos\dfrac{a^2 + e^2 - b^2}{2ae}$ $\gamma_1 = \arccos\dfrac{b^2 + e^2 - a^2}{2be}$	$\gamma_2 = \gamma - \gamma_1$ $d = \sqrt{e^2 + c^2 - 2ec\cos\gamma_2}$ $\alpha_2 = \arccos\dfrac{d^2 + e^2 - c^2}{2de}$ $\delta = \arccos\dfrac{c^2 + d^2 - e^2}{2cd}$ $\alpha = \alpha_1 + \alpha_2$
4	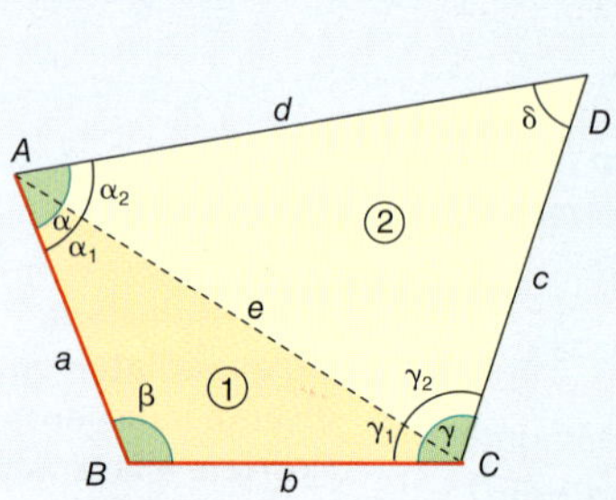 FIGURA 24 Noti $a, b, \alpha, \beta, \gamma$	$\delta = 400^c - (\alpha + \beta + \gamma)$ $e = \sqrt{a^2 + b^2 - 2ab\cos\beta}$ $\alpha_1 = \arccos\dfrac{a^2 + e^2 - b^2}{2ae}$ $\gamma_1 = \arccos\dfrac{b^2 + e^2 - a^2}{2be}$	$\alpha_2 = \alpha - \alpha_1$ $\gamma_2 = \gamma - \gamma_1$ $c = \dfrac{e}{\mathrm{sen}\,\delta}\,\mathrm{sen}\,\alpha_2$ $d = \dfrac{e}{\mathrm{sen}\,\delta}\,\mathrm{sen}\gamma_2$

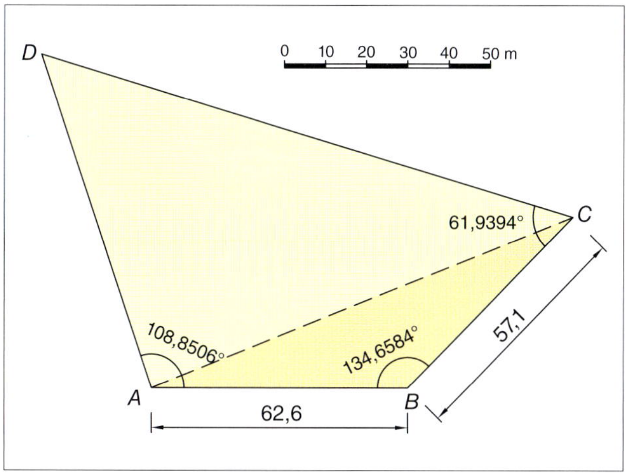

FIGURA 25 Figura relativa al problema svolto.

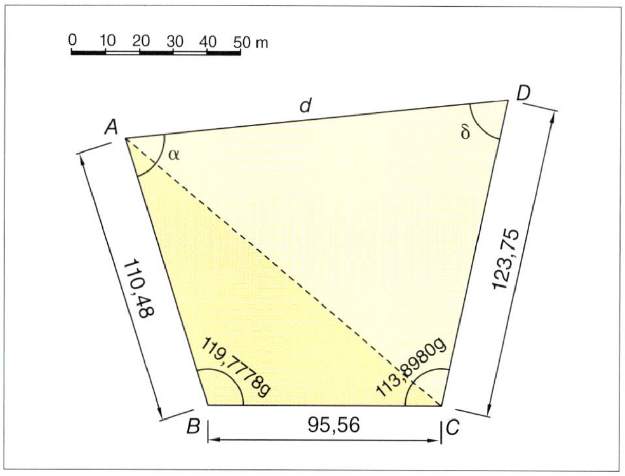

FIGURA 26 Figura relativa al problema svolto.

Triangolo *ABC*:

$$AC = \sqrt{62{,}60^2 + 57{,}10^2 - 2 \cdot 62{,}60 \cdot 57{,}10 \cdot \cos 134^\circ{,}6584} = 110{,}47 \text{ m}$$

$$\alpha' = \arccos\left(\frac{62{,}60^2 + 110{,}47^2 - 57{,}10^2}{2 \cdot 62{,}60 \cdot 110{,}47}\right) = 21^\circ{,}5732$$

$$\alpha'' = 108^\circ{,}8506 - 21^\circ{,}5732 = 87^\circ{,}2774$$

$$\gamma' = \arccos\left(\frac{57{,}10^2 + 110{,}47^2 - 62{,}60^2}{2 \cdot 57{,}10 \cdot 110{,}47}\right) = 23^\circ{,}7725$$

$$\gamma'' = 61^\circ{,}9394 - 23^\circ{,}7725 = 38^\circ{,}1669$$

Triangolo *ACD*:

$$AD = \frac{110{,}47 \cdot \text{sen}\, 38^\circ{,}1669}{\text{sen}\, 54^\circ{,}5516} = 83{,}80 \text{ m} \qquad CD = \frac{110{,}47 \cdot \text{sen}\, 87^\circ{,}2774}{\text{sen}\, 54^\circ{,}5516} = 135{,}45 \text{ m}$$

PROBLEMA SVOLTO

Determina gli elementi incogniti di un quadrilatero ABCD del quale si conoscono le misure dei lati $a = 110{,}48$ m, $b = 95{,}56$ m, $c = 123{,}75$ m *e degli angoli* $\beta = 119^c{,}7778$ e $\gamma = 113^c{,}8980$. *Eseguire la figura in scala* 1:2000.

Soluzione

Tracciando la diagonale *AC* il quadrilatero viene scomposto nel triangolo *ABC*, immediatamente risolvibile, e nel triangolo *ACD* risolvibile dopo che dal primo triangolo è stata calcolata la diagonale $e = AC$ e gli angoli a essa adiacenti (▶FIGURA 26).

Triangolo *ABC*:

$$e = \sqrt{110{,}48^2 + 95{,}56^2 - 2 \cdot 110{,}48 \cdot 95{,}56 \cdot \cos 119^c{,}7778} = 166{,}71 \text{m}$$

$$\alpha_1 = \arccos\left(\frac{166{,}71^2 + 110{,}48^2 - 95{,}56^2}{2 \cdot 166{,}71 \cdot 110{,}48}\right) - 36^c{,}7526$$

$$\gamma_1 = \arccos\left(\frac{166{,}71^2 + 95{,}56^2 - 110{,}48^2}{2 \cdot 166{,}71 \cdot 95{,}56}\right) = 43^c{,}4696$$

$$\gamma_2 = 113^c{,}8980 - 43^c{,}4696 = 70^c{,}4284$$

Triangolo *ACD*:

$$d = \sqrt{166,71^2 + 123,75^2 - 2 \cdot 166,71 \cdot 123,75 \cdot \cos 70^c,4284} = 156,915 \text{ m}$$

$$\alpha_2 = \arccos\left(\frac{166,71^2 + 156,915^2 - 123,75^2}{2 \cdot 166,71 \cdot 156,915}\right) = 49^c,8180$$

$$\alpha = 36^c,7526 + 49^c,8180 = 86^c,5706$$

$$\delta = \arccos\left(\frac{123,75^2 + 156,915^2 - 166,71^2}{2 \cdot 123,75 \cdot 156,915}\right) = 79^c,7536$$

Risoluzione dei quadrilateri con il caso *b*

Video *Risoluzione di un quadrilatero: caso b*

La risoluzione di un quadrilatero per *scomposizione* in due **triangoli retti** e un **trapezio retto** (▶FIGURA 20b) tramite le **proiezioni** dei lati *noti* su un *lato incognito*, viene adottata nei seguenti casi di elementi assegnati:

1 noti tre lati e i due angoli *adiacenti* al lato incognito (ad esempio: b, c, d, α, β);
2 noti due lati *opposti* (non consecutivi) e tre angoli (ad esempio: $b, d, \alpha, \beta, \gamma$).

La procedura consente l'immediata risoluzione dei triangoli retti 1 e 2 (▶FIGURA 20b), mentre il trapezio retto lo diventa successivamente, dopo che ne sono state calcolate le due basi (dai triangoli retti precedenti), che si aggiungono al terzo lato noto. Tale trapezio viene a sua volta scomposto in un *rettangolo* e in un ulteriore *triangolo retto*, il 3, che diviene risolvibile. Nella ▶TABELLA 6 sono riportati gli esempi di risoluzione appartenenti a questo primo caso.

TABELLA 6 Risoluzione dei quadrilateri mediante scomposizione in triangoli rettangoli (caso *b*)

	Schema ed elementi noti	Soluzione
1	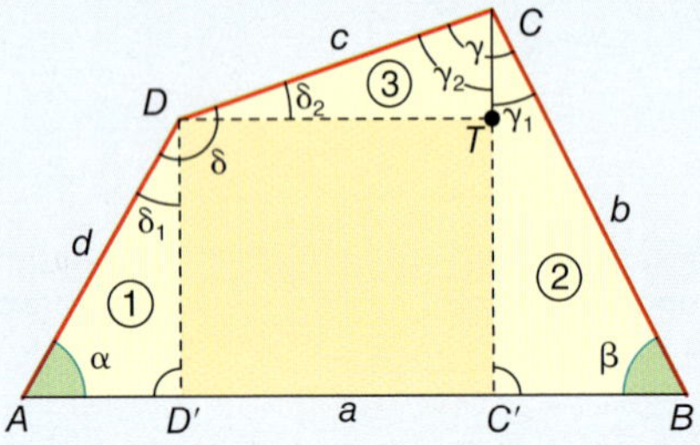 FIGURA 27 Noti b, c, d, α, β	**Triangolo 1** $AD' = d \cos\alpha$ $DD' = d \,\text{sen}\,\alpha$ $\delta_1 = 100^c - \alpha$ **Triangolo 2** $BC' = b\cos\beta$ $CC' = b\,\text{sen}\,\beta$ $\gamma_1 = 100^c - \beta$ **Triangolo 3** $CT = CC' - DD'$ $\gamma_2 = 100^c - \delta_2$ $a = AD' + D'C' + C'B'$ $\delta = \delta_1 + 100^c + \delta_2$ $\delta_2 = \arcsin(CT/c)$ $DT = D'C' = c\,\text{sen}\,\gamma_2$ $\gamma = \gamma_1 + \gamma_2$
2	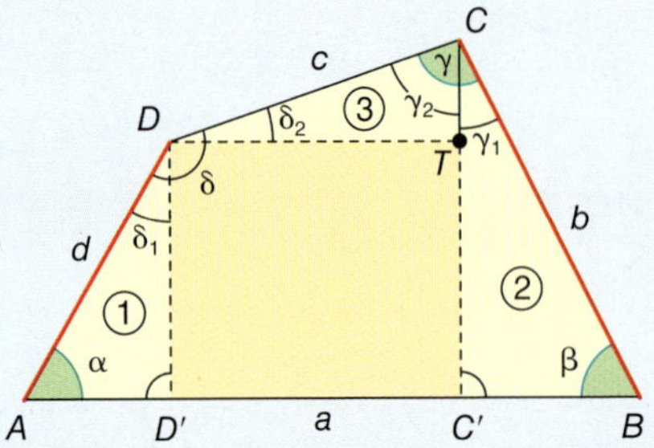 FIGURA 28 Noti $b, d, \alpha, \beta, \gamma$	**Triangolo 1** $AD' = d\cos\alpha$ $DD' = d\,\text{sen}\,\alpha$ $\delta_1 = 100^c - \alpha$ **Triangolo 2** $BC' = b\cos\beta$ $CC' = b\,\text{sen}\,\beta$ $\gamma_1 = 100^c - \beta$ **Triangolo 3** $CT = CC' - DD'$ $\delta_2 = 100^c - \gamma_2$ $a = AD' + D'C' + C'B'$ $\delta = \delta_1 + 100^c + \delta_2$ $\gamma_2 = \gamma - \gamma_1$ $DT = D'C' = CT\,\text{tg}\,\gamma_2$ $c = CT/\cos\gamma_2$ Nota: risolvibile anche con la modalità del caso *c*.

Anticipiamo che la precedente seconda configurazione di elementi noti, consente, in alternativa, anche la risoluzione tramite *composizione* del quadrilatero dalla differenza di due triangoli scaleni ottenuti dal *prolungamento* dei lati incogniti (caso *c*).

PROBLEMA SVOLTO

Determina gli elementi incogniti di un quadrilatero ABCD del quale si conoscono le misure dei lati $a = \overline{AB} = 170{,}20$ m, $b = \overline{BC} = 285{,}10$ m, $c = \overline{CD} = 300{,}40$ m *e degli angoli* $\alpha = 77^c{,}4960$ *e* $\delta = 88^c{,}1900$. *Eseguire la figura in scala* 1:5000.

Soluzione

Sviluppo del triangolo retto *ABB′* (▶FIGURA 29):

$$\overline{BB'} = 170{,}20 \text{ sen } 77^c{,}4960 = 159{,}676 \text{ m}$$

$$\overline{AB'} = 170{,}20 \cos 77^c{,}4960 = 58{,}92 \text{ m}$$

$$\beta_1 = 100^c - 77^c{,}4960 = 22^c{,}5040$$

Sviluppo del triangolo retto *DCC′* (▶FIGURA 29):

$$\overline{CC'} = 300{,}40 \text{ sen } 88^c{,}1900 = 295{,}246 \text{ m}$$

$$\overline{DC'} = 300{,}40 \cos 88^c{,}1900 = 55{,}41 \text{ m}$$

$$\gamma_1 = 100^c - 88^c{,}1900 = 11^c{,}8100$$

Sviluppo del triangolo retto *CBM* (▶FIGURA 29):

$$\overline{CM} = 295{,}246 - 159{,}676 = 135{,}57 \text{ m}$$

$$\beta_2 = \text{arcsen}\left(\frac{135{,}57}{285{,}10}\right) = 31^c{,}5478 \qquad \gamma_2 = \text{arccos}\left(\frac{135{,}57}{285{,}10}\right) = 68^c{,}4522$$

$$\overline{BM} = 285{,}10 \text{ sen } 68^c{,}4522 = 250{,}804 \text{ m}$$

$$\overline{AD} = d = 58{,}92 + 55{,}41 + 250{,}804 = 365{,}134 \text{ m}$$

$$\beta = 100^c + 22^c{,}540 + 31^c{,}5478 = 154^c{,}0518$$

$$\gamma = 11^c{,}8100 + 68^c{,}4522 = 80^c{,}2622$$

Per controllo dei calcoli: $77^c{,}4960 + 88^c{,}1900 + 154^c{,}0518 + 80^c{,}2622 = 400^c$.

Video *Risoluzione di un quadrilatero: caso c*

Risoluzione dei quadrilateri con il caso *c*

La risoluzione di un quadrilatero per *differenza* di due **triangoli qualunque** (▶FIGURA 20C) ricavati dai **prolungamenti** dei due lati opposti, viene adottata nei seguenti casi di elementi assegnati:

1. noti due lati *opposti* (non consecutivi) e tre angoli (ad esempio: $b, d, \alpha, \beta, \gamma$),
2. noti tre lati e i due angoli *compresi* (ad esempio: a, b, c, β, γ).

Si tratta di casi risolvibili anche con le precedenti tecniche. La ▶FIGURA 30 illustra il primo di questi casi in cui sono noti i due lati opposti *b* e *d*, e, di fatto, tutti gli angoli. Si considera prima il triangolo 1 *ADT* ottenuto dai prolungamenti dei due lati opposti, quindi il triangolo 2

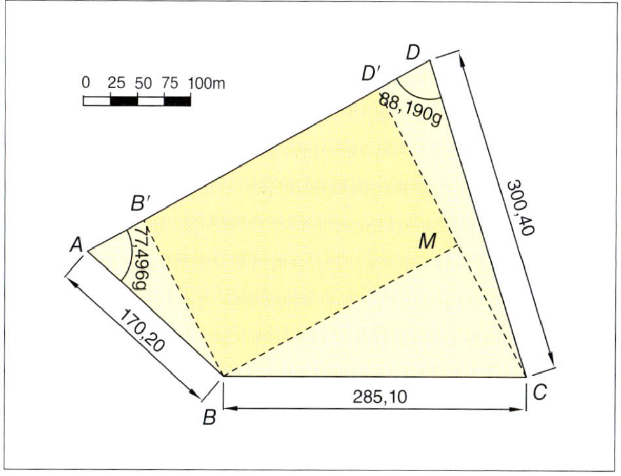

FIGURA 29 Quadrilatero relativo al problema svolto.

TABELLA 7 **Risoluzione dei quadrilateri mediante differenza di due triangoli (caso *c*)**

	Schema ed elementi noti	Soluzione	
		Triangolo 1 (*TBC*)	Triangolo 2 (*TAD*)
1	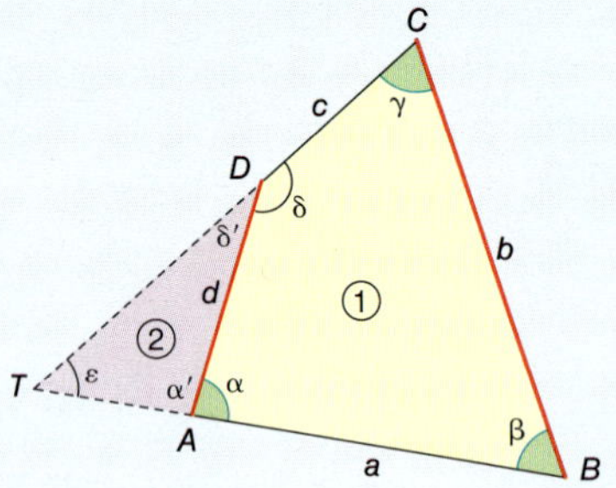 **FIGURA 30** Noti $b, d, \alpha, \beta, \gamma$	$\delta = 400^c - (\alpha + \beta + \gamma)$ $\varepsilon = 200^c - (\beta + \gamma)$ $TC = \dfrac{b}{\text{sen}\,\varepsilon}\,\text{sen}\,\beta$ $TB = \dfrac{b}{\text{sen}\,\varepsilon}\,\text{sen}\,\gamma$	$\alpha' = 200^c - \alpha \quad \delta' = 200^c - \delta$ $TD = \dfrac{d}{\text{sen}\,\varepsilon}\,\text{sen}\,\alpha'$ $TA = \dfrac{d}{\text{sen}\,\varepsilon}\,\text{sen}\,\delta'$ $a = TB - TA$ $c = TC - TD$
4	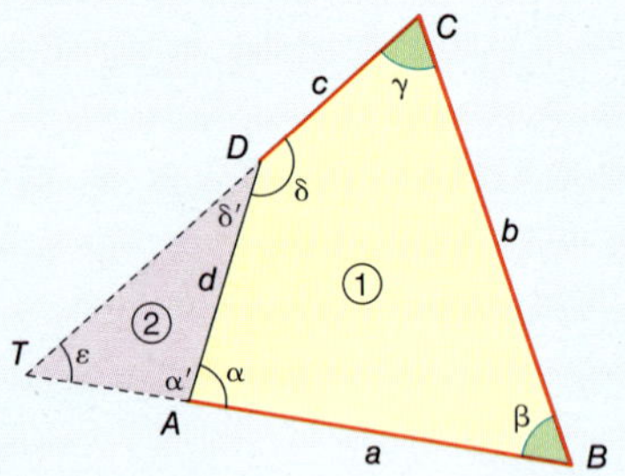 **FIGURA 31** Noti a, b, c, β, γ	$\varepsilon = 200^c - (\beta + \gamma)$ $TC = \dfrac{b}{\text{sen}\,\varepsilon}\,\text{sen}\,\beta$ $TB = \dfrac{b}{\text{sen}\,\varepsilon}\,\text{sen}\,\gamma$ $TA = TB - a$ $TD = TC - c$	$d = \sqrt{TA^2 + TD^2 - 2 \cdot TA \cdot TD \cdot \cos\varepsilon}$ $\alpha' = \arccos\dfrac{d^2 + TA^2 - TD^2}{2d \cdot TA}$ $\delta' = \arccos\dfrac{d^2 + TD^2 - TA^2}{2d \cdot TD}$ $\alpha = 200^c - \alpha'$ $\delta = 200^c - \delta'$

BCT, entrambi risolvibili conoscendo un lato e due angoli. Infine vengono calcolati i due lati incogniti a e c con le seguenti differenze: $a = BT - AT$, $c = CT - DT$. Nella ▶TABELLA 7 sono riportate le due configurazioni di dati che consentono la risoluzione del quadrilatero con questo caso.

PROBLEMA SVOLTO

Determina gli elementi incogniti di un quadrilatero ABCD (▶FIGURA 32) del quale si conoscono le misure dei lati $b = \overline{BC} = 719{,}30$ m, $d = AD = 394{,}28$ m e degli angoli $\alpha = 135$ gon, $\beta = 90{,}6666$ gon e $\gamma = 75{,}9259$ gon.

Soluzione

Sviluppo del triangolo *OBC* (con *O* intersezione dei lati *AB* e *DC*):

$$\delta = 400 - (135 + 90{,}6666 + 75{,}9259) = 98{,}4075$$

$$\omega = 200 - (90{,}6666 + 75{,}9259) = 33{,}4075$$

$$\overline{BO} = \frac{719{,}30\,\text{sen}\,75{,}9259}{\text{sen}\,33{,}4075} = 1334{,}27\text{ m}$$

$$\overline{CO} = \frac{719{,}30\,\text{sen}\,90{,}666}{\text{sen}\,33{,}4075} = 1420{,}31\text{m}$$

Sviluppo del triangolo *OAD*:

$$\overline{AO} = \frac{394{,}28 \operatorname{sen} 98{,}4076}{\operatorname{sen} 33{,}4075} = 786{,}73 \text{ m}$$

$$\overline{DO} = \frac{394{,}28 \operatorname{sen} 135}{\operatorname{sen} 33{,}4075} = 671{,}01 \text{ m}$$

In definitiva:

$$AB = a = 1334{,}27 - 786{,}73 = 547{,}54 \text{ m}$$

$$DC = c = 1420{,}31 - 671{,}01 = 749{,}30 \text{ m}$$

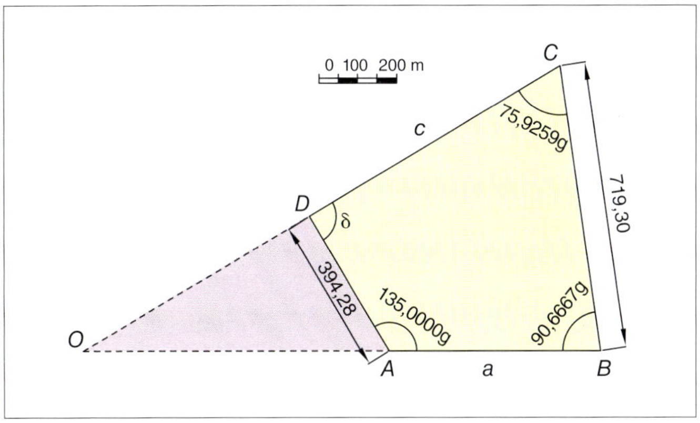

FIGURA 32 Quadrilatero relativo al problema.

9. I poligoni irregolari

Con termini come *pentagono*, *esagono* ecc. ci si riferisce ai cosiddetti **poligoni regolari**, che possiedono la particolarità di avere tutti i lati e tutti gli angoli uguali, le cui proprietà ci sono già note dalla geometria. Nel nostro contesto reale, tuttavia, non è frequente imbattersi in questo tipo di poligoni, mentre è assai più frequente la possibilità di considerare **poligoni irregolari** (o semplicemente **poligoni**) caratterizzati da lati e da angoli tra loro diversi.

Come visto al punto 1, un poligono diventa **risolvibile** quando si conoscono almeno $(2n - 3)$ elementi, dei quali almeno $(n - 2)$ dovranno essere lati o altri elementi lineari.

FAQ

Quanti elementi occorre conoscere per risolvere un poligono di 5 lati?

Sette elementi, dei quali almeno tre devono essere lati o elementi lineari.

La casistica che si può presentare nella risoluzione dei poligoni è talmente vasta da non poter essere schematizzata in **casi tipologici** di riferimento come è avvenuto per i quadrilateri. Tuttavia, la strategia risolutiva è concettualmente la stessa vista per i quadrilateri, e consiste nello **scomporre** il poligono in **triangoli** (per esempio utilizzando le diagonali), tenendo conto degli elementi inizialmente noti, che verranno via via risolti fino a fornire il valore degli elementi incogniti del poligono.

Ci limitiamo, pertanto, a illustrare i passaggi necessari alla risoluzione del poligono *ABCDE* di 5 lati (▶ FIGURA 33) di cui ipotizziamo noti i quattro lati a, b, c, d e i tre angoli interni β, γ e δ (dunque 7 elementi come è necessario).

Una delle possibili strategie da seguire per ottenere gli elementi incogniti del poligono (il lato e e gli angoli α e ε), è quella di tracciare le due diagonali *AC* ed *AD*; esse scompongono il poligono nei tre triangoli *ABC*, *ACD*, *ADE* (numerati, in figura, da 1 a 3).

Il primo di essi è immediatamente risolvibile, e da esso si ottengono la lunghezza della diagonale $f = AC$ e gli angoli α_1 e γ_1. Con f e con $\gamma_2 = \gamma - \gamma_1$ diviene risolvibile anche il triangolo 2, *ACD*, dal quale si ottengono la diagonale $g = AD$, e gli angoli α_2 e δ_2. Infine è possibile determinare $\delta_3 = \delta - \delta_2$ e quindi risolvere il triangolo 3, *EAD*, calcolando il lato e e l'angolo ε che costituiscono due delle tre incognite del poligono. Dallo stesso triangolo si può ricavare α_3, che consente di determinare il terzo elemento incognito del poligono: $\alpha = \alpha_1 + \alpha_2 + \alpha_3$.

FIGURA 33 Scomposizione di un poligono in triangoli per mezzo delle diagonali.

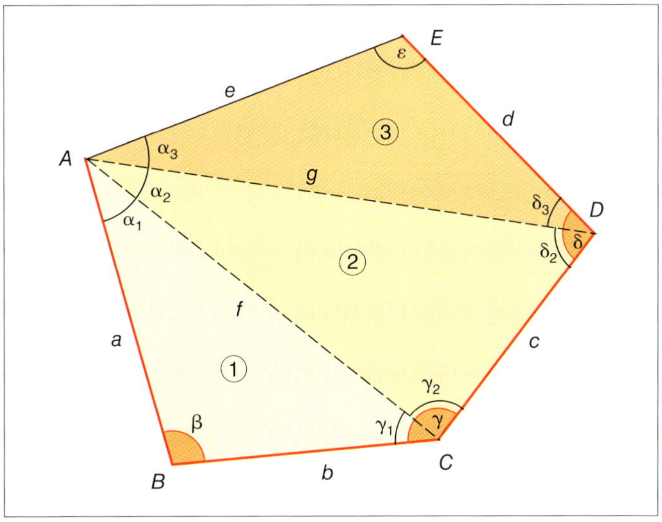

FAQ

È possibile ottenere l'area di un poligono in modo diretto, senza scomporlo in figure elementari?

Sì, utilizzando la formula di camminamento o una delle formule di Gauss.

10. Area dei poligoni

L'area di un poligono può sempre essere calcolata come **somma delle aree** delle figure elementari (in genere triangoli) evidenziate scomponendo il poligono. Esiste, tuttavia, la possibilità di utilizzare, per lo stesso scopo, formule che forniscono **direttamente** l'area del poligono; le più utili sono:

- formule di Gauss;
- formula di camminamento.

Le **formule di Gauss** richiedono la conoscenza delle coordinate cartesiane dei vertici del poligono; esse, pertanto, verranno esaminate nella prossima unità.

La **formula di camminamento** fornice l'area del poligono utilizzando le **lunghezze dei lati meno uno**, e gli **angoli tra essi compresi**, misurati percorrendo il perimetro del poligono (da cui il termine *camminamento*).

Considerando il poligono di 5 lati di ▶FIGURA 33, per applicare la formula di camminamento, è necessario conoscere la lunghezza di $(5 - 1) = 4$ lati (nell'esempio a, b, c, d) e l'ampiezza dei tre angoli interni β, γ e δ tra essi compresi.

La formula di camminamento per calcolare l'area dei poligoni viene ricavata dal seguente enunciato.

L'area dei poligoni è fornita dalla semisomma algebrica di **tutti i possibili prodotti** dei lati presi a **due a due** (combinazioni), per il **seno della somma degli angoli** che si incontrano per andare dall'uno all'altro lato del prodotto, presi con il segno **positivo** o **negativo** a seconda che il numero di questi angoli incontrati sia **dispari** o **pari**.

Traducendo questo enunciato per il poligono di ▶FIGURA 33, si ottiene:

$$S = \frac{1}{2}[ab \operatorname{sen}\beta - ac \operatorname{sen}(\beta + \gamma) + ad \operatorname{sen}(\beta + \gamma + \delta) + \\ + bc \operatorname{sen}\gamma - bd \operatorname{sen}(\gamma + \delta) + cd \operatorname{sen}\delta] \qquad (14)$$

Nel caso di un **quadrilatero** (poligono di 4 lati) dovranno essere noti $(4 - 1) = 3$ lati e i due angoli interni tra essi compresi. Con riferimento alla ▶FIGURA 34, la formula di **camminamento** diventa:

$$S = \frac{1}{2}[ab \operatorname{sen}\beta - ac \operatorname{sen}(\beta + \gamma) + bc \operatorname{sen}\gamma] \qquad (14')$$

11. Problema della distanza inaccessibile

Si tratta di un problema pratico assai noto nell'ambito topografico; con esso ci si pone l'obiettivo di determinare la **distanza** tra due punti A e B, entrambi **inaccessibili** ma visibili da una coppia di punti M e N scelti arbitrariamente.

Questa situazione si può presentare quando i due punti A e B sono, per esempio, dalla parte opposta di un corso d'acqua, o di una strada a grande traffico, rispetto alla zona dalla quale si opera (▶FIGURA 35).

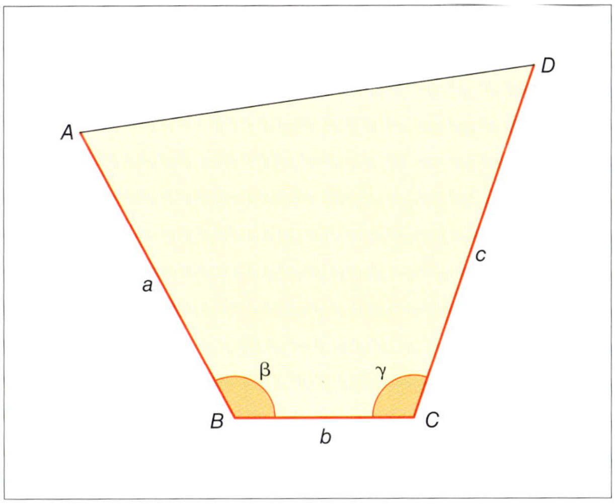

FIGURA 34 Elementi necessari al calcolo dell'area di un quadrilatero con la formula di camminamento.

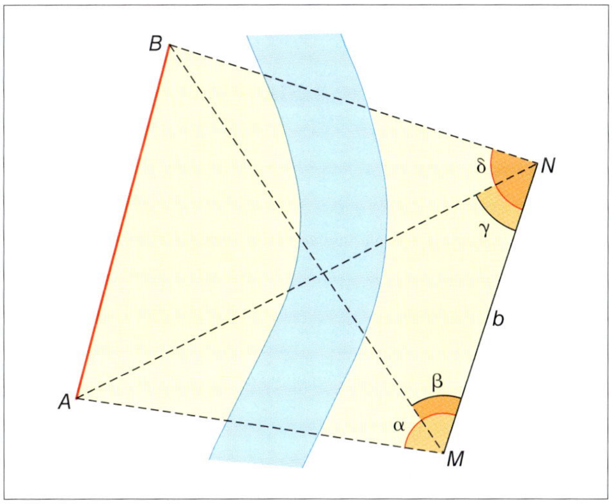

FIGURA 35 I punti *A* e *B* sono inaccessibili, ma entrambi visibili da *M* e da *N*. Esiste, tuttavia, una procedura per determinare comunque la loro distanza.

Per risolvere questo problema si fissano sul terreno due punti arbitrari *M* ed *N* dai quali si vedano i punti *A* e *B*. Si misurano poi direttamente la lunghezza del segmento $\overline{MN} = b$, chiamato **base**, e i quattro angoli $A\widehat{M}N = \alpha$, $B\widehat{M}N = \beta$, $M\widehat{N}A = \gamma$, $M\widehat{N}B = \delta$.

Dei triangoli *AMN* e *BMN* si conoscono un lato (la base *b*) e due angoli; potremo quindi applicare il teorema dei seni per calcolare i segmenti $\overline{AM}$ e $\overline{BM}$:

$$\overline{AM} = \frac{b \operatorname{sen}\gamma}{\operatorname{sen}(\alpha+\gamma)} \qquad \overline{BM} = \frac{b \operatorname{sen}\delta}{\operatorname{sen}(\beta+\delta)}$$

A questo punto del triangolo *ABM* sono noti i due lati $\overline{AM}$ e $\overline{BM}$ e l'angolo $A\widehat{M}B = (\alpha - \beta)$, quindi si può determinare la distanza incognita $\overline{AB}$:

$$\overline{AB} = \sqrt{\overline{AM}^2 + \overline{BM}^2 - 2 \cdot \overline{AM} \cdot \overline{BM} \cos(\alpha - \beta)}$$

PROBLEMA SVOLTO

Per determinare la distanza tra due punti E ed F, completamente inaccessibili, si sono misurati la base $\overline{MN} = b = 300$ m *e gli angoli* $E\widehat{M}N = 76{,}6697$ gon, $M\widehat{N}E = 19{,}1583$ gon, $F\widehat{M}N = 60{,}1870$ gon, $M\widehat{N}F = 60{,}0920$ gon.

Soluzione

Sviluppo dei triangoli *EMN* e *FMN*:

$$\overline{ME} = \frac{300 \operatorname{sen} 19{,}1583}{\operatorname{sen}(76{,}6697 + 19{,}1583)} = 89{,}116 \text{ m}$$

$$\overline{MF} = \frac{300 \operatorname{sen} 60{,}0920}{\operatorname{sen}(60{,}1870 + 60{,}0920)} = 255{,}83 \text{ m}$$

Sviluppo del triangolo *EFM*:

$$\overline{EF} = \sqrt{89{,}116^2 + 255{,}83^2 - 2 \cdot 89{,}116 \cdot 255{,}83 \cos(76{,}6697 - 60{,}1870)} = 171{,}21 \text{m}$$

Per collegare i concetti

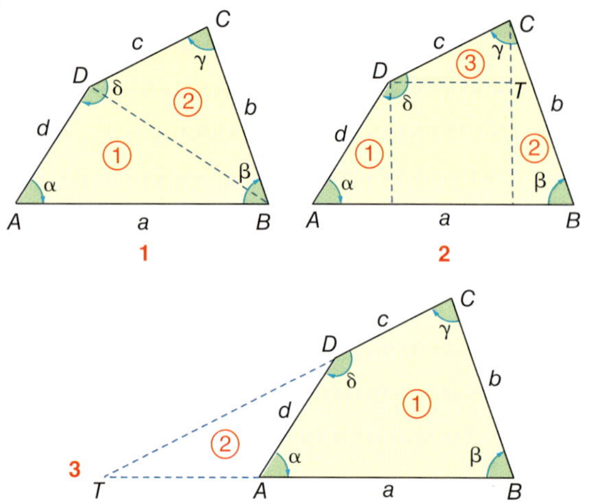

quadrilateri

$$S = \frac{1}{2} ab \operatorname{sen} \beta + \frac{1}{2} bc \operatorname{sen} \gamma - \frac{1}{2} ac \operatorname{sen} (\beta + \gamma)$$

triangoli scaleni

$$S = \frac{1}{2} bc \operatorname{sen} \alpha$$

$$S = \frac{a^2}{2} \cdot \frac{1}{\operatorname{cotg} \beta + \operatorname{cotg} \gamma}$$

$$S = \sqrt{p(p-a)(p-b)(p-c)}$$

triangoli retti

$$S = \frac{1}{2} ab$$

quadrilateri

RISOLUZIONE DEI POLIGONI

- Il poligono più semplice, il triangolo, può essere risolto quando sono noti tre elementi di cui almeno uno deve essere di tipo lineare, di solito lati.
- Il quadrilatero può essere risolto quando sono noti cinque elementi di cui almeno due devono essere di tipo lineare, di solito lati.

superfici

triangoli scaleni

triangoli retti

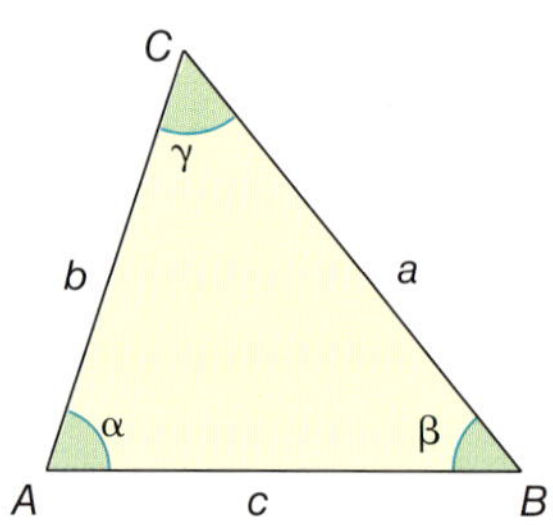

teorema dei seni

$$\frac{a}{\operatorname{sen} \alpha} = \frac{b}{\operatorname{sen} \beta} = \frac{c}{\operatorname{sen} \gamma}$$

teorema di Carnot

$$a^2 = b^2 + c^2 - 2bc \cos \alpha$$

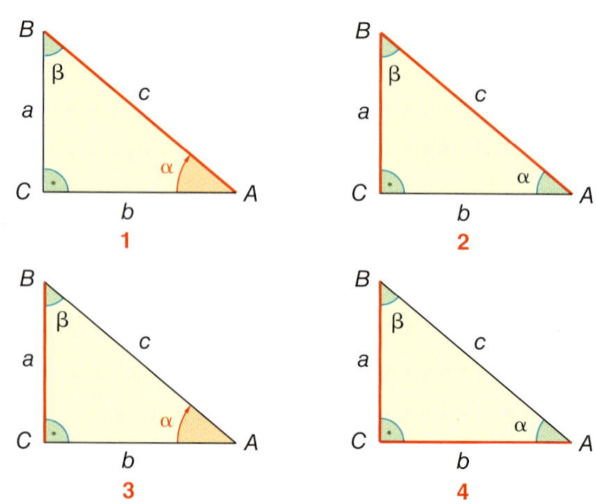

Per ripassare

Relazioni fondamentali tra gli elementi di un triangolo: la geometria ci fornisce le seguenti relazioni generali tra gli elementi di un triangolo scaleno (qualunque):

- La somma degli angoli interni di un triangolo è uguale all'angolo piatto: $\alpha + \beta + \gamma = 200^c$.
- In ogni triangolo ciascun lato è minore della somma degli altri due e maggiore della loro differenza (per esempio $c < a + b$ e anche $c > a - b$).
- In ogni triangolo la relazione di uguaglianza o disuguaglianza che intercorre tra due lati vale anche per gli angoli rispettivamente opposti (per esempio, se $a > b$, sarà anche $\alpha > \beta$).

I teoremi della trigonometria: oltre alle relazioni precedenti, i lati e gli angoli dei triangoli sono legati da altre importanti relazioni che prevedono la presenza di funzioni goniometriche; esse prendono il nome di *teoremi*. In passato l'esigenza del calcolo logaritmico richiedeva la conoscenza di numerosi teoremi. Oggi la diffusione delle *calcolatrici tascabili* rende essenziale la conoscenza di soli due teoremi: il *teorema dei seni* e il *teorema di Carnot*.

Enunciato del teorema dei seni: *in un triangolo il rapporto tra un lato e il seno dell'angolo opposto è costante, ed è uguale al diametro del cerchio circoscritto*. In forma compatta possiamo scrivere:

$$\frac{a}{\operatorname{sen}\alpha} = \frac{b}{\operatorname{sen}\beta} = \frac{c}{\operatorname{sen}\gamma} = 2R$$

equivalenti alle relazioni:

$$\frac{a}{b} = \frac{\operatorname{sen}\alpha}{\operatorname{sen}\beta} \qquad \frac{a}{c} = \frac{\operatorname{sen}\alpha}{\operatorname{sen}\gamma} \qquad \frac{b}{c} = \frac{\operatorname{sen}\beta}{\operatorname{sen}\gamma}$$

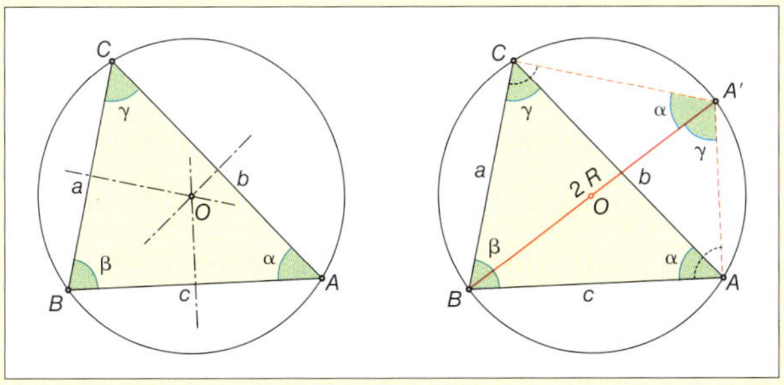

Enunciato del teorema di Carnot: *in un triangolo il quadrato di un lato è uguale alla somma dei quadrati degli altri due lati, dedotta del doppio prodotto di questi lati per il coseno dell'angolo tra essi compreso*. In forma compatta possiamo scrivere:

$$a^2 = b^2 + c^2 - 2bc \cos\alpha$$
$$b^2 = a^2 + c^2 - 2ac \cos\beta$$
$$c^2 = a^2 + b^2 - 2ab \cos\gamma$$

espressioni che possono assumere le seguenti forme, altrettanto importanti:

$$\cos\alpha = \frac{b^2 + c^2 - a^2}{2bc}$$
$$\cos\beta = \frac{a^2 + c^2 - b^2}{2ac}$$
$$\cos\gamma = \frac{a^2 + b^2 - c^2}{2ab}$$

Le relazioni tra gli elementi dei triangoli permettono di *risolvere* i triangoli stessi, vale a dire permettono di ricavare gli elementi incogniti quando siano noti alcuni degli elementi geometrici del triangolo. Affinché il calcolo sia possibile è necessario che siano noti almeno *tre elementi*, di cui almeno *uno* deve essere lineare (lato).

Quattro sono i casi a cui ricondurre la risoluzione dei triangoli. Essi possono essere sintetizzati nella seguente tabella a doppia entrata che illustra quali sono le *relazioni* e i *teoremi* da applicare (seguendo l'ordine indicato dal numero in ogni casella) per risolvere il triangolo in ciascuno dei quattro casi.

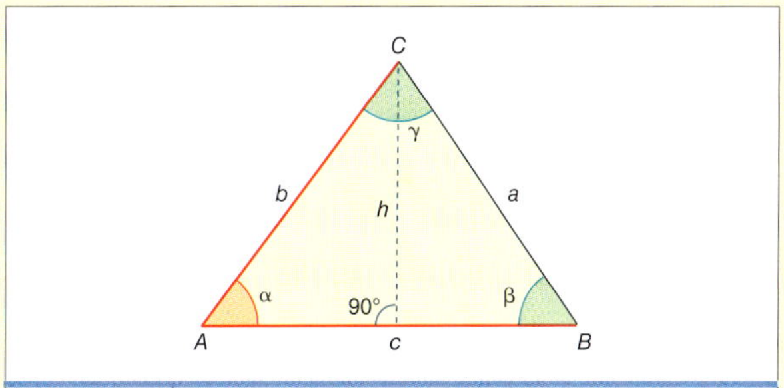

Elementi noti	Teoremi e relazioni da applicare		
	T. Carnot	T. seni	$\alpha + \beta + \gamma = 200^c$
Caso 1 1 lato e 2 angoli	—	**2ª e 3ª incognita**: i restanti due lati	**1ª incognita**: il 3° angolo
Caso 2 2 lati e l'angolo compreso	**1ª incognita**: il 3° lato	**2ª incognita**: uno degli angoli non assegnati	**3ª incognita**: l'ultimo angolo non assegnato
Caso 3 2 lati e uno degli angoli opposti	**3ª incognita**: il terzo lato	**1ª incognita**: l'angolo opposto all'altro lato noto	**2ª incognita**: ultimo angolo non assegnato
Caso 4 3 lati	**1ª, 2ª e 3ª incognita**: i tre angoli	—	—

Durante la risoluzione del 3° caso occorre di volta in volta riflettere sui risultati ottenuti, in quanto possono verificarsi le seguenti situazioni:

- il problema è determinato e ha un'*unica soluzione*;
- il problema è determinato e ha due soluzioni;
- il problema è impossibile.

Quest'ultima eventualità si verifica quando non viene rispettata una delle relazioni fondamentali che legano gli elementi di un triangolo.

L'area dei triangoli: in trigonometria, l'area dei triangoli può essere espressa in numerose forme, tutte significative, legate agli elementi assegnati che sono richiesti nel calcolo. Ciascuna di queste forme può adattarsi meglio delle altre a determinati contesti di calcolo.

Le diverse formule che forniscono l'area dei triangoli vengono ricavate utilizzando la nota formula geometrica: $S = b \cdot h/2$; esse sono sintetizzate nella seguente tabella.

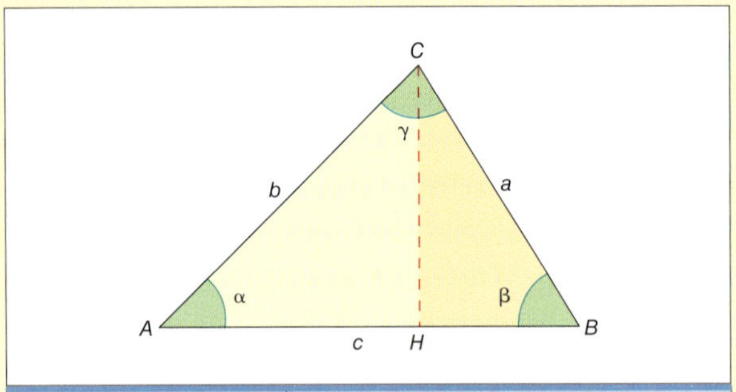

Elementi noti	Area dei triangoli: formule da applicare
Caso 1 Due lati e l'angolo compreso (es.: b, c, α)	$S = \frac{1}{2} bc \cdot \operatorname{sen}\alpha$
Caso 2 (a) Due angoli e il lato compreso (es.: a, b, c)	$S = \frac{c^2}{2} \cdot \frac{\operatorname{sen}\alpha \cdot \operatorname{sen}\beta}{\operatorname{sen}(\alpha+\beta)}$
Caso 2 (b) Due angoli e il lato compreso (es.: α, β, c)	$S = \frac{c^2}{2} \cdot \frac{1}{\operatorname{cotg}\alpha + \operatorname{cotg}\beta}$
Caso 3 Tre lati (a, b, c)	$S = \sqrt{p \cdot (p-a) \cdot (p-b) \cdot (p-c)}$

Cerchi notevoli: per ciascun triangolo si possono definire tre tipologie di cerchi, detti notevoli per sottolineare la loro importanza. Essi sono: cerchio *circoscritto*, cerchio *inscritto* e cerchi (3) *ex-inscritti*. I modi di definire il centro e il raggio di questi cerchi vengono sintetizzati nella seguente tabella.

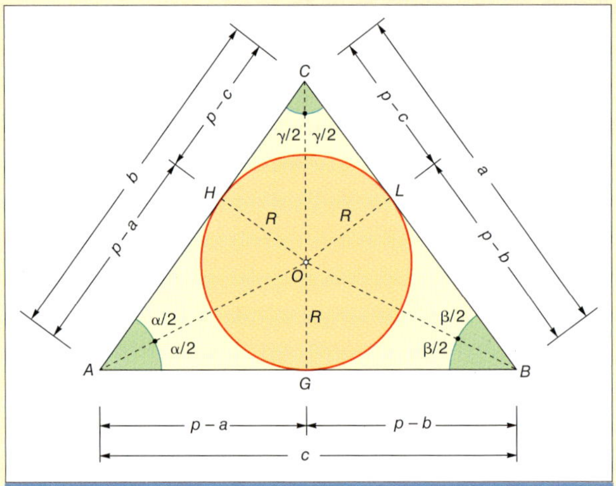

Tipi di cerchi ed elementi noti	Elementi dei cerchi notevoli	
	Raggio	Centro del cerchio
Circoscritto un lato e l'angolo opposto	$R = \frac{a}{2\operatorname{sen}\alpha}$	**Circocentro**: intersezione degli assi dei lati
Inscritto tre lati a, b, c	$R = \frac{S}{p}$	**Incentro**: intersezione delle bisettrici degli angoli
Ex-inscritti (es. relativo al lato a) tre lati a, b, c	$R_a = \frac{S}{(p-a)}$	**Ex-incentri**: intersezione delle bisettrici di 2 angoli esterni e della bisettrice dell'angolo interno opposto

Punti notevoli: per ciascun triangolo si possono definire alcuni punti che godono di determinate proprietà che occorre saper riconoscere. In parte sono già stati presentati, in parte sono proposti nella tabella a pagina seguente.

Retta di Eulero: in un triangolo, il *baricentro*, l'*ortocentro* e il *circocentro* sono allineati lungo un'unica retta detta di Eulero.

Elementi necessari per risolvere un quadrilatero: per risolvere un quadrilatero sono necessari 5 elementi, dei quali almeno 2 devono essere lati.

- Più in generale, per risolvere una figura piana di n lati, sono necessari $(2n - 3)$ elementi, di cui almeno $(n - 2)$ devono essere lati.

Relazione tra gli angoli interni ed esterni di un quadrilatero: la somma degli angoli interni di un quadrilatero è di 400^c (angolo giro), dunque è possibile scrivere la relazione:

$$\alpha + \beta + \gamma + \delta = 400^c$$

- Più in generale, in una figura piana di n lati la somma

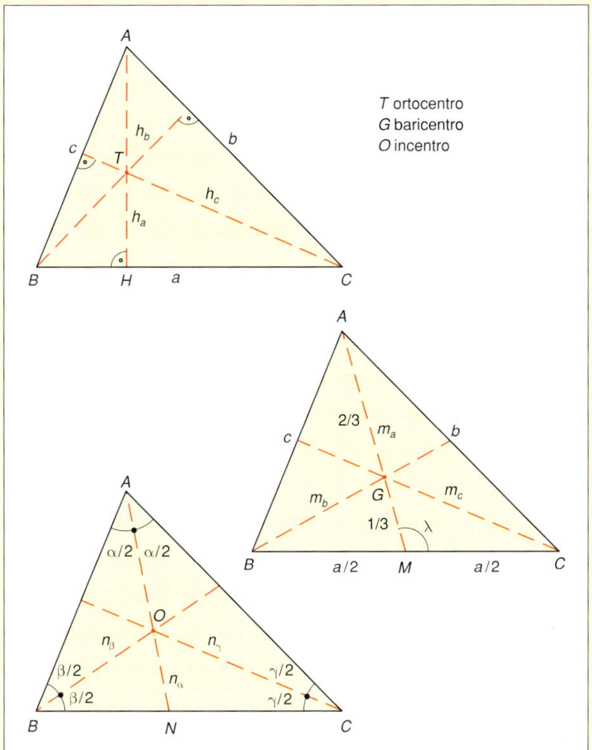

Punti notevoli	Definizione del punto
Baricentro	Intersezione delle tre mediane
Ortocentro	Intersezione delle tre altezze
Circocentro	Intersezione degli assi dei tre lati
Incentro	Intersezione delle tre bisettrici
Ex-incentri	Intersezione delle bisettrici di 2 angoli esterni e della bisettrice dell'angolo interno opposto

degli angoli interni e di quelli esterni è ricavabile dalle seguenti relazioni:

$$\Sigma \text{ angoli interni} = (n-2)\cdot 200^c$$
$$\Sigma \text{ angoli esterni} = (n+2)\cdot 200^c$$

Scomposizione del quadrilatero in triangoli: per risolvere un quadrilatero è necessario scomporlo in triangoli. In genere si tratta di **triangoli qualunque** individuati da una delle due diagonali o dal prolungamento di due lati contrapposti. Tuttavia, nel caso siano noti 3 lati e i 2 angoli adiacenti al lato incognito, è necessario scomporre il quadrilatero in **triangoli rettangoli**.

- In quest'ultimo caso i triangoli rettangoli vengono individuati proiettando i lati noti sul lato incognito.

Il calcolo dell'area del quadrilatero può avvenire come somma delle aree dei triangoli in cui può essere scomposto. Tuttavia è possibile calcolare direttamente l'area del quadrilatero applicando la seguente formula:

$$S = \frac{1}{2}[ab\,\text{sen}\,\beta - ac\,\text{sen}(\beta+\gamma) + bc\,\text{sen}\,\gamma]$$

dove a, b e c sono le lunghezze di tre lati del quadrilatero; β e γ sono gli angoli compresi tra i lati stessi. Questa relazione è nota come *formula di camminamento*.

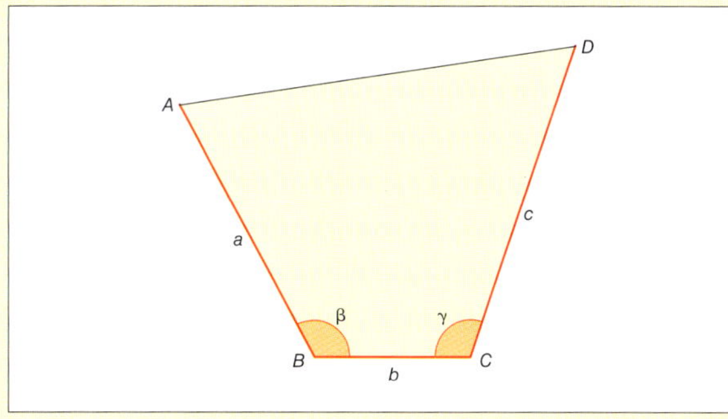

Problemi topografici sulla misura delle distanze: la trigonometria permette di risolvere alcuni elementari problemi topografici connessi alla misura della distanza tra due punti A e B, in determinate situazioni restrittive che impediscono la misura diretta. Tra i più noti di questi problemi è quello della distanza inaccessibile, che si propone di determinare la distanza tra due punti A e B entrambi inaccessibili. Per risolvere questo problema si scelgono allora due punti M e N da cui siano visibili sia A che B, e si misura la distanza $\overline{MN} = b$, detta *base*. Si misurano poi gli angoli $A\widehat{M}N = \alpha$, $B\widehat{M}N = \beta$, $M\widehat{N}A = \gamma$, $M\widehat{N}B = \delta$. Si risolvono prima i triangoli AMN e BMN determinando $\overline{AM}$ e $\overline{BM}$:

$$\overline{AM} = \frac{b\,\text{sen}\,\gamma}{\text{sen}(\alpha+\gamma)} \qquad \overline{BM} = \frac{b\,\text{sen}\,\delta}{\text{sen}(\delta+\beta)}$$

quindi dal triangolo ABM segue:

$$\overline{AB} = \sqrt{\overline{AM}^2 + \overline{BM}^2 - 2\cdot\overline{AM}\cdot\overline{BM}\cos(\alpha-\beta)}$$

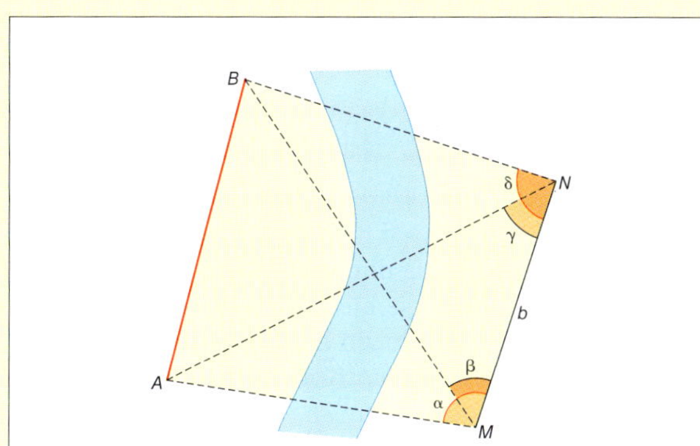

COMPETENZA DIGITALE

AutoCAD Risoluzione di un triangolo assegnati i tre lati

DI COSA CI OCCUPIAMO

Con questa esercitazione ci proponiamo di risolvere un triangolo qualunque utilizzando AutoCAD in sostituzione della calcolatrice. Si tratta, in effetti, prima di disegnare in ambiente AutoCAD il triangolo proposto per lo sviluppo, quindi di estrarre da esso tutte quelle informazioni geometriche che sono ritenute utili e necessarie.

I sistemi CAD possono essere utilizzati efficacemente anche nell'ambito della risoluzione delle figure piane. In questo contesto ci proponiamo di risolvere il seguente:

Problema

Nel triangolo qualunque ABC sono noti i tre lati, che possiedono le seguenti lunghezze:

$$a = 132{,}60 \text{ m} \quad b = 123{,}40 \text{ m} \quad c = 160{,}75 \text{ m}$$

Determinare:

- gli angoli interni;
- il perimetro e l'area;
- i raggi dei cerchi circoscritto e inscritto.

La tecnica da adottare è quella di **disegnare** il triangolo in ambiente AutoCAD e successivamente **interrogare** il sistema per ottenere quelle informazioni che sono richieste dal problema.

Nello sviluppo dell'esercitazione viene impiegato il sistema AutoCAD; i comandi, poi, verranno spesso introdotti da **tastiera**, un po' per opportunità espositiva, un po' perché talvolta sono i più rapidi da evocare, ma soprattutto perché gli strumenti più intuitivi e immediati, come le **icone** presenti nelle *barre degli strumenti* o nella *barra multifunzione*, sono mobili e facilmente personalizzabili, dunque non costituiscono un riferimento sicuro per l'esposizione dell'esercitazione.

1. Preparazione del foglio virtuale bidimensionale

Quando si disegna a mano si ha a disposizione un **foglio** di carta ben definito nelle sue dimensioni, i cui limiti possono essere percepiti immediatamente dal disegnatore e di cui egli deve tenere conto fin dall'inizio del disegno. In AutoCAD, invece, si ha a disposizione un **foglio vituale** praticamente illimitato, tuttavia è conveniente che questo spazio virtuale, prima di iniziare a disegnare, venga circoscritto dall'utente stabilendo dei limiti all'interno dei quali AutoCAD genererà gli elementi grafici. Naturalmente è possibile in ogni momento **ridimensionare** questo spazio virtuale senza che in nessun modo venga compromesso quanto già disegnato.

Questa prima sezione dell'esercitazione descrive i primi passi da compiere per la creazione di un **nuovo foglio** e per il suo adeguamento al disegno da eseguire. Le fasi descritte in questo contesto sono da considerare preliminari e **preparatorie** al disegno vero e proprio. Esse riguardano le seguenti operazioni:

- creazione di un nuovo foglio per il disegno
- dimensionamento del foglio virtuale (limiti del foglio)
- visualizzazione (sullo schermo) dell'intero foglio
- personalizzazione delle unità di misura

• Creazione di un nuovo disegno: comando nuovo (new)

Per creare un **nuovo foglio** per il disegno, dopo essere entrati nell'ambiente AutoCAD, sono disponibili quattro possibilità:

- l'**icona** corrispondente della barra degli strumenti (▶FIGURA A);

Icona

- il comando Nuovo del menu a tendina File;
- la sequenza di **scelta rapida** premendo contemporaneamente i tasti Ctrl+N;
- digitando il comando nuovo dalla finestra di comando.

Qualunque sia la via scelta, dopo aver lanciato il comando, compare una finestra di dialogo nella quale occorre selezionare un **disegno modello**; nel nostro caso basterà scegliere quello predefinito acad.dwt (▶FIGURA A). Subito dopo comparirà un foglio di lavoro completamente vuoto, che corrisponde all'equivalente di un foglio di carta bianca, contenente anche alcune **impostazioni predefinite** *(dimensioni del foglio, unità di misura* ecc.) che successivamente modificheremo adattandole alle esigenze di un contesto topografico.

• Dimensionamento del foglio virtuale: comando limiti (limits)

Questo comando serve a impostare le dimensioni rettangolari dello *spazio* (foglio virtuale) sul quale verranno poi creati gli elementi del disegno. Queste dimensioni vengono assegnate attraverso le coordinate dell'angolo in basso a sinistra e le coordinate dell'angolo in alto a destra. A differenza del tradizionale *foglio cartaceo*, tuttavia, le dimensioni del *foglio virtuale* possono essere modificate (sempre col comando limiti) in ogni momento della sessione di lavoro, senza che nulla di quanto già disegnato vada perduto. Dunque per dimensionare inizialmente il nostro spazio conviene **valutare approssimativamente** lo spazio necessario in entrambe le direzioni, quindi lanciare da tastiera il comando limiti (oppure utilizzando Limiti disegno del menu

COMPETENZA DIGITALE

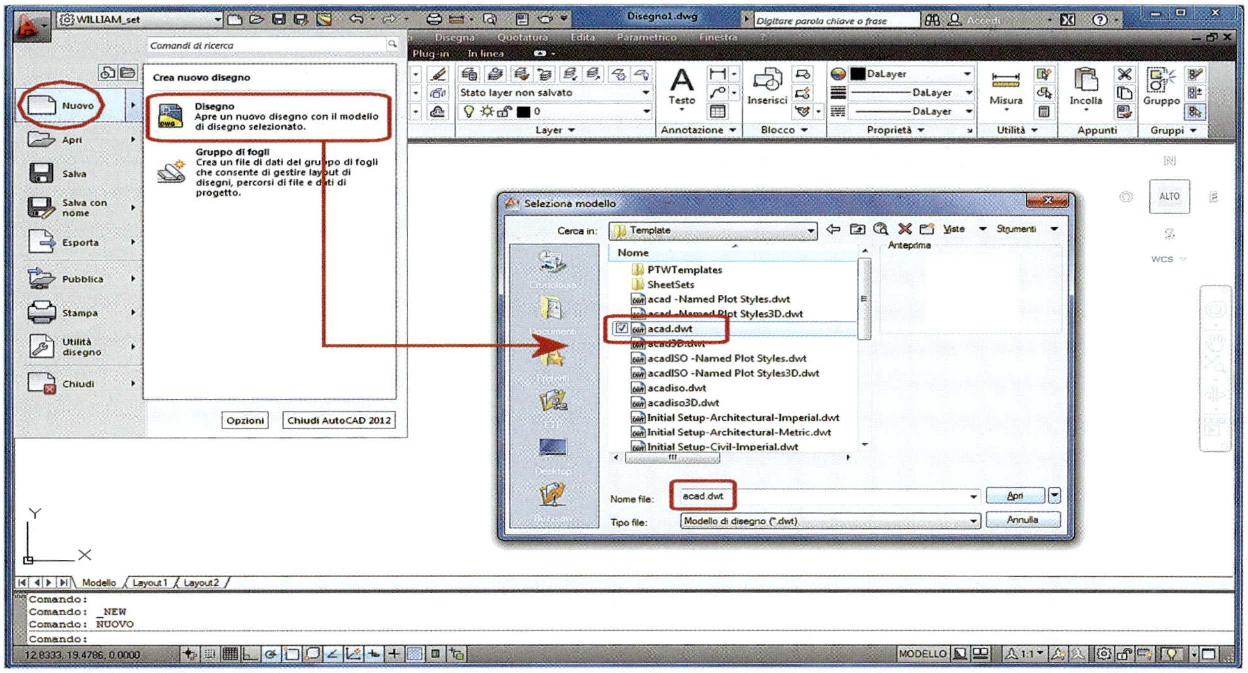

FIGURA A La creazione di un *nuovo foglio* per il disegno richiede la selezione di un *disegno modello* caratterizzato dalla estensione DWT.

a tendina **Formato**). Nella **finestra di comando** collocata nella parte inferiore dello schermo (o nel **riquadro di dialogo** prossimo al cursore se è attivata la modalità **DIN**, *inserimento dinamico*) scorreranno le seguenti informazioni:

```
Comando: limiti (limits)↵
Ripristino dell'impostazione dei limiti
dello Spazio modello:
Specificare angolo inferiore sinistro
o [ON/OFF] <0.0000,0.0000>: ↵
Specificare angolo superiore destro
<420.0000,297.0000>: 250,200 ↵
```

Ricordiamo che tra parentesi angolari (<...>) AutoCAD propone i **valori attuali** che possono essere accettati premendo il **tasto invio** (rappresentato dal simbolo ↵), oppure sostituiti da nuovi valori immessi, che nel nostro caso sono indicati in grassetto.

Dunque, dopo aver digitato il comando **limiti**, compare una nuova linea con le *opzioni* connesse al comando. Premendo nuovamente il **tasto invio** (↵) si accetta che le coordinate dell'angolo inferiore sinistro siano quelle proposte dal programma (0.000 , 0.000). Ricordiamo che la **virgola** viene assunta come **separatore tra le coordinate** del vertice (x , y), mentre il **punto** è assunto come **separatore dei decimali** nei numeri reali.

Dopo aver definito l'angolo inferiore sinistro, compare una nuova riga che richiede l'immissione delle coordinate dell'angolo superiore destro. Se digitiamo 250,200 (che significa X = 250 e Y = 200) si avrà un foglio virtuale di lavoro le cui dimensioni sono 250 unità di disegno in orizzontale e 200 unità di disegno in verticale.

Tali numeri, tuttavia, non indicano una unità di misura predefinita, ma solo i rapporti di misura esistenti tra le varie entità che saranno disegnate; sarà poi in fase di formazione dei **layout di stampa** che occorrerà ricordare con precisione a cosa corrisponde l'unità di disegno utilizzata.

Il comando **limiti**, però, non modifica la porzione di foglio virtuale visualizzata sullo schermo. Per fare in modo che tutto lo spazio appena impostato sia completamente visibile occorre utilizzare il comando **zoom**.

• Visualizzazione di tutto il foglio virtuale: comando zoom (zoom)

Questo comando viene usato con grande frequenza in qualsiasi sessione di lavoro in AutoCAD, perché accade spesso di disegnare oggetti più grandi dello schermo, oppure oggetti complessi di cui occorre ingrandire i particolari. Nel nostro caso il comando **zoom** permette la visualizzazione sullo schermo di tutto lo spazio definito in precedenza con il comando **limiti**. Nella **finestra di comando** scorreranno le seguenti righe:

Icona 

```
Comando: zoom (zoom) ↵
Specificare un angolo della finestra,
digitare un fattore di scala(nX o nXP)
o [Tutto/Centrato/Dinamico/Estensioni/
Precedente/scAla/Finestra/Oggetto]
<tempo reale>: T ↵
Rigenerazione modello in corso
```

COMPETENZA DIGITALE

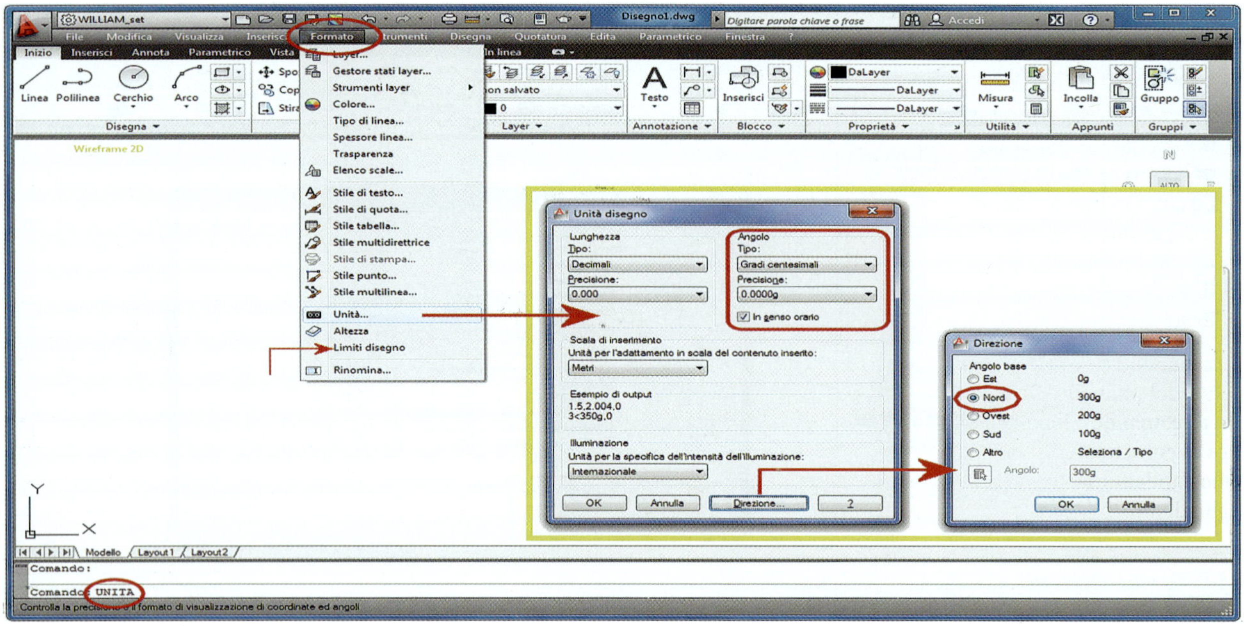

FIGURA B Finestre di dialogo per la personalizzazione delle unità di misura utilizzate nel disegno. In ambito topografico tale operazione è importante, in particolare per le unità di misura *angolari*.

L'opzione T del comando zoom serve appunto a visualizzare tutto lo spazio del disegno sullo schermo (allo stato attuale del disegno, questo comando non produrrà effetti direttamente visibili).

• Personalizzazione delle unità di misura: comando unita (units)

Prima di iniziare il disegno vero e proprio, è necessario specificare sia il **sistema di misura** che si intende usare nella creazione degli elementi grafici del disegno, per gli **angoli** e per le **distanze**, sia le **approssimazioni** di tali grandezze.

In particolare nella nostra disciplina si fa riferimento a una modalità di trattare gli **angoli** che differisce da quella usata in matematica ed adottata come predefinita da AutoCAD. In effetti, in topografia, è opportuno che l'*origine degli angoli* sia coincidente con l'asse delle **ordinate** e il senso positivo quello **orario** (in matematica l'origine della misura degli angoli si trova sull'asse delle *ascisse* e il senso positivo è quello *antiorario*). Inoltre il sistema di misura più frequentemente usato è il sistema **centesimale** e non quello *decimale*.

Tutte queste informazioni, oltre a quelle relative al **numero di cifre** decimali da utilizzare, vengono fornite al sistema dal comando unita (senza accento) digitato da tastiera nella **finestra di comando**, oppure dallo stesso comando selezionato dal menu a tendina Formato (▶FIGURA B). Esso prevede due finestre di dialogo nelle quali stabilire le caratteristiche del **sistema di misura** che si vuole adottare. Nel nostro caso le indicazioni dovranno essere quelle visualizzate e evidenziate nella ▶FIGURA B.

• Creazione di un modello

All'inizio del paragrafo 1 si è visto che all'atto della creazione di un nuovo disegno è necessario scegliere un **disegno modello** che contiene determinate **impostazioni** iniziali. Nel nostro caso si è scelto il modello predefinito acad.dwt; tuttavia è stato poi necessario **modificare** alcune delle sue impostazioni. Per evitare di **ripetere** queste operazioni di impostazione iniziale a ogni creazione di un **nuovo disegno**, conviene creare un nuovo **disegno modello** che, nel nostro caso, non conterrà elementi grafici, ma solo le impostazioni formulate in precedenza.

Per creare un disegno **modello** basta selezionare la voce Salva con nome dal menu a tendina File. Nella finestra di dialogo che appare occorre assegnare un nome al modello (per esempio topografia) e, soprattutto, selezionare modello di disegno di AutoCAD (*.dwt) nella tendina Tipo file collocata nella parte bassa della finestra di dialogo.

Alla successiva creazione di un **nuovo disegno**, basterà selezionare il modello topografia.dwt, al posto di quello predefinito e generico acad.dwt, per evitare di modificare le impostazioni.

2. Disegno del triangolo assegnato dal problema

Possiamo ora procedere al disegno del triangolo utilizzando gli elementi geometrici assegnati, vale a dire i **tre lati**. Trattandosi di un triangolo *non orientato*, non ha alcuna importanza la sua collocazione e la sua rotazione, ma è solo indispensabile che vengano rispettate le lunghezze dei tre lati assegnati.

COMPETENZA DIGITALE

• Tracciamento del segmento *AB*

Iniziamo disegnando il primo lato $AB = c = 160{,}75$ m del triangolo. A tal fine occorre procedere in questo modo:

- evocare il comando **linea**;
- posizionare il puntatore in un **punto a piacere** dell'area di lavoro per individuare arbitrariamente il punto A;
- dirigere la **linea elastica**, che si viene a creare tra questo e il puntatore, in una **direzione a piacere** (noi, per semplicità, imporremo una direzione **orizzontale** attivando la modalità **ORTO** dalla **barra di stato** nella parte bassa dello schermo) e digitare la lunghezza del lato, cioè 160,75.

Il comando **linea** può essere attivato con l'icona corrispondente del pannello **Disegno 2D** nella parte alta della **plancia di comando** (cerchiato in ►FIGURA C), oppure dalla **finestra di comando** utilizzando la tastiera. Adottando quest'ultima modalità la finestra di comando conterrà le seguenti righe di informazioni:

> Comando: **linea** (line) ↵   Icona
> Specificare primo punto:
> (selezionare un punto a piacere col puntatore)
> Specificare punto successivo
> o [Annulla]: (dirigere la linea elastica lungo una direzione orizzontale attivando la modalità ORTO nella barra di stato inferiore ...) **160.75** ↵
> Specificare punto successivo o [Annulla]: **ESC**
> Comando:

Alla fine della sequenza sullo schermo apparirà un **segmento** orizzontale corrispondente al lato AB del triangolo di lunghezza 160,75. Questa prima fase è sintetizzata nella ►FIGURA C.

• Ricerca del punto *C* e disegno del triangolo

Per costruire i restanti due lati del triangolo, basta costruire **due cerchi**, il primo di raggio $AC = b = 123{,}40$ m con centro in A e il secondo di raggio $BC = a = 132{,}60$ m con centro in B. Naturalmente l'**intersezione** di questi due cerchi coincide con il punto C, il quale, unito con A e B, completerà il triangolo.

Per tracciare i due cerchi, tuttavia, è necessario far coincidere **esattamente** i due centri dei cerchi con i punti A e B. A ciò provvede la modalità **OSNAP (object snap)** che permette la **cattura precisa** (con un effetto calamita) degli elementi caratteristici di ciascun componente grafico. Dunque, prima di disegnare questi cerchi, è necessario attivare la modalità **OSNAP** per la «cattura» degli oggetti sul disegno. Gli elementi da catturare, nel nostro caso, sono i **punti finali** del segmento AB appena disegnato; quindi la modalità di **OSNAP** da usare sarà **Fine**, attivando contestualmente anche la modalità **Intersezione** che risulterà necessaria successivamente.

> Comando: **osnap** (osnap) ↵   Icona
> (Spuntare la scelta **Fine** e **Intersezione** nella finestra di dialogo che appare a video): **F I** ↵
> Comando:

Le modalità di **OSNAP** così assegnate, sono dette **permanenti**, in quanto rimangono attive fin quando non vengono cambiate o disattivate, sempre utilizzando il comando **osnap** (sono possibili anche modalità di cattura **provvi-**

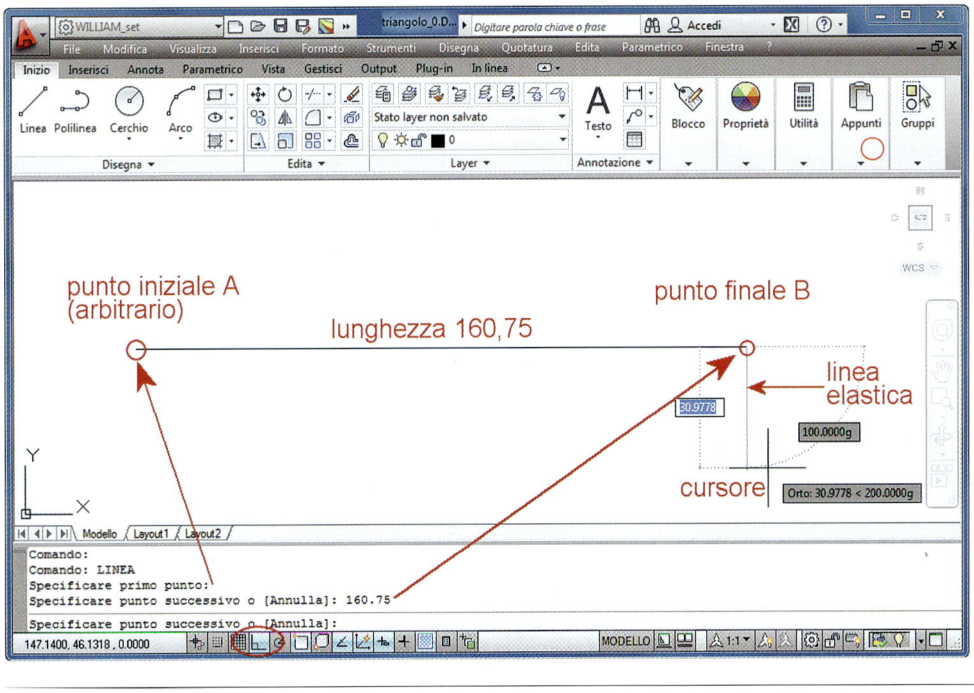

FIGURA C Tracciamento del lato AB con il comando **linea**. Il primo estremo (a) viene scelto arbitrariamente, il secondo (b) viene definito assegnando la lunghezza del segmento AB lungo la linea elastica generata dal cursore.

COMPETENZA DIGITALE

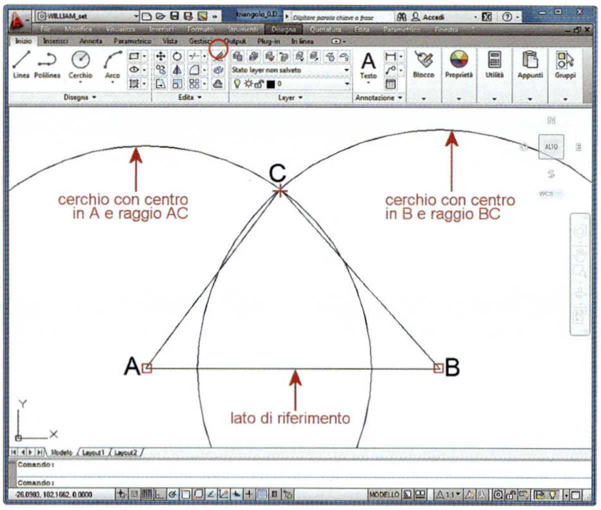

FIGURA D Costruzione del triangolo *ABC*. Il punto *C* è stato determinato per intersezione di due cerchi di raggio *AC* e *BC*, rispettivamente con centro in *A* e in *B*.

sorie, valide solo per il comando attivo). Il comando **osnap** può essere attivato o disattivato molto rapidamente utilizzando l'omonimo pulsante collocato nella **barra di stato** inferiore.

Esso non provoca nessun cambiamento al disegno; tuttavia, quando si attiva il comando **linea**, assieme al cursore apparirà un piccolo quadratino chiamato **mirino**, col quale è possibile la **cattura precisa** degli estremi del segmento disegnato, allorquando questo mirino sfiorerà genericamente la parte finale del segmento. Possiamo ora disegnare il **primo cerchio** con centro in *A* e raggio 123,40. Il comando da assegnare ad AutoCAD sarà il seguente:

```
Comando: cerchio (circle) ↵                                Icona
Specificare centro del cerchio o
[3P/2P/Ttr (tangente tangente raggio)]:
(portare il mirino del cursore in prossimità di A e selezionare ...)
Specificare raggio del cerchio o
[Diametro]: 123.40 ↵
Comando:
```

Successivamente disegniamo il secondo cerchio con centro in *B* e raggio 132,60. Il comando da assegnare ad AutoCAD sarà il seguente:

```
Comando: cerchio (circle) ↵                                Icona
Specificare centro del cerchio o
[3P/2P/Ttr (tangente tangente raggio)]:
(portare il mirino del cursore in prossimità di B e selezionare ...)
Specificare raggio del cerchio o
[Diametro]: 132.60 ↵
Comando:
```

Ora, ricordando che sono attivate le modalità di cattura **Fine** e **Intersezione**, con il comando **linea** possiamo tracciare consecutivamente i lati *AC* e *CB* del triangolo:

```
Comando: linea (line) ↵                                    Icona
Specificare primo punto: (portare il mirino
del cursore in prossimità di A e selezionare ...)
Specificare punto successivo o [Annulla]:
(portare il mirino del cursore in prossimità della intersezione
dei due cerchi e selezionare ...)
Specificare punto successivo: (portare il mirino
del cursore in prossimità di B e selezionare ...)
Specificare punto successivo o [Annulla]: ↵
Comando:
```

• Inserimento del testo e cancellazione dei cerchi di costruzione

Per rendere più sicura l'interpretazione del disegno, è necessario aggiungere le lettere *A*, *B*, *C* in prossimità di ciascun vertice del triangolo, utilizzando il comando **testo**:

```
Comando: testo (text) ↵                                    Icona A
Stile di testo corrente: "Standard"
Altezza del testo: 2.500 Annotativo: No
Specificare punto iniziale del testo
o [Giustificato/Stile]: (portare il mirino del cursore
in prossimità di A e selezionare ...):
Specificare altezza <2.500>: 10 ↵
Specificare angolo di rotazione del testo
<100.0000g>: ↵
Digitare testo: A ↵ (nella finestra dei comandi
o in un riquadro direttamente sull'area di lavoro)
Comando:
```

Ripetiamo poi la procedura in modo analogo per inserire le lettere in prossimità dei punti *B* e *C*. Lo stato del foglio virtuale è ora quello che si presenta in ▶FIGURA D.

Ora è necessario **cancellare** i due cerchi, che ci sono serviti unicamente con funzione di costruzione grafica, attivando il seguente comando:

```
Comando: cancella (erase) ↵                                Icona
Selezionare oggetti: (portare il cursore sul
1° cerchio e selezionare) trovato(i) 1
Selezionare oggetti: (portare il cursore sul 2° cerchio
e selezionare) trovato(i) 1,2 totale
Selezionare oggetti: ↵
Comando:
```

3. Estrazione delle informazioni geometriche dal disegno

Una volta ultimato il disegno del triangolo, siamo pronti per estrarre da esso tutte le informazioni geometriche richieste dal problema.

COMPETENZA DIGITALE

- **Gli angoli interni**

Per ottenere queste informazioni è necessario evocare il comando lista e selezionare due lati consecutivi, per esempio AC e AB, per ottenere l'angolo α. In effetti si ha:

```
Comando: lista (list) ↵                                   Icona
Selezionare oggetti: (portare il cursore
su un punto di AC ...) trovato(i)1
Selezionare oggetti: (portare il cursore su un punto
di AB ...) trovato(i)1,2 totale
Selezionare oggetti: ↵
  LINEA Layer: "0" (segmento AC ...)
  Spazio: Spazio modello
  Gestore = A6
  da punto, X = 30.8041 Y = 37.6973
    Z = 0.0000
  a punto, X = 103.8535 Y = 137.1525
    Z = 0.0000
  Lunghezza = 123.40,
    Angolo nel piano XY = 40.3301g
  Delta X = 73.0493, Delta Y = 99.4553,
    Delta Z = 0.0000

  LINEA Layer: "0" (segmento AB ...)
  Spazio: Spazio modello
  Gestore = A3
  da punto, X = 30.8041 Y = 37.6973
    Z = 0.0000
  a punto, X = 191.5541 Y = 37.6973
    Z = 0.0000
  Lunghezza = 160.75,
    Angolo nel piano XY = 100.0000g
  Delta X = 160.7500, Delta Y = 0.0000,
    Delta Z = 0.0000
Comando:
```

Il comando lista fornisce **numerose informazioni** sugli oggetti selezionati (nel nostro caso i due segmenti AC e AB); tuttavia, ora a noi interessa valutare l'informazione `Angolo nel piano XY`. Infatti questa informazione fornisce l'**angolo** che il segmento selezionato forma con l'**origine** scelta per la misura degli angoli che, con il comando unita, noi abbiamo fatto coincidere con l'asse delle ordinate. Quindi la differenza tra questi angoli relativi ai due segmenti selezionati ci fornisce l'angolo α cercato. Nel nostro caso si ha:

$$\alpha = 100{,}0000\text{g} - 40{,}3301\text{g} = 59^c{,}6699$$

Ripetendo il comando lista due volte, selezionando prima i lati AB e BC e successivamente i lati AC e CB, ma tenendo conto della **direzione con la quale si sono tracciati questi lati**, si ottengono, sempre per differenza tra i valori `Angolo nel piano XY`, gli angoli β e γ che forniscono i seguenti valori:

$$\beta = 53^c{,}9931 \quad \gamma = 86^c{,}3379$$

- **Il perimetro e l'area del triangolo**

Per ottenere il **perimetro** e l'**area** di una **figura chiusa**, nel nostro caso il triangolo ABC, basta richiamare da tastiera il comando area (o selezionare la corrispondente icona). Esso richiede la **selezione** sequenziale dei **vertici della figura** e fornisce immediatamente i due valori richiesti. Dunque, ricordando che sono attive le modalità OSNAP di cattura Fine e Intersezione che facilitano la selezione con precisione dei vertici del triangolo, si ha:

```
Comando: Area (area) ↵                                    Icona
Specificare primo angolo o
[Oggetto/Aggiungi/Sottrai]: (portare il cursore
sul punto A ...) ↵
Specificare angolo opposto successivo
o premere INVIO per totale: (portare il cursore
su B ...)
Specificare angolo opposto successivo
o premere INVIO per totale: (portare il cursore
su C ...)
Specificare angolo opposto successivo
o premere INVIO per totale: ↵
 Area = 7993.719, Perimetro = 416.750
Comando:
```

4. I raggi dei cerchi circoscritto e inscritto

Tracciamo per primo il cerchio **circoscritto**. Si tratta di tracciare un cerchio passante per **tre punti** (sigla 3P nelle opzioni del comando) che coincidono con i **tre vertici** del triangolo. Ricordando che sono ancora attive le modalità di OSNAP Fine e Intersezione, possiamo impostare il comando cerchio:

```
Comando: cerchio (circle) ↵                               Icona
Specificare centro del cerchio o[3P/2P/
Ttr (tangente tangente raggio):
3P ↵
Specificare primo punto sul cerchio:
(portare il cursore sul punto A ...)
Specificare secondo punto sul cerchio:
(portare il cursore sul punto B ...)
Specificare terzo punto sul cerchio:
(portare il cursore sul punto C ...)
Comando:
```

Una volta disegnato il **cerchio circoscritto** possiamo immediatamente interrogare AutoCAD per conoscerne il raggio (oltre a numerosi altri parametri significativi relativi allo stesso cerchio) con il comando lista:

```
Comando: lista (list) ↵                                   Icona
Selezionare oggetti: (portare il cursore sul
cerchio appena tracciato) trovato(i) 1
Selezionare oggetti: ↵                                        ▶
```

COMPETENZA DIGITALE

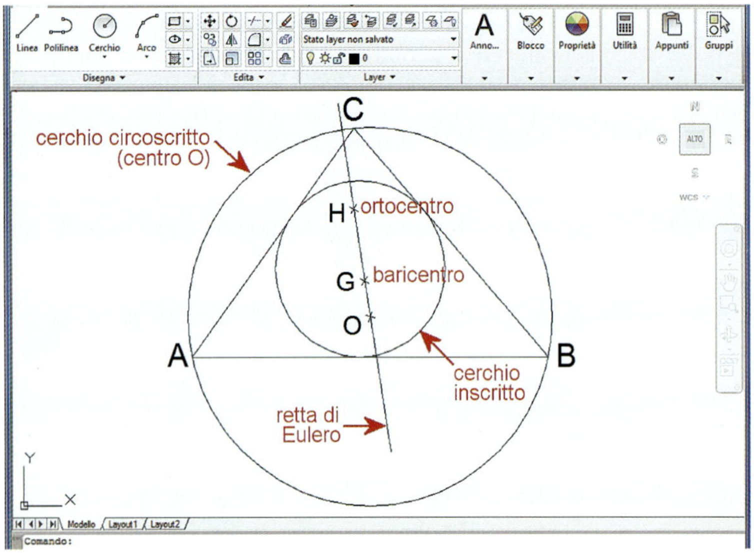

FIGURA E L'area di lavoro di AutoCAD a conclusione dell'esercitazione proposta, con il tracciamento del cerchio inscritto e del cerchio circoscritto al triangolo assegnato. È visibile anche la retta di Eulero sulla quale, com'è noto, si trovano il baricentro, l'ortocentro e il circocentro.

```
    CERCHIO Layer: "0"
    Spazio: Spazio modello
    Gestore = C7
    centro punto, X = 111.179 Y = 55.217
      Z = 0.000
    RAGGIO 82.2623
    circonferenza 516.869
    area 21259.424
Comando:
```

Per tracciare il cerchio **inscritto** occorre ricordare che esso è **tangente** ai tre lati del triangolo. Il comando è sempre **cerchio 3P**. Tuttavia, prima di evocarlo, è necessario **disattivare** la modalità di **OSNAP Fine** (ormai non più necessaria) e contestualmente attivare la modalità **Tangente** per catturare automaticamente i *punti di tangenza* del cerchio rispetto ai lati che saranno via via selezionati. Dunque si ha:

Comando: **osnap** (osnap) ↵ Icona
(Togliere la scelta **Fine** e selezionare quella **Tangente** nella finestra di dialogo che appare a video) : **T I** ↵
Comando:

Questo comando disattiva la modalità di cattura **Fine** e attiva la modalità **Tangente**. Ora possiamo tracciare il cerchio inscritto con il comando **cerchio**:

Comando: **cerchio** (circle) ↵ Icona
Specificare centro del cerchio o[3P/2P/Ttr (tangente tangente raggio):
3P ↵
Specificare primo punto sul cerchio:
(portare il cursore su un punto del lato AB ...)
Specificare secondo punto sul cerchio:
(portare il cursore su un punto del lato BC ...)
Specificare terzo punto sul cerchio:
(portare il cursore su un punto del lato AC ...)
Comando:

Anche in questo caso, per conoscere il raggio del cerchio, interroghiamo AutoCAD con il comando **lista** o, in alternativa, con il comando **proprieta** (senza accento):

Comando: **lista** (list) ↵ Icona
Selezionare oggetti: (portare il cursore sul cerchio appena tracciato) ↵ trovato(i) 1
Selezionare oggetti: ↵

```
    CERCHIO Layer: "0"
    Spazio: Spazio modello
    Gestore = C9
    centro punto, X = 106.5791 Y = 76.0594
      Z = 0.0000
    RAGGIO 38.3622
    circonferenza 241.0367
    area 4623.3457
Comando:
```

L'area di lavoro di AutoCAD, dopo che sono stati tracciati i due cerchi, si presenta come in ►FIGURA E. Per esercizio, poi, consigliamo allo studente di tracciare un segmento appartenente alla **retta di Eulero** dello stesso triangolo (anch'essa rappresentata in ►FIGURA E).

Essendo il centro O del cerchio circoscritto già presente nel disegno, sarà necessario l'ulteriore tracciamento delle **mediane** (per individuare il baricentro G) e delle **altezze** (per individuare l'ortocentro H). Mediane e altezze sono facilmente tracciabili facendo ricorso, rispettivamente, alle modalità di cattura **OSNAP Medio** e **Perpendicolare**.

Autovalutazione

A. Verifica delle conoscenze

QUESITI VERO/FALSO

Considerando il triangolo ABC di lati a, b, c, di angoli interni α, β, γ, e indicando con p e S semiperimetro e area del triangolo, verifica le seguenti relazioni.

V F

1 $c = \sqrt{a^2 + b^2 + 2ab \cdot \cos\gamma}$ ☐ ☐

2 $a = \dfrac{b \cdot \operatorname{sen}\alpha}{\operatorname{sen}\beta}$ ☐ ☐

3 $\operatorname{sen}\beta = \dfrac{b \cdot \operatorname{sen}(\alpha + \beta)}{c}$ ☐ ☐

4 $a^2 = b^2 + c^2 + 2bc \cdot \cos(\beta + \gamma)$ ☐ ☐

5 $h_a = \dfrac{a \cdot \operatorname{sen}\alpha \cdot \operatorname{sen}\beta}{\operatorname{sen}\gamma}$
essendo h_a l'altezza relativa al lato a ☐ ☐

6 $c = 100$ m, $a = 50$ m, $b = 40$ m sono i lati di un triangolo ☐ ☐

7 $a = 100$ m, $b = 80$ m, $\alpha = 87^c{,}55$, $\beta = 57^c{,}45$, sono lati e angoli di un triangolo ☐ ☐

8 $\dfrac{b}{\operatorname{sen}\beta}$ = raggio del cerchio circoscritto al triangolo ☐ ☐

9 $\cos\beta = \dfrac{b^2 + a^2 + c^2}{2ac}$ ☐ ☐

10 Due lati e l'angolo compreso definiscono sempre un solo triangolo ☐ ☐

11 Due lati e un angolo adiacente al terzo lato definiscono sempre un solo triangolo ☐ ☐

12 Tre lati definiscono sempre un triangolo ☐ ☐

13 $ac \cdot \operatorname{sen}\beta$ = quadruplo dell'area del triangolo ☐ ☐

14 $a^2 \cdot \dfrac{\operatorname{sen}\beta \cdot \operatorname{sen}\gamma}{\operatorname{sen}(\beta + \gamma)}$ = doppio dell'area del triangolo ☐ ☐

15 $\dfrac{b^2}{2} \cdot \dfrac{1}{\operatorname{cotg}\alpha - \operatorname{cotg}\gamma}$ = area del triangolo ☐ ☐

16 $\sqrt{p \cdot (p-a) \cdot (p-b) \cdot (p-c)}$ = area del triangolo ☐ ☐

17 Il centro del cerchio inscritto coincide con l'intersezione delle mediane ☐ ☐

18 Il centro del cerchio circoscritto coincide con l'intersezione degli assi dei lati ☐ ☐

19 $(p - a)$ = distanza tra il vertice A e i punti di tangenza dei lati AB e AC con il cerchio inscritto ☐ ☐

20 $\dfrac{S}{p}$ = diametro del cerchio inscritto ☐ ☐

21 $\dfrac{S}{p + b}$ = raggio del cerchio ex-inscritto relativo al lato AC ☐ ☐

22 $p \cdot \operatorname{tg}(\alpha/2)$ = raggio del cerchio ex-inscritto relativo al lato BC ☐ ☐

23 Il baricentro del triangolo divide ciascuna mediana in due segmenti rispettivamente di 1/3 e 2/3 della lunghezza della stessa mediana ☐ ☐

QUESITI A RISPOSTA APERTA

24 Con riferimento al triangolo rettangolo rappresentato nella pagina seguente, completa le corrispondenti relazioni con la corretta simbologia.

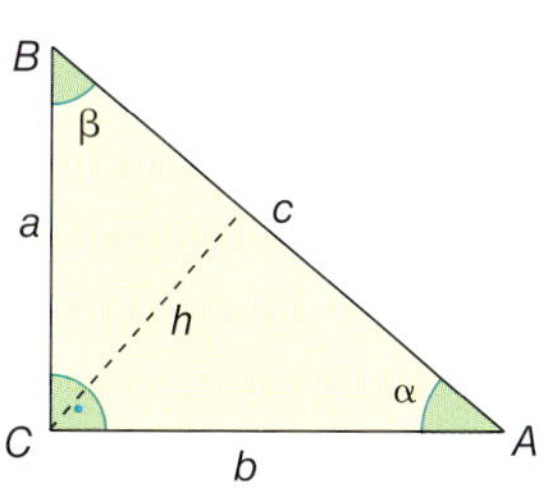

$a = \ldots\ldots \cdot \operatorname{sen}\alpha \qquad a = \ldots\ldots \cdot \cos\beta$

$c = \dfrac{\ldots\ldots}{\operatorname{sen}\beta} \qquad c = \dfrac{\ldots\ldots}{\cos\beta}$

$a = \dfrac{\ldots\ldots}{\operatorname{tg}\beta} \qquad b = \ldots\ldots \cdot \operatorname{tg}\beta \qquad \ldots\ldots = \dfrac{b}{c} \qquad \ldots\ldots = \dfrac{b}{a}$

$\ldots\ldots = \operatorname{arctg}\left(\dfrac{a}{b}\right) \qquad \ldots\ldots = \operatorname{arcsen}\left(\dfrac{b}{c}\right)$

$\ldots\ldots = \arccos\left(\dfrac{b}{c}\right) \qquad h = a \cdot \ldots\ldots$

25 Con riferimento al triangolo qualunque di figura, completa le seguenti relazioni con la corretta simbologia.

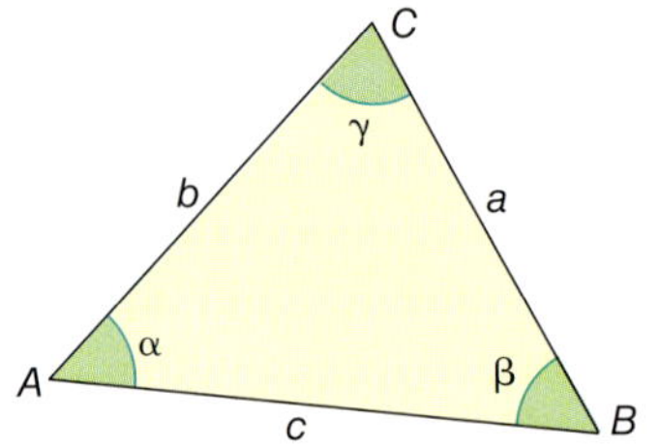

$\frac{\text{sen}\,\beta}{b} = \frac{\ldots\ldots}{c}$ $\quad \frac{a}{b} = \frac{\ldots\ldots}{\ldots\ldots}$ $\quad \ldots\ldots = \frac{a\,\text{sen}\,\beta}{\text{sen}\,\alpha}$

$\text{sen}\,\gamma = \frac{c\,\text{sen}\,\beta}{\ldots\ldots}$

$c^2 = a^2 + b^2 \ldots\ldots \cos\gamma$ $\quad \ldots\ldots = \frac{a^2 + c^2 - b^2}{2ac}$

$\cos\alpha = \frac{b^2 + c^2 \ldots\ldots}{2bc}$

$\ldots\ldots = \text{arcsen}\left(\frac{b}{c}\,\text{sen}\,\gamma\right)$ $\quad \alpha = \text{arcsen}\left(\frac{a}{b} \ldots\ldots\right)$

$\ldots\ldots = \text{arccos}\left(\frac{b^2 + c^2 - a^2}{2bc}\right)$

26 Con riferimento al triangolo qualunque di figura, completa le seguenti relazioni con la corretta simbologia.

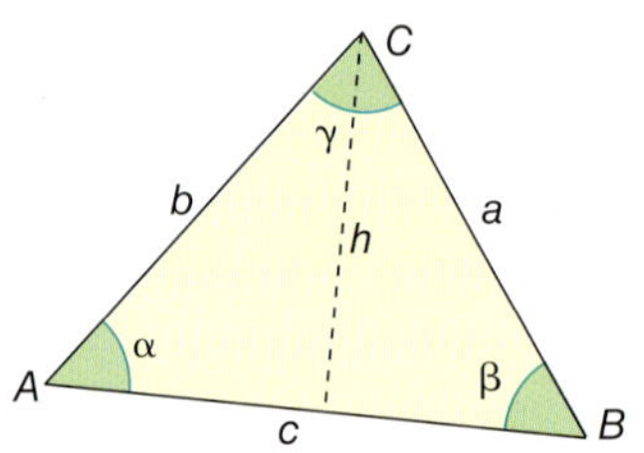

$S = \frac{1}{\ldots\ldots} bc\,\text{sen}\,\alpha$ $\quad \ldots\ldots = \frac{2S}{c\,\text{sen}\,\beta}$ $\quad \ldots\ldots S = 2ba\,\text{sen}\,\gamma$

$S = \frac{b^2}{2} \cdot \frac{\text{sen}\,\alpha \cdot \text{sen}\,\gamma}{\ldots\ldots}$ $\quad S = \frac{c^2}{2} \cdot \frac{\ldots\ldots}{\text{cotg}\,\alpha + \text{cotg}\,\beta}$

$S = \sqrt{\ldots\ldots(p-a)(p-b)(p-c)}$

27 Con riferimento a un triangolo qualunque, indica il nome assegnato ai punti relativi alle seguenti intersezioni:

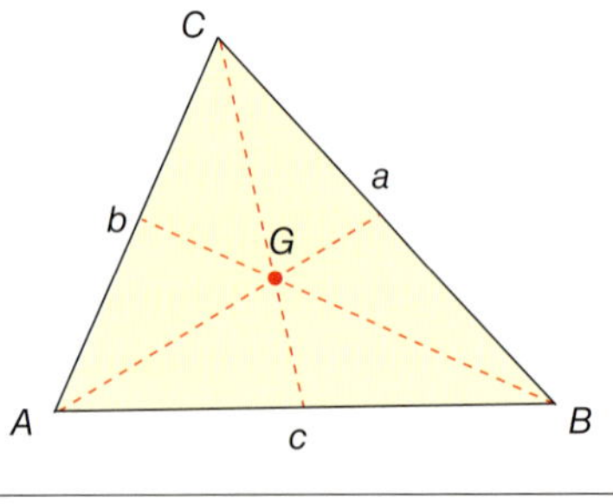

1) intersezione delle altezze: ....
2) intersezione delle mediane: ....
3) intersezione delle bisettrici: ....
4) intersezione degli assi dei lati: ....

28 Con riferimento al triangolo qualunque ABC di figura, completa le seguenti relazioni con la corretta simbologia utilizzata in precedenza.

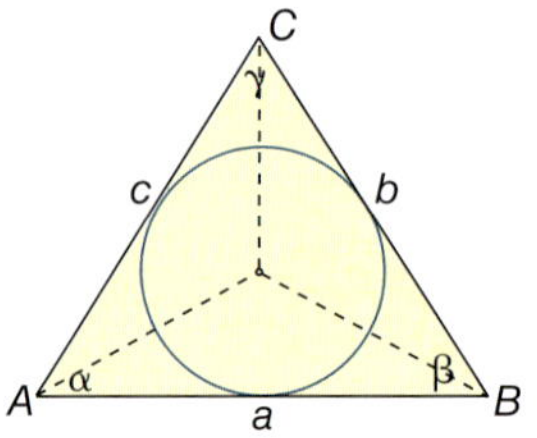

$R = \frac{\ldots\ldots}{2\,\text{sen}\,\alpha}$ $\quad R = \frac{abc}{\ldots\ldots \cdot S_{ABC}}$

$r = \frac{S_{ABC}}{\ldots\ldots}$ $\quad R_b = \frac{S_{ABC}}{p - \ldots\ldots}$

29 Con riferimento al trapezio di figura, indica

1) le proprietà geometriche dei lati: ....
....
....

2) le coppie di angoli indipendenti: ....
....
....

3) la somma degli angoli adiacenti a un lato obliquo:
....
....

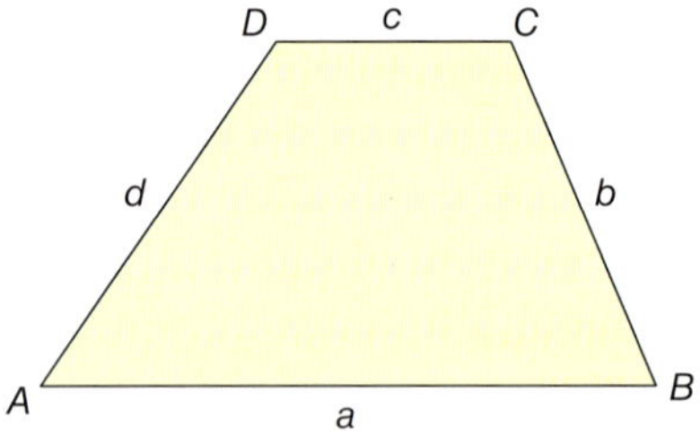

30 La strategia più generale per Risolvi un trapezio si basa sulla sua scomposizione in un triangolo scaleno e in un parallelogramma. Descrivi: a) il modo con cui si ottengono tali figure e b) la procedura risolutiva.

a) ....
....
....

b) ....
....
....

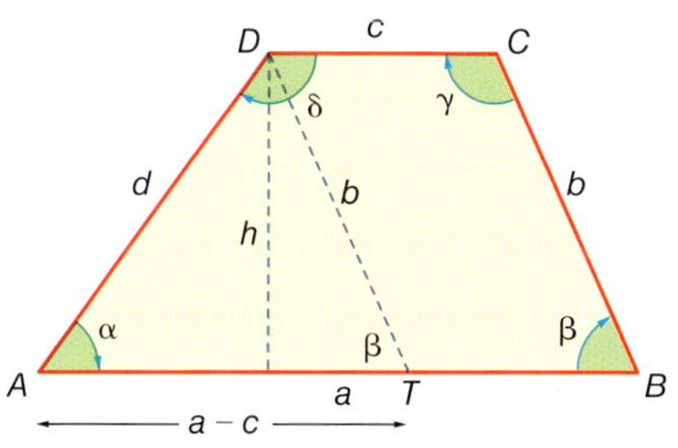

31 Con riferimento al poligono di 5 lati mostrato in figura, completa le seguenti espressioni.

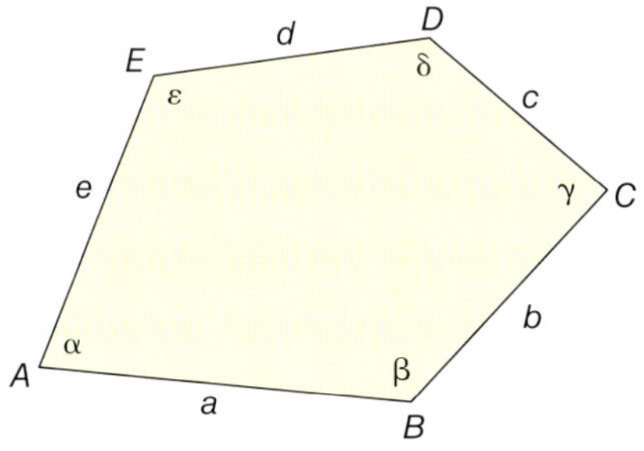

1) Somma degli angoli interni:

$$(\ldots\ldots - 2) \cdot 180° = \ldots\ldots$$

2) Numero di elementi necessari alla risoluzione:

$$(2 \cdot 5 - \ldots\ldots) = \ldots\ldots$$

3) Numero minimo di lati necessari alla risoluzione:

$$(5 - \ldots\ldots) = \ldots\ldots$$

4) Numero di diagonali tracciabili:

$$[5 \cdot (5 - \ldots\ldots)]/2 = \ldots\ldots$$

32 Con riferimento al quadrilatero $ABCD$ di figura, indica la procedura risolutiva nell'ipotesi in cui siano noti i tre lati b, c, d e i due angoli α e β.

....

....

....

....

....

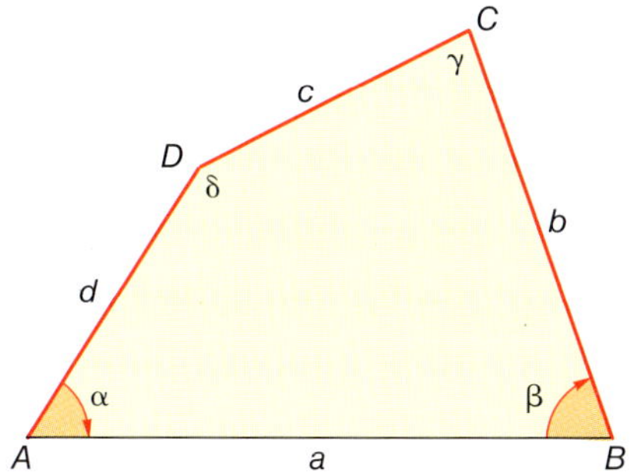

33 Con riferimento al quadrilatero $ABCD$ mostrato nella figura alla pagina seguente, indica la procedura risolutiva nell'ipotesi in cui siano noti i tre lati a, b, c e i due angoli α e β.

....

....

....

....

....

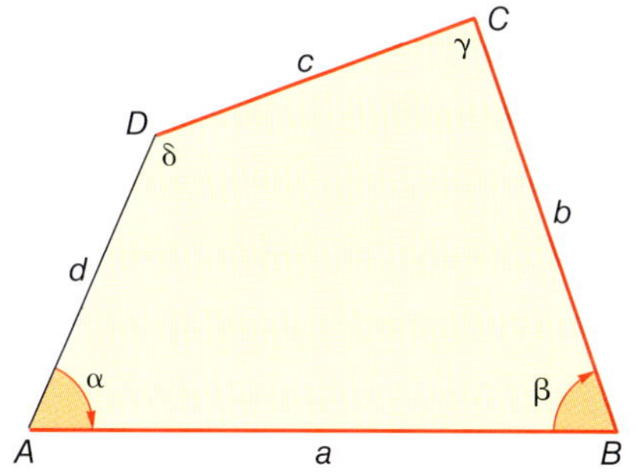

QUESITI A RISPOSTA MULTIPLA

Verifica la validità delle relazioni che seguono.

34 $\dfrac{k}{c} = \dfrac{\text{sen}\,\beta}{\text{sen}\,\gamma}$

- a $k = 1$
- b $k = a$
- c $k = b$
- d nessuno dei precedenti valori

35 $\dfrac{\text{sen}\,\beta}{b} = k$

- a $k = 2R$ (R = raggio cerchio circoscritto)
- b $k = R$
- c $k = 1/R$
- d $k = 1/(2R)$

36 $k = \dfrac{b \cdot \text{sen}\,\gamma}{\text{sen}\,\beta}$

- a $k = c$
- b $k = a$
- c $k = b$
- d nessuno dei precedenti valori

37 $k = a^2 + b^2 + 2ab \cdot \cos\gamma$

- a $k = a$
- b $k = b$
- c $k = c$
- d nessuno dei precedenti valori

AUTOVALUTAZIONE

38 $k = \frac{b^2 + a^2 - c^2}{2ab}$

a $k = \gamma$
b $k = \cos\gamma$
c $k = \text{sen}\,\gamma$
d $k = \cos\beta$

39 $\text{sen}\,\gamma = \frac{c \cdot \text{sen}(\alpha + k)}{b}$

a $k = \gamma$
b $k = \alpha$
c $k = \beta$
d nessuno dei precedenti valori

40 Se $\frac{c}{b}\text{sen}\,\beta = 1$

a il triangolo non esiste
b il triangolo è retto in C
c il triangolo è retto in B
d esistono due triangoli che soddisfano la relazione

41 $\frac{1}{2}cb \cdot \text{sen}\,k = S$

a $k = \alpha$
b $k = \beta$
c $k = \gamma$
d la relazione non è vera per qualsiasi valore di k

42 $\frac{k}{2} \cdot \frac{\text{sen}\,\beta \cdot \text{sen}\,\gamma}{\text{sen}(\beta + \gamma)} = S$

a $k = a$ b $k = b$
c $k = c$ d $k = a^2$

43 Essendo R il raggio del cerchio inscritto:

$(k - b) \cdot \text{tg}\,(\beta/2) = R$

a $k = c$ b $k = b$
c $k = a$ d $k = p$

44 Essendo R il raggio del cerchio ex-inscritto relativo al lato AC: $p \cdot \text{tg}\,(k/2) = R_{AC}$

a $k = \alpha$
b $k = \beta$
c $k = \gamma$
d la relazione non è vera per qualsiasi valore di k

45 Quale punto *non* giace sulla retta di Eulero?

a baricentro b circocentro
c incentro d ortocentro

46 Qual è il numero minimo di elementi lineari noti affinché sia possibile la risoluzione dei quadrilateri?

a 1 b 2
c 3 d non esiste nessun limite

47 Una figura piana possiede 7 lati. Quanti elementi devono essere noti affinché sia possibile la sua risoluzione?

a 7 b 9
c 11 d 13

48 Una figura piana possiede 6 lati. Quanto vale la somma dei suoi angoli interni?

a 400^c b 600^c
c 800^c d 1200^c

49 Una figura piana possiede 5 vertici. Quanto vale la somma dei suoi angoli esterni?

a 1400^c b 1600^c
c 1800^c d 1000^c

50 In un quadrilatero sono noti 3 lati e i 2 angoli tra essi compresi. In che modo si deve scomporre il quadrilatero?

a con una diagonale
b prolungando i lati noti estremi
c entrambe le precedenti soluzioni
d il quadrilatero non è risolvibile

51 In un quadrilatero sono noti un lato e i quattro angoli. In che modo si deve scomporre il quadrilatero?

a con una diagonale
b prolungando i lati noti estremi
c in triangoli rettangoli
d il quadrilatero non è risolvibile

52 In quale configurazione un quadrilatero diventa risolvibile solo dividendolo in triangoli rettangoli?

a quando sono noti 3 lati e i 2 angoli adiacenti al lato incognito
b quando sono noti 3 angoli e i 2 lati opposti
c quando sono noti 3 lati e 2 angoli opposti
d quando sono noti 4 lati e una diagonale

53 A cosa corrisponde k per fornire l'area di un triangolo con la seguente espressione:

$$S = 0{,}5 \cdot c \cdot k \cdot \text{sen}\,\beta$$

a l'espressione non fornisce l'area del triangolo
b $k = p$
c $k = b$
d $k = a$

54 A cosa corrisponde k per fornire l'area del quadrilatero con la seguente espressione:

$$2S = ab\,\text{sen}\,\beta + bc\,\text{sen}\,\gamma + ac\,\text{sen}\,(k)$$

a l'espressione non fornisce l'area del quadrilatero
b $k = \beta + \gamma$
c $k = \beta - \gamma$
d $k = \beta \cdot \gamma$

55 Nel problema della distanza inaccessibile quanti triangoli occorre sviluppare?

- [a] 1
- [b] 2
- [c] 3
- [d] nessuno

B. Verifica delle competenze

COMPETENZA Organizzare il lavoro

56 Crea una scheda con un formulario che sintetizzi proprietà e teoremi connessi ai triangoli scaleni.

COMPETENZA Digitale

57 Nell'ambito di AutoCAD costruisci un triangolo di cui è assegnato un lato di lunghezza 50 m e i due angoli a esso adiacenti espressi in gradi centesimali, rispettivamente di 43 gon e 57 gon, richiedendo poi al sistema i valori degli elementi incogniti.

58 Nell'ambito di AutoCAD costruisci un triangolo di cui sono assegnati due lati di lunghezza rispettivamente di 74 m e 92 m, oltre l'angolo fra essi compreso di ampiezza 62 gon, richiedendo poi al sistema i valori degli elementi incogniti.

59 Nell'ambito di AutoCAD ottieni l'area di un triangolo di cui sono assegnate le lunghezze dei tre lati, rispettivamente di 28 m, 35 m e 41 m.

60 Utilizza le celle di una riga di un foglio Excel per calcolare l'area del triangolo del precedente esercizio n. 58, verificandone poi l'uguaglianza dei risultati.

COMPETENZA Risolvi problemi

RISOLUZIONE DEI TRIANGOLI

Applicazioni sul teorema dei seni

61 PROBLEMA SVOLTO

In un triangolo ABC si conoscono i lati AC e BC, nonché l'angolo al vertice A: $\overline{AC} = b = 210{,}39$ m, $\overline{BC} = a = 171{,}40$ m, $\alpha = 42{,}2500$ gon. Calcola gli elementi incogniti ed esegui la figura in scala 1:3000.

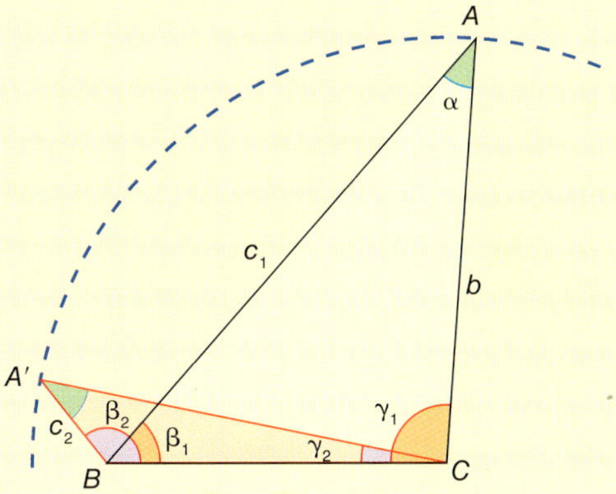

Soluzione

La configurazione dei dati del triangolo rende possibile la doppia soluzione, che pertanto dobbiamo verificare:

$$\beta_1 = \text{arcsen}\left(\frac{210{,}39}{171{,}40} \cdot \text{sen}\, 42{,}2500\right) = 54{,}5828 \text{ gon}$$

$$\beta_2 = 200 - 54{,}5828 = 145{,}4172 \text{ gon}$$

β_2 è compatibile con α, quindi:

$$\gamma_1 = 200 - (42{,}2500 + 54{,}5828) = 103{,}1672 \text{ gon}$$

$$\gamma_2 = 200 - (42{,}2500 + 145{,}4172) = 12{,}3328 \text{ gon}$$

$$c_1 = \frac{171{,}40}{\text{sen}\, 42{,}2500} \cdot \text{sen}\, 103{,}1672 = 277{,}90 \text{ m}$$

nel triangolo *ABC*;

$$c_2 = \frac{171{,}40}{\text{sen}\, 42{,}2500} \cdot \text{sen}\, 12{,}3328 = 53{,}57 \text{ m}$$

nel triangolo *A′BC*.

62 In un triangolo *ABC* si conoscono i lati *AB* e *BC*, nonché l'angolo al vertice *A*:

$$\overline{AB} = c = 1367{,}40 \text{ m} \qquad \overline{BC} = a = 1651{,}30 \text{ m}$$
$$\alpha = 73^c{,}9846$$

Calcola gli elementi incogniti. Figura in scala 1:2000.
[$\gamma = 54^c{,}9494$; $\beta = 71^c{,}0660$; $b = 1616{,}81$ m]

63 In un triangolo *ABC* si conoscono i lati *AC* e *AB*, nonché l'angolo al vertice *C*:

$$\overline{AC} = b = 124{,}78 \text{ m} \qquad \overline{AB} = c = 154{,}70 \text{ m}$$
$$\gamma = 114^c{,}7074$$

Calcola gli elementi incogniti. Figura in scala 1:1000.
[$\beta = 57^c{,}4815$; $\alpha = 27^c{,}8111$; $a = 67{,}24$ m]

64 In un triangolo *ABC* si conoscono:

$$a = 101{,}30 \text{ m} \qquad b = 122{,}70 \text{ m}$$
$$\beta = 72^c{,}5111$$

Calcola gli elementi incogniti. Figura in scala 1:2000.
[$\alpha = 53^c{,}9715$; $\gamma = 73^c{,}5174$; $c = 123{,}58$ m]

65 In un triangolo *ABC* si conoscono i due lati *a* e *b* e l'angolo β:

$$a = 37{,}49 \text{ m} \qquad b = 124{,}75 \text{ m}$$
$$\beta = 69^c{,}7253$$

Calcola gli elementi incogniti. Figura in scala 1:2000.
[$\alpha = 17^c{,}2188$; $\gamma = 113^c{,}0568$; $c = 137{,}38$ m]

66 Di un triangolo si conoscono:

$$a = 38{,}69 \text{ m} \qquad b = 47{,}06 \text{ m}$$
$$\alpha = 33°36'48''$$

Calcola gli elementi incogniti.
[$c_1 = 67{,}80$ m; $\beta_1 = 42°19'33''$; $\gamma_1 = 104°03'39''$; $c_2 = 10{,}59$ m; $\beta_2 = 137°40'27''$; $\gamma_2 = 8°42'46''$]

AUTOVALUTAZIONE

67 Di un triangolo si conoscono:

$a = 131{,}99$ m $\quad b = 104{,}07$ m

$\beta = 47°18'06''$

Calcola gli elementi incogniti.
[$c_1 = 127{,}19$ m; $\alpha_1 = 68°46'00''$; γ_1 $63°55'54''$;
$c_2 = 51{,}82$ m; $\alpha_2 = 111°14'$, $\gamma_2 = 21°27'54''$]

Applicazioni sul teorema di Carnot

68 Nel triangolo CDE si conoscono:

$\overline{DE} = 131{,}70$ m $\quad \overline{EC} = 98{,}50$ m

$\widehat{E} = 64^c{,}5360$

Calcola gli elementi incogniti. Figura in scala 1:2000.
[$\overline{CD} = 115{,}456$ m; $\widehat{C} = 83^c{,}9102$; $\widehat{D} = 51^c{,}5538$]

69 In un triangolo ABC si conoscono i lati b e c, nonché l'angolo α:

$b = 45$ m $\quad c = 50$ m

$\alpha = 93^c{,}8889$

Calcola gli elementi incogniti. Figura in scala 1:1000.
[$a = 63{,}98$ m; $\beta = 49^c{,}3710$; $\gamma = 56^c{,}7401$]

70 In un triangolo ABC si conoscono i lati AB e AC e l'angolo compreso $C\widehat{A}B$:

$\overline{AB} = c = 2570{,}40$ m $\quad \overline{AC} = b = 2590{,}10$ m

$\alpha = 84^c{,}8055$

Calcola gli elementi incogniti. Figura in scala 1:3000.
[$a = 3188{,}68$ m; $\beta = 57^c{,}9065$; $\gamma = 57^c{,}2880$]

71 In un triangolo ABC si conoscono:

$\overline{AB} = c = 119{,}36$ m $\quad \overline{BC} = a = 114{,}18$ m

$\beta = 59^c{,}3840$

Calcola gli elementi incogniti. Figura in scala 1:2000.
[$b = 105{,}119$ m; $\alpha = 67^c{,}5053$; $\gamma = 73^c{,}1107$]

72 In un triangolo ABC si conoscono:

$\overline{AB} = c = 75{,}39$ m $\quad \overline{AC} = b = 110{,}78$ m

$\widehat{A} = 83^c{,}6852$

Calcola gli elementi incogniti. Figura in scala 1:2000.
[$\overline{BC} = 117{,}14$ m; $\beta = 73^c{,}5336$; $\gamma = 42^c{,}7824$]

73 Un terreno di forma triangolare è stato rilevato misurando i lati AB e AC, nonché l'angolo nel vertice A:

$\overline{AB} = 115{,}50$ m $\quad \overline{AC} = 102{,}70$ m

$\widehat{A} = 69^c{,}3333$

Calcola gli elementi incogniti. Figura in scala 1:2000.
[$\overline{BC} = 113{,}56$ m; $\beta = 59^c{,}1862$; $\gamma = 71^c{,}4805$]

74 Per determinare la distanza tra due punti B e C si è fatta stazione con un goniometro in un punto A e si è misurato l'angolo $C\widehat{A}B$:

$C\widehat{A}B = \alpha = 82^c{,}9031$

Si sono misurate le distanze AB e AC:

$\overline{AB} = c = 1038{,}80$ m $\quad \overline{AC} = b = 1356{,}30$ m

Calcola gli angoli in B e in C, nonché la distanza BC. Figura in scala 1:20 000.
[$\overline{BC} = 1473{,}42$ m; $\beta = 69^c{,}5141$; $\gamma = 47^c{,}5828$]

75 In un triangolo si conoscono:

$a = 110{,}30$ m $\quad c = 98{,}50$ m $\quad \beta = 71^c{,}4475$

Calcola gli elementi incogniti.
[$\alpha = 69^c{,}9846$; $\gamma = 58^c{,}5679$; $b = 111{,}563$ m]

76 Di un triangolo si conoscono:

$c = 12{,}132$ m $\quad a = 11{,}465$ m $\quad \beta = 62^c{,}4512$

Calcola gli elementi incogniti.
[$\gamma = 72^c{,}1410$; $\alpha = 65^c{,}4078$; $b = 11{,}13$ m]

77 Di un triangolo PQR si conoscono i lati:

$\overline{QR} = 128{,}28$ m $\quad \overline{RP} = 75{,}15$ m

$\overline{PQ} = 101{,}54$ m

Calcola gli angoli. Figura in scala 1:2000.
[$\widehat{Q} = 39^c{,}8216$; $\widehat{P} = 102^c{,}0770$; $\widehat{R} = 58^c{,}1012$]

78 Di un triangolo si conoscono i lati:

$a = 132{,}60$ m $\quad b = 123{,}40$ m $\quad c = 160{,}75$ m

Calcola gli angoli.
[$\alpha = 59^c{,}6699$; $\beta = 53^c{,}9932$; $\gamma = 86^c{,}3369$]

79 Di un triangolo si conoscono i lati:

$a = 1005{,}34$ m $\quad b = 655{,}60$ m $\quad c = 529{,}50$ m

Calcola gli angoli.
[$\alpha = 128^c{,}5000$; $\beta = 40^c{,}0055$; $\gamma = 31^c{,}4944$]

Applicazioni sul calcolo dell'area di un triangolo

80 Calcola l'area di un triangolo di cui si conoscono i lati:

$a = 12{,}58$ m $\quad b = 16{,}32$ m $\quad c = 19{,}56$ m
[$S = 102{,}11$ m^2]

81 Calcola l'area di un triangolo di cui si conoscono:

$a = 186{,}20$ m $\quad b = 315{,}20$ m $\quad \gamma = 94^c{,}6111$
[$S = 29\,240{,}05$ m^2]

82 Calcola l'area di un triangolo di cui si sa che:

$a = 315{,}27$ m $\quad \beta = 69°25'36''$ $\quad \gamma = 77°15'29''$
[$S = 82\,626{,}43$ m^2]

83 Calcola l'area di un triangolo di cui si conoscono:

$a = 128{,}28$ m $\quad b = 75{,}15$ m $\quad c = 101{,}54$ m
[$S = 3813{,}36$ m^2]

84 Calcola l'area di un triangolo di cui si conoscono:

$b = 54{,}00$ m $\quad \alpha = 84°30'$ $\quad \beta = 44°26'02''$
[$S = 1612{,}54$ m^2]

Problemi riepilogativi sui triangoli

85 Nel triangolo qualunque ABC sono stati misurati con un righello le lunghezze dei tre lati. Rilevando dalla figura tali lunghezze calcola le ampiezze dei tre angoli interni nel sistema centesimale.

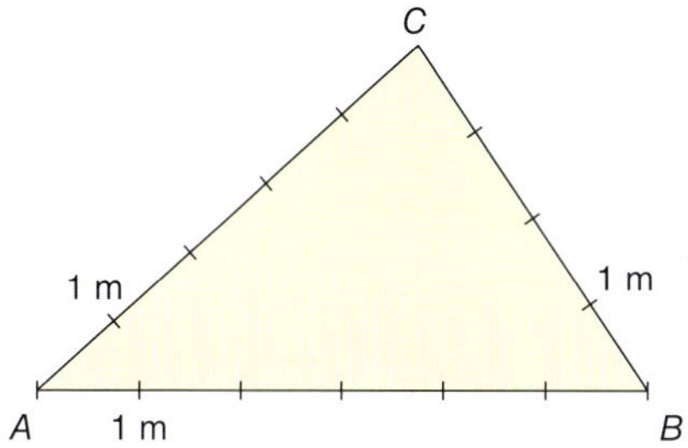

[$\alpha = 46^c{,}0107$; $\beta = 61^c{,}9679$; $\gamma = 92^c{,}0214$]

86 Risolvi i seguenti triangoli qualunque conoscendo i dati indicati:

a) $a = 433{,}40$ $\beta = 106^c{,}7733$ $\gamma = 49^c{,}0119$
[$b = 673{,}74$; $c = 471{,}33$; $\alpha = 44^c{,}2148$]

b) $b = 348{,}75$ $\alpha = 100^c{,}0630$ $\gamma = 54^c{,}6997$
[$a = 534{,}66$; $c = 404{,}92$; $\beta = 45^c{,}2373$]

c) $c = 112{,}40$ $\beta = 87^c{,}0858$ $\gamma = 49^c{,}7345$
[$a = 133{,}66$; $b = 156{,}35$; $\alpha = 63^c{,}1796$]

d) $a = 97{,}49$ $b = 124{,}76$ $\beta = 62°45'10''$
[$c = 134{,}37$; $\alpha = 44°00'16''$; $\gamma = 73°14'34''$]

e) $a = 115{,}00$ $b = 143{,}00$ $\alpha = 53^c{,}4850$
[$c_1 = 138{,}83$, $c_2 = \ldots$; $\beta_1 = 75^c{,}3667$, $\beta_2 = \ldots$; $\gamma_1 = 71^c{,}1483$, $\gamma_2 = \ldots$]

f) $b = 490{,}55$ $c = 581{,}30$ $\beta = 61^c{,}4370$
[$a_1 = 441{,}78$, $a_2 = \ldots$; $\alpha_1 = 53^c{,}0670$, $\alpha_2 = \ldots$; $\gamma_1 = 85^c{,}4959$, $\gamma_2 = \ldots$]

g) $a = 263{,}61$ $b = 249{,}50$ $\gamma = 102°36'18''$
[$c = 400{,}56$; $\alpha = 39°57'34''$; $\beta = 37°26'08''$]

h) $b = 254{,}23$ $c = 262{,}51$ $\alpha = 38°04'00''$
[$a = 168{,}70$; $\beta = 68°18'30''$; $\gamma = 73°37'30''$]

i) $a = 84{,}30$ $c = 91{,}52$ $\beta = 124°36'14''$
[$b = 155{,}71$; $\alpha = 26°27'47''$; $\gamma = 28°55'59''$]

l) $a = 105{,}72$ $b = 112{,}30$ $c = 155{,}71$
[$\alpha = 42°45'02''$; $\beta = 46°08'36''$; $\gamma = 91°06'16''$]

m) $a = 265{,}38$ $b = 422{,}41$ $c = 271{,}15$
[$\alpha = 37°35'10''$; $\beta = 103°51'46''$; $\gamma = 38°33'06''$]

n) $a = 121{,}04$ $b = 129{,}25$ $c = 90{,}51$
[$\alpha = 64°01'36''$; $\beta = 73°43'59''$; $\gamma = 42°14'25''$]

87 $a = 12{,}58$ m $c = 19{,}56$ m $S = 102{,}11$ m^2
[$\beta_1 = 56°05'35''$; $\alpha_1 = 39°46'23''$; $\gamma_1 = 84°08'02''$; $b_1 = 16{,}32$ m; $\beta_2 = \ldots$; $\alpha_2 = \ldots$; $\gamma_2 = \ldots$; $b_2 = \ldots$]

88 $\overline{AB} = c = 398{,}70$ m $\widehat{A} = 40°18'30''$ $S = 32\,176$ m^2
[$\overline{AC} = 249{,}50$ m; $\overline{BC} = 263{,}62$ m; $\widehat{B} = 37°45'07''$; $\widehat{C} = 101°56'23''$]

89 $\widehat{A} = 38°40'00'$ $\widehat{B} = 68°18'30''$ $S = 20\,575$ m^2
[$\widehat{C} = 73°01'30''$; $\overline{AB} = 260{,}37$ m; $\overline{BC} = 170{,}10$ m; $\overline{CA} = 252{,}95$ m]

90 $a = 124{,}76$ m $b + c = 229{,}61$ m $\alpha = 62°45'10''$
[$b = 93{,}91$ m; $c = 135{,}70$ m; $\beta = 42°00'15''$; $\gamma = 75°14'35''$; $S = 5664{,}78$ m^2]

91 $b = 121{,}40$ m $a + c = 200{,}74$ m $\beta = 77^c{,}4191$
[$a = 124{,}64$ m; $c = 76{,}10$ m; $\alpha = 82^c{,}5778$; $\gamma = 40^c{,}003$; $S = 4447{,}33$ m^2]

92 $b = 94{,}52$ m $a - c = 19{,}08$ m $\beta = 49^c{,}7346$
[$a = 131{,}47$ m; $c = 112{,}40$ m; $\alpha = 87^c{,}0861$; $\gamma = 63^c{,}1793$; $S = 5203{,}11$ m^2]

93 $a = 83{,}55$ m $b - c = 21{,}03$ m $\alpha = 89^c{,}7738$
[$b = 73{,}78$ m; $c = 52{,}75$ m; $\beta = 67^c{,}3917$; $\gamma = 42^c{,}8340$; $S = 1920{,}90$ m^2]

94 $p = 85{,}94$ m $\alpha = 33^c{,}1440$
$\beta = 62^c{,}1724$ $\gamma = 104^c{,}6836$
[$a = 36{,}80$ m; $b = 61{,}30$ m; $c = 73{,}78$ m; $S = 1124{,}87$ m^2]

95 $p = 27{,}13$ m $\alpha = 32^c{,}9093$
$\beta = 44^c{,}7284$ $\gamma = 122^c{,}3469$
[$a = 12{,}90$ m; $b = 16{,}86$ m; $c = 24{,}50$ m; $S = 102{,}10$ m^2]

96 Del triangolo ABC sono noti il lato AB e le altezze relative agli altri due lati:

$c = 196{,}50$ m $h_a = 179{,}554$ m $h_b = 131{,}30$ m

Determina perimetro, area e raggio del cerchio circoscritto del triangolo.
[$2p = 523{,}274$ m; $S = 12391{,}4$ m^2; $R = 103{,}28$ m]

97 Con i dati dell'esercizio precedente, Determina la distanza tra l'ortocentro del triangolo e il punto medio del lato AB. [$d = 75{,}345$ m]

98 Del triangolo ABC sono noti i tre lati:

$a = 320$ m $b = 184{,}11$ m $c = 180$ m.

Determina la distanza tra il punto K, intersezione tra la bisettrice dell'angolo β con il lato AC, e il punto O centro del cerchio circoscritto al triangolo.
[$KO = 169{,}076$ m]

99 Del triangolo ABC sono noti i lati:

$a = 48{,}00$ m $b = 56{,}09$ m $c = 60{,}00$ m

Determina le distanze tra il centro O del cerchio inscritto e i punti O_1, O_2, O_3 dei cerchi ex-inscritti al triangolo.
[$OO_1 = 52{,}69$ m; $OO_2 = 65{,}23$ m; $OO_3 = 73{,}20$ m]

100 Con i dati dell'esercizio precedente, Determina il perimetro e l'area del triangolo che ha come vertici i punti O_1, O_2, O_3, centri dei cerchi ex-inscritti al triangolo ABC. [$2p = 331{,}02$ m; $S = 5241{,}85$ m^2]

101 Del triangolo ABC sono noti i lati AB e BC, oltre alla mediana relativa al lato AB:

$c = 92{,}00$ m $a = 62{,}00$ m $m_c = 49{,}478$ m

Determina il perimetro e il raggio del cerchio inscritto del triangolo.

[$b = 72{,}69$ m; $\alpha = 46^c{,}92$; $2p = 226{,}69$ m; $r = 19{,}83$ m]

102 Con i dati dell'esercizio precedente, Determina la distanza tra il baricentro G e il punto T posto sul lato AB a una distanza dal vertice A pari ai $3/4$ dello stesso lato AB. [$GT = 26{,}10$ m]

103 **PROBLEMA SVOLTO**

Del triangolo ABC sono noti il lato AB e le mediane relative agli altri due lati:

$c = 110{,}00$ m $\quad m_a = 101{,}75$ m $\quad m_b = 84{,}44$ m

Determina gli angoli, i lati AC e BC e il raggio del cerchio inscritto del triangolo.

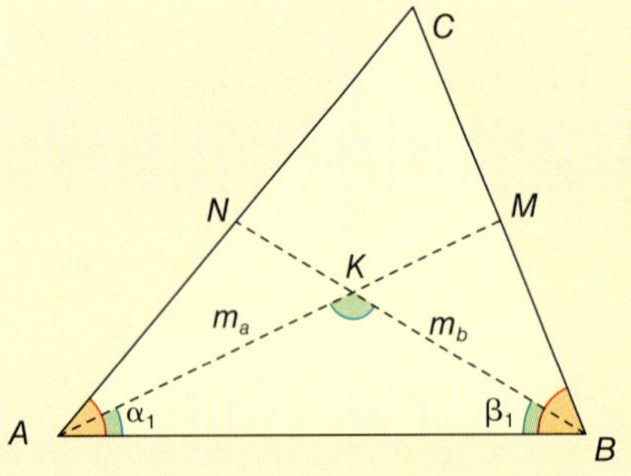

Soluzione

Per le proprietà delle mediane:

$$AK = (2/3)\ 101{,}75 = 67{,}83 \text{ m}$$

$$BK = (2/3)\ 84{,}44 = 56{,}29 \text{ m}$$

Dal triangolo ABK:

$$\alpha_1 = \arccos\frac{110^2 + 67{,}83^2 - 56{,}29^2}{2 \cdot 110 \cdot 67{,}83} = 27{,}6982 \text{ gon}$$

$$\beta_1 = \arccos\frac{110^2 + 56{,}29^2 - 67{,}83^2}{2 \cdot 110 \cdot 56{,}29} = 33{,}9151 \text{ gon}$$

$$AKB = \arccos\frac{67{,}83^2 + 56{,}29^2 - 110^2}{2 \cdot 67{,}83 \cdot 56{,}29} = 138{,}3867 \text{gon}$$

$$b = 2 \cdot AN = 2\,(110^2 + 84{,}44^2 + \\ - 2 \cdot 110 \cdot 84{,}44 \cdot \cos 33{,}9151)^{1/2} = 113{,}62 \text{ m}$$

$$a = 2 \cdot BM = 2\,(110^2 + 101{,}75^2 + \\ - 2 \cdot 110 \cdot 101{,}75 \cdot \cos 27{,}6982)^{1/2} = 92{,}81 \text{ m}$$

$$\alpha = \arccos\frac{110^2 + 113{,}62^2 - 92{,}81^2}{2 \cdot 110 \cdot 113{,}62} = 54{,}4556 \text{ gon}$$

$$\beta = \arccos\frac{110^2 + 92{,}81^2 - 113{,}62^2}{2 \cdot 110 \cdot 92{,}81} = 75{,}0321 \text{ gon}$$

$$\gamma = \arccos\frac{92{,}81^2 + 113{,}62^2 - 110^2}{2 \cdot 92{,}81 \cdot 113{,}62} = 70{,}5123 \text{ gon}$$

$$S = (1/2)\ 113{,}62 \cdot 110 \cdot \text{sen } 54{,}4556 = 4718{,}41 \text{ m}^2$$

$$r = S/p = 4718{,}41/148{,}095 = 31{,}86 \text{ m}$$

ORA PROVACI TU

Risolvi l'esercizio precedente sapendo che: $AB = c = 150{,}50$ m; $m_a = 103{,}34$ m; $m_b = 141{,}78$ m.

[$a = 150{,}14$ m; $b = 99{,}89$ m; $r = 35{,}36$ m]

104 Con i dati dell'esercizio precedente, Determina la distanza tra il baricentro G del triangolo ABC e il punto O, centro del cerchio inscritto al triangolo GAB. [$GO = 15{,}18$ m]

105 Del triangolo ABC sono noti l'angolo in A, il raggio del cerchio inscritto e il raggio del cerchio ex-inscritto relativo al lato BC:

$\alpha = 49^c{,}9918$ $\quad r = 13{,}595$ m $\quad R_a = 31{,}817$ m

Determina la lunghezza dei lati e l'ampiezza degli angoli del triangolo.

[$a = 44$ m; $b = 47{,}65$ m; $c = 62$ m; $\beta = 55^c{,}5230$]

106 Con i dati dell'esercizio precedente, Determina la distanza tra il centro O_1 del cerchio inscritto e il centro O_2 del cerchio ex-iscritto relativo al lato BC. [$O_1O_2 = 47{,}624$ m]

107 Del triangolo ABC sono stati misurati il lato $AC = 86{,}18$ m e gli angoli $C\widehat{A}B = 76^c{,}88$ e $B\widehat{C}A = 64^c{,}76$. Determina la posizione del punto H sul lato BC tale che l'area del triangolo ACH sia i $2/3$ dell'area del triangolo ABC. [$CH = 67{,}67$ m]

108 In un parallelogramma le due diagonali sono lunghe 132,40 m e 84,30 m, mentre l'angolo che esse formano è di $78^c{,}06$. Determina il perimetro e l'area del parallelogramma. [$2p = 310{,}125$ m; $S = 5252{,}51$ m^2]

109 Da un punto A su una circonferenza di raggio 16,50 m sono state tracciate le due corde AB e AC, lunghe rispettivamente 8,06 m e 9,85 m. Determina il perimetro del triangolo ABC. [$2p = 35{,}15$ m]

110 In un cerchio di raggio 20,15 m sono state tracciate le tre corde consecutive AB, BC e CD, lunghe rispettivamente 28,90 m, 20,03 m e 33,95 m. Determina la lunghezza della corda AD. [$AD = 29{,}46$ m]

111 In un cerchio di centro O e raggio 12,80 m due angoli al centro consecutivi $A\widehat{O}B$ e $B\widehat{O}C$ hanno rispettivamente le ampiezze di $98^c,08$ e $34^c,60$. Determina il perimetro e l'area del triangolo ABC. (*Suggerimento*: ricorda le proprietà tra gli angoli al centro e quelli alla circonferenza.)

[$2p = 46,80$ m; $S = 52,88$ m^2]

RISOLUZIONE DI FIGURE TRAPEZIE

112 In un trapezio sono stati misurati i quattro lati:

$\overline{DA} = 120,40$ m (lato obliquo)
$\overline{BC} = 103,25$ m (lato obliquo)
$\overline{CD} = 141,75$ m (base minore)
$\overline{AB} = 241,50$ m (base maggiore)

Calcola gli elementi incogniti e l'area. Figura in scala 1:3000. [$\alpha = 61^c,0834$; $\beta = 80^c,8126$; $h = 98,60$ m; $S = 18\,894,23$ m^2]

113 Risolvi il trapezio $ABCD$ di cui si conoscono:

$\overline{BC} = b = 54,30$ m (lato obliquo)
$\overline{DA} = d = 62,28$ m (lato obliquo)
$\overline{CD} = c = 96,35$ m (base minore)
l'angolo $D\widehat{A}B = \alpha = 62^c,2430$

Esegui la figura in scala 1:1000. Prima di eseguire i calcoli costruisci la figura e, poiché sussiste la doppia soluzione, esegui i calcoli per entrambi i trapezi.

[$\beta = 80^c,0055$; $\beta' = 119^c,9945$; $h = 51,64$ m; $\overline{AD'} = 34,81$ m; $\overline{BC'} = 16,77$ m; $\overline{AB} = 147,93$ m; $\overline{AB'}$ 114,38 m]

114 Di un trapezio $PQRS$ si sa che la somma delle basi PQ e RS è 164,32 m, mentre la loro differenza è 56,00 m. Si conoscono inoltre il lato QR e l'angolo nel vertice Q: $\overline{QR} = 66,19$ m; $\widehat{Q} = 49^c,2457$. Calcola gli elementi incogniti e l'area.

[$\overline{SP} = 47,05$ m; $\widehat{P} = 88^c,2346$; $\widehat{S} = 111^c,7654$; $\widehat{R} = 150^c,7543$; $S = 3799,54$ m^2]

115 Del trapezio $ABCD$ con base maggiore AB si conoscono:

$\overline{BC} = 25,10$ m $\overline{CD} = 30,20$ m
$\overline{DA} = 32,30$ m $D\widehat{A}B = 50^c,1296$

Calcola gli elementi incogniti.

[$\overline{AB} = 63,30$ m; $\beta = 73^c,0602$]

116 Risolvi il trapezio $ABCD$, in cui AB e CD sono le basi parallele e di cui si conoscono i seguenti quattro lati:

$AB = 241,50$ m $CD = 141,75$ m
$AD = 120,40$ m $BC = 103,25$ m

Calcola, inoltre, l'area del trapezio.

[$\alpha = 54°,9754$; $\beta = 72°,7315$; $h = 98,6$ m; $S = 18\,894$ m^2]

117 Risolvi il trapezio $ABCD$, in cui AB e CD sono le basi parallele e di cui si conoscono i seguenti elementi:

$D\widehat{A}B = \alpha = 63°,1116$ $A\widehat{B}C = \beta = 75°,0825$
$AB = 154,20$ m $BC = 64,28$ m

Calcola, inoltre, l'area del trapezio.

[$CD = 106,16$ m; $AD = 69,64$ m; $S = 8086$ m^2]

118 Risolvi il trapezio $ABCD$, in cui AB e CD sono le basi parallele e di cui si conoscono i seguenti elementi:

$BC = 54,30$ m $CD = 96,35$ m
$AD = 62,28$ m $D\widehat{A}B = \alpha = 62^c,2430$

Nota. Esiste una doppia soluzione del trapezio.

[$\beta_1 = 80^c,0055$; $\beta_2 = 119^c,9945$; $a_1 = 147,93$ m; $a_2 = 114,38$ m]

RISOLUZIONE DEI QUADRILATERI

Noti i quattro lati e un angolo

119 Un appezzamento di terreno di forma quadrilatera $ABCD$ è stato rilevato misurando i quattro lati e l'angolo nel vertice B:

$\overline{AB} = 84,30$ m $\overline{BC} = 91,52$ m
$\overline{CD} = 105,72$ m $\overline{DA} = 112,30$ m
$A\widehat{B}C = \beta = 138^c,4488$

Calcola gli elementi incogniti. Figura in scala 1:2000. Si calcoli anche l'area del quadrilatero.

[$\delta = 101^c,2272$; $\alpha = 79^c,6497$; $\gamma = 80^c,6738$; $S = 9110,22$ m^2]

120 Una particella di terreno di forma quadrilatera $ABCD$ è stata rilevata misurando i quattro lati e l'angolo nel vertice A:

$\overline{AB} = a = 62,30$ m $\overline{BC} = b = 75,15$ m
$\overline{CD} = c = 101,54$ m $\overline{DA} = 128,3$ m
$D\widehat{A}B = \alpha = 84^c,4028$

Calcola gli elementi incogniti e l'area. Figura in scala 1:2000. [$\beta = 142^c,4514$; $\gamma = 102^c,1192$; $\delta = 71^c,0316$; $S = 7690,45$ m^2]

121 Di un terreno quadrilatero $ABCD$ si conoscono:

$a = 265,38$ m $b = 260,10$ m
$c = 403,70$ m $d = 271,15$ m
$\gamma = 84^c,0080$

Calcola gli elementi incogniti e l'area. Figura in scala 1:5000.

[$\alpha = 115^c,4006$; $\beta = 118^c,1447$; $S = 85\,784,87$ m^2]

122 Di un terreno quadrilatero $BCDE$ si conoscono:

$\overline{EB} = 42{,}15$ m $\quad \overline{BC} = 45{,}76$ m

$\overline{CD} = 52{,}86$ m $\quad \overline{DE} = 56{,}15$ m

$\beta = 124°36'14''$

Calcola gli elementi incogniti. Figura in scala 1:2000.

[$\delta = 91°06'10''$; $\varepsilon = 71°41'10''$; $\gamma = 72°36'26''$; $S = 2277{,}56$ m^2]

Noti tre lati e due angoli

123 Un terreno di forma quadrilatera è stato rilevato misurando i lati AB, BC e CD nonché gli angoli nei vertici A e B:

$\overline{AB} = a = 87{,}55$ m $\quad \overline{BC} = b = 97{,}38$ m

$\overline{CD} = c = 82{,}60$ m

$D\widehat{A}B = \alpha = 100^c{,}0000 \quad A\widehat{B}C = \beta = 91^c{,}1012$

Calcola gli elementi incogniti. Figura in scala 1:2000.

[$\overline{AD} = 133{,}16$ m; $\gamma = 138^c{,}2389$; $\delta = 70^c{,}6599$; $S = 9146{,}94$ m^2]

124 Osserva che con i dati dell'esercizio precedente si possono costruire due quadrilateri. Esegui i calcoli relativi al secondo quadrilatero, cioè quello avente l'angolo in D ottuso.

[$\delta_1 = 129^c{,}3395$; $\gamma_2 = 79^c{,}5605$; $\overline{AD}_1 = 59{,}69$ m; $S = 6429{,}40$ m^2]

125 Un terreno di forma quadrilatera $MNPQ$ è stato rilevato misurando i lati MN, NP, PQ e gli angoli nei vertici M ed N:

$\overline{MN} = 86{,}24$ m $\quad \overline{NP} = 91{,}50$ m

$\overline{PQ} = 214{,}75$ m

$Q\widehat{M}N = 101^c{,}3735 \quad M\widehat{N}P = 133^c{,}5642$

Calcola gli elementi incogniti. Figura in scala 1:2000.

[$\overline{MP} = 154{,}11$ m; $\widehat{Q} = 42^c{,}8796$; $\overline{MQ} = 244{,}06$ m; $S = 19\,755{,}65$ m^2]

126 Risolvi i seguenti quadrilateri, calcolandone anche l'area.

a) $\overline{AB} = 119{,}80$ m $\quad \overline{BC} = 116{,}75$ m
$\overline{CD} = 164{,}11$ m $\quad \alpha = 117^c{,}0216$
$\gamma = 72^c{,}6698$
[$\overline{DA} = 74{,}47$ m; $\beta = 110^c{,}2911$; $\delta = 100^c{,}0176$; $S = 13\,012{,}79$ m^2]

b) $\overline{DA} = 40{,}30$ m $\quad \overline{AB} = 84{,}60$ m
$\overline{BC} = 65{,}40$ m $\quad \alpha = 67^c{,}4086$
$\gamma = 101^c{,}6728$
[$\overline{CD} = 32{,}44$ m; $\beta = 60^c{,}5821$; $\delta = 170^c{,}3364$; $S = 2546{,}56$ m^2]

c) $\overline{CD} = 158{,}28$ m $\quad \overline{DA} = 100{,}12$ m
$\overline{AB} = 184{,}21$ m $\quad \alpha = 93^c{,}0062$
$\gamma = 89^c{,}1204$
[$\overline{BC} = 151{,}75$ m; $\beta = 90^c{,}2272$; $\delta = 127^c{,}6463$; $S = 21\,001$ m^2]

d) $\overline{DA} = 124{,}30$ m $\quad \overline{AB} = 115{,}80$ m
$\overline{BC} = 110{,}24$ m $\quad \alpha = 67°24'10''$
$\gamma = 121°42'10''$
[$\overline{CD} = 36{,}95$ m; $\beta = 72°57'55'$; $\delta = 97°55'45''$; $S = 8377$ m^2]

e) $\overline{DA} = 170{,}30$ m $\quad \overline{AB} = 164{,}80$ m
$\overline{BC} = 104{,}60$ m $\quad \alpha = 82°10'10''$
$\gamma = 68°20'20''$
[$\overline{CD} = 236{,}26$ m; $\beta = 135°27'51''$; $\delta = 74°01'39''$; $S = 25\,385$ m^2]

f) $\overline{BC} = 116{,}35$ m $\quad \overline{CD} = 148{,}87$ m
$\overline{DA} = 172{,}54$ m $\quad \alpha = 82°06'$
$\beta = 72°20'$
[$\overline{AB} = 195{,}25$ m; $\gamma = 131°27'$; $\delta = 74°07'$]

g) $\overline{CD} = 120{,}10$ m $\quad \overline{DA} = 124{,}57$ m
$\overline{AB} = 85{,}50$ m $\quad \beta = 124°15'10''$
$\gamma = 75°10'26''$
[$\overline{BC} = 98{,}60$ m; $\alpha = 77°08'03''$; $\delta = 83°26'21''$; $S = 11\,431$ m^2]

h) $\overline{DA} = 122{,}40$ m $\quad \overline{AB} = 189{,}70$ m
$\overline{BC} = 168{,}60$ m $\quad \gamma = 97°41'03''$
$\delta = 128°18'15''$
[$\overline{CD} = 77{,}48$ m; $\alpha = 73°41'09''$; $\beta = 60°19'29''$]

i) $\overline{DA} = 112{,}40$ m $\quad \overline{AB} = 194{,}90$ m
$\overline{BC} = 158{,}60$ m $\quad \alpha = 88°46'30''$
$\beta = 78°12'20''$
[$\overline{CD} = 165{,}73$ m; $\gamma = 86°48'02''$; $\beta = 106°13'08''$; $S = 24\,076$ m^2]

l) $\overline{DA} = 150{,}40$ m $\quad \overline{AB} = 180{,}72$ m
$\overline{BC} = 120{,}25$ m $\quad \alpha = 125°13'30''$
$\beta = 99°45'17''$
[$\overline{CD} = 287{,}90$ m; $\gamma = 81°06'38''$; $\delta = 53°54'34''$; $S = 28\,203$ m^2]

m) $\overline{AB} = 110$ m $\quad \overline{BC} = 150$ m
$\overline{CD} = 140$ m $\quad \beta = 106°20'20''$
$\gamma = 74°30'10''$
[$\overline{DA} = 146{,}51$; $\alpha = 85°12'42''$; $\delta = 93°56'48''$; $S = 18\,148{,}20$ m^2]

n) $\overline{AB} = 85{,}50$ m $\overline{BC} = 98{,}60$ m

$\overline{CD} = 120{,}10$ $\beta = 124°15'10''$

$\gamma = 75°10'26''$

[$\overline{DA} = 124{,}57$ m; $\alpha = 77°08'03''$; $\delta = 83°26'21''$; $S = 10\,916$ m^2]

Noti due lati e tre angoli

127 Un parco quadrilatero *ABCD* è stato rilevato misurando:

$\overline{AD} = 394{,}28$ m $\overline{BC} = 719{,}30$ m

$\widehat{A} = 135^c{,}0000$ $\widehat{B} = 90^c{,}6667$ $\widehat{C} = 75^c{,}9259$

Calcola gli elementi incogniti e l'area. Figura in scala 1:10 000.

[$\overline{AB} = 574{,}54$ m; $\overline{CD} = 749{,}30$ m; $S = 342\,488$ m^2]

128 Risolvi i seguenti quadrilateri, calcolandone anche l'area.

a) $\overline{AB} = 150$ m $\overline{BC} = 145$ m

$\alpha = 93^c{,}6173$ $\beta = 86^c{,}7376$ $\gamma = 105^c{,}7500$

[$\overline{CD} = 107{,}77$ m; $\overline{DA} = 129{,}84$ m; $S = 17\,470$ m^2]

b) $\overline{DA} = 100{,}40$ m $\overline{AB} = 175{,}10$ m

$\alpha = 78°50'30''$ $\beta = 80°59'02''$ $\gamma = 81°10'04''$

[$\delta = 119°00'24''$; $\overline{BC} = 143{,}17$ m; $\overline{CD} = 139{,}97$ m; $S = 18\,525$ m^2]

c) $\overline{CD} = 100{,}20$ m $\overline{DA} = 140{,}84$ m

$\alpha = 84°50'10''$ $\beta = 80°09'20''$ $\gamma = 120°40'20''$

[$\delta = 74°20'10''$; $\overline{AB} = 124{,}49$ m; $\overline{BC} = 106{,}20$ m; $S = 13\,307{,}12$ m^2]

d) $\overline{AB} = 148{,}70$ m $\overline{BC} = 110{,}40$ m

$\alpha = 80°15'20''$ $\beta = 75°10'40''$ $\gamma = 130°18'10''$

[$\delta = 74°15'50''$; $\overline{CD} = 104{,}57$ m; $\overline{DA} = 153{,}94$ m; $S = 15\,682{,}20$ m^2]

e) $\overline{DA} = 112{,}40$ m $\overline{AB} = 175{,}37$ m

$\alpha = 74°30'$ $\beta = 73°50'$ $\gamma = 84°30'$

[$\delta = 127°10'$; $\overline{BC} = 155{,}03$ m; $\overline{CD} = 109{,}94$ m; $S = 17\,979{,}34$ m^2]

f) $\overline{AB} = 148{,}70$ m $\overline{DC} = 104{,}57$ m

$\alpha = 80°15'20'$ $\beta = 75°10'40''$ $\gamma = 130°18'10''$

[$\delta = 74°15'50''$; $\overline{BC} = 110{,}40$ m; $\overline{DA} = 153{,}94$ m; $S = 15\,682$ m^2]

g) $\overline{BC} = 155{,}18$ m $\overline{DA} = 112{,}40$

$\alpha = 74°30'$ $\beta = 73°50'$ $\gamma = 84°30'$

[$\delta = 127°10'$; $\overline{AB} = 175{,}77$ m; $\overline{CD} = 110{,}32$ m; $S = 18\,039{,}32$ m^2]

h) $\overline{AB} = 115{,}80$ m $\overline{DC} = 36{,}95$ m

$\alpha = 67°24'10''$ $\beta = 72°57'55''$ $\gamma = 121°42'10''$

[$\delta = 97°55'45''$; $\overline{BC} = 110{,}34$ m; $\overline{DA} = 124{,}30$ m; $S = 8383$ m^2]

PROBLEMI PRATICI DI TOPOGRAFIA

129 **PROBLEMA SVOLTO**

Per determinare la distanza tra due punti *E* ed *F* completamente inaccessibili, sono stati misurati una base $\overline{AB}$ = = 300 m è i seguenti angoli orizzontali:

$E\widehat{A}B = \alpha = 76^c{,}6697$ $A\widehat{B}E = \beta = 19^c{,}1583$

$F\widehat{A}B = \alpha_1 = 60^c{,}1870$ $A\widehat{B}F = \beta_1 = 60^c{,}0920$

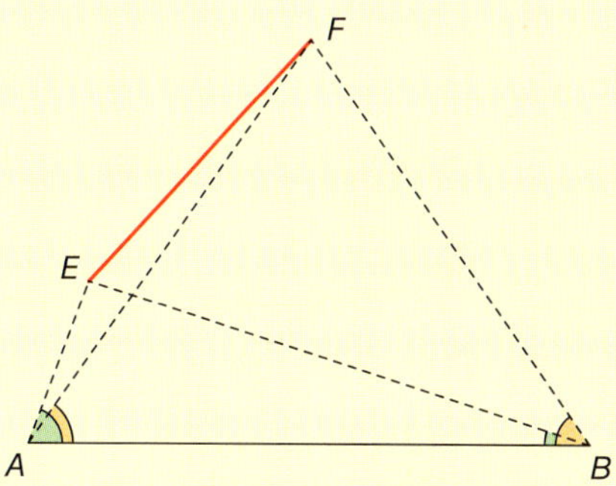

Soluzione

Dal triangolo *ABE*:

$$AE = \frac{300 \cdot \text{sen } 19{,}1583}{\text{sen } (76{,}6697 + 19{,}1583)} = 89{,}12 \text{ m}$$

Dal triangolo *ABF*:

$$AF = \frac{300 \cdot \text{sen } 60{,}092}{\text{sen}(60{,}1870 + 60{,}0920)} = 255{,}83 \text{ m}$$

Dal triangolo *AEF*:

$$EF = [89{,}12^2 + 255{,}83^2 - 2 \cdot 89{,}12 \cdot 255{,}83 \cdot \cos(76{,}6697 - 60{,}1870)]^{1/2} = 171{,}22 \text{ m}$$

ORA PROVACI TU

Risolvi l'esercizio precedente sapendo che: $AB = 180$ m; $\alpha = E\widehat{A}B = 126^c{,}2222$; $\beta = A\widehat{B}E = 48^c{,}3255$; $\alpha_1 = F\widehat{A}B = 44^c{,}8005$; $\beta_1 = A\widehat{B}F = 112^c{,}6744$.

[$EF = 360{,}94$ m]

AUTOVALUTAZIONE

130 Per determinare la distanza inaccessibile $\overline{AB}$, si è tracciata e misurata una base $\overline{CD}$ di 350 m e agli estremi di essa con un goniometro sono stati misurati i seguenti angoli:

in C: $A\widehat{C}D = 22^c{,}2222$ $\quad D\widehat{C}B = 29^c{,}1923$

in D: $B\widehat{D}C = 44^c{,}1148$ $\quad C\widehat{D}A = 141^c{,}3845$

I punti C e D giacciono da parti opposte rispetto ad AB.
[$\overline{AB} = 272{,}96$ m]

131 Per determinare la distanza $\overline{AB}$ si è fatta stazione con un goniometro prima in C e poi in D, estremi di una distanza nota; collimando gli estremi A e B si sono misurati gli angoli α, α_1, β, β_1. Calcola la distanza $\overline{AB}$ corrispondente ai seguenti dati:

1) $\overline{CD} = 470{,}15$ m $\quad \alpha = 100^c{,}0000 \quad \alpha_1 = 58^c{,}3395$
$\beta = 57^c{,}4537 \quad \beta_1 = 107^c{,}9784$

2) $\overline{CD} = 1070{,}30$ m $\quad \alpha = 98°\ 10'30'' \quad \alpha_1 = 43°\ 25'20''$
$\beta = 43°\ 36'40'' \quad \beta_1 = 92°\ 15'00''$

3) $\overline{CD} = 902{,}70$ m $\quad \alpha = 113^c{,}2430 \quad \alpha_1 = 71^c{,}3640$
$\beta = 38^c{,}5270 \quad \beta_1 = 78^c{,}1930$

[$\overline{AB}_1 = 579{,}15$ m; $\overline{AB}_2 = 1285{,}68$ m; $\overline{AB}_3 = 756{,}39$ m]

132 Un appezzamento quadrilatero $ABCD$ è stato rilevato misurando i lati AB, AD, CD, la diagonale BD e l'angolo $C\widehat{D}B$. Le lettere A, B, C, D si susseguono in senso antiorario:

$\overline{AB} = a = 75{,}30$ m $\quad \overline{AD} = 64{,}10$ m

$\overline{CD} = 81{,}50$ m $\quad \overline{BD} = 95{,}30$ m

$C\widehat{D}B = \delta_2 = 71^c{,}6667$

Calcola l'area e gli elementi incogniti del quadrilatero. [$S = 5912{,}20$ m^2]

133 Per determinare la distanza tra i due punti A e B (non misurabile direttamente) si è prolungata la direzione AB fino al punto C, misurando la distanza $\overline{BC} = = 50{,}35$ m.
Si è scelto poi un punto D fuori dell'allineamento ABC e con un goniometro si sono misurati i seguenti angoli: $C\widehat{D}B = 53^c{,}1481$ e $B\widehat{D}A = 29^c{,}5741$.
Inoltre è stata misurata la distanza $CD = 65{,}20$ m.
[Doppia soluzione: $\overline{AB}_1 = 35{,}42$ m; $\overline{AB}_2 = 13{,}50$ m]

134 Volendo determinare i lati e gli angoli di un triangolo ABC ottuso in A, con i vertici tutti inaccessibili, si è scelto un punto E sul prolungamento del lato BA dalla parte di A e su un allineamento passante per E e perpendicolare ad AB (dalla parte del vertice C) si sono scelti due punti M ed N in modo che M risulti allineato con C e B ed N con C e A. Si sono misurati:

$\overline{EM} = 80{,}15$ m $\quad \overline{MN} = 60{,}25$ m

$B\widehat{M}E = 57^c{,}2222 \quad A\widehat{N}E = 22^c{,}0741$

Nota. Facendo la figura osserva che $\alpha = 100^c + \widehat{N}$; $\beta = 100^c - \widehat{M}$; $\gamma = \widehat{M} - \widehat{N}$.

[$\overline{AB} = 50{,}03$ m; $\overline{BC} = 89{,}61$ m; $\overline{AC} = 59{,}38$ m]

135 Per determinare i lati e gli angoli del triangolo inaccessibile di cui all'esercizio precedente, dal punto E si è tracciato un allineamento EMN formante con il prolungamento di AB l'angolo $\widehat{E} = 98^c{,}1111$. Gli elementi misurati sono quelli stessi dell'esercizio precedente. Calcola in base a questi dati i lati e gli angoli del triangolo ABC.
[$\overline{AC} = 57{,}80$ m; $\overline{AB} = 46{,}96$ m; $\overline{BC} = 85{,}08$ m]

136 Due operatori posti su di un piano orizzontale, l'uno in A e l'altro in B, dirigono il cannocchiale del loro goniometro al centro di un pallone nell'istante in cui questo attraversa il piano verticale passante per AB. L'operatore in A misura per il cannocchiale una inclinazione $\alpha = 18°20'$ e quello in B un angolo $\beta = 23°00'$. Sapendo che la distanza $AB = 500$ m e che le altezze strumentali in A e in B risultano di 1,30 m, a quale quota si troverà il pallone rispetto al piano orizzontale? [662,82 m]

137 Un tecnico viene incaricato di dividere un appezzamento di terreno a forma quadrilatera di vertici A, B, C, D in due parti di area uguale, con un segmento MN, ortogonale al lato AB. Allo scopo vengono eseguite le seguenti misure:

$\overline{AB} = 158{,}00$ m $\quad \overline{BC} = 79{,}50$ m $\quad \overline{CD} = 115{,}60$ m

$\beta = 85^c{,}8060 \quad \gamma = 144^c{,}1839$

Determina la posizione dei due estremi M ed N e la loro distanza.
[$\overline{BM} = 83{,}516$ m; $\overline{MN} = 111{,}116$ m;
$S_{TOT} = 13\,801{,}88$ m^2]

138 Il quadrilatero di vertici A, B, C, D possiede le seguenti misure:

$\overline{AB} = 86{,}40$ m $\quad \overline{BC} = 67{,}80$ m $\quad \overline{CD} = 92{,}10$ m

$\beta = 125^c{,}3046 \quad \gamma = 96^c{,}5529$

Considerando i due triangoli ABC e ACD generati dalla diagonale AC, Determina la distanza tra i centri O_1 e O_2 dei cerchi inscritti a questi triangoli.
[$\overline{AC} = 128{,}83$ m; $\overline{O_1O_2} = 47{,}61$ m]

Risultati dei quesiti vero/falso

1F, 2V, 3V, 4V, 5F, 6F, 7V, 8F, 9F, 10V, 11F, 12F, 13F, 14V, 15F, 16V, 17F, 18V, 19V, 20F, 21F, 22V, 23V.

Risultati dei quesiti a risposta multipla

34c, 35d, 36a, 37d, 38b, 39a, 40b, 41a, 42d, 43d, 44b, 45c, 46b, 47c, 48c, 49a, 50c, 51d, 52a, 53d, 54a, 55c.

VERSO L'ESAME DI STATO

Fai molta attenzione a questa sezione. I problemi proposti sono relativi ad argomenti che potresti trovare nella seconda prova dell'Esame di Stato.

139 Due fratelli hanno la proprietà indivisa di un terreno a forma quadrilatera di vertici A, B, C, D. Un tecnico viene incaricato di dividere il terreno in due parti di area uguale, da assegnare a ciascun fratello, con un segmento MN, il cui primo estremo M coincide con il punto medio del lato BC. Il tecnico provvede a eseguire le seguenti misure:

$$\overline{AB} = 72{,}00 \text{ m} \qquad \overline{BC} = 108{,}00 \text{ m} \qquad \overline{CD} = 42{,}50 \text{ m} \qquad \overline{AD} = 83{,}96 \text{ m} \qquad \beta = 84^c{,}5000$$

Determina la posizione del secondo estremo N del segmento MN e la lunghezza dello stesso segmento.

Soluzione

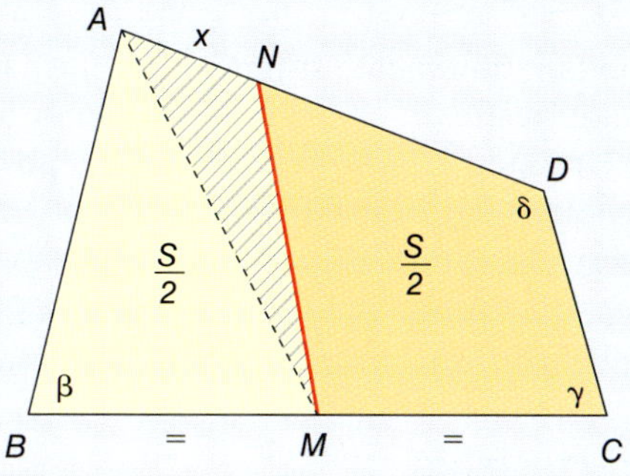

Triangolo ABC:

$$AC = \sqrt{72^2 + 108^2 - 2 \cdot 72 \cdot 108 \cdot \cos 84{,}5} = 114{,}45 \text{ m}$$

$$\alpha_1 = \arccos \frac{114{,}45^2 + 72^2 - 108^2}{2 \cdot 114{,}45 \cdot 72} = 73{,}6904 \text{ gon}$$

$$S_{ABC} = \frac{1}{2} \cdot 72 \cdot 108 \cdot \text{sen}\, 84{,}5 = 3773{,}34 \text{ m}^2$$

Triangolo ACD:

$$\alpha_2 = \arccos \frac{114{,}45^2 + 83{,}96^2 - 42{,}5^2}{2 \cdot 114{,}45 \cdot 83{,}96} = 19{,}3021 \text{ gon}$$

$$\alpha = 73{,}6904 + 19{,}3021 = 92{,}9925 \text{ gon}$$

$$S_{ACD} = \frac{1}{2} \cdot 114{,}45 \cdot 83{,}96 \cdot \text{sen}\, 19{,}3021 = 1434{,}53 \text{ m}^2$$

$$S = 3773{,}34 + 1434{,}53 = 5208 \text{ m}^2 \qquad S/2 = 2604 \text{ m}^2$$

Per stabilire dove si trova l'estremo N del segmento MN (su AB oppure su AD), consideriamo il triangolo ABM:

$$AM = \sqrt{72^2 + 54^2 - 2 \cdot 72 \cdot 54 \cdot \cos 84{,}5} = 78{,}90 \text{ m}$$

$$MAB = \arccos \frac{72^2 + 78{,}90^2 - 54^2}{2 \cdot 72 \cdot 78{,}90} = 46{,}2473 \text{ gon}$$

$$S_{ABM} = \frac{1}{2} \cdot 72 \cdot 54 \cdot \text{sen}\, 84{,}5 = 1886{,}66 \text{ m}^2$$

Essendo $S_{ABM} < S/2$, il punto N si trova sul lato AD, a una distanza dal vertice A, che indichiamo con $x = AN$, ottenibile dal triangolo AMN, del quale è immediato il calcolo dell'area e dell'angolo $N\widehat{A}M$:

$$S_{AMN} = 2604 - 1886{,}66 = 717{,}34 \text{ m}^2$$

$$N\widehat{A}B = 92{,}9925 - 46{,}2473 = 46{,}7452 \text{ gon}$$

$$717{,}34 = \frac{1}{2} \cdot 78{,}90 \cdot x \cdot \text{sen}\, 46{,}7452$$

da cui segue:

$$x = AN = \frac{2 \cdot 717{,}34}{78{,}90 \cdot \text{sen}\, 46{,}7452} = 27{,}14 \text{ m}$$

$$MN = (78{,}90^2 + 27{,}14^2 - 2 \cdot 78{,}90 \cdot 27{,}14 \cdot \cos 46{,}2473)^{1/2} = 61{,}32 \text{ m}$$

ORA PROVACI TU

Dopo avere ottenuto i valori di α e $S/2$, puoi impostare la formula di camminamento applicata al quadrilatero $ABMN$ di area nota $S/2$ e di cui sono noti anche i lati MB e AB, oltre agli angoli α e β. Si ottiene un'equazione lineare dalla quale si ricava immediatamente $x = AN$.

A3 Le coordinate cartesiane e polari

1. La definizione dei punti nel piano

Nella nostra disciplina è necessario fare riferimento sistematicamente a punti che appartengono alla superficie fisica terrestre. In effetti, come vedremo, la finalità essenziale del *rilievo topografico* è proprio la determinazione della **posizione** di punti appartenenti alla superficie terrestre e la loro successiva rappresentazione numerica e grafica. È dunque molto importante adottare una metodologia utilizzabile per definire in modo sicuro e inequivocabile questi **punti** (che per il momento pensiamo appartenenti a un **piano**) e le loro **posizioni**.

Il sistema di riferimento cartesiano

La tecnica più utilizzata per definire la posizione dei punti deriva dall'adozione di un **sistema di riferimento cartesiano** che, in maniera semplice, efficace e inequivocabile, consente di determinare in modo oggettivo la posizione di diversi punti nel piano (*sistema bidimensionale*) o nello spazio (*sistema tridimensionale*). Questa tecnica.

I **sistemi di riferimento cartesiani** sono caratterizzati da un'**origine** O e da **due assi**, convenzionalmente indicati in matematica con le lettere X e Y (rispettivamente asse delle **ascisse** e asse delle **ordinate**) che si intersecano in O. Quando questi due assi formano un *angolo retto* (decisamente il caso più frequente) si parla di *sistema cartesiano ortogonale*; quando, invece, i due assi formano un angolo non retto, si parla di *sistema cartesiano obliquo*.

COMPETENZA

Collegamenti storici

L'individuazione univoca dei punti nel piano e nello spazio con parametri lineari è dovuta al filosofo e matematico francese René Descartes (1596-1650), noto come **Cartesio**.

Adottando un sistema di riferimento **cartesiano ortogonale**, la **posizione** di un generico punto P, appartenente al piano, viene definita dalle due **distanze** X_P e Y_P che lo separano dagli assi cartesiani. Queste due distanze sono parametri **omogenei** legati biunivocamente al punto P e vengono denominati **coordinate cartesiane** di P (▶FIGURA 1a).

I sistemi di riferimento cartesiani sono utilizzati sia in ambito teorico, sia nelle discipline di carattere tecnico-operativo come la topografia, e sono già stati introdotti nello studio di materie quali la Matematica e la Fisica.

FAQ

È possibile definire sistemi cartesiani i cui assi formano un angolo non retto?

Sì, sono detti sistemi cartesiani obliqui, tuttavia hanno limitati impieghi nel nostro contesto.

Il sistema di riferimento polare

Nel nostro contesto viene impiegato, con grande frequenza, anche un altro tipo di sistema di riferimento, denominato *sistema di riferimento polare*. Con esso si raggiunge la medesima finalità, cioè quella di definire la *posizione* di un punto nel piano (o nello spazio). In questo caso, però, i parametri che definiscono la posizione del punto sono una *distanza* e un *angolo*; elementi, dunque, *non omogenei*.

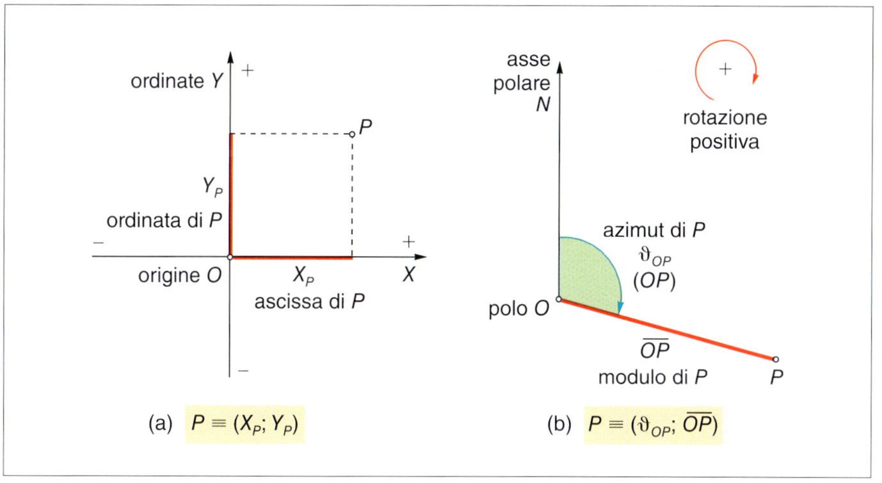

FIGURA 1 La definizione della posizione del punto *P* nel piano per mezzo di un sistema cartesiano ortogonale (a) e per mezzo di un sistema polare (b).

Un **sistema di riferimento polare** (piano) è caratterizzato da:

- un punto *O*, che ne costituisce l'**origine** ed è denominato **polo**;
- una semiretta orientata *ON*, detta **asse polare**;
- un **senso positivo** di rotazione, che convenzionalmente è destrogiro o **orario** (▶FIGURA 1b).

Le coordinate polari di un generico punto *P* sono costituite, come già anticipato, da una *distanza* e da un *angolo*.

- La **distanza** è quella $\overline{OP}$ compresa tra il punto *P* e il *polo O* del sistema; essa è sempre positiva e viene denominata **modulo**.
- L'**angolo** è quello $N\widehat{O}P$ che si ottiene facendo ruotare in senso *positivo*, dunque *orario*, l'asse polare fino a sovrapporlo al segmento che unisce il punto *P* con il polo. Esso si chiama **azimut** e si indica con i simboli ϑ_{OP} oppure (OP).

La **distanza** è sempre compresa tra *zero* e *infinito*, l'**azimut** tra 0^c e 400^c. Per $OP = 0$ si definisce il *polo O*; per $(OP) = 0^c$ si hanno tutti i punti appartenenti all'*asse polare*.

I punti che hanno la **stessa distanza** *d* giacciono su una *circonferenza* di centro *O* e raggio $R = d$; i punti che hanno lo **stesso azimut** stanno su una *semiretta* uscente da *O*.

FAQ

Che cosa serve per definire un sistema di riferimento polare?

Una semiretta, detta asse polare, un punto adottato come origine, detto polo, e un senso convenzionale positivo per gli angoli orientati.

2. Trasformazione di coordinate

In topografia è ricorrente la necessità di passare dalle **coordinate** di un dato punto, espresse rispetto a un **sistema polare**, alle coordinate dello stesso punto riferite a un **sistema cartesiano**, e viceversa.

Il passaggio dalle coordinate polari di un punto a quelle cartesiane corrispondenti è sempre possibile in qualunque situazione, perché in entrambi i sistemi la **corrispondenza** tra punti e rispettive coordinate è **biunivoca**.

Tuttavia nella nostra trattazione, per semplicità e per opportunità, imporremo le seguenti semplificazioni:

- le **origini** dei due sistemi devono coincidere;
- l'**asse polare** deve coincidere con l'**asse delle ordinate** del sistema cartesiano: $Y \equiv N$ (▶FIGURA 2a).

FAQ

Quali sono le coordinate polari di un punto?

La distanza, o modulo, tra il punto e l'origine del sistema polare, e l'angolo orientato compreso tra l'asse polare e la semiretta che esce dall'origine e passa per il punto considerato.

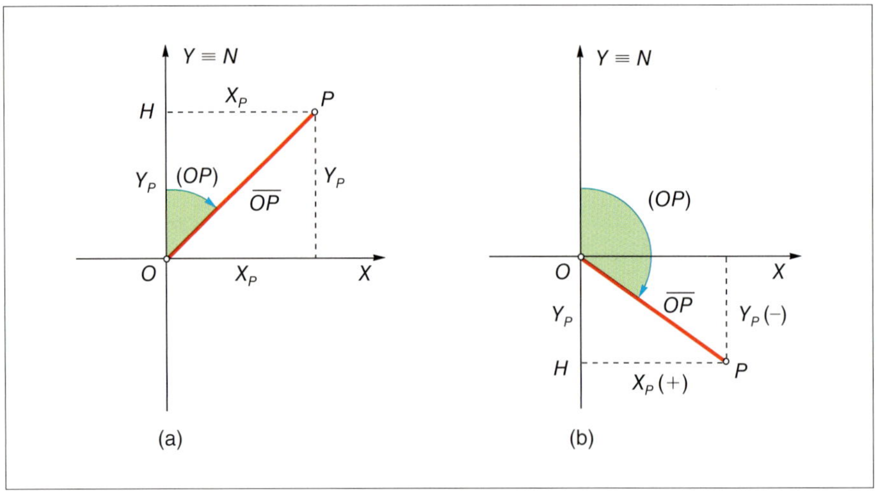

FIGURA 2 Trasformazione di coordinate da polari a cartesiane di un punto *P* nel primo quadrante (a) e nel secondo (b).

Trasformazione di coordinate da polari a cartesiane

Il problema può essere sintetizzato nel modo seguente:

Dati	Incognite
azimut (OP); distanza $\overline{OP}$	$(X_P; Y_P)$

Basta ora osservare che, nel triangolo rettangolo OPH di ▶FIGURA 2a, i cateti PH e OH rappresentano le coordinate cartesiane X_P e Y_P del punto P, quindi, risolvendo lo stesso triangolo, si ha immediatamente:

$$X_P = \overline{OP} \cdot \text{sen}\,(OP)$$
$$Y_P = \overline{OP} \cdot \cos\,(OP) \qquad (1)$$

È facile constatare che queste formule valgono perfettamente anche quando il punto P si trova nesecondo (▶FIGURA 2b) e negli altri quadranti.

Evidentemente le coordinate cartesiane di un generico punto saranno **positive** o **negative**, in funzione del segno che assumeranno le funzioni **seno** e **coseno** dell'azimut del punto, dato che la distanza è sempre positiva.

FAQ

L'azimut di un punto può avere valori illimitati?
No, l'azimut di un punto è sempre compreso tra 0° e 360°.

FAQ

Il modulo di un punto può essere negativo?
No, il modulo di un punto è la distanza tra lo stesso punto e l'origine, cioè il polo, del sistema polare; esso, pertanto, può avere valori illimitati, ma solo positivi.

Trasformazione di coordinate da cartesiane a polari

Costituisce il problema inverso del precedente: determinare le **coordinate polari** di un punto quando sono note le corrispondenti **coordinate cartesiane** dello stesso punto.

Anche per convertire le coordinate cartesiane $[X_P; Y_P]$ nelle corrispondenti coordinate polari $[(OP); OP]$ di un punto P, si fa riferimento al precedente *triangolo rettangolo* OPH (▶FIGURA 3a) osservando che, questa volta, i due cateti PH e OH rappresentano le coordinate cartesiane note X_P e Y_P del punto P, utilizzate per ottenere le corrispondenti coordinate polari. Risolvendo questo triangolo (OP ne è l'ipotenusa, mentre (OP) è l'angolo acuto in O), si ha:

$$(OP) = \text{arctg}\left(\frac{X_P}{Y_P}\right)$$

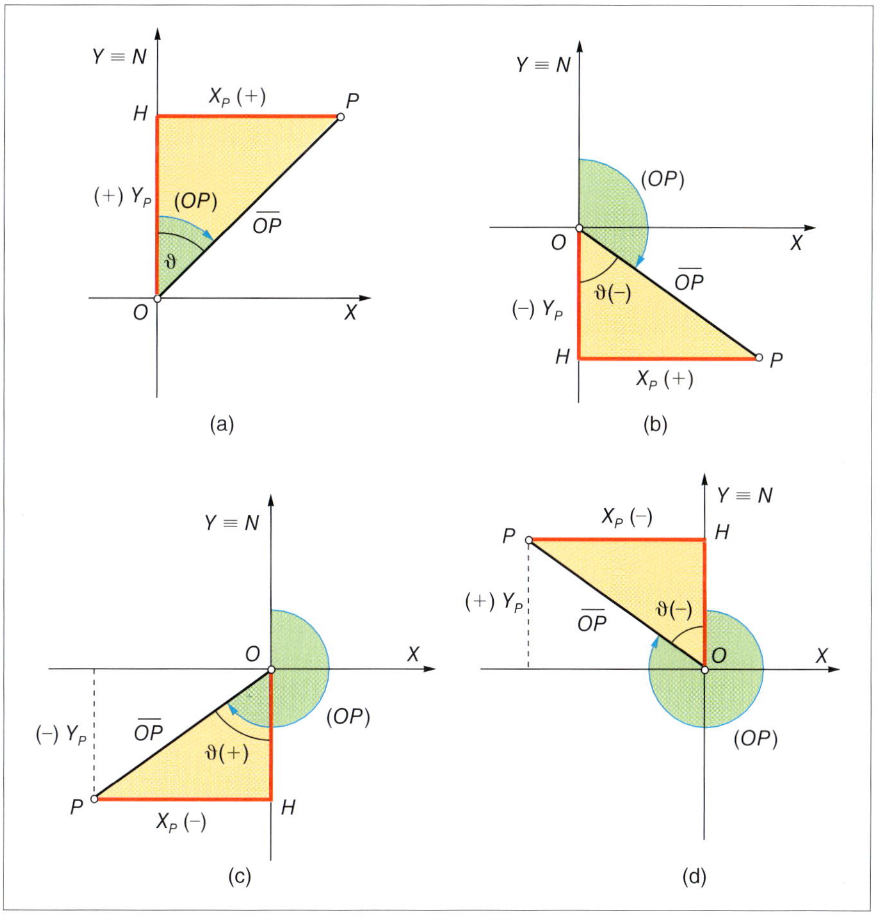

FIGURA 3 Trasformazione di coordinate da cartesiane a polari di punto P appartenente a ciascuno dei quattro quadranti. L'angolo ϑ rappresenta l'ampiezza dell'angolo fornito dalla calcolatrice eseguendo la funzione arcotangente.

$$\overline{OP} = \frac{X_P}{\text{sen}(OP)} = \frac{Y_P}{\cos(OP)} \quad \text{oppure} \quad \overline{OP} = \sqrt{X_P^2 + Y_P^2} \qquad (2)$$

Queste espressioni sono valide in qualunque ambito, tuttavia la prima di esse, a causa delle proprietà della *funzione inversa* **arcotangente**, fornisce il valore esatto dell'azimut (OP) solo quando il punto P appartiene al **primo quadrante**, mentre quando il punto P appartiene a uno degli altri *quadranti* (▶FIGURE 3b, c, d), tale valore è da considerare solo come elemento di partenza per ottenere il valore corretto di tale azimut. Infatti, come già osservato nell'unità A1, il calcolo della funzione inversa *arcotangente* con la **calcolatrice** fornisce sempre e comunque valori, *positivi* o *negativi*, che indichiamo con ϑ ($\pm\vartheta = \text{arctg}(X_P/Y_P)$), compresi nel ristretto intervallo, che ha come limiti: $-100^c \div +100^c$ ($-90° \div +90°$; ovvero $-\pi \div +\pi$), mentre sappiamo che il valore dell'azimut (OP) può assumere valori positivi compresi nell'intervallo $0^c \div +400^c$ in relazione al quadrante di appartenenza di P.

Pertanto, occorre procedere a ulteriori, e semplici, valutazioni geometriche (suggerite dagli schemi di ▶FIGURA 3) che consentano, utilizzando il valore $\pm\vartheta$ fornito dalla **calcolatrice**, di individuare il *vero valore* (OP) dell'azimut cercato.

In effetti dopo avere stabilito il *quadrante* di appartenenza del punto P, valutando la coppia di **segni** delle due coordinate cartesiane X_P e Y_P, occorre apportare le **correzioni** al valore $\pm\vartheta$, fornito dalla **calcolatrice**, riportate nella ▶TABELLA 1, al fine di ottenere il *vero valore* di (OP).

COMPETENZA

Collegamenti e relazioni

Per convertire le coordinate cartesiane di un punto nelle corrispondenti coordinate polari, oltre all'applicazione delle relazioni (2), è necessario collegare i segni delle coordinate cartesiane al quadrante di appartenenza della coordinata polare azimut dello stesso punto.

TABELLA 1 **Correzioni da apportare al valore dell'arcotangente fornito dalla calcolatrice per ottenere il valore dell'azimut**

Quadrante	Segno di X_P	Segno di Y_P	Segno di arctg	Azimut ϑ_{OP}
I	+	+	$+\vartheta$	$(OP) = \vartheta$
II	+	–	$-\vartheta$	$(OP) = 200^c + (-\vartheta)$
III	–	–	$+\vartheta$	$(OP) = 200^c + \vartheta$
IV	–	+	$-\vartheta$	$(OP) = 400^c + (-\vartheta)$

Naturalmente, in caso di angoli espressi nel sistema *sessagesimale*, il valore dell'angolo piatto e dell'angolo giro (200 gon e 400 gon) che appaiono nell'ultima colonna, dovranno essere sostituiti con i corrispondenti valori 180° e 360°.

PROBLEMA SVOLTO

Converti in coordinate cartesiane le seguenti coordinate polari del punto M, riferite a un sistema polare con origine nel punto O: (OM) = 238,7205 gon; OM = 125,20 m.

Soluzione

$$X_M = 125{,}20 \cdot \text{sen } 238{,}7205 = -71{,}54 \text{ m}$$

$$Y_M = 125{,}20 \cdot \cos 238{,}7205 = -102{,}75 \text{ m}$$

PROBLEMA SVOLTO

Converti in coordinate polari le seguenti coordinate cartesiane del punto E, riferite a un sistema cartesiano ortogonale con origine nel punto O: $X_E = 136{,}70$ m; $Y_E = -95{,}30$ m.

Soluzione

$$\vartheta = \text{arctg}\left(\frac{136{,}70}{-95{,}30}\right) = -61{,}2420 \text{ gon}$$ (valore fornito dalla calcolatrice; il punto E appartitene al II quadrante)

$$(OE) = 200 + (-61{,}2420) = 138{,}7580 \text{ gon}$$

$$OE = \frac{136{,}70}{\text{sen } 138{,}7580} = 166{,}64 \text{ m}$$

FAQ

Il calcolo dell'azimut (*OP*) di un punto *P*, partendo dalle sue coordinate cartesiane, richiede qualche attenzione?

Sì, in effetti questo calcolo ricorre alla funzione inversa arcotangente, la quale fornisce uno solo dei quattro possibili valori. Pertanto il valore definitivo sarà ottenuto valutando i segni della coppia di coordinate di *P*.

FAQ

Che cosa si intende per azimut di un lato?

È l'azimut del secondo estremo del lato rispetto a un sistema polare che ha origine sul primo estremo dello stesso lato.

3. Angolo di direzione di un segmento

Consideriamo i due punti *A* e *B* definiti a mezzo delle rispettive coordinate cartesiane: rimane così definito il segmento $\overline{AB}$ che li unisce.

Si definisce **angolo di direzione** (o **azimut del lato**) del segmento *AB* l'azimut del punto *B* rispetto a un **sistema polare** con polo in *A* e asse polare *parallelo all'asse coordinato Y*; è indicato con la notazione (*AB*) o ϑ_{AB} (▶FIGURA 4a).

Analogamente, l'**angolo di direzione** (o azimut) del lato *BA* sarà l'azimut del punto *A* rispetto a un sistema polare con polo in *B* e asse polare parallelo all'asse coordinato *Y*; per indicarlo useremo la notazione (*BA*) o ϑ_{BA} (▶FIGURA 4b).

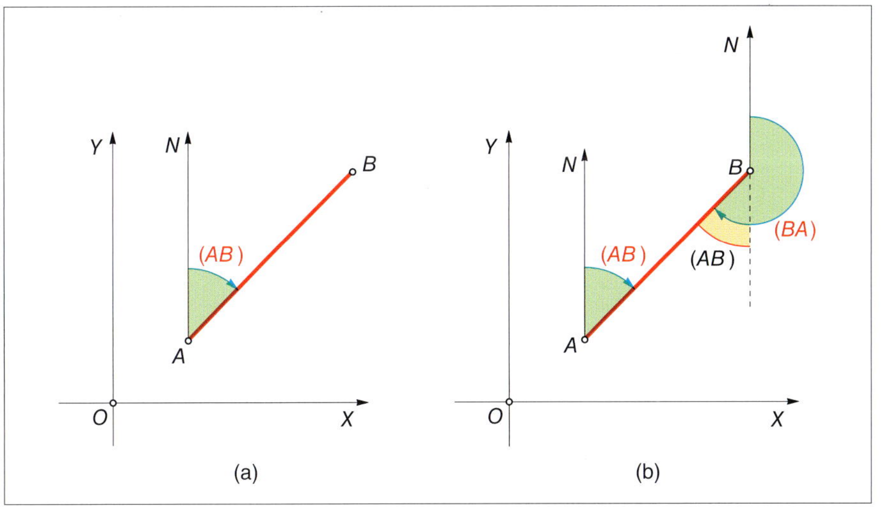

FIGURA 4 Angolo di direzione (o azimut) di un segmento (a) e relazione geometrica tra angoli di direzione reciproci (b).

Gli azimut (AB) e (BA), riferiti allo stesso segmento AB, ma con estremi invertiti, si chiamano **azimut reciproci**; essi, come vedremo, sono calcolabili utilizzando le coordinate cartesiane degli estremi A e B.

Tuttavia, fin da ora, e osservando la ▶FIGURA 4b, possiamo affermare che due azimut *reciproci* **differiscono** tra loro sempre di 200^c; quindi valgono le seguenti relazioni:

$$(BA) = (AB) + 200^c \qquad \text{oppure} \qquad (BA) = (AB) - 200^c$$

Queste relazioni non contengono alcuna ambiguità, infatti se l'azimut dato è minore di 200^c, allora si trova il suo reciproco aggiungendo 200^c; se invece quello dato è maggiore di 200^c, allora si trova il reciproco togliendo 200^c.

FAQ

Quale proprietà posseggono gli azimut reciproci di uno stesso segmento?

La loro differenza è uguale a un angolo piatto.

4. Coordinate cartesiane parziali e totali

Capita spesso che a un sistema di riferimento cartesiano OXY (origine O e assi XY), detto **principale**, possono essere associati diversi sistemi di riferimento cartesiani, detti **secondari**, con assi xy (▶FIGURA 5a); essi sono definiti rispettando i seguenti vincoli:

- ciascuno deve avere l'**origine** coincidente con un punto di coordinate cartesiane note rispetto al sistema *principale*;
- tutti devono avere gli assi cartesiani xy **paralleli** a quelli XY del sistema *principale*.

Di fatto un sistema *secondario* è un sistema **traslato** rispetto a quello *principale*. Con riferimento alla ▶FIGURA 5b, assumiamo che di un punto A siano note le coordinate cartesiane X_A, Y_A rispetto al sistema *principale*, e che esso sia l'*origine* di un sistema di riferimento *secondario* Axy. Allora, un ulteriore punto B, può essere definito rispetto a entrambi i sistemi di riferimento, adottando le seguenti convenzioni:

- Le coordinate di B rispetto al **sistema principale** si indicano con le lettere maiuscole X_B, Y_B e si chiamano **coordinate totali** o **assolute**;
- Le coordinate di B rispetto al **sistema secondario** con origine in A si rappresentano con i simboli $(x_B)_A$ e $(y_B)_A$, che si leggono rispettivamente «ascissa di B rispetto ad A» e «ordinata di B rispetto ad A»; esse vengono denominate **coordinate parziali** o **relative**.

FAQ

Nella pratica ci si riferisce a un solo sistema principale e a un solo sistema secondario?

No, in generale il sistema principale è unico, mentre i sistemi secondari possono essere anche numerosi.

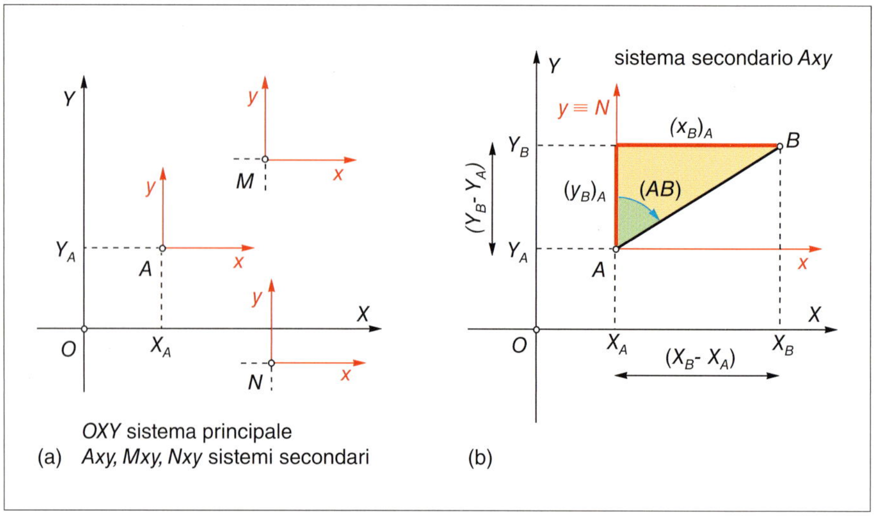

FIGURA 5 (a) Sistema cartesiano principale *OXY*, e sistemi secondari con origine in *A*, *B*, *C*. (b) Coordinate cartesiane totali e coordinate relative a un generico punto *B*.

Tra le coordinate totali dei punti *A* e *B* e quelle parziali di *B* rispetto ad *A* si possono scrivere le seguenti relazioni:

$$X_B - X_A = (x_B)_A \qquad \text{e anche} \qquad X_B = X_A + (x_B)_A$$
$$Y_B - Y_A = (y_B)_A \qquad\qquad\qquad Y_B = Y_A + (y_B)_A \qquad (3)$$

Tali relazioni sono del tutto ovvie osservando la ▶FIGURA 5b. Va tuttavia rilevato che tutti gli elementi che in esse compaiono sono *numeri relativi*, quindi occorrerà tenere ben conto dei rispettivi **segni**; in effetti le *somme* in esse contenute sono da intendere in senso *algebrico*.

Se poi immaginiamo di assumere anche un sistema di riferimento **polare** con polo in *A* e asse polare coincidente con *y*, quindi parallelo a *Y*, allora l'*azimut* (AB) e la *distanza* $\overline{AB}$ sono le **coordinate polari relative** di *B* rispetto a questo sistema.

Osservando la ▶FIGURA 6, è chiaro che vi è relazione tra le *coordinate parziali* di *B* rispetto ad *A* e le *coordinate polari* dello stesso *B* rispetto al sistema polare con polo in *A* prima descritto.

COMPETENZA

Collegamenti e relazioni

Il collegamento tra il sistema di riferimento principale e quelli secondari consente di applicare correttamente le relazioni (3) e (4), sistematicamente nel nostro contesto.

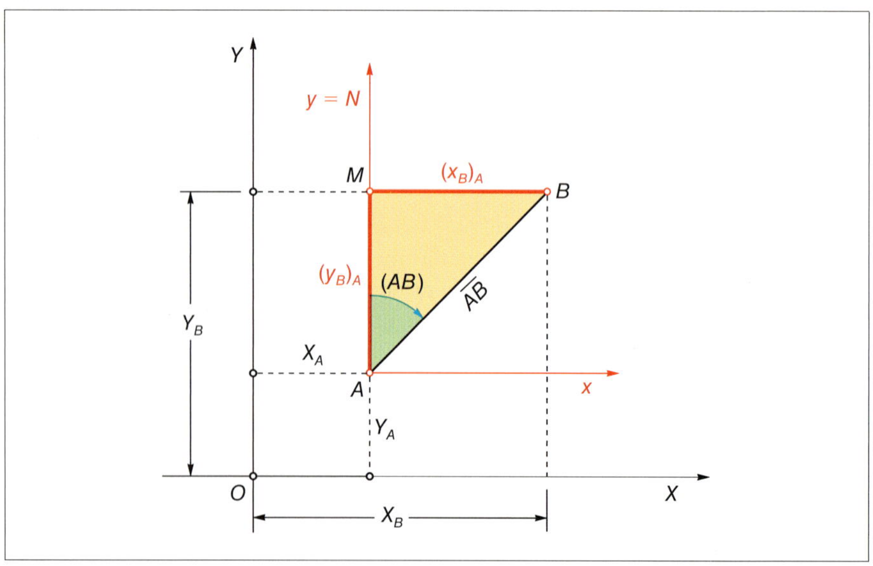

FIGURA 6 Coordinate cartesiane parziali di *B* rispetto ad *A* e coordinate polari di *B* rispetto al polo *A*.

In effetti, considerando il triangolo rettangolo AMB, ci si rende immediatamente conto che le coordinate cartesiane *parziali* di B rispetto ad A ne costituiscono i *cateti*, mentre le due coordinate polari (AB) e $\overline{AB}$ rappresentano rispettivamente un *angolo* e l'*ipotenusa*; quindi si ha:

$$(x_B)_A = \overline{AB} \cdot \text{sen}\,(AB) \qquad (y_B)_A = \overline{AB} \cdot \cos\,(AB) \tag{4}$$

Combinando queste espressioni con le seconde delle (3), risulta:

$$X_B = X_A + \overline{AB} \cdot \text{sen}\,(AB) \qquad Y_B = Y_A + \overline{AB} \cdot \cos\,(AB) \tag{4'}$$

Queste espressioni sono valide in qualsiasi situazione, anche se per semplicità sono state ricavate con A e B entrambi appartenenti al **I quadrante**. Occorrerà, tuttavia, tenere sempre conto dei **segni** che caratterizzano le coordinate di A e di quelli che presentano le funzioni trigonometriche **seno** e **coseno**.

FAQ

Come si possono ottenere le coordinate cartesiane X_B e Y_B di un generico punto B?

Si possono ottenere partendo dalle coordinate di un punto noto A (X_A; Y_A) a cui occorre sommare il prodotto della distanza tra i due punti rispettivamente con il seno e con il coseno dell'azimut (AB) del lato congiungente gli stessi punti A e B.

5. Distanza tra due punti di coordinate cartesiane note

Consideriamo due punti A e B di coordinate cartesiane assolute X_A; Y_A e X_B; Y_B note, rispetto a un sistema di riferimento *principale* con origine in O (▶FIGURA 7).

La geometria ci fornisce immediatamente lo strumento per calcolare la *distanza* tra A e B, a mezzo della seguente nota espressione (teorema di Pitagora):

$$\overline{AB} = \sqrt{(X_B - X_A)^2 + (Y_B - Y_A)^2} = \sqrt{(x_B)_A^2 + (y_B)_A^2}$$

Noi, tuttavia, **non utilizzeremo** questa espressione e daremo al problema un'impostazione *trigonometrica*, importantissima in topografia.

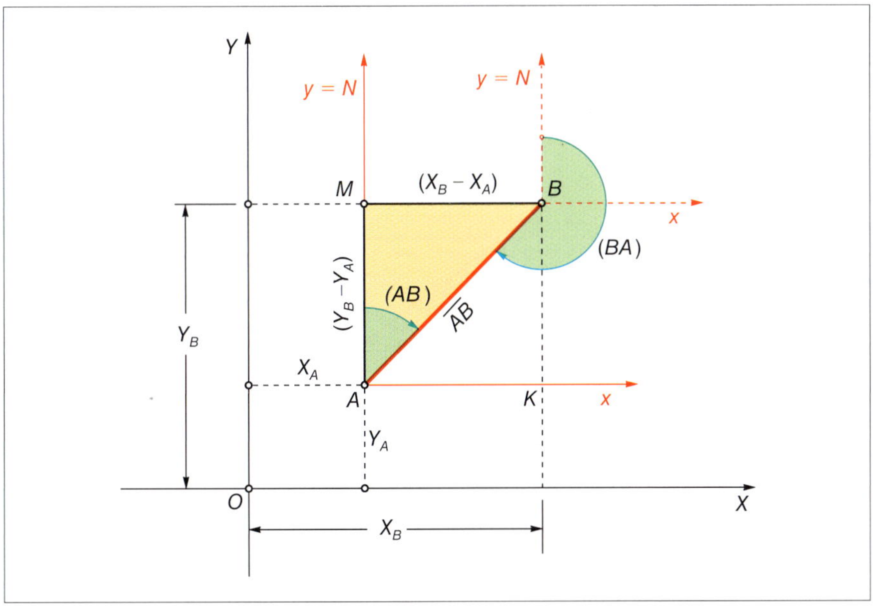

FIGURA 7 Coordinate polari di uno dei due punti A e B rispetto a un sistema polare con polo nell'altro punto.

FAQ

In topografia è usuale il calcolo della distanza tra due punti di coordinate cartesiane note?

Sì, molto, e nel nostro ambito è conveniente considerare tale distanza come il modulo (coordinata polare) del secondo punto rispetto al sistema polare con origine nel primo punto.

Osserviamo che quando sono calcolate le **coordinate polari** di uno dei due punti rispetto a un sistema polare con polo coincidente con l'altro punto (coordinate polari **relative**), rimane determinata anche la **distanza** $\overline{AB}$ cercata (il modulo), che rappresenta, appunto, una delle due coordinate polari relative.

Osservando la ▶FIGURA 7, oppure utilizzando direttamente le (3), possiamo scrivere:

$$(x_B)_A = X_B - X_A \qquad (y_B)_A = Y_B - Y_A$$

Esse ci dicono che la **differenza** delle coordinate assolute di B e di A rappresentano le coordinate parziali di B rispetto ad A; geometricamente, inoltre, rappresentano i due cateti del triangolo rettangolo AMB, risolvendo il quale si ha:

$$(AB) = \text{arctg}\,\frac{X_B - X_A}{Y_B - Y_A} \tag{5}$$

Noto l'azimut (AB) si calcola, dal medesimo triangolo rettangolo AMB, la **distanza** $\overline{AB}$ cercata con una delle due seguenti espressioni:

$$\overline{AB} = \frac{X_B - X_A}{\text{sen}(AB)} = \frac{Y_B - Y_A}{\cos(AB)} \tag{6}$$

Tuttavia, come visto nel precedente paragrafo 2, quando il punto B non appartiene al I *quadrante* del sistema *secondario* con origine sul primo estremo A del segmento AB, occorre valutare il valore della *funzione inversa* **arcotangente** che compare nella precedente relazione (5). Già sappiamo che, nel calcolo di questa *funzione inversa*, la **calcolatrice** fornisce un valore, convenzionalmente indicato con $\pm\vartheta$, compreso nell'intervallo $-100^c \div +100^c$ ($-90° \div +90°$), che corrisponde all'angolo di direzione (AB) cercato solo nel caso che B appartenga al I *quadrante* del sistema *secondario*.

Quando, invece, l'estremo B appartiene a uno dei restanti quadranti (ad esempio nel II come in ▶FIGURA 8), utilizzando il valore $\pm\vartheta$ fornito dalla *calcolatrice*, possiamo ottenere il *vero valore* di (AB) dell'azimut cercato. In effetti dopo avere stabilito il *quadrante* di appartenenza del punto B rispetto al sistema secondario con origine sul primo estremo A del segmento AB, valutando i **segni** delle due differenze di coordinate cartesiane (X_B-X_A) e (Y_B-Y_A), occorre apportare le **correzioni** al valore $\pm\vartheta$, fornito dalla **calcolatrice**, riportate nella ▶TABELLA 2 al fine di ottenere il vero valore di (AB).

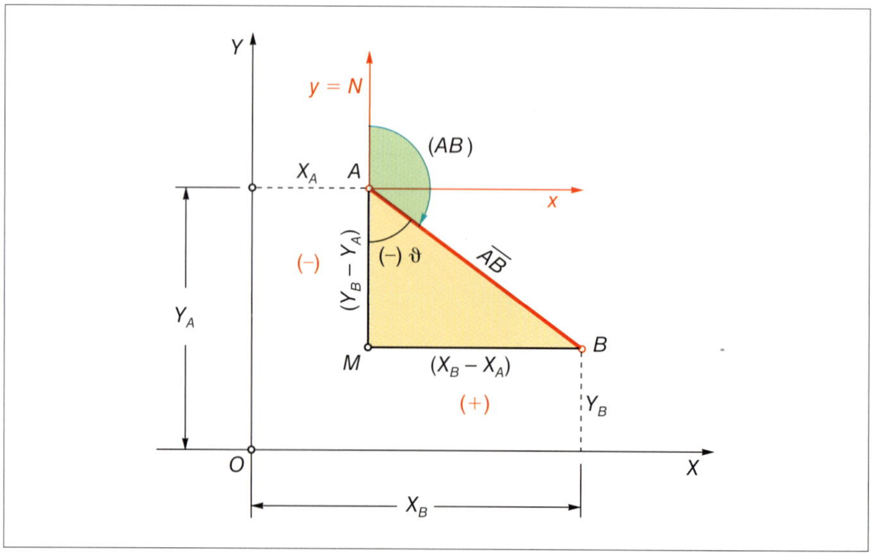

FIGURA 8 Il punto *B* si trova nel II quadrante del sistema secondario *xy* con origine in *A*. L'azimut (*AB*) è supplementare dell'angolo ϑ del triangolo *MAB*.

TABELLA 2 Correzioni da apportare al valore dell'arcotangente fornito dalla calcolatrice per ottenere il valore della direzione del segmento di cui sono note le coordinate cartesiane degli estremi

Quadrante	Segno di $(X_B\text{-}X_A)$	Segno di $(Y_B\text{-}Y_A)$	Segno di arctg	Azimut *(AB)*
I	+	+	$+\vartheta$	$(AB) = \vartheta$
II	+	−	$-\vartheta$	$(AB) = 200^c + (-\vartheta)$
III	−	−	$+\vartheta$	$(AB) = 200^c + \vartheta$
IV	−	+	$-\vartheta$	$(AB) = 400^c + (-\vartheta)$

Il problema potrebbe anche venire risolto in modo del tutto analogo considerando le coordinate parziali di A rispetto a B, cioè rispetto a un sistema di riferimento secondario con origine in B e assi paralleli a quelli principali (►FIGURA 7). In tal caso si avrebbe:

$$(x_A)_B = X_A - X_B \qquad (y_A)_B = Y_A - Y_B$$

Quindi, risolvendo il triangolo rettangolo ABK e facendo le opportune valutazioni sull'azimut (BA), risulta:

$$(BA) = \text{arctg}\,\frac{X_A - X_B}{Y_A - Y_B} \qquad \overline{BA} = \frac{X_A - X_B}{\text{sen}\,(BA)} = \frac{Y_A - Y_B}{\cos\,(BA)}$$

6. Risoluzione dei poligoni assegnati a mezzo delle coordinate cartesiane dei vertici

La risoluzione delle figure piane, quando siano assegnate le coordinate cartesiane dei *vertici* che ne definiscono i contorni, è un problema assai frequente in topografia e di semplicissima soluzione.

Basta considerare via via, ciascuna coppia di vertici consecutivi; i segmenti che li uniscono rappresentano i *lati* (quindi *segmenti*) della figura piana. Di questi si calcoleranno i rispettivi *azimut* e le rispettive *distanze* sulla base di quanto esposto nel paragrafo precedente.

In seguito si otterranno gli *angoli interni* della figura piana, facendo la **differenza tra gli azimut** di due lati consecutivi.

Consideriamo, per esempio, il triangolo ABC rappresentato in ►FIGURA 9 (pagina seguente); il problema viene così sintetizzato:

Dati	Incognite
$(X_A; Y_A)$ $(X_B; Y_B)$ $(X_C; Y_C)$	$\overline{AB}, \overline{AC}, \overline{BC}, \alpha, \beta, \gamma$

Cominciamo con l'assumere un sistema di riferimento cartesiano *secondario* con origine nel primo vertice A; assumiamo, inoltre, un *sistema polare* con polo sempre in A e asse polare AN coincidente con l'asse y.

Sulla falsariga di quanto detto in precedenza, potremo calcolare le distanze $\overline{AB}$ e $\overline{AC}$, gli azimut (AB) e (AC), oltre agli azimut reciproci (BA) e (CA).

FIGURA 9 Risoluzione di un triangolo qualunque *ABC* utilizzando le coordinate cartesiane dei suoi vertici.

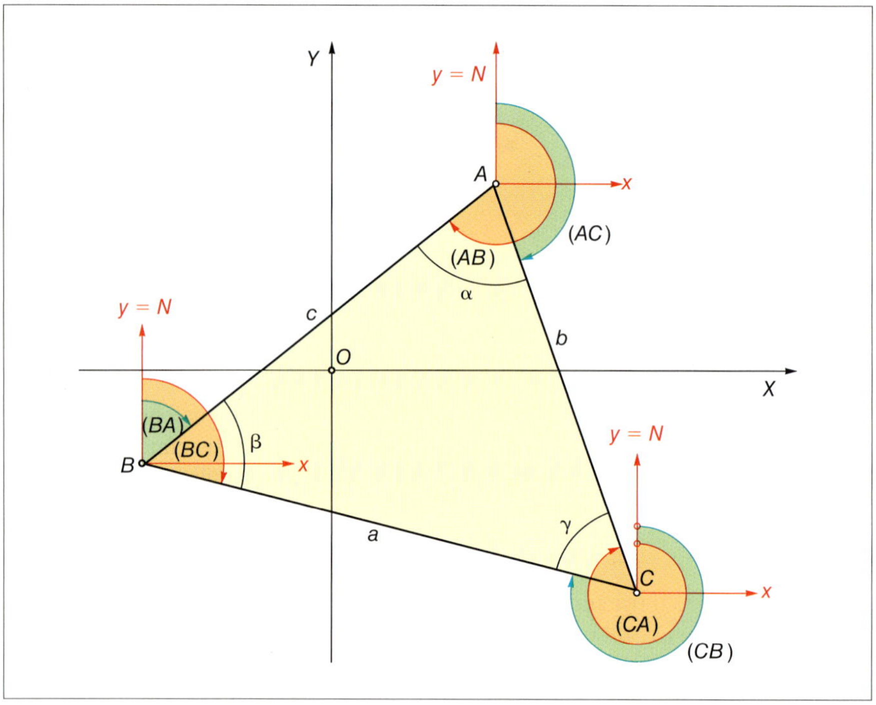

Applicando le espressioni (5) e (6), e le successive valutazioni, si ha:

$$(AB) = \text{arctg}\frac{X_B - X_A}{Y_B - Y_A} \qquad (BA) = (AB) - 200^c$$

$$(AC) = \text{arctg}\frac{X_C - X_A}{Y_C - Y_A} \qquad (CA) = (AC) + 200^c$$

$$\overline{AB} = \frac{X_B - X_A}{\text{sen}(AB)} = \frac{Y_B - Y_A}{\cos(AB)}$$

$$\overline{AC} = \frac{X_C - X_A}{\text{sen}(AC)} = \frac{Y_C - Y_A}{\cos(AC)}$$

Utilizzando il sistema di riferimento secondario con origine in B, si avrà in modo analogo:

$$(BC) = \text{arctg}\frac{X_C - X_B}{Y_C - Y_B} \qquad (CB) = (BC) + 200^c$$

$$\overline{BC} = \frac{X_C - X_B}{\text{sen}(BC)} = \frac{Y_C - Y_B}{\cos(BC)}$$

Osservando la ▸FIGURA 9, si vede che gli angoli interni del triangolo possono essere ricavati facilmente per **differenza di azimut** nel seguente modo:

$$\alpha = (AB) - (AC) \qquad \beta = (BC) - (BA) \qquad \gamma = (CA) - (CB)$$

Per controllo si avrà:

$$\alpha + \beta + \gamma = 200^c$$

L'esempio preso in esame è riferito alla figura piana più semplice: il triangolo; tuttavia, la traccia seguita è estendibile a qualsiasi figura piana con un generico numero di vertici.

FAQ

Qual è il modo più conveniente per calcolare gli angoli interni di un triangolo di cui sono note le coordinate cartesiane dei vertici?

Facendo, in ciascun vertice, la differenza tra gli azimut dei due lati che vi concorrono.

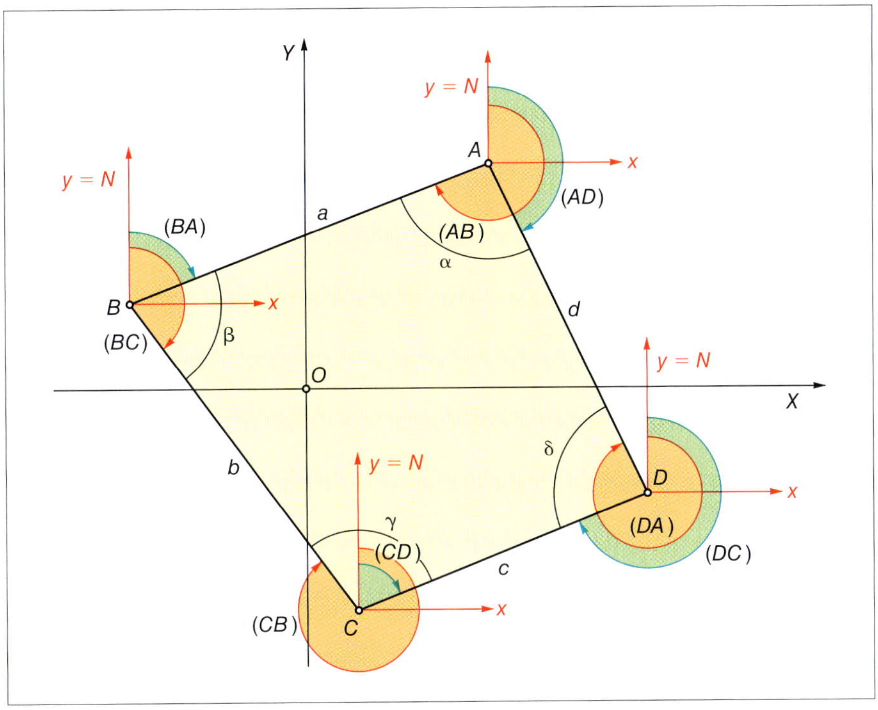

FIGURA 10 Risoluzione di un quadrilatero *ABCD* utilizzando le coordinate cartesiane dei suoi vertici.

Se si considera il quadrilatero *ABCD* di ▶FIGURA 10, il modo di procedere è del tutto analogo a quanto già visto nell'esempio precedente.

Si applicheranno per prime le (5), con le quali si ricaveranno gli azimut (AB), (BC), (CD), (DA), dai quali si avranno immediatamente i reciproci (BA), (CB), (DC), (AD).

In seguito si potranno calcolare, applicando le (7), le lunghezze di tutti i lati del quadrilatero, $\overline{AB}$, $\overline{BC}$, $\overline{CD}$, $\overline{DA}$.

Infine si otterranno gli angoli interni attraverso la differenza di azimut; osservando la ▶FIGURA 10 si ha:

$$\alpha = (AB) - (AD)$$
$$\beta = (BC) - (BA)$$
$$\gamma = (CD) - (CB) + 400^c$$
$$\delta = (DA) - (DC)$$

Osserviamo che l'angolo γ richiede l'aggiunta di un **intero angolo giro** per tenere conto del fatto che l'asse polare con origine in C viene a trovarsi all'**interno** dello stesso angolo γ.

PROBLEMA SVOLTO

Determina i lati e gli angoli del triangolo ABC del quale si conoscono le seguenti coordinate cartesiane dei suoi vertici:

$X_A = -168{,}50$ m	$X_B = -135{,}60$ m	$X_C = 64{,}70$ m
$Y_A = 65{,}40$ m	$Y_B = -51{,}30$ m	$Y_C = 21{,}80$ m

Soluzione

Costruisci la figura del triangolo. Se essa viene realizzata manualmente su carta, basterà disegnare gli assi del sistema di riferimento cartesiano, quindi, con una opportuna scala (per esempio 1:2000), si riportano le coordinate dei tre punti che andranno poi collegati.

Collochiamo un **sistema di riferimento secondario** con origine in A e calcoliamo i seguenti elementi:

$$\vartheta = \text{arctg}\frac{-135{,}60 + 168{,}50}{-51{,}30 - 65{,}40} = -17{,}4935 \text{ gon} \Rightarrow (AB) = 200 - 17{,}4935 = 182{,}5064 \text{ gon}$$

$$AB = c = \frac{-135{,}60 + 168{,}5}{\text{sen } 182^c{,}5064} = 121{,}249 \text{ m} \quad \text{e} \quad (BA) = 200 + 182{,}5064 = 382{,}5064 \text{ gon}$$

$$\vartheta = \text{arctg}\frac{64{,}70 + 168{,}50}{21{,}80 - 65{,}40} = -88{,}2333 \text{ gon} \Rightarrow (AC) = 200 - 88{,}2333 = 111{,}7666 \text{ gon}$$

$$AC = b = \frac{64{,}70 + 168{,}5}{\text{sen } 111^c{,}7666} = 237{,}241 \text{ m} \quad \text{e} \quad (CA) = 200 + 111{,}7666 = 311{,}7666 \text{ gon}$$

Spostiamo ora il **sistema di riferimento secondario** portando la sua origine in C e calcoliamo i seguenti ulteriori elementi:

$$\vartheta = \text{arctg}\frac{-135{,}60 - 64{,}70}{-51{,}30 - 21{,}80} = 77{,}7225 \text{ gon} \Rightarrow (CB) = 200 + 77{,}7225 = 277{,}7225 \text{ gon}$$

$$BC = a = \frac{-135{,}60 - 64{,}70}{\text{sen } 277^c{,}7225} = 213{,}222 \text{ m} \quad \text{e} \quad (BC) = 277{,}7225 - 200 = 77{,}7225 \text{ gon}$$

Calcoliamo gli angoli interni per differenza di azimut:

$$\alpha = (AB) - (AC) = 182{,}5064 - 111{,}7666 = 70{,}7398 \text{ gon}$$
$$\gamma = (CA) - (CB) = 311{,}7666 - 277{,}7225 = 34{,}0441 \text{ gon}$$
$$\beta = (BC) - (BA) + 400 = 77{,}7225 - 382{,}5064 + 400 = 95{,}2161 \text{ gon}$$

Per verifica:

$$\alpha + \beta + \gamma = 70{,}7398 + 34{,}0441 + 95{,}2161 = 200 \text{ gon}$$

7. Risoluzione di una spezzata piana aperta

Fissiamo nel piano un generico numero di punti, per esempio A, B, C, D, E (▶FIGURA 11); pensiamo poi di collegarli formando i segmenti AB, BC, CD, DE; si ottiene in tal modo la **spezzata piana** $ABCDE$.

I punti A, B, C, D, E costituiscono i **vertici** della spezzata e ne definiscono il senso di percorrenza; i segmenti $\overline{AB}$, $\overline{BC}$, $\overline{CD}$, $\overline{DE}$ sono chiamati **lati** della spezzata.

Si definiscono poi **angoli al vertice** quegli angoli di cui si dovrà far ruotare in **senso orario** ciascun lato, finché questo vada a sovrapporsi al lato successivo. Con riferimento alla ▶FIGURA 11, gli angoli al vertice sono indicati con β, γ, δ.

Conoscendo la lunghezza di tutti i lati della spezzata e l'ampiezza degli angoli al vertice, nonché le coordinate di un vertice, per esempio A, rispetto a un sistema principale OXY, e l'azimut (AB) del lato uscente da A, si potranno calcolare le coordinate cartesiane di ciascun vertice della spezzata.

Questo importante *problema geometrico* è alla base della *teoria delle poligonali*, che verrà sviluppata compiutamente nel secondo volume del corso; sintetizzando il problema con riferimento alla ▶FIGURA 11, si ha:

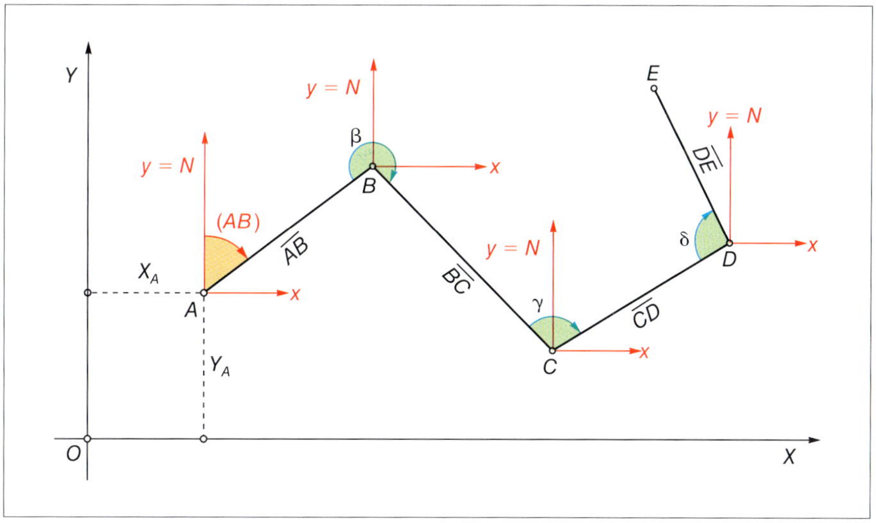

FIGURA 11 Elementi noti di una spezzata piana: vertici A, B, C, D, E; lati $\overline{AB}, \overline{BC}, \overline{CD}, \overline{DE}$; angoli al vertice β, γ, δ; X_A, Y_A, (AB).

Elementi noti		Elementi incogniti
Lati:	$\overline{AB}, \overline{BC}, \overline{CD}, \overline{DE}$	$(X_B; Y_B)$ $(X_C; Y_C)$ $(X_D; Y_D)$ $(X_E; Y_E)$
Angoli:	β, γ, δ	
Vertice A:	$(X_A; Y_A)$, (AB)	

Pensiamo di assumere per ciascun vertice della spezzata, con l'esclusione dell'ultimo, un **sistema di riferimento cartesiano secondario** xy con origine nel vertice stesso; assumiamo inoltre, sempre in ciascun vertice, un **sistema polare** con asse polare coincidente con l'asse y del sistema secondario ($y \equiv N$).

Lo scenario che ne risulta è quello mostrato in ▶FIGURA 11; talvolta, tuttavia, allo scopo di semplificare la figura, viene **omessa** l'indicazione dell'*asse secondario x*, che perciò risulterà implicito, come in ▶FIGURA 12 (pagina seguente).

Ciò premesso, il problema delle spezzate piane viene sviluppato percorrendo le seguenti tre fasi:

- calcolo degli azimut dei lati;
- calcolo delle coordinate parziali dei vertici rispetto ai sistemi secondari xy;
- calcolo delle coordinate totali dei vertici.

■ Calcolo degli azimut dei lati

Il calcolo degli azimut dei lati della spezzata viene effettuato applicando una regola che è nota col nome di **legge di propagazione degli azimut** e che può essere enunciata come segue:

l'**azimut di un lato** è uguale all'azimut del lato precedente, più l'angolo al vertice formato tra i due lati e misurato in senso orario, più o meno 200^c, secondo che la somma dei primi due angoli sia minore o maggiore di 200^c.

Talvolta può capitare che, do'applicazione di questa regola, si ottenga un azimut maggiore di 400^c; in questo caso occorre togliere *ulteriormente* all'azimut ottenuto un intero angolo giro, cioè 400^c.

FAQ

In una spezzata è necessario fissare un senso di percorrenza dei suoi vertici?

Sì, perché solo in questo modo gli angoli al vertice sono definiti in modo univoco.

COMPETENZA

Organizzazione del lavoro

Lo sviluppo di una spezzata è un lavoro ripetitivo. Esso, per limitare errori di distrazione, tipici di questo contesto, dovrebbe essere eseguito utilizzando griglie o tabelle che guidano lo sviluppo.

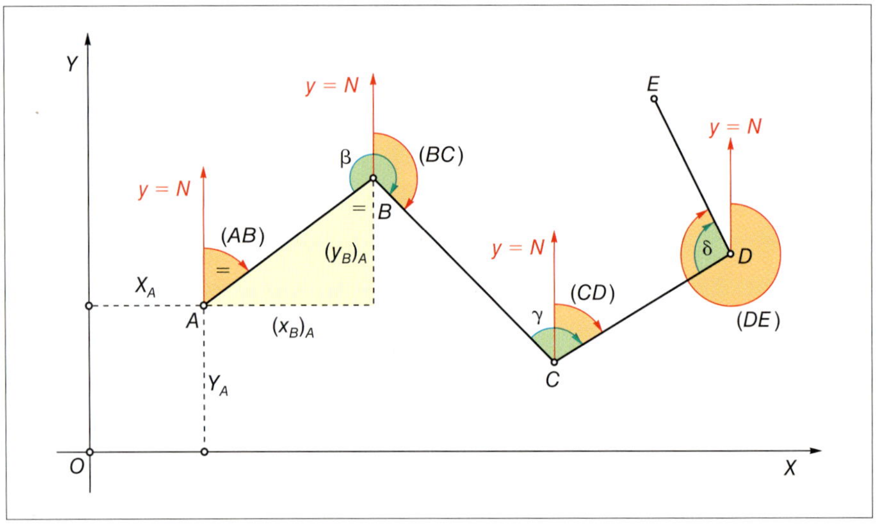

FIGURA 12 Gli azimut dei lati della spezzata. Essi vanno calcolati con una legge detta di *propagazione degli azimut*.

Applicando la legge di *propagazione degli azimut* all'esempio illustrato in ▶FIGURA 12, e considerando che l'azimut (AB) è un dato noto del problema, si ha:

$$\begin{aligned} &(AB) = \textit{elemento noto} \\ &(BC) = (AB) + \beta - 200^c \\ &(CD) = (BC) + \gamma - 200^c \\ &(DE) = (CD) + \delta + 200^c \end{aligned} \qquad (7)$$

Calcolo delle coordinate parziali

La seconda fase si attua con il calcolo delle **coordinate parziali** dei vertici della spezzata piana rispetto ai sistemi di riferimento secondari xy con origine nei *vertici precedenti* quello considerato. Così si calcoleranno le coordinate di B rispetto ad A, quelle di C rispetto a B e così via, fino al calcolo delle coordinate parziali di E rispetto a D.

A tal proposito basta osservare che di ciascun lato sono note le *lunghezze*, perché elementi noti del problema, e gli *azimut*, perché calcolati nella fase precedente.

Questi elementi sono le coordinate *polari* di ciascun vertice rispetto a un sistema polare con polo nel vertice che precede (per esempio (BC) e $\overline{BC}$ sono le coordinate polari di C rispetto al sistema polare con polo in B).

Possiamo allora applicare le espressioni di trasformazione da *coordinate polari a cartesiane* già illustrate nel paragrafo 4, ottenendo le seguenti coordinate parziali dei vertici in funzione di quelle polari:

$$\begin{aligned} &(x_B)_A = \overline{AB} \cdot \text{sen}\,(AB) \qquad &(y_B)_A = \overline{AB} \cdot \cos\,(AB) \\ &(x_C)_B = \overline{BC} \cdot \text{sen}\,(BC) \qquad &(y_C)_B = \overline{BC} \cdot \cos\,(BC) \\ &(x_D)_C = \overline{CD} \cdot \text{sen}\,(CD) \qquad &(y_D)_C = \overline{CD} \cdot \cos\,(CD) \\ &(x_E)_D = \overline{DE} \cdot \text{sen}\,(DE) \qquad &(y_E)_D = \overline{DE} \cdot \cos\,(DE) \end{aligned} \qquad (8)$$

Calcolo delle coordinate totali

Il problema delle spezzate piane viene concluso con il calcolo delle **coordinate totali**, cioè rispetto al sistema principale OXY, dei suoi vertici.

Ricordando che le coordinate X_A e Y_A del punto A sono elementi noti del problema, e applicando per ciascun vertice le espressioni (4) viste nel paragrafo 4, si ottiene:

FAQ

Le coordinate parziali dei vertici di una spezzata posseggono un significato geometrico?

Sì, il loro valore assoluto rappresenta la proiezione del lato che precede il vertice in oggetto, rispettivamente sull'asse delle ascisse e su quello delle ordinate.

$$\begin{aligned}
X_B &= X_A + (x_B)_A & Y_B &= Y_A + (y_B)_A \\
X_C &= X_B + (x_C)_B & Y_C &= Y_B + (y_C)_B \\
X_D &= X_C + (x_D)_C & Y_D &= Y_C + (y_D)_C \\
X_E &= X_D + (x_E)_D & Y_E &= Y_D + (y_E)_D
\end{aligned} \qquad (9)$$

Il calcolo delle **coordinate totali** può anche essere eseguito **direttamente** (eludendo la fase precedente che prevede l'esplicito calcolo delle *coordinate parziali*), sostituendo nelle precedenti relazioni (9) le espressioni (8) che forniscono le *coordinate parziali*. Pertanto è possibile scrivere:

$$\begin{aligned}
X_B &= X_A + AB \cdot \text{sen}\,(AB) & Y_B &= Y_A + AB \cdot \cos\,(AB) \\
X_C &= X_B + BC \cdot \text{sen}\,(BC) & Y_C &= Y_B + BC \cdot \cos\,(BC) \\
X_D &= X_C + CD \cdot \text{sen}\,(CD) & Y_D &= Y_C + CD \cdot \cos\,(CD) \\
X_E &= X_D + DE \cdot \text{sen}\,(DE) & Y_E &= Y_D + DE \cdot \cos\,(DE)
\end{aligned} \qquad (10)$$

Osservazioni

1. Con lo sviluppo di una spezzata piana è possibile determinare agevolmente, ove occorra, la **distanza** tra i vertici estremi della spezzata oltre all'**angolo di direzione** dello stesso segmento. In realtà, questa possibilità viene spesso utilizzata quando è necessario determinare in modo **indiretto** la distanza tra due punti non visibili tra loro. In tal caso questi due punti vengono *collegati* a mezzo di una spezzata, scelta in modo tale da eludere quegli ostacoli che impediscono la misura diretta della distanza.

Con riferimento alla ▶FIGURA 13, dopo aver sviluppato la spezzata $ABCDE$ e, in particolare, dopo aver calcolato le coordinate dell'estremo E (quelle di A sono note), si potrà calcolare i valori dell'azimut (AE) e della distanza $\overline{AE}$ cercati; si avrà:

$$(AE) = \text{arctg}\,\frac{X_E - X_A}{Y_E - Y_A} \qquad (EA) = (AE) + 200^c$$

$$\overline{AE} = \frac{X_E - X_A}{\text{sen}(AE)} = \frac{Y_E - Y_A}{\cos(AE)}$$

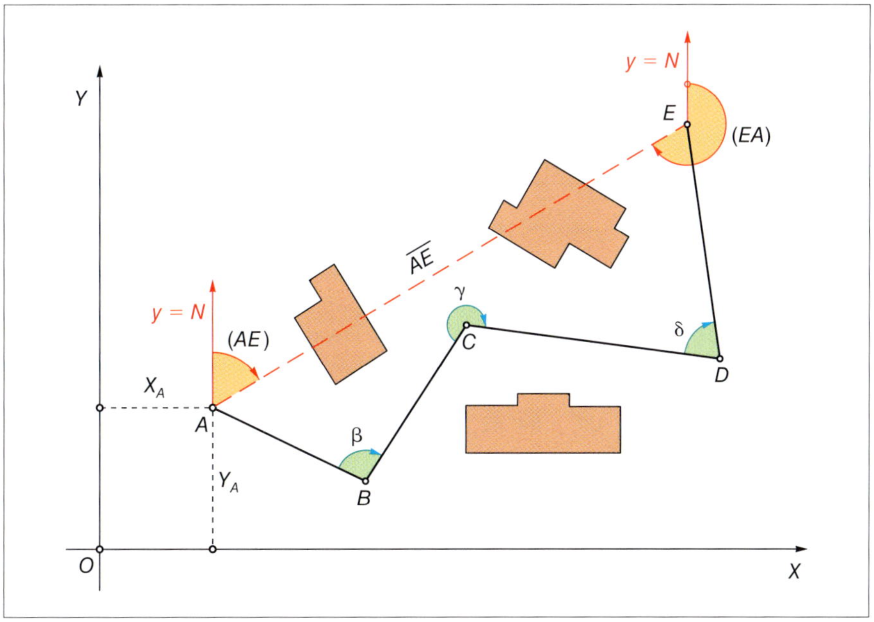

FIGURA 13 Determinazione indiretta della distanza tra due punti collegati da una spezzata.

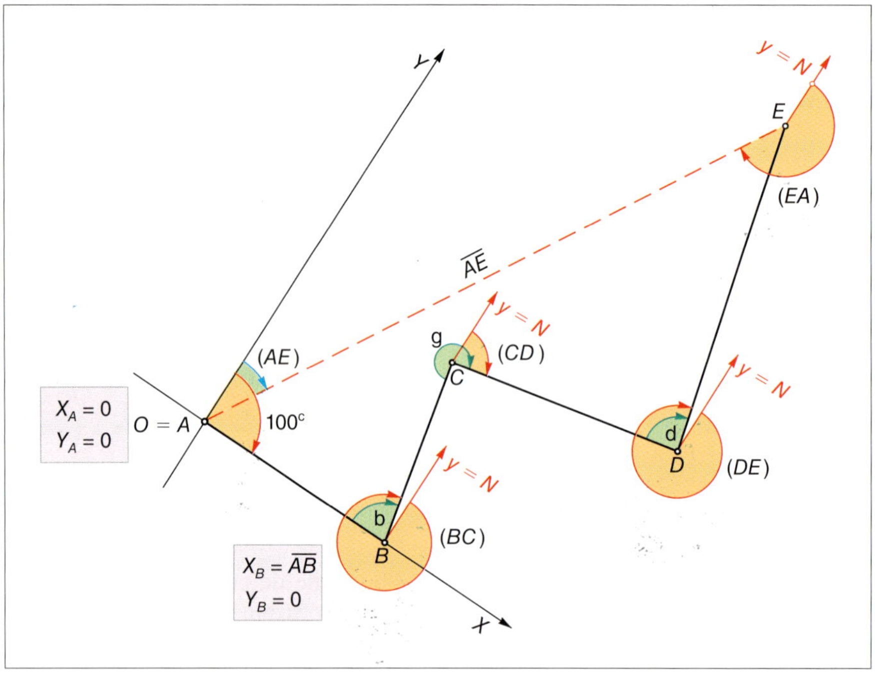

FIGURA 14 Sistema di riferimento locale con origine nel vertice *A* della spezzata.

FAQ

Se di una spezzata non sono note le coordinate di un punto, non è possibile il suo sviluppo numerico?

No, il calcolo è possibile fissando un sistema di riferimento locale con origine in un vertice della spezzata e asse delle ascisse coincidente con un lato uscente da questo vertice.

2. Qualora di una spezzata non siano note le coordinate cartesiane di un suo vertice e l'azimut di un suo lato (necessari allo sviluppo della spezzata), sarà sufficiente assumere un sistema di riferimento arbitrario, che chiameremo **locale**, tale che gli elementi precedenti risultino implicitamente noti.

Se, per esempio, consideriamo la spezzata $ABCDE$ di ▶FIGURA 14, possiamo assumere un *sistema di riferimento locale* con origine in A e asse delle ascisse coincidente con il lato AB. In tal modo sono automaticamente definite le coordinate del punto A ($X_A = 0$ e $Y_A = 0$), nonché l'azimut del lato AB: $(AB) = 100^c$. A questo punto la spezzata potrà essere sviluppata normalmente, come già visto in precedenza.

Qualora sia necessario calcolare la distanza tra gli estremi della spezzata, si potrà procedere nello stesso modo esaminato nella prima osservazione, con la semplificazione dovuta all'annullamento delle coordinate X_A e Y_A dell'estremo A; in effetti si ha:

$$(AE) = \text{arctg}\,\frac{X_E}{Y_E} \qquad (EA) = (AE) + 200^c$$

$$\overline{AE} = \frac{X_E}{\text{sen}\,(AE)} = \frac{Y_E}{\cos\,(AE)}$$

PROBLEMA SVOLTO

Per determinare in modo indiretto la distanza tra i punti A e D, si sono collegati questi punti con la spezzata piana ABCD e si sono misurati i seguenti elementi:

$AB = 72{,}454$ m $\quad BC = 110{,}908$ m $\quad CD = 47{,}000$ m

$\alpha = A\widehat{B}C = 84°\,42'$ $\quad \gamma = B\widehat{C}D = 333°\,33'$

Soluzione

Il problema non assegna nessun punto di **coordinate note**, pertanto è necessario assumere un sistema di riferimento **locale** che renda di conseguenza note sia le coordinate di **almeno un punto**, sia l'**azimut** di un lato che esca da tale punto. La soluzione più conveniente è quella di assumere un sistema di riferimento locale con origine in *A* e asse delle **ascisse** coincidente con il **lato** *AB*; in questo modo sono note le coordinare di *A* (0,0) e l'azimut $(AB) = 90°$.

Ti lasciamo il compito di costruire la figura della spezzata in scala opportuna, e proponiamo direttamente i calcoli richiesti dal problema partendo dalla determinazione degli **azimut** dei lati della spezzata applicando la legge di propagazione degli azimut:

$$(AB) = 90°$$
$$(BC) = 90° + 84°42' + 180° = 354°42'$$
$$(CD) = 354°42' + 333°33' - 180° - 360° = 148°15'$$

Calcolo delle coordinate parziali:

$(x_B)_A = 72{,}454\,\text{m}$ $\quad (y_B)_A = 0\,\text{m}$

$(x_C)_B = 110{,}908 \cdot \text{sen}\,354°42' = -10{,}245\,\text{m}$ $\quad (y_C)_B = 110{,}908 \cdot \cos 354°42' = 110{,}433\,\text{m}$

$(x_D)_C = 47{,}000 \cdot \text{sen}\,148°15' = 24{,}732\,\text{m}$ $\quad (y_D)_C = 47{,}000 \cdot \cos 148°15' = -39{,}966\,\text{m}$

Calcolo delle coordinate totali:

$X_A = 0\,\text{m}$ $\quad Y_A = 0\,\text{m}$

$X_B = 72{,}454\,\text{m}$ $\quad Y_B = 0\,\text{m}$

$X_C = 72{,}454 - 10{,}245 = 62{,}209\,\text{m}$ $\quad Y_C = 0 + 110{,}433 = 110{,}433\,\text{m}$

$X_D = 62{,}209 + 24{,}732 = 86{,}94\,\text{m}$ $\quad Y_D = 110{,}433 - 39{,}966 = 70{,}467\,\text{m}$

Calcolo della distanza *AD*:

$$\vartheta = \text{arctg}\frac{86{,}941 - 0}{70{,}467 - 0} = 50°58'29'' \qquad (AD) = \vartheta$$

$$AD = \frac{86{,}941 - 0}{\text{sen}\;50°58'29''} = 111{,}912\,\text{m}$$

8. Area dei poligoni con le coordinate cartesiane dei vertici

Se si conoscono le **coordinate cartesiane** dei vertici di un poligono di *n* lati (dunque anche di *n* vertici), è possibile calcolare la sua area utilizzando una procedura, alternativa alla *formula di camminamento* illustrata nella precedente unità A2, che sfrutta queste coordinate. Si tratta di una procedura di calcolo nota da tempo, che si adatta benissimo ad essere automatizzata in un *foglio elettronico* o in un *programma di calcolo* da utilizzare in un computer.

Tale procedimento richiede la modifica della convenzione utilizzata per l'indicazione, letterale o numerica, dei vertici del poligono che, in generale, segue il verso antiorario. In effetti in questo caso è necessario indicare i vertici secondo il senso **orario** e utilizzando le **cifre numeriche** piuttosto che le lettere dell'alfabeto, come indicato in ▶FIGURA 15 (pagina seguente).

Ciò premesso, possiamo subito dire che si tratta di una procedura che prevede la **semisomma** di un numero *n* di **termini** coincidente con quello dei **vertici** del poligono. In effetti, indicato con *i* il vertice generico del poligono (dunque *i* variabile da 1 a *n*), l'area dei poligoni può essere ricavata da una qualunque delle seguenti formule:

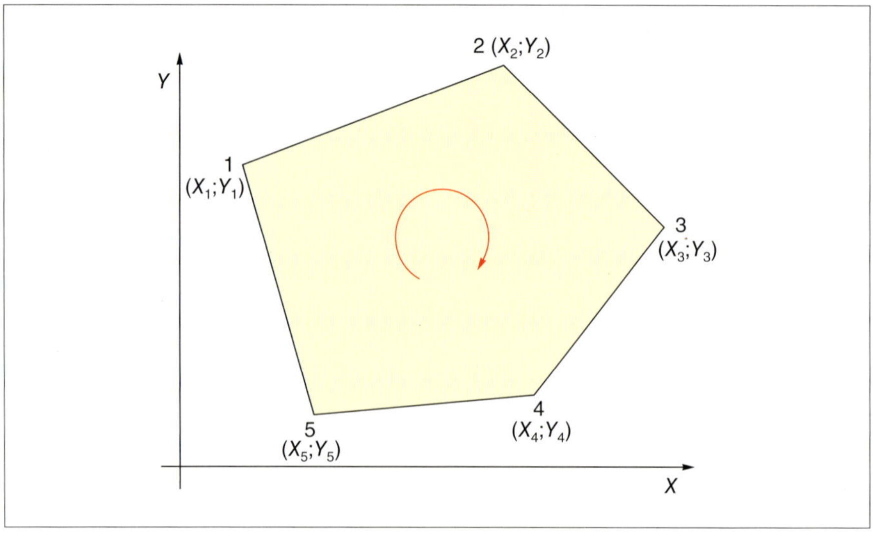

FIGURA 15 Per utilizzare le formule di Gauss occorre conoscere le coordinate dei vertici del poligono, i quali andranno numerati in senso orario.

$$S = \frac{1}{2}\sum_{i=1}^{n} Y_i \cdot (X_{i+1} - X_{i-1})$$

$$S = \frac{1}{2}\sum_{i=1}^{n} X_i \cdot (Y_{i-1} - Y_{i+1}) \qquad (11)$$

Le (11) sono note come **formule di Gauss** e possono essere enunciate nella seguente forma.

L'area di un poligono è fornita dalla semisomma dei prodotti dell'ordinata (o dell'ascissa) di ciascun vertice i per la differenza tra l'ascissa (o l'ordinata) del **vertice** $i + 1$ **seguente** (o precedente) e l'ascissa (o l'ordinata) del **vertice** $i - 1$ **precedente** (o seguente).

Quando le (11) vengono applicate manualmente (cioè non in una procedura automatizzata) occorre fare particolare attenzione ai **segni** delle coordinate, e dei conseguenti prodotti, al fine di evitare banali errori nel calcolo.

PROBLEMA SVOLTO

Determina l'area di un appezzamento di terreno di forma quadrilatera di vertici 1, 2, 3 e 4, del quale sono note le seguenti coordinale cartesiane:

	Vertici			
	1	2	3	4
X (m)	−42,55	+65,74	+56,04	−35,00
Y (m)	+61,24	+38,62	−28,84	−37,96

Soluzione

Utilizzando la prima delle (9), possiamo subito calcolare i 4 (essendo 4 i vertici del poligono) elementi della sommatoria prevista nella stessa formula. Facendo variare i da 1 a 4 si ottiene:

FAQ

Quali elementi è necessario conoscere per calcolare l'area di un poligono con una delle formule di Gauss?

Le coordinate cartesiane di tutti i vertici del contorno del poligono, i quali devono essere numerati in senso orario.

per $i = 1$: $61{,}24 \cdot [65{,}74 - (-35{,}00)] = 6169{,}32$
per $i = 2$: $38{,}62 \cdot [56{,}04 - (-42{,}55)] = 3807{,}54$
per $i = 3$: $-28{,}84 \cdot [(-35{,}00) - 65{,}74] = 2905{,}34$
per $i = 4$: $-37{,}96 \cdot [(-42{,}55) - 56{,}04] = 3742{,}49$

$2S = 16\,624{,}68 \text{ m}^2$

quindi $S = 8312{,}34 \text{ m}^2$.

9. Spostamento nel piano di un sistema di coordinate cartesiane

Talvolta può capitare che siano note le coordinate cartesiane di un numero generico di punti del piano rispetto a un sistema di riferimento OXY e che, tuttavia, si debbano riferire gli stessi punti a un sistema cartesiano $O^*X^*Y^*$, **spostato** rispetto al primo. Problemi di questo tipo sono usuali nelle operazioni **cartografiche**.

Il *cambiamento* del sistema di riferimento, naturalmente, altera le coordinate dei punti. In pratica, lo spostamento del nuovo sistema di riferimento $O^*X^*Y^*$, rispetto a OXY, può verificarsi con le seguenti tre modalità:

- traslazione degli assi;
- rotazione degli assi intorno alla comune origine O;
- rototraslazione degli assi.

Quest'ultimo spostamento è una combinazione simultanea dei primi due movimenti.

Traslazione degli assi

Il primo caso, rappresentato in ▶FIGURA 16, contempla la traslazione degli assi; in pratica si tratta di un *cambiamento di origine* da O a O^*, e di fatto il problema è già stato esaminato nel paragrafo 4 (sistema principale e secondario).

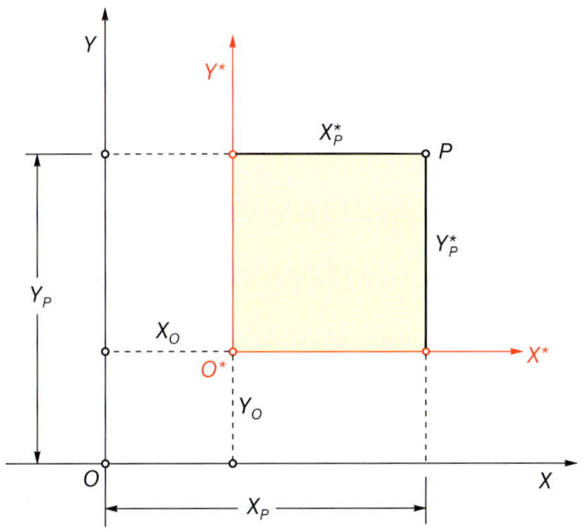

FIGURA 16 Traslazione degli assi cartesiani. I sistemi di assi XY e X^*Y^* rimangono paralleli.

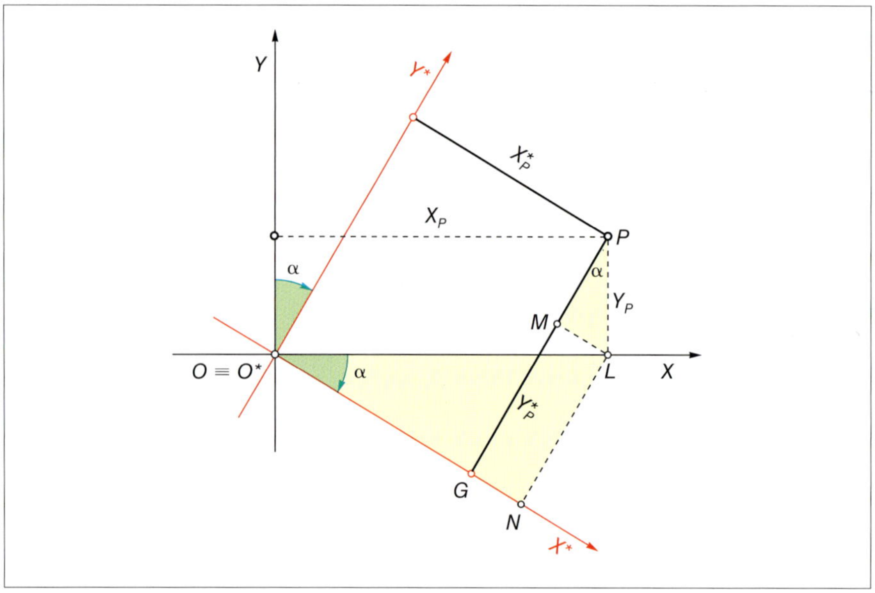

FIGURA 17 Rotazione degli assi cartesiani di un angolo α attorno all'origine conservata $O \equiv O^*$.

Siano note le coordinate cartesiane X_O, Y_O dell'origine O^* del sistema *spostato*, e quelle X_P, Y_P di un generico punto P rispetto al sistema originario OXY. Allora la posizione di P rispetto al nuovo sistema di riferimento $O^*X^*Y^*$ diventa immediata osservando la ▶FIGURA 16, ed esprimibile nel modo seguente (**formule di traslazione**):

$$X_P^* = X_P - X_O$$

$$Y_P^* = Y_P - Y_O$$

■ Rotazione degli assi

Si consideri un sistema di riferimento originario OXY. Siano X_P e Y_P le coordinate di un generico punto P rispetto a questo sistema.

Consideriamo poi un nuovo sistema di riferimento indicato con $O^*X^*Y^*$, con la stessa origine del precedente ($O \equiv O^*$), ma ruotato rispetto a quello originario di un angolo α, inteso in senso positivo, cioè **destrogiro** (▶FIGURA 17).

Possiamo allora calcolare le coordinate X_P^* e Y_P^* del punto P rispetto al nuovo sistema di riferimento $O^*X^*Y^*$. Osservando la ▶FIGURA 17 si ha:

$$X_P^* = \overline{OG} = \overline{ON} - \overline{GN} = \overline{ON} - \overline{ML}$$

$$Y_P^* = \overline{GP} = \overline{MG} + \overline{MP} = \overline{LN} + \overline{MP}$$

Considerando poi i triangoli rettangoli OLN e PML, evidenziati in figura, nei quali le rispettive ipotenuse risultano $\overline{OL} = X_P$ e $\overline{PL} = Y_P$, si ottengono le seguenti espressioni conclusive (**formule di rotazione**):

$$X_P^* = X_P \cdot \cos\alpha - Y_P \cdot \text{sen}\,\alpha$$
$$Y_P^* = X_P \cdot \text{sen}\,\alpha + Y_P \cdot \cos\alpha \qquad (12)$$

■ Rototraslazione degli assi

Qualora il nuovo sistema di riferimento $O^*X^*Y^*$ sia contemporaneamente *traslato* e *ruotato* di un angolo α rispetto al sistema originario OXY, siamo nel caso della rototraslazione rappresentata in ▶FIGURA 18.

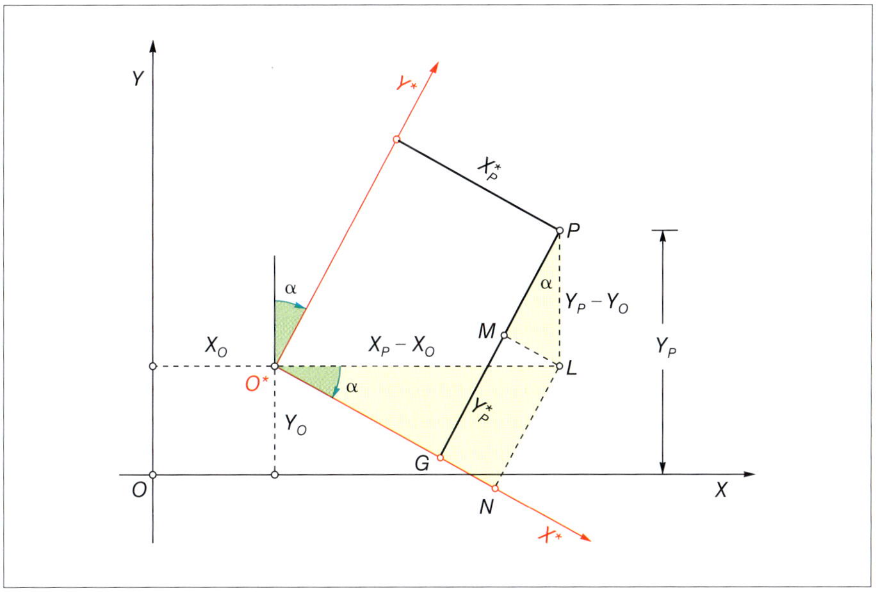

FIGURA 18 Rototraslazione degli assi cartesiani (risultante dello spostamento *O-O** e della rotazione positiva α).

Siano note le coordinate cartesiane X_O, Y_O dell'origine O^* del sistema spostato, e quelle X_P, Y_P di un generico punto P rispetto al sistema originario OXY; sia inoltre nota la rotazione α impressa al nuovo sistema di riferimento.

La posizione di P rispetto al nuovo sistema di riferimento $O^*X^*Y^*$ diventa immediata osservando la ▶FIGURA 18 e ricordando quanto già detto nel caso precedente (**formule di rototraslazione**):

$$X_P^* = (X_P - X_O) \cdot \cos\alpha - (Y_P - Y_O) \cdot \operatorname{sen}\alpha$$
$$Y_P^* = (X_P - X_O) \cdot \operatorname{sen}\alpha + (Y_P - Y_O) \cdot \cos\alpha \qquad (13)$$

L'applicazione delle relazioni precedenti richiede la conoscenza delle **coordinate** X_O, Y_O dell'origine O^* del sistema rototraslato $O^*X^*Y^*$ e l'**angolo di rotazione** α che gli assi di tale sistema formano con gli assi del sistema originario OXY.

Nel contesto di alcuni problemi, tuttavia, questi elementi non sono **noti direttamente**, ma possono essere **ricavati** conoscendo le coordinate di almeno **due punti** (con più punti si possono eseguire controlli) in **entrambi** i sistemi di riferimento: quello originario OXY e quello rototraslato $O^*X^*Y^*$.

Con riferimento alla ▶FIGURA 19 (pagina seguente), consideriamo dunque i due punti A e B di cui siano note le seguenti coordinate:

Sistema originario *OXY*		**Sistema rototraslato *O*X*Y****	
Punto *A*	**Punto *B***	**Punto *A***	**Punto *B***
$(X_A; Y_A)$	$(X_B; Y_B)$	$(X_A^*; Y_A^*)$	$(X_B^*; Y_B^*)$

Conoscendo queste coordinate possiamo calcolare subito l'azimut $(AB)^*$ del lato AB riferito al sistema rototraslato $O^*X^*Y^*$ e l'azimut (AB) dello stesso lato ma nel sistema originario OXY:

$$(AB) = \operatorname{arctg}\frac{X_B - X_A}{Y_B - Y_A} \qquad (AB)^* = \operatorname{arctg}\frac{X_B^* - X_A^*}{Y_B^* - Y_A^*}$$

L'**angolo** α di cui è *ruotato* il sistema rototraslato rispetto a quello originario sarà:

$$\alpha = (AB) - (AB)^* \qquad (14)$$

FIGURA 19 Ricerca dei parametri per effettuare la rototraslazione quando sono note le coordinate di almeno due punti *A* e *B*, sia nel sistema originario sia nel sistema rototraslato.

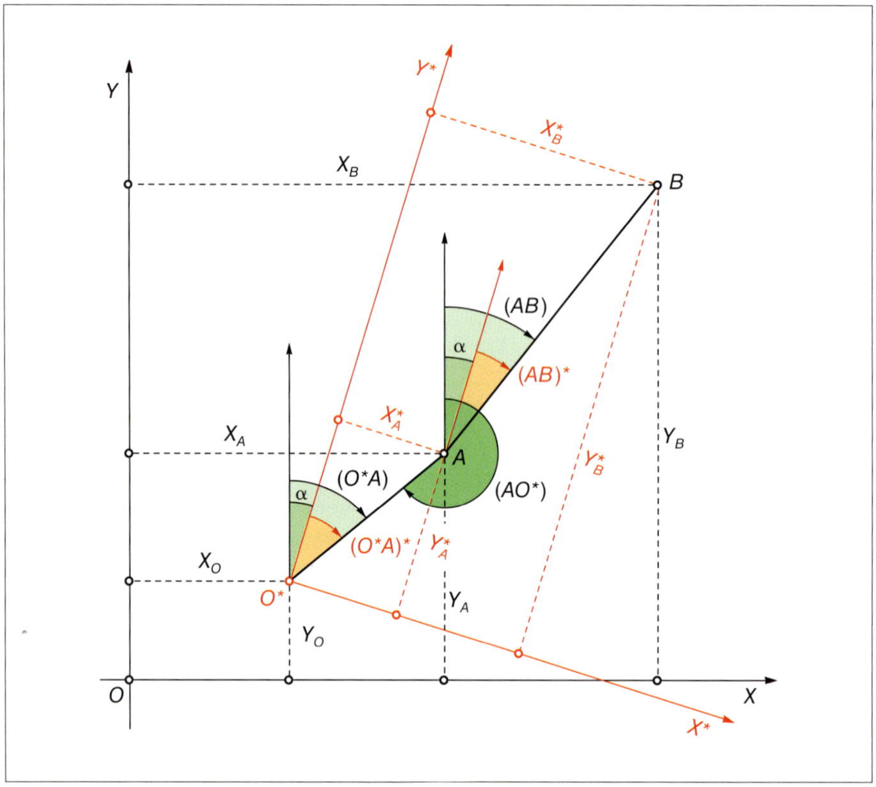

Se fosse $(AB) < (AB)^*$, poiché α è l'angolo **destrogiro** di cui deve ruotare l'asse Y per orientarsi come l'asse Y^*, occorre aggiungere alla differenza precedente 400^c (un intero angolo giro).

Possiamo ora calcolare le **coordinate** X_O, Y_O dell'origine O^* del sistema rototraslato. Per ricavare queste coordinate calcoliamo l'azimut $(O^*A)^*$ del lato O^*A nel sistema rototraslato $O^*X^*Y^*$, e l'azimut (O^*A) dello stesso lato ma nel sistema originario OXY:

$$(O^*A)^* = \text{arctg}\,\frac{X_A^*}{Y_A^*} \qquad (O^*A) = (O^*A)^* + \alpha$$

Se il valore fornito dalla seconda delle precedenti fosse $(O^*A) > 400^c$, sarebbe necessario togliere 400^c (un intero angolo giro) allo stesso valore. Possiamo poi ricavare la distanza AO^* e l'azimut reciproco (AO^*):

$$AO^* = \frac{X_A^*}{\text{sen}\,(O^*A)^*} \qquad (AO^*) = (O^*A) + 200^c$$

Se fosse $(O^*A) > 200^c$, allora la seconda delle precedenti diventa $(AO^*) = (O^*A) - 200^c$. Infine le **coordinate** X_O, Y_O del punto O^* nel sistema di riferimento originario, ricordando le (4) del precedente paragrafo 4, sono date da:

$$X_O = X_A + \overline{AO}^* \cdot \text{sen}\,(AO^*)$$
$$Y_O = Y_A + \overline{AO}^* \cdot \cos\,(AO^*) \qquad (15)$$

Possiamo ora applicare le (13) per calcolare le coordinate X_P^*, Y_P^* di un qualsiasi punto P rappresentato nel sistema rototraslato conoscendo le coordinate X_P, Y_P del sistema originario.

Per collegare i concetti

cartesiani

- Origine in un punto noto (ad esempio A)
- Asse x parallelo a X e asse y parallelo a Y

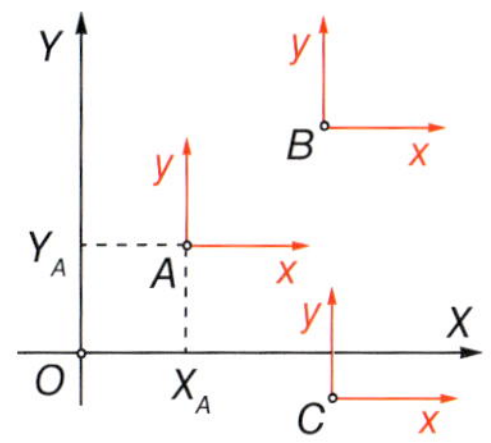

polari

- Origine in un punto noto (ad esempio A)
- Asse polare $N = y$, quindi parallelo a Y

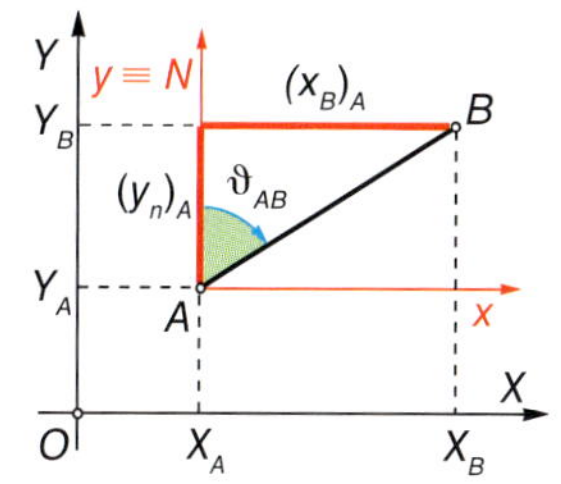

SECONDARI

Hanno origine in punti (ad esempio A) di coordinate assolute X, Y note

SISTEMI DI RIFERIMENTO PIANI

Consentono di definire univocamente i punti sul piano

cartesiano

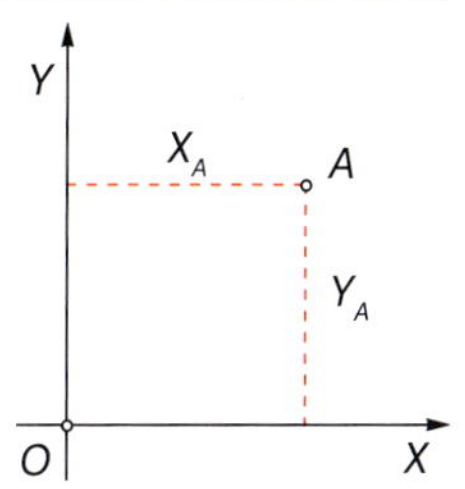

Costituito da due assi orientati ortogonali la cui intersezione è detta origine e indicata con O:

- asse delle ascisse (X)
- asse delle ordinate (Y)

Determina la posizione del punto A tramite due parametri lineari detti coordinate (assolute):

- *coordinata* X: distanza dal punto A dell'asse Y
- *coordinata* Y: distanza dal punto A dell'asse X

polare

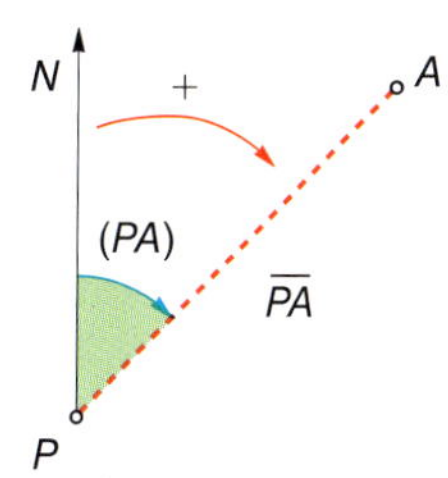

Costituito da un semiasse orientato (asse polare N), la cui origine P è detta polo, e un senso positivo di rotazione (orario) per gli angoli

Determina la posizione del punto A tramite:

- *modulo*: distanza $\overline{PA}$ del punto A dal polo P
- *azimut*: angolo (PA) compreso tra l'asse N e la direzione PA misurato in senso positivo (orario)

trasformazione di coordinate

Le coordinate di un punto A possono essere trasformate da un sistema all'altro, spesso con la semplificazione $O = P$ e $Y = N$

Per ripassare

Un sistema cartesiano ortogonale piano è caratterizzato da due assi orientati ortogonali indicati con X e Y, il cui punto d'intersezione O è detto *origine* del sistema.

Le coordinate cartesiane piane di un punto P sono le distanze dello stesso punto dagli assi del sistema di riferimento; esse sono indicate rispettivamente con X_P e Y_P.

Un sistema polare piano è caratterizzato da un semiasse orientato indicato con N, da un'origine O, detta *polo*, e da un senso di misura degli angoli.

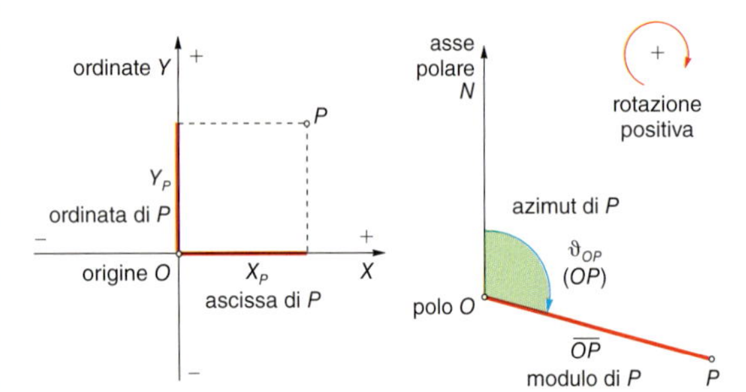

(a) $P \equiv (X_P; Y_P)$ (b) $P \equiv (\vartheta_{OP}; \overline{OP})$

Le coordinate polari piane di un punto P sono date dalla distanza tra lo stesso punto P e l'origine del sistema polare (chiamata *distanza* o *modulo*), e dall'angolo, misurato con rotazione oraria, che la direzione tra il punto P e l'origine O forma con l'asse polare (chiamato *azimut*). Esse sono rispettivamente indicate con d_{OP} [oppure $\overline{OP}$] e θ_{OP} [oppure (OP)].

La trasformazione dalle coordinate polari a quelle cartesiane avviene semplicemente applicando le seguenti formule:

$$X_P = \overline{OP} \cdot \text{sen}\,(OP)$$
$$Y_P = \overline{OP} \cdot \cos\,(OP)$$

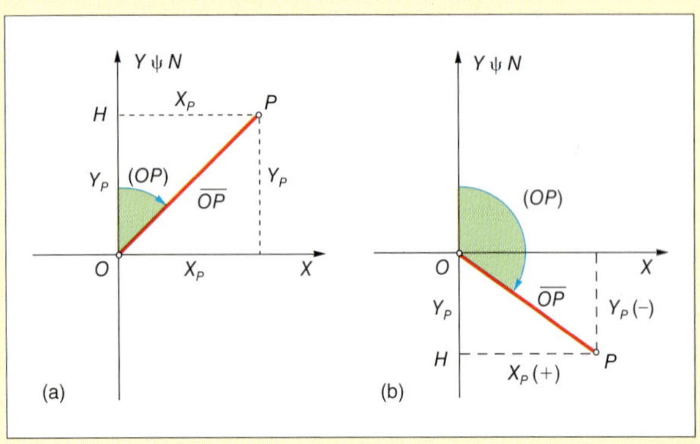

La trasformazione dalle coordinate cartesiane a quelle polari è leggermente più complessa e avviene in due fasi, a causa del ricorso alla funzione inversa arcotangente.

Fase 1. Calcolo di un angolo provvisorio ϑ, sempre minore di 100^c, con la seguente formula:

$$\pm\vartheta = \text{arctg}\,\frac{X_P}{Y_P}$$

Fase 2. In relazione al segno presentato dalle due coordinate cartesiane X_P e Y_P si definisce l'azimut definitivo secondo la seguente tabella:

Quadrante	Segno di X_P	Segno di Y_P	Segno di arctg	Azimut ϑ_{OP}
I	+	+	$+\vartheta$	$(OP) = \vartheta$
II	+	–	$-\vartheta$	$(OP) = 200^c + (-\vartheta)$
III	–	–	$+\vartheta$	$(OP) = 200^c + \vartheta$
IV	–	+	$-\vartheta$	$(OP) = 400^c + (-\vartheta)$

Gli azimut reciproci. Se pensiamo gli estremi A e B di un segmento come origini di due distinti sistemi di riferimento polari, i cui assi polari siano tuttavia paralleli, allora l'azimut (AB) e l'azimut (BA) si dicono **reciproci** e sono legati dalla seguente relazione:

$$(BA) = (AB) \pm 200^c$$

- Il segno viene definito di volta in volta ricordando che un azimut non può essere negativo, né maggiore di 400^c.

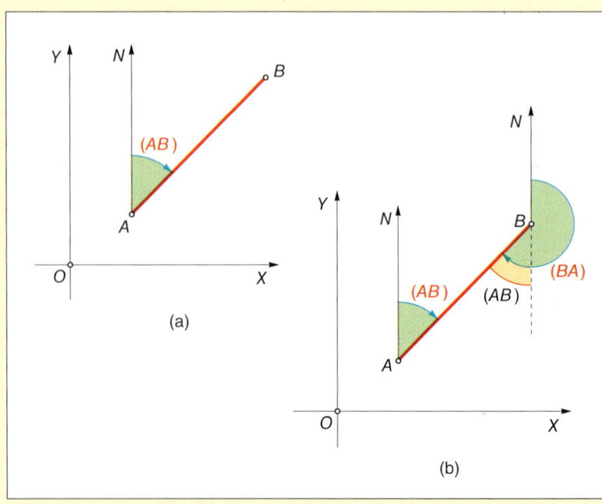

Un sistema secondario è un sistema cartesiano con origine in un punto di coordinate note, rispetto a un sistema di riferimento detto *principale*, e con assi *paralleli* a quelli di quest'ultimo. Di fatto un sistema secondario è un sistema *traslato* rispetto a quello principale. Le coordinate di un punto A riferite a un sistema principale si dicono *totali*, e si indicano con X_A e Y_A. Quelle riferite a un punto B rispetto a un sistema secondario con origine in A si dicono **parziali** e si indicano con $(x_B)_A$ e $(y_B)_A$. Tra esse sussistono le seguenti relazioni:

$$X_B = X_A + (x_B)_A$$

$$Y_B = Y_A + (y_B)_A$$

- Se si conoscono le coordinate polari del punto B rispetto a un sistema polare con origine nel punto A, quindi coincidente con l'origine del sistema secondario, e con asse polare sovrapposto a quello delle ordinate ($y \equiv N$) dello stesso sistema secondario, si ha anche:

$$(x_B)_A = \overline{AB} \cdot \text{sen}\,(AB)$$

$$(y_B)_A = \overline{AB} \cdot \cos\,(AB)$$

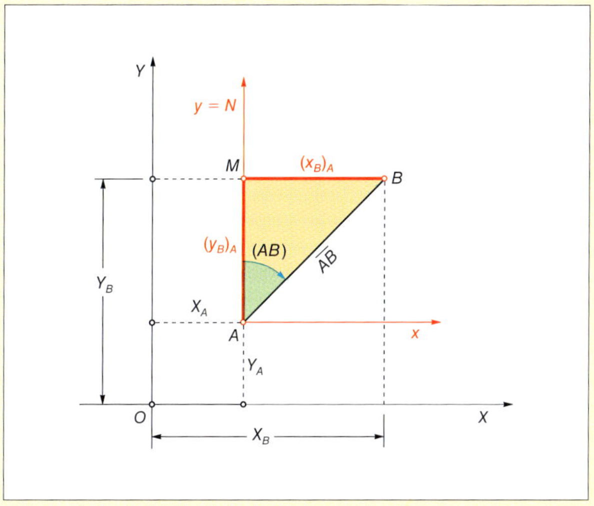

La distanza tra due punti *A* e *B*, di coordinate note X_A, Y_A e X_B, Y_B, in ambito topografico viene calcolata con una procedura apparentemente più complessa di quella utilizzata in ambito matematico, ma più conveniente per le ricadute applicative. Di fatto si tratta di calcolare le coordinate *polari* di B rispetto a un sistema polare con origine in A. Dunque si procede secondo le seguenti fasi.

Fase 1. Calcolo di un angolo provvisorio ϑ, in valore assoluto sempre minore di 100^c, con la seguente formula:

$$\pm\,\vartheta = \text{arctg}\,\frac{X_B - X_A}{Y_B - Y_A}$$

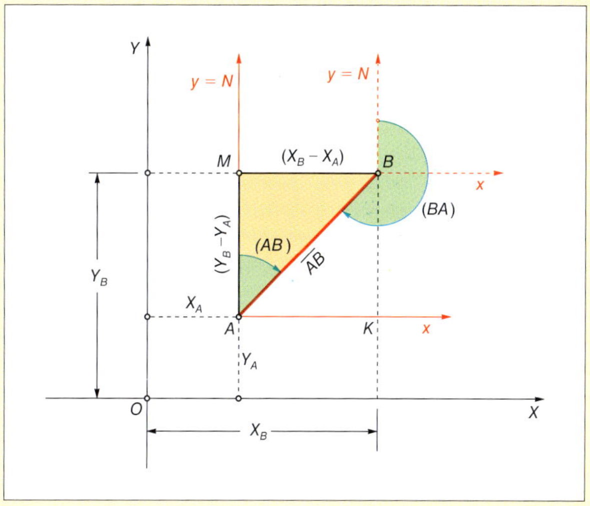

Fase 2. In relazione al segno presentato dalle due differenze delle coordinate cartesiane, si definisce l'azimut (AB) definitivo secondo la tabella riportata a fondo pagina.

Fase 3. Calcolo della seconda coordinata polare di B, cioè la distanza AB cercata:

$$\overline{AB} = \frac{X_B - X_A}{\text{sen}(AB)}$$

Una spezzata piana è una sequenza continua di segmenti rettilinei chiamati *lati*. In corrispondenza dei vertici intermedi della spezzata è possibile definire l'angolo, misurato in senso orario e individuato dai due lati consecutivi che condividono il vertice stesso; esso viene chiamato *angolo al vertice*.

Quadrante	Segno di $(X_B$-$X_A)$	Segno di $(Y_B$-$Y_A)$	Segno di arctg	Azimut (AB)
I	+	+	$+\vartheta$	$(AB) = \vartheta$
II	+	–	$-\vartheta$	$(AB) = 200^c + (-\vartheta)$
III	–	–	$+\vartheta$	$(AB) = 200^c + \vartheta$
IV	–	+	$-\vartheta$	$(AB) = 400^c + (-\vartheta)$

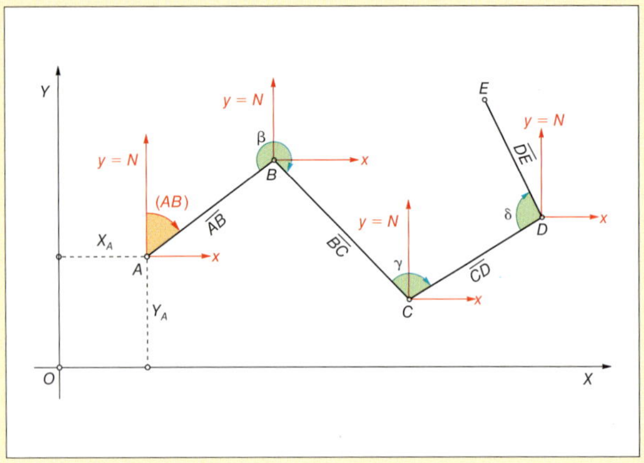

- Lo sviluppo di una spezzata consiste nel calcolo delle coordinate cartesiane dei suoi vertici, quando sono noti i seguenti elementi:
  - le coordinate di un suo vertice;
  - l'azimut di un lato che esce dal vertice noto;
  - la lunghezza dei lati;
  - l'ampiezza degli angoli al vertice.

Lo sviluppo di una spezzata *ABCD*... di cui sono note le coordinate di *A* e l'azimut del lato *AB*, viene impostato in tre fasi.

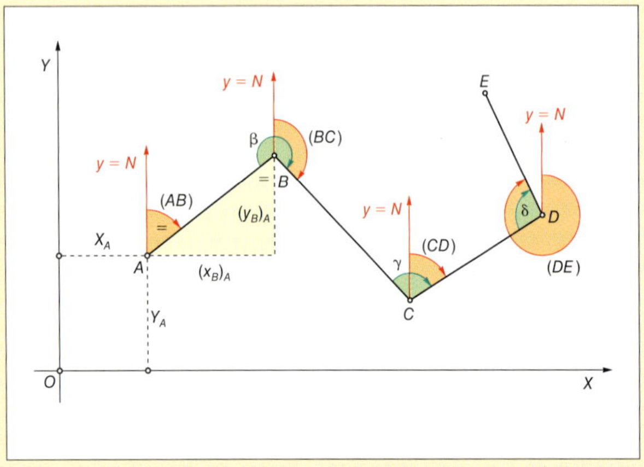

Fase 1. Calcolo degli azimut di ciascun lato della spezzata, applicando la legge di propagazione degli azimut, partendo dal lato successivo ad *AB* di cui è noto l'azimut:

$$(BC) = (AB) + \beta \pm 200^c$$
$$(CD) = (BC) + \gamma \pm 200^c$$
....

Fase 2. Calcolo delle coordinate parziali di ciascun vertice della spezzata rispetto ai sistemi di riferimento secondari che hanno l'origine posta sui vertici che precedono il vertice interessato:

$$(x_B)_A = \overline{AB} \cdot \text{sen}\,(AB) \qquad (y_B)_A = \overline{AB} \cdot \cos\,(AB)$$
$$(x_C)_B = \overline{BC} \cdot \text{sen}\,(BC) \qquad (y_C)_B = \overline{BC} \cdot \cos\,(BC)$$
$$(x_D)_C = \overline{CD} \cdot \text{sen}\,(CD) \qquad (y_D)_C = \overline{CD} \cdot \cos\,(CD)$$
....

Fase 3. Calcolo delle coordinate totali di ciascun vertice della spezzata rispetto al sistema principale, al quale sono anche riferite le coordinate del punto noto *A*:

$$X_B = X_A + (x_B)_A \qquad Y_B = Y_A + (y_B)_A$$
$$X_C = X_B + (x_C)_B \qquad Y_C = Y_B + (y_C)_B$$
$$X_D = X_C + (x_D)_C \qquad Y_D = Y_C + (y_D)_C$$
....

In una spezzata piana, dopo aver calcolato le coordinate *parziali* di ciascun vertice, è possibile calcolare le coordinate totali di un dato vertice sommando alle coordinate del vertice noto tutte le coordinate parziali dei vertici che precedono quello cercato (per esempio *D*):

$$X_D = X_A + (x_B)_A + (x_C)_B + (x_D)_C = X_A + \Sigma x$$
$$Y_D = Y_A + (y_B)_A + (y_C)_B + (y_D)_C = Y_A + \Sigma y$$

L'area dei poligoni, dei quali si conoscano le *coordinate cartesiane* dei loro vertici, è calcolabile direttamente applicando una qualunque delle seguenti formule dette di Gauss:

$$S = \frac{1}{2}\sum_{i=1}^{n} Y_i \cdot (X_{i+1} - X_{i-1})$$

$$S = \frac{1}{2}\sum_{i=1}^{n} X_i \cdot (Y_{i-1} - Y_{i+1})$$

Tali espressioni contengono la *semisomma* di un numero *n* di *termini* coincidente con quello dei *vertici* del poligono, e sono particolarmente comode nel caso si voglia automatizzare il calcolo dell'area in un foglio elettronico o in un programma di calcolo al computer.

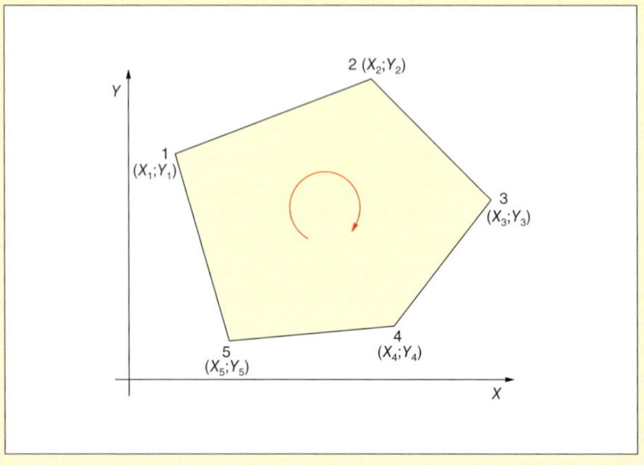

COMPETENZA DIGITALE

Excel Punto di intersezione di due segmenti

DI COSA CI OCCUPIAMO

Capita, nella pratica, di avere due segmenti definiti, ciascuno, da una coppia di punti di coordinate cartesiane note. Esiste una semplice procedura che permette di calcolare facilmente le coordinate del punto di intersezione di questi due segmenti. Ci proponiamo di sviluppare questo problema nell'ambito del foglio elettronico.

Un problema pratico che si presenta di frequente nelle operazioni topografiche è il seguente:

Problema

Determinare le coordinate del punto di intersezione P di due allineamenti, ciascuno dei quali viene assegnato attraverso le seguenti coordinate dei due estremi:

Allineamento 1:

$A_1 \equiv (-32{,}76; 46{,}92), A_2 \equiv (82{,}14; -41{,}78)$

Allineamento 2:

$A_3 \equiv (-88{,}04; -27{,}54); A_4 \equiv (77{,}94; 25{,}56)$

1. Sviluppo teorico del problema

Consideriamo il problema generale di due segmenti di estremi A_1, A_2 e A_3, A_4 (▶FIGURA A), di cui siano note le coordinate, che indichiamo nel seguente modo:

$$A_1 \equiv (X1;Y1) \quad A_2 \equiv (X2;Y2)$$
$$A_3 \equiv (X3;Y3) \quad A_4 \equiv (X4;Y4)$$

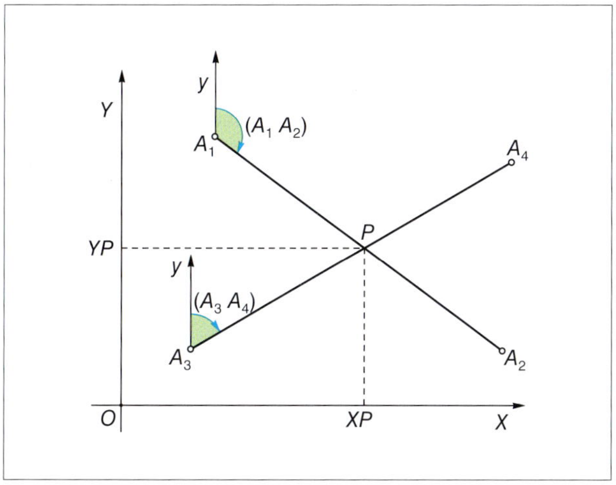

FIGURA A Schema geometrico del problema.

Essi si intersecano nel punto P, le cui coordinate saranno indicate con XP e YP, e che costituiscono le incognite del nostro problema. Questo può essere risolto ricavando immediatamente i valori delle *tangenti* degli azimut delle due direzioni A_1A_2 e A_3A_4, che indicheremo in seguito rispettivamente con i simboli Ω e Φ, e che si ottengono dalle relazioni (tenendo conto dei segni delle coordinate):

$$\Omega = \text{tg}\,(A_1A_2) = \frac{X2 - X1}{Y2 - Y1} \qquad \Phi = \text{tg}\,(A_3A_4) = \frac{X4 - X3}{Y4 - Y3} \tag{1}$$

Le coordinate del punto P possono poi essere determinate con le seguenti relazioni, delle quali omettiamo la dimostrazione:

$$YP = Y1 + \frac{(X3 - X1) - \Phi \cdot (Y3 - Y1)}{\Omega - \Phi} \qquad XP = X1 + \Omega \cdot (YP - Y1) \tag{2}$$

2. Preparazione del foglio

• Celle utilizzate nella esercitazione

Per impostare il calcolo delle coordinate del punto P iniziamo con l'individuare sul foglio elettronico le quattro coppie di **celle** che conterranno le corrispondenti coppie di **coordinate** degli estremi dei segmenti, che costituiscono i dati del problema.

Aree del foglio	Destinazione
Celle C6 e C7	Coordinate X1 e Y1
Celle C9 e C10	Coordinate X2 e Y2
Celle F6 e F7	Coordinate X3 e Y3
Celle F9 e F10	Coordinate X4 e Y4
Celle E14 e E15	Coordinate XP e YP (risultato)

Per migliorare poi la *leggibilità* dei dati introdotti possiamo subito utilizzare le celle affiancate alle precedenti per inserire delle **etichette di testo** che ne segnalino in modo chiaro e immediato il contenuto. Per esempio, nella cella B6, che si trova a fianco della C6, si può inserire l'*etichetta* «X1=» con la quale si vuole segnalare che nella cella C6 si trova la coordinata X1 del punto A_1. Analogamente si può procedere per le altre celle come illustrato nell'esempio di ▶FIGURA B.

COMPETENZA DIGITALE

- **Assegnazione di un nome alle celle**

Prima di procedere al calcolo delle coordinate del punto di intersezione dei due allineamenti, utilizzando le formule proposte in precedenza, può essere utile e conveniente **assegnare un nome** alle celle che contengono i dati del problema.

In effetti, le celle del foglio elettronico sono individuate univocamente dai loro **riferimenti** (*lettera della colonna, numero della riga*), tuttavia, quando questi *riferimenti* devono essere utilizzati per costruire **formule** complesse, queste diventano ben presto illeggibili per la difficoltà di tener conto dei contenuti di ciascuna di esse, rendendo problematica anche la ricerca di eventuali **errori** di scrittura, che spesso si annidano nelle prime versioni del calcolo.

Più razionale, in questi casi, appare la possibilità, che i fogli elettronici ci mettono a disposizione, di assegnare un **nome** alle celle che ne ricordi immediatamente e intuitivamente il contenuto.

Se, per esempio, in un ipotetico foglio elettronico, la cella K18 contiene la base di un triangolo e la cella M35 la corrispondente altezza, la formula per calcolare l'area del triangolo (inserita in una generica cella) verrà scritta utilizzando i precedenti riferimenti nel seguente modo:

= K18*M35/2

La leggibilità della pur semplice espressione precedente può essere decisamente migliorata assegnando alla cella K18 il *nome* «Base», e a quella con riferimento M35 il *nome* «Altezza». Dopodiché la formula per il calcolo dell'area del triangolo diventa:

= Base*Altezza/2

Tornando al nostro problema, diventa allora assai più conveniente assegnare alla cella C6 un nome che ne richiami immediatamente il **contenuto**, cioè l'ascissa del punto A1. Il nome più naturale da assegnare a questa cella sarebbe «X1», tuttavia questo nome **non è ammesso** nell'ambito del foglio elettronico, in quanto esso potrebbe essere **confuso** con il riferimento X1 della cella di colonna X e riga 1. Per eludere questo problema, possiamo anteporre alla sigla precedente un simbolo neutro come quello di *sottolineatura* «_» (da non confondere con l'operatore aritmetico «–» indicante l'operazione di sottrazione), sicché il nome che possiamo assegnare alla cella C6 diventa«_X1».

Per assegnare un nome a una cella (o a un gruppo di celle) è necessario, in primo luogo, renderla **attiva**, quindi occorre portare il cursore su **Casella Nome**, in cui appare sempre il riferimento della cella attiva (cerchiata in ▶FIGURA B) e digitare il *nome* che si vuole assegnare alla cella attivata confermando con il tasto *invio*. In seguito, per riferirsi a quella cella, può essere utilizzato il nome assegnato.

Premendo poi sulla freccia a fianco di **Casella Nome** scende una tendina che contiene l'elenco dei nomi già assegnati alle celle (o a gruppi di celle) come illustrato in ▶FIGURA B.

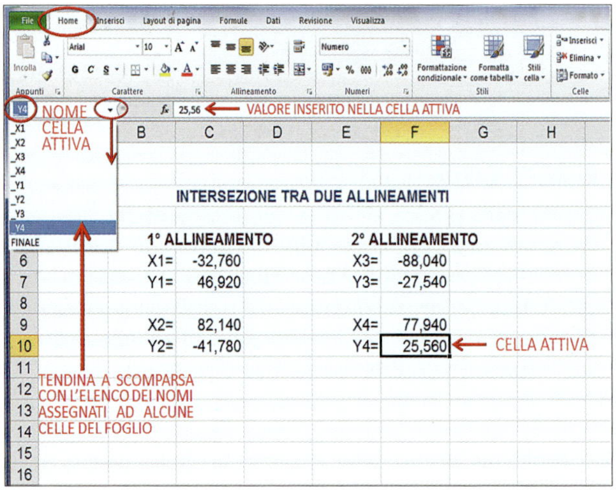

FIGURA B Procedura per assegnare un nome a una cella del foglio elettronico.

Ripetendo in modo analogo l'operazione precedente, si possono assegnare nomi convenienti a tutte le celle contenenti le coordinate degli estremi degli allineamenti, con la seguente corrispondenza:

Riferimento celle	Nome assegnato	Riferimento celle	Nome assegnato
C6	_X1	F6	_X3
C7	_Y1	F7	_Y3
C9	_X2	F9	_X4
C10	_Y2	F10	_Y4

3. Calcolo delle coordinate del punto di intersezione

A questo punto possiamo calcolare immediatamente le coordinate del punto *P* scrivendo in due celle, per esempio E14 ed E15, le espressioni (2) che permettono il calcolo di XP e YP.

Queste relazioni contengono i due valori indicati con Ω e con Φ [tangenti degli azimut (A_1A_2) e (A_3A_4)] determinati dalle relazioni (1). Per calcolare i valori di questi coefficienti, che costituiscono un **passaggio intermedio** del calcolo, possiamo utilizzare due celle **qualsiasi** del foglio, anche fuori dall'area visualizzata, ma che nel nostro esempio, per semplicità espositiva, individuiamo nelle celle A1 e B1.

Rendendo **attiva** la cella A1 inseriamo la prima delle (1), che fornisce il coefficiente Ω, richiamando i contenuti delle celle utilizzando i **nomi** assegnati nella fase precedente. Successivamente, rendendo attiva la B1, si introduce la seconda delle (1), che permette il calcolo del coefficiente Φ (▶FIGURA C):

COMPETENZA DIGITALE

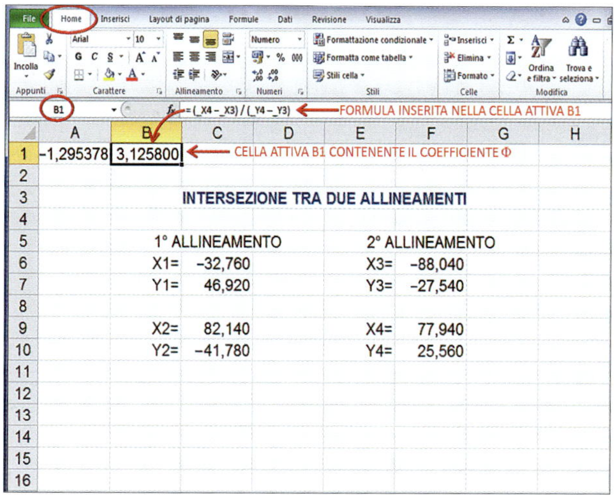

FIGURA C Individuazione sul foglio elettronico delle celle destinate a contenere le coordinate dei punti A_1, A_2 e A_3, A_4, e delle celle che conterranno le tangenti degli azimut dei due segmenti.

Calcolo dei valori dei coefficienti

Formula	Cella e descrizione
=(_X2−_X1)/(_Y2−_Y1)	In A1 per calcolare il coefficiente Ω
=(_X4−_X3)/(_Y4−_Y3)	In B1 per calcolare il coefficiente Φ

Possiamo ora rendere attiva la cella E15 e introdurre la prima delle espressioni (2), che ci permette di determinare l'ordinata YP (che deve essere **calcolata per prima**) del punto di intersezione dei due allineamenti, richiamando i contenuti delle celle con i nomi a esse assegnati in precedenza.

Successivamente si rende attiva la cella E14 e si introduce la seconda delle espressioni (2), con le stesse modalità viste in precedenza, per il calcolo dell'ascissa XP del punto *P*. In sintesi si ha:

Calcolo delle coordinate di P

Formula	Cella e descrizione
= _Y1 + ((_X3 − _X1) − B1*(_Y3 − _Y1)) / (A1 − B1)	In E15 per calcolare l'ordinata YP
= _X1 + A1*(E15 − _Y1)	In E14 per calcolare l'ascissa XP

Se l'introduzione delle formule è stata corretta, nelle celle E14 ed E15 appaiono immediatamente i valori delle coordinate del punto di intersezione dei due allineamenti, come illustrato in ▶FIGURA D.

Naturalmente, cambiando le coordinate degli estremi degli allineamenti contenute nelle corrispondenti celle, si ottiene la visualizzazione immediata, nelle stesse celle E14 ed E15, in modo **interattivo**, delle nuove coordinate del punto di intersezione.

Infine osserviamo che la **riga 1** (▶FIGURA C) è occupata, nelle sue due prime celle A1 e B1, dal calcolo dei due coefficienti Ω e Φ. Tuttavia tali valori costituiscono solo un passaggio intermedio, che una volta impostato può essere *nascosto* alla vista senza compromettere il calcolo stesso.

Per **nascondere** l'intera riga 1 occorre in primo luogo selezionarla premendo col cursore sulla sua **intestazione** (numero della riga sul bordo sinistro del foglio), quindi premere sul *tasto destro* del mouse per fare comparire il *menu di scelta rapida*; in esso occorre selezionare l'opzione **Nascondi**. Il risultato sarà quello di nascondere dalla visualizzazione il contenuto dell'intera riga 1, mentre i calcoli che le celle contengono continuano perfettamente a funzionare.

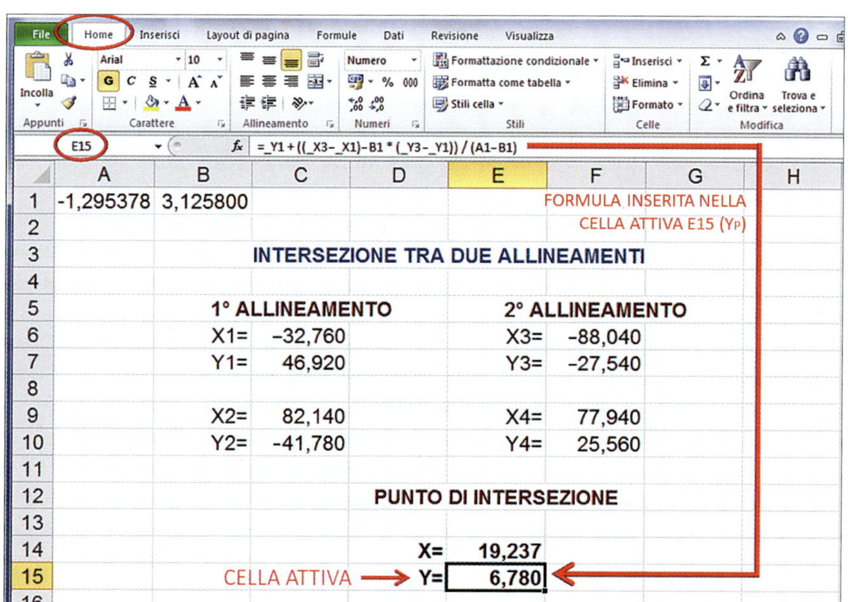

FIGURA D Inserimento delle formule nelle celle E14 ed E15 per il calcolo delle coordinate del punto di intersezione *P*.

Autovalutazione

A. Verifica delle conoscenze

QUESITI VERO/FALSO

V F

1 Il sistema di riferimento cartesiano è dovuto al matematico L. Carnot □ □

2 Le coordinate cartesiane di un punto sono omogenee □ □

3 Le coordinate polari di un punto sono omogenee □ □

4 In un sistema cartesiano è conveniente che gli assi formino un angolo retto □ □

5 Un sistema polare possiede due assi □ □

6 In un sistema polare è necessario assumere un senso positivo di rotazione □ □

7 In un sistema polare distanza e modulo sono la stessa cosa □ □

8 In un sistema polare l'azimut di un punto può essere negativo □ □

9 In un sistema polare tutti i punti che presentano azimut nullo sono sull'asse polare □ □

10 In un sistema polare tutti i punti che presentano lo stesso modulo giacciono su una stessa retta □ □

11 In un sistema polare l'azimut di un punto non può essere maggiore di 400^c □ □

12 Le coordinate cartesiane possono essere negative □ □

13 Essendo $\overline{OP}$ e (OP) le coordinate polari del punto P, si ha: $Y_P = \overline{OP} \cdot \text{sen}\,(OP)$ □ □

14 Essendo X_P l'ascissa del punto P, si ha: $\overline{OP} = X_P \cdot \text{sen}\,(OP)$ □ □

15 Considerando un lato, la somma di due azimut reciproci vale 200^c □ □

16 Un sistema cartesiano secondario ha gli assi paralleli al sistema principale □ □

17 La relazione tra l'ascissa parziale di un punto B rispetto a un sistema secondario con origine in A e le coordinate totali di A e B è: $(x_B)_A = X_B + X_A$ □ □

18 L'ordinata totale di un punto B, note le coordinate polari rispetto a un sistema con origine in A, è: $Y_B = Y_A + \overline{AB} \cdot \cos\,(AB)$ □ □

19 Nello sviluppo di una spezzata è necessario conoscere le coordinate cartesiane di almeno un vertice □ □

20 In una spezzata $ABCDE$ possiamo scrivere la seguente relazione: $(CD) = (CB) + \gamma \pm 200^c$ □ □

21 La spezzata può essere impiegata per misurare indirettamente distanze □ □

QUESITI A RISPOSTA APERTA

22 Trascrivi nei riquadri della figura i nomi (e le alternative) corrispondenti alle entità geometriche connesse a un sistema di riferimento polare.

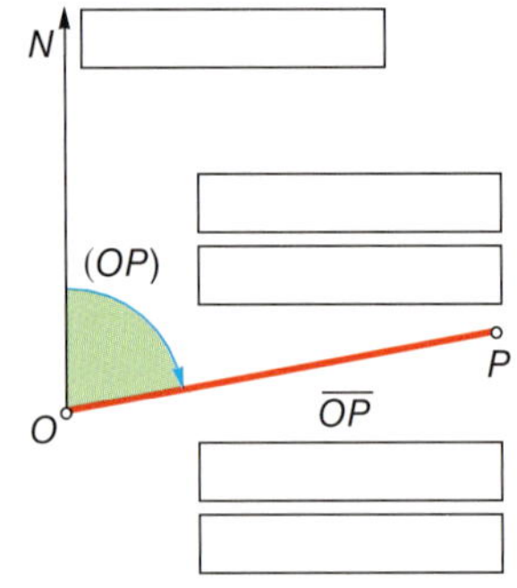

23 Con riferimento alla figura, scrivi le formule che consentono di trasformare le coordinate polari (OP); $\overline{OP}$ nelle corrispondenti coordinate cartesiane.

$X_P =$ ....

$Y_P =$ ....

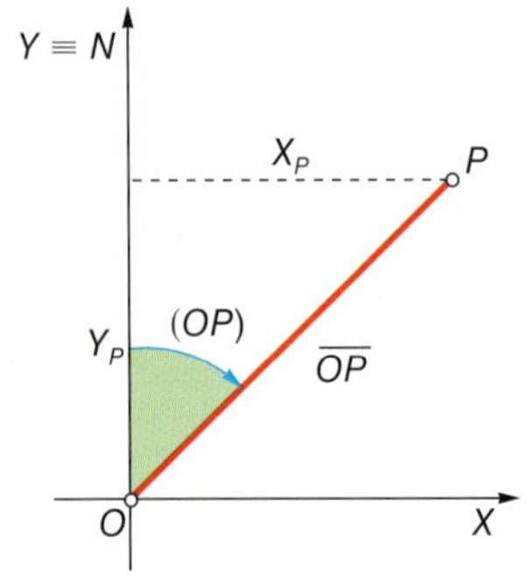

24 Con riferimento alla figura, scrivi le formule che consentono di trasformare le coordinate cartesiane X_P; Y_P di P del III quadrante nelle corrispondenti coordinate polari.

ϑ = ...

(OP) = ...

$\overline{OP}$ = ...

= ....

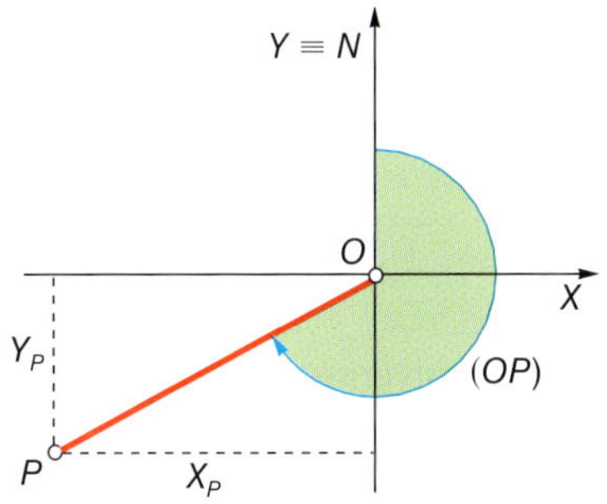

25 Enuncia la definizione di angolo di direzione di un segmento, e indica la simbologia alternativa a quella utilizzata in figura.

Definizione: ....

....

....

Simbologia alternativa: ....

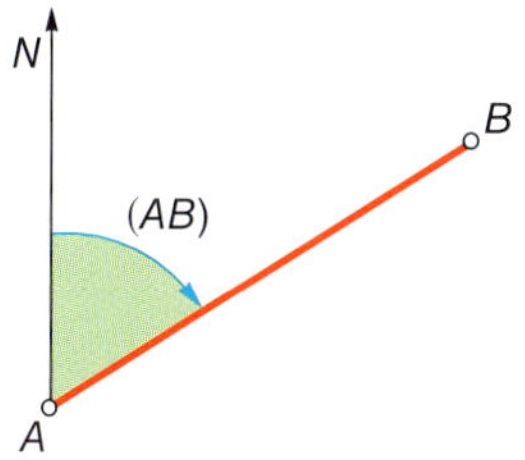

26 Enuncia la definizione di angoli di direzione reciproci, e riporta la relazione teorica che lega i due angoli.

Definizione: ....

....

....

Relazione teorica: ....

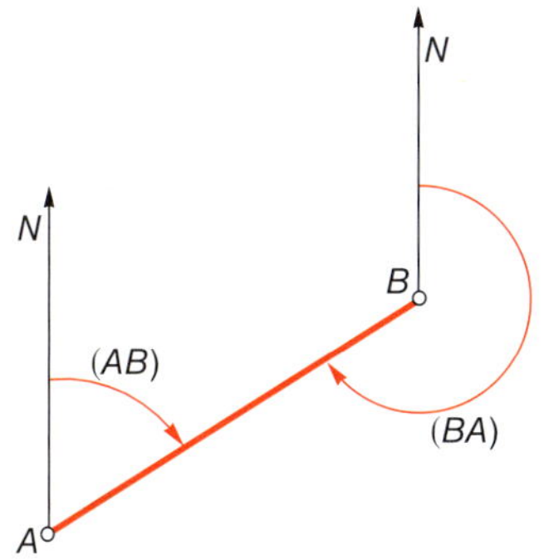

27 Con riferimento alla figura, indica 1) cosa rappresentano i due segmenti HN e HM e 2) quale relazione esiste tra questi e le coordinate totali dei due punti M e N.

1) ....

....

2) ....

....

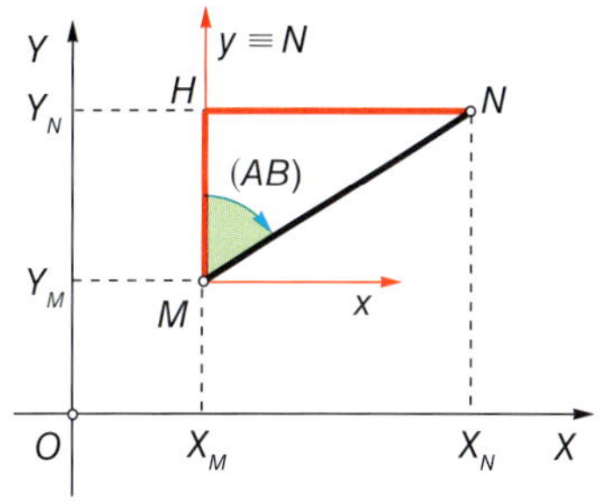

QUESITI A RISPOSTA MULTIPLA

28 Un punto presenta un azimut di 258°; in quale quadrante si trova il punto?

a I quadrante b II quadrante
c III quadrante d nessuna delle precedenti

29 Un punto presenta un azimut di −36°; in quale quadrante si trova il punto?

a I quadrante b II quadrante
c III quadrante d nessuna delle precedenti

30 Un punto presenta un azimut di 230° e un modulo di 15 m; quanto vale la sua ascissa cartesiana?

a $x = 12{,}15$ b $x = -11{,}49$
c $x = -9{,}64$ d $x = -12{,}15$

31 Un punto presenta un azimut di 360^c e un modulo di 120 m; quanto vale la sua ordinata cartesiana?

a $y = 97{,}08$
b $y = -70{,}53$
c $y = 120$ d y = nessuna delle precedenti

32 Un punto presenta le seguenti coordinate cartesiane: $X = -12$ m, $Y = 16$ m; quanto vale l'azimut del punto?

a $\vartheta = 36°{,}87$ b $\vartheta = -36°{,}87$
c $\vartheta = 323°{,}13$ d nessuna delle precedenti

33 Un punto presenta le seguenti coordinate cartesiane: $X = -52$ m, $Y = -24$ m; quanto vale l'azimut del punto?

a $\vartheta = 65°{,}22$ b $\vartheta = 245°{,}22$
c $\vartheta = 114°{,}77$ d nessuna delle precedenti

34 Un punto presenta le seguenti coordinate cartesiane: $X = 77$ m, $Y = -48$ m; quanto vale l'azimut del punto?

a $\vartheta = 58°{,}45$ b $\vartheta = 258°{,}45$
c $\vartheta = 342°{,}65$ d nessuna delle precedenti

35 Indica quale valore assume k nella relazione:

$X_B - X_A = k$

- [a] $k = (x_A)_B$
- [b] $k = (x_B)_A$
- [c] $k = (y_B)_A$
- [d] $k = AB$

36 Indica quale valore assume k nella relazione:

$Y_N = Y_M + NM \cdot \cos k$

- [a] $k = (NM)$
- [b] $k = M\widehat{O}N$
- [c] $k = (MN)$
- [d] la relazione non ha significato

37 Indica quale valore assume k nella relazione:

$$RS = \frac{X_S - X_R}{\text{tg } k}$$

- [a] $k = (RS)$
- [b] $k = MON$
- [c] $k = (SR)$
- [d] la relazione non ha significato

38 Indica quale valore assume k nella relazione:

$(DE) = (CD) + k \ \pm 200^c$

relativa a una spezzata $ABCDE$

- [a] $k = \gamma + \alpha$
- [b] $k = \delta$
- [c] $k = \varepsilon$
- [d] la relazione non ha significato

B. Verifica delle competenze

COMPETENZA Organizzare il lavoro

39 Crea una scheda contenente tutte le possibili espressioni che forniscono la distanza tra due punti nel piano quando sono note le loro coordinate cartesiane ortogonali.

COMPETENZA Attività grafica

40 Rileva dalla figura sottostante le coordinate cartesiane dei vertici A, B, C e D (sfruttando la griglia di fondo), quindi, con un rapportatore centesimale e un righello, misura la lunghezza dei lati e l'ampiezza degli azimut di ciascuno dei lati AB, BC, CD. Controlla poi tali valori, inevitabilmente approssimati, con quelli ottenuti analiticamente con la calcolatrice tascabile.

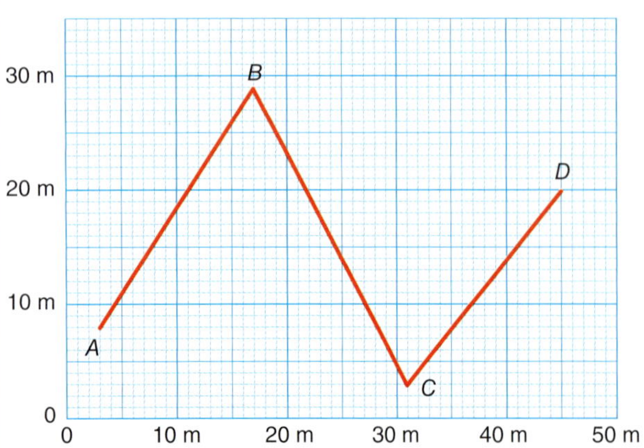

[$(AB) = 38^c{,}88$; $AB = 24{,}41$ m; $(BC) = 167^c{,}5013$; $BC = 28{,}65$ m; $(CD) = 43^c{,}8583$; $CD = 22{,}02$ m]

COMPETENZA Digitale

41 Nell'ambito di AutoCAD, costruisci il quadrilatero $ABCD$ di cui sono assegnate le sottostanti coordinate cartesiane, interrogando poi il sistema per ottenerne la lunghezza dei lati, l'ampiezza degli angoli interni e l'area.

$X_A = -35$ m $\qquad X_B = -12$ m

$Y_A = +22$ m $\qquad Y_B = -16$ m

$X_C = +18$ m $\qquad X_D = +42$ m

$Y_C = -20$ m $\qquad Y_D = +27$ m

42 Utilizza le celle di una o più righe di un foglio Excel per ottenere la lunghezza e l'azimut (espresso in gradi centesimali) di un segmento di cui sono note le coordinate cartesiane dei suoi estremi.

COMPETENZA Risolvere problemi

43 **PROBLEMA SVOLTO**

Sono date le coordinate cartesiane dei vertici del quadrilatero $ABCD$:

$$\begin{cases} X_A = +137{,}55 \text{ m} \\ Y_A = +63{,}45 \text{ m} \end{cases} \qquad \begin{cases} X_B = +152{,}02 \text{ m} \\ Y_B = -104{,}47 \text{ m} \end{cases}$$

$$\begin{cases} X_C = -117{,}72 \text{ m} \\ Y_C = -46{,}41 \text{ m} \end{cases} \qquad \begin{cases} X_D = -52{,}93 \text{ m} \\ Y_D = +115{,}67 \text{ m} \end{cases}$$

Calcola la lunghezza dei lati e degli angoli interni del quadrilatero.

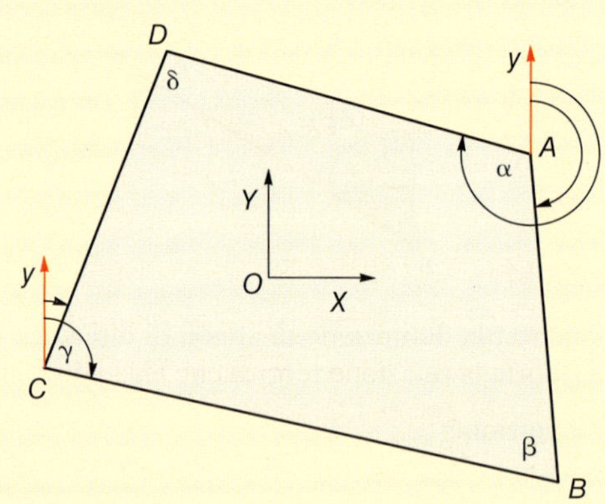

Soluzione

Consideriamo prima il sistema secondario con origine nel punto A.

Lato AB:

$$\vartheta = \text{arctg}\frac{152{,}02 - 137{,}55}{-104{,}47 - 63{,}45} = -5{,}4724 \text{ gon}$$

$$(AB) = 200 + (-5{,}4724) = 194{,}5276 \text{ gon}$$

$$AB = \frac{152{,}02 - 137{,}55}{\text{sen } 194{,}5276} = 168{,}54 \text{ m}$$

$$(BA) = 200 + 194{,}5276 = 394{,}5276 \text{ gon}$$

Lato *AD*:

$$\vartheta = \text{arctg}\frac{-52,93 - 137,55}{115,67 - 63,45} = -82,9656 \text{ gon}$$

$$(AD) = 400 + (-82,9656) = 317,0344 \text{ gon}$$

$$\alpha = (AD) - (AB) = 122,5068 \text{ gon}$$

$$AD = \frac{-52,93 - 137,55}{\text{sen } 317,0344} = 197,51 \text{ m}$$

$$(DA) = 317,0344 - 200 = 117,0344 \text{ gon}$$

Consideriamo ora il sistema secondario con origine nel punto *C*.

Lato *CB*:

$$\vartheta = \text{arctg}\frac{152,02 + 117,72}{-104,47 + 46,41} = -86,5030 \text{ gon}$$

$$(CB) = 200 + (-86,5030) = 113,4970 \text{ gon}$$

$$CB = \frac{152,02 + 117,72}{\text{sen } 113,4970} = 275,92 \text{ m}$$

$$(BC) = 200 + 113,4970 = 313,4970 \text{ gon}$$

Lato *CD*:

$$\vartheta = \text{arctg}\frac{-52,93 + 117,72}{+115,67 + 46,41} = 24,2096 \text{ gon}$$

$$(CD) = \vartheta = 24,2096 \text{ gon}$$

$$\gamma = (CB) - (CD) = 89,2874 \text{ gon}$$

$$CD = \frac{-52,93 + 117,72}{\text{sen } 24,2096} = 174,55 \text{ m}$$

$$(DC) = 200 + 24,2096 = 224,2096 \text{ gon}$$

Ora è immediato il calcolo degli angoli interni β e δ:

$$\beta = (BA) - (BC) = 81,0306 \text{ gon}$$

$$\delta = (DC) - (DA) = 107,1752 \text{ gon}$$

ORA PROVACI TU

Con la stessa strategia, determinare le lunghezze e gli azimut delle due diagonali *AC* e *BC*.

[$(AC) = 274^c,1272$; $AC = 277,91$ m; $(BD) = 352^c,2739$; $BD = 300,77$ m]

44 Sono date le coordinate polari dei vertici dell'appezzamento quadrilatero *ABCD*:

$\begin{cases}(OA) = 67^c,8710 \\ \overline{OA} = 269,27 \text{ m}\end{cases}$ $\begin{cases}(OB) = 142^c,2265 \\ \overline{OB} = 278,38 \text{ m}\end{cases}$

$\begin{cases}(OC) = 242^c,4080 \\ \overline{OC} = 300,51 \text{ m}\end{cases}$ $\begin{cases}(OD) = 363^c,9411 \\ \overline{OD} = 239,10 \text{ m}\end{cases}$

Calcola le coordinate cartesiane dei vertici e l'area del quadrilatero.

[$X_A = 235,70$ m; $Y_A = 130,20$ m; $S = 142\,328,80$ m^2]

45 Si conoscono le coordinate cartesiane di un punto *A* e le polari di un punto *B*:

$\begin{cases}X_A = +112,00 \text{ m} \\ Y_A = +203,40 \text{ m}\end{cases}$ $\begin{cases}\overline{OB} = 261,37 \text{ m} \\ (OB) = 101^c,8818\end{cases}$

Per determinare le coordinate di un punto *C* si sono misurati i due angoli in *A* e in *B* del triangolo *ABC*. Le lettere *A*, *B*, *C* si susseguono in senso orario.

$\widehat{A} = 53^c,9815$ $\widehat{B} = 69^c,7592$

[$X_C = 55,097$ m; $Y_C = -36,852$ m]

46 Le coordinate cartesiane del punto *A* sono:

$X_A = -250,38$ m $Y_A = +75,15$ m

Si conoscono inoltre le polari di *B* e *C* rispetto ad *A*:

$\begin{cases}(AB) = 157^c,1380 \\ \overline{AB} = 601,24 \text{ m}\end{cases}$ $\begin{cases}(AC) = 78^c,0657 \\ \overline{AC} = 660,34 \text{ m}\end{cases}$

Calcola le coordinate totali di *B* e *C* e, in base ai valori trovati, determinare l'azimut (*BC*), la distanza $\overline{BC}$ e gli angoli del triangolo *ABC*.

[$\overline{BC} = 735,65$ m; $\alpha = 79^c,0722$; $\beta = 64^c,6268$; $\gamma = 56^c,3009$]

47 Di un appezzamento quadrilatero *ABCD* si conoscono le coordinate cartesiane:

$\begin{cases}X_A = -149,84 \text{ m} \\ Y_A = -27,73 \text{ m}\end{cases}$ $\begin{cases}X_B = -10,87 \text{ m} \\ Y_B = -114,61 \text{ m}\end{cases}$

$\begin{cases}X_C = +117,32 \text{ m} \\ Y_C = -92,33 \text{ m}\end{cases}$ $\begin{cases}X_D = 0,00 \text{ m} \\ Y_D = 0,00 \text{ m}\end{cases}$

Calcola l'area, le diagonali $\overline{AC}$, $\overline{BD}$ e le coordinate della loro intersezione.

[$\overline{AC} = 274,86$ m; $\overline{BD} = 115,12$ m; $S = 15\,660,71$ m^2]

48 Di un appezzamento esagonale *ABCDEF* si conoscono le coordinate cartesiane dei vertici:

$\begin{cases}X_A = 0,00 \text{ m} \\ Y_A = 0,00 \text{ m}\end{cases}$ $\begin{cases}X_B = +62,38 \text{ m} \\ Y_B = 0,00 \text{ m}\end{cases}$

$\begin{cases}X_C = +111,22 \text{ m} \\ Y_C = +5,84 \text{ m}\end{cases}$ $\begin{cases}X_D = +179,83 \text{ m} \\ Y_D = +68,19 \text{ m}\end{cases}$

$\begin{cases}X_E = +220,81 \text{ m} \\ Y_E = +148,51 \text{ m}\end{cases}$ $\begin{cases}X_F = +126,36 \text{ m} \\ Y_F = +158,02 \text{ m}\end{cases}$

Calcola l'area dell'appezzamento, gli angoli nei vertici *A* ed *F* e il lato $\overline{AF}$.

[$\overline{AF} = 202,33$ m; $S = 17\,337,19$ m^2]

49 Dell'appezzamento quadrilatero $ABCD$ si conoscono le coordinate cartesiane dei vertici:

$\begin{cases} X_A = 0{,}00 \text{ m} \\ Y_A = 0{,}00 \text{ m} \end{cases}$ $\begin{cases} X_B = +72{,}60 \text{ m} \\ Y_B = 0{,}00 \text{ m} \end{cases}$

$\begin{cases} X_C = +56{,}77 \text{ m} \\ Y_C = +62{,}73 \text{ m} \end{cases}$ $\begin{cases} X_D = -0{,}28 \text{ m} \\ Y_D = +66{,}42 \text{ m} \end{cases}$

Calcola l'area, i lati e gli angoli del quadrilatero.

[$S = 4171{,}21$ m^2; $\overline{AB} = 72{,}60$ m; $\overline{BC} = 64{,}69$ m; $\overline{CD} = 57{,}17$ m; $\overline{DA} = 66{,}42$ m; $\widehat{A} = 100^c{,}2684$; $\widehat{B} = 84^c{,}6234$; $\widehat{C} = 119^c{,}8486$; $\widehat{D} = 95^c{,}6196$]

50 Dell'appezzamento quadrilatero $ABCD$ incrociato, si conoscono le coordinate cartesiane dei vertici:

$\begin{cases} X_A = 0{,}00 \text{ m} \\ Y_A = 0{,}00 \text{ m} \end{cases}$ $\begin{cases} X_B = +23{,}50 \text{ m} \\ Y_B = -24{,}00 \text{ m} \end{cases}$

$\begin{cases} X_C = 0{,}00 \text{ m} \\ Y_C = +78{,}00 \text{ m} \end{cases}$ $\begin{cases} X_D = +37{,}50 \text{ m} \\ Y_D = +26{,}00 \text{ m} \end{cases}$

Calcola l'area, la diagonale $\overline{BD}$ e le coordinate del punto d'incontro I della diagonale con l'asse delle x.

[$\overline{BD} = 51{,}923$ m; $X_I = 30{,}22$ m; $Y_I = 0$; $S = 1170{,}36$ m^2]

51 Di un trapezio $ABCD$ si conoscono:

$\overline{AB}$ (base minore) = 62,30 m $\overline{BC} = 46{,}50$ m

$\overline{CD}$ (base maggiore) = 85,70 m $B\widehat{C}D = 71^c{,}8889$

I vertici A, B, C, D si susseguono nel senso antiorario con B alla sinistra di A e CD di sotto ad AB. Riferire il trapezio a un sistema di assi con origine in C e l'asse delle ascisse diretto positivamente al punto D.
Calcola le coordinate dei vertici, l'area, il lato $\overline{AD}$, l'angolo nel vertice A e le diagonali $\overline{BD}$ e $\overline{AC}$.

[$X_A = 82{,}172$ m; $X_B = 19{,}872$ m; $Y_A = 42{,}040$ m; $Y_B = 42{,}040$ m; $\overline{AD} = 42{,}188$ m; $\overline{CA} = 92{,}302$ m; $\overline{BD} = 78{,}107$ m; $S = 3110{,}96$ m^2]

52 Di un quadrilatero $ABCD$ si conoscono le coordinate polari:

$\begin{cases} (OA) = 8^c{,}5648 \\ \overline{OA} = 122{,}43 \text{ m} \end{cases}$ $\begin{cases} (OB) = 44^c{,}2531 \\ \overline{OB} = 162{,}40 \text{ m} \end{cases}$

$\begin{cases} (OC) = 98^c{,}4197 \\ \overline{OC} = 145{,}40 \text{ m} \end{cases}$ $\begin{cases} (OD) = 146^c{,}1636 \\ \overline{OD} = 109{,}26 \text{ m} \end{cases}$

Calcola le coordinate cartesiane dei vertici e l'area.

[$X_A = 16{,}45$ m; $Y_A = 121{,}324$ m; $S = 14\,021{,}30$ m^2]

53 Di un appezzamento quadrilatero $ABCD$ si conoscono:

$\overline{AB} = 125{,}70$ m $\overline{BC} = 106{,}30$ m $\overline{CD} = 185{,}40$ m

$\widehat{B} = 120^c{,}5926$ $\widehat{C} = 84^c{,}7222$

Riferisci il quadrilatero a un sistema di assi con origine in D e l'asse delle ascisse diretto positivamente al punto C. I vertici A, B, C, D si susseguono in senso orario. Sul lato BC si è fissato un punto E alla distanza di 29,05 m da B; sulla diagonale AC un punto F alla distanza di 99,40 m da A e sul lato AD un punto G dalla distanza di 39,78 m da A.
Calcola le coordinate dei vertici del quadrilatero e quelle dei punti E, F e G. Calcolare inoltre l'area dell'appezzamento e quella del pentagono $ABEFG$.

[$\overline{DA} = 118{,}96$ m; $S_1 = 16\,877{,}76$ m^2; $S_2 = 6013{,}94$ m^2]

54 Del quadrilatero $ABCD$ si conoscono:

$\overline{BA} = 72{,}856$ m $\overline{AD} = 124{,}426$ m $\overline{CD} = 54{,}268$ m

$\widehat{A} = 73^c{,}7518$ $\widehat{D} = 72^c{,}5333$

Riferisci la figura a un sistema di assi con origine in A e l'asse delle ascisse orientato positivamente secondo AD. I vertici A, B, C, D si susseguono in senso orario. Calcola le coordinate dei vertici, gli elementi incogniti e l'area.

[$\overline{BC} = 74{,}61$ m; $S = 5742{,}54$ m^2]

55 Da un punto O si sono misurate le distanze ai quattro vertici del quadrilatero $ABCD$:

$\overline{OA} = 115{,}20$ m $\overline{OB} = 185{,}50$ m

$\overline{OC} = 275{,}50$ m $\overline{OD} = 190{,}20$ m

Si sono misurati inoltre i seguenti angoli:

$A\widehat{O}D = 45^c{,}20$ $D\widehat{O}C = 53^c{,}10$ $C\widehat{O}B = 44^c{,}20$

Riferisci la figura a un sistema di assi con origine in O e con l'asse delle ordinate orientato positivamente sul punto A. Calcola le coordinate dei vertici e l'area del quadrilatero. Figura in scala 1:4000.

[$S = 34\,505{,}9$ m^2]

56 Si conoscono le coordinate cartesiane dei vertici del quadrilatero $ABCD$:

$\begin{cases} X_A = +330{,}56 \text{ m} \\ Y_A = +429{,}80 \text{ m} \end{cases}$ $\begin{cases} X_B = -298{,}35 \text{ m} \\ Y_B = +269{,}70 \text{ m} \end{cases}$

$\begin{cases} X_C = -390{,}68 \text{ m} \\ Y_C = -411{,}75 \text{ m} \end{cases}$ $\begin{cases} X_D = +762{,}37 \text{ m} \\ Y_D = -288{,}75 \text{ m} \end{cases}$

Calcola l'area del quadrilatero e le coordinate del punto P in cui si incontrano le diagonali.

[$X_P = +40{,}48$ m; $Y_P = +91{,}31$ m; $S = 647\,712{,}7$ m^2]

57 Due punti A e B sono individuati mediante le loro coordinate cartesiane:

$\begin{cases} X_A = 105{,}62 \text{ m} \\ Y_A = 94{,}37 \text{ m} \end{cases}$ $\begin{cases} X_B = 451{,}28 \text{ m} \\ Y_B = 75{,}23 \text{ m} \end{cases}$

Facendo stazione nei punti stessi con un teodolite a graduazione destrorsa, si sono collimati due punti inaccessibili C e D e si sono misurati gli angoli:

$C\widehat{A}B = 115^c{,}0926$ $A\widehat{B}C = 41^c{,}8704$

$D\widehat{A}B = 69^c{,}1111$ $A\widehat{B}D = 96^c{,}7963$

Si vuole conoscere l'area del quadrilatero e la distanza $\overline{CD}$.

[$\overline{CD} = 479{,}16$ m; $S = 179\,494$ m^2]

58 Per determinare la distanza tra due punti A e B si sono scelti due punti C e D dei quali il primo sul prolungamento di AB dalla parte di B e l'altro alla destra di un osservatore che, situato in A, guardi verso B. Si sono misurati:

$\overline{CD} = 115{,}30$ m $\qquad D\widehat{C}B = 57^c{,}2438$

$B\widehat{D}C = 45^c{,}7778$ $\qquad A\widehat{D}C = 83^c{,}5988$

Supponendo la figura riferita a un sistema di assi con origine in A e con l'asse delle ordinate coincidente con AB, determina le coordinate di B, C e D.

[$X_D = 90{,}25$ m; $Y_D = 67{,}42$ m]

59 Le coordinate ortogonali dei vertici di un triangolo ABC sono:

$\begin{cases} X_A = 275{,}20 \text{ m} \\ Y_A = 372{,}20 \text{ m} \end{cases}$ $\begin{cases} X_B = 611{,}55 \text{ m} \\ Y_B = 880{,}43 \text{ m} \end{cases}$ $\begin{cases} X_C = 989{,}54 \text{ m} \\ Y_C = 110{,}04 \text{ m} \end{cases}$

Sul lato BC a una distanza di 435,10 m da B si fissa un punto P e per esso si conduce un allineamento perpendicolare a BC. Calcola le coordinate dei due punti in cui questo allineamento incontra le rette degli altri due lati del triangolo.

Nota. Indica con M l'intersezione con il lato AC e con N quella col prolungamento del lato AB; si troverà:

[$X_M = 440{,}10$ m; $X_N = 137{,}55$ m;
$Y_M = 311{,}66$ m; $Y_N = 162{,}71$ m]

60 Volendo determinare la distanza tra i punti A e D si è tracciata la spezzata $ABCD$ misurando i seguenti elementi:

$\overline{AB} = 71{,}30$ m $\qquad \overline{BC} = 48{,}70$ m $\qquad \overline{CD} = 39{,}10$ m

$A\widehat{B}C = 138^c{,}0370$ $\qquad B\widehat{C}D = 131^c{,}6666$

Riferisci la figura a un sistema di assi con origine in A e il lato AB sull'asse delle ascisse. I punti C e D sono nel I quadrante. [$\overline{AD} = 110{,}25$ m]

61 Due punti P e Q hanno per coordinate planimetriche ortogonali:

$\begin{cases} X_P = 672{,}12 \text{ m} \\ Y_P = -650{,}41 \text{ m} \end{cases}$ $\qquad \begin{cases} X_Q = -87{,}20 \text{ m} \\ Y_Q = +712{,}04 \text{ m} \end{cases}$

Sull'allineamento PQ, e fra questi due punti, sono stati fissati altri due punti A e B e si conoscono le distanze orizzontali:

$\overline{PA} = 646{,}44$ m $\qquad \overline{PB} = 923{,}62$ m

Allo scopo di determinare un terzo punto C (che per l'osservatore in A che guardi B si trova alla destra) si misurano in A e B gli angoli orizzontali del triangolo ABC che risultano:

$B\widehat{A}C = 79^c{,}7315$ $\qquad C\widehat{B}A = 58^c{,}0432$

Calcola le coordinate planimetriche di C.

[$X_C = +536{,}41$ m; $Y_C = +108{,}73$ m]

62 Si conoscono le coordinate dei vertici di un triangolo ABC:

$\begin{cases} X_A = 0{,}00 \text{ m} \\ Y_A = 0{,}00 \text{ m} \end{cases}$ $\begin{cases} X_B = 130{,}70 \text{ m} \\ Y_B = 0{,}00 \text{ m} \end{cases}$ $\begin{cases} X_C = 41{,}50 \text{ m} \\ Y_C = 115{,}75 \text{ m} \end{cases}$

Calcola le coordinate del centro O_1 del cerchio inscritto e quelle O_2 del cerchio circoscritto.

[$X_{O1} = 53{,}76$ m; $Y_{O1} = 37{,}84$ m;
$X_{O2} = 65{,}35$ m; $Y_{O2} = 41{,}88$ m]

63 In un triangolo rettangolo l'ipotenusa è 115,30 m e i due angoli acuti differiscono di 36°20′10″. Calcola i cateti e l'area, nonché le lunghezze delle tre mediane e le coordinate del baricentro, rispetto a un sistema con origine sul vertice retto e asse x sul cateto corto.

[$X_G = 17{,}35$ m; $Y_G = 34{,}29$ m; $S = 2677{,}28$ m^2]

64 Per tre punti ABC di coordinate:

$\begin{cases} X_A = 0{,}00 \text{ m} \\ Y_A = 0{,}00 \text{ m} \end{cases}$ $\begin{cases} X_B = 45{,}45 \text{ m} \\ Y_B = 79{,}32 \text{ m} \end{cases}$ $\begin{cases} X_C = 122{,}58 \text{ m} \\ Y_C = 63{,}94 \text{ m} \end{cases}$

far passare una circonferenza e determinare il raggio e le coordinate del centro.

[$R = 72{,}90$ m; $X_O = 72{,}00$; $Y_O = 11{,}42$ m]

65 In un triangolo ABC sono state misurate le lunghezze dei tre lati:

$AB = 57{,}50$ m $\qquad BC = 74{,}40$ m $\qquad AC = 114{,}85$ m

Fissando un sistema di riferimento cartesiano ortogonale con origine in A e con asse delle ascisse orientato sulla direttrice AB, determina: le coordinate del vertice C; le coordinate dell'ortocentro H del triangolo; le coordinate del punto K su BC, intersezione della congiungente tra il punto H e il punto medio M del lato AC, e il lato BC; l'area del triangolo MKC.

[$X_H = 95{,}32$ m; $Y_H = -56{,}26$ m; $X_K = 61{,}39$ m;
$Y_K = 6{,}59$ m; $S_{MKC} = 824{,}49$ m^2]

66 In un triangolo ABC sono state misurate le lunghezze dei tre lati:

$AB = 152{,}60$ m $\qquad BC = 132{,}70$ m $\qquad AC = 167{,}56$ m

Fissando un sistema di riferimento cartesiano ortogonale con origine in A e con asse delle ascisse orientato sulla direttrice AB, determina: le coordinate del vertice C; le coordinate del punto K intersezione tra la bisettrice dell'angolo in A e della mediana relativa al lato AC; le coordinate del punto O centro del cerchio inscritto al triangolo ABK; l'area del triangolo ABK.

[$X_K = 89{,}79$ m; $Y_K = 40{,}63$ m; $X_O = 88{,}17$ m;
$Y_O = 19{,}02$ m; $S_{ABK} = 3100{,}17$ m^2]

67 In un quadrilatero $ABCD$ sono note le coordinate dei suoi vertici:

$X_A = 0{,}00$ m $\qquad X_B = 162{,}50$ m

$Y_A = 0{,}00$ m $\qquad Y_B = 0{,}00$ m

$X_C = 130{,}40$ m $\qquad X_D = 32{,}60$ m

$Y_C = 128{,}80$ m $\qquad Y_D = 97{,}80$ m

Determina le coordinate del punto K intersezione delle diagonali; le coordinate del punto H intersezione tra gli assi dei lati AD e CD; l'area del quadrilatero.

[$X_K = 70{,}29$ m; $Y_K = 69{,}42$ m; $X_H = 112{,}03$ m; $Y_H = 16{,}99$ m; $S = 3073{,}44$ m^2]

68 In un quadrilatero $ABCD$ sono note le coordinate dei suoi vertici:

$X_A = 0{,}00$ m	$X_B = 162{,}50$ m
$Y_A = 0{,}00$ m	$Y_B = 0{,}00$ m
$X_C = 130{,}40$ m	$X_D = 32{,}60$ m
$Y_C = 128{,}80$ m	$Y_D = 97{,}80$ m

Determina le coordinate del centro O del cerchio inscritto al triangolo ABC; le coordinate del baricentro G del triangolo che ha come vertici il precedente centro O e i punti medi dei lati AD e CD; l'area di quest'ultimo triangolo.

[$X_O = 106{,}52$ m; $Y_O = 43{,}74$ m; $X_G = 68{,}11$ m; $Y_G = 68{,}65$ m; $S = 3073{,}44$ m^2]

69 In un quadrilatero $ABCD$ sono note le coordinate dei punti A e C:

$X_A = 0{,}00$ m	$X_C = 148{,}00$ m
$Y_A = 0{,}00$ m	$Y_C = 126{,}00$ m

Sono poi stati misurati i seguenti elementi:

$\alpha = 97^c{,}0709$	$\beta = 85^c{,}0171$
$\overline{CD} = 137{,}82$ m	$\overline{AD} = 135{,}81$ m

Determina: le coordinate dei vertici B e D; le coordinate del punto K intersezione della diagonale AC con la congiungente i punti medi del lati AD e BC; le coordinate del punto H intersezione della diagonale BD con la congiungente i punti medi dei lati AD e BC.

[$X_K = 75{,}58$ m; $Y_K = 64{,}35$ m; $X_H = 94{,}61$ m; $Y_H = 63{,}44$ m]

70 Di un triangolo ABC sono noti l'angolo $\alpha = 62^c{,}5200$ e le coordinate dei punti A e C:

$X_A = 0{,}00$ m	$X_C = 106{,}50$ m
$Y_A = 0{,}00$ m	$Y_C = 70{,}80$ m

Non potendo misurare la lunghezza del lato AB si è sviluppata, alla destra dello stesso lato, la spezzata $AMNB$ misurando i seguenti elementi:

$B\widehat{A}M = 22^c{,}45$ (angolo di orientamento)

$A\widehat{M}N = 208^c{,}77$	$M\widehat{N}B = 117^c{,}5153$
$\overline{AM} = 42{,}00$ m	$\overline{MN} = 48{,}50$ m
	$\overline{NB} = 51{,}80$ m

Determina: le coordinate del vertice B e le coordinate del baricentro G del triangolo.

[$X_B = 108{,}98$ m; $Y_B = -45{,}48$ m; $X_G = 71{,}83$ m; $Y_G = 8{,}44$ m; $\overline{AB} = 118{,}09$ m]

71 L'asse di un canale è composto da una sequenza di segmenti di estremi $ABCDEF$. Si sono misurati i seguenti elementi:

$A\widehat{B}C = 108^c{,}0370$	$\overline{AB} = 85{,}36$ m
$B\widehat{C}D = 249^c{,}7407$	$\overline{BC} = 110{,}18$ m
$C\widehat{D}E = 132^c{,}0370$	$\overline{CD} = 101{,}38$ m
$D\widehat{E}F = 233^c{,}4444$	$\overline{DE} = 92{,}70$ m
	$\overline{EF} = 74{,}50$ m

Determina la distanza tra gli estremi A ed F del canale.

[$\overline{AF} = 383{,}71$ m]

72 Si sono collegati gli estremi A ed E di un tratto di strada rettilinea con una spezzata $ABCDE$, e sono state effettuate le seguenti misure:

$A\widehat{B}C = 135^c{,}3210$	$\overline{AB} = 273{,}25$ m
$B\widehat{C}D = 144^c{,}0154$	$\overline{BC} = 524{,}08$ m
$C\widehat{D}E = 141^c{,}2098$	$\overline{CD} = 388{,}43$ m
	$\overline{DE} = 356{,}91$ m

Determina la lunghezza del tratto di strada e gli angoli che essa forma con i lati AB ed ED della spezzata.

[$\overline{AE} = 930{,}88$ m; $E\widehat{A}B = 94^c{,}043$; $A\widehat{E}D = 85^c{,}4104$]

73 Tra i punti A ed E sono presenti ostacoli che impediscono la misura diretta della distanza tra i punti stessi. Questi sono poi stati collegati con una spezzata $ABCDE$ e sono state effettuate le seguenti misure:

$A\widehat{B}C = 154^c{,}0503$	$\overline{AB} = 65{,}00$ m
$B\widehat{C}D = 163^c{,}6391$	$\overline{BC} = 92{,}50$ m
$C\widehat{D}E = 142^c{,}1100$	$\overline{CD} = 110{,}40$ m
	$\overline{DE} = 105{,}80$ m

Si conoscono poi: $X_A = -36{,}78$ m; $Y_A = 25{,}00$ m; $(AB) = 154^c{,}5684$.
Determina: la distanza tra A ed E e le coordinate del punto K intersezione del segmento AE con la bisettrice dell'angolo $B\widehat{C}D$.

[$\overline{AE} = 272{,}59$ m; $X_K = 81{,}96$ m; $Y_K = 65{,}55$ m]

74 Tra i punti A ed E sono presenti ostacoli che impediscono la misura diretta della distanza tra i punti stessi. Questi sono poi stati collegati con una spezzata $ABCDE$ e sono state effettuate le seguenti misure:

$A\widehat{B}C = 154^c{,}0503$	$\overline{AB} = 65{,}00$ m
$B\widehat{C}D = 163^c{,}6391$	$\overline{BC} = 92{,}50$ m
$C\widehat{D}E = 142^c{,}1100$	$\overline{CD} = 110{,}40$ m
	$\overline{DE} = 105{,}80$ m

Determina: la distanza tra A ed E; le coordinate del punto K intersezione del segmento AE con la bisettrice dell'angolo $B\widehat{C}D$, rispetto a un sistema di riferimento cartesiano con origine in A e asse delle ascisse diretto lungo AB.

[$\overline{AE} = 272{,}59$ m; $X_K = 47{,}07$ m; $Y_K = 116{,}31$ m]

75 Tra i punti A e D è stata sviluppata la spezzata $ABCD$ e sono state effettuate le seguenti misure:

$A\widehat{B}C = 144^c{,}7419$ $\quad \overline{AB} = 75{,}00$ m

$B\widehat{C}D = 151^c{,}5315$ $\quad \overline{BC} = 112{,}60$ m

$\overline{CD} = 83{,}50$ m

Determina: la distanza tra A e D; le coordinate del punto K intersezione tra il prolungamento del lato DC, dalla parte di C, e la perpendicolare, tracciata da A, alla congiungente AD, rispetto a un sistema di riferimento cartesiano con origine in A e asse delle ascisse diretto lungo AB; le coordinate del baricentro G del triangolo ADK.

[$\overline{AD} = 221{,}52$ m; $X_K = 160{,}77$ m; $Y_K = -135{,}71$ m; $X_G = 101{,}22$ m; $Y_G = 11{,}18$ m]

76 Una particella di terreno a forma quadrilatera ha i suoi vertici A, B, C, D noti attraverso le seguenti coordinate cartesiane:

$A \equiv (-20{,}45 \text{ m}; +41{,}28 \text{ m})$ $\quad B \equiv (+224{,}50 \text{ m}; +94{,}30 \text{ m})$

$C \equiv (+208{,}46 \text{ m}; -14{,}78 \text{ m})$ $\quad D \equiv (+38{,}60 \text{ m}; -90{,}35 \text{ m})$

La particella deve essere divisa in due particelle derivate con un segmento MN ortogonale al lato AB, il cui estremo M coincide con il punto medio del lato AB, mentre l'altro estremo N si trova sul lato DC. Determina la lunghezza della dividente MN. [121,25 m]

77 Da un punto O, del quale sono note le coordinate cartesiane:

$X_O = +100{,}00$ m $\quad Y_O = -100{,}00$ m

sono state misurate le coordinate polari (con asse polare coincidente con il semiasse positivo delle ordinate) dei quattro vertici A, B, C, D di una particella terreno:

Punti	Azimut	Distanze (m)
A	$43^c{,}266$	60,48
B	$85^c{,}716$	97,87
C	$121^c{,}133$	109,90
D	$147^c{,}916$	47,32

Determina: 1, le coordinate cartesiane del punto K intersezione degli assi dei lati AB e AD; 2, la distanza tra i punti K e H dove quest'ultimo è il punto medio del lato CD.

[$X_K = 154{,}45$ m; $Y_K = -93{,}45$ m; $\overline{HK} = 43{,}24$ m]

78 Una particella di terreno a forma quadrangolare ha i suoi vertici A, B, C, D di coordinate note:

$A \equiv (-42{,}42 \text{ m}; 24{,}28 \text{ m})$ $\quad B \equiv (13{,}18 \text{ m}; -30{,}02 \text{ m})$

$C \equiv (105{,}00 \text{ m}; 27{,}22 \text{ m})$ $\quad D \equiv (-7{,}88 \text{ m}; 117{,}28 \text{ m})$

Sulla particella si deve realizzare un fossato rettilineo tra i punti M e N collocati a 25,00 m, rispettivamente, da A sul lato AD, e da C sul lato CB. Determina: 1, la lunghezza del fossato MN; 2, le coordinate del punto K intersezione di MN con la diagonale DB; 3, le aree in cui viene divisa la particella dal fossato MN.

[$MN = 122{,}24$ m; $X_K = 3{,}60$ m; $Y_K = 37{,}00$ m; $S_{AMNB} = 4664{,}15$ m^2; $S_{CDMN} = 6224{,}30$ m^2]

79 Una spezzata di vertici A, B, C, D, E è stata rilevata ottenendo le seguenti misure:

$A\widehat{B}C = 158^c{,}9978$ $\quad \overline{AB} = 53{,}05$m

$B\widehat{C}D = 158^c{,}1241$ $\quad \overline{BC} = 68{,}14$m

$C\widehat{D}E = 166^c{,}1114$ $\quad \overline{CD} = 40{,}86$m

$\overline{DE} = 72{,}93$m

Determina: 1, le coordinate del punto O, centro del cerchio inscritto al triangolo AEK, con K intersezione dei prolungamenti dei lati AB ed ED, rispetto a un sistema di riferimento cartesiano locale con origine in A e asse delle ascisse coincidente con AB; 2, l'area del poligono $ABCDEA$.

[$AE = 180{,}55$ m; $X_O = 82{,}25$ m; $Y_O = 44{,}28$ m; $S = 7912$ m^2]

80 Una spezzata di vertici A, B, C, D, E è stata rilevata ottenendo le seguenti misure:

$A\widehat{B}C = 110^c{,}8422$ $\quad \overline{AB} = 66{,}18$m

$B\widehat{C}D = 252^c{,}6688$ $\quad \overline{BC} = 72{,}66$m

$C\widehat{D}E = 132^c{,}0024$ $\quad \overline{CD} = 88{,}35$m

$\overline{DE} = 52{,}94$m

Inoltre sono note le coordinate del vertice C e l'azimut del lato CD:

$X_C = 41{,}86$ m $\quad Y_C = 29{,}96$ m $\quad (CD) = 67^c{,}7888$

Determina: 1, le coordinate dei restanti vertici della spezzata; 2, la distanza tra i punti M e N, piedi delle perpendicolari alla congiungente AE tracciate rispettivamente dal vertice B e da quello D; 3, l'area del poligono $MBCDN$.

[$MN = 147{,}02$ m; $X_A = -41{,}27$ m; $Y_A = -36{,}22$ m; ...; $X_E = 118{,}97$ m; $Y_E = 125{,}72$ m; $S = 4063{,}44$ m^2]

Risultati dei quesiti vero/falso

1F, 2V, 3F, 4V, 5F, 6V, 7V, 8F, 9V, 10F, 11V, 12V, 13F, 14F, 15F, 16V, 17F, 18V, 19V, 20F, 21V.

Risultati dei quesiti a risposta multipla

28c, 29d, 30b, 31a, 32c, 33b, 34d, 35b, 36c, 37d, 38b.

VERSO L'ESAME DI STATO

Fai molta attenzione a questa sezione. I problemi proposti sono relativi ad argomenti che potresti trovare nella seconda prova dell'Esame di Stato.

81 Del triangolo *ABC* sono note le seguenti coordinate cartesiane:

$X_A = +38{,}34$ m	$Y_A = +15{,}86$ m
$X_B = +109{,}47$ m	$Y_B = +136{,}06$ m
$X_C = -64{,}01$ m	$Y_C = +87{,}47$ m

Determina: 1, le coordinate cartesiane del punto *K* sul lato *BC*, sapendo che il triangolo *ACK* ha una superficie pari ai 3/4 di quella del triangolo *ABC*, e la lunghezza del segmento *AK*; 2, la distanza di *K* dal centro *O* del cerchio inscritto al triangolo *ACK*.

Soluzione

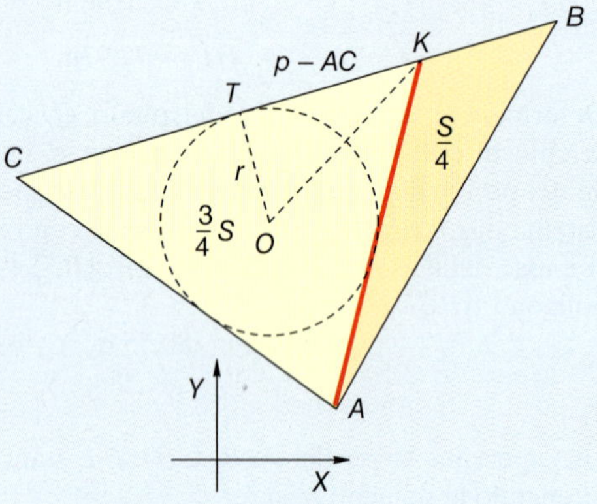

Utilizzando le coordinate cartesiane dei vertici *A*, *B*, *C* e seguendo la strategia già vista in precedenza (problema 43), si determinano gli elementi del triangolo che sintetizziamo di seguito:

$(AB) = 34{,}0174$ gon $(AC) = 338{,}8660$ gon

$(CB) = 82{,}6136$ gon

$AB = 139{,}67$ m $AC = 124{,}91$ m $CB = 180{,}15$ m

$\alpha = 95{,}1515$ gon $\beta = 48{,}5962$ gon $\gamma = 56{,}2524$ gon

Possiamo ora calcolare l'area *S* del triangolo, e i suoi 3/4:

$$S = \frac{1}{2} \cdot 124{,}91 \cdot 139{,}67 \cdot \text{sen } 95{,}1515 = 8697{,}80 \text{ m}^2$$

$$S_{ACK} = (3/4)\, S = 6523{,}35 \text{ m}^2$$

Considerando il triangolo *ACK* si ottiene:

$$S_{ACK} = \frac{1}{2} \cdot 124{,}91 \cdot CK \cdot \text{sen } 56{,}2524 = 6523{,}35 \text{ m}^2$$

da cui segue:

$$CK = \frac{2 \cdot 6523{,}35}{124{,}91 \cdot \text{sen } 56{,}2524} = 135{,}11 \text{ m}$$

$$(CK) = (CB) = 82{,}6136 \text{ gon}$$

$$X_K = -64{,}01 + 135{,}11 \cdot \text{sen } 82{,}6136 = 66{,}09 \text{ m}$$

$$Y_K = +87{,}47 + 135{,}11 \cdot \cos 82{,}6136 = 123{,}91 \text{ m}$$

$$AK = (135{,}11^2 + 124{,}91^2 - 2 \cdot 135{,}11 \cdot 124{,}91 \cdot \cos 56{,}2524)^{1/2} = 111{,}56 \text{ m}$$

$$p_{ACK} = 185{,}79 \text{ m}$$

$$AKC = \arccos \frac{135{,}11^2 + 111{,}56^2 - 124{,}91^2}{2 \cdot 135{,}11 \cdot 111{,}56} = 66{,}6057 \text{ gon}$$

$$\overline{KT} = p_{ACK} - AC = 185{,}79 - 124{,}91 = 60{,}88 \text{ m}$$

Dal triangolo retto *OTK*:

$$OK = \frac{60{,}88}{\cos(66{,}6057/2)} = 70{,}28 \text{ m}$$

ORA PROVACI TU

Calcola le coordinate del centro *O* del precedente cerchio inscritto, e il raggio dello stesso cerchio.

[$X_O = 16{,}94$ m; $Y_O = 73{,}68$ m; $r = 35{,}11$ m]

Topography in English

Angles

Angles are very important in topography because we use them to measure distances and differences in height.

There are two different types of angles: horizontal and vertical.

To define an **horizontal angle** we have to imagine two points A and B on Earth, looked at from point O: $A_0\widehat{O}B_0$ is the angle between the directions of the projections of the two points from O to A and O to B.

Horizontal angles are always on the horizontal plane.

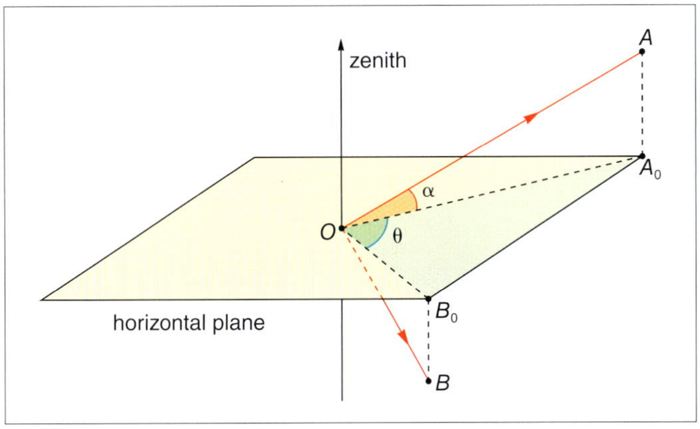

On the other hand, to define a vertical angle we have to imagine only one point A observed from a point O, and the **vertical angle** will be the one between OA and OA_0, where A_0 is the projection of A on the horizontal plane. The zenith is the infinity point directly above the instrument.

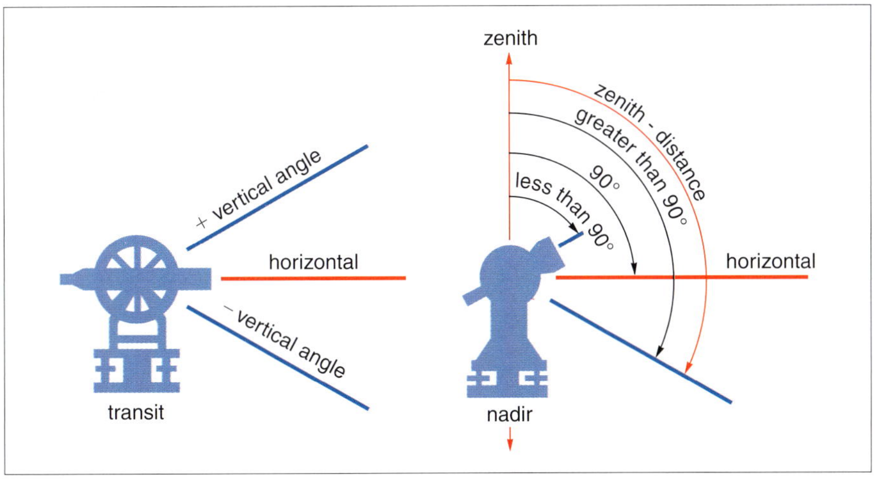

Horizontal angles are used to draw on a plan the shape of what we have to measure or detect, vertical angles are used to measure distances, heights and slopes with the aid of math formulas.

That is the main reason why we have to study and understand how angles work.

There are several different systems in which angles can be measured: decimal degrees, sexagesimal or DMS (degrees, minutes and seconds), circular and centesimal. Both horizontal and vertical angles need to be measured in the same system.

The **decimal degrees system** is the one we have been using up to now with a calculator (an example is $\alpha = 18°, 3495$).

In the **sexagesimal system** the right angle is 90 degrees or 90° and a complete rotation describes 360°. In this system the right angle is divided into 90 equal parts and each one forms one degree (1°), which is further divided into 60 equal parts and each one forms one minute (1′). One minute is divided again into 60 equal parts and each one forms one second (1″). An example is $\alpha = 35°\,29'\,35''$.

The **radian** or circular system is the most mathematical system and in it one radian is an angle subtended at the center of a circle by an arc whose length is equal to the radius. In this system the right angle is $\pi/2$ ($\alpha = 1^{rad}, 5707$).

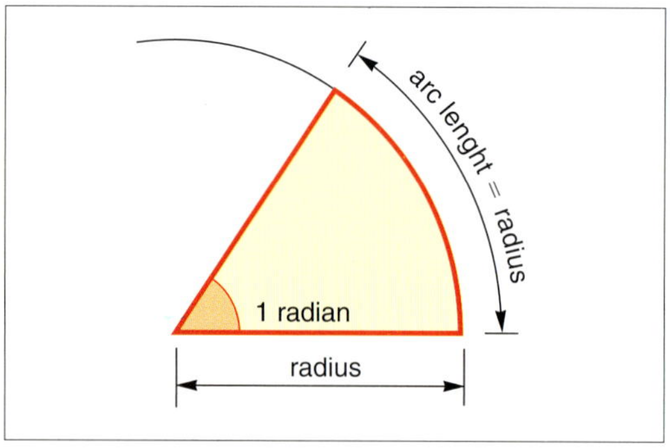

In the **centesimal system** the right angle is 100 gon (also called grade, gradian or grad) and a complete rotation describes 400 gon. In this system one gon is divided into 100 equal parts and each one is called a centesimal minute, which is further divided into 100 parts to form one centesimal second (an example is $\alpha = 345^g, 3678$).

The centesimal system is the most used today because it is the more precise and all new instruments measure in this system.

To be able to manage angles with these systems it is important to understand how to convert from one system to another.

EXERCISES

1 Complete the table with the relationship between degree and both radian and centesimal measures for some typical angles.

Degrees	Radians	Centesimals (gon)
0°		
30°		
	$\pi/4$	
60°		
90°		
	$2/3\,\pi$	
135°		
	$5/6\,\pi$	

Degrees	Radians	Centesimals (gon)
180°		
210°		
225°		
	$3/2\,\pi$	
360°		

2 Convert the following angles:

- $24°\,45'\,56''$ to decimal degree form
- $345^g{,}5429$ to radian form
- $39°{,}3207$ to centesimal form
- $5^r{,}8769$ to sexagesimal form
- $78°{,}5638$ to sexagesimal form

3 Complete the following table.

Angles		Drawing
Right	$= 90°$	
Acute	$< 90°$	
Obtuse		
Complementary	$\alpha + \beta = 90°$	
	$< 180°$	
	$> 180°$	
Supplementary	$\alpha + \beta = 180°$	
	$\alpha + \beta = 360°$	

B Ambito operativo

1. Premessa

Definizioni

Il significato etimologico del termine **Topografia**, dal greco antico, è «descrizione del luogo mediante disegno». Possiamo pertanto proporre la seguente definizione:

Topografia: è la scienza che studia le *tecniche operative*, i *metodi* e gli *strumenti* idonei a definire le **posizioni relative** di un insieme di punti del terreno, così da consentirne la **rappresentazione grafica**, su un piano, in una scala ridotta prestabilita.

- Essa si occupa essenzialmente di definire, attraverso **misure**, la **morfologia** del terreno, oltre alla **forma** e alla **posizione** dei principali elementi che compongono il territorio (*particolari* o *dettagli* topografici).
- Questi elementi possono essere **naturali** (fossati, vegetazione, irregolarità del terreno ecc.) o **artificiali** (edifici, strade, canali, linee tecnologiche ecc.).

Nell'ambito topografico vengono considerate porzioni di territorio (dunque di superficie terrestre) con **limitata estensione**, al punto da poter prescindere, in genere, dalla *curvatura terrestre*. Qualora l'estensione della porzione di territorio da «descrivere» sia elevata (ad esempio territori di intere regioni), è necessario tenere conto della curvatura terrestre, entrando nell'ambito di studi e di attività proprie di una disciplina chiamata **Geodesia**.

Il problema della rappresentazione di una porzione di territorio viene svolto per mezzo di **misure** e di **elaborazioni** in grado di definire la **posizione dei punti** del terreno, oltre a garantire una rigorosa corrispondenza fra questi punti e i corrispondenti della rappresentazione stessa. Queste attività costituiscono il **rilievo topografico**.

Rilievo: è lo strumento operativo della topografia. Esso consiste in **procedure pratiche** che prevedono sempre e comunque una **serie di misure**, più o meno complesse, eseguite sul terreno, che poi vengono opportunamente elaborate. In genere il rilievo del territorio consente di:

- **aggiornare** la cartografia esistente;
- costruire nuove **mappe** del territorio;
- definire i **confini** e le **aree** delle proprietà;
- **rappresentare** edifici e monumenti.

FAQ

Quali attività vengono svolte nel contesto del rilievo topografico?

Essenzialmente misure, con le quali si ottiene la rappresentazione grafica di un territorio di limitate estensioni.

La tecnica di rappresentazione

In relazione alla **rappresentazione grafica del terreno**, occorre subito precisare che, essendo la Terra un oggetto solido, la sua rappresentazione più naturale do-

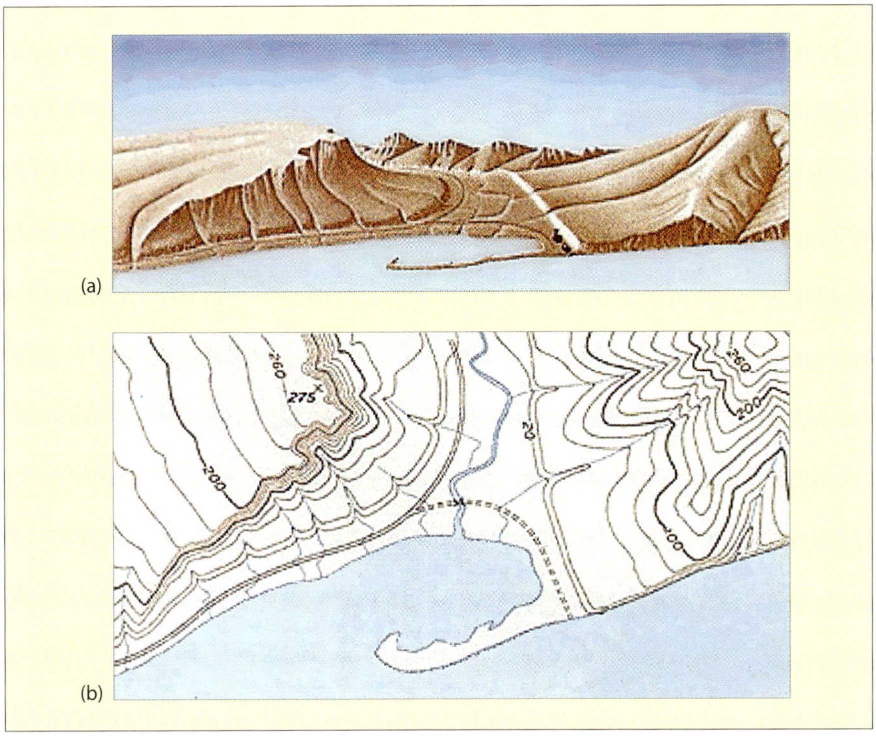

FIGURA 1 Rappresentazione tridimensionale (prospettiva) naturale (a) e convenzionale in proiezione su un piano (b) di una piccola estensione di territorio.

vrebbe possedere proprietà tridimensionali come nel caso dei *modelli*, delle *prospettive* o delle *assonometrie* (▶FIGURA 1a).

In effetti queste rappresentazioni illustrano molto bene e rapidamente l'oggetto a vista, a colpo d'occhio, anche a coloro che non hanno competenze specifiche. Tuttavia esse sono *difficoltose* da eseguire, spesso *costose*, a volte *non riproducibili* (modelli), altre mostrano solo alcuni aspetti dell'oggetto (prospettive), e su di esse *non si possono desumere misure*.

Tenendo conto di queste ultime considerazioni, si preferisce **sviluppare** l'oggetto terreno su di un **piano** (materializzato dal foglio del disegno, ▶FIGURA 1b) utilizzando determinate *regole*, dette **convenzioni**, che *semplificano* in modo significativo la rappresentazione.

Questa diventa così più conveniente e adeguata alle esigenze tecnico-pratiche. Tuttavia, in questo modo, la rappresentazione non è più di semplice **lettura a vista**; essa deve essere **interpretata** da chi conosce le *convenzioni* che ne hanno condizionato la realizzazione (i *tecnici*).

Possiamo poi fare le seguenti riflessioni preliminari; esse anticipano le problematiche e il processo connesso alla realizzazione della rappresentazione del terreno e verranno poi sviluppate successivamente.

- La rappresentazione grafica piana del territorio (la **carta**) è, in **prima approssimazione**, una **proiezione ortogonale** del **terreno** sul piano, quindi sul disegno dopo la riduzione in scala, adottando la **verticale** (direzione della forza di gravità) come direzione di proiezione dei punti (▶FIGURA 2, a pagina seguente).
- La superficie fisica terrestre, non essendo **sviluppabile** su un piano, **non consente,** salvo che per **modeste estensioni** (a cui si riferisce la ▶FIGURA 2), di creare **direttamente** la corrispondenza biunivoca tra i punti di tale superficie fisica e i corrispondenti punti sul piano del disegno.
- Nella realtà l'operazione di rappresentazione grafica del terreno si concretizza nel **passaggio** dalla *superficie fisica* del terreno alla sua *proiezione su un piano*,

FAQ

Per quale ragione le rappresentazioni tridimensionali del terreno (prospettive, modelli ecc.) non sono usate in ambito topografico?

Perché sono impegnative da realizzare, non hanno carattere metrico e talvolta (modelli) non sono nemmeno riproducibili.

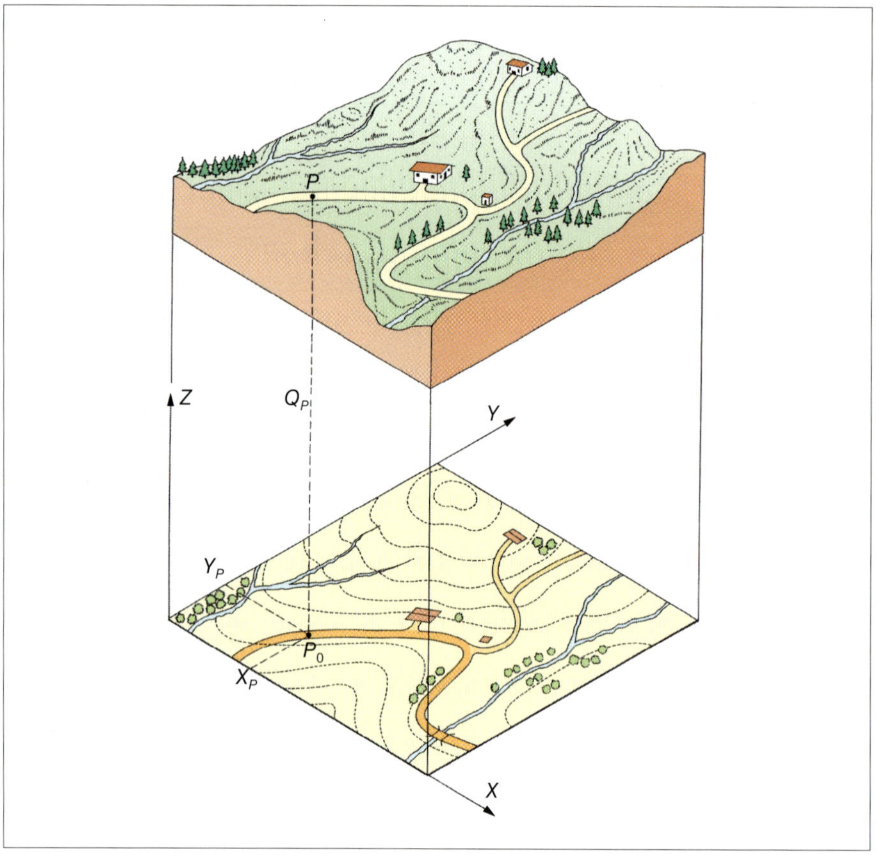

FIGURA 2 Rappresentazione convenzionale del terreno come proiezione ortogonale diretta sul piano del disegno. Il particolare topografico *P* viene rappresentato dalla posizione della sua proiezione P_0 per mezzo delle coordinate cartesiane X_P, Y_P (*parametri planimetrici*) e dalla distanza PP_0 detta *altezza* o *quota* (*parametro altimetrico*). Tuttavia deve essere sottolineato che la proiezione diretta del terreno sul piano di rappresentazione (la carta) è ammessa solo per zone di **piccole estensioni**.

attraverso la proiezione dei punti del terreno su **superfici di riferimento** dette anche di **passaggio** (*geoide*, *ellissoide*, *sfera* in base all'estensione):

Terreno ⇒ Superficie di riferimento ⇒ Piano del disegno (la carta)

Queste **superfici di riferimento** dovranno possedere le seguenti proprietà:

- dovranno **approssimare** al meglio, in un determinato contesto (*globale* o *locale*), la **forma reale** della terra;
- dovranno possedere un **modello matematico** (di fatto un insieme di formule) che permetta di creare la **corrispondenza** tra i punti sulla *superficie fisica* e i relativi punti sul *piano del disegno* (riprenderemo questo concetto più avanti).

In definitiva, pertanto, la procedura prevede di **proiettare** i punti della superficie fisica del terreno su una **superficie di riferimento**, quindi, applicando opportune formule (leggi della **geometria proiettiva**), si potrà passare a posizionare i corrispondenti punti sul **piano** del disegno (coordinate piane).

FAQ

Quale funzione assolvono le superfici di riferimento approssimate?

Quella di permettere il collegamento, tra i punti sulla superficie fisica della Terra, e i corrispondenti punti sul piano del disegno (carta).

FAQ

In quale contesto è ammessa la proiezione diretta del terreno sul piano di rappresentazione?

Solo nell'ambito di piccole estensioni di territorio.

Posizione planimetrica e posizione altimetrica

L'esperienza ha evidenziato che è poi conveniente *differenziare* la posizione dei punti sulla superficie terrestre mediante i due seguenti concetti distinti.

- **Posizione planimetrica**: rappresenta la posizione della **proiezione** dei punti del terreno su una superficie di riferimento, scelta in base alla estensione da rappresentare (solo per modeste estensioni è il *piano*), tramite due parametri detti *coordinate*. Corrisponde alle operazioni di misura di **angoli** e **distanze** con le quali per ciascun punto P sul terreno si ottiene la corrispondente **proiezione** P_0 sulla superficie di riferimento adottata in quel contesto. Nota la **proiezione** P_0, con opportune formule si possono **calcolare le coordinate cartesiane** (ad esempio X_P, Y_P) da riportare sul piano di proiezione (carta).

- **Posizione** altimetrica: rappresenta la *distanza*, misurata lungo la *verticale*, tra i punti del terreno e una predefinita superficie di riferimento adottata, rappresentata dal parametro $Q_P = PP_0$ (*altezza* o *quota*), talvolta indicata con h_P. Tale posizione è poi legata al concetto di «**sopra** o **sotto**» rispetto alla superficie di riferimento, utilissimo nel contesto tecnico-operativo.

COMPETENZA

Interpretare l'informazione

È importante acquisire la modalità con cui si definisce la posizione dei punti distinguendo la parte planimetrica da quella altimetrica. Tale distinzione, infatti, è alla base della scelta delle *superfici di riferimento*, delle *tecniche di misura* e degli *strumenti topografici* utilizzati nel rilievo.

In definitiva, ogni punto del terreno proiettato sulla superficie di riferimento è determinato:
- da una coppia di *coordinate* che costituiscono la *posizione planimetrica* (ad esempio X_P, Y_P) e
- dalla *distanza* Q_P fra il punto sul terreno e la sua proiezione (*quota*), che costituisce la *posizione altimetrica*.

Come si può osservare da queste brevi riflessioni iniziali, la posizione dei punti, e la successiva rappresentazione grafica, viene definita attraverso un'opportuna **superficie di riferimento** e dalla conseguente **direzione di proiezione**, ortogonale alla stessa superficie, che, nel seguito dell'unità, verranno definite.

Le superfici di riferimento nella planimetria e nell'altimetria

È opportuno, fin da ora, segnalare il fatto che non sempre queste *superfici di riferimento* sono alternative fra loro, ma che possono essere **complementari**. In effetti, vedremo che, anche in uno stesso contesto, le operazioni *planimetriche* e quelle *altimetriche* richiedono **due distinte superfici di riferimento**.

- Nelle operazioni di carattere **planimetrico** le superfici di riferimento adottate variano in relazione all'**estensione** interessata alla rappresentazione: per esempio l'**ellissoide** di rotazione, la **sfera locale**, o il **piano**.
- Nelle operazioni di carattere **altimetrico** la superficie di riferimento adottata è quella del **geoide**, legata alla **gravità terrestre**, molto più complessa rispetto alle superfici precedenti, ma che, nelle operazioni pratiche in ambito *altimetrico*, gode del **grande vantaggio** di possedere un **riscontro fisico** molto semplice da materializzare (per esempio il *filo a piombo* è ortogonale a questa superficie), oltre a corrispondere ai fenomeni fisici **legati alla gravità** (per esempio l'andamento dei fluidi).

2. Sistemi di riferimento usati in topografia

Per definire la posizione tridimensionale (**plano-altimetrica**) dei punti sulle *superfici di riferimento*, nell'ambito delle operazioni topografiche, vengono impiegate, nella sostanza, quattro diverse tipologie di **sistemi di riferimento**, le cui **coordinate** vengono utilizzate in diversi contesti. Anche se le particolarità e le caratteristiche di tali sistemi di riferimento verranno esaminate via via e in modo progressivo durante tutto il nostro corso, non di meno si ritiene opportuno anticiparne alcuni aspetti affinché, da subito, si possa familiarizzare con esse. Prima di descrivere brevemente questi diversi sistemi di riferimento, è necessario osservare che essi possono appartenere alle seguenti due categorie: *sistemi globali* o *sistemi locali*.

FAQ

Le operazioni planimetriche e altimetriche utilizzano la stessa superficie di riferimento?

Non necessariamente. In effetti, in ambito tecnico operativo è necessario legare il parametro altimetrico dei punti (quota) a una superficie (geoide) non adatta alla rappresentazione planimetrica.

FAQ

In quale contesto vengono utilizzati i sistemi di riferimento globali?

Nelle recenti applicazioni connesse al rilievo satellitare GPS e nell'ambito della navigazione.

- **Sistemi globali** (o **universali**): sono definiti su scala **planetaria**. Trovano applicazione, nelle valutazioni teoriche, nelle recenti tecniche connesse ai rilievi satellitari GPS, e nell'ambito della navigazione.

Dal punto di vista teorico sono sistemi molto intuitivi e di semplice percezione, tuttavia, purtroppo, talvolta non soddisfano l'esigenza tecnico-pratica di rendere esplicito il concetto di «*sopra* o *sotto*» già abbozzato in precedenza. In ambito topografico operativo in passato erano poco usati; oggi l'avvento del rilievo satellitare GPS li ha resi più attuali.

- **Sistemi locali**: definiti su scala **delimitata** (*nazionale, regionale* o *locale*), sono **solidali** in qualche modo alla *superficie di riferimento* adottata per approssimare la forma terrestre.

Concepiti prima dell'avvento del rilievo satellitare e dei moderni sistemi di calcolo, conservano comunque grande importanza sia nelle ordinarie operazioni topografiche (limitate a modeste estensioni), sia nella **cartografia ufficiale** degli Stati.

Ai *sistemi di riferimento globali* appartengono il **sistema geografico** e il **sistema cartesiano geocentrico**. Ai *sistemi di riferimento locali* appartengono i **sistemi cartografici** e i **sistemi cartesiani** (o polari) **locali**.

Sistemi di riferimento globali

Sistema geografico globale

Definisce la posizione dei punti per mezzo di due angoli, detti **latitudine** e **longitudine**, e, nel caso delle applicazioni satellitari GPS che hanno carattere tridimensionale, anche di una distanza detta **quota ellissoidica**; tali parametri sono così definiti (▶FIGURA 3):

- **latitudine** φ: è l'angolo che la normale alla superficie di riferimento passante per il punto P forma con un qualunque piano ortogonale all'asse di rotazione terrestre (per esempio il **piano equatoriale**) contata verso Nord ($\varphi \leq 90°$ N) o verso Sud ($\varphi \leq 90°$ S);
- **longitudine** λ: è l'angolo diedro che il piano contenente la *proiezione* P_0 e l'*asse polare* forma con un **piano di riferimento** (anch'esso contenente l'asse polare) della longitudine (nel sistema geografico globale il piano meridia-

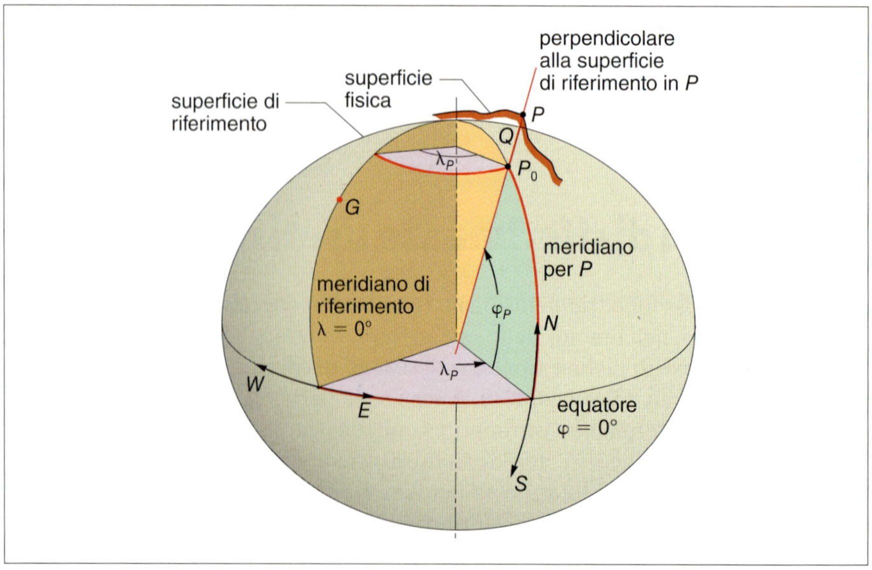

FIGURA 3 La terna di coordinate geografiche presenta la seguente forma:

punto A
$\varphi_A = 44°36'28''$
$\lambda_A = 11°22'33''$
$h_A = 75{,}84$ m

punto B
$\varphi_B = 44°36'28''$
$\lambda_B = 11°46'52''$
$h_B = 86{,}12$ m

Le coordinate geografiche non consentono di ottenere rapidamente la distanza tra i punti, mentre è possibile valutare molto bene la loro differenza di altezza attraverso la quota h.

no passante per Greenwich) contate verso Est ($\lambda \leq 180°$ E) o verso Ovest ($\lambda \leq 180°$ W).

- **quota *h***: è la distanza tra il punto *P* e la superficie di riferimento misurata lungo la direttrice normale alla stessa superficie.

In relazione al **tipo** di superficie di riferimento *h* può essere **misurata** (*quota ortometrica*), oppure viene **calcolata** come nei rilievi GPS (*quota ellissoidica*).

La *latitudine* e la *longitudine* forniscono la posizione **planimetrica** (posizione di P_0 sulla superficie), mentre la quota *h* (di cui approfondiremo il significato in seguito) fornisce la posizione **altimetrica** dei punti. Esse sono usate nell'ambito della navigazione (solo la parte planimetrica φ e λ) e nella **cartografia.**

Vedremo in seguito che esistono due diversi tipi di *coordinate geografiche* (denominate **astronomiche** ed **ellissoidiche**) in relazione alla *superficie di riferimento*, dunque in relazione alla diversa **normale**, utilizzata.

• Sistema cartesiano globale geocentrico

È costituito dalla terna di assi *X*, *Y*, *Z* definita come segue:

- **origine *O*** nel centro della superficie di riferimento, coincidente con l'intersezione tra asse di rotazione e piano equatoriale;
- **asse *Z*** coincidente con l'asse polare di rotazione;
- **asse *X*** intersezione tra piano equatoriale e piano contenente l'asse di rotazione e un punto convenzionale (Greenwich);
- **asse *Y*** complanare e ortogonale all'asse *X*.

Questo sistema, che in passato era utilizzato solo nell'ambito del **calcolo teorico**, trova oggi applicazione pratica nell'ambito del **rilievo satellitare** (GPS, GLONASS, Galileo, nel loro insieme indicati con la sigla GNSS).

Le sue coordinate non consentono di valutare immediatamente la **posizione reciproca** dei punti considerati e, soprattutto, non distinguono la posizione **planimetrica** da quella **altimetrica**.

Per esempio i due punti *A* e *B*, riportati nella didascalia di ▶FIGURA 4, presentano lo stesso valore della coordinata *Z*. Ciò, tuttavia, non significa affatto che i due

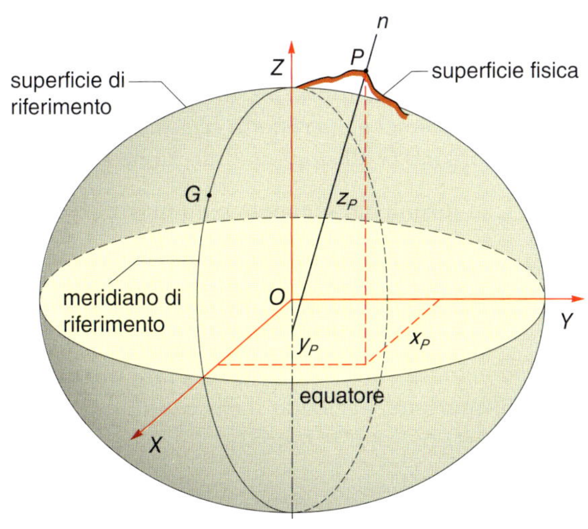

FIGURA 4 La terna di coordinate geocentriche presenta la seguente forma:

punto *A*
$X_A = 4\,453\,266{,}72$ m
$Y_A = 712\,463{,}12$ m
$Z_A = 4\,501\,732{,}54$ m

punto *B*
$X_B = 4\,457\,849{,}33$ m
$Y_B = 712\,197{,}85$ m
$Z_B = 4\,501\,732{,}54$ m

FAQ

Per quale ragione il sistema geocentrico *XYZ* non è utilizzabile nelle ordinarie operazioni topografiche?

Perché il sistema geocentrico non distingue la posizione planimetrica da quella altimetrica necessaria in ambito topografico.

FAQ

Nel sistema geocentrico la coordinata *Z* di un punto rappresenta la sua quota?

No, non essendo il sistema legato alla superficie di riferimento, la coordinata *Z* non ha nulla a che fare con il concetto di quota.

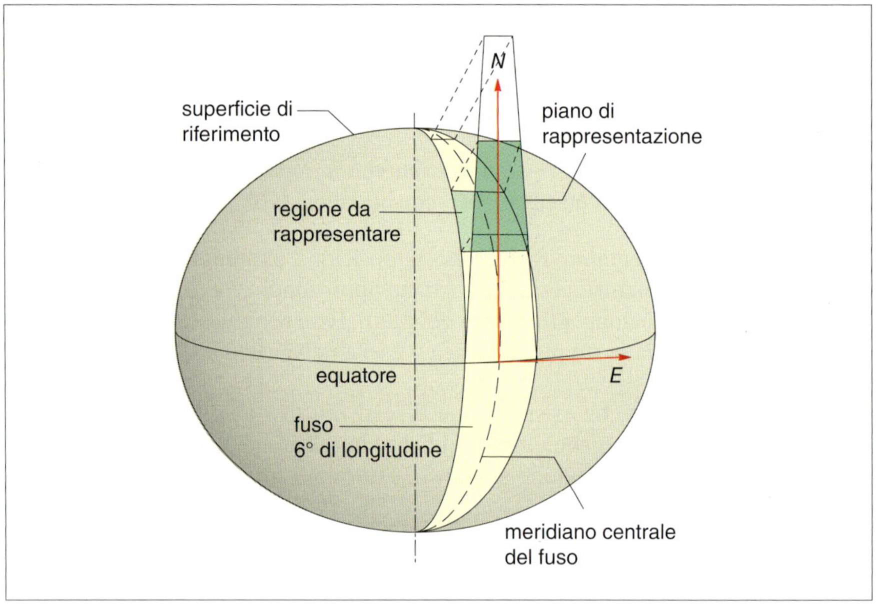

FIGURA 5 La terna di coordinate cartografiche, per due generici punti *A* e *B*, assume la seguente forma:

punto *A*
$N_A = 4\,957\,354{,}25$ m
$E_A = 1\,584\,237{,}14$ m
$h_A = 184{,}35$ m

punto *B*
$N_B = 4\,958\,632{,}06$ m
$E_B = 1\,584\,097{,}42$ m
$h_B = 166{,}88$m

Esse permettono di valutare facilmente e rapidamente la *distanza* fra punti diversi, la direzione della loro congiungente, oltre a stimare la differenza di altezza dalla superficie di riferimento (per esempio *A* è più alto di *B*).

punti *A* e *B* sono alla stessa posizione altimetrica (h) rispetto alla superficie di riferimento adottata (ad esempio l'ellissoide).

Tuttavia, la stessa posizione altimetrica h dei punti rispetto alla superficie di riferimento (come anche le coordinate geografiche φ e λ di cui al punto successivo), è possibile ottenerla **indirettamente** attraverso procedure di calcolo automatizzate.

Sistemi di riferimento locali

Sistemi cartografici

Questi tipi di sistemi di riferimento vengono usati nella **cartografia** ufficiale degli Stati. In ambito cartografico la superficie del pianeta è divisa in spicchi, denominati **fusi**, compresi tra due piani meridiani la cui differenza di **longitudine** è di 6°. Essi verranno poi **sviluppati sul piano** della carta, accettando le conseguenti inevitabili deformazioni. La parte *planimetrica* del sistema è costituita dagli **assi cartesiani** annotati con le lettere *N* ed *E* (▶FIGURA 5):

- **origine *O***: intersezione tra l'*equatore* e il **meridiano centrale** del fuso a cui appartiene l'area da rappresentare (detto *meridiano origine*);
- **asse *N***: tangente nell'origine *O* al *meridiano centrale* (direzione Nord);
- **asse *E***: tangente nell'origine *O* all'*equatore* (direzione Est).

La parte *altimetrica* viene fornita dal seguente parametro:

- **quota *h***: è la distanza tra il punto *P* e la superficie di riferimento misurata lungo la direttrice normale alla superficie di riferimento.

Le coordinate *planimetriche* *N*, *E* dei punti vengono **calcolate** con opportune formule di **trasformazione**, partendo dalle **coordinate geografiche** φ e λ dello stesso punto [$N = f_1(\varphi, \lambda)$; $E = f_2(\varphi, \lambda)$].

Queste coordinate, pertanto, ci consentono di distinguere la posizione **planimetrica** da quella **altimetrica**.

FAQ

Le coordinate cartografiche *N*, *E* vengono misurate?

No, vengono calcolate con formule dette di trasformazione in funzione dei valori di latitudine e longitudine dei punti.

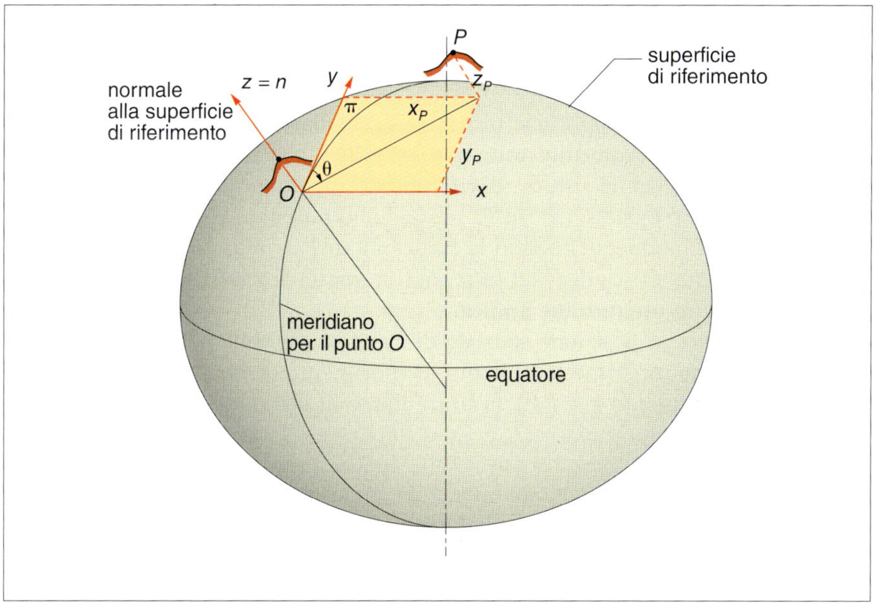

FIGURA 6 La terna di coordinate cartesiane locali presenta la seguente forma:

punto *A*
$x_A = 1266{,}82$ m
$y_A = 896{,}11$ m
$z_A = Q_A = 124{,}65$ m

punto *B*
$x_B = 2542{,}13$ m
$y_B = 983{,}65$ m
$z_B = Q_B = 139{,}44$ m

• Sistemi cartesiani (o polari) locali

Vengono usati, in generale, nelle operazioni di rilievo relative a **modeste estensioni** di territorio, quindi in un ambito che a noi sarà molto familiare.

Essi sono definiti su un **piano** π **tangente** alla superficie di riferimento adottata (dunque solidali a tale superficie) in un punto arbitrario O (**origine**). La terna di assi è così definita (▶FIGURA 6):

- **asse** y: direzione tangente nell'origine O al *meridiano* (Nord locale) o a una direzione arbitraria;
- **asse** x: direzione tangente nell'origine O al *parallelo* (Est locale) o a una direzione arbitraria;
- **asse** z: direzione **normale** alla superficie di riferimento, dunque anche al piano tangente π.

Sia le coordinate *planimetriche* x, y sia quella altimetrica z vengono **determinate** con le operazioni di **rilievo** che esamineremo durante lo sviluppo del corso.

Anche questi sistemi distinguono la posizione **planimetrica** da quella **altimetrica**, tanto utile in ambito tecnico; essi trovano applicazione nei contesti dei rilievi topografici di limitate estensioni di territorio (pochi chilometri).

3. Corrispondenza tra terreno e piano di rappresentazione (carta)

La rappresentazione **sul piano** di una porzione del territorio (mappa o carta) viene realizzata attraverso un appropriato insieme di *misure* e di *elaborazioni* (il **rilievo**), in grado di assicurare la **conformità** fra la posizione dei punti del terreno e quella dei corrispondenti punti sulla rappresentazione piana (disegno).

Possiamo immaginare di creare tale corrispondenza in due diversi ambiti: *ambito semplificato* e *ambito esteso*.

• Ambito semplificato

Se per un momento immaginiamo pressoché **piano** l'andamento della superficie terrestre, allora si potrebbe utilizzare come superficie di riferimento un **piano** e, per ogni punto P della superficie terrestre, individuare la sua **proiezione ortogonale** P_0 su tale piano (come illustrato in ▶FIGURA 2).

Dopo aver definito un sistema di riferimento cartesiano locale sul piano di riferimento, si osserva che sia P sia P_0 posseggono **posizioni planimetriche coincidenti** (X_P, Y_P). Dunque, definendo la posizione di P_0, rimarrebbe definita anche la posizione planimetrica di P sul terreno; con questa si procederebbe alla realizzazione della **rappresentazione grafica**.

Per completare la posizione spaziale di P, infine, sarebbe necessario misurare la sua **altezza** (**quota**) rispetto al piano di riferimento attraverso la misura della lunghezza del segmento $h = PP_0$ misurato lungo la **direzione di proiezione** ortogonale al piano di riferimento ($Q_P = Z_P = PP_0$).

In tale contesto semplificato le opportune **misure** eseguite durante il rilievo vengono **direttamente** usate per la formazione della rappresentazione piana (*mappa*).

• Ambito esteso

La situazione semplificata ipotizzata sopra, tuttavia, è accettabile solo per **modeste estensioni** di territorio (anche se **frequenti** nel nostro ambito professionale) e terreni pressoché pianeggianti. Al di fuori di tale ambito semplificato occorre tenere conto della natura **non piana** della superficie terrestre, quindi, per ottenere una rappresentazione corretta e fedele, non è possibile proiettare i punti **direttamente** su una superficie piana, ma, come già accennato in precedenza, occorre passare attraverso la definizione di una *superficie ideale* detta di **riferimento**.

Ciò consentirà di creare la corrispondenza biunivoca tra i punti della **superficie fisica** della Terra e quelli di un **sistema cartesiano** sul **piano** della rappresentazione, basata su precise relazioni di tipo geometrico e matematico, passando in modo indiretto alla posizione dei punti sul piano, attraverso la mediazione di questa **superficie ideale**. Tale superficie ideale non coinciderà esattamente con la superficie reale della Terra (che è troppo complessa e priva di un modello matematico), ma dovrà rimanere a essa vicina e dovrà essere esprimibile con un **modello matematico** (equazioni della superficie).

In definitiva, la corrispondenza tra i **punti del terreno** e quelli sul **piano della rappresentazione** richiede la definizione dei seguenti elementi:

- individuazione di una **superficie di riferimento** che rappresenti un accettabile compromesso fra la vicinanza alla **forma** della Terra e la possibilità di un suo trattamento matematico;
- definizione della **direzione ortogonale** a tale superficie, sia per la **proiezione dei punti** (posizione planimetrica), sia per la misura delle **quote** (posizione altimetrica).

FAQ

Quali proprietà deve possedere una superficie di riferimento?

Deve approssimare al meglio la superficie reale della Terra, e possedere un modello matematico che consenta il trattamento analitico delle misure.

■ Le superfici di riferimento

Quanto detto in precedenza comporta a priori la necessità di conoscere la **forma** e le **dimensioni** della superficie terrestre, per poi ricercare quelle **superfici approssimate** di **riferimento**, che, in determinati contesti, possano fungere da **passaggio** tra la superficie fisica della terra e il **piano di rappresentazione**.

Le possibili soluzioni a questo problema, che esamineremo nei successivi paragrafi, variano in relazione alla **estensione di territorio** da considerare. Lo sviluppo

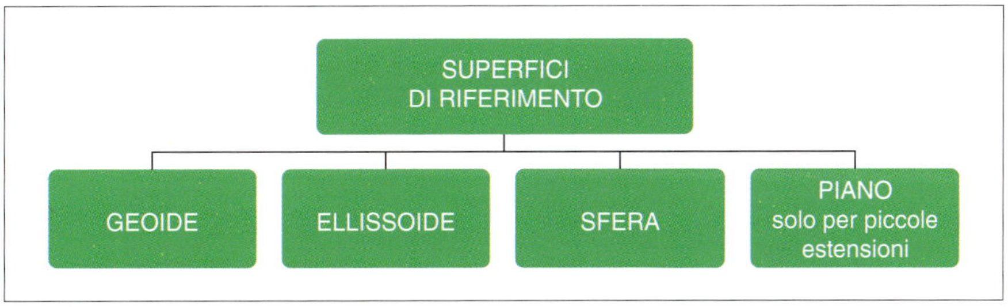

FIGURA 7 Superfici di riferimento utilizzate nella rappresentazione del territorio.

storico della **geodesia** (scienza che si occupa, appunto, dei problemi connessi alla forma, dimensioni e rappresentazione del pianeta) ha portato a individuare le superfici di riferimento riportate in ▶FIGURA 7.

Quando l'**estensione di territorio** è effettivamente **modesta**, come detto prima, la corrispondenza tra i punti del terreno e quelli della rappresentazione, viene realizzata direttamente sul **piano** senza la necessità di passare per le superfici di riferimento tridimensionali.

Deformazioni nelle rappresentazioni piane

In relazione alle proprietà delle **superfici esterne** che delimitano i corpi solidi, tenendo conto che queste devono essere **rappresentate su un piano**, è necessario subito ricordare, dalla geometria, quanto segue.

- Alcuni corpi solidi hanno le loro superfici laterali **sviluppabili** su di un piano (foglio del disegno), come il **cilindro** e il **cono;** queste superfici possono essere sviluppate, cioè rappresentate sul piano, **senza alcuna deformazione**.
- Altri corpi solidi, al contrario, presentano le loro superfici laterali **non sviluppabili** su un piano, come la **sfera** e l'**ellissoide**; purtroppo l'oggetto solido Terra presenta una forma a cui corrisponde una superficie esterna **non sviluppabile** sul piano.

Tuttavia, anche in quest'ultimo caso, è possibile sviluppare una superficie su un piano tenendo conto degli **stiramenti** (o **deformazioni**) che ciò comporta; in effetti possiamo riferirci al seguente enunciato:

le superfici **non sviluppabili** possono essere rappresentate **sul piano** solo se si accettano le conseguenti e inevitabili **deformazioni.** Esse sono tanto più significative **tanto più vasta** è l'estensione di terreno considerata, mentre possono essere ritenute **accettabili** per piccole estensioni.

4. Ipotesi storiche sulla forma e sulle dimensioni della Terra

Fin dall'antichità furono avanzate ipotesi sulla **forma** del nostro pianeta e furono effettuati numerosi tentativi per determinarne le **dimensioni**.

La prima ipotesi documentata fu quella proposta da **Talete** di Mileto (625-547 a.C.). Nella impossibilità di abbracciare con lo sguardo l'intera Terra, egli ipotizzò che essa fosse piana, poco estesa e simile a un **disco** circondato dall'oceano e limitato superiormente dalla cupola del firmamento.

Questa errata concezione fu superata nel V secolo a.C. quando **Pitagora** (580-500 a.C.) e i filosofi del suo tempo cominciarono a sostenere che la Terra avesse la forma di una **sfera** sospesa nello spazio, spiegando ciò con osservazioni molto semplici, come la **dilatazione dell'orizzonte** al crescere dell'altezza del punto di osservazione.

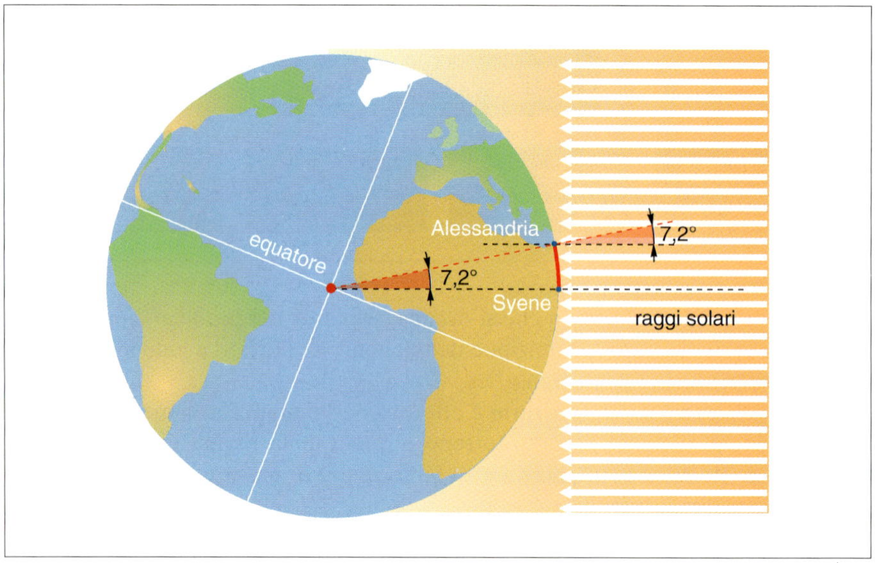

FIGURA 8 Esperienza di Eratostene per determinare le dimensioni della Terra, supposta sferica. Il procedimento, concettualmente rigoroso, soffrì nella precisione dei suoi risultati per l'approssimazione con cui venne stimata la distanza tra le due città.

Il primo tentativo di **misura** delle dimensioni della sfera terrestre, di cui si ha una descrizione abbastanza particolareggiata, è quella eseguita da **Eratostene** di Cirene (276-195 a.C.) in Egitto. Eratostene notò che, al solstizio d'estate, a Syene, l'odierna Assuan, nell'Alto Egitto, i raggi del Sole cadevano, a mezzogiorno, verticalmente in un pozzo; mentre ad Alessandria, nello stesso giorno e nella stessa ora, i raggi non erano verticali ma, valutando l'ombra di un *gnomone* (bastone posizionato verticalmente) che formava con la verticale un angolo di 7°12′, corrispondente a 1/50 dell'angolo giro (▶FIGURA 8). Le due città erano ritenute sullo stesso meridiano e la distanza, stimata in giornate di cammello, risultò essere di 5040 stadi.

Nell'ipotesi che la Terra sia sferica, l'angolo formato dai raggi del Sole ad Alessandria è uguale all'*angolo al centro* formato dalle verticali passanti per le due città; per la corrispondenza tra arco e angolo si deduce che la circonferenza terrestre è 50 volte la lunghezza dell'arco, cioè 252 000 stadi. Poiché lo *stadio greco* era pari a 184,95 m, la circonferenza terrestre sarebbe risultata di 46 600 km, con un errore per eccesso di circa il 15%.

In tempi successivi altri scienziati e astronomi si posero il problema di definire meglio le dimensioni della Terra; tra questi citiamo **Posidonio** di Siria (135-50 a.C.), **Jean Francois Fernel** (1497-1558), **Willebrord Snell**, noto come Snellius (1580-1626), e altri astronomi, raggiungendo risultati via via sempre più precisi.

Fino a quell'epoca la Terra era stata ritenuta una **sfera**; ma con la scoperta della *legge di gravitazione universale*, dovuta a **Isaac Newton** (1643-1727), e la definitiva accettazione dei **moti terrestri**, il problema della forma e delle dimensioni della Terra dovette essere impostato in maniera completamente diversa.

In effetti, l'osservazione di una **diminuzione** della **forza di gravità** man mano che dai poli ci si avvicina all'equatore, portò a dedurre che la forma della Terra non poteva essere esattamente sferica, ma quella di una **figura di rivoluzione** leggermente schiacciata ai poli.

Da allora c'è stato un susseguirsi continuo, talvolta frenetico, di aggiustamenti e correzioni sia in relazione alla **forma** della Terra, sia, soprattutto, sulle sue **dimensioni**. Numerosi furono i matematici e gli astronomi che, eseguendo osservazioni e misure con tecnologie sempre più evolute, raffinarono i risultati fino ad arrivare a quelli adottati ai giorni nostri.

5. Il campo gravitazionale terrestre

La *superficie di riferimento* che più si avvicina alla reale **forma della Terra**, come vedremo nel prossimo paragrafo, è la superficie esterna di un solido detto **geoide**. Questa superficie è influenzata dal **campo gravitazionale** terrestre, quindi è importante verificare come questo abbia influenzato la forma della Terra, in particolare durante la sua formazione.

Ipotizziamo inizialmente che il nostro pianeta sia costituito da una massa **omogenea** di forma sferica in movimento di *rotazione* attorno all'asse polare. Consideriamo poi una massa *M* collocata in un generico punto della superficie terrestre; essa è sottoposta a **due forze predominanti**:

- la più rilevante è la forza di **attrazione newtoniana**, di *intensità* **n**, con direzione verso il baricentro della masa terrestre (▶FIGURA 9a);
- contemporaneamente, alla stessa massa *M* è applicata la **forza centrifuga**, di *intensità* **c**, dovuta al movimento di rotazione della Terra. Essa ha direzione perpendicolare all'asse di rotazione (asse polare) e *intensità* proporzionale alla distanza *r* di *M* dall'asse stesso.

La **risultante g** di queste due forze, in un generico punto, prende il nome di **forza di gravità** e la sua **direzione** viene chiamata **verticale**. Naturalmente sia l'intensità di **g**, sia la sua direzione (*verticale*), variano in relazione alla posizione dei punti e delle masse considerate.

La **verticale** è un elemento importantissimo nella pratica operativa, e, in particolare, nella nostra disciplina. Essa ha poi un aspetto molto positivo, rappresentato dal fatto che è sempre facilmente materializzabile (per esempio con un *filo a piombo*).

Valutiamo ora l'andamento dell'intensità della **forza di gravità** immaginando di muovere la massa *M* dai poli verso l'equatore (▶FIGURA 9a).

- Ai **poli** l'intensità della *forza di gravità* **g** assume il **valore massimo** in quanto si ha **c** = 0 (in quanto *r* = 0), dunque **g** = **n**.
- All'**equatore** l'intensità della *forza centrifuga* **c** è massima e agisce nella stessa direzione, ma con verso opposto, alla forza di *attrazione newtoniana* **n**. Dunque l'intensità della **forza di gravità** è data dalla differenza dell'intensità delle due forze precedenti: **g** = **n** − **c**; pertanto la *forza di gravità* assume il **valore minimo**.

Essendo la Terra solidificatasi in presenza di un campo gravitazionale, è evidente che, già dalla sua origine, la sua superficie ha assunto, sotto l'azione

FAQ

In quale momento storico venne adottata la forma ellissoidica per rappresentare il nostro pianeta?

Nel Settecento, dopo la scoperta della legge di gravitazione universale dovuta a Newton.

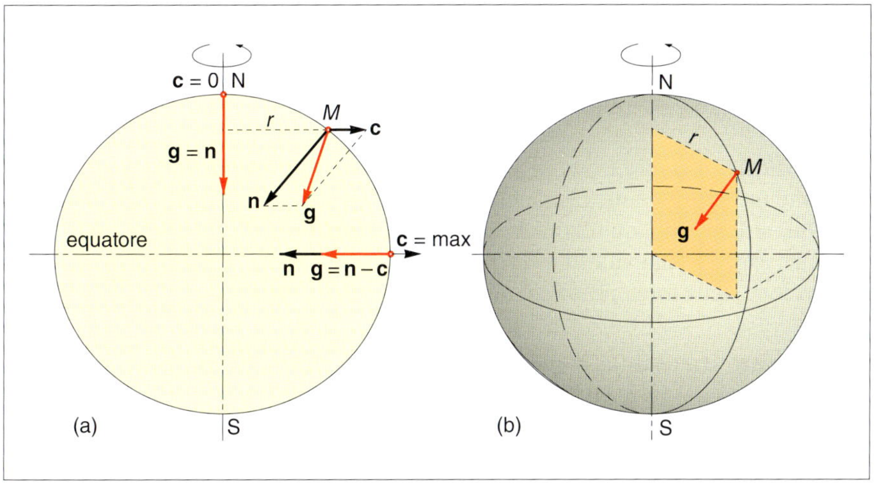

FIGURA 9 La forza di gravità è la risultante delle forze che agiscono sulle masse in prossimità della superficie terrestre. La sua direzione è detta *verticale*.

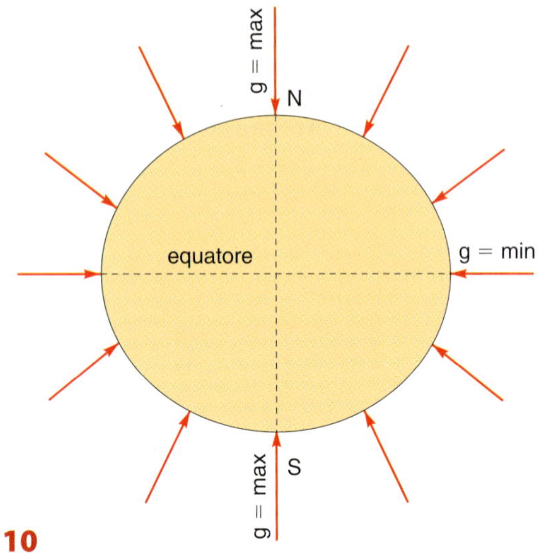

10

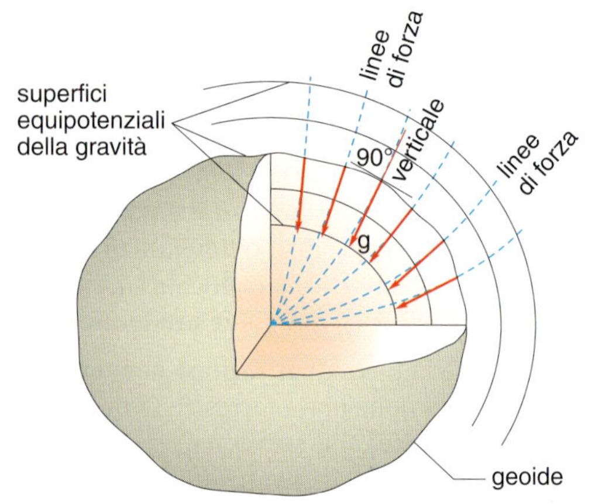

11

FIGURA 10 La forza di gravità ha plasmato la forma del nostro pianeta già all'epoca della sua solidificazione schiacciandola ai poli.

FIGURA 11 Superfici equipotenziali e linee di forza. Il geoide è una di queste superfici che passa per il livello medio del mare.

dello stesso campo gravitazionale, una forma **non sferica** ma leggermente *schiacciata ai poli*, laddove **g** assume il massimo valore (►FIGURA 10).

Tuttavia l'ipotesi iniziale (Terra costituita da una forma regolare e da masse omogenee con densità costante) non è reale. In effetti la **densità** delle masse varia sia sulla crosta, sia al suo interno, e questo, unitamente alle **irregolarità** della sua forma, influenza direttamente le forze di **attrazione newtoniana n**, facendone **variare** l'intensità. La conseguenza è che, variando le *forze di attrazione* **n**, variano in **intensità** e in **direzione** anche le **forze di gravità g**.

Pertanto, se pensiamo che il punto M si sposti radialmente, partendo da diversi punti sulla superficie, le linee sulle quali agiscono le *forze di gravità* **g** non si mantengono rettilinee, ma diventano delle traiettorie curve, dette **linee verticali** o **linee di forza** (►FIGURA 11). Ciascuna di esse è una *linea gobba*, cioè non contenuta in un piano.

La verticale

In un punto qualunque, la direzione della **tangente** a queste *linee di forza* si chiama **verticale** nel punto stesso e coincide con la **direzione** della **forza di gravità** in quel punto.

La verticale, come già accennato in precedenza, possiede importantissimi requisiti sia operativi, sia di carattere fisico:

- la **verticale** è sempre e ovunque materializzabile col **filo a piombo**, quindi facilmente utilizzabile nelle fasi operative di misura;
- la **forza di gravità**, quindi anche la sua **direzione**, condiziona fortemente molteplici aspetti della vita sulla Terra come la realizzazione delle opere civili (è la direzione della forza peso) e il movimento delle masse fluide.

Nel nostro contesto la **verticale** viene adottata come **direzione per proiettare** i punti del terreno sulla **superficie di riferimento** (che definiremo nel prossimo paragrafo) lungo la quale misurare poi l'**altezza (quota)** dei punti stessi.

FAQ

Perché la forza di gravità assume il massimo valore ai poli?

Perché ai poli viene a mancare una delle due componenti (quella centrifuga) che generano, come risultante, la forza di gravità.

6. Il geoide

Avendo adottato la **verticale** come direzione per **proiettare i punti** del terreno sulla *superficie di riferimento*, divenne immediato verificare se esistesse una superficie, descritta da un modello matematico, che possedesse come caratteristica quella di essere, in **ogni** suo punto, **perpendicolare** alla **verticale**, quindi alla direzione della **forza di gravità**.

Non solo tale superficie esiste, ma si possono definire **infinite** superfici in possesso di tale caratteristica. Esse sono dette **superfici equipotenziali** della gravità (in quanto posseggono lo stesso *potenziale* gravitazionale) e per ognuna di esse è possibile definire un **modello matematico,** anche se di questo, presto, dovremo precisarne le limitazioni.

Poiché esistono *infinite superfici equipotenziali*, si rese necessario adottarne una sola tra queste**,** scegliendo quella passante per determinati **punti fisici** della Terra coincidenti con il **livello medio del mare**. Questa superficie, caratterizzata da lievi ondulazioni, venne chiamata **geoide** (▶FIGURA 11) esprimibile con la seguente definizione.

Geoide: è quella superficie equipotenziale della gravità che, oltre a essere in ogni suo punto ortogonale alla direzione della forza di gravità (la **verticale)**, passa anche per il **livello medio** del mare in un **punto predefinito** appartenente alla superficie terrestre, a cui viene attribuita **altezza** (quota) **nulla**.

Il **livello medio del mare** (cioè il livello che prescinde da *maree*, *correnti* e *moti ondosi*) viene fornito statisticamente dai **mareografi**. In Italia quello più attendibile (perché più vecchio) fu realizzato nel porto di Genova.

In ambiti non tecnici, con un po' di approssimazione, si usa dire che «*il geoide è la superficie del mare in quiete, prolungata anche al di sotto delle terre emerse*». Si tratta di un'immagine poco rigorosa ma sostanzialmente accettabile.

■ La quota ortometrica

L'aspetto più significativo del **geoide**, dal punto di vista operativo, è quello di permettere, sempre e in ogni posizione, la definizione della sua perpendicolare (*verticale*) attraverso il *filo a piombo* (o strumenti analoghi). Ciò consente di determinare facilmente le **altezze** (**quote**) dei punti della superficie fisica della Terra riferendole, come si usa dire, al *livello medio del mare*. Pertanto il *geoide* venne assunto come superficie di riferimento nell'ambito **altimetrico**. Ne riparleremo, ma fin da ora possiamo anticipare l'importante concetto di *quota ortometrica* (▶FIGURA 12).

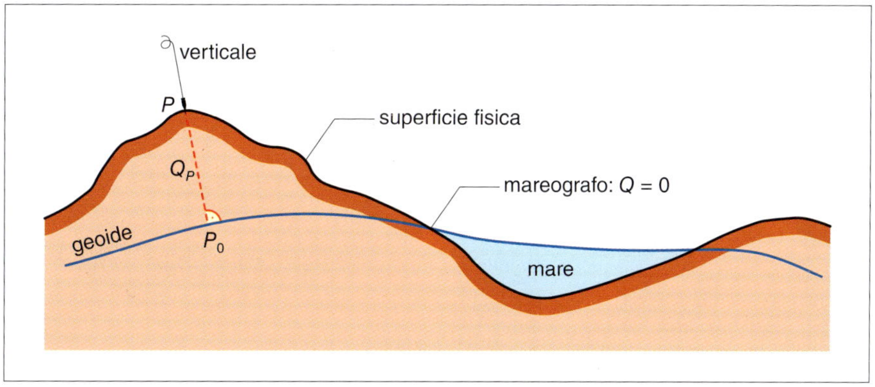

FIGURA 12 La *quota ortometrica* di un punto è riferita al geoide. Di fatto è la distanza tra il punto sul terreno e il geoide misurata lungo la *verticale* (direzione della forza di gravità).

FAQ

Cosa sono le linee di forza gravitazionali?

Sono linee curve che possiedono la proprietà di avere sempre la loro tangente coincidente con la direzione della forza di gravità (verticale).

COMPETENZA

Interpretare l'informazione

La quota ortometrica, essendo legata al geoide, quindi al campo gravitazionale terrestre, è un parametro essenziale per valutare molti aspetti della realtà tecnica come il moto dei fluidi.

La **quota ortometrica** (o semplicemente **quota**) di un punto P sulla superficie terrestre è la **distanza** del punto P dal **geoide** misurata lungo la **linea di forza** della gravità passante per P; essa viene indicata con la notazione Q_P.

Di conseguenza, la quota ortometrica corrisponde allo sviluppo di un **tratto curvilineo** (la *linea di forza* della gravità). Tuttavia, nel nostro ambito, tale *tratto curvilineo* può tranquillamente essere approssimato con un **segmento rettilineo** (▶FIGURA 12) i cui estremi sono il punto P sul *terreno* e il punto P_0 proiezione di P sul *geoide*. Naturalmente tale segmento è sovrapposto alla **verticale** (direzione della *forza di gravità* perpendicolare al geoide) passante per il punto P.

Le coordinate geografiche astronomiche

La *verticale* (in quanto ortogonale alla superficie del *geoide*) consente, poi, di definire la **posizione planimetrica** dei punti sulla superficie fisica utilizzando il sistema globale di *coordinate geografiche* (già definite nel precedente paragrafo 2, ▶FIGURA 3), che in questo caso vengono chiamate *astronomiche*.

Le **coordinate geografiche astronomiche** φ^g e λ^g possono essere *misurate* e vengono utilizzate nella *navigazione* e nell'ambito *cartografico*.

- La **latitudine** φ^g è stata la prima a essere **misurata**, anche in mare e fin dall'antichità; essa si basa sulla misura dell'altezza delle stelle. In effetti, disponendo di una mappa delle stelle sulla volta celeste, e di un **almanacco** (*effemeridi*) appositamente realizzato con osservazioni astronomiche, contenente le loro posizioni nel cielo alle **diverse ore**, nei diversi giorni dell'anno, e con l'uso di un **sestante**, era possibile determinare l'**ora locale** e la **latitudine** cercata.
- La **longitudine** λ^g è riferita al *meridiano origine* (▶FIGURA 13a), pertanto, per poter essere misurata, è necessario conoscere, oltre all'**ora locale**, anche l'*ora di Greenwich*. La misura in mare della longitudine rimase un grave problema irrisolto per molti secoli. In effetti la misura affidabile in mare della *longitudine* fu resa possibile solo a partire dal '700, dopo l'adozione di famosi **orologi marini di precisione** (▶FIGURA 13b) realizzati dall'inglese John Harrison, con i quali si

FIGURA 13 (a) L'osservatorio astronomico di Greenwich, assunto come riferimento per il passaggio del meridiano fondamentale per la misura delle longitudini. (b) Orologio marino di precisione di John Harrison per la misura della longitudine in mare (1755) nella sua versione compatta finale.

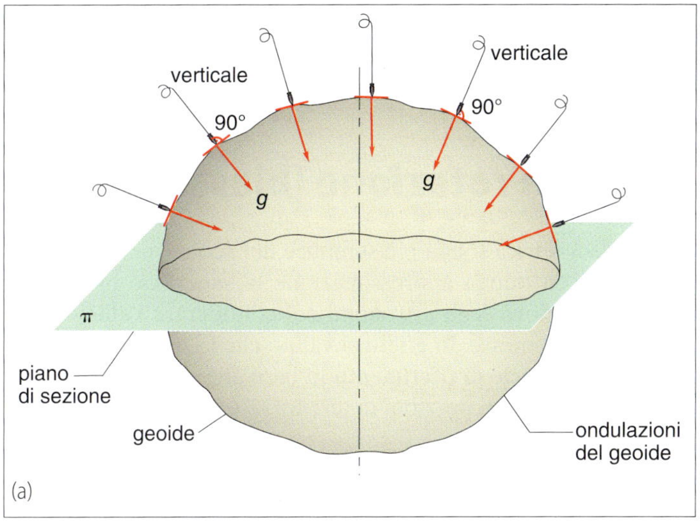

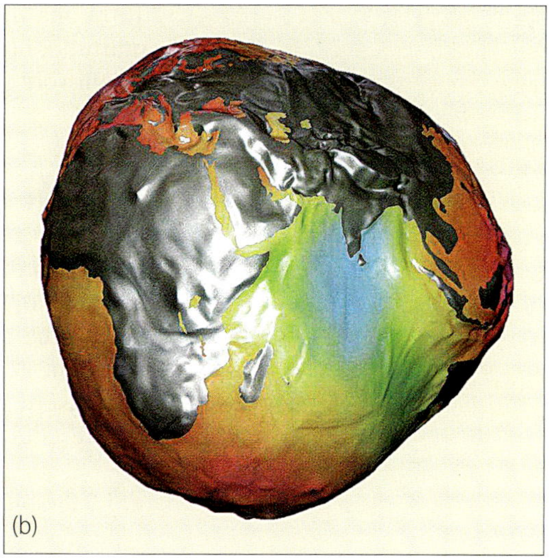

FIGURA 14 (a) Le ondulazioni del geoide (qui enfatizzate), dovute alle variazioni del campo gravitazionale, rendono molto complesso il suo modello matematico. Le zone più elevate del geoide (fino a +90 m) si trovano a nord dell'Australia, in Europa e a nord dell'Oceano Atlantico. Le zone più basse (fino a -108 m) si trovano nelle fosse oceaniche. (b) Modello «fisico» del geoide realizzato in Germania. Le ondulazioni geoidiche, cioè gli scostamenti dalla forma più semplificata (quella ellissoidica, v. paragrafo 7) sono fortemente amplificate (con fattore 20 000) per renderle meglio valutabili alla vista.

poteva misurare, con la necessaria grande precisione, la differenza tra l'*ora locale* del punto e l'*ora di Greenwich* ($\lambda^g = 0°$), da cui si otteneva la longitudine del punto (la differenza di 1 ora corrisponde a 15° di longitudine, 4 minuti a 1° di longitudine, e così via).

Caratteristiche geometriche del geoide

Il **geoide**, come abbiamo appena visto, è decisamente conveniente sia nell'ambito delle operazioni *altimetriche* sia nell'ambito della *navigazione* e della *cartografia*, per la facilità con cui si ottiene la *perpendicolare* alla sua superficie (*verticale*). Esso, tuttavia, presenta il grave **svantaggio** di **non essere** descrivibile con un **modello matematico** semplice e pratico da poter essere utilizzato nell'ambito operativo necessario per la creazione della corrispondenza tra punti sul terreno e le relative proiezioni sul geoide. In effetti:

- il geoide si presenta come una superficie **assai complessa** caratterizzata da lievi *ondulazioni* dette *geoidiche*, connesse alle variazioni del *campo gravitazionale* terrestre dovute alla diversa distribuzione delle densità delle masse;
- se immaginassimo di tagliare il geoide con piani π, aventi una qualunque giacitura, verrebbero generate sezioni il cui *contorno* sarebbe costituito da *linee chiuse* con andamento irregolare *curvilineo* (▶FIGURA 14a), tutte diverse tra loro e non equiparabili a figure elementari come cerchi o ellissi;
- nella scala delle ▶FIGURE 12 e 14 queste ondulazioni non sarebbero visibili. Esse, pertanto, sono state **enfatizzate** per esprimere meglio tale concetto.

Per poter sviluppare il modello che matematicamente rappresenta il geoide, sarebbe necessario conoscere con esattezza l'andamento della distribuzione della densità delle masse, sia sulla crosta, sia all'interno della Terra; ma questo è complicato dal punto di vista teorico e impossibile dal punto di vista pratico.

Pertanto, essendo il **trattamento matematico** indispensabile nella creazione della corrispondenza tra punti sul terreno e le relative proiezioni sulla superficie di riferimento, dunque nelle operazioni *planimetriche*, ne consegue che il geoide **non può essere adottato** come *superficie di riferimento* per il passaggio tra la superficie reale del terreno e il piano del disegno, nell'ambito planimetrico.

Di conseguenza, per le operazioni di carattere *planimetrico*, è stato necessario ricercare *altre superfici* di riferimento, certo *meno vicine* alla superficie reale della

Terra, ma descrivibili e trattabili con equazioni matematiche *più semplici* e, soprattutto, utilizzabili nel contesto tecnico-operativo. La prima di queste superfici è l'**ellissoide biassiale**.

7. Gli ellissoidi di rotazione (biassiali)

La ricerca di una figura geometrica solida più semplice del geoide, ma comunque in grado di rappresentare con buona approssimazione la superficie fisica della Terra, fece convergere le opinioni degli astronomi nel considerare l'**ellissoide di rotazione** come miglior compromesso. In effetti si valutò che la sua superficie poteva essere assunta come **superficie di riferimento** in base alla quale realizzare la rappresentazione grafica sul **piano** di porzioni di territorio.

- L'**ellissoide di rotazione** (anche detto **biassiale** in quanto, dei tre assi, due hanno le stesse dimensioni), è ottenuto dalla rotazione attorno al *semiasse minore b*, coincidente con l'*asse polare* di rotazione terrestre (per questo detto semiasse *polare*), di un'ellisse generatrice con *semiasse maggiore a* (semiasse *equatoriale*). La figura così ottenuta ha i due semiassi maggiori *a* di dimensioni coincidenti. Il piano da essi generato è detto **piano equatoriale** ellissoidico (▶FIGURA 15).
- La **superficie** dell'ellissoide è **regolare**, dunque priva di quelle ondulazioni che caratterizzano il *geoide*, e ciò consente un più semplice trattamento matematico.

Tagliando l'ellissoide con piani paralleli a quello equatoriale si ottengono **cerchi** chiamati **paralleli**, i cui punti hanno tutti la stessa longitudine φ (l'**equatore** è parallelo in cui tutti i punti hanno longitudine nulla). Tagliandolo con piani contenenti il semiasse minore *b* (dunque passanti per l'asse polare), si ottengono delle **semi-ellissi** identiche alla semi-ellisse generatrice chiamate **meridiani**; tra questi, quello passante per l'osservatorio astronomico di Greenwich è stato adottato come meridiano fondamentale per le longitudini ($\lambda = 0°$).

Equazione e dimensioni dell'ellissoide

Una volta scelta la forma dell'ellissoide come nuova superficie di riferimento, il problema fu quello di definire le **dimensioni** da assegnare ai semiassi *a* e *b* affinché essa **approssimasse** al meglio la forma della Terra.

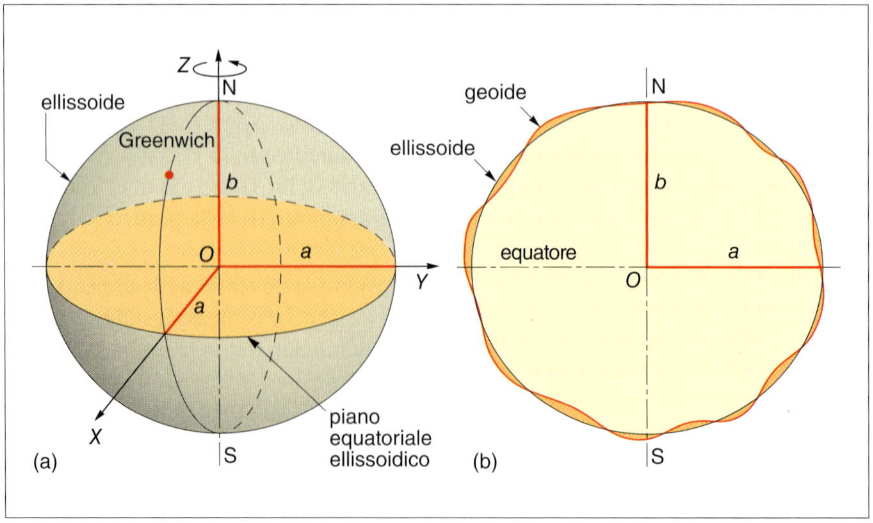

FIGURA 15 Schema dell'ellissoide di rotazione (a), e confronto di questo con il geoide nell'ambito di un piano di sezione (b).

L'ellissoide è trattabile con un modello matematico relativamente semplice; tuttavia, anticipiamo fin da ora, una riflessione relativa alla circostanza, negativa nell'ambito operativo, che la sua superficie è del tutto teorica **senza alcun riscontro fisico** (al contrario di quello che avviene nel *geoide* con la *verticale*). Ciò si traduce nell'**impossibilità** di materializzare, nelle operazioni pratiche, la **normale** n alla sua superficie.

La **normale** n all'ellissoide si discosta dalla **verticale** (normale al geoide) di un angolo δ detto **deviazione della verticale**, di valore variabile in ogni punto della superficie. Solo in casi particolari queste due direzioni coincidono ($\delta = 0°$).

Considerando, ora, un sistema *geocentrico*, come definito nel precedente paragrafo 2, e indicando con X, Y, Z le coordinate di un generico punto appartenete alla superficie esterna, l'equazione dell'ellissoide ha la seguente forma:

$$\frac{X^2 + Y^2}{a^2} + \frac{Z^2}{b^2} = 1 \tag{1}$$

L'ellissoide, dunque, è perfettamente definito dai semiassi a e b. Tuttavia per meglio «fotografarlo» si considerano anche altri due parametri: lo **schiacciamento** (s) e l'**eccentricità** (e), definiti utilizzando gli stessi semiassi a e b:

$$s = \frac{a - b}{a} \qquad e = \sqrt{\frac{a^2 - b^2}{a^2}} \tag{2}$$

Naturalmente esistono infiniti ellissoidi, uno per ciascuna coppia di valori assegnati ai semiassi a e b. Il problema, dunque, fin dal '700, è stato quello della determinazione dei valori a e b, tali da ottenere un ellissoide che *approssimasse al meglio* la superficie fisica della Terra.

Ciò ha comportato l'effettuazione di misure **astronomiche** e di **gravità** molto accurate. Esse non si sono esaurite in un unico tentativo, ma furono **ripetute più volte** nel corso del tempo, utilizzando via via i migliori apparati tecnologici disponibili nelle varie epoche. Tale attività scientifica non si può ancora dire conclusa.

Anche se gli ellissoidi via via definiti nel tempo sono stati numerosi, sul nostro territorio solo tre di essi sono stati impiegati. Il primo fu l'ellissoide di **Bessel**, in base al quale venne redatta alle origini la *cartografia ufficiale italiana*; poi quello di **Hayford**, sul quale venne basata la stessa *cartografia* dopo il 1940; infine, l'ellissoide **WGS84**, che viene attualmente usato nel contesto dei **rilievi satellitari** (GPS). I valori dei parametri di tali ellissoidi sono riportati nella tabella che segue.

	Anno	*a*	*b*	*s*
Bessel	1841	6 377 397,155	6 356 078,962	1/299,152813
Hayford	1909	6 378 388,000	6 356 911,945	1/297
WGS84	1984	6 378 137,000	6 356 752,314	1/298,257223

FAQ

Per quale ragione, nel tempo, si sono succedute svariate determinazioni del valore dei semiassi *a* e *b* dell'ellissoide?

Perché, adottando via via tecnologie sempre più sofisticate, si è ricercato l'ellissoide che approssimasse sempre meglio la reale forma del pianeta.

Definizione dei punti sull'ellissoide

La posizione di un punto P sulla superficie fisica della Terra, proiettato sull'ellissoide in P_0 secondo la direzione normale n, può essere definita in due modi (▶FIGURA 16) (pagina seguente):

FIGURA 16 La posizione di *P* definita con un sistema cartesiano geocentrico e con un sistema di coordinate geografiche ellissoidiche.

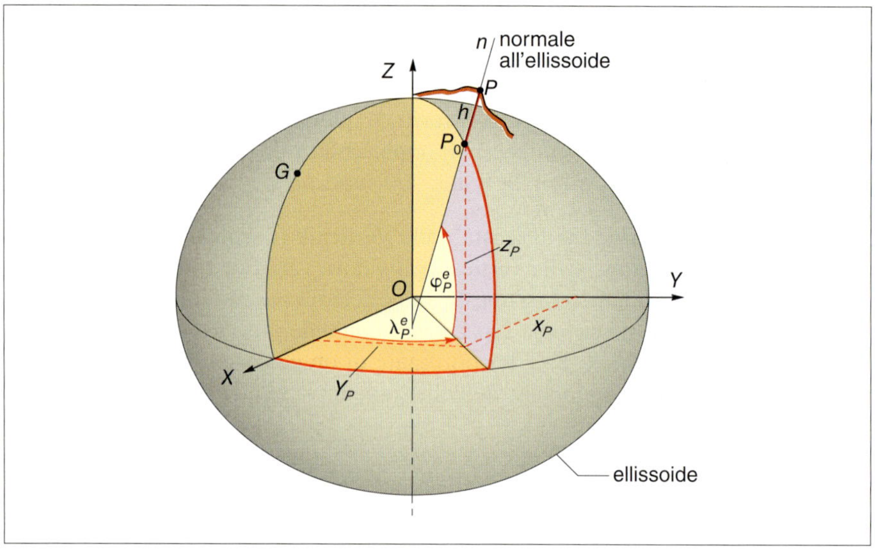

- con le tre coordinate cartesiane X_P, Y_P, Z_P del **sistema geocentrico**; tuttavia la coordinata *altimetrica* (Z_P) non è a noi molto utile in quanto **non** costituisce un parametro che fornisce l'**altezza** di *P* rispetto alla superficie (informazione soddisfatta invece dalla distanza $h = PP_0$ misurata lungo la normale *n*);
- con una coppia di *coordinate geografiche*, in questo caso dette **ellissoidiche**, φ_P^e e λ_P^e (*latitudine* e *longitudine*), oltre alla distanza *h* di *P* dall'ellissoide (**quota ellissoidica**), misurata lungo la normale *n*.

Il sistema *geografico ellissoidico*, distingue la **posizione planimetrica**: (φ_P^e e λ_P^e) da quella **altimetrica** (distanza $PP_0 = h$). Naturalmente è sempre possibile **trasformare** coordinate *ellissoidiche* in *geocentriche* e viceversa con opportune formule. Dunque, le *coordinate geografiche* **ellissoidiche** φ_P^e e λ_P^e definiscono la posizione di P_0 sull'ellissoide; concettualmente queste coordinate sono quelle già viste al paragrafo 2, cioè:

- la **latitudine ellissoidica** φ_P^e è l'angolo formato dalla normale *n* con il piano equatoriale ellissoidico;
- la **longitudine ellissoidica** λ_P^e è l'angolo definito su un qualunque piano perpendicolare all'asse di rotazione (angolo diedro) e formato dal **piano** definito

FIGURA 17 Le coordinate geografiche astronomiche (a) sono riferite alla verticale (dunque al geoide), che può essere facilmente materializzata, quindi esse sono misurate nelle operazioni pratiche. Le coordinate geografiche ellissoidiche (b) sono riferite alla normale all'ellissoide, che non è materializzabile; esse, pertanto, non vengono misurate ma calcolate.

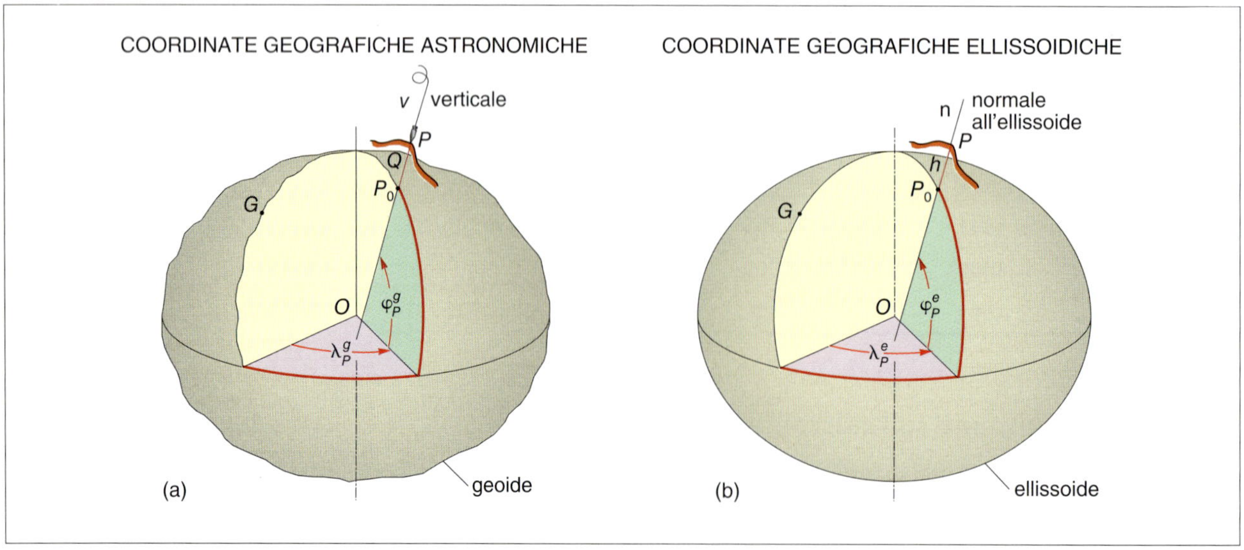

dal punto P_0 e dall'asse polare, e il **piano di riferimento** generato dal meridiano fondamentale di Greenwich.

Ricordiamo, poi, che in precedenza erano state introdotte le *coordinate geografiche* **astronomiche** φ^g e λ^g. La differenza tra questi due tipi di *coordinate geografiche* (*astronomiche* ed *ellissoidiche*) non risiede nel concetto, che è il medesimo, quanto nella *superficie di riferimento* adottata (*geoide* o *ellissoide*), dunque nella *direzione di proiezione* (*verticale* o *normale*). È opportuno riflettere sulla particolarità di questi due tipi di *coordinate*.

- Le *coordinate geografiche* **astronomiche** φ^g e λ^g possono essere **misurate direttamente** facendo riferimento alla **verticale** v (normale al *geoide*) sempre materializzabile con semplici dispositivi (▶FIGURA 17a).
- Al contrario, essendo impossibile ottenere operativamente la **normale** n all'ellissoide, le *coordinate geografiche* **ellissoidiche** φ^e e λ^e **non possono** essere misurate direttamente, ma vengono **calcolate** (come avviene nel contesto dei rilievi satellitari) (▶FIGURA 17b).

FAQ

Le coordinate geografiche ellissoidiche possono essere misurate?

No, non essendo materializzabile la normale all'ellissoide, queste coordinate geografiche non vengono misurate (a differenza di quelle astronomiche) ma vengono calcolate in diversi contesti.

La quota ellissoidica e l'ondulazione geoidica

In precedenza è stata definita la **quota ortometrica** (o semplicemente la **quota**) Q_P di un generico punto P della superficie fisica della Terra come la distanza del punto P dal *geoide* misurata lungo la verticale v passante per esso (segmento PP_0 in ▶FIGURA 18). Essa possiede un significato fisico legato al campo gravitazionale.

Allo stesso modo è possibile definire, per ogni punto P della superficie terrestre, una **quota ellissoidica** h_P come la distanza tra il punto P e la sua proiezione P' sull'*ellissoide* misurata lungo la *normale* n all'ellissoide passante per P (segmento PP' in ▶FIGURA 18); essa, non avendo riscontri fisici, possiede solo un significato geometrico.

Nelle operazioni topografiche e ingegneristiche, da sempre, viene considerata la **quota ortometrica**, riferita al *geoide* dunque al *campo gravitazionale* terrestre, per due buone ragioni. Intanto perché la realtà fisica del campo gravitazionale *condiziona* tutte le attività dell'uomo nell'ambito delle costruzioni (si pensi in particolare al moto libero dei fluidi in canali, fossati, fognature); ma anche perché i topografi, in ogni epoca, sono stati in grado di *misurare* facilmente la *quota ortometrica* di un punto, ma non la *quota ellissoidica*.

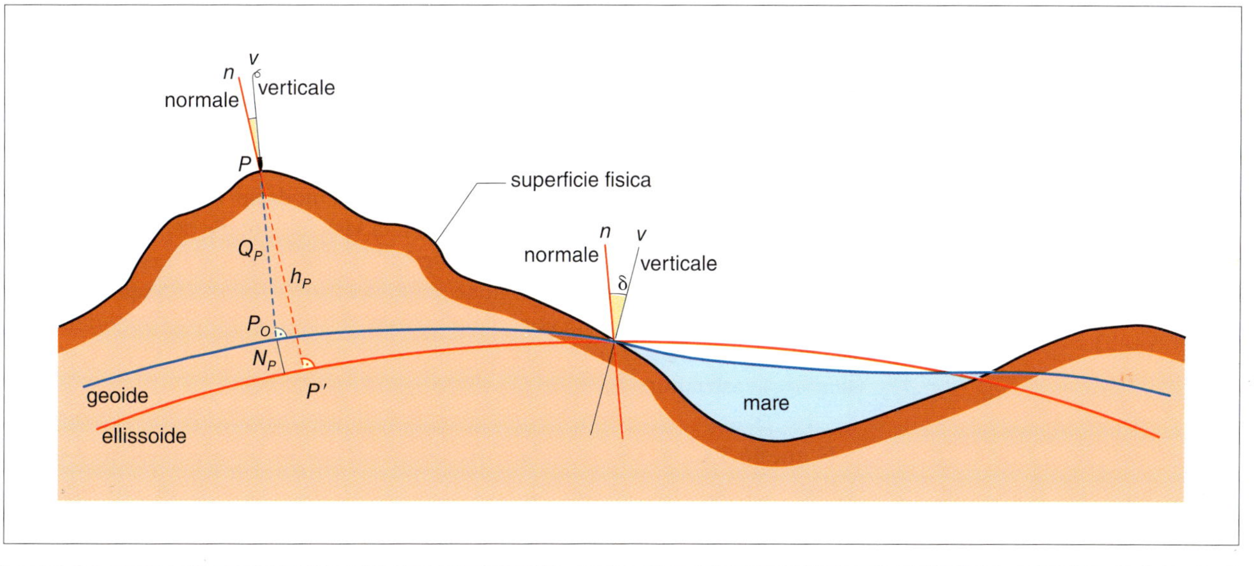

FIGURA 18 La quota ellissoidica differisce dalla quota ortometrica di una quantità *N* chiamata ondulazione geoidica. Essa rappresenta lo scostamento dell'ellissoide rispetto al geoide.

Tuttavia, da alcuni anni, attraverso l'elaborazione delle informazioni acquisite dai ricevitori **GPS** (rilievo satellitare, che verrà esaminato nel Vol. 2, e dove riprenderemo questo concetto), è possibile ottenere anche la *quota ellissoidica* (rispetto all'ellissoide WGS84).

Il grande sviluppo delle metodologie di **rilievo GPS** nelle recenti tecniche di rilevamento offre l'opportunità di poter **dedurre** le **quote ortometriche**, anche se in modo *approssimato*, dalle *quote ellissoidiche* fornite dal trattamento delle informazioni GPS. In effetti la quota ortometrica Q_P e quella ellissoidica h_P del punto P sono entrambe legate a una grandezza chiamata **ondulazione geoidica**, indicata con N_P (▶FIGURA 18). Essa viene così definita.

L'**ondulazione del geoide** N_P nel punto P è lo **scostamento** tra geoide ed ellissoide in corrispondenza dello stesso punto. Approssimativamente il suo valore è fornito dalla **differenza** fra la quota ellissoidica e quella ortometrica (immaginate sulla stessa direzione):

$$N_P \cong h_P - Q_P$$

I valori di N, in qualche modo e in ciascun punto sulla superficie terrestre, sono **noti** (anche da software open source) essendo stati determinati elaborando una imponente quantità di informazioni derivate sia da misure a terra sia da satellite. Il valore assoluto dell'ondulazione geoidica N varia tra i +90 m e i −108 m; in Italia tale **scostamento** rimane sempre inferiore a +54 m (mediamente è compreso tra +40 e +50 m). Dunque, nell'ambito dei rilievi satellitari GPS, è possibile ricavare la **quota ortometrica** nel seguente modo:

$$Q_P \cong h_P - N_P \tag{3}$$

La quota ortometrica ricavata con questa modalità è **approssimata** (mediamente con errori di 10 cm dovuti alla determinazione di N) ma accettabile in molteplici contesti operativi. Dove, invece, sia necessaria una precisione maggiore, l'impiego dei tradizionali strumenti di *rilievo altimetrico* diventa irrinunciabile.

Ellissoide geocentrico ed ellissoide locale

L'ellissoide riferito al sistema geocentrico X, Y, Z, con l'esse Z coincidente con l'asse polare di rotazione terrestre, approssima al meglio l'intero pianeta, pertanto viene chiamato **ellissoide geocentrico** o **globale** (▶FIGURA 15b).

Attribuendo all'*ellissoide globale* i valori a e b dei semiassi, si impone una sorta di condizione di **vicinanza** tra *ellissoide* e *geoide*, ai **poli** e all'**equatore**, limitando lo scostamento tra le due superfici in questi punti. Tuttavia, ciò rende maggiore lo scostamento, quindi l'approssimazione, alle **latitudini medie** (come quelle del continente europeo).

Questa soluzione è adeguata nell'ambito dei moderni *rilievi satellitari* (per esempio, sistema GPS) in cui è necessaria una visione *globale* del problema. Tuttavia, per impieghi in ambiti più **circoscritti**, individuabili nel territorio di una Nazione o, comunque, di una regione delimitata, non serve un **inquadramento globale**, ma, piuttosto, è necessario **minimizzare** lo scostamento tra ellissoide e superficie fisica della terra in quello specifico contesto **localizzato** (detto *zona di validità*), senza curarsi di quanto succede al di fuori di esso.

È questo l'ambito delle **rappresentazioni cartografiche nazionali**, in cui si decise di adottare al posto dell'*ellissoide geocentrico*, un **ellissoide locale** con *dimensioni* e *forma* uguali a quello *geocentrico* (adottando i parametri

COMPETENZA

Collegamenti e relazioni

Il collegamento tra quota ellissoidica e quota ortometrica si realizza con la relazione dell'ondulazione N del geoide. Essa consente di ottenere la quota ortometrica da quella ellissoidica fornita dal GPS.

FAQ

In cosa differiscono la quota ortometrica e la quota ellissoidica?

La quota ortometrica è riferita al geoide, quindi viene misurata lungo la verticale terrestre, mentre la quota ellissoidica è riferita all'ellissoide, quindi viene definita lungo la normale a esso. La quota ellissoidica viene ottenuta nelle misure satellitari, quella ortometrica deve essere misurata con le opportune operazioni topografiche.

FAQ

Il sistema satellitare GPS fornisce il valore h della quota ellissoidica. Per quale ragione è necessario trasformarla in quota ortometrica Q?

Perché in ambito tecnico operativo, condizionato dalla gravità, servono le quote ortometriche, mentre sono inutili quelle ellissoidiche.

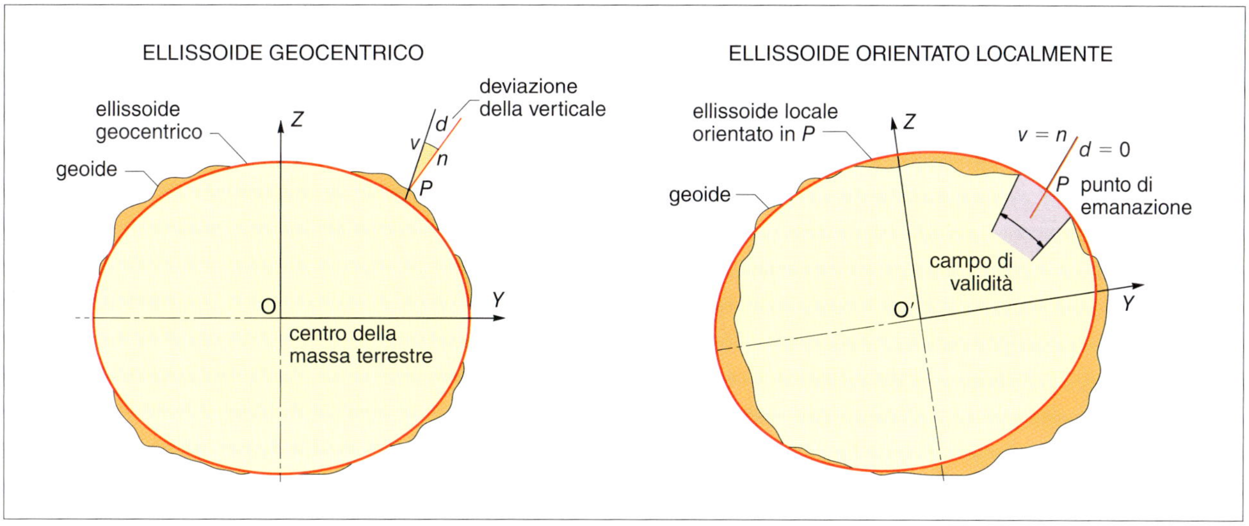

FIGURA 19 (a) L'*ellissoide geocentrico* viene collocato in modo da approssimare al meglio la reale forma di tutto il pianeta. Esso viene utilizzato nelle applicazioni di carattere globale come nei sistemi di posizionamento satellitare (GPS). (b) L'*ellissoide locale* viene orientato in un punto (di emanazione) in modo da approssimare al meglio la forma della Terra solo per una limitata regione. Esso viene impiegato nelle rappresentazioni cartografiche dei territori nazionali.

di semiassi a e b), ma lievemente **ruotato** e **traslato**, in modo da imporre la condizione di **coincidenza** al *geoide* in un punto opportuno prossimo al **baricentro** del territorio nazionale interessato, detto **punto di emanazione**.

In questo punto vengono imposte le seguenti condizioni (▶FIGURA 19b):

- coincidenza tra la normale n all'ellissoide e la verticale v (deviazione della verticale $\delta = 0°$);
- coincidenza tra le *direzioni* del meridiano *ellissoidico* e di quello *astronomico*;
- coincidenza tra la *quota ellissoidica* e quella *ortometrica* (ondulazione $N = 0$).

L'insieme dei parametri che permettono di definire un **ellissoide locale** con un preciso **orientamento nello spazio** viene detto «**datum**». A esso viene sempre assegnata una **designazione**; essa, spesso, è costituita del nome della località del *punto di emanazione* seguita dall'*anno* di adozione.

Per la cartografia ufficiale italiana, nel 1940, venne scelto come *punto di emanazione*, per orientare l'ellissoide locale, l'Osservatorio di Monte Mario a Roma; il nome del relativo **datum** divenne pertanto: «**Roma 40**».

È sempre possibile utilizzare opportune relazioni per **trasformare** le coordinate geografiche di un punto, riferite a un *ellissoide locale* nazionale, nelle corrispondenti coordinate riferite all'*ellissoide geocentrico*, e viceversa. In sintesi possiamo così riassumere il problema:

- l'**ellissoide geocentrico** (▶FIGURA 19a) viene collocato in modo da **approssimare** al meglio la reale forma di **tutto il pianeta**. È utilizzato nelle **applicazioni di carattere globale**, come nei sistemi di supporto alla *navigazione* (φ, λ) o nei sistemi di *posizionamento globale* (per esempio, WGS84 utilizzato dal sistema GPS).
- L'**ellissoide locale** (▶FIGURA 19b) viene orientato in modo da **approssimare** al meglio la reale forma della Terra **solo per limitate regioni** (in genere i territori nazionali), ed è caratterizzato da un insieme di **parametri** detti **datum**. Esso viene utilizzato nelle **rappresentazioni cartografiche** ufficiali delle Nazioni.

Sezioni normali e raggi principali

Nello studio geometrico dell'ellissoide, e per quanto diremo in seguito, è necessario prendere in esame il **fascio di piani** passanti per la **normale** n a un suo generico punto di proiezione P_0 dello stesso ellissoide (che pertanto ne costituisce l'in-

FAQ

È possibile ottenere il valore dell'ondulazione del geoide con precisioni del centimetro?

No, i valori di N possono essere acquisiti in vari modi, ma sempre con errori che mediamente sono dell'ordine della decina di centimetri.

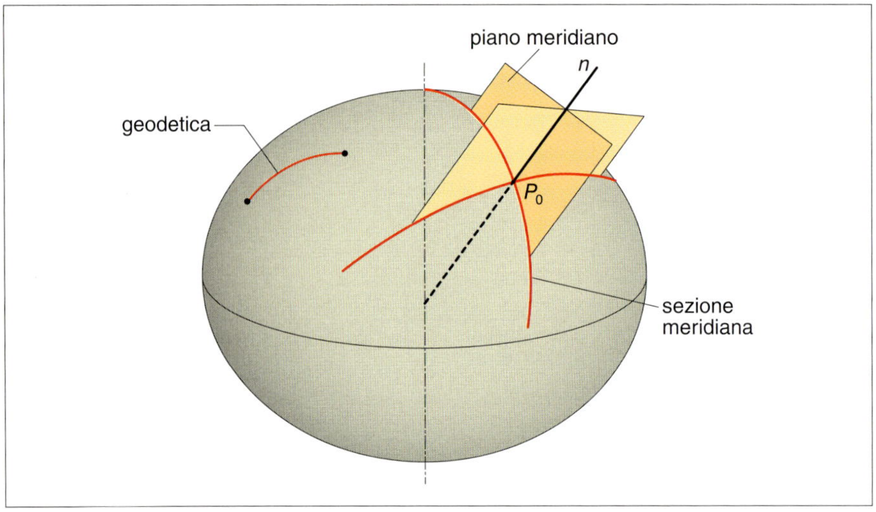

FIGURA 20 Le sezioni normali nel punto P_0 proiezione di P sull'ellissoide. Su di esse sono definiti i raggi principali ρ e N.

tersezione comune a tutti i piani). Questi infiniti piani intersecano la superficie dell'ellissoide secondo **linee curve** piane dette **sezioni normali,** caratterizzate da differenti **raggi di curvatura** in corrispondenza del generico punto P_0 considerato.

- Questi raggi variano con continuità da un valore *minino* indicato con ρ (dunque con curvatura $1/\rho$ *massima*) a un valore *massimo* N (quindi con curvatura $1/N$ *minima*) detto **gran normale**.

- Le *sezioni normali* (▶FIGURA 20) caratterizzate da questi raggi di valori estremi sono chiamate **sezioni principali**; esse sono tra loro **ortogonali** e i loro raggi (ρ e N) sono chiamati **raggi principali di curvatura** dell'ellissoide nel punto P_0.

- Il raggio principale minimo ρ si riscontra sul **piano meridiano** passante per P_0 (*sezione meridiana*), pertanto il raggio principale massimo N si verifica sulla *sezione normale* perpendicolare al piano meridiano.

I raggi di curvatura ρ e N delle *sezioni normali* dell'ellissoide, nel generico punto P_0 di latitudine ellissoidica φ sono forniti dalle seguenti relazioni, dove a ed e sono rispettivamente il valore del *semiasse maggiore* e dell'*eccentricità* dell'ellissoide adottato:

$$\rho = \frac{a \cdot (1 - e^2)}{\sqrt{(1 - e^2 \cdot \text{sen}^2\varphi)^3}} \qquad N = \frac{a}{\sqrt{(1 - e^2 \cdot \text{sen}^2\varphi)}} \tag{4}$$

Dall'espressione di N è possibile ricavare il raggio r del parallelo passante per P_0, secondo la seguente relazione:

$$r = N \cdot \cos\varphi = \frac{a \cdot \cos\varphi}{\sqrt{1 - e^2\,\text{sen}^2\varphi}} \tag{5}$$

È poi possibile definire come **raggio medio di curvatura** dell'ellissoide in un punto P_0, indicandolo con R, la **media geometrica** dei raggi principali di curvatura nello stesso punto P_0:

$$R = \sqrt{\rho \cdot N}$$

Esso può essere considerato come il **raggio di una sfera** tangente all'ellissoide nel punto P_0; tale sfera è detta **sfera locale** (di essa parleremo nel prossimo paragrafo). Infine è importante formulare la seguente definizione: se consideriamo

FAQ

Cosa si intende per «datum»?

È il termine riferito a un insieme di parametri connessi all'orientamento nello spazio dell'ellissoide locale in un punto detto di emanazione.

FAQ

In quali ambiti trovano applicazione l'ellissoide locale e quello geocentrico?

L'ellissoide locale viene adottato nel contesto della realizzazione cartografica nazionale. Quello geocentrico viene adottato nelle applicazioni di carattere globale come il GPS.

FAQ

Da quali elementi dipendono i raggi principali dell'ellissoide in P?

Dai parametri geometrici dell'ellissoide e dalla latitudine del punto P. Dunque punti sullo stesso parallelo hanno gli stessi valori dei raggi principali.

la proiezione sull'ellissoide di due punti della superficie fisica della Terra, si definisce **geodetica** la *linea curva* (gobba) che congiunge le due proiezioni secondo il **percorso minimo**. La distanza calcolata secondo la *linea geodetica* si chiama **distanza geodetica** (▶FIGURA 20).

FAQ

Che cosa è la distanza geodetica?

È la lunghezza del segmento curvo che congiunge due punti sull'ellissoide secondo il percorso minimo.

8. Il campo sferico

La superficie di riferimento *ellissoidica*, come visto, viene utilizzata nell'ambito di *grandi estensioni* (l'intero pianeta o, comunque, territori di intere nazioni). In questi casi le **misure** degli *angoli* e delle *distanze* sono relative a punti proiettati sullo stesso ellissoide, e i **calcoli,** che saranno necessari per risolvere le figure geometriche originate dai punti, dovranno essere effettuati utilizzando la **trigonometria ellissoidica**.

Essa, tuttavia, è decisamente complessa per cui (in particolare in epoche storiche prive di adeguati strumenti di calcolo), quando il territorio interessato alle misure era di *estensioni inferiori* a quelle prima citate, venne naturale valutare la possibilità di eseguire gli stessi calcoli in modo meno oneroso adottando *superfici di riferimento* più **semplici**.

Naturalmente, affinché tale **semplificazione** possa essere ritenuta ammissibile, si dovrà verificare che le differenze tra i risultati dei calcoli effettuati sull'*ellissoide* e quelli effettuati su superfici di riferimento semplificate, siano **inferiori alle incertezze** (prodotte dagli errori) inevitabilmente presenti nelle **misure** che verranno eseguite in quel contesto.

Osservando che la differenza relativa tra i valori dei due semiassi a e b dell'ellissoide terrestre è molto contenuta in relazione agli stessi valori, viene naturale immaginare che, per estensioni di terreno **inferiori a certi limiti** e **solo** in tale ambito, la **forma** della superficie dell'*ellissoide* è approssimabile, dunque sostituibile, a quella di una **sfera**.

Naturalmente, essendo tale sostituzione legittima solo per **piccole regioni**, ne deriva che non esiste **una sola sfera** da utilizzare per la sostituzione di tutto l'ellissoide, ma ne esisterà una, per **ciascun punto** sull'ellissoide, caratterizzata da un **raggio** diverso rispetto a quello delle sfere utilizzate in altri contesti.

La sfera locale

Considerando allora un generico punto P dell'ellissoide con latitudine φ, si è dimostrato con le **formule di Puiseux-Weingarten** (considerando i soli aspetti **planimetrici**) che la **forma** della *calotta ellissoidica* di 100-110 km di raggio nell'intorno di P, detta **campo sferico** o **campo geodetico**, a meno di entità trascurabili, coincide con la calotta di una **sfera** avente per raggio R il valore ottenuto dalla *media geometrica* dei *raggi principali* dell'ellissoide in P:

$$R = \sqrt{\rho \cdot N} = \frac{a \cdot \sqrt{1 - e^2}}{1 - e^2 \text{sen}^2 \varphi} \qquad (6)$$

Alla sfera di raggio R viene assegnato il nome di **sfera locale** in P. L'aggettivo **locale** indica che il suo raggio varia in relazione al punto considerato, e, più precisamente, della sua **latitudine** φ. Naturalmente, anche la forma del **geoide**, nell'ambito del **campo sferico**, può essere considerata coincidente con quella della *sfera locale*.

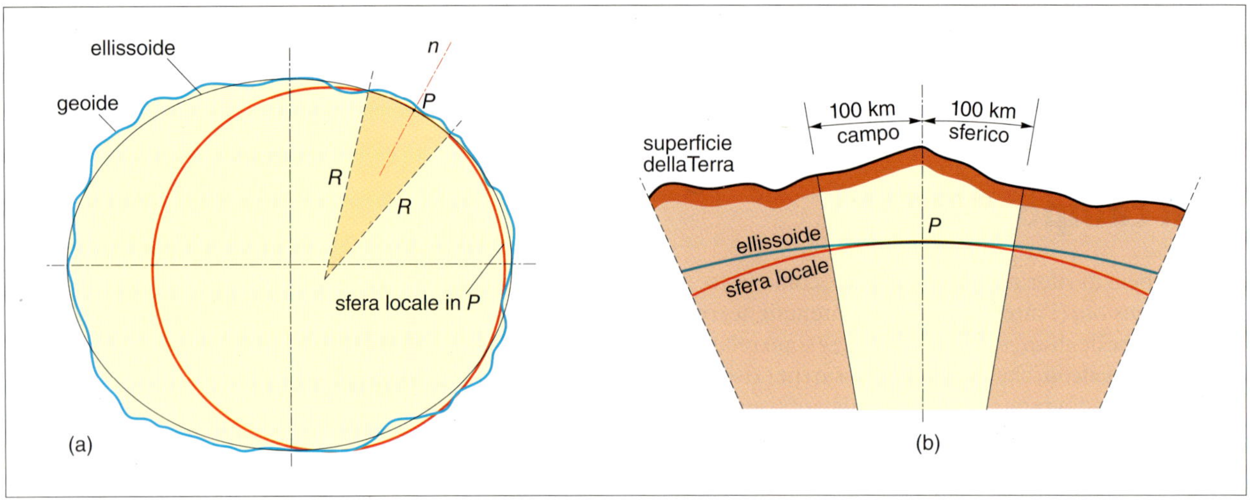

FIGURA 21 La sfera locale nel punto P (a). In una regione di circa 100 km di raggio la sua calotta è molto vicina all'ellissoide. Questa vicinanza, all'interno di questa regione (campo sferico), è valutabile meglio nella rappresentazione in sezione ingrandita (b).

In definitiva possiamo formulare il seguente enunciato:

> quando si opera in zone della superficie fisica della Terra che hanno un'estensione inferiore a 100 km intorno a un punto *P*, detta **campo sferico**, è lecito, nell'ambito planimetrico, attuare la **semplificazione** che consente di considerare la forma della superficie dell'**ellissoide** (dunque anche del **geoide**) coincidente con quella della **sfera locale** in *P* (►FIGURA 21).

Tale approssimazione è lecita **solo** nelle operazioni **planimetriche**, in quanto, come già accennato, nell'ambito di una zona di raggio di 100 km, la **distanza** tra due punti varia di un milionesimo del suo valore (10^{-6} della distanza) e gli **angoli** variano di qualche decimo di secondo. Errori, questi, compatibili con la precisione degli strumenti adottati nella misura di *angoli* e *distanze*. Assumendo i valori di *a* ed *e* relativi all'ellissoide di Hayford, si ottengono i seguenti raggi *R* della sfera locale per alcuni valori della latitudine di *P*:

Latitudine α	Raggio *R* (m)
30°	6 367 614
40°	6 374 618

Latitudine φ	Raggio *R* (m)
35°	6 371 003
45°	6 378 352

■ Il triangolo sferico

Nel *campo geodetico*, si possono sostituire alle *figure ellissoidiche* (per esempio, triangoli) le corrispondenti *figure sferiche* con le stesse grandezze angolari e lineari commettendo, nella determinazione della posizione *planimetrica*, errori trascurabili perché decisamente inferiori a quelli commessi all'atto dell'esecuzione delle *misure*.

Considerando tre punti sull'ellissoide, le tre *geodetiche* che li congiungono a due a due determinano un *triangolo ellissoidico*. Se le lunghezze dei suoi lati sono inferiori alle dimensioni del *campo sferico* allora esso potrà essere considerato come un *triangolo sferico*, restando inalterati i lati e gli angoli.

I *triangoli sferici* vengono sviluppati con la **trigonometria sferica**. Tuttavia è anche possibile la loro assimilazione a **triangoli piani**, dunque sviluppabili con la **trigonometria piana** (a noi familiare), applicando il seguente **teorema di Legendre**:

FAQ

La superficie sferica è in grado di sostituire l'ellissoide in tutto il pianeta?

No, la sostituzione dell'ellissoide con una sfera (locale) è lecita solo nell'ambito di limitate estensioni di territorio (campo sferico).

nell'ambito del *campo geodetico* i **triangoli sferici** sono sviluppabili come **triangoli piani** i cui lati hanno la **stessa lunghezza** dei lati dei triangoli sferici, e gli angoli uguali a quelli dei triangoli sferici diminuiti ciascuno di un terzo di un valore ε detto **eccesso sferico**. Le superfici S del triangolo sferico e di quello piano assimilato sono equivalenti.

In definitiva il teorema di **Legendre** ci consente di sviluppare un **triangolo sferico** ABC facendo riferimento al **triangolo piano** assimilato $A'B'C'$, che possiede le seguenti caratteristiche (▶FIGURA 22):

$$A'B' = AB \qquad A'C' = AC \qquad C'B' = CB$$

$$\alpha' = \alpha - \frac{\varepsilon}{3} \qquad \beta' = \beta - \frac{\varepsilon}{3} \qquad \gamma' = \gamma - \frac{\varepsilon}{3}$$

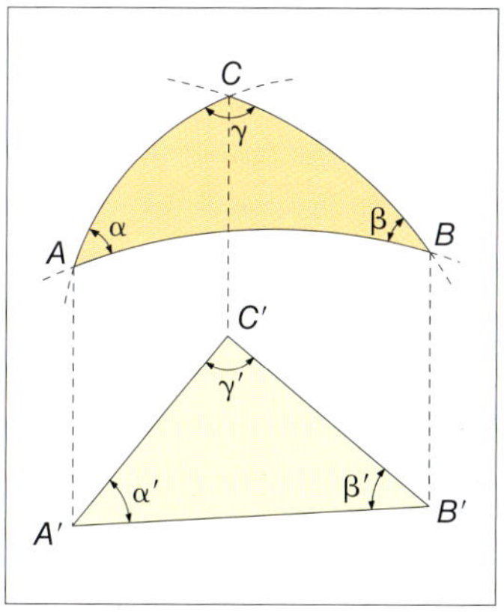

FIGURA 22 Triangolo piano assimilato al triangolo sferico per effetto del teorema di Legendre.

Il valore dell'**eccesso sferico** ε, espresso in *radianti*, può essere determinato con la **formula di Cavalieri**, in cui R è il raggio della *sfera locale* e S la superficie del triangolo:

$$\varepsilon^{\text{rad}} = \frac{S}{R^2} \qquad (\varepsilon'' = \varepsilon^{\text{rad}} \cdot 206\,265) \qquad (7)$$

FAQ

Cosa è l'eccesso sferico?

È il valore che eccede dall'angolo piatto (180°) nella somma degli angoli interni di un triangolo sferico.

Il campo sferico per operazioni altimetriche

L'ampiezza del *campo sferico*, come già sottolineato, è relativa ai soli aspetti **planimetrici**, mentre per i calcoli relativi agli aspetti **altimetrici** (**quote** e **dislivelli**), i limiti entro cui si può assumere come superficie di riferimento la *sfera locale* sono **molto più limitati**. In effetti, facendo riferimento alla definizione delle **quote**, la *sfera locale* può essere assunta come superficie di riferimento nell'intorno di un punto quando le distanze in **gioco non eccedano** i 10-15 km (*campo sferico per operazioni altimetriche*).

In realtà tale estensione è strettamente legata alla **precisione** con cui si vogliono ottenere le *quote ortometriche* dei punti; il valore precedente, in effetti, è riferito a precisioni non elevate (indicativamente 10-20 cm), peraltro usuali per operazioni di misura altimetrica su punti che si trovano a grandi distanze.

Dunque, in tale limitato contesto (10-15 km), la **sfera locale** può sostituire, oltre all'*ellissoide*, anche il **geoide** (superficie utilizzata per definire la **quota ortometrica**). L'effetto è quello che si possono ritenere coincidenti, a meno di trascurabili quantità, la **verticale** (normale al geoide) con la retta **ortogonale** alla superficie sferica, dunque con le direzioni dei **raggi** della stessa *sfera locale*.

Considerando i due punti A e B (▶FIGURA 23) sulla superficie fisica della Terra (a distanza inferiore di 10-15 km) e le loro proiezioni A_0 e B_0 sulla *sfera locale* (**di-**

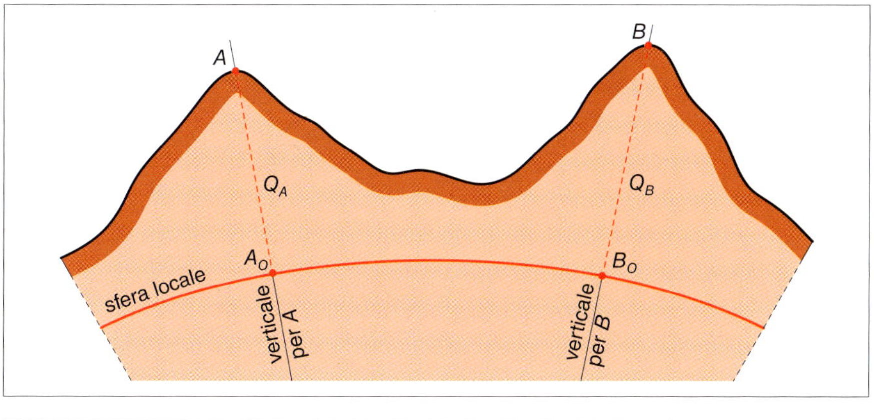

FIGURA 23 Nel campo sferico per operazioni altimetriche (ampiezza di 10-15 km) con limitata precisione (errori medi di 10-20 cm), le direzioni dei raggi della sfera locale si possono ritenere coincidenti con le *verticali* (normali al *geoide*), utilizzate per definire le *quote ortometriche*.

rezioni radiali), le **quote ortometriche** dei due punti possono essere **semplificate** rappresentandole con i seguenti segmenti:

$$Q_A = AA_0 \qquad Q_B = BB_0$$

9. Il campo topografico

Nelle operazioni di **rilievo tradizionale** affidate a tecnici privati, e peraltro proprie della Topografia, le estensioni di territorio in gioco sono decisamente più **contenute** e **limitate** rispetto a quelle considerate in precedenza. Questa riflessione ha condotto a un'ulteriore, e conclusiva, **semplificazione**.

In effetti all'interno della regione di una *sfera locale* con *estensioni limitate*, detta **campo topografico**, è possibile sostituire la forma della *calotta sferica* con la forma di un **piano tangente** alla stessa calotta. Ciò può essere sintetizzato nel seguente enunciato:

si definisce **campo topografico** quella regione di territorio che circonda un punto P, nel quale è ammesso sostituire, senza apprezzabili errori, alla forma della **sfera locale** quella di un **piano tangente** alla sfera nel punto stesso.

In tale contesto semplificato poi, la **verticale** può essere sostituita dalla **perpendicolare** al *piano tangente* adottato come superficie di riferimento semplificata. Per tale ragione il piano tangente viene anche detto **piano orizzontale**.

Naturalmente, affinché la semplificazione possa essere giudicata accettabile, occorre che l'estensione della regione sia tanto *limitata* da rendere *trascurabili* le differenze tra le due superfici, in particolare rispetto al *grado di precisione* delle misure che dovranno essere eseguite.

■ Il campo topografico per operazioni planimetriche

Per valutare l'ampiezza di tale zona nel contesto di operazioni *planimetriche* (misura di *angoli* e *distanze*), consideriamo due punti P e T sulla superficie terrestre. Le loro proiezioni sulla sfera, saranno i punti P_0 e T_0; indichiamo con l la loro *distanza* costituita dall'*arco* $P_0T_0 = l$ (►FIGURA 24).

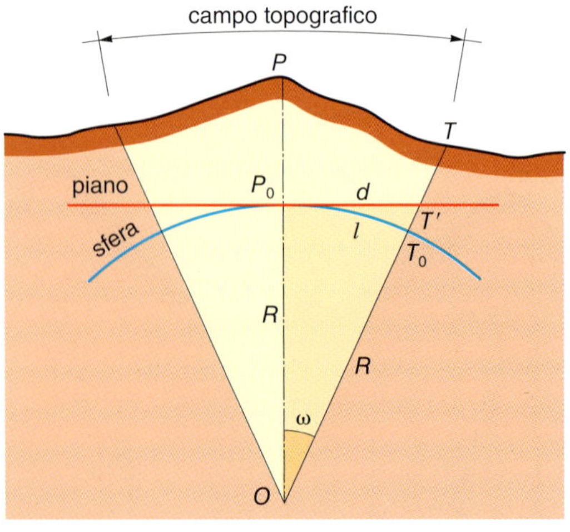

FIGURA 24 All'interno del campo topografico per operazioni planimetriche, la forma di una limitata porzione di calotta sferica può essere sostituita da un piano a essa tangente.

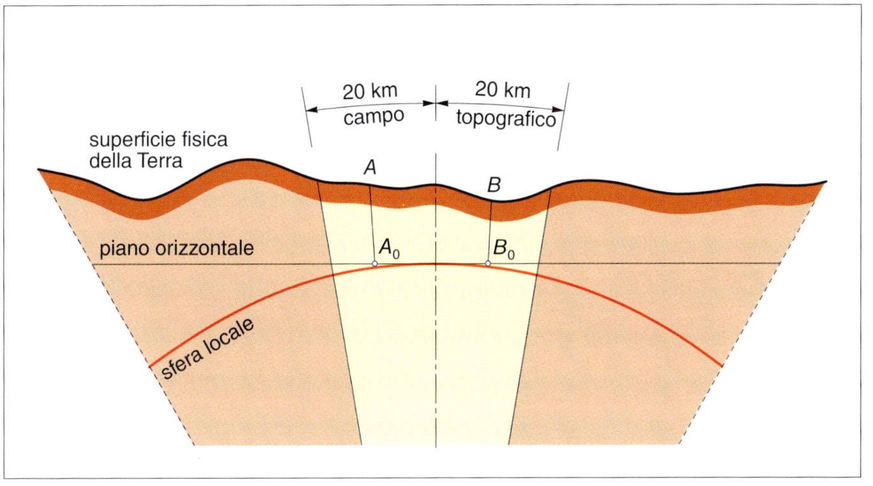

FIGURA 25 Costruzione geometrica del campo topografico per le operazioni planimetriche (misura di distanze e angoli).

Immaginiamo di tracciare il **piano tangente** alla sfera nel punto P_0, in modo che questo sia la proiezione di P sia sulla *sfera*, sia sul *piano tangente*. Al contrario la proiezione di T sul *piano tangente* non è più T_0, ma il punto T'. Se il *piano tangente* viene adottato come superficie di riferimento, la **distanza** tra i punti P e T è costituita dalla lunghezza del segmento rettilineo $d = P_0T'$. Occorre allora valutare l'**errore** e costituito dalla differenza tra la lunghezza dell'arco $P_0T_0 = l$ (superficie di riferimento *sferica*) e la lunghezza del segmento $P_0T' = d$ (superficie di riferimento *piana*), dunque sarà $e = d - l$. Considerando il triangolo retto $P_0T'O$, dopo aver calcolato l'angolo al centro ω sfruttando la definizione di radiante, si ha:

$$\omega^\circ = \frac{l}{R} \cdot \frac{180^\circ}{\pi} \qquad d = R \cdot \mathrm{tg}\,\omega^\circ$$

Confrontando i valori della lunghezza dell'arco l con quella del segmento rettilineo d corrispondente, assumendo come dimensione del raggio della sfera locale $R = 6\,377\,000$ m, possiamo calcolare l'errore e relativo ad alcuni valori di l:

l **(m)**	ω	***d*** **(m)**	***e*** **(m)**	***e/l***
10 000	0°05′23″,45	10 000,017	0,017	1/588 000
20 000	0°10′47″	20 000,065	0,065	1/305 000
30 000	0°16′10″,35	30 000,250	0,250	1/120 000
35 000	0°18′52″	35 000,380	0,380	1/ 92 000

Ne consegue che fino a 15-20 km l'errore e commesso è di circa 1/300 000 della distanza misurata, valore compatibile con l'approssimazione degli strumenti utilizzati ordinariamente nel contesto del *rilievo planimetrico*. Pertanto l'estensione del **campo topografico**, nelle **operazioni planimetriche**, viene assunta in 15-20 km. Operando per distanze inferiori a tale valore è accettabile sostituire alla sfera locale un piano tangente orizzontale di riferimento commettendo errori trascurabili in quanto **inferiori** all'**approssimazione delle misure eseguite**.

La **distanza topografica** tra due punti A e B (▶FIGURA 25) sulla superficie fisica è rappresentata dalla lunghezza del segmento rettilineo tra le due **proiezioni** A_0 e B_0 di questi punti sul *piano tangente orizzontale* di riferimento, *proiezioni* che, in tale limitato contesto, possono essere considerate coincidenti con le **verticali** passanti per A e B.

FAQ

Per quale ragione il campo topografico per le operazioni planimetriche è di circa 25 km di ampiezza?

Perché in tale ambito gli errori che si commettono nel misurare le distanze (e gli angoli) sono maggiori delle approssimazioni connesse alla sostituzione della sfera con il piano.

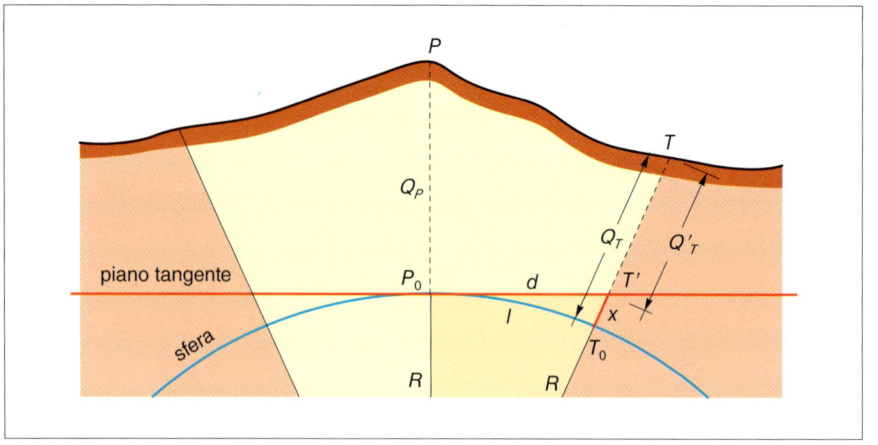

FIGURA 26 Errore di sfericità x commesso nella definizione delle quote quando si adotta il piano tangente come superficie di riferimento. Occorre segnalare che la rappresentazione è stata fortemente deformata per enfatizzare le grandezze altimetriche. Nella realtà il segmento $TT' = Q'_T$ è ortogonale al piano tangente in P_0 e non obliquo come appare per la deformazione della figura.

Il campo topografico per operazioni altimetriche

Diciamo subito che per i **rilievi altimetrici** l'estensione del **campo topografico** si riduce drasticamente, in quanto l'effetto della **curvatura terrestre** si ripercuote fortemente su *quote* e *dislivelli*.

- Il limite (**campo**) entro il quale la **superficie di riferimento** può considerarsi **piana** ai fini **altimetrici**, non è assoluto, ma varia in relazione alla **precisione** con cui si vogliono determinare le *quote*.
- Se, per esempio, è necessario raggiungere la precisione del **millimetro**, dobbiamo limitarci a considerare punti le cui **distanze relative** siano inferiori a 100 m; se, invece, la precisione richiesta fosse minore, dell'ordine del **centimetro**, le distanze tra i punti possono essere maggiori, fino circa a 300-400 m.

Per verificare tali ampiezze nel contesto di operazioni **altimetriche**, consideriamo, analogamente alla ▶FIGURA 24, due punti P e T sulla superficie terrestre. Le loro proiezioni sulla **sfera locale** (lungo direttrici ritenute coincidenti con la verticale), saranno i punti P_0 e T_0. Il segmento PP_0 viene assunto come *quota ortometrica* Q_P del punto P, mentre il segmento TT_0 viene assunto come *quota ortometrica* Q_T del punto T (▶FIGURA 26).

Se ora consideriamo come superficie di riferimento il **piano tangente** alla sfera locale tracciato per P, la quota Q_P di questo punto di tangenza rimane inalterata, mentre la quota del punto T viene rappresentata non più dal segmento TT_0, ma da TT', che indicheremo con Q'_T, essendo T' la proiezione di T sul piano tangente orizzontale.

Dunque, quando si sostituisce alla *sfera locale* il *piano tangente* come superficie di riferimento, per un punto T che si trovi a una distanza d dal punto centrale P di tangenza, nella determinazione della sua **quota** viene commesso un errore rappresentato dal segmento $x = T_0T'$ (▶FIGURA 26), differenza tra le quote del punto T riferite alla *sfera* e al *piano tangente* ($x = Q_T - Q'_T$).

Cerchiamo ora di valutare l'entità di tale errore in funzione della distanza d del generico punto T dal punto centrale di tangenza. Considerando la ▶FIGURA 26 (e la ▶FIGURA 24 per quanto non visibile nella ▶FIGURA 26), applicando il teorema di Pitagora al triangolo rettangolo OP_0T', avremo:

$$d^2 + R^2 = (R + x)^2$$

da cui elaborando e semplificando si ottiene:

$$x = \frac{d^2}{2R} - \frac{x^2}{2R}$$

Data la pochezza di x rispetto a $2R$, la quantità $x^2/2R$ è *trascurabile*, quindi possiamo scrivere:

$$x = \frac{d^2}{2R} \qquad (8)$$

La quantità x rappresenta il cosiddetto **errore di sfericità**, cioè l'errore che si commette nella determinazione delle **quote** dei punti, qualora si assuma come superficie di riferimento per le quote il *piano tangente* anziché la *sfera locale*.

Assegnando a R il valore generico di 6377000 m, si ricavano per x i seguenti valori in funzione della distanza d:

d **(m)**	**100**	**200**	**400**	**1000**	**10 000**
x (mm)	0,78	3,12	12,5	78	7800

Questi valori mettono in evidenza che fino a 100 m di distanza i punti del *piano tangente* si scostano dalla sfera locale di una quantità **inferiore al millimetro**. Quindi, trascurando tale entità di errore, possiamo ritenere il *piano tangente* coincidente con la *sfera* nell'ambito di una zona circolare di raggio non superiore a 100 m; entro tale distanza la superficie di riferimento per le quote può ritenersi **piana e orizzontale**. Potendo trascurare errori dell'ordine del **centimetro**, l'estensione del campo topografico ai fini del rilievo altimetrico si può ampliare fino a 350-400 m.

Allo scopo di sintetizzare, anche se in modo approssimativo, quanto esposto in precedenza, proponiamo la scheda riassuntiva della ▶TABELLA 1.

COMPETENZA

Interpretare l'informazione

La scelta della superficie di riferimento semplificata, e della sua estensione, da adottare nelle operazioni di rilievo richiede valutazioni legate al fatto che si valutino gli aspetti **planimetrici** o quelli **altimetrici**, oppure entrambi. Inoltre è necessario tenere conto della **precisione** richiesta nel rilievo, in particolare nell'ambito del *campo topografico*, la cui ampiezza può subire variazioni in relazione alla strumentazione utilizzata per eseguire le misure.

TABELLA 1 Limiti di ammissibilità e impieghi delle superfici di riferimento

	Limiti di ammissibilità		**Impieghi prevalenti**
	Operazioni planimetriche	**Operazioni altimetriche**	
Geoide	Tutta la Terra	Tutta la Terra	Definizione della *quota ortometrica* dei punti
Ellissoide geocentrico	Tutta la Terra	Non utilizzato nel contesto delle operazioni altimetriche di carattere tecnico (dove si fa riferimento alle *quote ortometriche*, dunque al geoide)	Determinazione della *posizione* dei punti in un *contesto globale* (per esempio navigazione, GPS)
Ellissoide locale	Regioni geografiche spesso coincidenti con i territori delle Nazioni	Non utilizzato nel contesto delle operazioni altimetriche di carattere tecnico (dove si fa riferimento alle *quote ortometriche*, dunque al geoide)	Realizzazione della *cartografia ufficiale* delle nazioni
Sfera locale	100 km intorno a un punto centrale	10-15 km intorno a un punto centrale	Operazioni geodetiche planoaltimetriche connesse a *significative estensioni* di territorio
Piano tangente	15-20 km intorno a un punto centrale	100 m per precisioni dell'ordine del *millimetro* 350-400 m per precisioni dell'ordine del *centimetro*	Operazioni ordinarie topografiche planoaltimetriche connesse a *limitate estensioni* di territorio

Per collegare i concetti

TOPOGRAFIA

Teorizza le tecniche e gli strumenti necessari per fornire una rappresentazione grafica, su un piano e in scala, di una porzione di territorio in diversi contesti

RILIEVO

Fase durante la quale vengono eseguite sul terreno, con precise tecniche e procedure, le operazioni di misura di varie grandezze

forma reale e dimensioni della Terra

Vengono opportunamente approssimate in diversi contesti

regole convenzionali

Consentono di rappresentare nel piano della carta gli aspetti sia planimetrici sia altimetrici

RAPPRESENTAZIONE DEL TERRITORIO SUL PIANO

sistemi di riferimento

Definiscono la posizione plano-altimetrica dei punti.
Possono essere *globali* o *locali*

SUPERFICIE DI RIFERIMENTO

Approssima al meglio la forma della Terra in un certo contesto. Su di essa vengono proiettati i punti del terreno

zone limitate

zone estese

piano orizzontale

Quello assunto come riferimento è ortogonale alla verticale nel punto centrale di una regione di territorio che circonda il punto stesso (detta *campo topografico*)

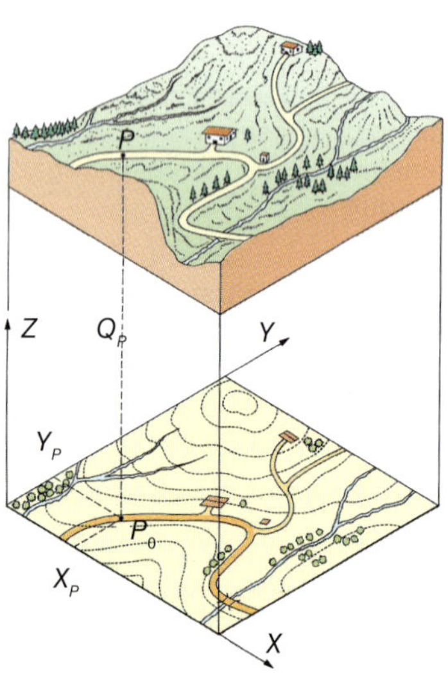

geoide

Superficie equipotenziale della gravità, in ogni punto ortogonale alla verticale (filo a piombo) e passante per il livello medio del mare fornito dai mareografi

ellissoide geocentrico

Approssima al meglio tutto il geoide. È generato dalla rotazione di un'ellisse di semiassi a e b, attualmente definiti dal sistema WGS84

ellissoide locale

Approssima al meglio una regione di geoide, di solito estesa quanto i territori nazionali. È orientato in un punto (detto di *emanazione*) centrale della regione considerata

sfera locale

Approssima al meglio una zona limitata di ellissoide (detta *campo sferico*) con una calotta sferica, il cui raggio dipende dai semiassi a e b e dalla latitudine

Per ripassare

Rappresentazione grafica (*carta*): si ottiene *sviluppando* l'oggetto terreno su di un *piano* (il foglio del disegno) utilizzando determinate *regole*, dette *convenzioni*.

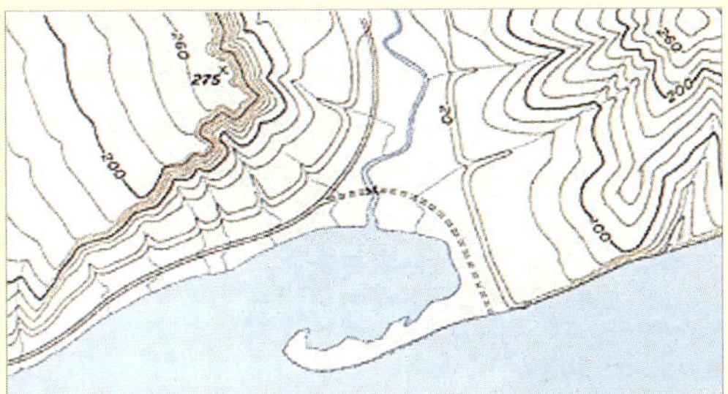

Carta: è il prodotto finale del *rilievo*. La sua formazione nell'ambito delle piccole estensioni avviene come proiezione *diretta* sul piano del disegno. Nel caso di grandi estensioni, invece, è necessario *proiettare* i punti della superficie fisica su una *superficie di riferimento* intermedia, quindi, applicando opportune formule, si potrà passare a posizionare i corrispondenti punti sul *piano* del disegno.

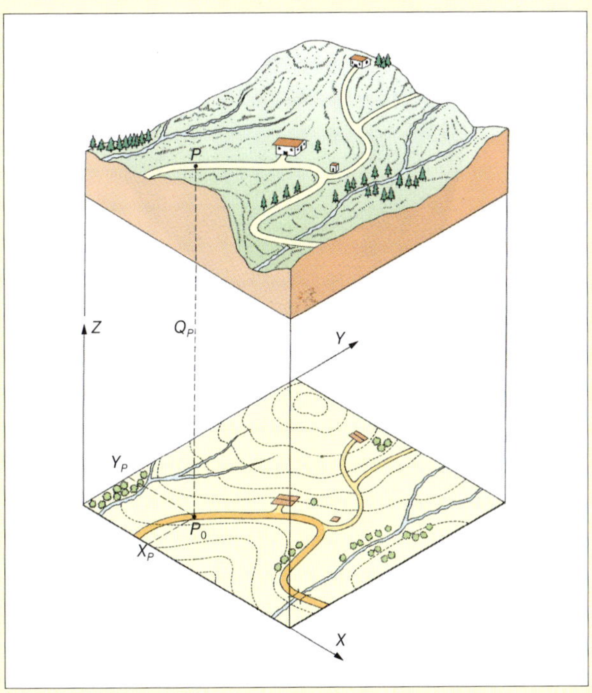

Superfici di riferimento: devono possedere le seguenti proprietà:

- *approssimare* al meglio, in un determinato contesto (*globale* o *locale*), la *forma reale* della Terra;
- possedere un *modello matematico* che permetta di creare, in modo relativamente semplice, la *corrispondenza* tra i punti sulla *superficie fisica* e i relativi punti sul *piano del disegno*.

Sistemi di riferimento: sono utilizzati per definire la posizione dei punti, nell'ambito delle operazioni topografiche; se ne impiegano diversi tipi, le cui *coordinate* vengono utilizzate in differenti contesti operativi:

- *sistemi globali*: sono definiti per tutto il pianeta. Dal punto di vista teorico sono i sistemi più efficienti, ma eludono l'esigenza tutta pratica di rendere esplicito il concetto di «*sopra* o *sotto*» rispetto a una certa superficie. Ai sistemi globali appartengono il *sistema geocentrico cartesiano* (GPS) e il *sistema geografico* (navigazione);
- *sistemi locali*: sono definiti in ambito di estensioni limitate (*nazionale, regionale, locale*); vengono utilizzati sia nelle ordinarie operazioni *topografiche* sia nella *cartografia*. Ai sistemi locali appartengono il *sistema cartografico* e il *sistema cartesiano/polare locale*.

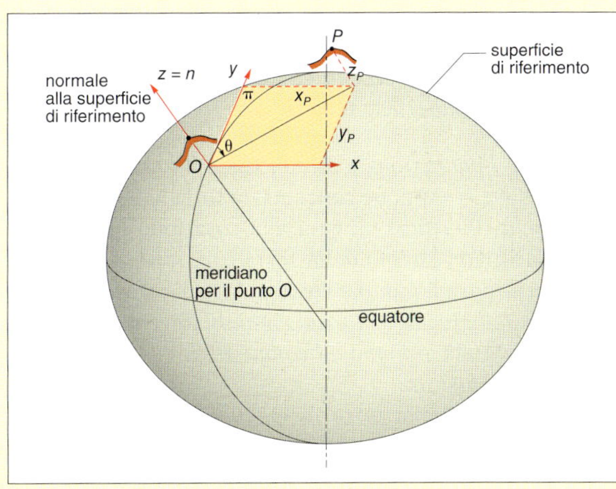

Rappresentazione grafica del terreno: viene realizzata attraverso un appropriato insieme di *misure* e di *elaborazioni* (il rilievo) in grado di assicurare la *corrispondenza* fra la posizione dei punti sul terreno e quella dei punti corrispondenti sul disegno (carta). Per creare questa corrispondenza, è necessario:

- individuare una *superficie di riferimento* che rappresenti un accettabile compromesso fra la conformità alla forma della Terra e la trattabilità matematica;
- definire una *direzione* sia per la *proiezione dei punti*, sia per la misura delle *altezze* (*quote*).

Forma del pianeta Terra: *è sviluppabile* su un piano solo se si accettano le conseguenti e inevitabili *deformazioni*. Esse sono tanto più significative *tanto più vasta* è l'estensione di terreno considerata, mentre possono essere ritenute *accettabili* per piccole estensioni.

Proprietà delle superfici di riferimento: comportano a priori la necessità di conoscere la *forma* e le *dimensioni* della superficie terrestre, per poi ricercare quelle *superfici approssimate* che possano fungere da *passaggio* tra la superficie fisica della Terra e il *piano di rappresentazione*.

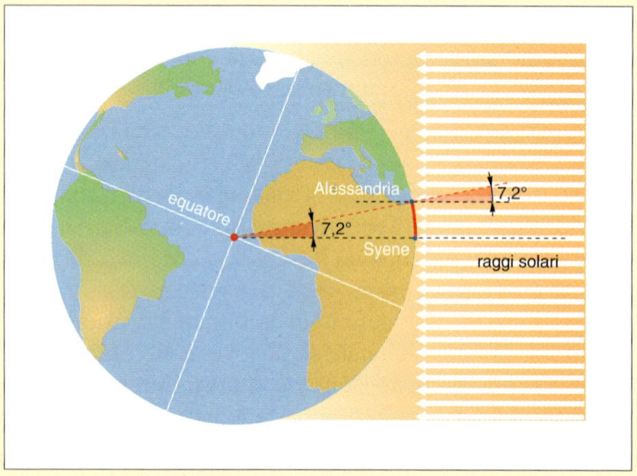

Forza di gravità: è la *risultante* della *forza di attrazione terrestre* e della *forza centrifuga* applicate su una massa in un punto della superficie terrestre.

- La *forza di attrazione* è diretta verso il *baricentro* della Terra dove si suppone concentrata tutta la sua massa.
- La *forza centrifuga*, dovuta alla rotazione terrestre, è diretta verso l'*esterno* della Terra e varia al variare della distanza tra il punto e l'asse polare di rotazione.
- La *forza di gravità* è *massima ai poli*, dove la forza centrifuga è nulla, *minima all'equatore*, dove la forza centrifuga è massima.
- La direzione della *forza di gravità* in un punto viene chiamata *verticale*.

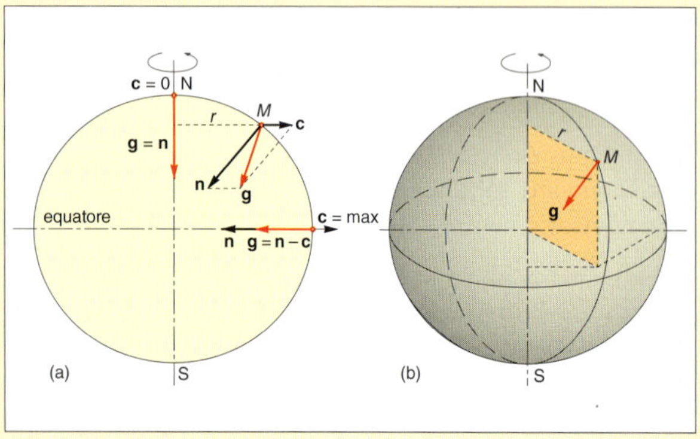

Verticale: possiede notevoli requisiti di carattere operativo:

- la *verticale* è sempre e rapidamente individuabile col *filo a piombo*, quindi è facilmente utilizzabile nelle fasi operative;
- la *forza di gravità*, quindi anche la sua *direzione*, condiziona fortemente molteplici aspetti della vita sulla Terra, come la realizzazione delle opere civili e il movimento delle masse fluide.

Geoide: è quella superficie equipotenziale della gravità che passa per il *livello medio* del mare in un *punto predefinito* appartenente alla superficie terrestre, a cui viene attribuita *altezza* (quota) *nulla*. In ogni suo punto la tangente è *perpendicolare* alla *verticale* (*direzione della forza di gravità*). Il *geoide* si presenta come una superficie *assai complessa*, caratterizzata da lievi *ondulazioni* dette *geoidiche*, connesse alle variazioni del *campo gravitazionale*.

- Il *geoide* è la superficie che meglio approssima la forma e le dimensioni della Terra, tuttavia la sua complessità ne rende impossibile l'impiego nelle operazioni *planimetriche*.
- Al contrario, il *geoide* viene impiegato per definire il concetto *altimetrico* di «*alto*» e «*basso*», contenuto nella definizione di *quota* (ortometrica) di un punto.

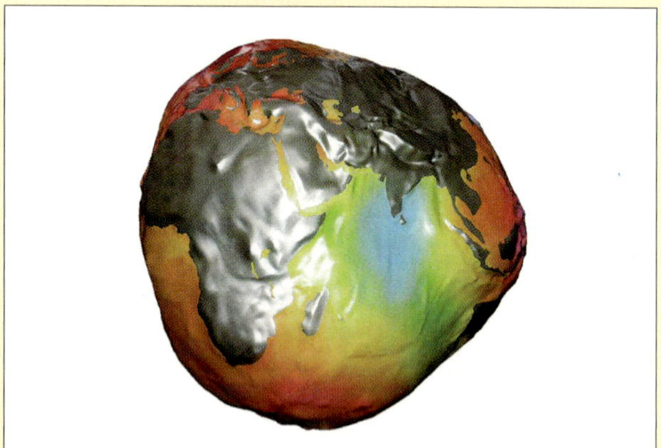

Coordinate astronomiche: la *verticale* permette di determinare la posizione dei punti sulla superficie fisica utilizzando il sistema di *coordinate geografiche* dette *astronomiche*. Le *coordinate astronomiche* φ^g e λ^g, sono *misurate* con opportuni strumenti e vengono utilizzate nella navigazione. Esse sono:

- *latitudine* φ^g: è l'angolo che la *verticale* passante per il punto *P* forma con un generico piano ortogonale all'asse di rotazione terrestre (per esempio, il *piano equatoriale*).

- *longitudine* λ^g: è l'angolo diedro che il piano contenente il punto *P* e l'*asse polare* forma con un *piano di riferimento* (piano meridiano passante per Greenwich). Essendo riferita al *meridiano origine* per poter essere misurata (senza utilizzare tecnologie satellitari), è necessario conoscere la differenza tra l'ora locale e l'ora di Greenwich.

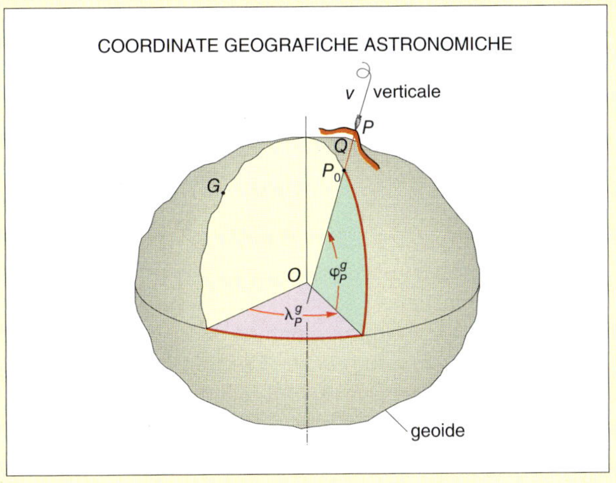

Quota ortometrica (o semplicemente *quota*) di un punto *P* sulla superficie terrestre: è la *distanza* del punto *P* dal *geoide* misurata lungo la direzione della *forza di gravità* (*verticale*) passante per *P*.

- Essa, di fatto, è rappresentata da un *segmento rettilineo* i cui estremi sono il punto *P* sul *terreno* e il punto P_0 proiezione di *P* sul *geoide*. Tale segmento risulta coincidente con la *verticale* passante per il punto *P*.

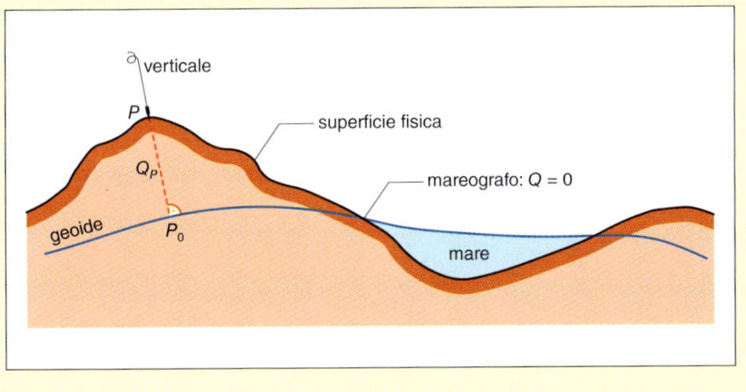

Ellissoide geocentrico: è la superficie ottenuta dalla rotazione di un'*ellisse* di *particolari dimensioni* attorno al suo *asse minore* (asse polare); essa viene utilizzata in determinati contesti per *approssimare* il *geoide*, dunque anche la *superficie terrestre*. Si tratta di una superficie *regolare*, priva di quelle ondulazioni che caratterizzano il *geoide*, e ciò consente un più semplice trattamento matematico.

- I *parametri fondamentali* dell'*ellisse* dalla cui rotazione si ottiene l'*ellissoide terrestre* sono variati più volte nei secoli scorsi in seguito all'evoluzione tecnologica degli strumenti di misura; i più recenti (WGS84) sono i seguenti:
  semiasse maggiore $a = 6\,378\,137$ m
  semiasse minore $b = 6\,356\,752{,}314$ m
  schiacciamento $s = (a - b)/a = 1/298{,}257$
- Le *differenze* lineari tra la forma dell'ellissoide terrestre e quella del geoide sono *trascurabili*.
- In ogni punto, l'*angolo* che la *verticale* (perpendicolare al geoide) forma con la *perpendicolare* alla *superficie* dell'*ellissoide* (detta *normale*) prende il nome di *deviazione* dalla verticale in quel punto.
  Il massimo valore della *deviazione della verticale* è di circa 1′.

Ellissoide locale: nell'ambito delle rappresentazioni *cartografiche* nazionali (dunque in zone limitate del pianeta), venne adottato al posto dell'*ellissoide geocentrico*, un *ellissoide locale*, con *forma* e *dimensioni* uguali a quello *geocentrico*, ma lievemente *ruotato* e *traslato*, in modo da imporre la condizione di *coincidenza* con il geoide in un punto opportuno prossimo al *baricentro* del territorio nazionale interessato, detto *punto di emanazione*.

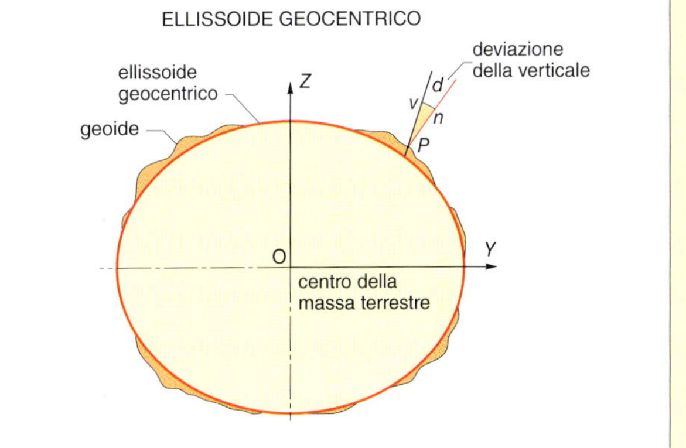

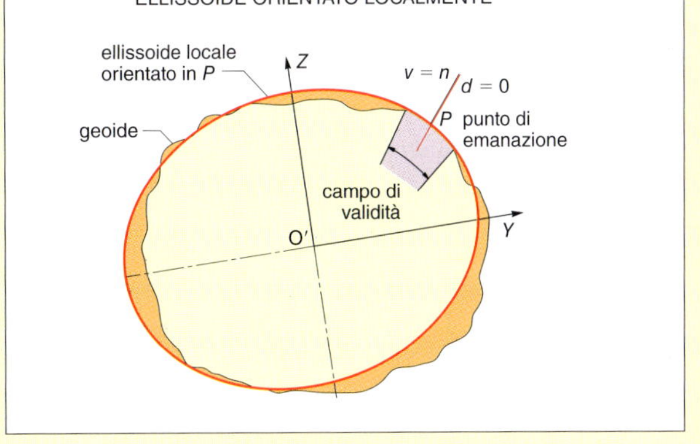

Coordinate ellissoidiche: sono *coordinate geografiche* (*latitudine* φ^e e *longitudine* λ^e) definite allo stesso modo delle *coordinate astronomiche*, ma considerando la *normale* all'ellissoide (e non la *verticale*).

- Essendo *impossibile* ottenere operativamente la *normale n* all'ellissoide, le coordinate ellissoidiche non possono essere misurate ma vengono *calcolate* (per esempio, nell'ambito dei rilievi satellitari GPS).

Quota ellissoidica: è la distanza h_P tra il punto P e la sua proiezione P' sull'*ellissoide* misurata lungo la *normale n* all'ellissoide. Non essendo disponibile, nella pratica, la *normale n*, la quota ellissoidica *non è* misurabile direttamente, tuttavia la si può ottenere dai rilievi satellitari GPS. Dato, però, che in ambito tecnico interessa la *quota ortometrica*, questa può essere ricavata dalla *quota ellissoidica* sottraendole l'*ondulazione geodetica N* nel seguente modo:

$$Q_P \cong h_P - N_P$$

- *L'ondulazione del geoide* N_P nel punto P è lo *scostamento* tra geoide ed ellissoide in corrispondenza dello stesso punto. Esso è un valore noto (per misure gravitazionali eseguite da appositi enti) con precisioni di 10 cm.

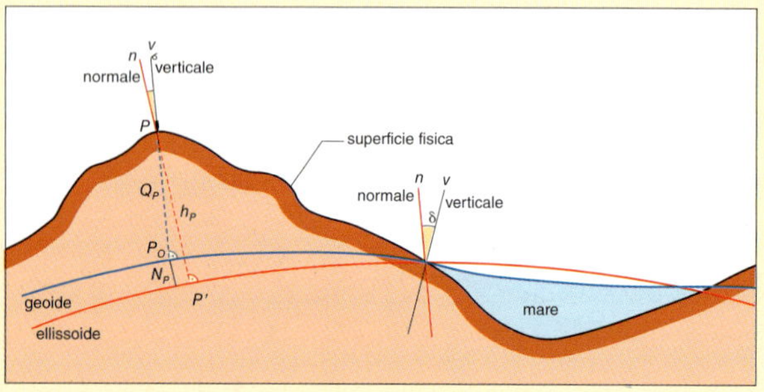

Sezioni normali: sono così definite le infinite *linee* ottenute tagliando l'*ellissoide terrestre* con la stella di piani che passano per la *normale* all'ellissoide in un generico punto di proiezione P_0. Queste *linee curve* sono caratterizzate da differenti *raggi di curvatura* in corrispondenza del generico punto P_0 considerato. Essi variano con continuità da un valore *minino* ρ a un valore *massimo N* detto *gran normale*.

- Le *sezioni normali* caratterizzate da questi raggi di valori estremi, sono chiamate *sezioni principali*; esse sono tra loro *ortogonali* e i loro raggi (ρ e *N*) sono chiamati *raggi principali di curvatura* dell'ellissoide nel punto P_0.

Raggi principali di curvatura ρ e N delle sezioni normali principali dell'ellissoide, nel punto P_0, di latitudine ellissoidica φ: sono forniti dalle seguenti relazioni, dove a ed e sono rispettivamente il semiasse maggiore e l'eccentricità dell'ellissoide adottato:

$$\rho = \frac{a \cdot (1 - e^2)}{\sqrt{(1 - e^2 \cdot \text{sen}^2\varphi)^3}}$$

$$N = \frac{a}{\sqrt{(1 - e^2 \cdot \text{sen}^2\varphi)}}$$

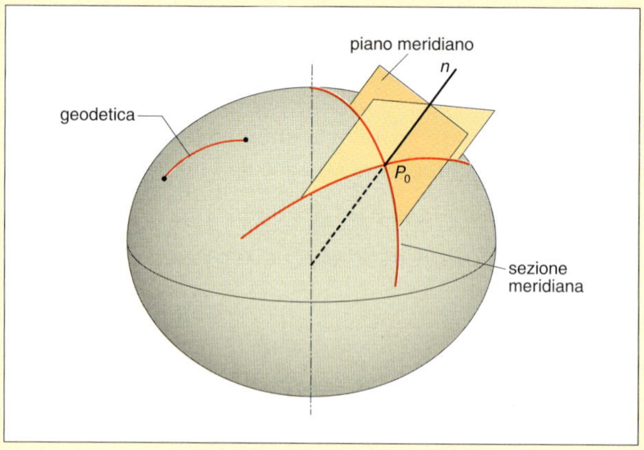

Sfera locale: per estensioni di terreno *inferiori a certi limiti* e *unicamente* in tale ambito, la *forma* della superficie dell'ellissoide è approssimabile, dunque sostituibile, a quella di una *sfera* detta *locale*. Essendo tale sostituzione legittima solo per *piccole regioni* (e non per tutto il pianeta), ne deriva che non esiste *una sola sfera* da utilizzare per la sostituzione di tutto l'ellissoide, ma ne esisterà una per *ciascun punto* sull'ellissoide, caratterizzata da un raggio diverso rispetto a quello delle sfere utilizzate in altri contesti.

- Considerando un generico punto P dell'ellissoide con latitudine φ, la *forma* della calotta ellissoidica di 100-110 km di raggio nell'intorno di P, detta *campo sferico* o *geodetico*, a meno di entità trascurabili, coincide con la calotta di una *sfera* avente un raggio R il cui valore è ottenuto dalla *media geometrica* dei *raggi principali* dell'ellissoide in P:

$$R = \sqrt{\rho \cdot N} = \frac{a \cdot \sqrt{1 - e^2}}{1 - e^2 \text{sen}^2\varphi}$$

- Dunque quando si opera in zone della superficie fisica della Terra che hanno un'estensione inferiore a 100 km intorno a un punto P (*campo sferico*), è lecito approssimare la superficie dell'*ellissoide* con quella della *sfera locale* in P.

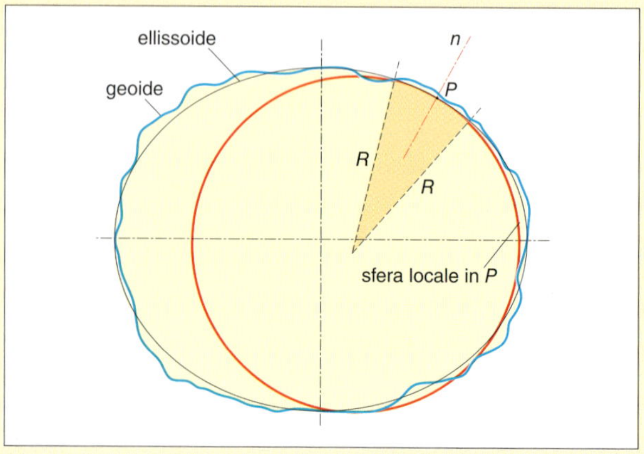

Triangolo sferico: è la figura definita sulla *sfera locale* da *tre punti* e dagli *archi* di *cerchio massimo* che li congiungono a due a due. La somma degli angoli interni di un triangolo sferico superano l'angolo piatto di una quantità ε detta *eccesso sferico*.

- Il valore dell'*eccesso sferico* ε può essere determinato con la *formula di Cavalieri*, in cui R è il raggio della sfera locale e S la superficie del triangolo:

$$\varepsilon'' = \frac{S}{R^2} 206\,265$$

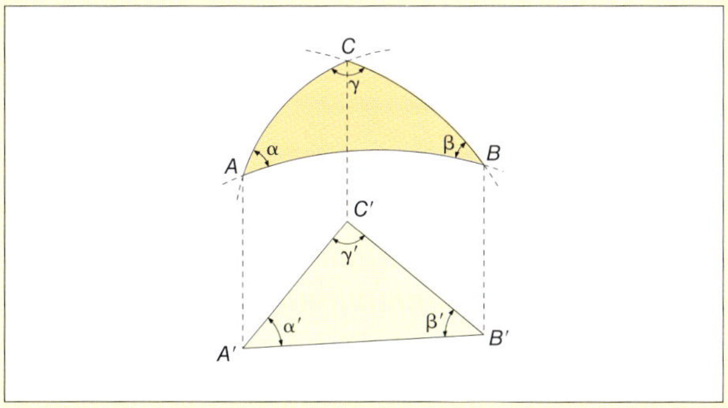

Teorema di Legendre: i triangoli sferici sono sviluppabili come *triangoli piani* i cui lati hanno la *stessa lunghezza* dei lati dei triangoli sferici, e gli angoli uguali a quelli dei triangoli sferici diminuiti ciascuno di un terzo di un valore ε detto *eccesso sferico*. Le superfici S del triangolo sferico e di quello piano assimilato sono equivalenti.

- Dunque la risoluzione del *triangolo sferico ABC* viene ricondotta alla risoluzione del *triangolo piano* assimilato $A'B'C'$ (con la trigonometria piana) che possiede le seguenti caratteristiche:

$$A'B' = AB \qquad A'C' = AC \qquad C'B' = CB$$

$$\alpha' = \alpha - \frac{\varepsilon}{3} \qquad \beta' = \beta - \frac{\varepsilon}{3} \qquad \gamma' = \gamma - \frac{\varepsilon}{3}$$

Campo topografico: nelle ordinarie operazioni di *rilievo* proprie della Topografia, le estensioni di territorio in gioco sono decisamente più *contenute* e *limitate* rispetto a quelle considerate in precedenza. Ciò permette un'ulteriore, e conclusiva, *semplificazione*. In effetti all'interno di una regione di una sfera locale con *estensioni ben delimitate*, detta *campo topografico*, è possibile sostituire la forma della *calotta sferica* con la forma di un *piano tangente* alla stessa calotta.

- In tale contesto semplificato la *verticale* può essere sostituita dalla *perpendicolare* al *piano tangente* adottato come superficie di riferimento semplificata. Per questa ragione il piano tangente alla sfera viene anche detto *piano orizzontale*.

Campo topografico per operazioni planimetriche: con semplici valutazioni teoriche è possibile osservare che per distanze inferiori a 20-25 km l'errore commesso è di circa 1/250 000 della distanza misurata, valore compatibile con l'approssimazione degli strumenti utilizzati nel contesto del rilievo *planimetrico*. Pertanto l'estensione del *campo topografico*, nelle *operazioni planimetriche*, viene assunta in 20-25 km. In questo ambito è accettabile sostituire alla *sfera locale* un *piano tangente orizzontale* di riferimento.

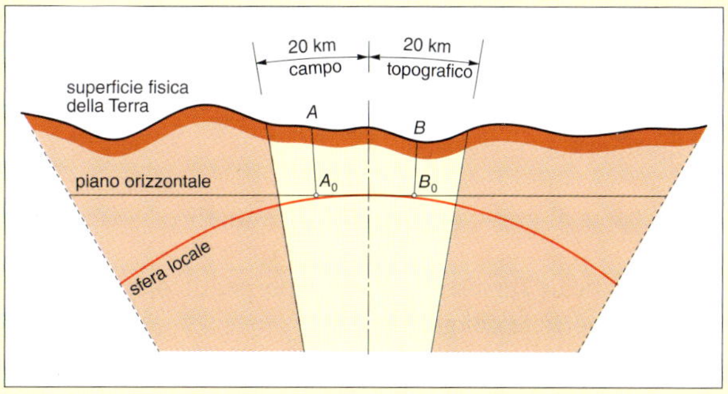

Campo topografico per operazioni altimetriche: per i *rilievi altimetrici* l'estensione del *campo topografico* si riduce drasticamente, a causa dell'effetto della curvatura terrestre che si riflette fortemente su *quote* e *dislivelli*. Il limite entro il quale la superficie di riferimento può considerarsi *piana* ai fini *altimetrici* varia in relazione alla *precisione* con cui si vogliono determinare le quote.

- Se è necessario raggiungere la precisione del *millimetro*, dobbiamo limitarci a considerare punti le cui *distanze relative* siano inferiori a 100 m;
- se, invece, la precisione richiesta fosse dell'ordine del *centimetro*, l'estensione deve presentare distanze tra i punti inferiori a 300-400 m.

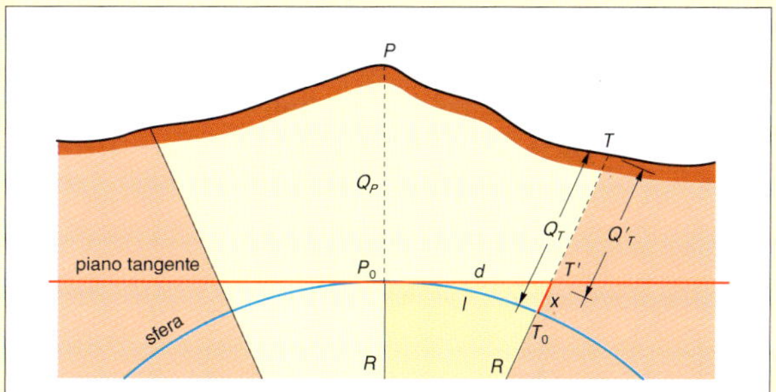

Errore di sfericità: è l'errore x che si commette nella determinazione delle quote dei punti, qualora si assuma come superficie di riferimento il *piano tangente* anziché la *sfera locale*. Indicando con d la *distanza sferica* fra due punti si ha:

$$x = \frac{d^2}{2R}$$

Autovalutazione

A. Verifica delle conoscenze

QUESITI VERO/FALSO

		V	F
1	La deviazione della verticale è l'inclinazione della verticale terrestre in un punto	☐	☐
2	Orientare l'ellissoide consiste nel vincolarlo al geoide in un punto	☐	☐
3	La forza centrifuga è costante su tutta la superficie terrestre	☐	☐
4	La forza di gravità è massima all'equatore	☐	☐
5	La verticale terrestre è sempre perpendicolare alla superficie del geoide	☐	☐
6	I semiassi dell'ellissoide terrestre misurano circa 6350 km	☐	☐
7	I paralleli sono tutti cerchi minori dell'equatore	☐	☐
8	La latitudine varia da 0° a 180°	☐	☐
9	Le coordinate geografiche sono riferite esclusivamente all'ellissoide	☐	☐
10	Le coordinate geodetiche locali possono essere polari oppure ortogonali	☐	☐
11	Il raggio della sfera locale in un punto della Terra dipende dalla sua latitudine	☐	☐
12	Le quote ortometriche sono riferite al geoide	☐	☐
13	L'ondulazione del geoide è costante in tutta la Terra	☐	☐
14	L'errore di sfericità è quello che si commette nelle distanze quando si considera il campo topografico anziché quello sferico	☐	☐

QUESITI A RISPOSTA APERTA

15 Trascrivi nelle caselle dello schema le superfici di riferimento che seguono il geoide con approssimazioni decrescenti.

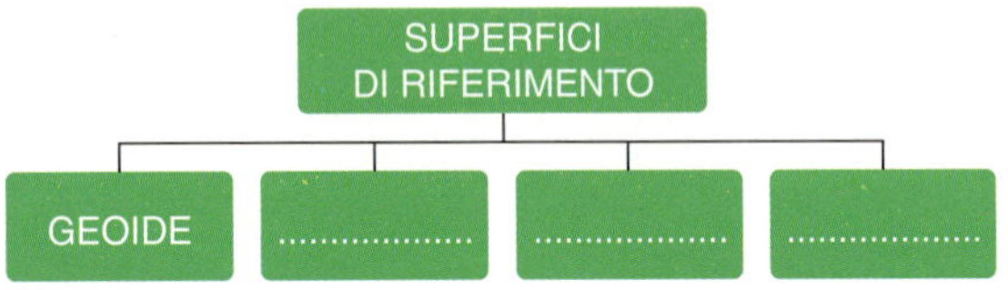

16 Con riferimento alla superficie del geoide rappresentata in figura, rispondi ai seguenti quesiti.

1) Che cosa produce la sua forma? ....

....

2) Che cosa rappresenta la sua normale? ....

....

3) Che altezza viene assegnata ai suoi punti? ....

....

4) Qual è l'escursione media delle sue ondulazioni?

....

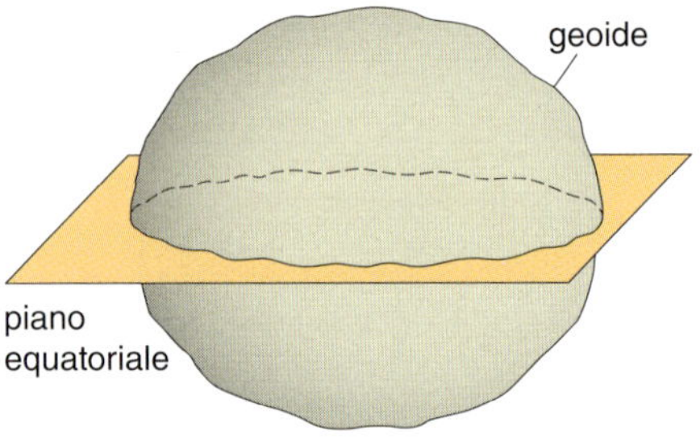

17 Con riferimento alla superficie dell'ellissoide rappresentata in figura, rispondi ai seguenti quesiti.

1) Da cosa è generata la sua forma? ....

....

2) È possibile materializzare la sua normale? ....

....

3) La lunghezza dei semiassi è sempre stata costante?

....

4) Trascrivere il nome di un ellissiode: ....

....

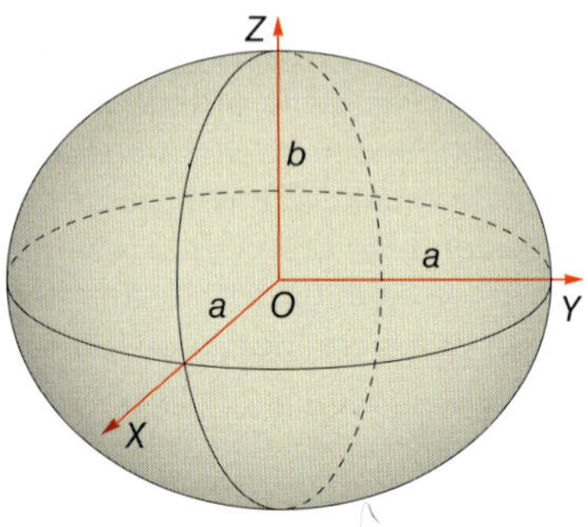

18 Con riferimento all'ellissoide rappresentato in rosso in figura, rispondi ai seguenti quesiti.

1) Di quale tipo di ellissoide si tratta? ....

....

2) Come si chiama il punto E? ....

3) Quanto vale la deviazione della verticale in E?

....

4) In quali applicazioni è adottato? ....

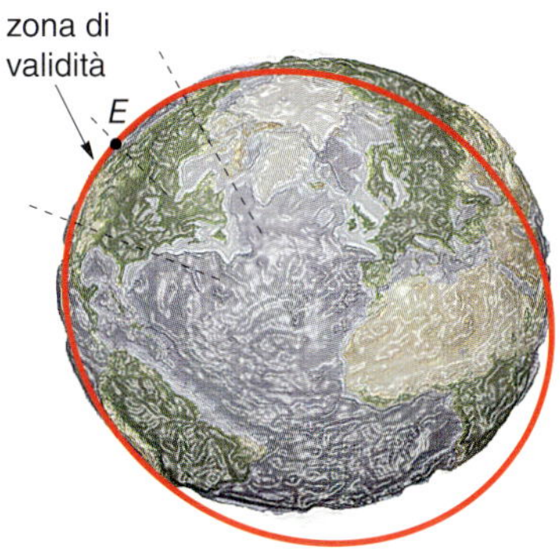

19 Con riferimento allo schema di sfera locale rappresentato in figura, rispondi ai seguenti quesiti.

1) Per quale ragione la sfera si dice «locale»? ....

2) Da cosa dipende il suo raggio R? ....

3) Quanto è ampia la sua zona di validità? ....

4) Come viene chiamata la sua zona di validità? ....

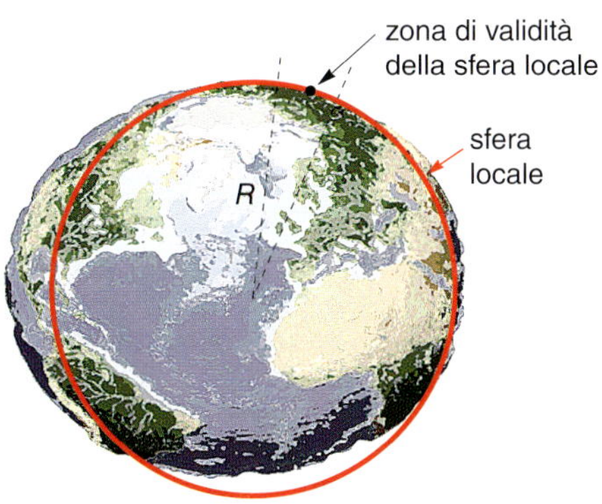

20 Con riferimento allo schema di superficie di riferimento in figura, rispondi ai seguenti quesiti.

1) Di quale superficie si tratta?

....

2) Come viene chiamata la sua zona di validità?

....

3) Cos'è e come si calcola la grandezza x?

....

4) Indica quanto è ampia la sua zona di validità per:

- operazioni planimetriche ....
- operazioni altimetriche al cm ....
- operazioni altimetriche al mm ....

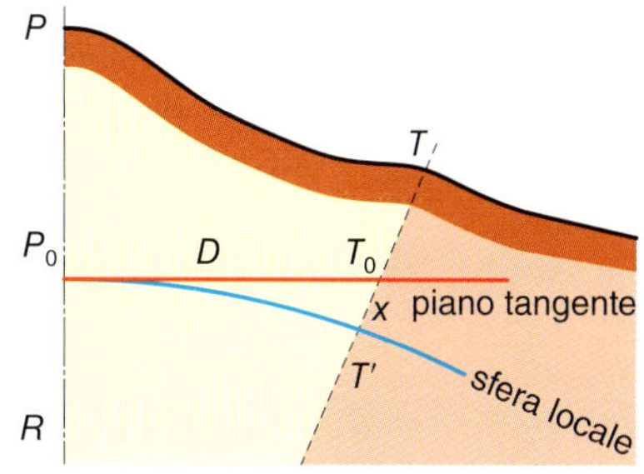

QUESITI A RISPOSTA MULTIPLA

21 Il geoide è una superficie che in ogni suo punto ha la tangente

a) perpendicolare alla verticale terrestre in quel punto
b) normale alla orizzontale terrestre in quel punto
c) normale alla superficie di riferimento in quel punto
d) perpendicolare al livello medio del mare in quel punto

22 Le deviazioni della verticale sono di norma comprese tra i seguenti valori:

a) 0°-1′ b) 0°-1°
c) 0°-30′ d) 0°-2°

23 Nel punto di emanazione di un ellissoide locale la superficie dell'ellissoide e quella del geoide fra loro sono

a) perpendicolari b) parallele
c) tangenti d) inclinate

24 Indicando con a e b i semiassi maggiore e minore dell'ellissoide terrestre, lo schiacciamento è dato da

a) $(a^2 - b^2)/2$ b) $(a^2 - b^2)/a^2$
c) $(a - b)/a$ d) $(a - b)/a^2$

25 La longitudine di un punto che si trova a ovest di Greenwich è compresa tra i valori

a) 0°-90° E b) 0°-90° N
c) 0°-180° E d) 0°-180° W

26 Le sezioni normali si ottengono tagliando l'ellissoide terrestre con piani

a) orizzontali b) passanti per n
c) meridiani d) paralleli

27 Indicando con N la gran normale e con φ la latitudine in un punto P, il raggio del parallelo per P è dato da

a) $N \cos \varphi$ b) $N \operatorname{sen} \varphi$
c) $N^2 \cos \varphi$ d) $N \cos^2 \varphi$

28 Indicando con ρ il raggio dell'ellisse meridiana e con N la gran normale, il raggio della sfera locale in un punto P è dato da

a $\sqrt{\rho - N}$ b $\sqrt{\rho / N}$
c $\sqrt{\rho + N}$ d $\sqrt{\rho N}$

29 Nelle operazioni planimetriche l'estensione del campo sferico si può considerare circa di

a 100 m b 300 m
c 100 km d 20 km

30 Nel campo topografico la distanza tra due punti è

a una curva b un segmento
c un arco d una retta

31 Nelle operazioni planimetriche l'estensione del campo topografico si può considerare circa di

a 100 m b 300 m
c 100 km d 15 km

32 Indicando con Q la quota ortometrica e con h quella ellissoidica, l'ondulazione del geoide è data da

a $Q - h$ b $h - Q$
c $Q + h$ d Q / h

33 L'errore di sfericità x tra due punti posti alla distanza D è dato da

a $D^2/2R$ b $D/2R$
c D^2/R d D^2/R^2

34 Se non si considera la sfericità della Terra nelle operazioni altimetriche per una distanza di 400 m si commette un errore prossimo a

a 1 mm b 10 mm
c 100 mm d 1000 mm

B. Verifica delle competenze

COMPETENZA Ricercare in rete

35 Ricerca in Internet la sequenza storica di tutti i tentativi eseguiti per determinare le dimensioni del pianeta Terra, evidenziandone il risultato raggiunto a ogni tentativo.

COMPETENZA Organizzare il lavoro

36 Con le informazioni della ricerca precedente crea una tabella per organizzare cronologicamente le stesse informazioni, evidenziando quei tentativi già condizionati dalla conoscenza della presenza delle leggi gravitazionali.

COMPETENZA Digitale

37 Utilizza le celle di una o più righe di un foglio Excel per costruire una tabella che riporti gli errori di sfericità, espressi in millimetri, a una latitudine di 38° e relativi a distanze comprese tra 100 m e 1 km con passo di 100 m, adottando i parametri dell'ellissoide di Hayford.

COMPETENZA Risolvere problemi

38 **PROBLEMA SVOLTO**

I punti A e B, appartenenti al nostro territorio, si trovano sullo stesso parallelo a una latitudine $\varphi = 45°$, e possiedono rispettivamente longitudine $\lambda_A = 11°\,42'\,30''$ E e $\lambda_B = 13°\,58'\,30''$ E. Assumendo i parametri dell'ellissoide WGS84, determina lo sviluppo dell'arco di parallelo compreso tra i due punti.

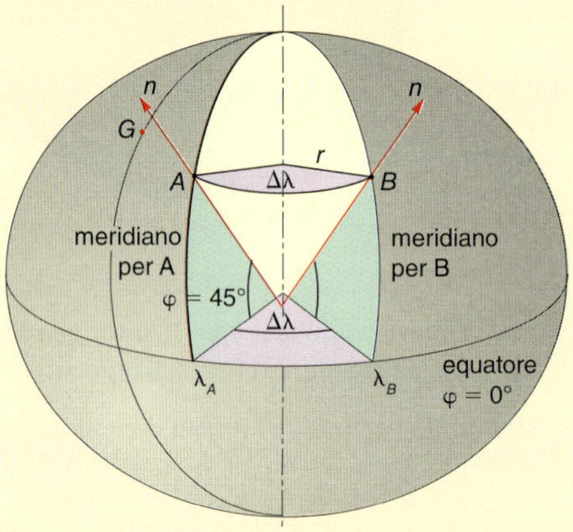

Soluzione

Differenza di longitudine tra A e B:

$$\Delta\lambda = 13°\,58'\,30'' - 11°\,42'\,30'' = 2°\,16' = 2°{,}26666$$

Differenza di longitudine in radianti:

$$2°{,}26666 \cdot (\pi/180) = 0{,}03956 \text{ rad}$$

All'ellissoide WGS84 corrispondono i seguenti parametri:

$$a = 6\,378\,137{,}000 \text{ m} \qquad b = 6\,356\,752{,}314 \text{ m}$$

Applicando la seconda delle precedenti (2) si ottiene il quadrato dell'eccentricità:

$$e^2 = 0{,}00669438$$

Possiamo calcolare il raggio del parallelo di latitudine 45° applicando la (5):

$$r = \frac{6\,378\,137 \cdot \cos 45°}{\sqrt{1 - 0{,}00669438 \cdot \text{sen}^2 45°}} = 4\,517\,591 \text{ m}$$

Ora è immediato il calcolo dello sviluppo dell'arco AB sul parallelo interessato:

$$S_{AB} = r \cdot \Delta\lambda^{\text{rad}} = 4\,517\,591 \cdot 0{,}03956 =$$
$$= 178\,715{,}9 \text{ m} \cong 178{,}71 \text{ km}$$

ORA PROVACI TU

Ricerca su Internet la latitudine di un punto qualunque della tua città, e calcola l'arco AB utilizzando le longitudini λ_A e λ_B del precedente problema.

39 Sapendo che il semiasse minore e lo schiacciamento dell'ellissoide internazionale misurano, rispettivamente, 6356758 m e 1/298, determina la lunghezza del semiasse maggiore e quella dell'equatore.
[$a = 6378161$ m; $S_E = 40075169$ m]

40 Sapendo che il semiasse maggiore e l'eccentricità dell'ellissoide di Hayford misurano, rispettivamente, 6378388 m e 0,008199, determina la lunghezza del semiasse minore e quella dell'equatore.
[$b = 6356912$ m; $S_E = 40076594$ m]

41 Con i parametri dell'ellissoide di Hayford, determina le lunghezze dei paralleli rispettivamente di latitudine nord $\varphi_1 = 60°$ e $\varphi_2 = 70°$.
[20089005 m; 13747868 m]

42 Due punti A e B hanno la stessa latitudine nord $\varphi = 30^c$, mentre le rispettive longitudini ovest sono $\lambda_A = 43° 47'20''$ e $\lambda_B = 43° 47'00''$. Assumendo i parametri dell'ellissoide di Hayford, determina la loro distanza geodetica. [$AB = 536$ m]

43 Due punti A e B si trovano sullo stesso meridiano e hanno una differenza di latitudine pari a 0°,0009. Determina il raggio dell'ellisse meridiana e la loro distanza, assumendo i parametri dell'ellissoide di Hayford e una latitudine media di 45°.
[$\rho = 6367586$ m; $AB = 100{,}02$ m]

44 Due punti A e B che si trovano sullo stesso meridiano hanno le seguenti latitudini nord:

$\varphi_A = 50° 05'19''$ $\qquad \varphi_B = 50°05'17''$

Calcola il raggio dell'ellisse meridiana e la distanza tra i due punti assumendo i parametri dell'ellissoide di Hayford. [$\rho = 6373282$ m; $AB = 61{,}80$ m]

45 Due punti A e B appartengono allo stesso parallelo. Si conoscono le coordinate del punto A, che risultano $\varphi_A = 30°$ N e $\lambda_A = 27° 35'32''$ E. Sapendo che il punto B si trova a 250 km a ovest di A, calcola le coordinate assumendo i parametri dell'ellissoide di Hayford.
[$r = 5528493{,}8$ m; $\varphi_B = 30°$ N; $\lambda_B = 25° 00'05''$ E]

46 Il punto A, che si trova all'equatore, ha la longitudine pari a 45° 22′ W. Il punto B, anch'esso all'equatore, dista 1500 km a ovest di A. Calcola la longitudine del punto B assumendo i parametri dell'ellissoide di Hayford. [$r = 6378388$ m; $\lambda_B = 58° 50'27''$ W]

47 La posizione di due punti è nota attraverso le coordinate geografiche:

$\varphi_A = 35°20'30''$ N $\qquad \lambda_A = 72°44'20''$ E

$\varphi_B = 35°47'32''$ N $\qquad \lambda_B = 72°44'00''$ E

Assumendo la latitudine media e i parametri dell'ellissoide di Hayford, calcola il raggio della sfera locale e la distanza tra i due punti sulla stessa sfera.
[$R = 6371403{,}20$ m; $AB = 617{,}788$ m]

48 Sono note le coordinate geografiche di due punti A e B:

$\varphi_A = 47°32'20''$ S $\qquad \lambda_A = 28°13'30''$ W

$\varphi_B = 47°12'20''$ S $\qquad \lambda_B = 28°12'30''$ W

Calcola il raggio della sfera locale con la latitudine media e la distanza tra i due punti sulla stessa sfera assumendo i parametri dell'ellissoide di Hayford.
[$R = 6380131{,}50$ m; $AB = 1855{,}903$ m]

49 La distanza geodetica tra due punti A e B misura 22,5 km. Calcola l'errore di sfericità che si commette nella valutazione della distanza, considerando i due punti nel campo topografico (si assuma $R = 6377$ km).
[$\omega = 0°{,}20216$; $AB = 22500{,}093$ m; $e = 9{,}3$ cm]

50 Due punti A e B, che si trovano sulla sfera locale di raggio $R = 6367614$ m, distano tra loro 35648 m. Determina l'errore di sfericità che si commette nella distanza operando nel campo topografico.
[$\omega = 0°{,}32076$; $AB = 35648{,}372$ m; $e = 37{,}2$ cm]

51 Due punti A e B hanno le seguenti coordinate geografiche:

$\varphi_A = 36°$ N $\qquad \lambda_A = 23° 06'56''$ W

$\varphi_B = 36°$ N $\qquad \lambda_B = 23° 19'28''$ W

Assumendo i parametri dell'ellissoide di Hayford, calcola la distanza geodetica tra i due punti e l'errore di sfericità che si commette nella distanza operando nel campo topografico.
[$r = 5166227{,}40$ m; $\omega = 0°{,}2089$;
$AB = 18836{,}028$ m; $AB = 18836{,}111$ m; $e = 8{,}3$ cm]

52 Due punti A e B, che si trovano sullo stesso parallelo di latitudine $\varphi = 45°$, hanno una differenza di longitudine di $\omega = 0°{,}24138$. Assumendo i parametri dell'ellissoide internazionale, calcola la distanza geodetica tra i due punti e l'errore di sfericità che si commette nella distanza operando nel campo topografico.
[$r = 4517800{,}70$ m; $AB = 19032{,}933$ m;
$AB = 19033{,}045$ m; $e = 11{,}2$ cm]

53 Due punti A e B hanno le seguenti coordinate geografiche:

$\varphi_A = 12°52'10''$ N $\qquad \lambda_A = 47°15'20''$ E

$\varphi_B = 12°40'30''$ N $\qquad \lambda_B = 47°27'30''$ E

Assumendo i parametri dell'ellissoide di Hayford, calcola il raggio della sfera locale con la latitudine media, la distanza tra i due punti sulla sfera locale e l'errore di sfericità che si commette operando nel campo topografico.
[$R = 6359001{,}3$ m; $AB = 22505{,}36$ m;
$AB = 22505{,}48$ m; $e = 12{,}00$ cm]

54 Due punti A e B la cui distanza misura 300 m, si trovano sulla sfera locale di raggio $R = 6377000$ m. Calcola l'errore di sfericità che si commette nella determinazione del dislivello operando nel campo topografico.
[$x = 7$ mm]

55 Due punti A e B si trovano alla latitudine $\varphi = 45^c$. Sapendo che hanno una differenza di longitudine $\omega = 0^c{,}0080$, calcola l'errore di sfericità nella determinazione del dislivello assumendo i parametri dell'ellissoide di Hayford.

[$r = 4\,857\,056{,}60$ m; $AB = 610{,}355$ m; $x = 3{,}83$ cm]

56 Due punti A e B hanno le seguenti coordinate geografiche:

$\varphi_A = 30^c$ N $\quad \lambda_A = 38^c{,}7260$ E

$\varphi_B = 30^c$ N $\quad \lambda_B = 38^c{,}7200$ E

Determina l'errore di sfericità che si commette nel dislivello assumendo i parametri dell'ellissoide di Hayford.

[$r = 5\,687\,127{,}50$ m; $AB = 536{,}00$ m; $x = 2{,}53$ cm]

57 Due punti A e B hanno le seguenti coordinate geografiche:

$\varphi_A = 65°10'32''$ N $\quad \lambda_A = 15°20'30''$ E

$\varphi_B = 65°30'42''$ N $\quad \lambda_B = 15°20'00''$ E

Determina il raggio della sfera locale con la latitudine media e l'errore di sfericità che si commette nel dislivello; assumi i parametri dell'ellissoide di Hayford.

[$R = 6\,392\,409{,}80$ m; $AB = 929{,}737$ m; $x = 6{,}76$ cm]

Risultati dei quesiti vero/falso

1F, 2V, 3F, 4F, 5V, 6V, 7V, 8F, 9F, 10V, 11V, 12V, 13F, 14F.

Risultati dei quesiti a risposta multipla

21a, 22a, 23c, 24c, 25d, 26b, 27a, 28d, 29c, 30b, 31d, 32b, 33a, 34b.

VERSO L'ESAME DI STATO

Fai molta attenzione a questa sezione. I problemi proposti sono relativi ad argomenti che potresti trovare nella seconda prova dell'Esame di Stato.

58 Con riferimento alla quota ortometrica di un punto P rappresentata in figura, precisa quanto segue.

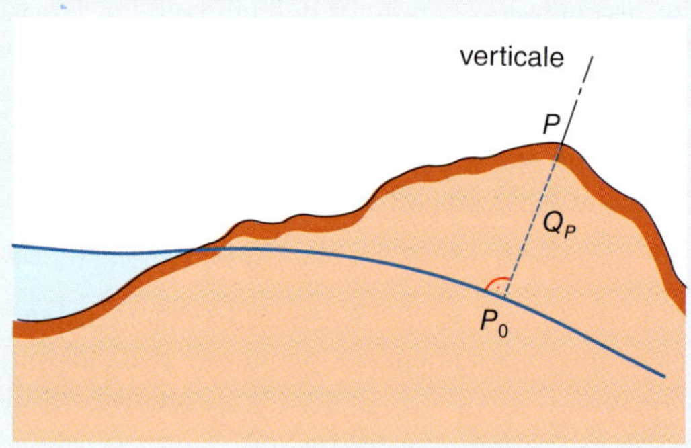

1. A quale superficie è riferita?

....

2. Quale proprietà ne consente la misura?

....

3. Per quale ragione viene utilizzata in ambito tecnico?

....

59 Con riferimento alla figura, indica: a) quali grandezze sono rappresentate dai segmenti sotto indicati, e b) come vengono ottenuti.

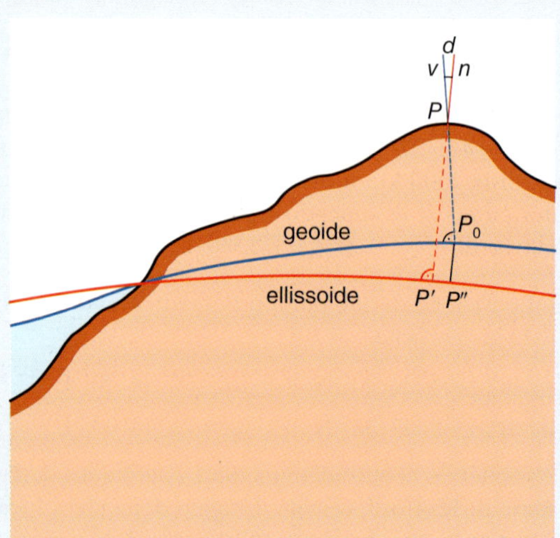

1. Segmento PP':
   a) ....
   b) ....
2. Segmento P_0P'':
   a) ....
   b) ....
3. Indica inoltre quale relazione lega le precedenti grandezze con la quota ortometrica:

....

Topography in English

Geodesy - Introduction

The term «geodesy» refers to the part of topography that studies the shape and dimensions of the Earth's surface, or rather, the surfaces with which it is possible to measure the Earth.

The problem of calculating the size of the Earth's surface has been in development since antiquity: Erathostenes may well have made the first calculation of the Earth's spherical size, in about 250 B.C., using simple observations and geometry. Much of his published work has been lost over time but what we do know is that he made a remarkably accurate calculation of the circumference of the Earth of about 40000 km.

In general, four surfaces are considered in geodesy: geoid, ellipsoid, local sphere and tangent plane.

Geoid

The geoid is an equipotential surface, which means that in every point of this surface the vector sum of gravity and the centrifugal force (terrestrial vertical) is orthogonal to the surface. The geoid can be modelled by gravity data that is mathematically related.

The geoid is not a surface on which the strength of gravity is the same at every point but a surface on which a marble placed at any point would stay at rest rather than moving in any direction.

The geoid approximates mean sea level and the definition of the geoid can be simplified by the extension of sea level beneath the continents.

The geoid is a vertical **datum** surface (the zero surface referenced by elevation), which is used for the definition of **orthometric height**: in fact, the term «height above sea level» (or altitude) is used.

This surface is difficult to use for planimetric surveys and so other approximations of the Earth's surface are used that take into account the size of the area being surveyed.

Ellipsoid

The ellipsoid is a smooth mathematical surface that resembles a squashed sphere. More precisely, an **ellipsoid of revolution** is a quadric surface obtained by rotating an ellipse about one of its principal axes. For the Earth's ellipsoid, the rotation is around the minor axis (i.e. the polar axis). The shape of the ellipsoid is determined by the relative lengths of its semi-major and semi-minor axes. The semi-minor axis is the polar radius and measures about 6,356 km. The semi-major axis is the equatorial radius and measures about 6,378 km.

Determining the exact size of the terrestrial ellipsoid was initially made with calculations related to astronomical observations. The main reference ellipsoids are those of Bessel (1841), Clarke (1880) and Hayford (1924), though there are other less well-known ellipsoids calculated during the same period.

The Bessel ellipsoid was initially used for the production of Italian cadastral maps, but subsequently was replaced by Hayford's ellipsoid (also known as the «International ellipsoid 1924»).

In more recent times, the development of satellite observation has allowed calculations relating to the ellipsoid to be refined: the values obtained being currently also used to define the global parameters of the **GNSS** system (WGS84, that is the «World Geodetic System» as developed in 1984).

The ellipsoid is a horizontal reference surface, used for mapping Earth, which requires a coordinate system and its origin and orientation to be defined. In reality, there are different **datums** for different parts of the Earth, based on different measurements. Different datums are sometimes applied to the same part of the Earth (e.g. **cadastral system** and IGM system in Italy).

Modern surveying, which uses GNSS devices for measurements, uses the WGS84 system and generally you can choose between the geographical coordinates (latitude, longitude and height) and the geocentric Cartesian coordinates (X, Y, Z).

The ellipsoid doesn't necessarily correspond to land or water masses: the highest point on the geoid is about 75 m above the ellipsoid and is located in New Guinea, while the lowest point is about 104 m below the ellipsoid (South of India). The ellipsoidal height is the height of a point relative to the ellipsoid surface. Therefore, ellipsoidal heights (h) are not related to gravity and we can't use them to define the vertical position of a point, especially if we need to build something.

GLOSSARY

Gravity = forza di gravità

Centrifugal force = forza centrifuga (generata dalla rotazione terrestre)

Terrestrial vertical = verticale terrestre (direzione materializzata da un filo a piombo)

Datum = datum (modello che comprende superficie di riferimento, sistema di coordinate, luogo di orientamento e insieme di punti noti, cfr. cartografia)

Orthometric height = quota ortometrica

Ellipsoid of revolution = ellissoide di rotazione

Cadastral system = sistema catastale

GNSS = Global Navigation Satellite System (insieme delle costellazioni di satelliti disponibili per la navigazione e a scopo topografico)

Geocentric Cartesian coordinates = coordinate riferite a un sistema cartesiano con origine nel centro dell'ellissoide di rotazione

EXERCISES

1 Use the informations contained in the above introduction to geodesy to state if the subsequent statements are true or false.

	T	F
• The ellipsoidal height equates with orthometric height.	☐	☐
• There are different ellipsoids.	☐	☐
• The geoid is a geometric surface.	☐	☐
• The Earth's ellipsoid is obtained by rotation about the equatorial axis.	☐	☐
• The semi-minor axis measures about 6356 km.	☐	☐
• The differences between ellipsoidal heights and orthometric heights are always a few centimetres.	☐	☐
• The WGS84 ellipsoid was developed by Bessel.	☐	☐

2 Select the false statements in the above exercise and rewrite them correctly.

3 Fill in the gaps with the words listed.

cycle • undulation • locally • float • levels • orthometric • sensors • zero • instruments • tides

Why we are interested in the mean sea level?

The development and dissemination of GNSS technology has led to an increasingly widespread use of such ______________ in topographic applications.
The accuracy of measurements made with GNSS receivers, however, is affected by the difference between the ellipsoidal and ______________ heights. This difference is called the «geoid's ______________».
Before the advent of satellite geodesy, the definition of orthometric height had always been connected with mean sea level. Mean sea level (MSL) is usually understood as the arithmetic mean of hourly water elevations observed over a specific 19-year ______________. Measurements should take into account oscillations caused by ______________ (i.e. the gravitational pull of the Moon and Sun) but neglect the continuous fluctuations due to waves.
Historically, these measurements were performed by means of a special device called a tide gauge. This is formed of a ______________ that is positioned in a cockpit, which protects it from wave motion, and is connected to a writing nib system. Modern mareographic devices use ultrasound ______________ connected to digital systems. Traditional measures of sea level are supplemented by satellite surveys.
However, MSL as defined in Italy is not the same zero elevation defined in Canada, which is why ______________ defined vertical datums differ from each other.
One of the problems to be tackled in the future will be linked to the rise in sea ______________ caused by climate change, which in principle should also lead to a change in the definition of the ______________ height for the various geodetic datums.

4 What kind of instrument is a tide gauge? Where is it located? What is the most important tide gauge in Italy? Why? Search the Internet if you need help.

C1 Richiami di ottica geometrica

1. La riflessione

FAQ

Che cos'è la riflessione?

È il fenomeno fisico per il quale un raggio luminoso che intercetti una superficie levigata (detta specchio) viene deviato secondo le seguenti due leggi:

- il raggio incidente, quello riflesso e la normale alla superficie riflettente, nel punto d'incidenza, giacciono sullo stesso piano;
- l'angolo d'incidenza è uguale all'angolo di riflessione: $r = i$.

La **riflessione** è il fenomeno per cui i raggi luminosi vengono respinti, generalmente con direzione diversa da quella di provenienza, quando incontrano una superficie levigata (specchio), che noi ci limitiamo a considerare **piana**.

Se un *raggio di luce* proveniente da un punto luminoso P incontra in M una superficie ben **levigata**, la cui traccia sul piano dello specchio sia il segmento AB (▶FIGURA 1a), esso devia secondo la direzione MR, dando luogo alla **riflessione**.

Il raggio PM si chiama **raggio incidente**, MR **raggio riflesso**. L'angolo $\hat{i}$ che il raggio incidente forma con la normale MN alla superficie si chiama **angolo d'incidenza**; l'angolo $\hat{r}$ che il raggio riflesso forma con la stessa normale si chiama **angolo di riflessione**. Il raggio riflesso trasporta un'energia di poco inferiore a quella del raggio incidente, e la superficie di separazione è una *superficie riflettente* o **specchio**.

L'esperienza ci insegna che il fenomeno della riflessione è regolato dalle due leggi seguenti (▶FIGURA 1a):

- Il raggio incidente, quello riflesso e la normale alla superficie riflettente, nel punto di incidenza, giacciono sullo stesso piano.
- L'angolo d'incidenza è uguale all'angolo di riflessione: $\hat{r} = \hat{i}$.

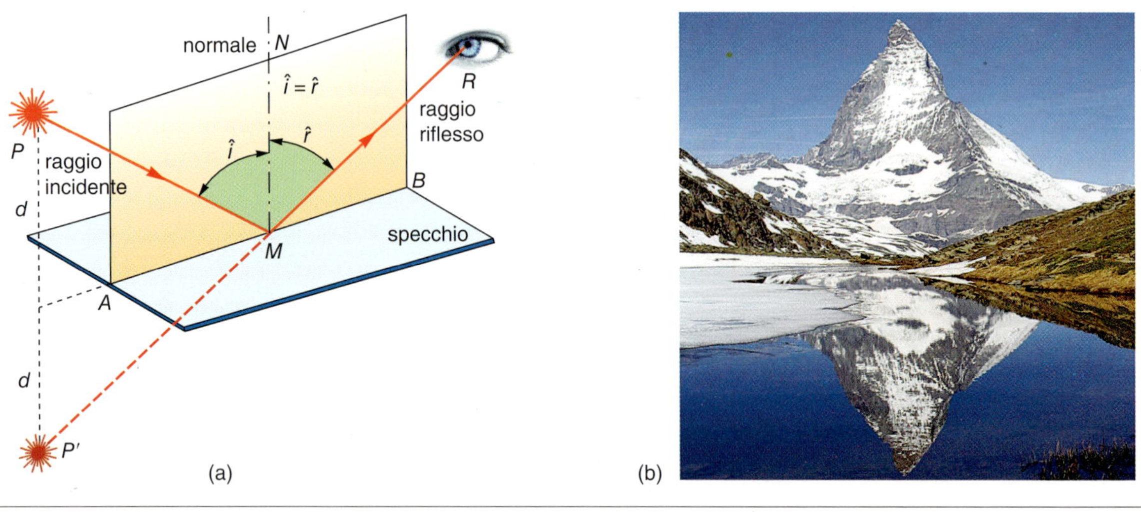

FIGURA 1 (a) Le leggi della riflessione: raggio incidente, raggio riflesso e normale appartengono allo stesso piano; l'angolo di incidenza e quello di riflessione sono uguali. (b) Fenomeno della riflessione in un ambito naturale.

Se la superficie levigata è di *forma sferica* la normale nel punto d'incidenza è la direzione al centro della sfera.

È facile constatare che i prolungamenti di tutti i raggi riflessi uscenti da P si incontrano tutti in un punto P', situato in posizione simmetrica di P rispetto al piano dello specchio.

Il punto P' si chiama **immagine virtuale** di P. Chi raccoglie con i propri occhi i raggi riflessi ha l'impressione che la luce provenga dal punto P'.

Se la luce, anziché da un punto, proviene da un intero corpo luminoso avente dimensioni e forma determinate, lo specchio piano darà luogo a un'immagine virtuale perfettamente uguale e simmetrica rispetto al piano dello specchio (▶FIGURA 1b).

FAQ

Che cos'è la rifrazione?

È il fenomeno fisico che si verifica tutte le volte che un raggio luminoso passa da un mezzo traslucido a un altro di diversa densità, seguendo le leggi seguenti:

- il raggio incidente, la normale alla superficie rifrangente e il raggio rifratto giacciono sullo stesso piano;
- il rapporto tra il seno dell'angolo i d'incidenza e il seno dell'angolo r di rifrazione, è costante e si chiama indice di rifrazione relativo: $n_{12} = \text{sen}\, i/\text{sen}\, r$.

2. La rifrazione

Da un punto luminoso P nell'*aria*, che chiameremo **mezzo 1**, parte un raggio PA che incontra in A la superficie di un corpo trasparente (ad esempio acqua), che chiameremo **mezzo 2** (▶FIGURA 2a). Una certa percentuale dell'intensità del raggio viene *riflessa*, la restante intensità del raggio, anziché continuare secondo la direzione AB', prolungamento di PA devia e si propaga nel secondo mezzo con la direzione AB. Si dice allora che il raggio PA ha subito la **rifrazione**. Il raggio AB prende il nome di *raggio rifratto*.

Il fenomeno della *rifrazione* si verifica tutte le volte che la luce passa da un mezzo trasparente a un altro (sempre trasparente), di **diversa densità**. La superficie che separa i due mezzi si chiama *superficie rifrangente*.

La rifrazione è regolata dalla legge di Snell, costituita dai seguenti enunciati (▶FIGURA 2a):

- Il raggio incidente, la normale alla superficie rifrangente e il raggio rifratto giacciono sullo stesso piano.

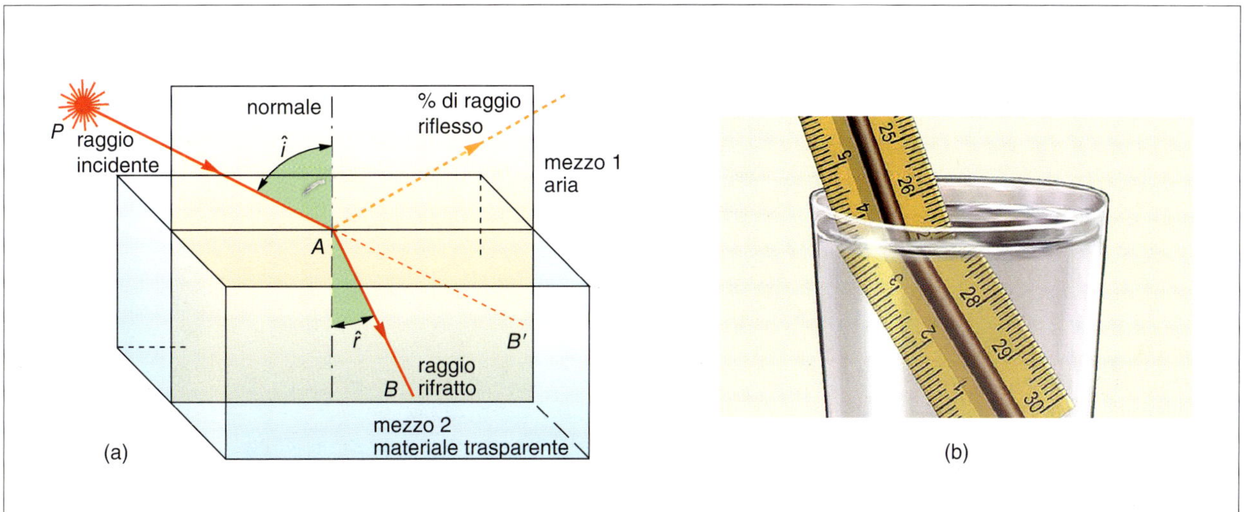

FIGURA 2 (a) Un raggio luminoso provenendo dall'aria si rifrange nell'acqua, cioè devia, avvicinandosi alla normale della superficie di separazione aria-acqua.
(b) Esperienza comune sul fenomeno della rifrazione.

Indice di rifrazione relativo di alcune sostanze rispetto all'aria:

acqua	= 1,33
vetro Crown	= 1,51
vetro Flint	= 1,60
diamante	= 2,46
plexiglas	= 1,48
teflon	= 1,30
alcol	= 1,36

- Il rapporto tra il seno dell'angolo $\hat{i}$ d'incidenza e il seno dell'angolo $\hat{r}$ di rifrazione, è costante e si chiama **indice di rifrazione relativo**:

$$\frac{\text{sen } \hat{i}}{\text{sen } \hat{r}} = n_{12} \qquad (1)$$

Nel caso della coppia di materiali aria-acqua si ha $n_{12} = 4/3 = 1{,}33$. Se, invece, la luce passa dall'aria al vetro l'indice di rifrazione n_{12} oscilla tra 1,51 e 1,60 (poco più di 3/2). I vetri, tuttavia, non sono tutti della stessa densità; essi si dividono in due categorie: vetri **Crown** e vetri **Flint**. I primi sono a base di sali di *calcio* e presentano *minore densità*. I secondi, detti anche *cristalli*, sono a base di sali di *piombo* e presentano una *maggiore densità*.

Se il primo mezzo da cui la luce proviene è il **vuoto**, l'indice di rifrazione del secondo mezzo rispetto al primo, cioè rispetto al vuoto, prende il nome di indice di **rifrazione assoluto**.

Se si indica con n_1 l'indice **assoluto** di rifrazione di un certo mezzo, che consideriamo come primo mezzo e con n_2 quello di un secondo mezzo, che supponiamo otticamente più denso, l'*indice relativo* del secondo mezzo rispetto al primo, che abbiamo indicato con n_{12}, è legato ai due indici assoluti dalla relazione: $n_{12} = n_2/n_1$.

La rifrazione atmosferica

Un importante esempio degli effetti legati alla rifrazione coinvolge l'atmosfera terrestre.

In effetti l'atmosfera che circonda la Terra, per un'altezza media di circa 200 km, non ha **densità** costante. In effetti, via via che ci si allontana dalla superficie terrestre verso lo spazio, la densità dell'aria **diminuisce gradualmente**.

COMPETENZA

Interpretare l'informazione

Nel fenomeno della rifrazione l'angolo di incidenza *i* e quello di rifrazione *r* sono gli angoli che i raggi formano con la normale alla superficie di separazione dei materiali, e non gli angoli relativi alla stessa superficie.

Immaginiamo che la calotta sferica di traccia *MN* (▶FIGURA 3), concentrica con la superficie terrestre, sia la superficie di separazione tra lo spazio vuoto e l'atmosfera, e che questa, con semplificazione grossolana, sia costituita nel suo complesso da quattro strati di densità crescente man mano che si avvicinano alla superficie terrestre. Pensiamo inoltre che nell'ambito di ciascun strato, la densità dell'aria sia costante.

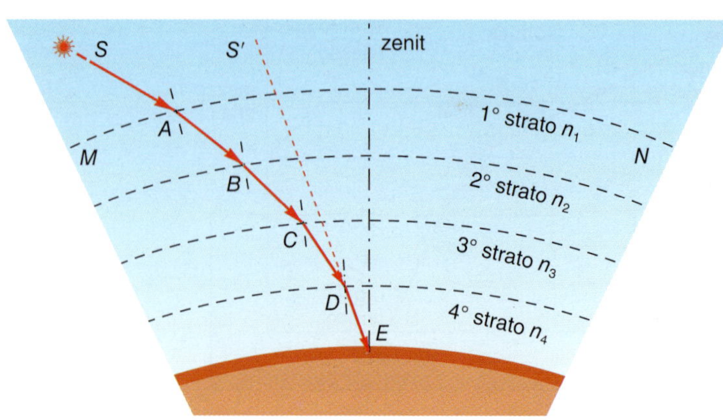

FIGURA 3 La presenza dell'atmosfera, per effetto della rifrazione, provoca la sensazione, dalla Terra, di osservare una stella in *S'*, invece che nella sua reale posizione *S*.

Siano n_1, n_2, n_3, n_4 gli **indici di rifrazione assoluti** dei singoli strati. Sia poi S un astro dal quale si diffonde un raggio luminoso che incontra in A la superficie sferica MN con un angolo di incidenza i. Nel punto A avverrà la rifrazione e il raggio si propagherà nel 1° strato secondo la direzione AB, formante, con la **normale** alla superficie sferica MN, un angolo r minore di i. Nel punto B avverrà una seconda rifrazione e il raggio devierà secondo la direzione BC. In C, poi, una terza rifrazione, e in D l'ultima. Il raggio luminoso SA, dunque, arriverà sulla superficie terrestre nel punto E.

Un osservatore posizionato in E, raccogliendo il raggio DE, vedrà l'astro S sulla direzione EDS', cioè in una posizione più alta rispetto all'orizzonte. Dunque, quando osserviamo il cielo (prescindendo dal tempo necessario alla luce per arrivare sulla Terra) gli astri non si vedono nella loro vera posizione, ma spostati di una quantità, non costante per tutti gli astri, ma variabile in relazione alla loro altezza sull'orizzonte. Solo se un astro si trova sulla verticale, cioè in corrispondenza della direzione dello zenit, viene visto nella sua vera posizione perché i raggi luminosi diretti secondo la normale alle superfici sferiche non subiscono deviazioni.

FAQ

La rifrazione si verifica sempre?

Sì se il raggio luminoso passa da un mezzo meno denso a uno più denso. Se invece il raggio luminoso passa da un mezzo più denso a uno meno denso, la rifrazione si ha solo se l'angolo di incidenza è minore dell'angolo limite.

Riflessione totale

Mentre la luce, qualunque sia l'angolo d'incidenza, si propaga sempre da un mezzo meno rifrangente (meno denso) a uno più rifrangente, non così avviene quando la propagazione procede in senso inverso.

Questa ultima eventualità si verifica solo se l'*angolo d'incidenza i* è inferiore a un certo angolo, che prende il nome di **angolo limite**.

Si abbia, per esempio, un primo materiale di densità maggiore del secondo (es. acqua, vetro) e sia P (▶FIGURA 4) una sorgente luminosa puntiforme immersa nello stesso materiale. Dal punto P partono infiniti raggi, dei quali alcuni subiscono la **rifrazione** e penetrano nel secondo mezzo, perlopiù l'atmosfera, e altri invece, come il raggio PD, anziché rifrangersi, si **riflette**, come se la superficie dell'acqua funzionasse da **specchio**. Per comprendere il perché di questa riflessione basta pensare che, poiché nel passare da un mezzo più rifrangente a uno meno rifrangente la luce si *allontana dalla normale*, ne consegue che esisterà un raggio incidente al quale corrisponderà un raggio rifratto *tangente* alla superficie dell'acqua. L'angolo d'incidenza relativo al raggio PC, indicato in ▶FIGURA 4 con λ, prende il nome di **angolo limite**. Esso può definirsi così:

FAQ

Che cos'è l'angolo limite?

L'angolo limite è quell'angolo d'incidenza λ a cui corrisponde un angolo di rifrazione di 90°. Se l'angolo d'incidenza è minore di λ si ha la rifrazione; se l'angolo d'incidenza è maggiore di λ il raggio non esce dal primo mezzo e si ha la riflessione.

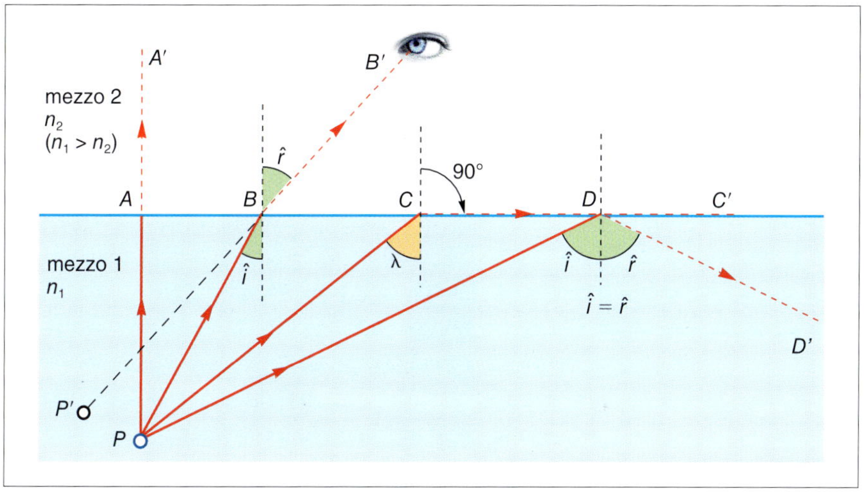

FIGURA 4 Un raggio luminoso che si propaga da un mezzo più denso a uno meno denso dà luogo al fenomeno della rifrazione solo se l'angolo d'incidenza è minore dell'angolo limite λ. In caso contrario si ottiene una riflessione del raggio e la superficie di separazione funziona come uno specchio.

FAQ

Quale deviazione subisce un raggio luminoso che attraversa una lastra a facce piane e parallele?

Il raggio luminoso emergente dalla lastra risulta traslato (dunque parallelo al raggio incidente) di una quantità d fornita dalla seguente espressione, essendo i *l'angolo d'incidenza* (espresso in radianti), n *l'indice di rifrazione relativo* ed s lo *spessore della lastra*:

$$d = s\,\frac{n-1}{n}\,i^{\text{rad}}$$

l'**angolo limite** λ è quell'angolo d'incidenza a cui corrisponde un angolo di rifrazione di 90°.

Indicando con n_{21} l'indice di rifrazione del mezzo 2 rispetto al mezzo 1, possiamo scrivere:

$$\frac{\text{sen}\,\lambda}{\text{sen}\,90°} = n_{21} \qquad \text{cioè} \qquad \text{sen}\,\lambda = n_{21} \qquad \text{quindi}$$

l'*angolo limite* λ è quell'angolo il cui seno è uguale all'indice relativo di rifrazione del mezzo meno rifrangente rispetto a quello più rifrangente.

Nel caso di propagazione della luce dal vetro all'aria, ponendo:

$$n_{21} = 2/3 \qquad \text{segue} \qquad \lambda = \text{arcsen}\,(2/3) = 41°48'$$

Dunque, se un raggio di luce si propaga nel vetro, esso uscirà nell'aria solo nel caso che l'angolo d'incidenza sia minore di 41°48′.

Rifrazione attraverso una lastra a facce piane e parallele

Supponiamo che dal punto luminoso P nell'aria parta un raggio che incontra in A la superficie di un *lastra di vetro* con le facce **piane** e **parallele**, immersa nell'aria, con l'angolo d'incidenza $\hat{i}$. In A il raggio si rifrange e devia incontrando in B la superficie di emergenza, che sappiamo parallela a quella d'incidenza (▶FIGURA 5a).

L'angolo $\hat{i}'$, dato il parallelismo delle due facce, sarà uguale a $\hat{r}$. Da B il raggio uscirà allontanandosi dalla normale con *angolo di emergenza* $\hat{e}$. È facile constatare che il raggio BB' è **parallelo** al raggio incidente PA. Dunque si ha:

$$\hat{i} = \hat{e}$$

Poiché gli angoli $\hat{i}$ ed $\hat{e}$ hanno i due lati AN e BN' paralleli, dovranno avere paralleli gli altri due lati AP e BB'.

Se l'occhio di un osservatore riceve il raggio BB', vedrà la sorgente luminosa P sul prolungamento di $B'B$, cioè in direzione di P'. La **lastra** produce, dunque, l'effetto di **spostare il raggio** PA **parallelamente** a se stesso di una quantità d che dipende: dall'*angolo d'incidenza* $\hat{i}$ (espresso in radianti), dall'*indice di rifrazione relativo* n e dallo *spessore* s della lastra, secondo la seguente relazione:

$$d = s\,\frac{n-1}{n}\,\hat{i}^{\text{rad}} \qquad (2)$$

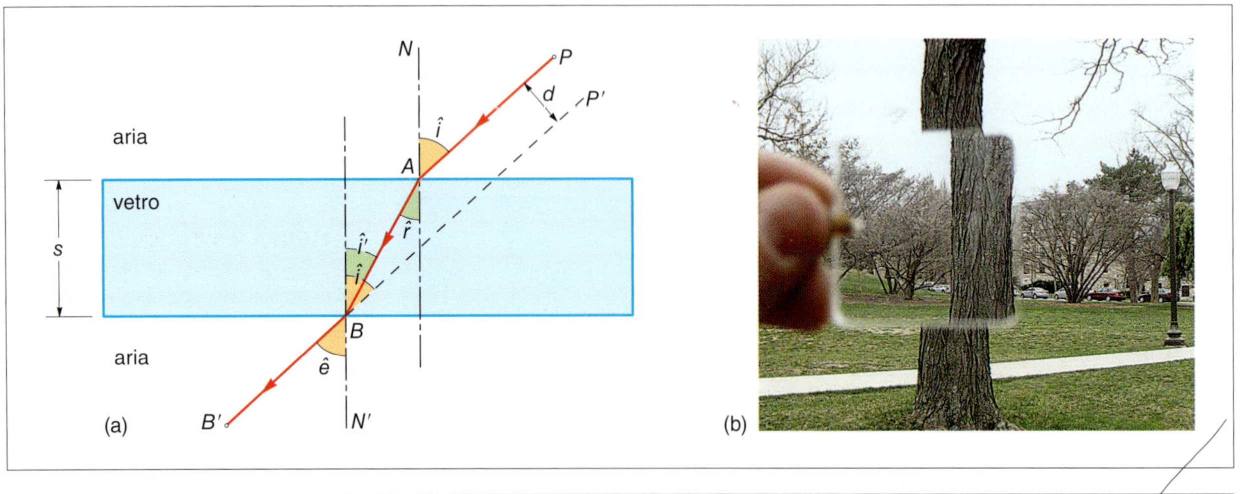

FIGURA 5 (a) Rifrazione attraverso una lastra a facce piane e parallele. Il raggio incidente e quello emergente sono paralleli e traslati di una quantità d. (b) Effetto pratico visibile connesso all'osservazione di un oggetto (in questo caso un albero) attraverso una lastra a facce piane inclinata rispetto all'asse visivo.

Se un raggio arriva *perpendicolare* ($\hat{i} = 0^{rad}$), sappiamo che lo *spostamento è nullo*, ma se si fa ruotare la lastra di un piccolo angolo $\hat{i}$, allora si forma l'angolo d'incidenza $\hat{i}$ e il raggio emergente si sposterà di una quantità d proporzionale alla *rotazione*.

3. Le lenti sferiche

Nei precedenti paragrafi si è visto come le leggi della *riflessione* e della *rifrazione* consentano di individuare il percorso dei raggi luminosi quando questi intercettano corpi opachi *riflettenti* o attraversano corpi *trasparenti*. Queste leggi sono alla base dei principi di funzionamento di numerosi **strumenti** e **dispositivi** di tipo ottico impiegati in topografia (in particolare *microscopi* e *cannocchiali*), nei quali i raggi luminosi sono guidati lungo un percorso predeterminato e ben organizzato in relazione alle funzioni dello strumento stesso.

Questi strumenti ottici contengono come parti essenziali **lenti sferiche**. Esse sono corpi costituiti da materiale trasparente (generalmente vetro), quindi *rifrangenti*, delimitati da *superfici sferiche* (o *piane* e *sferiche*), in grado di produrre, pur con qualche deformazione, *immagini* ingrandite (o rimpicciolite) di un determinato oggetto.

I due **raggi di curvatura** delle superfici sferiche, unitamente alla *densità* del materiale, quindi all'*indice di rifrazione n*, costituiscono gli elementi caratterizzanti ciascuna lente definendone i **parametri** che in seguito preciseremo. Essi hanno, di solito, valori diversi dando luogo a lenti con svariate **forme,** anche molto diverse, ma che, tuttavia, dal punto di vista dell'effetto che producono, possono essere classificate in due famiglie:

- **Lenti convergenti**. Sono caratterizzate da un maggior spessore della parte centrale rispetto alle parti periferiche (▶FIGURA 6b). Il loro nome deriva dalla proprietà che esse possiedono di far *convergere in un punto* un fascio di raggi luminosi paralleli.
- **Lenti divergenti**. Presentano uno spessore maggiore ai bordi e sono più sottili al centro (▶FIGURA 6c). Quando un fascio di raggi luminosi paralleli le attraversa provocano la **dispersione** dello stesso fascio.

Un raggio luminoso che intercetta una lente subisce il fenomeno della rifrazione per due volte. Una prima volta entrando dall'atmosfera nel vetro, e una seconda

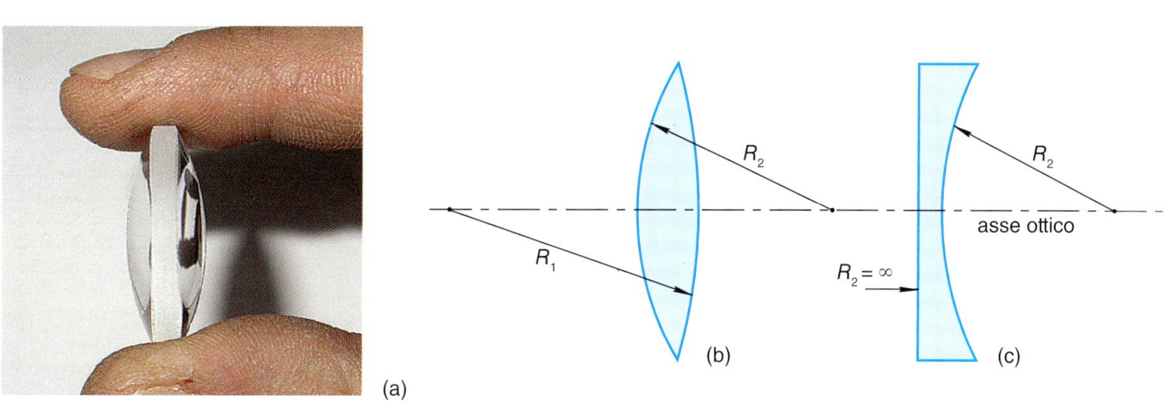

FIGURA 6 (a) Lente sferica. I centri dei raggi di curvatura delle superfici sferiche definiscono l'asse ottico. La lente (b) è convergente, quella (c) è divergente.

volta uscendo dal vetro nell'aria. Naturalmente il raggio emergente risulta **deviato** (*rifratto*) rispetto al raggio incidente. La natura e la quantità di questa deviazione dipendono dal tipo, dalla forma e dal materiale della lente.

Si definisce **asse ottico** di una lente sferica quella retta che passa per i centri delle due superfici sferiche (▶FIGURA 6).

Le lenti sottili

Nella trattazione che seguirà faremo riferimento a lenti sferiche il cui **spessore** sia tanto piccolo da poter essere giudicato trascurabile rispetto alle altre grandezze in gioco (raggi di curvatura, distanze focali ecc.). Queste lenti sono chiamate **lenti sottili**. Naturalmente si tratta di una *condizione ideale* ben difficile da realizzare nella realtà, e tuttavia necessaria per semplificare e chiarire, almeno in prima approssimazione, la teoria delle lenti.

Si definisce **centro ottico** O di una lente sottile il punto che è individuato dall'intersezione della lente con l'asse ottico (▶FIGURA 7). Esso **non provoca nessuna deviazione** a qualunque raggio luminoso che lo intercetti.

Una lente sottile può essere rappresentata convenzionalmente con un segmento, perpendicolare all'asse ottico, il cui punto di mezzo rappresenta il centro ottico; in ▶FIGURA 8a questo segmento è rappresentato da una linea azzurra tratteggiata.

Le lenti sottili convergenti

Quando una *lente convergente* intercetta un fascio di raggi luminosi, con una direzione *parallela al suo asse ottico* e provenienti dalla parte sinistra della lente stessa, questi emergono dalla parte opposta della lente formando un cono luminoso che *converge* in un punto sull'*asse ottico* della lente chiamato **fuoco** (secondo fuoco) (▶FIGURA 7).

Siccome il fascio di raggi paralleli all'asse ottico può arrivare sulla lente dalle due parti opposte, ne deriva che ogni lente possiede due fuochi, indicati con F_1 ed F_2 (primo e secondo fuoco), entrambi sull'asse ottico, ma dalle parti opposte della lente. In una lente sottile la distanza tra i due fuochi e il centro della lente è uguale. Essa viene chiamata **distanza focale** ed è indicata con f (▶FIGURA 7).

Immagine reale e immagine virtuale

L'esperienza ci insegna che se collochiamo davanti a una lente convergente un **oggetto**, a meno che questo sia molto vicino alla lente (meno della distanza foca-

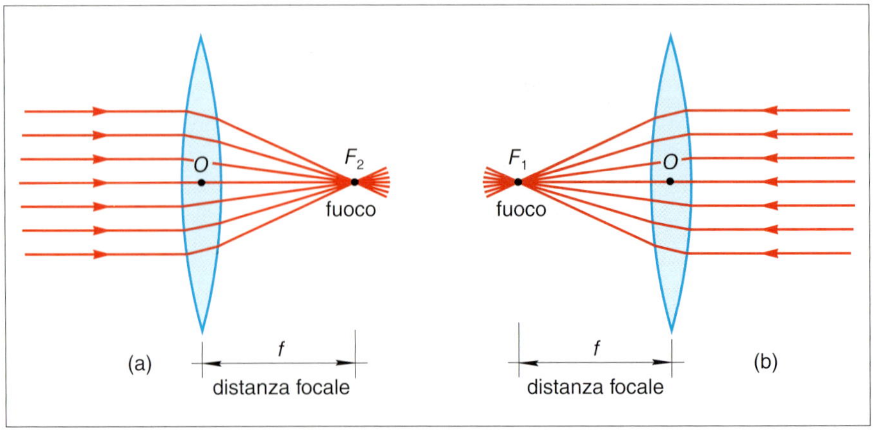

FIGURA 7 Una lente convergente rifrange un fascio di raggi paralleli all'asse ottico in un punto appartenente all'asse ottico chiamato fuoco. Dato che i raggi paralleli possono provenire da entrambi i lati della lente, ne consegue che esistono due fuochi per ciascuna lente, in generale indicati con F_1 e F_2.

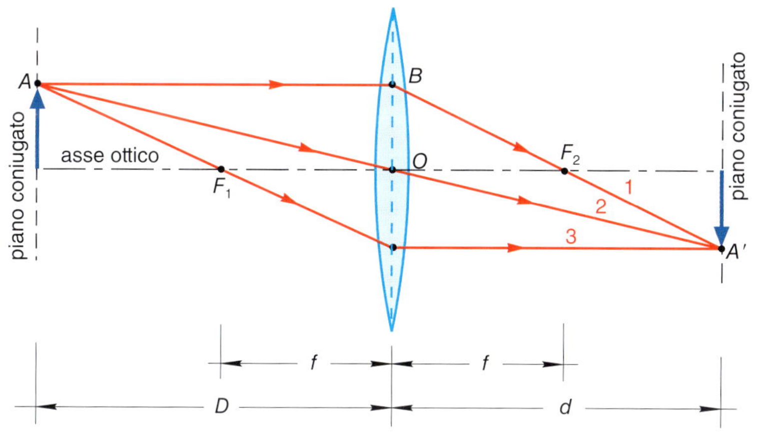

(a)

(b)

FIGURA 8 (a) Regole per la formazione dell'immagine dell'oggetto puntiforme *A*. Dei tre raggi luminosi uscenti da *A*, solo due sono indispensabili per costruire l'immagine. (b) Esempio di immagine virtuale che si forma dallo stesso lato dell'oggetto rispetto alla lente.

le), è possibile raccogliere l'**immagine** di questo oggetto su uno schermo opportunamente posizionato sul **lato opposto** rispetto alla lente. Essa è **reale** (perché è possibile raccoglierla su uno schermo) e *capovolta* (▶FIGURA 8a).

La stessa esperienza insegna che se l'oggetto si trova vicino alla lente, cioè meno della *distanza focale*, non è possibile raccogliere un'immagine sullo stesso schermo nella parte opposta della lente, ma essa si forma nel lato in cui si trova l'oggetto (▶FIGURA 8b). In questo caso, tuttavia, guardando l'oggetto attraverso la lente si può cogliere un'immagine *diritta*. Essa, non potendo essere raccolta su uno schermo, viene detta **virtuale**.

Regole per la costruzione delle immagini formate dalle lenti sottili convergenti

Se consideriamo una sorgente luminosa puntiforme A (▶FIGURA 8a), alla sinistra del primo fuoco di una lente convergente, la sua immagine (*reale*) sarà il punto A' dove si intersecano i raggi provenienti da A dopo essere stati rifratti attraverso la lente. Per definire la **posizione** dell'immagine A' possiamo considerare *almeno due* dei tre seguenti raggi luminosi, scelti tra gli infiniti che escono da A:

1. un raggio di luce parallelo all'asse ottico esce dalla lente dirigendosi al secondo fuoco;
2. un raggio di luce che passi per il primo fuoco, uscendo dalla lente, sarà parallelo all'asse;
3. un raggio diretto al centro ottico non subisce alcuna deviazione.

Si potrebbe dimostrare che tutti i *punti oggetto* situati sul piano perpendicolare all'asse passante per A, avranno le corrispondenti *immagini* sul piano normale all'asse passante per A'. I due piani, l'uno passante per A e l'altro passante per A', si chiamano **piani coniugati**.

Equazione delle lenti sottili

Assegnata una lente sottile convergente, le *distanze* D e d (rispettivamente dell'oggetto e dell'immagine dalla lente) e la *distanza focale* f della lente sono legate da una *relazione* fondamentale.

Con riferimento alla ▶FIGURA 9 (a pagina seguente) immaginiamo che, per semplicità espositiva, l'oggetto sia costituito da un segmento rettilineo AB,

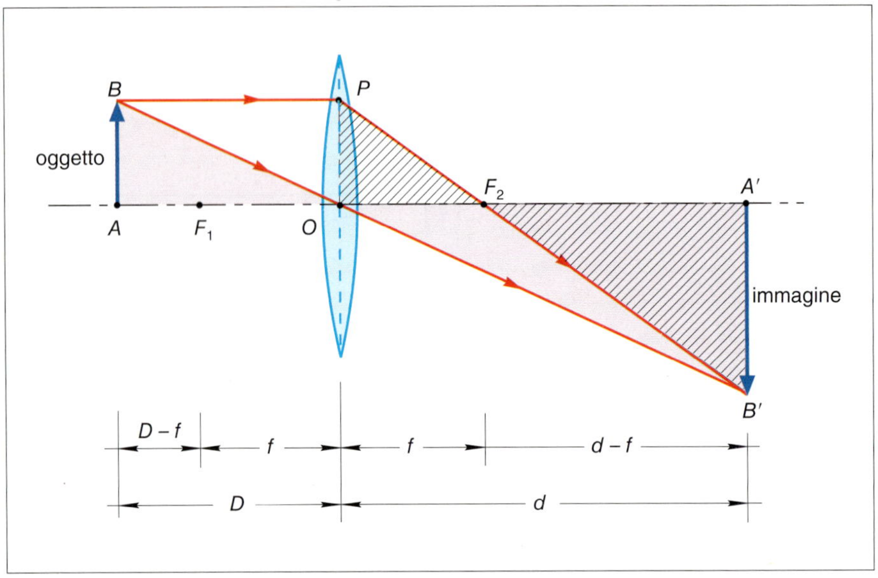

FIGURA 9 Le distanze *D* e *d* dell'oggetto e dell'immagine dalla lente, e la distanza focale *f* della stessa lente, sono legati da una relazione chiamata legge delle lenti sottili.

ortogonale all'asse ottico e con l'estremo A su di esso. La sua immagine $A'B'$ viene costruita con le regole enunciate in precedenza. Poiché la lente è di spessore trascurabile, possiamo ipotizzare che tutta la rifrazione abbia luogo quando i raggi luminosi attraversano il piano normale all'asse ottico passante per il centro O della lente. Con queste ipotesi, considerando i due triangoli **simili** ABO e $A'B'O$ e quelli, pure simili, OPF_2 e $A'B'F_2$ con $OP = AB$, si ottiene la seguente espressione:

$$\frac{1}{f} = \frac{1}{D} + \frac{1}{d} \qquad (3)$$

Questa relazione prende il nome di **equazione delle lenti sottili** (o di *Huygens*). Con essa, se conosciamo la distanza focale f della lente e la distanza D dell'oggetto dalla lente, siamo in grado di calcolare a quale distanza d si forma l'immagine.

Il rapporto $1/f$ viene chiamato **potere diottrico** della lente. La sua unità di misura è pertanto m^{-1}. Essa, in oculistica, viene chiamata **diottria**. Ad esempio, una lente con distanza focale $f = 20$ cm $= 0{,}20$ m, ha un potere diottrico di $1/0{,}20 = 5$ *diottrie*. Il potere diottrico si considera *positivo* per le lenti convergenti, *negativo* per quelle divergenti.

FAQ

Quale legge regola la rifrazione della luce provocata da una lente sottile?

Le lenti sottili provocano la rifrazione della luce seguendo la seguente legge:

$$\frac{1}{f} = \frac{1}{D} + \frac{1}{d}$$

in cui f è la distanza focale, D è la distanza dell'oggetto dalla lente e d la distanza dell'immagine dalla lente.

Le proprietà delle immagini formate dalle lenti sottili convergenti

In via preliminare, consideriamo i punti P_1 e P_2 appartenenti all'asse ottico, *simmetrici* rispetto alla lente, e distanti da questa di una quantità *doppia* della distanza focale, cioè $2f$. Si possono individuare le seguenti situazioni.

- **Oggetto posto sul doppio della distanza focale.** È facile constatare che, se un oggetto rettilineo AB appartiene a un piano ortogonale all'asse ottico passante per P_1, la relativa immagine $A'B'$ sarà contenuta nel **piano coniugato** passante per il punto P_2 (▶FIGURA 10a). In effetti, ponendo $2f$ al posto di D nell'equazione delle lenti sottili e risolvendo rispetto a d, si ottiene: $d = 2f$.

I punti P_1 e P_2, i fuochi F_1 e F_2 e il centro ottico O sono i **punti cardinali** di una *lente sottile*.

COMPETENZA

Organizzazione del lavoro

Quando viene usata l'equazione delle lenti sottili per determinare una delle tre grandezze *f*, *D* o *d*, è opportuno realizzare lo schema grafico del percorso dei raggi di costruzione, per materializzare il problema e per il controllo dei risultati del calcolo.

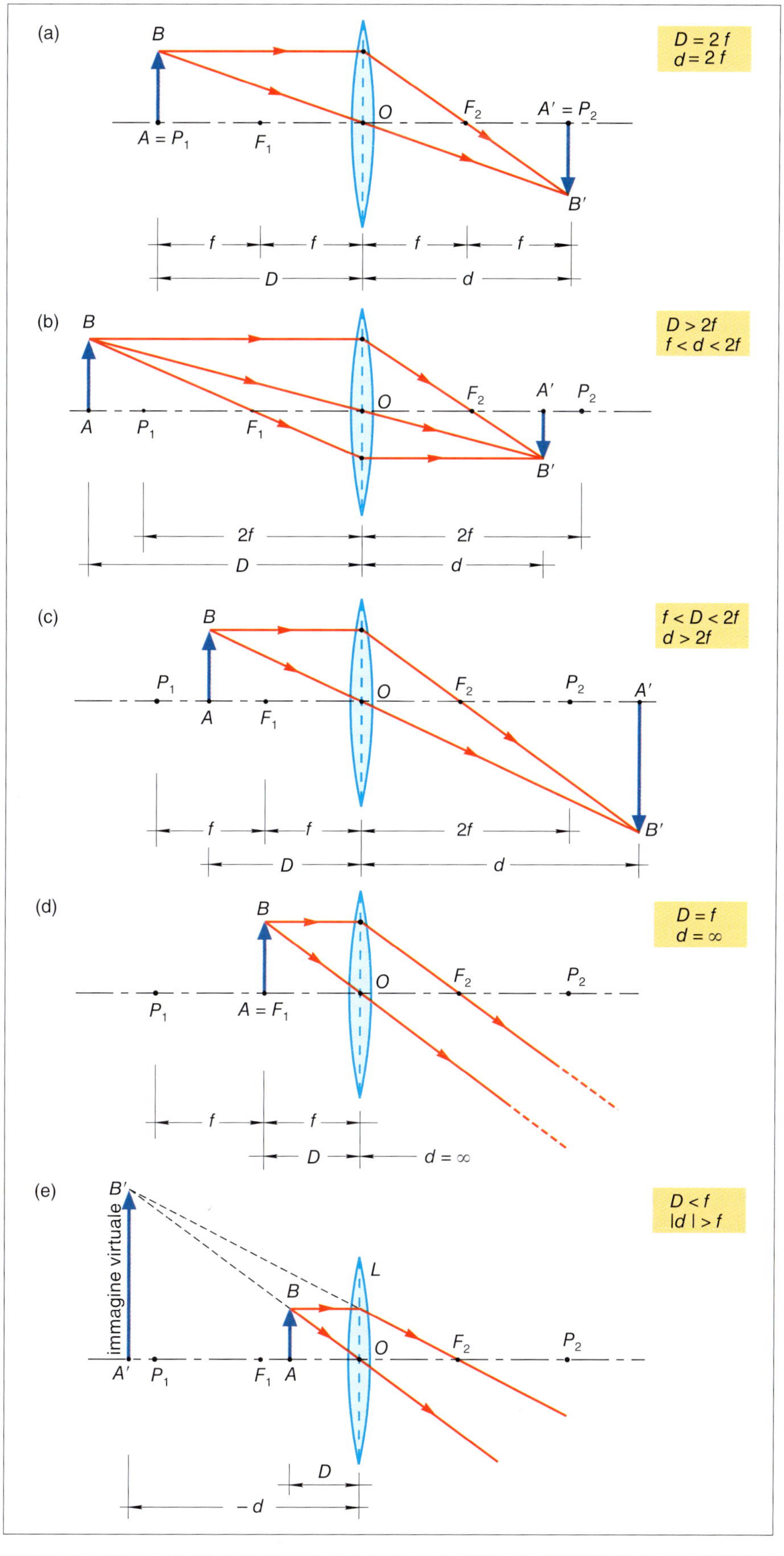

FIGURA 10 (a) L'oggetto AB si trova a una distanza $2f$ dalla lente, la sua immagine $A'B'$ si trova alla stessa distanza $2f$ dalla lente, ha la stessa dimensione ed è reale e capovolta. (b) L'oggetto AB è alla sinistra di P_1, dunque dista dalla lente più del doppio della distanza focale (> $2f$). L'immagine $A'B'$ si forma oltre il fuoco F_2, ma a una distanza minore di $2f$, quindi prima di P_2. Essa è reale, capovolta e rimpicciolita. (c) L'oggetto AB si trova tra il fuoco F_1 e il punto P_1, quindi a una distanza dalla lente compresa tra f e $2f$. L'immagine $A'B'$ è reale, capovolta, ingrandita e si forma oltre il punto P_2, quindi oltre il doppio della distanza focale. (d) Collocando l'oggetto AB sul fuoco F_1, l'immagine non si forma. I raggi emergenti sono paralleli, quindi non convergenti su un punto. (e) L'oggetto AB si trova tra il fuoco F_1 e la lente, quindi a una distanza dalla lente minore di f. Il raggio parallelo all'asse ottico e quello passante per il centro O divergono al di là della lente, mentre i loro prolungamenti si incontrano dietro l'oggetto nel punto B'. L'immagine $A'B'$ è virtuale, diritta, ingrandita, e la distanza dalla lente alla quale si forma è considerata negativa.

Dunque, il segmento $A'B'$, immagine di AB, dista dalla lente la medesima quantità $2f$ di cui dista l'oggetto AB dalla stessa lente. Inoltre è anche facilmente dimostrabile che in tale situazione le *dimensioni* dell'immagine sono uguali a quelle dell'oggetto, quindi $AB = A'B'$.

• **Oggetto posto oltre il doppio della distanza focale.** Pensiamo ora che l'oggetto AB si trovi alla sinistra di P_1, cioè a una distanza dalla lente *maggiore* di $2f$ ($D > 2f$). La sua immagine $A'B'$ si verrà a formare tra il punto P_2 e il fuoco F_2, cioè a una distanza dalla lente compresa tra f e $2f$ ($f < d < 2f$). Essa è **reale**, **capovolta** e **rimpicciolita** (▶FIGURA 10b). Si può constatare facilmente che se l'oggetto AB si allontana dalla lente (aumentando D), la sua immagine tende ad avvicinarsi al fuoco F_2 e va sempre più rimpicciolendosi. Se poi l'oggetto AB si porta a distanza infinita ($D = \infty$), l'immagine si riduce a un *punto* coincidente con il fuoco F_2.

• **Oggetto posto tra il fuoco e il doppio della distanza focale.** Se invece l'oggetto rettilineo AB è situato tra P_1 e il fuoco F_1, cioè distante dalla lente di una quantità D *minore di* $2f$, ma *maggiore* di f ($f < D < 2f$), l'immagine $A'B'$ è compresa tra il punto P_2 e l'infinito, quindi $d > 2f$. Essa è **reale**, **capovolta** e **ingrandita** (▶FIGURA 10c). Si può constatare che, se l'oggetto si sposta avvicinandosi a F_1, l'immagine corre, ingrandendo rapidamente le sue dimensioni, verso l'infinito.

• **Oggetto posto sul fuoco.** Se si pone l'oggetto AB sul piano focale passante per F_1 ($A \equiv F_1$), quindi con $D = f$, l'immagine sarà **infinitamente grande** e **infinitamente lontana**. I raggi emergenti dalla lente risultano paralleli (▶FIGURA 10d).

• **Oggetto posto tra il fuoco e la lente.** Se, infine, l'oggetto viene posto tra il fuoco F_1 e la lente, quindi con $D < f$, i raggi emergono dalla lente *divergenti* (▶FIGURA 10e). L'immagine reale, dunque, **non può formarsi**. I prolungamenti dei raggi emergenti si incontrano nel punto B'. Un osservatore che raccolga col suo occhio i raggi emergenti, ha la sensazione che l'oggetto sia nella posizione $A'B'$. L'immagine si dice allora **virtuale**, ed è **ingrandita** e **diritta**. La posizione dell'immagine si può calcolare risolvendo rispetto a d l'equazione delle lenti sottili, nella quale, tuttavia, al posto di d occorre sostituire $-d$, per tener conto che l'immagine si forma dalla stessa parte dell'oggetto ($1/f = 1/D - 1/d$).

Le lenti sottili divergenti

Mentre una lente convergente fa convergere un fascio di raggi paralleli all'asse ottico, dopo la rifrazione, nel fuoco, una lente divergente, nelle stesse condizioni, **disperde** il fascio di raggi paralleli, allontanandoli dall'asse ottico. I prolungamenti di questi raggi, tuttavia, si intersecano nel fuoco F_2 che si trova dalla stessa parte da cui proviene il fascio di raggi paralleli (▶FIGURA 11a).

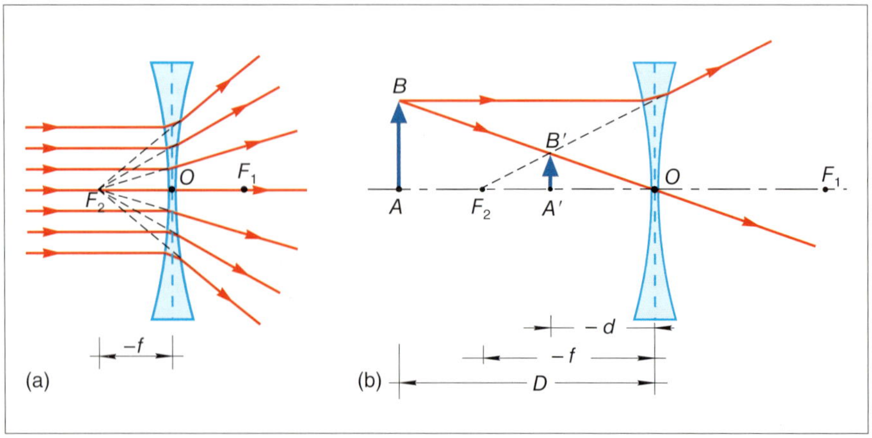

FIGURA 11 (a) Un fascio di raggi paralleli all'asse ottico emerge divergendo dalla lente divergente. I prolungamenti di questi raggi si intersecano nel fuoco F_2 dalla stessa parte di provenienza dei raggi. Esso pertanto è virtuale e la distanza focale è negativa. (b) Nelle lenti divergenti, qualunque sia la posizione dell'oggetto, l'immagine è sempre virtuale, diritta e più piccola dell'oggetto.

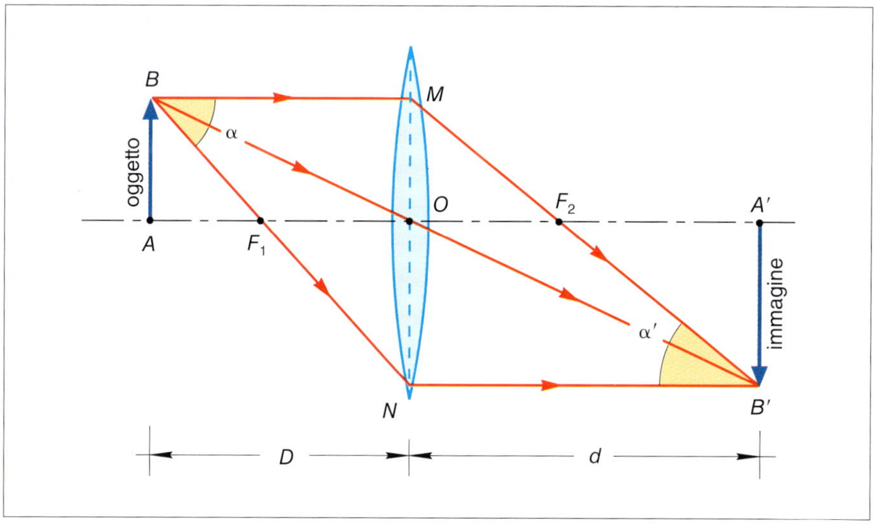

FIGURA 12 Per ogni lente convergente è possibile definire un ingrandimento lineare e un ingrandimento angolare.

Esso, pertanto, viene detto **virtuale**, e la sua distanza dalla lente (*distanza focale*) deve essere considerata **negativa** ($-f$).

Naturalmente l'equazione delle lenti sottili rimane del tutto valida anche per le lenti divergenti. Tuttavia, nella sua applicazione, occorre rammentare di assegnare, per quanto appena detto, un valore *negativo* alla distanza focale f e alla distanza d a cui si forma l'immagine.

Nella costruzione dell'immagine di un oggetto fornita da una lente divergente, si usano le stesse *regole* appena viste per le lenti convergenti. Comunque sia, occorre subito dire che, per qualunque posizione dell'oggetto rispetto alla lente, le lenti divergenti forniscono sempre e comunque un'immagine **virtuale**, **diritta** e **rimpicciolita**.

Ingrandimento lineare di una lente sottile

Consideriamo la lente **convergente** di distanza focale f rappresentata in ▶FIGURA 12. In essa si osserva che dell'oggetto, distante D dalla lente (con $D > f$), viene fornita l'immagine $A'B'$ che si forma alla distanza d dalla stessa lente. Possiamo formulare la seguente definizione:

Si definisce **ingrandimento lineare** I_l il rapporto tra la grandezza dell'immagine e quella corrispondente dell'oggetto:

$$I_l = \frac{A'B'}{AB}$$

Considerando i due triangoli simili ABO e $A'B'O$, possiamo scrivere:

$$I_l = \frac{A'B'}{AB} = \frac{d}{D}$$

Sostituendo a d il corrispondente valore ricavato dall'*equazione delle lenti sottili* [$d = f \cdot D/(D-f)$], si ottiene:

$$I_l = \frac{f}{D-f} \qquad (4)$$

FAQ

Che cos'è l'ingrandimento lineare di una lente sottile convergente?

Viene indicato con I_l ed è il rapporto tra la grandezza dell'immagine e quella corrispondente dell'oggetto, quindi: $I_l = A'B'/AB$. Esso viene calcolato con la seguente espressione:

$$I_l = \frac{f}{D-f}$$

Quando $I_l > 1$ l'immagine è *più grande* dell'oggetto, quando $I_l < 1$ l'immagine è *più piccola* dell'oggetto. La definizione di ingrandimento appena enunciata vale anche per le **lenti divergenti**, con l'accortezza di adottare il *valore assoluto* di f in quanto, per definizione, l'ingrandimento può essere minore di 1 (immagini rimpicciolite) ma non negativo.

Ingrandimento angolare di una lente sottile

Si definisce **ingrandimento angolare** I_α il rapporto tra l'angolo α' (in radianti) formato da due raggi *emergenti* e l'angolo α (in radianti) formato dai corrispondenti raggi incidenti (▶FIGURA 12):

$$I_\alpha = \frac{\alpha'}{\alpha}$$

Nella realtà gli angoli α' e α sono *molto piccoli* in quanto gli oggetti osservati dalle lenti, nella pratica, sono di *modeste dimensioni* (la ▶FIGURA 12 è molto deformata per esigenze didattiche). È pertanto lecito sostituire al *rapporto degli angoli*, espressi in radianti, quello delle corrispondenti *tangenti* ($\alpha' \cong \text{tg}\,\alpha'$ e $\alpha \cong \text{tg}\,\alpha$), sicché si ha:

$$I_\alpha = \frac{\text{tg}\,\alpha'}{\text{tg}\,\alpha} = \frac{D}{d}$$

Come in precedenza, sostituendo a d il corrispondente valore ricavato dall'equazione delle lenti sottili, in definitiva si ottiene:

$$I_\alpha = \frac{D - f}{f} \qquad (5)$$

Da questa risulta che, in una lente convergente, l'ingrandimento angolare è l'inverso di quello lineare: $I_\alpha = 1/I_l$.

4. Sistemi di lenti

In generale, negli strumenti ottici le lenti non vengono impiegate singolarmente, ma *accoppiate* ad altre di diverse caratteristiche che hanno in comune il medesimo *asse ottico*, e che, pertanto, prendono il nome di **sistemi ottici centrati**, al fine di ottenere determinati risultati.

Basti pensare all'**obiettivo** di una macchina fotografica, che è composto da numerose lenti fissate all'interno di un corpo cilindrico opaco. Tuttavia l'esperienza comune insegna che si parla ancora di *distanza focale* dell'obiettivo della camera fotografica *al singolare*, quasi ci fosse *una sola lente* e non un sistema di più lenti.

In realtà si parla al singolare in quanto ci si riferisce a una *lente ideale*, detta **lente risultante**, che possiede la proprietà di procurare gli stessi effetti ottici forniti dal sistema di lenti.

Dunque, l'accoppiamento di due lenti sottili aventi lo stesso asse ottico funziona, nel suo complesso, come un'unica **lente risultante,** opportunamente *dimensionata* e *posizionata*. Essa, sostituita alle lenti del sistema, è in grado di produrre gli **stessi effetti** del sistema. In sostanza possiamo dire che la lente risultante è *equivalente* al sistema ottico composto da due o più lenti sottili accoppiate.

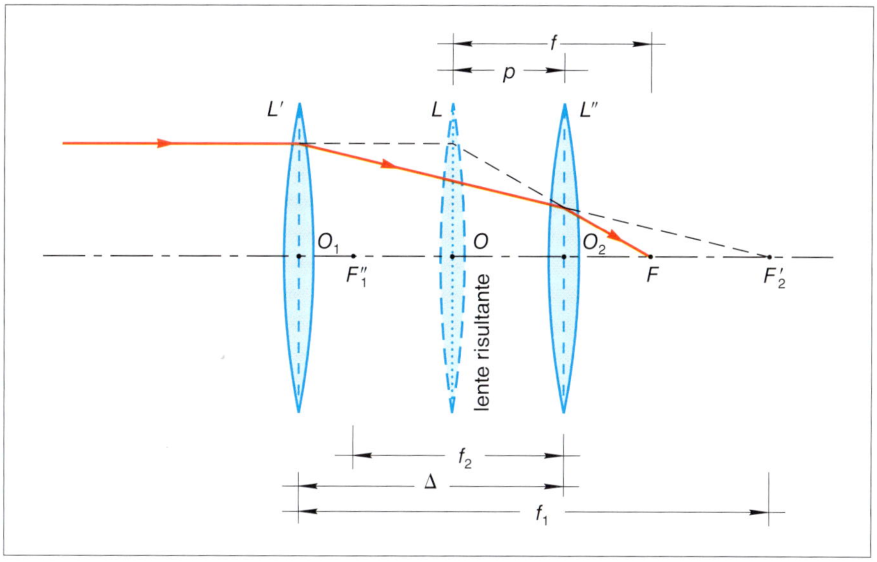

FIGURA 13 La lente risultante produce effetti equivalenti a quelli generati dal corrispondente sistema ottico centrato.

Determinazione della lente risultante

Per definire la lente risultante consideriamo il sistema ottico costituito dalle due lenti sottili L' ed L'' (▶FIGURA 13) che possiamo immaginare *convergenti* senza, tuttavia, che questa scelta tolga nulla alla generalità del ragionamento.
Un raggio incidente parallelo all'asse inizialmente viene rifratto dalla prima lente L' dirigendosi verso il suo secondo fuoco F_2'. Ma poiché il raggio, emergendo dalla prima lente, incontra la seconda lente L'', viene da quest'ultima deviato verso l'asse ottico che incontra nel punto F.

Consideriamo ora la **lente ideale** L (▶FIGURA 13) posizionata nel punto d'incontro del prolungamento del raggio incidente su L' e di quello del raggio emergente da L''.

Il punto F può essere considerato come **secondo fuoco** della lente L perché in esso converge il raggio che incide su L parallelamente all'asse ottico.

Pertanto la **lente risultante** L è equivalente al sistema composto dalle lenti L' e L'', in quanto, come l'insieme di queste due, rifrange il raggio incidente, lo devia e lo conduce nel punto F. Indicando con Δ la distanza tra le lenti L' e L'', con f_1 ed f_2 le rispettive *distanze focali*, si può dimostrare che la **distanza focale** f della *lente risultante* e la **distanza** p della lente risultante dalla seconda lente L'', sono fornite dalle seguenti formule:

$$f = \frac{f_1 \cdot f_2}{f_1 + f_2 - \Delta} \qquad p = \frac{f_2 \cdot \Delta}{f_1 + f_2 - \Delta} \tag{6}$$

La distanza focale f della lente risultante può essere *positiva* o *negativa*, dando luogo rispettivamente a sistemi *convergenti* o *divergenti*. Anche la distanza p può essere *positiva* o *negativa*; in quest'ultimo caso significa che la lente si trova alla destra della lente L''. Il valore e il segno della distanza p definiscono la posizione della lente risultante L; essa può essere compresa tra le lenti del sistema, ma può essere anche esterna a esse.

Se il sistema di lenti è composto da più di due lenti, si calcolano inizialmente gli elementi della lente risultante delle *prime due* lenti, successivamente si calcola la risultante tra questa e la terza lente e si prosegue in modo analogo fino a considerare tutte le lenti.

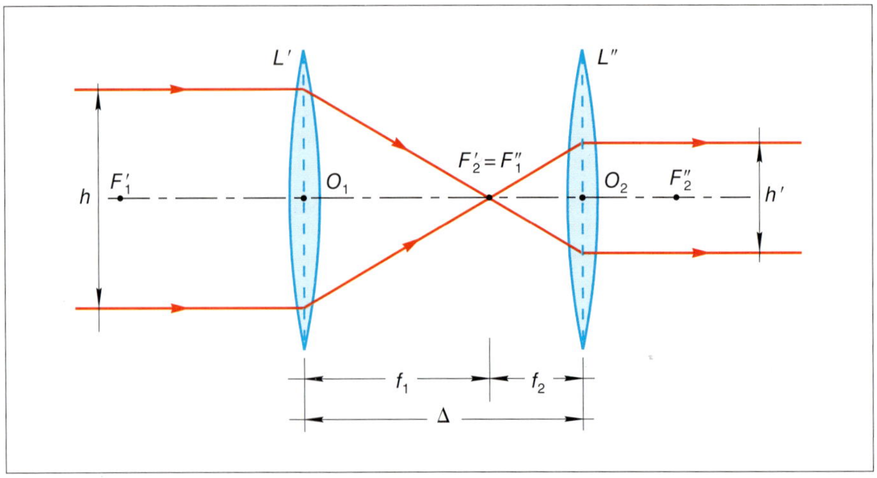

FIGURA 14 Il sistema di due lenti in posizione telescopica: la somma delle due distanze focali è pari alla distanza tra le lenti.

FAQ

Quando un sistema di lenti sottili è detto afocale?

Quando il secondo fuoco della prima lente coincide con il primo fuoco della seconda quindi $\Delta = f_1 + f_2$ da cui $f = \infty$. Questo sistema viene detto telescopico, e un fascio di raggi incidenti paralleli all'asse di diametro h è trasformato in un fascio di raggi emergenti, ancora paralleli allo stesso asse, ma di diametro h'.

Particolari sistemi di lenti

Quando le due lenti sono accostate si dicono a **contatto**. Imponendo $\Delta = 0$ nelle relazioni precedenti si ottiene:

$$f = \frac{f_1 \cdot f_2}{f_1 + f_2} \qquad p = 0$$

cioè la *lente risultante* ha una posizione coincidente con le due lenti.
L'accoppiamento di due lenti si definisce **afocale** quando il secondo fuoco F'_2 della prima lente coincide con il primo fuoco F''_1 della seconda (▶FIGURA 14). In questo caso si ha $\Delta = f_1 + f_2$, e, per la precedente, risulta $f = \infty$.

Questo sistema viene definito **telescopico**, e un fascio di raggi incidenti paralleli all'asse e di diametro h, è trasformato in un fascio di raggi emergenti, ancora paralleli allo stesso asse, ma di diametro h'.

È possibile definire l'*ingrandimento lineare* e l'*ingrandimento angolare* del sistema di lenti in posizione telescopica; i relativi valori sono forniti dalle seguenti semplici espressioni:

$$I_l = \frac{f_2}{f_1} \qquad I_\alpha = \frac{f_1}{f_2} \qquad (7)$$

FAQ

Che cosa sono le aberrazioni, in quale modo è possibile eliminarle?

Per il mancato rispetto di alcune ipotesi alla base delle lenti sottili (spessore non trascurabile, luce non monocromatica), le immagini formate da una singola lente non sono esattamente quelle che ci si aspetterebbe dalle valutazioni teoriche, ma presentano dei difetti e delle deformazioni dette aberrazioni. Esse sono inevitabili se si usa una singola lente, mentre si possono ridurre sostanzialmente adottando opportuni sistemi di lenti.

5. Le aberrazioni

In pratica non tutte le ipotesi ammesse nello studiare le lenti sono perfettamente realizzabili (spessore della lente non trascurabile, inclinazione dei raggi molto piccola, raggi di luce non monocromatica ecc.).

Le immagini formate da una **singola lente** non sono perciò quelle che ci si aspetterebbe dalle valutazioni teoriche, ma presentano dei **difetti** e delle **deformazioni** dette **aberrazioni**, più o meno complesse, a seconda dei casi e delle situazioni.

Si è fatta l'ipotesi della luce monocromatica e in realtà la luce solare (di cui principalmente si fa uso) e le altre di cui si dispone in pratica non sono affatto monocromatiche. La luce è costituita da un complesso di radiazioni cui corrispondono lunghezze d'onda variabili e quindi colorazioni differenti. A ciascuna radiazione corrisponde un particolare indice di rifrazione. Anche l'inclinazione dei raggi non sempre è molto piccola, come si è ammesso in teoria. Si discostano principalmente da questa condizione i raggi che investono la lente in prossimità del bordo.

Le aberrazioni sono inevitabili se si usa una singola lente, mentre si possono ridurre sostanzialmente adottando opportuni **sistemi di lenti**, come avviene ad esempio per gli obiettivi dei cannocchiali o delle macchine fotografiche.

Esaminiamo ora singolarmente alcuni difetti che tali situazioni producono e osserviamo quali sono i possibili rimedi.

FAQ

In quale modo è possibile limitare l'aberrazione sferica?

Occorre realizzare la lente con un piccolo diametro e anteporre alla lente un disco opaco con un foro centrale detto diaframma, che permetta solo ai raggi luminosi prossimi all'asse ottico di raggiungere la lente, impedendo il passaggio a quelli periferici.

Aberrazioni sferiche

L'aberrazione sferica è il difetto per il quale i raggi di luce paralleli all'asse che passano per zone diverse di una lente sono focalizzati **in punti diversi**, anziché venire concentrati in un solo punto. Avviene, cioè, che i raggi marginali siano rifratti maggiormente di quelli prossimi all'asse ottico, e quindi siano focalizzati più vicino alla lente (▶FIGURA 15a). Ne risulta che essi, in corrispondenza dell'asse ottico, sono **dispersi** lungo un tratto di asse di lunghezza l, a partire dal fuoco F e nella direzione della lente. La grandezza l dà un'idea dell'entità dell'aberrazione di *sfericità* di cui è affetta la lente. Se una lente fosse priva di aberrazioni di sfericità, dovrebbe essere $l = 0$. Questo fenomeno diventa sempre più significativo via via che aumentano lo spessore della lente e il suo diametro.

L'effetto pratico di questa aberrazione consiste in un'immagine nitida solo nella **parte centrale**, mentre nelle **zone periferiche** la stessa immagine appare poco nitida e confusa (*sfuocata*).

Correzione dell'aberrazione sferica

I rimedi per ottenere un'immagine più nitida, quindi per ridurre l'aberrazione sferica, sono sostanzialmente due (▶FIGURA 15b).

- Realizzare la lente con un **piccolo diametro**, accontentandosi di un'immagine meno luminosa.
- Anteporre alla lente un disco opaco con un foro centrale, detto **diaframma** opaco, che permetta solo ai raggi luminosi prossimi all'asse ottico di raggiungere la lente, impedendo il passaggio di quelli periferici.

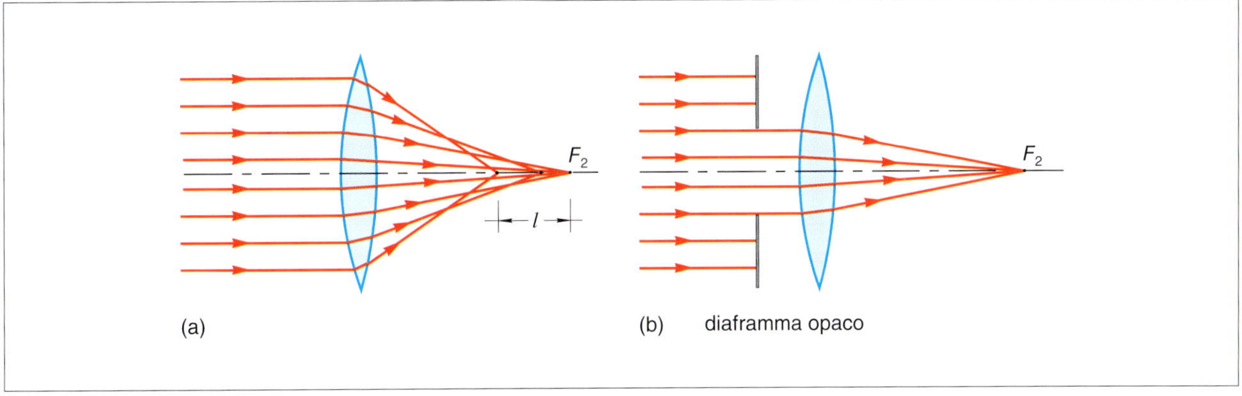

FIGURA 15 L'aberrazione sferica si produce quando i raggi paralleli all'asse non convergono sul fuoco (a). L'inserimento di un diaframma riduce il difetto (b).

FAQ

In quale modo è possibile limitare l'aberrazione cromatica?

La correzione di tale aberrazione consiste nell'accoppiamento di due lenti delle quali una convergente costituita di vetro crown, a piccolo potere dispersivo, e l'altra divergente di vetro flint, a grande potere dispersivo. Un sistema siffatto viene detto acromatico.

Generalmente si usa la seconda soluzione, perché negli strumenti moderni si devono impiegare lenti di notevole diametro per far entrare nello strumento una grande quantità di luce; questa condizione è necessaria per ottenere un'immagine chiara e nitida di oggetti posti anche a grandi distanze dallo strumento.

Altri criteri per attenuare le aberrazioni di sfericità consistono nell'utilizzare lenti convergenti con i due raggi di curvatura molto diversi fra loro, oppure nell'accoppiare lenti convergenti con lenti divergenti, come si vedrà in seguito nel caso della riduzione delle aberrazioni cromatiche.

Aberrazioni cromatiche

Abbiamo visto che la distanza focale di una lente dipende dai *raggi di curvatura* e dall'*indice di rifrazione* del vetro di cui la lente è costituita.

L'*indice di rifrazione* di un materiale trasparente varia poi in corrispondenza alle diverse radiazioni che compongono la luce naturale (solare), quindi a ogni radiazione monocromatica corrisponderà un **fuoco diverso**.

Ciò vuol dire che, se un raggio di luce solare, parallelo all'asse, attraversa una lente convergente, esso uscendo si *scompone* nei vari colori, e a ciascuno di essi corrisponderà un fuoco distinto. Per una lente di vetro mediamente si possono avere questi valori: per i raggi rossi $n = 1{,}513$; per i violetti $n = 1{,}532$.

I *raggi violetti* sono i più convergenti. La distanza b fra i due fuochi estremi (fuoco dei raggi rossi e fuoco dei raggi violetti) dà la misura di questo nuovo difetto detto **aberrazione cromatica**. Il *rosso* e il *violetto* sono i colori estremi dello spettro, quindi i fuochi relativi ai colori intermedi saranno compresi fra i fuochi estremi (▶FIGURA 16a).

L'effetto pratico di questa aberrazione, a causa della *dispersione* della luce provocata dalla rifrazione, è quello di produrre, per ogni oggetto, più immagini colorate di differenti dimensioni. Ciò provoca, in chi osserva, la sensazione di una sola immagine a **contorni iridescenti**, perché solo nella parte centrale i colori, sovrapponendosi, riproducono la luce di provenienza. La ricomposizione non può effettuarsi nelle parti estreme, donde il persistere delle colorazioni, sfumanti dal violetto al rosso.

Correzione dell'aberrazione cromatica

La correzione dell'aberrazione cromatica consiste, in pratica, nel far coincidere il fuoco dei raggi rossi con quello dei raggi violetti, mediante l'accoppiamento di due lenti (*doppietto acromatico*) delle quali una convergente

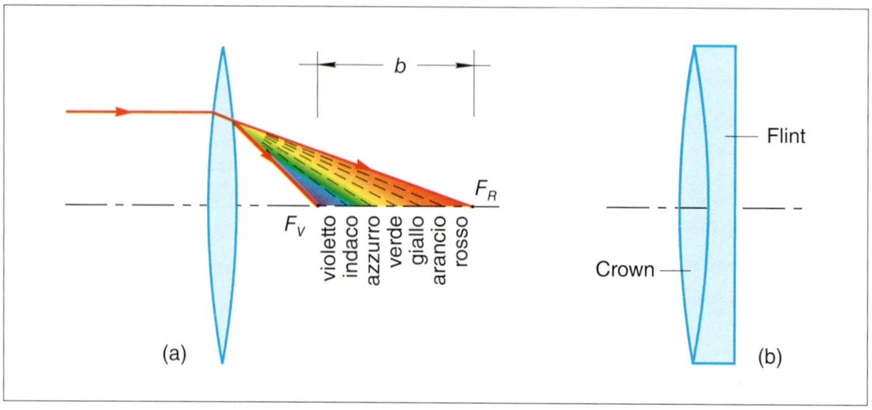

FIGURA 16 L'aberrazione cromatica genera diversi fuochi per i diversi colori della luce solare (a). L'uso di un sistema di due lenti a contatto, una divergente e una convergente, con diversi indici di rifrazione, costituisce un sistema detto acromatico, in grado di eliminare o ridurre questo difetto (b).

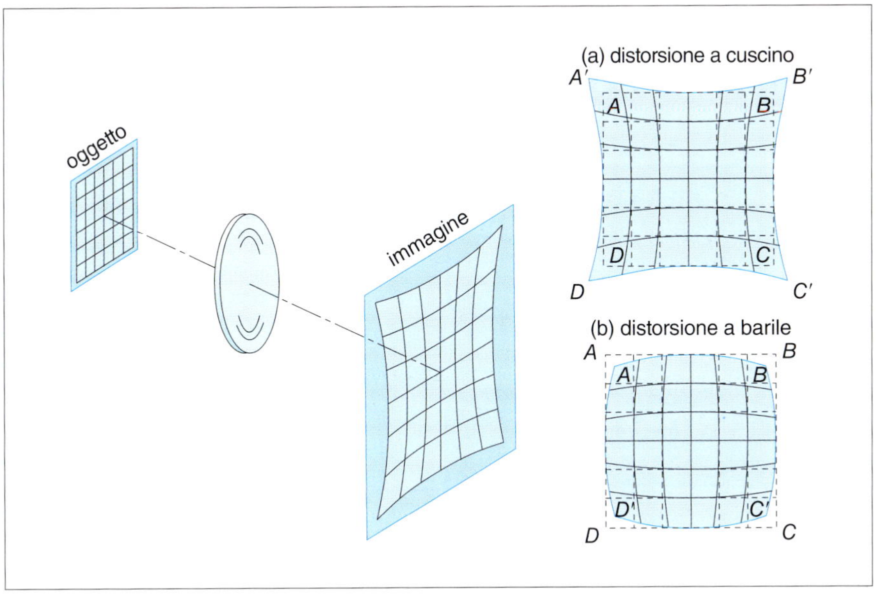

FIGURA 17 Deformazioni dell'immagine prodotte dalla distorsione a cuscino (a) e a barile (b).

costituita di vetro **Crown**, a piccolo potere dispersivo, e l'altra divergente di vetro **Flint** a grande potere dispersivo (▶FIGURA 16b). Un sistema siffatto viene detto acromatico.

Le due lenti sono poste a contatto ($\Delta = 0$) e se $|f_2| < f_1$ il sistema che ne risulta è convergente e può considerarsi praticamente *acromatico*. Per ottenere un acromatismo quasi perfetto, cioè tale che tutti i fuochi dal violetto al rosso coincidano in un unico punto, occorre accoppiare una lente convergente di vetro Crown con *diverse* lenti di vetro Flint.

Gli *obiettivi dei cannocchiali* sono costituiti, generalmente, da due lenti e talvolta anche da tre. L'uso di numerose lenti è invece necessario per gli *obiettivi fotografici*, nei quali le aberrazioni devono essere eliminate quasi totalmente.

Distorsioni

La distorsione di fatto provoca una **deformazione** dell'immagine dell'oggetto. Se si considera come oggetto un quadrato col centro sull'asse cardinale e giacente sopra un piano normale all'asse, l'immagine corrispondente, non è un altro quadrato, ma una figura deformata come quella della ▶FIGURA 17a se la *deformazione* è a **cuscino**, o secondo la ▶FIGURA 17b, se la deformazione è a **barile**.

Per correggere questo grave difetto, si usano speciali accoppiamenti di lenti chiamati **sistemi ortoscopici**. La distorsione è particolarmente grave per gli *obiettivi fotografici*, soprattutto se questi devono servire per rilievi **fotogrammetrici**.

Conclusione

In uno strumento ottico non è possibile eliminare **contemporaneamente** tutte le aberrazioni, cioè non può esistere un sistema ottico, anche complesso, del tutto esente da aberrazioni. A seconda dell'uso cui lo strumento è destinato si cercherà di eliminare quelle aberrazioni che maggiormente ne pregiudicano il funzionamento. Per esempio, nei microscopi e nei cannocchiali è opportuno eliminare le aberrazioni **cromatiche** e di **sfericità**, mentre è poco importante la **distorsione**, perché le osservazioni vengono effettuate sempre nelle immediate vicinanze dell'asse ottico.

Per collegare i concetti

RIFRAZIONE

Fenomeno ottico relativo al passaggio di un raggio luminoso tra due diversi materiali traslucidi

rifrazione atmosferica

I raggi luminosi che attraversano strati sempre più densi dell'atmosfera vengono deviati verso la verticale

leggi della rifrazione

- I raggi incidente, rifratto e normale sono complanari
- Indice di rifrazione relativo:

$\text{sen}\,\hat{i}\ /\ \text{sen}\,\hat{r} = n_{12}$

LENTI SFERICHE SOTTILI

Sono costituite da materiale rifrangente e delimitate da superfici sferiche con centri sull'*asse ottico*

fuochi e distanza focale

Sui *fuochi* convergono i raggi paralleli all'asse ottico. La distanza dei fuochi dalla lente è la *distanza focale*

lenti convergenti e divergenti

Un fascio di raggi paralleli converge in un punto nel caso di una *lente convergente*; si disperde nel caso di una *lente divergente*

IMMAGINE DI UN OGGETTO

Può essere costruita in base alle proprietà dei fuochi e del centro ottico, in funzione della posizione dell'oggetto

immagine reale

L'oggetto è a una distanza $D > f$.
L'immagine si forma dalla parte opposta dell'oggetto rispetto alla lente

immagine virtuale

L'oggetto è a una distanza $D < f$.
L'immagine si forma dalla stessa parte dell'oggetto rispetto alla lente

EQUAZIONE DELLE LENTI SOTTILI

$$\frac{1}{f} = \frac{1}{d} + \frac{1}{D}$$

ABERRAZIONI

Sono difetti e imperfezioni nelle immagini. Possono essere *cromatiche*, *sferiche* e di *distorsione*

sistemi di lenti

Sono formati da due o più lenti e riducono le aberrazioni

INGRANDIMENTI

Rispetto alle dimensioni dell'oggetto:
- se > 1 l'immagine è ingrandita
- se < 1 l'immagine è rimpicciolita

ingrandimento lineare

$$I_l = \frac{d}{D}$$

ingrandimento angolare

$$I_\alpha = \frac{\alpha'}{\alpha}$$

Per ripassare

Le leggi della riflessione: 1) il raggio incidente, il raggio riflesso e la normale alla superficie riflettente sono complanari; 2) l'angolo d'incidenza $\hat{i}$ è uguale all'angolo di riflessione $\hat{r}$.

- L'occhio che intercetta raggi riflessi, li percepisce come provenienti da una sorgente virtuale che, rispetto allo specchio, è in posizione simmetrica a quella della sorgente reale.

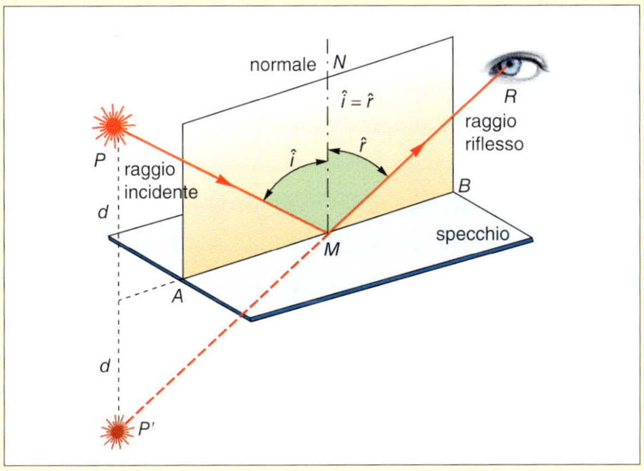

Le leggi della rifrazione: 1) il raggio incidente, il raggio rifratto e la normale alla superficie di separazione dei mezzi sono complanari; 2) il rapporto tra il seno dell'angolo d'incidenza i e il seno dell'angolo di rifrazione r è costante:

$$\frac{\text{sen}\,\hat{i}}{\text{sen}\,\hat{r}} = n_{12}$$

Indice di rifrazione relativo di due mezzi: è la costante che compare al secondo membro della relazione precedente. Dipende dalla densità dei due mezzi trasparenti a contatto e dalla direzione rispetto a cui si muove la luce.

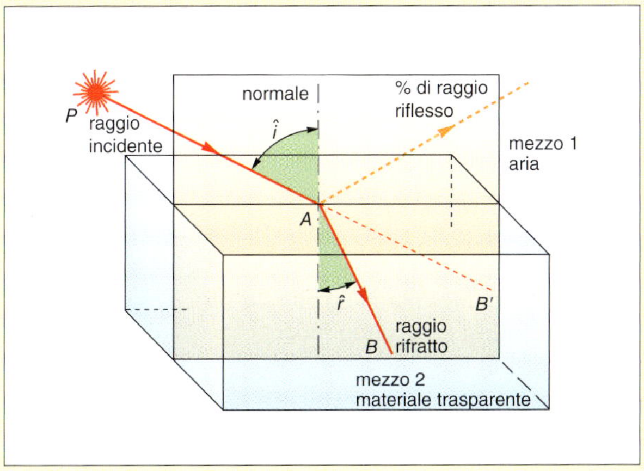

- Ad esempio la sequenza aria-vetro presenta un indice di rifrazione $n_{12} = 1{,}5$ circa, mentre quello per la sequenza aria-acqua è $n_{12} = 1{,}33$.
- Se si inverte la direzione del raggio luminoso, si inverte anche l'indice di rifrazione relativo. Così per la sequenza vetro-aria sarà $n_{21} = 1/1{,}5 = 0{,}6666$.

Indice di rifrazione assoluto di un mezzo: è definito come l'indice di rifrazione relativo, con la condizione che la luce entri nel mezzo trasparente (mezzo 2) provenendo dal vuoto (mezzo 1).

- Se si indicano con n_1 e con n_2 gli indici di rifrazione assoluti di due mezzi trasparenti, si ha:

$$n_{12} = \frac{n_2}{n_1}$$

Angolo limite. Quando un raggio passa da un mezzo più denso a un mezzo meno denso, l'angolo di rifrazione è maggiore dell'angolo d'incidenza. In questo contesto il valore dell'*angolo limite* è il valore dell'angolo d'incidenza in corrispondenza del quale il raggio rifratto giace sulla superficie di separazione dei due mezzi trasparenti. A esso, quindi, corrisponde un angolo di rifrazione di 90°. Se l'angolo d'incidenza è maggiore dell'angolo limite non esiste il raggio *rifratto*, e si assiste al fenomeno della *riflessione*.

- Se un raggio di luce si propaga nel vetro, esso uscirà nell'aria solo quando l'angolo d'incidenza è minore dell'angolo limite di 41°48′.

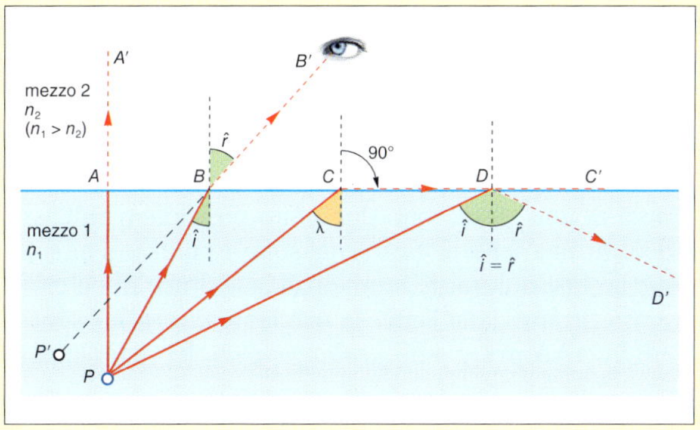

Lastra a facce piane e parallele: è un mezzo trasparente a forma di parallelepipedo. La *lastra* produce l'effetto di traslare un raggio incidente parallelamente a se stesso di una quantità d, che dipende dall'*angolo d'incidenza i* (espresso in radianti), dall'*indice di rifrazione relativo n* e dallo *spessore s* della lastra, secondo la seguente relazione:

$$d = s\,\frac{n-1}{n}\,\hat{i}^{\,\text{rad}}$$

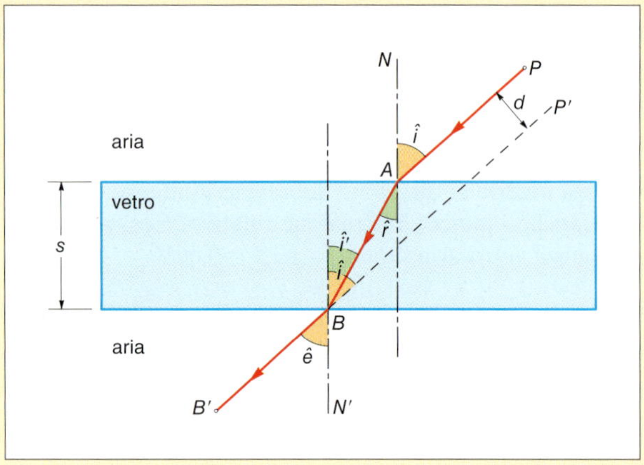

Lenti sferiche: sono mezzi trasparenti delimitati da superfici sferiche, che in generale hanno diversi raggi di curvatura.

- Le lenti si dicono *convergenti* quando hanno uno spessore maggiore al centro rispetto ai bordi.
- Le lenti si dicono *divergenti* quando hanno uno spessore maggiore ai bordi e minore al centro.

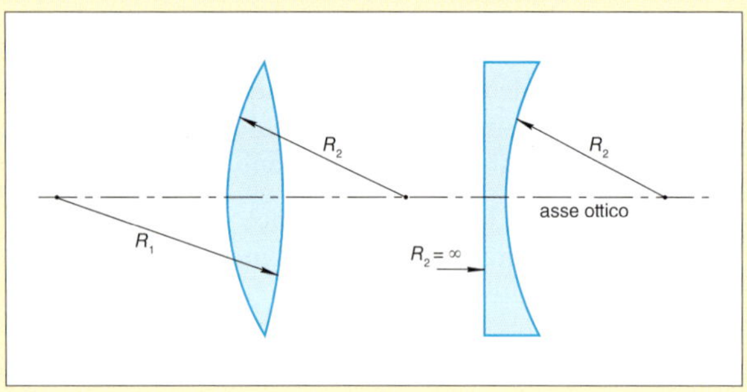

Asse ottico: è la linea che congiunge i centri di curvatura delle superfici sferiche che delimitano la lente.

Fuochi di una lente: sono due punti posizionati sull'asse ottico. In una lente *convergente* sono i punti in cui *converge* un fascio di raggi paralleli all'asse ottico dopo essere stato rifratto dalla lente. In una lente *divergente* sono i punti in cui convergono i *prolungamenti* dei raggi appartenenti a un fascio, parallelo all'asse ottico, dopo essere stati rifratti dalla lente.

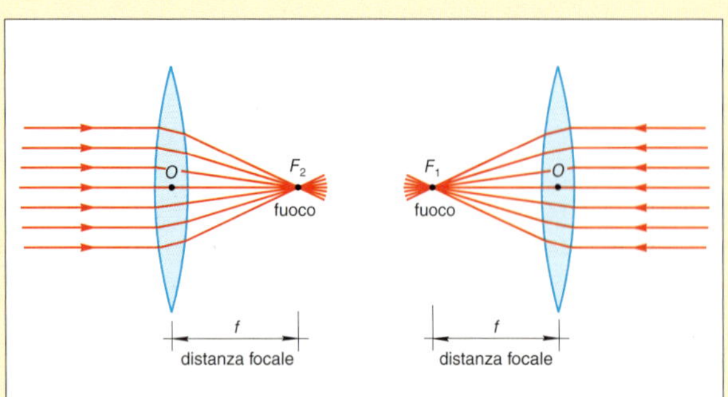

Lenti sottili: sono lenti sferiche con uno spessore tanto piccolo da poter essere giudicato trascurabile.

- In realtà si tratta di una condizione ideale, difficile da realizzare in pratica, e tuttavia necessaria per semplificare e chiarire il problema.

Centro ottico: è il punto individuato dall'intersezione della lente sottile con l'asse ottico. Esso possiede la proprietà di non provocare nessuna deviazione a qualunque raggio luminoso che lo intercetti.

- La distanza tra il centro ottico e ciascuno dei fuochi di una lente sottile si chiama *distanza focale.*

L'equazione delle lenti sottili: per una lente sottile *convergente* di distanza focale f, indicando con D la distanza a cui si trova un oggetto e con d la distanza a cui si viene a formare la sua immagine, esiste la seguente relazione fondamentale:

$$\frac{1}{f} = \frac{1}{D} + \frac{1}{d}$$

Questa relazione vale anche per le lenti *divergenti*, con l'accorgimento di attribuire il segno negativo ad f e d:

$$-\frac{1}{f} = \frac{1}{D} - \frac{1}{d}$$

- Conoscendo f e D, con la relazione precedente è possibile calcolare la distanza d a cui si forma l'immagine.

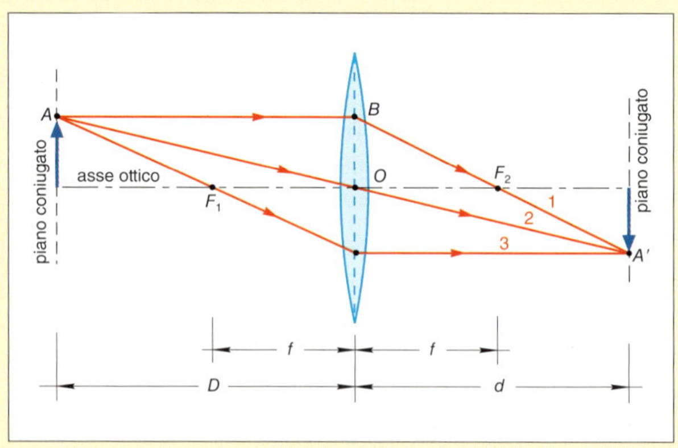

La costruzione delle immagini nelle lenti sottili, viene facilitata dalle seguenti regole pratiche:

1) un raggio di luce parallelo all'asse ottico esce dalla lente dirigendosi al secondo fuoco;
2) un raggio di luce che passi per il primo fuoco, uscendo dalla lente, sarà parallelo all'asse;
3) un raggio diretto al centro ottico non subisce alcuna deviazione.

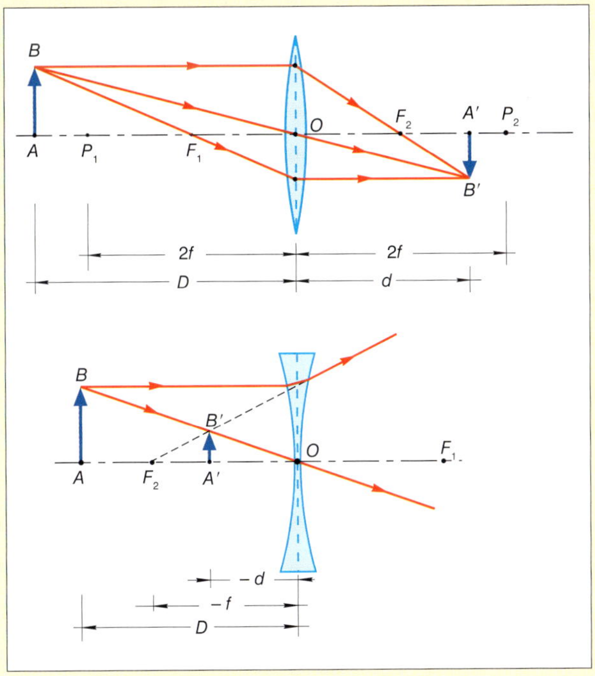

Ingrandimento lineare: le lenti sono caratterizzate da un *ingrandimento lineare*, indicato con I_l. Esso è il rapporto tra la grandezza dell'immagine e quella corrispondente dell'oggetto. Tale rapporto assume poi la seguente forma:

$$I_l = \frac{d}{D} = \frac{f}{D - f}$$

Sistemi di lenti: insieme di due (o più) lenti sottili collocate a una distanza Δ. Quando questa è nulla (Δ = 0) si ha un sistema di lenti a *contatto*. Quando è uguale alla somma delle distanze focali delle due lenti ($\Delta = f_1 + f_2$) il sistema si dice *telescopico*. Gli effetti prodotti da un sistema di lenti sono riproducibili da una sola lente ideale detta *lente risultante*. La sua distanza focale e la sua distanza dalla seconda lente del sistema sono:

$$f = \frac{f_1 \cdot f_2}{f_1 + f_2 - \Delta} \qquad p = \frac{f_2 \cdot \Delta}{f_1 + f_2 - \Delta}$$

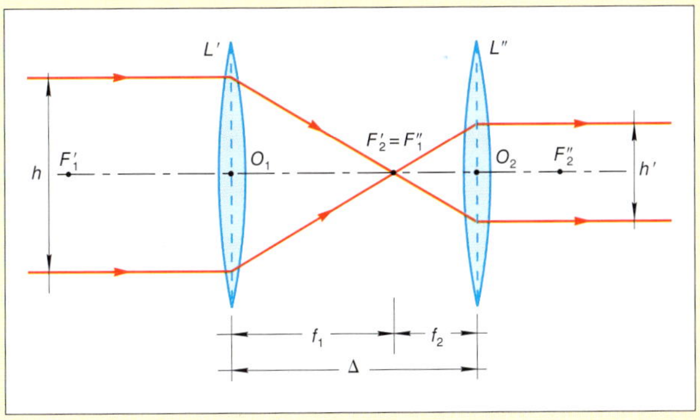

- I sistemi di lenti vengono utilizzati in sostituzione di singole lenti per correggere le aberrazioni.

Aberrazione sferica: è il difetto per il quale i raggi di luce paralleli all'asse che passano per zone diverse di una lente sono deviati *in punti diversi*, anziché venire concentrati in un solo punto, il fuoco.

- È possibile limitare questo difetto con i seguenti accorgimenti:
  1) realizzare la lente con un *piccolo diametro*;
  2) anteporre alla lente un *diaframma* che permetta solo ai raggi luminosi prossimi all'asse ottico di raggiungere la lente, impedendo il passaggio a quelli periferici.

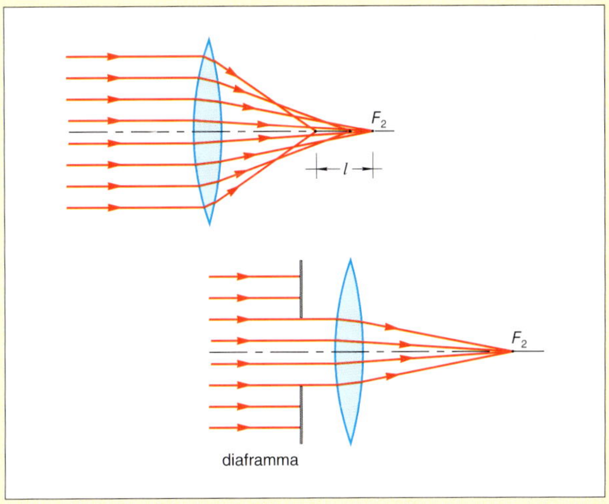

Aberrazione cromatica: è il difetto che genera fuochi diversi in corrispondenza dei diversi colori che compongono un raggio di luce naturale. La sensazione pratica di questo difetto è quella di un'immagine a *contorni iridescenti*, nitida solo nella parte centrale.

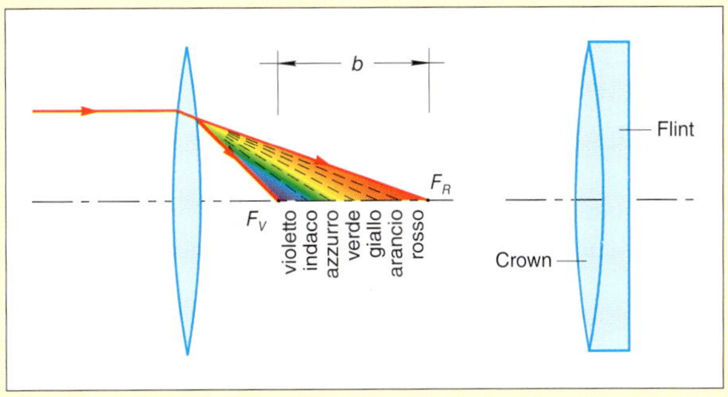

- È possibile limitare questo difetto usando il sistema *acromatico* formato da due lenti delle quali una convergente costituita di vetro *Crown*, a piccolo potere dispersivo, e l'altra divergente di vetro *Flint*, a grande potere dispersivo.

Autovalutazione

A. Verifica delle conoscenze

QUESITI VERO/FALSO

		V	F
1	Uno specchio è realizzato con materiale trasparente	☐	☐
2	L'immagine di un oggetto formata da uno specchio piano è capovolta	☐	☐
3	Gli angoli di incidenza e di riflessione sono riferiti alla perpendicolare alla superficie speculare	☐	☐
4	L'indice di rifrazione assoluto di un materiale dipende da suo spessore	☐	☐
5	La legge di Snell contiene un rapporto tra seni	☐	☐
6	Un raggio di luce passa dall'aria all'acqua allontanandosi dalla normale alla superficie dell'acqua	☐	☐
7	Un raggio di luce che passa dall'aria all'acqua può generare il fenomeno dell'angolo limite	☐	☐
8	Per determinare il valore dell'angolo limite si utilizza la legge di Snell	☐	☐
9	Un raggio di luce che si propaga nell'atmosfera descrive una traiettoria concava verso il basso	☐	☐
10	Lo spostamento di un raggio di luce generato da una lastra a facce piane e parallele dipende solo dal suo spessore	☐	☐
11	L'immagine virtuale generata da una lente non è visibile dall'occhio umano	☐	☐
12	L'equazione delle lenti sottili è applicabile sia alle lenti convergenti sia a quelle divergenti	☐	☐
13	In ogni configurazione dell'oggetto, una lente convergente fornisce sempre un'immagine ingrandita	☐	☐
14	La lente risultante di un sistema di lenti convergenti è sempre convergente	☐	☐
15	L'aberrazione sferica si presenta nelle lenti con spessore non trascurabile	☐	☐

QUESITI A RISPOSTA APERTA

16 Con riferimento allo schema di figura, eventualmente completandolo con simboli mancanti, rispondi ai seguenti quesiti.

1) Quale fenomeno fisico sintetizza?
....
2) Quale tipo di superficie richiede?
....
3) Quali leggi lo governano?
....
4) In quale posizione si trova l'immagine virtuale di A?
....

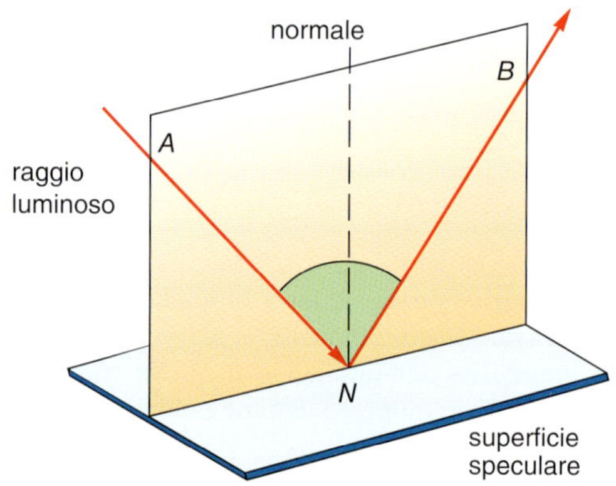

17 Con riferimento allo schema di figura, eventualmente completandolo con simboli mancanti, rispondi ai seguenti quesiti.

1) Quale fenomeno fisico sintetizza?
....
2) Quale proprietà devono avere i due materiali?
....
3) Quali leggi lo governano?
....
4) Quale dei due materiali di figura è più denso?
....

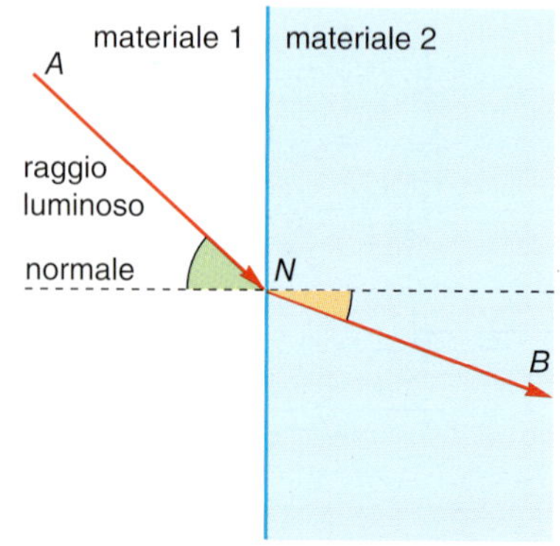

18 Con riferimento allo schema di figura, eventualmente completandolo con simboli mancanti, rispondi ai seguenti quesiti.

1) Quale elemento ottico rappresenta?

....

2) Su quale fenomeno fisico è basato?

....

3) Per quale funzione trova impiego pratico?

....

4) Quale relazione lega i suoi parametri?

....

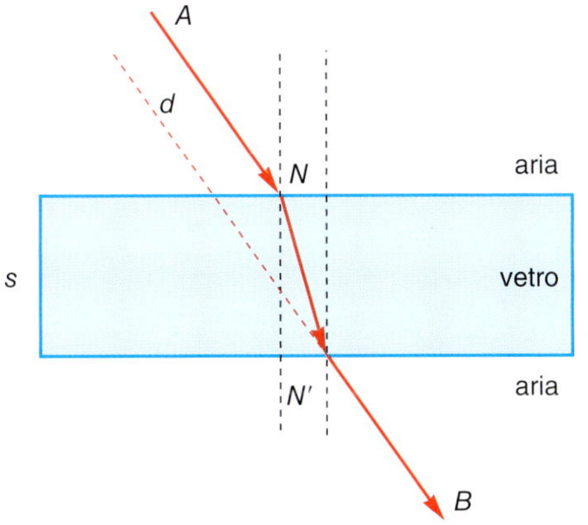

19 Nella figura è illustrata una lente sferica.

1) Per quale ragione è definita «sferica»?

....

2) Quando una lente è definita «sottile»?

....

3) Cosa sono i fuochi della lente?

....

4) Quale relazione lega i parametri di una lente sottile?

....

20 Considera lo schema di figura, che rappresenta una lente sottile convergente.

1) Quali sono le regole che consentono di definire graficamente le immagini di oggetti posti a un lato della lente:

a. ....

b. ....

c. ....

2) Cosa si intende per immagine virtuale?

....

3) Quale condizione produce un'immagine virtuale?

....

4) Cosa si intende per immagine reale?

....

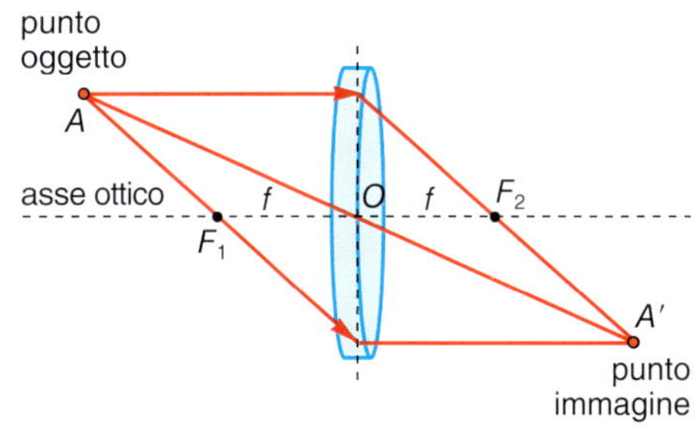

QUESITI A RISPOSTA MULTIPLA

21 Un raggio incidente viene riflesso da una superficie levigata, formando un angolo di 5° rispetto alla normale della superficie. Quale delle seguenti affermazioni è vera?

- a l'angolo di riflessione è di 10°
- b l'angolo di riflessione è di 2°30′
- c l'angolo di riflessione è di 5°
- d la riflessione non avviene

22 Un raggio incidente arriva perpendicolarmente su una superficie levigata. Quale sarà l'angolo di riflessione?

- a 90°
- b 0°
- c 180°
- d non esiste il raggio riflesso

23 Due superfici riflettenti sono disposte con un angolo di 40^c; quale deviazione subisce un raggio riflesso su entrambe le superfici?

- a 80^c
- b 40^c
- c 20^c
- d non subisce alcuna deviazione

24 Un raggio luminoso penetra in un mezzo trasparente dall'aria con un angolo di incidenza di 60°, subendo una deviazione, con avvicinamento alla normale, di 15°. Che valore ha l'indice di rifrazione relativo?

- a 3,346
- b 1,225
- c −3,346
- d 0,816

AUTOVALUTAZIONE

25 Due mezzi trasparenti presentano i rispettivi seguenti indici di rifrazione assoluti $n_1 = 1,3$; $n_2 = 1,6$. Quanto vale l'indice di rifrazione relativo n_{12} del secondo mezzo rispetto al primo?

- a 1,349
- b 0,945
- c 1,498
- d nessuno dei precedenti valori

26 Un raggio luminoso penetra in uno specchio d'acqua con una inclinazione, rispetto alla superficie, di 60°. Con quale angolo rispetto alla superficie si propaga nell'acqua il cui indice di rifrazione relativo è 1,33?

- a 67°55′
- b 40°37′
- c 22°4′
- d nessuno dei precedenti valori

27 Quale elemento non condiziona la traslazione di un raggio emergente da una lastra a facce piane e parallele?

- a lo spessore s della lastra
- b l'angolo d'incidenza i sulla 1ª faccia della lastra
- c l'angolo di emergenza e sulla 2ª faccia della lastra
- d l'indice di rifrazione n della lastra rispetto all'aria

28 Una lente sottile possiede alcune fondamentali proprietà. Quale tra le seguenti è falsa?

- a lo spessore è trascurabile
- b un raggio passa per il suo centro ottico senza essere deviato
- c un raggio di luce parallelo all'asse ottico esce dalla lente dirigendosi su un fuoco
- d nessuna delle precedenti proprietà

29 Quali punti, in una lente, sono detti punti cardinali?

- a il centro ottico O
- b i due fuochi F_1 e F_2
- c i due punti P_1 e P_2 distanti dalla lente $2f$
- d tutti i precedenti

30 Un oggetto è posto tra una lente sottile convergente e un suo fuoco. Quali caratteristiche possiede la sua immagine?

- a l'immagine è virtuale, ingrandita e rovesciata
- b l'immagine è virtuale, ingrandita e diritta
- c l'immagine è virtuale, rimpicciolita e diritta
- d l'immagine è virtuale, rimpicciolita e rovesciata

31 Un oggetto è posto a una distanza pari a $2f$ da una lente sottile convergente. Quali caratteristiche possiede la sua immagine?

- a l'immagine è reale, ingrandita e rovesciata
- b l'immagine è reale, rimpicciolita e rovesciata
- c l'immagine è reale, uguale e rovesciata
- d nessuna delle precedenti

32 Un oggetto è posto a una distanza maggiore di $2f$ da una lente sottile convergente. Dove si viene a formare la sua immagine?

- a oltre il doppio della distanza focale
- b tra il fuoco e il doppio della distanza focale
- c esattamente sul fuoco
- d esattamente sul doppio della distanza focale

33 Una sorgente luminosa si trova a 2 m da una lente sottile convergente con $f = 50$ cm. A quale distanza dalla lente si forma l'immagine?

- a 67 cm
- b 50 cm
- c 100 cm
- d 84 cm

34 Con i dati del quesito precedente, qual è l'ingrandimento lineare della lente?

- a 3
- b 2,9
- c 0,33
- d 0,6

35 Con i dati del quesito precedente, quante diottrie possiede la lente?

- a $1\ m^{-1}$
- b $2\ m^{-1}$
- c $3\ m^{-1}$
- d $0,5\ m^{-1}$

36 Quale relazione intercorre tra l'ingrandimento lineare e quello angolare di una lente sottile convergente?

- a hanno sempre valori uguali
- b hanno valori opposti
- c hanno valori inversi
- d non c'è nessuna relazione

37 Quando un sistema di due lenti sottili convergenti con distanze focali f_1 ed f_2 e distanti Δ, diventa divergente?

- a mai
- b sempre
- c solo se $f_1 + f_2 = \Delta$
- d solo se $f_1 + f_2 < \Delta$

38 Quando un sistema di due lenti sottili convergenti con distanze focali f_1 ed f_2 e distanti Δ, si definisce afocale?

- a quando $f_1 = f_2$
- b quando $\Delta = 0$
- c quando $f_1 + f_2 = \Delta$
- d quando $f_1 + f_2 < \Delta$

39 In che modo si può limitare l'aberrazione sferica di una lente?

- a realizzando la lente con un grande diametro
- b anteponendo alla lente un diaframma
- c realizzando la lente con un basso indice di rifrazione
- d non è mai possibile

40 In che modo si può limitare l'aberrazione cromatica di una lente?

- a realizzando la lente con un piccolo diametro
- b anteponendo alla lente un diaframma
- c adottando un sistema di due lenti a contatto
- d non è mai possibile

B. Verifica delle competenze

COMPETENZA Digitale

41 Utilizzando AutoCAD costruisci l'immagine di un oggetto lineare alto 10 cm, formata da una lente convergente con distanza focale di 80 mm e collocata a 22 cm dall'oggetto.

42 Utilizzando una parte di un foglio Excel organizza le celle necessarie per il calcolo dell'angolo limite di un raggio luminoso che si propaga da un mezzo traslucido verso l'atmosfera, prevedendo la presenza di una cella in cui inserire l'indice di rifrazione assoluto del materiale traslucido.

COMPETENZA Risolvere problemi

43 **PROBLEMA SVOLTO**

Un restauratore sta osservando una porzione di un quadro alta 3 cm con una lente convergente, avente distanza focale di 15 cm, tenuta a 10 cm dal quadro. Determina la distanza a cui si forma l'immagine e la sua altezza.

Soluzione

Si stratta della configurazione in cui l'oggetto è collocato tra la lente e un suo fuoco (figura in basso); pertanto l'immagine è virtuale (si genera dalla stessa parte dell'oggetto), diritta e si forma a una distanza d (convenzionalmente negativa) dalla lente fornita dalla seguente equazione delle lenti sottili:

$$\frac{1}{f} = \frac{1}{D} - \frac{1}{d} = \frac{1}{15} = \frac{1}{10} - \frac{1}{d}$$

da cui segue $d = 30$ cm. Per calcolare la dimensione h dell'immagine basta considerare i due triangoli retti (peraltro anche simili) con vertice comune O:

$$\text{tg}\,\alpha = \frac{3}{10} = 0{,}3 \qquad h = 30 \cdot \text{tg}\,\alpha = 9\ \text{cm}$$

L'ingrandimento lineare della lente sarà $I = 9/3 = 3$.

ORA PROVACI TU

Esegui la stessa procedura ma considerando una lente convergente di distanza focale $f = 12$ cm.

[$d = 60$ cm; $h = 18$ cm; $I = 6$]

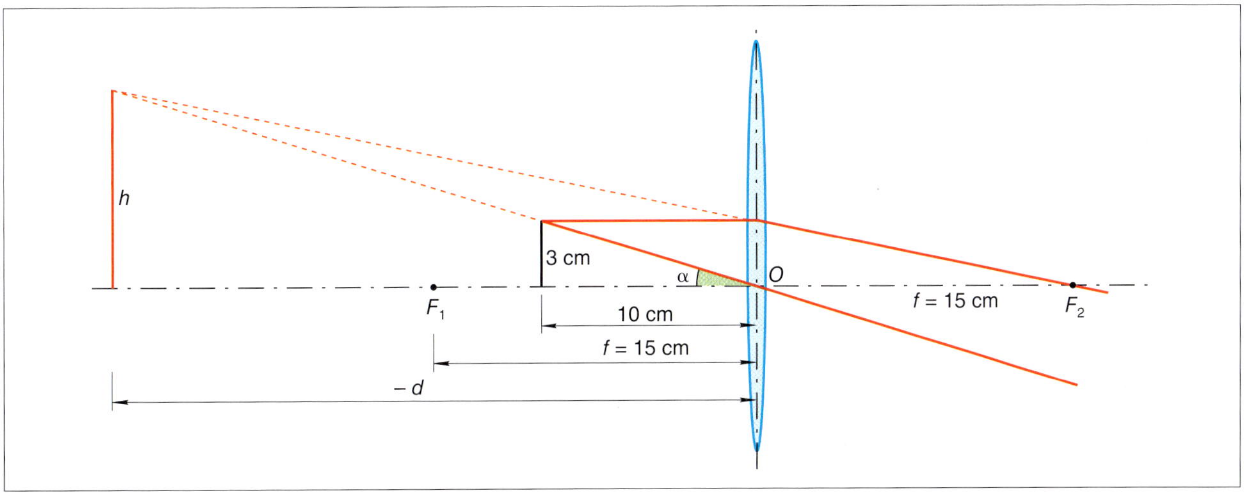

44 Due specchi formano un angolo di 110°. Un raggio incide sul primo specchio in A con un angolo di 58°, con quale angolo α lo stesso raggio viene riflesso in B dal secondo specchio?

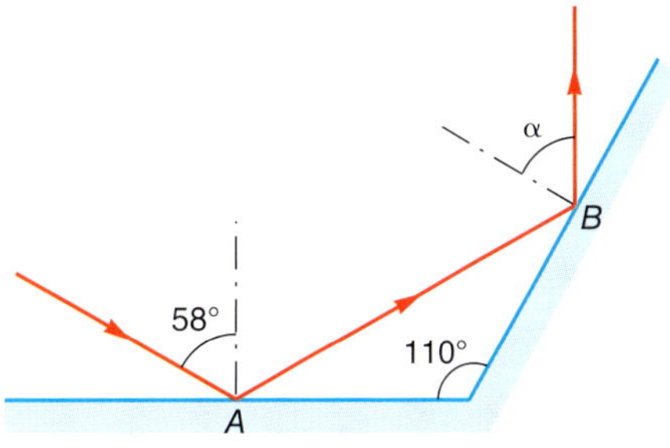

[$\alpha = 52°$]

45 Calcola la rotazione da dare a una lastra a facce piane e parallele di vetro flint dello spessore di 15 mm, per ottenere uno spostamento del raggio luminoso pari a 0,05 cm. [$5°5'35''$]

46 Calcola lo spessore che deve avere una lastra a facce piane e parallele di vetro flint, in modo che imprimendole una rotazione di 10° il raggio luminoso venga spostato di 0,1 cm. [15,3 mm]

47 Una sorgente luminosa, posta a 10 m da uno specchio piano, emette un raggio che incontra lo specchio con un angolo di incidenza di 60° e si riflette fino ad arrivare su uno schermo posto parallelamente allo specchio. Sapendo che tutto il cammino percorso dal raggio è pari a 50 m, calcola la distanza tra lo specchio e lo schermo. [15 m]

48 Una sorgente luminosa è posta a 7 m di altezza al di sopra del suolo. Calcola la lunghezza dell'ombra gettata sul suolo da un'asta verticale di 3 m di altezza, posta a 4 m dalla verticale passante per la sorgente. [3 m]

49 Una sorgente puntiforme S illumina una parete piana posta a 3 m di distanza. Calcola l'area dell'ombra di uno schermo rettangolare con i lati di 10 cm × 30 cm, posto alla distanza di 1,2 m dalla sorgente, col centro sulla normale abbassata da questa sulla parete e giacente su un piano parallelo a quello della parete. [1875 cm^2]

50 Un raggio di luce monocromatica, penetrando in una soluzione biologica sotto un angolo di incidenza di 50°, viene deviato dalla direzione d'incidenza di un angolo pari a 10°. Calcola l'indice di rifrazione della soluzione. [1,19]

51 Un raggio luminoso monocromatico proveniente dall'aria penetra in un mezzo trasparente avente indice di rifrazione pari a 1,192. Calcola la direzione del raggio incidente in modo che gli angoli di incidenza e di rifrazione siano complementari. [50°]

52 Calcola l'indice di rifrazione del diamante sapendo che l'angolo limite del mezzo considerato rispetto all'aria è pari a 23°56′. [2,465]

53 Calcola l'angolo limite per le seguenti sostanze di cui è dato l'indice di rifrazione: *a*) ambra $n = 1{,}546$; *b*) quarzo $n = 1{,}458$. [*a*) 40°18′11″; *b*) 43°18′15″]

54 Un oggetto luminoso, posto alla distanza di 60 cm da una lente sottile convergente, origina un'immagine che si forma a una distanza di 35 cm dalla lente. Calcola la distanza focale della lente e dire come sarà l'immagine. [22,10 cm; capovolta, rimpicciolita, reale]

55 Un oggetto luminoso alto 15 cm e disposto a 25 cm da una lente convergente origina un'immagine virtuale alta 40 cm. Calcola la posizione dell'immagine e la distanza focale della lente. [66,66 cm; 40 cm]

56 Di fronte a una lente di distanza focale pari a 30 cm, si pone un oggetto di altezza pari a 1,20 m. Calcola a quale distanza occorre porre uno schermo affinché l'immagine dell'oggetto abbia su di esso un'altezza di 5 cm. [31,25 cm]

57 Una lente convergente ha la distanza focale di 1 m. Calcola a quale distanza dalla lente si forma l'immagine di un oggetto posto a 1,5 m dalla stessa, e dire come sarà l'immagine. [3 m; reale, capovolta, ingrandita]

58 Spostando un oggetto lungo l'asse ottico di una lente sottile convergente, quando l'oggetto si trova sia a 20 cm sia a 10 cm dalla lente si formano due immagini 3 volte più grandi dell'oggetto. Calcola la distanza focale della lente e le distanze delle due immagini dalla stessa. [15 cm; 60 cm; 30 cm]

59 Una lente convergente origina l'immagine virtuale di un oggetto posto alla distanza di 4 cm dalla stessa. Sapendo che l'ingrandimento lineare è pari a 5, Calcola la distanza focale della lente e l'ingrandimento angolare. [5 cm; 5]

60 Un oggetto si trova alla distanza di 6 cm da una lente convergente con distanza focale di 10 cm. Calcola la distanza dell'immagine dalla lente e l'ingrandimento angolare. [15 cm; 2,5]

61 Una lente divergente presenta una distanza focale di −0,50 m; calcola la distanza a cui si forma la sua immagine e l'ingrandimento che assume. [−40 cm; 0,20]

62 Due lenti sottili, una convergente e una divergente, hanno rispettivamente distanza focale +20 cm e −20 cm, e distano tra loro 10 cm. Determina distanza focale e distanza dalla seconda lente della lente risultante del sistema. [40 cm; 20 cm]

63 Un proiettore per diapositive è caratterizzato da una lente con distanza focale di 40 cm. Calcola le dimensioni dell'immagine che si forma sopra uno schermo posto alla distanza di 12 m dalla lente quando si proietta una diapositiva di 6 cm × 12 cm. [180 cm × 360 cm]

64 Un punto luminoso P è situato a 5 cm dall'asse ottico di una lente convergente di potere diottrico 10 m^{-1}. Dopo la rifrazione i raggi sono divergenti e fra il raggio che passa per il centro ottico e il raggio che passa per il fuoco vi è un angolo di 5°. Determina a quale distanza dalla lente si trova il punto luminoso P. [8,1 cm]

65 Determina lo spostamento lineare che subisce un raggio luminoso nell'attraversare una lamina a facce piane e parallele di vetro con spessore 1,7 cm e con indice di rifrazione relativo aria-vetro pari a $n = 1{,}58$, sapendo che l'angolo di incidenza del raggio luminoso rispetto alla normale della prima faccia della lamina è di $8°10'$. [0,889 mm]

66 Un raggio luminoso, dopo avere attraversato una lamina a facce piane e parallele di vetro con spessore 2 cm e con indice di rifrazione relativo aria-vetro pari a $n = 1{,}60$, arriva su un'asta graduata sulla quale si esegue la lettura $L_1 = 1{,}343$ m. Facendo ruotare la lamina, sulla graduazione dell'asta viene eseguita la nuova lettura $L_2 = 1{,}345$ m. Determina l'angolo di cui è stata ruotata la lamina e che ha reso possibile la seconda lettura L_2. [$15°16'44''$]

67 Determina lo spessore che deve possedere una lamina a facce piane e parallele di vetro con indice di rifrazione relativo aria-vetro pari a $n = 1{,}54$, affinché essa possa traslare un raggio luminoso di una quantità pari a un decimo di millimetro (0,10 mm) per ogni grado centesimale ($1^c{,}0000$) di rotazione della stessa lamina. [18,1 mm]

68 Due lenti convergenti L_1 e L_2 hanno le seguenti distanze focali: $f_1 = 54$ mm ; $f_2 = 68$ mm. Esse sono poste a una distanza relativa di 4,5 cm. Determina il valore della distanza focale della lente risultante del sistema di lenti L_1 e L_2 e la distanza di questa risultante dalla lente L_1. [47,7 mm; 5,26 mm]

69 Due lenti convergenti L_1 e L_2 hanno le seguenti distanze focali: $f_1 = 20$ mm; $f_2 = 240$ mm. Esse formano un sistema in posizione telescopica. Determina il valore dell'ingrandimento lineare del sistema di lenti L_1 e L_2. [12]

Risultati dei quesiti vero/falso

1F, 2F, 3V, 4F, 5V, 6F, 7F, 8V, 9V, 10F, 11F, 12V, 13F, 14F, 15V

Risultati dei quesiti a risposta multipla

21c, 22b, 23a, 24b, 25d, 26a, 27c, 28d, 29d, 30b, 31c, 32b, 33a, 34c, 35b, 36c, 37d, 38c, 39b, 40c.

C2 Segnali e mire

1. La materializzazione dei punti

Sia nell'ambito della realizzazione di un'*opera civile* (edificio, strada, fognatura ecc.), sia in quello del *rilievo* topografico di porzioni di territorio, è sempre necessaria la **materializzazione sul terreno** di alcuni punti (cioè il collocamento di un **oggetto fisico** che concretizzi gli stessi punti e li renda visibili anche a distanza) che ne definiscano sia la *posizione* nel contesto ambientale, sia il loro ruolo nel quantificare *dimensioni* e *ingombro* di un'opera da realizzare (come nel caso della costruzione di un edificio).

FAQ

In quali contesti è necessario materializzare punti sul terreno?

Nella realizzazione delle opere civili come edifici, strade, canali ecc. e nel rilievo topografico di porzioni di territorio allo scopo di realizzarne la rappresentazione grafica.

Ad esempio, nella ►FIGURA 1, i punti costituenti gli spigoli di un fabbricato, definiscono la **forma** e le **dimensioni** dell'ingombro sul terreno dello stesso edificio, e ne definiscono anche la sua *posizione* rispetto ai confini dell'appezzamento. Altri punti, non riportati in figura, permetteranno, allo stesso modo, di materializzare la posizione e l'andamento delle strutture portanti dell'edificio (muri, pilastri, spalle ecc.).

Altre volte il problema è quello di eseguire **misure** sul terreno (angoli e distanze) con le quali sia poi possibile realizzare la **rappresentazione grafica** del

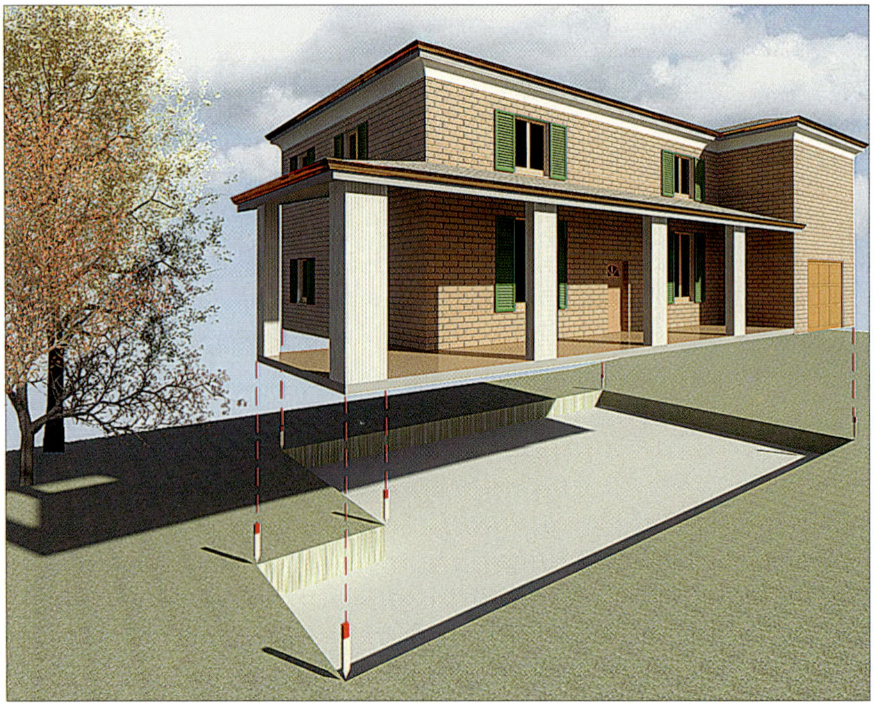

FIGURA 1 La realizzazione di un fabbricato richiede la preliminare materializzazione sul terreno dei punti che ne definiscono sia l'ingombro, sia l'andamento delle strutture portanti.

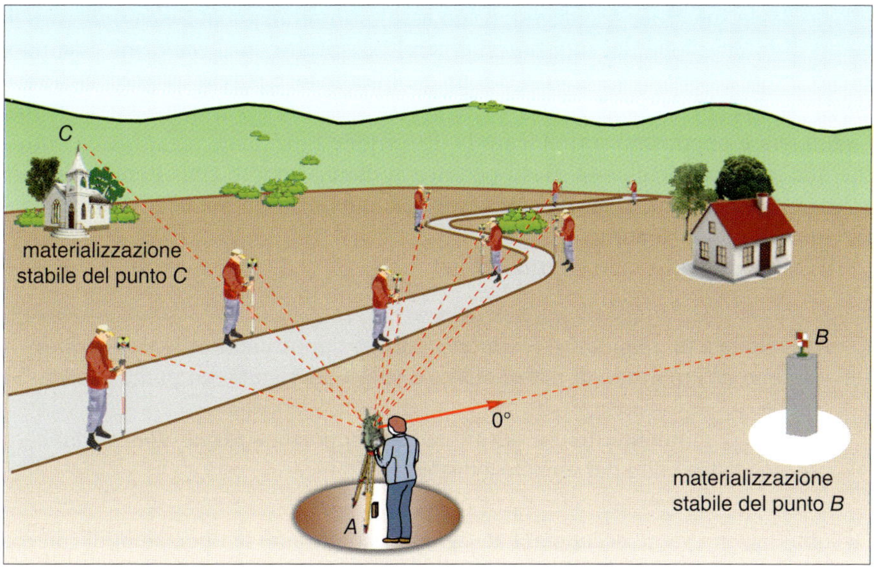

FIGURA 2 Rilievo topografico di un tratto di strada con misure eseguite da uno strumento collocato sul punto *A* materializzato sul terreno. Le misure eseguite fanno riferimento al punto *B*, oppure al punto *C*, di posizioni note, anch'essi materializzati sul terreno, ma in modo decisamente più stabile. In questo caso il punto *B* è un elemento artificiale appositamente realizzato (pilastrino in calcestruzzo), mentre il punto *C* è un elemento naturale preesistente (campanile).

territorio sotto forma di **carta**. Anche in questo caso è necessario **materializzare** alcuni punti, scelti con determinati criteri, sui quali collocare gli **strumenti** per eseguire le misure, o per stabilizzare punti dei quali determinare la posizione (tramite le sue coordinate) e renderla **individuabile** con sicurezza, e **disponibile** nel tempo.

Ad esempio, nella ▶FIGURA 2, il problema schematizzato è quello del **rilievo** dell'andamento dei cigli di una strada, eseguito allo scopo di ottenerne in seguito la relativa **rappresentazione grafica**. Le misure necessarie saranno realizzate da un apposito **strumento topografico** (ad esempio una *stazione totale*), che dovrà essere collocato su un punto *A* **materializzato** sul terreno, per consentire il collocamento **ripetuto** dello strumento, in **tempi diversi**, sullo stesso punto.

Nelle vicinanze è poi presente un secondo punto, *B* oppure *C*, questa volta **materializzato** in modo più stabile con un **pilastrino** di calcestruzzo appositamente realizzato (*B*), oppure costituito da un elemento edilizio preesistente come un **campanile** (*C*), testimoniando con ciò la maggior importanza del punto. Esso, in effetti, rappresenta un punto **di posizione nota** la cui *stabilità* nel tempo ne consente l'utilizzo anche per altre operazioni di rilievo che dovessero svilupparsi nello stesso contesto ambientale.

Ciò premesso, le ragioni per le quali un punto deve essere materializzato sul terreno sono essenzialmente le seguenti:

- per realizzare un riferimento certo di un punto di posizione (coordinate) determinata o da determinare;
- per rendere il punto visibile a distanza.

Diremo che nel primo caso la materializzazione avviene con dispositivi detti **segnali**, mentre nel secondo con elementi detti **mire**.

Caratteristiche dei segnali e delle mire

I manufatti da utilizzare per i segnali e le mire devono possedere forme caratterizzate da **assi di simmetria** ben riconoscibili e individuabili anche a distanza (il nostro cervello è molto efficiente nel riconoscere simmetrie presenti negli oggetti).

Talvolta può capitare che il manufatto utilizzato come segnale, per *dimensioni* e *forma*, possa fungere anche da mira. Prendiamo, per esempio, il campanile di

FIGURA 3 Un campanile può essere usato come segnale naturale permanente (a). Tuttavia esso, essendo visibile a distanza con un cannocchiale, è anche una mira, così come la torre di un castello (b).

▶FIGURA 3a: la sua croce (o, meglio, il suo asse) può ottimamente *materializzare* il punto di intersezione dei suoi bracci e perciò costituire un *segnale*; ma essa può anche essere *osservata a distanza* con un cannocchiale, e perciò fungere anche da *mira* (▶FIGURA 3b).

Tuttavia è opportuno sottolineare la distinzione funzionale tra *segnale* e *mira*, che non è affatto artificiosa. Basti pensare ai danni, sempre consistenti, che può arrecare la rimozione di un **segnale**, rispetto a quelli, per lo più lievi, di un danno arrecato alla relativa **mira**.

Riassumendo possiamo affermare che:

- il **segnale** è un manufatto (caratterizzato da opportune *forme*, *dimensioni* e *materiali*) in grado di materializzare, senza ambiguità, un punto sul terreno;
- la **mira** è un manufatto che permette (con opportune *forme*, *dimensioni* e *colori*) la visibilità del segnale a distanza.

Di solito la mira viene **accoppiata al segnale** solo durante le operazioni di rilievo, in altri casi essa viene collocata permanentemente su di esso.

Tanto i *segnali* quanto le *mire* sono, in generale, caratterizzati da un asse di **riferimento** verticale *V-V*, che si identifica con un **asse di simmetria** del manufatto (▶FIGURA 3a), al quale vengono riferite le coordinate **planimetriche**, e da un asse orizzontale *P-P* al quale è riferita la posizione altimetrica, dunque la **quota**, del punto. Nel manufatto possono esistere entrambi questi assi di riferimento, e allora si parlerà di mire o di segnali **plano-altimetrici**. Quando, invece, la mira o il segnale presentano solo l'asse di riferimento verticale, si parlerà di mire o segnali **planimetrici** (▶FIGURA 3b), mentre quando è presente il solo asse di riferimento orizzontale si parlerà di mire o segnali **altimetrici**.

Classificazione dei segnali e delle mire

Il manufatto che costituisce un **segnale** talvolta *emerge* dal suolo, altre volte rimane a *livello del terreno* (in questo caso si parla di *segnale a raso*). Al contrario il manufatto che costituisce una **mira**, per poter svolgere la sua funzione, è sempre *emergente* dal terreno. I *manufatti* utilizzati per realizzare *segnali* e *mire*, possono poi essere catalogati in relazione alla loro **natura** in:

- **manufatti naturali**: già esistenti sul territorio (come particolari elementi di edifici) e adottati come *segnale* o *mira*;
- **manufatti artificiali**: espressamente realizzati allo scopo di costituire un *segnale* o una *mira*.

Inoltre, in relazione ai **tempi** nei quali i segnali vengono impiegati, si può poi fare la seguente ulteriore classificazione:

- **segnali permanenti**: devono rimanere posizionati per lunghi periodi di tempo in quanto non finalizzati a singoli ambiti, ma a tutta una serie di importanti e costose operazioni topografiche, dette di *inquadramento*, che si protraggono, appunto, per lunghi e indefiniti periodi di tempo;
- **segnali provvisori**: svolgono la loro funzione per un periodo di tempo ben definito e **limitato**, talvolta coincidente con la stessa durata del rilievo.

Come vedremo in seguito la *forma* del manufatto da utilizzare come segnale o mira, il *materiale* di cui è costituito, le sue *dimensioni* e la sua *colorazione* dipendono dallo **scopo** per il quale esso viene realizzato, dalla sua **importanza**, dalla sua **durata** e dalla **morfologia** del terreno sul quale si deve collocare.

FAQ

Che cos'è un segnale e che cos'è una mira?

Il segnale è un manufatto in grado di materializzare, senza ambiguità, un punto sul terreno. La mira è un manufatto che permette la visibilità del segnale a distanza.

2. I segnali permanenti

La materializzazione dei punti nel rilievo topografico pertanto è affidata a elementi di varie **dimensioni**, **forma** e **consistenza**, in diversi contesti ambientali, in relazione alla funzione loro assegnata. Talvolta essi si sviluppano fuori terra, altre volte vengono infissi nel terreno, e, come già detto, possono essere utilizzati per brevi e limitati periodi di tempo, oppure permanentemente. Inizieremo il nostro esame proprio da quest'ultima tipologia di segnali.

I *segnali permanenti* sono impiegati nell'ambito di importanti lavori come la materializzazione dei **vertici trigonometrici** e i **capisaldi di livellazione** delle reti topografiche realizzate da Enti di importanza nazionale come l'**IGM** (Istituto Geografico Militare) e il **Catasto**, oppure per materializzare punti connessi al *controllo statico* e al *monitoraggio* delle grandi opere (ponti, dighe, edifici monumentali ecc.). Essi, tuttavia, possono essere utilizzati come riferimenti anche da tecnici privati per operazioni topografiche di tipo corrente.

Essi, secondo le classificazioni in precedenza anticipate, possono appartenere alle seguenti tipologie.

- **Segnali naturali**: sono costituiti da elementi già esistenti nel territorio, come da particolari architettonici caratteristici di **fabbricati**, da **campanili** (▸FIGURA 3) o più semplicemente da **affioramenti di roccia**, in relazione al contesto ambientale. Essi, comunque, devono essere in grado di garantire la *permanenza* e la *stabilità* nel tempo.
- **Segnali artificiali**: quando il punto da materializzare si trova in un luogo in cui sono assenti elementi naturali giudicati idonei allo scopo (per *dimensioni*, *forma* e *stabilità*), si procede alla realizzazione di appositi manufatti detti **segnali artificiali** (*basamenti*, *pilastrini*). Questi manufatti sono realizzati in **calcestruzzo**, quando è possibile la preparazione del conglomerato, cioè quando il luogo è facilmente accessibile con veicoli (di solito fuoristrada), per il traporto dei materiali necessari (cemento, inerti, casseri, acqua). Quando, invece, il luogo è difficilmente raggiungibile, come in zone montagnose accidentate, questi segnali sono realizzati mediante assemblaggio di elementi **modulari metallici** imbullonati. In effetti la struttura dei segnali permanenti artificiali è estremamente varia, ed è condizionata, oltre che dai luoghi, anche dalle epoche di realizzazione.

Un ulteriore criterio di classificazione si riferisce allo sviluppo *altimetrico* dei segnali permanenti rispetto al suolo; in effetti essi possono essere distinti anche nel seguente modo.

- **Segnali a raso**: sono elementi naturali, come *affioramenti rocciosi* (▸FIGURA 4a), o manufatti artificiali come *basamenti* realizzati in calcestruzzo (▸FIGURA 4b) e che

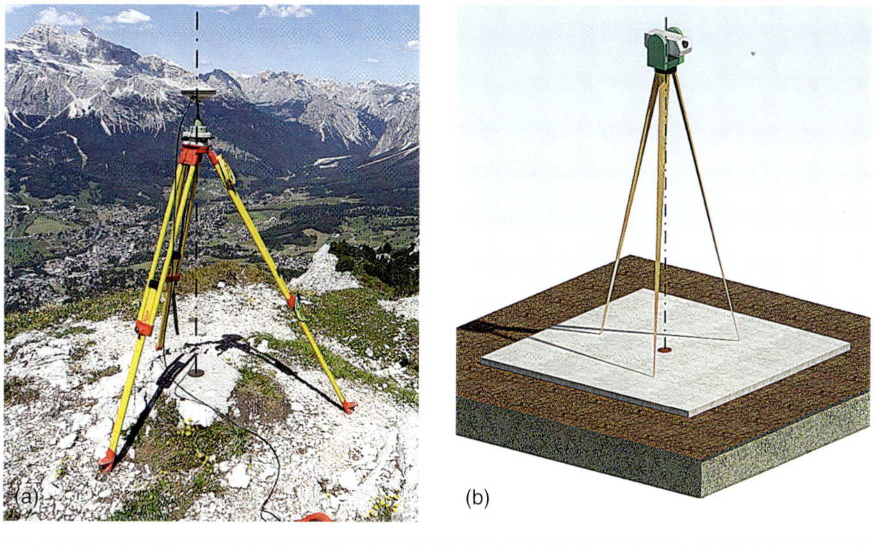

FIGURA 4 Segnale permanente a raso di tipo naturale, costituito da un affioramento roccioso su cui è applicato un centrino (a), e di tipo artificiale costituito da un basamento in calcestruzzo realizzato in scavo (b).

FAQ

Che cosa sono i pilastrini?

Sono segnali artificiali permanenti costituiti da un manufatto in muratura, in calcestruzzo o in acciaio, emergente dal terreno per circa 1,20 m e di sezione quadrata (lato di 40 cm), circolare (diametro 40 cm) o triangolare (con lato di 30 cm). Oltre a segnalare il punto consentono sulla loro sommità lo stazionamento di apparati di misura.

rimangono a *livello del terreno*. A essi viene poi applicato stabilmente un **centrino** metallico di riferimento, sul quale deve essere possibile stazionare con un *tripode* (*treppiede*), sul quale viene montato uno strumento topografico (*teodolite*, *stazione totale*, *antenna GPS*), per eseguire le misure riferite allo stesso segnale. La loro configurazione li protegge meglio da eventuali danneggiamenti che, nel tempo, possono verificarsi.

- **Segnali elevati**: sono quei segnali il cui corpo, in qualche misura, *emerge dal suolo*. Fanno parte di questa categoria segnali naturali come i *campanili* o *elementi architettonici* di edifici, e segnali artificiali costituiti da *brevi colonne*, di diverso materiale, fissate a un basamento; la loro parte superiore deve consentire il montaggio di uno *strumento topografico* di misura. Questi segnali sono noti con il termine **pilastrini** e sono descritti al punto successivo. Essi sono più **vulnerabili** ed esposti a danneggiamenti involontari; pertanto la loro realizzazione deve tenere conto di ciò, prevedendo la possibilità di **ripristinare** la corretta posizione del segnale stesso.

I pilastrini

I **pilastrini** sono segnali permanenti artificiali *elevati*, costituiti da cippi alti circa 1,20 m realizzati in **calcestruzzo** o in **acciaio** (in passato sono stati utilizzati anche elementi in pietra naturale squadrata), collegati stabilmente al suolo tramite un *basamento* in calcestruzzo.

FIGURA 5 Segnali permanenti artificiali di tipo elevato: pilastrino in calcestruzzo a sezione quadrata (a) e circolare (b), e pilastrino in acciaio verniciato a sezione triangolare (c, d).

I *pilastrini in calcestruzzo* hanno in genere sezione *quadrata* con lato di 40 cm (▶FIGURA 5a) o *circolare* con diametro delle stesse dimensioni (▶FIGURA 5b). I *pilastrini metallici* sono costituiti da elementi *modulari* prismatici, di solito a sezione triangolare con lato di 30 cm (▶FIGURA 5c, d), allo scopo di favorirne l'assemblaggio e il posizionamento in zone accidentate dove non è possibile realizzare manufatti in calcestruzzo. Per questi segnali è necessario prevedere manutenzioni periodiche, in particolare per ripristinare la verniciatura di protezione.

Qualunque sia la loro natura, sulla parte superiore dei pilastrini viene fissato il **centrino** metallico (detto di **superficie**), la cui funzione è quella di stabilire l'esatta posizione del punto segnalato.

FIGURA 6 Strumento topografico (stazione totale) montata sulla testa di un pilastrino che segnala un punto utilizzato per controlli e monitoraggi statici.

• Utilizzo dei pilastrini come stazioni di misura

Sulla testa del *pilastrino* viene spesso eseguito il montaggio e lo **stazionamento** di strumenti topografici (*teodolite*, *stazione totale*, *antenna GPS*), a mezzo di un'appropriata **basetta di collegamento**, allo scopo di eseguire misure in corrispondenza del punto segnalato (▶FIGURA 6).

L'impiego dei *pilastrini* viene suggerito in modo particolare quando le **sessioni di misura** devono essere *ripetute* nel tempo, e richiedono grandi precisioni, come, ad esempio, nelle operazioni di *controllo statico* delle grandi opere; in questi casi essi assicurano nel tempo il certo e corretto *posizionamento* dello strumento di misura sul punto segnalato. In effetti il **posizionamento diretto** dello strumento sul segnale garantisce una precisione decisamente migliore rispetto al montaggio dello strumento sul *treppiede*, soluzione adottata (▶FIGURA 4) quanto il segnale è del tipo *a raso*. Per l'osservazione a grandi distanze, sui *pilastrini* vengono montate apposite **mire** a forma *piramidale*, che verranno illustrate di seguito.

• Ripristino dei segnali permanenti: il centrino di fondo

La *demolizione*, o anche il semplice *spostamento* dei segnali permanenti, dolosa o casuale che sia, comporta sempre un **danno economico** notevole; ciò non per il valore intrinseco del manufatto che costituisce il segnale, ma per la perdita del lavoro e delle misure che hanno portato alla determinazione della sua posizione.

È chiaro perciò che, nella realizzazione dei manufatti che costituiscono *segnali permanenti artificiali* (in particolare per i pilastrini, ma anche per i segnali a raso), occorrerà prevedere tale eventualità predisponendo, in fase di realizzazione, opportuni e idonei accorgimenti che consentano il *ripristino* del segnale, quindi il recupero della posizione del punto.

Ciò è consentito fornendo il segnale di *due centrini* metallici (ghisa o acciaio) montati su due strutture del tutto *indipendenti*. Il primo, detto di **superficie** (▶FIGURE 7, 8) (pagina seguente), viene montato alla sommità del *pilastrino* (o nel *basamento* a livello del terreno in caso di *segnale a raso*). L'altro centrino, detto di **fondo** (o di *profondità*) con dimensioni leggermente ridotte rispetto al precedente, deve essere annegato in un *massetto in calcestruzzo* realizzato sotto il basamento, e reso indipendente da questo da uno strato di *materiale sciolto* (sabbia, ghiaietto) la cui funzione è quella di **isolarlo** da eventuali movimenti della parte superiore del segnale, salvaguardando la posizione definita dal *centrino di fondo*. I contrassegni dei due centrini, naturalmente, devono essere *verticalmente sovrapposti*.

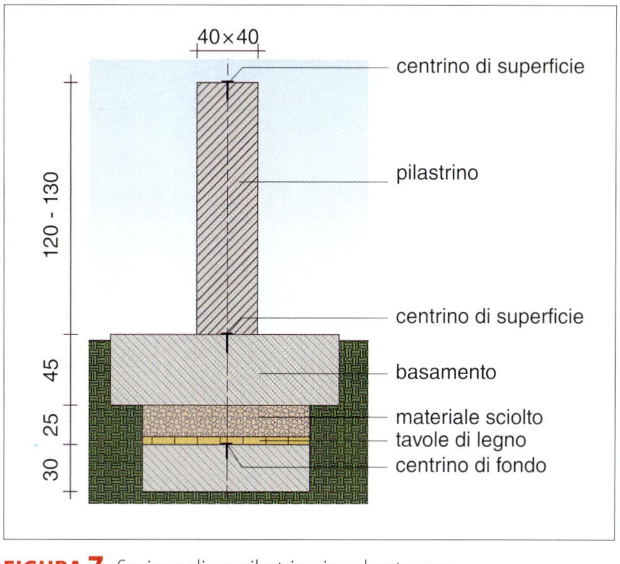

FIGURA 7 Sezione di un pilastrino in calcestruzzo.

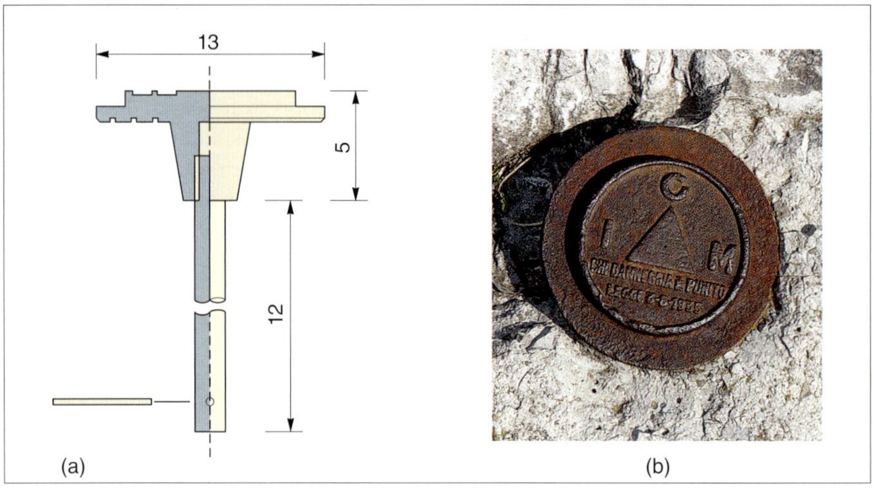

FIGURA 8 Centrino metallico di superficie in sezione (a) e in vista dall'alto (b), utilizzato dall'IGM nei segnali delle sue reti topografiche.

In questo modo, se per qualche ragione viene «perduto» il centrino di superficie, che evidentemente è il più vulnerabile, utilizzando il centrino di profondità sarà possibile *ripristinare* il centrino di superficie danneggiato.

I centrini di spia

Un possibile accorgimento per rintracciare con facilità i *segnali a raso* (che facilmente, nel tempo, possono venire occultati da terriccio e vegetazione che li nasconde alla vista), è quello di sistemare, nelle immediate vicinanze del segnale principale, alcuni segnali secondari detti di **spia** fissati a elementi stabili e ben visibili, partendo dai quali, con opportune misure contenute in un documento, detto *monografia del segnale*, sia poi possibile rintracciare rapidamente il segnale coperto. La ▶FIGURA 9 mostra lo schema di tale tecnica.

Segnali permanenti altimetrici (capisaldi di livellazione)

Sono segnali permanenti solo **altimetrici** in grado di materializzare un piano orizzontale di riferimento *P-P* del quale è stata stabilita la **quota**. Essi possono essere costituiti da piastrine metalliche cementate sulle pareti di edifici o su altri manufatti (▶FIGURA 10a). In assenza di tali edifici si ricorre a particolari contrassegni in acciaio inox cementati sotto il livello del terreno e protetti da un piccolo chiusino di ghisa (▶FIGURE 10b, c).

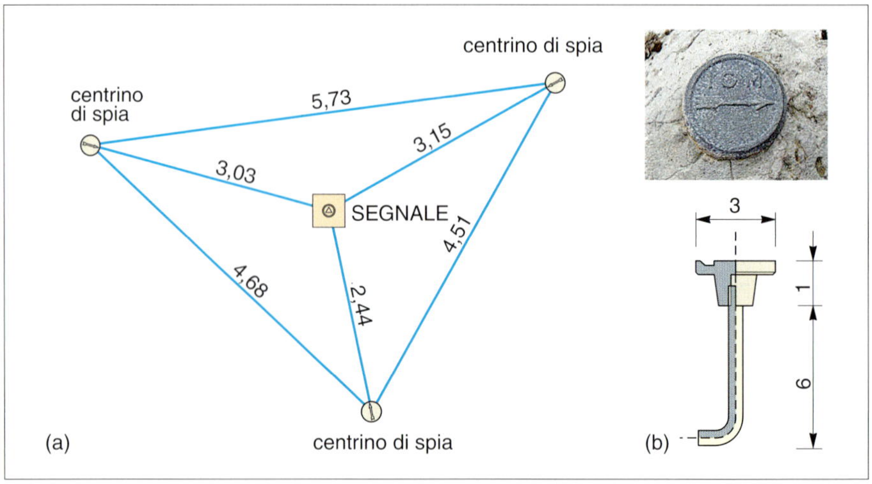

FIGURA 9 (a) Uso dei centrini di spia; (b) centrino metallico di spia in vista dall'alto e in sezione.

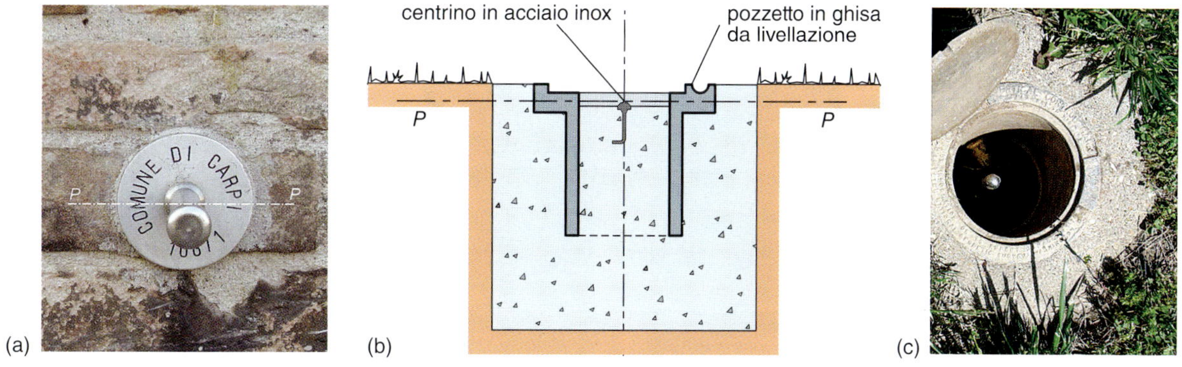

FIGURA 10 Caposaldo di quota realizzato con piastrina murata (a) e a livello del terreno protetto da chiusino (b, c).

3. I segnali provvisori

I segnali provvisori sono piccoli manufatti utilizzati per materializzare i punti sul terreno per un definito e **limitato** periodo di tempo, talvolta coincidente con la durata del rilievo, altre volte legato alla realizzazione di opere; essi sono sempre di tipo **artificiale**.

Si pensi, in quest'ultimo caso, ai segnali che debbano materializzare l'asse di una strada in costruzione, o i confini di proprietà. Ebbene tali segnali svolgeranno la loro funzione, e quindi esisteranno, fino a quando la strada sarà ultimata, oppure fino a quando la recinzione del sopracitato confine di proprietà non verrà realizzata. In entrambi i casi i segnali utilizzati svolgeranno la loro funzione per un **limitato periodo** di tempo.

Può anche verificarsi, come detto, che la vita di un segnale sia limitata al tempo del rilievo topografico per cui è utilizzato; basti pensare ai segnali che individuano i vertici di un appezzamento di terreno del quale sia necessario determinare l'area. Una volta rilevati gli elementi geometrici necessari al calcolo dell'area, essi hanno esaurito la loro funzione e possono essere rimossi.

La varietà di questi *segnali* è molto varia e non è regolata da precisi modelli e standard: tuttavia, si tratta sempre di oggetti di diverso materiale caratterizzati da **forme** molto semplici e da **dimensioni** modeste che ne consento il facile trasporto e maneggiamento. Di fatto possiamo limitare il nostro esame ai seguenti due tipi di segnali provvisori:

- **picchetti**: utilizzati su *terreni vegetali* che consentano la penetrazione forzata del segnale;
- **chiodi topografici**: eventualmente corredati da *borchie*, utilizzati su superfici penetrabili solo da piccoli oggetti appuntiti (asfalto), talvolta dopo la realizzazione di *fori-guida* (roccia, pavimentazioni in calcestruzzo).

Picchetti

I *picchetti* sono i segnali provvisori più utilizzati e sono costituiti da *paletti prismatici*, generalmente in **legno**, con una sezione quadrata di solito 5×5 cm, e con una altezza variabile, compresa tra 50 cm e 80 cm (▶FIGURA 11) (pagina seguente).

FAQ

Che cosa sono i picchetti?

Sono segnali artificiali provvisori; sono costituiti da paletti prismatici generalmente in legno, ma anche da spezzoni di tondino o di tubo di acciaio, con una lunghezza variabile tra 50 e 80 cm. Essi vanno messi in opera conficcandoli nel terreno per gran parte della loro lunghezza allo scopo di garantirne la stabilità.

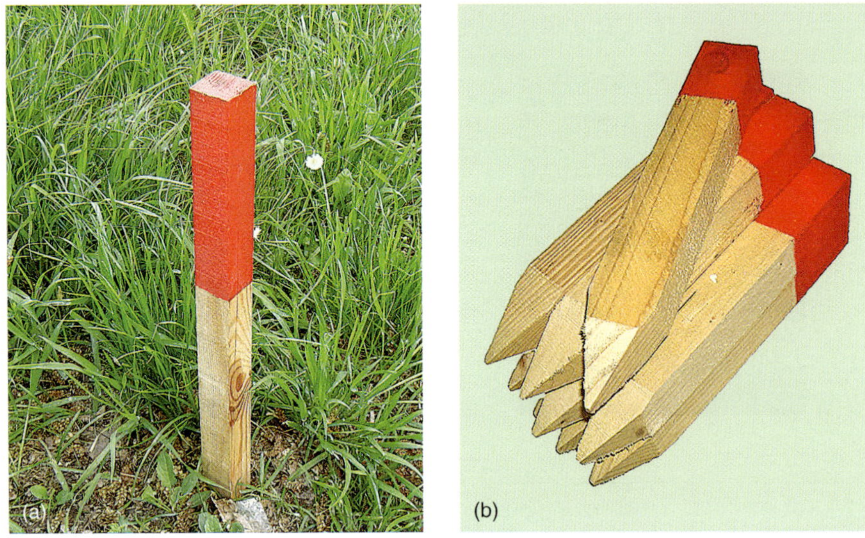

FIGURA 11 (a) Picchetto in legno prima di essere conficcato nel terreno tramite una pesante mazzetta. (b) Mazzo di 9 picchetti con la testa preverniciata.

I *picchetti* sono posizionati in opera conficcandoli nel terreno (quando hanno assunto la loro *posizione definitiva*) per buona parte della loro altezza (anche in relazione ai *tempi* di utilizzo), utilizzando una *mazza*, in modo che l'*attrito* generato dallo stesso terreno sulle pareti del paletto ne garantisca l'assoluta *stabilità*. Per facilitare la penetrazione nel terreno, una delle due estremità è sagomata a punta (▶FIGURA 11b).

Dato che le *dimensioni* della sezione del *picchetto* (come detto circa 5 × 5 cm) non sono trascurabili e il punto verrebbe materializzato con una certa ambiguità, per definire meglio la posizione del punto segnalato, è consuetudine conficcare un **chiodo** da carpenteria sulla estremità superiore del picchetto, la cui *testa* ha lo scopo di individuare con precisione il **punto segnalato** (▶FIGURA 12a).

Spesso si usa **verniciare** (▶FIGURA 11) con colori intensi la parte superiore del picchetto (quella che rimane fuori terra); tale accorgimento consente le seguenti opportunità:

- **facilitare** l'individuazione del picchetto sul terreno;
- **assegnare** al picchetto una particolare funzione;
- **associare** il picchetto a una tipologia di lavori.

FAQ

In che modo si rende stabile la posizione del picchetto dopo la sua definitiva posa?

Conficcandolo nel terreno per buona parte del sua lunghezza (a rifiuto).

FAQ

In che modo si rende precisa la posizione del punto segnalato utilizzando un picchetto in legno?

Conficcando sulla sua testa un chiodo da carpenteria.

FIGURA 12 (a) Testa di un picchetto in legno con un chiodo che definisce la posizione del punto materializzato dal picchetto. (b) Numerazione del picchetto tramite indicazione riportata su una faccia laterale.

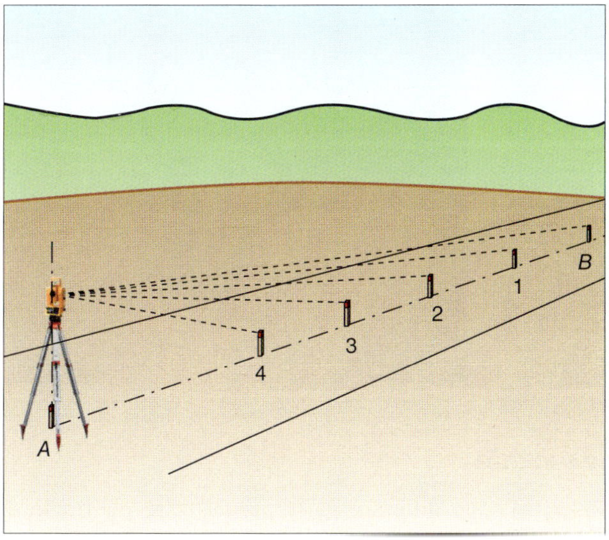

FIGURA 13 Picchetti in legno posizionati con uno strumento topografico per materializzare l'asse di una strada.

FIGURA 14 Picchetti in legno posizionati per materializzare l'ingombro degli scavi in un piccolo fabbricato.

A volte, poi, in modo particolare nel contesto di realizzazione di opere, i *picchetti* vengono **numerati** (▶FIGURA 12b), o, comunque, possono riportare, sulle pareti laterali, **indicazioni** sintetiche con riferimenti agli elaborati di progetto dell'opera, utili alle maestranze che li debbano utilizzare. Ciò avviene, per esempio, per i *picchetti* che debbano materializzare l'asse di una strada, o l'ingombro di un edificio.

Seppure i *picchetti in legno* siano i più utilizzati, come nel tracciamento degli assi stradali (▶FIGURA 13) e degli edifici (▶FIGURA 14), non di meno, nella pratica operativa, vengono impiegati anche altri tipi di *picchetti* realizzati con diversi materiali. Ad esempio una buona frequenza di impiego hanno i picchetti costituiti da *spezzoni* di **tondino** da cemento armato (▶FIGURA 15a), oppure realizzati con **tubo** di ferro (▶FIGURA 15b). Essi presentano lo stesso ordine di lunghezza dei picchetti in legno (40-80 cm), ma con una **sezione circolare**, decisamente più contenuta rispetto a quella dei *picchetti in legno*, il cui centro rappresenta il punto segnalato.

FIGURA 15 (a) Picchetto in acciaio costituito da uno spezzone di tondino da cemento armato. (b) Picchetto in tubo di acciaio.

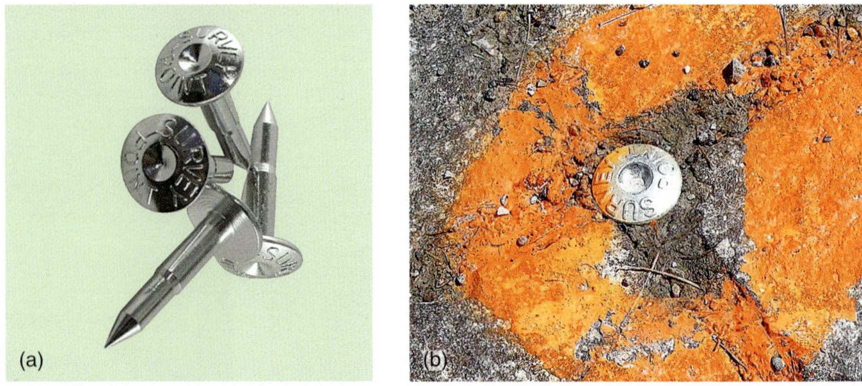

FIGURA 16 Chiodi topografici in acciaio (a) per la posa diretta forzata su superfici asfaltate o assimilate (b).

Chiodi topografici e borchie

I *picchetti* (in *legno* o in *acciaio*) sono utilizzati per materializzare punti che si trovino su **terreno vegetale**, comunque tale da consentire la penetrazione forzata a seguito delle battute della mazza.

Quando, invece, la natura del terreno non consente tale operazione con i picchetti (ad esempio su pavimentazioni *asfaltate* o *lastricate*, oppure su *terreni rocciosi*), essi vengono sostituiti con appositi **chiodi topografici** d'acciaio, eventualmente associandoli poi *a tracce di vernice* per facilitare la loro individuazione.

Esistono due tipologie di chiodi topografici in seguito descritti.

- **Chiodi a posa forzata diretta**: possiedono uno **stelo** tozzo e robusto (▶FIGURA 16a) che consente la penetrazione, per tutta la sua lunghezza (▶FIGURA 16b), sulla superficie di posa, costituita di solito da *asfalto* (dunque su strade, parcheggi, aree cortilive) a *pressione diretta*, esercitata tramite battute con una robusta **mazzetta**. Sulla testa del chiodo è praticato in **incavo conico** il cui vertice rappresenta il punto segnalato e che consente il corretto posizionamento della punta di una *palina* o di un'asta portaprisma (vedi in seguito).
- **Chiodi cementati**: si presentano meno tozzi dei precedenti, con lo stelo **zigrinato** per favorire la presa con la *resina sigillante*; anche la testa ha dimensioni più piccole (▶FIGURA 17a). Essi vengono impiegati quando la consistenza del materiale

FIGURA 17 (a) Chiodi in acciaio per la posa su materiali compatti e duri. (b, c) Borchie da associare ai chiodi in acciaio. (d) Chiodo, completo di borchia, posato stabilmente sulla parte superiore di una soletta in calcestruzzo.

su cui posizionare il *segnale* non consente, per la sua resistenza e la sua durezza, la penetrazione a pressione diretta (per esempio *pavimentazioni* di cemento, o superfici *rocciose*), e richiedono l'esecuzione preliminare di un **tassello (foro)** di diametro opportuno (in relazione a quello del chiodo), eseguito con un trapano, e il successivo inserimento dello stelo del *chiodo* che viene poi **cementato** con iniezione di opportune **resine sigillanti**. In questo caso i *chiodi* sono spesso associati a **borchie** (o *corone*) di allumino, spesso **colorate** (▶FIGURA 17b, c, d).

4. Le mire

Molti tra i *segnali* permanenti (*a raso, pilastrini*) e tutti i segnali provvisori (*picchetti, chiodi*) sono **visibili** solo a *brevi* o *brevissime distanze* (da alcuni metri a poche decine di metri), sia per le loro *piccole dimensioni*, sia perché, in alcuni contesti, possono essere parzialmente o totalmente *occultati* da **erba** o **sterpaglie**.

Quando questi *segnali* vengono usati nel contesto dei *cantieri edilizi* (in questo caso picchetti in legno) di solito non ci sono problemi di *visibilità* sia per le brevi distanze in gioco, sia per la **preparazione del terreno** che precede le operazioni di *materializzazione* (*sbancamento*, *livellamento*), sia, ancora, per il fatto che in questo ambito il picchetto rimane attivo per brevi periodi di tempo e, pertanto, la parte che viene mantenuta fuori terra è significativa.

Quando, invece, i segnali sono utilizzati in ambito topografico per il **rilievo** di porzioni del territorio, le distanze in gioco sono assai più grandi e, comunque, tali da non permettere la **visione diretta** dei segnali provvisori descritti in precedenza. In questi casi si ricorre alle **mire** che, posizionate esattamente sul *segnale a terra*, ne consentono la **visione indiretta** a distanza, che avviene con un *apparato collimatore* (cannocchiale) di uno strumento topografico. Di tali dispositivi possiamo formulare la seguente definizione.

> Le **mire** sono manufatti caratterizzati da **forme**, da **assi di simmetria** (ben riconoscibili e individuabili), da **colori** intensi, talvolta alternati e adeguati per impedirne la confusione con elementi naturali, e da **dimensioni** tali da rendere *indirettamente visibili* a distanza i segnali sui quali vengono collocate.

Le **mire** possono essere associate sia a *segnali permanenti* sia a *segnali provvisori*; inoltre esse possono essere catalogate nelle seguenti categorie:

- **mire semplici** o soltanto **mire**;
- **mire di precisione**;
- **mire graduate** (*stadie*), che tratteremo in seguito, e che, peraltro, svolgono anche altre funzioni.

Mire semplici associate a segnali permanenti

Le *dimensioni* e la *forma* di queste mire sono determinate in funzione della **distanza** alla quale devono essere viste, e dell'**ingrandimento** dei cannocchiali collimatori. Cosicché per rendere visibili i segnali utilizzati nelle operazioni geodetiche, per esempio per materializzare i vertici utilizzati dall'IGM, che distano tra loro almeno qualche chilometro (che possiamo definire di media distanza), occorreranno mire di notevoli dimensioni, con *forme*, *colori* e *assi di simmetria* facilmente individuabili senza ambiguità. Le mire più usate per questo tipo di lavori sono la **capra** (o *capriata*) e il **palo con alette**.

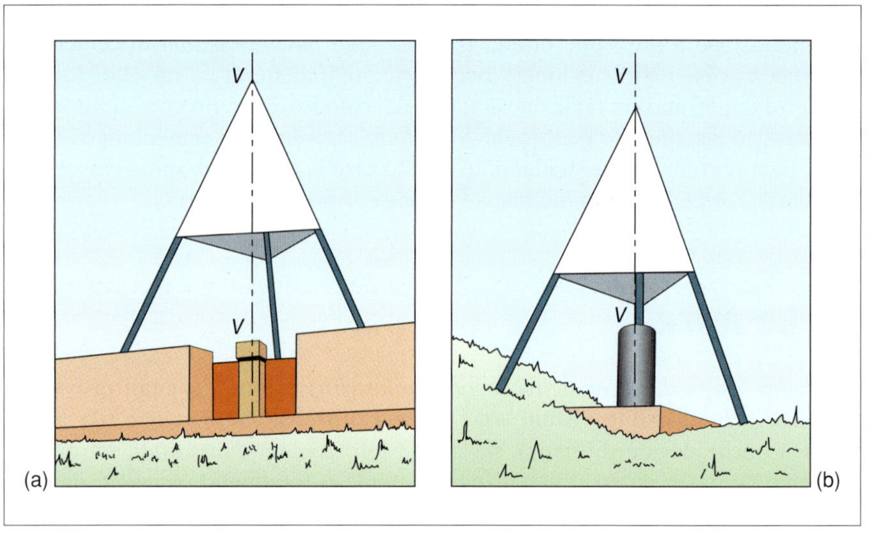

FIGURA 18 Capra a base triangolare montata su un pilastrino in calcestruzzo a sezione quadrata (a) e circolare (b). Si tratta di mire usate per distanze medio-grandi.

Sia la capra che il palo con alette sono mire accoppiate a **segnali planimetrici** e come tali presentano solamente l'asse di riferimento verticale *V-V* (▶FIGURE 18 e 19), che coincide con l'asse di simmetria della mira e che a sua volta viene posizionato in modo da passare esattamente sul *centrino* del segnale.

• Capra

È formata da tre o quattro paletti inclinati, in legno o in metallo, montati a **piramide** con base triangolare o quadrata. La loro sommità è completata con tavole di collegamento orizzontali, adeguatamente colorate per favorire l'individuazione e la collimazione, e possono raggiungere un'altezza fino a 4-5 m.

La **capra** è particolarmente adatta a visualizzare segnali costituiti da *pilastrini*, avendo cura di posizionarla in modo che il suo riferimento verticale *V-V* passi per i **centrini** del segnale sottostante.

Le ▶FIGURE 18a, b illustrano una **capra** a base triangolare con il sottostante **segnale** costituito rispettivamente da un pilastrino in calcestruzzo a sezione quadrata e a sezione circolare.

FIGURA 19 Esempi di pali con alette. Si tratta di mire utilizzate per medie distanze.

• Palo con alette

Ha un ingombro inferiore a quello della capra, e viene utilizzato per rendere visibili a distanza quei segnali il cui *centrino* di superficie rimane a *livello del terreno* (segnali a **raso**), privo di pilastrino in elevazione. Esso è realizzato con un palo in legno abbondantemente controventato per assicurarne la stabilità, alla cui sommità sono fissate una, due o tre coppie di **alette** costituite da tavole di legno o di lamiera tra loro perpendicolari, e i cui assi coincidono con l'asse del palo (▶FIGURA 19). Queste tavole vengono verniciate con colori idonei a facilitarne l'individuazione.

In epoche precedenti all'avvento del GPS, quando le distanze da cui dovevano essere viste le mire erano di decine di chilometri (grandi distanze), come nel caso dei *vertici trigonometrici* della rete geodetica di primo ordine dell'IGM, allora le mire venivano realizzate con *fonti luminose* puntiformi e orientabili.

Nelle osservazioni diurne veniva usato l'**elioscopio**, che fondamentalmente è costituito da uno specchietto parabolico orientabile e idoneo a catturare e riflettere i raggi solari. Per le osservazioni notturne vengono invece usate speciali **fotocellule** idonee a concentrare e orientare fasci di luce artificiale, tramite una lente, in una data direzione.

FAQ

Che cos'è una palina?

È una mira, costituita da un'asta di legno o di metallo lunga 1,60 m con sezione rispettivamente ottagonale o circolare, e con un estremo provvisto di una punta metallica che ne facilita la penetrazione nel terreno. La sua lunghezza viene suddivisa in tratti alti 20-30 cm l'uno, colorati alternativamente di bianco e di rosso per favorirne l'individuazione a distanza. Essa possiede un asse di riferimento planimetrico, coincidente con il suo asse longitudinale, che andrà reso verticale dall'operatore.

■ Mire semplici associate a segnali provvisori

Si tratta di *mire* costituite da manufatti più semplici rispetto alle precedenti, venendo utilizzate per visualizzare segnali provvisori collocati a modeste distanze, da alcune decine di metri fino a diverse centinaia di metri. Esse sono limitate alle a due tipologie: le **paline** e le **biffe** (queste ultime costituiscono un completamento delle prime).

• Le paline

La mira più usata per le brevi distanze, sia in ambito topografico sia nel contesto dei cantieri delle opere, è senza dubbio la **palina** (▶FIGURA 20); essa è costituita da un'**asta**, di *legno* pieno o da un *tubo in acciaio*, rispettivamente di sezione *ottagonale* (diametro circoscritto 20 mm) e *circolare* (diametro 15 mm).

L'estremo inferiore dell'asta in legno è provvisto di un **puntale** metallico (▶FIGURA 21a), scrupolosamente **coassiale** con il corpo dell'asta, per facilitarne sia il *posi-*

20

21 (a)

21 (b)

FIGURA 20 Palina in legno a sezione ottagonale.

FIGURA 21 Puntale in acciaio (a) e calciolo metallico (b) montati alle estremità di una palina in legno.

FAQ

Quale funzione assolve una mira?

Quella di rendere indirettamente visibile a distanza il segnale sul quale viene collocata. Per questo compito deve possedere forma, dimensioni e colori adeguati.

FAQ

Come deve essere posizionata una palina per rendere visibile a distanza un segnale?

Deve essere collocata con la sua punta esattamene sul segnale da visualizzare a distanza, e il suo asse deve essere disposto in modo verticale.

zionamento corretto sul segnale, sia la *penetrazione* nel terreno (le aste metalliche sono semplicemente sagomate a punta). L'estremo superiore è provvisto di un **calciolo** metallico (per le aste in legno) o in gomma (per le aste in acciaio), per proteggere l'asta dalla battitura con la mazzetta, necessaria per fare penetrare la punta dell'asta nel terreno.

La sua lunghezza, che in generale è di circa 1,60 m, viene suddivisa in tratti alti 20 cm, **alternativamente** colorati di *bianco* e di *rosso* (più raramente di *bianco* e di *nero*) per favorirne l'**individuazione** nell'ambiente, sia urbano sia campestre, in quanto una tale *alternanza* di colori non appartiene a contesti naturali, dunque non può, anche a distanza, essere confusa con elementi estranei. Spesso la palina in *legno* viene preferita per la maggior leggerezza e la minore deformabilità.

L'**asta** della *palina* deve essere collocata con la sua *punta* esattamene sul segnale (*picchetto* o *chiodo*) da visualizzare a distanza, inoltre il suo **asse** *V-V* (definito dall'intersezione dei piani di simmetria dell'asta) deve essere disposto esattamente **verticale**. Per quest'ultima operazione può essere utile utilizzare un **filo a piombo** che, come noto, materializza la *verticale* (direzione della forza di gravità) passante per un dato punto.

La **palina** è essenzialmente una **mira** a riferimento *planimetrico* (asse verticale *V-V*), tuttavia, talvolta, in alcune operazioni in cui il relativo periodo di impiego è brevissimo (ad esempio nel rilievo di piccole aree), essa viene utilizzata come fosse un **picchetto**, dunque come un segnale. Anche per questo essa è fornita di una robusta punta metallica.

Possiamo allora anche affermare che, in questi casi, la **palina** include sia la funzione di *segnale* sia quella di *mira*.

Per posizionare e mantenere in modo verticale una *palina* sul segnale (testa del *picchetto* o *chiodo*), oppure quando è necessario posizionare una palina su terreno la cui natura impedisce la penetrazione della sua punta, come nel caso di superfici *rocciose* o *pavimentate*, vengono utilizzati, per **sostenere** la stessa palina, appositi **tutori** costituiti da leggeri **treppiedi** metallici (▶FIGURA 22a). Questi, in alcuni casi, sono provvisti di un **anello** (▶FIGURA 22c) nel quale infilare e fissare la *palina* da sostenere, mentre in altri casi sono provvisti di una **pinza reggi-palina** che svolge la stessa funzione (▶FIGURA 22d).

FIGURA 22 Palina sostenuta da treppiede reggipalina ad anello (a) con la sua punta posizionata sulla testa del chiodo che segala un punto (b). Sistemi di trattenuta della palina: ad anello (c) e a pinza (d).

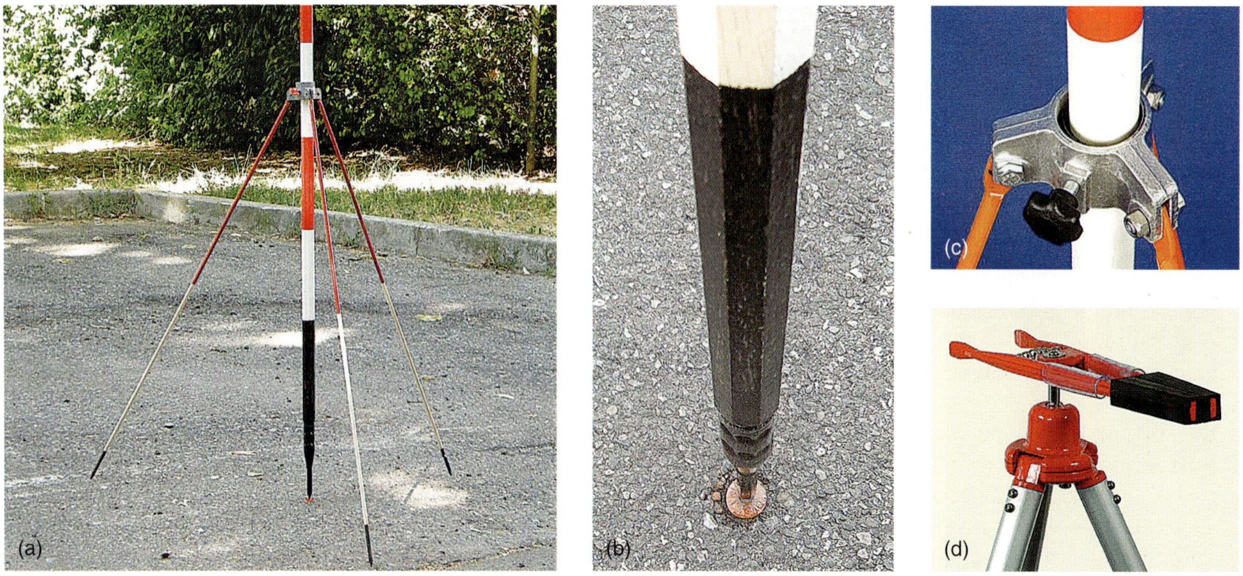

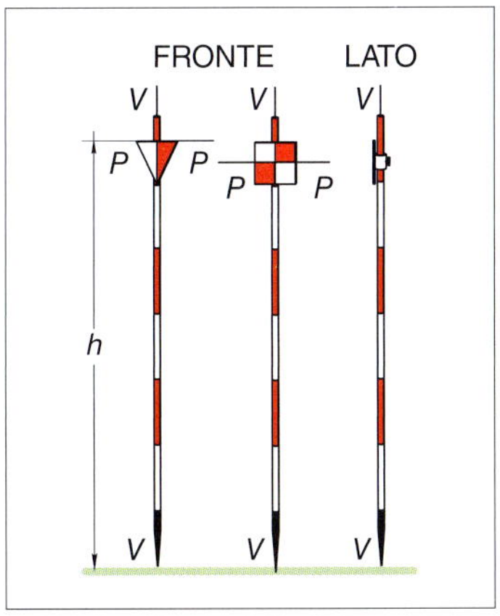

FIGURA 23 Biffa con scopo scorrevole, triangolare e quadrato a scacchi.

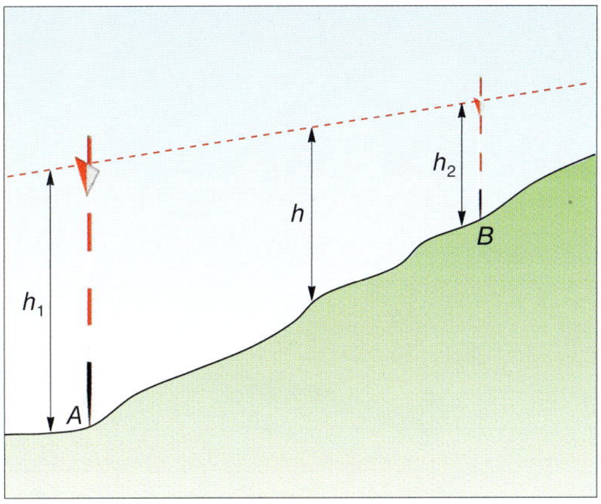

FIGURA 24 Andamento di una linea nello spazio definita da due biffe tramite la disposizione degli scopi rispettivamente a una altezza h_1 e h_2 dal suolo.

• Le biffe

La **biffa** (▶FIGURA 23) è una variante della *palina* in cui quest'ultima viene corredata di uno **scopo**, che può essere *fisso* oppure **scorrevole** lungo l'asta. Lo **scopo** è una piccola **tavoletta** di forme diverse (di solito triangolare o quadrata a scacchi), che definisce un asse **orizzontale** *P-P* ben definito (coincidente con il lato superiore dello *scopo* triangolare, o con l'asse degli scacchi in quello quadrato).

L'asse *orizzontale* della *biffa*, fornito dallo *scopo*, costituisce un **riferimento altimetrico**; in effetti è possibile rilevare (misurandola) l'**altezza** *h* dal suolo di tale riferimento, nel caso di *scopo fisso*, oppure **imponendo** allo stesso riferimento una certa *altezza* desiderata dal terreno, nel caso di *scopo scorrevole*.

La *biffa*, pertanto, oltre a migliorare la visibilità a distanza della *mira*, viene utilizzata in operazioni di carattere *altimetrico* come, ad esempio, fissare la **profondità** di uno scavo o lo **spessore** di un rilevato in un determinato punto, oppure, ancora, quando è necessario definire una linea avente una **pendenza** (inclinazione) assegnata, come schematizzato nella ▶FIGURA 24.

■ Mire di precisione

Quando il lavoro topografico, pur nell'ambito di brevi distanze, richiede buone precisioni e ristrette tolleranze nelle misure angolari, le mire impiegate devono permettere una definizione dei riferimenti pari a quella dei segnali. In questo caso si impiegano particolari mire definite genericamente di **precisione**; queste hanno sostanzialmente la caratteristica di essere *intercambiabili* su supporti comuni (**basamenti**), con gli strumenti che permettono la misura degli angoli, i **teodoliti** o le **stazioni totali**, per rendere preciso il centramento della mira sul segnale.

I riferimenti plano-altimetrici di queste mire sono in generale gli assi di simmetria di figure, quali triangoli isosceli e cerchi concentrici, particolarmente idonee alla collimazione effettuata con il reticolo a croce dei cannocchiali (▶FIGURE 25 e 26) (pagina seguente).

Le mire di precisione sono poi munite di **livelle sferiche** e **toriche** che ne garantiscono l'assetto richiesto. Per l'impiego notturno o in galleria, le mire di precisione sono munite di **illuminatori** (▶FIGURA 26) funzionanti a batteria e incorporati sul retro della mira. Esse vengono montate su treppiede, oppure direttamente sul pilastrino del segnale, quando questo è provvisto di apposita basetta.

FAQ

In che modo è possibile mantenere correttamente posizionata una palina su un segnale?

Utilizzando appositi tutori costituiti da piccoli treppiedi metallici, in alcuni casi sono provvisti di un anello, mentre in altri casi sono provvisti di una pinza reggi-palina.

FAQ

Cosa si intende con il termine «scopo»?

È una piccola tavoletta di forma quadrata o triangolare, con la quale viene definito in modo certo un asse orizzontale, del quale è possibile misurare o imporre l'altezza dal suolo.

Video *Struttura e funzioni di una biffa*

Video *Materializzazione di una linea inclinata con due biffe*

Video *Uso delle biffe negli scavi in pendenza*

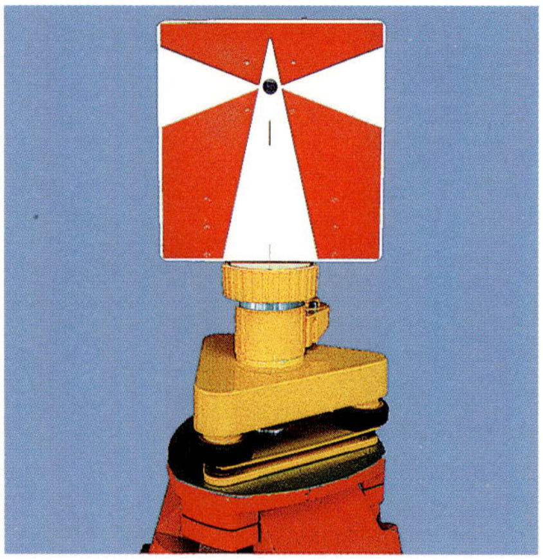

FIGURA 25 Mira di precisione munita di basamento e montata su treppiede.

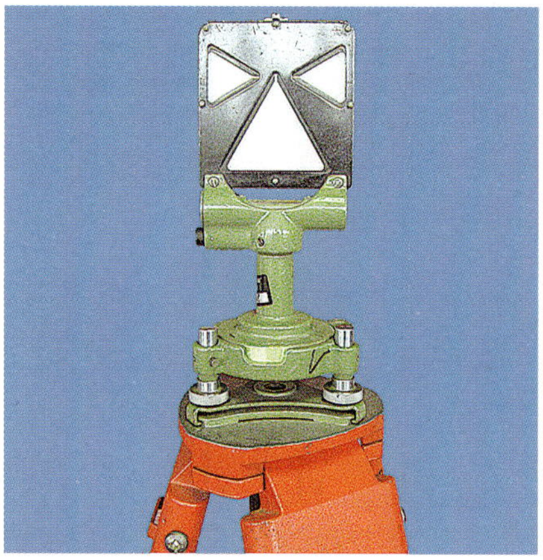

FIGURA 26 Esempio di un diverso tipo di mira di precisione.

5. Dimensione trasversale delle paline

Come già detto la funzione di una palina è quella di essere osservata a occhio nudo, ovvero di essere *collimata* attraverso un cannocchiale, perciò la sua **dimensione** e la sua **distanza** dovranno permettere tale operazione. In effetti perché ciò sia possibile occorre che la dimensione trasversale s della palina sia tale che a una certa distanza possa essere vista dall'occhio umano.

L'occhio umano è in grado di distinguere *distintamente* e *chiaramente* **due linee parallele** (materializzate dai bordi della mira) solo quando le stesse vengono osservate sotto un angolo uguale o maggiore a $1'$, cioè $60''$ sessagesimali.

Tale valore è medio, in realtà esso è peculiare per ogni persona e prende il nome di **potere separatore** dell'occhio (v. unità C4). Con riferimento alla ▶FIGURA 27 e pensando lo spessore della palina come un *arco di circonferenza* di raggio D, e ponendo $\alpha'' = 60''$, possiamo scrivere:

$$s = D \cdot \alpha^{\text{rad}} = D \cdot \frac{60'' \cdot \pi}{180 \cdot 3600} \cong 0{,}0003 \cdot D$$

Da questa espressione si deduce che se, per esempio, vogliamo determinare il diametro di una palina affinché la stessa sia visibile *distintamente* a occhio nudo a una distanza $D = 100$ m, dovrà essere: $s = 0{,}0003 \cdot 100 = 0{,}03$ m $= 3$ cm.

• Osservazione delle paline con il cannocchiale

Quando le paline vengono osservate a mezzo di un cannocchiale di dato **ingrandimento** I, a parità di dimensioni della mira, la distanza alla quale la mira stessa

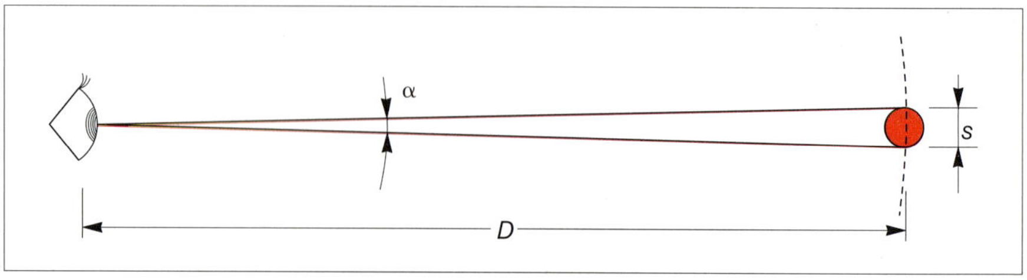

FIGURA 27 Schema in pianta per la visibilità di una palina di spessore s alla distanza D.

è visibile distintamente aumenta sensibilmente, in quanto il cannocchiale ha l'effetto pratico di **aumentare il potere separatore** dell'occhio, che diventa $60''/I$, per cui si avrà:

$$s = D \cdot \frac{60''}{206\,265 \cdot I}$$

da cui segue:

$$D = s \cdot \frac{206\,265 \cdot I}{60''}$$

Quindi una palina con diametro di 2 cm osservata attraverso un cannocchiale con 20 ingrandimenti ($I = 20\times$), sarà vista distintamente fino a una distanza

$$D = 0{,}02 \cdot \frac{206\,265 \cdot 20}{60''} \cong 1375 \text{ m}$$

FAQ

Che cos'è la monografia di un segnale?

È un documento in cui vengono inseriti tutti quegli elementi (descrizioni, schizzi, misure ecc.) adatti a rintracciare il segnale in modo inequivocabile e a renderlo utilizzabile, non solo da chi lo ha realizzato, ma anche da terzi.

6. Monografie dei segnali

Dopo aver segnalato i punti come visto in precedenza, quando questi rivestono una certa *importanza*, per esempio devono servire da appoggio a successive operazioni (è sempre il caso dei segnali dei vertici di Enti pubblici come IGM, Catasto, Uffici Cartografici Regionali), gli stessi dovranno essere **rintracciati** facilmente e inequivocabilmente in ogni momento.

Oltre a ciò, soprattutto per i segnali naturali, può essere che i *riferimenti* non siano ovvi, per cui occorrerà stilare un *documento* che tenga conto di queste esigenze: questo documento, strutturato come una scheda, prende il nome di **monografia del segnale** (▶FIGURA 28).

Video *Monografia di un segnale*

SCHEDA MONOGRAFICA

VERTICE: **VTR 12**	COORDINATE				
LOCALITÀ: **Ponte di Sasso**	Gauss-Boaga (ROMA 40)	N= 4.863.978,154	Quota s.l.m.m. = 13,344		
Descrizione: Borchia metallica cementata in prossimità dello spigolo sud ovest del ponticello sito ad est del Fiume Camaiore.	Gauss-Boaga (ROMA 40)	E= 1.601.913,531	Quota Elliss. = 59,282		
	UTM (ED 50)	N= 4.864.159,976	φ = 43° 55' 21,7083"		
	UTM (ED 50)	E= 601.966,946	λ = 10° 16' 12,3892"		
	UTM (WGS 84)	N= 4.863.961,444	φ = 43° 55' 18,1960"		
	UTM (WGS 84)	E= 601.885,019	λ = 10° 16' 08,8518"		

FOTOGRAFIA

SCHIZZO MONOGRAFICO

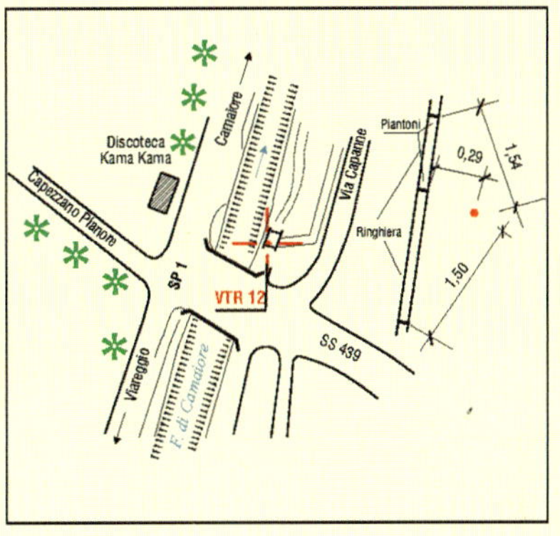

FIGURA 28 Esempio di monografia di un vertice realizzato da un Ente pubblico. Si tratta di un punto segnalato da un chiodo sul quale è stata posizionata un'antenna GPS.

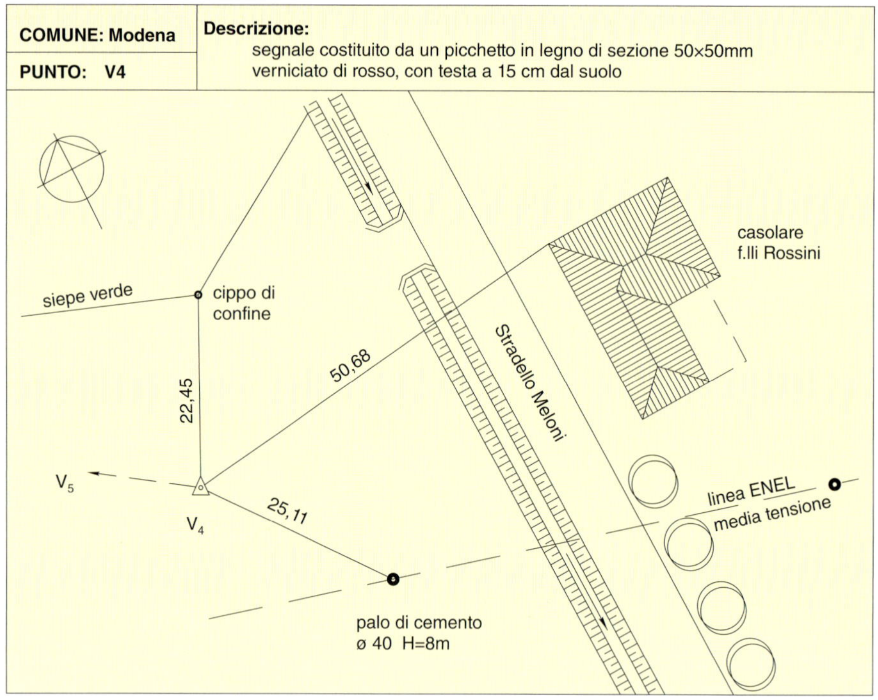

FIGURA 29 Monografia del segnale del punto V_4 nell'ambito di un ordinario rilievo topografico.

In esso verranno inseriti tutti quegli elementi idonei a *rintracciare* il segnale inequivocabilmente e a renderlo utilizzabile, non solo da chi lo ha realizzato, ma anche da terzi. In generale vengono considerate le seguenti informazioni:

- denominazione e ubicazione del punto;
- descrizione e fotografia del segnale;
- posizione degli eventuali riferimenti di spia;
- coordinate del punto;
- categoria del punto e data di determinazione;
- data di realizzazione.

È ovvio che nelle comuni operazioni topografiche, qualora il tecnico ritenga opportuno, per un certo segnale, redigere la monografia, questa potrà essere più semplice di quelle realizzate da Enti pubblici come IGM o Catasto. In generale le monografie di questo tipo sono costituite da uno **schema planimetrico**, idoneo, a mezzo di opportuni riferimenti, a fissare il segnale in oggetto in modo tale che sia poi possibile rintracciare facilmente il segnale stesso senza dubbi (▶FIGURA 29).

L'individuazione del segnale avviene anche a mezzo di **misure lineari**, in numero maggiore allo stretto necessario, e con indicazioni che servano da guida al rintracciamento del segnale, che in questi casi di solito è un picchetto o un chiodo.

Per collegare i concetti

MATERIALIZZAZIONE E VISIBILITÀ DEI PUNTI

Nel rilievo topografico è necessaria la materializzazione sul terreno di alcuni punti, visibili a distanza e stabili nel tempo

SEGNALI

Manufatti che materializzano sul terreno i punti tramite un asse verticale e, talvolta, uno orizzontale

- Naturali
- Artificiali

- Permanenti
- Provvisori

MIRE

Manufatti caratterizzati da forme, colori e dimensioni tali da essere visibili a distanza, facendo riferimento ai loro assi di simmetria

campanili

Assieme ad altri elementi architettonici segnalano con i loro assi i punti, in modo permanente e naturale

pilastrini

Segnali permanenti artificiali, costituiti da cippi, alti circa 1,20 m, realizzati in calcestruzzo o acciaio

picchetti

Segnali provvisori artificiali costituiti da paletti prismatici in legno di sezione 5×5 cm

chiodi e borchie

Sono utilizzati su pavimentazioni, forzati (su asfalto) oppure cementati (nel calcestruzzo)

monografia

Documento contenente i dati che permettono di rintracciare il segnale in modo inequivocabile

capra

È formata da tre o quattro paletti montati a piramide. Alla sommità ha tavole colorate per la collimazione

palo con alette

Il palo, controventato, è dotato alla sommità di tavole colorate, montate ortogonalmente, per la collimazione

paline e biffe

Mire per brevi distanze costituite da un'asta di legno o in acciaio colorato a fasce bianche e rosse

mira di precisione

Mira costituita da uno scopo e un basamento montato su tripode, interscambiabile con il teodolite

Per ripassare

Il segnale: è un manufatto in grado di materializzare senza ambiguità i punti sul terreno.

- I manufatti costituenti i segnali talvolta sono emergenti dal terreno, come i pilastrini, talaltra rimangono a livello del terreno (segnali a raso).

La mira: è un manufatto in grado di rendere visibile a distanza un segnale.

- Le mire hanno forme semplici, ben delineate, caratterizzate sempre da assi di simmetria e, spesso, colorate con tinte contrastanti (bianco-rosso).
- Le dimensioni della mira sono direttamente proporzionali alla distanza alla quale deve essere visibile il segnale.

I segnali e le mire possono essere classificati nel seguente modo:

- in relazione alla natura dei manufatti, in dipendenza al fatto che essi siano oggetti già esistenti o realizzati appositamente:
  - naturali;
  - artificiali;
- in relazione alla durata nel tempo, temporanea o prolungata, di impiego di questi manufatti:
  - provvisori;
  - permanenti.

Il campanile (o elemento architettonico analogo) è un segnale naturale permanente che di solito viene usato per le grandi operazioni topografiche da enti quali IGM e Catasto.

- Le dimensioni e le forme dei campanili li rendono visibili a grande distanza, pertanto essi fungono anche da mira.

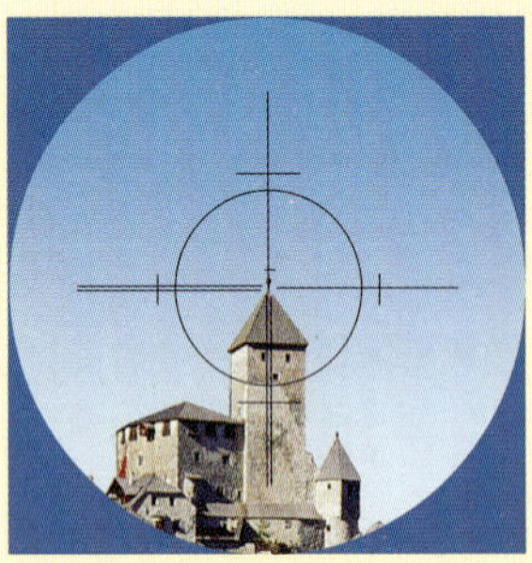

Il pilastrino è un segnale artificiale permanente realizzato in calcestruzzo o in metallo, alto 120 cm, con sezione generalmente quadrata o circolare e con ingombro di 40 cm.

- Sulla testa del pilastrino è montata una basetta destinata a facilitare l'esatto posizionamento di strumenti di misura o di mire.

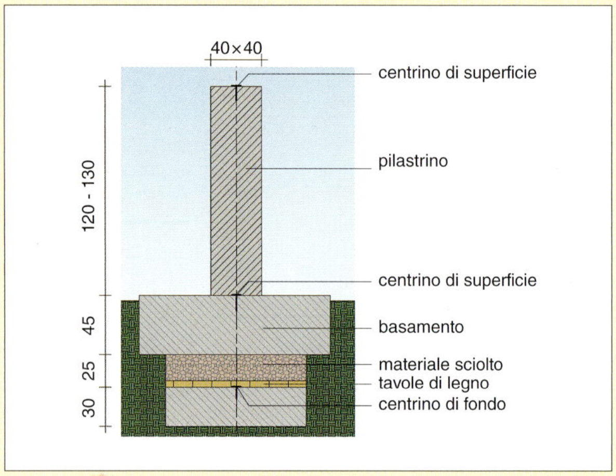

- Le dimensioni del pilastrino non ne consentono la visibilità a distanza; pertanto, quando è necessario, esso viene sormontato da una mira (per esempio la capra) che assolve a questo compito.

I centrini: sono una sorta di borchie circolari metalliche (ghisa) fornite di zanche di fissaggio nei getti di calcestruzzo o nelle murature, riportanti l'esatta indicazione dei punti materializzati dai segnali. Pertanto questi ultimi sono sempre forniti da uno o più centrini.

- I *centrini di profondità* sono inseriti in un getto di fondazione interrato, indipendente e sottostante al segnale vero e proprio; essi hanno la funzione di permettere il *ripristino* del segnale qualora venga danneggiato o manomesso.
- I *centrini di superficie* sono collocati sulla faccia superiore del segnale ben in vista. Essi sono i centrini utilizzati in fase di esercizio, e si trovano sulla *stessa verticale* che passa per i centrini di profondità.
- I *centrini di spia* (o di riferimento) non sono collocati sul segnale, ma a breve distanza, in modo da non essere coinvolti da eventuali movimenti del segnale. Essi hanno anche lo scopo di facilitare il rintracciamento di segnali a raso (non emergenti).

I picchetti: sono segnali artificiali provvisori. Possono essere costituiti da piccoli paletti in legno, o piccole barre metalliche, con lunghezza di 70-80 cm, conficcati quasi completamente nel terreno.

- Sono segnali molto pratici ma anche molto vulnerabili, pertanto essi vanno utilizzati per brevi periodi di tempo.
- Spesso la testa dei segnali viene colorata per facilitarne l'individuazione.
- Sulla testa dei picchetti in legno, a guisa di centrino, viene conficcato un chiodo da legno, la cui testa rende più certa l'individuazione del punto.

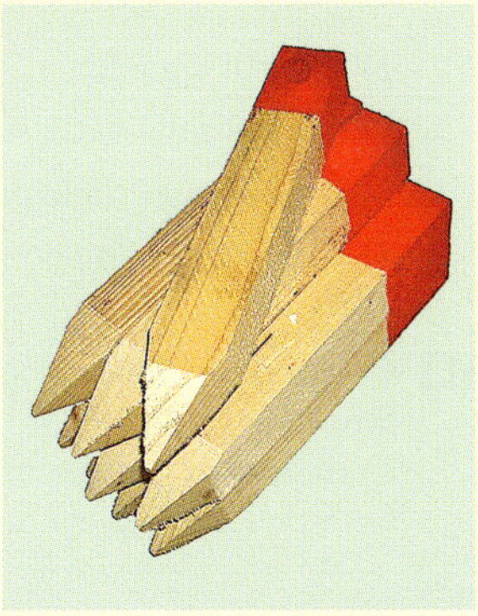

La capra e il palo con alette sono mire artificiali, generalmente in legno, usate per visualizzare segnali a medie distanze. La prima viene utilizzata per rendere visibili i segnali emergenti dal terreno come i pilastrini, la seconda rende visibili i segnali che rimangono a raso del terreno.

- Le capre hanno forma piramidale di altezza 5-6 m; il palo con alette viene sormontato da alcune coppie di tavole in legno perpendicolari. Entrambe sono montate esattamente sul segnale da visualizzare.

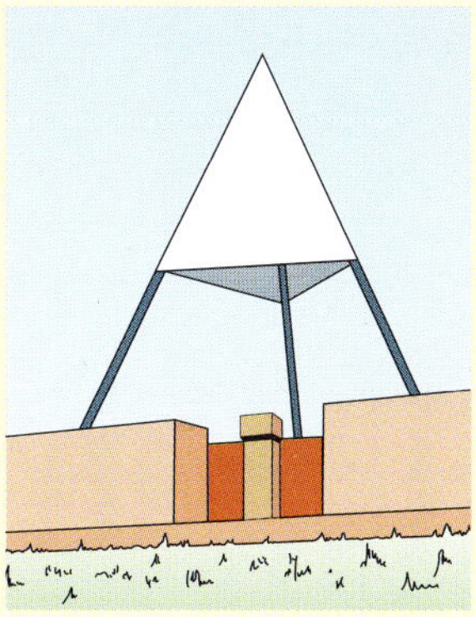

La palina è una mira per le brevi distanze. Essa è costituita da un'asta in legno, o metallica, lunga circa 1,80 m e colorata a fasce bianche e rosse alternate. Viene disposta verticalmente sul punto e il suo asse costituisce il riferimento planimetrico.

- La palina viene conficcata nel terreno da un estremo che risulta appuntito. Quando la penetrazione della punta non è possibile, la palina viene sostenuta da piccoli treppiedi o piccole pinze.

- A volte la palina viene fornita di uno *scopo* triangolare o rettangolare, fisso o scorrevole, che aggiunge alla palina anche un asse orizzontale, quindi un riferimento altimetrico. In questo caso la palina prende il nome di *biffa*.

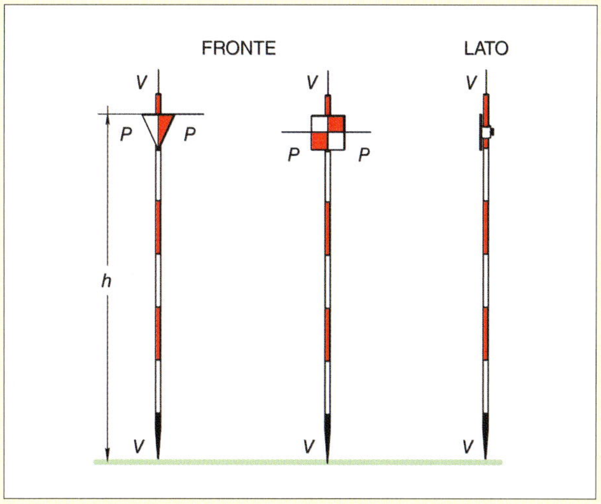

La monografia di un segnale è una breve descrizione, letterale e grafica (schizzo), del manufatto che costituisce il segnale stesso. Essa contiene anche indicazioni e alcune misure, generalmente distanze, che facilitano l'individuazione del segnale anche a distanza di tempo.

Autovalutazione

A. Verifica delle conoscenze

QUESITI VERO/FALSO

		V	F
1	I segnali hanno la funzione di rendere visibile un punto a distanza	☐	☐
2	Le mire possono avere diverse forme ma hanno sempre assi di simmetria	☐	☐
3	I picchetti possono essere realizzati con paletti di legno	☐	☐
4	La sezione quadrata del paletto in legno di un picchetto ha dimensioni 2 cm × 2 cm	☐	☐
5	Le mire sono tinteggiate con colori intensi e alternati	☐	☐
6	Il tempo di impiego di un segnale e di una mira è molto variabile	☐	☐
7	I picchetti possono essere dotati di numerazione	☐	☐
8	Lo scopo di una biffa può avere una forma qualunque	☐	☐
9	Due biffe definiscono una linea di inclinazione assegnata	☐	☐
10	La monografia di un segnale non può contenere misure	☐	☐

QUESITI A RISPOSTA APERTA

11 1) Illustra le funzioni svolte dai segnali e dalle mire; inoltre 2) indica i nomi di due segnali e 3) i nomi di due mire.

1) ....
....

2) ....,
....

3) ....,
....

12 Con riferimento al picchetto mostrato in figura, precisa quanto segue, indicando negli appositi spazi le sue dimensioni indicative.

1) Tipo di segnale: ....
2) Forma della sezione: ....
3) Tipo di superficie penetrabile: ....
4) Ambito di impiego: ....

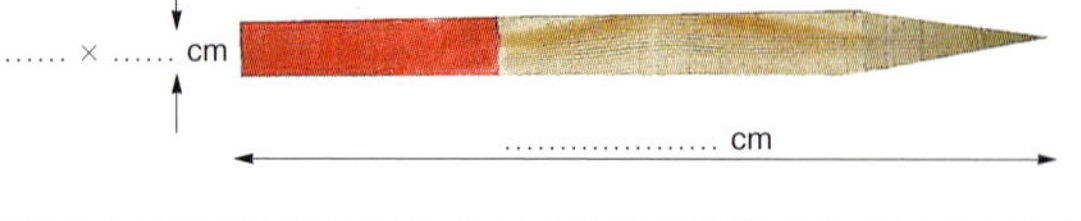

13 Con riferimento ai chiodi topografici mostrati in figura, precisa quanto segue.

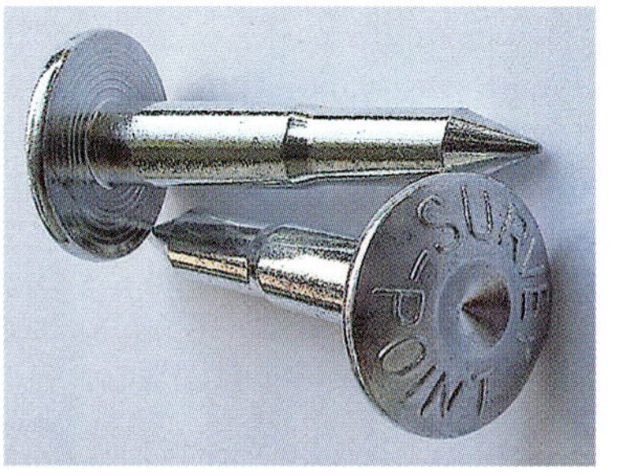

1) Tipo di segnale: ....
2) Forma della parte superiore: ....
3) Tipo di superficie penetrabile: ....
4) Ambito di impiego: ....

14 Con riferimento al particolare mostrato in figura, indica di cosa si tratta e in quali ambiti viene impiegato.

....
....
....
....
....

15 Con riferimento al picchetto mostrato in figura, illustra tre possibili funzioni assegnate alla colorazione spesso applicata alla parte superiore del picchetto.

1) ....
....

2) ....
....

3) ....
....

16 Con riferimento al particolare triangolare di una mira mostrato in figura, precisa quanto segue.

1) Tipo di mira: ....
2) Nome del particolare: ....
3) Funzione del particolare: ....
4) Ambito di impiego: ....

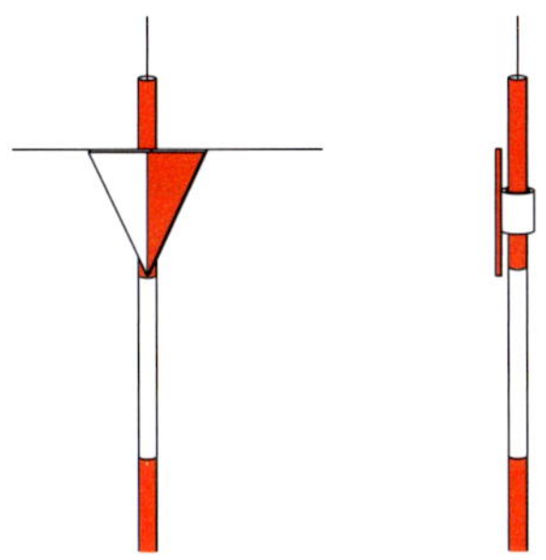

17 Elenca almeno quattro informazioni che devono essere contenute nella monografia del segnale mostrato in figura.

1) ....
....
....
....
2) ....
....
....
....
3) ....
....
....
....
4) ....
....
....
....

Scheda Monografica

VERTICE: VTR 1	COORDINATE			
LOCALITÀ: **Castiglione di Garfagnana**	Gauss-Boaga (ROMA 40)	N= 4.889.065,568	Quota s.l.m.m.=472,841	
Descrizione: Borchia metallica cementata sulla sommità del muretto di contenimento stradale sito sul lato ovest della SP 72, ex SS 324, all'altezza del km 102+518.		E= 1.612.848,798	Quota Elliss.= 517,369	
	UTM (ED 50)	N= 4.889.246,969	φ =	44° 08' 48,8253"
		E= 612.902,324	λ =	10° 24' 41,8757"
	UTM (WGS 84)	N= 4.889.048,191	φ =	44° 08' 45,3355"
		E= 612.819,880	λ =	10° 24' 38,3165"

FOTOGRAFIA

SCHIZZO MONOGRAFICO

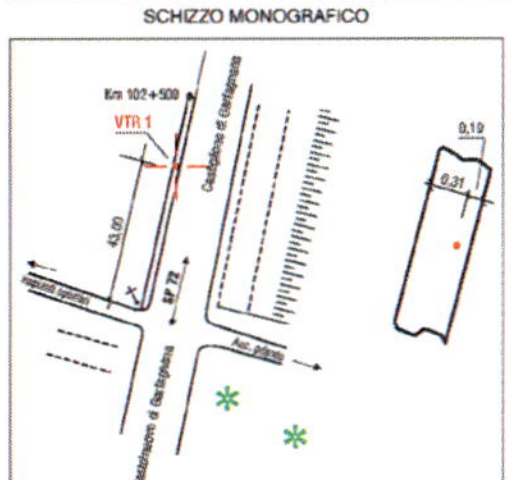

QUESITI A RISPOSTA MULTIPLA

18 Quale delle seguenti esigenze condiziona l'altezza dei pilastrini?

- a per rendere visibile il segnale a distanza
- b per poter fare stazione con strumenti di misura
- c per poter fissare il centrino di profondità
- d per poter fissare il centrino di superficie

19 Il campanile è un segnale o una mira?

- a un segnale
- b una mira
- c entrambi
- d nessuna delle precedenti

20 In una mira come viene definito l'asse di riferimento verticale?

- a dalla colorazione del manufatto
- b dalla forma del manufatto
- c dalle dimensioni del manufatto
- d dagli assi di simmetria del manufatto

21 Dove sono posizionati i centrini di spia (o di riferimento)?

- a sulla testa del segnale
- b sul basamento del segnale
- c in prossimità del segnale
- d a grandi distanze dal segnale

22 In quale posizione reciproca devono essere collocati centrino di profondità e centrino di superficie?

- a devono distare 1,2 m
- b devono essere sulla stessa verticale
- c devono essere affiancati
- d nessuna delle precedenti posizioni

23 Come può essere classificata la palina?

- a mira provvisoria
- b segnale provvisorio
- c mira permanente
- d mira di precisione

24 Quale materiale non viene usato per costruire i picchetti?

- a il legno
- b lo spezzone d'acciaio
- c il tubo d'acciaio
- d nessuno dei precedenti

25 Cosa è possibile inserire nella parte superiore dei picchetti?

- a una colorazione brillante
- b un chiodo da legno
- c una numerazione
- d tutti i precedenti

AUTOVALUTAZIONE

26 La capra è spesso accoppiata al pilastrino; in che modo è sistemato il suo asse di riferimento planimetrico?

- a deve passare per il centrino di superficie del segnale
- b deve passare per il centrino di profondità del segnale
- c deve essere verticale
- d tutti i precedenti

27 Quale ulteriore elemento introduce lo *scopo* di una biffa rispetto alla normale palina?

- a un riferimento planimetrico
- b un riferimento altimetrico
- c un dispositivo per misurare distanze
- d nessuna delle precedenti

28 Quale dei seguenti elementi non è contenuto in una monografia di un segnale?

- a il nome di chi ha redatto la monografia
- b lo schizzo del segnale
- c la descrizione del segnale
- d eventuali misure lineari

29 Una palina ha un diametro di 3 cm. A quale distanza approssimativa può essere vista, a occhio nudo e distintamente?

- a 100 m
- b 150 m
- c 200 m
- d 300 m

30 Quale caratteristica peculiare posseggono le mire di precisione?

- a hanno forma triangolare
- b sono intercambiabili sul basamento con il goniometro
- c sono di grandi dimensioni
- d nessuna delle precedenti

31 Quale caratteristica deve possedere una mira?

- a assi di simmetria
- b dimensioni adeguate
- c colori vivaci
- d tutte le precedenti

32 L'altezza dei pilastrini, circa 1,20 m, è ritenuta adeguata per:

- a renderli visibili a distanza
- b renderli facilmente rintracciabili
- c consentire il montaggio di uno strumento di misura
- d nessuna delle precedenti

33 Il palo con alette è una mira utilizzata per rendere visibili:

- a pilastrini
- b picchetti
- c segnali permanenti a raso del suolo
- d nessuno dei precedenti

34 Una palina deve essere collimata a una distanza di 2 km con un cannocchiale di 20 ingrandimenti. Quale diametro deve avere per essere vista distintamente?

- a 2 cm
- b 1,5 cm
- c 4 cm
- d nessuno dei precedenti

Risultati dei quesiti vero/falso

1F, 2V, 3V, 4F, 5V, 6V, 7V, 8F, 9V, 10F

Risultati dei quesiti a risposta multipla

18b, 19c, 20d, 21c, 22b, 23a, 24d, 25d, 26d, 27b, 28a, 29a, 30b, 31d, 32c, 33c, 34d.

C3 Strumenti e dispositivi semplici

1. Introduzione

Per la misura di grandezze geometriche sul terreno (**distanze, angoli, dislivelli**), vengono usati appositi strumenti, alcuni dei quali sono abbastanza complessi.

In questo ambito ci limitiamo all'esame di piccoli strumenti e dispositivi molto semplici, privi di apparati elettronici, che, tuttavia, possono essere impiegati fin da ora durante le operazioni di campagna meno impegnative.

Alcuni di questi strumenti non fanno ormai più parte della dotazione del moderno topografo, e attualmente conservano solo valenze storiche; tuttavia non se ne deve sottovalutare l'importanza didattica. Infatti in essi si possono riconoscere, in modo semplificato (quindi in modo più facile da apprendere), tutti quei concetti e quei principi che poi si ritroveranno anche negli strumenti più complessi e moderni.

FIGURA 1 Filo a piombo.

2. Il filo a piombo

Il **filo a piombo** è il più semplice strumento che si conosca. È costituito da un filo di fibra sintetica (nylon), a un'estremità del quale è attaccato un peso in acciaio variabile da 150 a 300 g, modellato secondo diverse forme ma sempre provvisto di punta (▶FIGURA 1).

Il filo a piombo si dispone secondo le *linee di forza* della gravità ed è il mezzo più comodo, e forse più antico, per materializzare la **verticale** (direzione della forza di gravità) passante per un punto. La sua precisione indicativa è $\pm 2'$.

In topografia può essere usato per svariate operazioni pratiche; le più frequenti consistono nel:

- *determinare la verticalità* di una palina;
- *proiettare sul terreno* un punto sovrastante.

Negli strumenti più complessi il filo a piombo è sostituito da un apparato ottico o da un raggio laser, descritti nell'unità D1.

3. La diottra

La **diottra** è uno strumento antico che ci permette di introdurre il concetto di **collimazione**. Essa era costituita da un'asta di legno o metallica, chiamata **regolo**,

FAQ

Quale concetto topografico venne introdotto dalla diottra?

Il concetto di collimazione, cioè di una linea (detta di mira) portata a passare per un punto assegnato.

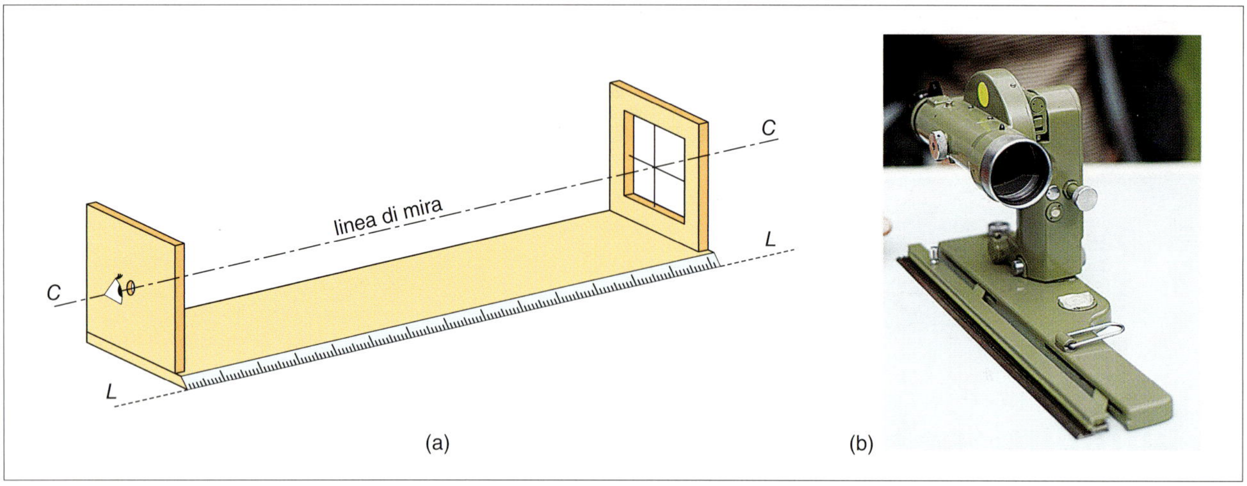

FIGURA 2 La diottra antica (a); con essa viene introdotto il concetto di traguardo e di collimazione. La diottra più recente (b) viene montata su una tavoletta per eseguire in campagna rilievi speditivi.

disposta orizzontalmente e di lunghezza variabile da 30 a 50 cm, ai cui estremi si innalzano perpendicolarmente due **alette** (*pinnule*), sulle quali sono ricavate opportune aperture. Le alette erano spesso piegabili mediante una cerniera per rendere la diottra meno voluminosa e più facilmente trasportabile.

La diottra era utilizzata per tracciare su un piano da disegno (*tavoletta*), mediante la **linea di fede** *LL*, parallela alla **linea di collimazione** *CC* (▶FIGURA 2a), le tracce delle direzioni ai punti collimati. Essa era uno strumento **a traguardo**, cioè un dispositivo che determina una *linea*, oppure il *piano*, *di mira* o di *collimazione* senza dispositivi ottici, per questo il suo impiego era limitato alla collimazione di punti ravvicinati.

Collimare o **mirare** a un punto (o a una linea verticale) significa far coincidere la **linea** (o il piano) **di mira** con la visuale diretta al punto (o alla linea).

Nello schema di diottra di ▶FIGURA 2a si nota il *foro oculare* a sinistra e la *finestrella obiettiva* a destra, nella quale è riportata una croce con fili sottilissimi. Con questa diottra si realizzano una **linea di mira** (la congiungente il centro del foro oculare con il centro della crocetta) e due **piani di mira**, perpendicolari tra loro, dei quali uno verticale e l'altro orizzontale. Quello verticale è dato dal centro del forellino oculare e dal filo verticale; quello orizzontale dal centro del foro oculare e dal filo orizzontale della finestrella.

In tempi più recenti sono state utilizzate diottre con collimatore a cannocchiale (▶FIGURA 2b) da montare su **tavolette** per rilievi speditivi di grandi estensioni a piccola scala.

COMPETENZA

Linguaggio

Con il termine *traguardo* si fa riferimento a un apparato collimatore nel quale la linea (o il piano) di mira viene orientata a occhio nudo, dunque con limitazioni sia in termini di portata che di precisione. Tali limitazioni vennero superate dall'utilizzo dei *collimatori a cannocchiale* col quale la direzione della linea di mira viene posizionata con il supporto di un sistema ottico.

4. Gli squadri

Il riporto sul terreno di **angoli retti**, costituisce un'operazione pratica frequentemente richiesta sia durante le operazioni del rilievo topografico, sia nelle operazioni di tracciamento nell'ambito dei cantieri.

Attualmente, il riporto sul terreno di *angoli retti* è sempre possibile con l'impiego di goniometri complessi, come i *teodoliti* o le *stazioni elettroniche*, che verranno esaminati in seguito. Tuttavia, se le distanze in gioco sono modeste (poche decine di metri) e le precisioni non elevate, la stessa operazione può essere effettuata rapidamente anche con l'impiego di *piccoli*,

FAQ

Cos'è e a cosa serve un allineatore?

È un dispositivo in grado di generare allineamenti a 180°, dunque sulla stessa direzione. Con esso è possibile individuare un punto appartenente a un allineamento assegnato.

FIGURA 3 (a) Ricostruzione digitale di una groma romana. (b) Impiego della groma. Con essa era possibile tracciare allineamenti ortogonali.

semplici ed *economici* strumenti concepiti unicamente per questa specifica funzione, chiamati genericamente **squadri**.

In questi strumenti, alla possibilità di tracciare *angoli retti*, talvolta si abbina quella di tracciare anche angoli di 45° e di 180°. In quest'ultimo caso è possibile determinare un punto appartenente a un allineamento prestabilito; in questo caso lo squadro si chiama **allineatore**.

Esistono anche *squadri* in grado di tracciare anche angoli di qualunque ampiezza (*squadri graduati*); di fatto si tratta di *piccoli goniometri*, ma di scarsa precisione e il cui impiego, come detto, è rigorosamente limitato a brevi distanze. Nel tempo si sono succedute varie tipologie di *squadri* che in seguito descriveremo brevemente.

La groma

La **groma** è il prototipo degli *squadri*, essa veniva impiegata dagli agrimensori dell'antica Roma imperiale nella **centuriazione** del territorio e nel tracciamento di strade e di altri manufatti. La *groma* (▶FIGURA 3a) era costituita da due barre di bronzo incrociate e ortogonali, montate in cima a un'asta che veniva infissa nel terreno. Alle estremità le barre recavano due fili a piombo, uno per parte, attraverso i quali si realizzavano due *piani di traguardo* (**cardo** e **decumano**) tra loro ortogonali. Aveva dimensioni ragguardevoli e veniva utilizzata come schematizzato in ▶FIGURA 3b.

Squadro agrimensorio

Lo *squadro agrimensorio* (▶FIGURA 4a) (pagina seguente) è composto da una **scatola prismatica** chiusa di metallo a sezione *ottagonale*, le cui dimensioni indicative sono circa 8 cm di diametro e 15 cm di altezza; talvolta, per migliorarne il *campo visivo* in presenza di terreni accidentati, viene utilizzata una forma **sferica** di dimen-

FAQ

A cosa serve lo squadro agrimensorio?

Ha la funzione di permettere il tracciamento sul terreno di allineamenti ortogonali.

FIGURA 4 (a) Squadro agrimensorio: in primo piano una fessura corta per la collimazione reciproca, e lateralmente le fessure lunghe, oculare a sinistra e obiettiva a destra. (b) Squadro agrimensorio montato su un tripode leggero.

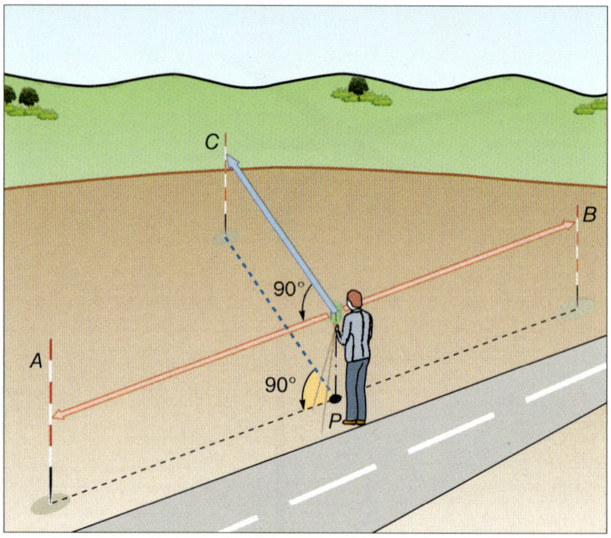

FIGURA 5 Schema di utilizzo di uno squadro agrimensorio per impostare sul terreno un angolo retto.

sioni simili. Di fatto lo squadro agrimensorio appare come la sintesi delle funzioni presenti nella groma e nella *diottra*.

Lo squadro agrimensorio viene montato su *treppiedi* leggeri (▶FIGURA 4b) la cui parte superiore è provvista di un *perno* tronco-conico per consentire l'**innesto** dello *squadro* in coincidenza di una *manichetta* di analoga forma presente alla sua base. La scatola prismatica dello squadro può essere **ruotata** sia a mano (grandi movimenti), che a mezzo di un'apposita vite (piccoli movimenti per affinare la collimazione). La rotazione avviene attorno a un asse, detto *asse dello squadro*, coincidente per costruzione con l'*asse del prisma* ottagonale e che deve essere reso **verticale** dall'operatore prima dell'uso centrando la *bolla* di una piccola *livella sferica* (esaminata in seguito).

Sulle facce laterali del prisma sono presenti quattro coppie di **fessure diametralmente opposte** disposte su piani passanti per l'*asse dello squadro*, costituenti, ciascuna, un **piano di traguardo** dello squadro agrimensorio.

Delle due fessure opposte, una, detta **oculare**, è molto sottile (di solito con una larghezza di circa 0,4 mm) e termina con due leggeri *allargamenti circolari* (per ampliare il campo visivo), mentre la seconda, detta **fessura oggettiva**, è più larga (circa 4 mm), ma, nella sua parte centrale, monta un sottilissimo **filo** d'acciaio (▶FIGURA 4a) che consentirà la collimazione *sovrapponendolo* all'elemento verticale da collimare (asse di una palina, spigolo di un fabbricato ecc.).

Due di queste quattro coppie di fessure, si sviluppano per tutta l'altezza dello squadro (*fessure lunghe*), mentre le altre due coppie (*fessure corte*) per metà si presentano come una *fessura oculare* (sottile) e per la seconda metà come una *fessura oggettiva*, consentendo la **visuale reciproca** secondo le due direzioni opposte, funzione indispensabile per collocare lo squadro su un punto di un allineamento assegnato.

Sia la coppia di *fessure lunghe*, sia la coppia di *fessure corte*, formano due piani di traguardo a 90°, mentre una coppia di *fessure lunghe* e la coppia di *fessure corte* adiacente formano due piani di traguardo a 45°, che pertanto consentono di riportare questo tipo di angoli.

La tecnica operativa per impostare sul terreno un angolo retto rispetto a una **direzione assegnata**, materializzata dalle due paline *A* e *B*, in corrispondenza di un suo punto *P* (▶FIGURA 5), utilizzando lo *squadro agrimensorio*, prevede le seguenti fasi.

1 Si dispone lo squadro agrimensorio sul punto P, e, con una coppia di *fessure corte* a visuale reciproca, si controlla, nelle due direzioni opposte, la contemporanea corretta collimazione delle paline A e B.
2 Si utilizza la coppia di fessure ortogonali alla precedente coppia (senza ruotare lo squadro), per guidare un collaboratore a collocare una terza palina C, fino a che questa non sia correttamente collimata.

La **precisione** con la quale lo *squadro agrimensorio* imposta l'angolo retto sul terreno non è inferiore a 2′-3′, a cui corrispondono *scostamenti lineari* dell'oggetto collimato dalla corretta posizione che aumentano rapidamente con la distanza di questo dallo squadro.

COMPETENZA

Linguaggio

Con l'affermazione «realizzare uno squadro» ci si riferisce a una qualunque operazione pratica orientata a realizzare sul terreno un angolo retto tra due linee, una delle quali assegnata.

Squadro agrimensorio graduato

Lo *squadro agrimensorio graduato* è costituito da due elementi scatolati **coassiali**; quello inferiore ha sempre forma *cilindrica* e un'unica coppia di fessure di *traguardo*, mentre quella dell'elemento superiore può avere sia forma *cilindrica* sia *sferica* (▶FIGURA 6a) e quattro coppie di fessure di *traguardo* come un semplice squadro agrimensorio. I due elementi sono poi raccordati da due piccole *superfici tronco-coniche*; su quella del *cilindro inferiore* è riportata una **graduazione** da 0^c a 400^c (o da 0° a 360°) con l'origine coincidente con l'unica coppia di fessure di *traguardo*, mentre in quella superiore è riportata una *linea di fede* che costituisce l'*indice di lettura*, e una piccola scala graduata, detta **nonio**, necessaria alla stima delle frazioni di intervallo di graduazione.

I due elementi scatolati *coassiali* possono essere sia ruotati *solidalmente*, che *relativamente* (l'elemento superiore può essere ruotato mentre la parte inferiore rimane ferma); ciò consente di riportare sul terreno angoli qualsiasi.

Lo *squadro agrimensorio graduato*, di fatto, è anche un *goniometro*, in quanto in grado di *misurare angoli* sul terreno; tuttavia raramente viene impiegato per questa funzione per le forti limitazioni sia in termini di *portate* (poche decine di metri) che di *precisione*, che, in ogni caso, rimane modesta.

Più di recente sul mercato sono apparsi squadri graduati provvisti di *cannocchiale collimatore* (▶FIGURA 6b) in sostituzione di quello a *traguardi* su cui sono basate le precedenti versioni. Ciò consente di migliorare la *visibilità* e la qualità di *collimazione*, mentre la graduazione orizzontale, di fatto, ha le stesse caratteristiche dei precedenti (per mantenere bassi i costi di costruzione), pertanto si conferma una modesta precisione nell'impostare gli angoli sul terreno.

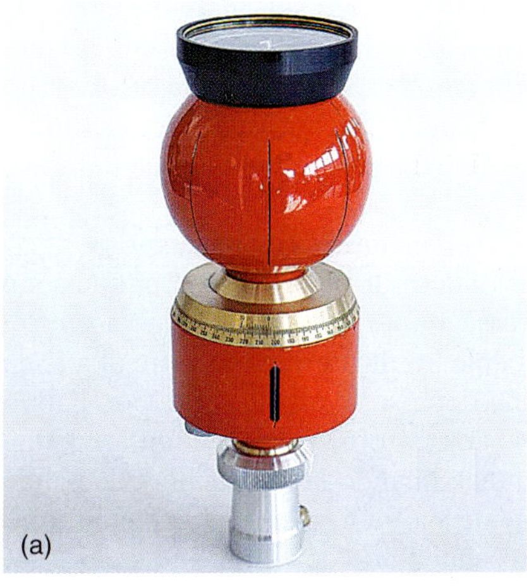
(a)

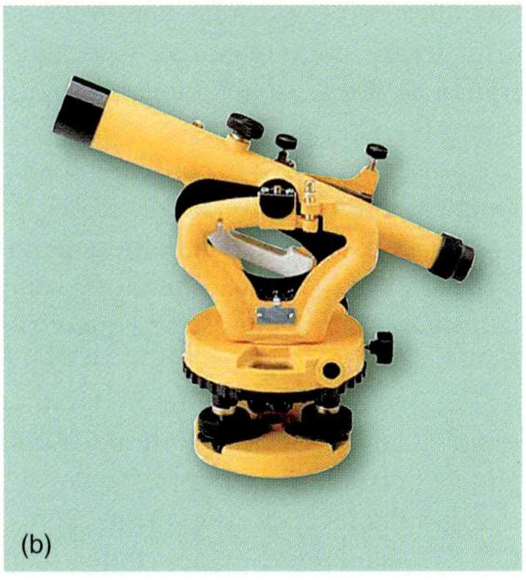
(b)

FIGURA 6 Squadro agrimensorio graduato: (a) sferico a traguardi; (b) con collimatore a cannocchiale.

FIGURA 7 Squadro a prisma semplice pentagonale.

Squadri ottici a prismi

Si tratta di minuscoli strumenti *tascabili* che consentono di tracciare allineamenti ad *angolo retto* sfruttando le leggi ottiche relative ai fenomeni fisici della **riflessione** e della **rifrazione** dei raggi luminosi che penetrano all'interno di un piccolo **prisma** di vetro. Essi possono essere sostenuti direttamente dalla **mano** dell'operatore, agganciando un *filo a piombo* nella parte terminale del manico (per l'individuazione del punto a terra), oppure montati su appositi **bastoni** metallici con punta zavorrata, per favorire la loro stabilità durante l'impiego.

Le operazioni con gli *squadri a prisma* si sviluppano con grande **rapidità** e semplicità, rispetto alle analoghe procedure eseguite con lo *squadro agrimensorio*; tuttavia, anche in questo caso, la limitata precisione ne ammette l'impiego solo in operazioni speditive e, comunque, nel contesto di operazioni che coinvolgano brevi distanze.

Esistono due tipologie di questi squadri: prismi semplici e croce di prismi.

Prismi semplici

Sono essenzialmente costituiti da un **prisma di vetro** che può avere diverse forme geometriche (triangolare, pentagonale, 1/4 di ottagono) inseriti in una scatola metallica che presenta sempre due *facce* visibili, in quanto collocate in corrispondenza di aperture (*finestrelle*) realizzate nella dalla stessa scatola (▶FIGURA 7).

Dalla prima di esse, detta *faccia incidente*, entra un raggio luminoso che, dopo aver subito all'interno del prisma *due riflessioni* su due facce nascoste formanti un angolo di 45°, esce dall'altra, detta *faccia emergente*, deviato di 90° e osservato dall'operatore come immagine di una porzione di una prima palina collocata a lato.

L'operatore deve poi guidare un collaboratore nel disporre una seconda palina, osservata di fronte a occhio nudo, fino a che essa non sia allineata con l'immagine della porzione della prima palina visibile sulla faccia emergente del prisma. Gli squadri a prisma *semplice* consentono, nell'ambito di un'**unica collimazione**, di impostare allineamenti ortogonali utilizzando *solo una palina* dell'allineamento di partenza (a *destra* o a *sinistra* dell'operatore); inoltre è necessario preventivamente definire la posizione del punto P, sullo stesso allineamento, in cui impostare l'angolo retto.

Video *Impiego dello squadro a croce di prismi*

Croce di prismi

Sono realizzati sovrapponendo **due prismi** semplici contenuti nella stessa scatola metallica con opportune *finestrelle*, ma montati in modo **speculare**, in modo da visualizzare, nelle rispettive *facce* emergenti (una a sinistra, l'altra a destra), entrambe le direzioni all'allineamento di riferimento (▶FIGURA 8a). I due prismi sono **separati** e **alternati** da uno o due *spazi vuoti* (almeno 5-6 mm), che viene utilizzato per traguardare a **occhio nudo** una porzione della *palina frontale* che definisce l'allineamento ortogonale ricercato.

Essi consentono contemporaneamente, con un'**unica collimazione** (▶FIGURA 8b), sia di individuare il punto P sull'allineamento di riferimento (dunque sono *allineatori*), sia di impostare l'angolo retto osservando insieme le paline a *sinistra* (palina A) sia a *destra* (palina B) dell'allineamento di riferimento, oltre alla *terza palina* (palina C), di fronte all'operatore, che definisce l'angolo retto. Con l'aiuto di un collaboratore che sostiene la palina C, l'operatore, con rapidi tentativi, raggiunge la collimazione corretta che si raggiunge quando le immagini delle paline A e B, sulle facce dei due prismi, sono **allineate** sia tra loro sia con la palina frontale C, facendole osservare come l'una il proseguimento dell'altra.

FAQ

Che cosa sono gli squadri a prisma?

Sono piccoli strumenti, di dimensioni tanto ridotte da poter essere trasportati in tasca, costituiti da prismi di vetro di diverse forme e che fondano il loro funzionamento sui principi ottici della riflessione e della rifrazione. Essi svolgono la stessa funzione degli squadri agrimensori, cioè servono a tracciare sul terreno allineamenti ortogonali.

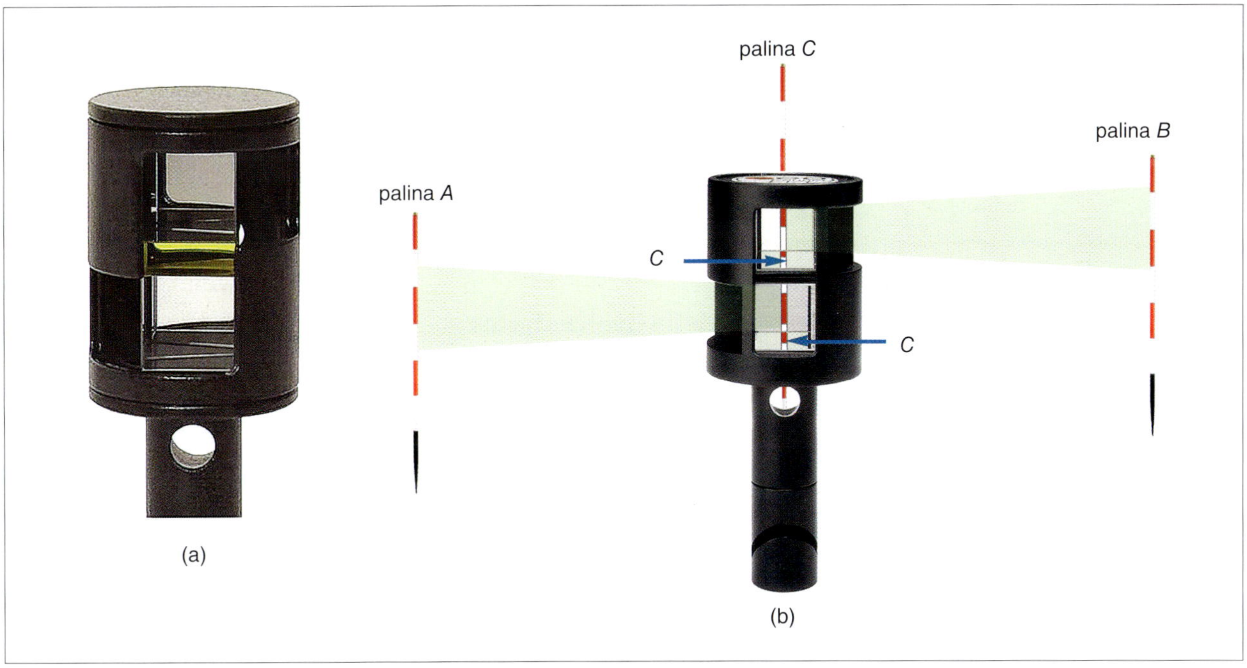

FIGURA 8 Squadro a croce di prismi. (a) Primo piano delle finestrelle e dei prismi sovrapposti. (b) Schema di impiego.

5. La livella sferica

La *livella sferica* (o *livella da piani*) è costituita da una piccola *fiala cilindrica* di vetro, la cui parte superiore è sagomata a forma di **calotta sferica**, contenuta in un'armatura metallica che lascia visibile solo la stessa calotta sferica superiore, il cui vertice (parte più alta) è il centro di un piccolo **cerchietto** inciso, necessario al centramento della livella. Questa fiala, prima della sua sigillatura, è riempita quasi completamente di un liquido molto volatile come l'*alcol* o l'*etere etilico*; il piccolo spazio rimanente è occupato dai vapori dello stesso liquido e viene chiamato **bolla** (▶FIGURA 9).

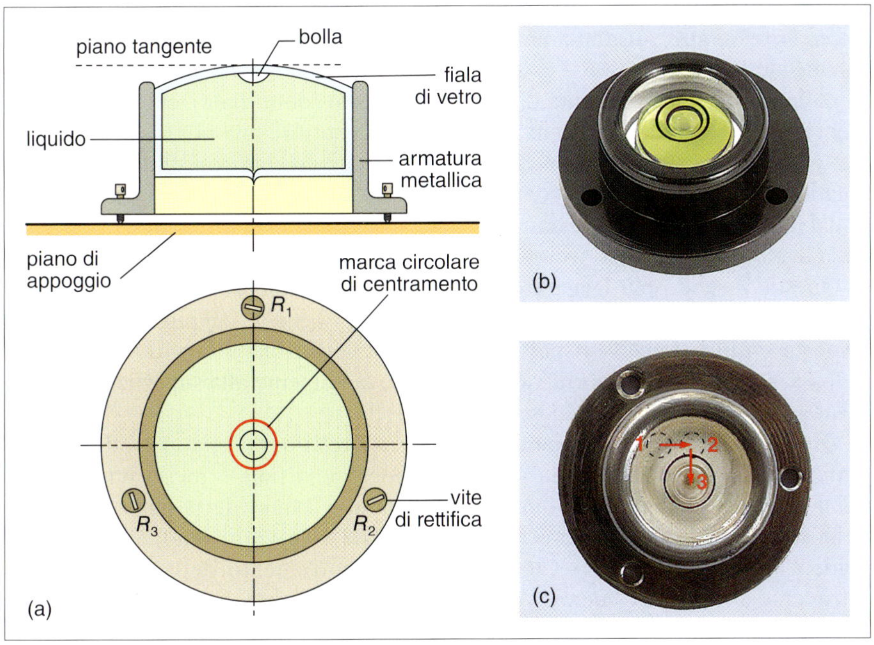

FIGURA 9 Livella sferica. (a) Viste in sezione e dall'alto. (b) Livella a bolla centrata. (c) Schema di movimento della bolla per un rapido centramento.

FAQ

La livella sferica è idonea per eseguire operazioni di precisione?

No, gli errori che si commettono usando questo tipo di livella sono dell'ordine dei 10′, compatibili solo con operazioni approssimative.

L'armatura della *livella sferica* è collegata a un piano, che definiremo di *appoggio* (la cui giacitura spaziale è modificabile dall'operatore), tramite tre viti (R_1, R_2, R_3), dette di **rettifica** e disposte come i vertici di triangolo equilatero.

La livella si dice **corretta** (o *rettificata*) quando il *piano tangente* nel vertice della calotta sferica è **parallelo** al piano di riferimento. Per *correggere* eventuali errori di parallelismo (*rettifica* della livella), si utilizzano le tre viti di *rettifica*.

Impieghi della livella sferica

La funzione della *livella sferica* è quella di rendere **orizzontale un piano** con precisioni modeste. Se la *livella sferica* è corretta, per rendere *orizzontale* un piano, è necessario modificare l'assetto dello stesso piano, fino a **centrare** la bolla nel cerchietto inciso sulla parte superiore della calotta sferica. Durante tale manovra è sconsigliabile cercare di portare direttamente la bolla all'interno del cerchietto secondo una direzione diagonale, ma è opportuno agire secondo *direzioni ortogonali* come suggerito dalla ▶FIGURA 9c.

Spesso, nell'ambito topografico, al *piano di appoggio* della livella sferica è associato rigidamente un **asse** *ortogonale* allo stesso piano; pertanto, rendendo *orizzontale* il piano di appoggio, automaticamente si rende *verticale* anche l'asse associato. È il caso, ad esempio, dello *squadro agrimensorio*, il cui asse è reso *verticale* da una livella sferica a esso rigidamente connessa.

La *livella sferica* viene montata praticamente su tutti gli strumenti topografici; in questo contesto viene usata come *livella ausiliaria* per dare una **orizzontalità grezza** (5′÷10′) a un piano. Tale operazione verrà poi *affinata* utilizzando altri dispositivi, come la *livella torica*, che garantiscono maggiore precisione.

6. La livella torica

Ricordiamo che una superficie **torica** si realizza facendo ruotare un cerchio, detto *cerchio direttore*, attorno a un asse che giace sul suo piano ma che non taglia il cerchio stesso.

La *livella torica* è costituita da un tubo di vetro (detto **fiala**), chiuso ermeticamente alle estremità, piegato in modo tale da costituire una porzione di superficie torica. Il piccolo tubo viene riempito quasi totalmente con un liquido molto volatile, quindi *mobilissimo* (come etere, alcol o analoghi). Lo spazio non occupato dal liquido viene saturato dai vapori dello stesso liquido dando luogo alla **bolla** della livella.

Questa, essendo più **leggera** del liquido, si porta sempre nella parte alta del tubo. Se il suo punto centrale, indicato in ▶FIGURA 10 con C, è il più alto, la bolla si disporrà *simmetricamente* rispetto a C; in questa posizione il raggio R di curvatura, passante per C, si disporrà verticalmente e la tangente alla superficie torica in C sarà *orizzontale*.

Questa tangente viene chiamata *asse della livella* oppure, e in modo equivalente, **tangente centrale**. Sulla parte superiore della fiala è incisa una *graduazione* i cui tratti sono posti a una distanza di $a = 2$ mm (detta **parte**); tuttavia, nelle livelle attuali, il tratto centrale della fiala è privo di graduazione, come evidenziato in ▶FIGURA 10b. Ciò in quanto il centramento della bolla avviene attraverso i *menischi laterali* rendendo inutile la parte centrale della stessa graduazione.

FAQ

In quale condizione la bolla di una livella torica è centrata?

La bolla è centrata quando il suo punto medio coincide con il punto centrale della graduazione, il che equivale a dire: quando le letture sui menischi laterali sono uguali.

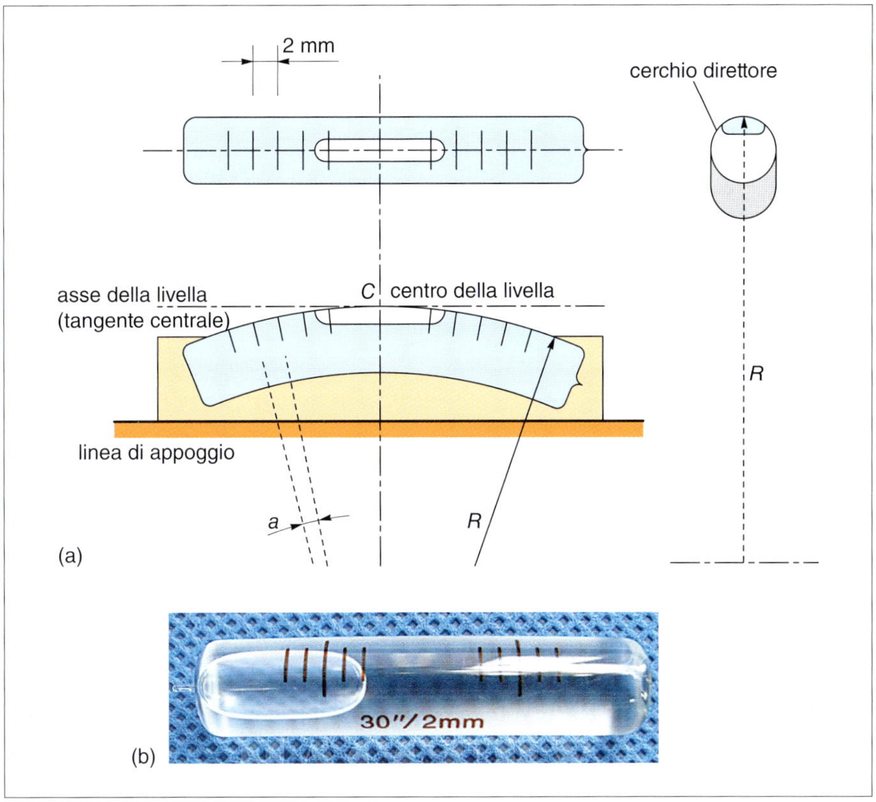

FIGURA 10 (a) Schema di livella torica. (b) Immagine di una fiala torica priva della sua armatura.

Diremo che la bolla è **centrata** quando il suo centro coincide con il centro *C* della graduazione, cioè (non essendo materializzabile il centro della bolla) quando le letture sui *menischi laterali* sono uguali (▶FIGURA 10a).

Sensibilità della livella torica

Appare evidente che esiste *proporzionalità* tra gli spostamenti della bolla e la rotazione della livella; in effetti possiamo facilmente calcolare l'angolo di cui deve ruotare la livella affinché la bolla si sposti di un intervallo di graduazione (*angolo della parte*). Con riferimento alla ▶FIGURA 10 ed esprimendo tale angolo in secondi sessagesimali si ha:

$$\alpha'' = \frac{2\text{ mm}}{R} 206\,265'' \qquad (1)$$

Si definisce **sensibilità** φ della livella torica l'angolo, espresso in secondi, di cui deve ruotare la livella affinché la bolla si sposti di **1 mm**; essa è calcolabile con l'espressione (1) semplicemente sostituendo a 2 il valore 1 mm:

$$\varphi'' = \frac{1\text{ mm}}{R} \cdot 206\,265'' \qquad (2)$$

Tuttavia, nei cataloghi illustrativi degli strumenti si osservano notazioni del tipo: «*sensibilità della livella* 40″/2 mm», il che sta a significare che la graduazione ha parti di 2 mm e che la sensibilità è perciò di 20″ (▶FIGURA 10b).

La sensibilità φ di una livella torica misura, in modo inversamente proporzionale, la **precisione** della livella: più basso è il suo valore, più alta è la sua precisione.

FAQ

Che cos'è la sensibilità di una livella?

È l'angolo, espresso in secondi, di cui deve ruotare la livella affinché la bolla si sposti di 1 mm; essa dunque è calcolabile con la seguente espressione:

$$\alpha'' = \frac{1}{R} 206\,265$$

Essendo la *sensibilità* inversamente proporzionale al raggio R di curvatura, il relativo valore che si vuole assegnare a questo parametro di una livella, è ottenibile fissando il corrispondente *raggio di curvatura*. Per esempio, se si vuole una livella con sensibilità di 10″ il raggio di curvatura, dalla precedente relazione, sarà

$$R = (1/10'') \cdot 206\,265'' = 20\,626 \text{ mm} = 20{,}62 \text{ m}$$

Le livelle montate sugli strumenti topografici presentano sensibilità comprese tra 10″ e 40″ in funzione delle caratteristiche dello strumento. Le livelle con sensibilità inferiore ai 10″ sono **instabili** (la bolla fatica a raggiungere e mantenere la posizione di equilibrio), pertanto, di fatto, inutilizzabili.

Impiego della livella torica per rendere orizzontale un asse

La livella torica viene impiegata per rendere **orizzontale un asse**. Per svolgere questo compito la fiala viene racchiusa in una *scatola metallica*, che a sua volta è vincolata a un supporto con *due montanti*; in uno il vincolo è costituito da una *cerniera*, mentre nell'altro è presente una vite R di *rettifica* (►FIGURA 11) che consente di variare l'*assetto* della fiala rispetto alla **linea di appoggio** BB. Affinché sia possibile rendere orizzontale un asse, occorre disporre di una livella **rettificata**.

Una livella torica è **rettificata** (corretta) quando la *tangente centrale* è **parallela** alla linea d'appoggio BB, cioè quando le altezze h_1 e h_2 dei suoi montanti sono guali ($h_1 = h_2$).

In questo caso è facile rendere orizzontale un asse; in effetti basta appoggiare la livella sull'asse, quindi far ruotare quest'ultimo finché la bolla sia centrata.

Verifica e rettifica della livella torica

Immaginiamo di considerare la livella di ►FIGURA 11a e di appoggiarla su di una traversa regolabile nella direzione materiale B-B a mezzo di una vite W che imprime a tale direzione rotazioni nel piano verticale. Agendo su questa vite W **centriamo** la bolla; per controllare se la livella è *rettificata* (corretta), si **ruota** di 180° livella e traversa (invertendo i punti di appoggio) e si osserva la posizione che ha assunto la bolla. Si possono verificare le due seguenti possibilità.

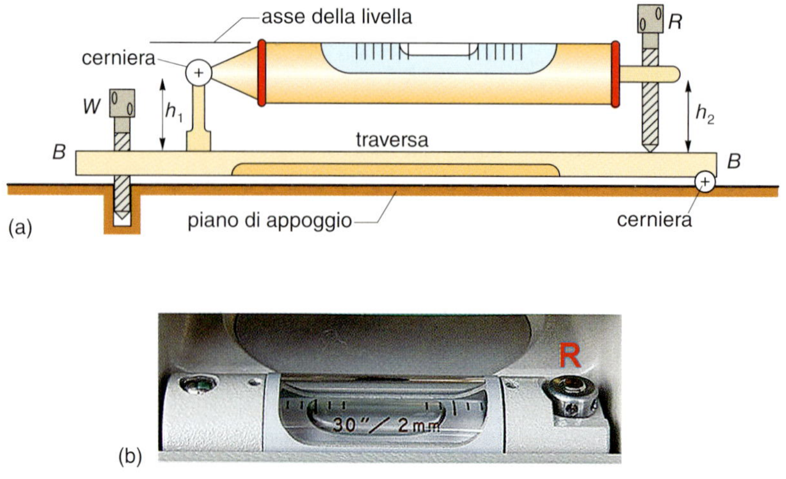

FIGURA 11 Apparati di manovra di una livella torica: (a) in schema e (b) in una livella montata in un teodolite.

FAQ

Quando una livella torica si dice rettificata o corretta?

Una livella è rettificata quando la tangente centrale risulta parallela alla retta d'appoggio.

FAQ

In una livella torica con bolla centrata, è possibile affermare che la retta d'appoggio è orizzontale?

No, lo è se la livella è corretta, cioè se esiste parallelismo tra retta d'appoggio e tangente centrale. Dunque il semplice centramento della bolla non garantisce l'orizzontalità della retta d'appoggio.

COMPETENZA

Interpretare l'informazione

La *sensibilità* è il parametro fondamentale di una livella torica; essa, di fatto, stabilisce il suo grado di precisione che è inversamente proporzionale al suo valore. In effetti a piccoli valori della sensibilità corrispondono livelle toriche precise (anche se poco stabili).

- La *bolla* rimane centrata: testimonia che la livella è **rettificata** e può essere usata senza ulteriori manovre.
- La *bolla* non è più centrata e si osserva uno *spostamento* laterale che indicheremo con *n*: la livella non è corretta e deve essere *rettificata* procedendo con le seguenti manovre:
  - si riduce della metà (*n*/2), nel verso contrario (verso il centro), lo spostamento *n* della bolla utilizzando la **vite di rettifica** *R*;
  - si centra la bolla della livella (dunque spostandola per la rimanente parte *n*/2) agendo sulla **vite** *W*;
  - si riporta la livella nella posizione originaria (ruotandola di ulteriori 180°); la bolla dovrebbe rimanere centrata. Qualora ciò non si avverasse, si noterebbe, tuttavia, uno spostamento della bolla notevolmente inferiore a quello precedente; in tal caso si perfezionerà la rettifica ripetendo le precedenti manovre.

Impiego della livella torica nei teodoliti

Nei *teodoliti* e nelle *stazioni totali* (che esamineremo in seguito) la *livella torica* svolge sia la funzione di rendere **orizzontale** il **piano** contenente il *cerchio* sul quale vengono misurati gli angoli, sia, come diretta conseguenza, quella di rendere **verticale** un asse *perpendicolare* e rigidamente collegato al piano precedente.

In questo caso la livella torica, ricordando che è concepita per rendere orizzontale una linea, fa parte di una struttura più complessa in cui il piano da rendere orizzontale può essere *ruotato* attorno a un asse verticale, e la sua *giacitura spaziale* è modificabile tramite *tre viti calanti A*, *B*, *C* disposte a triangolo equilatero (▶FIGURA 12); ciascuna di esse svolge la stessa funzione della vite *W* di ▶FIGURA 11. La procedura operativa si sviluppa nelle seguenti fasi.

1. Si dispone la livella parallela alla *congiungente* di due delle tre viti calanti, per esempio *A* e *B*, e si rende **orizzontale la retta** *AB* del piano centrando la bolla della livella ruotando una qualunque delle viti *A* o *B*; tuttavia, dato che la «corsa» di tali viti è limitata, è opportuno agire su entrambe ruotandole a contrasto.
2. Periodicamente, oppure se non si è sicuri della rettifica della livella, si ruota il piano di 180°, quindi si porta la livella nella posizione parallela alla precedente posizione dalla parte della vite *C* (▶FIGURA 12a). Se la bolla *rimane centrata* la

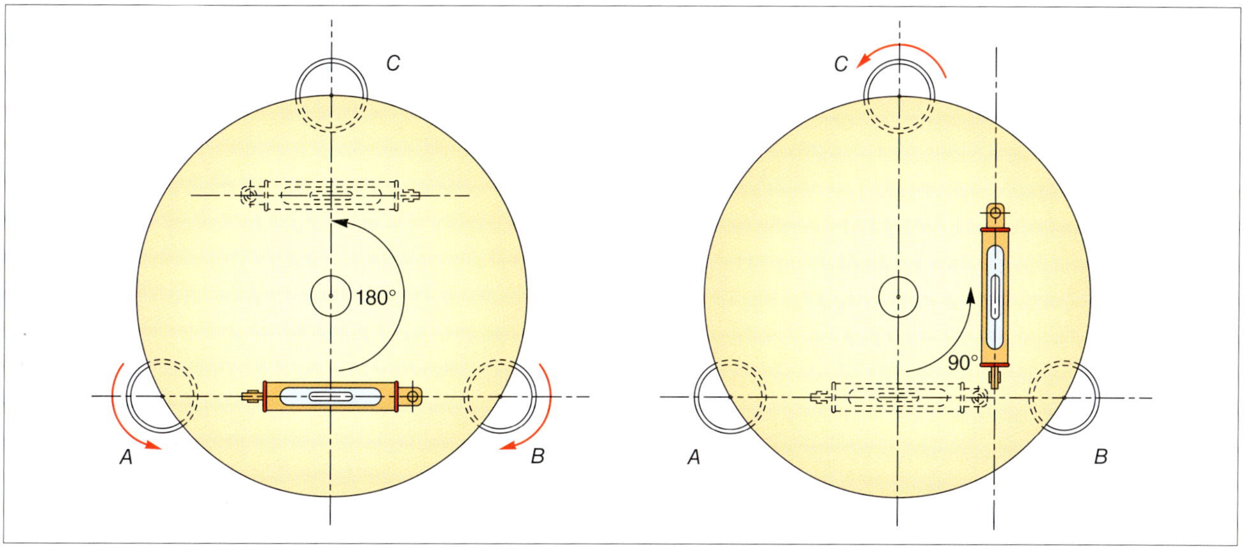

FIGURA 12 Procedura per rendere orizzontale un piano, regolabile con tre viti calanti, con una livella torica.

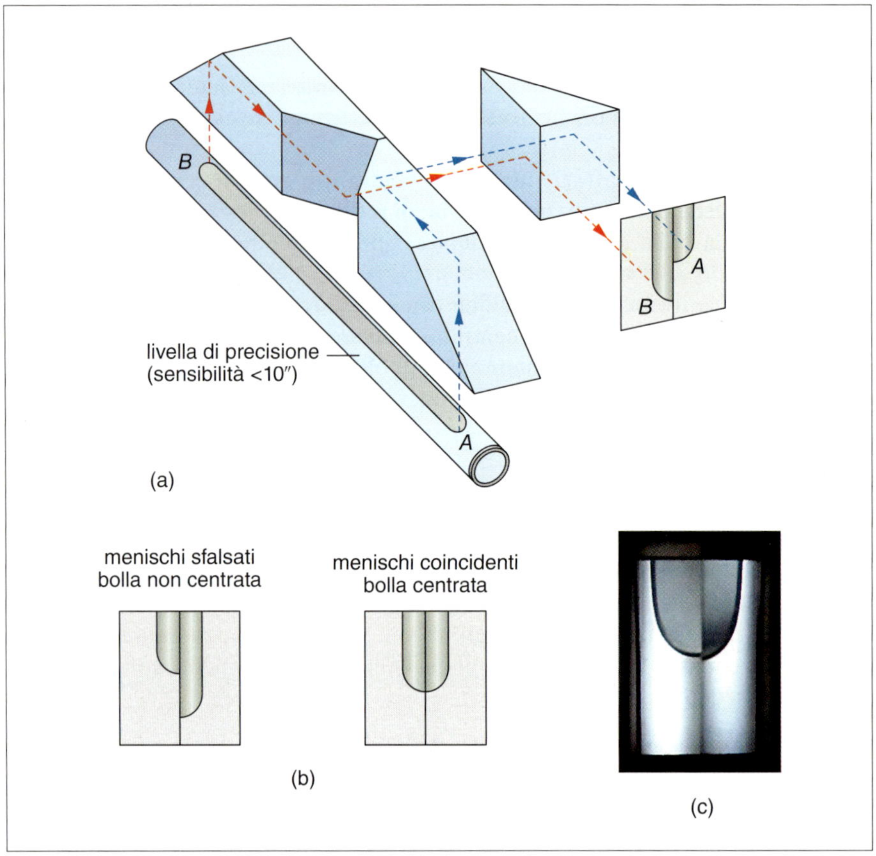

FIGURA 13 Livella a coincidenza di immagini. (a) Schema del percorso ottico delle immagini dei menischi della bolla. (b) Schemi di bolla centrata (in basso) e non centrata (in alto). (c) Immagine di una bolla con centramento a coincidenza.

livella è rettificata e si può procedere con la fase successiva, in caso contrario si rende necessaria la rettifica della livella utilizzando la *vite di rettifica R* come descritto al punto precedente.

3 Ruotando il piano *di un angolo retto*, si dispone la livella, rispetto alla posizione di partenza *A*-*B*, secondo una direzione *parallela* alla terza vite *C* (▶FIGURA 12b), e si centra la bolla agendo **solo** su quest'ultima vite (non toccando le viti *A* e *B*). In tal modo si sono rese *orizzontali* due rette, non parallele, del piano, quindi si è reso **orizzontale** il piano stesso.

Negli *strumenti elettronici* più recenti, talvolta la livella torica viene sostituita da una **livella elettronica**, il cui centramento virtuale viene eseguito su un *display*, la cui funzione, tuttavia, rimane del tutto immutata.

Livella a coincidenza di immagini

Allo scopo di migliorare decisamente la precisione con la quale si esegue il centramento della bolla, nell'ambito di alcuni strumenti (*livelli*) che richiedevano elevate precisioni nel centramento della bolla, fu ideata la **livella a coincidenza di immagini**.

Questa livella è costituita da una fiala a grande raggio di curvatura (bassa sensibilità, grande precisione) priva di ogni graduazione. Essa viene osservata attraverso un **sistema ottico** costituito essenzialmente da tre prismi che, esplorando le due estremità della bolla (menischi), ne consentono il centramento facendone coincidere i menischi estremi (▶FIGURA 13). Quando le immagini delle due estremità della bolla coincidono, la livella è centrata; quando invece appaiono sfalsate, allora la bolla è fuori centro.

7. I microscopi di lettura

In passato le **misure** (*angoli* e *distanze*) venivano in genere effettuate con strumenti provvisti di **graduazioni** che consentivano l'esecuzione delle misure stesse. Allo scopo di eseguire nel modo migliore la lettura sulla scala delle graduazioni, questa non veniva osservata direttamente a occhio nudo, ma esplorata mediante apparati ottici, detti **microscopi**, la cui funzione era quella di **ingrandire** una **piccola porzione** di graduazione allo scopo di favorire una lettura più sicura (▶FIGURA 14).

Nei moderni strumenti di misura, la presenza della componentistica **elettronica** consente la lettura **automatica** e **digitale** alle graduazioni. Pertanto, in essi, non sono più presenti i dispositivi di ingrandimento sopra citati, che, di seguito, saranno brevemente proposti unicamente per completezza della trattazione didattica e per interesse storico.

FAQ

In cosa consiste l'adattamento alla vista in un microscopio semplice?

In una manovra che prevede piccoli spostamenti della lente o dell'oggetto che dovrà portare l'immagine a formarsi a una distanza uguale alla distanza della visione distinta (25 cm).

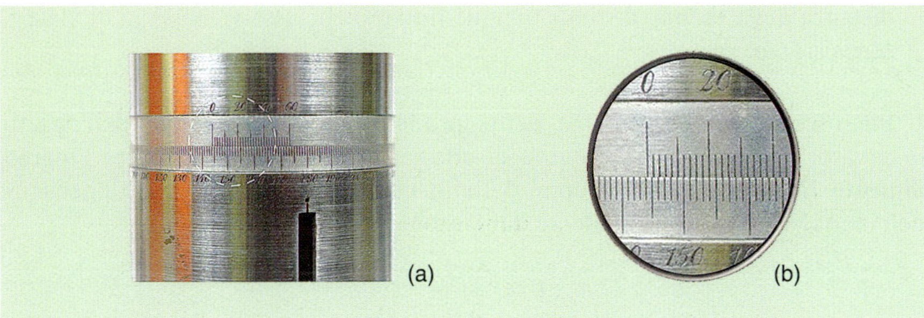

FIGURA 14 Graduazione (a) e ingrandimento di una sua porzione con un microscopio semplice (b).

Microscopio semplice

Il *microscopio semplice* (lente di ingrandimento) serve per osservare oggetti **vicini** ma **piccoli**, la cui percezione, a occhio nudo, sarebbe incerta e confusa. È costituito, essenzialmente, da una lente **convergente** a **piccola distanza focale** f (pochi millimetri), e l'oggetto da osservare deve essere collocato tra la lente e il suo primo fuoco F_1, dunque a una distanza D inferiore alla stessa distanza focale f della lente ($D < f$).

Con riferimento allo schema di ▶FIGURA 15, l'oggetto AB da osservare (nel nostro

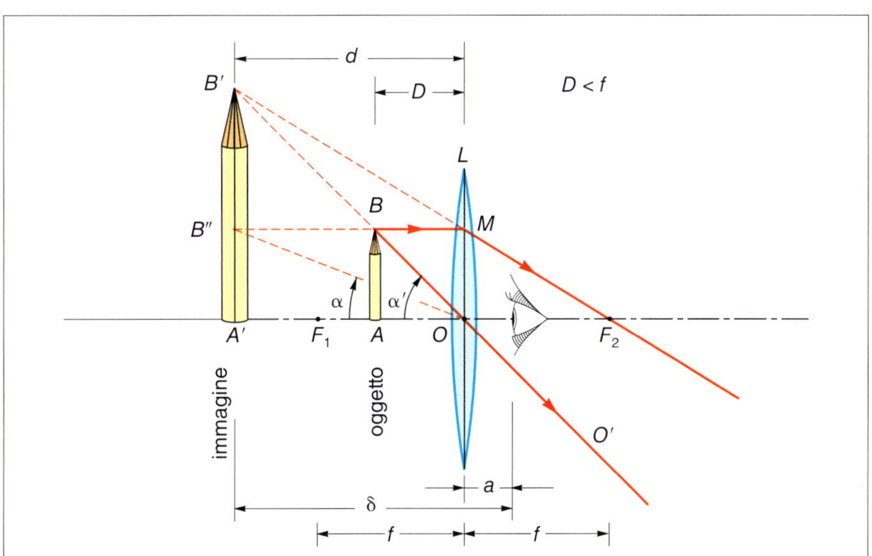

FIGURA 15 Schema ottico del microscopio semplice. L'oggetto deve essere compreso tra lente e fuoco, e la sua immagine è virtuale diritta e ingrandita.

FAQ

Per quale ragione viene definito l'ingrandimento normale del microscopio semplice?

Perché esso dipende solo dalla lente (microscopio), attraverso la sua distanza focale f; dunque è un parametro distintivo del microscopio.

ambito era un piccolo tratto di graduazione) viene collocato a una distanza D compresa fra il primo fuoco e la lente. In questo contesto all'occhio dell'osservatore, posto davanti alla lente, appare un'immagine *virtuale*, *diritta* e **ingrandita**, che si formerà a una distanza d dalla lente.

Le grandezze f, d e D sono legate dall'equazione delle lenti sottili (relazione (3) dell'unità C1).

Affinché l'immagine sia percepita nelle condizioni di migliore visibilità, e con la minor fatica, la distanza tra l'occhio e l'immagine ingrandita $A'B'$ deve essere uguale alla cosiddetta **distanza della visione distinta** δ (mediamente 250 mm). Perché ciò avvenga è necessario che l'operatore effettui una semplice **manovra** detta di *adattamento alla vista* così definita:

> l'**adattamento alla vista** è una manovra che consiste nell'imporre piccoli spostamenti alla lente (o all'oggetto) finché l'immagine $A'B'$ si formi alla **distanza della visione distinta**, dunque fintanto che essa viene vista nitida e senza sforzo.

Il microscopio semplice, come detto, produce un *ingrandimento* dell'oggetto osservato; per quantificare l'entità di tale ingrandimento si considera l'**ingrandimento lineare** del microscopio, definito come rapporto tra una dimensione dell'immagine e la corrispondente dimensione dell'oggetto:

$$I_l = \frac{A'B'}{AB} = \frac{d}{D}$$

Così definito, però, I_l (detto anche **ingrandimento attuale**) non è una costante peculiare per un dato microscopio, essendo d e D variabili nei vari contesti con cui si osserva l'oggetto. Allora, per ottenere un parametro di ingrandimento **unico** e **specifico** da associare a ogni microscopio, si calcola il precedente ingrandimento nella particolare configurazione, in cui l'occhio dell'osservatore si trova sul secondo fuoco F_2 della lente. In tale contesto (tralasciando la dimostrazione) la formula precedente (con f in mm) assume la seguente forma, il cui valore viene detto **ingrandimento normale** o **convenzionale**:

$$I_n = \frac{\delta}{f} = \frac{250}{f\ (\text{mm})}$$

L'*ingrandimento normale* I_n, pertanto, non dipende più dalla posizione dell'oggetto, ma solo dalle caratteristiche della lente.

In pratica con il microscopio semplice si possono solo ottenere ingrandimenti inferiori a 10×. Superare questo valore comporterebbe sensibili aberrazioni e un critico adattamento alla vista. Esso, come detto, era applicato nei vecchi strumenti topografici per eseguire le letture alle graduazioni; veniva montato su un tubicino e poteva subire piccoli spostamenti per *adattarlo alla vista* dell'operatore nell'osservazione della graduazione che si trovava in posizione fissa (▶FIGURA 16).

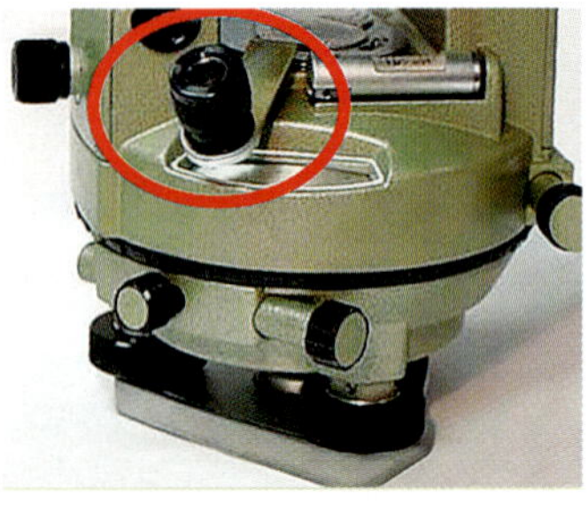

FIGURA 16 Microscopio semplice utilizzato in un goniometro ottico per ingrandire un tratto di graduazione di un cerchio.

Microscopio composto

In questo caso lo strumento è costituito dai seguenti due sistemi di lenti, **entrambi convergenti** e di **piccola** distanza focale, montati alle estremità di due tubicini coassiali scorrevoli (per consentire l'adattamento alla vista):

- **obiettivo** L_1, orientato verso l'oggetto da osservare;
- **oculare** L_2, dalla parte dell'occhio dell'osservatore.

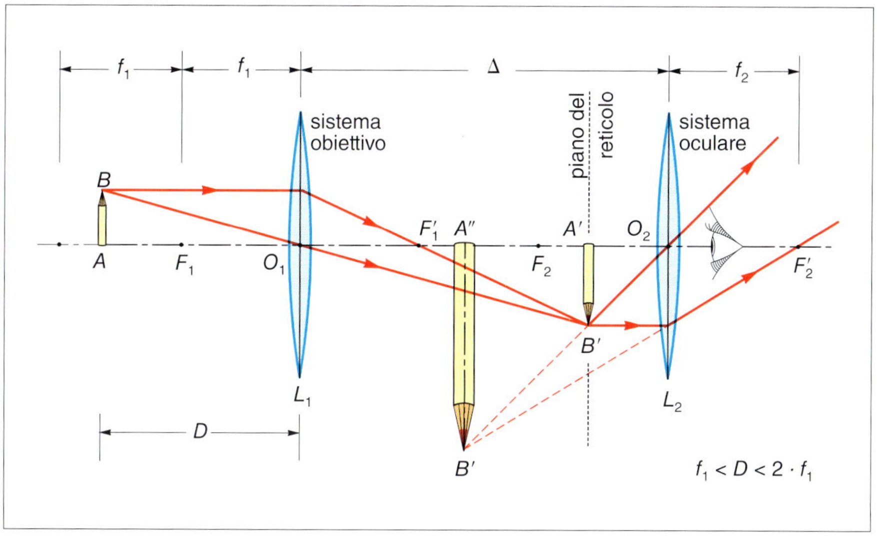

FIGURA 17 Schema ottico del microscopio composto; l'oggetto osservato è molto piccolo e si trova a una distanza fissa dall'obiettivo compresa tra f_1 e $2f_1$.

L'oggetto da osservare (una porzione di graduazione) si trova a una **distanza fissa** D dall'obiettivo L_1 compresa tra f_1 e $2f_1$. In questo caso, come è noto, l'immagine fornita dall'obiettivo è reale, capovolta, ingrandita (▶FIGURA 17). L'oculare L_2 è posto in una posizione tale che l'immagine fornita dall'obiettivo venga a trovarsi a una distanza (dallo stesso oculare) inferiore alla sua distanza focale f_2. Quindi rispetto a questa immagine, pensata come oggetto, l'oculare funziona come un *microscopio semplice*. In definitiva si avrà un'immagine *virtuale*, *capovolta*, **ingrandita**.

Anche nel microscopio composto, per quantificare l'ingrandimento dell'immagine ottenuta, viene utilizzato l'**ingrandimento lineare** I_l fornito dal prodotto degli ingrandimenti I_1 dell'obiettivo e I_2 dell'oculare:

$$I_l = I_1 \cdot I_2$$

Con un microscopio composto si possono ottenere ingrandimenti fino a 2000×, tuttavia il microscopio composto che veniva utilizzato negli strumenti topografici non superava i 100×. Come nel microscopio semplice, anche nel microscopio composto è necessario effettuare l'**adattamento alla vista** facendo scorrere leggermente l'oculare rispetto all'obiettivo, il quale si trova in **posizione fissa**, dovendo rimanere invariata la sua distanza D dall'oggetto.

Negli strumenti topografici il microscopio composto veniva utilizzato nell'osservazione, per trasparenza, delle graduazioni incise su cerchi di vetro (▶FIGURA 18).

Per poter effettuare le letture era necessario che vi fosse un **indice di lettura** (più o meno complesso) che materializzava il punto su cui eseguire la lettura stessa. Questo era costituito da una *semplice linea*, oppure da una struttura più complessa di *linee sottilissime*, incise su un **vetrino** collocato nel piano in cui si forma l'immagine dell'oggetto fornita dall'obiettivo (la prima), che appaiono all'osservatore sovrapposte all'immagine della graduazione, e in corrispondenza delle quali venivano effettuate le **letture**.

Questo vetrino, con le relative incisioni, prendeva il nome di **reticolo** o **micrometro**.

FAQ

Cosa contiene il reticolo (o micrometro) di un microscopio composto?

L'*indice di lettura*. Si tratta di una semplice linea o un complesso di linee molto sottili, incise su un minuscolo vetrino collocato sul piano di formazione dell'immagine dell'obiettivo. Tali linee si vedranno sovrapposte all'immagine della graduazione, quindi ingrandite con essa dall'oculare. L'indice di lettura consente di eseguire la lettura alla graduazione con la precisione prevista.

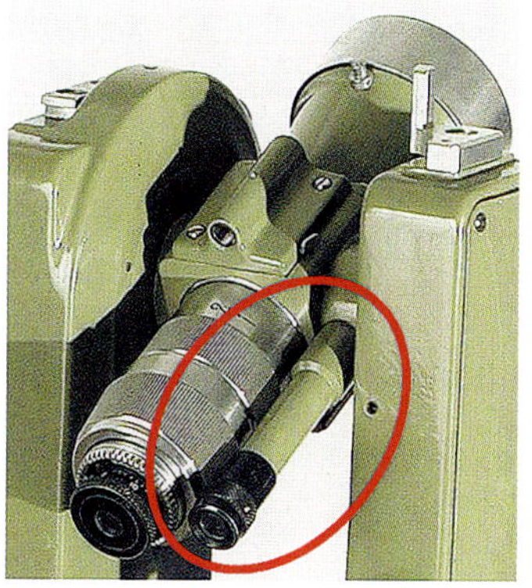

FIGURA 18 Microscopio composto utilizzato in un goniometro ottico per ingrandire un tratto di graduazione dei cerchi.

Per collegare i concetti

STRUMENTI ELEMENTARI

PER L'INGRANDIMENTO DELLE GRADUAZIONI

microscopio composto
È costituito da due sistemi di lenti (*obiettivo* e *oculare*), montati alla estremità di un piccolo tubo

miscroscopio semplice
È formato da una lente convergente a piccola distanza focale (pochi mm). Veniva utilizzato nei vecchi strumenti

PER L'ASSETTO VERTICALE DI UN ASSE

filo a piombo
È una massa metallica con terminale a punta, sospesa a un sottile filo di nylon. Si dispone lungo la verticale

PER REALIZZARE ALLINEAMENTI ORTOGONALI

groma
Antico strumento di Roma imperiale. Individuava due *piani di traguardo* ortogonali tramite coppie di fili a piombo

squadro agrimensorio
Ha la forma di un prisma ottogonale. Speciali fessure sulle facce laterali consentono allineamenti a 45°, 90° e 180°

squadri ottici a prismi
Piccoli strumenti tascabili che consentono di tracciare allineamenti ortogonali e a 180° (croce di prismi)

PER L'ASSETTO ORIZZONTALE DI ASSI E PIANI

livella sferica
È una piccola fiala cilindrica di vetro, con la parte superiore a calotta sferica. Rende orizzontale un piano

livella torica
È formata da una piccola fiala di vetro sagomata a toro. È utilizzata per rendere orizzontale un asse

livella elettronica
Sostituisce la livella torica negli strumenti più recenti. Il centramento virtuale è eseguito su un display

Per ripassare

Il filo a piombo: è una massa metallica, sagomata a punta e sospesa a un sottile filo di nylon. Quest'ultimo si dispone lungo la direzione della forza di gravità, materializzando, pertanto, la *verticale* passante per un punto.

- In topografia trova svariate applicazioni. In effetti ogniqualvolta sia necessario disporre della direzione della verticale passante per un punto, è possibile l'utilizzo del filo a piombo.
- La precisione con cui si definisce la verticale col filo a piombo è mediamente di 2′.

La diottra classica: era costituita da un *regolo* ai cui estremi si innalzano perpendicolarmente due *alette*, con opportune aperture. Si tratta di uno strumento antico, che serviva per tracciare su un piano da disegno (*tavoletta*), mediante la *linea di fede* predisposta sul regolo, parallela alla *linea di collimazione*, le tracce delle direzioni ai punti collimati. La diottra classica è uno strumento *a traguardo*, cioè un dispositivo che determina una *linea*, oppure il *piano di mira* o di *collimazione*.

- L'importanza attuale della diottra è solo di carattere didattico, per introdurre il concetto di traguardo e di collimazione.

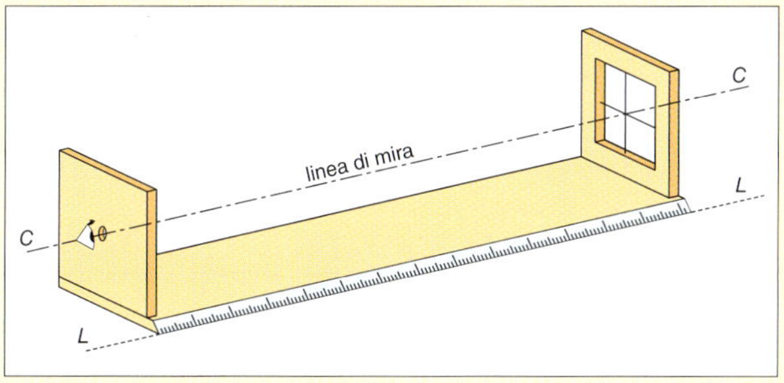

La groma: è uno dei più antichi strumenti topografici, essendo stata utilizzata dagli agrimensori della Roma imperiale. Era costituita da una croce di bronzo sostenuta da un grosso bastone conficcato nel terreno. Alle estremità dei bracci della croce venivano sospese due coppie di fili a piombo che generavano due coppie di piani di traguardo verticali: il *cardo* e il *decumano*. Con essa si tracciavano allineamenti tra loro ortogonali.

- Aveva notevoli dimensioni; al pari della diottra, il suo interesse attuale è unicamente didattico.

Lo squadro agrimensorio: è la versione più recente, con dimensioni ridotte, della groma romana. Esso è costituito da un bossolo metallico, di forma sferica o a prisma ottagonale, sulla cui superficie laterale sono ricavate quattro coppie di fessure, ciascuna delle quali costituisce un *piano di traguardo* verticale. Alternativamente queste coppie di traguardi sono ortogonali, quindi permettono di tracciare sul terreno allineamenti ortogonali.

- Lo squadro agrimensorio viene montato su treppiedi leggeri o su bastoni. Il suo asse di rotazione, detto *asse generale*, deve essere reso verticale con l'ausilio di una livella sferica.

Gli squadri a prisma: sono piccolissimi ed elementari strumenti topografici che svolgono la stessa funzione degli squadri agrimensori, cioè servono a tracciare sul terreno *allineamenti ortogonali*. Essi sono basati sulla presenza di prismi, di diversa forma. Un raggio luminoso penetra all'interno del prisma da una faccia di incidenza, quindi si

riflette successivamente su altre due facce e infine esce da un'altra faccia (detta di emergenza); esso viene deviato di un angolo uguale a quello formato dalle facce di incidenza e di emergenza. Se questo angolo è di 90° il prisma funziona da squadro.

- Gli squadri più usati sono quelli che utilizzano due prismi sovrapposti in posizione speculare, detti a *croce di prismi*. Con essi si può facilmente collocare lo strumento su un allineamento presente sul terreno, quindi definire l'allineamento ortogonale.
- Sono strumenti leggeri, tascabili, di rapido impiego, di basso costo ma di modesta precisione, quindi il loro impiego deve essere limitato a operazioni di carattere approssimativo e speditivo.

La livella sferica: è una piccola fiala di vetro cilindrica, chiusa nella parte superiore da una calotta sferica, in cima alla quale è inciso un piccolo cerchietto di centramento. La fiala viene riempita non completamente con un liquido molto volatile. Lo spazio vuoto viene occupato dai vapori del liquido e costituisce la bolla della livella. La fiala viene montata solidalmente su un'armatura metallica che lascia visibile all'operatore solamente la calotta sferica superiore. Una livella sferica serve a rendere orizzontale un piano, e, se montata in modo opportuno, a rendere verticale un asse. La livella sferica è corretta quando il piano tangente nel vertice della calotta sferica è parallelo al piano d'appoggio dell'armatura metallica.

- Una livella corretta rende orizzontale un piano (o verticale un asse) quando la bolla si trova centrata nel cerchio inciso sulla sommità della calotta sferica.

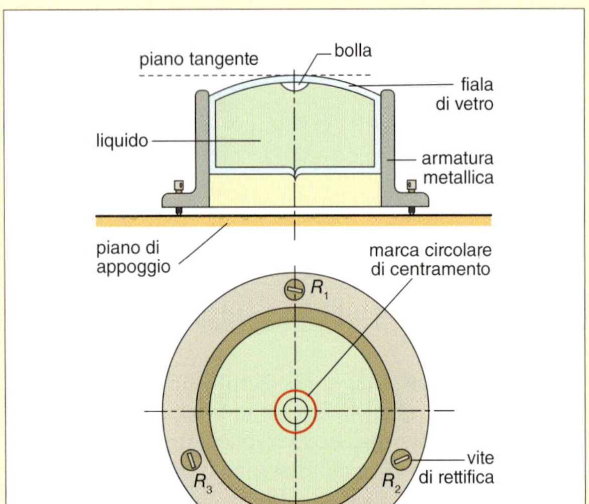

La livella torica: è una piccola fiala di vetro costituita da un tratto di superficie torica, riempita non completamente con un liquido molto volatile. Il restante spazio vuoto viene occupato dai vapori dello stesso liquido e costituisce la bolla della livella. La fiala viene montata solidalmente su un'armatura metallica (cilindro cavo) che lascia visibile all'operatore solamente la parte centrale superiore su cui è incisa una graduazione simmetrica con intervalli di 2 mm chiamati *parte*. Una livella torica è *corretta* quando la tangente alla superficie torica nel centro della graduazione è parallela alla base d'appoggio dell'armatura metallica. La bolla della livella è *centrata* quando il centro della bolla coincide con il centro della graduazione. Una livella torica viene impiegata per rendere orizzontale una linea; tuttavia, rendendo orizzontali due linee complanari non parallele, con essa è possibile rendere orizzontale anche un piano. Quando una livella è corretta, per rendere orizzontale una linea basta disporre la livella lungo questa linea e centrare la sua bolla.

- Si definisce *sensibilità* della livella torica l'angolo, espresso in secondi, di cui deve ruotare la livella affinché la bolla si sposti di 1 mm; essa è calcolabile con la seguente espressione: $\alpha'' = (1/R)\ 206\,265$, essendo R il

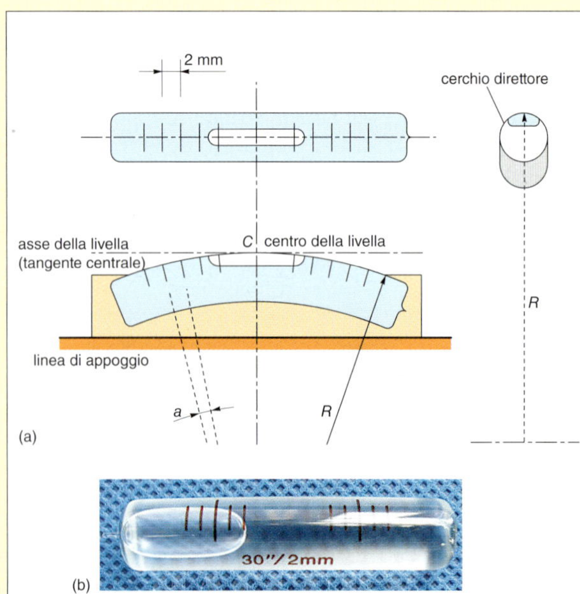

raggio di curvatura della superficie torica. Dunque la sensibilità è inversamente proporzionale al raggio R.

- Più piccolo è il valore della sensibilità (cioè l'angolo α''), maggiore è la precisione della livella. Tuttavia le livelle più precise, quindi con grande raggio di curvatura, sono anche molto instabili.
- In topografia le livelle toriche sono montate sui teodoliti e hanno sensibilità comprese tra $10''$ e $40''$.
- Le livelle toriche di piccola sensibilità, per migliorare il centramento della bolla, utilizzano fiale prive di graduazione e osservate con un sistema ottico di tre prismi che consentono il centramento della bolla a «coincidenza».

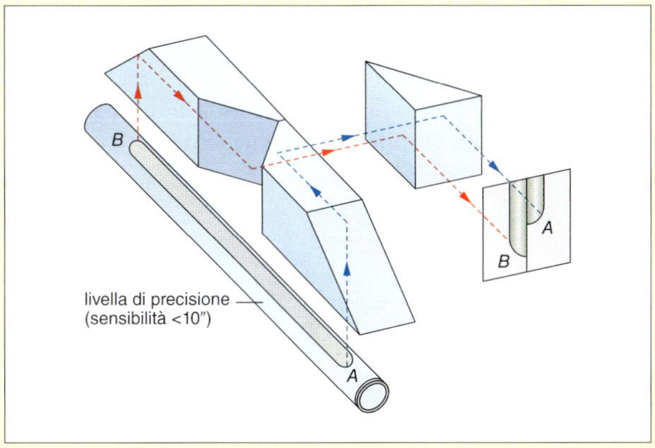

Microscopio semplice: veniva usato nei vecchi strumenti per ingrandire piccole porzioni di *graduazioni*, al fine di rendere la conseguente lettura più sicura e affidabile. È

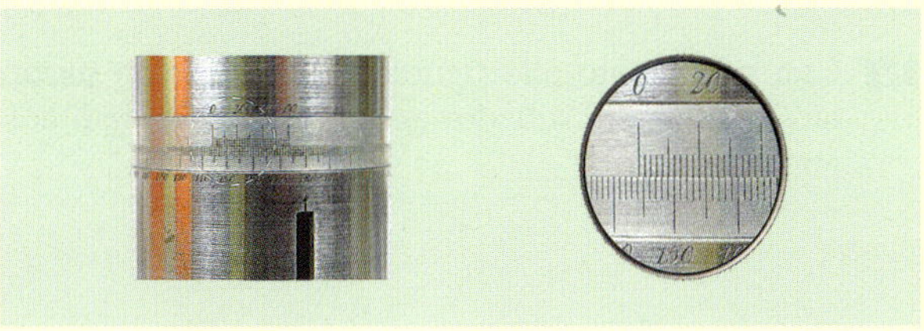

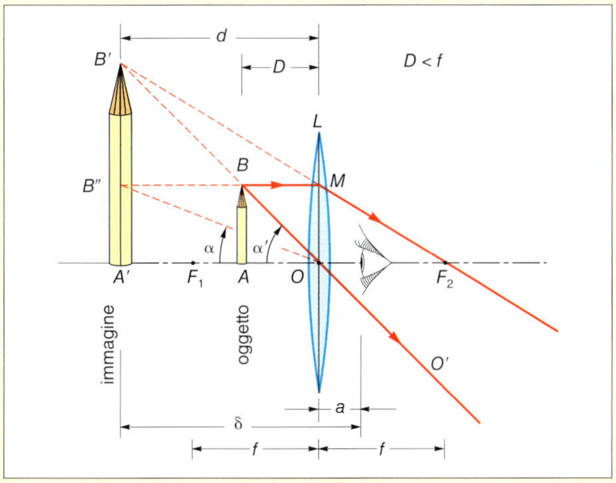

costituito, da una lente *convergente* a *piccola distanza focale* f, e l'oggetto da osservare deve trovarsi tra la lente e il suo primo fuoco F_1, cioè a una distanza D minore della distanza focale f.

- Per quantificare l'entità dell'ingrandimento viene usato l'ingrandimento lineare calcolato in una particolare configurazione (*ingrandimento normale* o *convenzionale*), fornito dalla seguente espressione:

$$I_n = \frac{\delta}{f} = \frac{250}{f}$$

Adattamento alla vista: è una *manovra* con cui si impongono piccoli spostamenti alla lente, rispetto alla graduazione osservata, affinché l'immagine si formi alla *distanza della visione distinta*, cioè quando essa appare nitida e senza sforzo.

Microscopio composto: svolgeva la stessa funzione del microscopio semplice, ma con maggior efficienza. È costituito da due sistemi di lenti, *entrambi convergenti* e di *piccola distanza focale*, montati alle estremità di due tubicini coassiali scorrevoli (per consentire l'adattamento alla vista): l'*obiettivo* (con focale f_1) e l'*oculare* (con focale f_2). La piccola porzione di graduazione da ingrandire si doveva trovare a una distanza D *fissa* dall'obiettivo compresa tra f_1 e $2f_1$.

- Per quantificare l'entità dell'ingrandimento viene usato l'*ingrandimento lineare* ottenuto dal prodotto degli ingrandimenti di obiettivo e oculare:

$$I_l = I_1 \cdot I_2$$

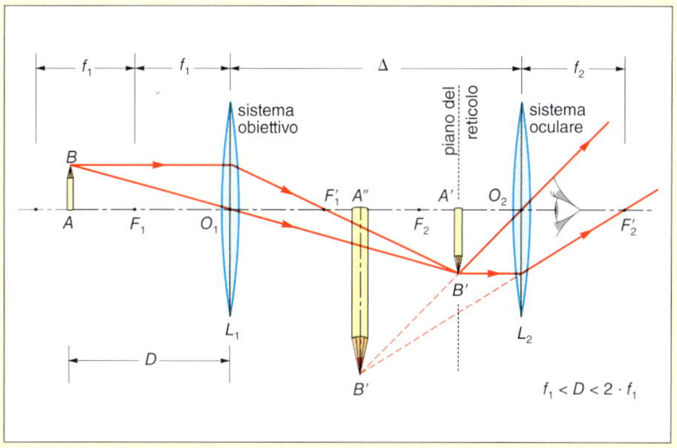

Indice di lettura: materializzava il punto su cui eseguire la lettura. Era costituito da una semplice linea, o da una serie più complessa di linee sottilissime, incise su un *vetrino* collocato nel piano in cui si forma l'immagine dell'oggetto fornita dall'obiettivo e che consentiva di eseguire la *lettura* sulla graduazione. Tale sistema di linee viene detto *reticolo* o *micrometro*.

Autovalutazione

A. Verifica delle conoscenze

QUESITI VERO/FALSO

		V	F
1	Il filo a piombo può essere sostituito da dispositivi ottici e laser	☐	☐
2	La diottra è un dispositivo a traguardi	☐	☐
3	La groma romana era uno strumento di piccole dimensioni	☐	☐
4	Gli squadri agrimensori possono tracciare sul terreno linee che formano angoli di 45°	☐	☐
5	Lo squadro agrimensorio può avere solo una forma prismatica a sezione ottagonale	☐	☐
6	Lo squadro agrimensorio può essere impiegato per collimare a traguardo punti molto distanti	☐	☐
7	Lo squadro ottico a croce di prismi è un dispositivo «allineatore»	☐	☐
8	La livella sferica è anche detta livella da piani	☐	☐
9	La «parte» di una livella torica si riferisce a una delle sue due metà	☐	☐
10	La precisione di una livella è direttamente proporzionale alla sua sensibilità	☐	☐
11	La sensibilità di una livella torica è definita dal suo raggio di curvatura	☐	☐
12	Una livella torica si dice corretta se il suo asse è parallelo alla retta d'appoggio sulla traversa	☐	☐
13	Utilizzando una livella torica è possibile rendere orizzontale un piano	☐	☐
14	Sulla fiala di una livella a coincidenza di immagini è incisa una graduazione	☐	☐
15	Nei dispositivi topografici i microscopi sono utilizzati per ingrandire l'oggetto da collimare	☐	☐

QUESITI A RISPOSTA APERTA

16 Con riferimento al semplice dispositivo, di costruzione settecentesca, rappresentato in figura, rispondi ai seguenti quesiti.

1) Di quale dispositivo si tratta? ....

2) Come si chiama l'elemento orizzontale? ....

3) Come si chiamano gli elementi verticali? ....

4) Quale operazione consente? ....

5) Da quale dispositivo è stato sostituito negli strumenti moderni? ....

17 Con riferimento alla figura, che mostra una particolare tipologia di squadro agrimensorio, rispondi ai seguenti quesiti.

1) Di quale tipo di squadro si tratta? ....

2) Cosa lo differenzia dai normali squadri agrimensori? ....

3) Come definiresti la sua precisione? ....

4) Come definiresti le distanze massime tra i punti osservabili con questo dispositivo? ....

18 Con riferimento alla particolare tipologia di squadro mostrata in figura, rispondi ai seguenti quesiti.

1) Di quale tipo di squadro si tratta? ....

2) Per quali funzioni è impiegato? ....

3) Quante paline possono essere osservate insieme? ....

4) Cosa si osserva nella piccola finestrella centrale (gialla)? ....

19 Considerando la figura, che illustra dall'alto una livella sferica, rispondi ai seguenti quesiti.

1) Per quale ragione è definita sferica? ....

2) Quale funzione assolve? ....

3) Con quale precisione svolge la sua funzione? ....

4) È presente anche negli strumenti moderni? Con quale frequenza? ....

20 Considerando la figura, che mostra una livella torica montata su un moderno strumento topografico, rispondi ai seguenti quesiti.

1) Quale funzione svolge in questo ambito? ....

2) Quali manovre sono necessarie per assolvere a questa funzione?

a) ....

b) ....

c) ....

3) Quale raggio di curvatura possiede questa livella? ....

4) Quale difetto hanno le livelle toriche di grande precisione? ....

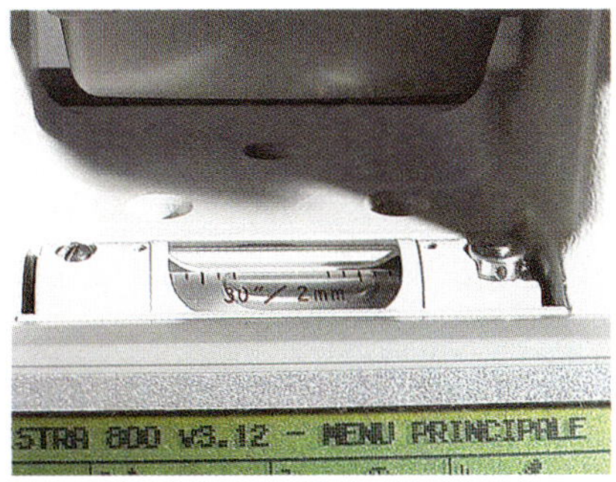

21 Nella figura un'operatrice sta utilizzando un microscopio composto; a questo proposito rispondi ai seguenti quesiti.

1) Quali elementi sta osservando? ....

2) Da quali elementi ottici è costituito? ....

3) Quale funzione produce? ....

4) Con quale frequenza è presente nei moderni strumenti elettronici? ....

QUESITI A RISPOSTA MULTIPLA

22 Con quale errore medio si realizza la verticalità di un asse utilizzando il filo a piombo?

- a 2°
- b 2′
- c 2″
- d 20″

23 Con quale strumento è possibile disegnare in campagna le tracce dei punti collimati durante le operazioni di misura?

- a con la groma
- b con la diottra
- c con lo squadro agrimensorio
- d con nessuno dei precedenti

24 Con quale strumento è possibile realizzare in campagna allineamenti tra loro ortogonali?

- a con la groma
- b con lo squadro agrimensorio
- c con lo squadro a croci di prisma
- d con tutti i precedenti

25 Quale delle seguenti condizioni permette di affermare che una livella torica è corretta?

- a la bolla è centrata
- b la tangente centrale è orizzontale
- c la tangente centrale è parallela alla linea di appoggio
- d nessuna delle precedenti condizioni

26 Quale raggio di curvatura deve avere la superficie torica affinché una livella abbia una sensibilità di 30″?

- a 6,9 m
- b 30 m
- c 3 m
- d 70 cm

27 Una livella torica ha il raggio di curvatura della superficie torica di 12 m. Qual è la sua sensibilità?

- a 12″
- b 17″
- c 12′
- d 24″

28 Una livella torica ha sensibilità di 20″; se la sua bolla si è spostata di 3 parti di graduazione, quanto è inclinato il piano d'appoggio della livella?

- a 60″
- b 3′
- c 2′
- d nessuno dei precedenti

29 Una livella torica ha il raggio di curvatura di 20,62 m. Se la sua bolla si è spostata di 2 parti di graduazione, quanto è inclinato il piano d'appoggio della livella?

- a 40″
- b 4′
- c 2′
- d 2′40″

30 Con quale precisione si rende orizzontale un piano utilizzando una livella sferica?

- a qualche secondo
- b qualche decina di secondi
- c qualche primo
- d qualche decina di primi

31 Quale parte manca in una livella torica a coincidenza di immagini?

- a la bolla
- b il supporto metallico
- c la graduazione
- d nessuno dei precedenti

32 Quale, tra le seguenti livelle toriche, è più precisa?

- a livella con sensibilità 20″
- b livella con sensibilità 10″
- c livella a coincidenza con sensibilità 10″
- d hanno tutte la stessa precisione

33 Se δ è la distanza della visione distinta e f è la distanza focale, l'ingrandimento normale di un microscopio semplice è dato da

- a $1 + \delta/f$
- b f/δ
- c δ/f
- d $\delta \cdot f$

34 L'ingrandimento di un microscopio composto con l'obiettivo che ingrandisce 6 volte e l'oculare 10 volte, sarà

- a 16×
- b 60×
- c 32×
- d 120×

35 La prima immagine della graduazione dei cerchi data dall'obiettivo di un microscopio composto si forma sempre

- a alla distanza della visione distinta
- b sul piano del reticolo
- c sul primo fuoco dell'oculare
- d sul secondo fuoco dell'obiettivo

B. Verifica delle competenze

COMPETENZA Risolvere problemi

36 **PROBLEMA SVOLTO**

Un oggetto alto 1 cm è collocato a 2 cm da una lente d'ingrandimento (microscopio semplice) la cui distanza focale è $f = 3$ cm. Costruisci graficamente l'immagine virtuale dell'oggetto vista dall'osservatore e determinane l'altezza h' e la distanza d dalla lente.

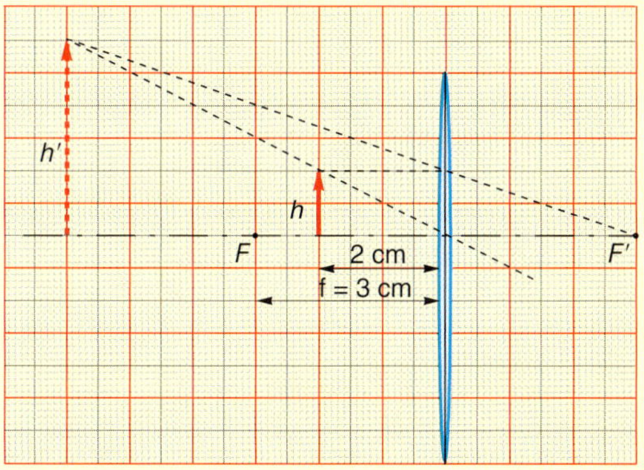

Soluzione

Dall'equazione

$$\frac{1}{3} = \frac{1}{2} + \frac{1}{d}$$

risulta $d = 6$ cm (il segno «–» indica un'immagine virtuale). Inoltre

$$\frac{h'}{6} = \frac{6}{2}$$

da cui segue $h' = 3$ cm.

37 Determina la sensibilità di una livella torica la cui fiala ha un raggio di curvatura di 8 m (8000 mm). [$\varphi = 25'',8$]

38 Determina il raggio di curvatura di una livella torica affinché la sua sensibilità sia di 20″. [$R = 10{,}3$ m]

39 Una livella torica con sensibilità di 30″ è disposta lungo una linea inclinata, e la sua bolla appare spostata, rispetto alla sua posizione centrata, di tre parti della graduazione. Determina l'angolo α di inclinazione, rispetto all'orizzontale, della linea. [$\alpha = 3'$]

40 Per stabilire la sensibilità sconosciuta φ_1 di una livella torica, questa è stata disposta lungo una linea inclinata unitamente a una seconda livella torica con sensibilità di $\varphi_2 = 20''$. Osservando che la bolla della prima livella è spostata di 4 parti di graduazione, mentre la bolla della seconda livella di 3 parti di graduazione, determina la sensibilità φ_1 della prima livella e l'inclinazione α della linea. [$\alpha = 2'$; $\varphi_1 = 15''$]

41 Un proiettore per diapositive monta una lente con distanza focale 15 cm. Esso forma su uno schermo una immagine reale e nitida. Sapendo che la distanza tra lo schermo e la lente è di 5 m, calcola la distanza tra la lente e la diapositiva e l'ingrandimento del proiettore. [$D = 15{,}5$ cm; $I = 32{,}26$]

42 Calcola la distanza focale di una lente d'ingrandimento sapendo che l'ingrandimento normale di un oggetto, la cui immagine si forma alla distanza della visione distinta $\delta = 25$ cm, risulta $I_n = 4$. [$f = 6{,}25$ cm]

43 L'immagine reale di un oggetto, visto attraverso l'obiettivo con distanza focale $f_1 = 5$ mm di un microscopio composto, si forma a 15 cm dalla lente. Determina l'ingrandimento totale se l'occhio, posto aderente all'oculare con distanza focale $f_2 = 2$ cm, vede l'immagine virtuale dell'oggetto alla distanza di 20 cm. [$I_t = 319$]

44 Un microscopio composto è costituito da un obiettivo con distanza focale $f_1 = 2$ mm e da un oculare con distanza focale $f_2 = 10$ mm, posti alla distanza di 160 mm l'uno dall'altro. Un oggetto viene posto alla distanza $D_1 = 2{,}0265$ mm dall'obiettivo. Calcola la distanza dell'immagine reale dall'obiettivo, quella dell'immagine virtuale dall'oculare e l'ingrandimento totale. [$d_1 = 153$ mm; $d_2 = 23{,}33$ mm; $I_t = 251$]

Risultati dei quesiti vero/falso

1V, 2V, 3F, 4V, 5F, 6F, 7V, 8V, 9F, 10F, 11V, 12V, 13V, 14F, 15F.

Risultati dei quesiti a risposta multipla

22b, 23b, 24d, 25c, 26a, 27b, 28c, 29a, 30c, 31c, 32c, 33c, 34b, 35b.

C4 Il cannocchiale collimatore

FAQ

Quali tipi di collimatore si conoscono?

1. Il *collimatore a traguardi*, utilizzato negli strumenti antichi, con cui l'oggetto veniva osservato a occhio nudo, quindi con le sue dimensioni reali, e con evidenti limiti di impiego per distanze che non fossero modeste.

2. Il *collimatore a cannocchiale*, utilizzato a partire dal Settecento, che tuttora equipaggia i moderni strumenti topografici, con il quale possono essere osservati oggetti anche molto lontani conservando, comunque, una buona qualità della collimazione.

1. L'apparato collimatore

Il concetto di *collimazione* è già stato introdotto nella precedente unità. Si tratta di un'operazione eseguita sistematicamente nel nostro contesto che può essere così riproposta:

la **collimazione** è quella manovra con cui l'operatore impone il passaggio della **linea di mira** del collimatore per un *punto* o un *riferimento* (asse verticale o orizzontale) appartenente a un elemento topografico (segnale, mira o particolare) (►FIGURA 1).

Negli strumenti antichi questa operazione veniva compiuta con un **apparato collimatore a traguardo** (*diottra*), dispositivo attraverso il quale il *riferimento* dell'oggetto da collimare veniva osservato a **occhio nudo**, dunque con evidenti limitazioni relative sia alle *distanze*, sia alla *precisione* dell'operazione.

A partire dalla seconda metà del Settecento, tale operazione ebbe un notevole miglioramento a seguito della sostituzione dei traguardi con il **cannocchiale** (sviluppato da Lippershey, Galileo e Keplero).

FIGURA 1 Il cannocchiale, con la sua linea di mira, consente di collimare, in modo efficiente, punti e riferimenti di segnali e mire.

Con esso, infatti, gli oggetti osservati sono percepiti più **ravvicinati** (dunque i riferimenti possono essere osservati più chiaramente); inoltre, con l'effetto di aumentare il **potere separatore** naturale dell'**occhio** umano (v. paragrafo successivo), potenzia drasticamente la qualità e la rapidità dell'operazione di collimazione.

Tuttavia, l'operazione di collimazione, pur facendo affidamento su un dispositivo ottico molto efficiente come il cannocchiale, non è una operazione automatica, ma richiede l'azione dell'uomo che valuta le sue manovre utilizzando le sensazioni che gli derivano dai suoi **occhi**. Pertanto è necessario, prima di descrivere l'*apparato collimatore a cannocchiale*, soffermarci brevemente su quelle proprietà dell'**occhio** umano che entrano in gioco durante la fase di **collimazione**.

2. L'occhio umano e la visione naturale

Prescindendo dagli aspetti anatomici, possiamo rozzamente assimilare il funzionamento dell'**occhio** umano a quello di una *macchina fotografica*. In effetti i raggi luminosi, provenienti dall'oggetto osservato, vengono rifratti dal **cristallino** (a cui corrisponde l'*obiettivo* nell'analogia con la macchina fotografica), e si proiettano sulla *retina*, che si comporta come il *pannello fotosensibile CCD* delle macchine digitali (o la *pellicola* sensibile in quelle analogiche).

Nella macchina fotografica l'*adattamento alla distanza* a cui si trovano gli oggetti osservati (*messa a fuoco*) è ottenuta allontanando o avvicinando la lente obiettivo dal pannello *fotosensibile*, tramite un movimento a vite. Nell'occhio umano, la stessa funzione **è ottenuta** con la *variazione* dei raggi di curvatura delle superfici del *cristallino* e, di conseguenza, anche della sua *distanza focale f*. Il *cristallino* è infatti costituito da tessuto umano trasparente molle che può *deformarsi* sotto l'azione di **fibre muscolari** (*muscoli ciliari*), che avvolgono il bulbo oculare; pertanto il cristallino si comporta come una lente a *distanza focale variabile*.

> Quello appena descritto è il potere di **adattamento** del cristallino, che è non solo completamente *automatico*, ma anche *indipendente* dalla volontà; non si può, cioè, *guardare* senza *vedere*.

Dal punto di vista teorico, considerando trascurabile lo spessore del *cristallino*, a esso è applicabile l'*equazione delle lenti sottili*:

$$\frac{1}{f} = \frac{1}{D} + \frac{1}{d} \qquad (1)$$

In essa d è la distanza fra cristallino e immagine, e deve essere **costante**, in quanto le immagini degli oggetti, per poter essere viste *nitidamente,* si devono sempre formare *esattamente sulla retina*. Poiché, invece, D (distanza a cui si trova l'oggetto osservato) è **variabile**, dovrà essere **variabile** anche la distanza focale f per soddisfare l'equazione (1).

Nell'*adattamento* del cristallino (considerato privo di difetti) durante l'osservazione degli oggetti, si verificano le seguenti circostanze opposte.

- L'occhio osserva un oggetto **lontano** (comunque oltre alcuni metri): le fibre dei muscoli ciliari sono *rilassate* e la distanza focale del cristallino ha il suo valore massimo. Come conseguenza, quando fissiamo un oggetto lontano non avviene alcun *adattamento* e i muscoli ciliari non compiono alcuno sforzo (posizione di *riposo*).
- L'occhio osserva un oggetto **molto vicino**: le fibre dei muscoli ciliari sono *in tensione* per modificare la forma del cristallino e, di conseguenza, riducendo al *valore minimo* la sua distanza focale f. Ciò, come detto, costituisce l'*adattamen-*

FAQ

Perché l'occhio umano è dotato di potere di adattamento?

Per poter variare la distanza focale del cristallino in modo che l'immagine degli oggetti osservati si formi sempre sulla retina.

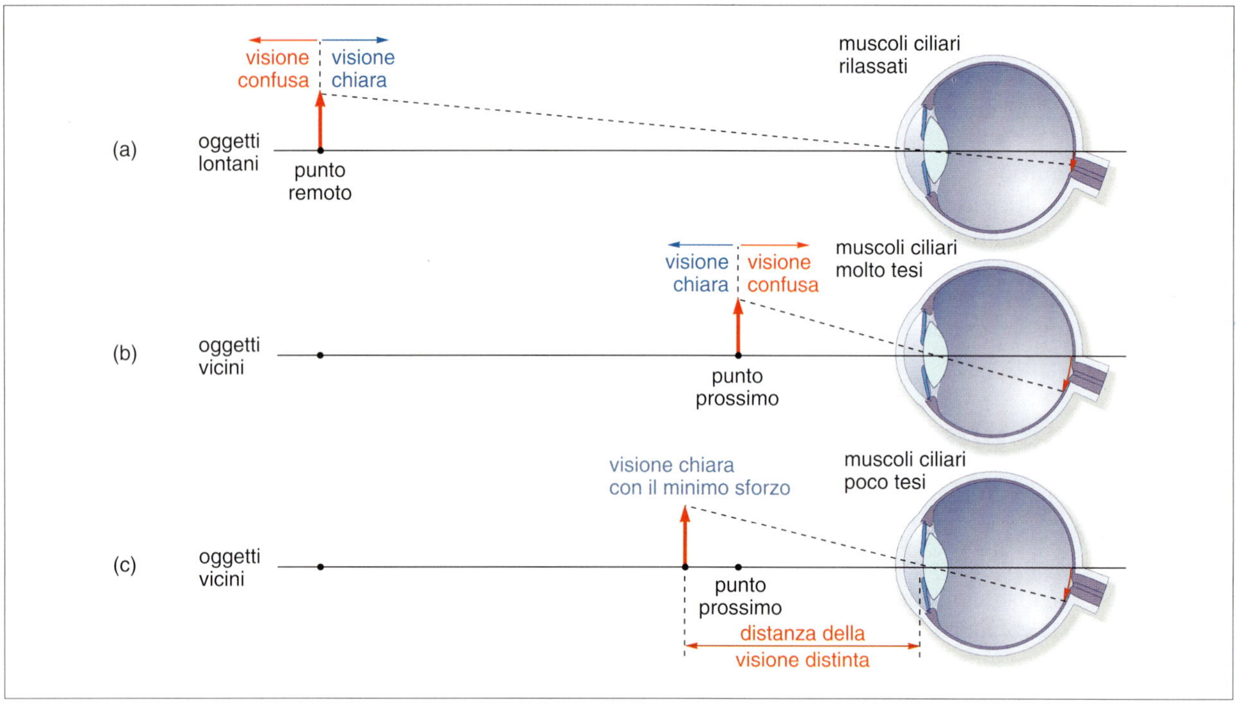

FIGURA 2 Comportamento dell'occhio umano durante l'osservazione di oggetti lontani (a) e vicini (b, c).

to che consente all'immagine dell'oggetto osservato di *formarsi sulla retina* nel modo più nitido possibile, ma che richiede uno *sforzo* da parte dei muscoli ciliari, sforzo che presuppone una buona tonicità dei muscoli stessi.

In entrambi i casi l'occhio ha dei **limiti** dovuti sia alla possibilità di una visione *confusa* (che non consente di distinguere in uno stesso oggetto punti diversi) per oggetti troppo piccoli in relazione alla loro distanza, sia per oggetti troppo vicini per i quali i muscoli ciliari **non sono in grado** di produrre lo sforzo che richiederebbe l'*adattamento* in questa posizione dell'oggetto, la cui immagine, pertanto, non si forma sulla retina e quindi appare *sfuocata*. In effetti tali limiti possono essere sintetizzabili nei seguenti punti.

- **Punto remoto** (muscoli ciliari rilassati). Individua la distanza massima a cui può trovarsi un oggetto affinché la sua immagine si formi sulla retina senza alcuna necessità di *accomodamento* del cristallino, dunque senza l'intervento dei muscoli ciliari. In altri termini, esso individua la distanza massima alla quale un oggetto può essere visto in modo chiaro distinguendone i punti (▶FIGURA 2a).
- **Punto prossimo**. È il punto più vicino all'occhio su cui può trovarsi un oggetto affinché la visione sia chiara, usando il massimo accomodamento disponibile, fornito dal **massimo sforzo possibile** da parte dei muscoli ciliari che, tuttavia (come tutti gli sforzi muscolari), può essere mantenuto solo per **brevi intervalli** di tempo (▶FIGURA 2b). La distanza del punto prossimo dall'occhio dipende sia da fattori individuali, sia, soprattutto, dall'età. Per individui giovani il punto prossimo è mediamente a 15 cm dall'occhio, mentre a 40 anni è mediamente a 30 cm. Questa graduale, e inevitabile, perdita del potere di accomodamento con l'età si chiama *presbiopia*.
- **Distanza della visione distinta**. Non potendo osservare a lungo oggetti che si trovino sul *punto prossimo* (per lo sforzo che ciò comporta), si tende ad allontanare l'oggetto in corrispondenza di un terzo punto che individua la distanza a cui si vede un oggetto nel modo *più chiaro* e col *minimo sforzo* di adattamento (▶FIGURA 2c). La distanza di tale punto dall'occhio è detta *distanza della visione distinta*; in pratica essa corrisponde alla distanza a cui si legge un libro o un giornale. Per individui giovani essa mediamente corrisponde a 25 cm.

FAQ

L'occhio viene sottoposto a uno sforzo maggiore per osservare oggetti lontani o vicini?

Per oggetti vicini. Infatti in questa situazione i muscoli interessati alla deformazione del cristallino devono produrre il massimo sforzo.

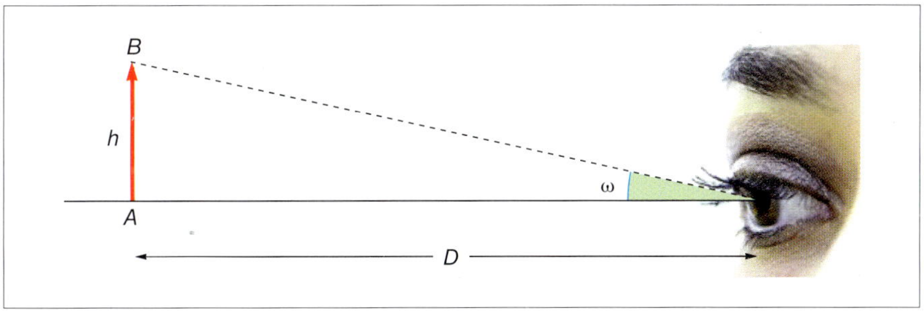

FIGURA 3 Schema per la definizione della grandezza apparente di un oggetto osservato.

Grandezza apparente e limite di visibilità

Il parametro denominato **grandezza apparente** è l'angolo ω, espresso in secondi sessagesimali, che gli estremi di un oggetto AB, di altezza h e collocato a una distanza D, sottendono al centro del cristallino (▶FIGURA 3).

Questo parametro consente di fissare un criterio generale per stabilire se un oggetto lontano, o vicino ma di piccole dimensioni, sia visibile in modo chiaro. In questi ambiti il suo valore è sempre molto piccolo, pertanto possiamo assimilare il segmento AB a un arco di uguale lunghezza, e scrivere la seguente relazione:

$$\omega'' = \frac{AB}{D} \cdot 206\,265'' \qquad (2)$$

Al disotto di un certo valore di ω, che viene definito **limite di visibilità**, l'occhio non riesce più a distinguere in modo chiaro la presenza di un oggetto.

I test per misurare tale *limite di visibilità* effettuati in condizioni di **massimo contrasto** (linea spessa nera o punto nero su sfondo uniforme bianco) dimostrano che il *limite di visibilità* di un oggetto si verifica, per una persona giovane, in corrispondenza di circa 20″; naturalmente in condizioni normali (sfondi non uniformi, minor contrasto) tale valore, nella realtà, è sempre maggiore e può aumentare fino a 2 o 3 volte il valore precedente.

Potere separatore

Il **minimo angolo di risoluzione** (o **potere separatore**) è il limite della facoltà dell'occhio di percepire come **oggetti separati** *due punti* o *due linee parallele*.

Questo **potere separatore** dell'occhio dipende dalla sua efficienza e può essere migliorato a seconda degli elementi osservati, dai colori e dalle condizioni dello sfondo. In pratica il *minimo angolo di risoluzione* esprime la *grandezza apparente* della più *piccola distanza* necessaria per poter osservare ben *distinte due linee parallele*. Il *potere separatore* assume valori maggiori di quelli del *limite di visibilità*: in un occhio normale e privo di difetti il *minimo angolo di risoluzione* assume mediamente il valore di circa 60″; due linee nere parallele su sfondo bianco non appaiono più separate quando la loro distanza fa scendere la grandezza apparente sotto i 60″. Se nella (2) si pone $\omega = 60''$ e si esplicita AB si ottiene:

$$AB = D \cdot \frac{60''}{206\,265''} \cong 0{,}00029 \cdot D$$

Quindi, per esempio, due linee parallele poste alla distanza di 100 m dovranno essere distanti circa 3 cm per poter essere osservate ben distinte in modo sicuro a **occhio nudo**.

COMPETENZA

Individuare collegamenti

Le varie proprietà dell'occhio umano entrano in gioco in numerose attività in ambito topografico, come la collimazione, condizionandone la buona riuscita.

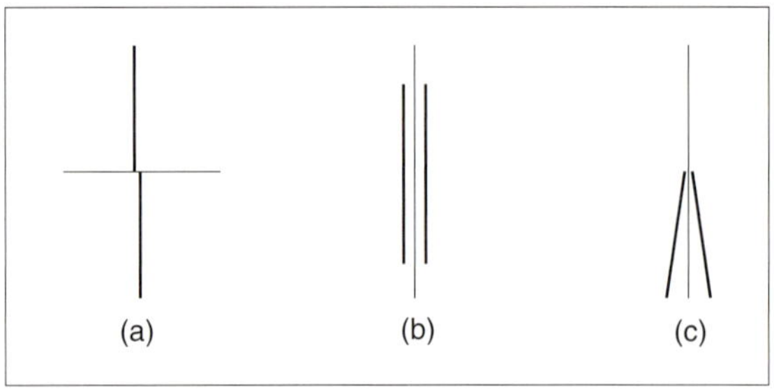

FIGURA 4 L'occhio presenta un significativo miglioramento rispetto al potere separatore quando valuta se due tratti sono o meno in prosecuzione tra loro (a) oppure se un filo è equidistante da altri due (b, c).

Acuità di allineamento

La **localizzazione** (o **acuità di allineamento**) è il *minimo spostamento* percepibile tra *due tratti allineati* tra loro.

Questo tipo di acuità esprime la *grandezza apparente* della *più piccola distanza* tra i *due tratti neri* affinché l'osservatore possa identificare un **mancato allineamento**. Il *valore medio dell'acuità di allineamento* è di circa 5″; pertanto, quando si vuole giudicare se due tratti sono l'uno la prosecuzione dell'altro, o quando si vuole apprezzare se un sottilissimo filo è equidistante da altri due (▶FIGURA 4), l'occhio umano si dimostra particolarmente efficace.

Anche l'osservazione degli oggetti con un **cannocchiale**, come si vedrà in seguito, migliora decisamente sia il *potere separatore* sia l'*acuità di allineamento* dell'occhio umano.

3. Il cannocchiale

Funzione ed evoluzione dei cannocchiali

Tra i componenti dei più moderni strumenti topografici, quello più longevo (unitamente alle livelle) è sicuramente il **cannocchiale** con funzioni di **collimatore**. Esso, infatti, dopo continui sviluppi e i miglioramenti ultrasecolari, nella sostanza mantiene inalterate le sue caratteristiche di funzionamento. La ▶FIGURA 5 illustra l'evoluzione degli aspetti esteriori che hanno subìto i cannocchiali collimatori in oltre due secoli.

Il **cannocchiale topografico** viene utilizzato per osservare *oggetti lontani* e comunque posti a una *distanza* decisamente *maggiore* del *doppio della distanza focale* dell'obiettivo. Inoltre la *distanza* alla quale si trovano i vari oggetti osservati è, naturalmente, **variabile**. L'effetto è quello di farli vedere **ravvicinati**, quindi con una *maggiore grandezza apparente*.

Esso è un *apparato ottico* impiegato sugli *strumenti topografici* per consentire di osservare in **dettaglio** oggetti lontani e di **collimare** punti e riferimenti di segnali, cioè di *traguardarli* attraverso una **linea di mira**.

Fino alla seconda metà dell'Ottocento, negli strumenti topografici veniva montato come *collimatore* il **cannocchiale astronomico** a lunghezza variabile (o **can-**

FIGURA 5 Aspetto esteriore dei cannocchiali nella loro evoluzione: (a) cannocchiale a lunghezza variabile di un livello a metà '800, (b) cannocchiale a lunghezza costante montato su un teodolite nella seconda metà del '900; (c) cannocchiale assemblato su una moderna stazione totale elettronica, abbinato a un distanziometro elettronico coassiale.

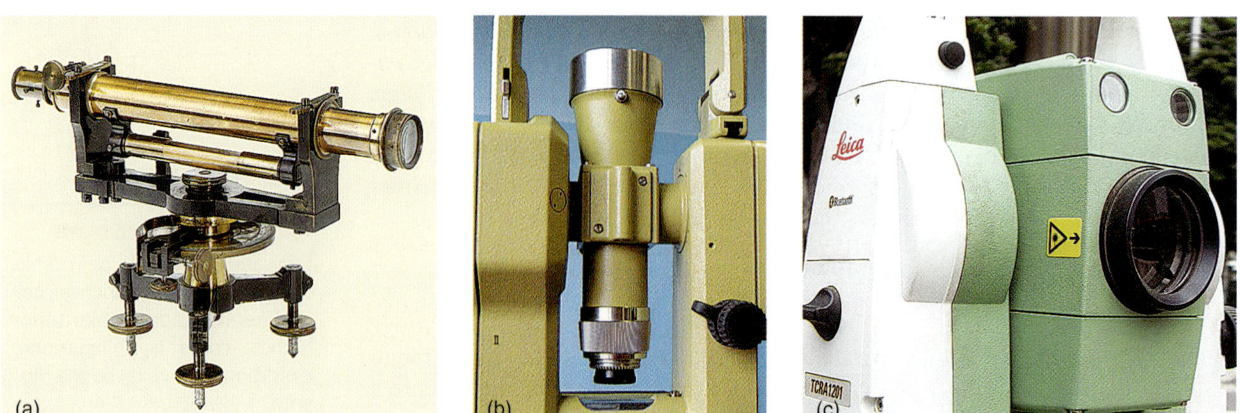

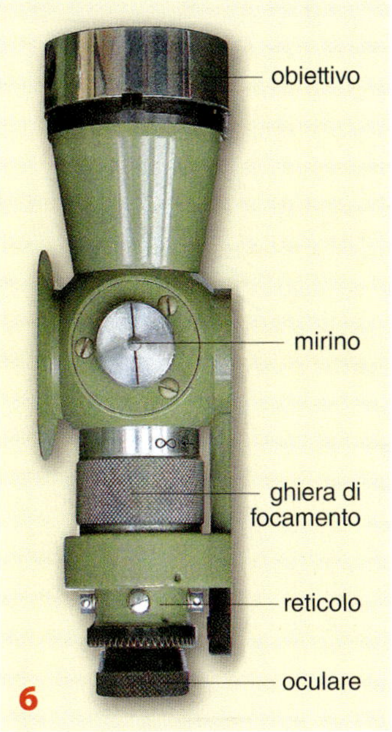

6

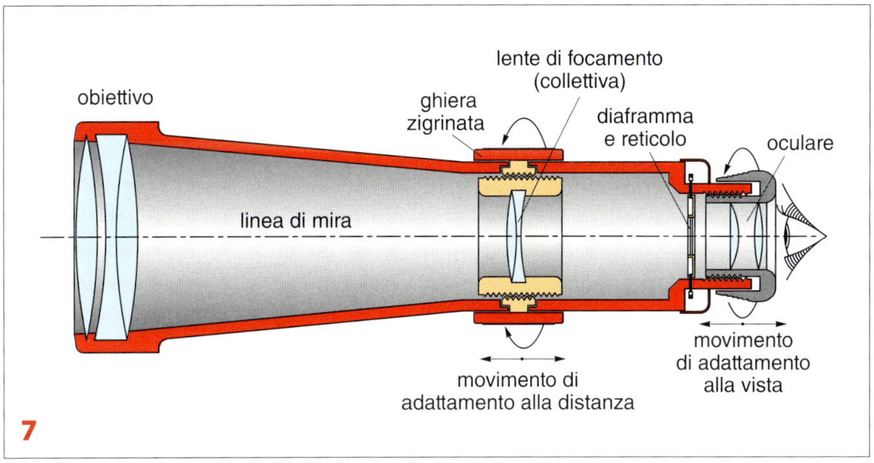

7

FIGURA 6 Cannocchiale topografico a lunghezza costante: vista esterna.

FIGURA 7 Schema in sezione di un cannocchiale topografico a lunghezza costante.

nocchiale di Keplero) (▶FIGURA 5a). Questo era composto essenzialmente da due lenti (**obiettivo** e **oculare**) e un **reticolo** portati ciascuno da un *tubo scorrevole* in modo coassiale rispetto agli altri, consentendo i necessari *adattamenti* ad oggetti posti a diverse distanze, ed effettuati variando la lunghezza del cannocchiale. La necessità di far scorrere i tubi richiedeva che tra gli stessi vi fosse un *piccolissimo gioco* che non permetteva la perfetta ermeticità dello strumento alla *polvere* e all'*umidità*. Queste, entrando nel cannocchiale, causavano gravissimi *inconvenienti*, specialmente nei riguardi della *visibilità* dei *fili del reticolo* e della *chiarezza delle immagini*. Per superare questo problema, e per ridurre le dimensioni, è stato concepito il cannocchiale a **lunghezza costante** che da allora viene usato in tutti i goniometri, compresi i più moderni.

Cannocchiale a lunghezza costante

Il cannocchiale a **lunghezza costante** è un dispositivo ottico costruito con l'**obiettivo** e il **reticolo** montati sullo stesso tubo in modo che la loro distanza rimanga **invariata**. Tra l'*obiettivo* e il *reticolo* è inserita una **lente divergente**, detta **collettiva** (o di **focamento**), montata su un supporto interno che si può far scorrere tramite la rotazione di una ghiera esterna (▶FIGURE 6 e 7).

La lente collettiva fa parte, di fatto, del **sistema obiettivo** ed è mobile rispetto alla lente più esterna (obiettivo vero e proprio). Quando alla *lente collettiva* si imprime uno **spostamento**, il complesso delle lenti, costituenti il sistema obiettivo, varia le sue caratteristiche ottiche, e conseguentemente varia la sua *distanza focale*. Possiamo dire allora che in un cannocchiale a lunghezza costante il sistema obiettivo è a **distanza focale variabile**.

Quando si osserva un oggetto attraverso il cannocchiale, variando la distanza focale del sistema obiettivo, spostando la lente collettiva per mezzo della ghiera (adattamento), si fa in modo che la *prima immagine* reale dell'oggetto data dall'*obiettivo* si formi sempre sul piano del *reticolo* allo stesso modo con cui, nell'occhio, il *cristallino*, deformandosi, impone che l'immagine degli oggetti si formi sulla retina. L'immagine viene poi ripresa dall'*oculare* che costruisce una *seconda immagine* dell'oggetto, insieme a quella dei *fili del reticolo*. L'immagine

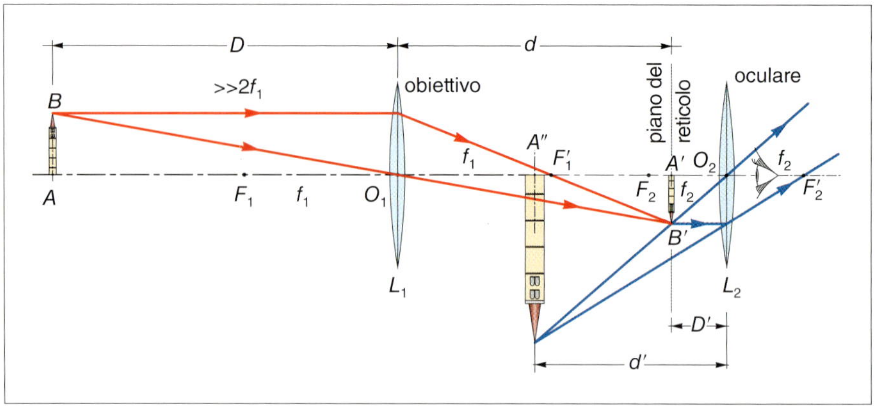

FIGURA 8 Formazione delle immagini nel cannocchiale topografico. Gli oggetti osservati si trovano a distanze variabili e molto più grandi del doppio della distanza focale dell'obiettivo.

finale fornita dallo strumento è *virtuale*, *ingrandita* e *capovolta* rispetto all'oggetto. Lo schema è riprodotto nella ▶FIGURA 8, dove, per semplificare, è stata eliminata la lente collettiva che modifica soltanto la distanza focale dell'obiettivo.

Il reticolo

Il **reticolo** è costituito da un vetrino su cui sono praticate delle sottilissime incisioni le cui intersezioni consentono di materializzare la **linea di mira** del cannocchiale.

I tipi di reticolo più comuni sono quelli illustrati in ▶FIGURA 9.

Il punto in cui si intersecano i fili si chiama **centro del reticolo**. Poiché l'obiettivo viene considerato come una lente di *spessore trascurabile*, l'**asse di collimazione** (o **linea di mira**) è la retta ideale che unisce il *centro del reticolo* con il *centro ottico dell'obiettivo*.

Il piccolo vetrino su cui è stato fotoinciso il *reticolo* viene poi applicato al **diaframma** in corrispondenza del suo foro centrale. Come si è detto nella precedente unità C1, il *diaframma* è costituito da un disco metallico (dunque opaco) con un **foro centrale**, che pertanto lascia passare solo i raggi prossimi all'asse ottico dell'oculare, limitando l'**aberrazione sferica**.

Dato poi che il reticolo **materializza** la *linea di mira* del cannocchiale, per correggere un eventuale suo cattivo assetto, al *diaframma* (dunque anche al *reticolo*) possono essere imposti piccolissimi spostamenti tramite due (▶FIGURA 10a) o quattro (▶FIGURA 10b) **viti a contrasto**, accessibili dall'esterno, a seconda che si tratti di un *livello* o di un *teodolite* (entrambi strumenti topografici).

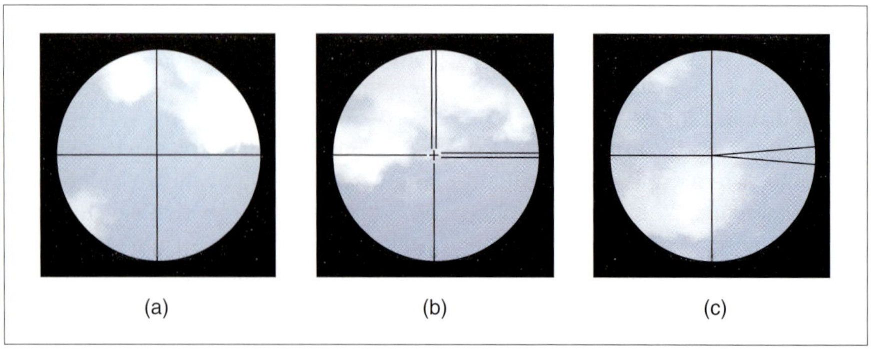

FIGURA 9 Tipi di reticolo per cannocchiale topografico: (a) semplice; (b) bifilare; (c) a cuneo. Con essi il cannocchiale diventa un apparato collimatore.

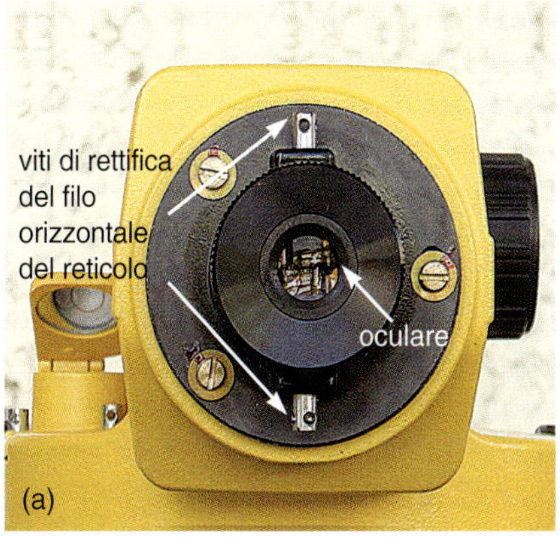

FIGURA 10 (a) Primo piano dell'oculare del cannocchiale montato su un livello con la coppia di viti a contrasto per gli aggiustamenti del filo orizzontale del reticolo.
(b) Nel caso di cannocchiale montato su un teodolite è presente un'ulteriore coppia di viti a contrasto anche per gli aggiustamenti del filo verticale.

Ingrandimento convenzionale

Il cannocchiale produce l'effetto di **avvicinare** gli oggetti osservati (che pertanto appaiono più grandi) facendoli vedere sotto **angoli maggiori** di quelli che si sarebbero presentati se l'oggetto fosse osservato a occhio nudo.

Per questa ragione il parametro di ingrandimento di un cannocchiale sarà di tipo **angolare** (rapporto tra l'angolo ω' sotto cui si osserva l'immagine e l'angolo ω sotto cui si osserva l'oggetto a occhio nudo: $I_a = \omega'/\omega$). Esso varia al variare della distanza a cui si trova l'oggetto osservato.

Per ottenere un parametro unico e peculiare (dunque distintivo) di un dato cannocchiale, si fa riferimento a un particolare *ingrandimento angolare*, detto **ingrandimento normale** o **convenzionale**, determinato in una particolare configurazione del cannocchiale.

Tale configurazione, detta **telescopica**, si ottiene quando si osservano oggetti posti a **distanza infinita** (in pratica, tuttavia, tale configurazione si ottiene già per distanze di qualche centinaio di metri). In questo caso l'immagine fornita dall'**obiettivo** si forma in prossimità del suo secondo fuoco, che viene a coincidere con il primo fuoco dell'**oculare**. In tale situazione si dimostra che l'*ingrandimento normale* è fornito dalla seguente relazione, tipica di ciascun cannocchiale:

$$I_n = \frac{f_1}{f_2}$$

In essa f_1 è la distanza focale del sistema obiettivo e f_2 quella dell'oculare. L'ingrandimento normale (come tutti gli ingrandimenti) è una grandezza adimensionale che nei cannocchiali montati sugli strumenti topografici varia da $20\times$ a $40\times$.

Adattamenti del cannocchiale

Prima di iniziare a usare un cannocchiale l'operatore deve **adattare** lo strumento alla propria *vista*. Infatti ogni occhio umano ha la *propria distanza della visione distinta*, diversa da quella degli altri individui (specie se di diverse età), quindi il cannocchiale deve essere regolato in modo che le *immagini* che costruisce si formino in una posizione per cui l'osservatore le possa vedere **nitidamente**. Successivamente sarà poi necessario adattare il cannocchiale agli oggetti collocati a diverse distanze. Complessivamente l'adattamento del cannocchiale richiede le seguenti due operazioni:

FAQ

Quale funzione svolge il reticolo in un cannocchiale?

Materializza la linea di mira del cannocchiale consentendo l'operazione di collimazione dei punti o dei riferimenti di mire e segnali.

FAQ

Perché ciascun operatore deve adattare alla vista il cannocchiale del goniometro?

Perché deve fare in modo che l'immagine dei fili del reticolo si formi alla propria distanza della visione distinta, che varia da individuo a individuo.

FAQ

Perché a ogni collimazione è necessario adattare alla distanza il cannocchiale del goniometro?

Perché cambiando la posizione dell'oggetto collimato cambia anche quella della prima immagine fornita dall'obiettivo, che deve essere riportata sul piano del reticolo per poterla vedere alla distanza della visione distinta.

FAQ

Quando si presenta l'errore di parallasse?

Quando l'immagine dell'oggetto collimato fornita dall'obiettivo e quella dei fili del reticolo non si formano sullo stesso piano.

FAQ

Come si elimina l'errore di parallasse?

Occorre ripetere con cura le operazioni di adattamento alla vista e di adattamento alla distanza, controllando il risultato con un leggero movimento dell'occhio davanti all'oculare.

- l'**adattamento alla vista**, che riguarda l'*immagine del reticolo* data dalla *lente oculare*, viene effettuato preliminarmente e di norma non viene ripetuto;
- l'**adattamento alla distanza** (messa a fuoco), che riguarda l'*immagine dell'oggetto* prodotta dal *sistema obiettivo*, che deve sempre formarsi sul piano del reticolo (▶FIGURA 8). Esso deve essere effettuato dopo l'adattamento alla vista, e deve essere ripetuto tutte le volte che cambia l'oggetto della collimazione (dunque la distanza).

Per **adattare alla vista** un cannocchiale bisogna, tramite piccole rotazioni, **traslare l'oculare** fino a quando si vede *nitida l'immagine dei fili del reticolo*, cioè fino a che questa non si forma alla *distanza della visione distinta* dell'osservatore.

Per un buon adattamento alla vista, conviene dirigere il cannocchiale verso il cielo, o verso una parete chiara, o posizionare un foglio bianco davanti all'obiettivo, in modo che l'occhio possa concentrare tutta l'attenzione sui fili del reticolo.

Effettuato l'adattamento alla vista, si dirige il cannocchiale verso l'oggetto da osservare. L'immagine di quest'ultimo si vede confusa (o non si vede affatto), e ciò è segno che la prima immagine dell'oggetto, data dal sistema obiettivo, **non si forma sul piano del reticolo**. Bisognerà allora effettuare l'*adattamento alla distanza*, che consiste nella seguente manovra.

Per **adattare alla distanza** un cannocchiale a lunghezza costante bisogna *traslare*, tramite la rotazione di una ghiera zigrinata (▶FIGURE 6 e 7), la **lente collettiva** rispetto alle altre lenti del sistema obiettivo, fino a quando l'*immagine dell'oggetto* appare *nitida* insieme a quella dei fili del reticolo, cioè fino a quando l'immagine finale dell'oggetto si forma alla *distanza della visione distinta* dell'operatore, insieme a quella dei fili del reticolo.

Poiché il cannocchiale in precedenza è stato adattato alla vista, l'*immagine finale* dell'oggetto appare *nitida* solo quando la sua *prima immagine* si forma sul **piano del reticolo**.

La ▶FIGURA 11 illustra la collimazione di un campanile con il cannocchiale di un teodolite dopo gli adattamenti.

L'errore di parallasse

Effettuati gli adattamenti alla vista e alla distanza, i *fili del reticolo* e l'*immagine dell'oggetto* fornita dall'obiettivo debbono essere perfettamente coincidenti, cioè devono *appartenere allo stesso piano*. Possiamo facilmente scoprire se la coincidenza non sussiste, concentrando l'attenzione su un filo e osservando se, spostando l'occhio

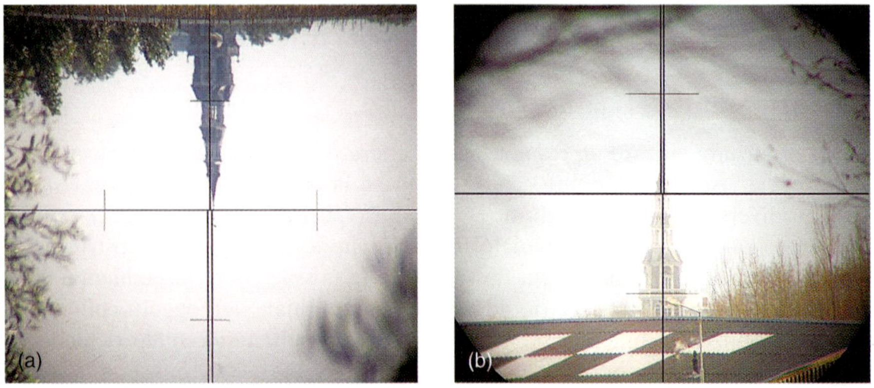

FIGURA 11 Collimazione di una guglia dopo gli adattamenti con un cannocchiale a immagine rovescia (a) e uno a immagine diritta (b) descritto in seguito.

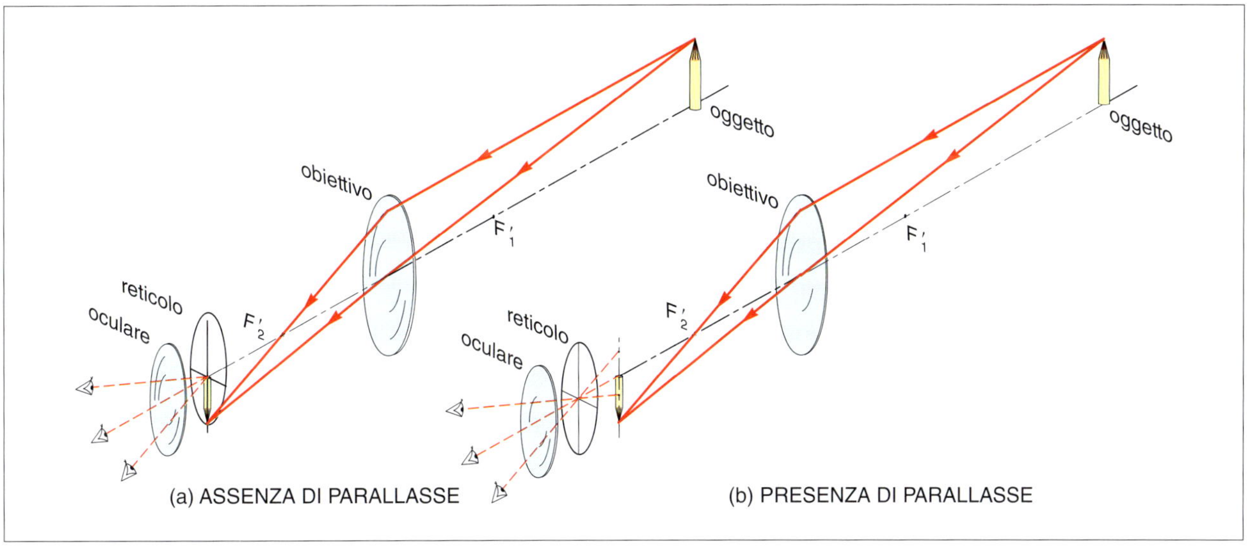

FIGURA 12 La collimazione è esente da parallasse (a) quando l'immagine dell'oggetto data dall'obiettivo e i fili del reticolo sono sullo stesso piano; in caso contrario (b), è affetta da parallasse.

davanti all'oculare, l'*immagine* del *filo resta fissa* o no rispetto a quella dell'oggetto. Se le immagini giacciono sullo stesso piano, comunque si muova l'occhio, il *filo apparirà sempre nella stessa posizione rispetto all'oggetto*. In caso contrario il filo apparirà in posizioni diverse rispetto all'oggetto, secondo la posizione dell'occhio dell'osservatore. In questo caso la collimazione è affetta da **errore di parallasse** (▶FIGURA 12).

Per eliminare l'**errore di parallasse** bisogna **ripetere** le operazioni di *adattamento alla vista* e di *adattamento alla distanza* fino alla completa eliminazione dell'inconveniente descritto, che è **temibile** in molte operazioni topografiche.

Cannocchiali a immagine diritta

Abbiamo visto che l'*immagine* fornita dal cannocchiale topografico è *capovolta* rispetto all'oggetto collimato. Anche se l'osservazione di immagini rovesciate non comporta particolari difficoltà (considerando che in questo ambito non si osservano panorami, ma piccole porzioni di oggetti), tuttavia operare con immagini diritte *facilita* e rende *più spedite le collimazioni*, perché la ricerca degli oggetti viene effettuata in un contesto non rovesciato. Per questo nei cannocchiali dei moderni strumenti topografici viene effettuato il **raddrizzamento dell'immagine**.

L'immagine viene **raddrizzata** mediante un sistema di due **prismi** di forma particolare collocato tra la lente collettiva (o di fondamento) e il reticolo (▶FIGURA 13).

COMPETENZA

Individuare collegamenti

È importante associare la presenza di parallasse alla scarsa cura con la quale sono stati realizzati gli adattamenti alla vista e alla distanza, e, di conseguenza, a cattive collimazioni.

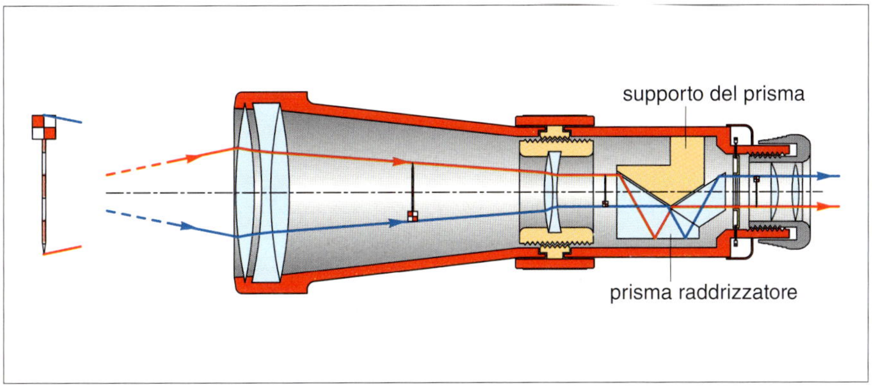

FIGURA 13 Schema ottico di un cannocchiale a lunghezza costante e immagine diritta.

Il sistema dei due prismi raddrizzatori, che presentano due facce inclinate di 120°, intercetta l'immagine rimpicciolita e rovesciata generata dall'obiettivo del cannocchiale prima che questa arrivi all'oculare e, tramite una tripla riflessione, ne ruota l'orientamento di un angolo piatto, quindi rendendola diritta. Questa, unitamente ai fili del reticolo, viene poi ingrandita dal sistema oculare senza alterarne l'orientamento, quindi lasciandola diritta rispetto all'oggetto osservato.

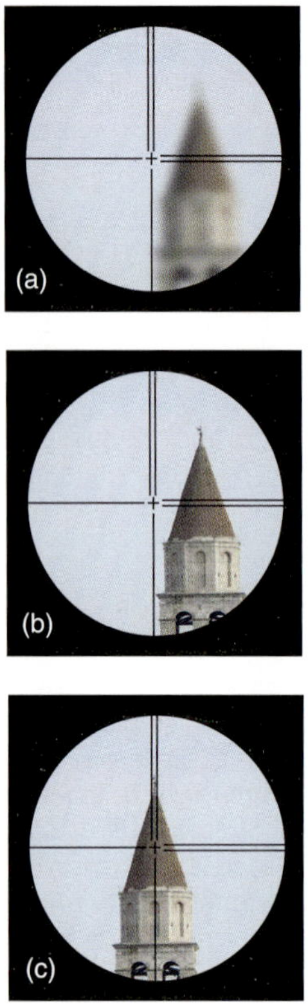

FIGURA 14 Le tre fasi con le quali si esegue la collimazione con il cannocchiale.

Le fasi della collimazione

La **collimazione** di un punto con l'impiego del cannocchiale (immaginando di avere già effettuato l'*adattamento alla vista* dei fili del reticolo) avviene con le seguenti tre azioni:

- portiamo il punto da collimare nel **campo** del cannocchiale con il **mirino** meccanico esterno, imprimendo al cannocchiale movimenti a mano: l'oggetto a cui appartiene il punto apparirà **sfuocato** o non apparirà affatto (▶FIGURA 14a);
- eseguiamo l'**adattamento alla distanza** (messa a fuoco) agendo sull'apposita ghiera o tamburo fin quando osserviamo **nitidamente** l'oggetto (▶FIGURA 14b);
- eseguiamo il **centramento** preciso del punto con le viti dei **piccoli movimenti** di cui è provvisto il teodolite su cui è montato il cannocchiale (▶FIGURA 14c).

4. Effetto pratico del cannocchiale

Supponiamo di osservare un oggetto a occhio nudo; sia O il centro dell'occhio e $\overline{AB}$ la dimensione dell'oggetto posto alla distanza D dall'occhio (▶FIGURA 15). Sappiamo che la **grandezza apparente** dell'oggetto è rappresentata dall'angolo ω. Essendo in pratica D molto grande in confronto alle dimensioni AB dell'oggetto, abbiamo visto che, esprimendo ω in secondi sessagesimali, si ha:

$$\omega'' = \frac{\overline{AB}}{D} \cdot 206\,265'' \tag{3}$$

Guardando lo stesso oggetto $\overline{AB}$ attraverso il **cannocchiale**, vedremo l'immagine $\overline{A'B'}$ sotto l'angolo ω_1, maggiore di ω.

Sappiamo che l'**ingrandimento angolare** è il rapporto tra ω_1 e ω; esprimendo gli angoli in secondi sessagesimali, si ha $I_a = \omega_1''/\omega''$ e cioè $\omega_1'' = I_a \cdot \omega''$. Sostituendo in quest'ultima espressione la (3) in luogo di ω'' si ottiene:

$$\omega_1'' = \frac{\overline{AB}}{D / I_a} \cdot 206\,265'' \tag{4}$$

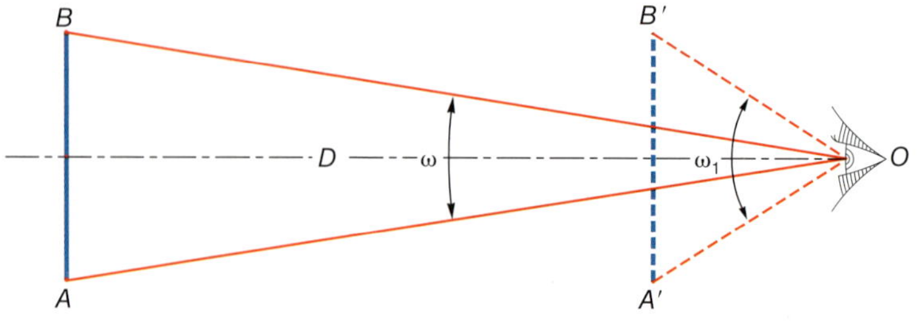

FIGURA 15 Grandezza apparente di un oggetto visto a occhio nudo (ω) e attraverso il cannocchiale (ω_1).

Confrontando la (3) e la (4), si vede che esse sono uguali a meno del denominatore. Assumendo per I_a il valore dell'**ingrandimento normale** ($I_a = I_n$), possiamo formulare il seguente enunciato:

> se un oggetto è alla distanza D da un osservatore, l'angolo sotto cui si vede attraverso il cannocchiale è uguale a quello sotto cui si vedrebbe a occhio nudo **avvicinando** lo stesso oggetto a una distanza dall'occhio pari al rapporto D/I_n.

In pratica, l'effetto del ravvicinamento è anche quello di **aumentare** il *potere separatore dell'occhio*, il cui valore medio, come abbiamo visto, si può ritenere di 60″. Guardando attraverso un cannocchiale d'ingrandimento I_n, questo potere diventerà $60''/I_n$.

Dalla formula (4) possiamo ricavare la **distanza** AB che devono avere due oggetti per essere **percepiti separatamente** (*potere separatore*) alla distanza D guardando con un cannocchiale d'ingrandimento I_n. Risolvendo rispetto ad AB e ponendo 60″ al posto di ω_1'', dalla (4) si ottiene:

$$\overline{AB} = \frac{60'' \cdot D}{206\,265'' \cdot I_n} \tag{5}$$

Dunque, il cannocchiale produce anche l'effetto di **aumentare** il potere separatore dell'occhio (mediamente 60″), diminuendo l'angolo sopra il quale gli oggetti sono percepiti in modo distinto a $60''/I_n$.

FAQ

Qual è l'effetto pratico di un cannocchiale sull'oggetto osservato?

È quello di aumentarne la grandezza apparente, cioè di avvicinarlo a una distanza pari a quella effettiva divisa per il numero degli ingrandimenti del cannocchiale.

5. Obiettivi e oculari nei cannocchiali

L'obiettivo dei cannocchiali topografici deve essere costruito in modo da attenuare l'**aberrazione cromatica** (presenza di iridescenze); non si considerano le **aberrazioni di sfericità** in quanto il **diaframma** fa sì che arrivino all'oculare solo i raggi centrali. Per questo gli obiettivi dei cannocchiali sono costituiti, per lo più, da due (o tre) lenti a contatto: quella di sinistra, convergente, formata da vetro *Crown* (ai sali di sodio) è rivolta all'esterno; quella di destra, divergente, è formata da vetro *Flint* (ai sali di piombo) (▶FIGURA 16). Con questo accoppiamento si ottiene un sistema di lenti *acromatico*, cioè con l'*aberrazione cromatica* pressoché nulla. In qualche cannocchiale (come anticipato) l'obiettivo è formato da tre lenti, delle quali una convergente di Crown, e due divergenti di Flint; con questo sistema il cromatismo è ancora più contenuto (*apocromatico*).

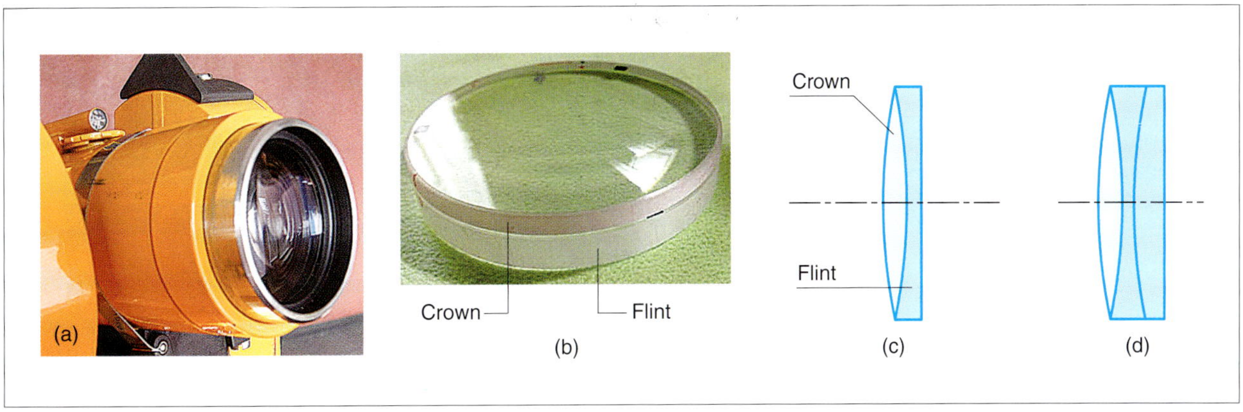

FIGURA 16 (a, b) Obiettivo di un cannocchiale topografico. (c, d) Schemi di obiettivi per cannocchiali. Sono costituiti da due o più lenti di vetro con diversa densità, dunque diverso indice di rifrazione: doppietto acromatico (c) e tripletto apocromatico (d).

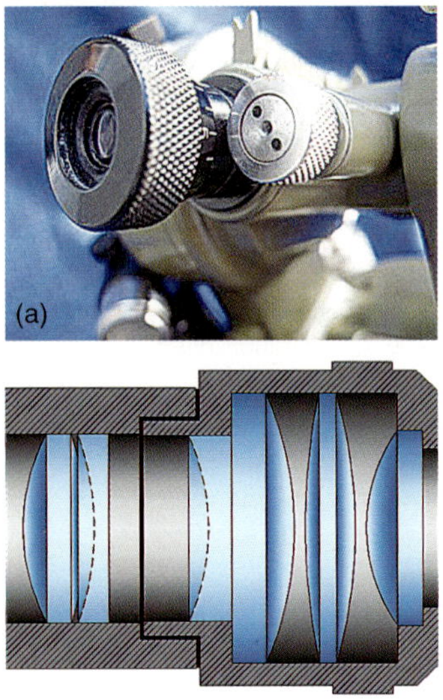

(a)

(b)

FIGURA 17 (a) Oculare di un cannocchiale topografico. (b) Schema di oculare per cannocchiali.

Anche l'oculare del cannocchiale non è mai formato da una lente, ma da due o più lenti (▶FIGURA 17), opportunamente accoppiate per attenuare sia le **aberrazioni di sfericità** che le **aberrazioni di cromatismo**. In ogni caso le *aberrazioni di sfericità* vengono parzialmente eliminate facendo entrare soltanto i raggi luminosi prossimi all'asse ottico tramite la presenza del diaframma che precede l'oculare.

6. La collimazione assistita da camera digitale

In precedenza si è affermato che il cannocchiale costituisce, ormai da due secoli, l'**apparato collimatore** degli strumenti topografici. Tuttavia, negli strumenti attuali più sofisticati (ma anche più costosi), dotati di **movimenti motorizzati** controllabili anche a distanza, e che verranno esaminati nella seconda parte del corso, la manovra di *collimazione* può essere assistita da una **camera digitale**.

In effetti questi strumenti sono dotati di una **camera digitale** grandangolare (5-8 megapixel, zoom ottico), con la quale, oltre a **documentare** il rilievo con **immagini**, è anche possibile eseguire, a certe condizioni, vere e proprie **collimazioni a video** (dunque senza l'uso del cannocchiale), sfruttando le caratteristiche **touch-screen** del display su cui viene inviata l'immagine degli oggetti antistanti lo strumento (▶FIGURA 18).

La manovra consiste nel **selezionare** sul display, con lo stilo, la parte dell'oggetto desiderato, migliorando via via la scelta utilizzando lo zoom della camera, e lo strumento si posizionerà sul punto scelto pronto a eseguire le misure necessarie.

Naturalmente tale apparato digitale non sostituisce il cannocchiale (indispensabile per le collimazioni di precisione e a grandi distanze), ma si affianca a esso per migliorare la **produttività** delle operazioni topografiche eseguite con tali strumenti.

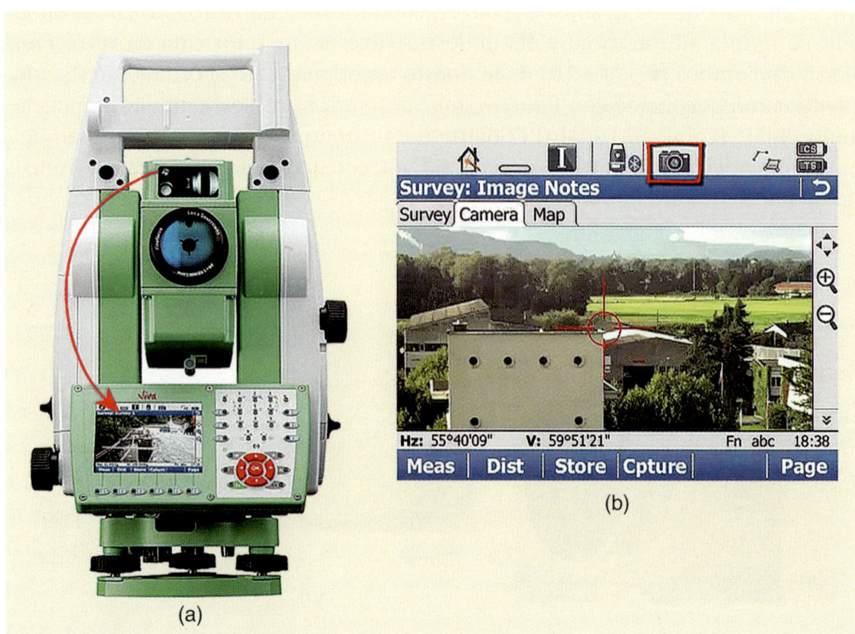

(a)

(b)

FIGURA 18 (a) Moderno strumento topografico in cui il cannocchiale è affiancato da una camera digitale, con la quale, oltre a documentare il rilievo, è possibile rendere più rapida la collimazione dei punti. (b) Display touch-screen dello strumento topografico illustrato nella figura precedente; utilizzando l'apposita funzione è possibile effettuare, a certe condizioni, collimazioni a video, migliorando la produttività dello strumento.

Per collegare i concetti

CANNOCCHIALE

Ha sostituito i collimatori a traguardi dalla fine del Settecento

INGRANDIMENTO

ingrandimento normale

Il cannocchiale avvicina gli oggetti osservati. Il suo ingrandimento I è di tipo angolare ed è espresso dal rapporto tra le distanze focali dell'obiettivo (f_1) e dell'oculare (f_2):

$$I = f_1/f_2$$

COLLIMAZIONE

fasi

1 Si porta l'oggetto da collimare nel campo del cannocchiale
2 Si esegue l'adattamento alla distanza mettendo a fuoco l'oggetto
3 Si esegue il centramento preciso del punto con le apposite viti

ADATTAMENTI

alla vista

Si esegue spostando l'oculare fino a quando l'immagine dei fili del reticolo appare chiara e nitida

alla distanza

Si esegue dopo l'adattamento alla vista e va ripetuto ogni volta che cambia l'oggetto della collimazione

errore di parallasse

Si evidenzia osservando se esiste un movimento relativo tra i fili del reticolo e l'immagine dell'obiettivo

PARTI

obiettivo

È costituito da un sistema acromatico di due o tre lenti a contatto, con grande distanza focale

oculare

È formato da un sistema di lenti a piccola distanza focale, tale da minimizzare le aberrazioni sferiche

reticolo

È costituito da un vetrino posto in prossimità dell'oculare. Sul reticolo sono praticate delle sottilissime incisioni

lente di focamento

Posta tra obiettivo e reticolo, è una lente divergente scorrevole che realizza l'adattamento alla distanza

Per ripassare

Strumenti ottici: dispositivi che vengono montati sugli *strumenti topografici* per *ingrandire* i particolari degli oggetti osservati secondo le leggi dell'*ottica geometrica*.

Funzionamento ottico dell'occhio umano: osservando un oggetto, fornisce sulla *retina*, mediante il *cristallino* che funziona come una minuscola *lente*, una *immagine capovolta* e *rimpicciolita* rispetto all'oggetto.

Potere di adattamento: capacità dell'occhio umano di modificare la curvatura del *cristallino* per *variarne* la *distanza focale* in modo che l'*immagine* di un oggetto osservato si formi *sempre* sulla *retina*.

- Indicando con D la distanza variabile tra l'occhio e un oggetto osservato, con d la distanza sempre uguale tra l'immagine e il cristallino, e con f la distanza focale del cristallino, la costruzione dell'immagine avviene secondo l'equazione:

$$\frac{1}{D}+\frac{1}{d}=\frac{1}{f}$$

Poiché D varia mentre d è costante, deve variare anche f perché tale equazione possa essere soddisfatta.

Distanza della visione distinta: è la *distanza* a cui un osservatore vede *nitidamente* un oggetto col *minimo sforzo* di adattamento.

- La distanza della visione distinta è *variabile* da individuo a individuo; per un occhio normale è mediamente di circa 25 cm.

Grandezza apparente: è l'*angolo* che gli *estremi* di un oggetto osservato *sottendono* al *centro* del *cristallino*.

- Indicando con D la distanza tra l'oggetto e il cristallino di un osservatore, se la lunghezza dell'oggetto è AB, la sua *grandezza apparente* ω in secondi sessagesimali è data da:

$$\omega'' = \frac{AB}{D}206\,265''$$

- La *dimensione minima* che deve avere un oggetto ben «contrastato» per poter essere visto chiaramente è l'*acuità di visibilità*, corrispondente alla grandezza apparente $\omega'' = 20''$.

Potere separatore: è il *limite* della capacità dell'occhio di *vedere distinti due punti* o *due tratti paralleli*.

- La *distanza minima* tra due punti o due tratti paralleli per apparire separati, osservandoli a occhio nudo, è quella corrispondente alla grandezza apparente $\omega'' = 60''$.

Collimazione: è un'operazione (eseguita in tre fasi) con cui si impone il passaggio della *linea di mira* del collimatore per un *punto* o un *riferimento* appartenente a un elemento topografico (segnale, mira o particolare). Negli strumenti topografici, a partire dal Settecento, il collimatore è costituito dal *cannocchiale*, mentre nell'antichità veniva utilizzato un apparato a *traguardi* in cui i punti da collimare venivano osservati a occhio nudo, dunque con minor precisione.

Cannocchiale: è uno strumento ottico costruito con l'*obiettivo* (lente convergente a *grande* distanza focale) e il *reticolo* montati sullo stesso tubo, in modo che la loro distanza rimanga invariata, mentre l'*oculare* (lente convergente a *piccola* distanza focale) può scorrere leggermente rispetto al reticolo. Tra l'obiettivo e il reticolo è inserita una lente divergente, detta *collettiva*, portata da un supporto interno che si può far scorrere per mezzo di una ghiera esterna, per consentire l'*adattamento alla distanza*. Lo strumento consente di osservare in dettaglio oggetti lontani e di *collimare* i punti e i segnali, traguardandoli attraverso la sua *linea di mira* materializzata dal centro del *reticolo*.

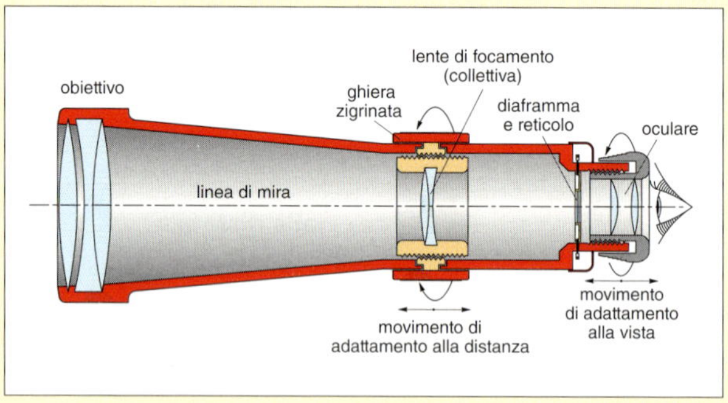

- Gli oggetti osservati con il cannocchiale si trovano sempre a distanze superiori al doppio della distanza focale dell'obiettivo e, soprattutto, si trovano a *distanze variabili*. Ciò impone la soluzione del problema dell'*adattamento* alle varie distanze, che negli attuali cannocchiali (a lunghezza costante) viene risolto dalla lente *collettiva*.

Reticolo del cannocchiale: è costituito da una *croce di due fili* riportati per fotoincisione su un piccolo vetrino, che poi viene collocato in corrispondenza del foro centrale del *diaframma*. Il punto di intersezione dei fili del reticolo viene collocato sull'asse ottico obiettivo-oculare del cannocchiale e la sua funzione è quella *materializzare* la *linea di mira* dello stesso cannocchiale per consentire di effettuare le *collimazioni*.

- Per correggere un eventuale cattivo posizionamento del reticolo, al *diaframma*, che lo sostiene, possono essere imposti piccolissimi spostamenti tramite quattro *viti a contrasto* accessibili dall'esterno.

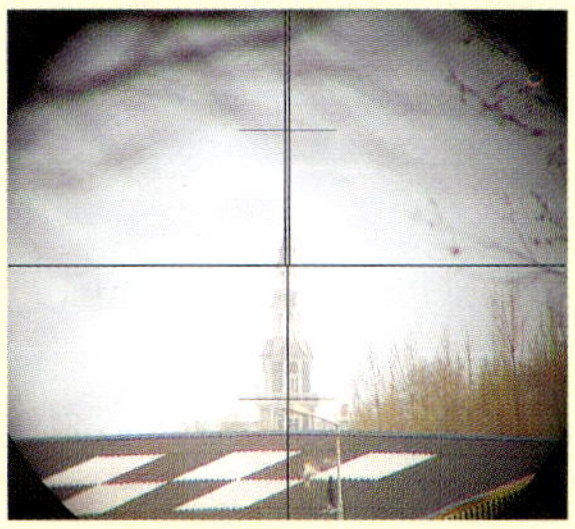

Adattamento alla vista di un cannocchiale: riguarda il suo oculare (che di fatto si comporta come un *microscopio semplice*) e consiste nel portare l'immagine dei fili del *reticolo* alla *distanza della visione distinta* (visione migliore senza sforzo). Essa dipende unicamente dall'operatore (o, meglio, dai suoi occhi), pertanto è necessario eseguirla *una volta* sola all'inizio della sessione di lavoro, e comunque prima di eseguire l'adattamento alla distanza.

- L'*adattamento alla vista* è una semplice *manovra* con la quale l'operatore ruota leggermente l'oculare su una filettatura, che a sua volta ne provoca una lieve traslazione che ne modifica la *distanza* dal *piano del reticolo*, ottenendo quanto descritto sopra.

Adattamento alla distanza di un cannocchiale: consiste nell'imporre all'immagine fornita dall'obiettivo di formarsi esattamente sul *piano del reticolo*. In questo modo l'oculare (già *adattato alla vista*) fornirà l'immagine finale dell'oggetto osservato che, insieme all'immagine dei fili del *reticolo*, verrà a formarsi alla *distanza della visione distinta*. Questa operazione dipende dalla distanza dell'oggetto osservato, pertanto essa deve essere *ripetuta* tutte le volte che cambia la distanza di osservazione.

- Anche l'*adattamento alla distanza* è una semplice *manovra* con la quale l'operatore ruota una ghiera o un anello zigrinato, posto davanti all'oculare, che a sua volta provoca una traslazione della *lente collettiva* che consente l'adattamento.

Lente collettiva: è una lente divergente collocata all'interno del cannocchiale, coassiale con l'obiettivo e l'oculare, traslabile lungo lo stesso asse tramite una ghiera esterna. La sua funzione è quella di consentire l'*adattamento alla distanza* del cannocchiale, cioè di permettere la formazione sul *piano del reticolo* dell'immagine fornita dall'obiettivo.

Ingrandimento normale o convenzionale: è un ingrandimento di tipo *angolare* calcolato quando il cannocchiale si trova in posizione *telescopica*, cioè quando collima punti all'infinito (molto lontani). Esso ha il grande vantaggio di non dipendere dalla posizione degli oggetti osservati, ma unicamente dalle caratteristiche del cannocchiale, del quale, pertanto, rappresenta un *parametro distintivo*. L'*ingrandimento normale* è fornito dal rapporto tra la distanza focale f_1 dell'obiettivo e quella dell'oculare f_2:

$$I_n = \frac{f_1}{f_2}$$

Effetto pratico del cannocchiale: osservare un oggetto di dimensione AB, posto alla distanza D con un *cannocchiale* provvisto di un numero I di ingrandimenti, è come vederlo *a occhio nudo* a una distanza dall'osservatore pari a D/I. In pratica l'effetto di un cannocchiale è quello di *avvicinare* l'*oggetto* osservato o di *aumentarne* la *grandezza apparente*. Se la grandezza apparente dell'oggetto osservato a occhio nudo è ω'', quella dello stesso oggetto visto attraverso il cannocchiale diventa:

$$\omega_1'' = \frac{AB}{D/I} \cdot 206\,265''$$

- L'effetto è anche quello di aumentare il *potere separatore* (*acuità di risoluzione*) dell'occhio; osservandoli con un cannocchiale, la *distanza minima* tra due punti o due tratti paralleli per apparire *separati* non è più di 60″ ma si riduce a:

$$\omega'' = \frac{60''}{I}$$

Errore di parallasse: si verifica quando l'*immagine* dei *fili* del *reticolo* e la *seconda immagine* dell'*oggetto* non si formano sullo stesso piano. Per *eliminare* l'errore di parallasse bisogna *ripetere* le operazioni di *adattamento alla vista* e di *adattamento alla distanza*.

- È sufficiente osservare un *filo* e *spostare* l'*occhio* davanti all'oculare; se l'immagine del *filo* si *muove* rispetto a quella dell'*oggetto* la collimazione è affetta da *parallasse*.

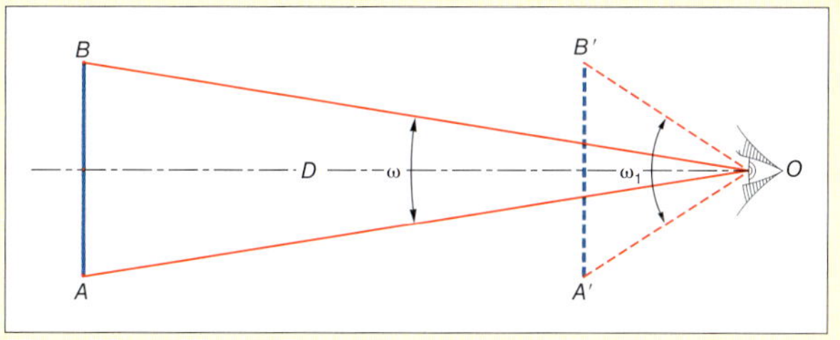

Autovalutazione

A. Verifica delle conoscenze

QUESITI VERO/FALSO

		V	F
1	L'occhio umano forma le immagini sempre sul cristallino	☐	☐
2	Il potere di adattamento è la capacità dell'occhio di far entrare più o meno luce	☐	☐
3	La distanza della visione distinta per un occhio normale è di circa 25 cm	☐	☐
4	La grandezza apparente di un oggetto è una grandezza angolare inversamente proporzionale alla distanza dalla quale viene osservato	☐	☐
5	Il potere separatore è la grandezza apparente della più piccola distanza tra due linee parallele necessaria per vederle distinte	☐	☐
6	L'acuità di allineamento vale circa 5″	☐	☐
7	L'effetto pratico di un cannocchiale è quello di avvicinare l'oggetto osservato	☐	☐
8	Il cannocchiale a lunghezza costante non viene più montato come collimatore nei moderni strumenti topografici	☐	☐
9	Nel cannocchiale a lunghezza costante si può modificare la distanza focale della lente obiettivo	☐	☐
10	Adattare alla distanza un cannocchiale a lunghezza costante consiste nel portare la prima immagine dell'oggetto sul piano in cui si trova il reticolo	☐	☐
11	La presenza dell'errore di parallasse è segnalata dalla scarsa visibilità dei fili del reticolo	☐	☐
12	L'ingrandimento considerato in un cannocchiale è di tipo lineare	☐	☐
13	Il reticolo di tipo bifilare migliora il potere di accomodamento dell'occhio umano	☐	☐
14	L'adattamento alla distanza deve sempre precedere l'adattamento alla vista	☐	☐
15	L'obiettivo di un cannocchiale è costituito da un sistema di lenti in grado di ridurre l'aberrazione sferica	☐	☐

QUESITI A RISPOSTA APERTA

16 Con riferimento alla figura, che riporta lo schema di un occhio umano mentre osserva un oggetto vicino, rispondi ai seguenti quesiti.

1) A quale distanza media si trova il punto prossimo? ....

2) Cosa succede per distanze inferiori? ....

3) Quale parametro ne aumenta il valore? ....

4) Quale intensità di sforzo richiede la visione? ....

5) A cosa corrisponde la distanza della visione distinta? ....

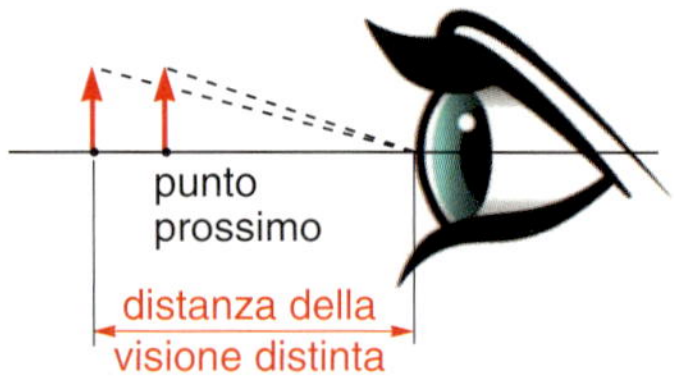

17 Con riferimento alla figura, che riporta lo schema di un reticolo appartenente a un cannocchiale topografico, rispondi ai seguenti quesiti.

1) Di quale tipo di reticolo si tratta? ....

2) Su quale proprietà dell'occhio si basa? ....

3) Come viene realizzato? ....

4) Quale immagine si forma sul suo piano? ....

5) In quale posizione si trova all'interno del cannocchiale? ....

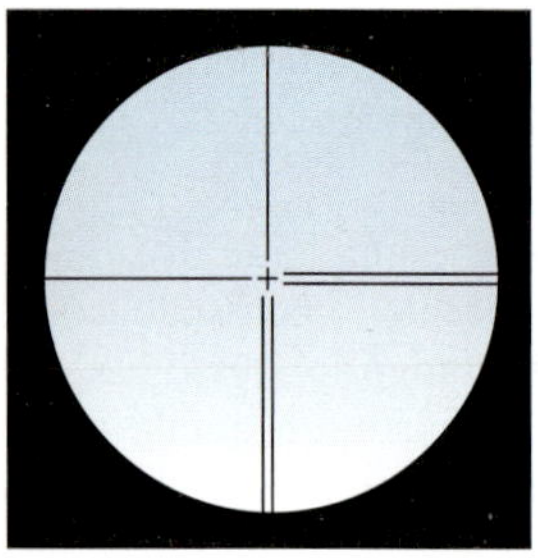

18 Considera la figura, in cui è illustrato un cannocchiale a lunghezza costante montato su un teodolite, e rispondi ai seguenti quesiti.

1) Quali vantaggi lo distinguono da quelli a lunghezza variabile?

2) Quale componente consente l'adattamento alla distanza, e dove si trova?

3) Quale effetto produce sugli oggetti osservati?

4) In quale configurazione viene definito il suo ingrandimento convenzionale?

5) Quale espressione fornisce ne fornisce il valore?

19 Nella figura, in primo piano, è illustrato l'oculare di un cannocchiale; al riguardo rispondi ai seguenti quesiti.

1) Quale adattamento è interessato questo componente?

2) Quando viene eseguito?

3) Quante volte viene ripetuto?

4) Cosa avviene durante questo adattamento?

5) Cosa produce questo adattamento?

6) Quale aberrazione è temibile per questo componente?

20 Considera la figura, in cui è illustrata la fase conclusiva della collimazione dell'asse di un campanile, e rispondi ai seguenti quesiti.

1) Quali punti definiscono la linea di mira del cannocchiale?

2) Quali fasi sono necessarie per eseguire la collimazione?

a)

b)

c)

3) Quale errore può generare una cattiva collimazione?

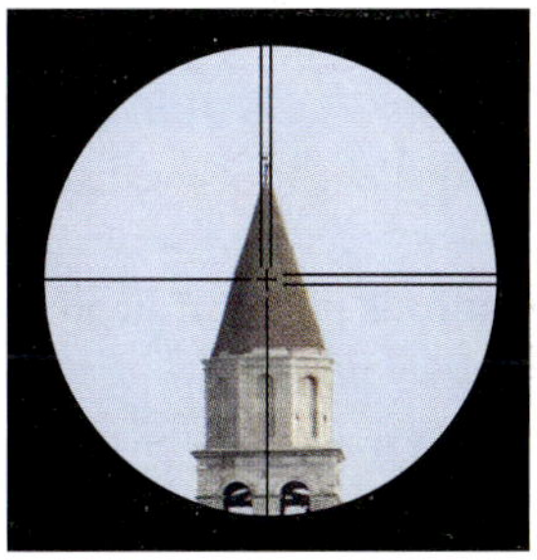

QUESITI A RISPOSTA MULTIPLA

21 Il funzionamento dell'occhio umano è simile a quello di una lente

- a convergente
- b divergente
- c a distanza focale fissa
- d a distanza focale variabile

22 La grandezza apparente di un oggetto alto 50 cm visto in modo chiaro a occhio nudo da 300 m misura in secondi sessagesimali

- a 344″
- b 34,4″
- c 3,44″
- d 3440″

23 Il limite di visibilità per un occhio normale in condizioni di massimo contrasto mediamente vale:

- a 2″
- b 20″
- c 2′
- d 20′

24 La localizzazione è il minimo spostamento percepibile tra due linee fra di loro

- a perpendicolari
- b parallele
- c allineate
- d inclinate

25 In un cannocchiale topografico, la misura della distanza focale dell'obiettivo rispetto a quella dell'oculare è

- a minore
- b uguale
- c doppia
- d maggiore

26 Vedere un oggetto alla distanza di 450 m da un cannocchiale provvisto di ingrandimento 30× è come vederlo a occhio nudo distante

- a 100 m
- b 10 m
- c 150 m
- d 15 m

27 Lo spostamento della lente collettiva di un cannocchiale a lunghezza costante causa la variazione

- a della distanza focale dell'oculare
- b della distanza focale del cannocchiale
- c della distanza focale del sistema obiettivo
- d della distanza della visione distinta

28 L'errore di parallasse si ha quando

- a reticolo e immagine dell'oggetto sono su piani diversi
- b l'immagine del reticolo si vede confusa
- c le immagini non sono a distanza della visione distinta
- d l'immagine dell'oggetto si vede confusa

29 L'accoppiamento di più lenti negli obiettivi dei cannocchiali ha la finalità di

- a eliminare l'aberrazione di cromatismo
- b rendere più nitide le immagini
- c aumentare l'ingrandimento del cannocchiale
- d eliminare l'aberrazione di sfericità

30 L'obiettivo di un cannocchiale ha una distanza focale di 60 cm e quella del suo oculare di 20 mm. Qual è il suo ingrandimento normale?

- a 3×
- b 20×
- c 30×
- d 60×

31 Qual è l'angolo minimo necessario a distinguere due linee parallele osservate con un cannocchiale avente un ingrandimento normale di 20×?

- a 20″
- b 2″
- c 3′
- d 3″

32 Un cannocchiale presenta un ingrandimento normale di 40× e il suo obiettivo ha una distanza focale di 80 cm. Qual è la distanza focale dell'oculare?

- a 2 cm
- b 20 cm
- c 20 mm
- d 40 mm

33 Osservando due linee parallele distanti 4 cm con un cannocchiale che presenta un ingrandimento normale di 30×, a quale distanza le due linee sono ancora percepite distinte?

- a 3125 m
- b 2535 m
- c 3550 m
- d nessuna delle precedenti

34 A quale parte del cannocchiale, di solito, viene fissato il vetrino su cui è inciso il reticolo del cannocchiale?

- a all'oculare
- b al diaframma
- c alla lente collettiva
- d nessuna delle precedenti

35 I reticoli dei cannocchiali moderni presentano una o due linee bifilari. Qual è la funzione di questa soluzione?

- a rende più chiara l'immagine
- b migliora il potere separatore
- c elimina il parallasse
- d nessuna delle precedenti

B. Verifica delle competenze

COMPETENZA Digitale

36 Utilizzando una parte di un foglio Excel organizza le celle necessarie per il calcolo degli angoli ω e ω_1 sotto cui si vede un oggetto di altezza H e posto a una distanza D rispettivamente a occhio nudo e attraverso un cannocchiale con ingrandimento normale I, esprimendo tali angoli in secondi sessagesimali.

COMPETENZA Risolvere problemi

37 **PROBLEMA SVOLTO**

Considera un cannocchiale il cui obiettivo possiede una distanza focale $f_1 = 60$ cm e l'oculare una distanza focale $f_2 = 40$ mm. A quale distanza minima d_{min} devono trovarsi gli elementi architettonici paralleli di un edificio distante $D = 12$ km, per essere percepiti separatamente dall'occhio dell'operatore?

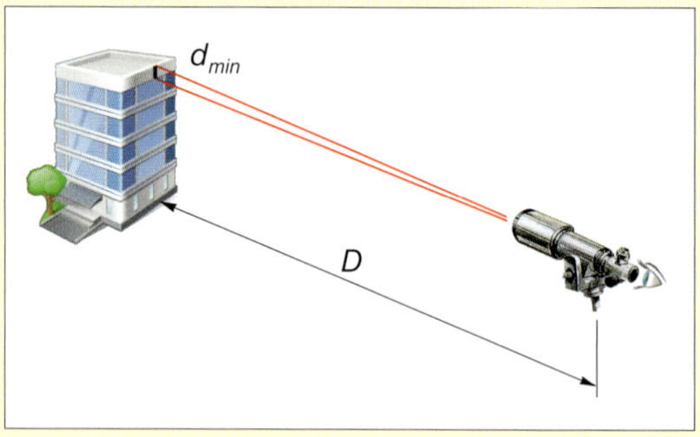

Soluzione

ingrandimento normale del cannocchiale:

$$I_n = \frac{600}{40} = 15\ \times$$

Consideriamo il valore medio del potere separatore dell'occhio di 60″; il valore di d_{min} si ottiene con la seguente espressione:

$$d_{min} = \frac{60'' \cdot 12\,000}{15 \cdot 206\,265} = 0{,}23\ m = 23\ \text{cm}$$

38 Calcola l'altezza minima che deve avere un oggetto per poter essere visto distintamente alla distanza di 3 km attraverso un cannocchiale con 20 ingrandimenti, assumendo come limite di visibilità 40″. [$h_{min} \cong 3$ cm]

39 Un oggetto viene osservato con un cannocchiale provvisto di 30 ingrandimenti. Calcolare la distanza massima alla quale può essere osservato nitidamente se la sua dimensione è di 30 cm. Si assuma come limite di visibilità 60″. [$D \cong 31$ km]

40 Calcola la grandezza apparente di un oggetto alto 120 cm posto alla distanza di 600 m dall'osservatore. [$\omega'' = 412'',5$]

41 Un oggetto si trova alla distanza di 300 m da un osservatore. Assumendo come limite di visibilità quello corrispondente ad $\omega'' = 40''$, calcolare la lunghezza che deve avere l'oggetto per poter essere osservato a occhio nudo. [$AB = 5,8$ cm]

42 Un particolare di un edificio viene osservato con un cannocchiale provvisto di 20 ingrandimenti. Calcola la distanza massima dalla quale può essere osservato nitidamente se la sua altezza è di 30 mm, assumendo come limite di visibilità 50″. [$D = 2475,18$ m]

43 Calcola l'ingrandimento minimo che deve avere un cannocchiale per consentire di vedere nitidamente un oggetto di 20 cm posto alla distanza di 25 km, assumendo come limite di visibilità 40″. [$I = 24,2$]

44 Determina la distanza D da cui un osservatore con un cannocchiale provvisto di 20 ingrandimenti percepisce separate due linee parallele distanti fra loro di $AB = 1$ cm; si assuma in $\omega = 60''$ come valore del potere separatore. [$D = 687,55$ m]

Risultati dei quesiti vero/falso

1F, 2F, 3V, 4V, 5V, 6V, 7V, 8F, 9F, 10V, 11F, 12F, 13F, 14F, 15F.

Risultati dei quesiti a risposta multipla

21d, 22a, 23b, 24c, 25d, 26d, 27c, 28a, 29a, 30c, 31d, 32c, 33d, 34b, 35b.

Topography in English

Signaling of points

In a topographic survey it is essential to make the points that are the subject of the survey as visible as possible and topographic signals are used for this purpose.

There are two categories of signals: permanent and provisional signals.

Permanent signals

Permanent signals are designed to last for an indefinite time and in Italy are generally positioned by appropriate institutions such as the Italian Military Geographical Institute (IGMI) and the **Cadastre**: the technical offices of local authorities (regions or provinces). To ensure their visibility and durability these signals are usually placed on particular buildings of historical or cultural value (churches, towers, belfries, etc.).

Where this is not possible, appropriate signals are constructed. They are generally formed by a little **concrete pillar** in which metal plates are embedded to indicate the exact position of the known point.

The institution that places the signal also makes the monographic form that accompanies the signal, which shows the description and location of the point, expressed by its spatial and cartographic coordinates (latitude, longitude, **ellipsoidal height** and/or **altitude** etc.). This information can usually be viewed and downloaded from the website of the entity that manages the signal.

Provisional signals

Provisional signals are positioned and subsequently removed in the course of a survey. Different types of provisional signals can be used depending on the extension and lay of the terrain under survey. The main provisional signals are:

- topographic nails: used to indicate a point on a «paved» surface (i.e. a surface covered with asphalt or any other material); they are made of steel and are generally made more visible with paint;
- pickets: used on the terrain, especially for the provisional tracking of **boundaries**, roads, canals, and other engineering works; they are usually made of wood and they have a maximum length of 50 centimetres;
- **poles**: made up of wood, metal or plastic and often painted in red and white stripes to improve their visibility; these signals are generally about 1.5 - 2 metres in height but there are poles with larger dimensions for special surveys; they are used for small and medium-sized extensions and are placed vertically with the aid of a **plumb line**;
- luminous signals: used under special conditions, such as in tunnels, mines, etc.

GLOSSARY

Cadastre = Catasto (ora denominato Agenzia del Territorio)
Concrete = calcestruzzo
Pillar = pilastro
Ellipsoidal height = quota ellissoidica
Altitude = quota geoidica (sul livello del mare)
Boundary = confine
Pole = palina
Plumb line = filo a piombo

EXERCISES

1 Use the informations contained in the above paragraphs on topographic signals to state if the statements below are true or false.

	T	F
• Those conducting the survey position permanent signals.	☐	☐
• A pole needs to be positioned vertically on a point using a plumb line.	☐	☐
• The Cadastre can position permanent signals.	☐	☐
• Permanent signals are only positioned on buildings.	☐	☐
• Data for permanent signals is not readily available.	☐	☐
• Topographic nails are generally used on the terrain.	☐	☐

2 Select the false statements in the above exercise and rewrite them correctly.

3 Go on the Internet and look for the form of a permanent signal near your home. What data does the form contain? Did you know before your search that this point is a permanent signal?

(Recommended websites: www.igmi.org and www.agenziaentrate.gov.it)

D1 Misura degli angoli

1. La misura degli angoli sulla carta

La misura di un angolo si realizza sempre in modo **diretto** confrontando i valori angolari, assunti come unità di misura, riportati su di un **cerchio graduato** (▶FIGURA 1); in esso si riconoscono la **graduazione**, detta anche **lembo**, e, non meno importante, il **centro** ***C*** della stessa graduazione.

Qualora l'angolo sia definito dai suoi lati *SA* ed *SB* tracciati su di un foglio di carta, la misura dell'angolo è ovvia: in effetti basterà sovrapporre a tali lati il cerchio graduato facendo coincidere il centro *C* della graduazione con il vertice *S* dell'angolo, e in seguito leggere sulla graduazione i valori L_A ed L_B in corrispondenza dei lati *SA* ed *SB*, che fungono da **indici di lettura**.

Si possono presentare due diverse eventualità.

- Nel caso in cui l'origine della graduazione (0°) sia **esterna** ai due punti *A* e *B* (▶FIGURA 1a), e poiché, come capita sempre, la graduazione del cerchio è **destrorsa**, cioè la sua numerazione procede in *senso orario*, l'angolo $\alpha = A\widehat{S}B$ verrà fornito dalla differenza:

$$\alpha = L_B - L_A \tag{1}$$

- Qualora, invece, l'origine della graduazione fosse **compresa** tra i due punti *A* e *B*, quindi con $L_B < L_A$, l'angolo $\alpha = A\widehat{S}B$ viene fornito dalla relazione precedente con l'aggiunta di un angolo giro:

$$\alpha = L_B - L_A + 400^c \tag{2}$$

FIGURA 1 Cerchio graduato per la misura di angoli sulla carta. Nella configurazione (b) il lato *SA* dell'angolo α coincide con l'origine della graduazione.

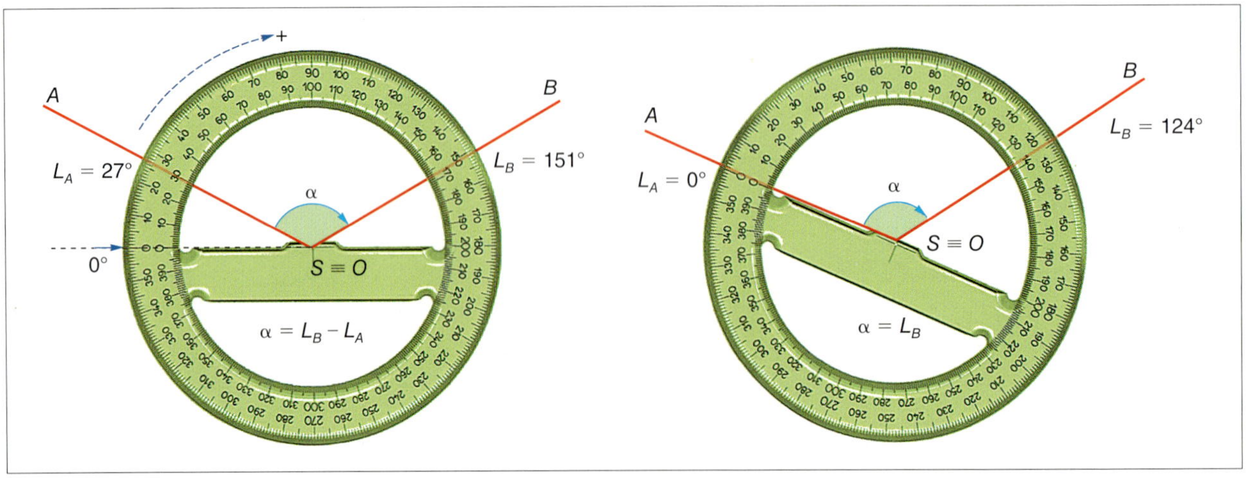

Possiamo poi semplificare ulteriormente la misura dell'angolo α, disponendo il cerchio graduato in modo da far coincidere il lato SA con l'**origine** della graduazione (▶FIGURA 1b); in questo caso l'angolo α coincide con il valore letto sulla graduazione in corrispondenza del lato SB: $\alpha = L_B$ (essendo $L_A = 0$). In questo caso si dice che il cerchio graduato è **orientato** su SA.

Il cerchio graduato utilizzato in precedenza viene chiamato **rapportatore**; in effetti esso è un misuratore di angoli. Generalizzando possiamo poi affermare che:

qualsiasi strumento la cui funzione sia quella di misurare angoli, a prescindere dalle modalità, dalla complessità e dalle precisioni ottenibili, viene chiamato genericamente **goniometro** (dal greco *goniòs* = angolo e *mètron* = misura).

FAQ

Che cosa è un goniometro?

È così genericamente definito qualsiasi strumento che misura angoli, indipendentemente dalla precisione, dalla complessità dei componenti e dalle modalità d'impiego.

FAQ

In quale contesto si afferma che un cerchio graduato è orientato?

Quando l'origine della sua graduazione (0^c) coincide con una determinata direzione.

COMPETENZA

Interpretare l'informazione

L'angolo, per definizione, è una porzione di piano; pertanto, cambiando il piano considerato si ottengono diverse tipologie di angoli. In un piano orizzontale gli angoli sono detti *azimutali*, in un piano verticale sono detti *zenitali*.

2. La misura degli angoli sul terreno

La semplicità della misura angolare sulla carta, prima descritta, deriva dalla possibilità di individuare e **materializzare**, tracciandoli sul foglio di carta, i **lati** che formano l'angolo da misurare. Tuttavia nelle operazioni topografiche di misura in campagna, non è certo possibile **materializzare i lati** degli angoli da misurare, ma in tale ambito sono disponibili solamente i tre punti S (vertice), A, B che li definiscono, che spesso si trovano a distanze notevoli e a diverse altezze.

Dunque, in tale contesto, non è possibile utilizzare per la misura angolare un semplice rapportatore, ma è necessario un goniometro assai più complesso, caratterizzato da un considerevole numero di componenti: il **teodolite**. Esso verrà descritto nel seguito di questa unità. Il teodolite è un goniometro in grado di misurare le seguenti due tipologie di angoli, entrambe necessarie nell'ambito del rilievo topografico:

- **angoli azimutali** o **orizzontali**;
- **angoli zenitali**.

Angoli azimutali (orizzontali)

Si definisce **angolo azimutale** (o *orizzontale*) $\alpha = A\widehat{S}B$, una qualunque **sezione retta** dell'angolo diedro racchiuso tra i **due piani** verticali definiti dalla verticale per S e passanti rispettivamente per i punti A e B (▶FIGURA 2).

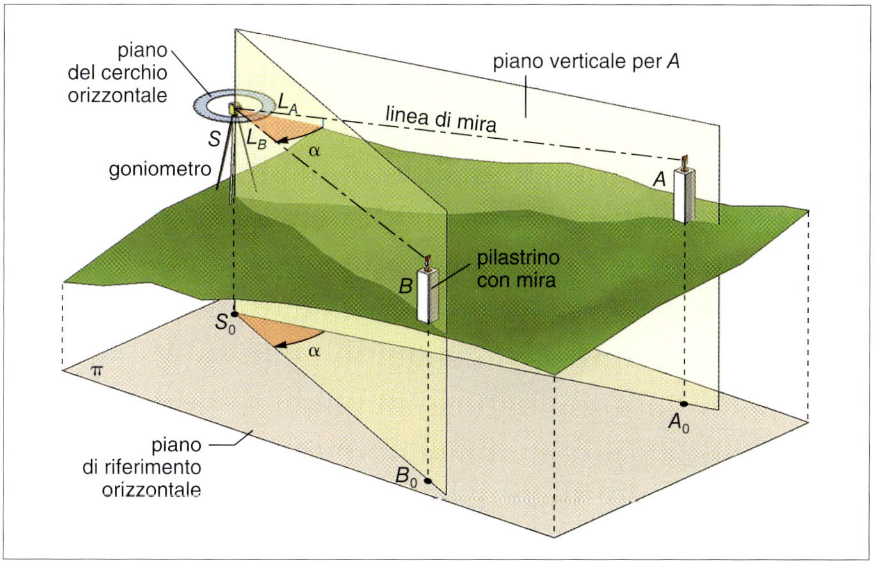

FIGURA 2 Schema di misura sul terreno di un angolo azimutale α utilizzando il teodolite collocato sul punto di stazione (vertice dell'angolo).

FAQ

La misura degli angoli azimutali dipende dalla posizione altimetrica dei punti?

No, qualunque sia la posizione altimetrica dei tre punti che definiscono un angolo azimutale, la sua ampiezza rimane invariata. Al contrario, l'ampiezza degli angoli zenitali dipende sia dalla posizione altimetrica del teodolite, sia di quella del punto collimato.

In effetti una qualunque delle infinite sezioni rette di questi due piani verticali, non importa a quale altezza, rappresenta l'*angolo orizzontale* α determinato dai punti A, S e B. In ▶FIGURA 2 la sezione retta è determinata dal piano orizzontale di riferimento π e $A_0S_0B_0$ è l'**angolo azimutale** α tra le direzioni SA e SB.

Il vertice S dell'angolo viene detto **punto di stazione**, in quanto vi viene collocato il teodolite; il punto A è detto **punto indietro** (con riferimento al senso positivo orario delle rotazioni) e il punto B **punto avanti**.

Nella pratica operativa, in realtà, tale angolo è misurato con un **teodolite**, collocato in S, il quale possiede un **cerchio graduato** (detto *cerchio orizzontale*) che viene disposto (durante l'operazione di «messa in stazione») su un **piano orizzontale**, e il cui centro C della graduazione viene a trovarsi sulla verticale per S (▶FIGURA 2). In questo modo la misura dell'angolo orizzontale α su questo piano avviene, concettualmente, come se l'angolo fosse misurato sulla carta, quindi è ottenuto per **differenza** di letture alla graduazione ($L_B - L_A$) sul **punto avanti** e sul **punto indietro**, cioè utilizzando le espressioni (1) e (2) viste al precedente paragrafo 1.

Osserviamo, poi, che il valore dell'ampiezza di un angolo orizzontale è del tutto **indipendente** sia dalla posizione altimetrica del piano orizzontale su cui viene misurato (altezza del goniometro), sia dalla quota dei due punti A, B che ne definiscono i lati.

Angoli zenitali

A differenza degli angoli orizzontali, in cui entrambe le semirette (i lati), che formano lo stesso angolo, possono cambiare per ciascun angolo, negli angoli **zenitali** la prima semiretta è **sempre** coincidente con la **verticale** (passante per il vertice S, punto di stazione del teodolite), mentre la seconda semiretta è definita dalla posizione plano-altimetrica del punto collimato, come afferma la seguente definizione.

Si definisce **angolo zenitale** l'angolo contenuto in un piano verticale, compreso tra la **verticale** passante per il vertice S (punto di stazione del teodolite) e la direzione definita dalla **linea di mira** del cannocchiale mentre **collima** un generico punto A. Esso viene indicato con la notazione φ_A, in cui il pedice si riferisce al punto collimato (▶FIGURA 3).

L'angolo zenitale di 100^c corrisponde a una linea di mira *orizzontale*.

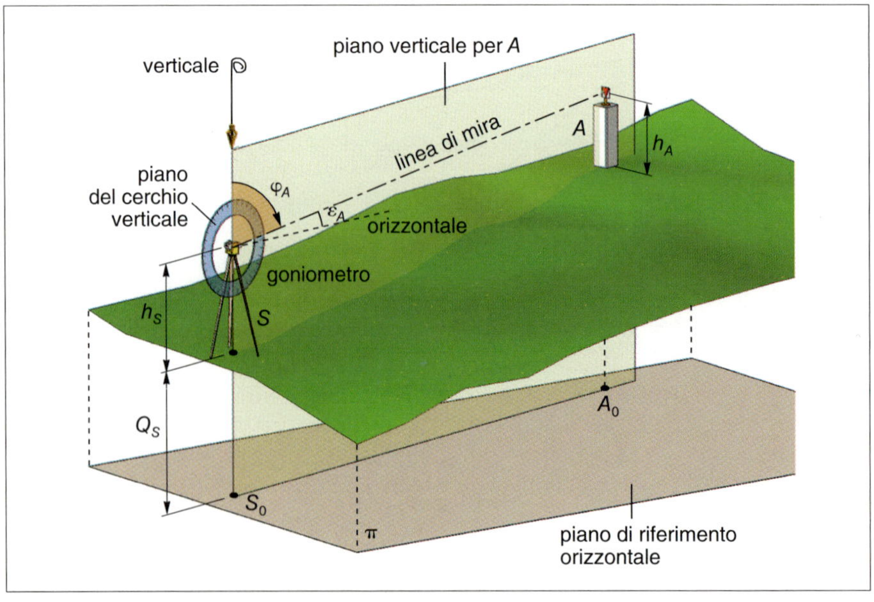

FIGURA 3 Schema di misura sul terreno di un angolo zenitale φ_A relativo al punto A.

Anche gli angoli zenitali vengono misurati da un teodolite, utilizzando un secondo cerchio graduato (*cerchio verticale*), disposto su un piano verticale e rigidamente collegato al collimatore e alla sua linea di mira.

Dalla precedente definizione si deduce poi che, a differenza dell'ampiezza degli angoli orizzontali, l'ampiezza degli *angoli zenitali* **dipende** sia dalla **posizione altimetrica** del goniometro (Q_S, h_S), sia da quella del punto collimato (Q_A, h_A).

In passato alcuni goniometri, al posto degli angoli *zenitali*, misuravano un altro tipo di angoli, detti di **inclinazione**, sempre in un piano verticale, ma assumendo come prima semiretta (fissa) l'**orizzontale** anziché la *verticale*. Essi sono stati via via abbandonati anche per la loro caratteristica (sfavorevole) di presentare valori sia *positivi* (o nulli) sia **negativi**, mentre gli angoli zenitali sono sempre *positivi* o al più nulli (peraltro caso solo teorico).

In effetti quando la *linea di mira* era inclinata *verso l'alto* (punto collimato più alto rispetto al teodolite) questi angoli erano positivi ($+\varepsilon$) e indicati come angoli di **elevazione**; quando, invece, la linea di mira era inclinata *verso il basso* (punto collimato più basso rispetto al teodolite) questi angoli erano negativi ($-\varepsilon$) e indicati come angoli di **depressione**.

Naturalmente gli angoli *zenitali* e quelli di *inclinazione* (con il loro segno) sono complementari: $\varphi + \varepsilon = 100^c$.

3. Evoluzione e classificazione dei teodoliti

Le misure angolari vennero effettuate fin dall'antichità. In genere si trattava di misure ricavate indirettamente dall'ombra del sole proiettata da **gnomoni** (aste fissate verticalmente al terreno), come avvenne nell'esperienza di Eratostene descritta nella precedente sezione B, o di operazioni per la determinazione di una direzione, come per fissare il *cardo* (asse di riferimento della centuriazione del territorio) all'epoca di Roma imperiale.

La genesi dei moderni teodoliti

La moderna misura diretta degli angoli ha le sue radici nella seconda metà del '700 ed è strettamente connessa alla scoperta e allo sviluppo di due fondamentali dispositivi:

- il **cannocchiale collimatore** (che sostituì la diottra a traguardi come apparato collimatore);
- il **nonio** (o verniero) come mezzo per misurare le frazioni delle unità di graduazione dei cerchi.

A quell'epoca, infatti, risalgono i primi **teodoliti** che, nonostante il loro ingombro e la loro complessità, rendevano possibile la misura sul terreno degli angoli. Furono due francesi a realizzare uno dei primi teodoliti moderni: **Joan de Borda** (1734-1799), che progettò il *cerchio ripetitore*, e l'ingegnere meccanico **Etienne Lenoir** (1744-1830), che poi lo realizzò sviluppandone le funzioni. Nello stesso periodo, l'inglese **J. Ramsden** (1735-1800) e il tedesco **F. von Reichenbach** (1771-1826) concepirono teodoliti che, pur con cerchi graduati di dimensioni imponenti, erano già in grado di raggiungere precisioni di 1″ ancora oggi giudicate elevate.

Si trattava di teodoliti realizzati solitamente in ottone, caratterizzati da cerchi dello stesso materiale con diametro di alcune decine di centimetri, sui quali la **graduazione** veniva incisa su un bordo argentato (*lembo*) per ridurre gli effetti dell'ossidazione nel tempo. Le letture all'indice erano effettuate con un **nonio** osservato attraverso un microscopio semplice o composto (▶FIGURE 4 e 5) (pagina seguente). La complessità di tali apparati ne limitava l'impiego alle grandi operazioni geodetiche.

▲ **FIGURA 5** Particolare di un nonio. Si tratta di una piccola scala graduata (la parte alta della figura), concentrica alla graduazione del cerchio, con la quale si è in grado di valutare le frazioni degli intervalli sulla stessa graduazione.

◄ **FIGURA 4** Teodolite meccanico con cerchi metallici in vista e lettura della graduazione agli indici tramite nonio letto al microscopio.

La prima rivoluzione

Una spinta importantissima alla realizzazione di teodoliti meno ingombranti e più rapidi da utilizzare, venne da **Ignazio Porro**, al quale si devono numerose e rilevanti innovazioni, come la sostituzione degli ingombranti cerchi metallici con **cerchi in vetro**, di piccolo diametro, racchiusi in involucri metallici, che li proteggevano dagli agenti atmosferici e dai danni occasionali, letti per trasparenza con dispositivi ottici e microscopi composti (►FIGURA 6).

Con tali innovazioni il teodolite divenne uno strumento utilizzato non solo da pochi studiosi e per operazioni straordinarie, ma anche da semplici tecnici nelle ordinarie operazioni topografiche. In effetti questa fu la prima vera *rivoluzione* nell'ambito della nostra disciplina che, tra l'altro, ebbe come conseguenza la nascita di una figura professionale autonoma che oggi riconosciamo nel «geometra».

FAQ

Qual è l'innovazione più nota introdotta da Porro nella costruzione dei teodoliti?

La sostituzione degli ingombranti cerchi metallici esterni con cerchi in vetro protetti da un involucro, che hanno reso il teodolite più leggero e compatto e più semplice da utilizzare.

La seconda rivoluzione

Le concezioni applicate ai teodoliti da Porro vennero superate nei primi decenni del '900 da parte di produttori tedeschi e svizzeri, tra i quali emerse tra tutti **Henry Wild**, le cui scelte tecnologiche nell'ambito della realizzazione dei goniometri hanno contrassegnato tutta la prima metà del Novecento; tra queste ricordiamo la sua soluzione per il cannocchiale collimatore di **lunghezza costante** (►FIGURA 7), che sostituì il meno efficiente e più ingombrante cannocchiale a *lunghezza variabile* (►FIGURA 6), e che, nella sostanza, viene utilizzato ancora oggi).

È il periodo in cui la produzione dei teodoliti ottico-meccanici è monopolizzata dalle case svizzere **Kern** e **Wild**, oltre che dalla tedesca **Zeiss**, i cui strumenti divennero dei punti di riferimento per tutte le altre case costruttrici. Questi teodoliti, di qualità *meccaniche* e *ottiche* eccellenti, e con caratteristiche di utilizzo semplici, furono alla base della seconda rivoluzione nell'ambito delle attività topografiche.

I primi decenni del secondo dopoguerra furono privi di innovazioni significative, tuttavia, tra la fine degli anni Sessanta e gli inizi degli anni Settanta, cominciò a prendere forma la terza, e più rilevante, grande rivoluzione, preannunciata dal travolgente sviluppo delle tecnologie legate all'**elettronica** e all'**informatica** e

COMPETENZA

Collegamenti storici

Ignazio Porro (Pinerolo 1801-1875). Ufficiale dell'esercito piemontese, teorizzò la tecnica di rilievo dei particolari topografici nota con il nome di *celerimensura*. Ideò numerosi dispositivi ottici come un teodolite a cerchi nascosti e di rapido utilizzo noto con il nome di *tacheometro*. Dal 1856 si stabilì a Milano dove insegnò al Politecnico, e dove nel 1863, fondò la ditta Filotecnica Porro che nel 1871, dopo l'affiancamento del suo allievo Angelo Salmoiraghi, assunse la denominazione di Filotecnica Salmoiraghi.

FIGURA 6 Teodolite ottico-meccanico (tecnologia Porro) con cerchi in vetro interni e con lettura ottica eseguita tramite microscopio composto.

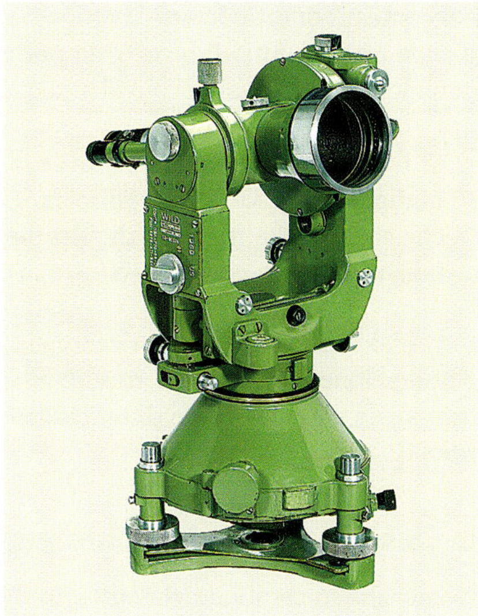

FIGURA 7 Teodolite ottico-meccanico di precisione Wild T3. È un pezzo di storia della topografia, realizzato a partire dagli anni Venti del secolo scorso. Le sue specifiche, per molti aspetti, restano ineguagliate anche da molti strumenti elettronici moderni.

delle connesse **miniaturizzazioni**, che proprio in quegli anni iniziano la loro inarrestabile permeazione in tutti i contesti produttivi, quindi anche nell'ambito della realizzazione dei teodoliti.

■ La terza rivoluzione

Il radicale rinnovamento che fu annunciato negli anni Settanta, si è poi concretizzato nel decennio successivo, prima con la costruzione dei **teodoliti elettronici** (▶FIGURA 8), con lettura ai cerchi digitale e automatica, e consolidata successivamente, quando si è prima delineato, poi avverato il «sogno» di tutti i topografi del passato: avere a disposizione uno strumento compatto, preciso, leggero, rapido col quale poter eseguire nello stesso tempo non solo le **misure angolari**, ma anche le misure di **distanze**, oltre che eseguire **calcoli** durante le fasi di rilievo.

Queste proprietà sono oggi sintetizzate nel *teodolite elettronico integrato* che viene indicato con la notazione di derivazione anglosassone **stazione totale** (▶FIGURA 9), riconoscibile esteriormente dalla «scatolatura» del cannocchiale che contiene le schede elettroniche dell'apparato EDM per la misura elettronica delle distanze.

Questo tipo di strumento ha rappresentato un vero e proprio stravolgimento prospettico del modo di operare

FIGURA 8 Teodolite elettronico: con questo strumento la lettura ai cerchi non è più demandata alle valutazioni dell'operatore, ma avviene in modo automatico e visualizzata immediatamente sul display.

FIGURA 9 Stazione totale: questo strumento integra le funzioni di teodolite e di misuratore di distanze, ed è, inoltre, in grado di elaborare le misure eseguite.

FAQ

Qual è l'innovazione più nota introdotta da Wild nella costruzione dei teodoliti?

La sostituzione del cannocchiale a lunghezza variabile con quello più corto ed efficiente a lunghezza costante.

COMPETENZA

Collegamenti storici

Heinrich Wild (Mitlödi, Svizzera, 1877-1951). Geniale progettista e costruttore di strumenti topografici, iniziò la sua carriera allo Schweizerische Landestopographie (1900-1907), quindi entrò come dirigente/progettista nella Carl Zeiss Jena (1908-1919). Successivamente fondò la Wild Heerbrugg AG, presieduta dal 1921 al 1932, attualmente assorbita dalla Leica Geosystems. Dal 1935 al 1951 divenne direttore della Kern Aarau.

nel contesto di tutte le attività topografiche, dilatandone le possibilità di intervento, con opportunità di lavoro, da parte del tecnico topografo, in campi e contesti nemmeno immaginabili solo alcuni decenni or sono.

Si tratta di strumenti realizzati con estese componenti **elettroniche** e **informatiche**, in grado di eseguire la **lettura digitale** automatica dei cerchi, ma che sono anche in grado di misurare rapidamente e facilmente le **distanze** e i **dislivelli**, oltre che di elaborare le misure eseguite.

Con essi è possibile **memorizzare** sia le misure eseguite, sia i risultati della loro elaborazione, eludendo le trascrizioni manuali delle stesse misure sui registri di campagna cartacei, fonte di *rallentamenti* e di *errori interpretativi* nel contesto del rilievo.

Classificazione dei goniometri topografici

Come spesso capita, le classificazioni corrispondono più all'esigenza didattica di inquadrare gli aspetti di un argomento che a una reale necessità. Nel nostro caso, poi, alcuni criteri della classificazione che saranno esposti di seguito (segnatamente i primi due criteri), fanno riferimento a tecnologie costruttive dei goniometri ormai abbandonate. Non di meno, nel nostro contesto, è utile e necessario fornire la classificazione dei teodoliti sintetizzata nella ▶TABELLA 1. In questo volume del corso verranno descritti i *teodoliti ottici*, mentre la trattazione di quelli elettronici è demandata al secondo volume. Segnaliamo subito, però, che gran parte di quanto verrà esposto a proposito dei *teodoliti ottici* potrà essere trasferito anche a quelli elettronici.

TABELLA 1 Classificazione dei goniometri topografici

Criteri	Denominazioni	Commenti
Tipo di collimatore	A traguardi	Di fatto sono scomparsi dall'attuale produzione.
	A cannocchiale	Tutti i teodoliti, a partire dal '700, sono di questo tipo.
Tipo di angoli misurati	Azimutali	Goniometri che misurano solo angoli orizzontali.
	Eclimetri	Goniometri che misurano solo angoli zenitali (verticali).
	Universali	Goniometri che misurano sia angoli orizzontali sia angoli zenitali. Da oltre un secolo i teodoliti sono tutti di questo tipo.
Grado di precisione	Da $1^{=}$ a $5^{=}$ (secondo cent. = $1^{c}/10\,000$)	Teodoliti di *grande precisione* (da triangolazioni).
	Da $10^{=}$ a $20^{=}$ ($1^{c}/1000$)	Teodoliti di *ordinaria precisione*.
	Al 1^{-} (primo cent. = $1^{c}/100$)	Teodoliti da *bassa precisione*. In passato questo tipo di teodolite veniva chiamato **tacheometro**, tuttavia tale denominazione sta via via scomparendo.
Tecnologia costruttiva	Ottici	Teodoliti con lettura ai cerchi (**analogica**) eseguita dall'operatore tramite dispositivi ottici (microscopi). Ormai sono di produzione residuale, ma costituiscono un grande patrimonio di esistente.
	Elettronici	Teodoliti con lettura ai cerchi (**digitale**) eseguita in modo automatico da dispositivi elettronici e visualizzata su display LCD.

4. Le parti e gli assi dei teodoliti ottici

Facendo riferimento alla ▶FIGURA 10, le parti essenziali dei *teodoliti ottici*, che in buona parte ritroveremo identiche a quelle dei *teodoliti elettronici*, rispetto ai quali mutano i **cerchi** e gli **apparati di lettura**, sono le seguenti:

- **basamento**;
- **cerchi graduati**;
- **alidada**;
- **cannocchiale collimatore**;
- **livelle**;
- **apparati di lettura**.

Il teodolite ottico (ma anche quello elettronico), per consentire al cannocchiale *collimatore*, sorretto dall'*alidada*, di venire orientato nella direzione di un qualsiasi punto dello spazio, dispone di **due movimenti**, entrambi rotatori e completi (a 360°):

- **rotazione dell'alidada** attorno a un asse meccanico (detto primario o generale) che verrà disposto verticalmente;
- **rotazione del cannocchiale** attorno a un asse meccanico (detto secondario) che verrà disposto orizzontalmente.

Ogni teodolite possiede dispositivi, di solito **viti** o **levette**, per il **bloccaggio** di entrambi questi movimenti, al fine di fissare il teodolite nel desiderato assetto spa-

FAQ

Cosa consente al teodolite di poter collimare un punto qualunque nello spazio?

L'azione combinata di due movimenti rotatori: quello dell'alidada attorno a un asse disposto in modo verticale, e quello del cannocchiale collimatore attorno a un asse disposto ortogonalmente al precedente.

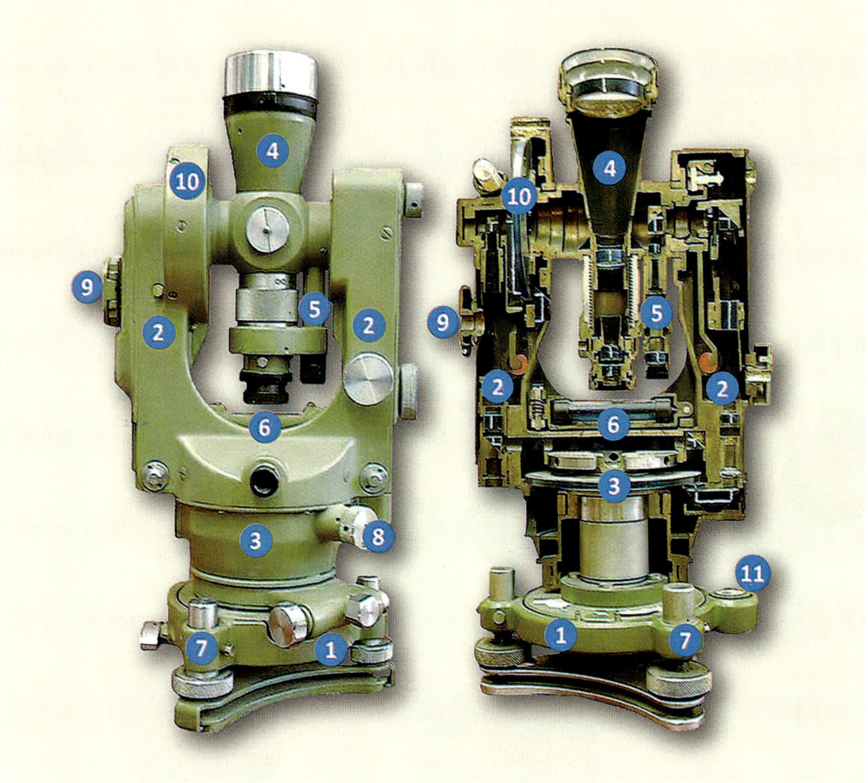

1 basamento
2 alidada
3 cerchio orizzontale
4 cannocchiale
5 microscopio di lettura
6 livella torica
7 viti calanti del basamento
8 vite di blocco dell'alidada
9 specchio per luce ai cerchi
10 cerchio verticale
11 livella sferica

FIGURA 10 Parti essenziali di un teodolite ottico-meccanico che in gran parte ritroviamo anche nei teodoliti elettronici. A sinistra è riportata una vista esterna, a destra lo spaccato di un teodolite ottico-meccanico.

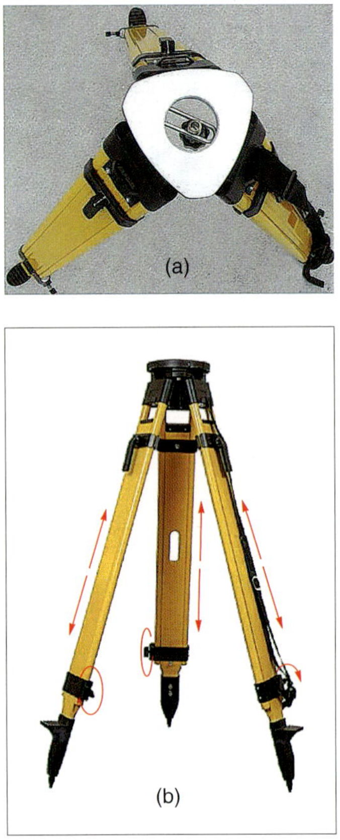

FIGURA 11 Treppiede a gambe estensibili per il montaggio dei goniometri. Nella vista dall'alto (a) si può osservare la vite di serraggio.

ziale. In questa posizione, tuttavia, il teodolite possiede sempre dispositivi per comandare i **piccoli movimenti** che consentono la collimazione precisa ai punti.

Di solito il teodolite viene montato su un **treppiede** (o **tripode**) composto da tre gambe estensibili, in legno o in alluminio, incernierate in sommità su un **piatto** metallico d'appoggio, al quale viene fissato il *basamento* dello stesso teodolite tramite una robusta **vite di serraggio** (▶FIGURA 11).

Il treppiede deve essere collocato sopra il **segnale** a terra (*picchetto, chiodo*) in modo da consentire all'*asse primario* del teodolite (che tra breve definiremo) di passare per lo stesso segnale, durante la fase denominata: **messa in stazione**. Solo per operazioni topografiche di precisione, il teodolite viene fissato direttamente sui segnali, che in questo caso saranno costituiti da **pilastrini**, di solito in calcestruzzo (unità C2).

Basamento

Il *basamento*, identico nei teodoliti ottici e in quelli elettronici, è la parte inferiore dello stesso teodolite, che collega direttamente lo strumento al treppiede (o al segnale). È composto di tre elementi (▶FIGURA 12):

- **placca di base** (a), parte fissa resa solidale al piatto d'appoggio del treppiede tramite vite di serraggio;
- **placca superiore** (b), il cui assetto spaziale può essere modificato fino a raggiungere la sua orizzontalità;
- **tre viti calanti** (c), disposte a triangolo equilatero, che collegano le due placche precedenti e ne regolano la posizione relativa attraverso tre *traslazioni* alto-basso indipendenti.

Nella *placca superiore* sono presenti tre **fori** nei quali si inseriscono, e rimangono poi ritenuti da un apposito dispositivo comandato da una **chiave di bloccaggio** (**L** in ▶FIGURA 12), tre corrispondenti **perni** del teodolite (o di una mira). Tale soluzione consente di staccare il teodolite vero e proprio dal basamento, per sostituirlo con una **mira di precisione**. Pertanto il teodolite condivide con la mira lo stesso basamento, e ciò consente l'interscambio dei dispositivi senza perdere il centramento sul punto a terra. Tale eventualità è necessaria nell'ambito del **centramen-**

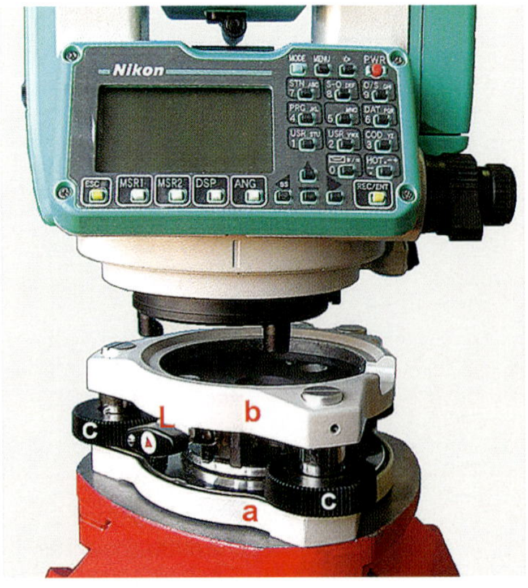

FIGURA 12 Basamento del teodolite con l'indicazione delle tre parti che lo compongono e la leva L di ritenuta dello strumento.

FIGURA 13 L'intercambiabilità tra teodolite e mira, che condividono lo stesso basamento, consente di mantenere il centramento sul segnale a terra.

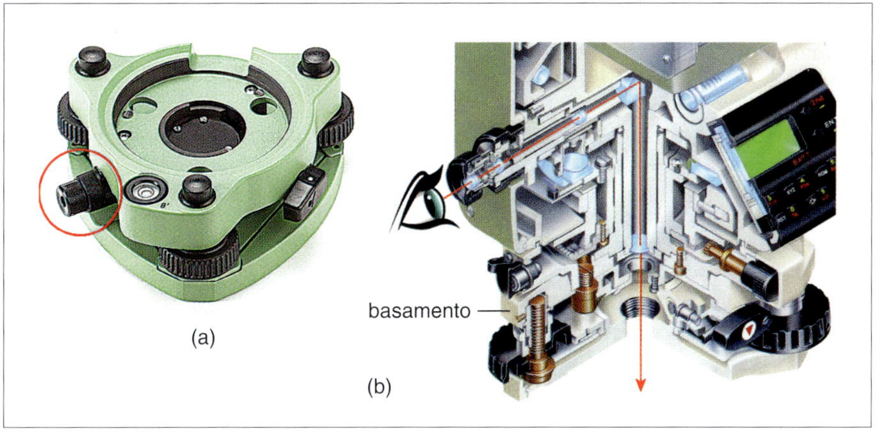

FIGURA 14 (a) Basamento di un teodolite nel quale è visibile in primo piano l'oculare del piombino ottico. (b) Spaccato sull'asse di un piombino ottico, posizionato sull'alidada, per la centratura sulla verticale del picchetto.

to forzato, operazione che fornisce la possibilità di centrare, su un punto a terra, alternativamente un teodolite e una mira, con ottima precisione (▶FIGURA 13).

Spesso nella placca superiore (▶FIGURA 14a) viene collocato il **piombino ottico**, altre volte lo stesso dispositivo viene inserito nell'alidada, come illustrato nello spaccato di ▶FIGURA 14b. Si tratta, in ogni caso, di un *minuscolo cannocchiale* ad asse spezzato, in parte fatto coincidere con l'asse generale del teodolite, la cui funzione è quella di **centrare** l'asse generale del teodolite sul *segnale* a terra utilizzando un **reticolo** a croce o una traccia circolare. In passato tale operazione era effettuata con il *filo a piombo*, mentre negli strumenti più recenti viene utilizzato uno **spot laser** di luminosità regolabile. L'asse spezzato del piombino ottico consente di osservare il terreno sottostante lo strumento (▶FIGURA 15) attraverso il foro della vite di serraggio del treppiede. Essendo il piombino ottico inserito nella placca superiore del basamento (o nell'alidada), l'assetto del suo asse viene modificato tramite le tre viti calanti.

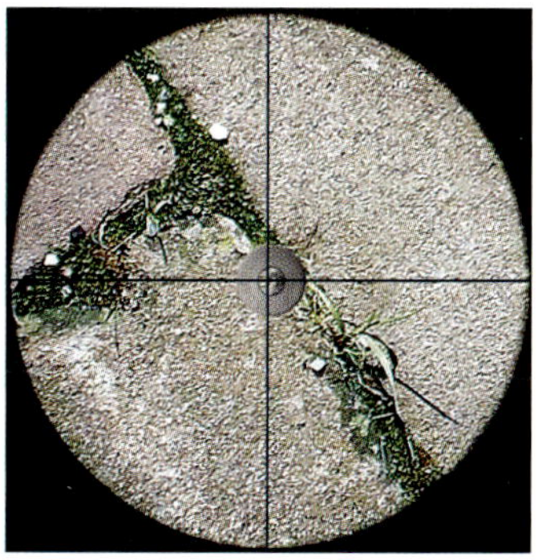

FIGURA 15 Vista del segnale a terra (chiodo su pavimentazione) dall'oculare del piombino ottico.

Alidada

L'*alidada*, la cui etimologia è di derivazione araba e la cui struttura non varia negli strumenti elettronici, è la robusta parte superiore del teodolite caratterizzata da una forma a forcella (▶FIGURA 16). Essa può **ruotare** a 360°, rispetto al basamento, intorno all'*asse generale* del teodolite (che in fase di stazionamento verrà reso verticale), trascinando, durante la rotazione, gli **indici di lettura** al cerchio orizzontale.

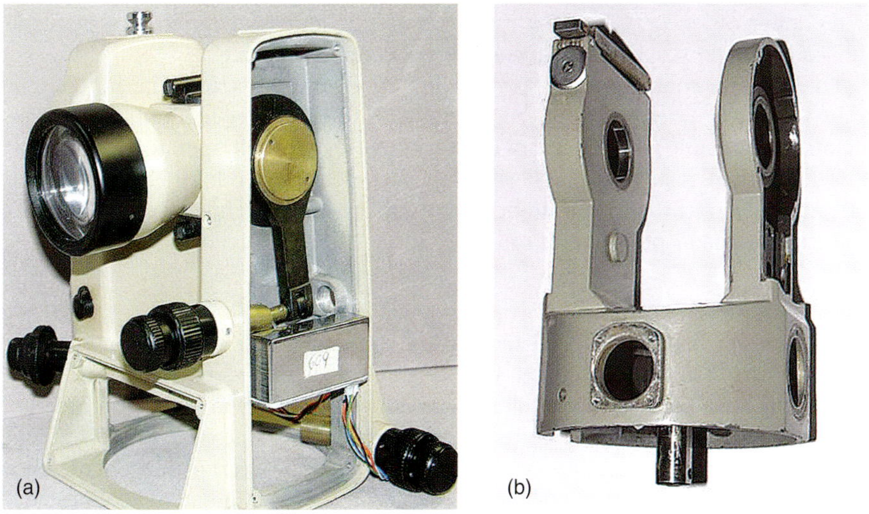

FIGURA 16 Struttura dell'alidada isolata dagli altri componenti nel caso di un goniometro elettronico (a) e di un teodolite ottico (b). In essa sono ben visibili i montanti laterali che portano il cannocchiale e il perno inferiore di collegamento al basamento (b).

FIGURA 17 Cannocchiale collimatore con l'oculare in primo piano e con il mirino meccanico sul dorso superiore.

L'alidada è costituita essenzialmente da una base inferiore, da due **montanti** che sostengono il cannocchiale collimatore, consentendone il completo capovolgimento, e da un **perno** infilato coassialmente nel corrispondente foro del supporto metallico che sostiene il cerchio orizzontale se questo è *ripetitore* (v. il paragrafo dedicato ai cerchi), oppure direttamente nel **mozzo** del basamento, se lo stesso cerchio è *reiteratore*.

I **grandi**, ma approssimativi, **movimenti** sono impressi direttamente all'alidada con le **mani**, mentre per i piccoli movimenti, che consentono la precisa collimazione, occorre prima fissare l'alidada con l'apposito dispositivo di **bloccaggio** e successivamente agire sulle **viti dei piccoli movimenti**.

Cannocchiale collimatore

Il *cannocchiale* (▶FIGURA 17), come più volte ribadito, costituisce l'apparato **collimatore** del teodolite; esso è sostenuto dai montanti dell'alidada tramite cuscinetti collocati in alloggiamenti nella parte superiore degli stessi montanti (▶FIGURA 16a), consentendo al cannocchiale un completo basculamento che porta al suo **capovolgimento**. Tale importante manovra (che, come vedremo in seguito, consente di effettuale le **letture coniugate**) è consentita dalla compattezza del cannocchiale a **lunghezza costante** (concepito da Wild) che da oltre un secolo equipaggia i teodoliti (sia ottici sia elettronici). Il funzionamento e le caratteristiche di tale dispositivo sono state esaminate nella precedente unità C4.

Come per l'alidada, anche per il cannocchiale sono previsti sia i **grandi movimenti** (approssimativi) da imprimere al cannocchiale direttamente con le mani, sia i **piccoli movimenti**, che consentono la collimazione finale. Per attivare i piccoli movimenti con l'apposita vite, tuttavia, occorre prima fissare il cannocchiale con l'apposito dispositivo di **bloccaggio**, ben visibile in ▶FIGURA 16a.

Per facilitare l'orientamento del cannocchiale, nell'ambito dei *grandi movimenti*, verso la direzione del punto da collimare, ancora prima di aver effettuato l'*adattamento alla distanza*, il cannocchiale del teodolite è sempre provvisto di **mirino** esterno di tipo meccanico.

FAQ

Nella lettura al cerchio orizzontale, dove si trova l'indice di lettura?

È solidale all'alidada e pertanto ne riproduce le rotazioni.

Cerchi graduati

Il teodolite ottico (▶FIGURA 19a) è un goniometro universale, pertanto possiede due cerchi in vetro: il **cerchio orizzontale** e il **cerchio verticale**.

Su entrambi sono riportate, per fotoincisione, le **graduazioni** che ne consentono la lettura; quest'ultima è completamente diversa nei teodoliti ottici (che stiamo esaminando), la cui lettura deve essere eseguita dell'operatore con un dispositivo **ottico**, rispetto a quella riportata sui cerchi dei teodoliti elettronici (che verranno illustrati in altra parte del corso), la cui lettura è invece eseguita **automaticamente** da dispositivi elettronici.

FIGURA 18 Cerchio orizzontale di un teodolite. I tratti della graduazione sono sottilissimi e non apprezzabili a occhio nudo.

Cerchio orizzontale

Il *cerchio orizzontale* (CO) del teodolite, è una corona di cristallo (▶FIGURA 18) con diametro compreso tra 5 e 8 cm, la cui graduazione viene letta per *trasparenza*, completamente nascosta all'interno del teodolite, tra alidada e basamento. Pertanto la sua lettura ne richiede l'**illuminazione**, che viene ottenuta tramite un piccolo specchio orientabile, che convoglia la luce dall'esterno fino al cerchio e da qui al **microscopio**, attraverso una serie di prismi opportunamente collocati sul

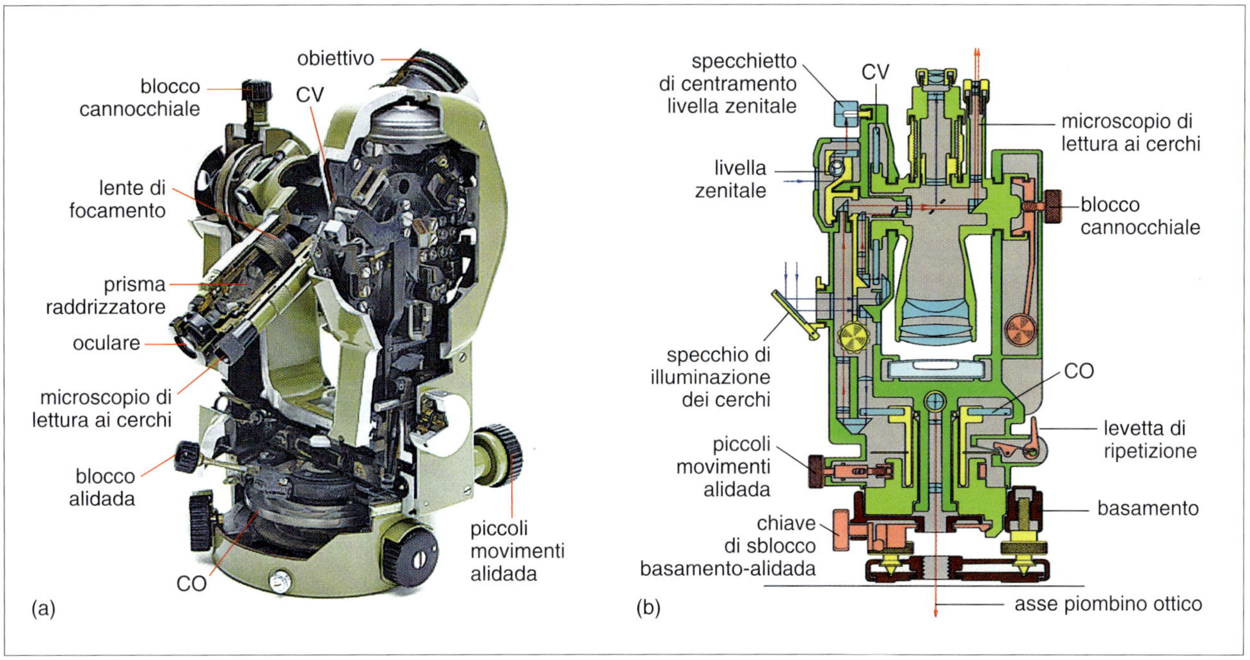

FIGURA 19 Spaccato di un teodolite ottico-meccanico (a). I cerchi orizzontale e verticali vengono letti per trasparenza utilizzando la luce che viene convogliata dall'esterno per mezzo di uno specchio e che segue un particolare percorso guidato da una serie di prismi (b).

percorso ottico dei raggi luminosi. La ▶FIGURA 19b mostra in modo semplificato lo schema del cammino di tali raggi in un teodolite illustrato in sezione.

La graduazione del cerchio orizzontale è di solito *centesimale* e procede in senso *orario*. Un **indice di lettura**, solidale all'alidada, consente di leggere l'angolo che la direzione della linea di mira del cannocchiale forma con l'**origine** della graduazione. Come già esposto in precedenza, quando il cannocchiale collima i generici punti P e Q, si eseguono le due letture alla graduazione del cerchio L_P e L_Q. La differenza di queste letture fornisce il valore dell'angolo azimutale α:

$$\alpha = L_Q - L_P$$

Durante le **fasi di misura** che portano alle letture della graduazione, cioè durante le fasi di movimento di *alidada* e *cannocchiale* necessarie alle **collimazioni** dei punti, il *cerchio orizzontale* rimane rigorosamente fermo e **solidale al basamento**, mentre l'*indice di lettura* ruota trascinato dall'alidada.

Tuttavia, per alcune operazioni (non in fase di misura) è necessario **cambiare la posizione** del cerchio orizzontale, per *orientarne* la sua origine in una direzione desiderata, o per misurare l'angolo in *settori diversi* dello stesso cerchio. Per consentire questo movimento il cerchio orizzontale può essere **ruotato** a piacere dell'operatore con due diverse modalità, in corrispondenza delle quali esso assume due diverse denominazioni: cerchio **reiteratore** (con azione *diretta* sul cerchio) o **ripetitore** (con azione *indiretta* sul cerchio).

- Il cerchio si dice **reiteratore** quando è vincolato al basamento a *frizione* e può subire rotazioni impresse **direttamente** dall'operatore, vincendo l'attrito del collegamento. Nei teodoliti ottici più recenti la rotazione del cerchio viene ottenuta con un meccanismo di precisione a cremagliera comandato da una vite esterna (▶FIGURA 20) (pagina seguente).
- Il cerchio si dice **ripetitore** quando non è accessibile direttamente, ma è possibile fissarlo sia al basamento sia all'alidada tramite una **levetta** esterna

FAQ

Che differenza c'è tra il cerchio di un goniometro ripetitore e quello di uno reiteratore?

Il cerchio del goniometro ripetitore può essere agganciato all'alidada e quindi ruotare con essa, quello del goniometro reiteratore può essere fatto ruotare solo manualmente.

FIGURA 20 Apparato reiteratore di un cerchio orizzontale. Esso consente all'operatore di ruotare direttamente il cerchio tramite una vite esterna protetta da uno sportellino per evitare manovre involontarie.

FIGURA 21 Levetta di ripetizione in primo piano. La sua posizione verticale è quella di esercizio (cerchio fisso al basamento). Rendendo orizzontale la levetta il cerchio viene fissato all'alidada per il suo trascinamento.

(▶FIGURA 21). In questo caso per ruotare il cerchio, prima è necessario fissarlo all'alidada, quindi si *ruota* quest'ultima fino alla posizione desiderata, infine si torna a fissare il cerchio al basamento.

• Cerchio verticale

Il cerchio verticale (CV) è sempre **solidale al cannocchiale** riproducendone le rotazioni (in questo caso, dunque, sono gli *indici di lettura* zenitali a rimanere fermi) e possiede le stesse caratteristiche fisiche già viste per il cerchio orizzontale, anche se talvolta presenta diametro minore.

Il cerchio verticale (in quanto sempre fisso al cannocchiale) non può essere né *ripetitore* né *reiteratore*. La sua graduazione viene letta contestualmente a quella del cerchio orizzontale, in quanto entrambe le immagini si formano nel campo dello stesso **microscopio** composto affiancato al cannocchiale (▶FIGURA 19).

■ Livelle

I teodoliti sono dotati di una **livella torica**, sempre solidale all'alidada, e di una **livella sferica**, in genere solidale alla placca superiore basculante del basamento, ma talvolta anch'essa solidale all'alidada.

- La *livella sferica* (▶FIGURA 22) serve per un primo **approssimativo** orizzontamento della placca superiore del basamento; in questa operazione il suo centramento viene ottenuto modificando la **lunghezza** delle tre gambe estensibili del **treppiede**.
- La *livella torica* (▶FIGURA 23) ha la funzione di affinare la precedente azione svolta con la livella sferica, dunque quella di rendere orizzontale con maggior precisione la placca superiore del basamento, e con essa il piano contenente il cerchio orizzontale. Il centramento della livella torica si ottiene agendo sulle tre viti calanti del basamento (che modificano l'assetto spaziale del basamento). La procedura si sviluppa in **due fasi** (descritte nella precedente unità C3, ▶FIGURA 12), in modo da rendere orizzontali due rette, non parallele, dello stesso piano, quindi orizzontale il piano stesso.

■ Sistemi di lettura ottica dei cerchi (lettura analogica)

I cerchi del goniometro vengono osservati per trasparenza dall'operatore mediante *microscopi composti* che ingrandiscono una piccola porzione di

FAQ

Il cerchio verticale è fissato a un montante dell'alidada?

No, è reso solidale al cannocchiale; sono gli indici di lettura zenitali che sono fissati al montante dell'alidada.

FAQ

Il mirino meccanico del cannocchiale viene utilizzato con le viti dei piccoli movimenti?

No, viene utilizzato nell'ambito dei grandi movimenti impressi a mano con cannocchiale sbloccato.

FIGURA 22 Livella sferica montata sul basamento.

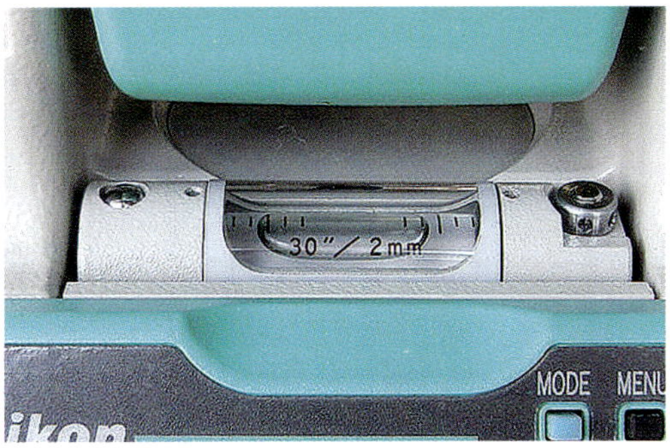

FIGURA 23 Livella torica dell'alidada; alla destra è visibile e accessibile la vite di rettifica.

graduazione, corredati di **indici di lettura** e da dispositivi (semplici *reticoli* o più complessi sistemi ottici detti **micrometri**) necessari per valutare le **frazioni di intervallo** di graduazione dei cerchi, che consentono di effettuare la lettura alla graduazione.

Come già anticipato, la **graduazione** dei cerchi del teodolite è costituita da n intervalli (parti) che vengono riprodotte per fotoincisione sui cerchi di cristallo, e il cui numero dipende dal tipo di graduazione adottata. Nei cerchi dei teodoliti ottici, in generale gli intervalli corrispondono a **un grado centesimale** (1 gon), dunque la graduazione contiene $n = 400$ intervalli.

Per ottenere letture con precisioni inferiori al valore nominale dell'intervallo di graduazione (1 gon), fino al secondo (1/10000 gon), vengono utilizzati dei dispositivi che hanno il compito di valutare le **frazioni delle unità** di graduazioni dei cerchi.

Negli strumenti antichi tale dispositivo era costituito dal **nonio** (o *verniero*), costituito da una piccola *scala*, concentrica alla graduazione, osservata con un *microscopio semplice* (▶FIGURA 5).

Nell'evoluzione dei teodoliti ottici tali dispositivi potevano essere costituiti, in relazione alle **precisioni** con cui doveva essere eseguita la lettura alla graduazione dei cerchi, semplicemente da particolari **reticoli** posti in prossimità dell'oculare del *microscopio composto* col quale viene osservata la parte di graduazione interessata alla lettura, oppure da sistemi *ottico-meccanici*, ben più complessi, denominati **micrometri**. In generale sono stati usati dispositivi di quattro tipi: a *stima*; a *scala*; micrometri a *vite micrometrica*; micrometri a *coincidenza di immagini*.

• Dispositivi a stima

Il reticolo del microscopio è costituito essenzialmente da una linea, che costituisce l'**indice di lettura** (▶FIGURA 24) (pagina seguente), e la porzione di intervallo di graduazione viene *stimata* dall'operatore aiutato solo dal fatto che la visione è ingrandita dal microscopio. La modesta precisone della lettura limitava e limita l'impiego di tale dispositivo solo a goniometri di scarsa importanza.

• Dispositivi a scala

In questo caso il reticolo del microscopio è costituito da una scala incisa finemente su un vetrino posto davanti all'oculare, che poi verrà ingrandita dallo stesso oculare. Essa è lunga quanto l'**immagine di un intervallo di graduazione** fornita dall'obiettivo, ed è divisa in n parti (nel caso di graduazione centesimale $n = 100$).

La graduazione della scala procede in *senso inverso* alla graduazione del cerchio, e l'approssimazione del reticolo a *scala* (cioè la sua precisone) è $0^c,01$ (1 primo centesimale = 1/100 gon).

COMPETENZA

Collegamenti storici

A partire dalla seconda metà del '500 si pose il problema di migliorare la precisione nella misura degli angoli, non più stimando soggettivamente, ma valutando oggettivamente il valore della frazione di intervallo di graduazione che intercorre tra la posizione dell'indice di lettura (o linea di fede) e il tratto di graduazione immediatamente precedente. Il problema venne inizialmente risolto dal geografo portoghese **Pedro Nunes** associando all'indice di lettura una piccola graduazione, detta **nonio**, affiancata alla graduazione principale. Tale dispositivo è anche chiamato **verniero**, in omaggio al matematico francese **Pierre Vernier** che nel '600 perfezionò il dispositivo.

FAQ

In che modo viene effettuata la lettura ai cerchi in un teodolite ottico?

Utilizzando un microscopio composto, che ingrandisce una piccola parte di graduazione, e dal suo reticolo costituito da un indice di lettura e da una serie di incisioni che consentono la misura delle frazioni di intervallo di graduazioni del cerchio.

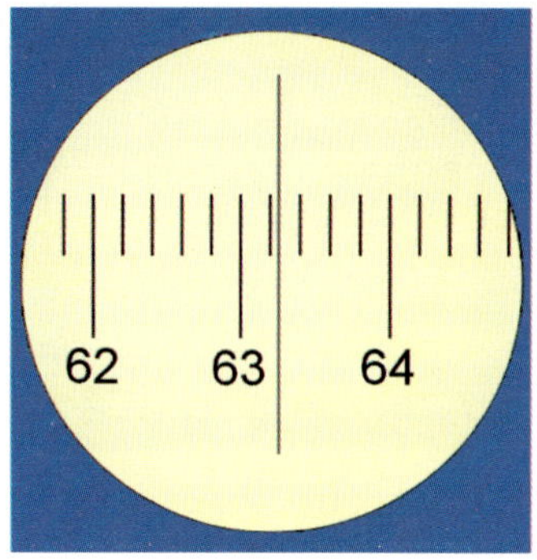

LETTURA 63,25 gon

FIGURA 24 Campo del microscopio a stima.

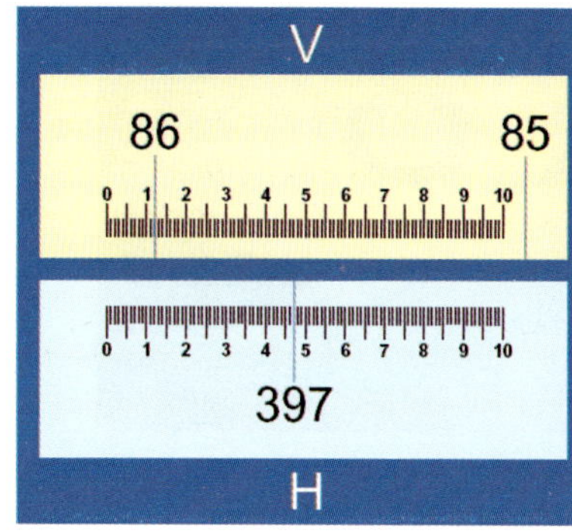

LETTURA CV = 86,12 gon
LETTURA CO = 397,47 gon

FIGURA 25 Campo del microscopio a scala.

Nello stesso campo del microscopio compaiono, di norma, sia l'immagine del **cerchio orizzontale** sia quella del **cerchio verticale**, che pertanto possono essere letti contemporaneamente e indipendentemente (▶FIGURA 25).

• Micrometro a vite micrometrica

È costituito da un **indice di lettura** formato da due fili paralleli molto vicini, oltre che da un **settore graduato** sul quale si sovrappone l'immagine di una piccola porzione di graduazione (▶FIGURA 26). Un **tamburo**, posto all'esterno del teodolite, comanda, con la sua rotazione, una **lamina a facce piane** e parallele che fa spostare l'*immagine del cerchio* rispetto all'indice e contemporaneamente fa ruotare il settore graduato.

Per eseguire la lettura al cerchio, si ruota il tamburo esterno finché la **marca** della graduazione più vicina all'indice si dispone tra i due fili dello stesso indice; fatto questo, si legge al settore la frazione di intervallo.

Con questo dispositivo la lettura al *cerchio orizzontale* **non può** essere contestuale a quella del *cerchio verticale*, in quanto le due letture richiedono due diverse manovre sul tamburo esterno.

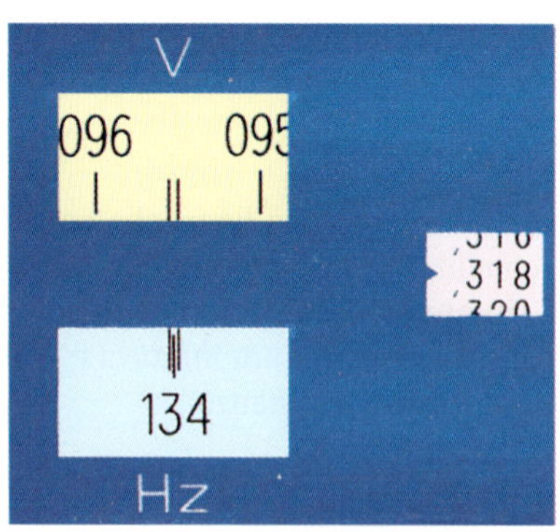

LETTURA CO = 134,318 gon

FIGURA 26 Campo del microscopio a vite micrometrica configurato per la lettura al CO (la marca della graduazione a 134 gon è centrata sull'indice di lettura).

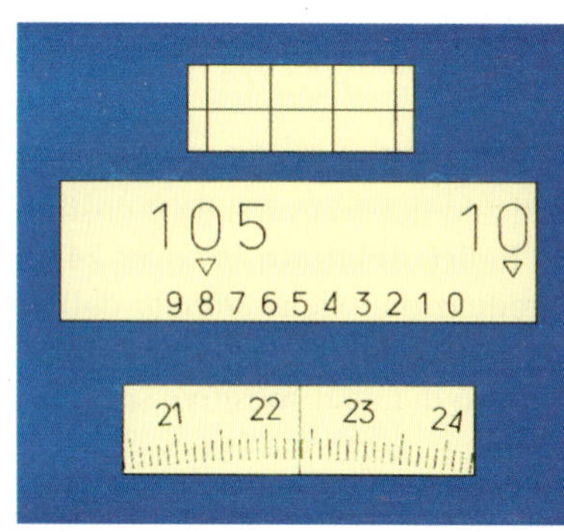

LETTURA 105,8224 gon

FIGURA 27 Campo del microscopio a coincidenza. La finestrella superiore testimonia la realizzata coincidenza delle immagini diametralmente opposte della graduazione del CO.

FAQ

Perché il micrometro a vite micrometrica è più preciso di quello a scala?

Perché il settore del micrometro è più lungo della scala e quindi viene diviso in un maggior numero di parti in modo da consentire la lettura di frazioni angolari più piccole.

• Micrometro a coincidenza di immagini

Si tratta di un complesso sistema ottico-meccanico (▶FIGURA 27), basato sulla presenza di una coppia di *lamine a facce piane e parallele* fatte ruotare della stessa quantità ma in senso opposto, che intercettano i raggi luminosi provenienti da parti *diametralmente opposte* del cerchio, e che opportunamente collegate con settori circolari graduati sono in grado di consentire letture con ottime precisioni. Il suo impiego era riservato ai teodoliti ottici di **grande precisione**.

Questo dispositivo, di cui omettiamo l'esame del funzionamento, aveva il grande pregio di fornire, in una **sola lettura**, la **media analogica** di tipo ottico di due letture eseguite agli **indici diametralmente opposti** della graduazione del cerchio.

FAQ

Che cosa sono le letture coniugate?

Sono due letture al cerchio eseguite su uno stesso punto prima con il teodolite in posizione diritta (CS), poi in posizione capovolta (CD). La loro media migliora la precisione di misura angolare.

Gli assi di un teodolite

Sia nel teodolite *ottico*, sia in quello *elettronico*, sono riconoscibili tre **assi fondamentali** che ne regolano il funzionamento (▶FIGURA 28):

- **asse primario** *zz* (o asse **generale**), che è l'asse meccanico attorno al quale ruota l'alidada;
- **asse secondario** *xx* (o asse **di rotazione**), che è l'asse meccanico attorno al quale **ruota il cannocchiale**;
- **asse di collimazione** *yy*, che è la **linea di mira** del cannocchiale.

I tre assi del teodolite teoricamente devono incontrarsi in un punto, detto **centro del teodolite**. I primi due assi sono di tipo meccanico e sono connessi ai **movimenti** di rotazione delle parti del teodolite, mentre il terzo asse è di tipo ottico e consente di eseguire la *collimazione* ai punti. Gli stessi assi, poi, devono soddisfare determinate **condizioni** geometriche reciproche, o in relazione ad altre parti del teodolite, che verranno illustrate nel successivo paragrafo.

Posizioni operative del teodolite

La compattezza del cannocchiale a lunghezza costante di Wild, adottato come collimatore nei teodoliti, lo rende completamente **capovolgibile** attorno all'asse secondario *xx*; da tale importante proprietà consegue che un teodolite può essere utilizzato in **due diverse posizioni** di impiego.

- La prima viene detta **diritta** (posizione standard) e si riconosce dal fatto che l'operatore del teodolite vede il *cerchio verticale* a **sinistra** del cannocchiale.
- Nella posizione detta **capovolta** lo stesso *cerchio verticale* si trova a **destra** del cannocchiale.
- Per passare dalla posizione **diritta** a quella **capovolta**, e viceversa, è necessario *capovolgere* il cannocchiale e *ruotare* l'alidada di 200^c (▶FIGURA 29) (pagina seguente).

Le due posizioni di impiego, *diritta* e *capovolta*, vengono anche indicate rispettivamente con le notazioni sintetiche **CS** (cerchio a sinistra) e **CD** (cerchio a destra), tuttavia, nei goniometri elettronici, viene usata la notazione I, corrispondente alla posizione CS, e la notazione II corrispondente alla posizione CD.

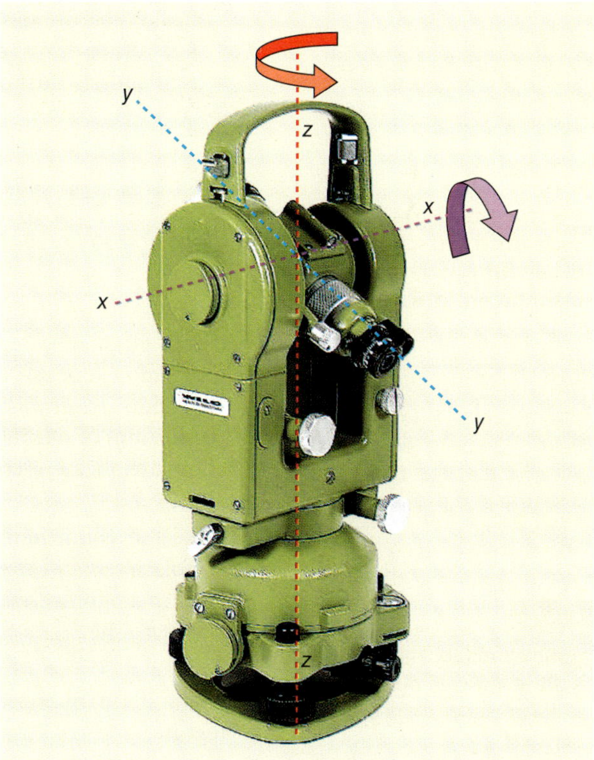

FIGURA 28 Gli assi di un teodolite ottico (ma anche elettronico); essi sono strettamente connessi alle parti, e ai relativi movimenti, dello stesso teodolite.

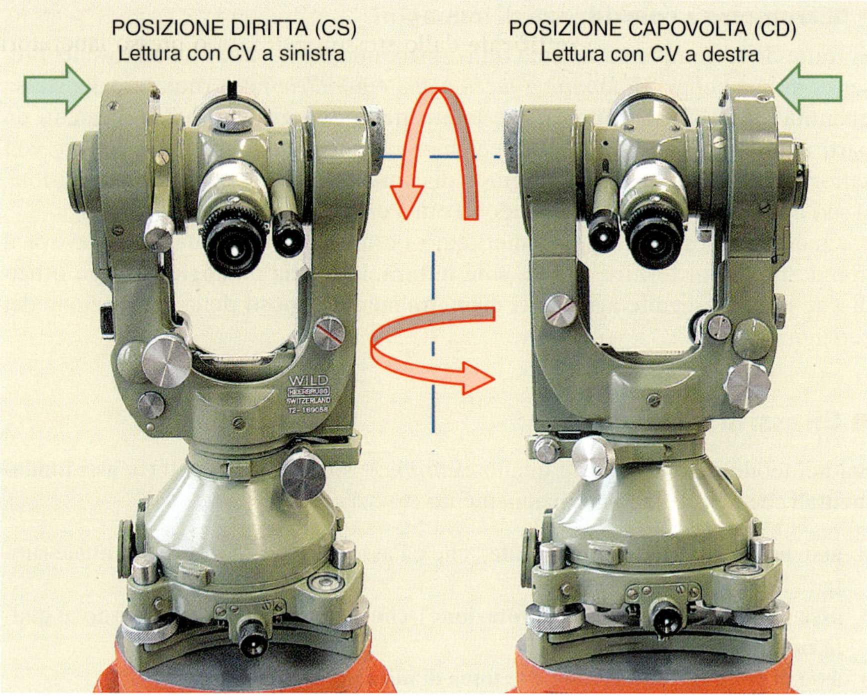

FIGURA 29 Le due posizioni di impiego del teodolite, diritta e capovolta, riconoscibili dalla posizione del cerchio verticale (a sinistra e a destra dell'operatore) consentono di eseguire le due letture coniugate, che migliorano in modo significativo la precisione della misura angolare.

La doppia posizione del teodolite consente di collimare uno stesso punto *P*, prima nella posizione *diritta* (CS), poi nella posizione *capovolta* (CD), ed eseguire, quindi, **due letture** al cerchio orizzontale (ma anche a quello verticale) che prendono il nome di **letture coniugate**. L'importanza di eseguire tali letture deriva dal fatto che la loro **media aritmetica** elimina alcuni errori rendendo la misura angolare più precisa.

5. Le condizioni di buon funzionamento del teodolite ottico

Affinché un teodolite *ottico*, ma anche uno *elettronico*, possa misurare correttamente gli angoli, occorre che in esso siano soddisfatte alcune **condizioni** che riguardano i suoi **assi** e le modalità con cui sono **assemblate** le sue parti. Alcune di esse sono *rettificabili* (correggibili) nel corso del periodo operativo del teodolite (**condizioni di rettifica**), altre non sono *modificabili* dopo che lo strumento è stato commercializzato (**condizioni intrinseche** o di *costruzione*).

Se tali **condizioni di buon funzionamento** non si verificano, le letture angolari eseguite con i teodoliti sono affette da **errori** che possono essere anche significativi, in particolare nel caso di impiego di teodoliti di grande precisione.

Come detto, queste condizioni vengono di norma classificate in due distinte categorie.

- **Condizioni intrinseche** (o di *costruzione*): non sono né **rettificabili** né *migliorabili* durante la vita del teodolite, e dipendono dalle **modalità** della sua **costruzione**, in relazione alle **precisioni** di misura angolare che dovrà fornire lo strumento.

FAQ

Per quale motivo le case costruttrici non sono in grado di garantire perfettamente le condizioni intrinseche?

Perché nella realizzazione del teodolite sono utilizzati accoppiamenti di parti meccaniche e dispositivi di controllo, la cui precisione non è comprimibile oltre certi limiti, nonostante la tecnologia impiegata e la perizia delle stesse case costruttrici.

FAQ

Sono eliminabili gli errori sulle letture angolari causati dalla presenza degli errori residui?

Sì, fornendo lo strumento di opportuni dispositivi, e mettendo in essere, da parte dell'operatore, particolari procedure operative.

- **Condizioni di rettifica**: devono essere verificate di volta in volta dall'operatore, ed eventualmente **rettificate** dallo stesso operatore o presso laboratori specialistici, agendo sui **dispositivi di correzione** di cui è dotato il teodolite.

Occorre segnalare che il mancato pieno rispetto sia delle condizioni **intrinseche,** sia di quelle di **rettifica** non è dovuto a inefficienze delle case costruttrici, ma sono riconducibili ai **limiti tecnologici**, all'**usura** di impiego e alle inevitabili imprecisioni con le quali le parti del teodolite vengono **assemblate**, che impediscono la realizzazione di un teodolite «perfetto».

Come conseguenza nel teodolite, anche dopo controlli e rettifiche, restano comunque errori, denominati **residui,** che, ancorché modesti, influenzano negativamente le letture ai cerchi, **causando errori** nella misura degli angoli.

Fortunatamente tali effetti negativi sulla misura degli angoli possono essere limitati nei *teodoliti ottici* ricorrendo a particolari **procedure operative** (letture *coniugate*, letture agli *indici opposti*), mentre nei *teodoliti elettronici* sono presenti appositi dispositivi (**compensatori** monoassiali e biassiali) provvisti di *sensori* in grado di valutare l'entità delle mancate condizioni e di *correggere* automaticamente gli angoli misurati.

FAQ

Le letture agli indici opposti e quelle coniugate sono la stessa cosa?

No, le letture agli indici opposti si eseguono nella stessa posizione del teodolite a diversi indici (*A* e *B*) diametralmente opposti, mentre le letture coniugate si eseguono allo stesso indice in due posizioni diverse del teodolite (cannocchiale diritto e cannocchiale capovolto con rotazione dell'alidada di 200^c).

FAQ

È possibile eliminare gli effetti degli errori di graduazione del cerchio verticale in un teodolite ottico?

No, perché il cerchio verticale è fisso al cannocchiale (dunque non è ruotabile), pertanto non è possibile misurare lo stesso angolo zenitale in settori diversi del cerchio per poi adottare la media di tali angoli.

Condizioni intrinseche (o di costruzione)

Le principali *condizioni intrinseche* (▶FIGURA 30), che devono essere soddisfatte dalla casa costruttrice del teodolite, sono sintetizzabili nei seguenti termini.

1. L'**asse primario** *zz* e l'**asse secondario** *xx* devono essere **perpendicolari**, rispettivamente, al piano del *cerchio orizzontale* e al piano del *cerchio verticale*. Se una di queste condizioni non è soddisfatta la lettura degli angoli, orizzontali o verticali, è affetta dall'errore di **perpendicolarità dei cerchi**.
2. L'**asse primario** *zz* e l'**asse secondario** *xx* devono passare, ripettivamente, per il **centro** O_1 del *cerchio orizzontale* e per il **centro** O_2 del *cerchio verticale*. Se non è soddisfatto il primo requisito, la lettura del cerchio orizzontale è affetta dall'errore di **eccentricità dell'alidada**; se non lo è il secondo, la lettura al cerchio verticale è affetta dall'errore di **eccentricità del cerchio verticale**.
3. L'**asse di collimazione** *yy* deve **intersecare** l'*asse primario zz* in un punto *C*. Se questa condizione non è soddisfatta, la lettura del cerchio orizzontale è affetta dall'errore di **eccentricità dell'asse di collimazione**, o **eccentricità del cannocchiale**, mentre non si hanno errori sensibili nella misura degli angoli verticali.
4. La **graduazione** dei cerchi deve essere **esatta**, cioè qualsiasi intervallo *i* della graduazione deve corrispondere al suo valore nominale. Se questa condizione non è soddisfatta si ha l'**errore di graduazione dei cerchi**.

Come detto, l'imperfetto rispetto delle *condizioni intrinseche* da parte della casa costruttrice causa inevitabili **imprecisioni** nelle letture ai cerchi. Tali imprecisioni, nei teodoliti di **alta precisione**, non sono affatto trascurabili, dunque nel tempo si sono studiate **procedure operative** che eliminassero (o almeno limitassero) gli **effetti** negativi delle mancate *condizioni intrinseche* sulla misura degli angoli.

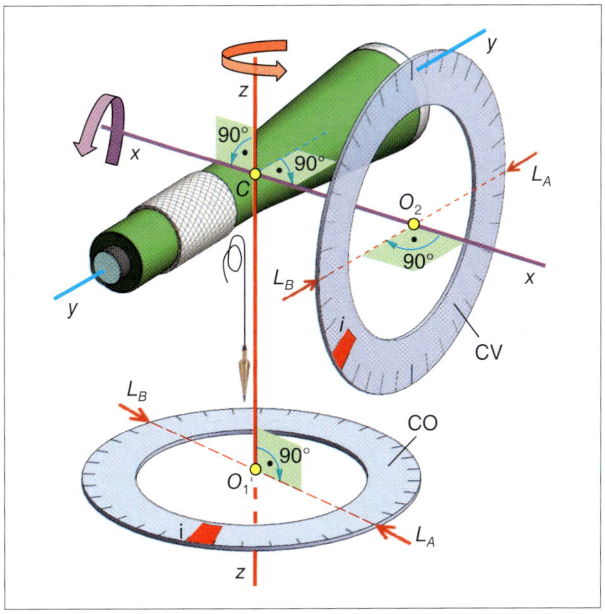

FIGURA 30 Schema semplificato degli assi del teodolite con evidenziate le principali condizioni intrinseche e di rettifica.

Nella ▶TABELLA 2 troviamo in forma sintetica i **fattori temibili** delle mancate condizioni intrinseche e le **procedure operative** in grado di contenerne gli effetti negativi.

■ Condizioni di verifica e rettifica

Le *condizioni di verifica e rettifica* del teodolite (▶FIGURA 30), che devono essere controllate periodicamente, sono dette anche **operative**, in quanto devono esse-

TABELLA 2 Analisi degli errori connessi alle condizioni intrinseche

Errori di condizione	Fattori temibili	Procedure operative
1. Errore di perpendicolarità	L'errore non presenta fattori di temibilità; in effetti il costruttore è in grado di imporre tale condizione con imprecisioni *trascurabili*.	Nessuna procedura è prevista.
2. Errore di eccentricità dell'alidada	Nonostante i piccoli errori (pochi *millesimi* di mm) che caratterizzano il mancato esatto passaggio dell'asse primario *zz* per il centro O_1 del CO (o dell'asse *xx* per il centro O_2 del CV), ciò è causa di *errori nelle letture angolari* che nei teodoliti di precisione non sono trascurabili. Questi errori sono *inversamente proporzionali* al *diametro* dei cerchi. È per questa ragione che in passato si utilizzavano cerchi con grande diametro. Tale soluzione venne poi abbandonata per l'imponenza che assumevano i teodoliti, a favore della soluzione illustrata a fianco.	Effettuazione della *media* aritmetica di due letture L_A e L_B, eseguite in corrispondenza di *due indici diametralmente opposti*, indicati con indice *A* e indice *B* (▶FIGURA 31): $$L = \frac{L_A + (L_B \pm 200^c)}{2}$$ Nei teodoliti recenti, in realtà, tale media viene eseguita *automaticamente* per via analogica (ottica) o per via digitale (elettronica).
3. Errore di eccentricità del cannocchiale	La mancata *intersezione* dell'asse di collimazione *yy* con l'asse generale *zz* (alcuni decimi di mm) può intervenire o peggiorare nel tempo, a causa delle manovre a cui è sottoposto il *collimatore*. Gli effetti negativi di questo errore sono *inversamente proporzionali* alla *distanza D* a cui si trova il punto *P* collimato. In ogni caso le imprecisioni indotte da questo errore nelle *letture al CO* (quelle al CV non sono influenzate da questo errore) sono significative solo per *brevissime distanze* (per esempio inferiori a 100 m) mentre per le medie e, a maggior ragione, per le grandi distanze le influenze di tale errore sono sempre trascurabili.	Effettuazione della *media* aritmetica di due letture al CO, L_{CS} e L_{CD}, eseguite in corrispondenza dello *stesso indice* durante la collimazione del punto *P*, prima con cannocchiale in posizione diritta, poi in posizione capovolta, dopo aver ricollimato il punto *P ruotando* l'alidada di 200^c: $$L = \frac{L_{CS} + (L_{CD} \pm 200^c)}{2}$$ Come detto in precedenza, le letture L_{CS} e L_{CD} vengono dette *letture coniugate*.
4. Errori di graduazione	Ogni intervallo della graduazione dei cerchi presenta imprecisioni che possono raggiungere errori di $\pm 0^c{,}0002$, distribuiti in modo *non uniforme* lungo la graduazione circolare. Dunque, nelle *misure di precisione*, non è saggio eseguire la misura angolare una *sola volta* in un *solo settore* del cerchio orizzontale, perché in esso potrebbero annidarsi errori di graduazione dello stesso segno che si accumulerebbero. Se invece immaginiamo di eseguire *più volte* la misura dell'angolo in settori diversi del cerchio, gli errori di graduazione varieranno di entità e di segno: questa osservazione suggerisce la procedura illustrata a fianco. Nei teodoliti ottici il cerchio verticale *non* è reiterabile, dunque, in esso, *non è possibile* eliminare gli effetti degli errori di graduazione.	Esecuzione per *n* volte della misura dell'angolo α in *settori diversi* del cerchio orizzontale, e adozione della *media* come valore definitivo dello stesso angolo: $$\alpha = \frac{\sum \alpha_i}{n}$$ Se il teodolite possiede un cerchio *reiteratore* (è sempre il caso dei teodoliti di precisione), dopo la misura di ogni angolo α_i, il cerchio orizzontale deve essere *ruotato* di una quantità indicativa di $200^c/n$, tale da consentire ai due indici opposti la misura dell'angolo α in *settori diversi* dell'intero cerchio orizzontale.

re *verificate* ed eventualmente *rettificate* dall'operatore (o meglio, fatte rettificare in appositi laboratori a cura dell'operatore), sono sintetizzabili nei seguenti termini.

1. L'**asse primario** *zz* deve essere **verticale**. Per ottenere tale condizione, ogni volta che si «mette in stazione» il teodolite, si rende *orizzontale* (con le viti calanti e la livella torica) il piano della placca superiore del *basamento* e il *cerchio orizzontale*, il quale, essendo ortogonale all'*asse primario* (condizione intrinseca 1), rende quest'ultimo **verticale**.

2. L'**asse primario** *zz* e l'**asse secondario** *xx* devono essere ortogonali, quindi, dalla precedente condizione, deriva che l'*asse secondario xx* deve essere **orizzontale**. Tale condizione è assicurata inizialmente dal costruttore, ma deve essere verificata periodicamente. Il mancato soddisfacimento di questa condizione viene detto **errore di orizzontalità**.

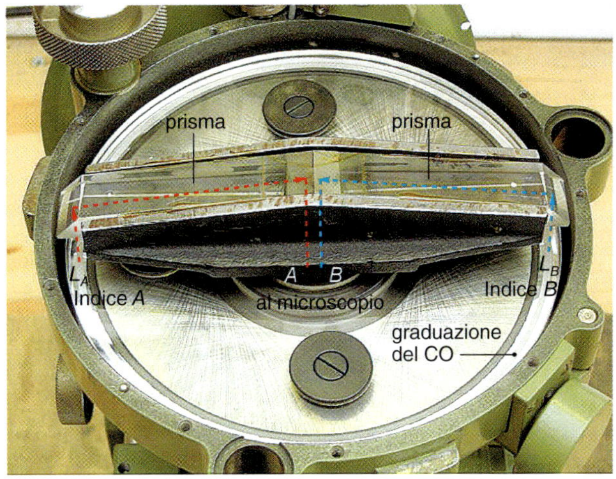

FIGURA 31 Vista dal basso del CO del teodolite Wild T2 dopo la rimozione del basamento. In primo piano il sistema di prismi che consente le letture agli indici dametralmente opposti.

TABELLA 3 Analisi degli errori connessi alle condizioni di verifica e rettifica

Errori di condizione	Fattori temibili	Procedure operative
1. Errore di verticalità	La *verticalità* dell'asse primario *zz* del teodolite deve essere imposta e verificata in *ogni* sessione di misura con il teodolite nell'ambito della «*messa in stazione*» (setup) le cui fasi verranno descritte per esteso in seguito. Fin da ora, tuttavia, osserviamo che per tale operazione si fa riferimento alla *livella torica* dell'alidada, la quale ha una sensibilità mediamente di 20″-30″. Ne consegue che è naturale ritenere che l'errore di verticalità (sbandamento dell'asse primario) possa essere valutato almeno pari a tale sensibilità.	La sua incidenza cambia nella misura degli angoli *orizzontali* e in quelli *zenitali*. **a.** Nella misura degli angoli *orizzontali* gli effetti dell'errore di verticalità sono trascurabili quando la linea di mira del cannocchiale è prossima all'*orizzontale* (situazione prevalente). **b.** Nella misura degli angoli *zenitali* gli effetti dell'errore di verticalità *non sono* affatto trascurabili. Pertanto è necessario fornire il teodolite di un dispositivo automatico (*compensatore zenitale*) che svincoli gli indici zenitali dall'alidada e li renda *indipendenti* dalla posizione dell'asse primario e dei suoi errori (v. par. 8).
2. Errore di orizzontalità	L'errore di *orizzontalità* dell'asse secondario dipende dalla posizione relativa dei *cuscinetti* sui montanti dell'alidada che sostengono i *perni* del cannocchiale. Nei teodoliti antichi i cuscinetti erano a frizione, pertanto presentavano un forte degrado nel tempo, e tale condizione doveva essere spesso *rettificata*. Nei teodoliti moderni, con l'uso dei cuscinetti a sfera, tale problema non esiste più, ma sono comunque richiesti controlli periodici in relazione all'intensità d'uso.	Gli effetti negativi di tale errore residuo nella misura degli angoli *orizzontali* vengono eliminati con le *letture coniugate* L_{CS} e L_{CD} al CO e la conseguente *media* aritmetica. Le letture L_{CS} e L_{CD} sono eseguite allo *stesso indice* durante la collimazione del punto, prima con cannocchiale in posizione *diritta*, poi in posizione *capovolta*, dopo aver *ruotato* l'alidada di 200^c per ricollimare il punto: $L = \frac{L_{CS} + (L_{CD} \pm 200^c)}{2}$
3. Errore di ortogonalità	La mancata *ortogonalità* dell'asse di collimazione *yy* con l'asse secondario *xx* è causata da un cattivo posizionamento del *reticolo* del cannocchiale, che come conseguenza porta a un cattivo posizionamento dello stesso asse di collimazione. Pertanto l'eventuale rettifica implica la correzione della posizione dei fili del reticolo, che si ottiene agendo sulle relative *viti a contrasto*.	Anche in questo caso le ricadute negative di tale errore residuo nella misura degli angoli *orizzontali* vengono eliminate con le *letture coniugate* L_{CS} e L_{CD} al CO e la conseguente *media* aritmetica: $L = \frac{L_{CS} + (L_{CD} \pm 200^c)}{2}$

3. L'**asse di collimazione** *yy* deve essere ortogonale all'**asse secondario** *xx*. Come nel caso precedente, anche questa condizione è assicurata inizialmente dal costruttore, ma deve essere verificata periodicamente. Il mancato rispetto della condizione viene indicato come **errore di ortogonalità**.

Dato che anche le precedenti *condizioni di verifica e rettifica* non possono essere soddisfatte con esattezza e dopo le eventuali *rettifiche* possono permanere errori (seppur piccoli) detti **errori residui**, il teodolite contiene delle imperfezioni dalle quali possono **derivare** errori nella misura degli angoli orizzontali e verticali. Anche in questo caso, tuttavia, si sono studiate **procedure operative** che possano attenuare gli **effetti** negativi delle mancate *condizioni di rettifica* sulla misura degli angoli.

Nella ▶TABELLA 3 (pagina precedente), sono riassunti i **fattori temibili** delle mancate condizioni di verifica e rettifica e le **procedure operative** in grado di contenerne gli effetti negativi.

Prima di consegnare il teodolite a un **laboratorio specializzato** per le eventuali rettifiche, è possibile in **prima battuta** verificare la *seconda* e la *terza condizione*, con il seguente metodo pratico.

Dopo aver reso **verticale** l'asse generale del teodolite, si sospende un **filo a piombo** a una distanza di circa 50 m dallo strumento e si esegue la *collimazione del filo* con il cannocchiale in posizione quasi orizzontale. Quindi si bascula il cannocchiale verso l'alto e verso il basso. Se entrambe le *condizioni sono verificate*, il centro dei fili del reticolo *seguirà l'immagine* del filo a piombo (▶FIGURA 32a).

- Se l'asse di collimazione è *perpendicolare* all'asse secondario, ma questo *non è orizzontale*, l'asse di collimazione descrive, nello spazio, un **piano inclinato** rispetto alla verticale, e il centro del reticolo descrive una retta intersecante l'immagine del filo a piombo (▶FIGURA 32b).
- Se l'asse secondario è *orizzontale* ma *non è perpendicolare* all'asse di collimazione, questo descrive, nello spazio, un **cono** e il centro del reticolo descrive una curva tangente all'immagine del filo a piombo (▶FIGURA 32c).
- Se entrambe le *condizioni non sono verificate*, il centro del reticolo descrive una curva che interseca in più punti l'immagine del filo a piombo (▶FIGURA 32d).

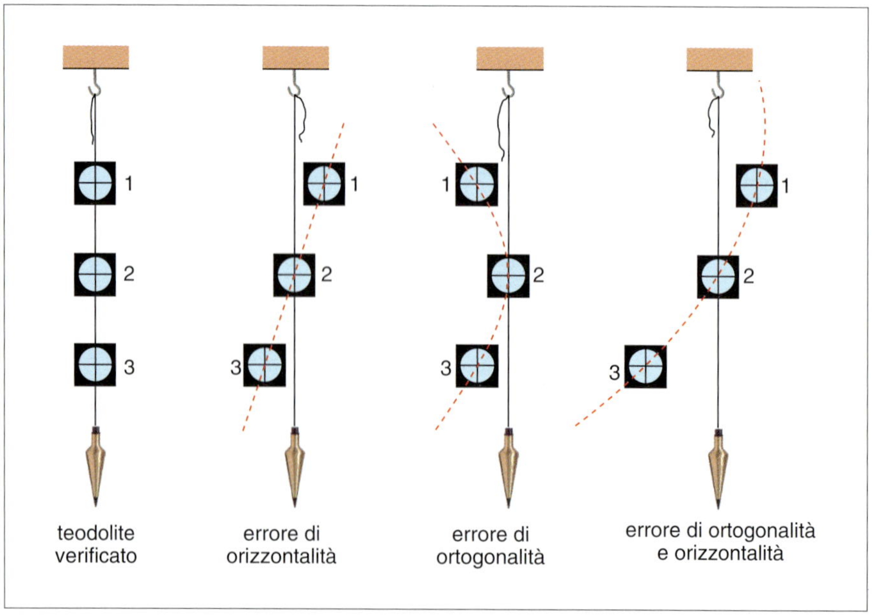

FIGURA 32 Procedura pratica e rapida per verificare in prima approssimazione le corrette condizioni operative del teodolite ed eventuali errori associati.

6. Messa in stazione (setup) del teodolite

In generale le misure topografiche, dunque anche gli angoli, devono essere riferite a punti (**punti di stazione**) materializzati a terra con **segnali** quali chiodi o picchetti.

Dato che gli angoli misurati con un teodolite hanno come riferimento il *centro C dello strumento*, cioè all'intersezione tra gli assi *zz*, *xx* e *yy*, che non può coincidere con il punto a terra, è necessario che:

- il suo *asse primario* **passi** per il *punto di stazione* a terra (▶FIGURA 33);
- lo stesso *asse primario* sia **verticale** (prima condizione di rettifica).

In effetti, ricordando la definizione data di angolo azimutale vista al paragrafo 2, è noto che non è rilevante la *posizione altimetrica* in cui viene misurato l'angolo orizzontale, dunque non è necessaria la coincidenza tra il centro dello strumento e il vertice dell'angolo, ma è sufficiente che i due punti si trovino sulla stessa verticale.

Le operazioni che permettono di realizzare le due condizioni indicate in precedenza prende il nome di **messa in stazione** (setup) del teodolite. Entrambe tali condizioni vengono effettuate dall'operatore in **due fasi**: una *prima fase* in cui si impone la condizione in modo **approssimativo**, e una *seconda fase* in cui la condizione viene **affinata** e resa definitiva.

FIGURA 33 Messa in stazione del teodolite su un punto a terra. L'asse primario deve passare per il punto ed essere verticale.

Possiamo sintetizzare, in ordine temporale e con i dispositivi da utilizzare, le operazioni di *messa in stazione* con la seguente ▶TABELLA 4 (pagina seguente).
Se l'operazione non è eseguita in modo corretto, è necessario ripeterla fino a ottenere un risultato soddisfacente. Il **centramento** dell'asse primario del teodolite sulla *verticale* del punto a terra deve essere realizzato con una precisione che dipende da due fattori:

- **precisione** della misura angolare da eseguire;
- **distanza** tra teodolite e punto collimato.

A questo proposito segnaliamo subito che, nella misura degli angoli orizzontali, le **distanze brevi** sono le più **temibili**, in quanto l'*errore di centramento* della stazione influenza la misura degli angoli azimutali in modo **inversamente** proporzionale alla distanza del punto collimato dal teodolite.

7. Letture al cerchio orizzontale

Abbiamo illustrato in precedenza la tecnica con la quale si misurano gli **angoli orizzontali** (*azimutali*). In effetti la misura di un angolo orizzontale è fornita dalla **differenza** delle due letture alla graduazione del cerchio sul **punto indietro** e sul **punto avanti**, dunque utilizzando le espressioni (1) oppure (2) viste al precedente paragrafo 1.

Il libretto delle misure

In ogni caso occorre *elaborare* in ufficio le letture eseguite in campagna con il teodolite, dunque, tenendo anche conto che le sessioni di misura sono spesso estese a *numerosi punti*, è necessario **organizzare** in modo rigoroso e ordinato le stesse letture, in modo che il loro significato sia **inequivocabile** anche a terze persone.

FAQ

Gli errori sulle misure angolari sono più temibili per punti lontani o ravvicinati?

Per punti ravvicinati, a causa dell'errore di centramento del teodolite sul punto di stazione.

TABELLA 4 Fasi della messa in stazione di un teodolite

Operazione	Descrizione	Dispositivi usati
Fase 1a **Centramento a terra approssimato**	Si fissa il teodolite sul piatto superiore del treppiede, dopo averlo reso orizzontale a vista. Successivamente si porta l'asse primario in *prossimità* del punto di stazione a terra (in un'area ampia circa 1-2 cm), agendo, sollevandole da terra, su *due* gambe telescopiche del tripode e facendo *leva sulla terza*, traguardando il punto a terra dal piombino ottico. Affinché il tripode rimanga *stabile*, è opportuno che le sue gambe siano sistemate a formare un triangolo equilatero e conficcate saldamente nel terreno.	• Treppiede • Piombino ottico
Fase 1b **Centramento a terra preciso**	Si ruotano le tre viti calanti del basamento per portare l'asse generale *esattamente* sul punto di stazione (chiodo, picchetto ecc.) guidando lo stato dell'operazione attraverso il piombino ottico. Si tratta di un'operazione comoda e rapida da eseguire. A questo punto l'asse primario del teodolite *passa* per il punto a terra ma *non* è ancora verticale.	• Viti calanti del basamento • Piombino ottico
Fase 2a **Verticalità approssimata**	Si centra la bolla della livella sferica variando la lunghezza delle gambe estensibili del treppiede, agendo via via sulla gamba opposta a quella dove si trova la bolla della livella sferica (▶FIGURA 34a). È una operazione manuale che richiede una certa esperienza e un treppiede leggero e ben funzionante. In questo modo si è reso verticale l'asse primario con un'approssimazione di 10-15′, mentre non si è modificato il centramento del punto a terra.	• Gambe estensibili del treppiede • Livella sferica
Fase 2b **Verticalità precisa**	Si dispone la livella torica dell'alidada parallela alla direzione di due viti calanti e, ruotandole a contrasto (bastano piccole rotazioni), si centra la bolla (▶FIGURA 34b). Poi si dispone la stessa livella nella direzione della terza vite calante e si torna a centrare la bolla. Ciò consente di rendere verticale l'asse primario con la precisione fornita dalla sensibilità della livella torica. **Nota**. In questa fase, agendo sulle viti calanti del basamento, si provoca anche una modifica del centramento del punto a terra. Tuttavia, se il centramento della livella sferica della fase precedente è stata eseguita con cura, tale modifica sarà impercettibile, dunque trascurabile, come si potrà verificare guardando dal piombino ottico.	• Viti calanti del basamento • Livella torica

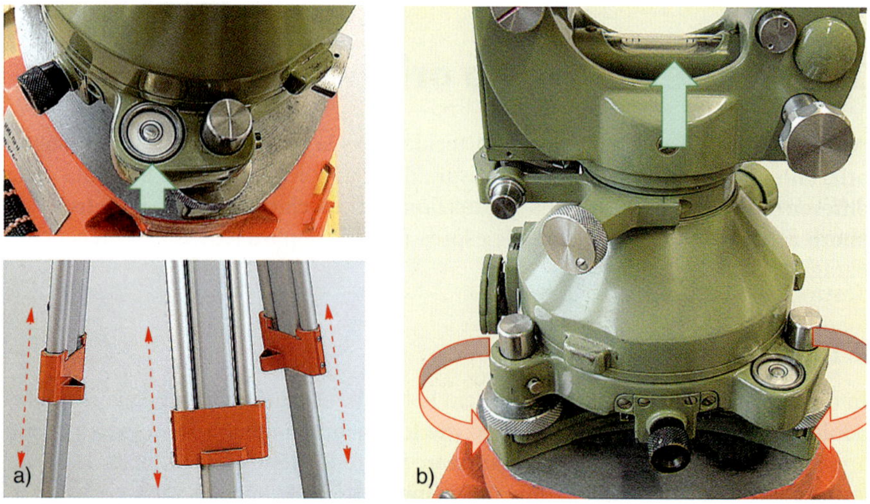

FIGURA 34 (a) Imposizione della verticalità dell'asse primario in modo approssimativo tramite centramento della livella sferica con le gambe estensibili del tripode. (b) Imposizione della verticalità dell'asse primario in modo affinato tramite centramento della livella torica con le tre viti calanti del basamento.

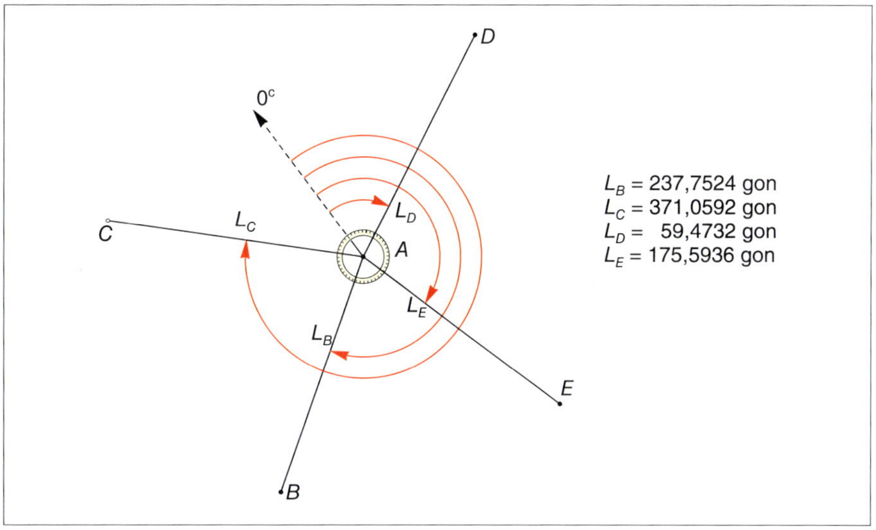

FIGURA 35 Misure di angoli orizzontali ottenute collimando quattro punti, con cerchio orientato in una direzione casuale. Le letture al cerchio orizzontale sono raccolte in un apposito registro.

Quando si utilizza un teodolite **ottico** queste osservazioni vengono raccolte in un apposito modulo detto **registro** o **libretto delle misure**; in esso sono annotate tutte le *misure eseguite* (oltre alle *annotazioni* che sono necessarie alla restituzione del rilievo), organizzandole in **righe**, per ciascun punto rilevato, e per **colonne**, ciascuna delle quali conterrà una delle misure eseguite durante il rilievo.

Con i **teodoliti elettronici**, con diverse modalità che vedremo in altra parte del corso, è possibile effettuare automaticamente la **registrazione dei dati** rilevati in campagna su supporti informatici; in questo caso il *libretto delle misure* non viene compilato durante il rilievo, ma potrà essere ottenuto in ufficio da una delle opzioni di **stampa** previste dal software collegato al teodolite elettronico.

Supponiamo, per esempio, che da un punto di stazione A siano stati collimati i punti B, C, D, E con un teodolite centesimale dotato di micrometro con approssimazione $0^c,0002$ (▶FIGURA 35). Il relativo *libretto delle misure* potrebbe essere di questo tipo:

Stazione	Punti collimati	Letture al CO (gon)	Annotazioni
A	***B***	237,7524	Spigolo fabbricato
	C	371,0592	Asse fossato
	D	59,4732	Spigolo recinzione in muratura
	E	175,5936	Spigolo fabbricato

Naturalmente se durante il rilievo, oltre alle letture al CO, fossero state eseguite anche **altre misure** (letture al CV, distanze ecc.) queste sarebbero state riportate in corrispondenti ulteriori **colonne** che il registro avrebbe previsto. Tornando al nostro semplice esempio, dalle letture al CO annotate nel libretto si possono ottenere i seguenti **angoli** applicando la (1):

$$B\widehat{A}C = L_C - L_B = 371{,}0592 - 237{,}7524 = 133{,}3068 \text{ gon}$$

$$E\widehat{A}B = L_B - L_E = 237{,}7524 - 175{,}5936 = 62{,}1588 \text{ gon}$$

$$D\widehat{A}E = L_E - L_D = 175{,}5936 - 59{,}4732 = 116{,}1204 \text{ gon}$$

FAQ

A cosa serve il libretto delle misure?

Serve a raccogliere le misure eseguite durante il rilievo, organizzandole razionalmente in righe (per i punti rilevati) e in colonne (per le misure eseguite).

Se vogliamo ottenere il valore dell'angolo $C\widehat{A}D$ osserviamo subito che la differenza $L_D - L_C$ è negativa; ciò significa che l'**indice di lettura**, nella rotazione dell'alidada, è *passato per lo zero della graduazione* (in ▶FIGURA 35 ciò è testimoniato dal fatto che l'origine della graduazione è interna all'angolo $C\widehat{A}D$).

Per tenere conto di ciò, **non si deve** modificare l'ordine dei sottraendi, ma alla differenza delle letture si deve **aggiungere** l'angolo giro [v. relazione (2)]:

$$C\widehat{A}D = 59{,}4732 - 371{,}0592 + 400 = 88{,}4140 \text{ gon}$$

Non esiste un *libretto delle misure* **standard** che possa essere utilizzato in ogni rilievo; in realtà l'operatore deve studiarne uno di volta in volta a seconda del tipo di lavoro (dunque del tipo di misure) che deve eseguire durante il rilievo.

L'orientamento del cerchio orizzontale

Anche quando nel rilievo non è imposto un orientamento particolare, è sempre buona norma **non lasciare** l'origine della graduazione (0^c) del cerchio orizzontale in corrispondenza di una direzione casuale, ma è consigliabile **imporre** (*orientare*) l'origine della graduazione verso la direzione definita da un punto **esistente** fisicamente e facilmente visibile e distinguibile in ogni condizione ambientale (di solito spigoli o particolari di parti alte di manufatti).

Questa soluzione permette di fatto (unitamente al segnale che materializza sul terreno il **punto di stazione**), di **ripristinare** in ogni momento il sistema polare con cui sono state eseguite le misure, sia per completare in tempi successivi le operazioni di misura, sia per eventuali controlli futuri.

L'orientamento verso un punto prefissato del cerchio orizzontale nei teodoliti ottici si esegue rapidamente con il dispositivo di **reiterazione** (in genere una vite) o con la **levetta di ripetizione** (che attacca il cerchio all'alidada o al basamento), in relazione al tipo di goniometro utilizzato.

Nei *teodoliti elettronici*, come vedremo, tale manovra è ancora più rapida in quanto in questi strumenti è possibile **azzerare** con il software di sistema del teodolite la lettura su una determinata direzione, semplicemente premendo su un tasto o attivando una voce di menu, dopo aver disposto il collimatore sulla direzione desiderata.

Regola di Bessel

Nel semplice esempio fatto in precedenza, per ogni punto collimato è stata eseguita un'**unica lettura** al *cerchio orizzontale* in posizione **diritta** (**CS**). Questo modo di procedere, tuttavia, è ammissibile **solo** per rilievi in cui viene richiesta una **limitata precisione**, in quanto, in questo modo, tutti gli errori causati dalle mancate condizioni permangono nelle stesse letture, quindi nell'angolo ricavato dalla loro differenza.

Tuttavia, si è già visto (paragrafo 4) che il teodolite può essere usato nelle due posizioni operative **diritta** (CS) e **capovolta** (CD), con le quali possono essere eseguite, per ciascun punto collimato, due **letture coniugate**, la cui **media** è depurata dagli effetti dovuti agli **errori residui** relativi alle seguenti mancate condizioni:

- errore di **eccentricità del cannocchiale** (3ª condizione intrinseca);
- errore residuo di **orizzontalità** dell'asse secondario (2ª condizione di rettifica);
- errore residuo di **ortogonalità** dell'asse di collimazione (3ª condizione di rettifica).

FAQ

L'errore di verticalità dell'asse generale viene eliminato eseguendo la regola di Bessel?

No, tuttavia esso è trascurabile quando la misura viene eseguita con l'asse di collimazione prossimo all'orizzontalità (φ prossimo a 100^c).

Osservando ciò, **Friedrich Wilhelm Bessel** (1784-1846) formulò la seguente omonima regola, che deve sempre essere applicata quando il rilievo richiede una buona precisione:

la **media** delle due **letture coniugate** L_{CS} e L_{CD} (*diritta* e *capovolta*) al *cerchio orizzontale* è corretta dagli errori residui di **orizzontalità** e **ortogonalità** e dall'errore di **eccentricità del cannocchiale**:

$$L = \frac{L_{CS} + (L_{CD} \pm 200^c)}{2}$$

Come si vede, la media precedente tiene conto che le due letture coniugate L_{CS} e L_{CD} differiscono di un angolo piatto, in quanto l'alidada, tra le due collimazioni, viene ruotata di 200^c. Inoltre, il doppio segno nella parentesi non costituisce un'ambiguità in quanto viene assunto «+» se $L_{CD} < 200^c$, oppure «−» se $L_{CD} > 200^c$.

In realtà, all'epoca in cui Bessel formulò tale regola, i teodoliti erano forniti materialmente anche dei due distinti indici **diametralmente opposti** per eliminare gli effetti dovuti alla **eccentricità dell'alidada** (2ª condizione intrinseca), pertanto la media precedente era eseguita su **quattro letture** (due letture agli indici opposti in posizione diritta, e due letture agli indici opposti in posizione capovolta). Successivamente, la media ai due indici *diametralmente opposti* venne effettuata **direttamente** nel teodolite per via **analogica** con un'unica lettura, quindi attualmente viene eseguita materialmente solo la media delle *letture coniugate*, come indicato nell'enunciato precedente. Quando si eseguono *letture coniugate* con un teodolite ottico, il libretto delle misure deve tenerne conto, destinando una **colonna** per ogni posizione operativa, *diritta* (CS) e *capovolta* (CD) del teodolite, oltre a una eventuale colonna per le medie:

Stazione	Punti collimati	Letture al CO (gon)		Medie	Annotazioni
		CS	CD		
A	*B*	47,1540	247,1544	47,1542	sf
	C	284,3358	84,3362	284,3360	as
	D	167,4668	367,4658	167,4663	sr
	E	78,8456	278,8448	78,8452	sf

La regola di Bessel, applicata ai primi due punti *B* e *C*, fornisce le seguenti medie:

$$L_B = \frac{47{,}1540 + (247{,}1544 - 200)}{2} = 47{,}1542 \text{ gon}$$

$$L_C = \frac{284{,}3358 + (84{,}3362 + 200)}{2} = 284{,}3360 \text{ gon}$$

Naturalmente, la **parte intera** della media delle due letture coniugate è la stessa dell'angolo misurato in **posizione diritta** (CS), che costituisce la posizione di riferimento.

È possibile anche eseguire più rapidamente la media, prendendo la **parte intera** (in gradi) della lettura diritta (CS) oltre alla parte decimale comune alle due letture (decine di primi), quindi **aggiungendo** la **media** della parte decimale variata (di solito 3ª e 4ª cifra decimale cioè le decine di secondi):

FAQ

Su quale considerazione teorica si basa la regola di Bessel?

Si basa sull'osservazione relativa al fatto che la media di due letture al cerchio, eseguite in corrispondenza delle due posizioni operative del teodolite, è corretta dagli effetti negativi dovuti ad alcune mancate condizioni di buon funzionamento dello stesso teodolite.

FAQ

Quando è necessario eseguire le misure angolari con la tecnica detta a strati?

Quando si devono misurare più angoli a giro d'orizzonte, e quando la precisione richiede non solo le letture coniugate, nelle due posizioni operative del teodolite, ma anche la misura ripetuta degli angoli in settori diversi del cerchio per eliminare gli effetti degli errori di graduazione.

$$L_D = 167{,}46 + \frac{(68^{=} + 58^{=})}{2} = 167{,}46 + 63^{=} = 167{,}4663 \text{ gon}$$

$$L_E = 78{,}84 + \frac{(56^{=} + 48^{=})}{2} = 78{,}84 + 52^{=} = 78{,}8452 \text{ gon}$$

Organizzazione delle misure ripetute

Generalmente, nelle operazioni di rilievo, devono essere misurati i diversi angoli $\alpha_1 = A\widehat{P}B$, $\alpha_2 = B\widehat{P}C$, $\alpha_3 = C\widehat{P}D$, ottenuti collimando via via dal punto di stazione P i punti A, B, C, D ecc. a giro d'orizzonte (▶FIGURA 36).

Inoltre, nelle misure angolari in cui viene richiesta una **buona precisione**, non solo è necessario applicare la regola di **Bessel** eseguendo la media delle letture coniugate (alle posizioni CS e CD) su ciascun punto collimato, ma è anche necessario **ripetere** più volte la misura dell'angolo orizzontale, in **settori diversi** del cerchio orizzontale per eliminare (con la media) gli errori indotti dalle imprecisioni presenti sulla **graduazione** incisa sullo stesso cerchio.

In questi casi, per **organizzare**, e rendere efficiente, l'esecuzione delle misure angolari, sono disponibili diverse *tecniche operative*; tra questa la più utilizzata è denominata misura a **strati**, brevemente descritta di seguito.

Metodo per strati

Dopo aver orientato il cerchio orizzontale del teodolite nel modo ritenuto più opportuno, si eseguono le letture coniugate (posizioni CS e CD) su tutti i punti da rilevare a giro d'orizzonte e le relative medie con la regola di Bessel. Tutte queste medie costituiscono la serie di letture del **primo strato**: L_A^1, L_B^1, L_C^1, L_D^1 ecc., con le quali si ottengono, per differenza (punto avanti – punto indietro), gli angoli α del *primo strato*:

$$\alpha_1^1 = L_B^1 - L_A^1 \qquad \alpha_2^1 = L_C^1 - L_B^1 \qquad \alpha_3^1 = L_D^1 - L_C^1 \qquad \dots$$

A questo punto si **ruota** il cerchio orizzontale in *senso antiorario*, con il dispositivo di *reiterazione*, di una quantità pari a $200^c/n$ (▶FIGURA 36); in questo modo l'origine della graduazione arretrerà della stessa quantità. Con l'orientamento del

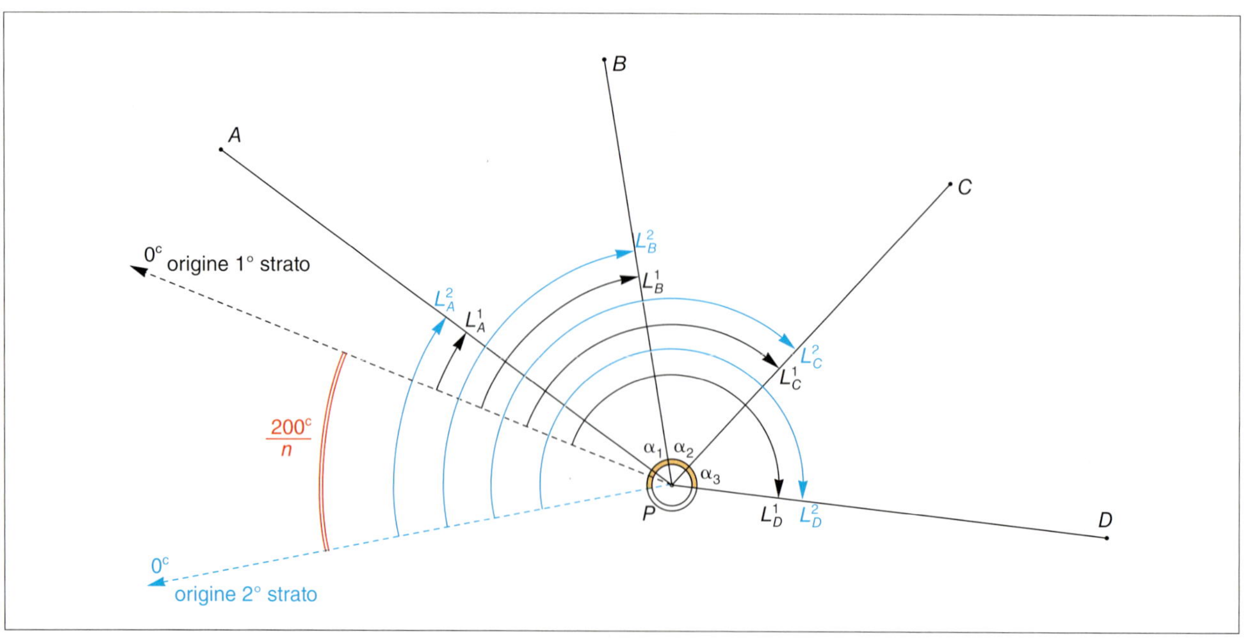

FIGURA 36 Schema della tecnica operativa di misure angolari ripetute a strati; la figura si limita a illustrare i primi due strati.

cerchio così modificato, si ripetono le letture su tutti i punti da rilevare a giro d'orizzonte, naturalmente eseguendo le letture coniugate e le conseguenti medie con la regola di Bessel. Queste serie di letture costituiscono il **secondo strato**, dalle quali si ottengono per differenza gli angoli del *secondo strato*:

$$\alpha_1^2 = L_B^2 - L_A^2 \qquad \alpha_2^2 = L_C^2 - L_B^2 \qquad \alpha_3^2 = L_D^2 - L_C^2 \qquad \dots$$

Si procede poi allo stesso modo per il **terzo strato**, **quarto strato** ecc., fino al completamento di tutti gli n **strati**. In questo modo, per ciascun angolo α_i del giro di orizzonte sono disponibili n misure, con le quali viene eseguita la **media aritmetica** per ottenere il valore definitivo degli angoli α_i:

$$\alpha_1 = \frac{\alpha_1^1 + \alpha_1^2 + \alpha_1^3 + \dots}{n} \qquad \alpha_2 = \frac{\alpha_2^1 + \alpha_2^2 + \alpha_2^3 + \dots}{n} \qquad \alpha_3 = \frac{\alpha_3^1 + \alpha_3^2 + \alpha_3^3 + \dots}{n}$$

PROBLEMA SVOLTO

Con un teodolite centesimale collocato sul punto S sono stati collimati, in quattro strati, i punti A, B, C, e le medie delle letture coniugate al CO sono state raccolte nel sottostante libretto delle misure. Determinare il valore dei due angoli $\alpha = A\widehat{S}B$ e $\beta = B\widehat{S}C$.

Stazione	Punti collimati	Letture al CO (gon)			
		Strati			
		1°	2°	3°	4°
S	*A*	318,2433	268,1434	217,9430	168,0443
	B	351,1409	301,0414	250,8412	200,9427
	C	83,1238	33,0246	382,8245	332,9249

Soluzione

Strato 1: $\alpha_1 = (351{,}1409 - 318{,}2433) = 32{,}8976$ gon
$\beta_1 = (83{,}1238 - 351{,}1409 + 400) = 131{,}9829$ gon

Strato 2: $\alpha_2 = (301{,}0414 - 268{,}1434) = 32{,}8980$ gon
$\beta_2 = (33{,}0246 - 301{,}0414 + 400) = 131{,}9832$ gon

Strato 3: $\alpha_3 = (250{,}8412 - 217{,}9430) = 32{,}8982$ gon
$\beta_3 = (382{,}8245 - 250{,}8412) = 131{,}9833$ gon

Strato 4: $\alpha_4 = (200{,}9427 - 168{,}0443) = 32{,}8984$ gon
$\beta_4 = (332{,}9249 - 200{,}9427) = 131{,}9822$ gon

$$\alpha = \frac{32{,}8976 + 32{,}8980 + 32{,}8982 + 32{,}8984}{4} = 32{,}89805 \text{ gon}$$

$$\beta = \frac{131{,}9829 + 131{,}9832 + 131{,}9833 + 131{,}9822}{4} = 131{,}9829 \text{ gon}$$

8. Letture al cerchio verticale

L'**angolo zenitale** di un punto P, come si è visto, è l'angolo φ definito dalla **verticale**, in corrispondenza del punto di stazione del teodolite, e dalla direzione della **linea di mira** mentre si collima il punto P.

FAQ

È possibile eliminare l'influenza degli errori di graduazione del cerchio verticale?

No, essendo il cerchio verticale del teodolite solidale al cannocchiale, dunque non reiterabile per consentire la misura multipla in settori diversi del cerchio.

La misura degli *angoli zenitali* differisce dalla misura degli *angoli orizzontali* per i seguenti aspetti:

- negli angoli orizzontali l'orientamento è in genere arbitrario, mentre negli *angoli zenitali* l'orientamento è sempre imposto sulla **verticale**;
- durante la misura degli angoli orizzontali il cerchio rimane fisso al basamento, mentre gli **indici** di lettura ruotano con l'alidada. Al contrario, nella misura degli *angoli zenitali*, il cerchio verticale è solidale al perno del cannocchiale e ruota con esso, mentre gli *indici di lettura* sono fissi e collegati ai montanti dell'alidada;
- il *cerchio verticale*, per caratteristiche costruttive, *non* è *reiterabile* e di conseguenza gli effetti degli errori di **graduazione** non sono eliminabili negli angoli zenitali.

L'*angolo zenitale* φ viene misurato sul **cerchio verticale** del teodolite; se questo è collocato sul punto di stazione in posizione **diritta** (cerchio a sinistra), dopo avere collimato il punto P da osservare, si esegue la lettura L_S al cerchio verticale che, prescindendo dagli **errori** di cui parleremo dopo, è uguale all'*angolo zenitale* φ relativo al punto collimato P (►FIGURA 37).

Se, invece, il teodolite si trova in posizione **capovolta** (cerchio a destra), l'angolo zenitale φ, sempre a meno degli errori, è uguale alla differenza $(400^c - L_D)$, per tenere conto del capovolgimento del cannocchiale nel passaggio dalla posizione diritta a quella capovolta.

Tuttavia la misura dell'*angolo zenitale* φ con la sola lettura L_S (o quella L_D), come accennato, contiene errori che rendono accettabile tale procedura solo nell'ambito di misure con **limitate previsioni**. In effetti per la misura corretta degli angoli zenitali devono essere verificate le seguenti due condizioni:

1. il cerchio verticale deve essere assemblato in modo tale che, quando l'*asse di collimazione* è in posizione **verticale** (direzione allo *zenit*), la lettura all'indice zenitale primario I deve essere uguale a **zero**;
2. l'*asse primario* del teodolite deve essere **verticale** (1ª condizione di rettifica).

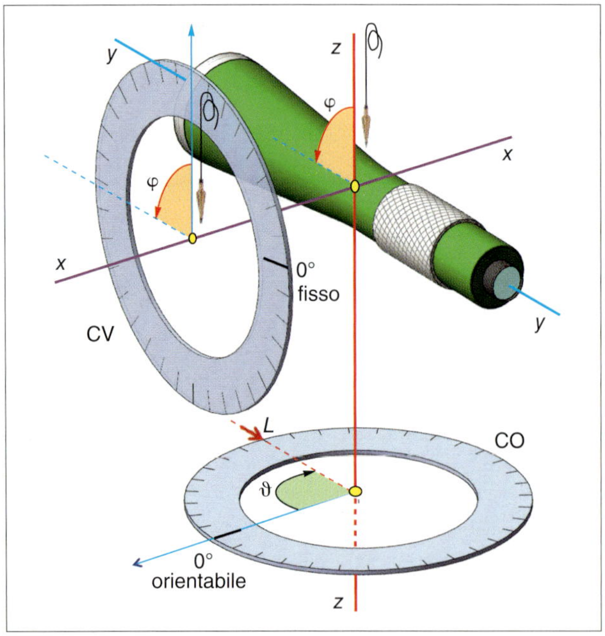

FIGURA 37 Schema della misura dell'angolo zenitale sul cerchio verticale del teodolite in posizione diritta.

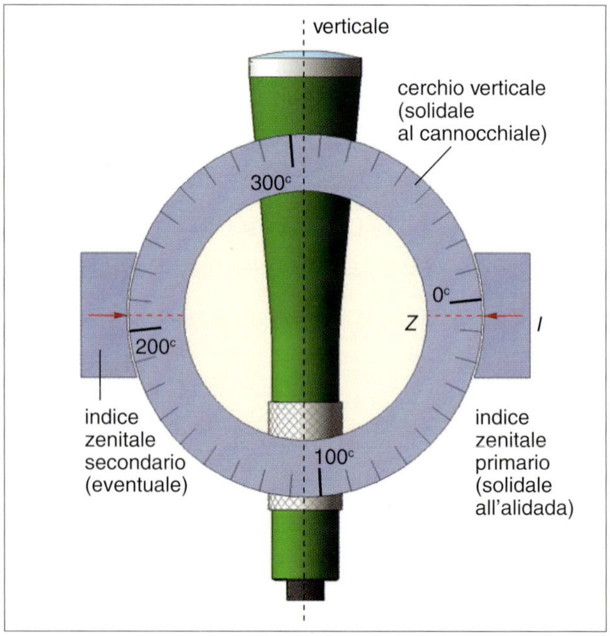

FIGURA 38 Con l'asse di collimazione disposto verticalmente la lettura all'indice zenitale I dovrebbe essere nulla. Un errato assemblaggio del CV comporta un errore Z detto zenit strumentale.

Tuttavia tali condizioni (come tutte le condizioni) non possono essere rispettate con esattezza, pertanto, anche dopo le eventuali rettifiche, permangono *errori residui* che, inevitabilmente, causano errori nella misura dell'angolo zenitale φ, se misurato **con la sola lettura** L_S. Si tratta ora di valutare l'impatto di questi errori residui su φ e verificare le *procedure* e gli *accorgimenti* necessari per eliminare i loro effetti.

Errore di indice

Potendo collimare allo *zenit*, se la lettura alla graduazione del cerchio verticale, in corrispondenza dell'indice zenitale *I*, non fosse esattamente nulla, ma avesse invece un valore **Z**, questo valore, diverso da zero, costituisce un **errore** sistematico (derivante dalla mancata prima condizione precedente) che prende il nome di **zenit strumentale** o **errore di indice** (►FIGURA 38) e può essere considerato una *costante* del teodolite.

Notiamo, tuttavia, che lo *zenit* non è un punto visibile che possa essere collimato, per cui l'errore Z non può essere ottenuto direttamente tramite lettura al cerchio, ma se ne può determinare facilmente il valore come vedremo di seguito.

Immaginiamo allora di disporre il teodolite in posizione **diritta** con il cerchio verticale sulla *sinistra* (CS), e di collimare il generico punto P. La graduazione del cerchio verticale, che ruota con il cannocchiale, sfila a fianco dell'indice I (fermo con l'alidada) per poi fermarsi in corrispondenza di un certo valore L_S. Considerando la ►FIGURA 39a, l'angolo zenitale φ sul punto P è:

$$\varphi = L_S - Z \tag{3}$$

Ora immaginiamo di disporre il teodolite nella posizione coniugata **capovolta,** ricollimando poi lo stesso punto P (►FIGURA 39b), tramite la rotazione dell'alidada di 200^c, con il cerchio verticale sulla *destra* (CD). In questa configurazione l'angolo zenitale viene espresso dalla seguente relazione:

$$\varphi = (400^c - L_D) + Z \tag{4}$$

Le due relazioni (3) e (4) costituiscono un sistema lineare di due equazioni nelle due incognite Z e φ. Sommando membro a membro le due relazioni si ottiene

FAQ

Lo zenit strumentale è una parte del goniometro?

No, è un errore dovuto allo scorretto posizionamento dell'indice di lettura *I* rispetto all'origine della graduazione del cerchio verticale.

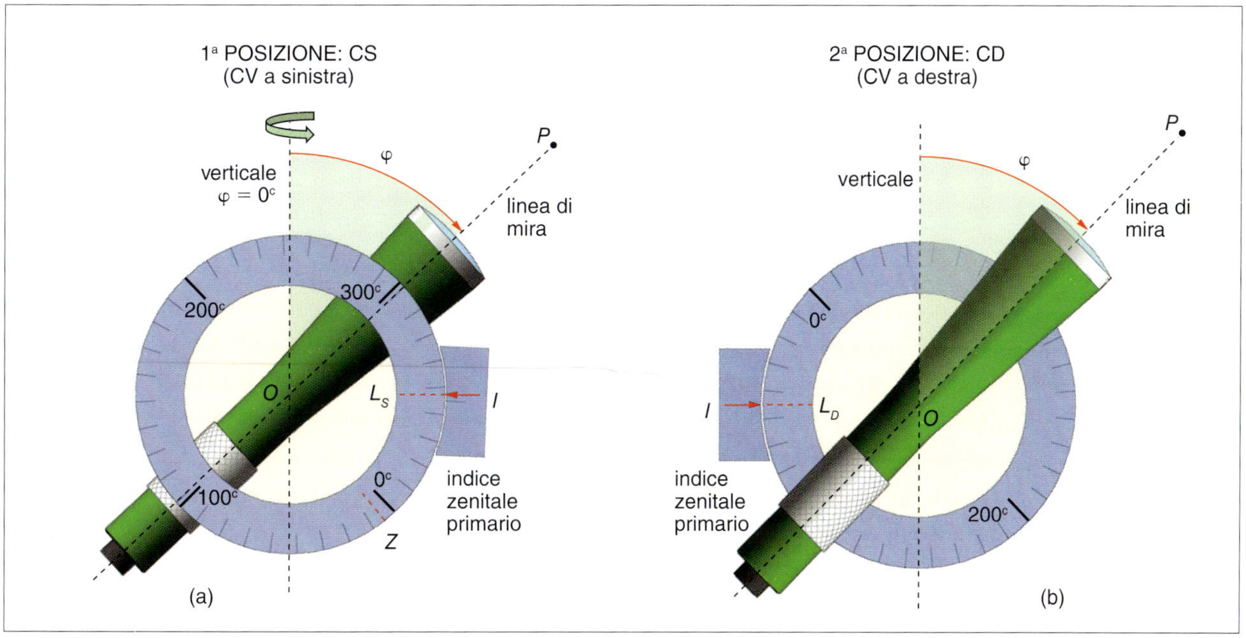

FIGURA 39 Una errata posizione degli indici di lettura comporta un errore *Z* detto zenit strumentale.

l'*angolo zenitale* φ; sottraendo membro a membro le stesse relazioni si ottiene l'*errore di indice* (zenit strumentale) Z costante per tutte le misure:

$$\varphi = \frac{L_S + (400^c - L_D)}{2} \qquad Z = \frac{L_S - (400^c - L_D)}{2} \tag{5}$$

Come si vede dalla prima delle (5), la **media** delle **letture coniugate** al cerchio verticale fornisce il valore dell'*angolo zenitale* φ depurato dall'errore di indice Z. Pertanto, in tutte le operazioni di una certa rilevanza, l'angolo zenitale φ viene sempre ottenuto effettuando le **due letture coniugate** e facendone poi la media. Invitiamo, tuttavia, a non confondere, nonostante alcune analogie, questa formula con la *regola di Bessel* che riguarda solo gli angoli orizzontali.

Nei rilievi di minor importanza, per ridurre i tempi connessi alle doppie letture coniugate, è possibile eseguire la **sola lettura** *diritta* L_S e poi **correggere** tutte le letture eseguite solo nella posizione *diritta*, con la formula (3), dopo aver determinato con cura Z con la (5) (rimanendo tale valore **costante** per tutte le misure) utilizzando alcune *letture coniugate* effettuate all'inizio delle operazioni di misura.

L'*errore di indice* Z può essere positivo o negativo e il suo valore, naturalmente, è molto piccolo (alcuni secondi o, al più, decine di secondi).

PROBLEMA SVOLTO

Con un teodolite centesimale collocato sul punto S, è stato collimato il punto A, nelle due posizioni diritta e capovolta eseguendo le letture coniugate al CV riportate nel sottostante libretto delle misure. Determinare il valore dell'angolo zenitale e dell'errore dell'indice zenitale.

Stazione	Punti collimati	Letture al CV (gon)	
		diritta (CS)	capovolta (CD)
S	***A***	97,3584	302,6428

Soluzione

$$\varphi_A = \frac{97{,}3584 + (400 - 302{,}6428)}{2} = 97{,}3578 \text{ gon}$$

$$Z = \frac{97{,}3584 - (400 - 302{,}6428)}{2} = 0{,}0006 \text{ gon}$$

Per controllo possiamo applicare la (3):

$$\varphi_A = 97{,}3584 - 0{,}0006 = 97{,}3578 \text{ gon}$$

■ Errore residuo di verticalità

La prima *condizione di rettifica* dei teodoliti impone la verticalità dell'*asse primario zz*; l'errore residuo di verticalità (imperfetto soddisfacimento della condizione), già trattato in precedenza, produce un **errore** sistematico anche sulla misura degli *angoli zenitali.*

FAQ

Con un teodolite affetto da un errore di indice zenitale è possibile misurare l'angolo zenitale privo dell'influenza di questo errore?

Sì, tuttavia è necessario eseguire le letture coniugate al CV ed eseguirne la media.

FAQ

È possibile eliminare gli errori indotti negli angoli zenitali dalla mancata verticalità dell'asse generale con letture coniugate?

No, nessuna manovra operativa può eliminare gli effetti dello sbandamento dell'asse generale. Tuttavia i teodoliti sono da tempo provvisti di apparati in grado di prevenire questi errori, come la livella zenitale prima, e il compensatore zenitale poi.

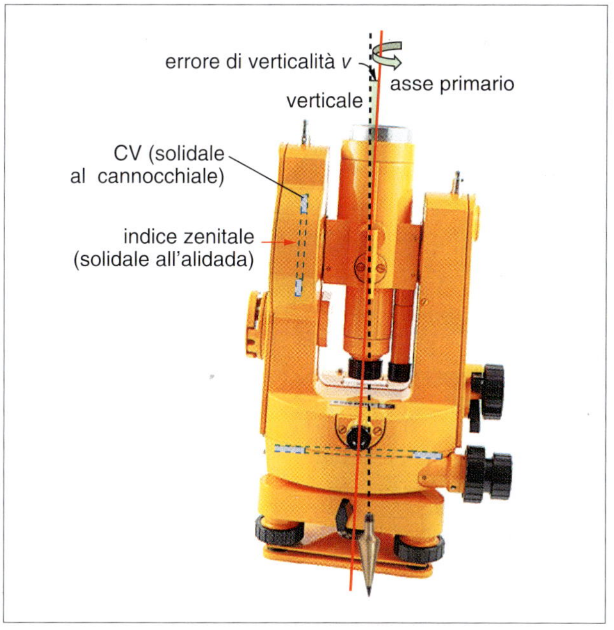

FIGURA 40 Schema dell'errore di verticalità dell'asse primario.

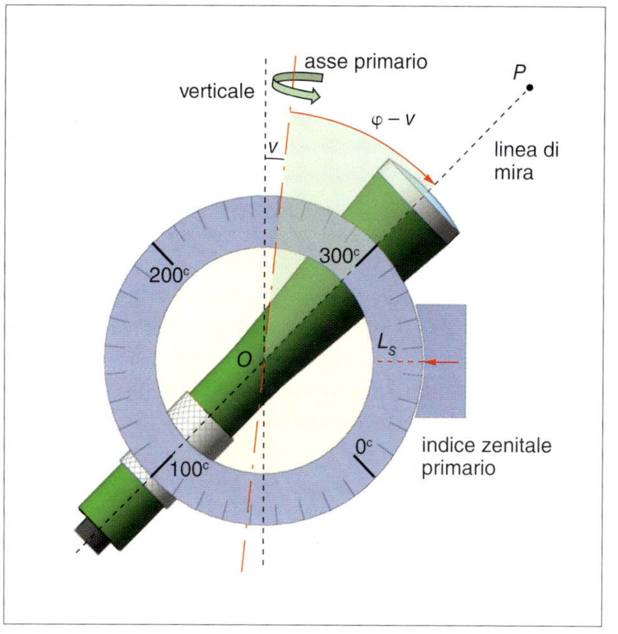

FIGURA 41 Errore v indotto dalla mancata verticalità dell'asse primario nella misura degli angoli zenitali φ.

In effetti, nei teodoliti antichi, gli *indici di lettura* al cerchio verticale erano montati **solidalmente** su un montante dell'alidada, pertanto la loro *rotazione* avveniva attorno all'*asse primario* che non può essere, come visto, perfettamente verticale.

Tale errore presenta un valore massimo v quando la misura dell'angolo zenitale viene effettuata nel piano definito dalla *verticale* e dall'*asse primario* (►FIGURE 40 e 41), mentre si annulla nel piano ortogonale al precedente.

Esso, in passato, era molto temibile, sia perché presentava valori non trascurabili di alcune *decine di secondi* (indicativamente pari alla *sensibilità* della livella torica), sia perché nessuna procedura *o manovra operativa* è in grado di eliminarne gli effetti. Quindi, la media delle due *letture coniugate* zenitali che elimina gli effetti dell'errore di indice, non elimina affatto l'errore dovuto alla *mancata verticalità* dell'asse primario.

Nel tempo, pertanto, si sono studiati apparati, da inserire nel teodolite, che permettessero di **svincolare** gli *indici zenitali* dalla posizione assunta dall'*asse primario*, dunque di eliminare gli effetti della mancata **verticalità** dello stesso asse. L'evoluzione tecnologica dei teodoliti ottici ha messo a disposizione due dispositivi: prima la **livella zenitale** (o di spia), poi il **compensatore zenitale**.

• Livella zenitale (o di spia)

È una *livella torica* interna o esterna (►FIGURA 42) di grande precisione (comunque maggiore di quella montata sull'alidada) collegata rigidamente alla *traversa* che porta l'**indice di lettura** zenitale I del *cerchio verticale* (o, se presenti, gli indici diametralmente opposti). Centrando la bolla di questa livella, si dispone l'indice I in una posizione che rimane immutata, **indipendentemente** dallo sbandamento dell'*asse primario*.

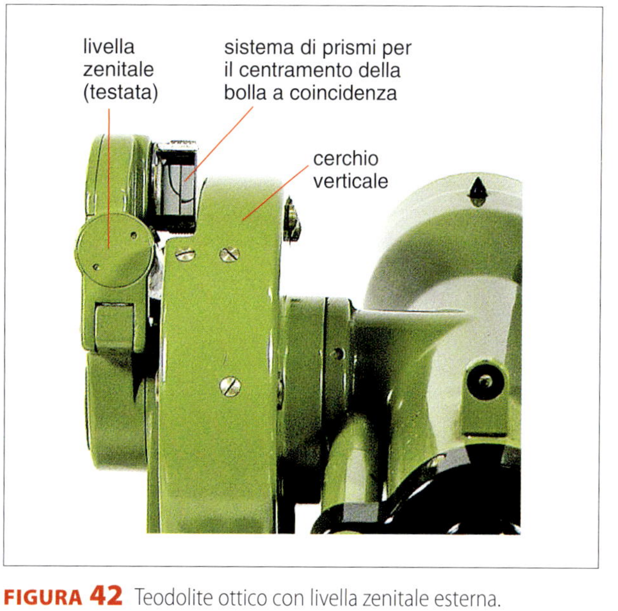

FIGURA 42 Teodolite ottico con livella zenitale esterna. La sua bolla deve essere centrata ad ogni lettura al CV agendo sull'apposita vite.

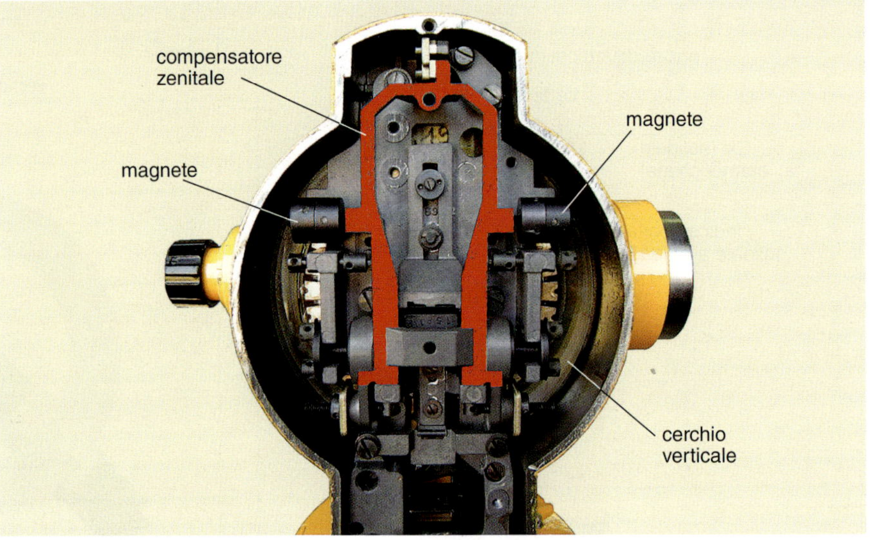

FIGURA 43 Teodolite con compensatore per gli indici zenitali automatici. Le oscillazioni delle parti in sospensione sono smorzate con un dispositivo magnetico.

FAQ

Qual è il maggior inconveniente della livella zenitale?

La necessità, da parte dell'operatore, di centrare la bolla della livella a ogni collimazione. Ciò richiede tempi maggiori per eseguire le misure, e la non remota possibilità di dimenticare, in alcune collimazioni, di eseguire l'operazione, quindi misurando angoli zenitali non corretti.

Prima di eseguire **ogni** lettura al *cerchio verticale*, pertanto, era sempre necessario *centrare la bolla* della livella zenitale a mezzo dell'apposita vite; solo in questo modo si poteva essere certi che l'indice *zenitale* avrebbe *ruotato attorno a un asse verticale*, e non attorno all'*asse primario* che, come si è detto, presenta un errore residuo di verticalità.

Ma proprio l'assoluta esigenza di centrare manualmente, **prima di ogni lettura** zenitale, la bolla della livella costituiva il limite dell'impiego della *livella zenitale*; non solo per i **tempi** che essa richiedeva per il centramento della bolla, ma anche per la possibilità, assai frequente, che in alcune misure l'operatore **dimenticasse** di centrare la bolla stessa, effettuando così una lettura *non depurata* dall'errore residuo di verticalità.

Per risolvere questo problema la tecnologia produsse un dispositivo che svincolava l'*indice zenitale* dall'asse primario del teodolite, in modo **automatico** senza l'intervento dell'operatore.

• Compensatore zenitale (indice zenitale automatico)

Nei teodoliti realizzati in periodi più recenti si affermò l'uso di **indici zenitali automatici** per evitare la scomodità del *continuo controllo* della livella zenitale.

Si tratta di un apparato ottico-meccanico automatico, a **sospensione pendolare** (o altro elemento mobile sensibile alla gravità), grazie al quale piccoli sbandamenti dell'*asse primario*, rispetto alla **verticale**, non determinano modifiche delle letture al cerchio verticale.

L'apparato è realizzato in modo da avere pochissimo attrito, e le **oscillazioni** delle masse in sospensione pendolare, che sarebbero isocrone (con periodo molto ampio), vengono **frenate** o con un dispositivo magnetico (▶FIGURA 43) o di altro tipo. Nel tempo sono state progettate e realizzate diverse tipologie di *compensatori zenitali* automatici, concepiti dalle varie case costruttrici di teodoliti.

9. Esempi di teodoliti ottici

A conclusione dell'unità, proponiamo le immagini di alcuni noti teodoliti ottici (▶FIGURE 44, 45, 46 e 47). Lo sviluppo tecnologico di questi strumenti, le cui concezioni si ritrovano anche nei teodoliti elettronici che verranno illustrati in seguito,

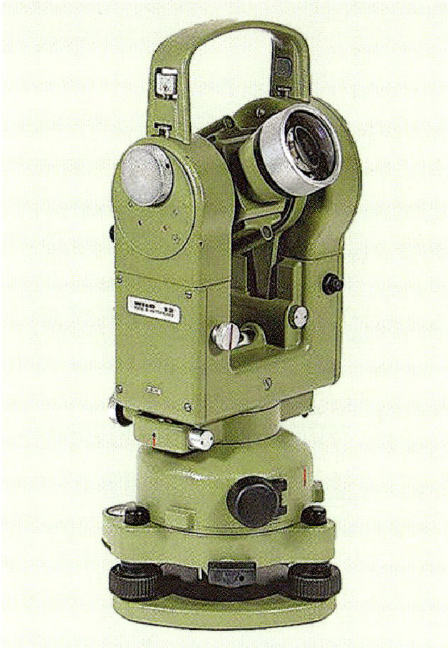

FIGURA 44 Ultima generazione (1990) del famoso teodolite ottico di precisione Wild T2, con lettura al micrometro a coincidenza al secondo.

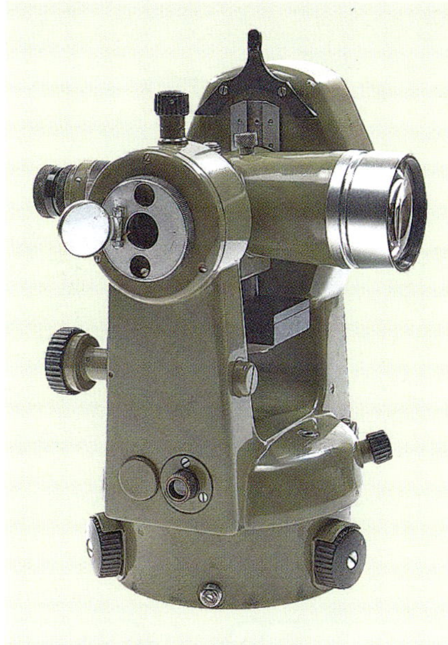

FIGURA 45 Teodolite ottico di precisione Kern DKM-2A, anch'esso assai noto e diffuso, con lettura al micrometro a coincidenza al secondo.

sono dovuti a numerosi studiosi; tra essi, come già accennato in precedenza, hanno primeggiato **Ignazio Porro** (1801-1875) e **Heinrich Wild** (1877-1951) il quale, per mezzo secolo, ha lasciato la sua impronta, con diverse responsabilità (come fondatore, come direttore o come semplice progettista) sulle maggiori case produttrici europee di strumenti topografici del secolo scorso: **Zeiss**, **Wild** (ora Leica), **Kern**.

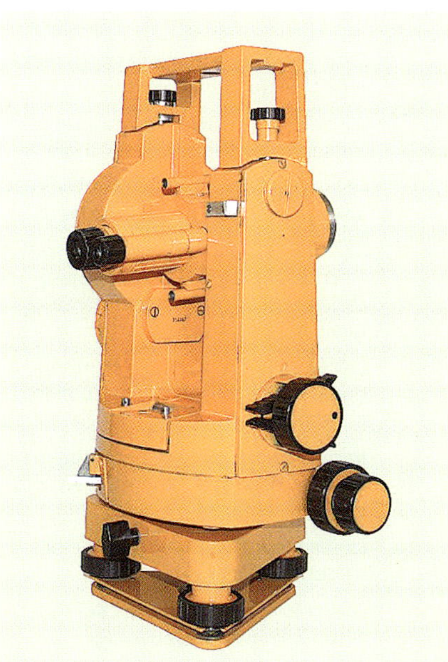

FIGURA 46 Teodolite ottico Zeiss Theo-20B con lettura diretta al micrometro di 0,01 gon (primo centesimale: tacheometro); e lettura stimata di 0,0050 gon.

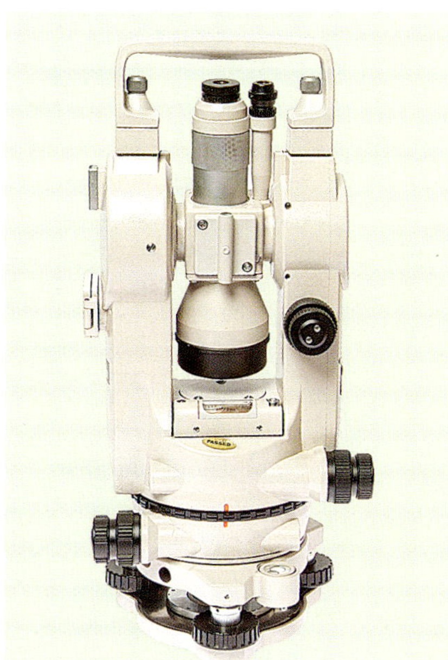

FIGURA 47 Teodolite ottico Nikon NT-2A con lettura diretta al micrometro ai 20 secondi centesimali.

Per collegare i concetti

TEODOLITE OTTICO

MISURA DEGLI ANGOLI

angoli zenitali

Misurati sul CV, sono definiti dalla verticale e dall'asse di collimazione del cannocchiale

angoli orizzontali

Sono misurati come differenza delle letture al punto avanti e al punto indietro al CO

MESSA IN STAZIONE

1 - centramento a terra

- *Centramento grezzo* con le gambe del tripode e piombino ottico
- *Centramento preciso* con le tre viti calanti del basamento e piombino ottico

2 - verticalità dell'asse primario

- *Verticalità grezza* con le gambe del tripode e livella sferica
- *Verticalità precisa* con le tre viti calanti del basamento e livella torica

CONDIZIONI

condizioni di costruzione

- L'asse generale deve essere ortogonale al CO, altrimenti si ha *errore di perpendicolarità*
- L'asse generale deve passare per il centro della graduazione del CO, altrimenti si ha *eccentricità dell'alidada*
- L'asse di collimazione deve intersecare l'asse primario, altrimenti si ha *eccentricità del cannocchiale*
- La graduazione dei cerchi deve essere esatta, altrimenti si ha *errore di graduazione*

condizioni di verifica

- L'asse primario deve essere verticale, altrimenti si ha *errore di verticalità*
- L'asse primario e l'asse secondario devono essere ortogonali, altrimenti si ha *errore di orizzontalità*
- L'asse di collimazione deve essere ortogonale all'asse secondario, altrimenti si ha *errore di ortogonalità*

ASSI E POSIZIONI OPERATIVE

assi del teodolite

- *Asse primario* di rotazione dell'alidada
- *Asse secondario* di rotazione del cannocchiale
- *Asse di collimazione*: linea di mira del cannocchiale

posizioni operative

- *Posizione standard* (CS): il CV è a sinistra dell'operatore
- *Posizione capovolta* (CD): il CV è a destra dell'operatore
- *Letture coniugate*: eseguite ai cerchi in corrispondenza delle due posizioni operative del teodolite

PARTI

- *Basamento*: determina l'assetto del teodolite tramite tre viti calanti
- *Alidada*: ruota a 360° attorno all'asse primario e sostiene il cannocchiale
- *Cannocchiale*: ruota a 360° attorno all'asse secondario e consente la collimazione
- *Cerchio orizzontale* (CO): per la misura degli angoli orizzontali durante la quale è fisso al basamento
- *Cerchio verticale* (CV): per la misura degli angoli zenitali è sempre fisso al cannocchiale
- *Microscopio composto*: per l'ingrandimento delle graduazioni e le letture ottiche ai cerchi
- *Livella sferica* (sul basamento): per l'assetto grezzo del teodolite
- *Livella torica* (sull'alidada): per l'assetto definitivo del teodolite
- *Specchietto orientabile*: per illuminare i cerchi
- *Viti di blocco*: per gestire le rotazioni dell'alidada e del cannocchiale

Per ripassare

Teodolite: è un goniometro in grado di misurare sul terreno sia angoli *azimutali* (*orizzontali*) sia angoli *zenitali*; si tratta di uno strumento complesso, costituito da numerosi componenti, in grado di eseguire le misure con diverse precisioni. Esso viene collocato sulla *verticale* passante per il punto che costituisce il vertice dell'angolo da misurare.

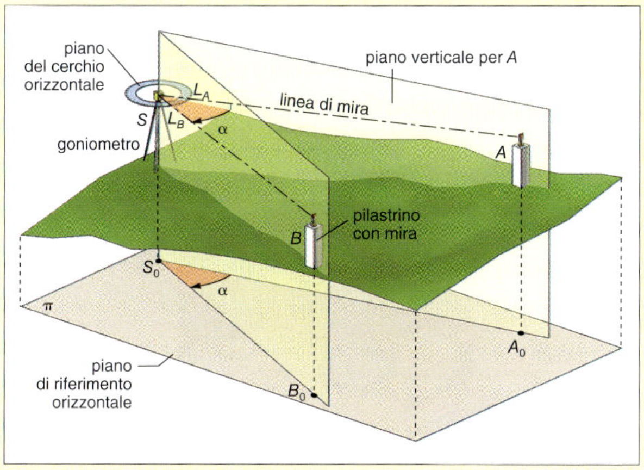

Angolo azimutale (o orizzontale) α $(= A\widehat{S}B)$: è una qualunque sezione retta dell'angolo diedro racchiuso tra i due *piani verticali* definiti dalla verticale per S e passanti per i punti A e B.

Angolo zenitale φ: è l'angolo contenuto in un piano verticale, compreso tra la *verticale* passante per il punto di stazione del teodolite e la direzione della linea di mira mentre collima un generico punto.

- La *posizione altimetrica* dei punti che definiscono l'angolo e l'*altezza* del teodolite sono *irrilevanti* nella misura degli *angoli azimutali*.
- La *posizione altimetrica* dei punti che definiscono l'angolo e l'*altezza* del teodolite, al contrario, condizionano direttamente la misura degli *angoli zenitali*.

Misura di un angolo orizzontale α: la misura di un angolo $\alpha = A\widehat{S}B$ effettuata con il teodolite si ottiene come *differenza* tra le due letture alla graduazione del suo cerchio, sul *punto avanti* B e sul punto *indietro* A, dunque utilizzando le espressioni seguenti in relazione al fatto che l'origine sia esterna o interna all'angolo:

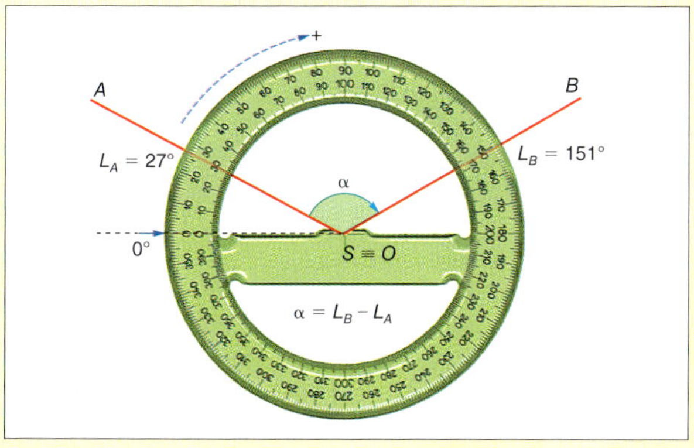

$$\alpha = L_B - L_A \qquad \alpha = L_B - L_A + 400^c$$

Classificazione: i *teodoliti* possono essere classificati secondo i seguenti criteri:

Criteri	Denominazioni
Tipo di collimatore	A traguardi
	A cannocchiale
Tipo di angoli misurati	Azimutali
	Eclimetri
	Universali
Grado di precisione	Da 1^{cc} a 5^{cc} (secondo cent. = $1^c/10\,000$)
	Da 10^{cc} a 20^{cc} ($1^c/1000$)
	Al 1^{c} (primo cent. = $1^c/100 = 0^c,01$)
Tecnologia costruttiva	Ottici
	Elettronici

Treppiede: il *teodolite* viene montato su un *treppiede* composto da tre gambe estensibili, in legno o in alluminio, *incernierate* in sommità su un *piatto* metallico d'appoggio al quale viene fissato il *basamento* dello stesso teodolite tramite una grossa *vite di serraggio*.

Basamento: è la parte inferiore del teodolite che collega direttamente lo strumento al *treppiede*; è composto di tre elementi:

- *placca di base*, resa solidale al piatto del treppiede tramite vite di serraggio;

- *placca superiore*, il cui assetto può essere modificato fino a raggiungere la sua *orizzontalità*;
- *tre viti calanti*, che collegano le due placche precedenti e ne regolano la posizione relativa attraverso tre *traslazioni* indipendenti.

Interscambio teodolite-mira: il *teodolite* può essere staccato dal basamento in modo da condividere con una *mira di precisione* lo stesso basamento; ciò consente l'interscambio dei dispositivi senza perdere il *centramento* sul punto a terra.

Alidada: è la parte superiore del teodolite caratterizzata da una forma a *forcella*, che può *ruotare* a 360°, rispetto al *basamento*, intorno all'*asse generale* del teodolite (che in fase di stazionamento verrà reso *verticale*), trascinando, durante la rotazione, gli *indici di lettura* al cerchio orizzontale.

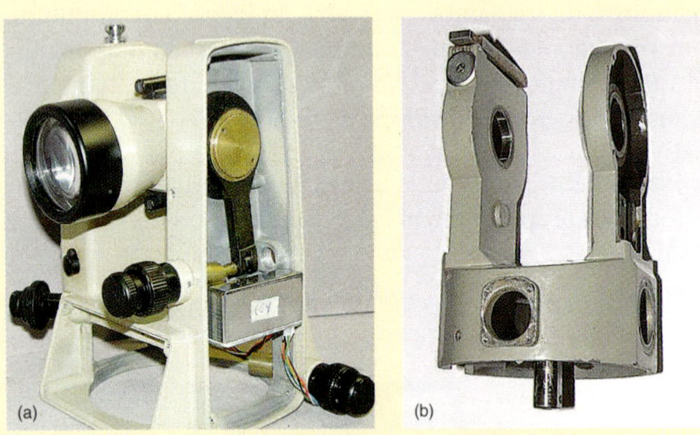

Cerchi graduati: il teodolite possiede due cerchi: il *cerchio orizzontale* (CO), e il *cerchio verticale* (CV). Su entrambi sono riportate, per fotoincisione, le *graduazioni* che ne consentono la lettura, che deve essere eseguita dell'operatore tramite un dispositivo *ottico*.
Il *cerchio orizzontale*, poi, può essere: **reiteratore** (con azione *diretta* sul cerchio) o **ripetitore** (con azione *indiretta* sul cerchio).

- Il CO è *reiteratore* quando è vincolato al basamento a *frizione* e può subire rotazioni impresse *direttamente* dall'operatore, con un meccanismo di precisione a cremagliera comandato da una vite esterna.
- Il CO è *ripetitore* quando non è accessibile direttamente, ma è possibile fissarlo sia al basamento sia all'alidada tramite una *levetta* esterna. In questo caso, per ruotare il cerchio, prima è necessario *fissarlo* all'alidada, quindi si *ruota* quest'ultima fino alla posizione desiderata, infine si torna a *fissare* il cerchio al basamento.

Livelle: i teodoliti sono dotati di una *livella torica*, sempre solidale all'alidada, e di una *livella sferica*, di solito solidale al basamento.

- La *livella sferica* serve per un primo *approssimativo* orizzontamento della placca superiore del *basamento*; per questa operazione si modifica la *lunghezza* delle *gambe estensibili* del treppiede.

- La *livella torica* ha la funzione di affinare la precedente azione svolta con la livella sferica, dunque quella di rendere orizzontale con maggior precisione la placca superiore del *basamento*, e con essa il piano contenente il *cerchio orizzontale*, utilizzando le tre *viti calanti* del basamento.

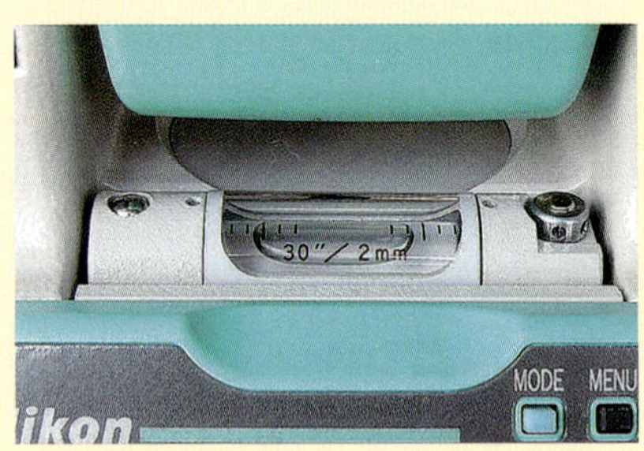

Piombino ottico: cannocchiale a *piccolo ingrandimento* con l'*asse* di *collimazione* spezzato in parte, coincidente con l'*asse generale* dello strumento. Viene applicato al teodolite per effettuarne il *centramento* sul *punto* a terra.

Micrometro a scala: dispositivo per *misurare* gli *angoli*, applicato ai *microscopi composti* dei goniometri ottici. È costituito da una *scala* incisa su un *vetrino* e lunga come l'immagine di un intervallo della graduazione del cerchio. La lettura viene effettuata all'indice corrispondente alla marca della graduazione che *ricade entro* la scala.

- Indicando con i il più piccolo *intervallo* della *graduazione* del cerchio e con n il numero delle *parti* della *scala*, l'*approssimazione* a del micrometro è data da:

$$a = \frac{i}{n}$$

- Il *micrometro a scala* viene applicato nei *goniometri meno precisi*.

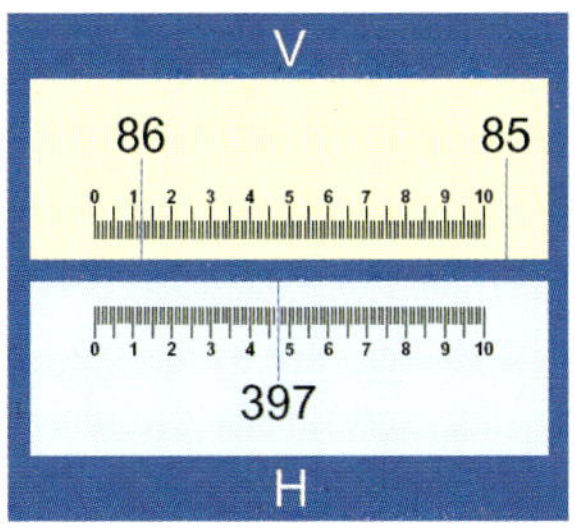

LETTURA CV = 86,12 gon
LETTURA CO = 397,47 gon

Micrometro a vite micrometrica: congegno per *misurare* gli *angoli* applicato ai *microscopi composti* dei teodoliti ottici. È costituito da un *settore graduato* e da un *indice* formato da *due fili* paralleli molto vicini incisi su un *vetrino*. Prima di eseguire la lettura, ruotando un'apposita *vite*, si colloca *entro* i due fili il *segno* della *graduazione più vicino* all'indice; la *frazione* di intervallo si *legge* direttamente *sul settore graduato*.

- Il micrometro a *vite micrometrica* è *più preciso* di quello *a scala* perché il *settore* è più *lungo* della *scala* e quindi viene diviso in un *maggior numero* di *parti*.

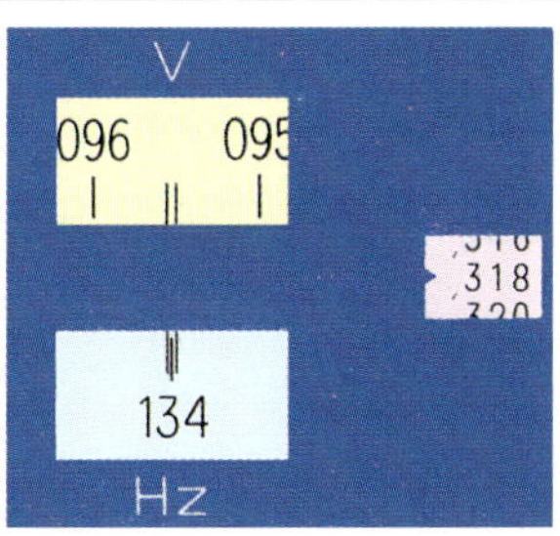

LETTURA CO = 134,318 gon

Condizioni di esattezza dei teodoliti: sono le condizioni *geometriche* che devono essere soddisfatte dai teodoliti affinché *misurino correttamente* gli angoli. Vengono classificate in *condizioni intrinseche* (*non rettificabili*), che dipendono dalla *corretta costruzione* dello strumento, e in *condizioni di verifica e rettifica*, che devono essere *verificate* ed eventualmente *rettificate* dall'operatore o da laboratori specialistici.

- Se il teodolite non soddisfa le *condizioni intrinseche* si possono avere i seguenti errori: *errore di perpendicolarità, eccentricità dell'alidada e del cerchio verticale, eccentricità dell'asse di collimazione, errore di graduazione dei cerchi.*
- Nei *teodoliti ottici* l'influenza degli errori di costruzione sulla *misura degli angoli* viene *annullata* attivando apposite *procedure operative*.

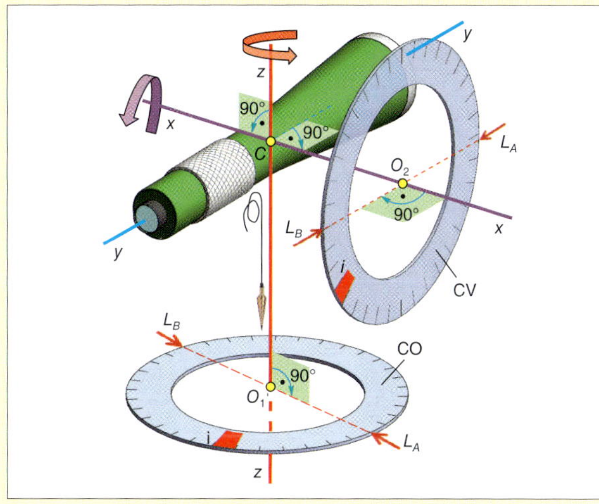

Errore di perpendicolarità: si ha quando l'*asse generale non è perpendicolare al cerchio orizzontale* o quando *l'asse secondario non è perpendicolare al cerchio verticale.*

- L'*influenza* di questo errore di costruzione dei goniometri sulla *misura* degli angoli è del tutto *trascurabile*.

Eccentricità dell'alidada e del cerchio verticale: quando l'*asse generale non passa per il centro del cerchio orizzontale* si ha l'*eccentricità* dell'*alidada*; quando l'*asse secondario non passa per il centro del cerchio verticale* si ha l'*eccentricità* del *cerchio verticale*.

- L'*effetto* di questi errori di costruzione dei goniometri è *trascurabile* nelle *misure angolari* meno precise, mentre può essere *rilevante* quando si usa il *teodolite ottico di precisione*.
- Per *annullare* l'*influenza* di questi errori i *teodoliti ottici* sono provvisti di *due indici diametralmente opposti*. Indicando con L_A e L_B le rispettive letture, la *lettura corretta* L è data dalla loro *media*:

$$L = \frac{L_A + L_B \pm 200^c}{2}$$

Eccentricità dell'asse di collimazione: si ha quando *l'asse di collimazione non interseca l'asse generale* del teodolite.

- Questo errore *non influenza* la misura degli *angoli verticali* mentre *condiziona* la *precisione* della misura degli *angoli orizzontali* quando si usa il *teodolite* per punti a brevi distanze.

- Per *annullare* l'*effetto* di questo errore si devono effettuare *collimazioni coniugate*: dopo aver collimato un punto si *capovolge* il *cannocchiale* e quindi si *ruota* l'*alidada* tornando a collimare il punto. Indicando con L_{CS} e L_{CD} le rispettive letture al CO, la *lettura corretta* L è data dalla loro *media*:

$$L = \frac{L_{CS} + L_{CD} \pm 200^c}{2}$$

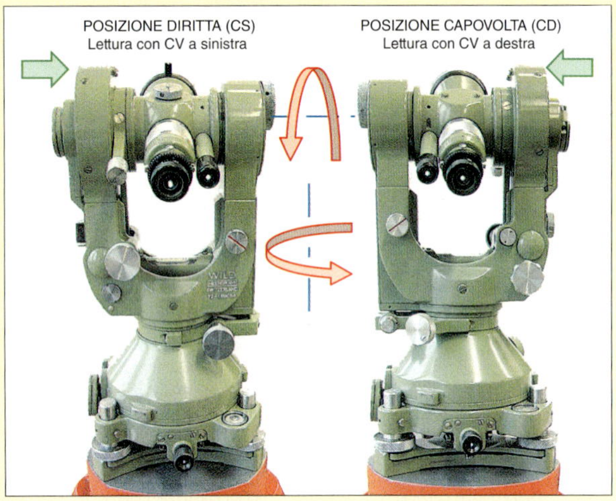

Errore di graduazione dei cerchi: si ha quando il cerchio orizzontale o il cerchio verticale *non sono divisi in parti* (intervalli di graduazione) *esattamente uguali*.

- L'*effetto* di questo errore di costruzione dei goniometri è *trascurabile* nelle *misure angolari* meno precise, mentre *non può essere ignorato* quando si usa il *teodolite di precisione*.
- Nelle misure al *cerchio verticale* del teodolite ottico l'*influenza* di questo errore non può essere *né annullata né ridotta*.
- Nelle misure al *cerchio orizzontale* del teodolite classico l'*effetto* dell'errore di graduazione *non può essere annullato*, ma *può essere ridotto* leggendo in *diversi settori* del cerchio mediante due diversi metodi di misura: la *ripetizione* e la *reiterazione*.

Reiterazione: metodo per *misurare n* volte gli *angoli orizzontali* in settori diversi del cerchio con il *teodolite reiteratore* in modo da *attenuare l'effetto* negativo dell'*errore di graduazione*.

- Si esegue la *prima misura* di un angolo α; quindi si torna a *misurare* l'angolo dopo aver *impresso una rotazione* al cerchio orizzontale, mediante l'apposito *bottone*, di $200^c/n$. Se l'angolo α è stato misurato n volte, il *valore corretto* dell'angolo è dato da:

$$\alpha = \frac{\sum \alpha_i}{n}$$

- I *teodoliti* più recenti sono tutti *reiteratori* in quanto gli *strumenti ripetitori* nella misura degli angoli presentavano l'inconveniente del *trascinamento del cerchio* dovuto soprattutto all'*usura*.

Condizioni di rettifica: durante le *operazioni di misura* degli angoli l'*asse generale* deve essere *verticale*, l'*asse di collimazione* deve essere *perpendicolare* all'*asse secondario* e l'*asse secondario* deve essere *orizzontale*. La *prima condizione* è di *rettifica*, in quanto deve essere eseguita dall'operatore tutte le volte che si *staziona* lo strumento, mentre le *altre due* sono di *verifica*, in quanto se non sono soddisfatte lo strumento deve essere *rettificato* presso *laboratori specializzati*.

Errori residui: sono gli errori che *permangono* anche *dopo la rettifica* dei goniometri e che sono dovuti a numerose cause quali la sensibilità delle livelle, gli attriti, le variazioni di temperatura ecc.

Errore residuo di verticalità: è l'*angolo* tra l'*asse generale* e la *verticale* che *permane* anche *dopo la rettifica*.

- L'*influenza* dell'errore residuo di verticalità dei teodoliti ottici nella *misura degli angoli azimutali non può essere eliminata* in alcun modo.
- Il cerchio verticale dei teodoliti classici è dotato di *livella di spia* o di *indici automatici* che *annullano l'influenza* dell'errore di verticalità nella misura degli *angoli zenitali*.

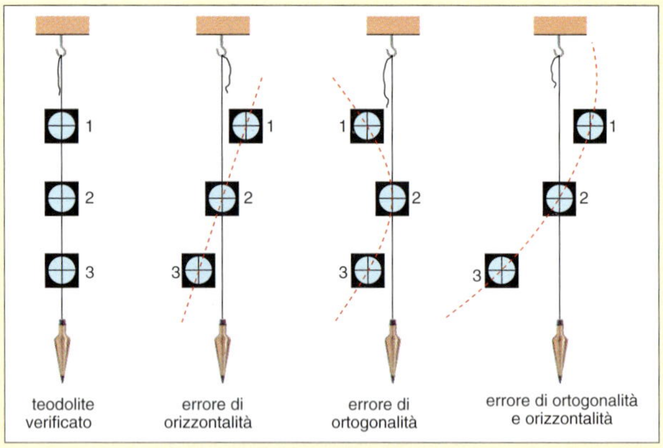

Errore residuo di ortogonalità: è l'*angolo* tra l'*asse di collimazione* e la *normale* all'*asse secondario* che *persiste* anche *dopo la rettifica*.

- L'*influenza* dell'errore residuo di ortogonalità dei teodoliti ottici nella *misura degli angoli può essere annullata* effettuando *letture coniugate* e calcolandone la *media*.

Errore residuo di orizzontalità: è l'*angolo* tra l'*asse secondario* e il *piano orizzontale* che *persiste* anche *dopo la rettifica*.

- L'influenza dell'errore residuo di orizzontalità dei teodoliti ottici nella *misura degli angoli può essere annullata* effettuando *letture coniugate* e calcolandone la *media*.

Stazionamento di un goniometro: consiste nel *posizionare* l'*asse generale* dello strumento secondo la *verticale* passante per il centro del *picchetto* a terra. L'operazione viene svolta in *due fasi*: nella prima si *centra* sul picchetto l'asse generale, nella seconda lo stesso asse viene reso *verticale*.

- Il *centramento sul picchetto* viene effettuato agendo su *due* dei *piedi* del treppiede in modo da centrare la bolla della *livella sferica* del basamento.
- Lo strumento viene costruito con il *cerchio orizzontale ortogonale all'asse generale*, per cui la *verticalità* di quest'ultimo viene ottenuta rendendo *orizzontale* il *cerchio orizzontale*. Questa condizione si ottiene agendo sulle tre *viti calanti*, in modo da centrare la bolla della *livella torica* dell'alidada.

Libretto di campagna: *registro* su cui vengono trascritte le *misure* eseguite in campagna, seguendo l'*ordine* con cui vengono effettivamente lette allo strumento. I *goniometri elettronici registrano* i dati misurati e quindi non richiedono la compilazione del libretto delle misure.

- I *tipi* di libretto sono *svariati* in quanto la *struttura* di ciascuno di essi deve essere *studiata* dal tecnico in base al *tipo* di *rilievo* che deve effettuare.

Regola di Bessel: metodo operativo per *misurare angoli orizzontali* eseguendo apposite *letture coniugate*. Il valore dell'angolo tra due direzioni è dato dalla *differenza* tra la *media* delle due *letture coniugate* corrispondenti a ciascuna direzione.

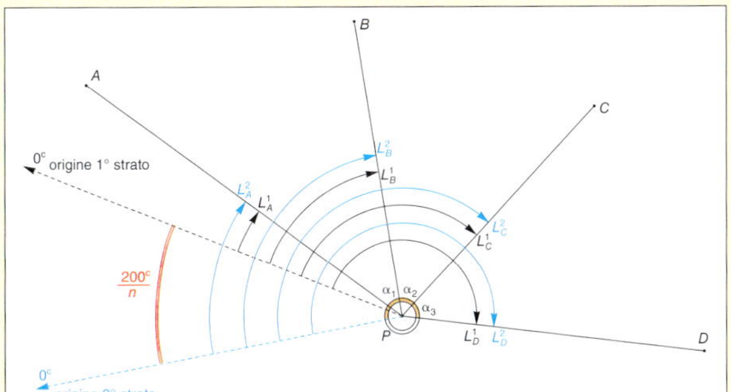

- Gli *angoli* misurati con la regola di Bessel sono *indipendenti* dagli *errori di eccentricità* e dagli *errori residui di ortogonalità* e *di orizzontalità*.

Misura degli angoli al giro di orizzonte: misura di *più angoli orizzontali* che hanno tutti il *vertice* nella *stessa stazione*.

Metodo per strati: metodo per misurare angoli *al giro di orizzonte* con il *cerchio orientato* in una *posizione qualsiasi*. Si *collimano successivamente tutti i punti* con CS e con CD in modo da ottenere *il primo strato di angoli azimutati*. Si *ripete* più volte l'operazione, dopo aver *ruotato* ogni volta il *cerchio* di $200/n$, in modo da ottenere *n coppie di angoli coniugati*, se n sono le *reiterazioni* effettuate; con la *media* delle *letture coniugate* ogni *angolo* viene *calcolato n* volte. Infine per ogni *angolo* si *calcola* la *media* degli n valori e da queste medie si deducono gli angoli.

Zenit strumentale: è il valore *diverso* da 0 dell'*angolo zenitale* che si leggerebbe al cerchio se si potesse collimare allo *zenit*. Esso, dunque, rappresenta un errore costante per tutte le letture al cerchio verticale del teodolite.

- È la conseguenza dell'*errata posizione* degli *indici di lettura*, ma non può essere misurato direttamente in quanto lo *zenit* non è un *punto collimabile*.
- Per determinare il valore dello *zenit strumentale* si misura un *angolo zenitale* φ effettuando *due letture coniugate* al cerchio verticale; se L_S e L_D sono le due letture, rispettivamente, con il CS e con il CD, il valore dello zenit strumentale Z è dato:

$$Z = \frac{L_S - (400^c - L_D)}{2}$$

- Per determinare il valore dell'*angolo zenitale* φ *corretto*, cioè non influenzato dallo *zenit strumentale*, occorre effettuare *due letture coniugate* al cerchio verticale e calcolarne la *semidifferenza*:

$$\varphi = \frac{L_S + (400^c - L_D)}{2}$$

- La *semidifferenza* di *due letture coniugate* al cerchio verticale *non annulla* l'influenza dell'*errore residuo di verticalità* sull'*angolo zenitale* misurato.

Livella zenitale: è una *livella torica* montata sugli *indici di lettura* al *cerchio verticale*. *Centrando* la bolla con un'apposita vite *prima* di eseguire una lettura, gli *indici* si *dispongono* secondo l'*orizzontale* e l'*angolo zenitale* letto *non è influenzato* dall'*errore residuo di verticalità*.

Indici zenitali automatici: *indici di lettura* al *cerchio verticale* collegati a una *massa pendolare* montata sull'asse di rotazione del cannocchiale. Anche se l'*asse generale* dello strumento *non è verticale*, la massa pendolare si *dispone* secondo la *verticale* e quindi gli *indici* sono perfettamente *orizzontali* consentendo la *corretta* misura dell'*angolo zenitale*.

- Nei goniometri più recenti gli *indici zenitali automatici* hanno completamente *sostituito* la *livella di spia*.

Autovalutazione

A. Verifica delle conoscenze

QUESITI VERO/FALSO

		V	F
1	Il piombino ottico viene utilizzato per rendere verticale l'asse generale del teodolite	☐	☐
2	Un cerchio è reiteratore quando è vincolato a frizione al basamento	☐	☐
3	Il micrometro a scala viene applicato ai teodoliti più precisi	☐	☐
4	L'indice del micrometro a vite micrometrica è costituito da due fili paralleli molto vicini	☐	☐
5	La livella torica del teodolite viene utilizzata per rendere orizzontale uno dei due cerchi graduati	☐	☐
6	L'operatore può rettificare le condizioni intrinseche dei teodoliti	☐	☐
7	L'influenza dell'errore di verticalità sulla misura degli angoli orizzontali può essere trascurata per linee di mira poco inclinate	☐	☐
8	L'eccentricità dell'asse di collimazione non condiziona mai la misura degli angoli orizzontali	☐	☐
9	La media delle letture coniugate annulla l'effetto dell'errore di graduazione dei cerchi	☐	☐
10	Gli effetti degli errori residui di ortogonalità e orizzontalità possono essere annullati	☐	☐
11	Per centrare un teodolite sul segnale a terra si utilizza il piombino ottico	☐	☐
12	Per rendere verticale l'asse primario di un teodolite si rende orizzontale il cerchio alloggiato nel basamento	☐	☐
13	Gli angoli orizzontali misurati con la regola di Bessel sono indipendenti dall'errore residuo di verticalità	☐	☐
14	Gli angoli al giro d'orizzonte sono quelli che hanno ampiezza maggiore di 180°	☐	☐
15	Per misurare gli angoli al giro d'orizzonte occorre orientare sempre il cerchio orizzontale	☐	☐
16	Lo zenit strumentale è dovuto all'errata posizione degli indici di lettura al cerchio verticale	☐	☐
17	La media delle letture coniugate al cerchio verticale non annulla l'influenza dello zenit strumentale sull'angolo zenitale φ misurato	☐	☐
18	La livella zenitale serve ad annullare l'effetto dell'errore residuo di verticalità sulla misura degli angoli zenitali	☐	☐
19	Gli angoli orizzontali dipendono dalla posizione altimetrica del teodolite	☐	☐
20	Il cerchio verticale è, in ogni posizione, solidale rigidamente al cannocchiale	☐	☐
21	Alla linea di mira in posizione orizzontale corrisponde un angolo zenitale di 0 gon	☐	☐
22	Lo zenit strumentale è una costante di ciascun teodolite	☐	☐

QUESITI A RISPOSTA APERTA

23 Con riferimento alla figura, che mostra lo schema di misura di un angolo con un teodolite, rispondi ai seguenti quesiti.

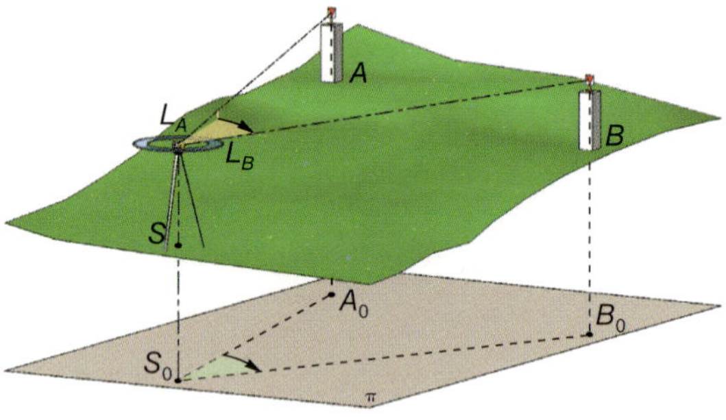

1) Di quale tipo di angolo si tratta? ....

2) Con quale notazione viene indicato? ....

3) Come si ottiene l'ampiezza dell'angolo? ....

4) In che modo la posizione altimetrica dei punti condiziona l'ampiezza dell'angolo? ....

5) Su quale dispositivo del teodolite viene eseguita la misura? ....

24 Con riferimento al teodolite di figura, sul quale sono marcate con lettere alcune sue parti, indica il nome e la funzione di ciascuna di esse.

A) ....

B) ....

C) ....

D) ....

E) ....

F) ....

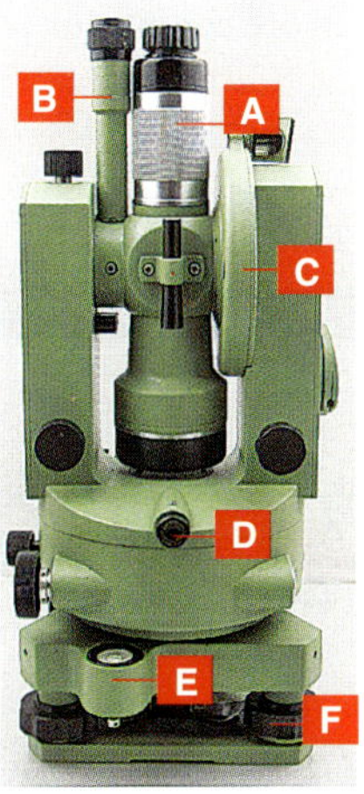

25 Con riferimento al teodolite di figura, sul quale sono individuati due suoi assi, rispondi ai seguenti quesiti.

1) Di quali assi si tratta? ....

2) Quale dei due è di tipo meccanico? ....

3) Quale parte ruota attorno a esso? ....

4) Quali condizioni deve rispettare l'asse 1-1? ....

5) Quali condizioni deve rispettare l'asse 2-2? ....

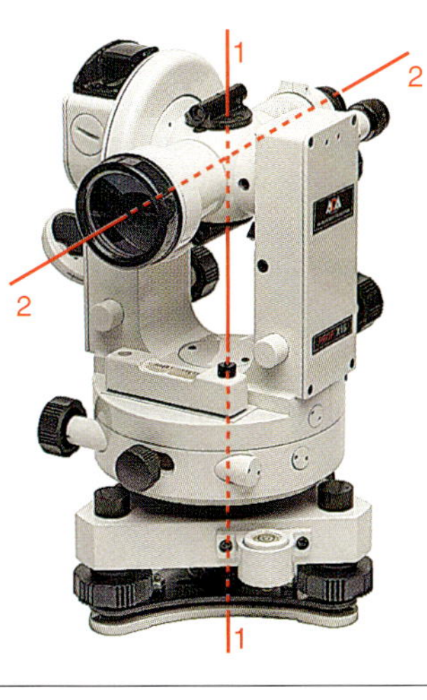

26 Con riferimento al teodolite di figura, che presenta il CV alla sinistra di un ipotetico operatore che si trovi di fronte all'oculare, rispondi ai seguenti quesiti.

1) Come viene chiamata tale posizione? ....

2) Quale altra posizione operativa può assumere il teodolite? ....

3) Come si passa da una posizione all'altra? ....

4) Come si chiamano le letture ai cerchi eseguite nelle due precedenti posizioni del teodolite? ....

5) Come vengono trattate tali letture? ....

27 In figura è mostrato un operatore durante l'operazione di «messa in stazione» di un teodolite; al riguardo rispondi ai seguenti quesiti.

AUTOVALUTAZIONE

1) Quali condizioni vengono imposte durante questa operazione?
   a) ....
   b) ....
2) In quale momento della sessione di misura viene eseguita? ....
3) Quali parti del teodolite vengono impiegate? ....
4) Cosa si osserva durante la modifica della lunghezza delle gambe estensibili del treppiede? ....
5) Quale espressione ne fornisce il valore? ....

28 In figura è illustrato lo schema secondo cui un teodolite collocato in S collima i punti A, B, C, D, eseguendo per ciascuno le letture coniugate sia al CO sia al CV, poi trascritte in un «libretto delle misure»; al riguardo rispondi ai seguenti quesiti.

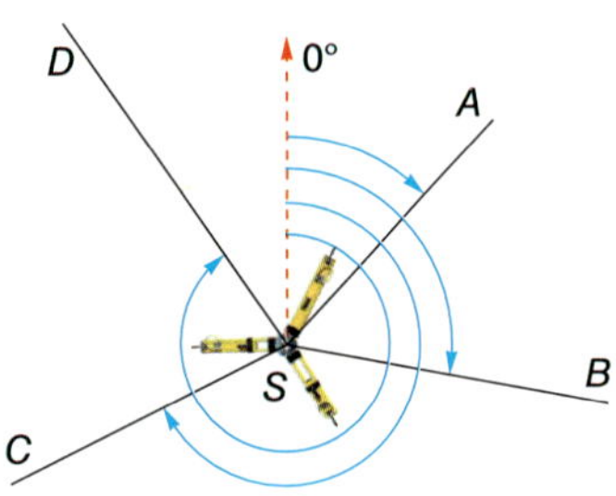

1) Quante righe del libretto sono utilizzate? ....
2) Quante colonne devono essere presenti nel libretto oltre alla colonna delle annotazioni? ....
3) Come si chiama la legge con cui vengono trattate le letture coniugate al CO? ....

29 Con riferimento alla figura, che mostra in primo piano la livella zenitale di un teodolite, rispondi ai seguenti quesiti.

1) A quale elemento del teodolite la livella è collegata rigidamente? ....
2) In quali occasioni deve essere centrata la sua bolla? ....
3) Quale funzione svolge? ....
4) Quale errore contrasta? ....
5) Quale altro errore condiziona le letture zenitali? ....

QUESITI A RISPOSTA MULTIPLA

30 Il piombino ottico consente di

- a) centrare il teodolite sul picchetto a terra
- b) orientare lo 0 del cerchio orizzontale
- c) rendere verticale il treppiede
- d) misurare gli angoli in modo più preciso

31 La graduazione di un cerchio è di $1^c,0000$ e il settore graduato del micrometro a vite micrometrica è diviso in 500 parti. La precisione della lettura è

- a) $0^c,0020$
- b) $0^c,0002$
- c) $0^c,0200$
- d) $0^c,2000$

32 L'errore di eccentricità dell'alidada si ha quando l'asse primario del teodolite ottico

- a) non passa per il centro del cerchio orizzontale
- b) non passa per il centro del cerchio verticale
- c) non è verticale
- d) non incontra l'asse di collimazione

33 Per annullare l'influenza dell'eccentricità dell'alidada di un teodolite reiteratore sulle misure degli angoli azimutali occorre

- a) utilizzare il micrometro a vite micrometrica
- b) effettuare la media delle letture coniugate
- c) effettuare la media delle letture agli indici opposti
- d) utilizzare il metodo della reiterazione

34 Per annullare l'influenza dell'errore di graduazione di un teodolite reiteratore sulle misure degli angoli azimutali occorre

- a) utilizzare il micrometro a vite micrometrica
- b) effettuare la media delle letture coniugate
- c) effettuare la media delle letture agli indici opposti
- d) utilizzare il metodo della reiterazione

35 Nei teodoliti ottici più recenti è stato montato il cerchio reiteratore anziché il cerchio ripetitore perché

- a consente meno letture
- b è più preciso
- c è orientabile
- d nessuno dei precedenti

36 Una delle condizioni di verifica e rettifica dei goniometri è che l'asse secondario deve essere

- a orizzontale
- b perpendicolare all'asse di collimazione
- c orizzontale e perpendicolare all'asse di collimazione
- d perpendicolare al cerchio verticale

37 L'influenza dell'errore residuo di verticalità di un teodolite ottico sulla misura degli angoli azimutali

- a si può annullare con le letture coniugate
- b non si può annullare
- c si può annullare con le letture agli indici opposti
- d si può annullare con la reiterazione

38 L'influenza dell'errore residuo di ortogonalità di un teodolite ottico sulla misura degli angoli azimutali

- a si può annullare con le letture coniugate
- b non si può annullare
- c si può annullare con le letture agli indici opposti
- d si può annullare con la reiterazione

39 L'influenza dell'errore residuo di orizzontalità di un teodolite ottico sulla misura degli angoli azimutali

- a si può annullare con le letture coniugate
- b non si può annullare
- c si può annullare con le letture agli indici opposti
- d si può annullare con la reiterazione

40 Per rendere verticale l'asse generale di un goniometro

- a si centra la bolla della livella sferica del basamento
- b si centra l'asse generale sul picchetto a terra
- c si agisce sulle tre viti calanti del basamento
- d si centra la bolla della livella torica dell'alidada secondo due direzioni

41 Nella misura di un angolo con la regola di Bessel per ogni direzione da collimare si eseguono due

- a letture agli indici opposti
- b reiterazioni
- c ripetizioni
- d letture coniugate

42 Per angoli al giro d'orizzonte si intende l'insieme costituito da più angoli

- a orientati nella stessa direzione
- b con vertice nella stessa stazione
- c che hanno per somma 180°
- d tutti della stessa ampiezza

43 L'influenza dello zenit strumentale sulla misura di un angolo zenitale può essere annullata

- a con la somma di due letture coniugate
- b con la media di due letture coniugate
- c con la semidifferenza di due letture coniugate
- d con la differenza di due letture coniugate

44 La funzione della livella zenitale è quella di

- a rendere verticale l'asse generale del goniometro
- b annullare l'errore residuo di verticalità
- c svincolare gli indici del cerchio verticale dall'assetto dell'asse primario
- d annullare l'errore residuo di orizzontalità

45 Con un teodolite collocato in K si eseguono le letture al CO in corrispondenza dei punti M e N, pari rispettivamente a 148,7650 gon e 55,4260 gon. Quanto vale l'angolo orizzontale $M\widehat{K}N$?

- a 93,3390 gon
- b 306,661 gon
- c 106,6610 gon
- d nessuno dei precedenti

46 In un teodolite, l'impiego della livella sferica è limitata alla fase di

- a collimazione
- b lettura al CO
- c lettura al CV
- d nessuno dei precedenti

47 La misura ripetuta degli angoli orizzontali ha lo scopo di eliminare gli errori

- a grossolani di lettura al CO
- b di eccentricità dell'alidada
- c di graduazione del CO
- d tutti i precedenti

48 In un teodolite lo zenit strumentale è

- a variabile in ogni sessione di misura
- b costante
- c variabile in ogni misura
- d nessuno dei precedenti

AUTOVALUTAZIONE

B. Verifica delle competenze

COMPETENZA Attività grafica

49 Predisponi un libretto delle misure nel quale riportare le letture, eseguite con un teodolite, e le informazioni riportate nello schema sottostante.

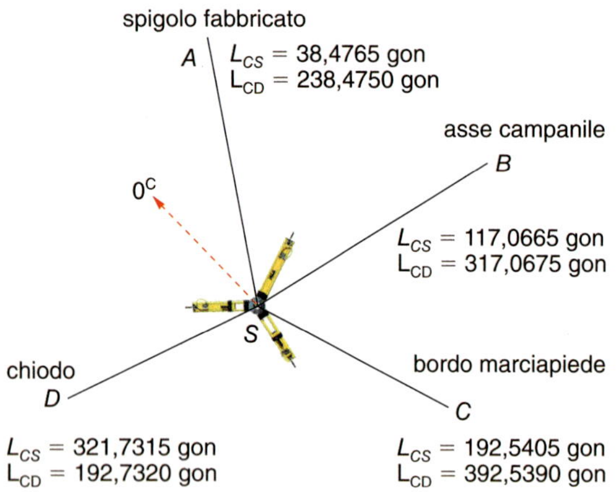

COMPETENZA Digitale

50 Nell'ambito di un foglio Excel, utilizza alcune celle per automatizzare il calcolo di un angolo orizzontale utilizzando le due letture al cerchio orizzontale (di fatto compendiando la 1 e la 2).

COMPETENZA Risolvere problemi

51 PROBLEMA SVOLTO

Con un teodolite, la cui graduazione procede nel senso destrogiro, si è fatta stazione nel punto S e si sono fatte le seguenti letture al cerchio orizzontale:

Stazione	Punti collimati	Letture al CO (gon)
S	L	80,4074
	M	63,2593
	N	96,9074

Calcola gli angoli destrogiri $L\hat{S}M = \alpha$ e $M\hat{S}N = \beta$.

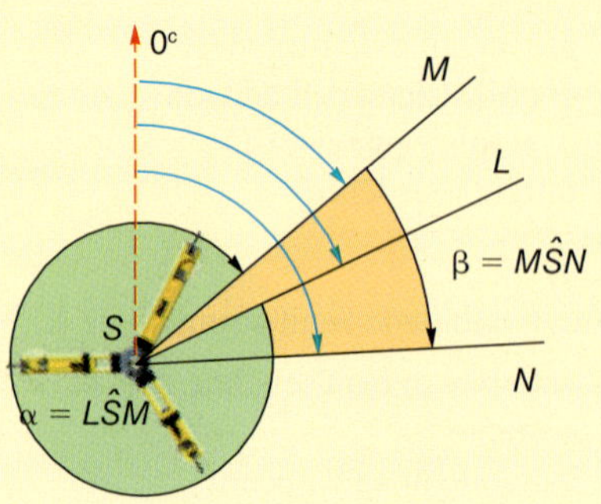

Soluzione

Angolo $\alpha = L\hat{S}M$ (SL lato origine):

$$63{,}2593 - 80{,}4074 + 400 = 382{,}8519 \text{ gon}$$

Angolo $\beta = M\hat{S}N$ (SM lato origine):

$$96{,}9074 - 63{,}2593 = 33{,}6481 \text{ gon}$$

52 Con un teodolite a graduazione destrogira si è fatta stazione nel punto S e si sono fatte le seguenti letture angolari:

Stazione	Punti collimati	Letture al CO (gon)
S	A	281,4954
	B	296,8796
	C	262,0438

Calcola gli angoli destrogiri $A\widehat{S}B = \alpha$ e $B\widehat{S}C = \beta$.
[$\alpha = 15^c{,}3842$; $\beta = 365^c{,}1642$]

53 Con un teodolite a graduazione destrogira sessagesimale, si è fatta stazione nel vertice A dell'appezzamento $ABCDE$ effettuando le seguenti osservazioni:

Stazione	Punti collimati	Letture al CO (gon)
A	B	26,8520
	C	88,1110
	D	138,5740
	E	174,8330

Calcola gli angoli $\alpha = B\widehat{A}C$, $\beta = C\widehat{A}D$, $\gamma = D\widehat{A}E$.
[$\alpha = 61^c{,}2590$; $\beta = 50^c{,}4630$; $\gamma = 36^c{,}2590$]

54 Con un teodolite a graduazione destrogira centesimale, si è fatta stazione nel punto interno S di un terreno con contorno quadrilatero $ABCD$, e si sono fatte le seguenti osservazioni angolari:

Stazione	Punti collimati	Letture al CO (gon)
S	A	$32^c{,}46$
	B	$166^c{,}06$
	C	$275^c{,}18$
	D	$364^c{,}83$

Calcola gli angoli $\alpha = A\widehat{S}B$, $\beta = B\widehat{S}C$, $\gamma = C\widehat{S}D$, $\varphi = D\widehat{S}A$.
[$\alpha = 133^c{,}60$; $\beta = 109^c{,}12$; $\gamma = 89^c{,}65$; $\varphi = 67^c{,}63$]

55 I punti A, B, C, D sono i vertici di una spezzata. Per misurare gli angoli $A\widehat{B}C$ e $B\widehat{C}D$ sono state effettuate le seguenti letture angolari al cerchio orizzontale eseguite con un teodolite centesimale a graduazione destrorsa:

Stazione	Punti collimati	Letture al CO (gon)
B	A	86,5401
	C	134,4356
C	B	12,4671
	D	137,0087

Calcola i valori degli angoli orizzontali $\beta = A\widehat{B}C$ e $\gamma = B\widehat{C}D$.

[$\beta = 47^c,8955$; $\gamma = 124^c,5416$]

56 I punti A, B, C, D sono i vertici di una spezzata. Per misurare gli angoli $A\widehat{B}C$ e $B\widehat{C}D$ sono state effettuate le seguenti letture angolari al cerchio orizzontale eseguite con un teodolite sessagesimale a graduazione destrorsa:

Stazione	Punti collimati	Letture al CO (gon)
B	A	73°12′45″
	C	124°43′50″
C	B	215°24′33″
	D	83°06′16″

Calcola i valori degli angoli orizzontali destrogiri $\beta = A\widehat{B}C$ e $\gamma = B\widehat{C}D$.

[$\beta = 51°31'05''$; $\gamma = 227°41'43''$]

57 Per ottenere gli angoli orizzontali $A\widehat{B}C$, $B\widehat{C}D$ e $C\widehat{D}E$, sono state effettuate le seguenti misure angolari al cerchio orizzontale di un teodolite a graduazione centesimale destrorsa:

Stazione	Punti collimati	Letture al CO (gon)
B	A	34,3325
	C	122,4562
C	B	28,3458
	D	143,4587
D	C	372,1138
	E	315,0085

Calcola i valori degli angoli destrogiri $\beta = A\widehat{B}C$; $\gamma = B\widehat{C}D$ e $\delta = C\widehat{D}E$.

[$\beta = 88,1237$; $\gamma = 115,1129$: $\delta = 342,8947$]

58 Per risolvere il triangolo ABC sono state effettuate le seguenti letture angolari al cerchio orizzontale eseguite con un teodolite centesimale a graduazione destrorsa, posto in stazione sui punti B e C:

Stazione	Punti collimati	Letture al CO (gon)
B	A	70,6068
	C	125,4994
C	B	204,9361
	D	264,9234

Calcola perimetro e area del triangolo ABC sapendo che la lunghezza del lato BC è di 130 m.

[$\beta = 54,8926$; $\gamma = 59,9873$;
$2p = 339,57$ m; $S = 5335,1$ m^2]

59 Con un teodolite sessagesimale destrogiro è stata fatta stazione in un punto S e si sono fatte le seguenti osservazioni angolari:

St.	Punti collimati	Posizione CV	Letture al CO (gon)	
			Micr. A	Micr. B
S	P	CS	14°18′	19′
	P	CD	194°25′	27′
	Q	CS	109°38′	41′
	Q	CD	289°43′	42′

Calcola l'angolo $\alpha = P\widehat{S}Q$ applicando la regola di Bessel. [$\alpha = 95°18'45''$]

60 Si è fatta stazione con un teodolite a graduazione centesimale destrogira nel punto A e si sono collimati i punti B, C, D effettuando le seguenti letture angolari:

St.	Punti collimati	Posizione CV	Letture al CO (gon)	
			Micr. A	Micr. B
A	B	CS	380,36	,38
	C	CS	32,48	,49
	D	CS	120,25	,27
	B	CD	180,30	,32
	C	CD	232,45	,46
	D	CD	320,23	,25

Applicando la regola di Bessel, calcola gli angoli $\alpha = B\widehat{A}C$ e $\beta = C\widehat{A}D$. [$\alpha = 52^c,13$; $\beta = 87^c,78$]

61 I punti A, B, C, D individuano quattro vertici successivi appartenenti a una spezzata. Per determinare gli angoli $A\widehat{B}C$ e $B\widehat{C}D$ sono state effettuate le seguenti misure angolari al cerchio orizzontale con un teodolite centesimale:

AUTOVALUTAZIONE

Stazione	Punti collimati	Letture al CO (gon)	
		CS	CD
B	A	46,2001	246,1983
	C	231,3256	31,3228
C	B	312,3211	112,3181
	D	35,9998	236,0024

Determina i valori degli angoli orizzontali $\beta = A\widehat{B}C$ e $\gamma = B\widehat{C}D$. [$\beta = 185^c,1250$; $\gamma = 123^c,6815$]

62 Per determinare gli angoli orizzontali $A\widehat{B}C$, $B\widehat{C}D$ e $C\widehat{D}E$, sono state effettuate le seguenti misure angolari al cerchio orizzontale con un teodolite centesimale:

Stazione	Punti collimati	Letture al CO (gon)	
		CS	CD
B	A	132,2365	332,2389
	C	21,8694	221,872
C	B	325,1268	125,1328
	D	3,2178	203,2155
D	C	368,2362	168,2356
	E	399,9997	200,0007

Applicando la regola di Bessel, determina i valori degli angoli $\beta = A\widehat{B}C$, $\gamma = B\widehat{C}D$ e $\delta = C\widehat{D}E$.
[$\beta = 289^c,6330$; $\gamma = 78^c,0868$; $\delta = 31^c,7643$]

63 I punti A, B, C, D sono stati collimati con un teodolite centesimale eseguendo le letture al cerchio verticale contenute nel seguente libretto:

Stazione	Punti collimati	Letture al CV (gon)	
		CS	CD
S	A	100,0010	300,0018
	C	99,0011	–
	B	100,8832	–
	D	97,9506	–

Determina il valore costante dell'errore di indice zenitale del teodolite e i valori degli angoli zenitali corretti dallo stesso errore.
[$Z = +0^c,0014$; $\varphi_A = 99^c,9996$; ... $\varphi_D = 97^c,9492$]

64 I punti A e B e i punti C e D sono stati collimati dallo stesso punto S, rispettivamente con due differenti teodoliti centesimali, che indicheremo con 1 e 2, eseguendo le letture al cerchio verticale contenute nel seguente libretto:

Stazione	Punti collimati	Letture al CV (gon)		Note
		CS	CD	
S	A	96,1123	303,8857	Teodolite 1
	B	102,3332	–	
	C	99,9990	300,0032	Teodolite 2
	D	108,2231	–	

Determina i valori degli angoli zenitali corretti dall'errore di indice.
[$Z_1 = -0^c,0010$; ... $\varphi_B = 102^c,3342$;
$Z_2 = +0^c,0011$; ... $\varphi_D = 108^c,2220$]

65 I punti A, B, C, D sono i quattro vertici di un quadrilatero rilevati da un punto di stazione S, interno al quadrilatero, con un teodolite centesimale. Le misure effettuate sono raccolte nel seguente libretto:

Stazione	Punti collimati	Letture al CO (gon)		Distanza (m)
		CS	CD	
S	A	5,9982	206,0024	122,033
	B	139,4521	339,4499	103,564
	C	264,8871	64,8853	159,999
	D	335,9996	136,0018	132,115

Determina l'area e il perimetro del quadrilatero $ABCD$. [$2p = 707{,}21$ m; $S = 29781{,}51$ m^2]

66 Per determinare l'altezza h di un edificio è stato collocato un teodolite centesimale in un punto S a una distanza orizzontale di 65,50 m dallo stesso edificio, collimando poi successivamente i due punti A e B estremi superiore e inferiore di uno spigolo verticale dell'edificio. Le letture al cerchio verticale eseguite sono riportate nel seguente libretto:

Stazione	Punti collimati	Letture al CV (gon)	
		CS	CD
S	A	92,2638	307,7386
	B	102,2188	–

Determina l'altezza dell'edificio. [$h = 10{,}28$ m]

Risultati dei quesiti vero/falso

1F, 2V, 3F, 4V, 5V, 6F, 7V, 8F, 9F, 10V, 11V, 12V, 13F, 14F, 15F, 16V, 17F, 18V, 19F, 20V, 21F, 22V.

Risultati dei quesiti a risposta multipla

30a, 31a, 32a, 33c, 34d, 35b, 36c, 37b, 38a, 39a, 40d, 41d, 42b, 43b, 44c, 45b, 46d, 47c, 48b.

VERSO L'ESAME DI STATO

Fai molta attenzione a questa sezione. I problemi proposti sono relativi ad argomenti che potresti trovare nella seconda prova dell'Esame di Stato.

67 Per misurare gli angoli a giro d'orizzonte $\alpha = A\hat{S}B$, $\beta = B\hat{S}C$ e $\gamma = C\hat{S}D$ in tre diversi settori del cerchio orizzontale di un teodolite centesimale messo in stazione sul punto S, sono state eseguite le letture coniugate sui punti A, B, C, D le cui medie sono raccolte nel libretto riportato a fianco.
Determina i valori mediati degli angoli α, β e γ.

Stazione	Punti collimati	Letture al CO (gon)		
		Strati		
		1°	2°	3°
S	*A*	240,1032	173,3618	106,6952
	B	265,5872	198,8438	132,1780
	C	296,0978	229,3563	162,6890
	D	346,2252	279,4823	212,8157

Soluzione

Raccogliamo i calcoli dei valori degli angoli α, β, γ nei tre strati della seguente tabella:

Strato	Angolo α (gon)	Angolo β (gon)	Angolo γ (gon)
1°	265,5872 – 240,1032 = 25,4840	296,0978 – 265,5872 = 30,5106	346,2252 – 296,0978 = 50,1274
2°	198,8438 – 173,3618 = 25,4820	229,3563 – 198,8438 = 30,5125	279,4823 – 229,3563 = 50,1260
3°	132,1780 – 106,6952 = 25,4828	162,6890 – 132,1780 = 30,5110	212,8157 – 162,6890 = 50,1267

$$\alpha = \frac{25,4840 + 25,4820 + 25,4828}{3} = 25,4829 \text{ gon}$$

$$\beta = \frac{30,5106 + 30,5125 + 30,5110}{3} = 30,5114 \text{ gon}$$

$$\gamma = \frac{50,1274 + 50,1260 + 50,1267}{3} = 50,1267 \text{ gon}$$

D2 Misura diretta e indiretta delle distanze

1. Misure dirette e indirette

Abbiamo visto più volte come, qualunque sia l'entità del rilievo e dei suoi scopi, il problema venga sempre risolto attraverso l'esecuzione di **misure** di grandezze.

Possiamo dare la seguente definizione di misura.

> La *misura* è una procedura operativa che associa a ogni grandezza un numero (*scalare*) che la quantifica rispetto a una opportuna *unità di misura*.

Le grandezze la cui misura ricorre costantemente in qualunque operazione topografica sono **angoli** e **distanze**.

Le misure di grandezze si possono realizzare nei seguenti due modi:

- **misure dirette**;
- **misure indirette** (o mediate).

Alcune grandezze sono misurate sempre *direttamente*, come gli angoli, altre, come le distanze, possono essere misurate sia in modo *diretto* sia *indiretto*.

Misure dirette delle grandezze

La definizione di misura diretta è così enunciata:

> misurare **direttamente** una grandezza significa confrontarla con un'altra grandezza a lei omogenea (*campione* di misura) e assunta come **unità**, ed esprimere il rapporto fra le due mediante un numero reale che rappresenta il risultato della misura (o dell'osservazione).

Nella pratica corrente delle operazioni topografiche, le grandezze che vengono misurate sono per lo più ampiezze o lunghezze riferite a particolari direzioni, cioè **angoli** e **distanze** contenuti in piani orizzontali o verticali. Le misure degli angoli, e a volte anche quelle di distanze, sono ottenute con **osservazioni dirette**, assumendo come unità di misura rispettivamente l'**intervallo di graduazione** del cerchio del goniometro (come visto nell'unità precedente) e la **lunghezza del longimetro** che costituisce il *campione di misura*.

Misure indirette delle grandezze

Talvolta non è possibile, o non è conveniente, misurare direttamente una grandezza a causa della natura del terreno o delle circostanze ambientali; in questi casi la misura viene eseguita in modo **indiretto** o mediato.

FAQ

Che differenza c'è tra misure dirette e misure indirette delle grandezze?

Le misure dirette consistono nel confrontare le grandezze con le rispettive unità di misura, mentre quelle indirette consistono nell'applicazione di opportune formule che contengono anche misure dirette.

Misurare **indirettamente** una grandezza significa elaborare altre grandezze, omogenee o meno con essa, misurate direttamente, utilizzando una opportuna legge matematica.

In generale, quindi, le misure indirette, terminano sempre con un calcolo numerico, più o meno complesso, nel quale entrano grandezze misurate direttamente.

Per esempio la misura del **volume** di un prisma a base rettangolare rappresenta un caso di misura indiretta; infatti esso non sarà ottenuto per accatastamento di *cubi campione*, ma attraverso l'applicazione della nota formula matematica: $V = lunghezza \times larghezza \times altezza$, dopo aver misurato direttamente le tre dimensioni del prisma.

Ancora, se in un triangolo rettangolo pensiamo di misurare direttamente i cateti a e b, potremo poi misurare indirettamente la sua **ipotenusa** c applicando il teorema di Pitagora: $c = \sqrt{a^2 + b^2}$.

FAQ

La distanza topografica è la lunghezza di un segmento sempre rettilineo?

No, lo è solo nel caso in cui la distanza cada nell'ambito del campo topografico. Nel caso di distanze maggiori la distanza topografica risulterebbe la lunghezza di un arco.

2. Distanza topografica

Prima di affrontare i metodi e gli strumenti di misura delle distanze è bene ricordare che la lunghezza del segmento AB, che unisce nello spazio i punti A e B della crosta terrestre, prende il nome di **distanza inclinata** (o **reale**), e viene indicata con D_i. Tuttavia nella nostra disciplina si deve fare riferimento a un'altra distanza, detta **distanza topografica**, o semplicemente **distanza**, tra i punti A e B, e che indicheremo con D, così definita:

la distanza topografica D tra due punti A e B è la lunghezza del segmento che ha per estremi le **proiezioni** A_0 e B_0 dei due punti sulla superficie di riferimento adottata nelle operazioni topografiche.

Nell'ambito del *campo sferico* (▶FIGURA 1) la superficie di riferimento è la *sfera locale*, e in questo caso la distanza topografica risulterebbe la lunghezza dell'*arco di cerchio* $D = \overset{\frown}{A_0B_0}$. Tuttavia, spesso, le operazioni topografiche che richiedono la misura di distanze sono sviluppate in zone con estensioni inferiori a 15-20 km (*cam-*

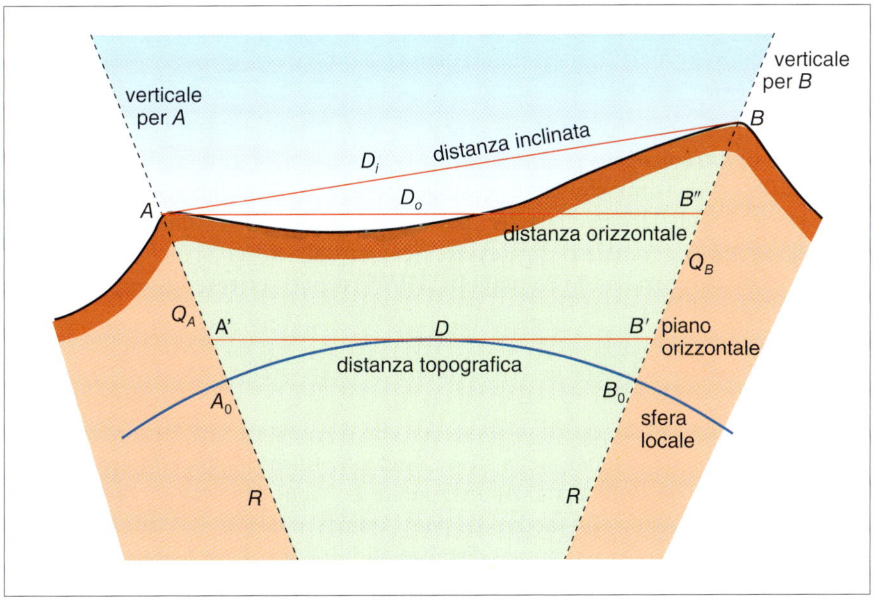

FIGURA 1 Schema in sezione di un settore di sfera locale su cui sono riportate i tre tipi di distanze. La figura è fortemente deformata per evidenziare gli elementi in essa riportati.

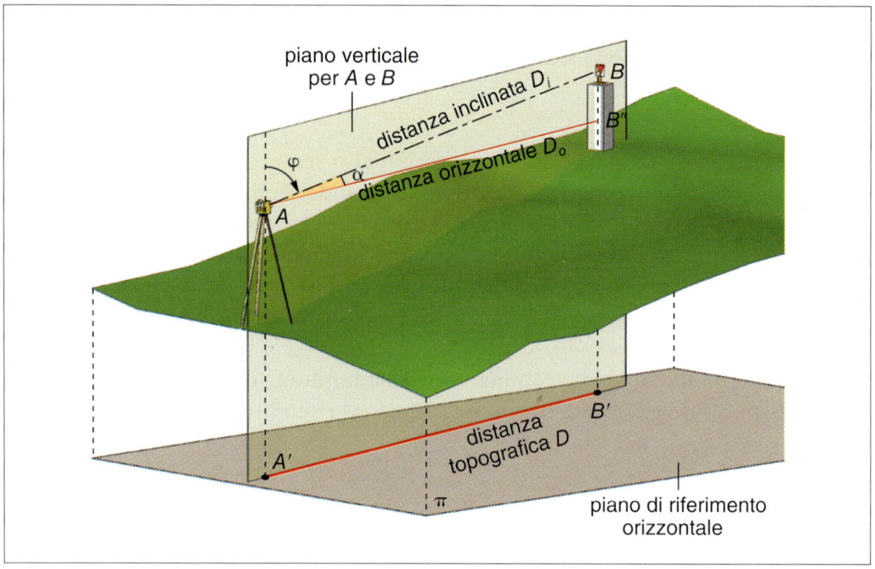

FIGURA 2 Schema grafico in vista prospettica che rappresenta i diversi tipi di distanza nell'ambito del campo topografico.

po topografico), per cui è lecito adottare a tal fine come superficie di riferimento il *piano orizzontale* tangente alla sfera locale. In questo caso la distanza topografica è definita dalla misura della lunghezza di un *segmento rettilineo* su tale piano: $D = \overline{A'B'}$ (▶FIGURA 2). Si è già visto (sezione B) come, nell'ambito del campo topografico, si possa considerare con sufficiente approssimazione: $D = \widehat{A_0B_0} = \overline{A'B'}$.

La misura **diretta** della distanza topografica tra due punti A e B praticamente non è mai possibile, in quanto essa andrebbe effettuata direttamente sulla *superficie di riferimento* (in altri termini a livello del mare). In pratica la *distanza topografica D* viene determinata in modo **indiretto** attraverso la **distanza orizzontale** D_o; quest'ultima, come vedremo nel paragrafo successivo, può essere misurata direttamente, indirettamente, o essere ricavata dalla misura della *distanza inclinata* D_i.

Distanza orizzontale

La **distanza orizzontale** D_o è la lunghezza del segmento $\overline{AB''}$ che costituisce la *proiezione* della *distanza inclinata* D_i su di un piano orizzontale parallelo alla superficie di riferimento piana passante per l'estremo A di quota inferiore (▶FIGURE 1 e 2).

Quando si opera con *distanze limitate* e *dislivelli modesti* (si trascura la sfericità terrestre e la rifrazione atmosferica) è possibile ritenere le verticali per A e per B parallele fra loro, quindi il triangolo ABB'' può essere considerato rettangolo. In questo caso la *distanza orizzontale* D_o può essere ricavata dalla *distanza inclinata* D_i.

Considerando il triangolo rettangolo ABB'', si può scrivere la seguente relazione:

$$D_o = D_i \cdot \cos\alpha \qquad \text{oppure} \qquad D_o = D_i \cdot \operatorname{sen}\varphi \tag{1}$$

in cui α rappresenta l'angolo di *inclinazione* che il segmento AB forma con l'orizzontale, e φ l'angolo *zenitale* che la stessa direzione forma con la verticale.

Quando la misura della distanza orizzontale D_o viene effettuata a **basse quote**, cioè in prossimità del livello medio del mare, quindi alla superficie di riferimento adottata, possiamo considerare tale distanza, di fatto, molto prossima alla **distanza topografica**, per cui potremo senz'altro considerare: $D \cong D_o$.

Nelle misure a basse altitudini, pertanto, possiamo considerare la *distanza orizzontale* D_o pressoché **coincidente** con la *distanza topografica D*.

FAQ

È sempre possibile adottare la distanza orizzontale al posto della distanza topografica?

No, la coincidenza tra distanza orizzontale e distanza topografica è ammissibile solo a basse quote o per limitate precisioni.

Riduzione della distanza al livello medio del mare

Quando la *distanza topografica D* tra due punti deve essere misurata a **grandi altitudini**, e talvolta con *precisioni elevate*, l'approssimazione prima enunciata ($D \cong D_o$) non può più essere considerata lecita, e per ottenere la *distanza topografica* occorrerà attivare una opportuna procedura di calcolo nota come **riporto al livello medio del mare** della distanza misurata.

Considerando note le quote Q_A e Q_B dei due estremi oggetto di misura, è possibile utilizzare la seguente procedura, leggermente approssimata ma generalmente accettata:

$$D = D_o \cdot \frac{R}{R + Q_m} \qquad (2)$$

dove:

- D è la distanza *riportata a livello del mare*;
- D_o è la distanza orizzontale misurata a livello del terreno in quota;
- Q_m è la quota media tra i due estremi della distanza: $(Q_A + Q_B)/2$;
- R è il raggio della sfera locale.

Osserviamo che il fattore $R/(R + Q_m)$ è sempre < 1, pertanto la distanza topografica D è sempre inferiore alla distanza orizzontale D_o.

Se, per esempio, si misura una distanza orizzontale di 1000 m, in una località posta a un'altezza media di 2000 m sul livello medio del mare, la distanza topografica risulterà ($R = 6377$ km) di 999,686 m.

Come si vede, l'errore assoluto che si commetterebbe, in tal caso, assumendo la distanza orizzontale al posto di quella ridotta al livello del mare, è di circa 31 cm, a cui corrisponde un errore relativo di 0,31 / 1000 = 0,00031, cioè dello 0,031%.

Pertanto, anche nel campo topografico, la curvatura terrestre, ovvero la convergenza delle verticali, influisce sulla misura delle distanze, qualora queste abbiano valori elevati e vengano effettuate ad **altezze** (quote) **notevoli** sul livello del mare.

È bene tuttavia ribadire che in ogni altra situazione (ambito prevalente) l'adozione della distanza ridotta all'orizzonte D_o come distanza topografica appare del tutto lecita ($D = D_o$).

In ogni caso le moderne *stazioni totali* elettroniche sono in grado, quando richiesto dall'operatore e a seguito di una corretta configurazione dello strumento, di fornire *direttamente* sul display la distanza ridotta al livello medio del mare.

3. Tecniche di misura delle distanze

La **misura delle distanze** può essere effettuata con i *metodi* e con i tipi di *strumenti* rappresentati nello schema di ▶FIGURA 3.

I metodi EDM (*Electronic Distance Measurement*) sono i più recenti e i più utilizzati attualmente; si basano sulla valutazione di onde luminose emesse da apparati denominati **distanziometri elettronici**, che esamineremo in altra parte del

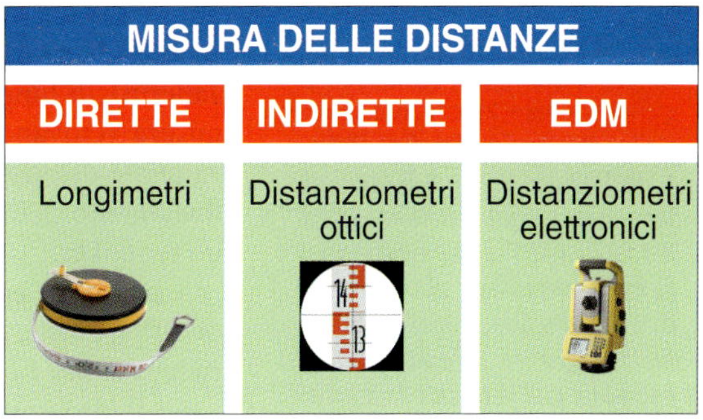

FIGURA 3 Metodi e strumenti per la misura delle distanze.

FAQ

Che differenza esiste tra longimetri e distanziometri?

I longimetri sono strumenti usati nella misura diretta delle distanze; i distanziometri sono invece usati nella misura indiretta delle distanze.

corso, mentre in questa unità esamineremo i primi due metodi, il cui uso è ora molto limitato nella pratica professionale, ma che, tuttavia, conservano un valore storico e didattico.

La misura delle distanze, come ogni misura, può avvenire con diverse precisioni. Essendo poi gli **errori assoluti**, presenti nell'intera misura, direttamente *proporzionali* al valore della distanza misurata, per poter valutare e **confrontare** la precisione tra diverse misure effettuate, si ricorre agli **errori relativi** ε_r (ε_r = errore assoluto/distanza, v. prossima unità D3).

Tale parametro costituisce di fatto un *criterio* di *classificazione* delle precisioni della misura delle distanze secondo il seguente schema indicativo, nel quale gli *errori relativi* (per il loro piccolo valore) sono riportati con la notazione esponenziale:

- misure di **grande precisione**: $\varepsilon_r = 10^{-6}$ (equivalente a 1 mm/km);
- misure di **precisione**: $\varepsilon_r = 10^{-5}$ (equivalente a 1 cm/km);
- misure **ordinarie**: $\varepsilon_r = 10^{-4}$ (equivalente a 10 cm/km);
- misure **speditive**: $\varepsilon_r = 10^{-3}$ (equivalente a 1 m/km).

FIGURA 4 Apparato di Bessel utilizzato nell'Ottocento per la misura diretta di precisione di grandi distanze (Museo IGM). Per la misura venivano utilizzati almeno due elementi (campate) disposti orizzontalmente e rigorosamente allineati con gli estremi da misurare.

4. Misura diretta delle distanze

La misura **diretta** delle distanze, come detto nel paragrafo 1, consiste nel **raffronto** diretto della lunghezza da misurare con il *campione di lunghezza* utilizzato nelle operazioni di misura.

Di fatto la distanza D si ottiene dal prodotto tra il numero intero n di volte che il campione è riportato nella tratta da misurare e il *valore nominale* d del campione, a cui viene aggiunto il valore Δ corrispondente alla frazione ($\Delta < d$) dell'ultimo campione riportato ($D = n \cdot d + \Delta$).

La misura diretta è la tecnica concettualmente più semplice per misurare una distanza, tuttavia le operazioni di misura (anche solo per distanze di qualche centinaio di metri) sono *lunghe* e *dispendiose*, per due significativi inconvenienti:

- richiedono la completa **accessibilità** di tutto lo spazio compreso tra i punti estremi della distanza,
- richiedono la **preparazione** (livellamento, pulizia) del terreno sia per la creazione di *allineamenti* guida, sia per l'esecuzione delle misure.

La misura **diretta** delle distanze ebbe il massimo sviluppo tra la fine dell'Ottocento e i primi decenni del Novecento, quando vennero concepiti strumenti per la *misura diretta* di **grande precisione** che utilizzavano *barre rigide*, prima di legno, poi metalliche (**apparato di Bessel** ▶FIGURA 4) di lunghezza prossima a 4 m e sostenute da robusti cavalletti, o *nastri flessibili* in lega di acciaio *invar* (**apparato di Jaderin**), di lunghezza prossima a 24 m opportunamente posti in *tensione*. Per la misura venivano impiegate almeno due barre (**campate**) che venivano successivamente disposte orizzontalmente e, in modo assolutamente rigoroso, lungo l'**allineamento** definito dai due estremi da misurare, con la guida del cannocchiale di un teodolite.

Con questi **apparati di misura** vennero raggiunte *ottime precisioni* (dell'ordine di 10^{-6}), anche su distanze di svariati chilometri, tuttavia, per il grande impegno richiesto, per i lunghi tempi necessari e per le considerevoli risorse che richiedevano, il loro impiego fu limitato a poche ed eccezionali operazioni, di solito collegate a grandi rilievi di interesse nazionale.

COMPETENZA

Collegamenti storici

Gli **apparati** di misura diretta delle grandi distanze (alcuni km) con elevata precisione (errori dell'ordine di 1 mm al km) sono stati utilizzati a partire da metà Ottocento fino al secondo dopoguerra, nell'ambito di operazioni di rilievo eccezionali e costose, in genere legate alla realizzazione delle *cartografie ufficiali* degli Stati. Nel nostro Paese tali *apparati* furono impiegati per la misura di 8 *basi*, distribuite sul territorio nazionale, necessarie allo sviluppo di un rilievo denominato *triangolazione geodetica fondamentale*, eseguita dall'IGM per la formazione della Carta d'Italia.

In effetti, era questo un periodo nel quale, tra le *misure di precisione*, era molto più semplice la misura degli *angoli*, rispetto a quella delle *distanze*, pertanto, in genere, venivano preferite quelle procedure che privilegiavano le misure angolari.

Al contrario, la *misura diretta* di distanze con l'impiego di **strumenti ordinari**, caratterizzati da una grande semplicità e da costi limitati, che verranno descritti nel seguito, è sicuramente meno complessa, ma, per contro, presenta un'accuratezza decisamente minore, limitata a *errori relativi* dell'ordine di 10^{-4} (incertezze dell'ordine del centimetro, o più, su 100 m).

Aste rigide graduate

Le aste graduate rigide devono essere resistenti, ma anche leggere, in modo da poter essere maneggiate per lunghi periodi senza stancare l'operatore. Le più recenti sono realizzate in *alluminio* (▶FIGURA 5), mentre in passato erano realizzate in *legno di faggio* (ma anche in *canna di bambù* e perciò spesso indicate con il nome di *canne*); in genere hanno una lunghezza di 3 m (da cui in passato il nome *triplometri*) e solitamente sono divise in tre pezzi avvitabili.

Attualmente sono anche prodotte aste rigide **telescopiche**, fino a una lunghezza di 5 m. Tuttavia, questo tipo di *aste graduate*, più che in ambito topografico, vengono utilizzate nel contesto del rilievo architettonico dei fabbricati.

La loro struttura è quanto mai semplice: presentano una *graduazione* in centimetri e le estremità dell'asta sono protette da robusti *calcioli* metallici. Le aste sono poi fornite di una piccola **livella torica** con la quale si rende *orizzontale* l'asta stessa, condizione necessaria per la misura diretta della distanza orizzontale.

La tecnica di utilizzo delle *aste rigide* cambia in relazione alle caratteristiche morfologiche del terreno interessato alla misura.

- Su **terreno pianeggiante** e privo di ostacoli, la misura di una distanza con le aste rigide si esegue impiegando *due aste* che vengono disposte via via, *calciolo* contro *calciolo*, lungo un **allineamento** di paline ravvicinate, realizzato preliminarmente tra i due estremi del segmento da misurare; la distanza viene poi

FAQ

Per quale ragione, per valutare la precisione delle misure delle distanze, viene usato l'errore relativo e non l'errore assoluto?

Perché gli errori assoluti di diverse distanze sono direttamente condizionati dai diversi valori delle stesse distanze, dunque non sono tra loro paragonabili e valutabili, mentre lo sono gli errori relativi.

FAQ

In ambito topografico le operazioni pratiche per la misura diretta delle distanze sono facili da eseguire?

No, bastano distanze di poche centinaia di metri per creare serie problematiche connesse sia alla presenza di ostacoli sulla tratta da misurare, sia alla preparazione del terreno necessaria alle operazioni di misura.

FAQ

Cos'è un'asta rigida graduata?

È un'asta in legno o in alluminio con una graduazione in centimetri e le estremità protette da calcioli metallici; una livella torica consente l'orizzontamento dell'asta.

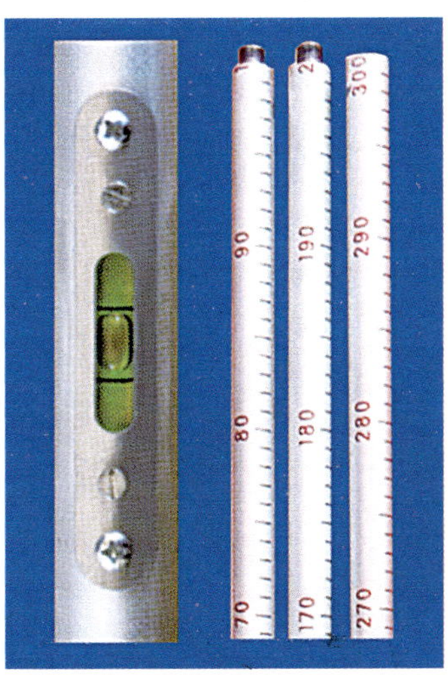

FIGURA 5 Asta graduata rigida in alluminio; la livella torica consente di disporre orizzontale l'asta.

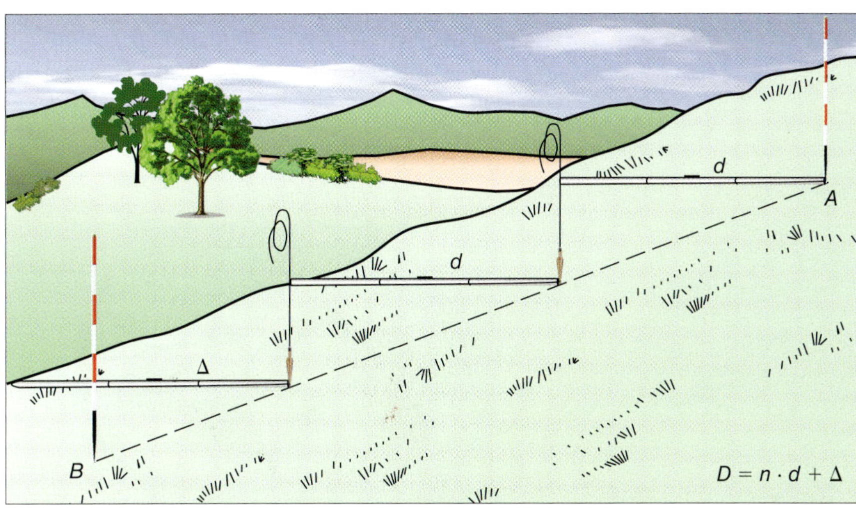

FIGURA 6 Schema della misura della distanza topografica con aste rigide mediante il metodo della coltellazione, su terreno inclinato.

FAQ

In cosa consiste il metodo della coltellazione?

Nel misurare una breve distanza orizzontale su un terreno accidentato riportandovi aste rigide tenute orizzontali mediante l'ausilio della relativa livella torica.

COMPETENZA

Linguaggio

Con il termine **canneggiatori** venivano designati gli operatori che eseguivano i lavori (lunghi, ripetitivi e poco specializzati) di misura diretta delle distanze con aste rigide di *bambù* stagionato, dette canne. Ancora oggi con questo termine viene indicato il personale che svolge compiti di pura assistenza nell'ambito del rilievo topografico.

ottenuta dal prodotto del numero intero n di volte che il *campione di misura* è stato riportato, per il valore nominale d del campione (di solito 3 m), a cui va aggiunta la parte Δ corrispondente alla porzione dell'ultimo campione riportato: $D = n \cdot d + \Delta$. Tuttavia, in tale contesto ambientale, è decisamente più conveniente l'uso dei *nastri flessibili*.

• Su **terreno inclinato** viene adottata la tecnica operativa della **coltellazione**, che prevede la disposizione delle aste con *assetto orizzontale* (utilizzando la *livella a bolla* incorporata nell'asta), lungo un *allineamento* di paline ravvicinate. I *calcioli* delle aste, essendo a diversi livelli, non possono essere posti a contatto diretto, ma vengono disposti *sulla stessa verticale* materializzata da un *filo a piombo*, secondo lo schema illustrato in ▶FIGURA 6 (pagina precedente). La distanza è poi ottenuta come nel caso precedente. Tale procedura richiede almeno *tre operatori*, tuttavia è possibile eseguire la misura anche con due soli operatori, predisponendo alcuni *picchetti intermedi*, allineati con gli estremi da misurare, e posti a una distanza arbitraria ma inferiore alla lunghezza dell'asta. Misurando poi le distanze parziali tra gli stessi picchetti, utilizzando l'asta rigida resa orizzontale e il filo a piombo via via su ciascun picchetto intermedio, la distanza complessiva viene poi ottenuta dalla somma delle distanze parziali $D = d_1 + d_2 + \dots d_n$.

Nastri flessibili graduati o cordelle metriche

Attualmente i *nastri flessibili graduati* vengono realizzati con liste in **acciaio** o in **fibra sintetica** (in passato erano in fibra naturale come la *canapa*) potenziate con fili metallici interni, allo scopo di contenere l'estensibilità del nastro sottoposto a **trazione**. Questa operazione, attuata durante la misura, viene favorita dalla presenza di un *occhiello* terminale per la presa a *gancio* con il dito medio della mano, ed è indispensabile per il corretto utilizzo di qualunque tipo di nastro, che deve essere disposto via via in modo rettilineo (da qui la necessità di tendere bene lo stesso nastro) lungo la tratta da misurare. Entrambi i tipi di nastro sono arrotolati in custodie (dette *magazzino*) che li proteggono e ne facilitano lo *svolgimento* e il *riavvolgimento*.

• **Nastri in acciaio** (▶FIGURA 7a): sono i più efficienti, in particolare nelle operazioni topografiche di rilievo sul terreno. Di solito sono costituiti da nastri con lunghezza di 50 m, sui quali è riportata una graduazione in centimetri, e realizzati con un tipo di acciaio che rende tali nastri quasi inestensibili sotto tiro, e poco sensibili agli *allungamenti* riconducibili ai differenziali di temperatura. Essi, tuttavia, sono anche molto **fragili**, pertanto devono essere utilizzati con cura, evitando che il nastro si *attorcigli* su se stesso o evitando di calpestarlo, in quanto ciò potrebbe facilmente provocare rotture che renderebbero il nastro inservibile.

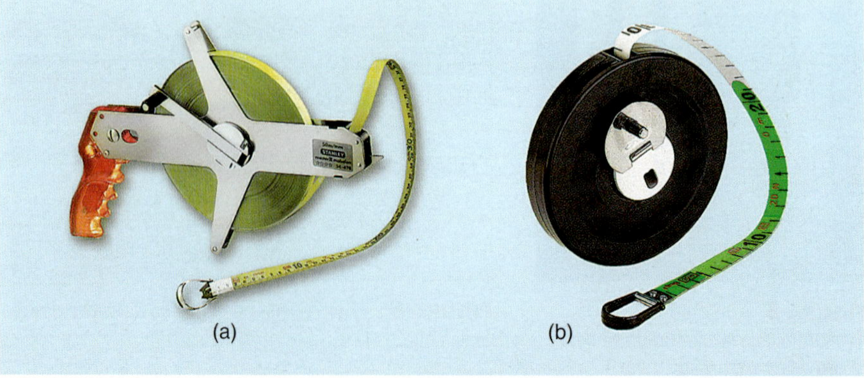

FIGURA 7 Nastri graduati flessibili o cordelle metriche; in acciaio da 50 m (a), e in fibra sintetica da 20 m (b).

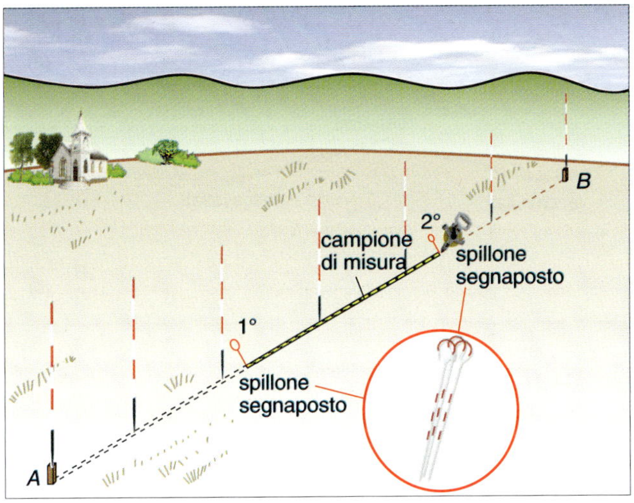

FIGURA 8 La misura della distanza tra i punti *A* e *B* con nastri flessibili richiede il tracciamento di un allineamento con paline che guidi il corretto posizionamento del nastro lungo la direttrice *AB*.

FIGURA 9 Spillone segnaposto per marcare sul terreno la posizione dell'estremo del nastro flessibile.

- **Nastri in fibra sintetica** (▶FIGURA 7b): hanno lunghezza di 10, 20 e, meno frequentemente, 30 m; anch'essi riportano una graduazione in centimetri e, nonostante la presenza di un'armatura di fili metallici, tendono ad allungarsi quando, durante le operazioni di misura, sono tesi con forza. Di solito vengono impiegati nelle attività di *cantiere* o per il *rilievo dei fabbricati*, dunque in contesti di brevi distanze.

I *nastri flessibili* sono indubbiamente strumenti pratici, comodi e molto semplici da utilizzare, tuttavia il loro impiego viene limitato a terreni pressoché **pianeggianti** e privi di **asperità** o avvallamenti, sui quali il nastro possa essere «*adagiato*» e *teso*. Al contrario, in terreni accidentati, il loro impiego è difficoltoso e non più conveniente (sostituito in questo caso dalle aste rigide).

In effetti, quando il nastro è impiegato in **sospensione**, per effetto del proprio peso si dispone secondo una curva detta *catenaria*, per cui alla lunghezza nominale L_0 del nastro corrisponde una distanza effettiva L minore (*corda* della catenaria), dando luogo a errori con temibile caratteristica di **sistematicità**.

Prima di eseguire la misura di una distanza superiore alla lunghezza del nastro flessibile (capita sempre in ambito topografico), è necessario tracciare sul terreno un *allineamento di paline*, che costituisca la guida per collocare via via il nastro esattamente sul segmento AB da misurare (▶FIGURA 8). Le posizioni dell'estremo del *nastro flessibile*, via via che viene riportato sul terreno, possono essere marcati con **spilloni segnaposto** metallici (▶FIGURA 9), il cui numero n, al termine delle operazioni di misura, corrisponderà al numero intero di volte in cui il *campione di misura* (cioè il nastro) è stato riportato da utilizzare nella già vista espressione: $D = n \cdot d + \Delta$.

Accorgimenti nella misura diretta delle distanze

La realizzazione di una misura diretta di una distanza sia con *nastri flessibili*, sia con *aste rigide* come campioni di misura, richiede di considerare e valutare le seguenti circostanze fonti di errori.

1. Il *campione di misura* (asta rigida o nastro) non viene collocato rigorosamente *sulla congiungente* tra i punti A e B. Ciò causa la misura non della distanza AB

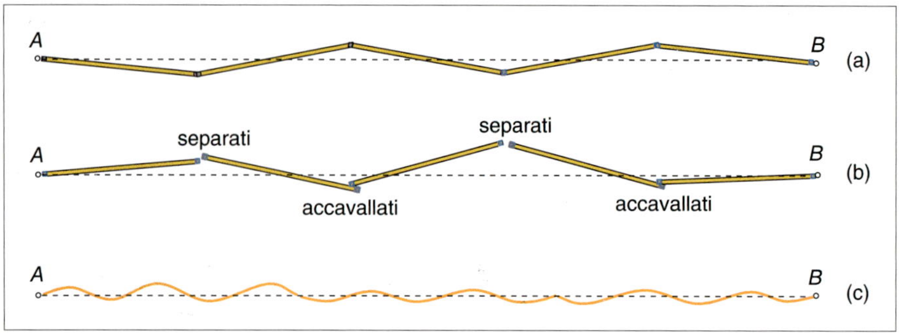

FIGURA 10 Schemi degli errori più temibili nella misura diretta di distanze. (a) Il campione di misura (nastro o asta) viene disposto lungo una spezzata anziché lungo un segmento rettilineo. (b) Distacchi o accavallamenti originati nel riportare via via il campione di misura sul terreno. (c) Difetto di trazione del nastro flessibile che si dispone secondo una curva e non secondo un segmento rettilineo.

(cioè di un segmento rettilineo), ma lo sviluppo di una *spezzata*, sempre maggiore della vera distanza, quindi con caratteristiche *di errore sistematico* (►FIGURA 10a).

- **Accorgimento**: occorre *prevenire* questo temibile errore tracciando preventivamente un **allineamento** di paline (►FIGURA 11) tra gli estremi A e B del segmento da misurare, che costituisca una *guida* fisica per il collocamento corretto del campione di misura lungo il segmento rettilineo AB.

2 La parte terminale del *campione di misura* non viene collocata esattamente sullo *spillone segnaposto* lasciato dopo la precedente posa, creando in tal modo **accavallamenti** e **separazioni** (►FIGURA 10b).

- **Accorgimento**: questa situazione genera errori di tipo *accidentale* (casuale), poiché si presentano con *segno alternato*. Essi possono essere contenuti e limitati, **ripetendo** più volte la misura, e adottando per il valore della misura effettuata la **media aritmetica** delle stesse misure (come vedremo nella prossima unità D3).

3 Nella misura con *nastri flessibili*, nel caso non vengano *posti in trazione* con adeguata forza, oppure, peggio, siano tenuti *sospesi*, il valore ottenuto non rappresenta la distanza corretta (cioè la lunghezza del segmento rettilineo), ma piuttosto lo sviluppo di una **curva** (►FIGURA 10c).

- **Accorgimento**: anche in questo caso occorre *prevenire* tale eventualità curando la **trazione** del nastro e, se necessario, la **preparazione del terreno** mediante *sfalcio* di erbe alte o con *livellazioni* e *sistemazioni* superficiali dello stesso terreno.

Altre cause di errore nella misura diretta delle distanze, meno temibili nelle *normali attività* topografiche con *precisioni ordinarie*, sono la corretta *taratura* della graduazione e la valutazione degli *allungamenti* dovuti ai differenziali di temperatura.

FIGURA 11 Materializzazione sul terreno dell'allineamento per guidare la disposizione dei nastri.

Materializzazione di un allineamento

Come detto in precedenza, la misura diretta di una distanza deve essere preceduta dalla materializzazione dell'allineamento tra i suoi punti estremi; questa operazione può essere definita con il seguente enunciato.

Materializzare un allineamento significa collocare un congruo numero di paline comprese tra i punti A e B, estremi dell'allineamento, in modo che gli assi delle paline stesse siano tutti contenuti nel **piano verticale** passante per gli estremi A e B.

Tale piano interseca poi la superficie di riferimento, determinando il segmento la cui lunghezza rappresenta la distanza tra i punti A e B.

FAQ

Perché per misurare una distanza occorre materializzare sul terreno l'allineamento tra gli estremi?

Per guidare correttamente la disposizione dei longimetri lungo un segmento rettilineo e non lungo una spezzata che produrrebbe errori notevoli nella misura.

La realizzazione sul terreno di un allineamento non comporta necessariamente l'impiego di una particolare strumentazione. In effetti l'operazione può essere anche realizzata *a occhio nudo* quando si lavora su brevi distanze. Al contrario, se le distanze in gioco raggiungono e superano alcune centinaia di metri, sarà necessario ricorrere a un **apparato di collimazione**, in genere il **cannocchiale** montato su un teodolite.

Il posizionamento delle paline intermedie di un *allineamento*, sia se guidato dal collimatore di un *teodolite*, sia se realizzato a *occhio nudo*, deve sempre essere fatta *iniziando da quella più lontana* per arrivare man mano a quella più vicina. Procedere in modo contrario, cioè *prolungare* un allineamento, conduce infatti a risultati poco precisi, causati dal fatto che la prima palina posizionata potrebbe coprire quelle successive anche se queste non sono esattamente allineate (▶FIGURA 12).

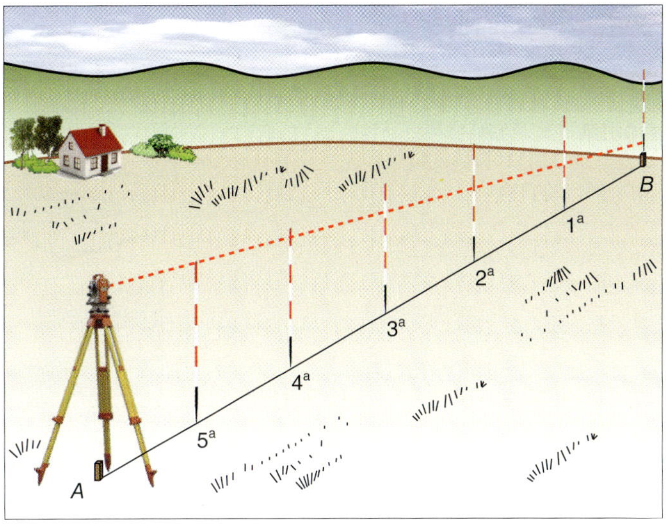

FIGURA 12 Corretta sequenza di posizionamento delle paline per realizzare l'allineamento.

5. Longimetri a ultrasuoni e laser

Sono dispositivi classificati come *longimetri*, in quanto di solito utilizzati in alternativa e in sostituzione ai tradizionali strumenti per la *misura diretta* delle distanze (nastri flessibili e aste rigide), anche se, come tipologia tecnologica, si avvicinano molto agli apparati **EDM**.

Si tratta di piccoli strumenti tascabili con componenti *elettroniche* alimentate a batteria, utilizzati sia negli spazi *interni* sia in quelli *esterni*. Operativamente possono essere sorretti direttamente con la mano, oppure collocati su **treppiedi leggeri**, e sono in grado di misurare rapidamente la **distanza inclinata** tra un riferimento posto sullo strumento e un punto bersaglio, di solito «segnato» da un **puntatore** laser (spot).

FAQ

Quali limitazioni hanno i longimetri a ultrasuoni?

Le piccole portate (inferiori a 20 m) e la grande influenzabilità da ostacoli presenti sulla scena della misura.

Le distanze misurate possono essere **memorizzate** nello strumento, in modo da poter essere elaborate, in modo opportuno, allo scopo di fornire distanze **orizzontali**, **verticali** (altezze), **aree** e **volumi**.

Questi strumenti possono essere realizzati con due diverse tecnologie, cui corrispondono due diverse modalità di misura: a *ultrasuoni* e a *laser*.

• Misura a ultrasuoni

La distanza inclinata tra lo strumento e la superficie di un oggetto, viene determinata attraverso segnali elettronici a *ultrasuoni* e visualizzata sul display dello strumento. Si tratta di strumenti **poco costosi** (poche decine di euro) e teoricamente con precisione di ±1 mm, ma con **portate limitate** (15-20 m) e condizionabili in modo significativo dalla presenza di **ostacoli** che renderebbero incerta e inaffidabile la misura. Per tali limitazioni il loro impiego è limitato all'ambito del *cantiere*, mentre per i lavori topografici sono necessari strumenti a tecnologia laser.

• Misura a laser

La misura (▶FIGURA 13) si basa sull'emissione di impulsi *laser* a bassa intensità (dunque non dannosi) che consentono di misurare distanze in-

FIGURA 13 Longimetri laser: (a) con display a 4 righe; (b) con display ad alta risoluzione e con funzioni di zoom per la collimazione dei punti su cui eseguire la misura della distanza.

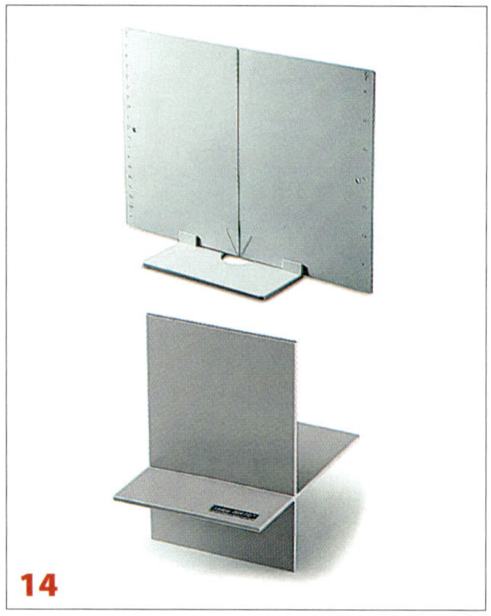

FIGURA 14 Targhette bersaglio per designare punti e per aumentare la portata del longimetro laser.

FIGURA 15 Adattatore del longimetro laser collocato su treppiede leggero.

clinate fino a 100 m, **portata** che aumenta a 200 m se lo strumento dispone di *mirino digitale* (▶FIGURA 13b) o se vengono impiegate apposite *targhette* da collocare sui bersagli (▶FIGURA 14). Questa tecnologia, **più costosa** della precedente (alcune centinaia di euro), è assai meno condizionata dagli **ostacoli** e gli strumenti che la adottano possono integrare i seguenti dispositivi:

- **sensore di inclinazione**, con cui è possibile misurare l'inclinazione dello strumento almeno fino a $\pm 45°$; esso consente anche di misurare direttamente le *distanze orizzontali* (inclinazione 0°) e non quelle inclinate (▶FIGURA 15);
- **mirino digitale** con *zoom e display*, per facilitare il *puntamento* sicuro a grandi distanze; di fatto si tratta di una piccola telecamera che fornisce l'immagine ingrandita dell'oggetto sulla quale viene selezionato il punto di misura con un puntatore digitale;
- **funzioni di calcolo**, con le quali è possibile ottenere distanze **orizzontali** o **altezze** da due o tre misure di distanze reali (▶FIGURA 16), oltre a ottenere **superfici** e **volumi** dalle stesse misure;
- **funzioni di trasferimento** delle misure e dei dati elaborati a computer portatili collegati allo strumento senza fili con la tecnologia *bluetooth*;
- **distanza minima**, funzione che fornisce la minima distanza dalla superficie di un oggetto, dunque secondo la direzione *perpendicolare* alla superficie.

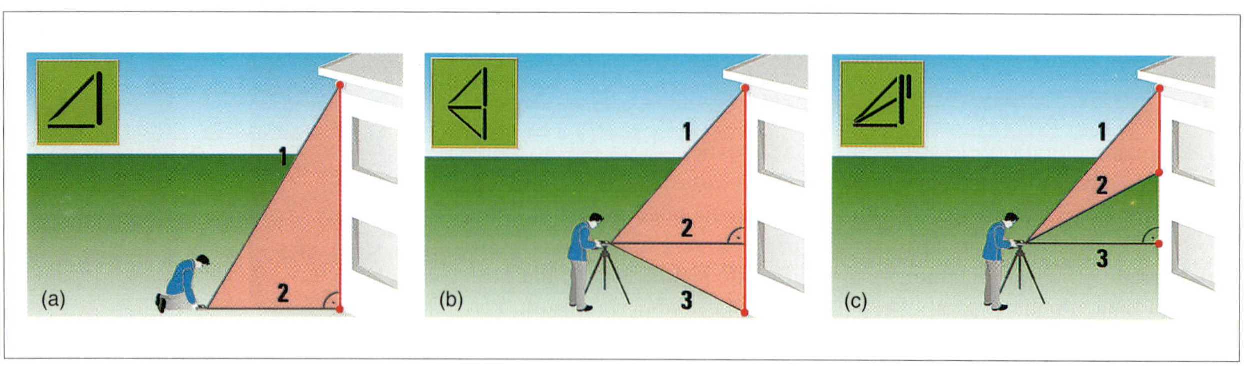

FIGURA 16 (a) Con le due misure 1 e 2 è possibile ottenere indirettamente distanze orizzontali e altezze. In questo caso la misura 2 deve essere effettuata ad angolo retto rispetto all'oggetto, imponendo l'inclinazione 0° o usando la funzione distanza minima (teorema di Pitagora). (b) Con l'uso di un treppiede leggero è possibile misurare le tre distanze 1, 2, 3. La misura 2 deve essere orizzontale ottenendo sia la distanza dell'oggetto sia la sua altezza (doppio teorema di Pitagora). (c) Con le misure 1, 2, 3 (quest'ultima orizzontale) si possono determinare anche altezze parziali, come altezze di finestre in senso sia orizzontale che verticale.

Si tratta di strumenti molto comodi, facili da utilizzare, che si **integrano** assai bene anche con tecnologie più evolute per il rilievo topografico come il GPS (che vedremo nel secondo volume). In effetti con antenne GPS è inopportuno avvicinarsi a ridosso delle pareti dei fabbricati o in vicinanza di fitti fogliami, per il rischio di perdere il contatto con i satelliti che garantiscono il posizionamento dei punti. In questo caso si mantiene l'antenna GPS scostata dal fabbricato, salvo effettuare con il longimetro laser quelle misure che consentono la definizione del punto desiderato (▶FIGURA 17).

FIGURA 17 Integrazione tra la tecnologia di rilievo GPS e quella dei misuratori di distanze tascabili nel rilievo dei particolari di un edificio.

6. Misura indiretta delle distanze

I metodi per la **misura indiretta** delle distanze (in ambito professionale di fatto abbandonati e sostituiti dalla misura elettronica EDM) consistono nell'ottenere la distanza ricercata, utilizzando la misura di **altre grandezze** (per esempio un angolo, un tratto di mira), connesse alla stessa distanza da una **relazione matematica**.

FAQ

Attualmente, nelle operazioni topografiche, viene usata la misura indiretta delle distanze?

No, attualmente vengono usati apparati elettronici, ma è utile, nell'ambito didattico, la conoscenza di questi metodi.

Lo schema operativo della **misura indiretta** di una distanza schematizzato in ▶FIGURA 24, per ricavare le grandezze da elaborare nella relazione matematica, prevede sempre:

1 la stazione di un **teodolite** su uno dei due estremi della distanza da misurare;
2 il collocamento di una **mira** (verticale o orizzontale) sull'altro estremo;
3 la misura **diretta** di alcune grandezze con il teodolite.

La distanza misurata è quella orizzontale D_o, tuttavia, essendo in questo contesto in presenza di brevi distanze, essa è uguale alla distanza topografica: $D = D_o$.

Esistono diversi metodi per la misura indiretta delle distanze, tuttavia in tutti viene considerato l'**angolo parallattico**, indicato con ω. Esso, al variare della distanza D da misurare, può essere:

- **costante**: si ottiene mediante due brevi incisioni orizzontali sul *reticolo* del cannocchiale del teodolite (dette **fili distanziometrici**);
- **variabile**: si ottiene mediante *letture ai cerchi* (orizzontale e verticale) del teodolite, quando vengono **collimati** con il cannocchiale opportuni punti sulla *mira*.

In ogni caso l'*angolo parallattico* ω intercetta sulla mira un segmento S, chiamato **intervallo di mira** (▶FIGURA 18) (pagina seguente), il quale è legato geometricamente sia allo stesso angolo ω, sia alla distanza D ricercata, da relazioni che differiscono nei due metodi.

Nel caso di ω **costante** l'intervallo di mira S *aumenta proporzionalmente* alla distanza D (▶FIGURA 18a), mentre nel caso di ω **variabile** l'intervallo di mira *S rimane costante* ed è l'*angolo parallattico* ω a variare, diminuendo all'aumentare della distanza D (▶FIGURA 18b).

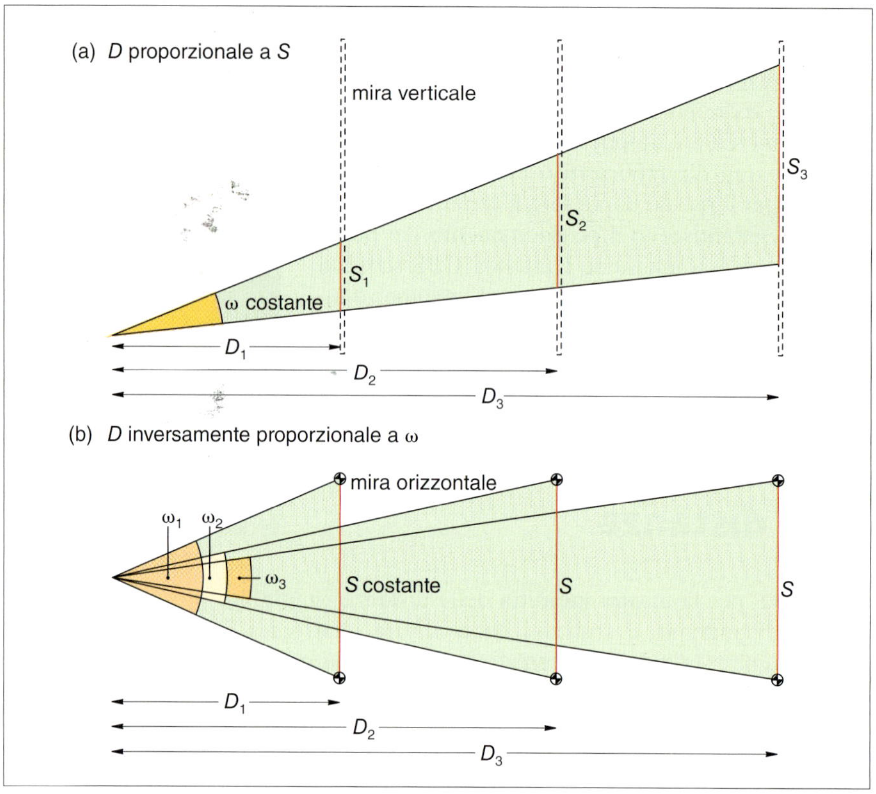

FIGURA 18 Relazione geometrica tra l'angolo parallattico ω, l'intervallo di mira S e la distanza D da misurare, nel caso di ω costante (a) oppure ω variabile (b).

FIGURA 19 Stadia verticale di 4 m sostenuta da un operatore.

7. Metodi per la misura indiretta delle distanze

La misura indiretta delle distanze fu concepita per ottenere una distanza per la quale **non** era richiesta una buona precisione, ma piuttosto **rapidità** e **semplicità** di esecuzione, e, soprattutto, senza la necessità di **accedere** al terreno compreso tra gli estremi da misurare. Fin dalla prima metà dell'Ottocento vennero sviluppati e utilizzati numerosi metodi che si adattavano ai vari contesti operativi, e che utilizzavano diversi dispositivi; nel seguito verranno illustrati brevemente tre, tra i più noti, di questi metodi.

Metodo ad angolo parallattico costante e stadia verticale

Il più noto tra questi metodi è sicuramente quello denominato ad angolo parallattico **costante**, non già perché fosse il più affidabile (anzi, fornisce la distanza con significative **incertezze**), quanto per la sua **rapidità** di esecuzione. Esso prevede l'utilizzo di teodoliti di bassa precisione (al primo centesimale), denominati **tacheometri**, e la **stadia verticale** (▶FIGURA 19) come mira.

• La stadia verticale

La **stadia** è una *mira graduata* costituita da un'asta snodabile in due o più parti (▶FIGURA 20), di solito in legno, lunga 3 o 4 m, che riporta sul lato frontale una graduazione **centimetrica** con l'indicazione numerica dei **decimetri**. Deve essere disposta **verticalmente**, con l'impiego di una *livella sferica* montata su un supporto angolare (▶FIGURA 21), e con l'*origine* della graduazione nel punto d'appoggio a terra, e la numerazione sempre crescente verso l'alto.

FIGURA 20 Stadia da 4 m in quattro partite incernierate per facilitarne il trasporto.

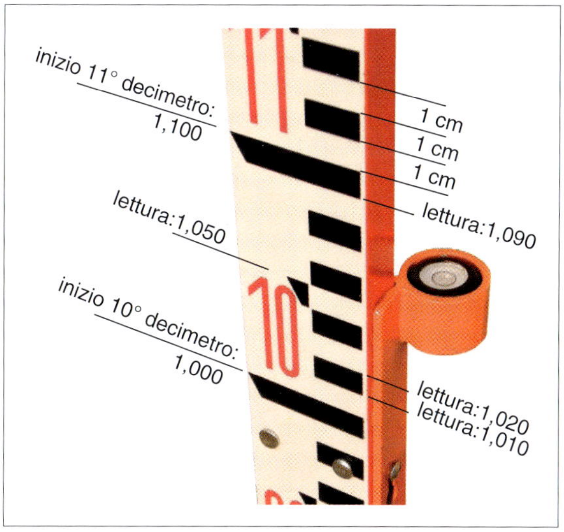

FIGURA 21 Particolare della graduazione di una stadia, e livella sferica, montata su supporto metallico angolare per disporre la stadia verticalmente.

In ogni punto della stadia si può eseguire una lettura l al **millimetro** (che rappresenta l'altezza del punto considerato sulla stadia da terra), dunque composta di **4 cifre**, comprensiva della parte intera, i *metri*, e della parte decimale, i *decimetri*, i *centimetri* e i *millimetri*. Questi ultimi, non essendo presenti sulla graduazione, devono essere **stimati** come frazione del tratto di un centimetro.

• I fili distanziometrici

L'angolo *parallattico* ω *costante* viene ottenuto con due **incisioni** orizzontali sul vetrino del *reticolo* del cannocchiale, **equidistanti** dal tratto centrale dello stesso reticolo; tali incisioni, aggiunte al tradizionale reticolo a croce, vengono dette **fili distanziometrici** (▶FIGURA 22).

In effetti, l'angolo *parallattico* ω è definito dalla coppia di raggi luminosi, paralleli all'asse di collimazione del cannocchiale e passanti per tali fili. Essendo, poi, questi in posizione fissa, anche l'angolo ω da essi generato diviene una **costante**

FAQ

Cosa caratterizza un reticolo distanziometrico?

La presenza di due incisioni orizzontali, equidistanti dal filo centrale del classico reticolo a croce. Essi consentono la misura indiretta della distanza con il metodo ad angolo parallattico costante.

FAQ

Nella misura indiretta a ω costante, è necessario eseguire la lettura al filo medio?

No, questa lettura è consigliata per consentire di controllare le letture ai fili inferiore e superiore, ma non è necessaria alla misura della distanza.

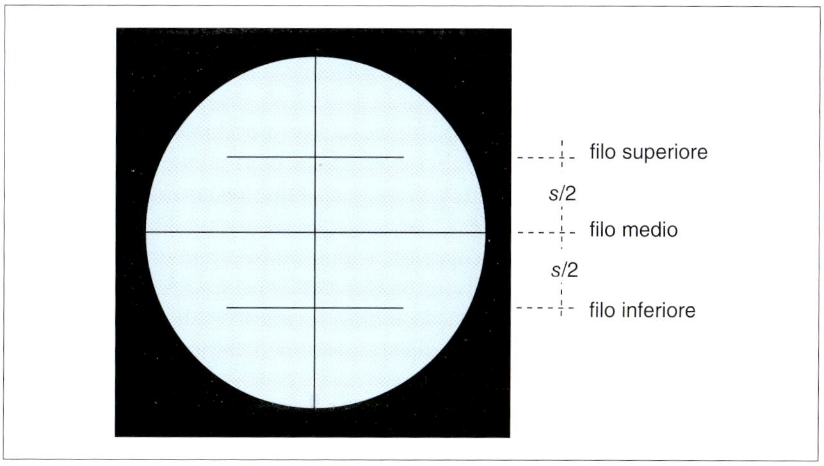

FIGURA 22 Reticolo di un cannocchiale distanziometrico. I due fili orizzontali superiore e inferiore consentono la misura indiretta della distanza.

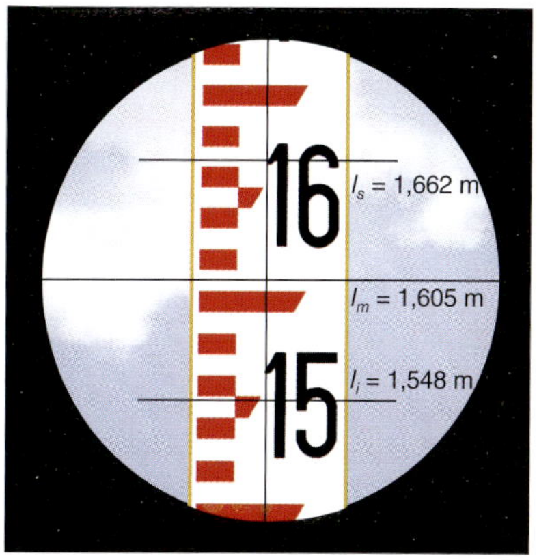

FIGURA 23 Esempio di lettura alla stadia in corrispondenza dei tre fili orizzontali del reticolo. La media dei fili estremi (l_i, l_s) deve corrispondere alla lettura al filo medio l_m.

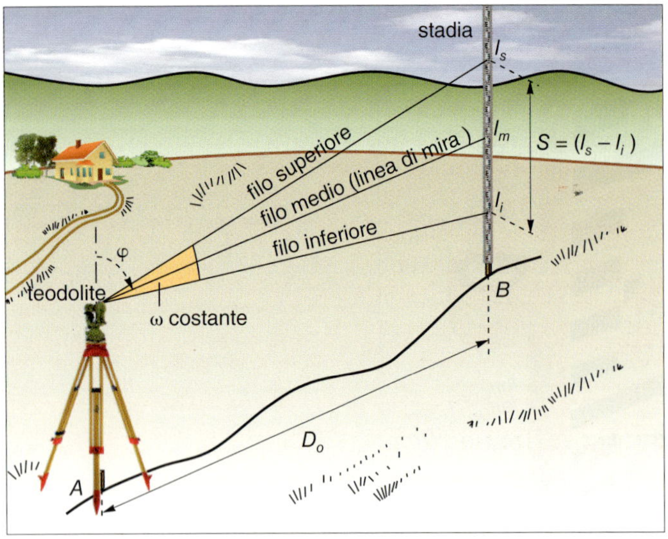

FIGURA 24 Misura indiretta della distanza con angolo parallattico costante e stadia verticale. Le letture l_s e l_i alla stadia sono eseguite nella medesima posizione del cannocchiale in corrispondenza dei fili distanziometrici incisi sul reticolo del cannocchiale.

del cannocchiale; inoltre, per l'equidistanza dei fili distanziometrici dal filo centrale del reticolo, l'asse di collimazione costituisce la *bisettrice* dell'angolo parallattico.

• Le grandezze da misurare

Per ogni posizione del cannocchiale, è possibile effettuare le seguenti tre letture alla stadia:

- lettura al filo **inferiore** (l_i);
- lettura al filo **superiore** (l_s);
- lettura al filo **medio** (l_m).

L'*intervallo di stadia* S è fornito dalla **differenza** tra le due letture ai fili distanziometrici: $S = (l_s - l_i)$ oppure $S = (l_i - l_s)$ nel caso dei vecchi cannocchiali a immagine rovesciata privi di prisma raddrizzatore.

La lettura al filo medio l_m viene effettuata solo per **controllare** le due letture ai fili distanziometrici, in quanto deve coincidere con la **media** delle letture l_i e l_s [$l_m = (l_s + l_i)/2$] (▶FIGURA 23) (pagina precedente); vedremo, tuttavia, che tale lettura, invece, diventa necessaria per la misura dei **dislivelli**, o in altri metodi di misura indiretta della distanza.

La procedura di misura prevede la collimazione della *stadia verticale* (collocata su un estremo del segmento da misurare) in un'**unica posizione** arbitraria del cannocchiale del teodolite (collocato sull'altro estremo), nel cui ambito devono essere eseguite le letture l_s e l_i ai due *fili distanziometrici* del reticolo; la loro differenza, come detto, fornisce l'*intervallo di stadia* $S = (l_s - l_i)$ proporzionale alla distanza D_o da misurare. È inoltre necessario misurare l'**angolo zenitale** φ relativo all'asse di mira del cannocchiale, eseguendo la relativa misura al cerchio verticale (▶FIGURA 24).

• La relazione matematica

La legge matematica, con la quale si ottiene la distanza D_o, uguale a D per le brevi distanze e le scarse precisioni in gioco, si deve originariamente (inizio Ottocento) a Friedrich von Reichenbach, che la concepì per i cannocchiali a *lunghezza variabile*; successivamente venne poi adeguata ai *cannocchiali a lunghezza costante*. La sua forma definitiva è la seguente:

$$D_o = D = K \cdot S \cdot \text{sen}^2\,\varphi \qquad (3)$$

In essa K rappresenta un *valore costante*, tipico del cannocchiale utilizzato, e dipendente dalla distanza s tra *i fili distanziometrici* (alcuni millimetri), e dalla distanza focale f dell'obiettivo; essa viene chiamata **costante distanziometrica** e viene ricavata dalla seguente relazione: $K = f/s$.

I *fili distanziometrici* (inferiore e superiore) sono incisi a una distanza opportuna $s/2$, dal *filo medio*, tale da fornire un valore della costante K facile da rammentare e da utilizzare nei calcoli. Già da tempo i cannocchiali topografici con *reticolo distanziometrico* presentano per questa costante il valore $\boldsymbol{K} = \mathbf{100}$.

La singola **distanza massima** misurabile (portata) con questo metodo è dell'ordine di circa 100-120 m, oltre i quali le letture alla stadia non possono più essere effettuate stimando il *millimetro* come richiesto, portando gli errori a valori inaccettabili.

FAQ

È buona l'accuratezza della misura indiretta a ω costante?

No, al contrario è decisamente scarsa, valutabile mediamente in 15-20 cm su 100 m misurati, tanto che il suo impiego era limitato al contesto di operazioni cartografiche che accettavano le modeste precisioni tipiche di questo metodo.

FAQ

Qual è la distanza massima misurabile con metodi che richiedono letture alla stadia?

Inferiore a 100-120 m. Oltre tale distanza, nelle letture alla stadia, non sarebbe più possibile una stima attendibile dei millimetri, necessaria per ottenere una misura accettabile della stessa distanza.

• La precisione

La precisione di questo metodo è decisamente **modesta**; a questo proposito basta riflettere sul fatto che le letture alla stadia vengono eseguite stimando i millimetri, con un'incertezza media teorica di 1,5 mm per ogni coppia di letture. Tale errore viene poi *amplificato* nell'ambito della (1) a causa del prodotto con il valore di K ($1{,}5 \cdot 100 = 150$ mm = 15 cm).

Inoltre, tenendo anche conto della **imperfetta verticalità** della stadia e degli **errori** presenti sia in K sia in φ, l'**incertezza** complessiva di una misura indiretta della distanza con questo metodo, può essere mediamente ritenuta dell'ordine di circa **20 cm**, sulla base di una distanza di 100 m, dunque con un **errore relativo** dell'ordine di 10^{-3} (già classificato come misura speditiva).

FAQ

Quale accorgimento operativo consente di ottenere precisioni migliori con il metodo a ω variabile e stadia verticale?

La collimazione dei due punti, richiesti dalla procedura, alle estremità della stadia, in modo da avere il massimo valore possibile per l'intervallo di stadia *S*.

Metodo ad angolo parallattico variabile e stadia verticale

I metodi ad angolo parallattico *variabile* non richiedono la presenza dei *fili distanziometrici*, ma utilizzano, nelle due collimazioni alla mira, il normale *reticolo* a croce. Anche la procedura operativa di questo metodo prevede che la stadia sia disposta **verticalmente** su un estremo della tratta da misurare, e il teodolite sull'altro estremo. Con il suo cannocchiale, poi, si collimano due generici punti P_1 e P_2 sulla stadia (meglio se sono distanti), individuati con due diverse *posizioni* dell'asse di mira, in corrispondenza delle quali si eseguono sia le *due letture* l_1 e l_2 al **filo medio**, la cui differenza fornisce l'*intervallo di stadia* $S = (l_2 - l_1)$, sia le due letture al cerchio verticale per misurare gli angoli zenitali, φ_1 e φ_2, corrispondenti alla linea di mira nelle due posizioni (▶FIGURA 25).

La relazione matematica che fornisce il valore della misura indiretta della distanza orizzontale D_o (assimilabile alla distanza topografica D) ha la seguente forma:

$$D_o = D = \frac{S}{\operatorname{cotg}\varphi_2 - \operatorname{cotg}\varphi_1} \qquad (4)$$

COMPETENZA

Interpretare l'informazione

La scarsa precisione dei metodi di misura indiretta delle distanze non deve stupire, in quanto essi venivano usati nel contesto di aggiornamento di mappe in cui non era richiesta una grande precisione. Basta considerare la mappa catastale 1:2000 (grande scala) sulla quale 1/5 di mm corrisponde a 40 cm.

L'*accuratezza* con la quale si ottiene la misura della distanza con questo metodo, a patto che venga utilizzato un teodolite di **buona precisione** e che si estenda l'*intervallo di stadia* a buona parte della stessa mira, è decisamente *migliore* rispetto al precedente metodo, potendo ridurre l'*incertezza* della misura ad alcuni centimetri (5-8 cm) relativamente a una distanza di 100 m. Anche in questo caso, dovendo eseguire letture alla stadia, la singola **distanza massima** misurabile è dell'ordine di circa 100-120 m, comunque mai superiore a 150 m.

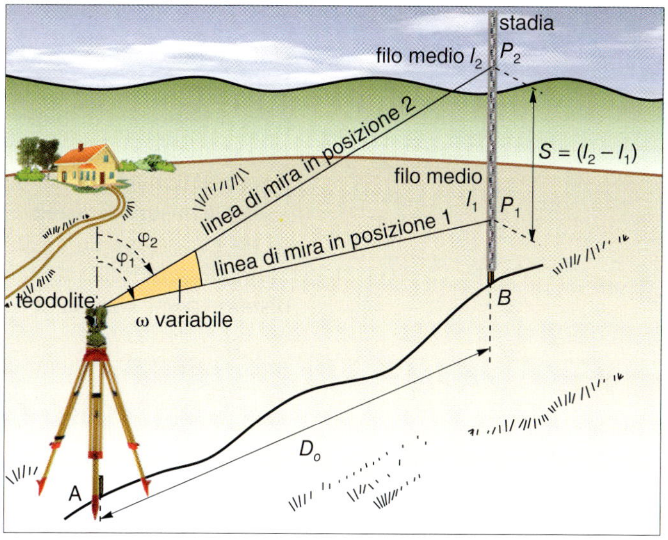

FIGURA 25 Misura indiretta della distanza con angolo parallattico variabile e stadia verticale. La procedura prevede il doppio posizionamento del cannocchiale del teodolite, per fissare l'intervallo di stadia *S* ottenuto per differenza tra le letture al filo medio l_2 e l_1 in corrispondenza delle due posizioni 1 e 2 del cannocchiale.

Metodo ad angolo parallattico variabile e mira orizzontale

Le **mire orizzontali** (▶FIGURA 26b) sono costituite da un'asta metallica disposta *orizzontalmente* su un treppiede, e orientabile a 360° per consentire di disporla **perpendicolarmente** alla direzione della distanza da misurare, utilizzando un *piccolo cannocchiale*. Non possiedono alcuna graduazione, ma sono fornite alle estremità dell'asta di due *scopi*

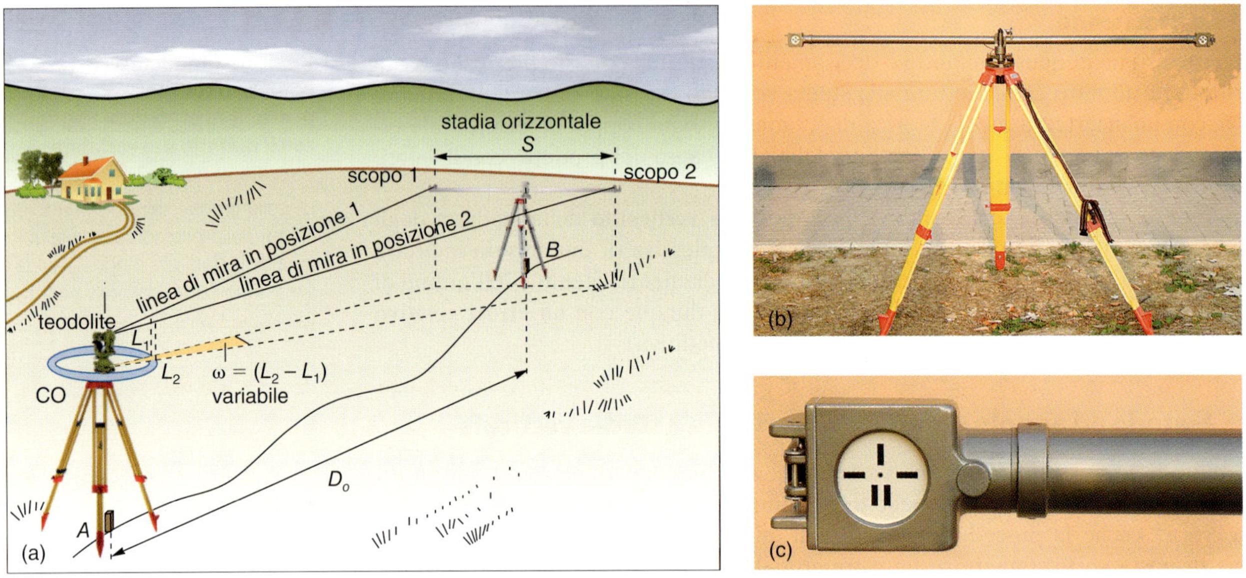

FIGURA 26 Misura ad angolo parallattico variabile e mira orizzontale; questa deve essere posta perpendicolarmente alla distanza da misurare (a). In (b) e (c), vista d'insieme della mira e particolare di uno scopo.

(▶FIGURA 26c) la cui distanza, in genere di 2 m, è imposta dal costruttore con grande precisione.

Operativamente viene collocato il teodolite su un estremo della tratta da misurare, e, successivamente, si eseguono due collimazioni a ciascuno degli **scopi** della mira collocata sul secondo estremo, e *orientata* come indicato in precedenza. Nell'ambito di ogni collimazione vengono eseguite le letture L_1 e L_2 al **cerchio orizzontale** (▶FIGURA 26a) del teodolite, in modo da ottenere, per differenza di letture, l'angolo $\omega = (L_2 - L_1)$ sotto cui è visto l'intervallo S tra i due scopi della mira. L'angolo ω rappresenta l'**angolo parallattico**, che è **variabile** in quanto dipende dalla distanza D (da misurare) alla quale si trova la mira.

La misura indiretta della distanza viene poi ottenuta con la seguente relazione:

$$D_o = D = \frac{S}{2} \operatorname{cotg} \frac{\omega}{2} \qquad (5)$$

È il metodo indiretto che consente la miglior precisione, a condizione che venga utilizzato un teodolite di buona precisione e che si curi la *perpendicolarità* della mira rispetto alla distanza da misurare. In ogni caso l'*incertezza* della misura non può scendere al di sotto di 3-4 cm relativamente a una distanza misurata che non deve essere maggiore di 80-100 m.

Per la misura di distanze superiori a tale valore, è possibile tracciare l'**allineamento** tra gli estremi da misurare, e successivamente, scomporlo in *tratte parziali* che andranno misurate indipendentemente, ottenendo poi la misura complessiva della distanza come somma delle lunghezze delle tratte parziali (v. problema 67).

8. Controllo della misura e tolleranza

Abbiamo accennato che nelle operazioni di misura di una distanza vengono inevitabilmente commessi errori, a causa dei quali il valore della distanza misurata sarà diverso da quello vero.

Le cause che producono tali errori, oltre a essere molteplici, incidono sulla misura stessa non in modo costante, sicché, ripetendo più volte la stessa misura, si otterranno sempre **risultati diversi**.

FAQ

Quale condizione operativa deve essere imposta alla mira orizzontale?

Deve essere orientata perpendicolarmente alla direzione della distanza da misurare. Tale manovra viene eseguita utilizzando un piccolo cannocchiale di cui è provvista la mira.

Da questa considerazione nasce allora l'esigenza di **eseguire più volte** la misura della distanza (almeno due, in *andata* e in *ritorno*) ottenendo una serie di valori che consentano di individuare gli errori grossolani, oltre a stabilire un certo controllo sulle misure effettuate e a definire il grado di precisione raggiunta.

Impareremo dalla **teoria degli errori** (unità D3) come trattare la serie di misure effettuate; tuttavia, fin d'ora, il buon senso, e l'esperienza, ci porta ad affermare che il valore da assumere come valore della distanza sia dato dalla **media aritmetica** delle misure effettuate.

Esiste un altro importante tipo di problema, riconducibile all'eventualità che alcune delle misure effettuate possano presentare **valori troppo diversi**, scostamenti troppo pronunciati, dalla media aritmetica, assunta come valore della distanza misurata. Questa situazione testimonierebbe che queste misure sono affette da errori tali da non poter essere assorbiti dalla media aritmetica e, ancora una volta, il buon senso suggerisce di **eliminarle** dalla formazione della media.

La tolleranza

Quando si misura più volte una distanza, sono **attendibili** i valori che differiscono dalla loro media aritmetica di una quantità inferiore o al massimo uguale a un certo **limite** stabilito; tale limite prende il nome di **tolleranza**.

Il valore della *tolleranza* dipende dai mezzi e dagli strumenti utilizzati nelle operazioni di misura, oltre che dagli scopi per cui è eseguita la misura stessa. La tolleranza è formata da due elementi numerici, in quanto *l'errore complessivo* dal quale è affetta la misura di una certa distanza D è formato dal contributo dovuto alla presenza di errori definiti **accidentali** e da errori di tipo **sistematico**.

Il Catasto impone, nei rilievi di sua competenza e per il calcolo della tolleranza per le **misure dirette** delle distanze eseguite con longimetri, la seguente espressione:

$$T = a \cdot \sqrt{D} + 0{,}0002 \cdot D \qquad (6)$$

In questa espressione D rappresenta il valore della distanza oggetto della misura, mentre a è un coefficiente dipendente dalla *morfologia del terreno* così definito:

$a = 0{,}008$ per terreni pianeggianti;
$a = 0{,}010$ per terreni mediamente ondulati;
$a = 0{,}015$ per terreni accidentati.

Per la misura diretta di una distanza di 100 m su terreno pianeggiante, tale espressione fornisce il seguente valore da assumere come tolleranza:

$$T = 0{,}008 \cdot \sqrt{100} + 0{,}0002 \cdot 100 = 0{,}10 \text{ m} = 10 \text{ cm}$$

Ciò significa che ciascuna delle misure effettuate deve scostarsi dalla propria media aritmetica di una quantità inferiore o al massimo uguale alla tolleranza calcolata, che nell'esempio proposto risulta di 10 cm. Le misure che non dovessero soddisfare tale controllo dovranno essere eliminate dalla serie.

È chiaro che valori della tolleranza più ristretti in corrispondenza di misure più precise, potranno essere ottenuti riducendo opportunamente il coefficiente a nella precedente espressione.

FAQ

Come si riduce l'effetto degli errori accidentali commessi nella misura di una grandezza?

Ripetendo più volte la misura ed elaborando i risultati mediante la teoria degli errori.

FAQ

A cosa si riferisce la tolleranza nell'ambito della misura diretta delle distanze?

È lo scostamento massimo che le misure effettuate possono presentare rispetto alla media, per essere giudicate attendibili.

Per collegare i concetti

DISTANZE

DEFINIZIONI

distanza topografica

Lunghezza *D* del segmento i cui estremi sono le proiezioni di due punti del terreno sulla superficie di riferimento adottata; per brevi distanze a bassa quota si può porre $D = D_o$

distanza orizzontale

Lunghezza della proiezione della distanza inclinata D_i su un piano orizzontale parallelo alla superficie di riferimento piana passante per l'estremo di quota inferiore; è indicata con D_o

distanza inclinata

Lunghezza del segmento che unisce nello spazio i punti del terreno; è indicata con D_i

PRECISIONI

errore relativo

Per poter confrontare e classificare la precisione tra diverse misure di distanza, si ricorre agli errori relativi ε_r (errore assoluto/distanza)

classi di precisione

- Grande precisione: $\varepsilon_r = 1$ mm/km
- Precisione: $\varepsilon_r = 1$ cm/km
- Ordinaria: $\varepsilon_r = 10$ cm/km
- Speditiva: $\varepsilon_r = 1$ m/km

MISURA DIRETTA

È necessaria la completa accessibilità dello spazio compreso fra i due estremi della distanza e l'assenza di ostacoli

misura con aste rigide

Si usano aste rigide tubolari in alluminio con livella torica. La misura avviene accostando le aste lungo il segmento da misurare

misura con nastri flessibili

In fibra sintetica o in acciaio, sono utilizzabili solo su terreni pianeggianti

allineamento di paline

Costituisce una guida per il longimetro con cui si effettua la misura

misura con longimetri laser

Forniscono la distanza reale fra lo strumento e un punto bersaglio su un oggetto

MISURA INDIRETTA

- Stazione con il teodolite sul primo estremo della distanza
- Mira collocata sul secondo estremo
- Misura di alcune grandezze

mira verticale (stadia)

Deve essere disposta verticalmente con l'origine della graduazione sul punto a terra

angolo parallattico costante

Si eseguono:
- le due letture ai fili distanziometrici del reticolo sulla stadia
- la misura dell'angolo zenitale

angolo parallattico variabile

Si eseguono:
- le due letture ai filo medio del reticolo sulla stadia
- la misura dei due angoli zenitali

mira orizzontale

Asta metallica disposta orizzontalmente su un tripode; alle estremità sono collocati due scopi

angolo parallattico variabile

Collimando i due scopi della mira, si eseguono le due letture al cerchio orizzontale del teodolite

Per ripassare

Distanza inclinata (o reale) D_i: è la lunghezza del *segmento rettilineo* che unisce tra loro due *punti* della superficie terrestre.

Distanza orizzontale D_o: è la lunghezza del *segmento rettilineo* che unisce tra loro le *proiezioni* di *due punti caratteristici* sul *piano orizzontale* passante per il primo dei due punti.

- Se φ è l'*angolo zenitale* in corrispondenza del primo punto della distanza, si ha:

$$D_o = D_i \cdot \text{sen}\,\varphi$$

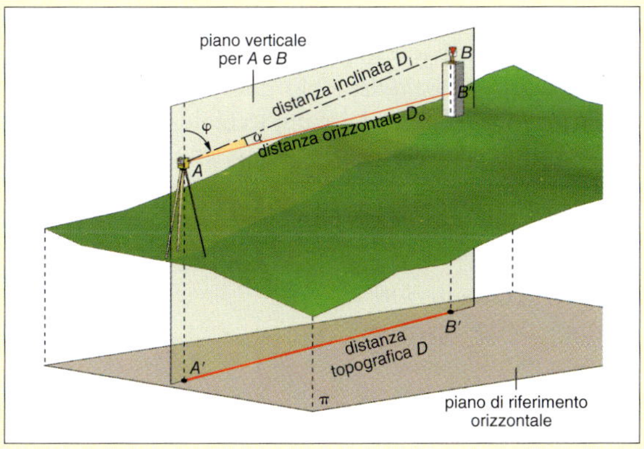

Distanza topografica D: è la lunghezza del segmento rettilineo che unisce tra loro le *proiezioni* di due *punti caratteristici* sulla *superficie orizzontale* di *riferimento*.

- Se R è il *raggio* della *sfera locale* e Q_m il valore medio delle quote dei punti caratteristici, si ha:

$$D = D_o \cdot \frac{R}{R + Q_m}$$

- Se una distanza viene misurata a *basse quote*, si può considerare $Q_m = 0$ in modo che la *distanza topografica* si fa coincidere con la *distanza orizzontale* ($D = D_o$).

Longimetri: strumenti semplici provvisti di *graduazione* che consentono di *misurare direttamente* una *breve distanza* con un *errore* dell'ordine della *decina di centimetri per chilometro* ($\varepsilon_r = 10^{-4}$).

- I longimetri possono essere costituiti da *aste rigide* (*triplometri*) in legno o in alluminio, oppure da *nastri flessibili* (*cordelle metriche*) in fibra sintetica o in acciaio.

Distanziometri: strumenti utilizzati nella *misura indiretta* delle distanze.

Coltellazione: metodo per *misurare* una *distanza orizzontale* su un *terreno inclinato* impiegando *aste rigide* e *filo a piombo*. Le aste devono essere sempre posizionate *orizzontalmente* mediante una apposita *livella torica* incorporata in ogni asta. Gli *estremi* delle aste devono essere disposti sulle *verticali* individuate dal *filo a piombo*.

Materializzare un allineamento tra due punti A e B: consiste nel *collocare* tra i due punti un *adeguato numero di paline* in modo che i loro *assi* siano tutti contenuti nel *piano verticale* passante per gli estremi A e B.

- Un allineamento lungo *qualche centinaio* di *metri* può essere materializzato a *occhio nudo*, mentre per quelli *maggiori* è opportuno utilizzare il *cannocchiale collimatore* di un *goniometro*.

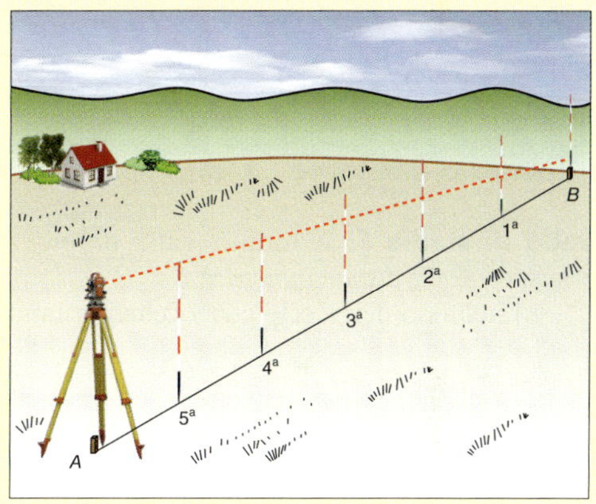

Longimetri tascabili: si tratta di piccoli strumenti con componenti elettroniche, utilizzati per misurare rapidamente la distanza reale tra un riferimento posto sullo strumento e un punto bersaglio, di solito «segnato» da un puntatore laser. Ne esistono di due tecnologie: a ultrasuoni e a laser.

- *Misura a ultrasuoni*: la distanza reale viene determinata attraverso segnali elettronici a *ultrasuoni* e visualizzata sul display dello strumento. Hanno *portate limitate* (15-20 m) e sono condizionabili dalla presenza di *ostacoli* che renderebbero incerta e inaffidabile la misura.
- *Misura a laser*: si basano sull'emissione di impulsi che consentono di misurare distanze reali fino a 100 m, *portata* che aumenta a 200 m se lo strumento dispone di *mirino digitale* o se vengono impiegate apposite *targhette* da collocare sui bersagli. Sono strumenti *più costosi* ma assai meno condizionati dagli *ostacoli*; possono integrare numerose funzioni che li rendono efficienti nel contesto del rilievo topografico.

Intervallo di stadia *S*: è fornito dalla *differenza* tra le due letture ai *fili distanziometrici*: $S = (l_s - l_i)$ oppure $S = (l_i - l_s)$ nel caso dei vecchi cannocchiali a immagine rovesciata.

- La lettura al filo medio l_m viene effettuata solo per *controllare* le due letture ai fili distanziometrici, in quanto deve coincidere con la *media* delle letture l_i e l_s $[l_m = (l_s + l_i)/2]$.

Costante distanziometrica *K*: rappresenta un valore tipico del cannocchiale utilizzato; dipende dalla distanza s tra *i fili distanziometrici* e dalla distanza focale f dell'obiettivo: $K = f/s$.

- I *fili distanziometrici* (inferiore e superiore) sono incisi a una distanza opportuna $s/2$, dal *filo medio*, tale da fornire il seguente valore della costante *K*, facile da rammentare e da utilizzare nei calcoli: $K = 100$.

Misura indiretta delle distanze: consiste nell'ottenere la distanza ricercata, utilizzando la misura di altre grandezze (un angolo, un tratto di mira ecc.), connesse alla stessa distanza da una *relazione matematica*. Lo schema *operativo* della misura indiretta di una distanza, per ricavare le grandezze da elaborare nella relazione matematica, prevede sempre:

- la stazione di un teodolite su uno dei due estremi;
- il collocamento di una mira sull'altro estremo.

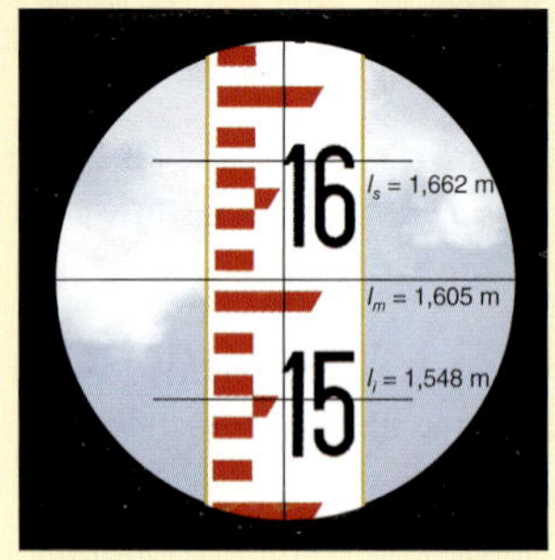

Metodi per la misura indiretta: considerano l'angolo *parallattico* indicato con ω. Questo, al variare della distanza *D* da misurare, può essere:

- *costante*: si ottiene mediante due brevi incisioni orizzontali sul reticolo del cannocchiale (dette *fili distanziometrici*);
- *variabile*: si ottiene mediante letture ai cerchi del teodolite, quando vengono collimati con il cannocchiale opportuni punti sulla mira.

Fili distanziometrici: sono utilizzati per definire l'angolo *parallattico* ω *costante*; sono due *incisioni* orizzontali sul vetrino del *reticolo* del cannocchiale, *equidistanti* dal tratto centrale dello stesso reticolo, che in questo caso viene chiamato distanziometrico. Con esso, per ogni posizione del cannocchiale, è possibile effettuare le seguenti tre letture alla *stadia*:

- lettura al filo *inferiore* (l_i);
- lettura al filo *superiore* (l_s);
- lettura al filo *medio* (l_m).

Stadie verticali: sono *aste*, spesso di legno e di sezione rettangolare, costruite in *più pezzi* che si possono *ripiegare*, e della lunghezza, generalmente, di quattro metri. Sulla faccia anteriore è riportata una *graduazione in centimetri* mediante *tratti alternati* di colore bianco e nero o bianco e rosso. La stadia deve essere disposta *verticalmente* e con l'estremo riportante l'*origine* della graduazione posizionata sul punto a terra.

- Possiamo pensare alla stadia verticale come un longimetro la cui graduazione viene letta a distanza.
- In corrispondenza di ogni punto della stadia è possibile eseguire una lettura composta da 4 cifre che rappresentano *metri*, *decimetri*, *centimetri* e *millimetri*, questi ultimi stimati in quanto non tracciati sulla graduazione (esempio di lettura: 2,564).

Misura indiretta ad angolo parallattico costante e stadia verticale: questo metodo prevede la collimazione della *stadia verticale* (collocata su un estremo del segmento da misurare) in un'*unica posizione* del cannocchiale del teodolite (collocato sull'altro estremo). Si eseguono poi le letture l_s e l_i ai due *fili distanziometrici* del reticolo e l'angolo zenitale φ relativo all'asse di mira del cannocchiale, eseguendo la relativa lettura al cerchio verticale. Tali misure consentono di sviluppare la seguente relazione:

$$D = K \cdot S \cdot \text{sen}^2 \varphi$$

- La misura ottenuta con questo metodo ha una *modesta precisione*, valutabile mediamente in 15-20 cm sulla base di una distanza di 100 m.

- La *distanza massima* misurabile con i metodi che richiedono letture alla stadia è dell'ordine di circa 100-120 m, oltre i quali le stesse letture non possono più essere effettuate stimando il millimetro come richiesto nelle operazioni di misura.

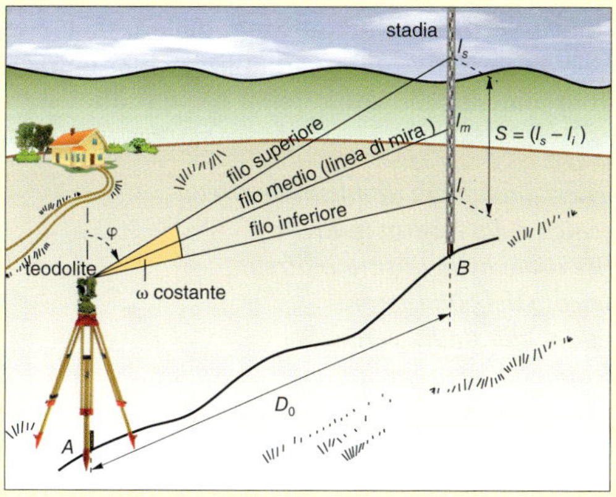

Misura indiretta ad angolo parallattico variabile e stadia verticale: il metodo prevede che la stadia sia disposta *verticalmente* su un estremo e il teodolite sull'altro estremo. Con il cannocchiale si collimano poi due generici punti sulla stadia con due diverse *posizioni* dell'asse di mira. A essi corrispondono sia le *due letture* l_1 e l_2 al *filo medio*, la cui differenza fornisce l'*intervallo di stadia* $S = (l_2 - l_1)$, sia le letture al cerchio verticale per misurare gli angoli zenitali, φ_1 e φ_2, della linea di mira nelle due posizioni. La relazione matematica che fornisce il valore della misura indiretta della distanza ha la seguente forma:

$$D = \frac{S}{\cot g\, \varphi_2 - \cot g\, \varphi_1}$$

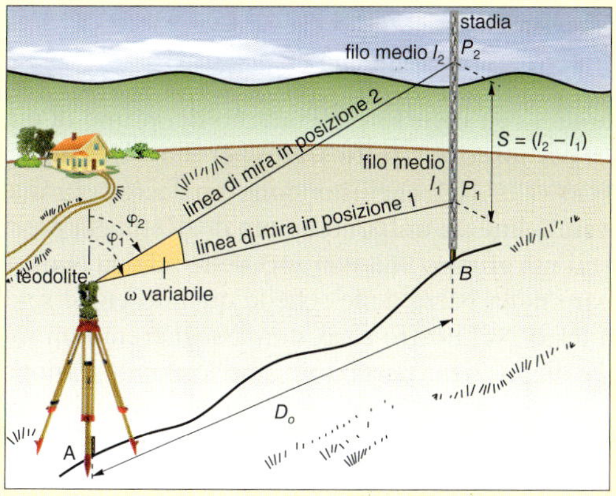

Mire orizzontali: sono costituite da un'asta metallica disposta *orizzontalmente* su un treppiede e orientabile a 360° per consentire di disporla *perpendicolarmente* alla direzione della distanza da misurare, utilizzando un *piccolo cannocchiale*. Non possiedono alcuna graduazione, ma sono fornite alle estremità dell'asta di due *scopi* la cui

distanza *S*, generalmente di 2 m, è imposta dal costruttore con grande precisione.

Misura indiretta ad angolo parallattico variabile e mira orizzontale: per misurare la distanza *D* con questo metodo si dispone su un estremo una *mira orizzontale* in modo *perpendicolare* alla *distanza*, e sull'altro estremo un teodolite. Con il cannocchiale si collimano gli *scopi* agli estremi della mira, eseguendo per ciascuna collimazione le letture L_1 e L_2 al cerchio orizzontale del teodolite. Indicando con $\omega = L_2 - L_1$ l'angolo *parallattico variabile* sotto cui viene osservato l'intervallo *S* tra i due scopi, la distanza è data dall'espressione:

$$D = \frac{S}{2} \cdot \cot g \frac{\omega}{2}$$

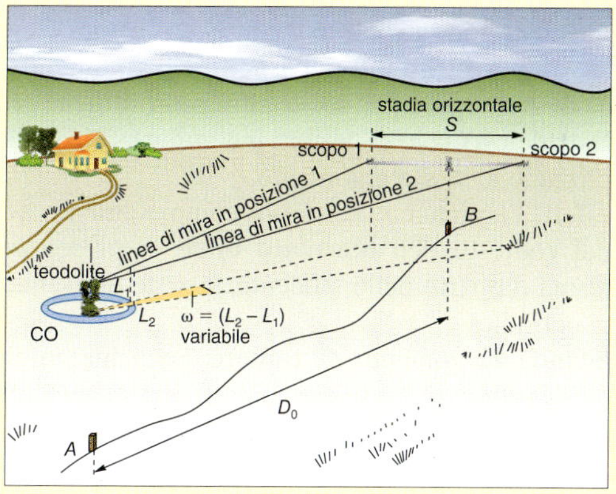

Tolleranza di una misura ripetuta più volte: *limite* della *differenza* tra il valore di *ciascuna* delle *misure effettuate* e il valore della loro *media aritmetica.*

- Nei rilievi a fini catastali, la tolleranza *T* per le *misure dirette* delle distanze eseguite con i longimetri è data dall'espressione

$$T = a \cdot \sqrt{D} + 0{,}0002 \cdot D$$

dove *D* è il valore della distanza misurata, mentre *a* è un coefficiente che dipende dalla morfologia del terreno:

$a = 0{,}008$ per terreni pianeggianti;
$a = 0{,}010$ per terreni mediamente ondulati;
$a = 0{,}015$ per terreni accidentati.

COMPETENZA DIGITALE

PowerPoint La misura indiretta delle distanze

DI COSA CI OCCUPIAMO

Nell'ambito di questo laboratorio ci proponiamo di preparare una ipotetica tesina riguardante le tecniche connesse alla misura indiretta delle distanze. Con una breve serie di diapositive sequenziali ci si propone di introdurre la metodologia, richiamare la strumentazione necessaria e illustrare in sintesi i diversi metodi che possono essere utilizzati nella misura.

1. Premessa

La costruzione delle diapositive di una tesina con PowerPoint, come già anticipato, deve rispettare i seguenti passaggi.

- **progettazione**: selezione dei *punti irrinunciabili* dell'argomento da presentare.
- **organizzazione**: *acquisizione* dei materiali da assemblare.
- **realizzazione**: *costruzione* delle diapositive e scelta dei contenuti dell'intervento orale.
- **revisione**: *controllo* della visualizzazione della tesina.

Le diapositive non devono mai contenere **troppi elementi** e non devono **esaurire** tutti gli aspetti dell'argomento trattato, ma devono toccare in modo sintetico (affinché restino bene in evidenza), solo gli **aspetti più importanti**, quelli che caratterizzano lo stesso argomento.

In effetti l'argomento verrà poi compiutamente sviluppato nel contesto dell'**intervento orale** di presentazione della tesina da parte dello studente, in sede di esame o di verifica periodica.

Valutando l'argomento da trattare, giudichiamo che lo **schema distributivo** degli elementi utilizzati nell'assemblaggio di tutte le diapositive (il *layout* della diapositiva), contenga il *titolo della diapositiva*, un'*immagine*, un *disegno* o uno *schema grafico*, e i *testi* contenuti in una casella di testo. È bene che le eventuali eccezioni a tale schema siano limitate, al fine di facilitare l'esposizione della tesina.

Nell'ambito di PowerPoint è presente, preconfezionato, uno schema di questo tipo definito come layout **Due Contenuti** con i relativi **segnaposto** (con questo nome ci si riferisce a caselle per testo o elementi grafici e multimediali già predisposti e configurati dal sistema). Tuttavia, nel contesto della nostra esercitazione, è più conveniente l'utilizzo di diapositive svincolate da queste strutture preconfezionate (che tolgono flessibilità al nostro lavoro). Pertanto, per la realizzazione della tesina verranno utilizzate diapositive con layout **Solo Titolo** (da non confondere con il layout **Titolo** dedicato alla diapositiva titolo della tesina), che verranno poi riempite con contenuti inseriti in caselle predisposte e configurate durante l'esercitazione.

Come in tutte le presentazioni multimediali, la prima diapositiva verrà riservata al **titolo della tesina**, mentre le successive diapositive verranno utilizzate per illustrare i seguenti **argomenti**, che adotteremo come **titoli** delle singole diapositive:

2. *Genesi dei metodi di misura indiretta*
3. *Tecnica della misura indiretta*
4. *Mire usate nella misura indiretta*
5. *Reticolo del collimatore*
6. *Letture alla stadia verticale*
7. *Metodo ad angolo parallattico costante*
8. *Metodo ad angolo parallattico variabile (mira verticale)*
9. *Metodo ad angolo parallattico variabile (mira orizzontale)*

2. Esercitazione

- **Diapositiva D1**

La prima diapositiva della tesina contiene, ben in evidenza, il suo *titolo* e, talvolta, un *sottotitolo*. Per realizzare questa diapositiva occorre seguire i seguenti passi.

1. Dopo aver premuto il *pulsante* **File**, appare una scheda nella quale è necessario selezionare l'opzione **Nuovo** e, nella successiva schermata, l'icona **Presentazione vuota**, quindi il pulsante **Crea**. Nell'area di lavoro viene proposta una cosiddetta **Diapositiva titolo**. Essa, nella zona centrale, contiene due **segnaposti** (*riquadri* o *caselle* per l'inserimento di testo con un formato predefinito dal programma) da utilizzare, dopo aver premuto con il cursore al loro interno, per l'inserimento del *titolo* e, eventualmente, del *sottotitolo* (dell'intera tesina, non della diapositiva).

2. Puntare con il cursore all'interno del primo di questi *riquadri* per inserire il **testo** scelto per il *titolo*, come evidenziato in ▶FIGURA D1, aggiustandone a piacere la formattazione, eventualmente utilizzando uno degli stili già predisposti presenti nel gruppo **Stili WordArt** della scheda **Formato**, che compare nella barra delle schede quando viene selezionato un testo. Nel nostro caso, non assegneremo un *sottotitolo* alla diapositiva; pertanto, semplicemente, ignoriamo il relativo *segnaposto*. Terminata rapidamente la *diapositiva titolo*, ora è necessario inserire una **nuova diapositiva** che conterrà i primi contenuti dell'argomento da esporre.

3. Inserire una *nuova diapositiva* utilizzando il **pulsante** omonimo della scheda **Home** della barra multifunzione (▶FIGURA D1). La diapositiva che appare successivamente presenta un layout denominato **Titolo e Contenuto** composto da due **segnaposti** predisposti, collocati e dimensionati automaticamente dal programma in modo da occupare tutto lo spazio della nuova diapositiva. Tuttavia, per le nostre

COMPETENZA DIGITALE

FIGURA D1
La diapositiva titolo consente di assegnare un titolo e un sottotitolo alla tesina.
La visualizzazione standard di PowerPoint è la *visualizzazione normale*. In essa sono disponibili l'*area di lavoro centrale*, in cui viene editata la diapositiva,
la colonna verticale di sinistra, dove trovano posto le *miniature* delle diapositive via via create, e, in alto, la *barra multifunzione*, con le sue *schede*, contenenti tutti i comandi necessari a comporre ed editare le diapositive.

esigenze, come già più volte ribadito, è più utile adottare un diverso layout per la diapositiva (*schema distributivo* dei *segnaposto* nella diapositiva) denominato **Solo titolo** (ben distinto dal layout **Diapositiva titolo** della precedente diapositiva e riferita al titolo dell'intera tesina). Questo layout contiene un solo *segnaposto*, sistemato nella parte alta della diapositiva, in cui verrà inserito il *titolo* della diapositiva (e non della tesina come nella precedente diapositiva). Esso viene selezionato nella tendina che compare premendo sul pulsante **Layout**, quindi scegliendo l'icona evidenziata in ▶FIGURA D1. Successivamente, puntando con il cursore all'interno del *segnaposto titolo* è possibile inserire il titolo della seconda diapositiva: GENESI DEI METODI (▶FIGURA D2).

• Diapositiva D2

Questa seconda diapositiva verrà utilizzata per esporre le ragioni che, a partire dai primi decenni dell'Ottocento, spinsero a sviluppare numerose metodologie di misura indiretta delle distanze. Per questo ci avvarremo di un *layout* che comprende tre **caselle di testo**, senza elementi grafici. Questo layout costituisce un'eccezione allo schema scelto per la tesina (un *titolo*, un *contenuto testo*, un *contenuto grafico*) e illustrato al punto 1. Dunque per la realizzazione della diapositiva si seguono le seguenti fasi.

1. Creazione delle tre **caselle di testo**. Esse vengono generate, via via, con la selezione dell'omonimo pulsante, posto nel gruppo **Disegno** della scheda **Home** (▶FIGURA D2). La selezione di questo pulsante cambia la forma del *cursore*, col quale è poi necessario, tenendo premuto il tasto sinistro del mouse, tracciare un **riquadro** (senza curarsi troppo delle dimensioni e della posizione che saranno poi regolate in seguito). Rilasciando il tasto sinistro del mouse, è poi possibile *inserire immediatamente* il testo in ciascuna casella, come indicato in ▶FIGURA D2, o utilizzando un testo alternativo giudicato più adatto allo scopo. Una volta inserito il testo sarà necessario **dimensionare** a piacere le *caselle*, e **collocarle** nella diapositiva, indicativamente come illustrato in ▶FIGURA D2.

2. Il testo contenuto nelle *caselle* precedenti, può poi essere **formattato** con un tipo di carattere senza «grazie» come **Arial** (oppure Verdana o Tahoma), in quanto questo tipo di carattere stanca meno la lettura di un documento sul video o sullo schermo del proiettore. Per questa operazione, dopo aver selezionato il **bordo** di ciascuna casella (che equivale a selezionare tutto il testo contenuto nella stessa casella), dalla apposita *tendina a scomparsa* presente nel gruppo **Carattere** della scheda **Home**, è possibile selezionare il tipo di carattere giudicato più adatto alla tesina. A mezzo della *tendina a scomparsa* affiancata alla precedente, è poi possibile assegnare, agli stessi caratteri, un'**altezza** di 18 o 20 punti che consentono una comoda lettura. Per completare la formattazione del testo contenuto nelle caselle, è possibile scegliere il **colore** desiderato, e individuare alcune parti del testo da evidenziare in **grassetto** o in *corsivo*, utilizzando gli strumenti disponibili nello stesso gruppo **Carattere**.

3. Volendo poi enfatizzare il contenuto della terza casella di testo, è possibile agire sul **colore**, selezionandone uno di-

COMPETENZA DIGITALE

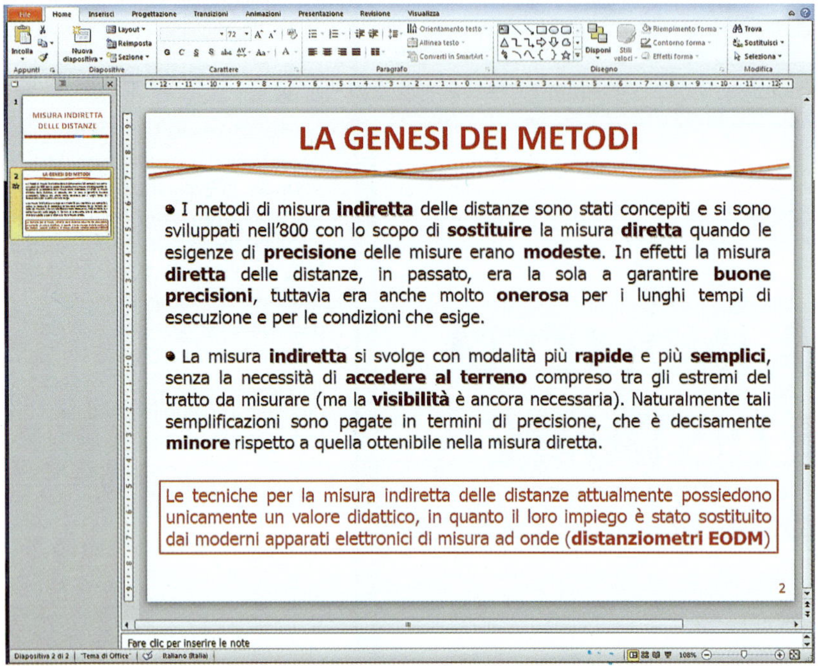

FIGURA D2 La diapositiva che segue quella del titolo della tesina è dedicata alle ragioni che spinsero allo sviluppo dei metodi di misura indiretta delle distanze. Il testo utilizzato è contenuto in tre *caselle*, opportunamente formattate, che occupano l'intero spazio della diapositiva. Nelle diapositive prive di elementi grafici è particolarmente importante curare l'aspetto e la formattazione del testo (tipo di carattere, dimensione, colore, giustificazione ecc.).

verso dalle precedenti caselle (per esempio il *rosso*), e sulla **giustificazione** del paragrafo (per esempio testo *centrato*) utilizzando gli strumenti fruibili nel gruppo **Carattere**.

• Diapositive D3, D4, D5 e D6

Prima di procedere con l'esposizione dei metodi per la misura indiretta delle distanze, è necessario introdurre l'argomento con quattro diapositive che toccano aspetti preliminari all'argomento stesso. Queste verranno realizzate seguendo lo schema compositivo (*layout*) annunciato nel punto 1, che comprende il *titolo della diapositiva*, una *casella di testo* (o due) a sinistra e uno *schema grafico* (o un'*immagine*) a destra. Ciascuna delle quattro diapositive si propone di illustrare i seguenti aspetti preliminari.

1. La prima di questo gruppo di diapositive (▶FIGURA D3) illustra la **tecnica**, comune a tutti i metodi, che viene utiliz-

FIGURA D3 Diapositiva dedicata alla descrizione (sintetica) della tecnica della misura indiretta. Nella parte sinistra della diapositiva troviamo una *casella* il cui testo è stato in parte formattato e trasformato in un *elenco puntato* per mettere in evidenzia i singoli capoversi. La parte destra è invece occupata da uno schema grafico realizzato con immagini e con le *forme* disponibili nel gruppo **Disegno**.

COMPETENZA DIGITALE

FIGURA D4 Diapositiva predisposta per illustrare e descrivere i tipi di mire utilizzate nell'ambito della misura indiretta delle distanze. Le immagini importate nella diapositiva possono essere acquisite con lo scanner da illustrazioni cartacee, oppure ricercate in Internet.

FIGURA D5 Diapositiva dedicata alla descrizione del reticolo di un cannocchiale distanziometrico. Lo schema grafico collocato alla destra della diapositiva è stato realizzato utilizzando le *forme* presenti nel gruppo **Disegno**.

zata nella misura indiretta delle distanze. La *casella di testo* contiene la descrizione sintetica degli aspetti che caratterizzano la misura indiretta, organizzati come **elenco numerato** per facilitarne la memorizzazione. A destra è stato realizzato un opportuno schema grafico costruito con piccole immagini importate (treppiede e stadia) e con **forme** (in questo caso solo linee) contenute nel gruppo **Disegno** della scheda **Home**.

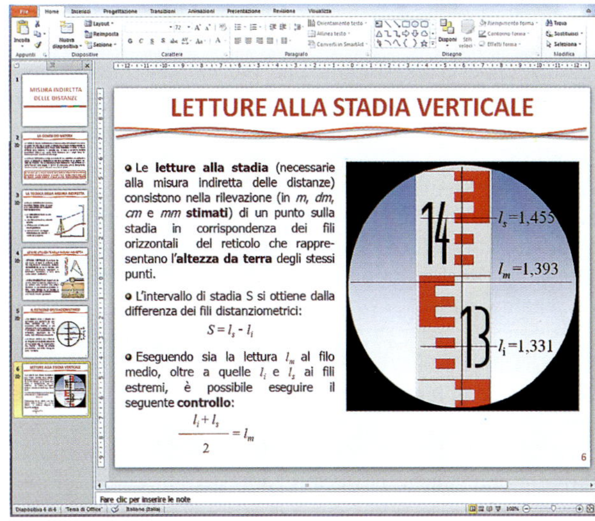

FIGURA D6 Diapositiva utilizzata per la descrizione della tecnica di lettura alla stadia verticale in corrispondenza dei tre fili orizzontali del reticolo. I valori numerici riportati nell'immagine a destra costituiscono, di fatto, un esempio di lettura che è possibile commentare durante l'intervento orale del relatore della tesina.

2. La diapositiva D4 descrive, con due *caselle di testo* e due *immagini*, i due tipi di mira (**stadia verticale** e **mira orizzontale**) che venivano impiegate nella misura indiretta delle distanze. Le relative immagini importate possono essere ricavate con lo scanner da immagini del testo, oppure possono essere ricercate in Internet (▶FIGURA D4).

3. Nella successiva diapositiva (D5), viene illustrata la composizione che aveva il reticolo di un collimatore distanziometrico. Utilizzando il layout di diapositiva scelto per la tesina, ci si avvale di una *casella di testo* collocata a sinistra e di uno *schema grafico* collocato a destra. Quest'ultimo è stato realizzato utilizzando le **forme** (linee, cerchi, campiture ecc.) disponibili nel già citato gruppo **Disegno**. Naturalmente lo schema grafico può essere sostituito da una corrispondente illustrazione importata nella diapositiva (▶FIGURA D5).

4. La diapositiva D6 serve per illustrare la tecnica di **lettura alla stadia** verticale in corrispondenza dei tre fili orizzontali del reticolo (*superiore*, *inferiore* e *medio*). Allo scopo viene utilizzata una *casella di testo* (a sinistra), e una *illustrazione* importata (a destra) contenente un esempio numerico di lettura ai tre fili del reticolo (▶FIGURA D6).

• Diapositive D7, D8 e D9

Le ultime tre diapositive della tesina (▶FIGURE D7, D8 e D9) illustrano i tre più noti metodi di **misura indiretta** delle distanze, già esposti nella parte teorica di questa unità. Essi, da oltre due decenni, conservano solamente un valore didattico, in quanto completamente abbandonati nell'attività pratico-professionale e sostituiti dalle tecniche di misura elettronica e dal sistema GPS.

COMPETENZA DIGITALE

La realizzazione di queste tre diapositive segue la procedura già descritta per le precedenti, e quindi non viene qui ripetuta. Osserviamo soltanto che, pur mantenendo gli stessi elementi delle altre diapositive (il *titolo*, una *casella di testo*, uno *schema grafico*), viene adottato un diverso schema distributivo. In effetti, osservando che lo schema grafico si sviluppa prevalentemente in direzione orizzontale, la collocazione di quest'ultimo è stata prevista nella parte inferiore, mentre la casella di testo occupa la parte centrale della diapositiva (anch'essa con sviluppo orizzontale), tra il titolo e lo schema grafico.

Osserviamo, poi, che gli schemi grafici utilizzati nelle tre diapositive sono stati realizzati direttamente sulle diapositive assemblando alcune piccole **immagini** importate (treppiede, mire, collimatore) e alcune **forme** prelevate dal più volte citato gruppo **Disegno** della barra multifunzione. Naturalmente, anche in questo contesto, gli schemi grafici possono essere sostituiti con corrispondenti immagini in formato **raster**.

Notiamo infine che ciascuna delle tre diapositive finali contiene una **formula**. Essa è sufficientemente semplice da poter essere scritta nell'ambito della *casella di testo* già presente in ogni diapositiva.

Tuttavia, per rendere più flessibile la sua collocazione, può essere più conveniente scrivere la formula in una seconda *casella di testo* autonoma. Oppure, ancora, per migliorare l'aspetto della formula, è disponibile uno strumento, denominato **Equation**, con cui è possibile creare in modo efficiente qualsiasi formula matematica contenente qualsiasi simbolo. Questo strumento è attivabile della scheda **Inserisci** selezionando il pulsante **Oggetto**; esso farà comparire un elenco da cui occorre selezionare la voce **Microsoft Equation 3.0**.

FIGURA D7 Diapositiva impiegata per illustrare il più antico (ora abbandonato) dei metodi di misura indiretta delle distanze. Notiamo una diversa distribuzione della *casella di testo* e dello *schema grafico*, suggerita dallo sviluppo in senso orizzontale di quest'ultimo.

FIGURA D8 Diapositiva riservata al metodo di misura indiretta con angolo parallattico varabile e stadia verticale. Anche in questo caso, il layout è il medesimo della precedente diapositiva, con casella di testo e schema grafico con sviluppo orizzontale.

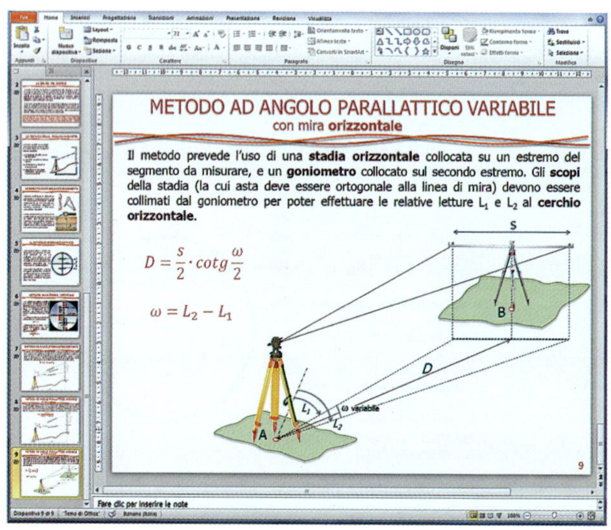

FIGURA D9 Diapositiva usata per illustrare il metodo di misura indiretta con angolo parallattico varabile e stadia orizzontale. È l'ultima diapositiva della tesina; questa, talvolta, è seguita da una ulteriore diapositiva contente informazioni utili connesse all'argomento trattato (per esempio, la bibliografia utilizzata).

A tesina ultimata, la stessa potrà essere **visualizzata** e controllata a **tutto schermo** premendo il *tasto funzione* **F5**, facendo scorrere le diapositive premendo sul tasto sinistro del mouse (o agendo sulla rotellina centrale), utilizzando il tasto *invio* della tastiera o, ancora, coi i **tasti di direzione** (con simboli a freccia). La visualizzazione può essere interrotta in ogni momento con il tasto **Esc**.

Autovalutazione

A. Verifica delle conoscenze

QUESITI VERO/FALSO

		V	F
1	Se φ è l'angolo zenitale sul primo punto di una distanza inclinata D_i, la corrispondente distanza orizzontale D_o è data da $D_o = D_i \cdot \text{sen}\, \varphi$	☐	☐
2	Una distanza topografica può essere determinata con una misura diretta	☐	☐
3	A quote basse la distanza topografica e quella orizzontale si fanno coincidere	☐	☐
4	Per misurare direttamente una distanza deve essere accessibile tutto il territorio compreso tra gli estremi della distanza	☐	☐
5	Le aste rigide consentono una precisione maggiore di quella dei nastri graduati	☐	☐
6	Con la coltellazione si misurano distanze inclinate	☐	☐
7	L'apparato di Jäderin era costituito da un sistema di nastri flessibili in acciaio invar	☐	☐
8	Per eseguire un allineamento si collocano per prime le paline più vicine all'operatore	☐	☐
9	Gli allineamenti vengono materializzati sempre a occhio nudo	☐	☐
10	La tolleranza di una serie di misure dipende dal valore della loro media aritmetica	☐	☐
11	Generalmente sulle stadie è impressa una graduazione in millimetri	☐	☐
12	La costante distanziometrica è data dal rapporto tra l'intervallo tra i fili distanziometrici e la distanza focale dell'obiettivo	☐	☐
13	La formula della distanza $D = K \cdot S \cdot \text{sen}^2 \varphi$ richiede le letture ai fili distanziometrici	☐	☐
14	Le mire orizzontali sono provviste di una graduazione in centimetri	☐	☐
15	I fili distanziometrici definiscono l'ampiezza dell'angolo parallattico costante	☐	☐
16	L'intervallo di stadia si ottiene dalla somma delle letture della stessa stadia	☐	☐
17	Le letture ai fili distanziometrici sono controllabili eseguendo la lettura al filo medio	☐	☐
18	La precisione della misura indiretta delle distanze è valutabile con un errore relativo di 10^{-5}	☐	☐

QUESITI A RISPOSTA APERTA

19 Con riferimento alla figura, rispondi ai seguenti quesiti.

1) Stabilire quali riquadri indicano:
   a) la distanza topografica tra i punti A e B,
   b) la distanza orizzontale tra i punti A e B,
   c) la distanza inclinata tra i punti A e B.

2) Qual è la relazione tra le distanze inclinata e orizzontale? ....

....

3) Qual è la relazione per il riporto a livello del mare di una distanza orizzontale? ....

....

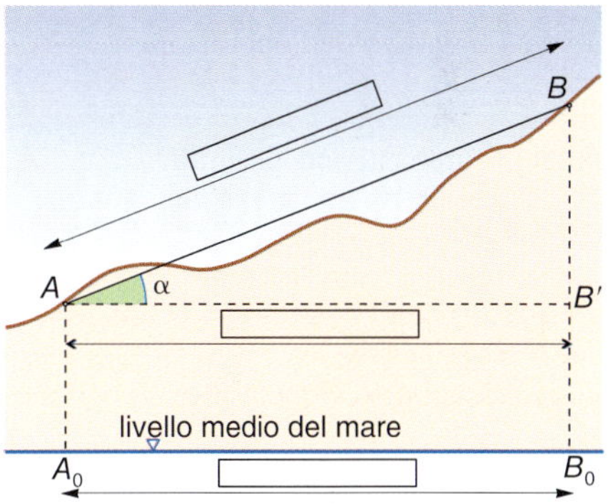

20 Con riferimento al nastro flessibile da 50 m illustrato in figura, rispondi ai seguenti quesiti.

1) Di quale materiale è costituito? ....

....

2) Quale nome è dato al contenitore del nastro avvolto?

....

3) In quale tipo di terreni viene utilizzato? ....

....

4) Come viene impiegato in esercizio? ....

....

5) Quale rischio implica il suo attorcigliamento? ....

....

21 Con riferimento al longimetro laser mostrato in figura, rispondi ai seguenti quesiti.

1) Quale tipo di distanza misura? ……

2) Quale tipo di angolo misura? ……

3) Quale portata massima possiede? ……

4) Che tipo di puntamento possiede? ……

5) A cosa serve il sensore di inclinazione? ……

22 Con riferimento allo schema, che illustra una operazione realizzata con un longimetro laser, rispondi ai seguenti quesiti.

1) Qual è l'obiettivo dell'operazione? ……

2) Quali misure vengono eseguite? ……

3) Quale funzione viene attivata? ……

4) Su quale supporto viene usato il longimetro? ……

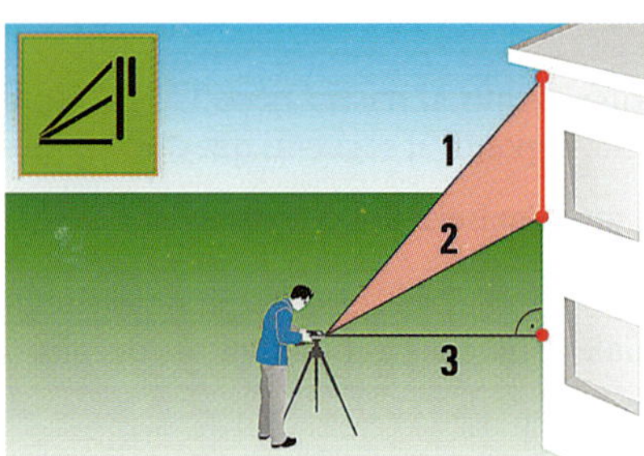

23 Con riferimento alla figura, che mostra una mira graduata, rispondi ai seguenti quesiti.

1) Di quale tipo di mira si tratta? ……

2) In quale posizione deve essere disposta? ……

3) Quale dispositivo è utilizzato nel posizionamento? ……

4) Con quale unità è realizzata la sua graduazione? ……

5) Quali misure vengono eseguite su essa? ……

6) Con quale precisione vengono eseguite tali misure? ……

24 In figura è illustrata una porzione di stadia osservata da un cannocchiale provvisto di reticolo con fili distanziometrici; al riguardo rispondi ai seguenti quesiti.

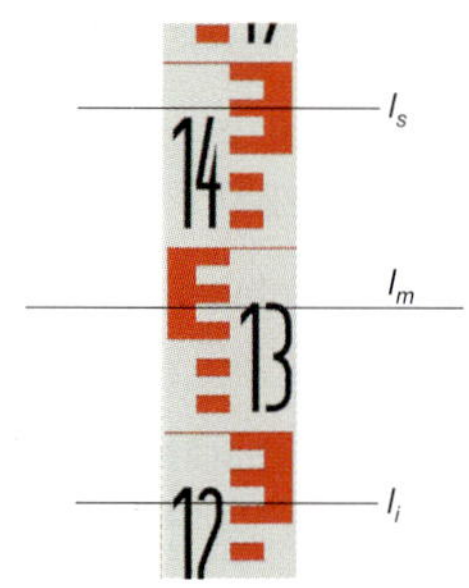

1) Quali valori hanno le seguenti letture?

l_s = ……

l_m = ……

l_i = ……

2) Quale controllo è possibile su tali misure? ……

3) Quale valore presenta l'intervallo di stadia? ……

25 La figura illustra lo schema in cui un teodolite collocato in *A* collima una stadia verticale in *B*. Con riferimento a tale schema rispondi ai seguenti quesiti.

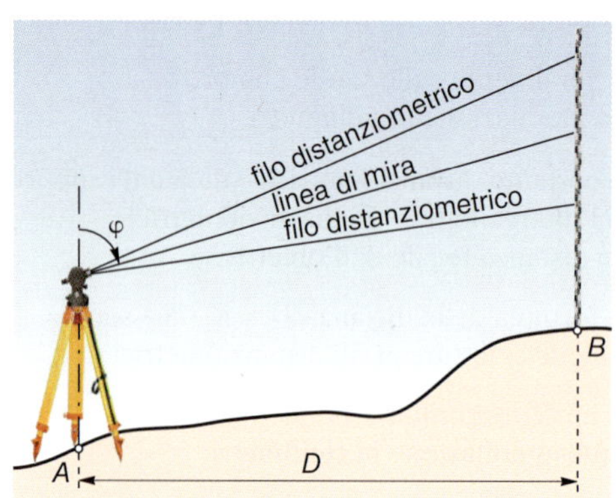

1) A quale tipo di misura si riferisce? ……

2) Quale elemento determina l'angolo parallattico? ……

3) Quale relazione fornisce la grandezza misurata? ……

4) Quale portata ha tale tecnica di misura? ....

....

5) Con quale precisione si ottiene tale misura? ....

....

QUESITI A RISPOSTA MULTIPLA

26 Se $\varphi = 103°$ è l'angolo zenitale della congiungente AB e $D_i = 255$ m la distanza inclinata AB, la distanza orizzontale D_o tra i due punti vale

a 248,46 m b 261,71 m
c 197,64 m d 312,36 m

27 Se R è il raggio della sfera locale e h la quota media degli estremi di una distanza orizzontale D_o, la distanza topografica è:

a $\dfrac{D_o}{R+(R+h)}$ b $D_o\dfrac{R}{R+h}$
c $D_o\dfrac{R}{R-h}$ d $D_o+\dfrac{R}{R+h}$

28 Una distanza orizzontale e la corrispondente distanza topografica si considerano coincidenti

a a quote basse b a quote elevate
c sempre d mai

29 Una distanza misurata direttamente con i longimetri è detta di precisione ordinaria se è caratterizzata da un errore relativo dell'ordine di

a 10^{-6} b 10^{-5}
c 10^{-4} d 10^{-3}

30 Il metodo della coltellazione prevede l'impiego di

a cordelle-filo a piombo
b aste rigide-filo a piombo
c fili di invar-cordelle
d nessuna delle precedenti

31 Con l'apparato di Jäderin le misure venivano effettuate per campate lunghe circa

a 3 m b 6 m
c 12 m d 24 m

32 Una distanza misurata con grande precisione è caratterizzata da un errore relativo dell'ordine di

a 10^{-6} b 10^{-5}
c 10^{-4} d 10^{-3}

33 La materializzazione di un allineamento sul terreno serve per

a collocare un adeguato numero di paline
b allineare correttamente i longimetri
c misurare una distanza con più precisione
d individuare il piano verticale passante per gli estremi

34 Per materializzare un allineamento della lunghezza di 2 km è sufficiente

a realizzare l'operazione a occhio nudo
b posizionare il raggio visivo tangente alla prima palina
c impiegare il cannocchiale collimatore di un teodolite
d utilizzare un filo a piombo su una palina infissa obliqua

35 Nella cifra che esprime la lettura alla stadia si stimano

a i decimetri
b i centimetri
c i millimetri
d i decimi di millimetro

36 Se s è l'intervallo tra i fili distanziometrici e f è la distanza focale dell'obiettivo, la costante distanziometrica K vale

a s/f b f/s
c $s+f$ d $s\cdot f$

37 Le mire orizzontali devono esere utilizzate rispettando la seguente condizione geometrica

a parallelismo alla distanza
b ortogonalità alla distanza
c complanarità alla distanza
d nessuna delle precedenti

38 Le letture alla stadia verticale non sono attendibili per distanze maggiori di

a 400 m b 300 m
c 200 m d nessuna delle precedenti

39 Avendo misurato alla stadia verticale e al CV: $l_2 = 2{,}854$ m, $l_1 = 2{,}171$ m, $\varphi_2 = 95{,}105$ gon, $\varphi_1 = 96{,}837$ gon, la distanza tra due punti ad angolo parallattico variabile vale

a 25 m b 35 m
c 45 m d 55 m

40 Colimando una stadia verticale con un cannocchiale provvisto di reticolo distanziometrico si sono eseguite le seguenti letture: $l_s = 2{,}068$ m, $l_m = 1{,}903$ m. La lettura impedita l_i al fili inferiore sarebbe stata di:

a 2,233 m b 1,837 m
c 1,738 m d nessuna delle precedenti

41 Con un teodolite sono stati collimati gli scopi di una mira orizzontale ($S = 2$ m) eseguendo le seguenti letture al CO: $L_1 = 145{,}8652$ gon, $L_2 = 147{,}6486$ gon. La distanza tra teodolite e mira è:

a 62,45 m b 88,57 m
c 41,68 m d nessuna delle precedenti

AUTOVALUTAZIONE

B. Verifica delle competenze

COMPETENZA Attività grafica

42 Riporta in AutoCAD la pianta quadrilatera di un edificio storico, rilevata con un nastro flessibile da 20 m, le cui misure sono riportate nella figura sottostante. [*Suggerimento*: traccia il lato AB con una direzione a piacere, quindi determina la posizione dei punti C, D, E, F tramite intersezione di due cerchi (v. esercitazione nell'unità A2).]

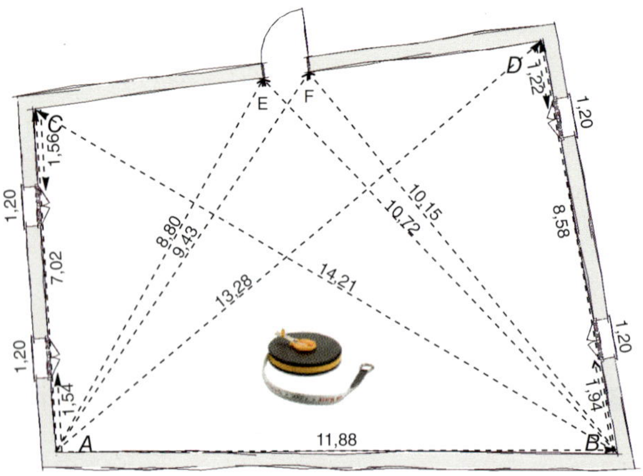

COMPETENZA Digitale

43 Nell'ambito di un foglio Excel, utilizza alcune celle per automatizzare il calcolo del valore della relazione connessa alla misura indiretta di una distanza con il metodo ad angolo parallattico costante e stadia verticale.

COMPETENZA Risolvere problemi

44 PROBLEMA SVOLTO

Con un longimetro portatile laser sono state misurate direttamente la distanza inclinata tra due punti A, B e l'angolo di inclinazione (rispetto all'orizzontale) del segnale luminoso ottenendo i valori: $D_i = 76{,}22$ m, $\alpha = 11°{,}3$. Determina la distanza orizzontale e la quota del punto B sapendo che la quota di A è $Q_A = 41{,}27$ m.

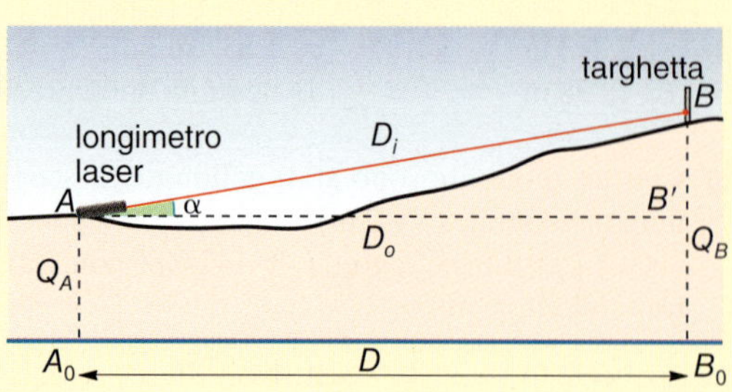

Soluzione

Applichiamo la prima delle (1):

$$D_o = D = 76{,}22 \cdot \cos 11°{,}3 = 74{,}74 \text{ m}$$

Dal triangolo retto ABB' risulta:

$$BB' = 76{,}22 \cdot \text{sen } 11°{,}3 = 14{,}93 \text{ m}$$

La quota del punto B è pertanto:

$$Q_B = Q_A + BB' = 41{,}27 + 14{,}93 = 56{,}20 \text{ m}$$

45 Con due aste rigide è stata misurata direttamente la distanza orizzontale tra i punti A e B di un allineamento ottenendo il valore $D_o = 284{,}65$ m. Sapendo che l'angolo zenitale della congiungente AB, misurato con un teodolite, è $\varphi = 81°{,}6$, e che la quota di A è $Q_A = 722{,}54$m, determina la distanza inclinata tra A e B e la quota del punto B.
[$D_i = 287{,}7$ m; $Q_B = 764{,}57$ m]

46 Con due aste rigide è stata misurata direttamente la distanza orizzontale tra i punti A e B di un allineamento ottenendo il valore $D_o = 193{,}66$ m. Sapendo che l'angolo zenitale della congiungente AB, misurato con un teodolite con cerchi a graduazione centesimale, è $\varphi = 112°{,}88$, e che la quota di A è $Q_B = 889{,}74$ m, determina la distanza inclinata tra A e B, e la quota del punto A.
[$D_i = 197{,}74$ m; $\Delta_{AB} = -39{,}72$ m; $Q_A = 929{,}46$ m]

47 La distanza reale tra due punti A e B misura $D_i = 85{,}48$ m. Con due aste rigide è poi stata misurata direttamente la distanza orizzontale tra gli stessi due punti ottenendo il valore $D_o = 85{,}45$ m. Determina l'angolo zenitale φ_{AB} della loro congiungente e la quota del punto A sapendo che $Q_B = 135{,}40$ m s.l.m.
[$\varphi_{AB} = 98^c{,}3133$; $Q_A = 133{,}14$ m s.l.m.]

48 Con due aste rigide è stata misurata direttamente la distanza orizzontale tra due punti A e B ottenendo il valore $D_o = 125{,}64$ m. Stazionato un goniometro nel punto A è stato rilevato l'angolo zenitale $\varphi = 91^c{,}3981$ della congiungente AB. Determina la distanza inclinata tra i due punti A e B. [$D_i = 126{,}80$ m]

49 Su un terreno accidentato è stata eseguita una coltellazione per misurare direttamente la distanza orizzontale tra i due estremi A e B ottenendo il valore $D_o = 78{,}38$ m. L'angolo zenitale della congiungente AB è risultato $\varphi = 93^c{,}2407$. Determina la distanza inclinata tra i due punti A e B, e la quota del punto B sapendo che quella del punto A vale $Q_A = 256{,}34$ m.
[$D_i = 78{,}82$ m; $Q_B = 264{,}69$ m]

50 È stata misurata direttamente la distanza orizzontale tra gli estremi A e B di un allineamento ottenendo il valore $D_o = 156{,}85$ m. Sapendo che l'angolo zenitale della congiungente AB è $\varphi = 96^c{,}2500$ e che la quota di A è $Q_A = 1850$ m, determina la distanza inclinata tra i due punti, la corrispondente distanza topografica e la

quota del punto B, assumendo il raggio della sfera locale $R = 6\,377\,000$ m.
[$D_i = 157{,}12$ m; $Q_B = 1859{,}25$ m; $D = 156{,}80$ m]

51 È stata misurata direttamente la distanza orizzontale tra gli estremi A e B di un allineamento ottenendo il valore $D_o = 107{,}52$ m. L'angolo zenitale della congiungente AB è $\varphi = 97^c{,}5463$ e la quota di B è $Q_B = 2110$ m. Determina la distanza inclinata tra i due punti, la corrispondente distanza topografica e la quota del punto A, assumendo il raggio della sfera locale $R = 6\,377\,000$ m.
[$D_i = 107{,}60$ m; $Q_A = 2105{,}85$ m; $D = 107{,}48$ m]

52 La distanza orizzontale tra due punti A e B è stata misurata direttamente ottenendo il valore $D_o = 92{,}48$ m. Sapendo che l'angolo zenitale della congiungente AB è $\varphi_{AB} = 102^c{,}6540$ e che la quota di A è $Q_A = 750$ m, determina la distanza inclinata tra i due punti, la corrispondente distanza topografica e la quota del punto B, assumendo il raggio della sfera locale $R = 6377$ km.
[$D_i = 92{,}56$ m; $D = 92{,}55$ m; $Q_B = 746{,}14$ m]

53 Si conoscono la lunghezza e l'angolo zenitale della congiungente tra due punti A e B:

$D_i = 79{,}46$ m $\quad \varphi = 102^c{,}2350$

Determina la distanza orizzontale e la distanza topografica tra i due punti, e determinare inoltre la quota del punto A sapendo che $Q_B = 550$ m. Si assuma il raggio della sfera locale $R = 6377$ km.
[$D_o = 79{,}41$ m; $D = 79{,}40$ m; $Q_A = 552{,}79$ m]

54 Su un terreno accidentato è stata misurata direttamente quattro volte la distanza orizzontale tra due punti A e B ottenendo i seguenti valori:

$D_1 = 92{,}20$ m $\quad D_2 = 92{,}27$ m

$D_3 = 92{,}25$ m $\quad D_4 = 92{,}32$ m

Determina il valore della distanza e la relativa tolleranza catastale. [$D_o = 92{,}26$ m; $T = 16{,}25$ cm]

55 PROBLEMA SVOLTO

Da un punto di stazione O si è rilevato con un teodolite il quadrilatero $ABCD$, facendo le misure raggruppate nel ▶LIBRETTO 1.
Il cannocchiale è con costante $K = 100$ e il cerchio orizzontale è a graduazione destrorsa. Calcola l'area del quadrilatero.

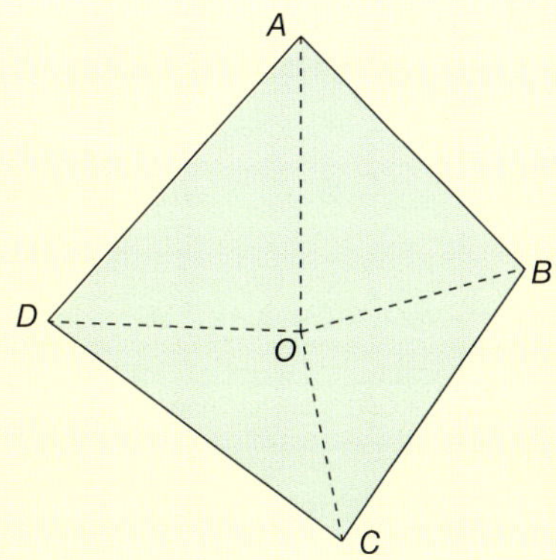

Soluzione

Dal libretto delle misure otteniamo le distanze dei quattro vertici del quadrilatero dal punto O di stazione e gli angoli orizzontali formati da tali direttrici:

$OA = 100 \cdot (2{,}000 - 0{,}900) \cdot \text{sen}^2\, 100 = 110{,}00$ m

$OB = 100 \cdot (1{,}904 - 1{,}000) \cdot \text{sen}^2\, 95{,}0370 = 89{,}85$ m

$OC = 100 \cdot (1{,}904 - 1{,}098) \cdot \text{sen}^2\, 105{,}7407 = 79{,}95$ m

$OD = 100 \cdot (1{,}857 - 0{,}880) \cdot \text{sen}^2\, 102{,}5185 = 97{,}55$ m

$A\hat{O}B = 83{,}4722 - 0 = 83{,}4722$ gon

$B\hat{O}C = 187{,}1852 - 83{,}4722 = 103{,}7130$ gon

$C\hat{O}D = 302{,}7315 - 187{,}1852 = 115{,}5463$ gon

$D\hat{O}A = 0 - 302{,}7315 + 400 = 97{,}2685$ gon

Ora è possibile il calcolo dell'area del quadrilatero:

$S_{AOB} = 1/2 \cdot 110{,}00 \cdot 89{,}85 \cdot \text{sen}\, 83{,}4722 = 4776{,}14\ \text{m}^2$

$S_{BOC} = 1/2 \cdot 89{,}85 \cdot 79{,}95 \cdot \text{sen}\, 103{,}7130 = 3585{,}65\ \text{m}^2$

$S_{COD} = 1/2 \cdot 79{,}95 \cdot 97{,}55 \cdot \text{sen}\, 115{,}5463 = 3783{,}86\ \text{m}^2$

$S_{DOA} = 1/2 \cdot 97{,}55 \cdot 110{,}00 \cdot \text{sen}\, 97{,}2685 = 5360{,}31\text{m}^2$

$S_{tot} = 4776{,}14 + 3585{,}65 + 3783{,}86 + 5360{,}31 =$
$= 17\,505{,}96\ \text{m}^2$

56 Un appezzamento $ABCD$ di forma quadrilatera è stato rilevato con un teodolite con cerchio a graduazione destrorsa e con $K = 100$. I dati del rilievo sono raggruppati nel ▶LIBRETTO 2 (pagina seguente).
Calcola il lato AD, le diagonali e l'area dell'appezzamento. [$AD = 178{,}10$ m; $AC = 143{,}44$ m; $BD = 184{,}84$ m; $S = 12\,373{,}85$ m^2]

LIBRETTO 1

Stazione	Punti colimati	Letture al cerchio (gon)		Letture alla stadia (m)		
		orizzontale	verticale	sup.	medio	inf.
O	A	0,0000	100,0000	0,900	—	2,000
	B	83,4722	95,0370	1,000	—	1,904
	C	187,1852	105,7407	1,098	—	1,904
	D	302,7315	102,5185	0,880	—	1,857

AUTOVALUTAZIONE

LIBRETTO 2

Stazioni	Punti colimati	Letture azimutali	Letture zenitali	Letture alla stadia (m)		
				sup.	medio	inf.
B	*A*	39,2222	91,7963	1,502	—	2,503
	B	146,4352	107,2407	0,836	—	1,786
C	*C*	306,4074	—	—	—	—
	D	52,8518	114,0926	1,470	—	2,611

LIBRETTO 3

Stazione	Punti osservati	Angoli azimutali (gon)	Angoli zenitali (gon)	Letture alla stadia (filo medio) (m)
P	*A*	52,6948	97,6680 97,4600	1,342 1,558
	B	175,3794	96,8420 96,5950	0,645 0,900

LIBRETTO 4

Stazione	Punti osservati	Angoli azimutali (gon)	Angoli zenitali (gon)	Letture alla stadia (filo medio) (m)
S	*A*	0,0000	99,2580 98,9530	2,256 2,522
	B	72,6980	99,0360 98,7020	2,370 2,726
	C	213,4320	98,5540 98,1870	2,152 2,590
	D	352,8590	97,9050 97,5290	1,648 2,030

LIBRETTO 5

Stazione	Punti colimati	Letture al cerchio (gon)		Letture alla stadia (m)		
		orizzontale	verticale	sup.	medio	inf.
B	*A*	250,8889	102,6852	1,432	—	0,528
	C	351,3704	99,1667	1,972	—	1,020
C	*B*	151,3704	—	—	—	—
	D	312,9630	98,4259	1,816	—	0,944

57 Per determinare la distanza tra due punti *A* e *B*, si fa stazione con un teodolite in un terzo punto *P*. Sulla stadia collocata in *A* si fanno due letture, entrambe al filo medio, in corrispondenza di due diverse inclinazioni dell'asse di collimazione. Lo stesso sulla stadia collocata in *B*. I dati delle osservazioni sono riportati nel ▶LIBRETTO 3.
La graduazione del cerchio azimutale procede in senso orario. Determina la distanza *AB*.
[$AB = 108{,}04$ m]

58 Un appezzamento *ABCD* di forma quadrilatera è stato rilevato da un punto interno *S* con un teodolite a graduazione centesimale destrogira, con il cannocchiale provvisto soltanto del reticolo collimatore che consente la determinazione della distanza unicamente con il metodo ad angolo parallattico variabile. Si devono determinare le lunghezze dei lati dell'appezzamento e la sua superficie. I dati del rilievo sono riportati nel ▶LIBRETTO 4. [$AB = 67{,}46$ m; $BC = 128{,}52$ m; $CD = 125{,}02$ m; $DA = 44{,}27$ m; $S = 6984{,}07$ m^2]

59 Per ottenere la distanza tra i punti *A* e *D*, non visibili per l'interposizione di un ostacolo, è stata rilevata la spezzata di vertici *A*, *B*, *C*, *D*, collocando un teodolite, il cui cannocchiale a immagine diritta è provvisto di reticolo distanziometrico ($K = 100$), sui vertici *B* e *C*, eseguendo le misure riportate nel ▶LIBRETTO 5.
Determina la lunghezza del lato *AD* e i valori degli angoli che lo stesso lato forma con *AB* e con *CD*.
[$AD = 172{,}52$ m; $D\widehat{A}B = 84^c{,}3210$; $C\widehat{D}A = 53^c{,}6049$]

LIBRETTO 6

Stazione	Punti colimati	Letture al cerchio (gon)		Letture alla stadia (m)		
		orizzontale	verticale	sup.	medio	inf.
S	*A*	40,3600	101,2500	2,978	—	1,470
	B	140,1200	97,6400	2,150	—	0,272
	C	236,8400	100,0000	1,869	—	0,768
	D	347,3700	98,1500	2,759	—	1,008

LIBRETTO 7

Stazione	Punti colimati	Letture al cerchio (gon)		Letture alla stadia (m)		
		orizzontale	verticale	sup.	medio	inf.
S	*A*	166,5500	98,1000	1,426	—	0,362
	B	166,5500	103,4500	1,885	—	1,233
	C	112,8500	100,0000	1,313	—	1,143
	D	59,1500	102,7000	2,549	—	1,847
	E	59,1500	99,3500	2,208	—	1,242

LIBRETTO 8

Stazione	Punti colimati	Letture al cerchio (gon)		Letture alla stadia (m)		
		orizzontale	verticale	sup.	medio	inf.
S	*A*	32,4600	100,0000	1,423	—	1,033
	B	166,0600	109,1600	0,797	—	0,413
	C	275,1800	85,6200	1,299	—	0,913
	D	364,8300	96,8400	1,469	—	0,987

LIBRETTO 9

Stazione	Punti colimati	Letture al cerchio (gon)		Letture alla stadia (m) (filo medio)
		orizzontale	verticale	
A	*B*	14,7821	92,0092	3,418
			92,9475	1,676
	C	82,4555	103,1975	1,845
			104,7808	0,078

60 Per determinare l'area di un appezzamento di terreno a forma quadrilatera di vertici A, B, C, D, si è fatta stazione con un teodolite, il cui cannocchiale a immagine diritta è provvisto di reticolo distanziometrico ($K = 100$), su un punto S interno all'appezzamento, eseguendo le misure riportate nel ▶LIBRETTO 6.
Determina l'area dell'appezzamento.
[$S = 43\,799{,}2$ m^2]

61 Per determinare l'area di un appezzamento di terreno di vertici A, B, C, D, E, si è fatta stazione con un teodolite, il cui cannocchiale a immagine diritta è provvisto di reticolo distanziometrico ($K = 100$), su un punto S esterno all'appezzamento, eseguendo le misure riportate nel ▶LIBRETTO 7.
Determina il perimetro e l'area dell'appezzamento.
[$2p = 334{,}82$ m; $S = 4239{,}47$ m^2]

62 Il contorno di un appezzamento di terreno a forma quadrilatera di vertici A, B, C, D, è stato rilevato con un teodolite, il cui cannocchiale a immagine diritta è provvisto di reticolo distanziometrico ($K = 100$), collocato su un punto S interno all'appezzamento, eseguendo le misure riportate nel ▶LIBRETTO 8.
Determina l'area dell'appezzamento.
[$BD = 85{,}68$ m; $S = 3004{,}50$ m^2]

63 Per determinare l'area del triangolo di vertici A, B, C, si è collocato un teodolite sul vertice A, col quale si è collimata in due distinte posizioni una stadia verticale collocata prima in B, quindi in C, eseguendo le misure riportate nel ▶LIBRETTO 9.
Determina il perimetro e l'area del triangolo ABC.
[$2p = 290{,}12$ m; $S = 3603{,}25$ m^2]

LIBRETTO 10

Stazione	Punti collimati	Letture al cerchio (gon)		Letture alla stadia (m)		
		orizzontale	verticale	sup.	medio	inf.
B	*A*	82,8889	101,9074	1,416	—	0,624
	C	262,7407	99,5555	1,924	—	1,092
C	*B*	163,5741	—	—	—	—
	D	321,9815	—	—	—	—
D	*C*	67,6111	102,0000	2,292	—	1,538
	E	212,3889	94,5741	2,405	—	1,493

LIBRETTO 11

Stazione	Punti collimati	Letture al cerchio (gon)		Letture alla stadia (m)		
		orizzontale	verticale	sup.	medio	inf.
A	*B*	26,8518	102,4444	2,988	—	2,147
	C	88,1111	95,6296	1,927	—	0,968
	D	138,5741	103,6852	3,121	—	2,049
	E	174,8333	96,7037	2,873	—	1,786

LIBRETTO 12

Stazione	Punti collimati	Letture al cerchio (gon)		Letture alla stadia (m)		
		orizzontale	verticale	sup.	medio	inf.
O	*A*	42,1296	97,8148	2,978	—	2,224
	B	101,3333	100,0000	3,150	—	2,211
	C	260,7778	98,8889	3,869	—	2,368
	D	386,8518	104,9074	2,750	—	1,879

64 Per eseguire il tracciamento di una galleria rettilinea tra i punti A ed E, è stata rilevata la spezzata di vertici A, B, C, D, E collocando un teodolite, il cui cannocchiale a immagine diritta è provvisto di reticolo distanziometrico ($K = 100$), sui vertici B, C e D, eseguendo le misure riportate nel ▶LIBRETTO 10.
Determina la lunghezza AE della galleria e i valori degli angoli che questa forma con AB e con DE.
[$AE = 249{,}11$ m; $EAB = 49^c{,}7145$; $DEA = 67^c{,}2484$]

65 Per determinare l'area di un appezzamento di terreno di vertici A, B, C, D, E, si è fatta stazione con un teodolite, il cui cannocchiale a immagine diritta è provvisto di reticolo distanziometrico ($K = 100$), sul vertice A, eseguendo le misure riportate nel ▶LIBRETTO 11.
Determina perimetro e area dell'appezzamento $ABCDE$, e la distanza della congiungente i vertici B ed E.
[$2p = 415{,}33$ m; $S = 10\,043{,}07$ m^2; $BE = 176{,}82$ m]

66 Per determinare l'area di un appezzamento di terreno di vertici A, B, C, D, si è fatta stazione con un teodolite, il cui cannocchiale a immagine diritta è provvisto di reticolo distanziometrico ($K = 100$), sul punto interno O, eseguendo le misure riportate nel ▶LIBRETTO 12.
Determina perimetro e area dell'appezzamento $ABCD$, e la distanza della diagonale AC.
[$2p = 579{,}72$ m; $S = 15\,471{,}10$ m^2; $AC = 223{,}20$ m]

Risultati dei quesiti vero/falso
1V, 2F, 3V, 4V, 5F, 6F, 7V, 8F, 9F, 10V, 11F, 12F, 13V, 14F, 15V, 16F, 17V, 18F.

Risultati dei quesiti a risposta multipla
26a, 27c, 28a, 29c, 30b, 31d, 32a, 33b, 34c, 35c, 36b, 37b, 38d, 39a, 40c, 41d.

VERSO L'ESAME DI STATO

Fai molta attenzione a questa sezione. I problemi proposti sono relativi ad argomenti che potresti trovare nella seconda prova dell'Esame di Stato.

67 Per determinare l'area del triangolo *ABC*, si è collocato un teodolite sui vertici *A* e *B*, e una mira orizzontale, avente una distanza tra gli scopi di $S = 2{,}002$ m, è stata posizionata su un punto intermedio *M* dell'allineamento *AB*. Le misure eseguite sono riportate nel ▶LIBRETTO 13.
Determina il perimetro e l'area del triangolo *ABC*.

LIBRETTO 13

Stazione	Punti collimati	Letture al CO (gon)	Annotazioni
A	C	24,3303	
	B	70,2505	
	M_{S1}	69,4506	Scopo di sinistra
	M_{S2}	71,0504	Scopo di destra
B	C	270,2508	
	A	347,9986	
	M_{S1}	269,3669	Scopo di sinistra
	M_{S2}	271,1347	Scopo di destra

Soluzione

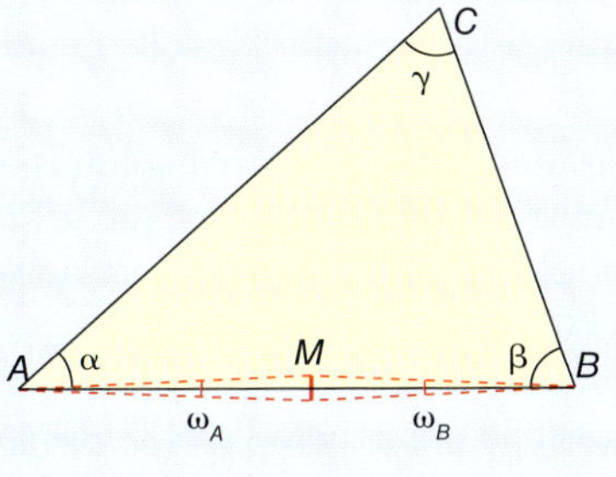

Calcoliamo i valori degli angoli α e β, oltre agli angoli orizzontali ω_A e ω_B sottesi agli scopi della mira orizzontale rilevati dal teodolite rispettivamente in *A* e in *B*:

$$\alpha = 70{,}2505 - 24{,}3303 = 45{,}9202 \text{ gon}$$

$$\omega_A = 71{,}0504 - 69{,}4506 = 1{,}5998 \text{ gon}$$

$$\beta = 347{,}9986 - 270{,}2508 = 77{,}7478 \text{ gon}$$

$$\omega_B = 271{,}1347 - 269{,}3669 = 1{,}7678 \text{ gon}$$

Applichiamo la (5) per determinare le distanze *AM*, *BM* e quindi *AB* (misura indiretta con metodo ad angolo parallattico variabile e mira orizzontale):

$$AM = \frac{2{,}002}{2} \cdot \operatorname{cotg} \frac{1{,}5998}{2} = 79{,}66 \text{ m}$$

$$BM = \frac{2{,}002}{2} \cdot \operatorname{cotg} \frac{1{,}7678}{2} = 72{,}09 \text{ m}$$

$$AB = 79{,}66 + 72{,}09 = 151{,}75 \text{ m}$$

Possiamo ora risolvere il triangolo *ABC*:

$$AC = \frac{151{,}75}{\operatorname{sen}(45{,}9202 + 77{,}7478)} \cdot \operatorname{sen} 77{,}7478 = 153{,}03 \text{ m}$$

$$BC = \frac{151{,}75}{\operatorname{sen}(45{,}9202 + 77{,}7478)} \cdot \operatorname{sen} 45{,}9202 = 107{,}56 \text{ m}$$

$$2p = 151{,}75 + 153{,}03 + 107{,}56 = 412{,}34 \text{ m}$$

$$S_{ABC} = \frac{1}{2} \cdot 151{,}75 \cdot 153{,}03 \cdot \operatorname{sen} 45{,}9202 = 7667{,}67 \text{ m}^2$$

D3 Errori di misura

FAQ

È possibile ottenere il vero errore commesso in una misura di una grandezza?

No, in quanto non è possibile conoscere il vero valore della grandezza misurata. Tuttavia è possibile ottenere una valutazione probabilistica dello stesso errore.

1. Tipologie di errori

È impossibile misurare con esattezza una grandezza; infatti è noto che molti fattori, dovuti a inevitabili difetti strumentali, ambientali e umani, influiscono sui risultati delle misure determinandone una intrinseca inesattezza e incertezza.

L'esperienza insegna che, se si eseguono più operazioni di misura di una stessa grandezza, le singole misure **non coincidono**; ciò perché i *valori misurati* sono affetti da **errori di misura** (▶FIGURA 1). La differenza tra ciascuno dei *valori misurati* x_i e quello *vero* V è detto **errore assoluto**: $\varepsilon_i = x_i - V$.

Tuttavia gli *errori* nelle misure delle grandezze non devono essere interpretati come sinonimo di **sbaglio**, ma testimoniano che le *tecniche* e gli *strumenti*, per cause diverse, hanno *limiti* nel fornire il *valore misurato* della grandezza.

Solo per le grandezze *lineari*, caratterizzate da errori assoluti che dipendono direttamente dall'entità della grandezza stessa (ad esempio le *distanze*), viene poi definito l'**errore relativo** come rapporto tra il valore dell'*errore assoluto* e il valore vero della stessa grandezza: $\varepsilon_i^r = \varepsilon_i / V$.

Esso consente il **confronto**, non possibile utilizzando l'*errore assoluto*, tra le *precisioni* di misure lineari della stessa grandezza ma di diversi valori (ad esempio tra distanze di diversa entità).

Come anticipato nella precedente unità, gli *errori relativi*, per i valori molto piccoli che li caratterizzano, sono indicati con la notazione esponenziale (10^{-4}, 10^{-5}, 10^{-6} ...), e costituiscono un criterio di classificazione delle precisioni per le misure lineari.

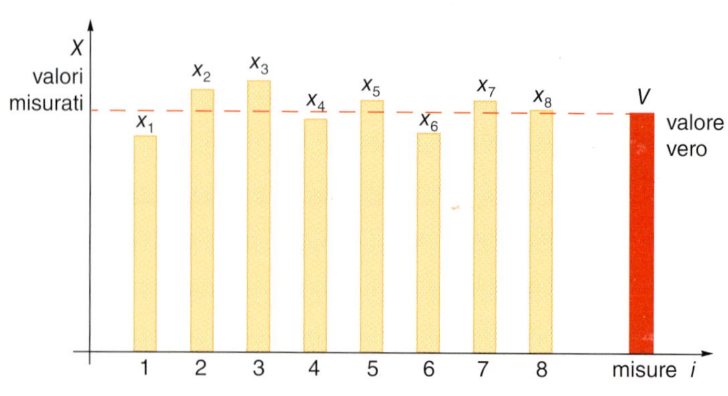

FIGURA 1 Schema del confronto tra il vero valore V di una grandezza e i valori x_i misurati della stessa grandezza. La disuguaglianza di tali valori è dovuta agli errori di misura.

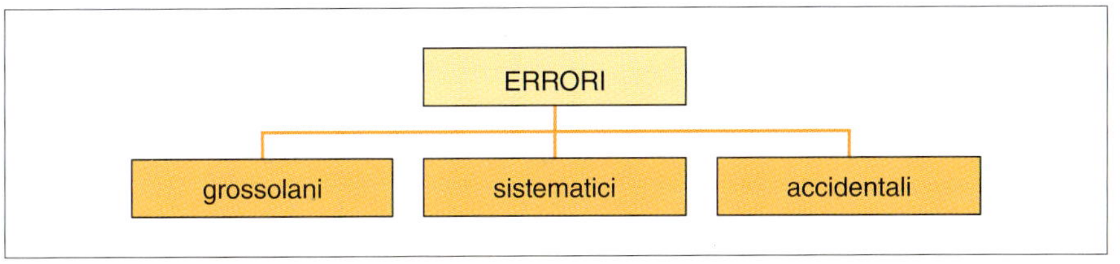

FIGURA 2 Classificazione degli errori di misura in base alla loro natura.

Da quanto detto ne consegue che la misura di una grandezza **non** consente di determinare con certezza il **vero valore** della quantità misurata, bensì fornisce una **stima** di questo valore, il cui grado di *approssimazione* (o di *incertezza*) dipende dagli *strumenti*, dalle *tecniche operative* e dalla *cura* utilizzate.

Pertanto, non essendo noto il *valore vero* della grandezza, non potrà nemmeno essere noto il vero *errore assoluto* (di conseguenza anche quello *relativo*), che, tuttavia, può essere **stimato** e *valutato*. La *teoria degli errori* consente di realizzare tale stima e di stabilire le procedure per **minimizzare** gli errori nelle fasi di misura fino al raggiungimento dell'approssimazione richiesta in un dato contesto.

Natura degli errori di misura

Per valutare l'attendibilità dei risultati e dei procedimenti utilizzati nelle operazioni di *misura*, è necessario considerare la natura degli *errori di misura*. A questo scopo, è utile catalogare gli *errori* nel seguente modo (▸FIGURA 2).

- **Errori grossolani** o *outlier* (▸FIGURA 3): non riguardano mai tutte le misure, ma, eventualmente, solo un limitato numero. Di solito essi hanno valori elevati e vengono commessi in seguito alle seguenti cause:
  - uso improprio degli strumenti;
  - distrazioni o inesperienza dell'operatore.

Gli errori grossolani devono essere **prevenuti** con un'accurata organizzazione della misura, pertanto essi **non** vengono considerati dalla *teoria degli errori*.

- **Errori sistematici** o *bias* (▸FIGURA 4) (pagina seguente): hanno la caratteristica peculiare di presentarsi sempre con lo **stesso segno** e, di solito, con la **stessa ampiezza.** Le cause, in genere, possono essere imputate sia agli *strumenti* utilizzati, ma anche alle influenze indotte dall'ambiente o dall'operatore; ad esempio:
  - errori di taratura dello strumento;
  - deformazioni dello strumento dovute alle azioni ambientali (ad esempio differenziali di temperatura).

FAQ

Per quale ragione, per talune grandezze, viene definito l'errore relativo?

Perché consente il confronto tra le precisioni di misure della stessa grandezza ma di diversi valori (come le distanze di diversi valori), non possibile utilizzando l'errore assoluto.

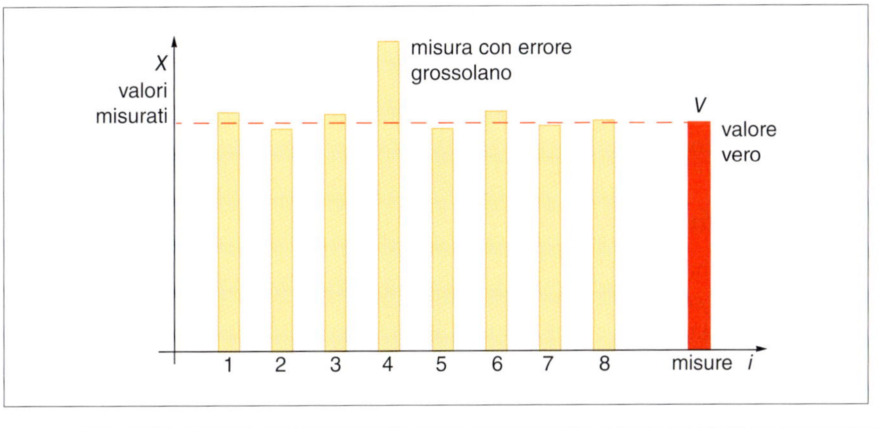

FIGURA 3 Schema di errore grossolano presente nella misura 4 di una serie di otto misure.

FIGURA 4 Schema di errori sistematici in una serie di misure.

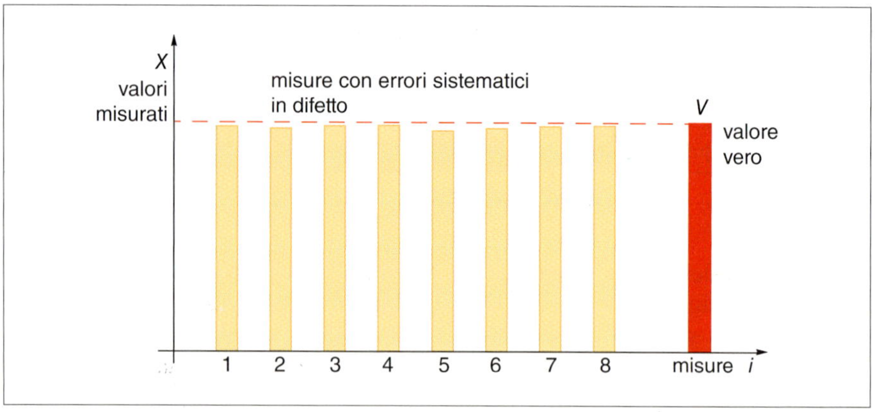

FIGURA 5 Schema di errori accidentali in una serie di misure.

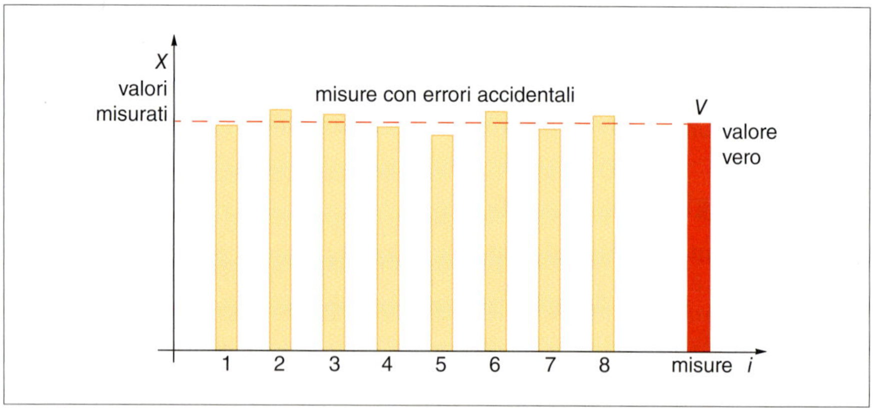

Sono gli errori più **temibili**, perché non possono essere **minimizzati** attraverso procedure operative; pertanto devono essere **prevenuti**, per quanto possibile, con il controllo delle tarature degli strumenti e con l'accuratezza delle misure.

- **Errori accidentali** (▶FIGURA 5): sono dovuti a variazioni **casuali** e *imprevedibili*, indipendenti l'una dall'altra, e alle condizioni, variabili nel tempo, in cui viene effettuata la misura. Nelle singole misure essi non si presentano né con la stessa **entità**, né con lo stesso **segno**, tuttavia la loro *somma algebrica*, se riferita a *numerose* misure, *tende* ad annullarsi.

Gli *errori accidentali* possono essere minimizzati **ripetendo più volte** la misura della grandezza; in seguito si elaborano queste misure ottenendo il **valore più attendibile** della grandezza, e la **stima** della relativa *precisione* (o *incertezza*).

Naturalmente ciascuna misura x è affetta da un errore ε costituito, in generale, dalla combinazione di tre *componenti* relative alle tre precedenti tipologie di errore: $\varepsilon = \varepsilon_g + \varepsilon_s + \varepsilon_a$. Essendo poi gli errori *grossolani* poco frequenti, in quanto facili da prevenire, è realistico ipotizzare che l'errore ε possa essere costituito solo dalle due componenti accidentale e sistematica: $\varepsilon = \varepsilon_s + \varepsilon_a$.

FAQ

La teoria degli errori considera qualunque tipologia di errori?

No, basandosi su analisi statistiche, essa considera solo gli errori accidentali.

Obiettivi della teoria degli errori

La disciplina che si occupa di indicare i procedimenti idonei a *minimizzare* la presenza degli *errori di misura* al fine di contenerli entro limiti prefissati, detti *tolleranze*, è chiamata **teoria degli errori**. Essa, tuttavia, basandosi su indagini di tipo **statistico**, considera unicamente gli errori **accidentali**, in quanto essi soltanto si comportano esattamente come un **evento casuale**.

La *teoria degli errori*, fondamentalmente, stabilisce le procedure matematiche che consentono di ricavare, da una **serie ripetuta** di misure, il risultato finale della stessa misura tramite l'indicazione del **valore più probabile** (o **attendibile**) X_M della grandezza, a cui viene associato un parametro μ_M che ne esprime *precisione* e *affidabilità*. Ciò si sintetizza con la seguente espressione:

$$X = X_M \pm \mu_M$$

Pertanto, come già detto, pur non essendo possibile ottenere il **vero** valore V di una grandezza, è tuttavia possibile la *stima* del suo valore **più probabile** (dunque più **attendibile**) X_M. Allo stesso modo non si può nemmeno conoscere i valori dei **veri errori** ($\varepsilon_i = x_i - V$) ma soltanto quelli **più probabili** ($v_i = x_i - X_M$), detti **scarti lineari**.

Alla base della *teoria degli errori* c'è l'osservazione che la **somma** degli *errori accidentali* presenti in una serie di misure tende ad **annullarsi** con l'aumentare del *numero* delle misure effettuate. Con l'aumentare del *numero* delle misure, inoltre, anche il **valore più attendibile** X_M tende ad avvicinarsi al **valore vero** V della grandezza.

2. Valore più attendibile di una grandezza da una serie di misure dirette omogenee

Nel nostro contesto, ci limiteremo a considerare l'ambito *circoscritto* e *semplificato* relativo a una serie di **misure dirette** e, per il momento, **omogenee**, cioè della **stessa precisione**; quest'ultima condizione si verifica quando tutte le misure sono eseguite con le seguenti modalità:

- *stesso strumento*;
- *stesso operatore*;
- *stesse condizioni* ambientali.

Attenzione però, la condizione che le misure x_i siano *omogenee*, o della **stessa precisione**, non significa che esse siano tutte uguali, ma che gli errori hanno la stessa probabilità di presentarsi in una nuova misura: è la loro *variabilità casuale* che porta a ottenere n valori diversi per ciascuna delle stesse misure.

Immaginiamo, allora, di aver effettuato n misure **dirette** di una grandezza (nel nostro ambito sarà di solito una *distanza*, un *angolo* o un *dislivello*), che indichiamo genericamente nel seguente modo:

$$x_1, x_2, x_3, x_4, \ldots, x_n$$

Sia in base all'*esperienza*, sia da valutazioni *teoriche*, è possibile stabilire che il valore *più attendibile* (quello che più degli altri si avvicina al vero valore V) della grandezza misurata è la **media aritmetica** X_M delle n **misure dirette** (e solo dirette), di uguale precisione, eseguite:

$$X_M = \frac{x_1 + x_2 + x_3 + x_4 + \ldots + x_n}{n} = \frac{\sum x_i}{n} \qquad (1)$$

Tuttavia, l'adozione della **media** aritmetica di una serie ripetuta di **misure dirette** e della stessa precisione, come valore più *attendibile* della grandezza misurata, **non esaurisce** l'esigenza di conoscere le caratteristiche di *precisione* e di *affidabilità* delle misure stesse. Per chiarire questa affermazione, consideriamo le due ipo-

FAQ

La media aritmetica è il valore più attendibile per tutti i tipi di grandezze?

No, solo per quelle dirette e omogenee (o della stessa precisione).

FAQ

La media aritmetica è esaustiva per definire compiutamente una serie di misure?

No, perché è anche importante sapere in che modo le misure sono disperse attorno a questo valore. Per tale valutazione sono necessari ulteriori parametri.

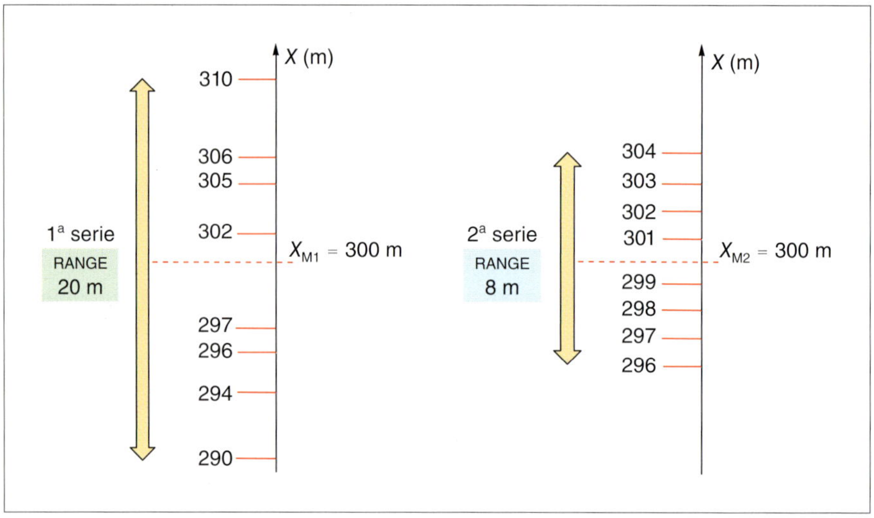

FIGURA 6 Schema di due serie di misure eseguite con diverse modalità. Esse presentano la stessa media, ma le loro caratteristiche sono molto diverse e possono venire precisate con opportuni parametri statistici.

tetiche **serie** di misure, schematizzate nella ▶FIGURA 6, della stessa grandezza (ad esempio una distanza), ma eseguite con *diverse modalità* (ad esempio utilizzando *strumenti* diversi).

Come si osserva, entrambe le due serie di misure forniscono il medesimo valore della media: $X_M = 300$ m. Tuttavia ben diverse sono le caratteristiche delle due serie di misure, che possono essere fatte emergere solo ricorrendo a **ulteriori parametri** statistici che si affianchino alla media X_M per «fotografare» compiutamente le caratteristiche possedute delle misure effettuate nelle due serie.

3. Parametri di una serie di misure dirette e omogenee

■ Intervallo di variazione

Il primo di questi parametri è l'**intervallo di variazione** (o **range**); esso consiste nella semplice differenza tra il valore *massimo* e il valore *minimo* delle misure effettuate; più piccolo è questo intervallo, più affidabili sono le misure:

$$r = x_{max} - x_{min}$$

Con riferimento alle due serie di ▶FIGURA 6 si ha: $r_1 = 310 - 290 = 20$ m e $r_2 = 304 - 296 = 8$ m.

L'*intervallo di variazione* ha il difetto di basarsi solo sui due **valori estremi**, nei quali si manifesta la variabilità dell'errore di misura, mentre è molto importante conoscere in che modo le misure sono **distribuite** su tutto l'intervallo; a questo proposito si possono osservare i seguenti tipi di *distribuzioni* (o *dispersioni*):

- *uniformemente* distribuite (poco desiderabile);
- *concentrate* ai due estremi dell'intervallo (testimonia una scarsa precisione);
- *concentrate* su un generico valore intermedio (testimonia la presenza di errori sistematici);
- *concentrate* a ridosso del valore della media aritmetica (testimonia della presenza di soli errori accidentali; è la distribuzione desiderabile).

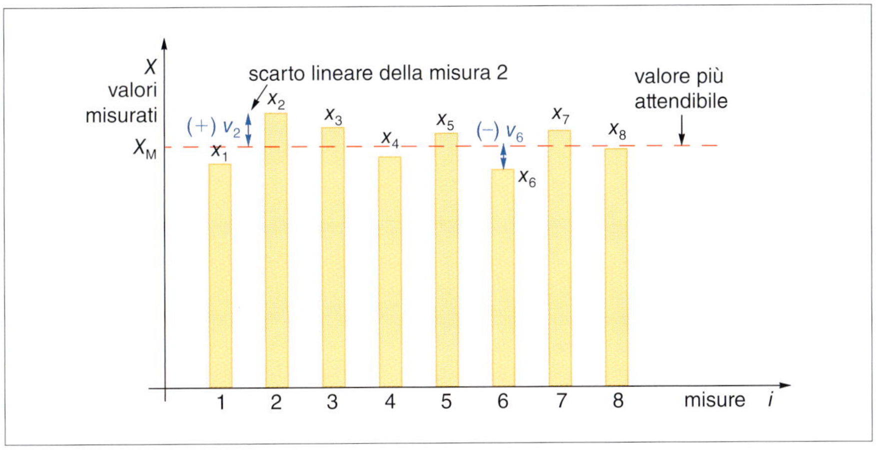

FIGURA 7 Significato geometrico della media aritmetica X_M e degli scarti lineari di una serie di misure. Nella figura è evidenziato lo scarto della misura 2 ($v_2 = x_2 - X_M$), che è positivo, e lo scarto della misura 6 ($v_6 = x_6 - X_M$), che è negativo.

Scarti lineari

A ciascuna delle misure x_i effettuate, viene associata una variabile v_i, chiamata **scarto lineare** e definita dalla **differenza** tra la misura x_i e la **media** X_M della serie di misure (▶FIGURA 7):

$$v_1 = x_1 - X_M \quad v_2 = x_2 - X_M \quad \dots \quad v_n = x_n - X_M \qquad (2)$$

La variabile v_i rappresenta, in termini *probabilistici*, l'**errore** (che per sua natura non può essere conosciuto con esattezza) di cui sono affette le **singole misure** x_i. Essa può presentarsi sia con valori *positivi* sia con valori *negativi*.

Si potrebbe pensare che, facendo la *media aritmetica* degli *scari lineari* ($\Sigma v/n$), si dovrebbe ottenere un parametro in grado di sintetizzare il **livello medio di precisione** delle singole misure. Tuttavia ciò non è possibile perché la **somma degli scarti lineari** è sempre nulla(sempre $\Sigma v = 0$), per qualsiasi serie di misure eseguite, e, di conseguenza, sarebbe sempre nulla anche la relativa media, senza possibilità di **confrontare** le precisioni delle serie di misure utilizzando questo parametro.

Scarti quadratici

Per eludere la presenza dei *segni* degli *scarti lineari* (causa dell'annullamento della loro somma), si elevano gli stessi al *quadrato*, ottenendo gli **scarti quadratici**, che, pertanto, saranno tutti positivi:

$$v_1^2 = (x_1 - X_M)^2 \qquad v_2^2 = (x_2 - X_M)^2 \quad \dots \quad v_n^2 = (x_n - X_M)^2 \qquad (3)$$

Essi posseggono la seguente importante proprietà: la somma degli *scarti quadratici* rappresenta un valore **positivo** e **minimo**:

$$\sum v_i^2 = \min \qquad (4)$$

Ciò significa che, se vengono calcolati gli *scarti quadratici* rispetto a un qualunque valore X **diverso dalla media** X_M, la loro somma risulterà **maggiore** di quella ottenuta considerando gli *scarti* dalla media X_M. Questa proprietà è nota come **legge dei minimi quadrati** ed è alla base di tutte le operazioni connesse alla correzione (*compensazione*) degli errori di misura con modalità rigorose, peraltro non affrontate nel nostro contesto.

FAQ

Quale caratteristica possiede la somma degli scarti quadratici di una serie di misure?

Quella di rappresentare un valore minimo rispetto a scarti calcolati rispetto a valori diversi della media aritmetica.

Varianza campionaria

Possiamo ora calcolare la **media** degli *scarti quadratici*, perché questo calcolo avrà un valore diverso (dunque consente la *comparazione*) per ciascuna serie di misure considerata; questo valore viene detto **varianza** e indicato con σ^2 (l'esponente ricorda che si tratta della media degli scarti al quadrato), che è espressa dalla relazione seguente:

$$\sigma^2 = \frac{\sum(x_i - X_M)^2}{n} = \frac{\sum v_i^2}{n}$$

La **varianza**, essendo la media dei quadrati degli *scarti*, esprime il *grado di variazione* delle misure rispetto alla media X_M.

Occorre, tuttavia, tenere conto che nella precedente relazione sono stati utilizzati gli *scarti lineari* $v_i = (x_i - X_M)$, in sostituzione degli *errori* $\varepsilon_i = (x_i - V)$, non noti in quanto il vero valore V della grandezza non può mai essere conosciuto. Per tenere conto di ciò, operativamente si fa riferimento alla **varianza campionaria** σ_c^2, questo parametro ha lo stesso significato statistico della **varianza**, ma con la sostituzione, nella precedente espressione, di n con $(n - 1)$:

$$\sigma_c^2 = \frac{\sum(x_i - X_M)^2}{n-1} = \frac{\sum v_i^2}{n-1}$$

Osserviamo che per valori significativi di n (cioè del numero delle misure effettuate), i valori della **varianza** e della **varianza campionaria** di fatto tendono a coincidere.

Deviazione standard o scarto quadratico medio

Essendo la *varianza* il risultato di una media di **quadrati**, ne consegue che la sua unità di misura è «al quadrato» (ad esempio, se la grandezza è una distanza, la varianza sarà espressa in m^2), pertanto non è utilizzabile come parametro per valutare la **dispersione** delle misure (dovendo essere espresso nella stessa *unità* di misura).

Pertanto si considera la *radice quadrata* della *varianza* campionaria ($\sqrt{\sigma_c^2}$), ottenendo un nuovo parametro chiamato **deviazione standard** o **scarto quadratico medio** (in sigla *sqm*), indicato con σ, che esprime lo stesso concetto della *varianza*, ma con un'unità di misura che consente il diretto confronto con le misure eseguite:

$$\sigma = \pm\sqrt{\frac{\sum(x_i - X_M)^2}{n-1}} = \pm\sqrt{\frac{\sum v_i^2}{n-1}} \qquad (5)$$

Nella pratica la **deviazione standard** (abbreviata *SD*) viene assunta come indice per valutare la **precisione** e l'**affidabilità** complessiva delle misure x_i contenute nella serie considerata. In effetti, più piccolo è il suo valore σ (cioè più piccola è la *dispersione* attorno alla media), più grande è l'**affidabilità** delle stesse misure nel loro insieme.

Pertanto precisione e affidabilità di una serie di misure sono inversamente proporzionali al valore σ della *SD* (o *sqm*).

FAQ

Che cosa rappresenta la deviazione standard di una serie di misure dirette?

Un parametro che consente di valutare la precisione e l'affidabilità complessiva delle misure della serie considerata.

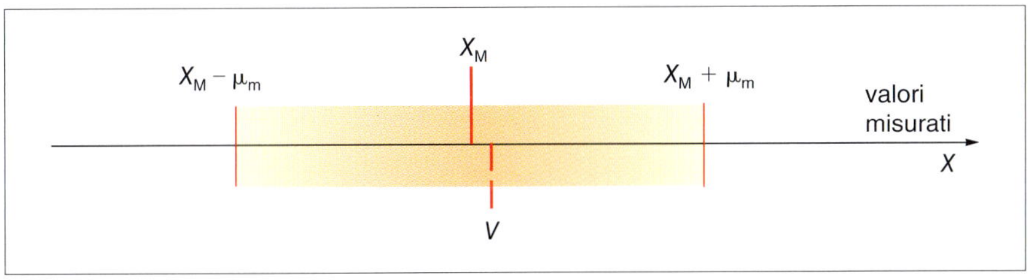

FIGURA 8 Significato geometrico dell'intervallo centrato sulla media aritmetica e ampio il doppio dell'*errore medio della media*, al cui interno si trova il vero valore V della grandezza misurata.

Attendibilità della media

La **deviazione standard** σ, dunque costituisce un indice di valutazione della **precisione** media delle **misure** effettuate nell'ambito di una serie.

Da essa è poi possibile ottenere la *precisione*, o *attendibilità*, del valore della **media aritmetica** (valore più attendibile della grandezza), che in sostanza definisce il **campo di incertezza** della stessa media (▶FIGURA 8). Questo parametro, indicato con μ_m, viene chiamato **errore medio della media** ed è calcolato con la seguente espressione:

$$\mu_m = \pm \frac{\sigma}{\sqrt{n}} = \pm \sqrt{\frac{\sum (x_i - X_M)^2}{n \cdot (n-1)}} = \pm \sqrt{\frac{\sum v_i^2}{n \cdot (n-1)}} \qquad (6)$$

L'espressione dell'*errore medio della media* consente di determinare il **numero** n delle misure, dirette e omogenee, che si devono effettuare affinché tale errore assuma un prefissato valore:

$$n = \frac{(\sigma)^2}{\mu_m^2} \qquad (7)$$

Possiamo affermare, riassumendo, che la media aritmetica X_M, di una serie di misure dirette, è il valore centrale dell'**intervallo** di estremi $X_M - \mu_m$ e $X_M + \mu_m$, al cui interno (con elevata probabilità) si troverà il **vero valore** V della grandezza misurata ($X_M - \mu_m \leq V \leq X_M + \mu_m$).

PROBLEMA SVOLTO

La distanza tra due punti A e B è stata misurata con due serie di misure, utilizzando differenti strumentazioni, ottenendo i seguenti valori espressi in metri. Determinare i parametri statistici delle due serie di misure.

1ª serie:

$$x_1 = 805{,}11;\ x_2 = 803{,}86;\ x_3 = 804{,}23;\ x_4 = 804{,}72;$$
$$x_5 = 804{,}83;\ x_6 = 805{,}02;\ x_7 = 804{,}92;\ x_8 = 804{,}65$$

2ª serie:

$$x_1 = 805{,}28;\ x_2 = 804{,}77;\ x_3 = 805{,}06;\ x_4 = 806{,}78;$$
$$x_5 = 803{,}01;\ x_6 = 803{,}22;\ x_7 = 806{,}24$$

Soluzione

Sviluppando i calcoli e utilizzando le formule proposte in precedenza si ottiene in intesi:

FAQ

Quale significato ha l'errore medio della media di una serie di misure dirette?

Rappresenta la precisione del valore medio; essa è maggiore quando l'errore medio della media è piccolo.

1ª serie	
N. misure	8
Range	1,25 m
X_M	804,6675 m
Σv^2	1,25675 m²
σ	0,42372 m
μ_m	0,14981 m
$AB = 804{,}6675$ m $\pm$ 0,14981	

2ª serie	
N. misure	7
Range	3,77 m
X_M	804,9086 m
Σv^2	11,91088 m²
σ	1,40893 m
μ_m	0,53253 m
$AB = 804{,}9086$ m $\pm$ 0,53253	

Come si osserva, le misure appartenenti alla 1ª serie, presentando un valore della deviazione standard σ decisamente inferiore, sono più precise e affidabili rispetto a quelle della 2ª serie.

4. Dispersione della frequenza degli scarti

COMPETENZA

Interpretare l'informazione

La **frequenza** è espressa con un numero reale compreso tra 0 e 1, ed è sempre riferita a un certo evento casuale ripetuto *n* volte. Il suo valore viene ricavato dal **rapporto** tra il numero *m* di casi favorevoli dell'evento, osservati **al termine** delle *n* prove, e il numero complessivo *n* delle stesse prove ($f = m/n$); per questa ragione si dice che la frequenza viene calcolata **a posteriori**. Per un numero elevato di prove la frequenza tende ad assumere lo stesso valore della **probabilità** riferita allo stesso evento casuale.

In precedenza abbiamo accennato all'importanza della modalità con cui le misure, appartenenti a una serie, sono *distribuite* (*disperse*) nell'ambito dell'*intervallo di variazione* (range) al fine di valutare la **precisione** e l'**affidabilità** della stessa serie di misure; ora approfondiamo questa proprietà.

Considerando una serie formata da un **elevato numero** *n* di misure dirette e omogenee, ipotizzando che contengano unicamente errori **accidentali**, possiamo costruire un **istogramma** riportando in ascisse gli *scarti* (che in termini probabilistici rappresentano gli *errori*), raggruppati in intervalli uguali Δv, e riportando in ordinate le **frequenze** *f* degli stessi scarti (rapporto tra il numero di scarti appartenenti a un certo intervallo Δv e il numero *n* delle misure eseguite). L'*istogramma* si presenterà come mostra la ►FIGURA 9.

Se si *inviluppa* l'istogramma con una curva, chiamata *dispersione della frequenza degli scarti*, si può osservare che la stessa assume una tipica forma detta **a campana**; essa è caratterizzata da un andamento *simmetrico* rispetto all'asse delle *ordinate*, presenta un *massimo* in corrispondenza degli scarti nulli ($v_i = 0$) e tende ad avvicinarsi all'asse delle ascisse non lontano dall'origine. Da tali osservazioni consegue che:

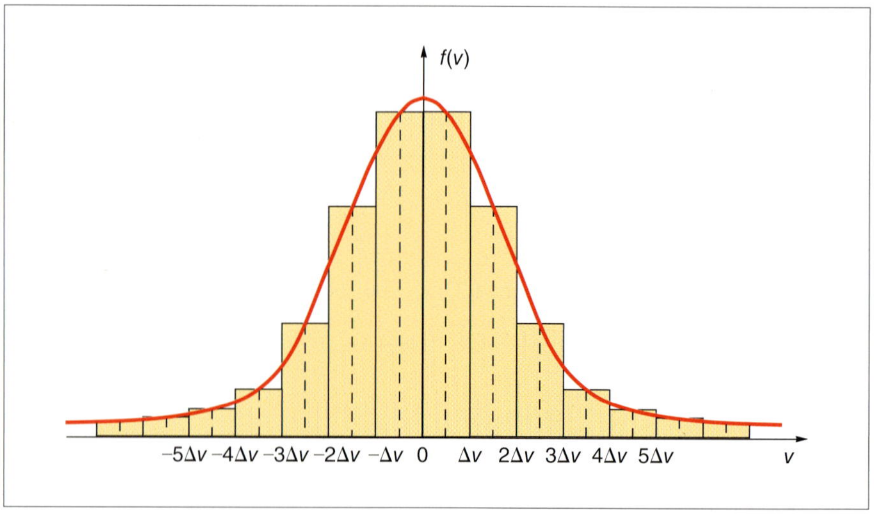

FIGURA 9 Istogramma realizzato considerando gli scarti dalla media e la loro frequenza. Da esso si ottiene la curva di *dispersione della frequenza degli scarti*.

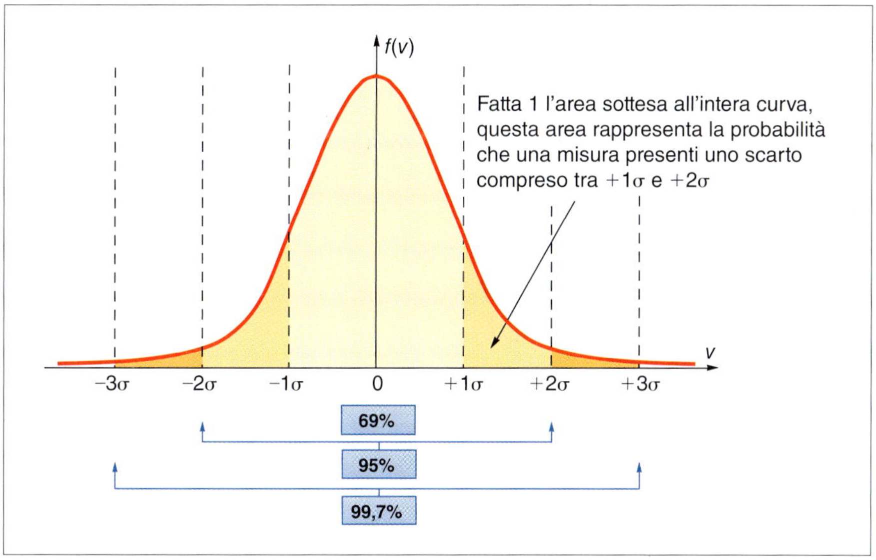

FIGURA 10 Significato geometrico dell'area di una porzione di superficie sottesa alla curva di dispersione della frequenza degli scarti.

- gli scarti piccoli sono più frequenti (*f* maggiore) di quelli maggiori;
- gli scarti positivi e negativi hanno la stessa frequenza (proprietà che si traduce nella *simmetria* della curva);
- gli scarti, in valori assoluti, sono sempre inferiori a un certo limite.

La curva di *dispersione della frequenza degli scarti* presenta le stesse caratteristiche della **distribuzione normale** (**curva di Gauss**) relativa alla variabile associata a un *evento casuale*, che è regolata dalla seguente equazione:

$$y = f(v) = \frac{1}{\sqrt{2\pi\sigma^2}} \cdot e^{-v^2/2(\sigma^2)}$$

È poi possibile verificare che gli scarti rispetto alla media sono compresi nei seguenti intervalli (▶FIGURA 10):

- circa il **69%** dei valori degli scarti è incluso nell'intervallo $\pm 1 \cdot \sigma$;
- circa il **95%** dei valori degli scarti tende a essere incluso nell'intervallo $\pm 2 \cdot \sigma$
- circa il **99,7%** dei valori degli scarti tende a essere incluso nell'intervallo $\pm 3 \cdot \sigma$.

FAQ

Perché la tolleranza di una serie di misure è stata fissata in 3σ?

Perché l'esperienza dimostra che le probabilità di eseguire misure con uno scarto maggiore di tale valore sono praticamente nulle, circa 3 su 1000.

Confronto tra diverse distribuzioni

All'aumentare della *precisione* delle misure x_i, **aumenta la frequenza** di misure prossime alla *media aritmetica* X_M, e, di conseguenza, degli scarti $v_i = x_i - X_M$ **piccoli** in valore assoluto. Contemporaneamente *diminuisce la frequenza* delle misure distanti dalla media aritmetica, quindi degli scarti con *grandi* valori assoluti.

La curva di Gauss illustra molto bene tale proprietà; essa, infatti, nel caso di misure *precise*, tende ad **addensarsi** attorno all'asse delle ordinate (▶FIGURA 11), indicando con ciò una serie di misure con una **bassa dispersione** degli errori (rappresentati dagli scarti). Al contrario, nel caso di misure

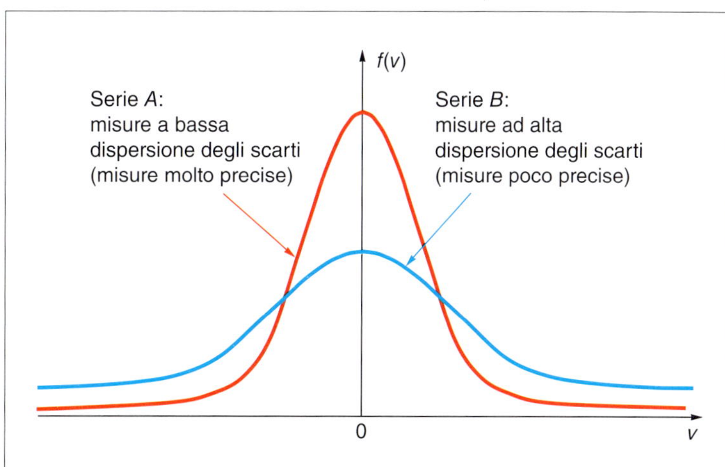

FIGURA 11 Curve di Gauss riferite a due serie di misure, indicate con *A* e *B*, di diversa precisione. L'addensamento rispetto all'asse delle ordinate rivela una maggiore o minore precisione delle misure.

poco precise, si osserva un'**alta dispersione**, con un appiattimento della forma a campana che appare schiacciata.

Pertanto, ad esempio, due serie di misure, indicate con A e B, relative alla stessa grandezza e realizzate con apparati di diversa affidabilità, daranno luogo a due distinte curve di Gauss, che consentono di valutare le rispettive precisioni (▶FIGURA 11).

Scarti ammissibili: tolleranza

Il valore σ della *deviazione standard* (*sqm*) viene assunto come *riferimento* per la determinazione del **limite massimo** dei *valori assoluti* degli **scarti ammissibili** in una serie di misure della stessa grandezza. Considerando che il **99,7%** dei valori degli *scarti* tende a essere incluso nell'intervallo $\pm 3 \cdot \sigma$, esso è detto *tolleranza*, e viene assunto come valore del limite precedente.

Pertanto la **tolleranza** T, cioè il limite massimo ammissibile dello scarto che ogni singola misura può avere dalla *media aritmetica*, affinché gli errori possano essere giudicati di tipo *accidentale*, viene definita nel seguente modo:

$$T = 3 \cdot \sigma$$

Quindi, prima di procedere al calcolo dei *parametri statistici* di una serie di misure, occorre **verificare** che sia soddisfatta la seguente condizione:

$$|v_i| \leq T \qquad \text{cioè} \qquad |x_i - X_M| \leq 3 \cdot \sigma$$

Di fatto la probabilità di ottenere scarti esterni all'intervallo $\pm T$ è praticamente nulla; ciò consente di attribuire a cause **non accidentali** (errori grossolani o sistematici) la eventuale presenza di scarti superiori alla *tolleranza*. In questo caso è buona norma **eliminare** tali valori e ricalcolare la media M senza di essi.

5. Parametri di una serie di misure dirette e non omogenee

Affinché le misure di una grandezza (nel nostro caso *angoli*, *distanze*, *dislivelli*) possano essere considerate *omogenee*, è necessario che le relative operazioni di misura vengono eseguite con le stesse modalità e nelle stesse condizioni *ambientali*, *strumentali* e *personali*. Quando tali condizioni non vengono soddisfatte, anche solo parzialmente, si ottengono misure **non omogenee**, cioè misure con **diversa precisione**.

Pensiamo, ad esempio, alla stessa distanza che venga misurata in momenti distinti e con strumenti diversi; naturalmente sono più *affidabili* le misure ottenute utilizzando gli strumenti più sensibili ed eseguite nelle migliori condizioni operative. Se, in questo caso, in modo sbagliato, si calcolasse indistintamente la *media aritmetica* di tutte le misure, si otterrebbe un valore appiattito nel quale l'influenza delle misure che hanno maggiore affidabilità e attendibilità risulterebbe *diluito*.

Pertanto, nel caso di misure non omogenee, il valore più attendibile della grandezza misurata si ottiene da un diverso tipo di **media** (quindi non *aritmetica*), nella quale si dovrà considerare la maggiore o minore affidabilità di ciascuna misura attribuendo **maggior importanza** (o **maggior peso**) alle misure più *attendibili*.

Supponiamo, allora, che di una grandezza fisica siano state eseguite alcune **serie di misure**, che indichiamo con 1, 2, 3, ..., n, ciascuna delle quali abbia una *diversa attendibilità*. Nell'ambito di ciascuna di queste *serie di misure* è possibile calcolare i rispettivi valori più attendibili fornite dalle rispettive *medie aritmetiche* X_1, X_2, X_3, ..., X_n (in cui è stato omesso il pedice M usato in precedenza), e i corrispondenti *errori medi delle medie* $\mu_1, \mu_2, \mu_3, \dots, \mu_n$.

Ipotizziamo ora che, astrattamente, le *serie di misure* 1, 2, 3, ..., n, che hanno determinato i valori medi X_1, X_2, X_3, ... X_n, siano state eseguite nelle stesse condizioni operative e usando lo stesso strumento. Esse avranno tutte lo stesso *scarto quadratico medio* σ (*sqm* o *SD*), sicché la diversità negli *errori medi delle medie* ($\mu_1, \mu_2, \mu_3, \dots, \mu_n$) deriverà esclusivamente dal **diverso numero** di misure eseguite in ciascuna nelle n serie. Possiamo, allora, calcolare il **numero di misure** che si sarebbe dovuto eseguire in ciascuna *serie*, per ottenere il corrispondente *errore medio della media*, utilizzando la relazione (7):

$$p_1 = n_1 = \frac{(\sigma)^2}{\mu_1^2} \qquad p_2 = n_2 = \frac{(\sigma)^2}{\mu_2^2} \qquad p_3 = n_3 = \frac{(\sigma)^2}{\mu_3^2} \qquad p_n = n_n = \frac{(\sigma)^2}{\mu_n^2} \qquad (8)$$

I valori $p_1, p_2, p_3, \dots p_n$ vengono chiamati **pesi** delle medie $X_1, X_2, X_3, \dots X_n$ e rappresentano il loro **grado di affidabilità**, e quindi di **importanza**. Essi sono *inversamente proporzionali* al quadrato dell'*errore medio della media*, pertanto le *medie* X_i con un *errore della media* μ_i più basso hanno un *peso* (cioè un'attendibilità e un'importanza) più elevato.

Ricordiamo che le misure eseguite nelle n serie sono state considerate della stessa precisione; possiamo supporre che la media X_1 sia stata idealmente misurata p_1 volte, la media X_2 sia stata misurata p_2 volte, la media X_3 sia stata misurata p_3 volte, e così via. Pertanto la somma dei valori delle medie e il numero complessivo delle misure saranno allora:

$$p_1X_1 + p_2X_2 + p_3X_3 + \dots + p_nX_n = \Sigma p_iX_i$$

$$\text{e} \qquad p_1 + p_2 + p_3 + \dots + p_n = \Sigma p_i$$

La media pesata delle misure

Poiché le misure eseguite, ciascuna ripetuta p_i volte, si possono considerare tutte della stessa precisione, il **valore più attendibile** della grandezza X sarà dato dalla *media aritmetica* di tutte le osservazioni effettuate:

$$X_m = \frac{p_1X_1 + p_2X_2 + p_3X_3 + \dots + p_nX_n}{p_1 + p_2 + p_3 + \dots + p_n} = \frac{\Sigma p_iX_i}{\Sigma p_i} \qquad (9)$$

L'espressione (9) prende il nome di **media pesata** o **ponderata** e tiene conto del fatto che alcune misure sono più attendibili di altre.

Se nella (9) si esprimono i pesi mediante la (8) si ottiene:

$$X_m = \frac{\Sigma \frac{\sigma^2}{\mu_i^2} X_i}{\Sigma \frac{\sigma^2}{\mu_i^2}} = \frac{\Sigma \frac{X_i}{\mu_i^2}}{\Sigma \frac{1}{\mu_i^2}} \qquad (10)$$

FAQ

In una serie di misure di precisione diversa, da che cosa dipende il peso da attribuire a ognuna di esse?

Dipende dalla sua precisione, nel senso che il peso è inversamente proporzionale al quadrato dell'errore medio della misura.

FAQ

Che cosa è la media pesata della serie di misure di una grandezza?

È il valore più probabile di una grandezza di cui siano state effettuate più misure di precisione diversa.

Vediamo subito che il termine σ scompare, il che significa che, **nel calcolo della media pesata, non ha influenza** il valore di σ, che viene chiamato *errore medio dell'unità di peso* che, pertanto, può essere assunto pari a un qualsiasi **valore arbitrario** (ad esempio $\sigma = 1$); occorre invece conoscere l'*errore medio della media* di ogni osservazione.

La media pesata è il valore più attendibile di una serie di misure di precisione diversa; tuttavia essa non è il valore esatto, che resta sempre incognito, per cui sarà anch'essa affetta da un errore che prende il nome di **errore medio della media pesata.** Per calcolare l'errore medio della media pesata è indispensabile conoscere il valore dell'errore medio dell'unità di peso.

Errore medio dell'unità di peso

Indicando con $v_i = X_i - X_m$ lo **scarto** tra una generica misura e la media pesata, si potrebbe dimostrare che l'**errore medio dell'unità di peso,** analogamente alla (5), è dato da:

$$\sigma = \pm\sqrt{\frac{\Sigma p_i v_i^2}{n-1}} \qquad (11)$$

Errore medio della media pesata

Analogamente alla (6), l'**errore medio della media pesata** è dato da:

$$\mu_m = \frac{\sigma}{\sqrt{\Sigma p_i}} \qquad (12)$$

Sostituendo la (11) nella (12) si ottiene direttamente l'**errore medio della media pesata**:

$$\mu_m = \pm\sqrt{\frac{\Sigma p_i v_i^2}{(n-1)\Sigma p_i}} \qquad (13)$$

In conclusione, se di una stessa grandezza si effettuano più misure con strumenti diversi e quindi di diversa precisione, si deve operare nel modo seguente per determinare il valore più probabile della grandezza stessa e il relativo errore medio:

- si calcolano i **pesi** relativi a ogni valore mediante le (8) attribuendo a σ_0 un **valore arbitrario** (di solito 1);
- si calcola il valore della **media pesata** mediante la (9);
- si calcolano gli **scarti** tra la media pesata e ogni misura;
- si calcola l'**errore medio della media pesata** mediante la (13).

Se sono state effettuate più serie di misure tutte con la stessa strumentazione e nelle stesse condizioni, i valori dei pesi p_i relativi a ogni valore medio della serie coincidono con il corrispondente *numero di misure* che compongono la serie.

PROBLEMA SVOLTO

La distanza tra due punti è stata misurata direttamente con tre diversi strumenti ottenendo i seguenti valori con i relativi errori medi:

$$L_1 = 88{,}536 \text{ m}$$
$$\mu_1 = \pm 1{,}24 \text{ cm}$$

$$L_2 = 88{,}527 \text{ m}$$
$$\mu_2 = \pm 0{,}80 \text{ cm}$$

$$L_3 = 88{,}513 \text{ m}$$
$$\mu_3 = \pm 0{,}95 \text{ cm}$$

Determina il più probabile valore della distanza.

Soluzione

Si calcolano mediante le (8) i pesi da attribuire ai tre valori della distanza. Se poniamo $\sigma = 1$ si ha:

$$p_1 = \frac{1}{1{,}24^2} = 0{,}650$$

$$p_2 = \frac{1}{0{,}80^2} = 1{,}562$$

$$p_3 = \frac{1}{0{,}95^2} = 1{,}108$$

Il valore più attendibile della distanza è la media pesata che si calcola con la (9):

$$L_m = \frac{0{,}650 \cdot 88{,}536 + 1{,}562 \cdot 88{,}527 + 1{,}108 \cdot 88{,}513}{0{,}650 + 1{,}562 + 1{,}108} = 88{,}524 \text{ m}$$

Quindi si calcolano gli scarti di v_1, v_2, v_3 rispetto a L_m:

$$v_1 = 88{,}536 - 88{,}524 = +1{,}2 \text{ cm}$$
$$v_2 = 88{,}527 - 88{,}524 = +0{,}3 \text{ cm}$$
$$v_3 = 88{,}513 - 88{,}524 = -1{,}1 \text{ cm}$$

e infine l'errore medio della media pesata con la (13):

$$\mu_m = \sqrt{\frac{0{,}650 \cdot 1{,}2^2 + 1{,}562 \cdot 0{,}3^2 + 1{,}108 \cdot 1{,}1^2}{(3-1) \cdot (0{,}650 + 1{,}562 + 1{,}108)}} = 0{,}6 \text{ cm}$$

Il valore che ha più probabilità di avvicinarsi a quello vero della distanza è compreso nell'intervallo che ha per estremi:

$$88{,}524 - 0{,}006 = 88{,}518 \text{ m}$$

e

$$88{,}524 + 0{,}006 = 88{,}530 \text{ m}$$

Per collegare i concetti

ERRORI DI MISURA

errori relativi (solo per distanze)

Rapporto tra l'errore assoluto ε commesso nella misura di una distanza e il valore *D* di quest'ultima: $\varepsilon_r = \varepsilon / D$

errori assoluti

Errore commesso nella misura di una grandezza *x*:

$$\varepsilon = x - V$$

misure indirette

Ottenute dalla misura di altre grandezze poi trattate con opportune relazioni matematiche

misure dirette

Avvengono per conteggio di quante volte l'unità campione è contenuta nel segmento da misurare

errori grossolani

Causati dalla scarsa cura nell'eseguire le misure; è facile riconoscere quelle in cui sono presenti

per eliminarli: ripetizione delle misure

rimozione delle misure affette da questi errori ($>3 \cdot \sigma$), solo se sono presenti in pochissime misure di una serie

errori accidentali

Dovuti a varie cause imponderabili, si presentano con segni alterni, per questo tendono a compensarsi

per limitarli a posteriori: trattamento statistico

esteso a un congruo numero *n* di misure (*serie*), che fornisce i parametri per valutare le stesse misure

errori sistematici

Dovuti a strumenti non adeguati o a cause ambientali (temperatura, illuminazione ecc.)

per prevenirli: sostituzione

dello strumento utilizzato, oppure ripetere le misure in diverse condizioni ambientali

misure dirette con diversa precisione

eseguite o da diversi operatori, o in diverse condizioni, o con diversi strumenti, o tutti i precedenti

Dalle *n* misure si calcolano:

- *Valore più attendibile*: media ponderata delle *n* misure

$$X_m = \Sigma p_i \cdot X_i / \Sigma p_i$$

- *Scarti lineari*: stima dell'errore assoluto

$$v_i = X_i - X_m$$

- *Varianza campionaria*: media degli scarti al quadrato

$$\sigma^2 = \frac{\Sigma p_i \cdot v_i^2}{n-1}$$

- *Errore medio dell'unità di peso*: radice della varianza; indica il grado di dispersione delle misure dalla media
- *Errore medio della media*: grado di incertezza della media

$$\mu_m = \pm\sqrt{\frac{\Sigma p_i \cdot v_i^2}{(n-1) \cdot \Sigma p_i}}$$

misure dirette con identica precisione

eseguite dallo stesso operatore, nelle stesse condizioni, con lo stesso strumento

Dalle *n* misure si calcolano:

- *Valore più attendibile*: media aritmetica delle *n* misure

$$X_M = \Sigma x_i / n$$

- *Scarti lineari*: stima dell'errore assoluto

$$v_i = x_i - X_M$$

- *Varianza campionaria*: media degli scarti al quadrato

$$\sigma_c^2 = \frac{\Sigma v_i^2}{n-1}$$

- *Scarto quadratico medio*: radice della varianza; indica il grado di dispersione delle misure dalla media: $\sigma = \sqrt{\sigma_c^2}$
- *Errore medio della media*: grado di incertezza della media

$$\mu_M = \pm\sqrt{\frac{\Sigma v_i^2}{n \cdot (n-1)}}$$

- *Tolleranza*: massimo errore ammesso in ciascuna misura

$$T = 3 \cdot \sigma$$

Per ripassare

Errori grossolani: vengono commessi nelle misure dirette delle grandezze e dipendono dalla *pigrizia* e dalla *disattenzione* dell'operatore.

- Sono *facilmente individuabili* in quanto, ripetendo la misura, danno luogo a valori *grossolanamente* diversi.

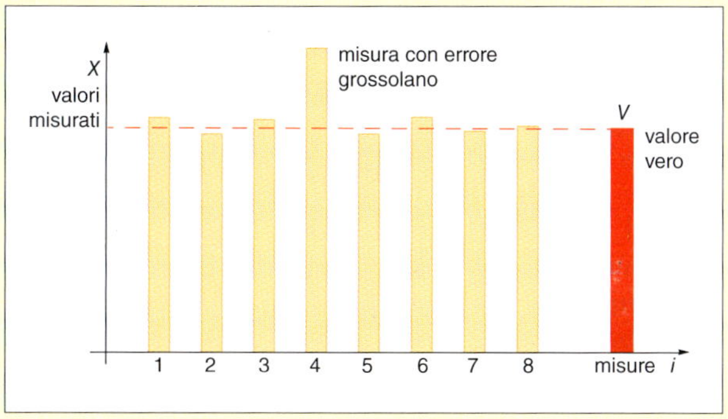

Errori sistematici: vengono commessi nelle misure dirette delle grandezze e sono causati sia da eventuali *difetti costruttivi* e di *funzionamento* degli strumenti sia dalla *capacità* dell'operatore.

- Influenzano il valore delle misure *sempre in eccesso* o *sempre in difetto*.
- Sono *inevitabili* e possono essere solamente *attenuati* cambiando *strumento* e *metodologia operativa*.

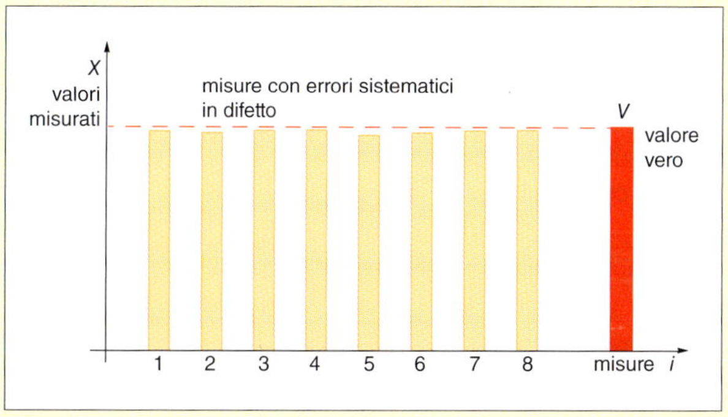

Errori casuali o accidentali: vengono commessi nelle misure dirette delle grandezze e derivano da *cause diverse* e *indipendenti* l'una dall'altra.

- Influenzano il valore delle misure in modo *variabile*, anche per quanto riguarda il *segno*.
- Sono *inevitabili* in quanto imputabili al caso, tuttavia si può *ridurre* il loro effetto *ripetendo più volte* la misura di una grandezza.

Misure di uguale precisione: misure ripetute di una grandezza effettuate dallo *stesso operatore*, con lo *stesso strumento* e nelle *stesse condizioni personali* e *ambientali*.

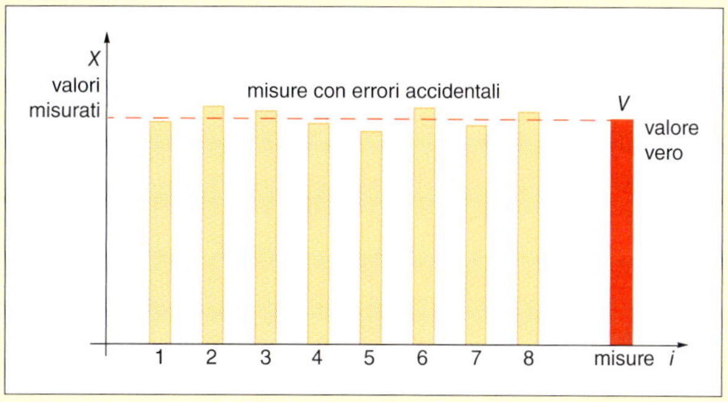

Media aritmetica di una serie di misure dirette di uguale precisione: è il più *probabile valore* della grandezza di cui sono state effettuate le misure che compongono la serie:

$$X_M = \Sigma x_i / n$$

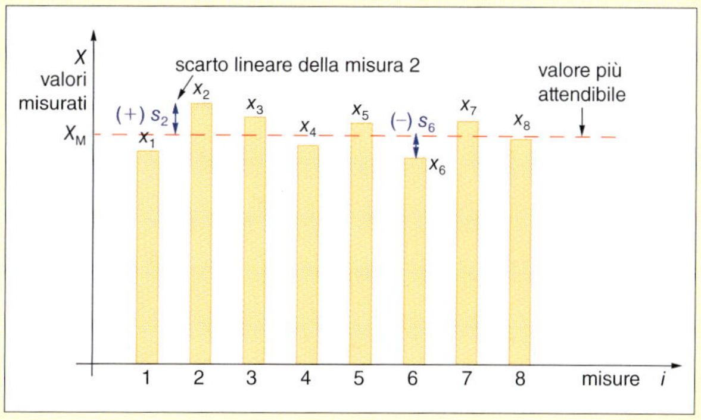

Scarto dalla media aritmetica: è la *differenza* tra il valore di ognuna delle *misure* di uguale precisione di una grandezza e il valore della loro *media aritmetica*:

$$v = (x_i - X_M)$$

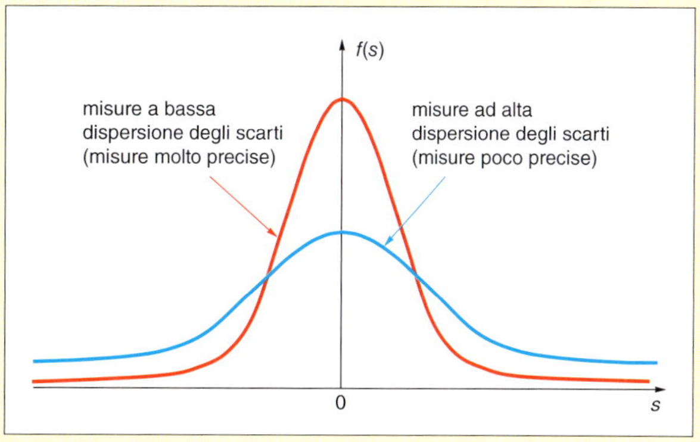

- Il valore dello *scarto* di una misura è quello che ha più *probabilità* di rappresentare l'*errore accidentale* presente nella misura stessa.

- La *somma algebrica* degli scarti è sempre *nulla*.
- La *somma dei quadrati* degli scarti è sempre un *minimo*.

Curva di Gauss: diagramma che descrive la *distribuzione* degli *scarti*, e quindi degli *errori accidentali*, in una serie di misure della stessa grandezza. Nelle *ascisse* vengono riportati gli *scarti* raggruppati in intervalli di valori, mentre nelle *ordinate* vengono riportate le *frequenze* degli scarti stessi.

- La curva si sviluppa sempre *al di sopra* dell'asse delle *ascisse*, è *simmetrica* rispetto all'asse delle ordinate e la *frequenza massima* è in corrispondenza degli *scarti nulli*, cioè delle *misure coincidenti* con la media.
- Il valore della *frequenza diminuisce* all'*aumentare* degli *scarti*.
- All'*aumentare* dell'*indice di precisione h*, *aumenta* la *precisione* della serie di misure, in quanto *aumenta* la *frequenza* di misure *vicine alla media* e *diminuisce* la *frequenza* di quelle *più distanti*.

Scarto quadratico medio (o deviazione standard): viene calcolato con la formula:

$$\sigma = \pm\sqrt{\frac{\Sigma v_i^2}{n-1}}$$

dove n = numero delle misure eseguite e

$$\Sigma v_i^2 = v_1^2 + v_2^2 + v_3^2 + \ldots + v_n^2$$

- Quanto più è *piccolo* lo scarto quadratico medio di una serie di misure tanto *maggiore* si può considerare la loro *precisione*.

Tolleranza di una misura ripetuta più volte: *limite massimo* dello *scarto* di una misura affinché possa essere considerata affetta soltanto da *errori accidentali*. L'esperienza dimostra che tale limite può essere assunto pari a $T = 3\sigma$.

- Da una serie di misure vanno *escluse* quelle i cui *scarti superano* la *tolleranza* in quanto sono probabilmente affette anche da *errori grossolani*.

Errore medio della media: esprime la *precisione* del *valore medio* di una serie di *misure dirette* della *stessa precisione* di una grandezza e viene calcolato con la formula:

$$\mu_m = \pm\sqrt{\frac{\Sigma v_i^2}{n(n-1)}} = \pm\frac{\sigma}{\sqrt{n}}$$

- Più *piccolo* è il valore di μ_m *maggiore* è l'*attendibilità* della media.
- Definisce il *campo di variabilità* del valore vero V (che non è mai noto) della grandezza; infatti questo è molto probabilmente *compreso nell'intervallo* di valori

$$X_M - \mu_m < V < X_M + \mu_m$$

Errore relativo di una grandezza lineare: esprime il più *probabile valore* dell'*errore medio* commesso per *unità* di *lunghezza* ed è dato dal *rapporto* tra lo *scarto quadratico medio* μ e la *media aritmetica* L_m delle misure eseguite:

$$\mu_r = \frac{\sigma}{X_M}$$

Misure di precisione diversa: misure ripetute di una grandezza effettuate da *operatori diversi*, o con *strumenti diversi* o in *diverse condizioni personali* e *ambientali*.

Peso di una misura: considerando di una grandezza X più misure dirette X_i di *precisione diversa*, il *peso* di ciascuna misura è il *numero di volte* che questa deve *essere ripetuta* con osservazioni della *stessa precisione* σ per ottenere il proprio *errore medio della media* μ_i; il peso di ogni misura si calcola con la formula:

$$p_i = \frac{\sigma^2}{\mu_i^2}$$

- Ogni misura diretta X_i può essere considerata la *media* di una serie di un numero p_i di misure tutte della *stessa precisione*, in quanto caratterizzate dallo stesso valore di σ che può essere assunto *arbitrariamente*.
- Il termine σ prende il nome di *errore medio dell'unità di peso*.
- Le misure caratterizzate da un valore di μ_i più *piccolo* sono più *attendibili* e quindi hanno un *peso maggiore*.

Media pesata: è il *più probabile valore* della grandezza X di cui sono state effettuate le misure X_i di *precisione diversa* e di ciascuna delle quali è stato calcolato il relativo *peso*; si calcola con la formula:

$$X_m = \frac{\Sigma p_i X_i}{\Sigma p_i}$$

- La media pesata è una *media aritmetica* in cui le misure *più attendibili* compaiono un *maggior numero* di *volte* in quanto hanno un *peso maggiore*.

Errore medio della media pesata: esprime la *precisione* della *media pesata* di una serie di *misure dirette* di *precisione diversa* di una grandezza e viene calcolato con la formula:

$$\mu_m = \pm\sqrt{\frac{\Sigma p_i v_i^2}{(n-1)\Sigma p_i}}$$

- Definisce il *campo di variabilità* del valore vero X (che non è mai noto) della grandezza; infatti questo è molto probabilmente *compreso nell'intervallo* di valori

$$X_m - \mu_m < X < X_m + \mu_m$$

Autovalutazione

A. Verifica delle conoscenze

QUESITI VERO/FALSO

		V	F
1	Gli errori accidentali sono causati dai difetti degli strumenti	☐	☐
2	Gli errori sistematici sono molto temibili	☐	☐
3	Ripetendo più volte la misura di una grandezza si limitano gli errori sistematici	☐	☐
4	Gli scarti quadratici possono essere positivi o negativi	☐	☐
5	La somma degli scarti lineari di una serie di misure è sempre nulla	☐	☐
6	La deviazione standard è un indice di rilevamento della dispersione delle misure	☐	☐
7	La deviazione standard è sempre maggiore dello scarto quadratico medio	☐	☐
8	Più grande è il valore della deviazione standard, maggiore è la precisione delle misure	☐	☐
9	L'errore medio della media definisce l'intervallo di incertezza della misura	☐	☐
10	Nella curva di Gauss la frequenza massima è relativa agli scarti massimi	☐	☐

QUESITI A RISPOSTA APERTA

11 L'istogramma di figura riporta le frequenze degli scarti relativi a una serie numerosa di misure dirette di una stessa grandezza affette solo da errori accidentali. Quali caratteristiche possiedono tali scarti?

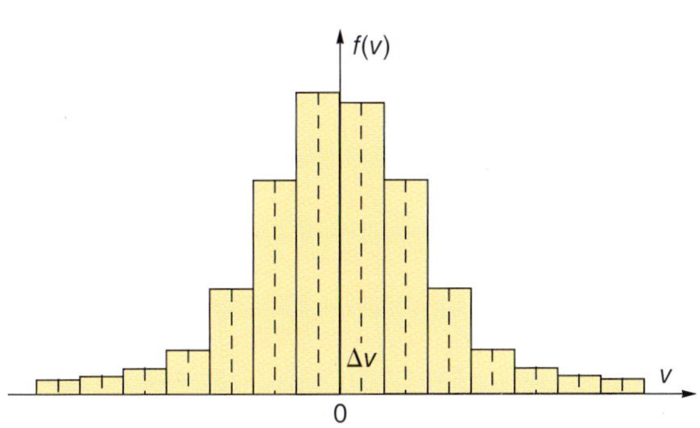

1) ....

....

2) ....

....

3) ....

....

12 L'andamento della frequenza degli scarti è rappresentabile con la distribuzione normale di una variabile connessa a un evento casuale, il cui grafico è mostrato in figura. Con riferimento a tale curva rispondi ai seguenti quesiti.

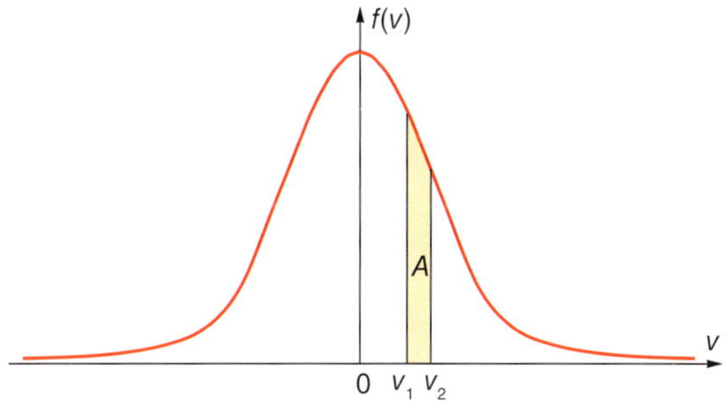

1) Chi ha fornito l'equazione di tale curva? ....

....

....

2) Quale caratteristica geometrica possiede? ....

....

....

3) Che cosa rappresenta l'area A? ....

....

....

13 Con riferimento alla figura, in cui sono riportate due curve di distribuzione della frequenza degli scarti riferite a due diverse serie di misure dirette della stessa grandezza, rispondi ai seguenti quesiti.

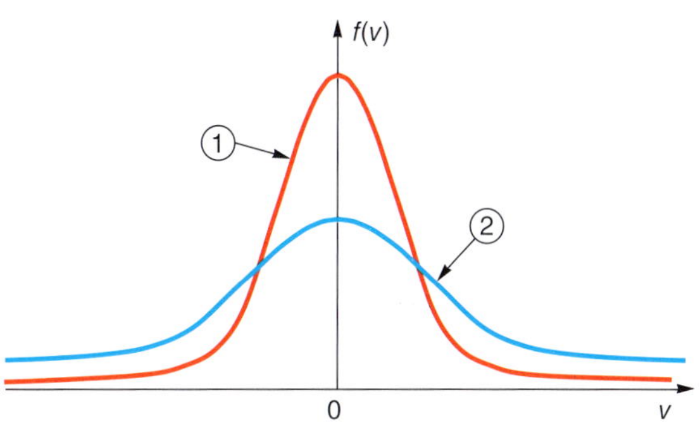

1) Quale curva rappresenta la serie di misure più affidabile? ....

2) Quale elemento geometrico lo testimonia? ....

3) Quale parametro condiziona la forma della curva? ....

QUESITI A RISPOSTA MULTIPLA

14 Come si possono evidenziare, nella misura diretta di una distanza, gli errori sistematici?

a ripetendo la misura con lo stesso strumento
b ripetendo la misura con strumenti più precisi
c eseguendo la misura in tempi diversi
d nessuna delle precedenti

15 Gli errori grossolani commessi in una serie di misure della stessa grandezza

a sono dovuti a distrazioni
b sono facilmente riconoscibili
c hanno elevati valori
d tutte le precedenti

16 L'errore nella singola misura di una grandezza è ottenibile statisticamente

a dallo scarto lineare
b dallo scarto quadratico
c dalla varianza
d nessuna delle precedenti

17 In una serie di misure dirette x_i quale grandezza viene indicata con k nella espressione $v_i = (x_i - k)$?

a varianza
b scarto quadratico medio
c media aritmetica
d nessuna delle precedenti

18 In una serie di misure dirette x_i quale valore viene indicato con k nella espressione $\sum v_i^2 = k$?

a nullo
b un minimo
c un massimo
d nessuno dei precedenti

19 In una serie di misure dirette x_i quale grandezza viene indicata con k nella espressione $v_i \leq k$?

a il triplo della deviazione standard
b il doppio della deviazione standard
c la deviazione standard
d nessuna delle precedenti

20 In una serie di misure dirette, si vuole che l'errore medio della media sia 1/3 dell'errore medio delle singole misure. Quante misure occorre eseguire?

a 3
b 6
c 9
d nessuna delle precedenti

21 Lo scarto quadratico medio σ di cinque misure i cui scarti in cm sono $v_1 = 5$, $v_2 = 4$, $v_3 = -1$, $v_4 = -2$, $v_5 = -6$, vale

a 1,90 cm
b 4,05 cm
c 3,70 cm
d 4,53 cm

22 L'errore medio della media μ_m della serie di misure riportate nel quesito precedente vale

a 0,85 cm
b 2,02 cm
c 1,81 cm
d 1,65 cm

23 La formula per calcolare il valore della tolleranza T di una serie di misure con scarto quadratico medio σ è

a $T = \sigma$
b $T = 2\,\sigma$
c $T = 3\,\sigma$
d $T = 4\,\sigma$

24 Il più attendibile valore di una distanza è di 150 m; allora l'errore relativo allo scarto quadratico medio $\sigma = 3$ cm vale

a $2 \cdot 10^{-4}$
b $2 \cdot 10^{-5}$
c $2 \cdot 10^{-3}$
d $2 \cdot 10^{-6}$

25 Se X_i sono più misure di precisione diversa e p_i il relativo peso, il valore della media pesata X_m è dato da

a $\dfrac{\Sigma p_i}{X_i \Sigma p_i}$

b $\Sigma p_i X_i + \Sigma p_i$

c $\dfrac{\Sigma p_i X_i}{\Sigma p_i}$

d $\dfrac{\Sigma X_i}{\Sigma p_i}$

B. Verifica delle competenze

COMPETENZA Digitale

26 Nell'ambito di un foglio Excel, imposta il trattamento statistico di una serie di 10 misure dirette della stessa precisione. [*Suggerimento*: utilizza una riga per ciascuna delle 10 misure, una colonna per inserire i valori delle misure, una colonna per il calcolo degli scarti e una per quelli quadratici, oltre ad alcune celle per calcolare il valore più attendibile, la somma degli scarti quadratici, l'errore medio della media e altri parametri ricercati].

COMPETENZA **Risolvere problemi**

27 **PROBLEMA SVOLTO**

L'angolo α è stato misurato otto volte con un teodolite ottenendo i seguenti valori in gradi centesimali.

1	206,0055	**5**	206,0100
2	205,9700	**6**	205,9825
3	205,9425	**7**	205,9645
4	206,0135	**8**	206,0005

Calcolare l'intervallo di valori che ha elevate probabilità di comprendere il vero valore dell'angolo α.

Soluzione

Calcoliamo subito il valore più attendibile delle 8 misure:

$$\alpha_M = \frac{\Sigma\alpha_i}{n} = \frac{1647,8890}{8} = 205,9861 \text{ gon}$$

Raggruppiamo ora, nella seguente tabella, il calcolo dei parametri statistici della serie di misure:

n.	v_i	v_i^2	Parametri
1	0,0194	0,00038	$\Sigma v_i^2 = 0,00455$
2	−0,0161	0,00026	$\sigma = \pm\sqrt{\frac{0,00455}{8-1}} =$
3	−0,0436	0,00190	$= \pm 0,0255$ gon
4	0,0274	0,00075	$\mu_m = \pm\sqrt{\frac{0,00455}{8 \cdot (8-1)}} =$
5	0,0239	0,00057	$= \pm 0,0090$ gon
6	−0,0036	0,00001	oppure
7	−0,0216	0,00047	$\mu_m = \pm\frac{0,0255}{\sqrt{8}} =$
8	0,0144	0,00021	$= \pm 0,0090$ gon

Dunque il valore più attendibile è:

$$\alpha = 205,9861 \pm 0,0090 \text{ gon}$$

28 Una distanza è stata misurata con un nastro flessibile dallo stesso operatore dodici volte ottenendo i seguenti valori:

1	56,047 m	**7**	55,999 m
2	55,998 m	**8**	56,095 m
3	56,097 m	**9**	56,110 m
4	55,995 m	**10**	56,140 m
5	55,995 m	**11**	55,988 m
6	55,994 m	**12**	55,088 m

Verifica che tutte le misure rientrino nella tolleranza e calcolare l'intervallo di valori che ha elevate probabilità di comprendere il vero valore della distanza.
[55,088 scartata; 56,0416 ± 1,74 cm]

29 Sono state effettuate dodici misurazioni di una distanza con la stessa precisione, ottenendo i seguenti valori:

1	88,473 m	**7**	88,573 m
2	88,499 m	**8**	88,483 m
3	88,498 m	**9**	88,578 m
4	88,495 m	**10**	88,673 m
5	88,498 m	**11**	88,499 m
6	88,465 m	**12**	88,696 m

Calcola la media aritmetica e l'errore medio delle singole osservazioni. Inoltre verifica che le misure rientrino nella tolleranza e calcola l'errore medio della media.
[L_m = 88,5358 m;
$\sigma = \pm$ 7,78 cm; T = 23,34 cm;
μ_m = 2,25 cm]

30 Per la misura di un angolo viene utilizzato un teodolite possiede un grado di precisione medio di 20″; determina il numero di letture che si deve fare per ottenere un errore medio della media uguale a 5″. [n = 16]

31 L'angolo α è stato misurato con la stessa precisione sei volte ottenendo i seguenti valori in gon:

1	98,140	**4**	98,135
2	98,130	**5**	98,140
3	98,130	**6**	98,132

Calcola lo scarto quadratico medio e il più probabile valore dell'angolo α.
[σ = 0,0046 gon;
α = 98,1345 ± 0,0019 gon]

32 Una distanza è stata misurata otto volte dallo stesso operatore con un distanziometro elettronico ottenendo i seguenti valori:

1	875,256 m	**5**	875,247 m
2	875,265 m	**6**	875,235 m
3	875,262 m	**7**	875,260 m
4	875,264 m	**8**	875,260 m

Verifica che le misure rientrino nella tolleranza e calcola il valore più probabile della distanza.
[L = 875,256 ± 3,6 mm]

33 Calcola il più probabile valore di una distanza misurata sei volte dallo stesso operatore con un distanziometro elettronico e accerta se le misure rientrano nella tolleranza; i valori delle misure sono i seguenti:

1	1342,288 m	4	1342,283 m
2	1342,286 m	5	1342,292 m
3	1342,260 m	6	1342,282 m

[L = 1342,282 ± 4,6 mm]

34 L'angolo α è stato misurato sei volte con un teodolite ottenendo i seguenti valori in gon:

1	105,8256	4	105,8246
2	105,8249	5	105,8251
3	105,8252	6	105,8243

Accerta che lo scarto quadratico medio rientri nella tolleranza (0^c,0010) e determina il più probabile valore dell'angolo α.

[σ = 0,0005 gon; α = 105,8250 gon ± 0,0002 gon]

35 L'angolo α è stato misurato sei volte e si sono ottenuti i seguenti valori in gon:

1	92,1315	4	92,1336
2	92,1344	5	92,1329
3	92,1348	6	92,1342

Scarta le misure che eventualmente non rientrano nella tolleranza $T = 3\sigma$ e calcola il più probabile valore dell'angolo. [α = 92,1336 ± 0,0005 gon]

36 L'angolo α è stato misurato sei volte ottenendo i seguenti valori:

1	43°35′22″	4	43°35′28″
2	43°35′24″	5	43°35′25″
3	43°35′20″	6	43°35′20″

Calcola il più probabile valore dell'angolo.

[α = 43°35′23″ ± 0°00′01″]

37 L'angolo α è stato misurato sei volte ottenendo i seguenti valori:

1	70°52′35″	4	70°52′35″
2	70°52′29″	5	70°52′25″
3	70°52′27″	6	70°52′32″

Calcola il più probabile valore dell'angolo.

[α = 70°52′30″,5 ± 0°00′02″]

38 L'angolo α è stato misurato dieci volte con un teodolite ottenendo i seguenti valori in gradi centesimali.

1	78,8898	6	78,8676
2	78,8705	7	79,0002
3	78,8795	8	78,8927
4	78,8866	9	78,8898
5	78,8904	10	78,8790

Calcola l'intervallo di valori che ha elevate probabilità di comprendere il vero valore dell'angolo α.

[α = 78,8946 ± 0,012 gon]

39 La misura delle distanze AB e CD è stata eseguita con due serie, ciascuna di 8 misure dirette, utilizzando diversi strumenti e ottenendo i seguenti valori espressi in metri.

Distanza *AB*		Distanza *CD*	
1	805,28	1	401,57
2	805,40	2	401,63
3	805,22	3	401,68
4	805,34	4	401,55
5	805,28	5	401,50
6	805,31	6	401,59
7	805,20	7	401,60
8	805,26	8	401,56

Calcola il valore più attendibile per le due distanze e indica quella eseguita con maggior precisione.

[AB = 805,286 m ± 2,3 cm; $\varepsilon^r_{AB} = 8 \cdot 10^{-5}$;
CD = 401,585 m ± 1,9 cm; $\varepsilon^r_{CD} = 1{,}3 \cdot 10^{-4}$;
la distanza AB è più precisa]

Risultati dei quesiti vero/falso

1F, 2V, 3F, 4F, 5V, 6V, 7F, 8F, 9V, 10F

Risultati dei quesiti a risposta multipla

14b, 15d, 16a, 17c, 18b, 19a, 20c, 21d, 22b, 23c, 24a, 25c

VERSO L'ESAME DI STATO

Fai molta attenzione a questa sezione. I problemi proposti sono relativi ad argomenti che potresti trovare nella seconda prova dell'Esame di Stato.

40 Per misurare l'ampiezza dei due angoli $\alpha = A\widehat{S}B$ e $\beta = B\widehat{S}C$, si è utilizzato un teodolite a graduazione centesimale destrorsa, collocato sul punto S, con il quale sono stati collimati i punti A, B, C. Per limitare la presenza degli errori accidentali e per scartare eventuali errori grossolani le misure sono state ripetute quattro volte ottenendo i quattro strati contenuti nel seguente libretto:

Stazione	Punti collimati	Strati al CO (gon)			
		1°	2°	3°	4°
S	*A*	318,2433	268,1434	217,9430	168,0443
	B	351,1409	311,0140	250,8412	200,9427
	C	83,1238	33,0246	382,8245	332,9249

Determina i valori più attendibili degli angoli α e β e il loro grado di affidabilità.
(*Estratto dalla seconda prova scritta dell'Esame di Stato dell'anno 1992*)

Soluzione

Raggruppiamo nella seguente tabella, il calcolo degli angoli α e β in ciascuno dei quattro strati.

Strato	α (gon)	β (gon)	
1	32,8976	131,9829	
2	42,8706	122,0106	da scartare
3	32,8982	131,9833	
4	32,8984	131,9822	

Osserviamo subito, senza necessità di ulteriori verifiche, che le misure del 2° strato sono affette da **errori grossolani** (tipicamente dovuti a una errata designazione di uno dei punti da collimare) e pertanto è necessario **escluderle** e considerare solo il 1°, il 3° e il 4° strato. Possiamo ora calcolare i valori più attendibili degli angoli α e β e dei relativi parametri, riassumendoli nelle seguenti tabelle in cui, per non appesantire l'esposizione, si è scelto di limitare il calcolo delle medie e degli scarti a sole quattro cifre decimali, anche se ciò, inevitabilmente, produce alcune leggere imprecisioni.

Angolo α				
Strato	**α (gon)**	***v***	***v*²**	**Parametri**
1	32,8976	+0,0005	0,00000025	$\sigma = \pm\sqrt{\dfrac{3{,}5 \cdot 10^{-7}}{3-1}} = \pm\,0{,}000418$ gon
3	32,8982	−0,0001	0,00000001	
4	32,8984	−0,0003	0,00000009	$\mu_m = \pm\dfrac{0{,}000418}{\sqrt{3}} = \pm\,0{,}000241$ gon
$\alpha_M = \dfrac{98{,}6942}{3} =$	32,8981	$\Sigma v \approx 0{,}0000$	$\Sigma v^2 = 3{,}5 \cdot 10^{-7}$	

Angolo β				
Strato	**β (gon)**	***v***	***v*²**	**parametri**
1	131,9829	−0,0001	0,00000025	$\sigma = \pm\sqrt{\dfrac{6{,}2 \cdot 10^{-7}}{3-1}} = \pm\,0{,}000557$ gon
3	131,9833	−0,0005	0,00000001	
4	131,9822	+0,0006	0,00000009	$\mu_m = \pm\dfrac{0{,}000557}{\sqrt{3}} = \pm\,0{,}000321$ gon
$\beta_M = \dfrac{395{,}9484}{3} =$	131,9828	$\Sigma v = 0{,}0000$	$\Sigma v^2 = 6{,}2 \cdot 10^{-7}$	

Topography in English

Theodolite

A theodolite is a topographic instrument used to measure azimuthal angles through a horizontal goniometer and zenith angles through a vertical goniometer. Theodolites are much more precise than tacheometers. The term tacheometer comes from the Greek *tacùs metron* meaning quick measure.

The precision of a theodolite is about 0.1″ to 10″ while the tacheometer's precision ranges from 10″ to 10′. For short distances, the errors are mainly human errors, as in taking a quick reading or not leveling the instrument properly.

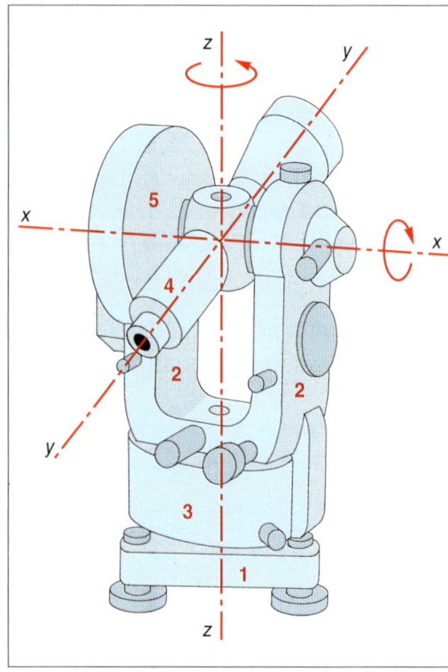

There are three main axes in a theodolite:

- The primary axis around which the alidade turns (zz).
- The secondary axis around which the telescope turns (xx).
- The collimation axis of the telescope (yy).

A theodolite is composed of the following elements.

1. The tribrach or base incorporating three levelling screws, which regulate the inclination of the tribrach until it is made horizontal. The tribrach is secured to a tripod using a locking mechanism. The tribrach incorporates a circular bubble level to aid levelling and often an optical plummet.
2. The alidade, a U shape element containing a tubular bubble level or plate level, rotates around the vertical axis and supports the horizontal axis around which the telescope goes up and down.
3. A graduated horizontal goniometer is located on the tribrach, under the alidade. To be able to read the graduations we need to use a microscope. Nowa-

days, an electron microscope is used due to the very small angles and level of precision required in surveys.

4 The telescope is on the alidade and its collimation axis is perpendicular to the secondary axis around which it moves up and down. We use the telescope to observe faraway objects.

5 The graduated vertical goniometer moves strictly along with the telescope. To read angles on it we use the same approach as for the horizontal angles.

GLOSSARY

Tripod = treppiede
Tribrach = basamento
Circular bubble level = livella sferica
Tubular bubble level = livella torica
Plummet = filo a piombo
Levelling screws = viti calanti

EXERCISES

1 Fill in the gaps with the words listed

station point • screws • tripod • plummet • tubular bubble level • circular bubble level

Setting up a theodolite. The theodolite must be centred and levelled.

Proposed step:

- Set up the tripod (the head of the tripod should be approximately horizontal) above the ________________ .
- Secure the theodolite on the ________________ .
- Sight the station point in the optical ________________ using the screws on the tribrach.
- Level the instrument by adjusting the length of the legs of the tripod making use of the ________________ .
- Find the normal point of the ________________ .
- Level the instrument accurately using the tubular bubble level and the three levelling ________________ .

2 True or false

	T	F
• Crosshairs in the telescope permit accurate alignment with the object sighted.	☐	☐
• If the axis of the telescope is not perpendicular to the horizontal axis, a collimation error occurs.	☐	☐
• A spirit level helps in levelling the instrument.	☐	☐
• A theodolite is used to measure only horizontal angles.	☐	☐
• A theodolite is mainly employed in the land surveying and engineering fields.	☐	☐
• The tacheometer is more precise than the theodolite.	☐	☐
• Quick reading of angles lends to human errors.	☐	☐
• The horizontal and vertical axes must be perpendicular.	☐	☐
• Modern theodolites are called total stations.	☐	☐
• Theodolites incorporate only one goniometer to measure angles.	☐	☐

E1 I particolari del territorio

1. Contesto

In questo ambito ci occuperemo delle prime applicazioni pratiche di operazioni orientate alla rappresentazione **planimetrica** dei particolari topografici appartenenti a una porzione di territorio di *modeste estensioni*, che possono essere eseguite anche con una strumentazione elementare.

La rappresentazione grafica del territorio costituisce il risultato finale di una procedura operativa che prende il nome di **rilievo topografico**; essa può essere definita come:

> l'insieme coordinato e organizzato di operazioni di campagna (*misure*) e di tavolino (*calcoli* e *disegni*), estese a un adeguato numero di *punti caratteristici* del terreno, determinandone la relativa posizione (per il momento solo *planimetrica*) finalizzata alla rappresentazione grafica (la *carta* o *mappa*) della porzione di territorio.

Per una corretta impostazione delle operazioni di rilievo, in particolare per ridurre al minimo gli imprevisti nelle operazioni sul terreno, è indispensabile una loro minuziosa preparazione, definendo puntualmente ciascuna delle seguenti fasi in cui si sviluppano le stesse operazioni di rilievo.

Fase 1: il progetto del rilievo. Definizione di alcuni aspetti preliminari, in funzione delle *finalità del rilievo*, come:

- Individuare quali dati acquisire.
- In che modo e con quali strumenti acquisirli.
- Quali elaborati produrre, e con quali scale di rappresentazione.
- Acquisire materiali esistenti inerenti l'oggetto di rilievo (mappe catastali, cartografia nazionale).

Fase 2: le misure

- Sopralluogo, redazione di *schizzi* (*edotipi*) ed eventuale predisposizione di *segnali*.
- Definire i punti caratteristici.
- Definire il numero e le mansioni di ciascun operatore coinvolto.
- Ottimizzare il tempo di lavoro sul terreno.

Fase 3: la rappresentazione

- Eseguire i calcoli necessari per definire la posizione dei punti.
- Redigere gli elaborati tecnici (*planimetrie*, *sezioni*).

I punti caratteristici nel rilievo planimetrico

Ricordiamo che una *planimetria* riporta la posizione delle *proiezioni* dell'insieme di **punti caratteristici** appartenenti al territorio, sulla *superficie di riferimento*

FAQ

Quale funzione ha il rilievo topografico del territorio?
Ha la funzione di fornire una rappresentazione grafica, chiamata mappa o carta, del territorio interessato. Ciò avviene attraverso un insieme coordinato di misure sul terreno, di procedure di calcolo e, infine, di attività grafiche.

FAQ

Che cos'è la planimetria?
È la fase del rilievo in cui si definisce la posizione delle *proiezioni* dell'insieme di punti caratteristici del terreno, sulla *superficie di riferimento* che, nel caso di piccole estensioni di terreno, possiamo considerare come *piana e orizzontale*.

che, nell'ambito di **piccole estensioni** di terreno, è considerata *piana* e *orizzontale* (*campo topografico*).

Proviamo ora a precisare meglio i requisiti dei **punti caratteristici**, tramite la seguente definizione:

> sono i punti ritenuti necessari per fornire una **corretta descrizione** di tutti i particolari morfologici del territorio. In altri termini, sono quei punti che, oltre a rappresentare sé stessi, determinano anche la posizione di un insieme di altri punti, costituendo, di fatto, un **campione rappresentativo** di tutti i punti costituenti il territorio da rilevare e degli oggetti in esso presenti.

Le operazioni di misura e di calcolo adottate per questo insieme di punti sono relativamente semplici e la precisione richiesta nella loro definizione è limitata, in quanto strettamente legata alla scala di rappresentazione.

Per fissare meglio il concetto di *punto caratteristico*, consideriamo il segmento, sicuramente rettilineo, materializzato da un lato di un ipotetico fabbricato (ad esempio il lato 13-14 di ▶FIGURA 1). Esso contiene **infiniti** punti che, tuttavia, rimangono definiti nel momento in cui viene fissata la posizione dei suoi due **punti estremi**.

Se, anziché considerare un segmento rettilineo, si dovesse rappresentare una **linea curva** (ad esempio il ciglio strada di ▶FIGURA 1), allora non sarebbero sufficienti due soli punti caratteristici, ma ne servirebbe un **congruo numero** in grado di rappresentare, con sufficiente e accettabile approssimazione, in relazione alla scala di rappresentazione, la linea curva in oggetto. Questi punti dovranno poi essere più **ravvicinati** laddove è più rapido il cambio di direzione della curva (ad esempio nel tratto 4-9 di ▶FIGURA 1), mentre potranno **distanziarsi** nei tratti in cui il cambio di curvatura è più modesto (tratto 9-12).

In definitiva, non essendo possibile determinare la posizione degli infiniti punti che costituiscono la superficie del terreno, le **operazioni di rilievo** vengono estese a un **limitato numero di punti**, che però andranno individuati con attenzione e in modo opportuno, in modo che **rappresentino** fedelmente la realtà del territorio da rilevare e rappresentare.

Quindi, per rilevare terreni con andamento uniforme e con scarsi elementi salienti (fabbricati, strade, fossati, vegetazione ecc.), occorre determinare la posizione di relativamente pochi punti. Se invece il terreno è caratterizzato da una superficie accidentata, irregolare e ricca di elementi salienti, allora occorre aumentare, fino al necessario, il numero dei punti caratteristici da rilevare.

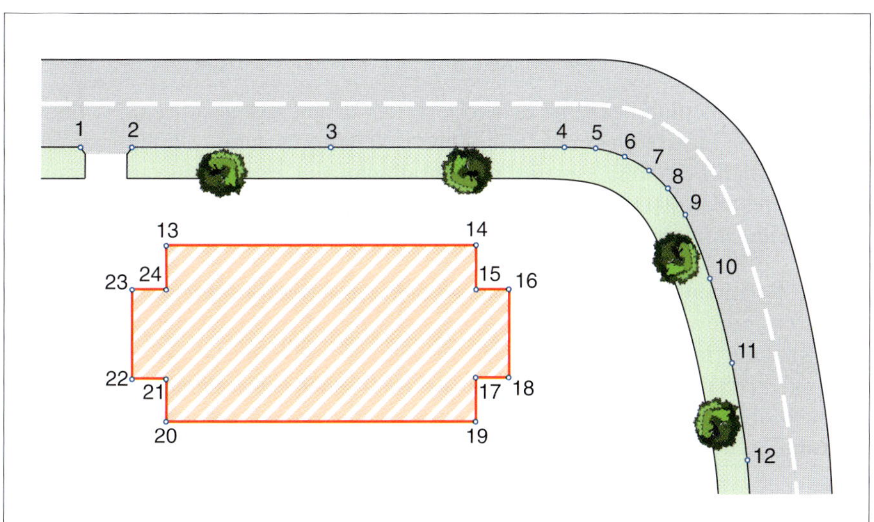

FIGURA 1 Definizione dei punti caratteristici nel caso di segmenti rettilinei (lati del fabbricato) e di una linea curva (ciglio strada). In questo secondo caso poi, i punti sono più ravvicinati dove più rapida è la variazione di curvatura.

FAQ

Che cosa sono i punti caratteristici?

Sono un *campione* rappresentativo di tutti i punti costituenti il territorio da rilevare, dunque sono i punti che verranno utilizzati per rappresentare il territorio.

COMPETENZA

Interpretare l'informazione

L'individuazione dei punti caratteristici di un rilievo, teoricamente molto semplice, in realtà richiede competenze che solo l'esperienza può fornire. L'errore che più spesso commette l'operatore principiante, nel dubbio, è quello di eccedere nella scelta dei punti, rendendo in questo modo il rilievo troppo dispendioso in termini di personale e di tempi di esecuzione.

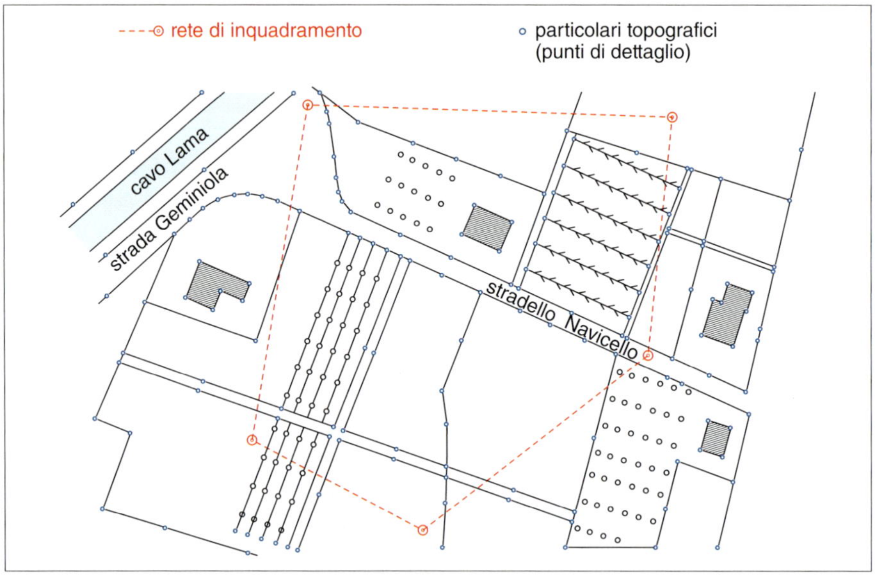

FIGURA 2 Schema complessivo di un piccolo rilievo dei dettagli topografici planimetrici. L'inquadramento è realizzato con una poligonale chiusa.

Fase di inquadramento del rilievo

Come già accennato in precedenza, in questo ambito faremo riferimento ai **rilievi planimetrici** di dettaglio, per la rappresentazione di **limitate** estensioni di terreno (attraverso i particolari individuati dai punti caratteristici).

Nella realtà il rilievo dei *punti caratteristici* deve sempre essere **preceduto** da una fase che prende il nome di **inquadramento** o di **appoggio** (per esempio poligonali, triangolazioni ecc.), con la quale vengono definiti con molta cura quegli elementi topografici (punti, allineamenti ecc.) che fungeranno da **riferimento** e di fatto saranno gli elementi di partenza per il successivo rilievo dei particolari (▶FIGURA 2).

Affronteremo le problematiche connesse alla fase di **inquadramento** del rilievo topografico in altra parte del corso; tuttavia le anticipazioni contenute nella presente unità non costituiscono una contraddizione con quanto affermato, poiché in presenza di **limitate estensioni** le operazioni che costituiscono la fase di **inquadramento** del rilievo possono anche non essere necessarie, o limitate a un singolo punto o singolo allineamento.

2. Il sopralluogo, l'eidotipo e i registri

Per una corretta pianificazione delle operazioni di rilievo che consenta di limitare al minimo gli inevitabili contrattempi che si verificano durante le operazioni sul terreno, è indispensabile eseguire un **sopralluogo** sull'area da rilevare, durante il quale viene analizzata l'area identificando gli *elementi caratteristici* e le eventuali *problematicità* operative.

Questi elementi vengono poi sintetizzati in una o più rappresentazioni grafiche, eseguite a mano libera sotto forma di *schizzi*, denominate **eidotipi** (▶FIGURA 3), dove riportare, in modo schematico, ma conservando le proporzioni, le caratteristiche morfologiche del terreno, oltre agli elementi rappresentativi quali fabbricati, corsi d'acqua, strade ecc. con eventuali **annotazioni** e **didascalie**. Su questa base verranno poi selezionati i punti che andranno rilevati.

Ciascun *eidotipo*, naturalmente, non richiede la precisione e l'accuratezza della mappa definitiva; non di meno dovrà essere **completo** e **fedele** nel riportare tutti gli

FAQ

Che cos'è l'eidotipo?

È un elaborato redatto a mano libera durante il sopralluogo sul terreno, che, sotto forma di schizzo, deve contenere tutti i particolari significativi del terreno da rilevare. Esso ha lo scopo di mettere in evidenza tutti gli elementi utili alla pianificazione del rilievo.

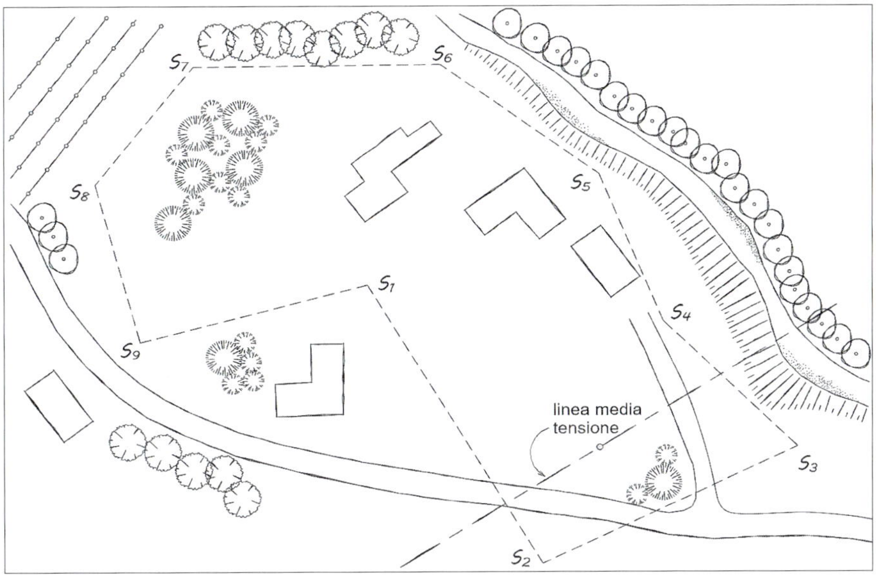

FIGURA 3 Esempio di eidotipo. In esso sono riportati, sotto forma di schizzo, ma mantenendo le proporzioni tra le parti, gli elementi caratteristici della zona da rilevare, arricchiti da annotazioni e indicazioni. La spezzata S_1-S_9 (poligonale) rappresenta l'inquadramento del rilievo i cui vertici sono definiti considerando le caratteristiche del territorio sintetizzate nell'eidotipo.

elementi e le indicazioni indispensabili alle successive fasi di rilievo. Tali informazioni, peraltro, possono poi venire integrate con una documentazione **fotografica**.

L'eidotipo, eventualmente, può anche essere eseguito utilizzando come *base di partenza* un **estratto cartografico** (cartografia regionale e nazionale IGM) in scala adeguata alle esigenze specifiche. Tale supporto, durante il sopralluogo, verrà poi completato, aggiornato e corredato con tutti gli elementi del territorio in precedenza descritti.

Sulla base delle informazioni contenute nell'*eidotipo* verranno poi organizzate le operazioni di misura sul terreno. In questa fase il tecnico incaricato provvederà a definire con attenzione i seguenti elementi:

- scelta dei **punti caratteristici** (dettagli topografici);
- **elementi** che serviranno da **inquadramento** (allineamenti, vertici ecc.);
- **strumentazione** da utilizzare nell'esecuzione delle misure;
- **personale** e **tempi** per eseguire le misure previste.

In caso di impiego di una moderna strumentazione *elettronica* (che verrà sviluppata in altra parte del corso) le **misure eseguite** durante il rilievo vengono **memorizzate** su appositi supporti per essere poi «trasferite» nel computer per il successivo trattamento numerico e grafico. Nel caso di impiego di strumenti ottici privi di apparati di **registrazione automatica** delle misure (per esempio quelli considerati nella precedente sezione D), queste dovranno essere *trascritte manualmente* con cura, in modo organico e razionale, in opportuni **libretti delle misure** cartacei. Il loro aspetto varia in funzione del tipo di rilievo, cioè dipende dal tipo di **misure** che verranno effettuate.

COMPETENZA

Linguaggio

Il termine **eidotipo**, come peraltro molti termini della nostra disciplina, deriva dalla composizione di due termini della lingua greca il cui significato, rispettivamente, è: «forma/aspetto» e «tipo», quest'ultimo inteso come documento.

3. Relazione tra scala e numero dei particolari da rilevare

In generale i rilievi dei dettagli topografici hanno come fine ultimo la stesura di una *rappresentazione grafica* (**mappa**).

FAQ

La scala di rappresentazione condiziona in qualche modo il rilievo?

Sì. In effetti, a causa dell'errore di graficismo (mediamente 1/5 mm, cioè 0,2 mm), essa condiziona la precisione richiesta nelle misure effettuate durante il *rilievo dei dettagli* topografici, in quanto questi ultimi devono poi essere riportati e disegnati nella mappa.

I **particolari** «visibili» su una mappa (quindi quelli che **devono essere rilevati**), evidentemente, sono da mettere in rapporto alla **scala** di rappresentazione (oltre agli scopi per cui viene realizzata la mappa). Essa condiziona direttamente non solo il **numero**, ma anche la **precisione** dei punti rilevati, quindi anche il **costo** del rilievo.

Questa osservazione ci suggerisce di evitare di **eccedere** con la **precisione** o con la **quantità** dei punti da rilevare, se ciò non trova un adeguato riscontro sulla mappa, rendendo così il rilievo scarsamente economico. Il problema è quello di equilibrare bene **quantità** e **precisione** nella determinazione dei punti, con i limiti imposti dalla **scala** di rappresentazione assegnata.

Errore di graficismo

Per valutare meglio la precedente osservazione, occorre considerare che, per realizzare la *mappa*, sono necessarie operazioni grafiche **manuali** eseguite sulla carta con il **righello**, o di stampa nei sistemi **CAD** (plotter, stampanti). Tuttavia la precisione con cui queste operazioni possono essere condotte trova un impedimento invalicabile sia nello **spessore** dei tratti grafici con cui il disegno viene realizzato, sia nella determinazione della **lunghezza** del segmento tracciato.

Si accetta convenzionalmente che lo **spessore** del tratto grafico, così come la **lunghezza** del tratto minimo apprezzabile, sia di $\varepsilon = 0{,}2$ mm (1/5 di millimetro); esso è denominato **errore di graficismo** lineare.

Questo valore si traduce in **imprecisioni** e in **limitazioni** della «sensibilità» della mappa la cui entità dipende dalla **scala** 1:*N* della rappresentazione. Per stabilire a quale **lunghezza reale** sul terreno corrisponde l'*errore di graficismo* sul disegno, occorre eseguire il prodotto $0{,}2 \cdot N$ (in mm). Possiamo quindi costruire la seguente tabella nella quale compaiono, insieme alle **scale**, le corrispondenti lunghezze reali relative all'**errore di graficismo** lineare di 0,2 mm:

Scala della mappa	1:25000	1:5000	1:2000	1:1000	1:500
Lunghezza reale dovuta all'errore di graficismo	5 m	1 m	0,40 m	0,20 m	0,10 m

Come si osserva, più *grande* è la scala della carta (cioè più *piccolo è il denominatore*), maggiore sarà la sua **definizione**, e di conseguenza maggiore sarà la precisione richiesta nelle misure, oltre al **numero** dei particolari che dovranno essere rilevati perché visibili sulla mappa. Da ciò derivano costi maggiori, a parità di estensione, per i rilievi con rappresentazioni a grande scala (ad esempio 1:1000, 1:500). Riprenderemo questo problema anche nell'ambito della prossima sezione F.

4. Rilievo dei particolari per allineamenti (misura di sole distanze)

Per eseguire sul terreno le *misure* necessarie al rilievo, sono attualmente disponibili strumenti efficienti quali le *stazioni totali* elettroniche e i *ricevitori GPS*, utilizzati nell'ambito di tecniche appositamente predisposte. Tuttavia nel nostro caso, caratterizzato da aree di *modesta estensione* o nell'ambito di operazioni da *cantiere*, è possibile utilizzare anche *strumenti più semplici* quali *nastri flessibili*, *squadri*, *teodoliti ottici*, *paline* ecc.

Tenendo poi conto delle *caratteristiche morfologiche* del terreno, degli *ostacoli* in esso presenti, delle *finalità* del rilievo e degli *strumenti* che si intendono impiegare, le **modalità operative** in base alle quali vanno condotte le operazioni di misura possono essere molto differenti, dando luogo a diverse *tecniche* (o *metodi*) di rilievo, ciascuno dei quali presenta proprie tipicità.

Tra queste, per la loro semplicità concettuale, si segnalano i **rilievi per allineamenti**, che possono essere di tre diverse tipologie:

- **per allineamenti liberi**;
- **per allineamenti e squadri**;
- **per trilaterazione** (utilizzata nell'ambito del rilievo architettonico dei fabbricati o per il calcolo di superfici, quindi non esaminata nell'attuale contesto).

Queste tecniche di rilievo dei particolari trovavano in passato larghissimo impiego, per la modesta *dotazione strumentale* richiesta. Esse richiedevano solo la misura di brevi **distanze**, senza avere la necessità di **misurare angoli**, evitando in tal modo la disponibilità di un teodolite (in passato molto costoso). Oggi tale problema non esiste più, perciò la frequenza con la quale sono impiegate tali tecniche si è decisamente contratta, e limitata a integrare rilievi eseguiti con altre modalità.

Rilievo per allineamenti liberi

È un metodo di rilievo planimetrico dei particolari topografici di grande semplicità concettuale, con il quale, senza particolari accorgimenti e senza l'impiego di strumenti sofisticati, si può raggiungere un ottimo grado di precisione. Esso si basa sulla materializzazione sul terreno di **allineamenti liberi**, cioè non vincolati da alcuna condizione geometrica, sui quali verranno effettuate **misure dirette di distanze** eseguite in modo **progressivo.**

L'inconveniente maggiore di questa tecnica di rilievo, risiede nel fatto che il lavoro di campagna è *lungo* e *faticoso*, sia per la materializzazione degli *allineamenti* che per le conseguenti misure dirette delle distanze.

Pertanto l'impiego di questo metodo viene circoscritto a **terreni pianeggianti** con un numero **limitato** di particolari da rilevare. Esso non viene utilizzato quando la morfologia del terreno è irregolare o ricca di particolari.

In generale, per utilizzare questo metodo, è necessario:

1. stabilire alcuni **allineamenti principali**, che **non** contengono punti da rilevare;
2. fissare **allineamenti secondari** con gli estremi sugli allineamenti principali e passanti per uno o più particolari da rilevare;
3. effettuare le misure **dirette** delle **distanze** che permettono il posizionamento inequivocabile degli **allineamenti secondari** e dei **particolari** da rilevare.

È opportuno che le *misure dirette* delle distanze, eseguite sugli allineamenti, siano eseguite in modo **progressivo**, partendo da un estremo di ciascun allineamento che viene assunto come origine. Questa modalità di misura consente di limitare l'**accumulo degli errori** prodotti sulle singole misure, quindi consente di ottenere una maggior precisione complessiva del rilievo.

ESEMPIO DI RILIEVO

La ▶FIGURA 4 (pagina seguente) illustra lo schema di un rilievo per *allineamenti liberi* eseguito per rilevare i particolari relativi a *due fabbricati* adiacenti. In esso si riconoscono i tre *allineamenti principali* P1-P2, P2-P3 e P1-P3, che fungono da *inquadramento* e da collegamento con il contesto circostante, e gli ulteriori tre *allineamenti*

FAQ

Per quale ragione esistono vari metodi di rilievo dei dettagli topografici?

Perché ciascuno di essi si adatta meglio alle particolarità del terreno e alla strumentazione posseduta dal tecnico.

FAQ

Che cosa è il libretto delle misure?

È un elaborato strutturato e organizzato in righe e colonne, su cui andranno riportate e trascritte in modo organico le misure eseguite in campagna durante le operazioni di rilievo.

FAQ

Quali caratteristiche possiedono i rilievi per allineamenti?

Sono rilievi nei quali occorre tracciare opportuni allineamenti ed eseguire misure lineari su di essi. Dunque non è necessario eseguire misure angolari.

FAQ

Per quale ragione le distanze sono misurate in modo progressivo?

Perché questa tecnica di misura limita l'accumulo degli errori, quindi consente migliori precisioni.

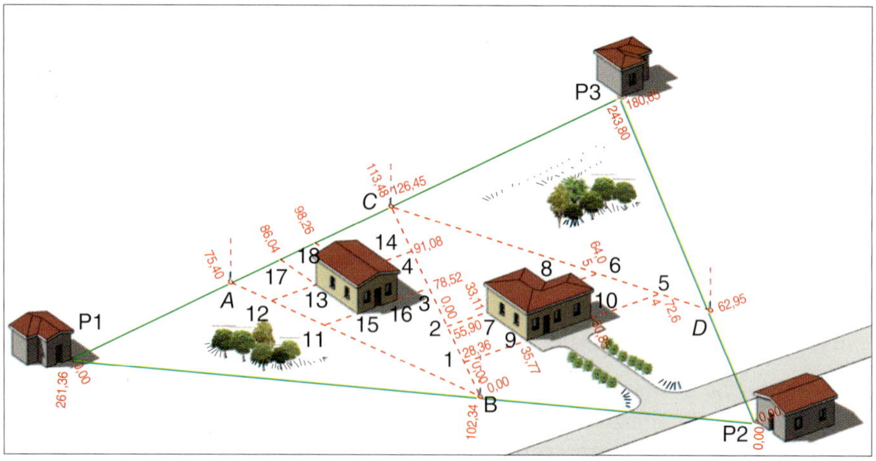

FIGURA 4 Schema del rilievo di due fabbricati con il metodo per allineamenti liberi. Alcune delle misure eseguite sono state riportate, in modo progressivo, sullo schema.

principali AB, BC e *CD* che si inoltrano nella zona da rilevare. I *punti caratteristici* del rilievo (i *particolari* topografici) sono costituiti dai vertici degli stessi fabbricati (7-8-9-10 e 13-14-15-16). Per questi punti sono poi stati fatti passare gli *allineamenti secondari* 1-5, 2-6, 3-11, 4-12). Una volta *materializzati* gli allineamenti sul terreno, vengono eseguite, in modo progressivo, le misure dirette delle *distanze* raccolte in un libretto delle misure, alcune delle quali sono state riportate nella figura.

Il *lavoro di tavolino* connesso a questo metodo è di natura estremamente semplice. Non sono necessari calcoli numerici per la redazione della mappa in scala, che può essere realizzata riportando direttamente le misure eseguite sul foglio di carta (naturalmente dopo averle scalate), riproducendo di fatto le operazioni effettuate in campagna. A tal fine, per prima cosa, andranno tracciati gli *allineamenti principali*; su di essi si fisseranno poi gli estremi degli *allineamenti secondari*. Infine, su questi ultimi, allo stesso modo, si individueranno i punti caratteristici oggetto del rilievo.

Rilievo per allineamenti e squadri

Ha le stesse caratteristiche del metodo di rilievo per allineamenti liberi, ma, rispetto a questo, gli **allineamenti secondari** non sono più «liberi» ma sono vincolati a formare **squadri** (cioè devono essere **ortogonali**) con gli *allineamenti principali*, oltre che, naturalmente, passare per i particolari topografici da rilevare.

Il principio che regge questo metodo è illustrato schematicamente in ▸FIGURA 5. In essa si può riconoscere l'**allineamento principale** AB (o **allineamento base**), di norma stabilito sul terreno in modo che attraversi la zona da rilevare in una posizione baricentrica e nella direzione della sua dimensione massima, che funge da elemento di riferimento. Possiamo poi osservare un **allineamento secondario** $P'P$ passante per il particolare topografico P (spigolo del fabbricato) e **perpendicolare** all'*allineamento principale*. Il punto P viene definito con la misura diretta delle distanze: $D_P = \overline{AP'}\ (x)$ e $d_P = \overline{PP'}\ (y)$ tra loro **ortogonali** (in squadro).

Pertanto, anche in questo caso, le operazioni di rilievo prevedono le seguenti fasi:

1. individuazione di uno o più **allineamenti principali**, con gli estremi ben definiti e facilmente ripristinabili;
2. individuazione degli **allineamenti secondari**, in **squadro** con quelli principali e passanti per uno o più punti caratteristici;
3. esecuzione delle misure dirette delle **distanze progressive** sull'allineamento principale e sugli **squadri** secondari.

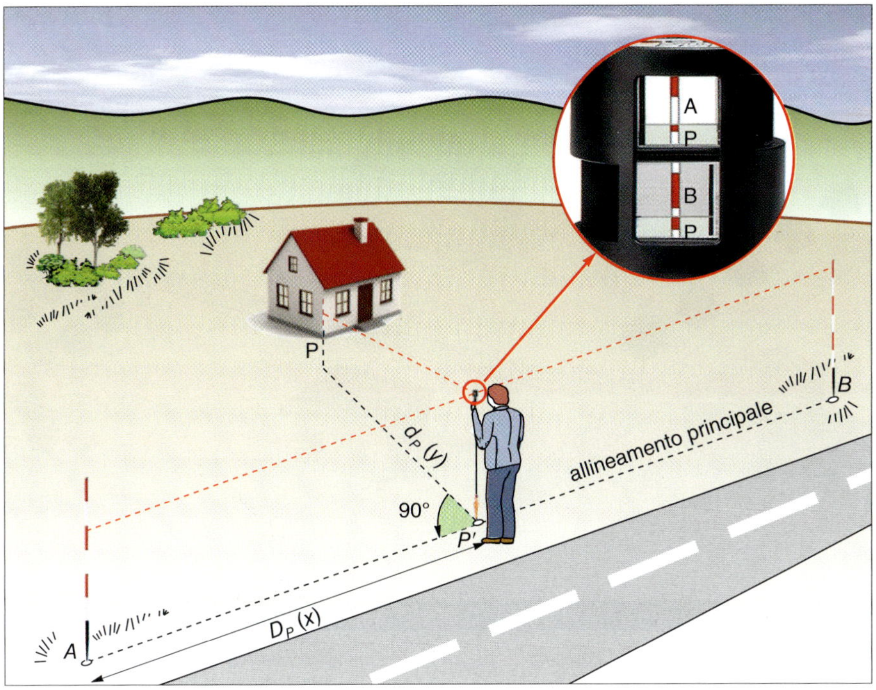

FIGURA 5 Principio del rilievo per allineamenti e squadri. Gli allineamenti secondari devono essere ortogonali a quelli principali.

Per realizzare sul terreno gli **squadri**, occorre materializzare il **piede della perpendicolare** P' condotta dal punto P all'*allineamento principale*. Se le distanze sono **modeste** (massimo poche decine di metri) per questa operazione è ammesso l'impiego di uno *squadro agrimensorio*, oppure, per una maggior speditezza, uno *squadro a croce di prismi* (▶FIGURA 5).

In generale questo metodo riduce i tempi delle operazioni di campagna rispetto al metodo per *allineamenti liberi* visto in precedenza. Tuttavia la necessità di realizzare *allineamenti in squadro* introduce **nuovi tipi di errori** nella determinazione della posizione dei punti. Infatti, oltre agli errori che vengono commessi nella misura diretta delle distanze, in questo caso si aggiunge l'inevitabile imprecisione con la quale viene definita, con lo squadro, la posizione del piede P' della perpendicolare all'allineamento principale.

Per limitare gli effetti di queste imprecisioni, è buona norma limitare la **lunghezza massima** degli squadri (cioè la distanza tra punto e allineamento principale) a **1/3** della lunghezza complessiva dello stesso allineamento principale (nel nostro esempio $d_P < 1/3\ \overline{AB}$). Nei casi in cui un solo allineamento principale non consenta il rispetto di questa norma, si provvederà a definire ulteriori allineamenti principali, in modo da ottenere che la lunghezza degli squadri rientri nei limiti sopra esposti.

ESEMPI DI RILIEVO

La ▶FIGURA 6 (pagina seguente) illustra un semplice esempio pratico di rilievo per allineamenti e squadri. Vi si riconosce l'*allineamento principale* individuato dai punti *A* e *B*, definiti per mezzo di misure che si appoggiano a due fabbricati esistenti e che ne permettono, in ogni momento, il ripristino qualora questo dovesse risultare necessario. Su questo allineamento vengono poi definiti i piedi delle perpendicolari condotte dai particolari da rilevare, che in questo caso sono gli spigoli di due nuovi caseggiati. Infine vengono eseguite le misure dirette delle distanze, poi riportate nel libretto delle misure (▶FIGURA 7) (pagina seguente).

FAQ

Quali sono i metodi di rilievo per allineamenti?

Per *allineamenti liberi*: con esso si stabiliscono alcuni allineamenti principali, che hanno funzione di inquadramento, e sui quali si definiscono alcuni allineamenti secondari passanti per i punti da rilevare. Questi rimangono definiti dalle distanze misurate.
Per allineamenti e squadri: gli allineamenti principali di riferimento e quelli secondari, passanti per i punti da rilevare, sono ortogonali. Per realizzare gli squadri è necessario l'uso di uno *squadro agrimensorio* o di uno *squadro a croce di prismi*.

FIGURA 6 Esempio di rilievo per allineamenti e squadri. L'allineamento principale è costituito dalla congiungente *AB*.

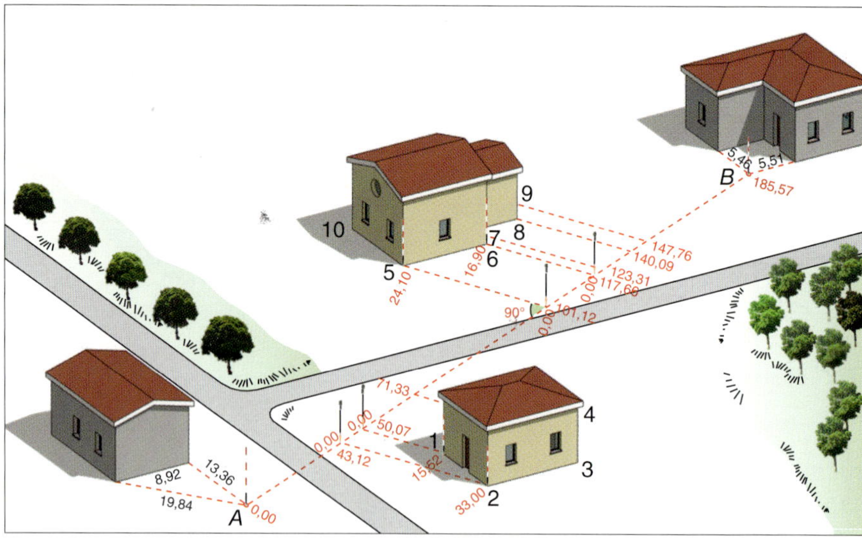

FIGURA 7 Misure dirette e progressive delle distanze, riportate nel libretto delle misure. Le distanze in squadro negative indicano per convenzione, squadri alla sinistra dell'allineamento base.

LIBRETTO DELLE MISURE

PUNTI	ALLINEAMENTO BASE (X)	SQUADRO (Y)	NOTE	PUNTI	ALLINEAMENTO BASE (X)	SQUADRO (Y)	NOTA
A	0,00	0,00	Pav.	6	117,66	−16,90	Pav.
2	43,12	33,00	sf	7	123,31	−28,87	sf
1	50,07	15,52	sf	8	140,09	−21,10	sf
4	71,33	25,07	sf	9	147,76	−37,76	sf
5	101,12	−24,10	sf	B	185,57	0,00	Pav.

Questo metodo di rilievo è ammesso, pur con alcune limitazioni, nelle operazioni di aggiornamento delle mappe catastali. In questo ambito il rilievo deve essere appoggiato a una serie di punti (almeno tre), chiamati **punti fiduciali** e indicati con il prefisso **PF**, cui segue una numerazione progressiva (per esempio PF04, PF12), le cui coordinate e la cui ubicazione sono disponibili presso gli Uffici Provinciali del Territorio (uffici periferici del Catasto).

Sugli allineamenti **principali** che collegano i **punti fiduciali** di riferimento vengono poi definiti i **punti generatori**, che costituiscono gli estremi degli *allinea-*

FIGURA 8 Schema di rilievo catastale appoggiato ai tre punti fiduciali PF01, PF02, PF03 e realizzato per allineamenti e squadri.

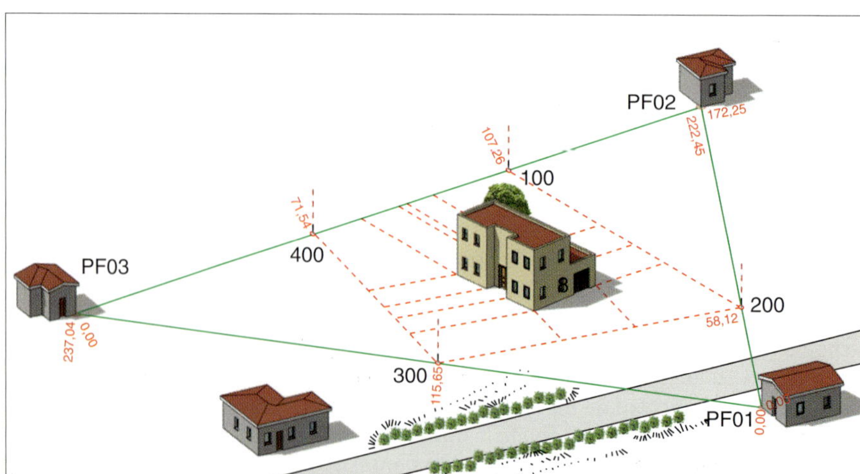

menti secondari e che devono essere numerati progressivamente con multipli di 100. In ▶FIGURA 8 i **punti generatori** 100, 200, 300 e 400 (collocati sui lati del triangolo formato dai **punti fiduciali** PF01, PF02 e PF03) definiscono i tre ulteriori **allineamenti principali** 100-200, 200-300 e 300-400. A questi ultimi si appoggiano poi gli **allineamenti secondari** a squadro che definiscono la posizione dei punti caratteristici (particolari topografici) dell'oggetto del rilievo che, anche in questo esempio, è costituito da un caseggiato.

5. Rilievo dei particolari topografici per irradiamento

Questo metodo (talvolta detto per **coordinate polari**) prevede l'uso di un **teodolite**, dato che richiede la misura di angoli. Esso è più rapido e, in generale, più conveniente rispetto al metodo per *allineamenti*, soprattutto se il teodolite è di tipo elettronico (*stazione totale*) con il quale si possano misurare (oltre agli angoli) anche le **distanze** previste da questo metodo. Il metodo per irradiamento, pertanto, attualmente è la tecnica di rilievo dei particolari decisamente più utilizzato.

In questo ambito faremo riferimento a un contesto molto **semplificato**, in modo che sia possibile l'individuazione di un solo punto *S* di *inquadramento* dal quale siano visibili tutti i particolari topografici da rilevare. Su questo punto *S* è poi necessario fare **stazione** con un teodolite per eseguire le misure necessarie.

Con tale metodo, di fatto, si devono misurare le **coordinate polari** di ciascun particolare topografico rispetto a un sistema di riferimento con polo in *S* e asse polare coincidente con una **direzione fissa** *SP* scelta dall'operatore o imposta dal tipo di rilievo. Queste *coordinate polari* coincidono, per ciascun punto, con la **distanza** tra il punto stesso e il punto di stazione *S*, e col corrispondente **angolo**, riferito alla **direzione fissa** *SP*; come si ricorderà tale angolo viene chiamato **azimut** (▶FIGURA 9). Soffermiamoci un attimo sull'importante concetto di **direzione fissa** prima introdotta.

Fissare una direzione per la lettura degli angoli, significa disporre l'**origine** (0^c) della graduazione del cerchio orizzontale del teodolite in corrispondenza di una **direzione** voluta dall'operatore. Questa operazione viene indicata come **orientamento** del CO del teodolite.

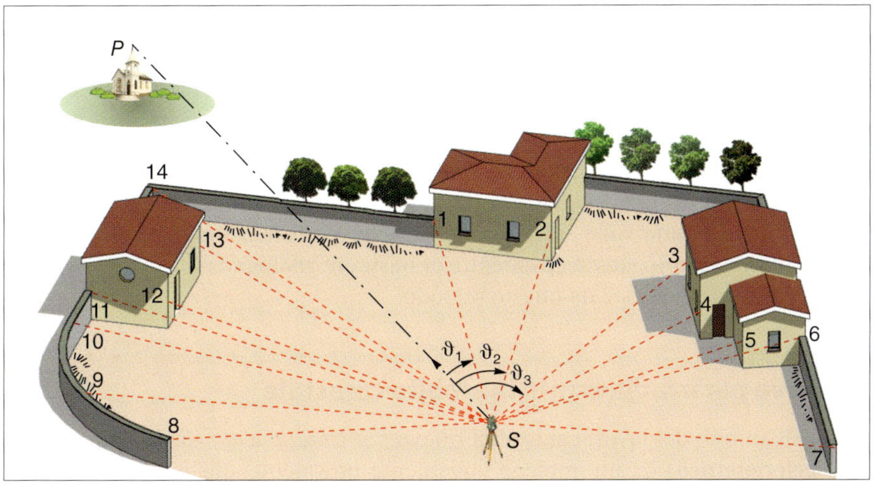

FIGURA 9 Vista prospettica di una piccola area i cui particolari vengono rilevati per irradiamento dal punto *S* in cui il teodolite è stato orientato sulla croce del campanile, esterno all'area da rilevare, indicato con *P*.

FAQ

Che cosa significa orientare il teodolite?

Significa scegliere un'opportuna *direzione fissa* di riferimento e farvi coincidere l'*origine* (0°) della graduazione del cerchio orizzontale del teodolite. Se si considera poi un sistema polare con origine nel punto di stazione del teodolite e asse polare diretto secondo la direzione fissa, le letture al cerchio orientato si chiamano *azimut*.

Quando la **direzione fissa** per la misura degli angoli può essere individuata in modo arbitrario, essa, di solito, viene imposta su elementi architettonici di edifici, esterni al rilievo ma ben visibili e individuabili con certezza. Ciò permette l'eventuale **ripristino**, in ogni momento, dell'orientamento del teodolite, come avviene qualora il rilievo debba essere eseguito in tempi diversi.

In sintesi, le operazioni di rilievo per **irradiamento** si sviluppano con le seguenti fasi:

1 collocamento del teodolite sulla stazione S e **orientamento** del suo cerchio orizzontale sulla *direzione fissa* adottata;
2 misura delle **distanze** tra il punto S e tutti i particolari topografici oggetto del rilievo;
3 misura degli **angoli** ϑ_1, ϑ_2, ϑ_3 ... (*azimut*) che la **direzione fissa** adottata forma con ciascuna delle precedenti direzioni.

Formazione della mappa

Il lavoro di **riproduzione** in scala sulla carta (il disegno) dei punti rilevati, può avvenire in modo semplice e immediato utilizzando un **rapportatore**, per riportare gli *angoli* sulla carta, e uno **scalimetro**, per riportare facilmente e rapidamente le *distanze* in scala. Attualmente, la stessa procedura viene riprodotta anche nei sistemi **CAD**: in questo caso, naturalmente, senza la necessità di impiegare né *rapportatori* né *scalimetri*.

Quando si riproducono **manualmente** sulla carta le misure effettuate in campagna, occorre tenere conto che è assai problematico riportare gli **angoli** con la necessaria precisione, anche disponendo di grossi **rapportatori**. In effetti, gli errori di lettura degli angoli sul *rapportatore* inducono un **cattivo posizionamento** dei punti sulla mappa, la cui ammissibilità è strettamente legata alla scala di rappresentazione.

Quando si opera manualmente (dunque non in ambiente CAD), prima di procedere alla costruzione della mappa, è preferibile trasformare le **coordinate polari** dei punti misurate in campagna nelle corrispondenti **coordinate cartesiane** rispetto a un sistema di riferimento con origine in S, e asse delle ordinate coincidente con la **direzione fissa** scelta in fase di esecuzione delle misure. Allo scopo si utilizzano le espressioni riferite al generico particolare A:

$$X_A = \overline{SA}\ \mathrm{sen}\,(SA) \qquad Y_A = \overline{SA}\ \cos\,(SA)$$

Il posizionamento dei punti sulla mappa con le coordinate cartesiane avviene riportando solo **distanze** in scala (X_A e Y_A) con lo *scalimetro*, eliminando in tal modo l'inconveniente dell'uso del rapportatore prima descritto.

Il rilievo dei particolari per *irradiamento* è sicuramente quello attualmente **più utilizzato** in quanto si adatta particolarmente bene alla moderna strumentazione basata sulle *stazioni totali* dotate di **distanziometri** EDM, che consentono, con lo stesso strumento, di misurare rapidamente sia gli **angoli** sia le **distanze** richieste da questo metodo.

FAQ

Quale metodo di rilievo dei dettagli è attualmente più utilizzato?

Sicuramente il *rilievo dei dettagli per irradiamento*. Con esso è necessario scegliere un punto dal quale siano visibili i punti caratteristici da rilevare. Occorre poi fare stazione con un teodolite su questo punto e, dopo aver *orientato* il cerchio orizzontale del teodolite, vengono collimati tutti i punti di dettaglio. Per ciascun punto verranno misurati *angolo di direzione* rispetto alla direzione fissa scelta (*azimut*) e la *distanza* tra il punto di stazione del teodolite e il dettaglio topografico considerato.

Rilievo per irradiamento in ambito catastale

Pure nell'ambito dei lavori **catastali** il rilievo per *irradiamento* (qui chiamato metodo **celerimetrico**) ha un impiego largamente prevalente; anche in questo contesto i princìpi di realizzazione del rilievo sono quelli prima enunciati, anche se regolati da norme ben precise (che verranno illustrate nella seconda parte del corso).

Inoltre, in questo caso, la **numerazione** dei punti deve rispettare le seguenti regole:

- i punti di *inquadramento* su cui viene collocato il teodolite vengono numerati con **multipli** di **100** (100, 200, 300 ecc.);
- i *particolari* rilevati nell'ambito di una stessa stazione del teodolite assumono una numerazione progressiva che si ottiene **sommando** il numero d'ordine del punto rilevato al numero (in centinaia) del punto di stazione. Per esempio il particolare n. 8 rilevato dalla stazione 300 verrà indicato con il numero 308.

COMPETENZA

Collegamenti storici

Il metodo di rilievo dei particolari per *irradiamento* (di fatto concepito dal piemontese Porro), nel tempo, si è sempre rivelato particolarmente produttivo, migliorando la sua efficienza via via che miglioravano le tecnologie costruttive degli strumenti topografici. Attualmente la disponibilità di strumenti che integrano la possibilità di misurare sia angoli sia distanze (*stazioni totali*), rende tale tecnica di rilievo di gran lunga la più utilizzata.

ESEMPIO DI RILIEVO

La ▶FIGURA 9 illustra lo schema di un rilievo per *irradiamento* eseguito per rilevare i particolari topografici di una piccola area recintata contenente tre fabbricati. I particolari topografici sono stati rilevati dal punto *S* (*stazione*), su cui è stato collocato un teodolite il cui *cerchio orizzontale* è stato *orientato* sulla croce del campanile indicato in figura con *P* (direzione fissa).
I *punti caratteristici* del rilievo (individuati sull'*eidotipo*) sono costituiti da alcuni vertici dei *fabbricati* presenti nell'area e da alcuni elementi della *recinzione*. Essi sono poi stati collimati con il teodolite e in corrispondenza di ciascuno di essi sono state misurate le *distanze* da *S* e l'*angolo* formato con la direzione fissa *SP*. Tali misure sono poi state trascritte in un apposito *registro* (▶FIGURA 10).

LIBRETTO DELLE MISURE

STAZIONE	PUNTI	DISTANZE (m)	CO (gon)	NOTE
S	P	---	0,0000	Croce campanile (orientamento)
	1	67,55	18,5623	Spigolo fabbricato (sf)
	2	66,72	26,1345	sf
	3	58,77	57,8746	sf
	4	56,05	67,8224	sf
	5	49,52	78,3234	sf
	6	57,52	86,4024	sf
	7	58,29	115,8457	Spigolo recinzione (sr)
	8	59,67	306,0029	sr
	9	67,55	328,5056	sr
	10	76,82	342,2345	sr
	11	78,87	354,8117	sf
	12	70,39	362,9523	sf
	13	72,16	371,9205	sf
	14	80,06	386,3245	sr

FIGURA 10 Esempio di libretto delle misure in un rilievo per irradiamento dalla stazione *S*.

FAQ

È possibile in uno stesso rilievo dei dettagli utilizzare contemporaneamente più metodi di rilievo?

Sicuramente. Di solito il metodo più usato è quello per irradiamento e con esso si rileva la gran parte dei punti. Tuttavia, per il rilievo di alcuni punti caratteristici, può essere conveniente impiegare il metodo per allineamenti e squadri, dando così luogo a un sistema di *rilievo misto*.

6. Riflessioni conclusive

In questa unità sono stati esaminati i singoli metodi di rilievo planimetrico dei particolari topografici (dettagli), valutandone caso per caso le caratteristiche operative, i pregi e i difetti.

È chiaro che la scelta di un metodo piuttosto che un altro, va fatta sulla base delle seguenti considerazioni:

- *natura del terreno* e dei particolari da rilevare, *strumentazione* a disposizione del tecnico, *economicità* del rilievo e *scopo* del rilievo stesso;
- è frequente, in uno stesso rilievo, l'impiego di **più metodi contemporaneamente**, al fine di sfruttare meglio le caratteristiche di ognuno di essi.

Il rilievo topografico dei particolari raramente presenta grosse difficoltà concettuali; come visto si tratta per lo più di eseguire misure geometriche (lineari e angolari) con i metodi appena analizzati. La vera difficoltà risiede nell'impostare bene il lavoro e nello scegliere gli **strumenti** e il **personale** adeguati e calibrati al lavoro stesso.

All'inizio dell'unità si è formulata l'ipotesi di dover rilevare **piccole entità** di territorio, per le quali sia possibile omettere la **fase di inquadramento**, che deve sempre precedere il *rilievo dei particolari*, quando il rilievo stesso investa zone di una certa estensione.

È chiaro però che le operazioni relative al *rilievo dei particolari* sono le stesse anche quando le zone da rilevare sono estese. Quello che cambia è che in questo contesto, come detto, occorrerà far precedere al *rilievo dei particolari* un rilievo di **inquadramento** (ad esempio una *poligonale*) che serva da ossatura e da **riferimento** allo stesso *rilievo dei particolari*.

Così, per esempio, avendo scelto come **inquadramento** una *spezzata* (poligonale), i *lati* della stessa potranno essere assunti come *allineamenti base* per un rilievo dei particolari per **allineamenti e squadri**, oppure i suoi vertici potranno essere assunti come stazioni per rilevare i particolari con il metodo di **irradiamento**. In ▶FIGURA 11 viene mostrato lo schema indicativo di tale modo di procedere.

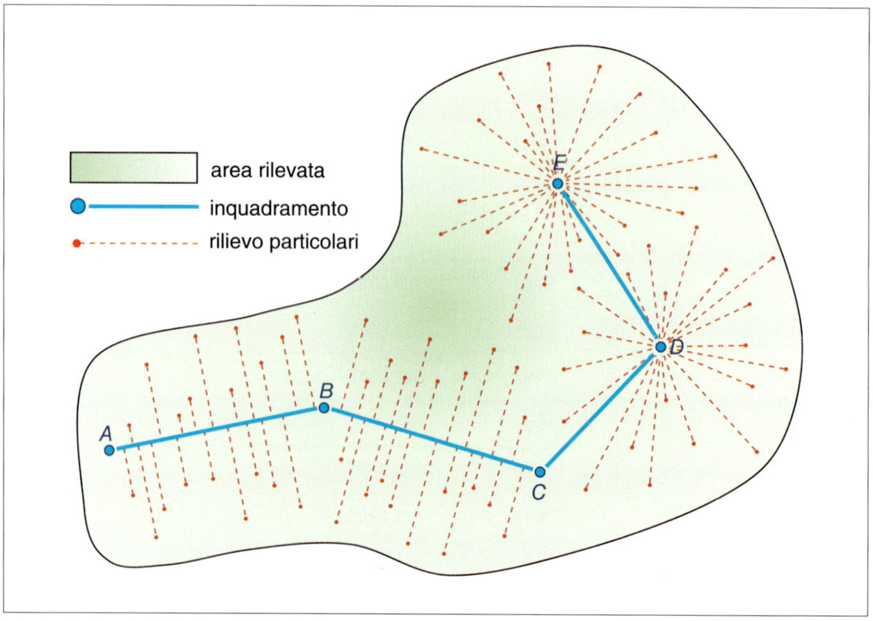

FIGURA 11 Schema essenziale di un rilievo di una zona di terreno. La fase di inquadramento è costituita da una spezzata (*poligonale*), mentre il rilievo dei dettagli topografici viene eseguito in parte per allineamenti e squadri, in parte per irradiamento.

Per collegare i concetti

RILIEVO PLANIMETRICO DEI PARTICOLARI

richiedono

terreni regolari (meglio se pianeggianti), poveri di ostacoli e dimensioni ridotte

si possono utilizzare

strumenti semplici come aste rigide, squadri, nastri flessibili ecc. oltre a segnali e paline

hanno l'obiettivo

di definire la posizione dei punti caratteristici allo scopo di redigere la rappresentazione grafica

sono condizionati

dalla scala della rappresentazione che determina il numero dei punti e la precisione delle misure

eidotipo

La prima fase del rilievo è il sopralluogo sul terreno, le cui particolarità vengono fissate su uno o più eidotipi

MISURE DI DISTANZE E ANGOLI

irradiamento

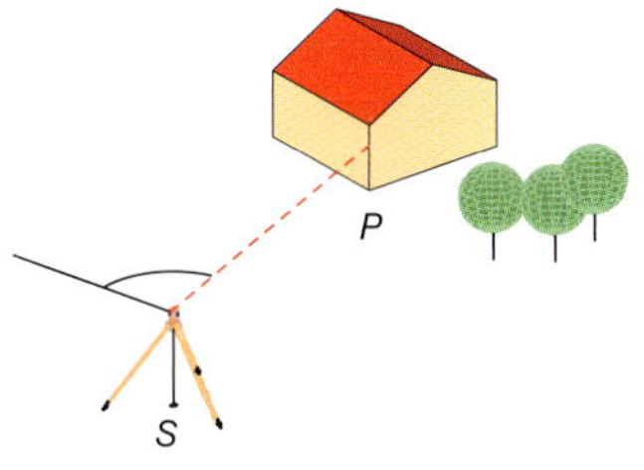

1. Si colloca il teodolite sulla stazione *S* e si orienta il suo cerchio orizzontale sulla direzione fissa adottata
2. Si eseguono le misure delle distanze tra la stazione *S* e i punti rilevati
3. Si misurano gli angoli (azimut) che la direzione fissa adottata forma con le direzioni ai punti rilevati

MISURE SOLO DI DISTANZE

allineamenti liberi

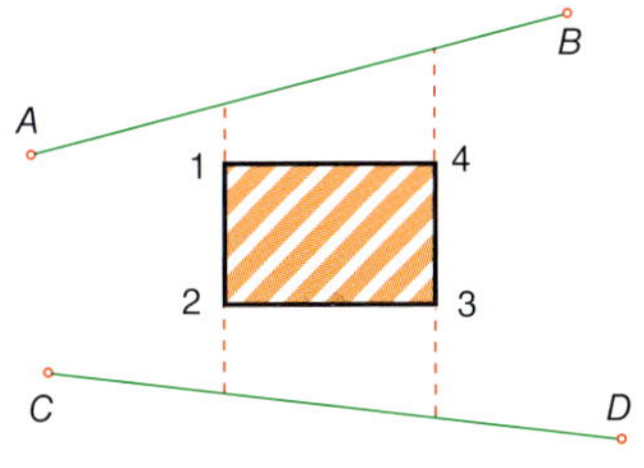

1. Si stabiliscono uno o più allineamenti principali, facilmente ripristinabili
2. Si fissano gli allineamenti secondari con gli estremi sugli allineamenti principali e passanti per uno o più punti da rilevare
3. Si eseguono le misure dirette delle distanze che consentono il posizionamento degli allineamenti secondari e dei punti da rilevare

allineamenti e squadri

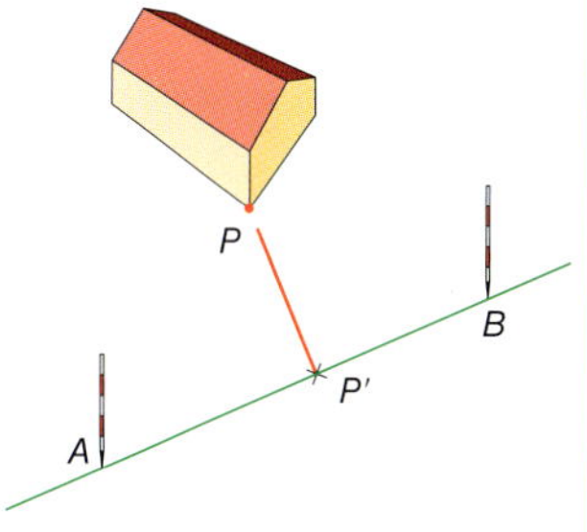

1. Si stabiliscono uno o più allineamenti principali, facilmente ripristinabili
2. Si individuano gli allineamenti secondari, in squadro con quelli principali e passanti per uno o più punti caratteristici da rilevare
3. Si eseguono le misure progressive delle distanze sugli allineamenti principali (*X*) e su quelli in squadro (*Y*)

Per ripassare

Rilievo topografico: è quell'insieme coordinato e organizzato di operazioni di campagna (fondamentalmente misure) e di tavolino (fondamentalmente calcoli e disegni) finalizzate alla rappresentazione grafica e numerica del territorio.

- Il rilievo topografico prevede due fasi operative, quella *planimetrica*, con la quale si definisce la posizione (coordinate X, Y) della proiezione dei punti sulla superficie di riferimento; e quella *altimetrica*, con la quale si definisce l'altezza (quota) dei punti rispetto alla superficie di riferimento.
- La superficie di riferimento, per il rilievo di piccole estensioni, è piana e orizzontale.

Punti caratteristici: sono quei punti che, oltre a rappresentare se stessi, determinano nello stesso tempo anche la posizione di un insieme di altri punti. Essi di fatto risultano un *campione* rappresentativo di tutti i punti costituenti il territorio da rilevare.

- Per gli elementi lineari, i punti caratteristici sono limitati agli estremi; per gli elementi curvilinei il loro numero aumenta sensibilmente.

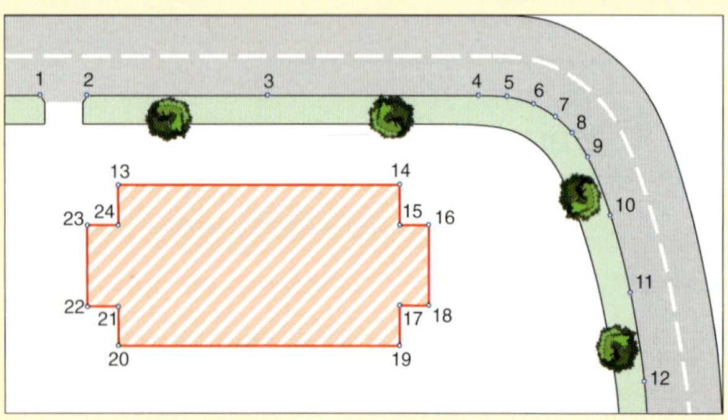

Il rilievo dei particolari topografici, cioè dei punti caratteristici, deve essere preceduto da una fase di lavoro, chiamata di *inquadramento*, che interessa tutta la zona da rilevare nella sua globalità, e durante la quale vengono definiti e fissati quegli elementi topografici (punti, allineamenti ecc.) che costituiscono la base di partenza per il rilievo degli stessi dettagli.

- Tuttavia, in presenza di rilievi di *piccole estensioni* di territorio, le operazioni di inquadramento possono essere ridotte a un solo punto, un solo allineamento, o addirittura mancare completamente.

Eidotipo: è lo schizzo della zona di terreno da rilevare effettuato con cura durante il sopralluogo. In esso dovranno venire segnalate tutte le particolarità presenti sul terreno.

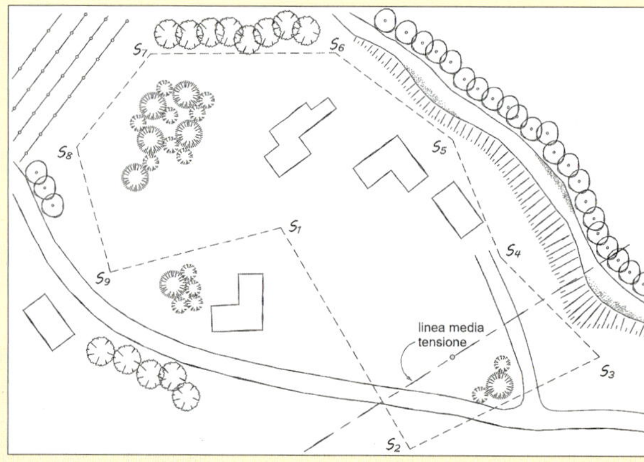

- Sulla base dell'eidotipo vengono fissati i punti caratteristici e successivamente viene programmata e organizzata l'intera attività del rilievo.

Scala di rappresentazione: a causa dell'errore di graficismo (mediamente 1/5 di mm, cioè 0,2 mm), condiziona la precisione richiesta nelle misure effettuate durante il *rilievo dei dettagli* topografici, in quanto questi ultimi devono essere riportati e disegnati nella mappa.

- Se, per esempio, si devono rappresentare i *dettagli topografici* in scala 1:1000, la precisione con la quale si devono eseguire le misure delle distanze è di $0{,}2 \cdot 1000 = 200$ mm = 20 cm.
- Tale limitazione non interessa i punti di *inquadramento*, non dovendo, questi ultimi, essere rappresentati nella mappa.

Rilievo dei particolari per allineamenti liberi: occorre definire alcuni *allineamenti principali*, che non contengono punti da rilevare ma che fungono da *inquadramento* alle successive operazioni. In seguito vengono definiti gli *allineamenti secondari*, facendoli passare per i punti caratteristici da rilevare, e appoggiandoli agli allineamenti principali. Infine si eseguono le misure delle *distanze* che

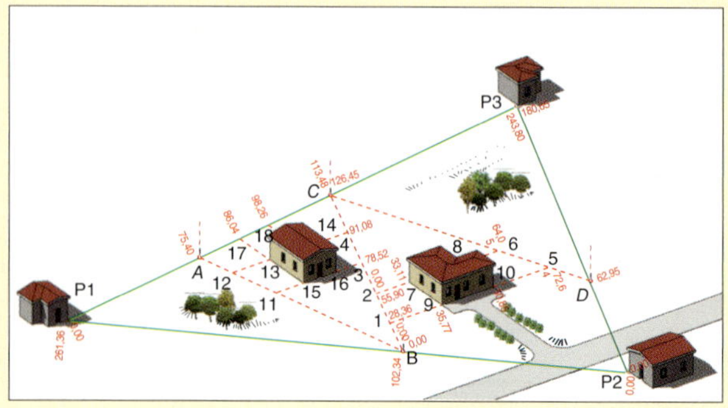

permettono il posizionamento sia degli allineamenti secondari, sia dei punti di dettaglio da rilevare.

- L'impiego di questo metodo deve essere limitato a *terreni pianeggianti* e poveri di particolari da rilevare, mentre risulta sconsigliabile quando la morfologia del terreno sia irregolare, perché penalizza le operazioni di misura diretta delle distanze, o nel caso in cui è ricca di elementi salienti.

Rilievo dei particolari per allineamenti e squadri: inizia con l'individuazione preliminare di uno o più *allineamenti base,* scelti in modo da risultare baricentrici rispetto ai punti caratteristici da rilevare; gli estremi di questi allineamenti devono essere ben definiti e facilmente ripristinabili. In seguito si individuano gli *allineamenti secondari*, *ortogonali* a quelli principali e passanti per uno o più punti caratteristici. Le operazioni di campagna si concludono con la misura diretta delle *distanze progressive* sull'allineamento principale e di quelle sugli squadri secondari.

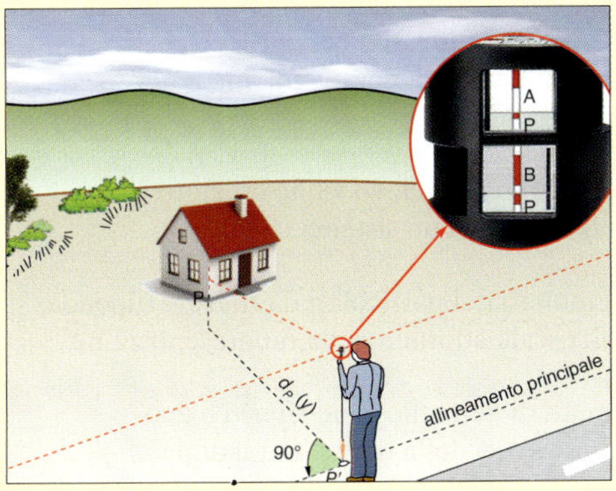

- Anche l'impiego di questo metodo deve essere limitato a terreni pianeggianti.
- Il piede delle perpendicolari agli allineamenti base, passanti per i punti caratteristici da rilevare, viene individuato da uno squadro agrimensorio o da uno squadro a croce di prismi.
- Per limitare gli errori di posizionamento occorre limitare la distanza tra punto caratteristico e allineamento base, per esempio assumendo più di un allineamento base.

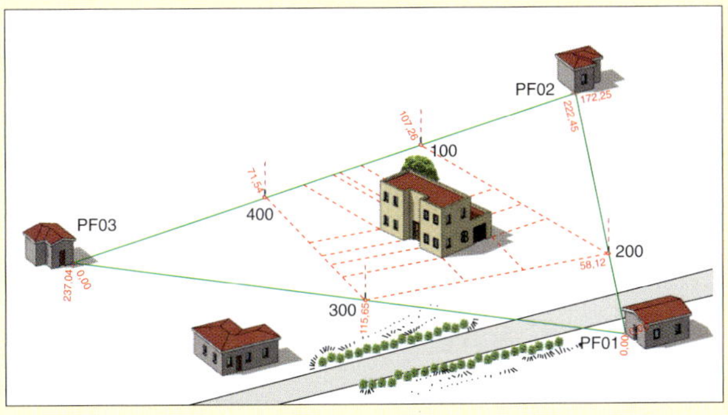

Rilievo dei particolari per irradiamento: occorre fissare un punto *S*, dal quale siano visibili i punti caratteristici da rilevare, su cui fare stazione con un teodolite. Dopo aver *orientato* il cerchio orizzontale del teodolite rispetto a una *direzione fissa* scelta opportunamente, vengono collimati tutti i punti caratteristici di dettaglio. Per ciascun punto verranno misurati l'*angolo di direzione* rispetto alla direzione fissa (*azimut*) e la *distanza* tra il punto *S* e il dettaglio topografico considerato; dunque le coordinate polari di ciascun dettaglio.

- Le distanze possono essere misurate direttamente. Tuttavia, più spesso, vengono misurate in modo indiretto con opportuni dispositivi distanziometrici elettronici che esporremo nel seguito del corso.
- L'attuale strumentazione rende questo metodo di rilievo dei particolari topografici assai più conveniente rispetto agli altri metodi proposti in questo ambito, dunque il più utilizzato.

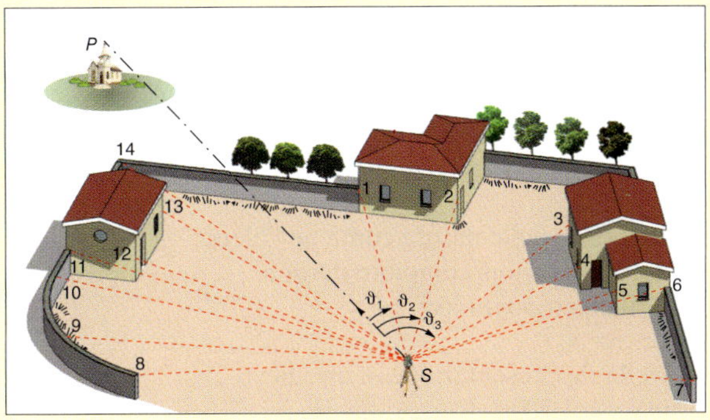

Orientare il teodolite significa fissare una direzione opportuna che funga da riferimento per la lettura degli angoli, quindi disporre l'origine (0^c) della graduazione del cerchio del teodolite in corrispondenza di questa direzione.

- È opportuno che la direzione fissa sia scelta in modo da risultare ripristinabile in ogni momento.

Libretto delle misure: è un elaborato opportunamente organizzato in righe e colonne, quindi a struttura tabellare, su cui andranno riportate e trascritte in modo organico le misure eseguite in campagna durante le operazioni di rilievo.

- La forma e la struttura dei libretti delle misure è naturalmente condizionata dalle misure che si devono eseguire, dunque dal metodo di rilievo adottato.

Metodi combinati di rilievo: in uno stesso rilievo possono essere impiegati più metodi contemporaneamente, al fine di sfruttare al meglio le specificità e i vantaggi di ognuno di essi. In questi casi si utilizza un rilievo di inquadramento, che serve da ossatura, al quale si fa riferimento per il rilievo dei particolari, individuati, ad esempio, per allineamento e squadri o per irradiamento.

Autovalutazione

A. Verifica delle conoscenze

QUESITI VERO/FALSO

		V	F
1	In un rilievo è necessario stabilire una superficie di riferimento	□	□
2	Il rilievo ha come obiettivo finale la formazione di una mappa	□	□
3	I punti caratteristici sono i punti più in vista della zona da rilevare	□	□
4	In una zona accidentata i punti caratteristici sono più numerosi	□	□
5	La parte planimetrica del rilievo si occupa di definire la distanza tra punti e superficie di riferimento	□	□
6	La stesura dell'eidotipo deve precedere il sopralluogo sul terreno	□	□
7	Il libretto delle misure contiene l'elenco delle operazioni compiute durante il rilievo topografico	□	□
8	Nella rappresentazione di un rilievo in scala 1:5000 gli errori lineari non devono eccedere 1 m	□	□
9	Il rilievo per allineamenti liberi è una procedura molto rapida	□	□
10	Nel rilievo per allineamenti liberi gli allineamenti secondari sono ortogonali a quelli principali	□	□
11	Le misure lineari eseguite in modo progressivo riducono l'accumulo degli errori	□	□
12	In un rilievo per allineamenti e squadri è necessario fissare sempre un singolo allineamento principale	□	□
13	Gli squadri devono passare per uno o più punti caratteristici	□	□
14	In un rilievo per allineamenti e squadri sono necessari soltanto strumenti per la misura delle distanze	□	□
15	In un rilievo per allineamenti e squadri è opportuno limitare la lunghezza degli allineamenti secondari	□	□
16	Nel metodo di rilievo per irradiamento è necessario l'uso di un teodolite	□	□
17	Orientare un teodolite significa portare il suo cannocchiale in corrispondenza di una direzione fissa	□	□
18	Nel rilievo per irradiamento vengono misurate delle coordinate cartesiane	□	□
19	Un rilievo per irradiamento può essere utilizzato nei rilievi catastali	□	□
20	È possibile utilizzare simultaneamente diversi metodi di rilievo dei particolari	□	□
21	I particolari topografici sono esclusivamente elementi morfologici del terreno	□	□
22	I codici identificativi dei particolari topografici sono esclusivamente lettere dell'alfabeto	□	□
23	L'eidotipo del rilievo viene eseguito nell'ambito di un sistema CAD	□	□
24	Il numero dei particolari da rilevare dipende dalla scala adottata nella rappresentazione	□	□
25	I punti di dettaglio sono riferiti a uno o più vertici della rete di inquadramento	□	□
26	La precisione delle misure nel rilievo dei particolari dipende dalla scala di rappresentazione	□	□

QUESITI A RISPOSTA APERTA

27 Con riferimento alla figura, che riporta lo stralcio di un eidotipo, rispondi ai seguenti quesiti.

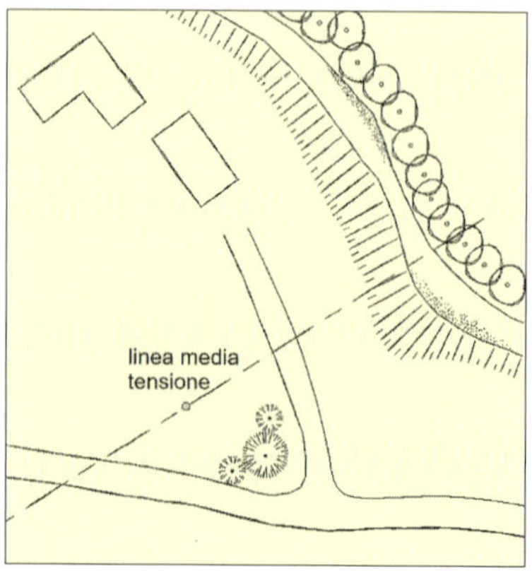

1) Seleziona sulla figura i particolari da rilevare numerandoli progressivamente.
2) Quali criteri ne condizionano il numero? ....
3) In quale momento del rilievo viene eseguito questo elaborato? ....
4) Scegli uno o più metodi di rilievo indicandone gli elementi di riferimento sulla figura.

28 La figura riporta lo schema planimetrico di un edificio rettangolare i cui vertici 1, 2, 3, 4 devono essere rilevati utilizzando due allineamenti liberi. Tenendo conto che gli allineamenti AB e CD sono due allineamenti principali di posizione nota, rispondi ai seguenti quesiti.

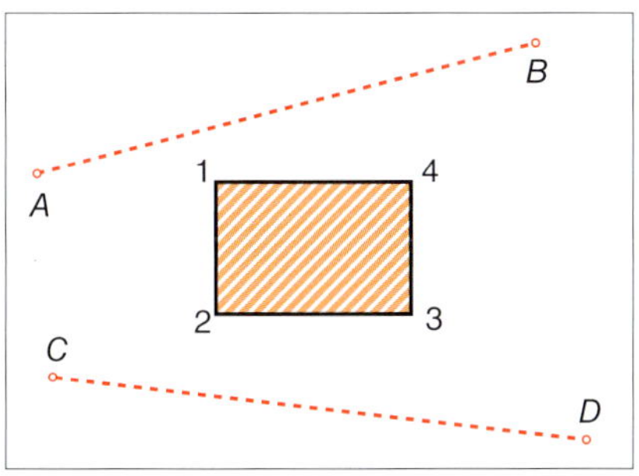

1) Traccia sulla figura i due allineamenti secondari che consentono il rilievo dei quattro vertici 1, 2, 3, 4.
2) Traccia sulla figura le misure progressive necessarie indicandole con $l_1, l_2, l_3, l_4, \ldots$ ecc.
3) Quale contesto ambientale richiede questo tipo di rilievo? ....
4) L'esecuzione delle misure richiedono tempi brevi o lunghi? ....

29 La figura riporta lo schema planimetrico di un edificio i cui vertici 1, 2, 3 devono essere rilevati per allineamenti e squadri. Tenendo conto che l'allineamento AB è un allineamento principale di posizione nota, rispondi ai seguenti quesiti.

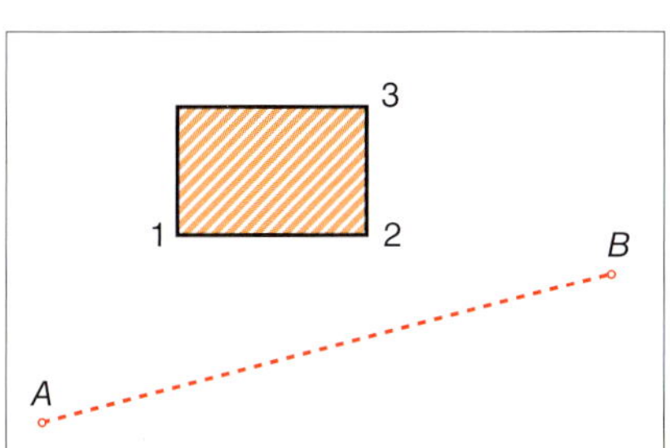

1) Traccia sulla figura i due allineamenti secondari che consentono il rilievo dei tre vertici 1, 2, 3.
2) Traccia sulla figura le misure progressive necessarie indicandole con $l_1, l_2, l_3, l_4, \ldots$ ecc.
3) Con quali strumenti vengono tracciati gli allineamenti secondari? ....
4) A quale limitazione devono sottostare gli allineamenti secondari? ....

30 La figura schematizza il rilievo per irraggiamento di un generico punto A, eseguito con un teodolite posto sul punto S di posizione nota. Al riguardo rispondi ai seguenti quesiti.

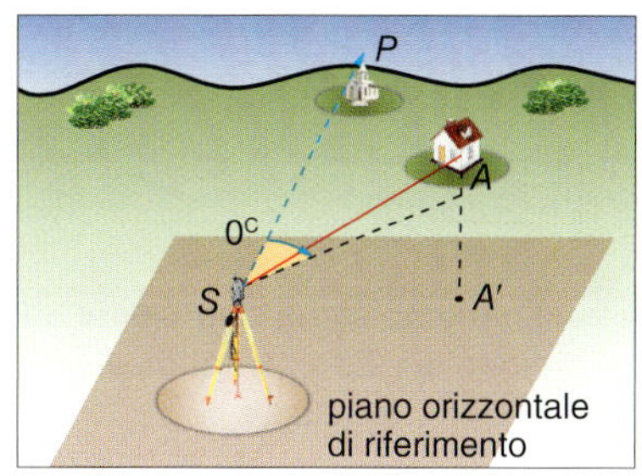

1) Quali grandezze vengono misurate? ....
2) Quali strumenti sono necessari? ....
3) Cosa rappresenta il punto P riportato in figura? ....
4) In cosa consiste l'orientamento del teodolite? ....
5) In termini di frequenza di impiego, come può essere definito questo metodo di rilievo? ....

QUESITI A RISPOSTA MULTIPLA

31 Il numero dei punti dei particolari topografici da rilevare dipende

- a dalla natura dei particolari
- b dalla scala di rapppresentazione
- c dallo strumento usato
- d tutte le precedenti

32 In quante fasi può essere concettualmente suddiviso il rilievo dei particolari?

- a 2
- b 3
- c più di 3
- d nessuna delle precedenti

AUTOVALUTAZIONE

33 Lo scopo finale del rilievo dei particolari del territorio consiste nel

a quantificarne l'estensione
b calcolarne il perimetro
c fornirne una rappresentazione grafica
d tutte le precedenti

34 Come devono essere creati gli allineamenti secondari in un rilievo per allineamenti e squadri?

a perpendicolari all'allineamento base
b passare per i punti da rilevare
c presentare lunghezze limitate
d tutte le precedenti

35 Quale dei seguenti aspetti deve essere valutato nell'adottare un metodo da usare nel rilievo di una zona di territorio?

a la sua estensione
b la scala di rappresentazione
c gli scopi del rilievo
d tutte le precedenti

36 in quali contesti ambientali può essere valutato l'impiego del metodo di rilievo per allineamenti liberi?

a numero limitato di punti
b terreni pianeggianti
c morfologia regolare
d tutte le precedenti

37 Quale tipologia di misure prevede il metodo di rilievo per irradiamento?

a solo distanze
b solo angoli
c sia distanze sia angoli
d nessuna delle precedenti

38 Quale tipologia di misure prevede il metodo di rilievo per allineamenti e squadri?

a solo distanze
b solo angoli
c sia distanze sia angoli
d nessuna delle precedenti

39 Quale strumento viene impiegato nel metodo di rilievo per allineamenti e squadri?

a longimetro laser
b squadro a croce di prismi
c nastro flessibile
d tutti i precedenti

40 In quale metodo di rilievo viene definito un allineamento principale?

a per trilaterazione
b per allineamenti e squadri
c per irradiamento
d nessuno dei precedenti

41 In quale metodo di rilievo viene definita una direzione fissa?

a per allineamenti e liberi
b per allineamenti e squadri
c per irradiamento
d nessuno dei precedenti

42 Rispetto all'insieme dei punti caratteristici di un rilievo, il punto che definisce una direzione fissa deve essere

a estraneo ai punti del rilievo
b uno dei punti del rilievo
c sul contorno dell'area
d nessuno dei precedenti

43 Orientare il cerchio orizzontale di un teodolite significa disporre la sua origine in corrispondenza

a di uno dei punti rilevati
b del nord
c un punto estraneo al rilievo
d tutti i precedenti

44 Sull'eidotipo eseguito per il rilievo di una zona di territorio devono essere riportate

a le informazioni relative allo stato della vegetazione
b le informazioni relative allo stato della viabilità
c le misure eseguite
d nessuna delle precedenti

B. Verifica delle competenze

COMPETENZA Attività grafica

45 Utilizzando le misure contenute nel libretto di ▶FIGURA 7, relativo a un rilievo per allineamenti e squadri, e posizionando il punto A, oltre alla direzione AB, in modo arbitrario, realizza manualmente su un foglio A3, la relativa rappresentazione grafica assumendo la scala di 1:500.

COMPETENZA Digitale

46 Utilizzando le misure contenute nel libretto di ▶FIGURA 10, relativo a un rilievo per irradiamento, e posizionando il punto S di stazione del teodolite, oltre alla direzione fissa SP, in modo arbitrario, realizza in ambiente AutoCAD la rappresentazione grafica dei punti rilevati, stampandone poi una copia in scala 1:100.

COMPETENZA Risolvere problemi

47 PROBLEMA SVOLTO

Nell'ambito del rilievo per irradiamento di una particella quadrangolare, il cui contorno è costituito dai vertici 1, 2, 3, 4, è stato collocato un teodolite su un punto S, esterno alla particella, con le seguenti coordinate cartesiane note rispetto a un sistema di riferimento locale:

$X_S = 11{,}44$ m; $Y_S = 75{,}28$ m. Dopo avere orientato il cerchio orizzontale del teodolite, sono state realizzate le misure contenute nel seguente libretto.

Staz.	P.c.	CO (gon)	Distanze (m)	Note
S	1	21,6756	127,15	VC
	2	47,6779	214,45	VC
	3	79,8951	246,86	VC
	4	134,9180	137,05	VC

(*) VC: vertice confine.

Determina le coordinate dei vertici 1, 2, 3, 4, il perimetro della particella e la sua area.

Soluzione

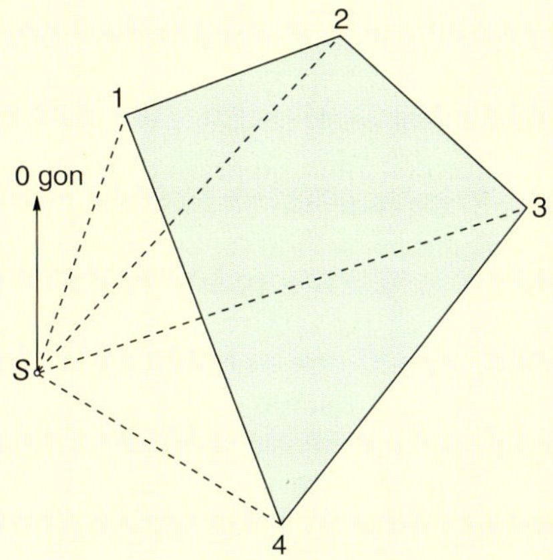

$X_1 = 11{,}44 + 127{,}15 \cdot \text{sen}\, 21{,}6756 = 53{,}90$ m

$Y_1 = 75{,}28 + 127{,}15 \cdot \cos 21{,}6756 = 195{,}13$ m

$X_2 = 11{,}44 + 214{,}45 \cdot \text{sen}\, 47{,}6779 = 157{,}45$ m

$Y_2 = 75{,}28 + 214{,}45 \cdot \cos 47{,}6779 = 232{,}35$ m

$X_3 = 11{,}44 + 246{,}86 \cdot \text{sen}\, 79{,}8951 = 246{,}09$ m

$Y_3 = 75{,}28 + 246{,}86 \cdot \cos 79{,}8951 = 151{,}95$ m

$X_4 = 11{,}44 + 137{,}05 \cdot \text{sen}\, 134{,}9180 = 128{,}39$ m

$Y_4 = 75{,}28 + 137{,}05 \cdot \cos 134{,}9180 = 3{,}82$ m

$$12 = [127{,}15^2 + 214{,}45^2 - 2 \cdot 127{,}15 \cdot 214{,}45 \cdot \cos(47{,}6779 - 21{,}6756)]^{1/2} = 110{,}03 \text{ m}$$

$$23 = [246{,}86^2 + 214{,}45^2 - 2 \cdot 246{,}86 \cdot 214{,}45 \cdot \cos(79{,}8951 - 47{,}6779)]^{1/2} = 119{,}67 \text{ m}$$

$$34 = [246{,}86^2 + 137{,}05^2 - 2 \cdot 246{,}86 \cdot 137{,}05 \cdot \cos(134{,}9180 - 79{,}8951)]^{1/2} = 189{,}20 \text{ m}$$

$$41 = [127{,}15^2 + 137{,}05^2 - 2 \cdot 127{,}15 \cdot 137{,}05 \cdot \cos(134{,}9180 - 21{,}6756)]^{1/2} = 205{,}30 \text{ m}$$

Perimetro = 110,03 + 119,67 + 189,20 + 205,30 = = 624,20 m

$$A_{s12} = \frac{1}{2} \cdot 127{,}15 \cdot 214{,}45 \cdot \text{sen}(47{,}6779 - 21{,}6756) = 5415{,}03 \text{ m}^2$$

$$A_{s23} = \frac{1}{2} \cdot 246{,}86 \cdot 214{,}45 \cdot \text{sen}(79{,}8951 - 47{,}6779) = 12\,830{,}87 \text{ m}^2$$

$$A_{s34} = \frac{1}{2} \cdot 246{,}86 \cdot 137{,}05 \cdot \text{sen}(134{,}9180 - 79{,}8951) = 12\,867{,}04 \text{ m}^2$$

$$A_{s41} = \frac{1}{2} \cdot 127{,}15 \cdot 137{,}05 \cdot \text{sen}(134{,}9180 - 21{,}6756) = 8525{,}13 \text{ m}^2$$

Area = 5415,03 + 12 830,87 + 12 867,04 – 8525,13 = = 22 587,81 m²

48 Il rilievo di un appezzamento di terreno a contorno poligonale di vertici $ABCDEF$ è stato eseguito per allineamenti puri, con le lunghezze di seguito riportate:

$AB = 32{,}55$ m	$AC = 41{,}12$ m	$BC = 53{,}99$ m
$BD = 36{,}20$ m	$CD = 58{,}41$ m	$CE = 54{,}00$ m
$DE = 58{,}00$ m	$DF = 51{,}00$ m	$EF = 35{,}10$ m

Calcola l'area S dell'appezzamento e, non potendola misurare direttamente, la distanza tra i vertici A ed F. Disegna inoltre il contorno dell'appezzamento in scala 1:1000.

[$S = 3903{,}30$ m²; $AF = 103{,}10$ m]

49 All'interno di un lotto rettangolare $ABCD$ di dimensioni $AB = CD = 58{,}20$ m e $AD = BC = 42{,}40$ m, per allineamenti liberi si sono rilevati gli spigoli 1, 2, 3 e 4 di un fabbricato anch'esso a forma rettangolare. Le misure effettuate sono risultate le seguenti:

$A1 = 13{,}62$ m	$B2 = 19{,}28$ m
$D1 = 39{,}03$ m	$C2 = 41{,}35$ m
$A4 = 33{,}44$ m	$B3 = 36{,}12$ m
$D4 = 16{,}90$ m	$C3 = 21{,}72$ m

Determina l'area S occupata dal fabbricato e rappresenta l'area in scala 1:200.

[$S = 696{,}18$ m²]

50 Il confine $ABCDEFGH$ di un appezzamento di terreno è stato rilevato per allineamenti e squadri adottando come allineamento base la congiungente AE. Le misure eseguite sono quelle del registro di campagna seguente:

Punti	Allineamenti base (*X*)	Squadri (*Y*)
A	0,00	0,00
H	5,00	−34,10
B	16,90	29,10
G	32,30	−41,90
C	86,80	11,60
D	99,20	22,10
F	108,60	−28,90
E	119,70	0,00

Determina l'area e il perimetro della particella *ABC-DEFGH*, e disegnala in scala 1:1000.

[$S = 6131{,}60$ m^2; $2p = 324{,}10$ m]

51 Si deve realizzare un rilievo dei dettagli del terreno col metodo degli allineamenti e squadri che prevede la rappresentazione grafica in scala 1:2000; si utilizza uno squadro a croce di prismi, con il quale si realizzano gli allineamenti ortogonali con un errore medio probabile di 15′ (prismi sessagesimali). A quale distanza massima si dovranno trovare i punti da rilevare per rispettare le precisioni imposte dalla scala di rappresentazione, considerando un errore di graficismo di 0,2 mm? [$a \leq 45{,}80 \cong 46$ m]

52 Di un appezzamento con contorno a forma quadrangolare *ABCD* si sono rilevati i vertici, che si succedono in senso orario, con il metodo degli allineamenti e squadri, eseguendo le seguenti misure:

Punti	Allineamenti base (*X*)	Squadri (*Y*)
A	0,00	0,00
B	36,50	62,70
C	88,70	48,80
D	118,60	0,00

Determina la lunghezza dei lati e l'area del quadrilatero, oltre alla lunghezza della diagonale *AC*. Disegna il quadrilatero in scala 1:1500.

[$S = 4783{,}98$ m^2; $AB = 72{,}55$ m; $BC = 54{,}02$ m; $CD = 57{,}23$ m; $AC = 101{,}24$ m]

53 Dovendo misurare la distanza tra i punti *A* e *B* tra loro inaccessibili, si ritiene di utilizzare allo scopo uno squadro agrimensorio e una cordella metrica. Dalla parte accessibile del punto *B* si sono scelti due ulteriori punti *C* e *D*. Il primo sull'allineamento *AB*, dalla parte opposta di *A*, a una distanza da *B* pari a $BC = 39{,}10$ m; il secondo, con l'impiego dello squadro è stato posizionato in modo che le due direzioni *DA* e *DC* fossero ortogonali. Con la cordella si sono poi misurati direttamente i seguenti allineamenti: $DC = 51{,}20$ m e $DB = 47{,}80$ m. Determina la distanza tra i punti *A* e *B*.

[$AB = 70{,}80$ m]

54 Il contorno di un appezzamento di terreno, i cui vertici *ABCDEFG* si sviluppano in senso antiorario, è stato rilevato per irradiamento da un punto *S* a esso interno; sono state effettuate con un teodolite centesimale destrorso e con una cordella metrica le misure contenute nel seguente libretto.

Stazione	Punti	Letture cerchio orizz.	Distanze (m)
S	*G*	$0^c{,}0000$	41,00
	F	$46^c{,}7381$	55,23
	E	$95^c{,}2691$	59,26
	D	$129^c{,}7430$	37,74
	C	$160^c{,}6660$	63,18
	B	$218^c{,}7844$	66,37
	A	$300^c{,}5113$	49,80

Disegna la particella in scala 1:1000 e calcola l'area e il perimetro dell'intero appezzamento. Inoltre determina l'area del triangolo di vertici *CDE*, esterno all'appezzamento.

[$S = 7286{,}75$ m^2; $2p = 339{,}82$ m; $S_{CDE} = 469{,}20$ m^2]

55 Da un punto *S*, esterno a una particella di terreno, si è rilevato per irradiamento il contorno *ABCDE*, con vertici disposti in senso antiorario, utilizzando un teodolite centesimale destrorso e una cordella metrica. Le misure sono raccolte nel seguente libretto:

Stazione	Punti	Letture cerchio orizz.	Distanze (m)
S	*A*	$52^c{,}0474$	55,78
	B	$104^c{,}2836$	83,29
	C	$88^c{,}1489$	151,82
	D	$67^c{,}2214$	139,71
	E	$38^c{,}2780$	96,18

Si vuole poi costruire un fossato il cui asse *MN* risulti la congiungente i punti medi rispettivamente dei lati *AE* e *DC*. Determinare la lunghezza *MN* del fossato e le aree delle due porzioni in cui viene a trovarsi divisa la particella di terreno. Disegnare inoltre la particella in scala 1:2000.

[$S_{MNDE} = 1608{,}74$ m^2; $S_{MABCN} = 4198{,}30$ m^2; $MN = 89{,}43$ m]

56 Il contorno di una particella di terreno è costituito dai vertici *ABC*12 *D*345*E* che si susseguono in senso orario. I vertici *ABCDE* sono stati rilevati per irradiamento da un punto *S* interno alla particella, con un teodolite centesimale destrorso e una cordella metrica, e le misure effettuate sono raccolte nel seguente libretto:

Stazione	Punti	Letture cerchio orizz.	Distanze (m)
S	*A*	$0^c,0000$	56,15
	B	$73^c,5185$	61,30
	C	$137^c,6666$	40,15
	D	$243^c,7777$	50,50
	E	$343^c,5925$	51,30

I punti 1, 2 e 3, 4, 5 sono invece stati rilevati per allineamenti e squadri rispettivamente utilizzando come allineamento base *CD* ed *ED* (con i punti 1, 2, 3, 4, 5 esterni alla linea *CDE*); le misure sono riportate nel seguente libretto:

Punti	Allineamenti base *CD*	Squadri (*Y*)
C	0,00	0,00
1	28,15	34,10
2	46,40	29,10
Punti	**Allineamenti base *ED***	**Squadri (*Y*)**
E	0,00	0,00
5	18,15	8,50
4	38,30	10,50
3	57,60	7,20

Disegna la particella in scala 1:500 e calcola area e perimetro della particella complessiva.

[$S = 7888{,}70\ m^2$; $2p = 337{,}81$ m]

57 Nell'ambito di un rilievo catastale, i confini di una particella sono stati rilevati per irradiamento facendo stazione con un teodolite, provvisto di apparato di misura EDM, sul punto 200, esterno alla particella, con le seguenti coordinate cartesiane note rispetto a un sistema di riferimento locale: $X_{200} = -11{,}56$ m; $Y_{200} = +44{,}05$ m. Dopo avere orientato correttamente il cerchio orizzontale del teodolite in 200, sono state realizzate le misure contenute nel seguente libretto:

Staz.	Punti	CO (gon)	Distanze (m)	Note
200	201	21,6756	127,149	CP (*)
	202	47,6779	214,453	CP
	203	79,8951	246,858	CP
	204	112,0628	225,272	CP
	205	134,9180	137,054	CP

(*) CP: confine particella.

Determina le coordinate dei vertici dell'appezzamento, il suo perimetro e la sua area.

[$2p = 663{,}11$ m; $S = 28\,603{,}82\ m^2$]

58 Dovendo rilevare per irradiamento un tratto di confine costituito da cinque segmenti rettilinei a ridosso di un corso d'acqua, si è fatta stazione con un teodolite, provvisto di apparato di misura EDM, sul punto *S*, e, collimando via via i vertici del confine, sono state realizzate le misure contenute nel seguente libretto:

Staz.	Punti	CO (gon)	Distanze (m)	Note
S	1	40,2345	67,658	VC (*)
	2	70,4062	107,072	VC
	3	85,3072	152,175	VC
	4	95,2560	191,943	VC
	5	103,8047	227,025	VC
	6	111,2865	255,556	VC

(*) VC: vertice confine.

Determina la lunghezza del confine rilevato e gli angoli che formano i segmenti che lo costituiscono.

[$L = 243{,}15$m; $\widehat{123} = 191{,}8017$ gon; ... ; $\widehat{456} = 185{,}2156$ gon]

59 Un edificio di vertici 1, 2, 3, 4, 5, 6 è stato rilevato per irradiamento dai vertici *A*, *B*, *C* di una spezzata. È stato impiegato un teodolite provvisto di apparato di misura EDM, realizzando le misure contenute nel seguente libretto:

Staz.	Punti	CO (gon)	Distanze (m)	Note
A	*B*	62,3977	82,581	VS (*)
	2	97,0285	49,209	SF
	1	117,2588	62,480	SF
B	*A*	277,5088	–	VS
	C	143,8533	67,270	VS
	4	216,8737	47,063	SF
	3	227,6659	37,391	SF
C	*B*	359,9644	–	VS
	5	314,7867	59,480	SF
	6	304,0863	57,647	SF

(*) VS: vertice spezzata; SF: spigolo fabbricato.

Determina le coordinate dei vertici dell'edificio rispetto al sistema di riferimento locale con origine in *A* e asse delle ascisse coincidente con *AB*. Determina inoltre il perimetro e l'area del caseggiato.

[$X_1 = +40{,}68$ m; $Y_1 = -47{,}42$ m; ...; $X_6 = +59{,}64$ m; $Y_6 = -48{,}65$ m; $2p = 82$ m; $S = 358\ m^2$]

Risultati dei quesiti vero/falso

1V, 2V, 3F, 4V, 5F, 6F, 7F, 8V, 9F, 10F, 11V, 12F, 13V, 14F, 15V, 16V, 17F, 18F, 19V, 20V, 21F, 22F, 23F, 24V, 25V, 26V.

Risultati dei quesiti a risposta multipla

31b, 32b, 33c, 34d, 35d, 36d, 37c, 38a, 39d, 40b, 41c, 42a, 43c, 44d.

AUTOVALUTAZIONE

VERSO L'ESAME DI STATO

Fai molta attenzione a questa sezione. I problemi proposti sono relativi ad argomenti che potresti trovare nella seconda prova dell'Esame di Stato.

60 Due proprietà, che indicheremo brevemente con *P*1 e *P*2, sono separate da un confine costituito dalla spezzata di tre lati *ABCD*, che è stata rilevata per irradiamento da un punto *S*, eseguendo le misure riportate nel libretto a fianco.
Le due proprietà concordano di sostituire il vecchio confine *ABCD* con un nuovo confine costituito da un unico segmento rettilineo (rettifica del confine) ottenuto dalla congiungente gli estremi *A* e *D*. Determina la lunghezza del vecchio e del nuovo confine.

Staz.	P. c.	CO (gon)	Distanze (m)	Note
	A	342,3119	149,26	Vertice di confine
	B	380,8557	126,35	Vertice di confine
S	*C*	40,9431	89,02	Vertice di confine
	D	61,6654	175,73	Vertice di confine

Soluzione

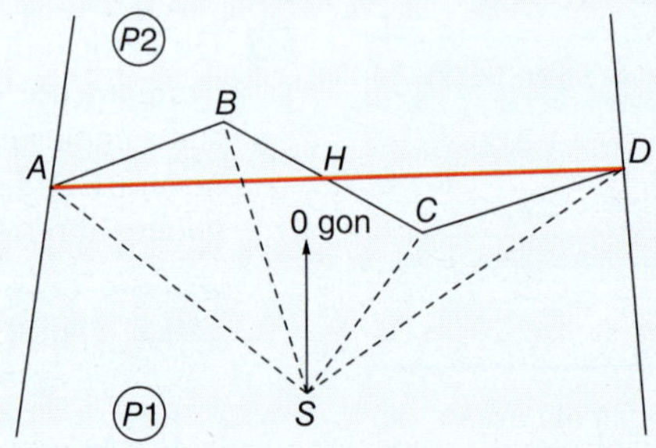

$$AB = \sqrt{149,26^2 + 126,35^2 - 2 \cdot 149,26 \cdot 126,35 \cos(380,8557 - 342,3119)} = 85,02 \text{ m}$$

$$BC = \sqrt{89,02^2 + 126,35^2 - 2 \cdot 89,02 \cdot 126,35 \cdot \cos(40,9431 - 380,8557 + 400)} = 103,40 \text{ m}$$

$$CD = \sqrt{89,02^2 + 175,73^2 - 2 \cdot 89,02 \cdot 175,73 \cdot \cos(61,6654 - 40,9431)} = 95,72 \text{ m}$$

Lunghezza del vecchio confine:

$$85,02 + 103,40 + 95,72 = 284,14 \text{ m}$$

Lunghezza del nuovo confine:

$$AD = \sqrt{149,26^2 + 175,73^2 - 2 \cdot 149 \cdot 175,73 \cdot \cos(61,6654 - 342,3119 + 400)} = 262,42 \text{ m}$$

ORA PROVACI TU

Determina la posizione del punto *H*, intersezione del nuovo confine con il lato *BC* del vecchio confine, tramite la distanza di *H* da *B* o da *C*. [*BH* = 52,34 m]

E2 Il tracciamento degli edifici

1. Operazioni preliminari al tracciamento delle fondazioni dei fabbricati

Le operazioni connesse al **tracciamento delle fondazioni** dei fabbricati hanno la funzione di fornire alle maestranze del cantiere tutti quei *riferimenti* che sono necessari e al corretto *posizionamento* degli **scavi** e delle **fondazioni** dei fabbricati.

L'operazione di **tracciamento** è concettualmente opposta dell'operazione di **rilievo** topografico. In quest'ultima, dato l'oggetto, si mettono in atto procedure e misure per dedurne la rappresentazione grafica; nella prima, data la rappresentazione grafica (il progetto del fabbricato), si eseguono misure sul terreno per realizzare l'oggetto progettato con le dimensioni previste.

Per un corretto approccio a questa problematica, occorre in via preliminare prendere attenta visione della tavola dove sono riportati i **disegni esecutivi** delle fondazioni del fabbricato da tracciare sul terreno, con le loro dimensioni.

Altrettanta cura dovrà essere posta nel prendere atto della *posizione* del fabbricato relativamente ai *confini* dell'appezzamento di terreno sul quale deve essere edificato il fabbricato stesso. In seguito si renderà necessario un **sopralluogo** sul terreno per valutare direttamente le caratteristiche morfologiche e ambientali nelle quali andranno sviluppate le operazioni di tracciamento.

Durante tale sopralluogo si dovranno individuare i *termini*, in genere costituiti da **picchetti**, che necessariamente dovranno *materializzare* i vertici dell'appezzamento di terreno. Su di essi verranno poi eseguite quelle misure di *distanze* reciproche e quei *controlli angolari* tesi a sgombrare il campo da qualsiasi eventuale dubbio sulla forma e sulle dimensioni dell'appezzamento, confrontando tali misure con quelle riportate nelle tavole di progetto del fabbricato.

Successivamente si dovrà redigere un apposito elaborato grafico, denominato **tavola di tracciamento**, del tutto simile alla tavola delle fondazioni prima richiamata, ma nella quale, oltre alla *quotatura parziale* delle fondazioni, dovrà comparire anche la *quotatura progressiva* degli stessi elementi. Dovranno, inoltre, essere inseriti in tale tavola le distanze del fabbricato dai confini dell'appezzamento, oltre alle indicazioni necessarie all'individuazione degli **allineamenti di riferimento** che saranno assunti come base per il tracciamento del fabbricato.

La evidente delicatezza delle operazioni di tracciamento impone poi la necessità di procedere all'acquisizione di elementi, in genere distanze, non strettamente essenziali alle operazioni (come le distanze tra gli spigoli del fabbricato e i vertici dell'appezzamento), ma che consentono di effettuare sul terreno appropriati e irrinunciabili **controlli**.

Nella ▸FIGURA 1 (pagina seguente) viene proposto lo schema della *tavola di tracciamento* riferita a un semplicissimo fabbricato, con muri ortogonali, a cui faremo

FAQ

A cosa serve il tracciamento delle fondazioni degli edifici?

Serve a fissare sul terreno tutti quegli elementi che rimarranno a disposizione delle maestranze per la realizzazione dell'edificio.

FAQ

Che tipo di operazione è il tracciamento delle fondazioni degli edifici?

È l'operazione opposta del rilievo topografico. Nel rilievo, assegnato un oggetto, si mettono in atto le procedure e le misure per ricavarne la rappresentazione grafica. Nel tracciamento, al contrario, viene assegnata la rappresentazione grafica, cioè il progetto del fabbricato, quindi si eseguono le misure e le operazioni per realizzare l'oggetto progettato.

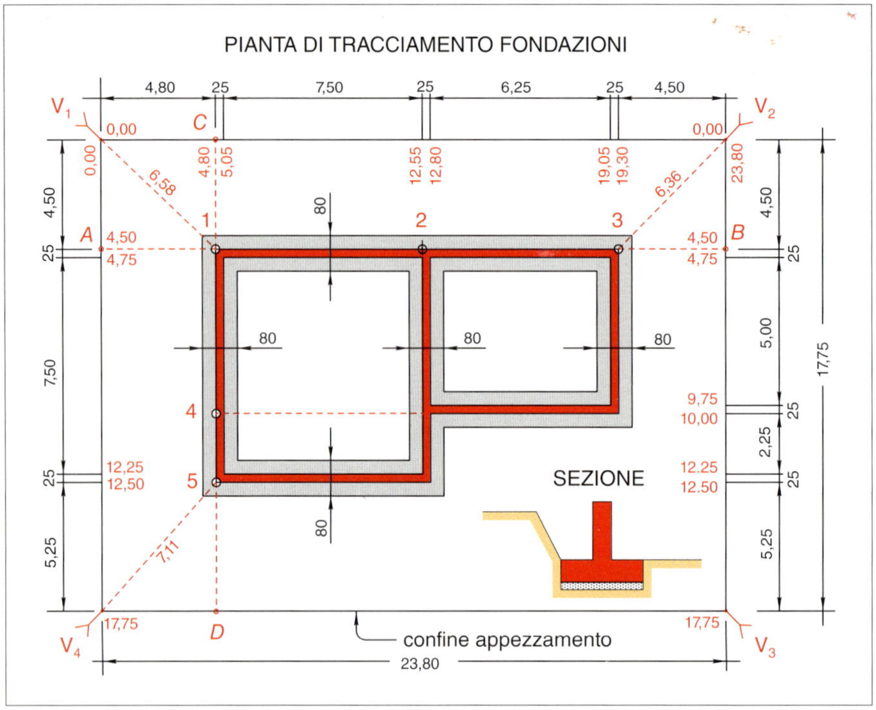

FIGURA 1 Tavola esecutiva per il tracciamento delle fondazioni. In colore rosso sono riportate le quote progressive.

riferimento nella esposizione delle fasi secondo le quali si sviluppano le operazioni di tracciamento.

Sulla tavola di tracciamento devono poi essere definiti due o più allineamenti, detti di riferimento, necessari alle successive fasi del tracciamento.

La scelta degli **allineamenti di riferimento** è difficilmente generalizzabile, a causa del notevole numero di variabili che entrano in gioco nella problematica. Tuttavia possiamo elencare i seguenti criteri che possono aiutare e orientare il tecnico nelle sue decisioni:

- gli allineamenti di riferimento saranno almeno due, ortogonali tra loro, e con le rispettive direzioni coincidenti o almeno parallele a due lati del fabbricato;
- gli allineamenti di riferimento saranno materializzati sul terreno appoggiandosi a quei lati dell'appezzamento che sono giudicati di maggior affidabilità sulla scorta delle misure di controllo effettuate durante il sopralluogo.

Nel nostro esempio si assumono come *allineamenti di riferimento* gli allineamenti *AB* e *CD*, coincidenti con i lati del fabbricato 1-3 e 1-5, dei quali la tavola di tracciamento riporta tutte le distanze e le indicazioni necessarie per la materializzazione sul terreno.

2. Tracciamento degli allineamenti di riferimento

Ultimata la fase di studio a tavolino del problema, si procede con il *lavoro di campagna*, che dovrà essere preceduto da un'accurata **pulizia** dell'appezzamento, effettuata con mezzi meccanici che provvederanno a scorticare il terreno asportando erbe, cespugli e qualsiasi altro ostacolo, realizzando un **piano** livellato sul quale si potranno effettuare le operazioni necessarie senza impedimenti.

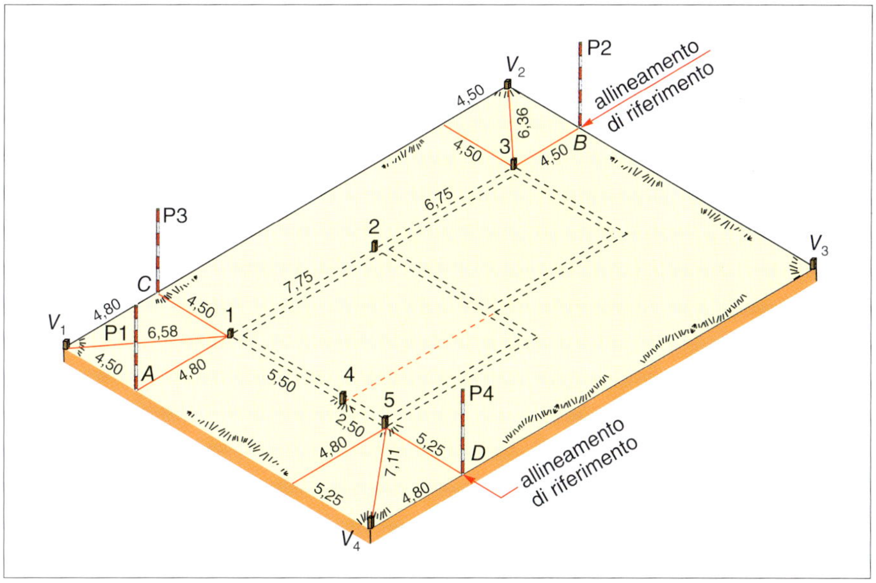

FIGURA 2 Materializzazione e visualizzazione sul terreno degli allineamenti per mezzo di paline.

La prima operazione da effettuare in campagna consiste nel materializzare e nel visualizzare con **paline** gli allineamenti assunti come **riferimento**, nel nostro caso gli allineamenti *AB* e *CD*.

Con riferimento alla ▶FIGURA 2, l'allineamento *AB* verrà individuato riportando rispettivamente dai vertici dell'appezzamento, indicati con V_1 e V_2, le distanze del fabbricato dal lato V_1V_2; nel nostro esempio ambedue queste distanze sono di 4,50 m (lato 1-3 parallelo a V_1V_2). L'allineamento *AB* verrà poi visualizzato dalle paline P_1 e P_2, posizionate rispettivamente in *A* e in *B*.

Sull'allineamento *AB* così identificato si provvederà poi all'individuazione e alla segnalazione dei *punti caratteristici* 1, 2, 3, che corrispondono ai *fili* dei muri del fabbricato ortogonali ad *AB*, riportando con un nastro flessibile sullo stesso allineamento le rispettive *quote progressive* desunte dalla tavola di tracciamento (▶FIGURA 1).

Si procederà poi al controllo del lavoro eseguito, misurando le *distanze parziali* tra i punti 1, 2 e 3, confrontandole con le corrispondenti *quote parziali*, verificando inoltre la distanza in **diagonale** tra il vertice V_1 e il punto 1 e tra il vertice V_2 e il punto 3.

La segnalazione dei punti 1, 2, 3 sull'allineamento *AB* avverrà con **picchetti di legno**, sulla testa dei quali verrà conficcato un **chiodo** allo scopo di definire con precisione il punto stesso.

In modo del tutto analogo si procederà per individuare sul terreno l'allineamento *CD*, ortogonale ad *AB* e visualizzato con le paline P_3 e P_4, e per segnalare i punti caratteristici 4 e 5, che corrispondono ai fili dei muri del fabbricato ortogonali a *CD*. Per controllo, si potrà far stazione sul picchetto 1 con un **teodolite** o una *stazione totale* (per piccoli cantieri è anche accettato l'uso di uno squadro agrimensorio) e, dopo averlo orientato sul lato più lungo *AB*, si potrà verificare l'**ortogonalità** tra quest'ultimo allineamento e l'allineamento *CD* (▶FIGURA 4).

3. Riporto dei muri sulle modine

Qualsiasi punto materializzato sul terreno a segnalare la presenza di un muro del fabbricato è destinato a essere **rimosso** durante le operazioni di **scavo** e perciò non potrà essere disponibile per le successive operazioni di formazione delle fondazioni.

FIGURA 3 Primo piano di modina; sulla parte superiore si osservano chiodi verniciati con precise funzioni.

Il problema viene risolto utilizzando **modine** (o **cavallotti**), opportunamente posizionate, sulle quali verranno proiettati i **fili dei muri** del fabbricato, segnalandoli con **chiodi** conficcati nella parte superiore delle modine stesse.

Le **modine** (elemeti continui) e i **cavallotti** (elementi isolati) possono avere varie forme; in generale sono costituite da *tavole di legno* dette *traverse*, montate orizzontalmente e ancorate al terreno a mezzo di paletti, a un'altezza dal suolo di 70-80 cm, e comunque almeno 10-15 cm più alte della parte superiore delle fondazioni (▶FIGURA 3). Le modine, una per ciascun lato del fabbricato, andranno poi posizionate in prossimità del confine dell'appezzamento, e comunque ad adeguata distanza dal fabbricato (minimo 3-4 m), in modo da non costituire ostacolo ai mezzi d'opera a cui viene demandato il compito di eseguire gli **scavi delle fondazioni**. È conveniente, inoltre, che esse siano posizionate in modo *parallelo ai lati del fabbricato*; ciò permetterà di tracciare **direttamente** su di esse le misure di piccole distanze come lo spessore dei muri del fabbricato.

Nella ▶FIGURA 4 sono rappresentate schematicamente le modine utilizzate nel nostro esempio, montate in prossimità del confine dell'appezzamento, al di fuori della zona interessata agli scavi. Nella stessa figura viene rappresentata la tecnica con la quale si provvede a **proiettare** i fili dei muri sulle modine.

Per questo il teodolite verrà via via posizionato sui picchetti 1, 2, 3, montati nella fase precedente sull'allineamento AB. Sarà poi necessario **orientare** il teodolite sull'allineamento di riferimento AB utilizzando le *paline* P_1 e P_2; quindi, con l'ausilio di un assistente e ruotando l'alidada di 90°, si potranno individuare, sulle due modine parallele all'allineamento AB, le proiezioni dei muri ortogonali allo stesso allineamento, segnalando tali punti con **chiodi** da legno che potranno essere *veniciati* (▶FIGURA 3) o associati a *targhette* per ricordarne la funzione.

FAQ

Che cosa sono le modine?

Sono tavole in legno disposte orizzontalmente, a un'altezza di 70-80 cm dal suolo, lungo tutto il perimetro dell'appezzamento di terreno, collegate al suolo con paletti. Sulla parte superiore delle tavole vengono infissi i chiodi che, opportunamente collocati, materializzeranno i muri portanti del fabbricato.

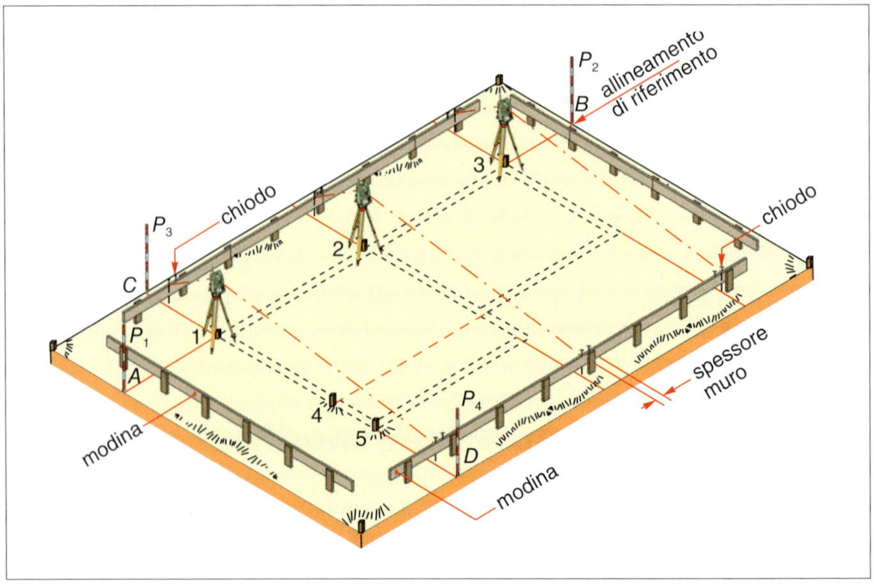

FIGURA 4 Modine montate in prossimità del confine dell'appezzamento.

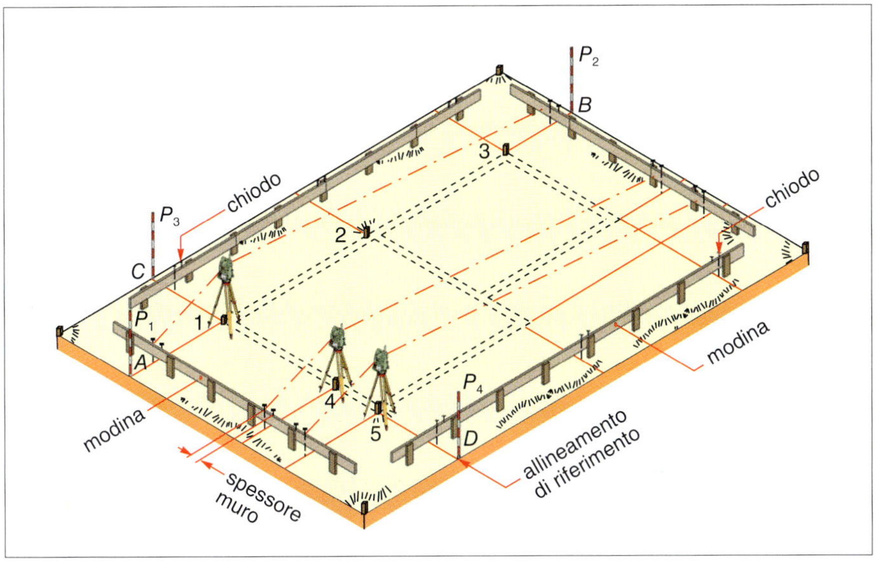

FIGURA 5 Proiezione dei muri ortogonali all'allineamento *CD* sulle modine. Essi sono materializzati con chiodi da legno conficcati in cima alle modine.

Per ciascun muro sarà sufficiente considerare uno solo dei due fili che lo delimitano, in quanto lo spessore del muro potrà essere riportato **direttamente** sulla modina usando un doppio metro a stecca da muratore. Si ottengono in tal modo 3 coppie di chiodi su ciascuna modina parallela ad *AB*, che individuano le direzioni dei 3 muri ortogonali ad *AB*. In modo del tutto analogo andranno sviluppate le operazioni per proiettare sulle restanti modine i muri ortogonali all'altro allineamento di riferimento, il *CD*, operazioni peraltro schematizzate nella ▶FIGURA 5.

FAQ

Quale funzione svolgono le modine?

Servono a materializzare e a rendere riproducibili sul terreno, in qualsiasi momento dei lavori di realizzazione del fabbricato, gli *elementi del tracciamento*. Questi elementi (muri portanti, fondazioni) devono essere riportati sulle *modine* perimetrali, tramite opportuno collocamento e infissione di chiodi da legno. Sulle modine i muri sono evidenziati con grossi pennarelli, allo scopo di agevolare le maestranze nella loro individuazione.

4. Controllo e verifica del tracciamento

Ultimate le operazioni precedenti, si potranno collegare i chiodi corrispondenti a ciascun muro del fabbricato, e montati sulle modine opposte, con **fili di nylon** di adeguata sezione e apportunamente *tesi*. Questi individuano e materializzano la direzione e la posizione dei muri del fabbricato e delle sottostanti fondazioni così come viene rappresentato nello schema di ▶FIGURA 6.

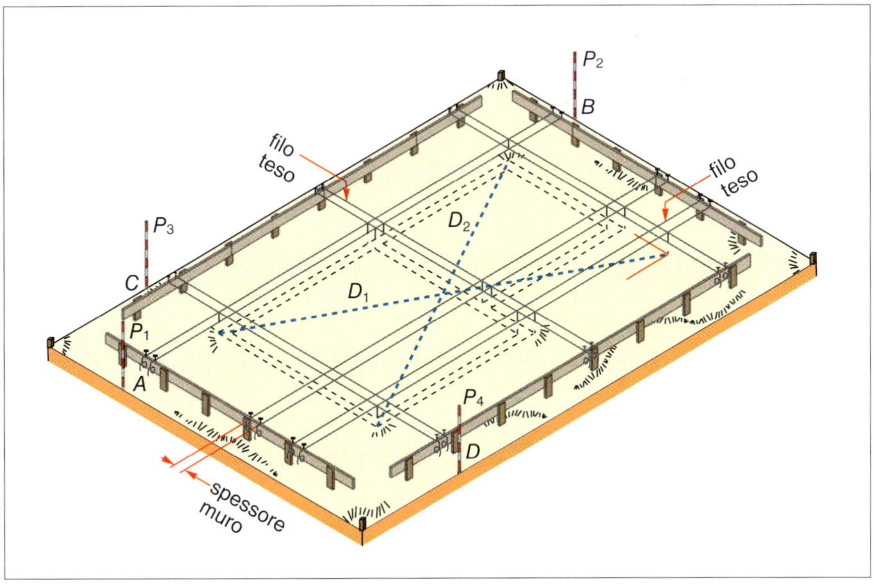

FIGURA 6 Materializzazione di muri e fondazioni per mezzo di fili tesi di nylon (linee tratteggiate).

FAQ

Come è possibile individuare i muri portanti sulle modine?

Sulle modine i muri portanti, definiti dalla coppia di chiodi che ne determina lo spessore, sono segnalati e numerati con grossi pennarelli o con la matita da muratore.

Prima di procedere all'esecuzione degli scavi è necessario effettuare controlli volti a verificare la precisione del lavoro fin qui svolto. Uno di questi controlli, particolarmente efficace, consiste nel misurare le **diagonali** del *rettangolo ideale* ottenuto considerando i lati di maggior lunghezza del fabbricato.

La lunghezza misurata delle due diagonali di tale rettangolo (indicate con D_1 e D_2 nella ▶FIGURA 6) dovrà risultare uguale alla lunghezza teorica calcolata con il teorema di Pitagora; inoltre la loro uguaglianza ($D_1 = D_2$) garantisce l'ortogonalità dei muri perimetrali del fabbricato. Se tale verifica fornisce indicazioni soddisfacenti, si potrà procedere al *tracciamento* delle *zone di scavo* sul terreno; in caso contrario si dovranno ripetere le operazioni prima descritte.

FIGURA 7 Vista panoramica del fondo di uno scavo dove è stato tracciato a gesso l'andamento delle fondazioni per realizzare per scavi relativi.

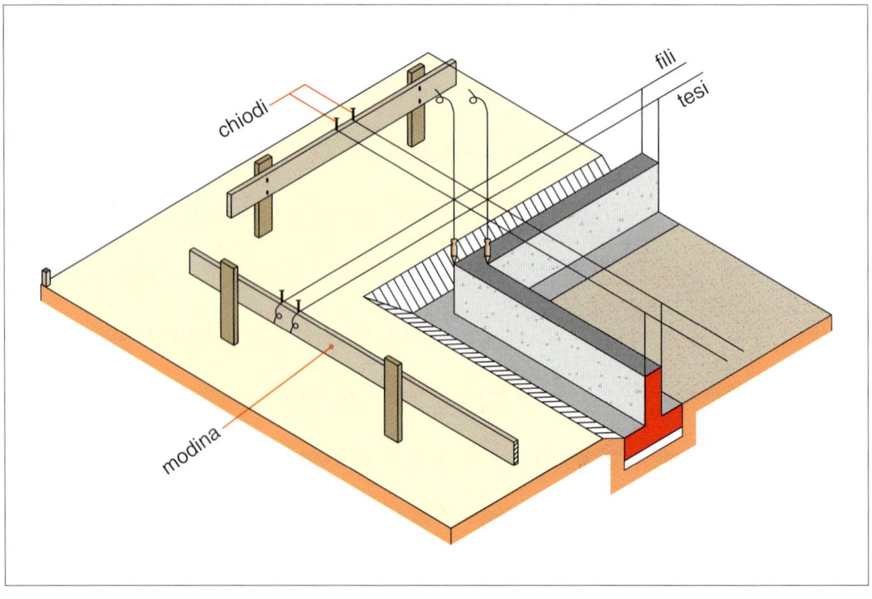

FIGURA 8 Uso dei fili a piombo per individuare la posizione dei muri sul fondo dello scavo.

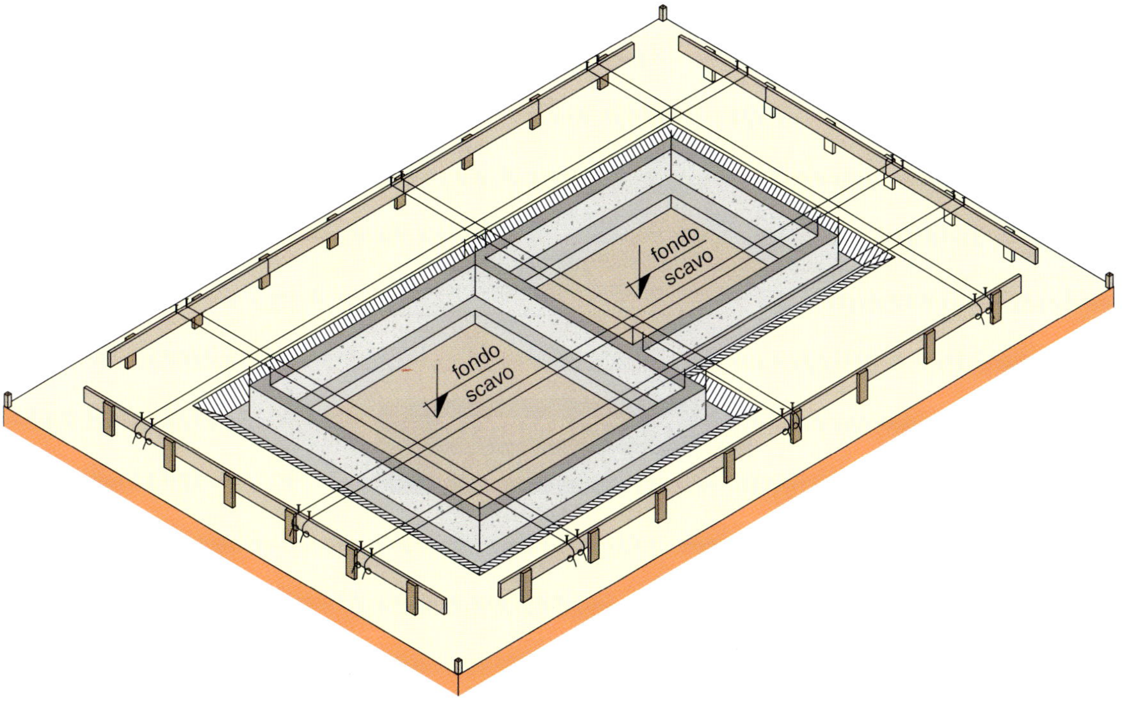

FIGURA 9 Rappresentazione schematica dell'intero cantiere con le fondazioni realizzate.

Uso combinato dei fili di nylon e del filo a piombo

L'ingombro degli scavi sul terreno viene definito utilizzando un *filo a piombo* posizionato via via in corrispondenza delle intersezioni dei *fili di nylon* tesi tra le modine, tenendo conto della **larghezza delle fondazioni**; tali ingombri saranno poi visualizzati con **tracce di gesso** o di **calce**, che costituiranno la guida per le maestranze nell'esecuzione degli **scavi** con i mezzi meccanici (▶FIGURA 7).

Durante quest'ultima fase, vengono provvisoriamente rimossi i fili di nylon, allo scopo di non ostacolare le manovre degli escavatori e degli altri mezzi d'opera impegnati nella formazione degli scavi connessi alla costruzione delle fondazioni.

Ultimati gli scavi, verranno di nuovo montati i fili di nylon tesi tra le modine opposte, allo scopo di posizionare correttamente le *casserature* destinate a contenere i getti di calcestruzzo per la costruzione delle *fondazioni* dei muri del fabbricato.

Per quanto detto in precedenza, tali muri hanno la direzione individuata dai fili di nylon, e la loro posizione sul fondo dello scavo sarà individuata accostando dei fili a piombo ai fili tesi nelle posizioni desiderate (in genere in corrispondenza dei vertici), con la tecnica illustrata nel particolare di ▶FIGURA 8 e nella successiva ▶FIGURA 9, nella quale viene data una rappresentazione schematica di tutto il cantiere.

Conclusa la formazione delle fondazioni del fabbricato, termina anche la funzione delle modine, che a questo punto verranno rimosse dal cantiere.

FAQ

A cosa servono i fili di nylon tesi nell'ambito del tracciamento dei fabbricati?

Servono a collegare le coppie di chiodi corrispondenti a ciascun muro del fabbricato, montati sulle modine opposte. Essi individuano è materializzano la direzione e la posizione dei muri del fabbricato e delle sottostanti fondazioni.

Video *Materializzazione dell'allineamento base per il picchettamento di un edificio*

Video *Posizionamento di un allineamento con una coppia di cavallotti*

Video *Ripristino degli allineamenti di un edificio*

Per collegare i concetti

riferimento geometrico

È costituito dalla *tavola di tracciamento* delle fondazioni, in cui sono riportate sia le loro dimensioni sia la loro pozione relativa e rispetto ai confini

strumenti impiegati

- un *teodolite* per imporre allineamenti in squadro e per proiettare i punti sulle modine
- *nastri flessibili* per riportare distanze
- *picchetti* e *paline* per segnalare punti

dispositivi di tracciamento

- *modine*: tavole di legno posizionate in modo continuo e ancorate al suolo con paletti
- *cavallotti*: come le modine ma costituiti da elementi isolati

TRACCIAMENTO DEI FABBRICATI

SOPRALLUOGO

per il controllo delle misure del lotto edificabile e per dare disposizioni sulla pulizia e il livellamento del terreno

1. Si materializzano con paline gli allineamenti di riferimento, di solito rappresentati dai lati lunghi del fabbricato
2. Lungo gli allineamenti principali si individuano sul terreno, usando il nastro flessibile, e si segnalano con picchetti uno dei due fili di ciascun muro portante
3. Collocando il teodolite su ciascun picchetto si proiettano i fili dei muri sulle modine (o sui cavallotti) collocate sui lati opposti in prossimità dei confini, utilizzando chiodi da carpentiere
4. Si riportano con i chiodi, direttamente sulle modine, usando il nastro flessibile (o un metro da muratore) gli spessori dei muri portanti e le larghezze delle fondazioni, partendo dai chiodi collocati nella fase precedente
5. Si collegano le coppie di chiodi più esterne sui due allineamenti di riferimento con fili di nylon, per controllare l'uguaglianza delle due diagonali del rettangolo di ingombro del fabbricato
6. Si collegano le coppie opposte di chiodi sulle modine, che segnalano la larghezza di ciascun tratto di fondazione, con fili di nylon che costituiscono la guida per visualizzare sul terreno il loro andamento con tracce di gesso
7. Si eseguono gli scavi delle fondazioni seguendo le tracce di gesso

Per ripassare

Il tracciamento delle fondazioni di un fabbricato è l'operazione opposta del rilievo topografico. In questo, assegnato un oggetto, si mettono in atto le procedure e le misure per dedurne la rappresentazione grafica. Nel tracciamento, invece, viene assegnata la rappresentazione grafica (il progetto del fabbricato), quindi si eseguono le misure e le operazioni per realizzare l'oggetto progettato.

- La rappresentazione grafica fondamentale per il tracciamento è la tavola esecutiva delle fondazioni, sulla quale sono evidenziati i muri e le strutture portanti, nonché la collocazione del fabbricato nel contesto dell'appezzamento di terreno.

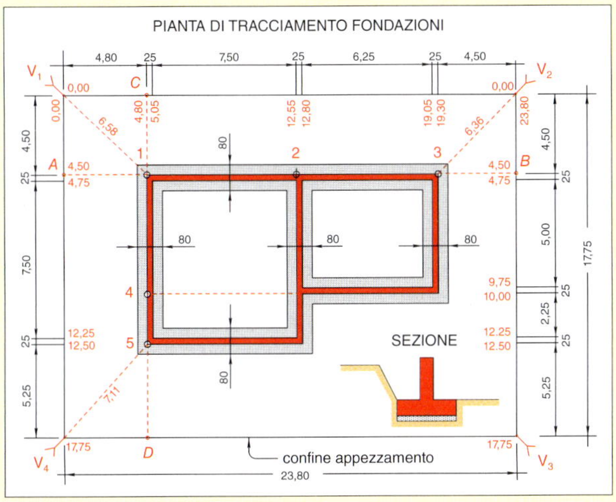

Un sopralluogo sul terreno dovrà precedere qualsiasi operazione di tracciamento. Con esso si dovranno individuare i *termini*, costituiti da *picchetti*, che materializzano i vertici dell'appezzamento di terreno. Verranno poi eseguite quelle misure e quei *controlli* tesi a sgombrare il campo da qualsiasi eventuale dubbio sulla forma e sulle dimensioni dell'appezzamento, confrontando le misure eseguite con quelle riportate nelle tavole di progetto del fabbricato.

- L'importanza del sopralluogo sta proprio nei controlli allo scopo di far emergere eventuali incongruenze tra il progetto e lo stato reale del terreno.

La definizione degli allineamenti di riferimento costituisce la base delle operazioni di tracciamento. Essi, infatti, costituiranno il punto di partenza per tutte le successive operazioni di tracciamento, dunque andranno prima scelti poi materializzati con paline sul terreno con molta cura.

- Gli allineamenti di riferimento devono essere *almeno due*, ortogonali tra loro, e con le rispettive direzioni coincidenti, o almeno parallele a due lati del fabbricato.

- Gli allineamenti di riferimento devono essere materializzati sul terreno appoggiandosi a quei lati dell'appezzamento che sono giudicati di maggior affidabilità sulla scorta delle misure di controllo effettuate durante il sopralluogo.

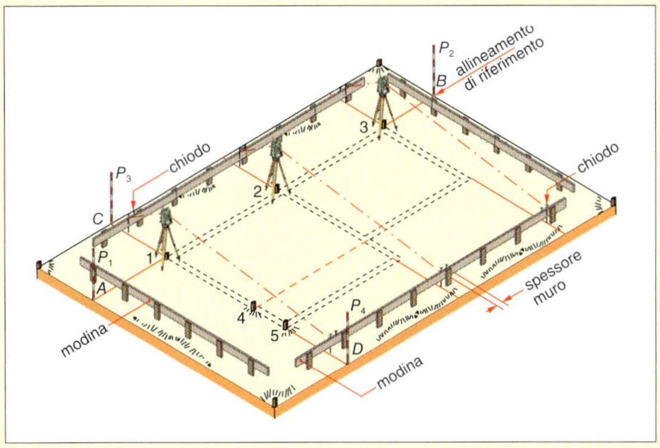

Le modine sono tavole in legno disposte orizzontalmente, a un'altezza di 70-80 cm dal suolo, lungo tutto il perimetro dell'appezzamento di terreno. Il solido collegamento con il suolo è garantito da robusti paletti.

- Sulla parte superiore delle tavole vengono infissi i chiodi che, opportunamente collocati, materializzeranno i muri portanti del fabbricato.

Affinché gli elementi del tracciamento (muri portanti, fondazioni) siano riproducibili sul terreno in qualsiasi momento dei lavori di realizzazione del fabbricato, è necessario riportare tali elementi sulle modine perimetrali, tramite opportuno collocamento e infissione di chiodi da legno.

- È opportuno numerare i muri portanti sulle modine, con grossi pennarelli, allo scopo di agevolare le maestranze nella loro individuazione.

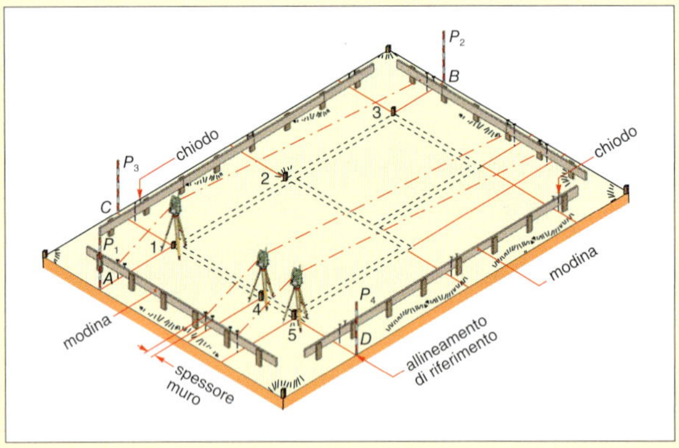

I muri portanti dell'edificio vengono prima individuati nella loro corretta ed effettiva posizione sul terreno attraverso le misure dedotte dal progetto. Successivamente essi verranno riportati su due modine diametralmente opposte servendosi di un goniometro o di uno squadro.

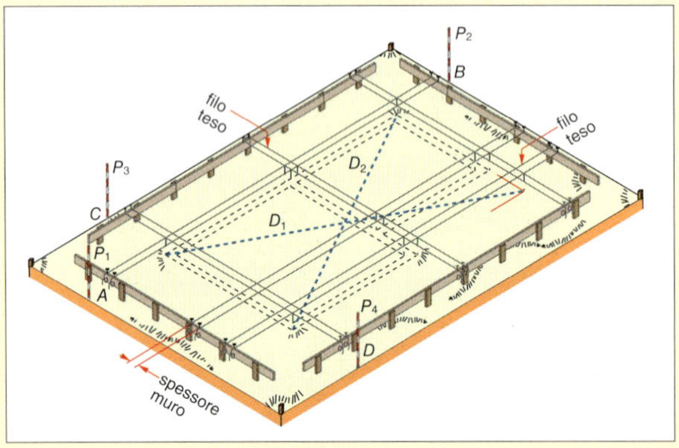

- La materializzazione dei muri, dunque, è realizzata con due coppie di chiodi collocati sulle modine che si trovano su due lati contrapposti dell'appezzamento.
- Si potranno poi collegare le coppie di chiodi corrispondenti a ciascun muro del fabbricato (montati sulle modine opposte) con fili di nylon opportunamente tesi. Questi individuano e materializzano la direzione e la posizione dei muri del fabbricato e delle sottostanti fondazioni.

Prima di procedere all'esecuzione degli scavi è necessario procedere a controlli volti a verificare la precisione del lavoro di tracciamento. Un controllo, particolarmente efficace, consiste nel misurare le diagonali del rettangolo ideale ottenuto considerando i lati di maggior lunghezza del fabbricato. Le misure effettuate in campagna su queste diagonali dovranno essere sufficientemente prossime a quelle teoriche calcolate (sono tollerate differenze di 2-3 cm).

- Naturalmente i controlli dovranno comunque riguardare anche le altre misure, come la distanza reciproca tra i muri portanti e le relative ortogonalità.

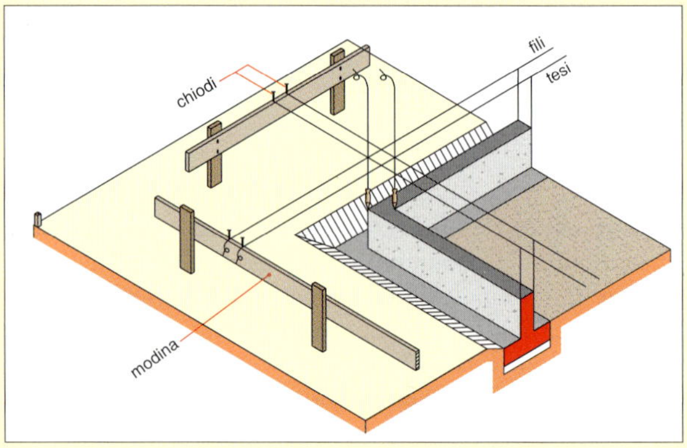

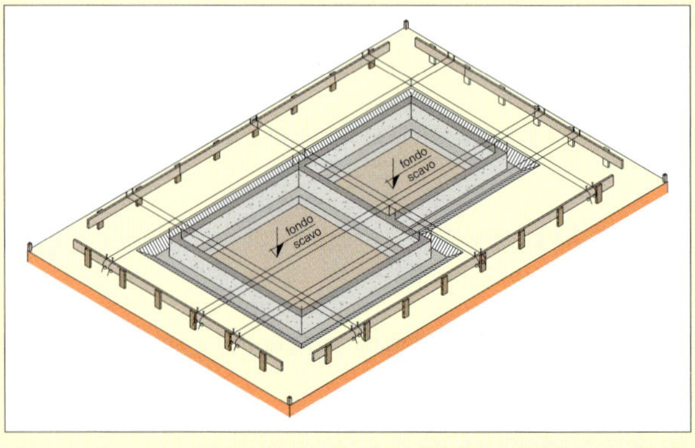

Autovalutazione

A. Verifica delle conoscenze

QUESITI VERO/FALSO

V F

1 È possibile affermare che il tracciamento è l'operazione opposta del rilievo ☐ ☐

2 Nel tracciamento delle fondazioni è necessario definire con certezza i confini dell'appezzamento di terreno ☐ ☐

3 Nel tracciamento delle fondazioni è necessario fissare almeno un allineamento di riferimento ☐ ☐

4 Nel tracciamento delle fondazioni gli allineamenti di riferimento vengono materializzati con paline ☐ ☐

5 Nel tracciamento delle fondazioni sono fondamentali le quote del terreno ☐ ☐

6 Le modine sono tavole in legno disposte verticalmente ☐ ☐

7 Nel tracciamento delle fondazioni i muri portanti vengono materializzati sulle modine con chiodi da legno ☐ ☐

8 Il controllo del tracciamento delle fondazioni si effettua misurando solo i lati del fabbricato sulle modine ☐ ☐

9 Nel tracciamento delle fondazioni i muri portanti sono materializzati da fili di nylon ancorati ai rispettivi chiodi sulle modine ☐ ☐

10 Le fondazioni vengono tracciate sul terreno con polvere di cemento ☐ ☐

11 La planimetria contiene le informazioni per collocare l'edificio nel contesto dell'appezzamento ☐ ☐

12 Le strutture portanti possono essere materializzate sulle modine solo con tratti di matita o pennarello ☐ ☐

13 Nel ripristino del tracciamento delle fondazioni è necessario tendere fili di nylon tra due coppie di chiodi ☐ ☐

14 Le modine devono essere posizionate a ridosso delle fondazioni ☐ ☐

QUESITI A RISPOSTA APERTA

15 Elenca le fasi nelle quali si sviluppa sul terreno il tracciamento delle fondazioni di un edificio, indicando, per ciascuna di esse, gli strumenti o i materiali utilizzati.

1) ....

2) ....

3) ....

4) ....

5) ....

16 Con riferimento alla figura, dove sono visibili tracce bianche realizzate sul piano di campagna, rispondi ai seguenti quesiti.

1) Qual è la loro funzione? ....

2) Con quale elemento guida sono eseguite? ....

3) A che tipo di lavoro sono collegate? ....

4) Con quale materiale sono realizzate? ....

....

17 Nello schema è illustrato un tratto di modina sulla cui traversa è stata infissa una coppia di chiodi; al riguardo rispondi ai seguenti quesiti.

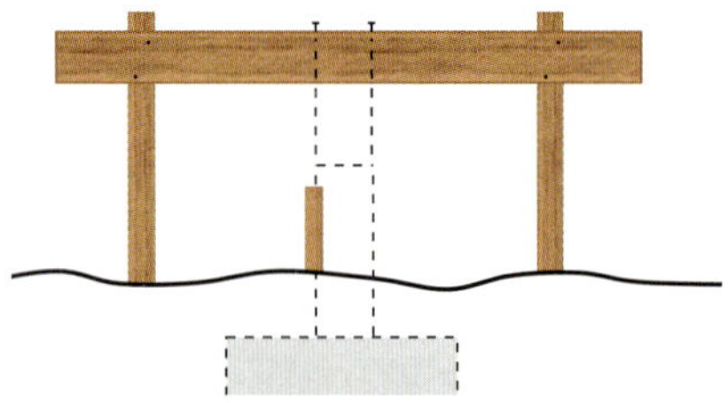

1) In quale posizione viene collocata la modina?

....

2) Quale funzione hanno i chiodi? ....

....

3) Cosa rappresenta la loro distanza? ....

....

4) A quale dispositivo fungono da supporto? ....

....

5) Quale accorgimento permette di distinguere la loro funzione? ....

....

QUESITI A RISPOSTA MULTIPLA

18 Le modine devono essere collocate in modo che la loro parte superiore sia

- a orizzontale
- b contenuta in uno stesso piano
- c parallela alle direttrici dell'edificio
- d tutte le precedenti

19 Le modine sono tavole in legno sulle quali vengono segnalati con appositi chiodi:

- a i confini dell'appezzamento
- b le fondazioni
- c le aperture dell'edificio
- d tutte le precedenti

20 In che modo si controlla il corretto tracciamento di un fabbricato?

- a non è controllabile
- b controllando le distanze tra le strutture
- c controllando le diagonali
- d nessuna delle precedenti

21 Con quali strumenti è possibile eseguire il tracciamento dei fabbricati?

- a squadri agrimensori
- b nastri flessibili
- c stazioni totali
- d tutte le precedenti

22 Quale operazione deve precedere le operazioni di tracciamento sul terreno?

- a asportazione della vegetazione
- b livellazione del terreno
- c ricerca dei termini di confine
- d tutte le precedenti

23 Quale funzione svolgono le modine?

- a controllo del tracciamento
- b ripristino del tracciamento
- c controllo dello scavo
- d nessuno dei precedenti

24 Lo spiccato di un tratto di fondazione è segnalato sulla traversa di una modina da

- a due chiodi
- b tre chiodi
- c due coppie di chiodi
- d tutte le precedenti

25 Nel ripristino di un tracciamento, cosa sostengono i chiodi infissi sulle modine?

- a fili a piombo
- b fili di nylon
- c nastri flessibili
- d nessuna delle precedenti

26 Quale lavorazione di cantiere impone il successivo ripristino del tracciamento?

- a l'esecuzione delle fondazioni
- b l'esecuzione delle murature
- c l'esecuzione dello scavo di fondazione
- d nessuna delle precedenti

27 Nelle operazioni di tracciamento, un filo di nylon viene teso tra

- a due modine adiacenti
- b due modine ortogonali
- c due modine opposte
- d tutte le precedenti

28 Per non confondere i chiodi infissi sulla traversa dei cavalletti, quale espediente può essere utilizzato?

- a verniciatura di un tipo di chiodi
- b tracce a matita sulla parete verticale della traversa
- c targhette con indicazioni sul chiodo
- d tutte le precedenti

29 In che modo si guidano gli operatori dei mezzi meccanici per eseguire gli scavi delle fondazioni?

- a con indicazioni verbali
- b con fili di nylon tesi
- c con tracce di gesso sul terreno
- d nessuna delle precedenti

Risultati dei questiti vero/falso

1V, 2V, 3F, 4V, 5F, 6F, 7V, 8F, 9V, 10F, 11V, 12F, 13V, 14F.

Risultati dei quesiti a risposta multipla

18d, 19b, 20c, 21d, 22d, 23b, 24a, 25b, 26c, 27c, 28d, 29c.

Topography in English

How to carry out the internal survey of a building

The internal survey of a building may seem apparently easier than a «classic» topographic survey but in fact many measurements have to be taken and particular attention must be paid to their **accuracy**.

Measuring devices

The most useful instruments for this type of survey are traditionally the **measuring tape**, the **wooden folding ruler** and a **spirit level** or a **plumb line**. In recent years there has been widespread use of the laser distance measurer, alternatively to or in combination with the traditional tools. Obviously, a **sketch** of the object of the survey is required on which the measurements that have been taken are recorded. It is also a good idea to provide photographic documentation of the survey: today it is far easier to do so than in the past thanks to digital cameras and smartphones.

Survey procedure

The purpose of the survey is to generate detailed drawings of the building – plans, **elevations** and sections – to a predetermined scale. Therefore, we measure the length of the walls, the widths and heights of doors and windows, etc. It is fundamental to remember that more data is required than simply the minimum necessary: in particular, in surveying rooms, we need to measure the main diagonals, which enable us to check whether the walls are orthogonal. This verification is not to be underestimated because in both "historical" buildings and those of more recent build the walls do not often form a right angle; a simple trigonometric calculation or the application of the Pythagorean theorem is sufficient to check the angle.

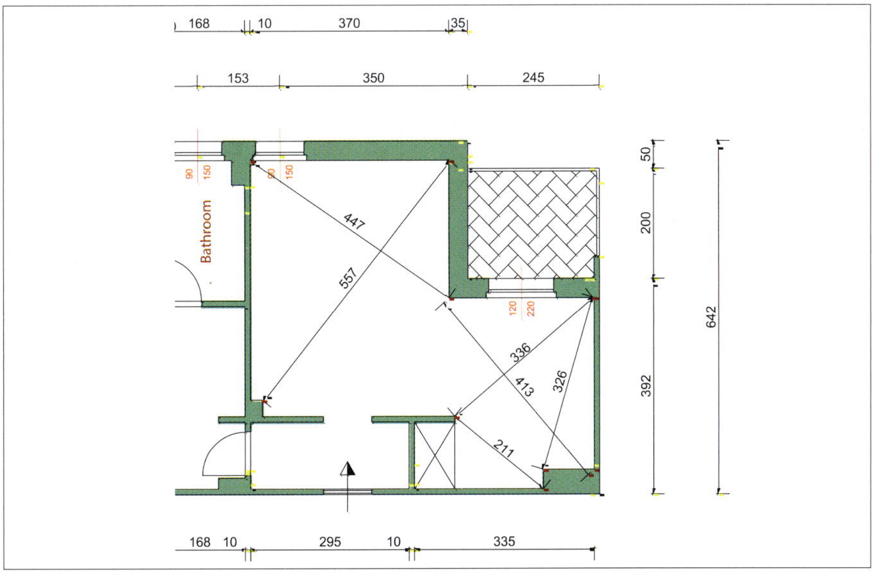

Graphic congruence and scale of representation

Before the survey is carried out, we must decide on the scale of the drawing to be produced. In doing so, we must bear in mind that the measurement accuracy cannot be less than that imposed by the presence of the error caused by the thickness of a line, considered by convention as equal to 0.2 mm. Therefore, the tolerance in measurements will be given by the product of the error and the chosen scale.

Examples	1:100 scale	tolerance = (0.2 mm) 100 = 2 cm
	1:2000 scale	tolerance = (0.2 mm) 2000 = 40 cm

GLOSSARY

Measuring tape = flessometro
Wooden folding ruler = metro a stecche
Spirit level = livella
Plumb line = filo a piombo
To sketch = eseguire uno schizzo
Sketch = schizzo
Elevation = prospetto
Accuracy = accuratezza (cfr. teoria degli errori)

EXERCISES

1 Use the information contained in the paragraphs about carrying out the internal survey of a building to state whether the following statements are true or false.

	T	F
• Measurement accuracy is independent of the scale.	☐	☐
• A measuring tape is often used for internal surveys.	☐	☐
• The error caused by the thickness of a line is 0.5 mm.	☐	☐
• If a building is of recent build then we can ignore the diagonal lengths of rooms.	☐	☐
• The use of a theodolite is recommended for internal surveys.	☐	☐
• The error caused by the thickness of a line depends on the draftsman.	☐	☐
• It is necessary to sketch the object of the survey.	☐	☐

2 Write a short report on the internal survey of your home: indicate the devices you have used, the measurements you have taken, etc.

3 Fill in the gaps with the words listed.

windows • laser • measurers • tools • bright • horizontal • total station • details • levelling staff

Problems with vertical measurements

Taking measurements of vertical ________________ is generally more complicated to carry out compared to those on the horizontal.
The use of laser distance ________________ has simplified these activities compared to the past, but care is required in the execution of the measurement: we must make sure that the point of the tool support is actually ________________, so that the laser signal will be aligned effectively in the vertical direction, without encountering «obstacles».
Also, if the height to be measured is high it may be difficult to see the ________________ spot. The same problem can occur in ________________ places.
If you don't have a laser distance measurer you can take advantage of less technological ________________, such as the ________________ or similar, which measure the height and the laying surface of ________________ and skylights placed high relative to the observer. It can be useful in these cases to take photographs of the levelling staff.
Obviously, for very complex buildings or those of very considerable size, we will use more sophisticated surveying instruments (________________, laser scanners, etc.).

F1 Tecniche di rappresentazione

1. Introduzione

Le operazioni di *rilievo topografico*, che in prima istanza vengono sviluppate in campagna con l'effettuazione delle *misure* e che possono proseguire con la loro *elaborazione* numerica, si concludono con la **rappresentazione grafica**, tramite proiezione sul **piano** (foglio del disegno) e in **scala ridotta**, della porzione di superficie terrestre interessata al rilievo.

Queste rappresentazioni grafiche del territorio sono note con il nome generico di **mappe** o **carte**, in relazione all'**estensione** della zona rappresentata e alla **scala** di rappresentazione; in effetti possiamo immaginare di creare le *rappresentazioni grafiche* in due diversi ambiti: *mappe* e *carte*.

• Mappe

In genere fanno riferimento a un contesto semplificato, ammesso solo per **limitate estensioni** di territorio, la cui entità è già stata definita in precedenza (*campo topografico*), con rappresentazione in generale a *grande scala* (v. paragrafo successivo), in cui le **misure** eseguite durante il rilievo vengono usate **direttamente** nella formazione della rappresentazione del territorio sul piano. Tale ambito, sebbene limitato a ridotte estensioni, è quello più **frequente** nell'ambito tecnico-professionale.

• Carte

Quando l'estensione del territorio da rappresentare ha dimensioni eccedenti quelle indicate al punto precedente, in genere da rappresentare a *piccola scala*, non è più possibile proiettare i punti **direttamente** su una superficie piana, ma è necessaria l'intermediazione di una **superficie di riferimento**, che semplifica al meglio la forma terrestre (per esempio *ellissoide locale*), e che consente di istituire la corrispondenza tra i punti della **superficie fisica** della Terra con quelli di un **sistema cartesiano** sul **piano** della rappresentazione, resa possibile da opportune relazioni matematiche.

La creazione delle **carte** è un'attività riservata quasi esclusivamente a Enti pubblici preposti (IGMI, Catasto, Regioni), tuttavia il loro utilizzo, e la loro corretta interpretazione, è fondamentale nell'attività in ambito tecnico; da qui il nostro interesse che verrà perfezionato con un'apposita sezione dedicata a tali tematiche nella seconda parte del corso.

Come tutti i tipi di disegno tecnico, anche il *disegno del territorio* è costituito essenzialmente da un insieme di **tratti**, rettilinei o curvilinei, che, seguendo opportune regole, **descrivono** graficamente gli oggetti (edifici, viabilità, vegetazione, idrografia, orografia ecc.) presenti sul territorio da rappresentare, e che costituiscono lo schema portante del disegno, che poi viene corredato e completato con *ombreggiature*, *campiture*, *testi* e *quotature* (disegno «*al tratto*»).

FAQ

Mappe e carte sono la stessa cosa?

Entrambe contengono una rappresentazione grafica di una porzione di territorio. Col termine *mappa* si fa riferimento alla rappresentazione, a *grandi scale*, di limitate estensioni di territorio, in un ambito semplificato che impiega direttamente le misure eseguite nel rilievo. Con il termine *carta*, invece, si fa riferimento a rappresentazioni di estese porzioni di territorio, *a piccola scala*, in cui è richiesta l'adozione di una superficie di riferimento e di un sistema di relazioni matematiche che consentano di passare indirettamente dalle misure eseguite al posizionamento degli oggetti sulla rappresentazione.

In passato il disegno del territorio era eseguito a mano utilizzando *matite*, *pennini a china*, talvolta anche *acquerelli*, per migliorare la lettura e la chiarezza. Attualmente la realizzazione delle rappresentazioni topografiche avviene nell'ambito dei **sistemi CAD**, talvolta di carattere generico, talaltra espressamente dedicati alle applicazioni topografiche.

L'influenza della scala

Nel vecchio disegno manuale, **ogni tratto** doveva essere tracciato con dimensioni ridotte secondo la **scala** adottata nella rappresentazione; dunque per ottenere rappresentazioni a diversa scala dello stesso oggetto, era necessario eseguire materialmente *diversi disegni* (uno per ogni scala), con evidente impiego di tempo e di energie.

Nel disegno in ambito CAD, la scala entra in gioco solo nella **fase di stampa**, mentre il disegno viene costruito utilizzando le *misure reali* degli oggetti (si usa dire che si disegna in scala 1:1); ne consegue che dello stesso disegno possono essere prodotte, se necessario, stampe a diversa scala senza dover ridisegnare tutti gli oggetti rilevati.

Tuttavia, oltre alla *scala*, occorre anche considerare un altro aspetto del *disegno topografico*, quello legato alle **dimensioni** degli oggetti da rappresentare in relazione agli *errori di graficismo* (v. paragrafo successivo), e che danno luogo alle seguenti tre tipologie di rappresentazione.

1 **Rappresentazione naturale**: quando gli oggetti possono essere rappresentati con la loro **forma** reale e con le **dimensioni** ridotte secondo il *rapporto di scala*. Questo tipo di rappresentazione è prevalente nei disegni a **grande scala** (▶FIGURA 1);
2 **Rappresentazione convenzionale**: quando gli oggetti **non** possono essere rappresentati con la loro **forma** reale e con le **dimensioni** ridotte secondo il *rapporto di scala*, in quanto queste (essendo **troppo piccole**) non erano materialmente tracciabili dalla matita (nel disegno manuale), ma non sono nemmeno riconoscibili nella stampa di un disegno realizzato attualmente in ambito CAD. Questo problema è tipico delle rappresentazioni di *grandi estensioni*

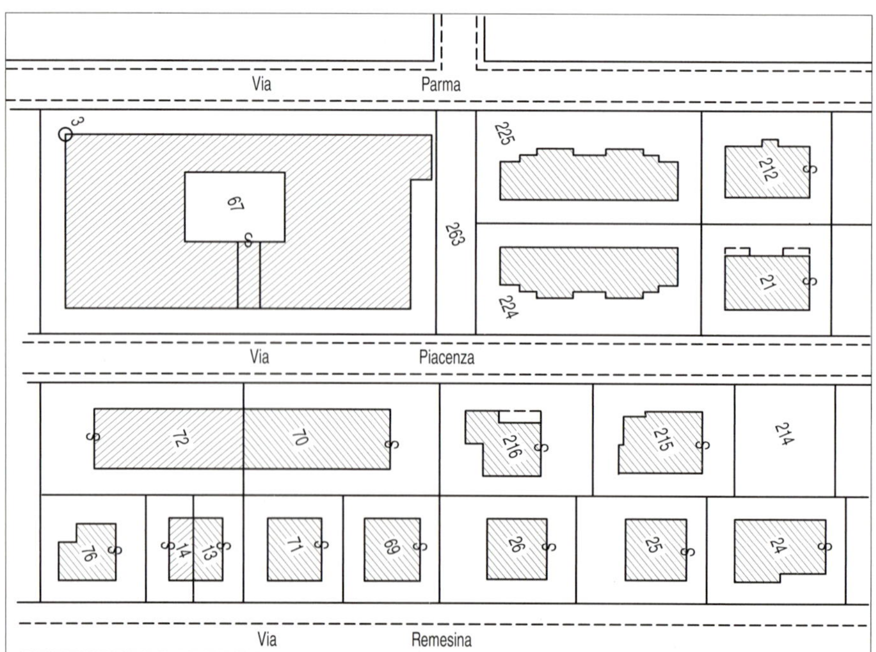

FIGURA 1 Estratto di mappa catastale in scala 1:1000. La grande scala consente una rappresentazione naturale nella quale gli oggetti (edifici, viabilità, particelle ecc.) sono tracciati con le loro reali forme e dimensioni (naturalmente a meno del rapporto di scala).

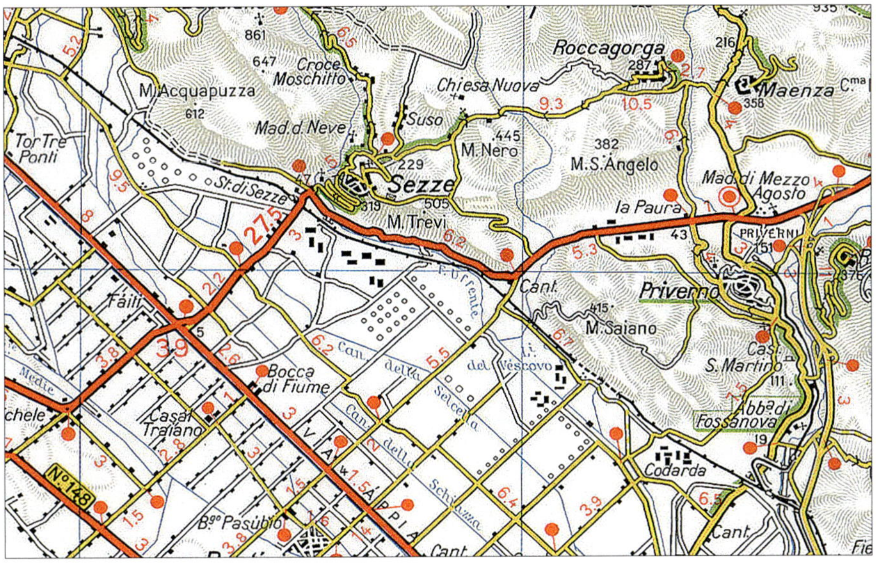

FIGURA 2 Porzione di carta IGM in scala 1:200 000. A questa piccola scala tutti gli oggetti sono rappresentati in modo convenzionale. Dunque strade, edifici, vegetazione ecc. non possono essere rappresentati con le loro forme e dimensioni ridotte effettive, ma con simboli e tratti convenzionali, il cui significato viene esplicitato in apposite legende allegate a ciascuna carta.

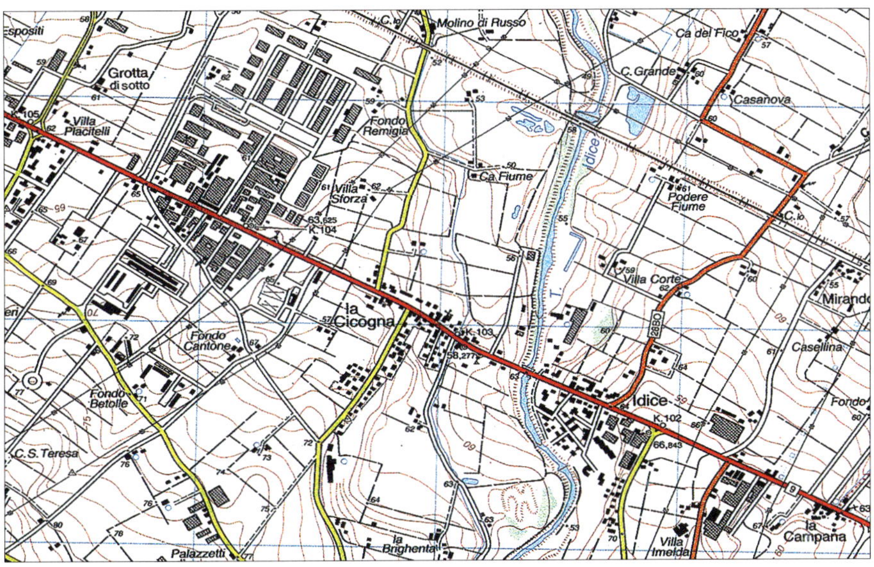

FIGURA 3 Porzione di carta IGM in scala 1:25 000. La carta, in prevalenza convenzionale e simbolica, contiene anche oggetti tracciati in modo naturale; si tratta di alcuni edifici industriali (con campitura a tratteggio incrociato) che per le loro grandi dimensioni possono essere tracciati rispettando la loro reale forma anche a questa piccola scala.

di terreno in **piccola scala**. Il problema viene risolto ricorrendo ai **segni** e ai **simboli convenzionali**, con i quali si conferisce al disegno quella completezza di informazioni che la piccola scala non permetterebbe; essi possono essere considerati una vera e propria **codifica** dei particolari topografici del terreno e delle relative informazioni (▶FIGURA 2).

3 **Rappresentazione mista**: quando in uno stesso disegno coesistono entrambe le precedenti tipologie di rappresentazione, in relazione alle diverse *dimensioni* degli oggetti da rappresentare (▶FIGURA 3). Naturalmente nei disegni a *grande scala* saranno **pochi** gli elementi che dovranno essere rappresentati con *segni* o i *simboli convenzionali* (ad esempio botole di pozzetti stradali, spessori di murature ecc.); mentre, al contrario, nei disegni a *piccola scala* saranno **numerosi** i *simboli convenzionali*, il cui significato viene descritto in apposite **legende** allegate alla rappresentazione.

Da queste note appare in tutta evidenza l'importanza della **scala** nell'ambito delle rappresentazioni topografiche. Il concetto di *scala di rappresentazione* è sicuramente già familiare, non di meno è opportuno riformulare tale concetto anche nel nostro contesto, completandolo con aspetti peculiari del disegno topografico.

FAQ

Perché nelle carte a piccola scala la rappresentazione è spesso convenzionale?

Perché, in generale, la dimensione degli oggetti caratterizzanti il territorio, presenta dimensioni, ridotte in scala, troppo piccole per poterne dare una rappresentazione nella loro forma reale. Pertanto diviene necessario darne una rappresentazione simbolica e convenzionale.

FAQ

Che cos'è la scala numerica di un disegno?

La *scala* di rappresentazione di un disegno è il rapporto tra le misure grafiche sul disegno e le corrispondenti misure reali dell'oggetto che il disegno rappresenta.

2. Le scale di rappresentazione

Quando si deve disegnare (o stampare nei sistemi CAD) su un foglio di carta una porzione di superficie terrestre, evidentemente non è possibile dare al disegno la **grandezza reale** della estensione da rappresentare. Il problema, come noto, si risolve disegnando una forma **più piccola** ma **simile** a quella reale del terreno: operazione che viene sintetizzata col termine di **rappresentazione in scala**. Possiamo allora dare la seguente definizione:

la **scala** di rappresentazione è il **rapporto** tra le misure grafiche sul disegno e le corrispondenti misure reali dell'oggetto che il disegno rappresenta.

Le scale di rappresentazione, utilizzate in ambito cartografico, possono essere:

- **numeriche**;
- **grafiche**;
- **ticoniche**.

Scale numeriche

Indichiamo con l la distanza tra due punti generici sulla **rappresentazione grafica** (disegno) e con L la corrispondente distanza reale sul **terreno**. Il loro rapporto, per la definizione sopra enunciata, rappresenta la **scala** del disegno. Se indichiamo con S tale rapporto possiamo scrivere:

$$S = \frac{l}{L} \quad \text{e anche} \quad S = \frac{1}{L/l}$$

Possiamo ancora scrivere:

$$S = \frac{1}{N} \quad \text{dove} \quad N = \frac{L}{l}$$

Il valore N del denominatore, indica quante volte l'**unità reale** contiene l'**unità grafica**; si scrive 1/100 (o 1:100) quando l'unità grafica è cento volte più piccola dell'unità reale.

Di solito in topografia N è un multiplo di 1000, 5000, 10 000 ecc. In relazione alla estensione della zona e dei dettagli che si vogliono rappresentare, si fa variare il valore di N; quanto **maggiore** è il suo **valore** tanto **minore** è la **scala** e viceversa. In un disegno in scala S = 1:10 000, un tratto di lunghezza l = 1 cm rappresenta una distanza effettiva di 100 m.

Indichiamo poi con A l'area di una superficie di terreno e con a l'area della corrispondente rappresentazione grafica; le due figure sono, come già affermato, **simili**, quindi, indicando con L ed l due lati corrispondenti, si ha:

$$\frac{A}{a} = \frac{L^2}{l^2}$$

Essendo poi $L/l = N$ sarà:

$$\frac{A}{a} = N^2 \quad \text{ossia} \quad A = a \cdot N^2$$

Quindi, per esempio, in un disegno in scala 1:2000, un'area grafica di $a = 25\ \text{mm}^2$ rappresenta un'area reale $A = 25 \cdot 2000^2 = 100\ \text{m}^2$.

FAQ

Che cosa indica il denominatore *N* della scala numerica?

Indica quante volte l'unità reale contiene l'unità grafica; si scrive 1/1000 (o 1:1000) quando l'unità grafica è mille volte più piccola dell'unità reale.

FIGURA 4 Passaggio da una scala 1:100 000 a una scala 1:25 000. In quest'ultima si osserva una maggior ricchezza di particolari, dunque una maggior definizione del disegno.

FAQ

Come possono essere classificate le scale di rappresentazione?

In relazione al loro valore si possono classificare nel seguente modo:

- *piccole scale*: da 1:100000 a 1:25 000;
- *scale medie*: da 1:10000 a 1:5000;
- *scale grandi*: da 1:2000 a 1:1000;
- *scale grandissime*: da 1:500 a 1: 200.

FAQ

Quale vantaggio posseggono le scale grafiche?

Trattandosi di barre graduate riportate sul disegno, subiscono le stesse deformazioni a cui è assoggettato l'intero disegno, annullando, in tal modo, gli errori imputabili a dette deformazioni.

In relazione alle scale adottate, per le rappresentazioni grafiche si può proporre la seguente classificazione:

- **carte geografiche**: con scale minori di 1:500 000;
- **carte corografiche**: con scale comprese tra 1:500 000 e 1:200 000;
- **carte topografiche**: con scale comprese tra 1:100 000 e 1:500.

Le **carte topografiche** (quelle di nostro interesse) possono poi essere ulteriormente classificate nel seguente modo:

- **mappe**: con scale comprese tra 1:5000 e 1:1000;
- **planimetrie**: con scale maggiori di 1:500.

In relazione al loro valore possiamo classificare le **scale** nel seguente modo:

- **piccole scale**: da 1:100 000 a 1:25 000;
- **scale medie**: da 1:10 000 a 1:5000;
- **scale grandi**: da 1:2000 a 1:1000;
- **scale grandissime**: da 1:500 a 1:200.

La scelta della scala di rappresentazione costituisce sempre un momento importante nell'ambito del rilievo topografico, essa deve sempre precedere qualsiasi operazione, in quanto **condiziona** le precisioni con le quali si eseguono le misure, e, soprattutto, la qualità e la quantità di informazioni contenute nel disegno, come si può osservare nell'esempio illustrato in ▶FIGURA 4 (pagina precedente).

Scale grafiche

Le **deformazioni** a cui è inevitabilmente soggetto il supporto cartaceo (foglio da disegno), dovute alle variazioni delle condizioni ambientali (*temperatura*, *umidità* ecc.) provocano **errori** rispetto all'originaria lunghezza dei segmenti riportati sul foglio all'atto della costruzione del disegno.

Per ovviare a questo inconveniente vengono riportate, durante l'esecuzione del disegno, le **scale grafiche**, a cui riferirsi nella lettura delle distanze sul disegno stesso.

Anche nei disegni soggetti a **riduzione** o **ingrandimenti**, occorre aggiungere all'indicazione della scala numerica anche una *scala grafica*, che si ridurrà o si ingrandirà insieme al disegno, mantenendo i rapporti di proporzione con questo.

La **scala grafica semplice** (▶FIGURA 5) è costituita da una barra sulla quale viene riportato, a partire da un punto 0 detto *origine*, un segmento corrispondente all'unità di misura grafica; segmento che può poi essere ripetuto lungo lo stesso tratto di retta. Le lunghezze dei segmenti rappresentano le misure grafiche, mentre i numeri trascritti in corrispondenza delle divisioni indicano le misure reali.

Scale ticoniche

La *scala ticonica*, abbinata al **compasso**, è un mezzo per facilitare l'apprezzamento delle letture di lunghezze rettilinee sul disegno. Essa concettualmente fa riferimento al teorema di Talete e permette l'apprezzamento della frazione di intervallo della scala.

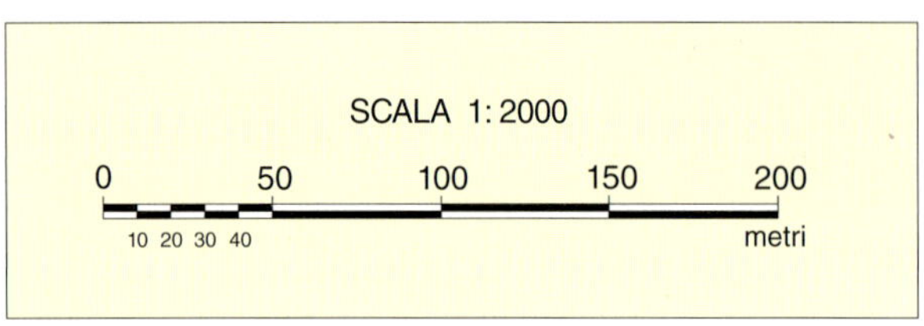

FIGURA 5 Scala grafica da associare al disegno.

Volendo realizzare una scala *ticonica* a corredo di un disegno realizzato in una determinata scala di rappresentazione, si traccerà inizialmente una semplice scala grafica con intervalli, per esempio, di 10 m e marcature a 10, 20, 30, 40 m ecc. Quindi si traccia una serie di 10 rette parallele ed equidistanti a quella originaria. La parte della graduazione che precede lo 0, detta **appendice** e di lunghezza uguale all'intervallo di scala (nel nostro caso 10 m), viene

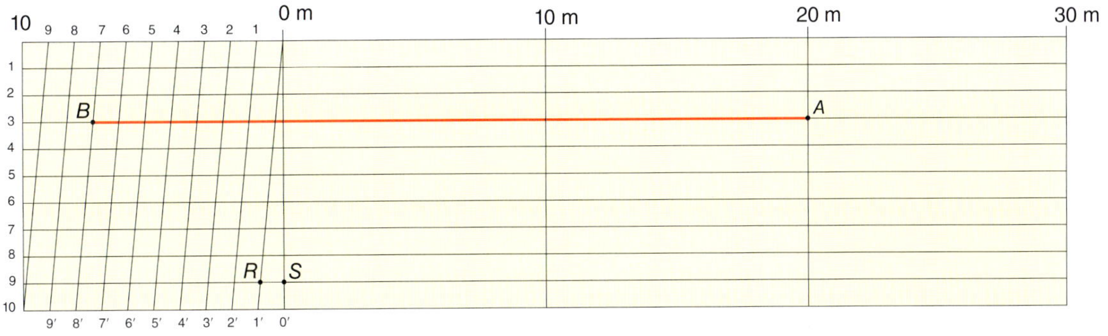

FIGURA 6 Esempio di scala ticonica. La lettura di un segmento sulla carta, riportato con il compasso sulla scala ticonica partendo dal punto *A*, 27,30 m.

poi divisa in 10 parti uguali. Una uguale suddivisione viene realizzata sull'ultima delle rette parallele a quella originaria.

Facendo riferimento alla ▸FIGURA 6, si uniscono poi i punti 0, 1, 2, 3, 4, ... della graduazione superiore rispettivamente con i punti 1′, 2′, 3′, 4′, ... ottenendo dei segmenti **trasversali** e **sfalsati** che danno luogo a una maglia nella quale è possibile apprezzare 1/100 dell'unità grafica adottata (nel nostro esempio 0,10 m).

Considerando il triangolo 0′1′0, si osserva che la base 0′1′ è 1/10 dell'unità grafica. Le parallele orizzontali definiscono tanti triangoli tutti simili a quello precedente, le cui basi differiscono tra loro di 1/10 della base 0′1′ (per esempio il segmento *RS* vale 9/10 della base 0′1′, e poiché l'unità grafica è di 10 m, esso vale 0,9 m).

L'impiego della scala ticonica prevede che con il **compasso** si rilevi sulla carta la distanza da valutare. Si pone poi la punta del compasso su una divisione intera della scala principale (per esempio *A*) in modo che la seconda punta del compasso cada sull'appendice (per esempio punto *B*), sulla stessa retta orizzontale e su un nodo della griglia. Nell'esempio la lettura è di 27,30.

3. Le approssimazioni del disegno

L'approssimazione grafica varia in relazione alla scala in cui è rappresentato un rilievo e all'errore di graficismo ineludibile sia nel disegno manuale sia nelle stampe a plotter.

Supponiamo che un buon disegnatore possa valutare le lunghezze dei segmenti fino a 1/5 di millimetro (0,2 mm); ne consegue che la **minima distanza reale** d misurata riportabile sulla carta varia in funzione della scala adottata secondo la relazione $d = 0{,}2 \cdot N$. La tabella che segue mostra, per alcuni valori di N, i corrispondenti valori di d espressi in metri:

N	100	1000	2000	5000	10 000	25 000	100 000
d (m)	0,02	0,20	0,40	1,00	2,00	5,00	20,00

Tale valutazione può essere estesa con le medesime entità alla precisione con la quale avvengono le stampe al plotter in un sistema CAD.

Se ipotizziamo che un rilievo debba essere rappresentato in scala 1:2000, sarà opportuno eseguire sul terreno misure lineari con una precisione non troppo inferiore a 40 cm, in quanto entità di minor valore non sono apprezzabili sul disegno. Analogamente, se la scala fosse 1:200, sarebbe necessario eseguire le misure con una precisione di 4 cm.

FAQ

La scala condiziona la precisione del disegno?

Sì, in effetti l'errore grafico di 0,2 mm corrisponde a distanze diverse in relazione alla scala di rappresentazione.

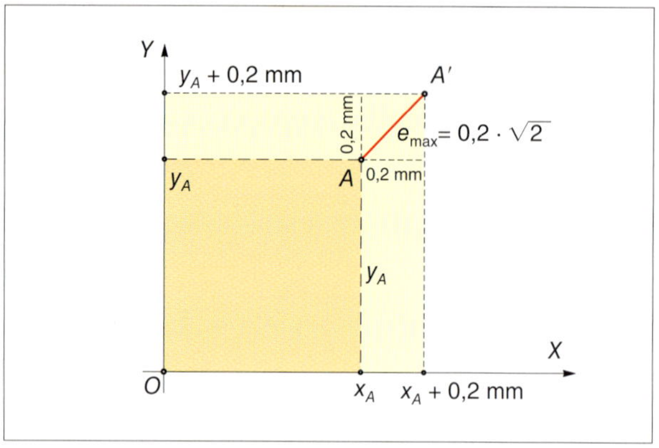

FIGURA 7 Errore grafico nel posizionamento del punto *A* per coordinate cartesiane.

Nel posizionare sul disegno i punti rilevati si commette un **errore grafico** che dipende dal sistema di riferimento adottato. Riportando sul foglio un punto di cui si conoscono le **coordinate cartesiane** (X, Y), si commette un errore che può essere ragionevolmente stimato in 0,2 mm (minima grandezza rappresentabile) sia nell'ascissa che nell'ordinata. Pertanto l'errore grafico, come evidenziato in ▶FIGURA 7, è compreso in un quadrato di lato pari a 0,2 mm e il massimo errore temibile (diagonale del quadrato) vale

$$e = 0{,}2\sqrt{2} \cong 0{,}3 \text{ mm}$$

L'effetto pratico è che un dato punto A, a causa di questo errore grafico, viene erroneamente posizionato in A' a una distanza da A pari a e.

Ben più rilevante, ma solo nel **disegno manuale**, sarebbe l'*errore di graficismo* connesso al posizionamento dei punti utilizzando le **coordinate polari**, in quanto, in tal caso, il riporto degli angoli sul foglio con un **rapportatore**, anche professionale, è decisamente meno accurato, producendo incertezze spesso intollerabili anche a scale medio-piccole.

In questo caso è corretto **trasformare** le *coordinate polari* in *coordinate cartesiane*, quindi utilizzare queste ultime per posizionare i punti sul disegno.

Naturalmente, questa precauzione non è necessaria se il disegno viene realizzato in **ambito CAD**; in questo caso, non dovendo ricorrere al *rapportatore*, è del tutto indifferente posizionare i punti attraverso le coordinate cartesiane o quelle polari.

4. Il disegno dei particolari topografici

In generale la *rappresentazione del territorio* consiste nel corretto posizionamento sul foglio piano del disegno (utilizzando diverse tecniche) di tutti i *particolari topografici* che lo caratterizzano, anche in relazione alle *finalità* per le quali è richiesta la rappresentazione, utilizzando le **misure** e le **informazioni** acquisite durante le operazioni di *rilievo*.

Gli stessi particolari dovranno poi essere **collegati** opportunamente da un insieme di **tratti** (di *colori*, *spessori* e *stili* adeguati) in modo da **descrivere** graficamente gli oggetti (orografia, idrografia, viabilità, tessuto urbano, vegetazione ecc.) presenti sul territorio; la rappresentazione viene poi arricchita e integrata con *ombreggiature*, *tratteggi*, *etichette* e *quotature*.

Le **tecniche di rappresentazione**, tuttavia, cambiano radicalmente nel caso di formazione di **mappe** (grande e grandissima scala) relative a limitate estensioni di territorio, realizzate utilizzando **misure** ottenute durante i **tradizionali** rilievi topografici, e le **carte** (di solito a media e piccola scala) relative a estese estensioni di territorio, realizzate utilizzando le informazioni acquisite nell'ambito di un apposito rilievo **aerofotogrammetrico**.

Formazione delle mappe (grande scala)

Le **mappe**, come detto, sono realizzate utilizzando le misure ottenute dai *rilievi topografici tradizionali* con strumenti *ottici*, *elettronici* o con il *posizionamento satellitare* (GPS). Esse consentono la rappresentazione e il monitoraggio del terri-

FAQ

Che cosa sono le rappresentazioni naturali?

Sono quelle rappresentazioni grafiche, cioè mappe, in cui la scala consente di rappresentare gli oggetti con le loro dimensioni reali ridotte in scala; in esse non viene fatto ricorso a simboli convenzionali. Le rappresentazioni naturali sono consentite dalle grandi scale.

torio con *precisioni* e con *dettaglio di informazioni* adeguati per essere utilizzate come base e supporto alla **progettazione esecutiva** in svariati contesti (architettonici, urbanistici, infrastrutturali ecc.), ai **controlli** strutturali e all'evoluzione delle **attività estrattive** nelle cave. Più precisamente le mappe, realizzate con rilievi tradizionali, trovano impiego nei seguenti campi tecnici:

- rilievi plano-altimetrici ambientali e architettonici;
- rilievo delle reti tecnologiche;
- controlli statici delle strutture;
- profili e sezioni;
- determinazione dei volumi di scavo.

In passato le *mappe*, prima impostate a **matita**, venivano poi «lucidate» con la **penna a china** su fogli **trasparenti** detti lucidi. Per tale lavoro era necessaria un'adeguata dotazione comprendente un set di *pennini a china* con punte di diverso spessore (in genere da 0,1 a 0,6 mm), *squadre*, *righe*, *compassi*, *scalimetri*; gli errori venivano eliminati sulla carta lucida utilizzando lamette da barba. I testi erano riportati sul foglio con i *trasferibili* o con i *normografi*, e le campiture si ottenevano con la posa dei *retini*, elementi adesivi che con il tempo erano destinati a staccarsi. Del disegno originale venivano poi eseguite varie copie cianografiche. La ▶TAVOLA 1 a pagina 443 riporta alcuni particolari del territorio così come venivano rappresentati con tali tecniche ormai abbandonate.

Attualmente le *mappe* vengono realizzate in ambito di **sistemi CAD**, il più noto dei quali è sicuramente AutoCAD della Autodesk.

Il **disegno del territorio** è un disegno di carattere *bidimensionale* che utilizza le **misure** (attraverso le coordinate *polari* o quelle *cartesiane*) eseguite durante il rilievo per posizionare i punti sul piano del disegno, e il loro successivo collegamento con tratti, lineari o curvilinei, fino a ottenere la corretta **rappresentazione del terreno** rilevato.

Si tratta di un tipo di disegno relativamente semplice che raramente utilizza le funzioni avanzate di questi sistemi, tuttavia è particolarmente importante impostare correttamente il disegno sfruttando l'**organizzazione multistrato** che gli stessi sistemi mettono a disposizione. In effetti si tratta di un importante strumento per la razionalizzazione e la pianificazione del lavoro in ambito CAD organizzando il disegno su più **livelli**, che in ambito AutoCAD sono denominati *layer*.

FAQ

Che cosa sono le rappresentazioni convenzionali?

Sono quelle rappresentazioni grafiche in cui la scala non consente di rappresentare gli oggetti con le loro dimensioni reali ridotte in scala. A tal fine è necessario ricorrere a *segni convenzionali*, con i quali si conferisce al disegno quella completezza che la scala non permetterebbe; essi possono essere considerati una vera e propria *codifica* dei particolari topografici del terreno e delle relative informazioni. Le rappresentazioni convenzionali sono richieste nelle piccole scale.

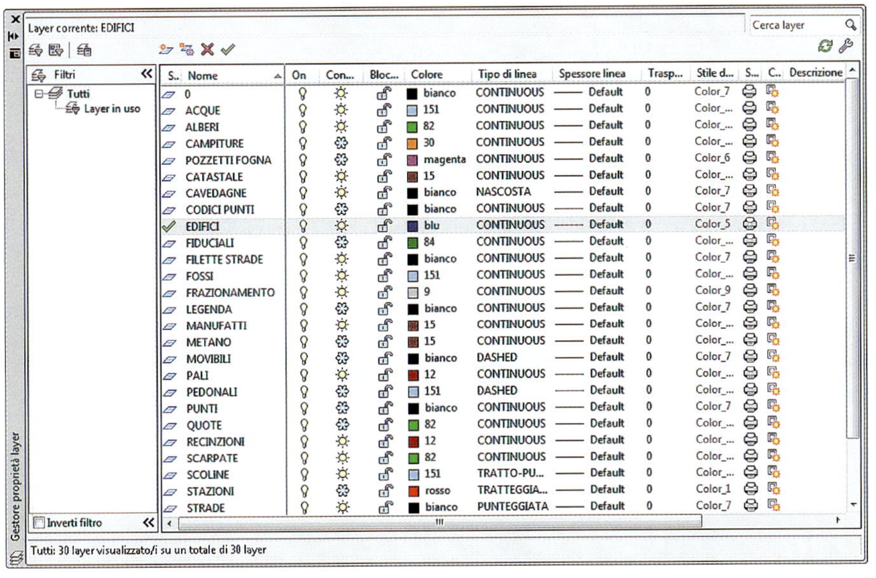

FIGURA 8 Finestra di dialogo, in ambiente AutoCAD, con la quale è possibile creare nuovi layer e modificare gli attributi di quelli esistenti. Ciascuno di essi conterrà elementi omogenei, facilmente isolabili o selezionabili.

Più precisamente, con tale funzione è possibile distribuire porzioni *logicamente omogenee* del disegno su più *livelli* (**layer**), che possono essere pensati, per analogia, come un insieme di *fogli trasparenti* sovrapposti, su ognuno dei quali vengono ospitati elementi del disegno appartenenti alla stessa categoria o sottocategoria.

Questa struttura logica permette di *visualizzare*, oppure di **stampare**, le varie parti di un disegno, non solo nella loro completezza, ma anche separatamente, o in una loro qualsiasi **combinazione**.

Nel disegno del territorio, per esempio, dovrebbe essere utilizzato un livello per ogni categoria di punti rilevati (per esempio un layer per gli *edifici*, uno per le *recinzioni*, uno per le *strade*, uno per ciascuna *rete tecnologica* e così via) a ciascuno dei quali è possibile associare come attributi un **colore**, un **tipo** e uno **spessore** di linea, oltre ad altri parametri. In questo modo il **numero** dei layer, identificati con un **nome** o con una **codifica**, diventa numeroso (▶FIGURA 8) (pagina precedente), ma consente, oltre a quanto esposto in precedenza in termini di visualizzazione e stampa, di facilitare in modo significativo la correzione e l'aggiornamento del disegno, limitando i tempi necessari a tali operazioni.

Le mappe (▶FIGURA 9), essendo realizzate a grande e grandissima scala, sono essenzialmente una rappresentazione **naturale**, tuttavia, anche in questo ambito, è necessario ricorrere alla rappresentazione **convenzionale** per quegli elementi di dimensioni troppo piccole per essere rappresentate con le dimensioni reali ridotte in scala, ma che, allo stesso tempo, non possono essere trascurati per la

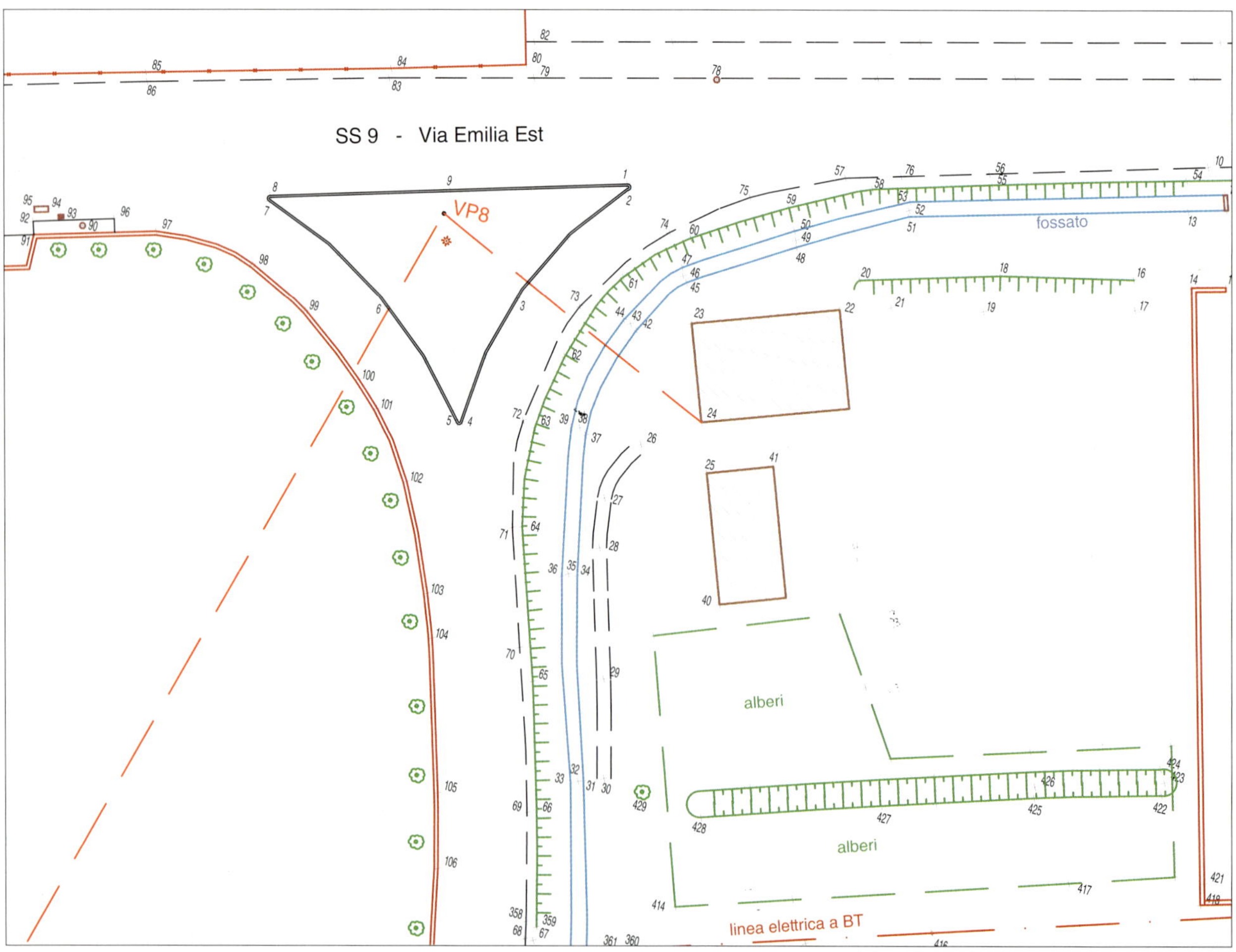

FIGURA 9 Porzione di mappa a grande scala, relativa a un'intersezione stradale realizzata in ambito CAD utilizzando le misure acquisite con le tradizionali tecniche di rilievo topografico.

completezza delle informazioni contenute nella mappa (per esempio pali illuminazione, spessori delle recinzioni stradali, botole dei pozzetti di ispezione ecc.). In questo caso vengono utilizzati opportuni simboli, il cui significato viene esplicitato in apposite **legende**.

Nella prossima unità del modulo verrà proposta, a titolo esemplificativo, la redazione di una semplicissima mappa realizzata in ambito AutoCAD, mentre le ▶TAVOLE 2, 3, 4 illustrano mappe prodotte con lo stesso sistema CAD.

■ Formazione delle carte (piccola scala)

Le **carte topografiche** (o semplicemente **carte**) a media e piccola scala (▶FIGURA 10), ormai da oltre un secolo, vengono realizzate esclusivamente con tecniche **aereofotogrammetriche**, che consentono la rappresentazione del territorio con scopi di **pianificazione**, **controllo** e **progettazione**, partendo da particolari *im-*

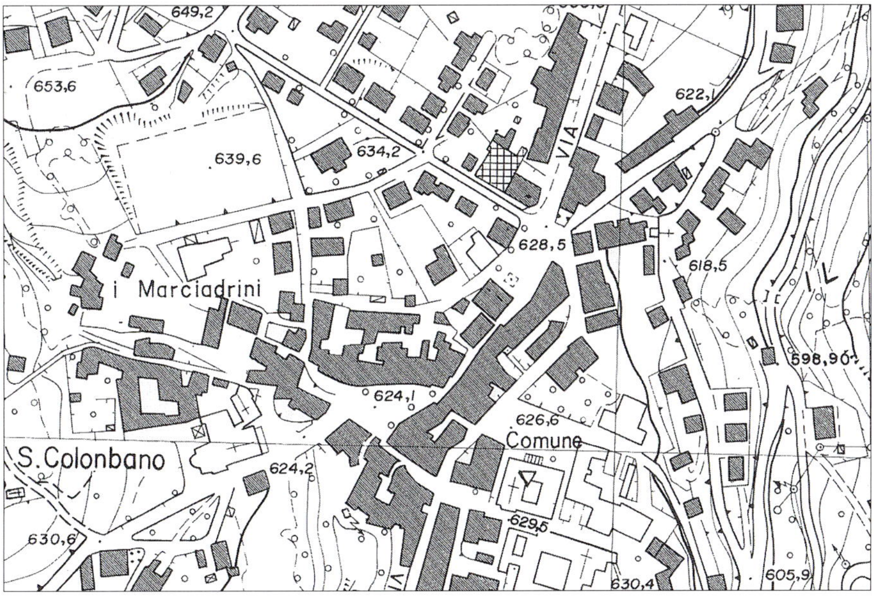

FIGURA 10 Porzione di carta tecnica regionale (CTR) in scala 1:5000, ottenuta, come tutta la cartografia di grandi estensioni di territorio, con tecniche aereofotogrammetriche.

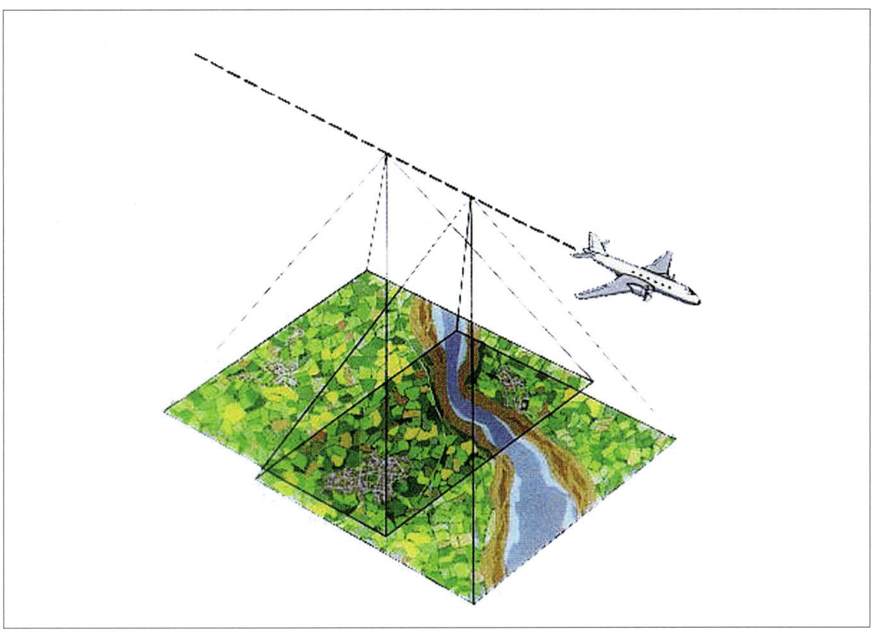

FIGURA 11 Schema indicativo della presa aerea in un rilievo fotogrammetrico finalizzato alla realizzazione di una carta a scala medio-piccola.

FIGURA 12 Raffronto tra lo stralcio di una carta in scala 1:5000 (CTR Emilia Romagna) e l'immagine aerea, corrispondente alla stessa area, utilizzata per la sua realizzazione.

magini fotografiche, metriche e stereoscopiche, realizzate con apposite macchine da presa nell'ambito di programmate **riprese aeree** (▶FIGURA 11) (pagina precedente). Tali **fotogrammi** non devono essere confusi con normali foto aeree o satellitari, ugualmente ricche di informazioni visive, e utili in molte fasi nell'ambito dell'attività tecnica, ma dalle quali **non è possibile** desumere *informazioni metriche* (cioè eseguire determinate misure), come invece è possibile ottenere dalle immagini acquisite in un rilievo aereofotogrammetrico (▶FIGURA 12).

Le *carte* possono essere prodotte a *varie scale*; esse costituiscono il più efficace strumento di *conoscenza*, di **programmazione** e di **studio del territorio** e di tutti i fenomeni legati agli insediamenti umani. In particolare le *carte* vengono realizzate nei seguenti contesti:

- cartografia a piccola e media scala di grandi estensioni di territorio;
- cartografia a grande scala di limitate estensioni urbane;
- aggiornamento di cartografie esistenti;
- cartografie tematiche;
- associazione di cartografie agli archivi di dati territoriali (GIS);
- ortofotopiani digitali associati a elementi cartografici vettoriali.

I princìpi con cui vengono realizzate queste rappresentazioni, e la conoscenza delle convenzioni necessarie alla loro corretta lettura, saranno oggetto di un apposita sezione nella seconda parte del corso.

PORZIONI DI MAPPA A RAPPRESENTAZIONE NATURALE E MANUALE

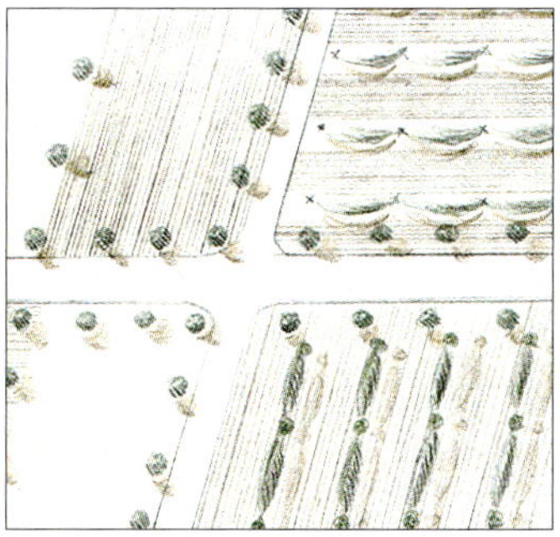

Campi e vigne

Prati e pascoli

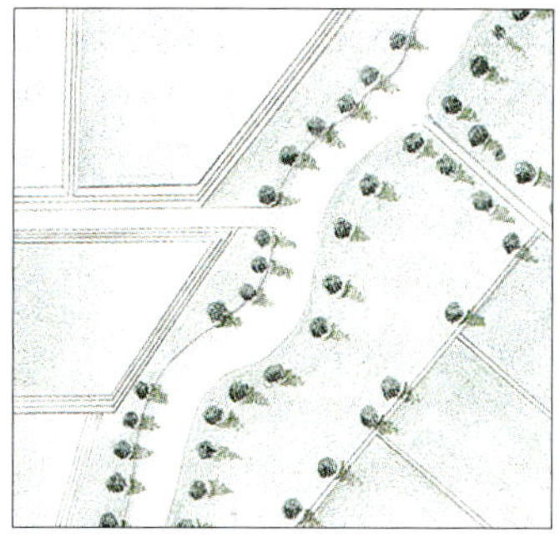

Risaie e terreni umidi

Boschi cedui regolari e cespugli

Stagni, paludi e torbiere

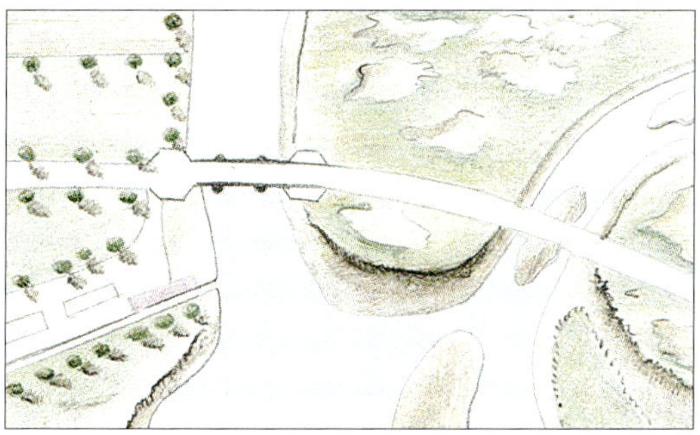

Fiumi, arene e gerbidi

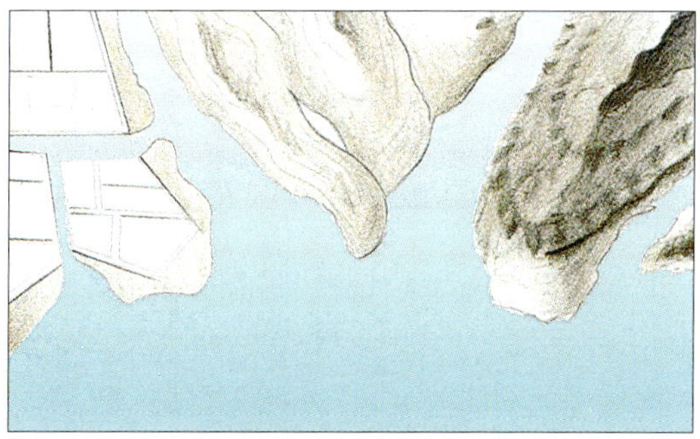

Mare, dune e scogli

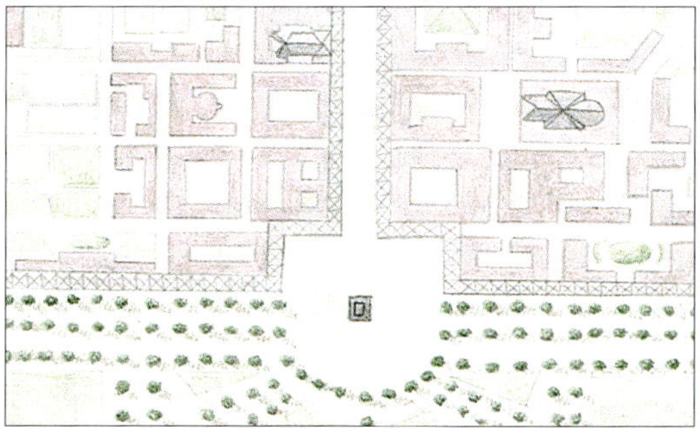

Case, orti e giardini

Parchi, giardini, monumenti

TAVOLA 1 Rappresentazioni naturali di vari ambiti territoriali, con finitura ad acquerello, utilizzate in passato nel disegno manuale.

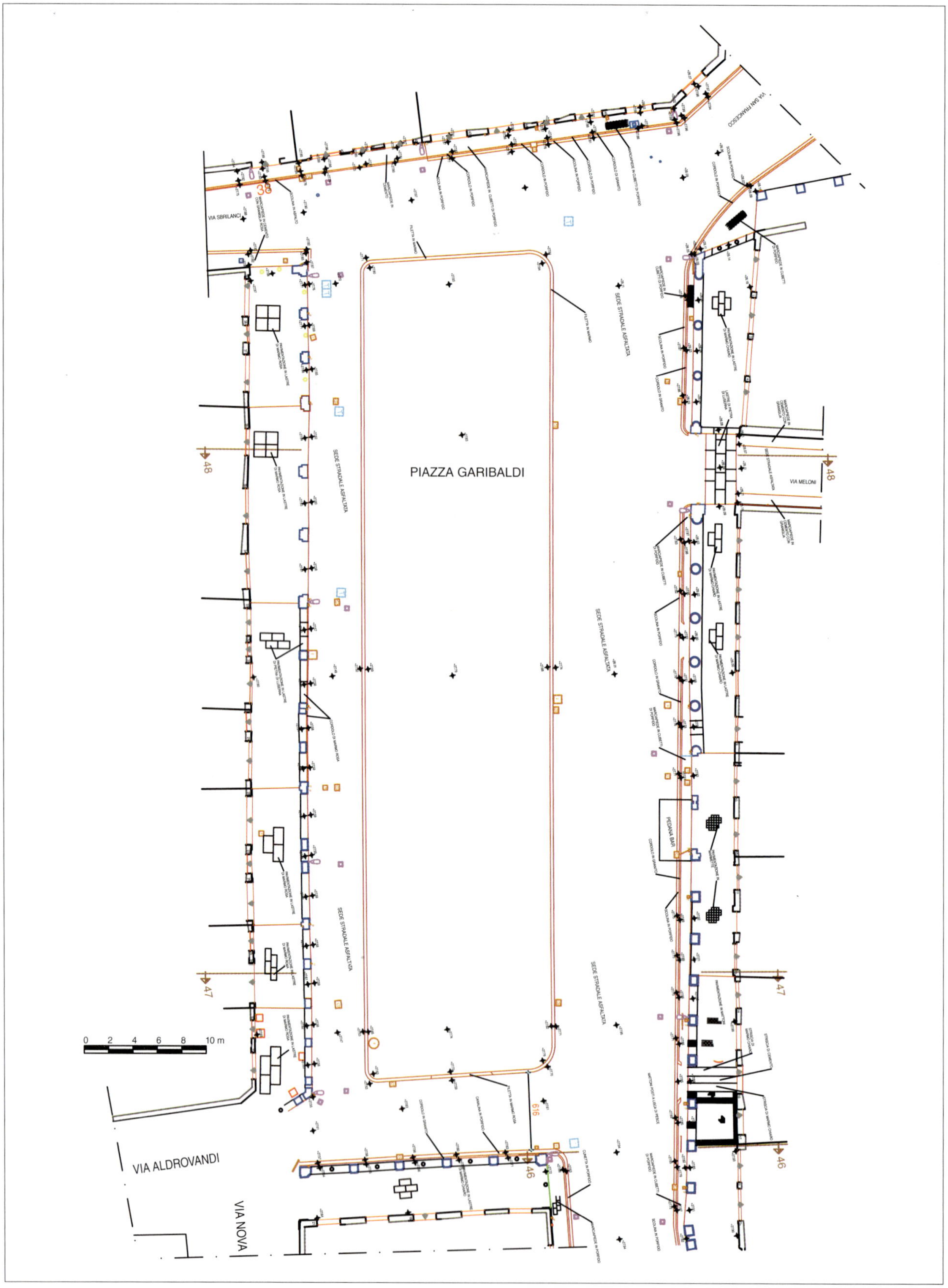

TAVOLA 2 Mappa di un contesto urbano con interesse storico, con informazioni relative ai materiali di pavimentazione di strade e porticati.

TAVOLA 3 Mappa di un contesto urbano a rappresentazione naturale con il layer contenente i codici dei punti disattivato.

TAVOLA 4 Mappa di un contesto agricolo con il layer contenente i codici dei punti attivato.

5. La rappresentazione completa del terreno come oggetto 3D

La rappresentazione **planimetrica** dei dettagli del terreno che fanno parte di un determinato rilievo topografico si può ottenere immaginando di proiettare perpendicolarmente sulla **superficie di riferimento** i particolari topografici che si sono individuati per rappresentare il terreno stesso. Considerando poi la scala di rappresentazione, è possibile riprodurre con dimensioni ridotte tale situazione sul foglio da disegno.

Tuttavia la sola rappresentazione planimetrica (come vedremo meglio nel contesto della seconda parte del corso) è insufficiente a dare una completa informazione relativamente alle caratteristiche morfologiche del terreno, in quanto non tiene conto delle differenze altimetriche dei particolari topografici.

D'altra parte, la necessità di rappresentare la morfologia del terreno, dovendo utilizzare il supporto **bidimensionale** materializzato dal **foglio da disegno**, costituisce un problema matematicamente non risolvibile. L'ostacolo è stato eluso mettendo a punto via via **tecniche di disegno** e **convenzioni** che fossero in grado di rappresentare l'**effetto** tridimensionale del terreno, senza rinunciare al rigore geometrico necessario nel disegno di tipo tecnico.

Per fornire le *informazioni altimetriche* a una rappresentazione planimetrica, vengono utilizzate le seguenti due tecniche di *rappresentazione convenzionale*:

- **rappresentazione a piano quotato**: utilizzata per terreni con modeste variazioni altimetriche (terreni pressoché pianeggianti), spesso integrata alla successiva tecnica;
- **rappresentazione a curve di livello**: utilizzata per terreni con ampie variazioni altimetriche (terreni collinari e montagnosi).

A quest'ultimo tipo di rappresentazione, talvolta, sono associate alcune *tecniche grafiche* (in seguito descritte) il cui scopo è quello di fornire un **effetto plastico** che migliori la percezione dei rilievi.

In questo ambito daremo una breve descrizione di tali tecniche di rappresentazione, senza entrare nel merito delle implicazioni topografiche che verranno esaminate in altra parte del corso.

La tecnica di rappresentazione a *curve di livello* è spesso utilizzata in combinazione con altre.

Rappresentazione a piano quotato

L'uso autonomo della rappresentazione convenzionale a **piano quotato** è limitata, come anticipato, alla rappresentazione di terreni con modeste variazioni altimetriche o di *limitate estensioni*. Più in generale questa tecnica viene anche utilizzata in **combinazione** con le *curve di livello* per indicare la quota di elementi naturali o manufatti, allo scopo di fornire informazioni altimetriche di dettaglio.

Si tratta di una tecnica molto semplice consistente nel *proiettare* sull'unico piano di rappresentazione (orizzontale) gli elementi caratterizzanti il terreno, cioè la **planimetria**, e di selezionare poi i punti *altimetricamente significativi* ai quali, accanto alle relative proiezioni, viene trascritta la corrispondente **quota in cifre**, talvolta racchiusa tra parentesi, dopo averla misurata con opportune procedure (►FIGURA 13) (pagina seguente).

La «lettura» dell'*andamento altimetrico* di un territorio rappresentato con un piano quotato è **poco intuitiva** e non immediata, in quanto costringe a **elaborare** e

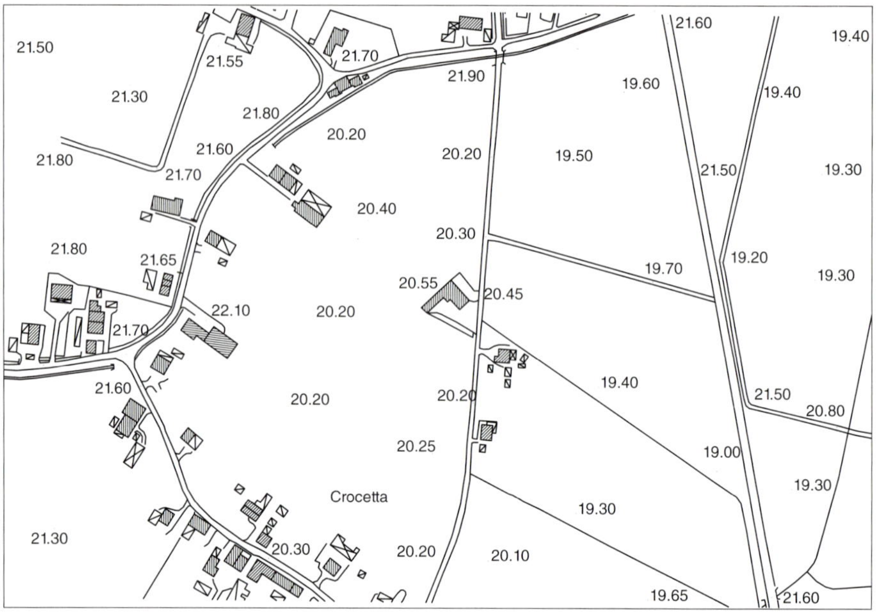

FIGURA 13 Stralcio di una carta relativa a una zona pianeggiante rappresentata con la tecnica convenzionale detta «piano quotato». Di fatto si tratta di una *planimetria* integrata con il riporto in cifre delle quote di alcuni punti, altimetricamente significativi.

confrontare un significativo numero di *cifre* costituenti le *quote* dei punti presenti sulla carta. Tale operazione è plausibile, come detto in precedenza, solo in presenza di terreni con *modeste variazioni altimetriche* o di *limitate estensioni*.

Rappresentazione a curve di livello

Quando il terreno presenta significative variazioni altimetriche (zone collinari o montagnose), l'adozione della rappresentazione a *piano quotato* è impensabile; quindi, in questo caso, per ottenere rapidamente dalla carta informazioni relative alla morfologia del terreno, si ricorre alla rappresentazione con *piano a curve di livello* (►FIGURE 14 e 15).

Una **curva di livello** o **isoipsa** (etimologia dal termine greco che significa «*di uguale altezza*») è una linea ideale, nel senso che non è materializzata sul terreno, che collega punti aventi la stessa *quota ortometrica*. Ogni *curva di livello* deriva dall'**intersezione** del terreno con un *piano orizzontale* collocato alla stessa quota; pertanto si tratta di linee che, tendenzialmente, tendono a chiudersi e che non si intersecano mai tra loro.

In generale le *curve di livello* sono integrate con *punti quotati* per definire la posizione *altimetrica* di particolari isolati del terreno o di manufatti.

Si chiama **equidistanza**, e viene indicata con *e*, la differenza di quota ortometrica (dislivello) costante tra due isoipse adiacenti. Generalmente il valore di questo parametro viene assunto in relazione alla scala di rappresentazione; di solito si adotta un valore uguale a 1/1000 del denominatore della scala; ad esempio nella carta 1:2000 di ►FIGURA 14 l'equidistanza è $e = 2$ m, mentre nella carta 1:25 000 di ►FIGURA 15 l'equidistanza è $e = 25$ m. A intervalli multipli dell'equidistanza *e*, le isoipse vengono rappresentate con tratto più marcato (ad esempio nella carta di ►FIGURA 15, in scala 1:25 000, ogni 100 m), e vengono dette **curve direttrici**.

All'*avvicinarsi* delle isoipse corrisponde un *aumento* dell'inclinazione (cioè della pendenza) del terreno; al contrario, a un *allontanarsi* delle isoipse corrisponde una *diminuzione* dell'inclinazione. Tale caratteristica, unitamente alla **forma** delle isoipse, consente di valutare rapidamente a vista l'andamento altimetrico della morfologia generale del territorio rappresentato.

FAQ

È frequente per le isoipse l'uso di equidistanze con valori decimali?

No, ciò può accadere eccezionalmente in terreni quasi pianeggianti, mentre in generale il valore dell'equidistanza è un numero intero.

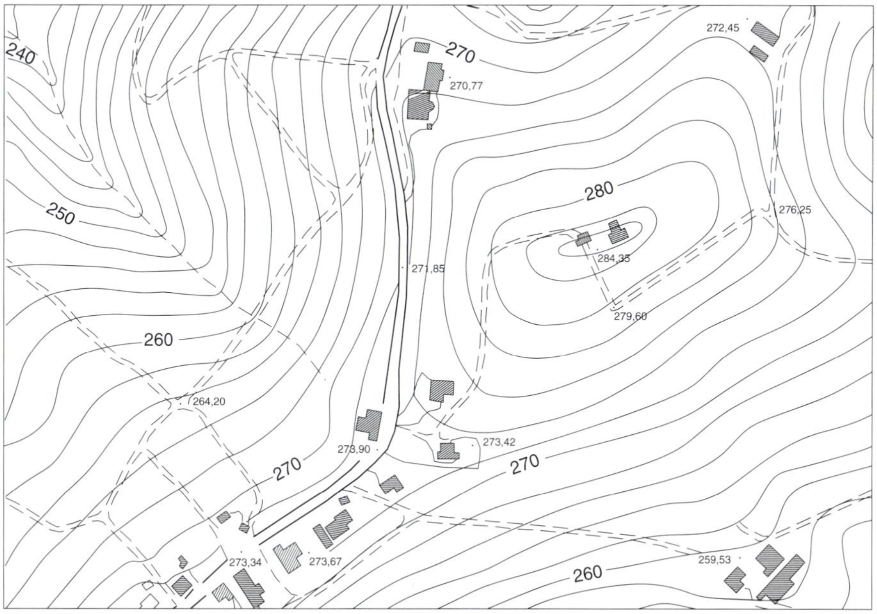

FIGURA 14 Stralcio di una carta in scala 1:2000 relativa a una zona collinare rappresentata con la tecnica convenzionale detta «piano a curve di livello» con equidistanza 2 m. Le isoipse sono integrate da punti quotati per definire la posizione altimetrica di elementi, naturali o artefatti, isolati.

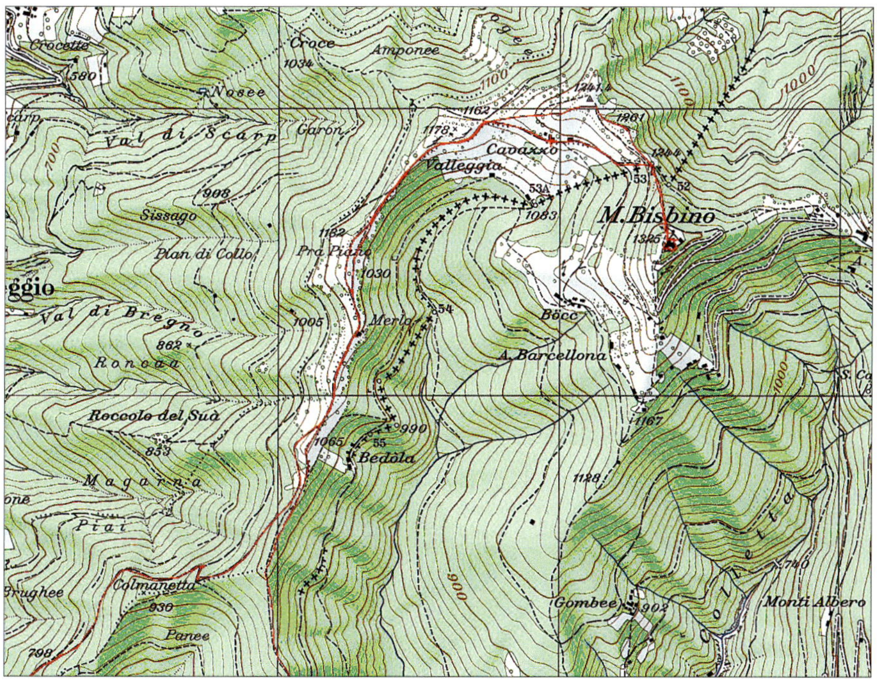

FIGURA 15 Stralcio di una carta in scala 1:25 000 relativa a una zona montagnosa rappresentata a curve di livello con equidistanza 25 m.

■ Tecniche per potenziare l'effetto plastico del rilievo

Allo scopo di migliorare una **rapida percezione** dell'*andamento altimetrico* del territorio riprodotto nel piano di rappresentazione (cioè sulle carte), fornendogli un **effetto plastico**, la tecnica di rappresentazione a *curve di livello* è spesso utilizzata in combinazione con altre *tecniche grafiche* (che possono anche coesistere nella stessa carta), che in seguito verranno brevemente illustrate e che hanno le seguenti funzioni.

- Rendere rapidamente *percepibile* la morfologia del terreno, e più gradevole la carta dal punto di vista *estetico*.

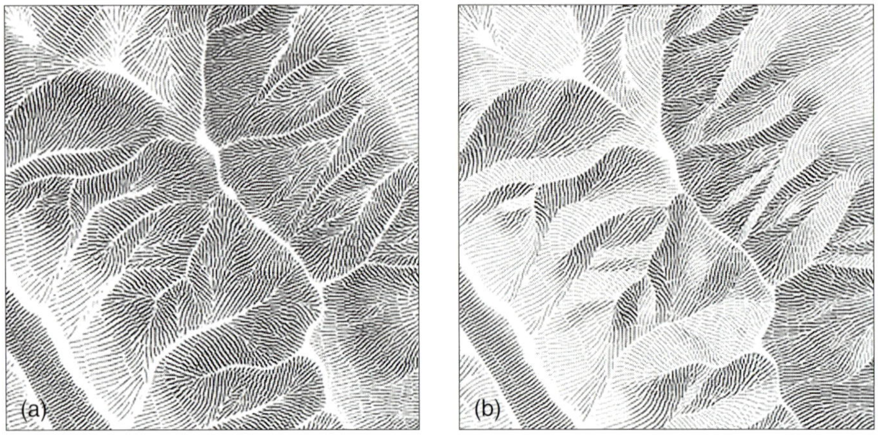

FIGURA 16 Esempi di rappresentazione del rilievo a tratteggio zenitale (a) e obliquo (b).

- Rappresentare zone di terreno che, a causa dell'elevata inclinazione, sarebbero descrivibili con difficoltà utilizzando le isoipse (ad esempio pareti rocciose delle montagne).

• Rappresentazione a tratteggio

La tecnica grafica del *tratteggio* (utilizzata in passato, oggi di impiego molto più limitato) evidenzia l'inclinazione del terreno, con **trattini** più o meno *ravvicinati* o più o meno *spessi* in relazione al valore delle inclinazioni. In effetti in questo modo porzioni di terreno vengono rappresentate con un **tratteggio** con piccoli tratti orientati ortogonalmente alle *curve di livello*, dunque secondo le *linee di massima inclinazione* del terreno e compresi tra una curva e la successiva.

Si tratta di una tecnica di rappresentazione che riproduce gli effetti a contrasto di *chiaro* e *scuri* che si verificano sul terreno per effetto dell'*illuminazione* naturale, e che consentono di fare percepire i rilievi. Le zone di terreno da raffigurare in *chiaro* e quelle in *ombra* vengono definite da una posizione del sole a *verticale* sul terreno, *tratteggio zenitale* (▶FIGURA 16a), in cui le *vette* e le *creste* sono più illuminate, oppure con inclinazione di 45° sull'orizzonte, da sinistra verso destra e dall'alto verso il basso, *tratteggio obliquo* (▶FIGURA 16b), in cui i versanti illuminati appaiono più chiari.

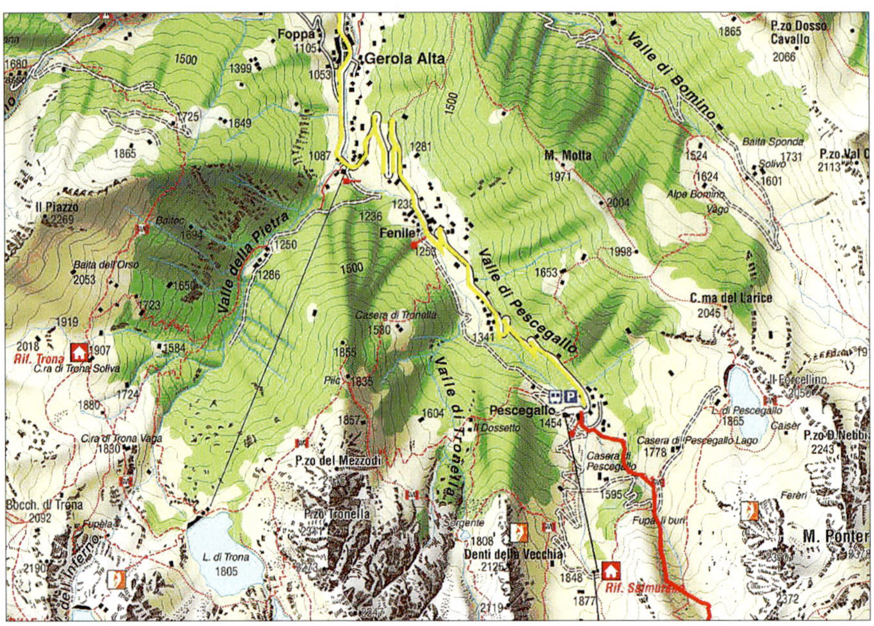

FIGURA 17 Stralcio di una carta in scala 1:50 000 relativa a una zona montagnosa rappresentata a curve di livello perfezionata graficamente con la tecnica a sfumo.

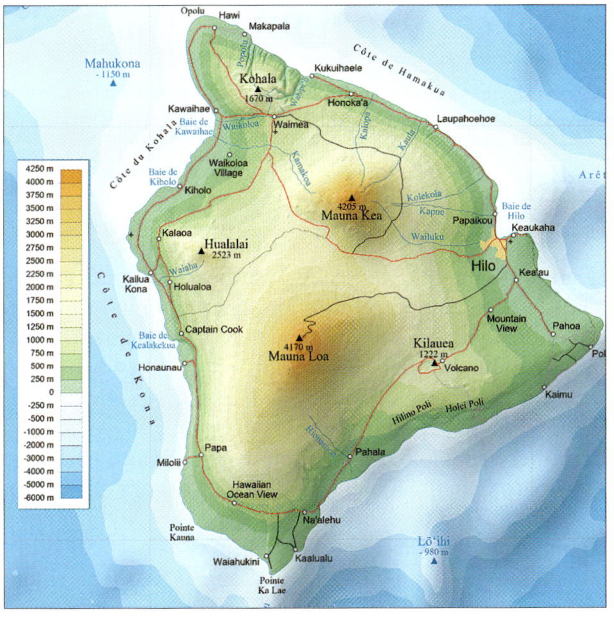

FIGURA 18 Esempio di rappresentazione a tinte altimetriche con annessa scala graduata cromatica (legenda).

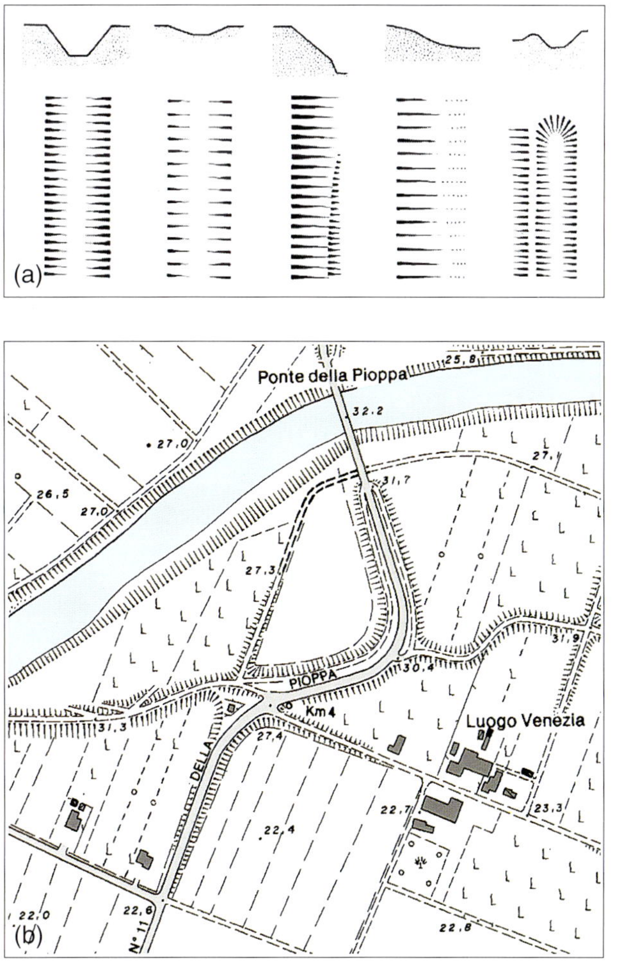

FIGURA 19 Esempi di utilizzo di simbologie («barbette») per rappresentare argini e scarpate (a), e loro impiego in uno stralcio di carta in scala 1:5000 in cui evidenziano un argine fluviale e alcune scarpate stradali (b).

• Rappresentazione a sfumo

Lo *sfumo* fa risaltare l'andamento altimetrico del terreno con **variazioni della tinta**, come «*ombre*» prodotte da una fonte luminosa ideale che, in generale, si immagina provenga da nord-ovest. Questa tecnica è la naturale evoluzione della tecnica a *tratteggio*, in cui i *trattini* sono sostituiti dalla *ombreggiatura* della morfologia del terreno, raffigurato come se fosse colpito da una fonte luminosa. In questo modo si ottiene un'ottima qualità estetica e un'immediata percezione d'insieme della morfologia rappresentata (▶FIGURA 17).

• Rappresentazione a tinte altimetriche

Si tratta di una tecnica molto semplice ma anche molto efficace per evidenziare rapidamente le caratteristiche di rilievo *altimetrico* del terreno, ricorrendo a diverse **tonalità** di colore (ad esempio toni di **bruno** per le zone montagnose, di **verde** per le zone pianeggianti), di fatto individuando **fasce** o **intervalli** di altezza, definite da relativa **legenda** costituita da una *scala di colori*, in cui a ogni tonalità impiegata è associato l'intervallo di altezza. L'impiego di questa tecnica è circoscritto a carte che rappresentano grandi estensioni di territorio, dunque a *piccola scala* (▶FIGURA 18).

• Rappresentazione di bruschi dislivelli

Per rappresentare convenzionalmente particolari forme di aspri movimenti altimetrici del terreno, talvolta si utilizzano *simboli* specifici, di solito costituiti da una serie di trattini con la parte terminale a forma di triangolo isoscele (con la base rivolta verso la parte con quota maggiore), dette **barbette**, allineati secondo l'andamento di un brusco dislivello sul terreno non coincidente con una isoipsa (▶FIGURA 19). Indicativamente si utilizza tale tecnica per rappresentare *depressioni* (come le doline o cave), *scarpate* e *terrazzature*, *arginature*, *fossati* ecc.

FAQ

In che modo, nelle carte, vengono segnalate convenzionalmente le arginature e le scarpate?

Con le *barbette*, cioè con una serie di trattini terminanti con un piccolo triangolo isoscele la cui base è rivolta verso la parte alta delle scarpate o delle arginature.

6. Segni e simboli convenzionali

I particolari topografici, come già detto in precedenza, possono essere rappresentati sulla carta (o sulla mappa) con:

- **segni naturali**;
- **segni convenzionali**.

I **segni naturali** vengono adottati quando la scala è sufficientemente **grande** (1:200; 1:500, 1:1000, 1:2000) da poter rappresentare gli oggetti con le loro grandezze ridotte senza alterarne la fisionomia e permettendo il riconoscimento sicuro del tipo di particolare rappresentato. Nelle precedenti ►TAVOLE 1÷4 sono stati riportati esempi di mappe che, in prevalenza, rispondono a questa descrizione.

Quando, invece, la scala del disegno è **medio-piccola**, gli oggetti che vi devono essere rappresentati risulterebbero spesso di dimensioni **troppo ridotte** per poter essere riconoscibili in modo sicuro e inequivocabile; si adottano allora dei simboli convenzionali che li rappresentano nel disegno.

Come esempio immaginiamo una strada larga 5 m: in una scala 1:25 000 dovrebbe essere rappresentata con un nastro di larghezza 0,2 mm. Questa è evidentemente una misura insufficiente per poter essere rappresentata con chiarezza; in questo caso si ricorre alla rappresentazione convenzionale.

Nella **rappresentazione convenzionale**, le dimensioni grafiche dell'oggetto vengono dilatate rispetto alla scala del disegno allo scopo di renderlo facilmente riconoscibile.

Il contenuto di una carta a *media* e *piccola scala* è sempre espresso in larga misura con segni convenzionali; questi, tuttavia, non possono essere immutabili nel tempo e non possono essere gli stessi per carte realizzate con differenti **finalità** e differenti **scale**.

Gli enti che sono deputati alla redazione e alla conservazione della cartografia nazionale, l'**IGM** e il **Catasto**, stabiliscono norme precise da seguire nell'impiego e nell'esecuzione dei segni convenzionali anche in relazione alla scala adottata.

Nella ►TAVOLA 5 a pagina 454 è riportata uno stralcio della simbologia utilizzata dall'IGM in una delle sue carte in scala 1:25 000 (tavolette).

7. Simboli e segni convenzionali nelle mappe catastali

La *mappa catastale* (►TAVOLA 6 a pagina 454) rappresenta **planimetricamente** la superficie di un comune amministrativo, che talvolta può essere suddiviso in più *sezioni censuarie*; le sezioni censuarie vengono contraddistinte con le lettere maiuscole A, B, C, ..., oppure con denominazioni caratteristiche di ciascuna sezione censuaria. La mappa di ciascun comune o sezione è divisa in *fogli*, contraddistinti con le cifre arabe 1, 2, 3, ..., assegnate in modo che il numero 1 corrisponda al foglio ubicato a nord-ovest del territorio comunale o della sezione, e la numerazione prosegua da ovest verso est e da nord verso sud.

I fogli di mappa vengono di norma costruiti in scala 1:2000 per i terreni e 1:1000 per i centri abitati, devono avere un formato di 70 × 100 cm e il disegno deve essere contenuto in un contorno di 60 × 95 cm. Sui fogli vengono rappresentati planimetricamente i vertici trigonometrici e le poligonali rilevate; a essi viene riferito il rilievo di dettaglio costituito dalle **particelle catastali** (individuata da una numerazione indicata nella mappa), **case**, **strade**, **fiumi** ecc. I simboli e i segni convenzionali adottati dal Catasto Italiano sono esclusivamente i seguenti.

Linea continua, tratteggiata e punteggiata

- **Linea continua e uniforme**: vengono rappresentati sempre i contorni delle particelle, e anche i limiti delle strade, dei corsi d'acqua e delle altre aree rappresentate in mappa quando coincidono con i confini territoriali, e con i limiti di foglio, sviluppo, allegato e sezione.
- **Linea tratteggiata**: si disegnano le strade e i corsi d'acqua diversi da quelli precedenti (strade private e fossi, i cui margini e sponde non sono limiti di particella). La linea tratteggiata viene usata anche nella rappresentazione dell'incontro e sovrapposizione di aree stradali e di corsi d'acqua per indicare la continuità dell'area sottostante; nonché nella rappresentazione di manufatti e fabbricati che sovrastano aree stradali o particelle diverse, per segnalare appunto l'esistenza del manufatto o del fabbricato.
- **Linea punteggiata**: si disegnano i limiti rilevabili di fabbricati, o di sedi stradali e ferroviarie, o di fiumi e canali, *sottostanti* ad aree che vengono diversamente rappresentate in relazione alla natura e destinazione della loro superficie.

Termini di proprietà, di vincoli e territoriali

I termini di proprietà vengono rappresentati con il segno convenzionale Y (testa lunga 1 mm e stelo alto 1 mm) posto sulla bisettrice dell'angolo maggiore fra quelli formati dall'incontro dei confini. Lo stesso segno, ubicato sulla bisettrice di uno degli angoli formati dall'incrocio dei limiti di particella, rappresenta i termini che delimitano le zone soggette a servitù militare, a vincolo forestale, a consorzio di bonifica, di scolo o di difesa; in questi casi il simbolo viene posto all'interno della zona ed è seguito rispettivamente dalle lettere SM, VF, CB, CS, CD.

I termini territoriali vengono rappresentati con il simbolo ♦ (le diagonali del rombo misurano 2,5 e 2 mm e lo stelo è alto 0,5 mm) posto sulla bisettrice dell'angolo maggiore fra quelli formati dall'incontro dei confini (▶TAVOLA 7 a pagina 455). I segnali di confine, costituiti da croce o altra specie di incisione su roccia, si rappresentano con il corrispondente segno convenzionale di termine combinato con una crocetta.

Segni di graffa, di unione, di freccia ad àncora e simbolo di segnale trigonometrico

Il segno convenzionale di *tilde* ~ (dimensioni 2 × 1 mm) si usa per collegare aree adiacenti sulle quali esistono identici diritti di proprietà e che costituiscono unica particella, nella quale però si distinguono diverse porzioni, contornate con linea continua e che si differenziano nella rappresentazione; è il caso delle aree colorate in tinta carminio indicativa dei fabbricati, da collegare con le aree adiacenti corrispondenti alle attinenze scoperte non disgiunte quali piazzali, cortili ecc., per costruire un'unica particella edilizia, da contraddistinguere con un solo numero (▶TAVOLA 9 a pagina 457).

Il segno convenzionale di *unione* >—< (lunghezza 3 mm, lunghezza del tratto interno 2 mm) si usa per unire a una particella contornata con linea continua, aree contornate da linea tratteggiata o punteggiata, rappresentative di costruzioni sovrastanti o sottostanti ad aree diversamente rappresentate o diversamente censite.

Il segno convenzionale di *freccia* → (linea larga 0,2 mm, lunga 7 mm per i corsi d'acqua importanti e 5 mm per quelli secondari) si usa per indicare il senso di scorrimento delle acque nei fiumi, fossi e canali.

Il segno convenzionale di *àncora* ⚓ (altezza 3 mm e larghezza 2 mm) si usa per rappresentare le costruzioni galleggianti stabilmente collegate a punti fissi del suolo; è il caso dei mulini galleggianti, degli stabilimenti balneari e similari ancorati nei corsi o negli specchi di acque pubbliche. Il simbolo di *segnale trigonometrico* è costituito da un triangolo equilatero con un vertice rivolto a nord (2,5 mm è la lunghezza dei lati) disegnato in modo che il suo baricentro coincida con il punto trigonometrico (▶TAVOLA 8 a pagina 456) (pilastrino, picchetto, croce su roccia, asse di campanile ecc.).

SEGNI CONVENZIONALI DELL'IGM

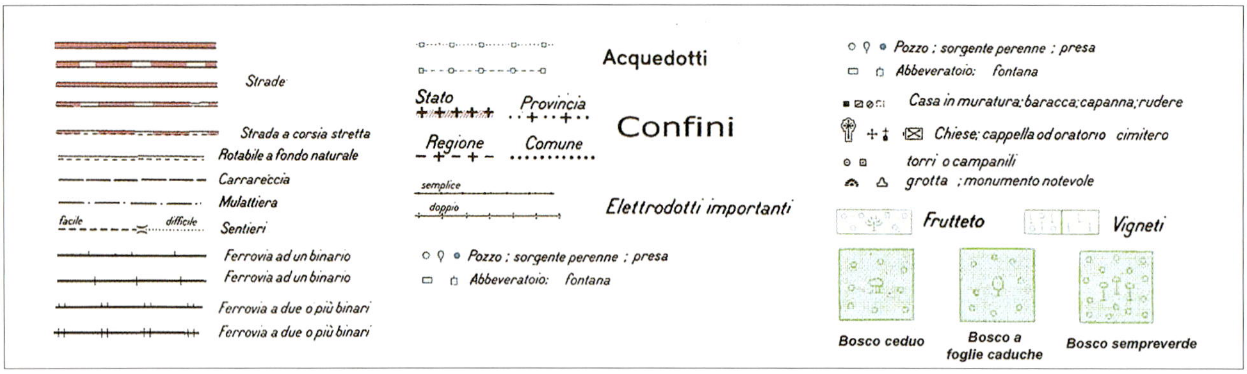

TAVOLA 5 Stralcio dei segni convenzionali per una carta al 1:25 000 (tavoletta) realizzata dall'IGM.

CONVENZIONI GRAFICHE DEL CATASTO ITALIANO

TAVOLA 6 Esempio di mappa catastale (stralcio) prodotta in scala 1:1000 e riferita a una zona in centro urbano.

CONVENZIONI GRAFICHE DEL CATASTO ITALIANO

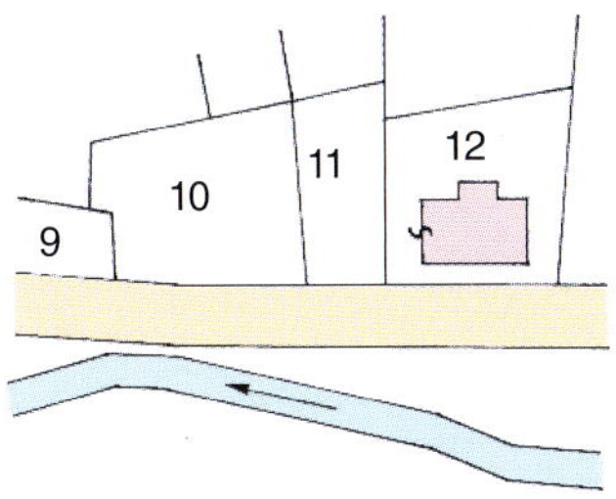

Rappresentazione con linea continua

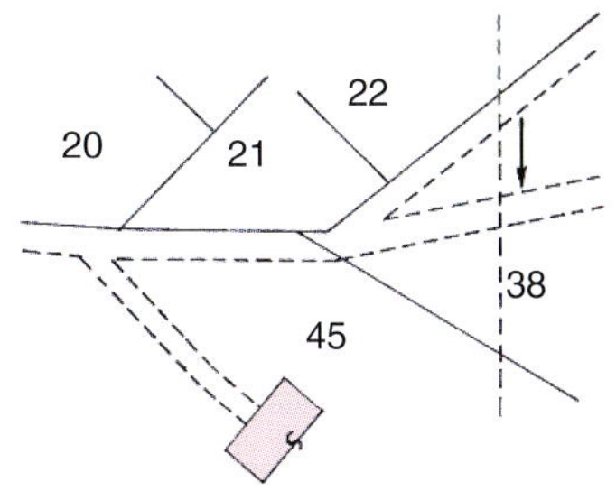

Rappresentazione con linea tratteggiata

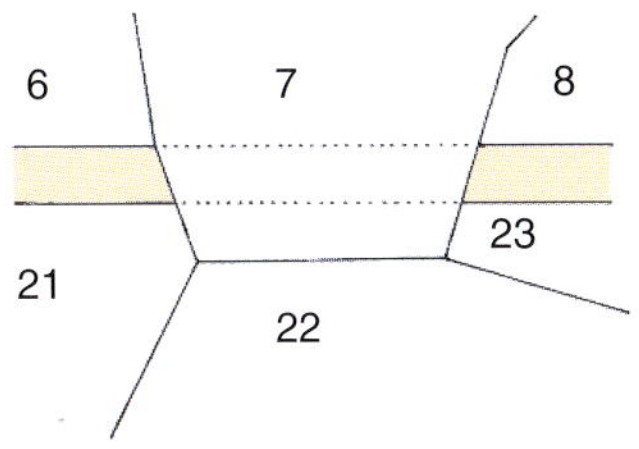

Rappresentazione con linea punteggiata e rappresentazione dei termini di proprietà

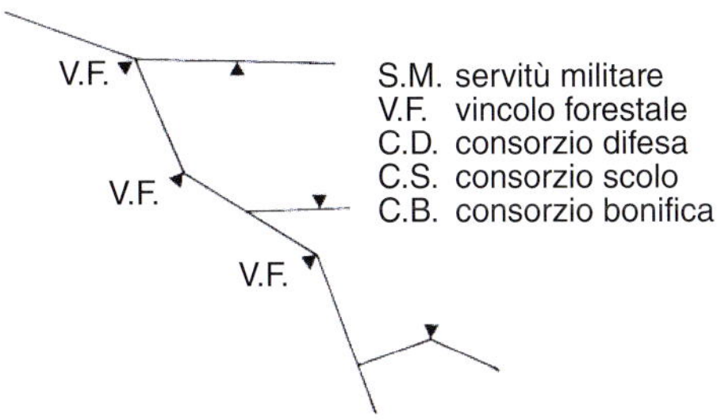

Termini di zone soggette a vincoli speciali

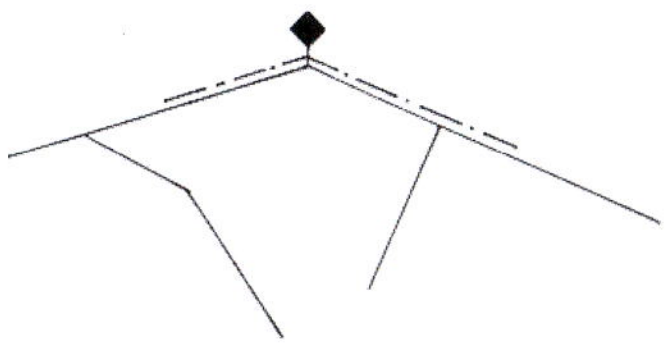

Termine di confine territoriale

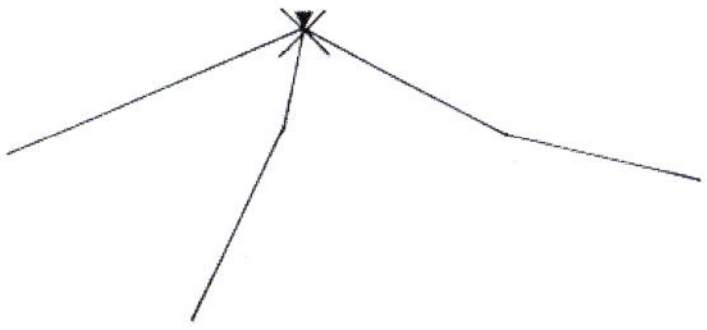

Segnale di confine costituito da croce o altra specie di incisione su roccia

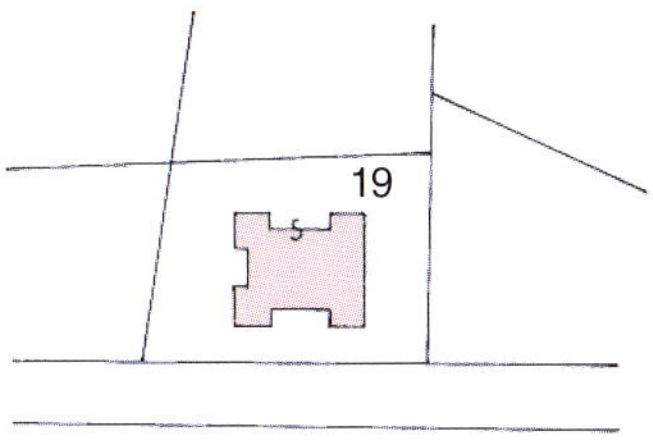

Segno convenzionale di tilde: collega l'area di pertinenza al fabbricato

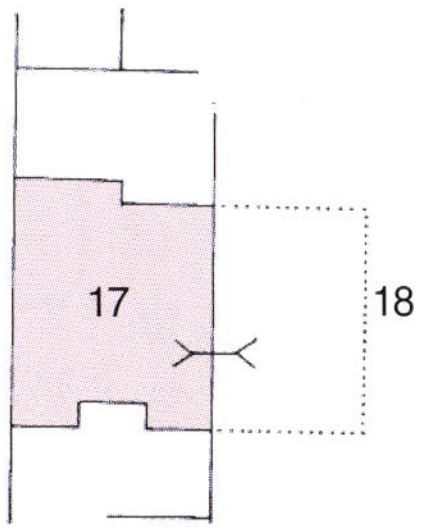

Segno convenzionale di unione e punto fiduciale

TAVOLA 7 Segni convenzionali e rappresentazioni varie nelle mappe catastali.

CONVENZIONI GRAFICHE DEL CATASTO ITALIANO

Segno convenzionale di costruzione galleggiante

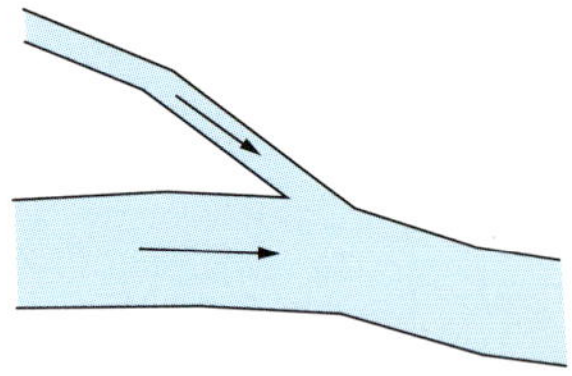

Segno convenzionale di senso di scorrimento delle acque

Segno convenzionale di punto trigonometrico

Punto trigonometrico costituito dall'asse di un campanile

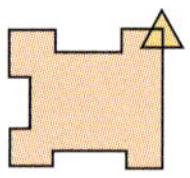

Punto trigonometrico costituito da spigolo di fabbricato

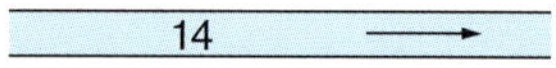

Canale artificiale

Corso d'acqua e canale di larghezza grafica inferiore a 0,5 mm che non scorre lungo il limite di una particella

Corso d'acqua e canale di larghezza grafica inferiore a 0,5 mm che scorre lungo il limite di una particella

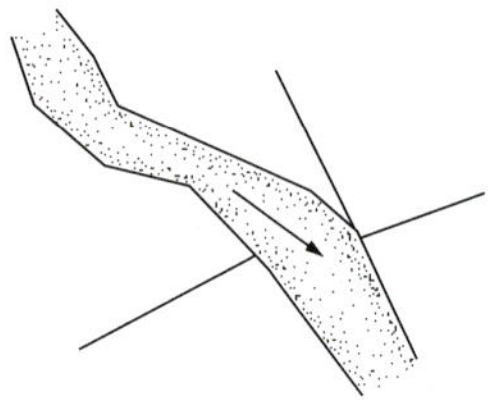

Superficie occupata da acqua nelle mappe costruite su supporti trasparenti

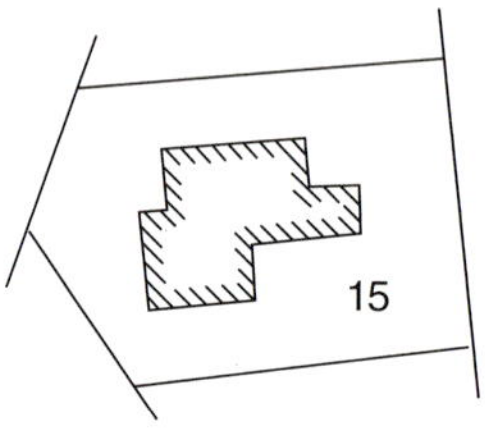

Superficie corrispondente a ruderi e diruti nelle mappe costruite su supporti trasparenti

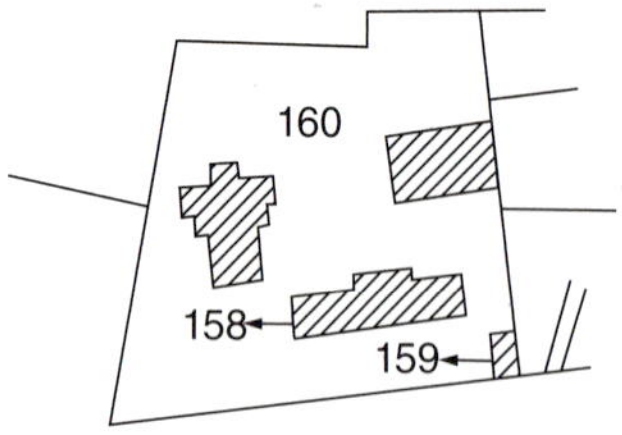

Superficie occupata da fabbricati nelle mappe su supporti trasparenti

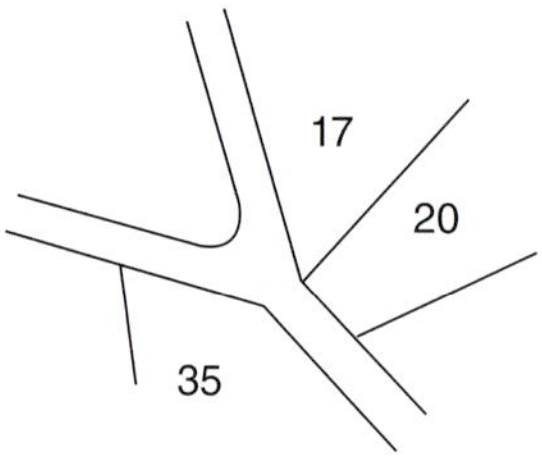

Marcatura dei cigli e sedi stradali pubbliche nelle mappe su supporti trasparenti

TAVOLA 8 Segni convenzionali e rappresentazioni varie nelle mappe catastali.

CONVENZIONI GRAFICHE DEL CATASTO ITALIANO

Fabbricati con bow-window o corpi aggettanti similari su attinenza scoperta dello stesso fabbricato

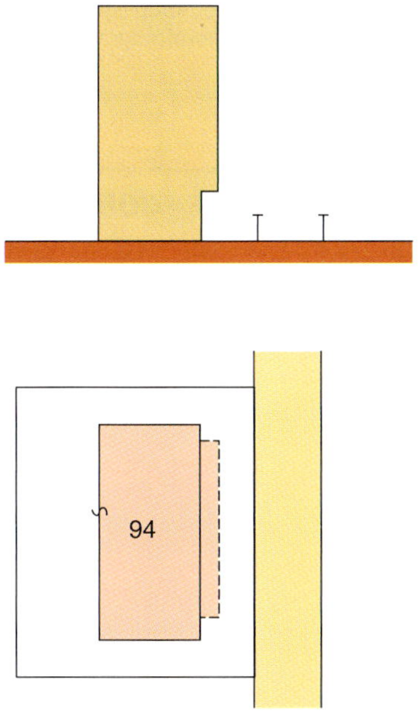

Rappresentazione nella mappa catastale

Fabbricato con scala esterna e locale sottoscala

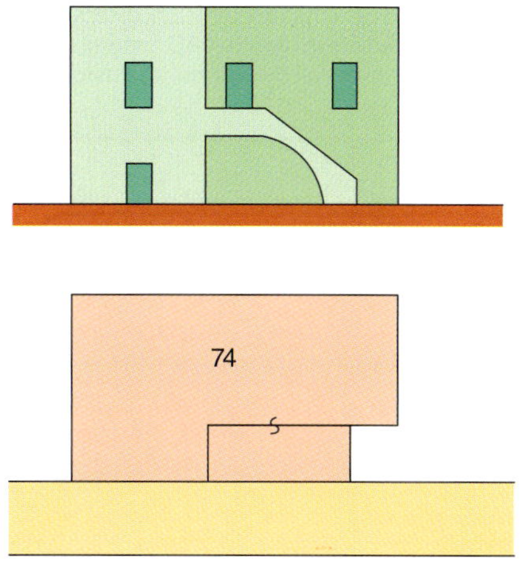

Rappresentazione nella mappa catastale

Fabbricati con bow-window o corpi aggettanti similari su area pubblica

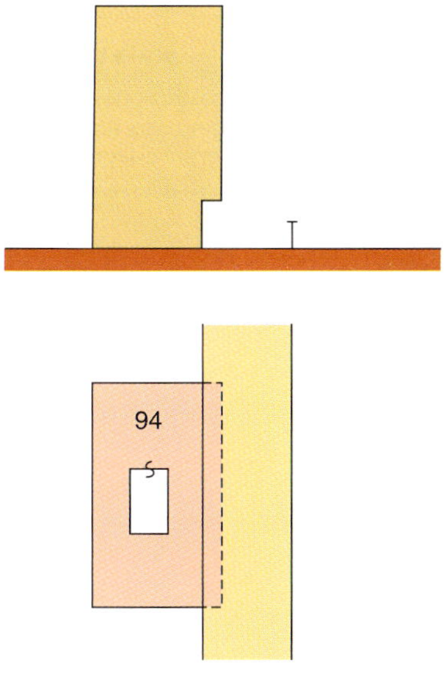

Rappresentazione nella mappa catastale

Fabbricato con scala esterna senza locale sottoscala

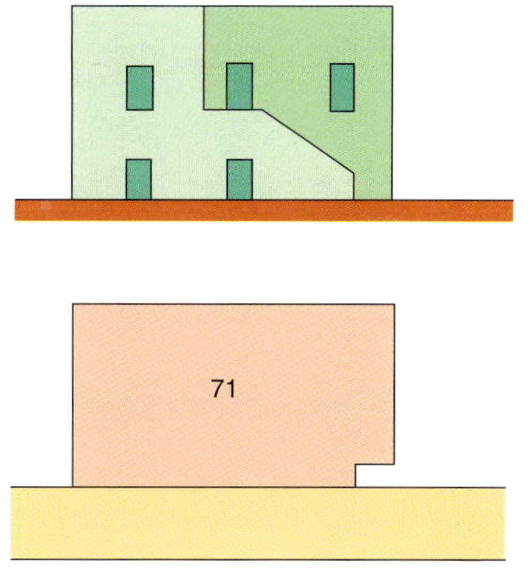

Rappresentazione nella mappa catastale

TAVOLA 9 Rappresentazioni di fabbricati nelle mappe catastali.

Per collegare i concetti

RAPPRESENTAZIONE DEL TERRITORIO

NATURALE

Quando la scala consente la rappresentazione della morfologia del terreno e degli oggetti in esso presenti con la loro reale forma e le reali dimensioni ridotte alla stessa scala

grandi scale

Sono utilizzate di solito per limitate estensioni di territorio, attualmente realizzate in ambito CAD a seguito di rilievi topografici tradizionali (fa eccezione la mappa catastale)

CONVENZIONALE

Quando la scala non consente la rappresentazione naturale degli oggetti che, pertanto, vengono rappresentati con tratti e simboli convenzionali precisati in legende allegate alla carta

piccole e medie scale

Sono utilizzate per realizzare la cartografia di base di grandi estensioni di territorio (spesso di intere nazioni) a seguito di rilievi aerofotogrammetrici e successive restituzioni

SCALA

È il rapporto tra la misura grafica l sul disegno e la corrispondente misura reale L dell'oggetto:

$$S = l/L$$

scala grafica

È una barra che riporta più volte un segmento corrispondente all'unità di misura grafica

scala numerica

È indicata con la notazione $1:N$, in cui N rappresenta il rapporto L/l, detto coefficiente di scala

scala ticonica

È una costruzione grafica che, abbinata al compasso, facilita le letture delle distanze sul disegno

la scala numerica è utilizzata per classificare le scale

- **scale piccole**: Da 1:25 000 a 1:100 000
- **scale medie**: Da 1:5000 a 1:10 000
- **scale grandi**: Da 1:1000 a 1:2000
- **scale grandissime**: 1:500

Per ripassare

La scala numerica di rappresentazione è il rapporto tra le misure grafiche sul disegno e le corrispondenti misure reali dell'oggetto che il disegno rappresenta. Quindi, indicando con l un segmento sul disegno e con L la corrispondente distanza nella realtà, si ha:

$$S = \frac{l}{L} \quad \text{e anche} \quad S = \frac{1}{L/l}$$

Si è soliti riferirsi alla scala in questo modo:

$$S = \frac{1}{N} \quad \text{dove} \quad N = \frac{L}{l}$$

- Il valore N del denominatore è detto *scala numerica* e indica quante volte l'unità reale contiene l'*unità grafica*. Si scrive 1/100 (o 1:100) quando l'unità grafica è cento volte più piccola dell'unità reale.
- In relazione ai valori di N le carte topografiche vengono classificate nel seguente modo:
  - *piccole scale*: da 1:100 000 a 1:25 000;
  - *scale medie*: da 1:10 000 a 1:5000;
  - *scale grandi*: da 1:2000 a 1:1000.
- La scelta della scala di rappresentazione costituisce sempre un momento importante nell'ambito del rilievo topografico; essa deve sempre precedere qualsiasi operazione, in quanto condiziona le precisioni con le quali si eseguono le misure e, soprattutto, la qualità e la quantità di informazioni contenute nel disegno.

La scala grafica è costituita da un segmento sul quale viene riportato, a partire da un punto 0 detto *origine*, un tratto corrispondente all'unità di misura grafica; questo tratto viene poi ripetuto lungo lo stesso segmento per un numero opportuno di volte.

- La scala grafica è particolarmente utile quando i disegni debbano essere soggetti a riduzione o ingrandimenti. In questi casi occorre aggiungere all'indicazione della scala numerica, anche una scala grafica, la quale si ridurrà o si ingrandirà insieme al disegno, mantenendo i rapporti di proporzione con questo.

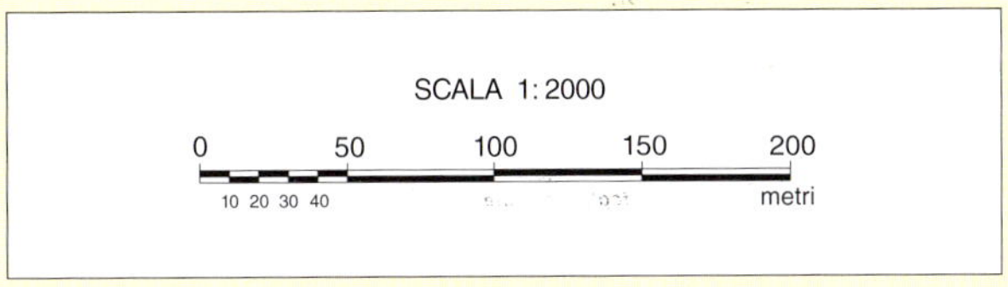

Nel posizionare sul disegno i punti rilevati si commette un *errore grafico* che dipende dal sistema di riferimento adottato. La *scala di rappresentazione*, a causa di questo errore (mediamente 0,2 mm) condiziona la precisione richiesta nelle misure effettuate durante il *rilievo dei dettagli* topografici, in quanto questi ultimi devono poi essere riportati e disegnati nella mappa.

- Per esempio, se si devono disegnare i dettagli topografici in scala 1:1000, la precisione con la quale si devono eseguire le misure delle distanze è di 0,2 · 1000 = 200 mm = 20 cm.
- Se si volessero riportare sul disegno oltre a distanze anche angoli (coordinate polari), l'errore grafico diverrebbe sensibilmente più grande. Quindi nel disegno tradizionale non è conveniente riportare i particolari a mezzo delle coordinate polari.

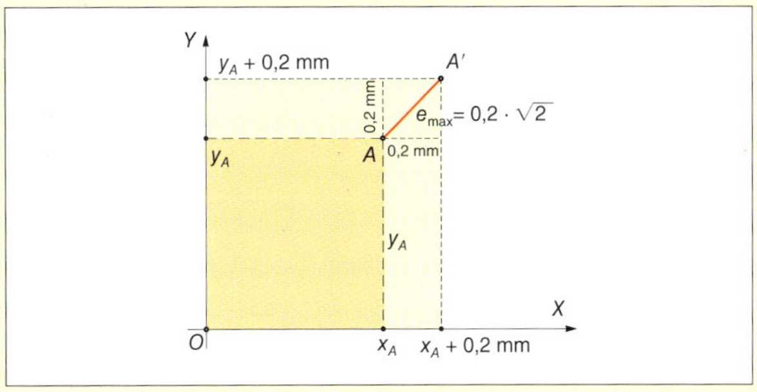

Quando la scala non permette la visibilità sul disegno di elementi topografici importanti, si ricorre a *segni convenzionali*, con i quali si conferisce al disegno quella completezza che la scala del disegno talvolta non permette.

- I segni convenzionali sono elementi grafici codificati, dunque non in scala, che rappresentano convenzionalmente particolari topografici.
- Ciascun disegno che utilizza segni convenzionali raccoglie in una *legenda* l'elenco e la descrizione dei segni convenzionali utilizzati in quel disegno.

Per necessità pratica occorre rappresentare la morfologia completa (tridimensionale) del terreno dovendo utilizzare il supporto *bidimensionale* materializzato dal foglio da disegno. Ciò costituisce un problema matematicamente non risolvibile. L'ostacolo è stato eluso mettendo a punto via via tecniche di disegno e convenzioni che fossero in grado di rappresentare l'*effetto plastico* tridimensionale del terreno, senza rinunciare al rigore geometrico necessario nel disegno di tipo tecnico. Esse sono:
- rappresentazione a curve di livello;
- rappresentazione a tratteggio zenitale e obliquo;
- rappresentazione a sfumo o ombreggiatura.

- Il primo caso è certamente il più utilizzato perché più economico e semplice da realizzare, anche se meno efficiente. Con esso si collegano sul disegno tutti i punti che giacciono alla stessa quota, si ottengono così delle linee curve dette *isoipse* o *curve di livello*. Al fine di regolarizzare la rappresentazione, le curve di livello sono scelte con un differenziale di quota uniforme detto *equidistanza*, che viene definito in relazione alle caratteristiche morfologiche del terreno e alla scala del disegno.

- Con la tecnica del tratteggio zenitale o obliquo, il terreno viene rappresentato con un *tratteggio* costituito da piccoli tratti rettilinei diretti secondo le *linee di massima pendenza* del terreno e compresi tra una curva di livello e la successiva. Questo tipo di rappresentazione riproduce gli effetti di luce e ombra, di chiaro e scuro che si riscontrano sul terreno per effetto dell'illuminazione. Nel tratteggio *zenitale* i raggi luminosi si immaginano provenienti dall'alto con direzione verticale, e intensità di illuminazione tanto più grande quanto più la superficie considerata risulta inclinata rispetto ai raggi luminosi. Nel tratteggio *obliquo* i raggi luminosi si immaginano provenienti da sinistra verso destra e dall'alto verso il basso con inclinazione di 45°.
- La tecnica a «sfumo» si riferisce alla descrizione dell'andamento del terreno ottenuta applicando la tecnica del *chiaroscuro*. Secondo questa tecnica la morfologia del terreno viene rappresentata disegnando il gioco di luci e ombre generato sul terreno da un'ipotetica sorgente luminosa che segue le stesse convenzioni del tratteggio obliquo (raggi a 45°). In passato lo sfumo veniva realizzato con pastelli colorati e anche acquerelli; attualmente viene ottenuto con l'impiego dell'*aerografo* a successivi passaggi.

Quando la scala del disegno è sufficientemente grande (per esempio 1:200, 1:500, 1:1000), i particolari topografici vengono riportati sul disegno, con dimensioni ridotte, ma così come sono nella realtà. In questo caso si parla di *rappresentazione naturale* in quanto la scala adottata è tale da poter rappresentare gli oggetti con le loro grandezze, ridotte ma senza alterarne la fisionomia, e permettendo il riconoscimento sicuro del tipo di particolare rappresentato.

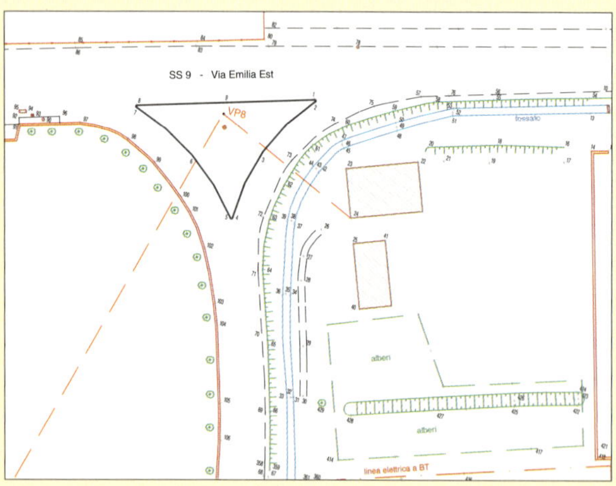

Quando la scala del disegno è medio-piccola (per esempio 1:2000, 1:10 000, 1:100 000), gli oggetti che vi devono essere rappresentati potrebbero risultare di dimensioni troppo ridotte per poter essere riconoscibili in modo sicuro e inequivocabile; si adottano allora dei *simboli convenzionali* che li rappresentano nel disegno. Nella rappresentazione convenzionale, le dimensioni grafiche dell'oggetto vengono dilatate rispetto alla scala del disegno allo scopo di renderlo facilmente riconoscibile.

- La simbologia utilizzata varia per scala e per finalità del rilievo. I simboli convenzionali utilizzati in un disegno vengono riportati, con le relative descrizione, in elenchi chiamati *legende*.

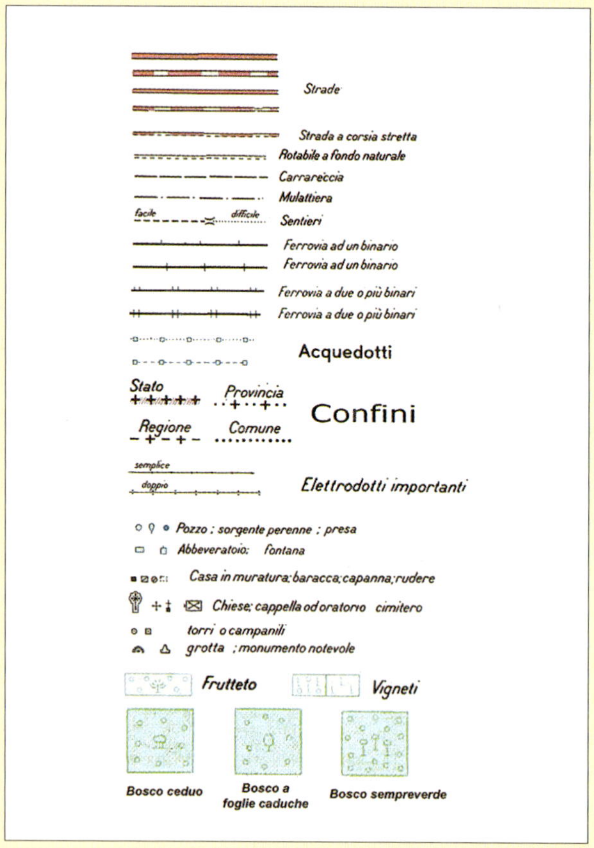

Autovalutazione

A. Verifica delle conoscenze

QUESITI VERO/FALSO

V F

1 Il piano quotato è una rappresentazione unicamente planimetrica ☐ ☐

2 Nella rappresentazione a piano quotato la superficie del terreno è schematizzata con una superficie poliedrica ☐ ☐

3 Il piano quotato è utilizzato per rappresentare zone di terreno regolari e con modeste variazioni altimetriche ☐ ☐

4 Il piano quotato rende rapida la percezione dell'andamento altimetrico e della morfologia del terreno ☐ ☐

5 Collegando opportunamente i punti quotati si individuano displuvi e compluvi ☐ ☐

6 Nella rappresentazione a curve di livello l'inclinazione del terreno è minore dove le curve sono più vicine ☐ ☐

7 Percorrendo la traiettoria di una curva di livello sul terreno non viene superato alcun dislivello ☐ ☐

8 Per zone di piccola estensione le curve di livello si ottengono elaborando il corrispondente piano quotato ☐ ☐

9 Linee perpendicolari alle curve di livello individuano percorsi sul terreno con la massima inclinazione ☐ ☐

10 La rappresentazione a tratteggio può essere di tipo *verticale* o *inclinata* ☐ ☐

11 Lo sfumo è una tecnica grafica per favorire la percezione dei rilievi altimetrici ☐ ☐

12 La rappresentazione a tratteggio è una tecnica di rappresentazione attualmente molto utilizzata ☐ ☐

13 Il *profilo longitudinale* e le *sezioni* del terreno, costituiscono due diverse tipologie di elaborati ☐ ☐

14 In un profilo, la scala con cui sono riportate le quote è minore di quella con cui sono riportate le distanze ☐ ☐

15 La scala 1:25 000 è più piccola della scala 1:50 000 ☐ ☐

16 In una carta in scala 1:5000, un rettangolo di 150 mm^2 sul terreno equivale a 3750 m^2 ☐ ☐

QUESITI A RISPOSTA APERTA

17 Con riferimento alla figura, in cui una piccola porzione di terreno è rappresentata con un piano a curve di livello, rispondi ai seguenti quesiti.

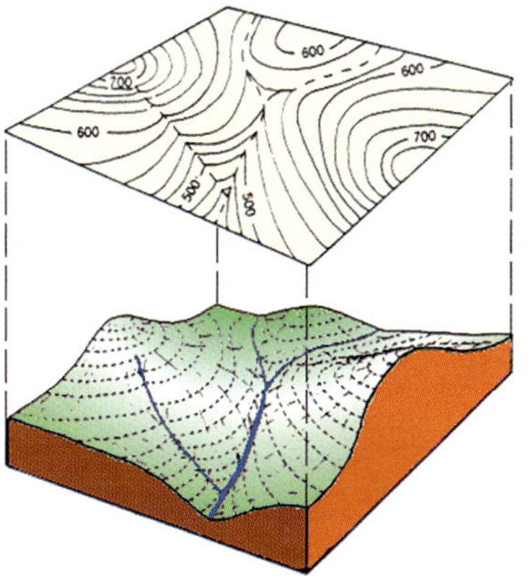

1) Cosa sono le isoipse? ....

2) Cos'è l'equidistanza? ....

3) Come viene definito il suo valore? ....

4) Quale direzione presenta la massima inclinazione del terreno? ....

5) Quali indicazioni ha questo tipo di rappresentazione? ....

18 Con la tecnica grafica del tratteggio si immagina una illuminazione del terreno; ciò premesso, rispondi ai seguenti quesiti.

1) Quale funzione ha? ....

2) Attualmente è utilizzata in modo prevalente? ....

3) Quali tipi di tratteggio esistono, e che particolarità hanno?

a) ....

b) ....

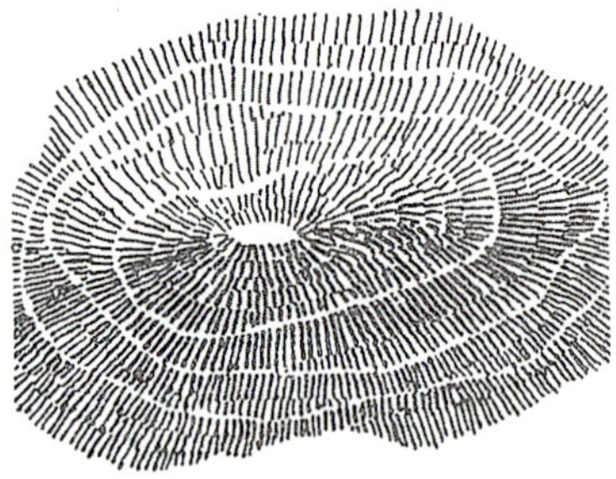

19 Con la tecnica grafica dello sfumo si immagina una illuminazione del terreno; ciò premesso, rispondi ai seguenti quesiti.

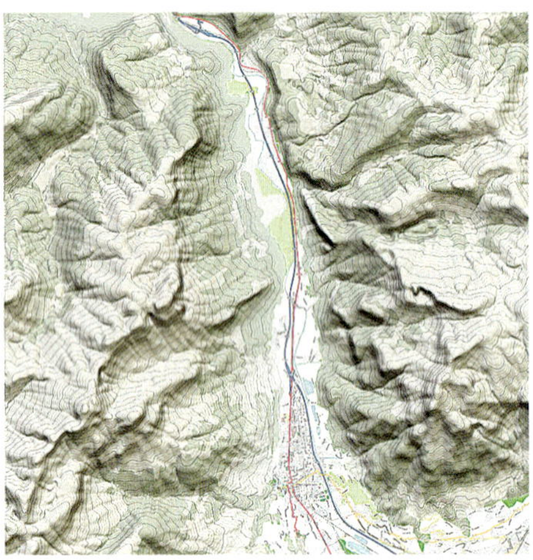

1) Quale funzione ha? ....

....

2) Attualmente è utilizzata in modo prevalente?

....

3) È integrata con altre tecniche? In caso affermativo, indica quali. ....

....

QUESITI A RISPOSTA MULTIPLA

20 In una carta in scala 1:2000, l'errore di graficismo corrisponde a

a 0,2 m
b 40 cm
c 40 mm
d nessuna delle precedenti

21 In una carta in scala 1:*N*, un'area *s* corrisponde sul terreno a un'area fornita dall'espressione

a $s \cdot N$
b s/N
c N/s
d nessuna delle precedenti

22 La rappresentazione a piano quotato viene adottata per terreni

a pianeggianti
b altimetricamente regolari
c di ridotte estensioni
d tutte le precedenti

23 Quale tra le seguenti caratteristiche di una rappresentazione a piano quotato è falsa?

a facilita la creazione della carta
b facilita l'interpretazione altimetrica della carta
c limita le operazioni di rilievo
d nessuna delle precedenti

24 In un piano a curve di livello in scala 1:25 000, l'equidistanza tra le isoipse è

a 5 m
b 50 m
c 25 m
d prescinde dalla scala

25 Quale tipo di scala può essere associato a una carta?

a grafica
b ticonica
c numerica
d tutte le precedenti

26 Le curve di livello in una vasta zona di terreno si ottengono tramite

a rilievo aereofotogrammetrico
b rilievo diretto delle isoipse
c elaborazione dei punti presenti in un piano quotato
d nessuna delle precedenti

27 Quale tra le seguenti caratteristiche di una rappresentazione a piano con curve di livello è vera?

a facilita la percezione della morfologia del terreno
b facilita l'interpretazione altimetrica della carta
c consente una rapida sintesi anche per grandi estensioni
d tutte le precedenti

28 La tecnica a sfumo ha la funzione di

a migliorare la percezione dei rilevati
b sostituire la presenza delle curve di livello
c migliorare esteticamente la carta
d nessuna delle precedenti

29 La tecnica denominata «barbette» viene impiegata per rappresentare sul piano

a scarpate
b arginature
c canali
d tutte le precedenti

Risultati dei questiti vero/falso

1F, 2V, 3V, 4F, 5F, 6F, 7V, 8V, 9V, 10F, 11V, 12F, 13F, 14F, 15F, 16V.

Risultati dei quesiti a risposta multipla

20b, 21d, 22d, 23b, 24c, 25d, 26a, 27d, 28a, 29d.

F2 AutoCAD

Rilievo di un breve tratto di strada per allineamenti e squadri

DI COSA CI OCCUPIAMO

Con questa esercitazione ci proponiamo di realizzare, in ambiente AutoCAD, la restituzione grafica di un breve tratto di strada i cui cigli sono stati rilevati col metodo degli allineamenti e squadri. In particolare, l'esercitazione utilizzerà il comando UCS che permette di definire un sistema di riferimento cartesiano adeguato alle esigenze specifiche emerse nell'esercitazione.

Il problema pratico da sviluppare è il seguente.

Problema

I cigli di un breve tratto di strada sono stati rilevati per **allineamenti** e **squadri**. Per eseguire il rilievo sono stati individuati 20 punti caratteristici sui cigli della strada, ed è stato scelto come **allineamento base** (principale) la congiungente tra i due punti *A* e *B* di cui sono note le rispettive coordinate. Nelle misure eseguite sul terreno è stato utilizzato uno squadro a croce di prismi per definire i piedi delle perpendicolari sull'allineamento base, mentre le distanze sono state misurate direttamente con una cordella metrica. Le distanze progressive eseguite sull'allineamento base (*X*) e quelle eseguite sui corrispondenti squadri (**allineamenti secondari**), sono riportate nel libretto di ▶TABELLA 1.

Convenzionalmente le distanze relative agli squadri (*Y*) che si trovano alla destra dell'allineamento base *AB* sono state riportate con segno negativo, mentre quelle relative agli squadri che si trovano alla sinistra sono state riportate con segno positivo. L'eidotipo del rilievo, con l'indicazione dei punti caratteristici rilevati, è riportato in ▶FIGURA A.

È richiesta la rappresentazione grafica del rilievo realizzata in ambiente AutoCAD.

TABELLA 1 Libetto delle misure dei punti caratteristici rilevati

Punti	Progressive	Squadri (Y) allin. base (X)	Note
1	53,10	−46,00	
13	56,83	−70,42	
14	77,73	−63,62	
2	102,60	−37,42	
15	143,46	−49,20	
3	157,23	−14,57	
16	194,07	−17,46	
7	190,16	99,30	X_A = 35,00 m
8	201,47	106,41	Y_A = 70,00 m
4	217,51	27,84	
17	233,19	12,77	X_B = 410,00 m
6	241,56	64,81	Y_B = 285,00 m
5	246,32	56,89	
9	247,84	74,98	
10	259,97	72,26	
18	276,68	57,71	
11	278,96	94,38	
12	294,69	121,81	
19	301,85	91,89	
20	317,80	119,71	

1. Preparazione del foglio

Nell'ipotesi che non si possegga un **disegno modello** appositamente preparato, occorre creare un nuovo disegno preparandolo con le specifiche tradizionali richieste dalle nostre esercitazioni. Quindi le azioni descritte in questo contesto sono da considerare preliminari e **preparatorie** al disegno vero e proprio dove verranno tracciati gli elementi grafici.

• Creazione di un nuovo disegno: comando nuovo (new)

Per creare un **nuovo foglio** per il disegno, dopo essere entrati nell'ambiente AutoCAD, sono disponibili quattro possibilità; noi utilizzeremo il comando nuovo assegnato con la tastiera dalla finestra di comando:

Comando: **nuovo** (new) ↵ Icona
(Nella *finestra di dialogo* selezionare un **disegno modello** da utilizzare; nel nostro caso basterà scegliere quello predefinito **acad.dwt**)

COMPETENZA DIGITALE

- **Dimensionamento del foglio virtuale: comando limiti (limits)**

Dopo una breve analisi del problema, adottando come **unità di misura** il metro, appare ragionevole predisporre un foglio virtuale con dimensioni 420 × 300 unità. Queste dimensioni vengono assegnate attraverso le coordinate dell'angolo in basso a sinistra (0,0) e da quelle dell'angolo in alto a destra (420,300). Dunque per dimensionare inizialmente il nostro spazio occorre lanciare da tastiera il comando:

```
Comando: limiti (limits) ↵
Ripristino dell'impostazione dei limiti del-
lo Spazio modello:
Specificare angolo inferiore sinistro
o [ON/OFF] <0.0000,0.0000>: ↵
Specificare angolo superiore destro
<420.0000,297.0000>: 420,300 ↵
```

Premendo il tasto **invio** alla prima richiesta relativa all'*angolo inferiore sinistro*, si accetta che le coordinate di questo vertice siano quello proposte dal programma (0.000,0.000). Successivamente vengono richieste le coordinate dell'*angolo superiore destro*. Se digitiamo 420,300 si avrà un foglio virtuale di lavoro le cui dimensioni sono 420 **unità di disegno** in orizzontale e 300 **unità di disegno** in verticale.

- **Visualizzazione di tutto il foglio virtuale: comando zoom (zoom)**

Utilizzando il comando **zoom** si ottiene la visualizzazione sullo schermo dell'intero spazio definito in precedenza con il comando **limiti**:

```
Comando: zoom (zoom) ↵                                Icona
Specificare un angolo della finestra,
digitare un fattore di scala(nX o nXP)
o [Tutto/Centrato/Dinamico/Estensioni/
Precedente/scAla/Finestra/Oggetto]
<tempo reale>: T ↵
Rigenerazione modello in corso
Comando:
```

L'opzione **T** del comando **zoom** serve per visualizzare tutto lo spazio del disegno sullo schermo.

- **Personalizzazione delle unità di misura: comando unita (units)**

Prima di iniziare il disegno vero e proprio, è necessario specificare bene quale sia il **sistema di misura** che si intende usare, nella creazione degli elementi grafici del disegno, per le **distanze** e soprattutto per gli **angoli**.

Tutte queste informazioni, oltre a quelle relative al **numero di cifre** decimali da utilizzare, vengono fornite al sistema dal comando **unita** (senza accento) digitato da tastiera nella finestra di comando, oppure dallo stesso comando selezionato dal menu a tendina **Formato**. Esso prevede due *finestre di dialogo* nelle quali stabilire le caratteristiche del **sistema di misura** che si vuole adottare. Nel nostro caso le indicazioni dovranno essere quelle visualizzate ed evidenziate nella ▶FIGURA B nell'ambito dell'unità A2.

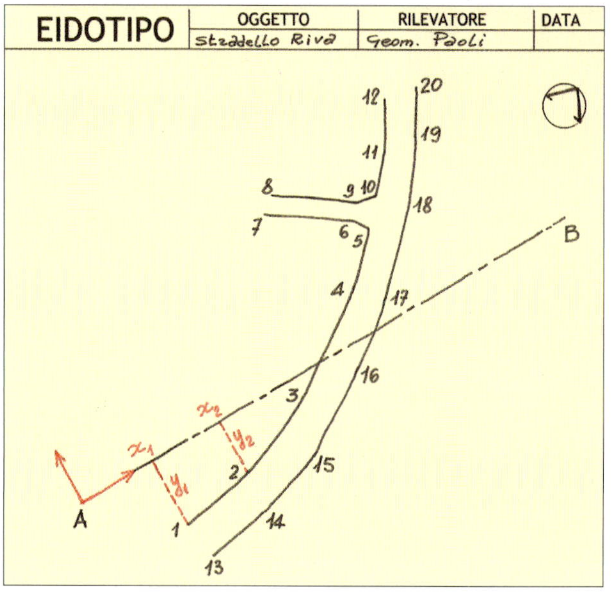

FIGURA A Eidotipo (schizzo) del tratto di strada da rilevare. I punti caratteristici appartengono ai cigli della strada stessa. I punti *A* e *B*, di posizione nota, sono assunti come estremi dell'allineamento principale del rilievo.

2. Tracciamento dell'allineamento base e definizione di un sistema di riferimento utente

Il primo elemento da tracciare deve essere l'*allineamento base AB* (▶FIGURA B). Essendo assegnate le coordinate dei due estremi, basta invocare il comando **linea** nel modo seguente, utilizzando le coordinate cartesiane di *A* e *B* riportate nel registro di ▶TABELLA 1:

```
Comando: LINEA (line) ↵                               Icona
Specificare primo punto: 35,70 ↵
Specificare punto successivo
o [Annulla]: #410,285 ↵
Specificare punto successivo o [Annulla]:
ESC o ↵
Comando:
```

Per evidenziare il carattere di inquadramento dell'allineamento base, decidiamo di assegnare il colore rosso alla linea appena tracciata. Per questo è necessario utilizzare il comando **cambia** (oppure richiamando la tavolozza PROPRIETÀ con l'apposita icona presente nella *barra degli strumenti* o con la combinazione di tasti **Ctrl+1**) nel seguente modo:

COMPETENZA DIGITALE

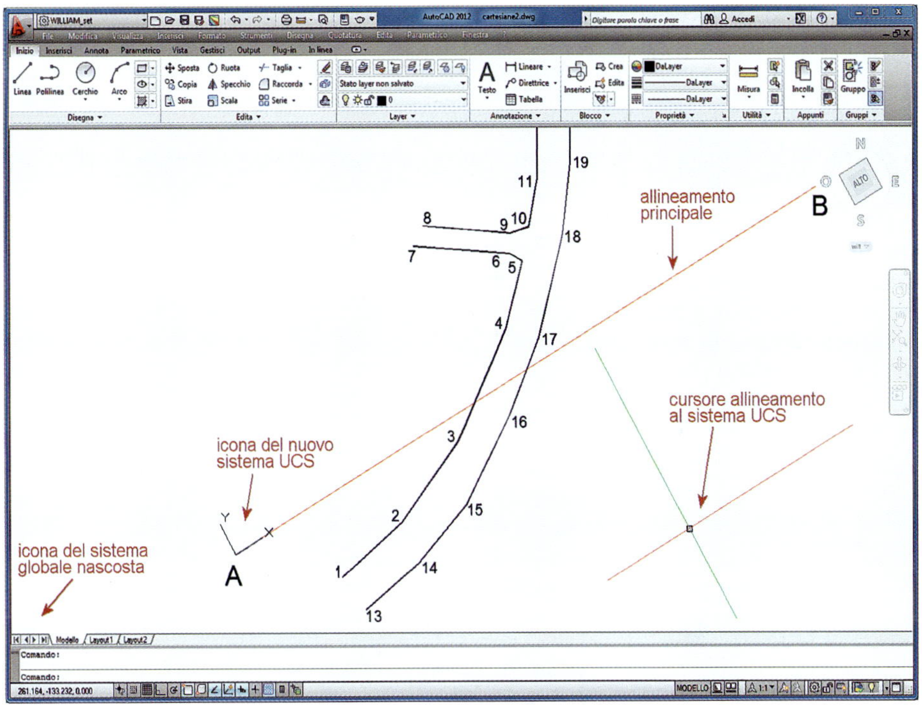

FIGURA B Allineamento base del rilievo.
Con il comando UCS si è creato un sistema di riferimento locale adatto all'inserimento delle misure del rilievo per allineamenti e squadri.

Comando: **CAMBIA** (change) ↵ Icona 
Selezionare oggetti: **U** trovato(i) ↵
(ultimo oggetto tracciato)
Selezionare oggetti: ↵ (invio per ultimare la selezione) ▶
Specificare punto di modifica
o [Proprietà]: **P** ↵
Digitare la proprietà da modificare
[Colore/Elev/Layer/Tipolinea/Scalatl/
SPesslin/Altezza/Materiale/annotatiVo]: **C** ↵
(per modificare il colore)
Nuovo colore [Truecolor/CAtalogocolori] <DA-
LAYER>: **ROSSO** ↵
Digitare la proprietà da modificare
[Colore/Elev/Layer/Tipolinea/Scalatl/
SPesslin-/Altezza/Materiale/annotatiVo]: ↵
(invio per ultimare la selezione)
Comando:

Inseriamo ora il carattere *A* in corrispondenza del primo estremo del segmento appena tracciato utilizzando il comando **testo**:

Comando: **TESTO** (text) ↵ Icona 
Stile di testo corrente: "Standard"
Altezza del testo: 2.500 Annotativo:
No
Specificare punto iniziale del testo
o [Giustificato/Stile]: (portare il mirino del cursore
in prossimità del punto A selezionare …)
Specificare altezza <2.500>: **5** ↵ ▶

Specificare angolo di rotazione del testo
<100.0000g>: ↵
Digitare testo: **A** ↵ (nella finestra dei comandi
o in un riquadro direttamente sull'area di lavoro)
Comando:

Ripetendo la stessa procedura si inserisce il carattere *B* in corrispondenza del secondo estremo dello stesso segmento.

3. Definizione di un sistema di coordinate utente (UCS)

Il problema ora è quello di inserire nel disegno i punti rilevati, che definiscono i cigli del tratto di strada. Questi punti sono stati rilevati per **allineamenti** e **squadri**, dunque, di fatto, sono state **misurate** le coordinate cartesiane rispetto a un sistema di riferimento **locale** con l'asse delle ascisse coincidente con l'**allineamento base**. È assolutamente necessario non confondere questo sistema di riferimento locale con quello principale, rispetto al quale sono riferiti i punti *A* e *B*.

Per posizionare i punti del rilievo, dovremmo preventivamente **trasformare** le misure rilevate in coordinate cartesiane rispetto al sistema principale (lo stesso rispetto al quale sono assegnati *A* e *B*). Fortunatamente questo non è necessario per merito di una potente opportunità disponibile in AutoCAD.

In effetti AutoCAD consente di creare sistemi di riferimento **individuali**, denominati **UCS** (*User Coordinate*

COMPETENZA DIGITALE

System), diversi rispetto a quello predefinito, che viene chiamato **globale**.

Un sistema UCS può essere collocato e orientato dove se ne ha bisogno, nell'ambito di tutto lo spazio del disegno. Una volta definito un nuovo **UCS**, tutte le coordinate immesse sono interpretate come facenti parte del nuovo sistema di riferimento.

Le modalità con cui possono essere definiti nuovi sistemi UCS sono numerose, e coprono di fatto tutte le circostanze che la pratica del disegno propone. Nel nostro caso, si farà riferimento all'opzione **Oggetto** del comando **ucs**. In questo modo, selezionando il segmento *AB*, tracciato in precedenza, si otterrà l'effetto di creare un nuovo sistema **UCS** con origine nell'estremo *A* del segmento, con l'asse delle ascisse lungo *AB* (orientato da *A* verso *B*) e asse delle ordinate conseguente.

Il comando **ucs** necessario per ottenere il sistema di riferimento desiderato avrà la seguente struttura:

Icona

```
Comando: UCS (ucs) ↵
Nome UCS corrente: *GLOBALE*
Specificare origine dell'UCS o
[Faccia/conNOme/OGgetto/Precedente/
Vista-/Globale/X/Y/Z/Asse-z] <Globale>: OG ↵
Selezionare l'oggetto sul quale allineare
l'UCS: ↵ (Selezionare un punto a piacere del segmento AB,
ma in prossimità dell'estremo A)
Comando:
```

Il risultato del comando è la creazione di un sistema di riferimento individuale **UCS** collocato e orientato secondo il segmento *AB*, pertanto secondo l'allineamento base del rilievo. Le distanze progressive effettuate durante il rilievo (raccolte nel registro proposto in precedenza) diventano allora le coordinate cartesiane rispetto a tale sistema.

La presenza del nuovo sistema è testimoniata dall'apposita icona che rende esplicite le caratteristiche dell'UCS corrente, come illustrato in ▶FIGURA B, e dalla rotazione che ha subìto il cursore a croce per allinearsi col nuovo sistema.

4. Tracciamento dei cigli della strada

Siamo ora in grado di tracciare i cigli del tratto di strada rilevato, considerando semplicemente le misure presenti nel registro precedente come coordinate cartesiane rispetto al nuovo UCS. Osservando l'eidotipo di ▶FIGURA A, si vede che il tronco di strada è rappresentabile a sinistra con i due tratti di ciglio 1-2-3-4-5-6-7 e 8-9-10-11-12, e a destra con l'unico tratto di ciglio 13-14-15-16-17-18-19-20.

I cigli, dunque, potranno essere tracciati direttamente con comando **plinea**, prelevando le coordinate presenti nel registro delle misure. Il comando **plinea** (polilinea) produce lo stesso effetto visivo del comando **linea** ripetuto per i vari segmenti, ma ottenendo un **unico elemento grafico** che, successivamente, potrà essere ulteriormente trattato.

Ciglio di sinistra: tratto 1÷7

Icona

```
Comando: PLINEA (line) ↵
Specificare punto iniziale:
53.1,-46.00 (punto 1)
La larghezza corrente della linea è 0.0000
Specificare punto successivo
o [Arco/Mezza-larghezza/....]:
#102.60,-37.42 ↵ (punto 2)
Specificare punto successivo
o [Arco/Mezza-larghezza/....]:
#157.23,-14.57 ↵ (punto 3)
Specificare punto successivo
o [Arco/Mezza-larghezza/....]:
#217.51,27.84 ↵ (punto 4)
Specificare punto successivo
o [Arco/Mezza-larghezza/....]:
#246.32,56.89 ↵ (punto 5)
Specificare punto successivo
o [Arco/Mezza-larghezza/....]:
#241.56,64.81 ↵ (punto 6)
Specificare punto successivo
o [Arco/Mezza-larghezza/....]:
#190.16,99.30 ↵ (punto 7)
Specificare punto successivo
o [Arco/Mezza-larghezza/....]: ESC o ↵
Comando:
```

Ciglio di sinistra: tratto 8÷12

Icona

```
Comando: PLINEA (line) ↵
Specificare punto iniziale:
201.47,106.41 (punto 8)
La larghezza corrente della linea è 0.0000
Specificare punto successivo
o [Arco/Mezza-larghezza/....]:
#247.84,74.98 ↵ (punto 9)
Specificare punto successivo
o [Arco/Mezza-larghezza/....]:
#259.97,72.26 ↵ (punto 10)
Specificare punto successivo
o [Arco/Mezza-larghezza/....]:
#278.96,94.38 ↵ (punto 11)
Specificare punto successivo
o [Arco/Mezza-larghezza/....]:
#294.69,121.81 ↵ (punto 12)
Specificare punto successivo
o [Arco/Mezza-larghezza/....]: ESC o ↵
Comando:
```

Ciglio di destra: tratto 13÷20

Icona

```
Comando: PLINEA (line) ↵
Specificare punto iniziale:
56.83,-70.42 (punto 13)
```

▶

COMPETENZA DIGITALE

```
La larghezza corrente della linea è 0.0000
Specificare punto successivo
o [Arco/Mezza-larghezza/....]:
#77.73,-63.62 ↵ (punto 14)
Specificare punto successivo
o [Arco/Mezza-larghezza/....]:
#143.46,-49.20 ↵ (punto 15)
Specificare punto successivo
o [Arco/Mezza-larghezza/....]:
#194.07,-17.46 ↵ (punto 16)
Specificare punto successivo
o [Arco/Mezza-larghezza/....]:
#233.19,12.77 ↵ (punto 17)
Specificare punto successivo
o [Arco/Mezza-larghezza/....]:
#276.68,57.71 ↵ (punto 18)
Specificare punto successivo
o [Arco/Mezza-larghezza/....]:
#301.85,91.89 ↵ (punto 19)
Specificare punto successivo
o [Arco/Mezza-larghezza/....]:
#317.80,119.71 ↵ (punto 20)
Specificare punto successivo
o [Arco/Mezza-larghezza/....]: ESC o ↵
Comando:
```

A questo punto il sistema UCS creato in precedenza non serve più, pertanto è opportuno ripristinare il sistema di riferimento **globale**, per riportare il sistema alle condizioni iniziali:

Icona 

```
Comando: UCS (ucs) ↵
Nome UCS corrente: *NESSUN NOME*
Specificare origine dell'UCS
o [Faccia/conNOme/OGgetto/Precedente/
Vista-/Globale/X/Y/Z/Asse-z] <Globale>: ↵ (il
sistema di riferimento globale è ripristinato)
Comando:
```

Il disegno viene poi completato con l'inserimento dei codici numerici 1, 2, 3, 4, ..., 19, 20 dei punti rilevati (▶FIGURA C), facendo ricorso al comando **testo**, come si è fatto in precedenza per l'inserimento dei caratteri *A* e *B* sull'allineamento principale. Quest'ultimo, poi, può eventualmente essere cancellato con il comando **cancella**, in quanto non più necessario in questo contesto. Lasciamo allo studente il compito di completare in questo modo il disegno.

5. Rifinitura del disegno

Se lo si ritiene opportuno è possibile dare ai cigli della strada un aspetto più realistico trasformando le relative spezzate in tratti **curvilinei**. Questa possibilità è consentita dal fatto di avere tracciato i cigli come **polilinee** (comando **plinea**). Questi elementi grafici, in effetti, possono essere ulteriormente trattati con il comando **editpl** (edita polilinea)

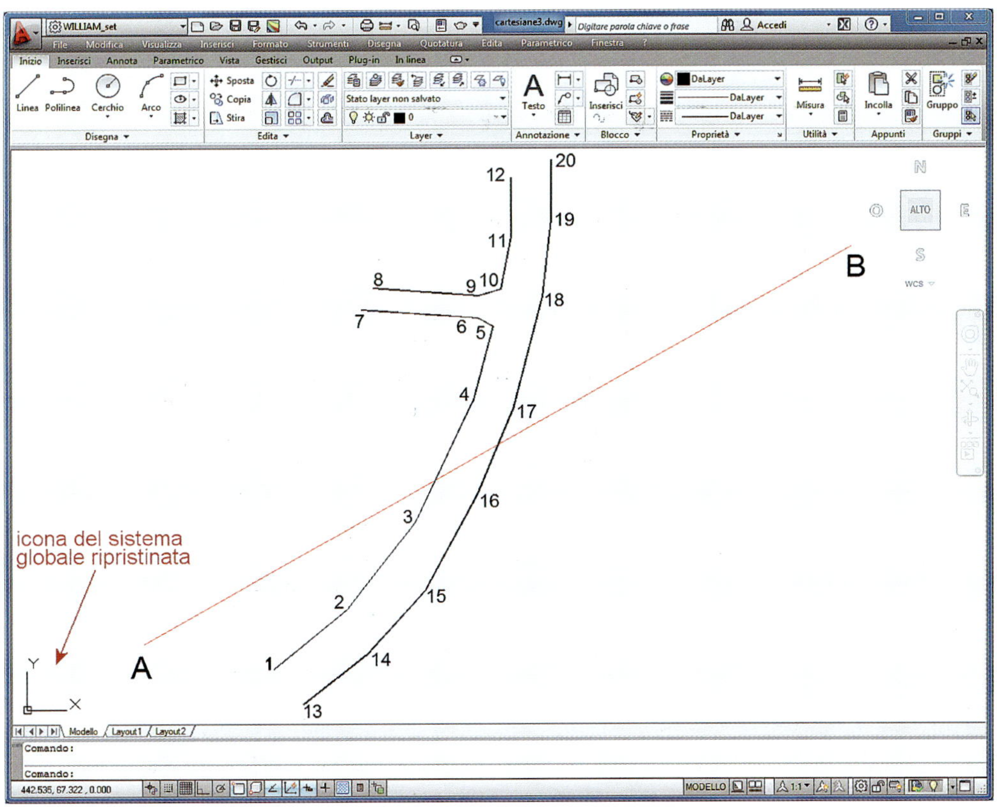

FIGURA C L'area di lavoro di AutoCAD con il tratto di strada tracciato. Si osserva, dall'icona, che è stato ripristinato il sistema di riferimento globale.

COMPETENZA DIGITALE

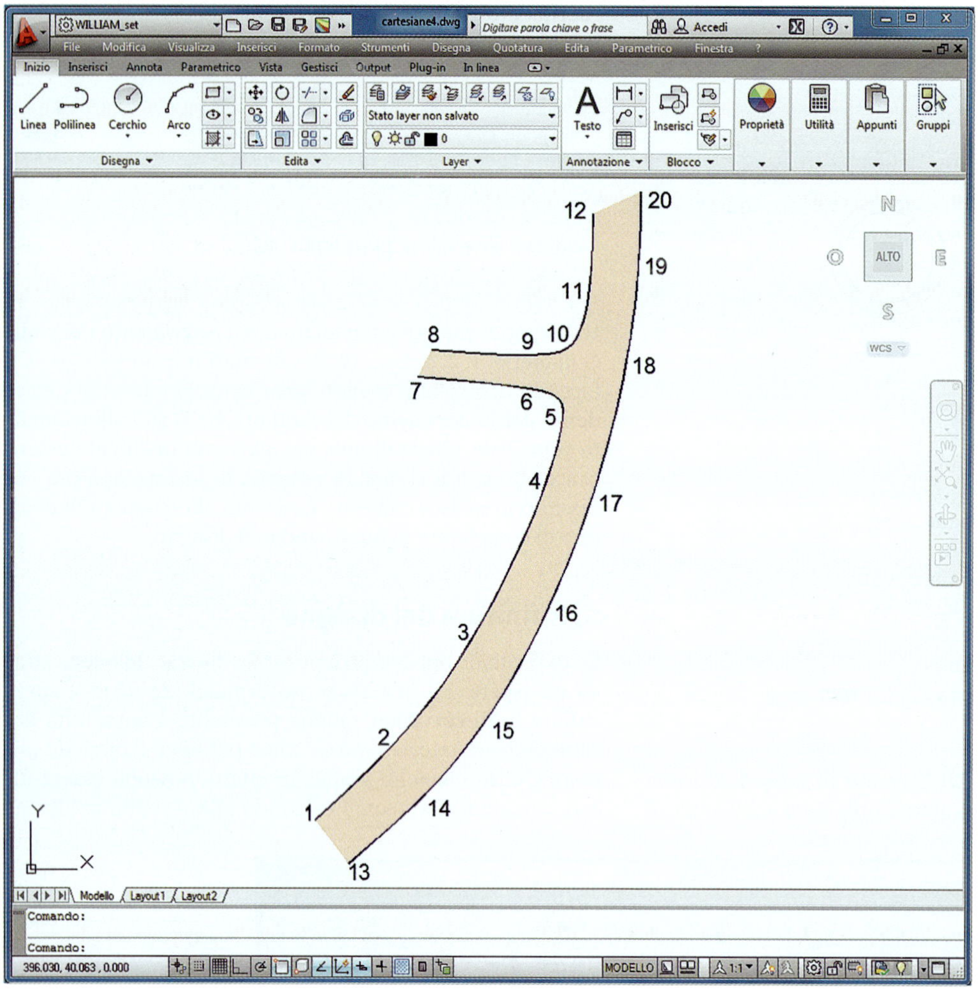

FIGURA D Il disegno della strada completato con l'inserimento di una campitura colorata.

fornendo svariate opportunità grafiche, tra cui la possibilità, appunto, di trasformare la polilinea in un tratto curvilineo con due diverse tipologie di curve attivabili con le due opzioni **Spline** e **Curva**.

Gli effetti migliori (da un punto di vista estetico) si ottengono con l'opzione **Spline**, la cui attivazione avviene secondo il seguente schema:

Ciglio di sinistra: tratto 1÷7

Icona 

```
Comando: EDITPL (editpl) ↵
Selezionare la polilinea
o [Polilinee]: (selezionare un punto qualunque
del tratto 1-2-3-...-7)
Digitare un'opzione [CHiudi/Unisci/
Larghezza/Edita vertici/CUrva/Spline/
Ret-tifica/Tipolinea gen./ANnulla]: S ↵
(trasforma la spezzata in una curva)
Digitare un'opzione [CHiudi/Unisci/
Larghezza/Edita vertici/CUrva/Spline/
Ret-tifica/Tipolinea gen./ANnulla]: ESC o ↵
Comando:
```

Ripetendo lo stesso comando anche per i tratti 8÷12 e 13÷20 si completa poi l'operazione di trasformazione da spezzate a tratti curvilinei, come illustrato in ▶FIGURA D.

Si è detto che l'opzione **Spline**, del comando **editpl**, è molto efficace dal punto di vista estetico, tuttavia deve essere usata con **grande attenzione**, in quanto il tratto curvilineo ricavato non passa esattamente per i vertici della spezzata (dunque per i punti rilevati) ma di fatto è l'**interpolazione** di questi punti. Pertanto è necessario verificare che questo comando non produca l'effetto di distorcere il rilievo. Nel nostro caso i punti rilevati sono sufficientemente ravvicinati da fornire un risultato corretto.

L'esercitazione potrebbe essere poi completata mettendo in evidenza la strada rilevata con una **campitura** ricorrendo al comando **tratteggio**. Tuttavia, prima di accedere a questo comando, è necessario preventivamente rendere la strada una **figura chiusa** aggiungendo i tre segmenti provvisori 1-13, 7-8 e 12-20 (che saranno poi cancellati a operazione ultimata). Lasciando allo studente il compito di effettuare tale operazione, in ▶FIGURA D possiamo osservare la campitura effettuata con una colorazione uniforme (**Solid**).

Autovalutazione

Verifica delle competenze

Esercitazioni grafiche

1 Un caseggiato di vertici 1, 2, ..., 12 e alcuni alberi circostanti, sono stati rilevati per allineamenti e squadri utilizzando come allineamenti base i lati definiti dai vertici 100, 200, 300 di posizione nota:

$X_{100} = +27{,}12$ m $X_{200} = +94{,}80$ m $X_{300} = +64{,}72$ m
$Y_{100} = +24{,}19$ m $Y_{200} = +19{,}23$ m $Y_{300} = +76{,}34$ m

Utilizzando uno squadro a croce di prismi e una cordella, sono state eseguite le misure riportate nel ▶LIBRETTO 1.

Rappresenta i particolari topografici rilevati in ambito CAD, personalizza il disegno con simboli, tipi di linee, colori e campiture, e stampa in scala 1:300 (in alternativa esegui il disegno manualmente alla stessa scala).

Il risultato è rappresentato in ▶FIGURA 1.

LIBRETTO 1

Allineamento	Punti	Distanze prog. (m)	Squadri (m)		Annotazioni
			a sinistra	a destra	
100-200	100	0,000	0,000		Vertice allineato
	14	15,835	4,450		Albero
	1	25,920	6,135		Spigolo fabbricato
	12	28,675	9,034		Spigolo fabbricato
	11	31,185	6,645		Spigolo fabbricato
	17	43,429	9,530		Albero
	18	46,550	6,760		Albero
	19	49,180	3,965		Albero
	200	67,860	0,000		Vertice allineamento
100-300	100	0,000		0,000	Vertice allineato
	13	12,130		4,015	Albero
	2	20,880		9,080	Spigolo fabbricato
	3	30,665		11,155	Spigolo fabbricato
	4	31,495		7,241	Spigolo fabbricato
	5	46,660		10,460	Spigolo fabbricato
	300	64,290		0,000	Vertice allineamento
200-300	200	0,000	0,000		Vertice allineamento
	10	27,675	17,430		Spigolo fabbricato
	9	31,030	18,290		Spigolo fabbricato
	8	32,030	14,420		Spigolo fabbricato
	7	34,935	15,170		Spigolo fabbricato
	6	36,680	8,400		Spigolo fabbricato
	16	46,050	5,550		Albero
	15	50,830	4,875		Albero
	300	64,550	0,000		Vertice allineamento

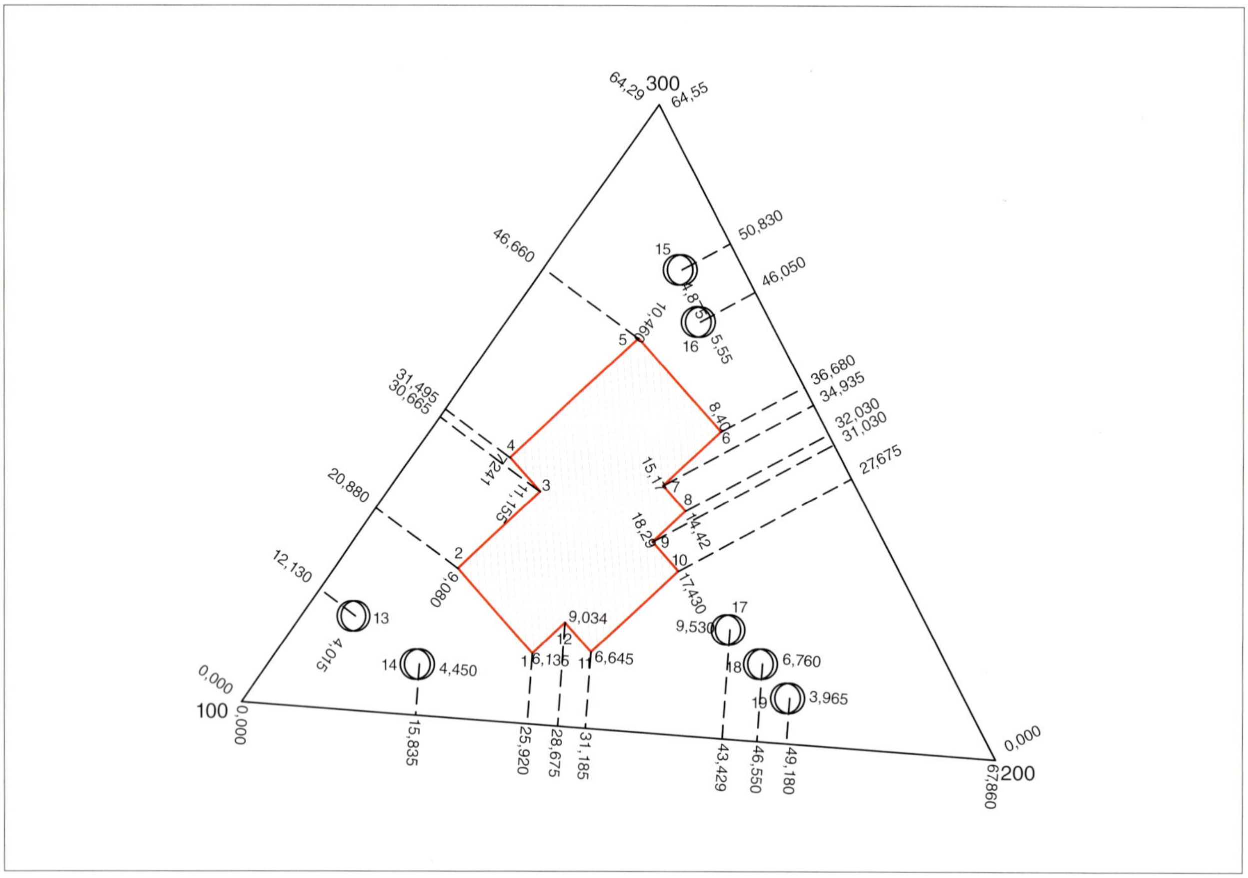

FIGURA 1

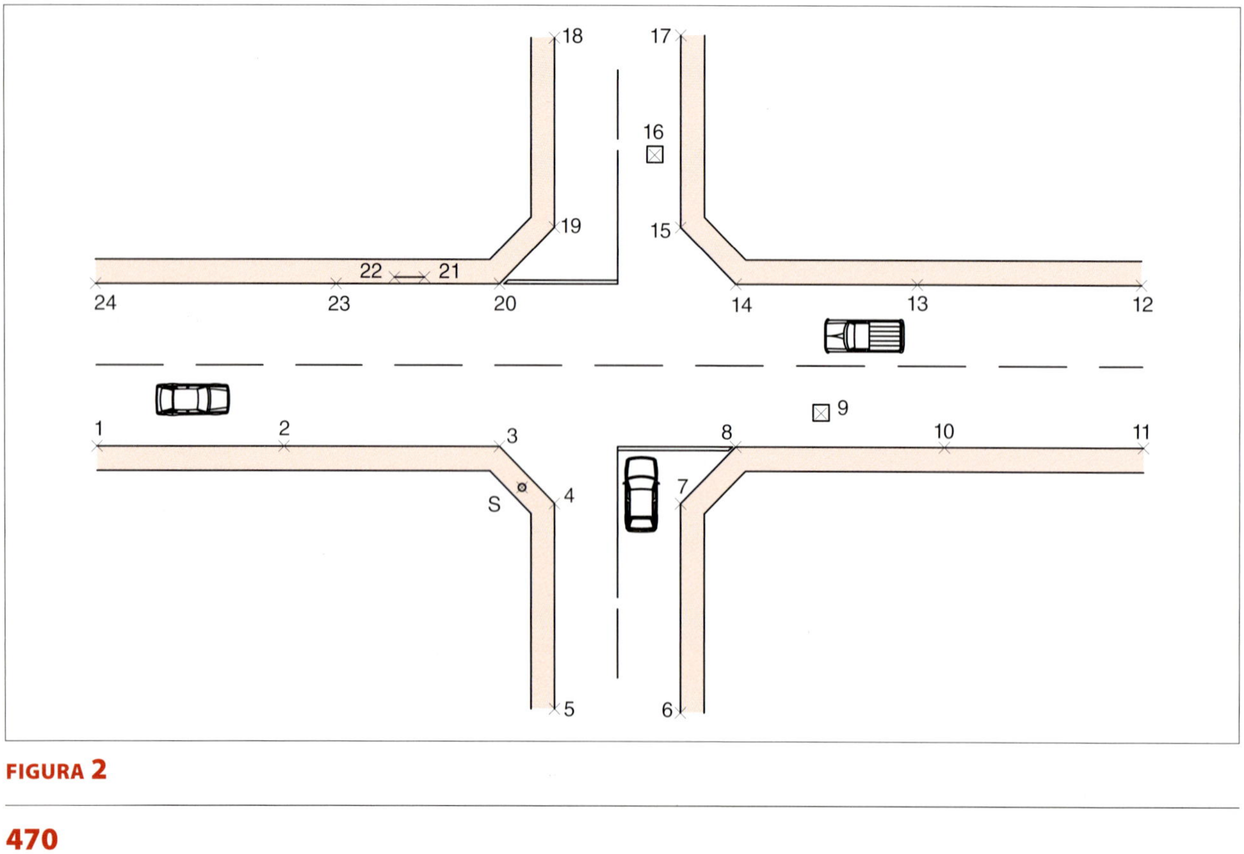

FIGURA 2

2 Per rilevare un'intersezione stradale è stato impiegato un teodolite provvisto di apparato di misura EDM, collocato sul punto noto S (X_S = +29,93 m; Y_S = +43,75 m) ubicato su un tratto di marciapiede che presenta una larghezza di 1,50 m su tutti i lati dell'intersezione, realizzando le misure contenute nel ▶LIBRETTO 2, dopo avere orientato correttamente il cerchio orizzontale del teodolite.

LIBRETTO 2

Staz.	Punti collimati	CO (gon)	Distanze (m)	Annotazioni
S	1	305,8856	27,30	Ciglio strada
	2	310,4315	15,45	Ciglio strada
	3	367,1409	2,90	Spigolo smusso
	4	128,1492	2,29	Spigolo smusso
	5	190,4049	13,79	Ciglio strada
	6	159,9996	17,13	Ciglio strada
	7	106,1761	10,12	Spigolo smusso
	8	88,3109	13,80	Spigolo smusso
	9	84,8560	19,48	Pozzetto fognatura
	10	94,0113	26,83	Ciglio strada
	11	95,9276	39,42	Ciglio strada
	12	80,3144	41,14	Ciglio strada
	13	70,4212	27,94	Ciglio strada
	14	52,5607	18,46	Spigolo smusso
	15	35,7256	18,92	Spigolo smusso
	16	24,8167	22,13	Pozzetto fognatura
	17	22,0951	29,61	Ciglio strada
	18	4,7520	27,76	Ciglio strada
	19	8,1807	16,15	Spigolo smusso
	20	392,7601	12,60	Spigolo smusso
	21	371,3564	14,35	Cartellone pubbl.
	22	364,2440	15,27	Cartellone pubbl.
	23	351,6112	17,27	Ciglio strada
	24	327,4094	30,00	Ciglio strada

Rappresenta i particolari topografici rilevati in ambito CAD, personalizza il disegno con simboli, tipi di linee, colori e campiture, e stampa in scala 1:200 (in alternativa esegui il disegno manualmente alla stessa scala).

Il risultato è rappresentato in ▶FIGURA 2.

3 Per rilevare due edifici e le relative particelle è stato impiegato un teodolite provvisto di apparato di misura EDM, collocato prima sul punto noto S_1 (X_{S1} = +5,97 m; Y_{S1} = +38,61 m), poi sul punto noto S_2 (X_{S2} = +66,01 m; Y_{S2} = +64,07 m). Dopo avere orientato correttamente il cerchio orizzontale del teodolite in entrambe le stazioni, sono state eseguite le misure riportate nel ▶LIBRETTO 3.

LIBRETTO 3

Staz.	Punti collimati	CO (gon)	Distanze (m)	Annotazioni
S_1	1	27,5623	23,311	Spigolo fabbricato
	2	40,6870	16,396	Spigolo fabbricato
	3	51,4649	19,055	Spigolo fabbricato
	4	59,5540	17,121	Spigolo fabbricato
	5	69,7919	22,237	Spigolo fabbricato
	8	12,9193	26,198	Confine particella
	9	47,7896	7,740	Confine particella
	10	85,7042	25,418	Confine particella
	11	120,0715	27,380	Ciglio strada
	12	115,9694	35,129	Ciglio strada
	13	111,8083	35,896	Confine particella
	17	103,3475	40,336	Spigolo fabbricato
S_2	14	265,1740	28,991	Confine particella
	15	213,5539	15,428	Confine particella
	16	206,4473	32,245	Confine particella
	18	250,2913	27,818	Spigolo fabbricato
	19	236,7686	23,371	Spigolo fabbricato
	20	232,7454	25,936	Spigolo fabbricato
	21	221,0735	23,876	Spigolo fabbricato
	22	217,4607	28,651	Spigolo fabbricato
	23	317,9174	27,075	Ciglio strada
	24	313,5677	34,797	Ciglio strada
	6	293,2262	40,489	Spigolo fabbricato
	7	300,3611	35,261	Confine particella

Rappresenta i particolari topografici rilevati in ambito CAD, personalizza il disegno con simboli, tipi di linee, colori e campiture, e stampa in scala 1:200 (in alternativa esegui il disegno manualmente alla stessa scala).

Il risultato è rappresentato in ▶FIGURA 3.

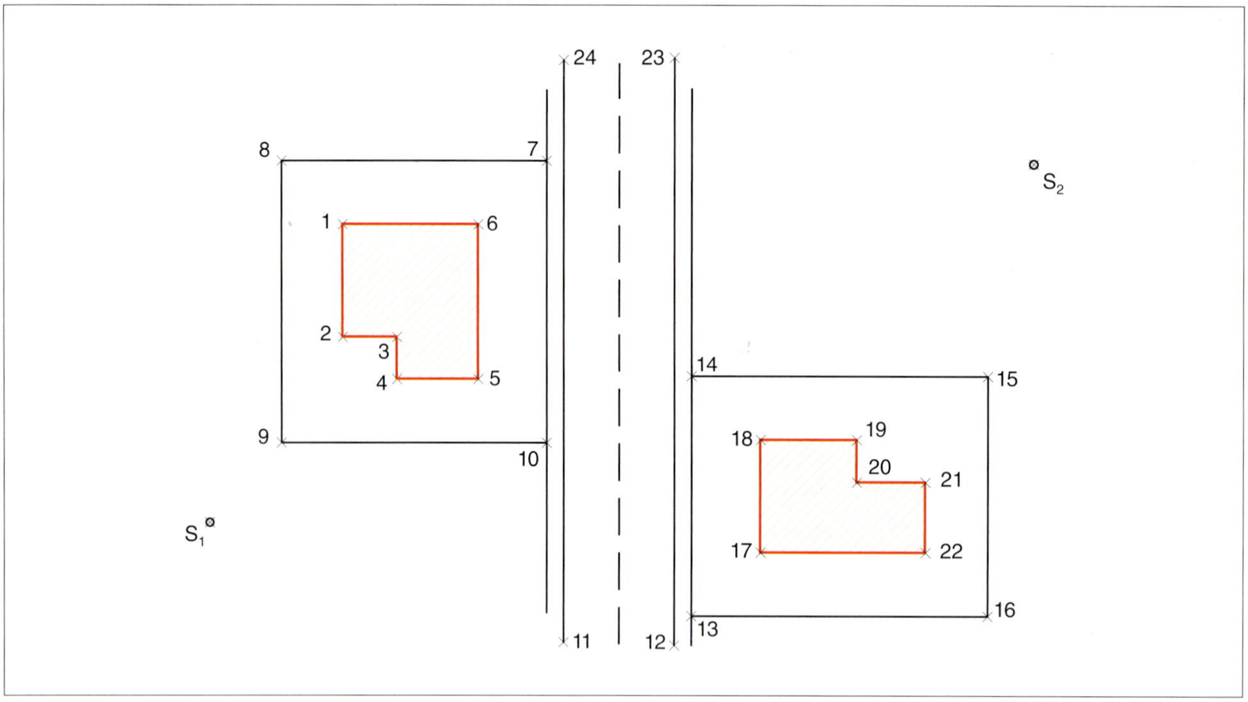

FIGURA 3

Topography in English

Land surveying

Land surveying has two main functions:

- measuring real objects and recording them on paper; and
- fixing reference points that enable surveying work to be carried out on the ground.

Land surveying can be divided into different categories such as mining, construction and route surveying; the most important however is the cadastral survey that identifies the legal borders of properties.

When a plot has to be subdivided or when infrastructure needs to be built, a surveyor is needed to make a survey of the land in question.

In the typical land survey, the dimensions, form and slope of a plot are measured and specialists use this data to design their construction plans.

After the survey, a precise and clear representation of the subject of the survey has to be made.

From the outset, focus needs to rest on the objective of the survey and therefore it is important that only essential details are represented.

An architectural survey, which is different from a topographic survey, can be divided into two parts; the layout survey and the altimeter survey.

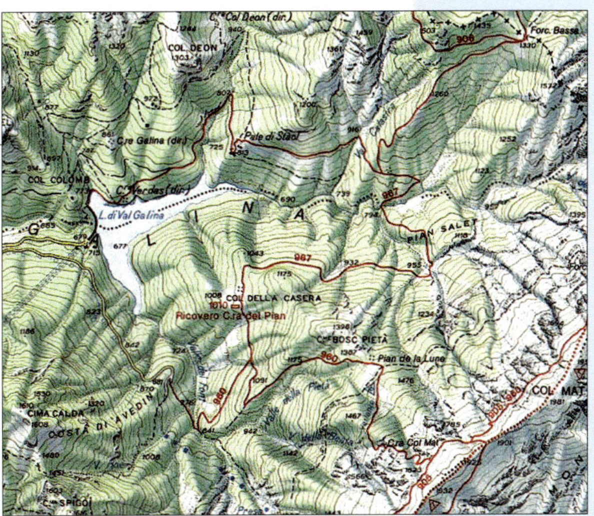

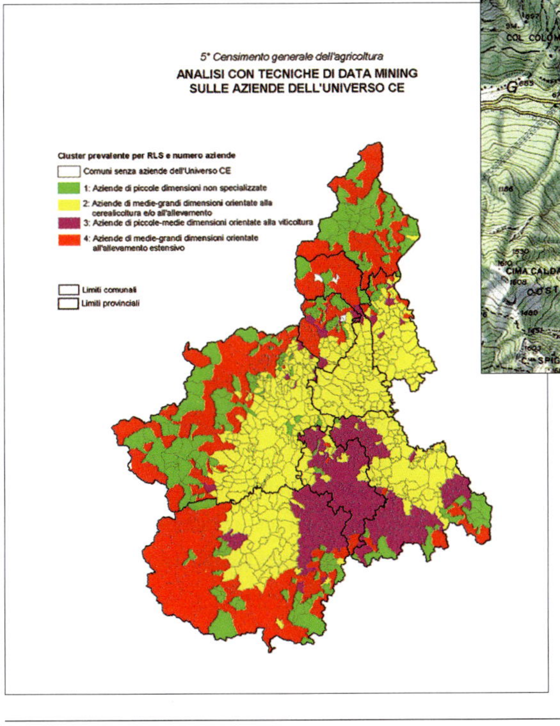

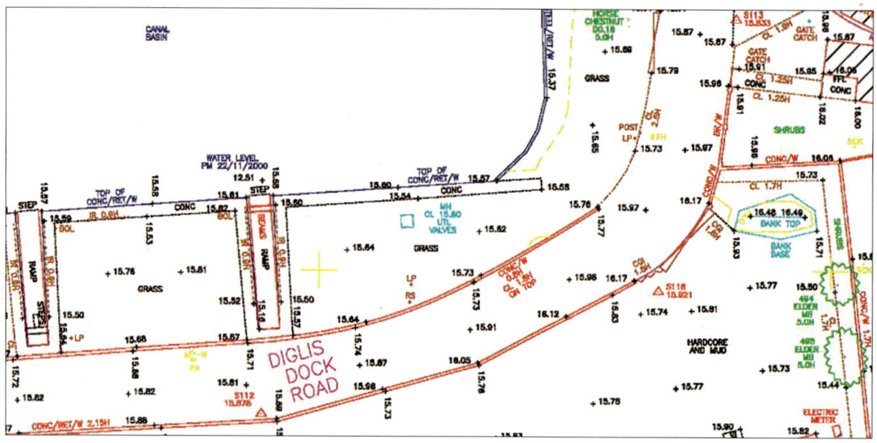

Throughout a topographic survey, we can draw geographic maps and these maps can be grouped into thematic maps that serve different purposes, for example, road maps, archaeological maps, maps of vegetation, etc.

Precision and detail are very important in the making of maps and for this reason an appropriate representation scale needs to be chosen.

Topographic scales are divided into:

- Big scales: from 1:5000 to 1:10 000 (C.T.R.);
- Medium scales: from 1:10 000 to 1:25 000;
- Small scales: from 1:25 000 to 1:100 000 (I.G.M.).

EXERCISES

1 True or false

	T	F
• The representation scale is the ratio between the measures in the drawing and the real ones.	☐	☐
• A thematic map is derived from a geographic map.	☐	☐
• All the measured elements must be recorded in a survey.	☐	☐
• Cadastral surveys are always carried out by architects.	☐	☐
• Land surveying involves work on the ground without the aid of reference points.	☐	☐

GLOSSARY

Railway = a track made of steel rails along which trains run
State border = the line that separates one country or state from another
Reserve = an area of public land set aside for a special purpose
Stream = a small, narrow river
Slope = ground that has a natural incline, such as the side of a hill
Depression = a depressed or sunken place, an area lower than the surrounding surface
Vineyard = a plantation of grapevines, typically producing grapes used in winemaking

2 Search for a topographic map of your area and identify the terms set out in the glossary.